炭石墨制品及其应用

主　编　蒋文忠
副主编　宫　振　赵敬利

北　京
冶　金　工　业　出　版　社
2017

内 容 提 要

由于炭石墨制品具有很多优良的性能，在工业和民用领域都得到了广泛的应用。本书是在参考了大量国内外文献并总结了作者 40 多年教学、科研及生产经验的基础上写成的。本书系统地介绍了炭石墨制品在半导体、核反应堆、军工、冶炼、机械工业等领域的应用，力求理论与生产实践相结合，以适应不同知识和技术水平的读者需要。

本书可供生产和使用炭石墨制品的企业技术人员、科研人员参考，也可作为高校冶金、机械、电机、化工、建筑等专业师生的参考书。

图书在版编目(CIP)数据

炭石墨制品及其应用/蒋文忠主编．—北京：冶金工业出版社，2017.3

ISBN 978-7-5024-7258-0

Ⅰ.①炭… Ⅱ.①蒋… Ⅲ.①石墨—人工合成 Ⅳ.①TQ165

中国版本图书馆 CIP 数据核字(2017)第 029439 号

出 版 人　谭学余
地　　址　北京市东城区嵩祝院北巷 39 号　邮编　100009　电话　(010)64027926
网　　址　www.cnmip.com.cn　电子信箱　yjcbs@cnmip.com.cn
责任编辑　于昕蕾　夏小雪　美术编辑　彭子赫　版式设计　彭子赫
责任校对　卿文春　责任印制　牛晓波
ISBN 978-7-5024-7258-0
冶金工业出版社出版发行；各地新华书店经销；固安华明印业有限公司印刷
2017 年 3 月第 1 版，2017 年 3 月第 1 次印刷
787mm×1092mm　1/16；45 印张；1092 千字；707 页
208.00 元

冶金工业出版社　投稿电话　(010)64027932　投稿信箱　tougao@cnmip.com.cn
冶金工业出版社营销中心　电话　(010)64044283　传真　(010)64027893
冶金书店　地址　北京市东四西大街 46 号(100010)　电话　(010)65289081(兼传真)
冶金工业出版社天猫旗舰店　yjgycbs.tmall.com
(本书如有印装质量问题，本社营销中心负责退换)

编辑委员会

前　言

炭素工艺曾被称为"黑色工业"，原因一是其生产工艺极其保密，二是炭素产品是黑色的，三是生产环境黑脏。而以前的炭素产品仅用于工业，所以非行业内的人多数不知，故需要专业人士大力推广。现在已有许多民用炭素产品，炭素产品揭去了曾经神秘的面纱，逐步为人们所认识，像炭纤维羽毛球拍、网球拍、钓鱼杆、活性炭冰箱除臭剂等，已走进平常人家。但是，有关炭素的著作相对较少，本书是专门讲述各种炭石墨制品及其应用的著作。

由于炭石墨制品具有许多优良的性能，在工业及民用都已得到日益广泛的应用，而且同种制品可能在几个不同行业都用到，因而在本书中讲述炭素产品应用的地方均有讲述，如炭纤维复合材料制品，不但在宇航、军工工业有应用，而且在电子、机械、冶金工业都有应用，甚至在体育器材、日常生活用品都有应用；又如石墨密封环、石墨轴承，在军工、机械、化工等多个行业中都有应用。这就必然会造成内容的重叠现象，当然，在讲述时，侧重点或角度有所不同。为了在应用炭素产品时，能充分发挥制品的特性，以及使用者能较好地选择炭石墨制品的材质和制品的种类，因而本书对制品的生产工艺、材料的结构与性能做了较详细的讲述。

炭石墨制品的种类繁多、用途广泛，因此，对制品的分类要做到严密性、准确性相当困难。此外，限于书的篇幅，难以全部述及。

本书主要给生产和使用炭石墨制品的有关人员阅读，希望能为开发炭石墨新产品、新用途者提供研究思路与启发，同时也可作为大专院校有关专业的教材或供师生参考。

本书由湖南大学炭素教室教师及炭素厂技术人员共同撰写，其中各章编写人员为：吴玉蓉（第2章、第15章），许龙山（第4章、第14章），陈石林（第5章），赵敬利与陆洪森（合编第6章），宫振（第7章），李长安、谭芝运、于益如（合编第8章），何月德（第9章），杨丽（第11章），陈惠（第16章），蒋颖（第18章、第20章及全书文献翻译和绘图），唐军（第19章），蒋文忠（其余各章及全书统筹）。

　　本书编著过程中得到山东济宁晨阳碳素集团有限公司、济南澳海炭素有限公司和湖南大学材料学院刘洪波教授的大力支持，在此诚表衷心的感谢！

　　本书参编者较多，各人写作风格存在差异，统编者尽量使之能在思路与风格上较为一致与流畅。况且，本书内容涉及面广，涉及众多学科，因此，要求编著者知识面要广，掌握资料要多，这也是对编著者的考验。由于水平有限，书中难免存在欠妥、欠准确之处，诚望读者批评指正。

作　者
2016 年 4 月

目　　录

绪　　论

一、炭素的发展概况

人类对炭的利用是与人类的进化发展同步的，远古时代人类发现和利用火就开始使用炭（木炭）了。在我国，《前汉地理志》就有记载"豫章郡出石可燃为薪"，称为石炭（即煤）；史记《四九窦太后传》中有记述挖煤，说明当时就已利用煤作为燃料了，木炭与煤在陶器、铜器时代就已广泛应用了。作为炭素制品，明代宋应星著的《天工开物》（1637 年）已记载用炭（石墨）与黏土制作坩埚，这就是初级炭素制品。

有资料将炭的应用划分为如下几个阶段：木炭时代（~1712 年）、煤炭时代（1713~1866 年）、炭素制品的摇篮时代（1867~1895 年）、炭素制品的工业化时代（1896~1945 年）、炭素制品的发展时代（1946~1985 年）、新型炭时代（1986~）。这种划分基本上概括了炭素的发展进程，但在时间上不一定确切，如煤的应用，我国在 1713 年之前很久就应用了，并已制作出炭（石墨）黏土坩埚。

公元 1713 年，A. Derby 发明了用煤生产焦炭，开始利用冶金焦炼铁，炭作为工业化生产与应用才真正开始。

1800 年，英国科学家戴维（H. Davy）用木炭片作为弧光电极，接着将木炭压碎与煤焦油混合、成型、再经焙烧而成为最初的炭电极。

1842 年，R. Bunsen 采用木炭与甑炭经煅烧后粉碎、筛分、按比例将炭骨料粉末与黏结剂混合，再利用模具压制成型，然后将压制坯用焦粉覆盖好隔绝空气，缓慢加热焙烧，焙烧后通过机械加工而制成炭电极，这就是现代炭素制品的雏形。现在的常规炭素制品的生产工艺中基本上保留了这种生产方法。此后，致密的电极、炼铁高炉用天然石墨内衬炭板等相继开发出来。1867 年，W. Siemens 发明了电动机，标志着电气时代的到来，也使炭素制品被广泛开发，如弧光炭电极、炼钢电极、电解食盐炭阳极、电机用电刷等初级炭素制品。

1886 年，P. Heroult 和 C. Hall 发明了电解铝，生产中使用了阳极糊和炭阳极，此后，在黄磷、硅铁、碳化钙（电石）生产中都使用了炭阳极。

1896 年，艾其逊（E. G. Acheson）研制出人造石墨电极，使炭素制品从炭质转变为石墨质，炭素制品进入工业化时代。此后，受电弓炭滑板、电解用石墨板、石墨电刷、不透性石墨相继制成。特别是 1942 年费米（E. Fermi）制成了原子能反应堆用的高纯核石墨。

20 世纪 40 年代以后，随着工业的大发展，新技术、新工艺的不断涌现，使炭素制品的生产规模不断扩大，新用途不断出现，因而促使开发出许多炭素新材料、新产品。新炭材料如炭纤维及其复合材料，核石墨、热解石墨、玻璃炭、不透性石墨、多孔炭等。新产品如冶金机械用石墨模具、炼铁、高炉及其他冶炼炉用炭砖、石墨热交换器、石墨轴承与密封环、高温炉发热体与舟皿、VHP 电极、燃料电池双极板、电火花加工电极、火箭石墨鼻锥与喉衬等。特别是 Mesophase Carbon 小球体、富勒烯（Fullerren）C_{60}（1985 年）及碳纳米管（1991 年）、石墨烯（2004 年）等的发现，使炭素材料进入新型炭时代。

我国的炭素工业起步较晚，自 20 世纪 50 年代中期才逐步形成炭素工业，但是自 20世纪 80 年代以来，炭素工业发展迅速。现在我国炭素材料与制品的总产量已是世界第一位，成为世界上的炭素大国，但是在高档材料与产品上距离炭素先进国家还有一定的距离，特别是炭纤维及其复合材料在品种上、性能上及价格（偏高）上，使应用受到制约，希望能尽快成为世界炭素强国。

二、炭素材料与炭素制品的异同

炭素产品是炭质和石墨质产品的总称，对于炭素产品而言，何谓炭素"材料"或炭素"制品"，目前没有严格的定义。笼统地说，并没有什么大的区别，如预焙阳极，可以称之为阳极材料，也可称之为阳极制品。但是，细究起来，还是有不同之处的。称炭素"材料"，主要是讲产品的材质与组织结构的种类。一般是指生产出来的毛坯炭素产品，还不能直接应用，还需要机械加工的炭素产品。称炭素"制品"，一般是针对毛坯经过机械加工以后，能直接使用的具有准确尺寸、光洁度、公差的炭素终端产品。如等静压生产的毛坯产品，可称为等静压材料；如用它来加工成单晶硅炉的发热器、保温筒、石墨电极、石墨托等时，就称为炭素（或石墨）"制品"，也可称为石墨件。此发热器等就只能称为"制品"，而不能称为"材料"，或者只能说该发热器是采用等静压石墨材料制作的。

三、炭素制品的分类

炭素（石墨）制品的分类，目前还没有统一的标准和严格的划分原则。一般来说，可如下分类：

（1）按材质或组织结构可分为：1）炭制品，制品的材质为无定形炭，即炭质；2）石墨制品，制品的材质为石墨，即石墨质；3）金刚石制品，制品的材质为金刚石。金刚石类制品本书不讲述，本书只讲述前两类常规炭素制品。

（2）按骨料的粒度可分为：1）粗颗粒炭素制品，骨料最大粒度在 1mm（16 目）以上者；2）细颗粒炭素制品，骨料最大粒度在 1～0.25mm（16～60 目）；3）细结构炭素制品，骨料最大粒度在 0.25～0.038mm（60～400 目）；4）超细粉结构炭素制品，粉末粒度在 38μm 以下；5）纳米炭素制品，粉末粒度在几十纳米及以下。

（3）按纯度可分为：1）多灰制品，一般灰分在 1%以上；2）少灰制品，一般灰分在 1%～0.1%；3）低纯制品，一般灰分在 0.1%～0.01%；4）高纯制品，灰分 0.01%以下；5）超高纯制品，灰分含量在 50mg/L 以下。

（4）按生产工艺的不同可分为：1）常规制品；2）富勒烯、碳纳米管、石墨烯类制品；3）炭纤维及复合材料类制品；4）人造金刚石及超硬材料制品；5）热解炭（石墨）制品；6）玻璃炭制品；7）活性炭类制品；8）炭黑类制品。此外还有多孔炭、沥青中间相炭微球、表面涂层、柔性石墨、胶体石墨等。

（5）按功能与用途可分为：1）宇航、军工用炭素制品；2）核石墨制品；3）电子、电工、通讯类炭素制品；4）机械用炭素制品；5）电化学类炭素制品；6）化工用不透性炭石墨制品；7）电热化学、冶金用炭素制品；8）工业炉用炭石墨制品；9）计量和测量用炭素制品；10）环保、体育及生活用炭素制品。上述分类还可分为若干小类。此外，还有其他的分类方法，余者不一一介绍。

四、炭素工业及其产品在国民经济发展中的地位与作用

炭素工业与机械、汽车、电子电气、矿山冶金、铁路、交通等大型行业相比，是个小行业，但是在国民经济发展中占有重要的地位，起着重要的作用。如我国第一个五年计划，新建156个大型项目，其中炭素就占了两个项目。又如：钢铁工业的发展，离不开炭素材料与制品，特别是冶炼合金钢的电炉，必须要有石墨化电极。电解铝生产，每生产1t铝就需要消耗400～450kg的炭阳极。除普通民用工业外，在航空、航天、核能、军事等领域，也有广泛的用途，如炭纤维复合材料的比强度高、质量轻，可作为飞机、航天器、飞船等壳体和结构材料，如各向同性石墨材料作为导弹鼻锥与喉衬，核反应堆的中子减速剂、反射层、保护层等。在日常生活中，也已广泛使用炭素材料，如心脏瓣膜等生理用炭、网球与羽毛球拍等体育用品。现在，日本、韩国等发达国家的高级宾馆的餐具也采用炭石墨材料制作——称为绿色餐具。可以说炭素产品已进入到工业、国防、军事及日常生活的各个方面。

随着工业化的发展、环境保护为各国所重视，提出低碳经济，仅此就可见碳在经济中的重要性。

五、炭素工业发展的前沿

新型炭材料具有密度高、强度高、耐高温、耐烧蚀、抗辐射、电阻低、导热性好、热膨胀率低、生理相容性好等一系列优异的特性，是军民两用的新材料，且发展迅猛。除上面提到的产品外，还有炭（石墨）及其复合材料、炭分子筛、炭微球、高比强高比模量炭（石墨）结构材料和功能材料，并成功地应用于宇航、航空、潜艇、原子能及其他工业。特别是 C_{60} 系列碳，碳纳米管与石墨烯被发现，这是碳科学的巨大发展，为碳化学、炭素材料的发展、研究和应用展现了广阔的前景。如高比强高比模量结构材料、超导与电极材料、电子材料与电子器件、纳米材料、储氢储气材料、催化剂材料、碳纳米管、石墨烯材料等。新发展起来的纳米技术与碳纳米材料，将促使炭材料工业乃至整个工业领域产生技术革命。

卡宾炭（carbin 或称为炔炭）早已被发现，这种线型炭有待能开发为工业应用材料。

在 C_{60} 的结构启发下，足球硼现已被研制成功，可以预料在不久的将来，足球硅、足球磷也被研制出来，使球形结构的物质形成一个大家族，它们必将具有许多奇异特性，其应用前景将不可限量。

人类的发展，已逐步将地球陆地上的资源消耗怠尽，为了持续发展，各国都在向海洋进军，向海洋发展，提出"蓝碳计划"。所谓"蓝碳"，就是由海洋生物固定下来，并能长期保存的碳，被称为"蓝碳"。

海洋中容纳的碳的库存数量非常大，是大气中碳的库存量的50倍，是陆地的碳的库存量的20倍，而且其中一部分惰性有机碳能在水中长期保存、可达几千年上万年甚至更久，所以发展"蓝碳计划"意义重大。一是海洋储碳量大，二是保存周期很长，其研究和开发的前景非常大。海洋的碳资源丰富，为炭素工业的持续发展提供了原料的保障。

1 炭石墨制品机械加工基础

1.1 炭石墨制品机械加工概述

1.1.1 机械加工的目的

炭素、电炭制品在成型、焙烧和石墨化处理过程中，从生坯到石墨化毛坯的尺寸是变化的，而引起尺寸变化的因素较多，一般用工艺的方法很难保证得到成品规定的尺寸和光洁度，同时，生产中毛坯表面还会黏附一些填充料或保温料而使表面粗糙，甚至有时还有碰损或掉角，因此，一般炭素、电炭制品在生产中需要经过机械加工，其目的是使产品达到合乎规定的尺寸、形状和表面粗糙度。

另外，有些产品结构和形态复杂，不能用成型的方法直接生产出来，也需要用机械加工的方法加工出来，还有些产品使用时的连接装置，如冶金炼钢电极的螺纹、电刷的刷辫装置、炭块的燕尾槽等，都需要进行机械加工才能生产出来。

1.1.2 机械加工的重要性

机械加工的重要性如下：

（1）从生产成本来看重要性。炭素、电炭制品生产周期较长，从原料进厂到产品出厂一般需要 3 个月至半年。且从原料到生产出加工前的毛坯需要投入大量的人力、物力和能源。对于石墨化电极，石墨化后的毛坯的生产成本约为石墨化电极生产总成本的 95% 以上，而机械加工消耗的人力、物力和能源及时间与石墨化毛坯生产相比却是极少的。若产品因机械加工的原因而使产品报废或降低等级，都是很不合算的，同时也是人力、物力和能源及时间的浪费。

（2）从商品价格来看重要性。毛坯的生产只是生产出材料，要变成成品就要进行机械加工。炭素电炭厂生产的产品最终是作为商品来与社会进行交换的。材料的价值一般较低，只有把材料变成最终产品才会具有较高的商品价值。而对于商品，不但材料要好，加工质量乃至包装质量都是影响商品质量和价格的重要因素，重视机械加工质量是提高企业经济效益的办法之一。

（3）从使用来看重要性。另外，从使用的角度出发，加工精度和光洁度不高的产品对使用也是不利的，例如，电极在电弧炉中经常发生螺纹连接处断裂或掉扣事故，有时往往不是由于电极的材质不良，而是由于加工质量低劣。因此要提高产品质量，除提高材质本身质量外，还应提高机械加工质量。

（4）从加工精度来看重要性。目前有些企业对机构加工的重视是不够的，认为炭素制品机械加工与金属加工相比只是粗加工，加工的精度和光洁度反正要求不高。其实不然，对电炭制品的机械用炭石墨轴承、密封环等的加工精度和光洁度要求较高且不说，就是对石墨化电极，机械加工精度的要求也已超过一般的金属加工精度的要求了（见表 1-1 和表 1-2）。

从表 1-1 可以看出，石墨化电极连接螺纹的外径、中径和内径的加工允许误差，比一般金属螺纹的加工允许误差值小，加工精度要求也比金属螺纹高。

从表1-2可知，石墨电极和接头的锥形锥度的加工精度要求要比一般管螺纹和钻机管螺纹的锥度加工精度要求高得多。

表1-1 金属螺纹和石墨电极螺纹的允许误差对比 （mm）

螺纹种类		螺纹直径	螺距	外螺纹外径		外、内螺纹中径			内螺纹内径	备 注
				12级	3级	1级	2级	3级		
金属普通螺纹		185～260	6	-0.6	-0.8	-0.3	-0.37	-0.49	+0.7	
		265～300	6	-0.6	-0.8	-0.315	-0.39	-0.52	+0.7	GB 197—63
石墨电极螺纹	中国	155.58～298.45	8.47	-0.5					+0.5	YB 818—79
	日本	155.58～298.45	8.47			+0.45 +0.05 （内螺纹）				TISR 7201—79
	原苏联	155.58～298.45	8.47	-0.3					+0.3	POCT 4426—71

表1-2 圆锥螺纹的螺距和锥度的允许误差对比 （mm）

螺纹种类		锥度允许误差/(°)	螺距要求		备 注
			每英寸	50mm范围	
金属	普通管接头圆锥螺纹	±16（中级）			
		±12（高级）			
	钻探机管接头圆锥螺纹	±16	+0.075		
		-5			
石墨电极	锥形接头孔	-7～+3		±0.02	机床达到的要求：日本标准
	锥形接头	-3～+7		±0.02	

依上所述，炭、石墨制品的生产中，机械加工不但是不可缺少的主要的一环，而且是具有较大难度的工作。国外对机械加工十分重视，对机械加工做了很多的研究，其机械加工技术和设备及工具也在不断地改进和提高。

1.1.3 机械加工的方法及分类

炭石墨制品的机械加工方法和加工机床与金属切削加工相似，炭石墨制品的机械加工方法有：车、钻、刨、磨、铣、切割及其他。

（1）车。主要是加工圆形表面，如车内外圆，另外是车螺纹，还可平端面和镗孔及切断。常用的机床是车床，加工的产品有电极、机械用炭石墨轴承和密封环、电影和电池及电弧用等各种小炭棒和石墨坩埚及石墨管等。

（2）刨和铣。主要是加工平面，常用机床有刨床和铣床，主要用来加工石墨化阳极、化学阳极板和各种炭块。

（3）钻和镗。主要是加工孔，采用钻床和镗床，主要是加工电炭制品及机械、化工用炭石墨制品。如电刷的刷辫孔和热交换器的孔。

（4）磨。主要是加工外圆，采用磨床、加工电影和电池用等各种小炭棒。

（5）锯。主要是用于切断，设备有锯床。锯床有带锯、条锯和圆盘锯。

1.1.4 机床的类型和特性代号

1.1.4.1 机床的类型

目前，金属切削机床的品种非常多，但最基本的机床有车床、钻床、铣床、刨床和磨床。这几种机床在炭和石墨制品加工中被广泛使用。为了便于区别及管理，需要对机床进行分类。机床主要是按加工性质和所用刀具进行分类的，目前我国机床分为 12 大类：车床、钻床、镗床、磨床、齿轮加工机床、螺纹加工机床、铣床、刨插床、拉床、超声波及电加工机床、切断机床及其他机床。

除了上述基本分类法外，还有其他分类方法。如上述各种机床若按它们使用上的万能性来分类则可分为：通用机床、专门化机床和专用机床。像加工石墨电极使用的车床就属于通用机床，像加工高炉碳块使用的组合铣床，就属于专用机床。在同一种机床中，按照加工精度的不同，可分为普通精度机床、精密机床和高精度机床等三种精度等级。

1.1.4.2　机床型号表示法简介

机床的型号是用来表示机床的系列、基本参数和特征的代号。我国机床型号现在是按 1976 年 12 月颁布的第一机械工业部部标准 JB1838—76《金属切削机床型号编制方法》编制的。

机床型号表示方法可简述如下：

（1）机床的类别。按机床加工性质和使用刀具的不同，目前我国机床分为 12 大类。机床类别的代号是用汉语拼音字母（大写）来表示的，如"车床"的汉语拼音是"Chechuang"，所以用"C"表示。其他详见表 1-3。

表 1-3　机床分类及代号

机床类型	车床	钻床	镗床	磨床	5	6	7	刨床	拉床	铣床	10	11	12
代号	C	Z	T	M	2M	3M	Y	S	B	L	X	D	G	Q
参考读音	车	钻	镗	磨	2磨	3磨	牙	丝	刨	拉	铣	电	割	其

注：5—齿轮加工机床；6，7—螺纹加工机床；10—电加工机床；11—切断机床；12—其他机床。

（2）机床特性。机床特性代号也是用汉语拼音字母表示的。它代表机床具有的特别性能，包括通用特性和结构特性。在型号中特性代号排在机床类别代号的后面，见表 1-4。

表 1-4　机床特性及代号

通用特性	高精度	精密	自动	半自动	程序控制	轻便	万能	筒式	自动换刀
代号	G	M	Z	B	K	Q	W	J	H
参考读音	高	密	自	半	控	轻	万	筒	换

（3）机床的组合型。组合型是用两位数字来表示的，跟在字母的后面。

（4）机床的主要参数。在表示机床组合型的两个数字后面的数字，一般表示机床的主要参数，通常用主要参数的 1/10 或 1/100 表示。

（5）机床结构的改进。规格相同而结构不同的机床，或经改进后结构变化较大的机床，按其设计次序或改进次数分别用字母 A、B、C、D……附加于末尾，以示区别。机床类型表示法如图 1-1 所示。

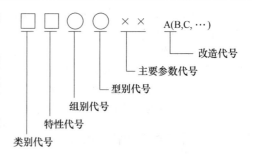

图 1-1　机床类型表示法

1.2 车床及其应用

车床类机床主要用于加工各种回转表面，如内外圆柱表面、内外圆锥表面、成型回转面和回转体端面等，还能加工螺纹。从加工零部件的比例分布看，车床主要用来加工内外圆柱表面和螺纹，其中轴类零件和螺纹类零件又占很大比例。炭石墨制品中，有很多圆棒、圆管、圆盘制品，还有需要加工螺纹的。

1.2.1 车床的用途、运动和布局

车床（lathe）类机床主要用于加工各种回转表面，如内外圆柱表面、内外圆锥表面、成型回转面和回转体端面等，有些车床还能加工螺纹面。由于很多炭石墨制品都具有回转表面，车床的通用性又较广，因此，车床在炭石墨制品机械加工中的应用极为广泛。

在车床上使用的刀具，主要是各种车刀，有些车床还可以使用各种孔加工刀具（如钻头、扩孔钻、铰刀等）和螺纹刀具。图 1-2 是卧式车床所能加工的典型表面。

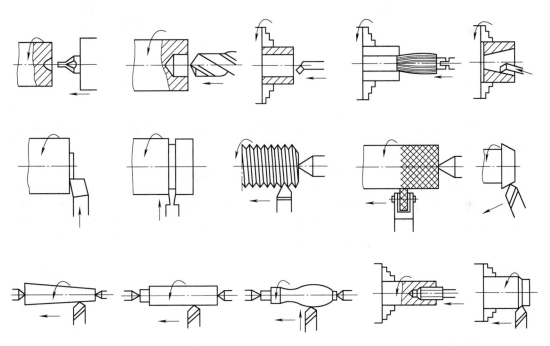

图 1-2 卧式车床所能加工的典型表面

图 1-3 为 CA6140 型卧式车床外形图，卧式车床主要组成部件有：主轴箱 1、刀架部件 3、尾座 5、床身 6、溜板箱 9、进给箱 11 等。

除卧式车床外，车床的其他常用类型有：马鞍车床、立式车床、转塔车床、单轴自动车床和半自动车床、仿形及多刀车床、数控车床和车削中心、各种专门化车床和大批量生产中使用的各种专用车床等。在所有车床类机床中，卧式车床应用最广。

1.2.2 CA6140 型卧式车床的技术参数

普通车床的万能性好，它适应于各种轴类、套筒类和盘类零件上回转表面的加工，

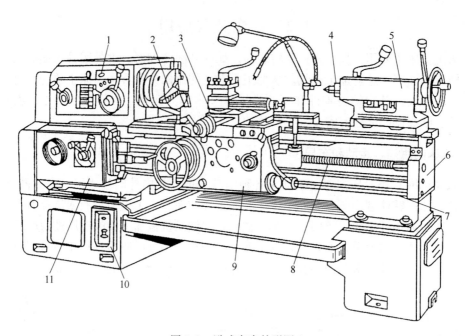

图 1-3　卧式车床外形图

1—主轴箱；2—卡盘；3—刀架部件；4—后顶尖；5—尾座；6—床身；7—光杠；8—丝杠；
9—溜板箱；10—底座；11—进给箱

CA6140 型卧式车床的加工范围较广，但它的结构复杂而自动化程度较低，常用于单件、小批生产，常用普通车床性能及主要参数见表 1-5。

表 1-5　普通车床性能及主要参数

机床型号	顶尖距离/mm	中心高/mm	加工最大直径			刀架最大行程/mm			尾架莫氏锥度号数	主轴转速/r·min⁻¹	主电机功率/kW
			在床面以上/mm	在横刀架以上/mm	在溜板以上/mm	纵向	横向	小刀架			
C620	1000 1500	200	410	210	—	1400	250 280	100	4	11.5 ~ 600	4.5
C620-1	1000 1500	200	400	210	—	900 1400	280	100	4	12 ~ 1200	7.5
C630	1500 3000	300	615	345	—	1310 2810	390	200	5	14 ~ 750	10
C640	2800	400	800	450	—	2800	620	240	5		
C650	3000	500	1020	645	730	2410	>10	横200 纵500	6	正：3 ~ 15 反 5 ~ 400	22

1.2.3　立式车床简介

立式车床是用来加工大型盘类零件的，在炭石墨制品机械加工中，如各种大型的真空炉、冶炼炉、单晶硅炉等的圆形炉膛管、加热器等的加工。图 1-4 是立式车床的外形图。它的主轴处于垂直位置，安装工件用的花盘（或卡盘）处于水平位置。即使安装了大型零件，运转仍很平稳。立柱上装有横梁，可上下移动；立柱及横梁上都装有刀架，可作上下左右移动。

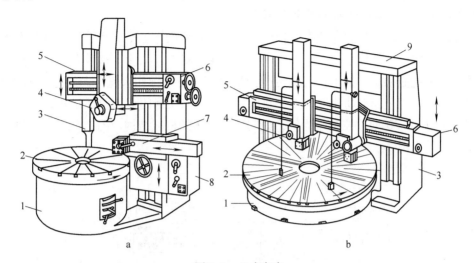

图 1-4 立式车床

a—单柱式立式车床；b—双柱式立式车床

1—底座；2—工作台；3—立柱；4—垂直刀架；5—横梁；6—垂直刀架进给箱；7—侧刀架；

8—侧刀架进给箱；9—顶梁

（1）主参数。主参数为最大车削直径。

（2）主要特征。主轴立式布置，工件装夹在水平的回转工作台上，刀架在横梁或立柱上移动。

（3）主要用途。立式车床是用来加工大型盘类零件的，它的主轴处于垂直位置，安装工件用的花盘（或卡盘）处于水平位。适用于加工较大、较重、难于在普通车床上安装的工件。立车主要用于加工直径大、长度短的大型、重型工件和不易在卧式车床上装夹的工件，回转直径满足的情况下，太重的工件在卧式车床上也不易装夹；或由于本身自重，对加工精度有影响的，采用立式车床可以解决上述问题。

立式车床一般可分为单柱式和双柱式。小型立式车床一般做成单柱式，大型立式车床做成双柱式。立式车床结构的主要特点是它的主轴处于垂直位置；工作台在水平面内，工件的安装调整比较方便；工作台由导轨支撑，刚性好，切削平稳。有几个刀架，并能快速换刀；立式车床的加工精度可达到 IT9 ~ IT8，表面粗糙度 R_a 可达 3.2 ~ 1.6μm。

1.2.4 数控车床

1.2.4.1 数控车床的用途、特点

在金属切削加工中，车削加工占有很大比重，因此，在数控机床中数控车床所占的比重也很大。与传统车床一样，数控车床也是用来加工轴类或盘类的回转体零件。

但是由于数控车床是自动完成内外圆柱面、圆弧面、圆锥面、端面、螺纹等工序的切削加工，所以数控车床特别适合加工形状复杂的轴类或盘类零件。

数控车床具有加工灵活、通用性强、操作方便、效率高、能适应产品的品种和规则频

繁变化的特点，能够满足新产品的开发和多品种、小批量、生产自动化的要求，因此，被广泛地应用于机械制造业，也被广泛地应用于炭石墨制品的机械加工。

1.2.4.2　数控车床的布局及机械构成

数控车床的床身结构和导轨有多种形式，主要有平床身、斜床身、平床身斜滑板、立床身等。一般中小型数控车床多采用斜床身或平床身斜滑板结构。这种布局结构具有机床外形美观，占地面积小，易于排屑和冷却液的排流，便于操作者操作与观察，易于装上、下料机械手，实现全面自动化等特点。斜床身还可以采用封闭截面整体结构，以提高床身的刚度。现以 MJ-50 型数控车床为例，说明数控车床的机械结构。图 1-5 所示为 MJ-50 型数控车床的外观图。

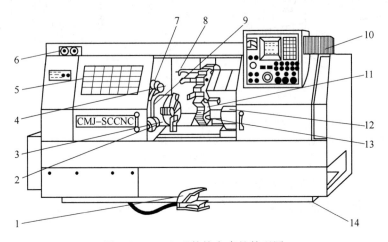

图 1-5　MJ-50 型数控车床的外观图

1—脚踏开关；2—对刀仪；3—主轴卡盘；4—主轴箱；5—机床防护门；6—压力表；7—对刀仪防护罩；
8—导轨防护罩；9—对刀仪转臂；10—操作面板；11—回转刀架；12—尾座；13—滑板；14—床身

1.3　铣床及其应用

1.3.1　概述

铣削是金属切削中常用方法之一。在一般情况下，它的切削运动是刀具作快速的旋转运动（即主运动）和工件作缓慢的直线运动（即进给运动）。铣刀是一种旋转运动的多齿刀具。在铣削时，铣刀每个刀齿不像车刀和钻头那样连续地进行切削，而是间歇地进行切削。因而刀刃的散热条件好，切速可选得高些。加工过程中通常有几个多刀齿同时参与切削，因此铣削的生产率较高。由于铣刀刀齿的不断切入、切出，铣削力不断地变化，故而铣削容易产生振动。

铣床的用途十分广泛，在铣床上可以加工平面、沟槽、分齿零件、螺旋形表面及各种成型和非成型曲面。此外，还可以加工内外回转表面，以及进行切断工作等，如图1-6所示。炭块、方形连铸结晶器、炭石墨盘板等炭石墨制品的加工也是采用铣床加工的。

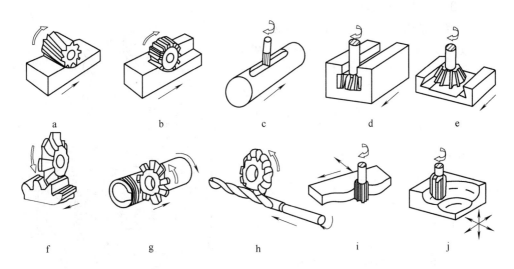

图 1-6　铣床的工艺范围

a—铣平面；b—铣台阶；c—铣键槽；d—铣 T 型槽；e—铣燕尾槽；f—铣齿槽；
g—铣螺纹；h—铣螺纹槽；i—铣二锥曲面；j—铣三锥曲面

1.3.2　铣床的分类与立式铣床的结构

1.3.2.1　铣床的分类

铣床的分类方法很多，根据铣床的控制方式可以将其分为通用铣床和数控铣床两大类；根据布局和用途又可分为卧式铣床和立式铣床等，见图1-7 和图 1-8。常见主要类型有卧式升降台铣床、立式升降台铣床、龙门铣床、工具铣床，此外还有仿形铣床、仪表铣床和各种专门化铣床（如键槽铣床、曲面铣床），在炭石墨制品机械加工中，还有双端铣床。

1.3.2.2　X6132 型万能升降台铣床的结构

X6132 卧式万能升降台铣床型号中各字母、数字含义如下：X—铣床；6—卧式升降台铣床；1—万能升降台铣床；32—主参数为工作台宽度（折算系数为 1/10），即工作台宽度为 320mm。X6132 卧式万能升降台铣床的主要组成部分如图 1-7 所示。

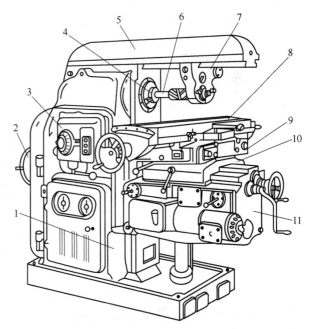

图 1-7　万能升降台铣床

1—床身；2—电动机；3—主轴变速机构；4—主轴；5—横梁；
6—刀杆；7—吊架；8—纵向工作台；9—转台；
10—横向工作台；11—升降台

1.3.2.3　立式升降台铣床

立式升降台铣床的外形结构如图 1-8 所示。

（1）分类及其特点：1）铣头与床身连成整体的称为整体立式铣床。其主要特点是刚性好。2）铣头与床身分为两部分，中间靠转盘相连的称为回转式立式铣床。其主要特点是根据加工需要，可将铣头主轴相对于工作台台面扳转一定的角度，使用灵活方便，应用较为广泛。

（2）主要参数：立式铣床主参数为工作台面宽度。

1.3.3　龙门铣床

（1）主参数。主参数为工作台面宽度。

（2）主要特征。具有多个铣头，生产率高，在成批、大量生产中广泛应用。龙门铣床包括有床身、架设在床身上的工作台及控制系统，是具

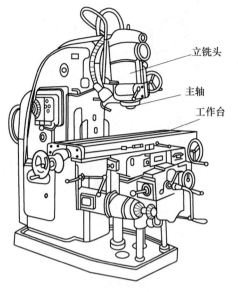

图 1-8　立式升降台铣床

有龙门式框架和卧式长床身的铣床。龙门铣床加工精度和生产率均较高，适合在成批和大量生产中加工大型工件的平面和斜面。

龙门铣床（图 1-9）由立柱和顶梁构成门式框架。横梁可沿两立柱导轨作升降运动。横梁上有 1 ~ 2 个带垂直主轴的铣头，可沿横梁导轨作横向运动。两立柱上还可分别安装一个带有水平主轴的铣头，它可沿立柱导轨作升降运动。这些铣头可同时加工几个表面。每个铣头都具有单独的电动机（功率最大可达 150kW）、变速机构、操纵机构和主轴部件等。加工时，工件安装在工作台上并随之作纵向进给运动。

另外还有：1）龙门铣镗床：横梁上装有可铣可镗的铣镗头，其主轴（套筒或滑枕）能作轴向机动进给并有运动微调装置，微调速度可低至 5mm/min。

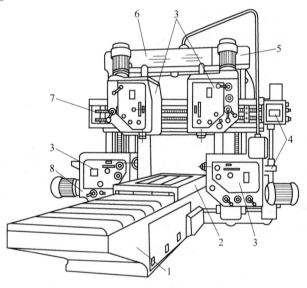

图 1-9　龙门铣床

1—床身；2—工作台；3—铣头；4—进给驱动装置；5—立柱；
6—顶梁；7—横梁；8—主驱动装置

2）桥式龙门铣床：加工时工作台和工件不动，而由龙门架移动。其特点是占地面积小，承载能力大，龙门架行程可达 20m，便于加工特长或特重的工件。

并且龙门铣床的纵向工作台的往复运动是进给运动，铣刀的旋转运动是主运动。在龙门铣床上可以有多把铣刀同时加工表面，所以生产效率比较高，适用于成批和单件

生产。

（3）主要用途。主要用于加工大型工件上的平面、沟槽等。

1.3.4 双端面铣床与阴极加工组合机床

双端面铣床主要由一个床身，一个工作台，两个床头箱，两个铣头和一个夹料装置组成，如图1-10所示。

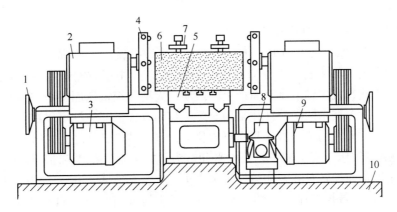

图1-10 双端面铣床加工炭块示意图

1—进刀手轮；2—床头箱；3，9—电动机；4—铣刀盘；5—工作台面；6—被加工产品；

7—产品卡具；8—工作台面进给减速机；10—基座

炭块卧式组合铣床主要用于成套供应的电炉或高炉炭块、铝电解槽炭侧块和阴极的加工，应用机床上垫铁、靠模、气动夹具可加工炭块斜角及梯形平面。炭块的截面尺寸一般是$400mm \times 400mm$，因此双端面铣床的铣刀盘直径应大于$400mm$。双端面铣床有两个铣头，可以同时加工两个平面，加工梯形炭块的梯形平面及炭块的燕尾槽时只能用单个铣头或单面铣床加工，异形截面的炭块可用单臂刨床。目前，铝电解槽阴极长为3.5m，因此加工的组合铣床的工作台很长，工作台行程为4~5m，为自动控制，国外采用微机控制。

（1）主要结构。该机床为卧式双面四轴，布置为"十字形"左右铣头箱中间有一个移动工作台，工作台的进给与后退由单独的传动装置来驱动。主要部件有：床身、工作台、铣头箱（铣头箱上有大小刀盘），大刀盘上刀头用于主切割削并精加工，小刀盘上刀头用于防止掉边角。

（2）技术性能。

1）最大加工尺寸：长×宽×高为$3460mm \times 520mm \times 520mm$。

2）铣头主轴转速三级：大主轴：200r/min、280r/min、400r/min；小主轴：400r/min、560r/min、785r/min。

3）工作台最大行程：4460mm。

4）工作台进给速度6级：进给速度：390mm/min、490mm/min、600mm/min、800mm/min、1000mm/min、1230mm/min；快退速度：460mm/min。

5）两铣刀铣刀尖间距：390~1500mm。

6）总功率：42.2kW。

1.3.5　数控铣床

一般情况下，在数控铣床只能用来加工平面曲线的轮廓。与普通铣床相比，数控铣床的加工精度高，精度稳定性好，适应性强，操作劳动强度低，特别适应于板类、盘类、壳具类、模具类等复杂形状的零件或对精度保持性要求较高的中、小批量零件的加工。

1.3.5.1　数控铣床的分类

具体如下：

（1）按数控铣床主轴位置分类：

1）数控立式铣床。其主轴垂直于水平面。小型数控铣床一般都采用工作台移动、升降及主轴不动方式，与普通立式升降台铣床结构相似，；中型数控铣床一般采用纵向和横向工作台移动方式，且主轴沿垂直溜板上下运动；大型数控铣床因要考虑到扩大行程，缩小占地面积及刚性等技术问题，往往采用龙门架移动方式，其主轴可以在龙门架的纵向与垂直溜板上运动，而龙门架则沿床身作纵向移动，这类结构又称之为龙门数控铣床。

2）卧式数控铣床。其主轴平行于水平面。为了扩大加工范围和扩充功能，卧式数控铣床通常采用增加数控转盘或万能数控转盘来实现4至5坐标，进行"四面加工"。

3）立、卧两用数控铣床。它的主轴方向可以更换（有手动与自动两种），既可以进行立式加工，又可以进行卧式加工，其使用范围更广，功能更全。当采用数控万能主轴头时，其主轴头可以任意转换方向，可以加工出与水平面呈各种不同角度的工件表面。当增加数控转盘后，就可以实现对工件的"五面加工"。

（2）按机床数控系统控制的坐标轴数量分类：有2.5坐标联动数控铣床（只能进行 X、Y、Z 三个坐标中的任意两个坐标轴联动加工）、3坐标联动数控铣床、4坐标联动数控铣床、5坐标联动数控铣床。

1.3.5.2　XK5040A 型数控铣床

（1）XK5040A 型数控铣床基本结构。XK5040A 型数控铣床如图1-11 所示，它由底座 1、强电柜 2、变压器箱 3、垂直进给伺服电动机 4、主轴变速手柄和按钮板 5、床身 6、数控柜 7、保护开关 8、挡铁 9、操纵台 10、保护开关 11、横向溜板 12、纵向进给伺服电动机 13、横向进给伺服电动机 14、升降台 15、工作台 16 组成。

（2）XK5040A 型数控铣床传

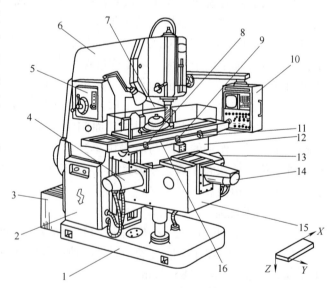

图 1-11　XK5040A 型数控铣床组成

1—底座；2—强电柜；3—变压器箱；4—垂直进给伺服电动机；5—主轴变速手柄和按钮板；6—床身；7—数控柜；8—保护开关；9—挡铁；10—操纵台；11—保护开关；12—横向溜板；13—纵向进给伺服电动机；14—横向进给伺服电动机；15—升降台；16—工作台

动系统。XK5040A 型数控铣床传动系统包括主运动和进给运动两部分。

1）主运动传动系统。XK5040A 型数控铣床的主运动是主轴的旋转运动。由 7.5kW、1450r/min 的主电动机驱动（如图 1-11 所示），使之获得 18 级转速，转速范围为 60 ~ 1500r/min。

2）进给运动。进给运动有工作台纵向、横向和垂直三个方向的运动。进给系统传动齿轮间隙的消除，采用双片斜齿轮消除间隙机构。

1.4　其他机床简介

1.4.1　刨床及其应用

刨床主要用于加工各种平面和沟槽，如高炉炭块，铝电解槽阴极与侧块，炭石墨平板制品等的加工。刨床类机床的主运动是刀具或工件所作的直线往复运动。进给运动由刀具或工件完成，其方向与主运动方向垂直，它是在空行程结束后的短时间内进行的，因而是一种间歇运动。

刨床类机床由于所用刀具结构简单，在单件小批量生产条件下，加工形状复杂的表面比较经济，且生产准备工作时间短。此外，用宽刃刨刀以大进给量加工狭长平面时的生产率较高，因而在单件小批量生产中，是常用的设备。但这类机床由于其主运动反向时需克服较大的惯性力，限制了切削速度和空行速度的提高，同时还存在空行程所造成的时间损失，因此在多数情况下生产率较低，在大批量生产中常被铣床所代替。

刨床类机床主要有牛头刨床、龙门刨床等，分别介绍如下。

1.4.1.1　牛头刨床

牛头刨床因其滑枕刀架形似"牛头"而得名，牛头刨床的主运动由刀具完成，进给运动由工件或刀具沿垂直于主运动方向的移动来实现。它主要用于加工中小型零件。

牛头刨床工作台的横向进给运动是间歇进行的。它可由机械或液压传动实现，机械传动一般采用棘轮机构。

牛头刨床的主参数是最大刨削长度。牛头刨床是刨削类机床中应用较广的一种。它适于刨削长度不超过 1000mm 的中、小型工件。下面以 B6065（旧编号 B665）牛头刨床为例进行介绍，例如 B6065 型牛头刨床的最大刨削长度为 650mm，型号中各字母含义如下：B 为机床类别代号，表示刨床，读作"bào"；6 和 0 分别为机床组别和系别代号，表示牛头刨床；65 为主参数最大刨削长度的 1/10，即最大刨削长度为 650mm。

牛头刨床的结构。图 1-12 为 B6065 型牛头刨床，主要由床身、滑枕、刀架、工作台、横梁、底座等部分组成。

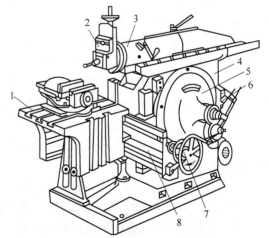

图 1-12　B6065 型牛头刨床外形图

1—工作台；2—刀架；3—滑枕；4—床身；5—摆杆机构；6—变速机构；7—进给机构；8—横梁

1.4.1.2　龙门刨床

龙门刨床主要用于加工大型或重型零件上的各种平面、沟槽和各种导轨面，也可在工作台上一次装夹多个中小型零件进行多件同时加工。龙门刨床由床身、工作台、横梁、垂直刀架、顶梁、立柱、进给驱动装置、主驱动装置、侧刀架组成。其外形与龙门铣床相似，但刀架比龙门铣床铣头（转动）简单（固定），而工作台往返速度要快得多。

龙门刨床的工作台沿床身水平导轨作往复运动，它由直流电机带动，并可进行无级调速，运动平稳。工作台带动工件慢速接近刨刀，刨刀切工件后，工件台增速到规定的切削速度；在工件离开刨刀前，工作台又降低速度，切出工件后，工作台快速返回。两个垂直刀架由一台电动机带动，它既可在横梁上作横向进给，也可沿垂直刀架本身向导轨作垂直进给，并能旋转一定角度做斜向进给。

龙门刨床的主运动是工作台的直线往复运动，进给运动是刀架带着刨刀作横向或垂直的间歇运动。

龙门刨床主要用来加工大平面，尤其是长而窄的平面，一般龙门刨床可刨削的工件宽度达 1m，长度在 3m 以上，还可用来加工沟槽，也可以成批加工小型零件。应用龙门刨床进行精刨，可得到较高的尺寸精度和良好的表面粗糙度。主要加工大型工件或同时加工多个工件。龙门刨床的主参数是工作台宽度。

1.4.2　磨床及应用

1.4.2.1　概述

磨床类机床是以磨料、磨具（砂轮、砂带、油石、研磨料）为工具进行磨削加工的机床，它们是同精加工和硬表面加工的需要而发展起来的。在炭石墨制品加工中，有些制品的表面精度要求高，就采用磨床进行磨削加工，以降低制品表面的粗糙度。

磨床（grinding machine）广泛用于零件表面的精加工，尤其是淬硬钢件和高硬度特殊材料的精加工。磨削加工较易获得高的加工精度和小的表面粗糙度值，在一般加工条件下，精度为 IT5～IT6 级，表面粗糙度 R_a 为 $0.32～1.25\mu m$；在高精度外圆磨床上进行精密磨削时，尺寸精度可达 $0.2\mu m$，圆度可达 $0.1\mu m$，表面粗糙度 R_a 可控制到 $0.01\mu m$，精密平面磨削的平面度可达 1000:0.0015。近年来，科学技术的发展对机器及仪器零件的精度和表面粗糙度的要求越来越高，各种高硬度材料应用日益增多，同时，由于磨削本身的工艺水平的不断提高，所以磨床的使用范围日益扩大，在金属切削机床中所占的比重不断上升。目前在工业发达国家中，磨床在金属切削机床中所占的比重为 30%～40%。在炭石墨制品的加工中，也被广泛地应用。

为了适应磨削各种加工表面、工件形状及生产批量要求，磨床的种类很多，其中主要类型有以下几种：

（1）外圆磨床。包括万能外圆磨床、普通外圆磨床、无心外圆磨床等。

（2）内圆磨床。包括普通内圆磨床、无心内圆磨床等。

（3）平面磨床。包括卧轴矩台平面磨床、立轴矩台平面磨床、卧轴圆台平面磨床、立轴圆台平面磨床。

（4）工具磨床。包括工具曲线磨床、钻头沟槽磨床、丝锥沟槽磨床等。

（5）刀具刃磨磨床。包括万能工具磨床、拉刀刃磨床、滚刀刃磨床等。

（6）各种专门化磨床。它是专门用于磨削某一类零件的磨床，包括曲轴磨床、凸轮轴磨床、花键轴磨床、球轴承套圈沟磨床、活塞环磨床、叶片磨床、导轨磨床、中心孔磨床等。

（7）其他磨床。包括珩磨床、研磨机、抛光机、超精加工机床、砂轮机等。

在生产中应用最广泛的是外圆磨床、内圆磨床和平面磨床三类。

目前，数控磨床的也在发展。现代磨床的主要发展趋势是：提高机床的加工效率，提高机床的自动化程度以及进一步提高机床的加工精度和减小表面粗糙度值。

1.4.2.2　M1432A 型万能外圆磨床

M1432A 型磨床是普通精度级万能外圆磨床，主要用于磨削圆柱形或圆锥形的内外圆表面，还可以磨削阶梯轴的轴肩和端平面。该机床的工艺范围较广，但磨削效率不够高，适用于单件小批生产，常用于工具车间和机修车间。

如图 1-13 所示，M1432A 型万能外圆磨床由床身 1、工件头架 2、内圆磨具 3、工作台 8、砂轮架 4、尾座 5 和控制箱 7（由工作台手摇机构、横向进给机构、工作台纵向往复运动液压控制板等组成）等主要部件组成。在床身顶面前部的纵向导轨上装有工作台，台面上装有工件头架 2 和尾座 5。被加工工件支撑在头、尾架顶尖上，或用头架上的卡盘夹持，由头架上的传动装置带动旋转，实现圆周进给运动。尾座在工作台上可左右移动以调整位置，适应装夹不同长度工件的需要。工作台由液压传动驱动，使其沿床身导轨作往复移动，以实现工件的纵向进给运动；也可用手轮操作，作手动进给或调整纵向位置。工作台由上下两层组成，上工作台可相对于下工作台在水平面内偏转一定角度（一般不大于 ±10°），以便磨削锥度不大的锥面。砂轮架 4 由主轴部件和传动装置组成，安装在床身顶面后部的横向导轨上，利用横向进给机构可实现横向进给运动以及调整位移。装在砂轮架上的内磨装置用于磨削内孔，其内圆磨具 3 由单独的电动机驱动。磨削内孔时，应将内磨装置翻下。万能外圆磨床的砂轮架和头架都可绕垂直轴线转动一定角度，以便磨削锥度较大的锥面。此外，在床身内还有液压传动装置，在床身左后侧有冷却液循环装置。

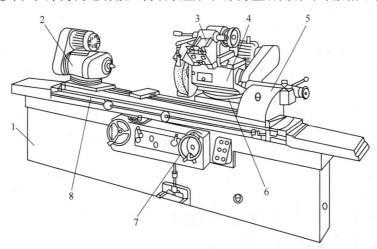

图 1-13　M1432A 型万能外圆磨床

1—床身；2—工件头架；3—内圆磨具；4—砂轮架；5—尾座；6—滑板；7—控制箱；8—工作台

M1432A 型万能外圆磨床的主要技术规格如下：

外圆磨削直径为 ϕ8mm ~ ϕ320mm；最大外圆磨削长度有 1000mm、1500mm、2000mm 三种；内孔磨削直径为 ϕ13mm ~ ϕ100mm；最大内孔磨削长度为 125mm；外圆磨削时砂轮转速为 1670r/min；内圆磨削时砂轮转速有 10000r/min 和 15000r/min 两种。

1.4.3 钻床

钻床（drilling machine）是一种用途广泛的孔加工机床。钻床主要是用钻头钻削加工精度要求不高、尺寸较小的孔。在钻床上加工时，工件不动，刀具作旋转主运动，同时沿轴向移动，完成进给运动。钻床主参数是最大钻孔直径。

钻床可分为立式钻床、台式钻床、摇臂钻床和专门化钻床等。通常以钻头的回转为主运动，钻头的轴向移动为进给运动。它们中的大部分以最大钻孔直径为其主参数值。

钻床的主要功用为钻孔和扩孔，也可以用来铰孔、攻螺纹、锪沉头孔及凸台端面。在上述钻床中，应用最广泛的是摇臂钻床和立式钻床。图 1-14 为钻床的加工方法。

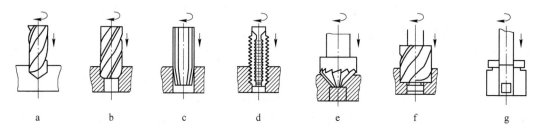

图 1-14　钻床的加工方法

a—钻孔；b—扩孔；c—铰孔；d—攻螺纹；e, f—锪沉头孔；g—锪端面

1.4.3.1　Z3040 型摇臂钻床结构及传动系统分析

在大中型工件上钻孔，希望工件不动，而主轴可以很方便地任意调整位置，这就要采用摇臂钻床。

Z3040 型摇臂钻床结构及基本运动如图 1-15 所示，Z3040 型摇臂钻床主轴箱 4 装在摇臂 3 上，并可沿摇臂 3 上的导轨作水平移动。摇臂 3 可沿立柱 2 作垂直升降运动，该运动的目的是适应高度不同的工件需要。此外，摇臂还可以绕立柱轴线回转。为使钻削时机床有足够的刚性，并使主轴箱的位置不变，当主轴箱在空间的位置完全调整好后，应对产生上述相对移动和相对转动的立柱、摇臂和主轴箱用机床内相应的夹紧机构快速夹紧。摇臂钻床的主轴能任意调整位置，可适应工件上不同位置的孔的加工。

摇臂钻床具有下列运动：主轴的旋转主运动、主轴的轴向进给运动、主轴箱沿摇臂的水平移动、摇臂

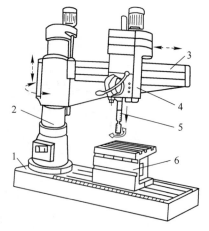

图 1-15　摇臂钻床

1—底座；2—立柱；3—摇臂；4—主轴箱；

5—主轴；6—工作台

的升降运动及回转运动等，其中，前两个运动为表面成型运动，后三个运动为辅助运动。

1.4.3.2 立式钻床

立式钻床又分为圆柱立式钻床、方柱立式钻床和可调多轴立式钻床三个系列。图1-16为方柱立式钻床的外形图。因为其主要部件之一立柱呈方形横截面而得其名。之所以称为立式钻床（简称立钻），是由于机床的主轴是垂直布置，并且其位置固定不动，被加工孔位置的找正必须通过工件的移动。立柱4的作用类似于车床的床身，是机床的基础件，必须有很好的强度、刚度和精度保持性。其他各主要部件与立柱保持正确的相对位置。立柱上有垂直导轨。主轴箱和工作台上有垂直的导轨槽，可沿立柱上下移动来调整它们的位置，以适应不同高度工件加工的需要。调整结束并开始加工后，主轴箱和工作台的上下位置就不能再变动了。

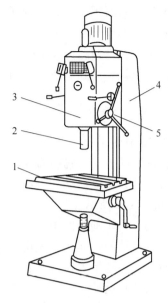

图1-16 立式钻床及传动原理图
1—工作台；2—主轴；3—主轴箱；
4—立柱；5—进给操纵机构

1.5 炭石墨制品的切削原理

1.5.1 炭石墨制品的加工特点

炭和石墨制品的机械加工与铸铁的加工方法相似，它们都属于脆性材料，它们的切屑是一些小颗粒和细粉，加工的刀具材料也大致相同。但它们的力学性能和内部组织结构又不相同，铸铁的强度和硬度比炭石墨材料要高得多，且其结构为致密的均质的固溶体，炭石墨材料是由不同大小的焦炭颗粒或无烟煤颗粒依赖黏结剂黏连在一起的非均质结构的脆性材料，通常有20%~30%的气孔，这些气孔大小不同，分布也不均匀，若加工不精密，则加工后的表面，仔细观察就可看出其表面比较粗糙和有颗粒剥落后留下的凹坑。

对于炭石墨制品的加工，不论是车还是刨和铣，刀具对产品的表面不是单纯的剥离作用，而是刀具对产品组织结构中的表面颗粒（及黏结剂焦化后的焦炭）产生冲击、压碎和剥削等多方面的作用。所以炭和石墨制品加工后的表面光洁度（或称粗糙度）在很大程度上由产品配料时的颗粒粒度组成及混捏、成型时形成的组织结构均匀性所决定。

各种石墨制品宏观硬度比较小，容易进行切削，加工后表面光洁度一般也较高，特别是细颗粒结构的冷压石墨制品，加工后可以得到相当高的光洁度，并显出金属光泽。各种炭素制品（焙烧品）比较硬，加工较困难，最好采用金刚石刀具加工。由于炭和石墨制品中石墨晶体a、b轴方向原子排列最紧密，其原子间距为0.142nm（1.42Å），比金刚石原子间距0.154nm（1.54Å）还小，因此，刀刃碰到a、b轴原子平面时，要打开其原子间距为0.142nm（1.42Å）的原子键就需要很大的力，即炭石墨材料的微观硬度很高，对刀具磨损大。另外，电极内含有微量SiC，对刀刃也有研磨作用，所以，刀刃容易磨钝。为减少刀具磨损，炭石墨材料一般适宜于高速切削，切削速度可取 500～600m/s，最高可取 1000m/s。

加工炭和石墨制品过程中将产生一定数量的粉尘，不仅污染环境，而且使设备容易磨损。因此，炭和石墨制品的机械加工车间必须设有相应的通风除尘设备。

1.5.2　切削时的运动和产生的表面

（1）切削时的运动：为了从被加工件上切去一层物料必须具备两种运动，即主运动和进给运动，如图 1-17 所示。

主运动——车削时的主运动是被加工工件的旋转运动；铣削与刨削时，主运动是工作台载着工件所作的往复运动。

进给运动——使新的物料继续投入切削的运动。车削或刨削时的进给运动是刀具的连续或间歇移动。

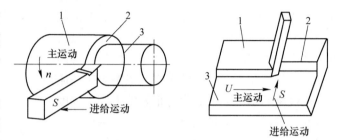

图 1-17　切削时的运动和产生的表面
1—待加工表面；2—切削表面；3—已加工表面

（2）切削时产生的表面：在每次行程中，工件上会出现下列三种表面（图 1-17）：

待加工表面——工件上即将切去切屑的表面；

已加工表面——工件上已经切去切屑的表面；

切削表面——工件上直接由主刀刃形成的表面，亦即已加工和待加工表面之间的过渡表面。

1.5.3　切屑要素

切削要素可分为两大类：工艺的切削要素和物理的切削要素。前者又称为切削用量要素；后者又称为切削层横截面要素。在炭素制品的机械加工主要是车削。故下面重点介绍车床车削的情况。

1.5.3.1　切削用量要素

它用来表示切削时各运动参数的数量，以便按此调整机床。它包括切削速度 v，走刀量 S 和吃刀深度，如图 1-18 所示。

（1）切削速度 v。主运动的线速度称为切削速度，单位为 m/min，它和工件每分钟转速存在下列关系：

$$v = \frac{\pi D n}{1000} \quad \text{或} \quad v = \frac{Dn}{318} \tag{1-1}$$

式中，D 为工件待加工表面直径，mm。

（2）走刀量 S。工件每转一转，刀具沿着进给方向移动的距离称为走刀量，单位为 mm/r。它有纵走刀量与横走刀量之分。

（3）吃刀深度 t。每次走刀切入的深度（垂直于已加工表面度量）t 为吃刀深度，单位为 mm。车外圆时，吃刀深度的计算方法如下：

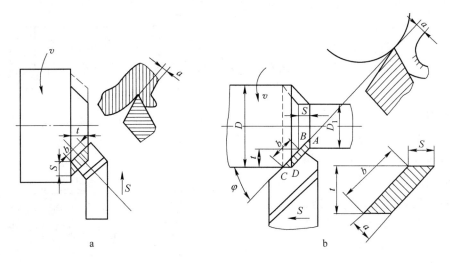

图 1-18 切削要素
a—车外圆；b—车端面

$$t = \frac{D - d}{2} \tag{1-2}$$

式中，D 为待加工工件外径，mm；d 为加工后外径，mm。

1.5.3.2 切削层横截面要素

切削层是工件每转一转、主刀刃相邻两个位置间的一层物料（图 1-18），切削层被工件的轴向截面所截得的截面称为切削层的横截面，如图 1-18 中的 $ABCD$ 截面即是。

（1）切削厚度 a。切削层的厚度是垂直于主刀刃在基面上的投影度量的切削层的尺寸。由图 1-18 可得：

$$a = S\sin\varphi \tag{1-3}$$

（2）切削宽度 b。切削层的宽度是沿着主刀刃在基面上的投影度量的切削层的尺寸，由图 1-18 可得：

$$b = \frac{t}{\sin\varphi} \tag{1-4}$$

（3）切削面积 f。切削层横截面的面积简称为切削面积。由图 1-18 可得：

$$f = ab = st \tag{1-5}$$

利用切削厚度与切削宽度能精确地阐明切削过程的物理本质，故它们又称为物理的切削要素。

1.5.3.3 刨和铣削的要素

（1）刨削要素。对于刨削也有与车削相似的用量要素，其刨削速度就是刨削时工作台移动的速度，工作台往复运动一次，只起一次加工作用，每分钟工作台往复次数即为每分钟的走刀次数。走刀量就是工作台往复一次时，刀具沿进给方向移动的距离；吃刀深度就是每次走刀切入的深度。

（2）铣削要素。端面铣的铣削要素如图 1-19 所示，铣刀转速 $n(\mathrm{r/min})$ 与铣削速度 v

（铣刀旋转运动的线速度，m/min）的关系如下：

$$v = \frac{\pi D n}{1000} \qquad (1\text{-}6)$$

式中，D 为铣刀直径，mm。

铣削宽度 B 为垂直于铣削深度和走刀方向度量的切削层尺寸；铣削深度 t 为待加工表面和已加工表面的垂直距离。

设每齿走刀量为 S_z，每转的走刀量为 S_n 和每分钟走刀量为 S_m，以及每齿切削厚度为 a，每齿削宽度为 b 和每齿切削面积为 f，端铣的接触角为 δ；当导角 φ 不等于 90°时，则

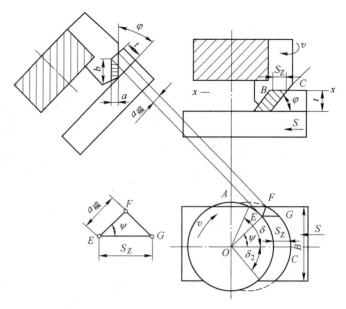

图 1-19 端面铣的铣削要素

$$a = a_{端} \sin\varphi = S_z \cos\psi \sin\varphi \qquad (1\text{-}7)$$

$$b = \frac{t}{\sin\varphi} \qquad (1\text{-}8)$$

$$f = ab \qquad (1\text{-}9)$$

式中，φ 为导角；ψ 为端铣刀的齿位角。

由式（1-8）和式（1-9）知，端铣刀的 a 是变化的，而 b 是常数。

1.6 加工用量和切削机床的选择

1.6.1 车床切削用量的选择

选择车削用量即是确定合理的吃力深度 t、走刀量 S 和切削速度 v。这项工作对保证产品质量、提高生产率和降低成本具有重大影响。

（1）在选择切削用量以前，工件、机床、刀具和其他切削条件皆为已知。选择车削用量的原则和步骤。

1）选择车削用量的原则是：

① 保证加工质量，主要是保证加工表面光洁度和精度。② 不超过机床允许的动力和扭矩，不超过工件—刀具—机床工艺系统的刚性和强度，同时又能充分发挥它们的潜在能力。③ 保证刀具有合理的耐用度，使机动时间少，生产率高或成本低。

2）选择车削用量的步骤：

欲提高生产率，须使单件工时减少，并尽可能使机动时间为最小。在通常情况下，选择切削用量应该在考虑加工材质及加工后精度和光洁度要求下，采取如下步骤：

① 选择吃力深度，因为在吃力深度、走刀量和车削速度这三者之间对刀具耐用度影响最小的是吃刀深度，影响最大的是车削速度。故尽可能选择较大的吃力深度，这对提高

加工效率最有效，但吃刀深度过大会引起车床振动，甚至损坏车刀及车床。

② 选择走刀量，走刀量受机床和刀具的耐用度、工件所要求的精度和光洁度等的限制。当吃刀深度受到加工余量的限制而取值不很大时，再尽可能用较大的走刀量 S。但走刀量太大时，可能会引起机床最薄弱的零件的损坏、刀片破裂、工件弯曲和加工表面光洁度降低。

③ 选择切削速度，当吃刀深度和走刀量选择妥后，可将切削速度尽可能选择大一些，应当做到既能发挥车刀的切削能力，又能充分发挥车床的能力。但也不是越大越好，要根据具体情况（如车床新旧，操作者技术水平等）灵活掌握。

（2）车削用量的选择。如何选择切削用量。这是值得重视的，因为切削用量不仅影响生产率，而且也影响加工质量和设备的寿命及操作安全。一般来说，增加吃刀深度，走刀量及切削速度，可以提高生产率，但过大地增大切削用量，容易造成废品，撞坏车刀，加快车刀磨损甚至损坏车床。

1）吃刀深度 t 和行程次数的选择。设毛坯直径为 D_0，加工后直径为 D，每边余量为 h（mm），则：

$$h = \frac{D_0 - D}{2} \tag{1-10}$$

知道了 h 后，再来确定吃刀深度和行程次数。目前国内以前是一次切完，即 $t = h$。现在为了提高加工精度和表面光洁度，一般可采用二次或三次进刀加工，第一次为粗车，第二次为精车；或者第三次再精车，或称光面。也可采用组合刀具，将粗车刀和精车刀间隔一定距离组合在一起，这样一次同时完成粗车和精车。

2）走刀量的选择。当知道 t 后来选择走刀量，走刀量 S 增加会使切削力增加和表面光洁度下降，同时走刀量还受力杆、刀片、工件及机床等的强度、刚度或扭力矩的限制。电极车削外圆时车床的转速及走刀量可参考表 1-6 选取。

表 1-6　车外圆时车床主轴转速和走刀量

加工产品规格/mm	$\phi 50 \sim 100$	$\phi 125 \sim 300$	$\phi 350 \sim 400$	$\phi 500$ 以上
主轴转速/r·min^{-1}	$600 \sim 750$	$480 \sim 600$	$380 \sim 480$	$173 \sim 286$
走刀量/mm·r^{-1}	<2	<2.5	<2.7	<3.0

3）切削速度的选择。切削速度应是刀具切削性能允许的切削速度 v_r，为了保证切削时刀具的耐磨度和工件的表面光洁度，实际选用的切削速度 $v_实$ 为：

$$v_实 \leq v_\gamma \tag{1-11}$$

目前加工炭石墨制品的切削速度是根据经验确定的，在实际加工工作中，往往是根据已定的切削速度 $v_实$ 和工件直径 D 来计算车床主轴的转速 n（r/min）：

$$n = \frac{1000 v_实}{\pi D} \tag{1-12}$$

或

$$n = \frac{318 v_实}{D} \tag{1-13}$$

根据国外资料介绍，用车床粗加工炭素、电炭制品时，其切削速度为 $500 \sim 600$ m/min，进刀量 $0.20 \sim 0.30$ mm/r，切削深度为 7mm 以下。在同一台车床上对制品进行精加工时，切削速度为 200 ~ 300m/min，最大进刀量为 0.10mm/r，切削深度 0 ~ 0.4mm。

在国内的 C620 型或 C630 及电极加工专用车床上车外圆时，车床主轴转速及走刀量可参考表 1-6；平端面及镗孔时主轴转速及走刀量可参考表 1-7；用铣刀加工螺纹时，车床主轴转速及铣刀转速可参考表 1-8；加工半扣时车床主轴转速及铣刀转速可参考表 1-9；加工 $\phi16''$ 石墨电极国内外切削参数对比可参考表 1-10。

表 1-7　平端面及镗孔时主轴转速与走刀量

加工产品直径/mm	$\phi75 ~ 100$	$\phi125 ~ 250$	$\phi500$
车床主轴转速/r · min^{-1}	600	480 ~ 600	380 ~ 470
走刀量/mm · r^{-1}	2 ~ 5	2 ~ 5	2 ~ 5

表 1-8　铣螺纹时车床主轴转速及铣刀转速

加工产品直径/mm	$\phi75 ~ 100$	$\phi150 ~ 250$	$\phi300 ~ 350$	$\phi400$	$\phi500$
车床主轴转速/r · min^{-1}	96	60 ~ 75	48	38	24 ~ 38
铣刀转速/r · min^{-1}	8500	8500	7300	7300	7300

表 1-9　平端面及加工半扣时车床主轴转速及铣刀转速

加工产品规格/mm	$\phi300 ~ 400$ 电极接头	$\phi500$ 电极接头
主轴转速/r · min^{-1}	190	120
铣刀转速/r · min^{-1}	>2870	>2870

表 1-10　加工 $\phi16''$ 石墨电极切削参数对比表

参　　数		日本自动线	我国部分工厂
外圆加工	刀　具	双排组合铣刀	车　刀
	电极转速/r · min^{-1}	12 ~ 16	5
	刀具转速/r · min^{-1}	800	
	走刀量/mm · min^{-1}	790 ~ 1080	1425 ~ 2375
面和孔的加工	刀　具	铣　刀	车　刀
	电极转速/r · min^{-1}	4 ~ 6.3	411 ~ 464
	刀具转速/r · min^{-1}	1000（端面）	
	走刀量/mm · min^{-1}	1600（孔）40 ~ 240	1325 ~ 2250
螺纹加工	刀　具	双排刃梳形铣刀	成形铣刀、单杆铣刀
	电极转速/r · min^{-1}	2 ~ 3.5	26 ~ 48、24
	刀具转速/r · min^{-1}	1900	4400、5950

1.6.2　车床的选型与加工操作

1.6.2.1　选型

加工电极或大型石墨棒的车床应满足以下条件：（1）车床顶尖中心高应大于待加工电极的半径；（2）车床顶尖间最大距离应大于待加工电极的长度；（3）车床两导轨间距要

宽，床身横截面积应大，机床刚性要好。因电极质量大，中心孔也难打得完全对中心，故加工旋转过程中易产生很大的转动惯量。机床刚性不好，容易使机床产生振动，同时加工精度和光洁度下降。目前通常采用的普通车床和电极加工专用车床加工 $\phi350mm$ 以上电极时，其刚度均不够好。

加工 $\phi200mm$ 及其以下的电极，可选用 C-620 型顶尖间距为 1500mm 的车床；加工 $\phi(250\sim500)mm$ 的电极，可选用 C-630 型顶尖间距为 3000mm 的车床或电极加工专用车床，加工 $\phi500mm$ 以上的电极，可选用 C-650 型车床，车接头可采用 C625 型和 C614 型车床。对于大厂，电极加工应采用组合机床（自动线）。

1.6.2.2 加工操作

下面以加工电极为例，车外圆时，电极或大型石墨棒由悬壁吊吊上，一端由车床卡盘或气动夹具夹住，另一端用顶尖顶住，启动车床后使电极旋转，根据电极的规格尺寸，逐次进刀和测量，使电极加工部分合格后再自动进刀纵向移动。为了提高精度和光洁度，可分二次或三次加工，第一次粗车，进刀深度大，第二次或第三次精车，进刀深度小。车削完后，电极由悬臂吊吊至水平架。非电极类产品对加工精度、光洁度、平行度、端垂直度要求更高。

（1）粗车：依据实际情况确定粗车的吃刀深度，启动机床让工件低速运转，切削一小段后，锁紧尾架上的锁紧手柄，然后按规程中规定的参数变挡切削，一般粗车后留下的加工余量为 1mm。由于料另一端用卡盘夹着，为不使车刀和卡盘碰撞，需要有 $70\sim80mm$ 为余量，该量在镗孔中加工掉。

（2）精车：须先试车，试车步骤：试切一小段，停车用外卡钳或钢板尺测量直径，调整切削深度，再试切，重复几次，直至达到规定的尺寸，锁紧尾架上的锁紧手柄，而后自动进刀，精车后要使表面达到一定的光洁度，光洁度不够时可用细砂纸打磨。

（3）加工外圆的注意事项。外圆加工质量的好与坏，对下道工序影响很大，因为下道工序以石墨电极外圆作为基准面，在外圆加工中应重点控制的是：1）石墨电极的外径大小；2）外圆的锥度和椭圆度；3）光洁度。

外圆加工常见的问题、原因和排除方法见表 1-11。

表 1-11　外圆加工常见的问题、原因和排除方法

工序名称	问　题	产生的原因	排除方法	对下道工序的影响
外圆加工	表面出现有规律性的波纹	（1）主轴窜动；（2）大拖板压板螺丝松动	（1）拧紧主轴背帽；（2）拧紧压板螺丝	衬套将严重磨损
	产生锥度	（1）主轴与尾座不同心；（2）刀台后把螺母磨损	（1）调节尾座，使之同新；（2）更换螺母	产生锥度
	产生椭圆	（1）主轴转数高，料弯曲摆动；（2）尾座固定不紧	（1）按规程操作；（2）固定尾座	椭圆
	光洁度不好有黑皮	（1）刀角度不好、刀钝；（2）料变形、中心孔未打正	（1）勤磨刀；（2）重新确定中心孔	

（4）平端面和镗接头孔，对于电极加工，悬臂吊将电极吊至车床，电极一端由车床卡盘（或气动夹具）夹住，另一端在距端部半米左右处由中心架托住，产品在中心架内可自由转动。先平端面后镗接头孔，可以在刀架上安两把车刀同时并进。加工完一端再掉头加工另一端。镗孔产生的问题及排除方法见表1-12。

表1-12　镗孔工序易产生的问题、原因与排除方法

序　号	问　题	原　因	排除方法
1	端面凹凸现象	（1）主轴窜动；（2）端面刀安装不正；（3）中心架与主轴轴线不同心；（4）刀架螺母磨损	（1）将主轴承背帽拧紧；（2）把正端面刀；（3）测量、调整；（4）更换螺母
2	孔偏	（1）外圆直径是否合格；（2）主轴、中心架刀架是否同心	（1）检查上工序，提出直径要求；（2）测量、调整中心
3	孔有锥度	（1）孔刀是否固紧；（2）刀架压把是否压紧；（3）刀架、中心架是否同心	（1）把紧孔刀；（2）拧紧压把螺母；（3）检查、调整中心
4	空刀不标准	（1）刀架螺母磨损；（2）刀角度不合适；（3）检查工艺系统	（1）更换螺母；（2）重新磨刀；（3）调整

在每一规格产品加工第一根石墨棒时，应调整好卡盘与中心架的同心度，使之同心，加工过程中也应经常检查，若不同心，则会造成电极外圆与接头孔不同心。

（5）铣电极孔螺纹，电极安装调整同平端面，铣圆柱螺纹，铣刀安装在铣刀杆上，铣刀杆上同时还安装有配套的尾刀（修正端部的螺纹）。启动车床，电极低速转动，铣刀则高速转动，转动方向相同，经过仔细对刀（保证螺纹的深度、齿廓合乎要求），一次将螺纹铣成。螺纹加工易产生的问题见表1-13。

表1-13　螺纹加工易产生的问题

序　号	问　题	原　因	排除办法
1	螺距或肥或瘦	（1）刀没磨好；（2）挂轮架三星轮啮合不好；（3）主轴窜动	（1）重新磨刀；（2）调整啮合间隙；（3）拧紧背帽
2	螺距不等或乱扣	（1）主轴—挂轮—丝杠有毛病；（2）卡盘卡紧力小；（3）退刀操作失误	（1）检查该传动系统；（2）换橡胶套、看压力表指示值；（3）脱开对开螺母后再进刀，应用乱扣盘
3	半扣有台	（1）卡盘卡不住工件；（2）铣刀—尾刀距离不对；（3）退刀操作不当	（1）检查该传动系统；（2）加垫调整
4	扣表面波浪纹	（1）主轴转速过高；（2）铣刀装置不稳；（3）刀没磨好	（1）按规程操作；（2）把紧橡胶绳或铣刀装置螺钉；（3）重新磨刀

（6）接头的加工，先车外圆（如车电极外圆一样），车好后再车削或铣出螺纹，然后用切刀按一定长度（比每个接头额定长度略长一些）切割至直径的2/3深，待整根电极分段切割完后，取下在木板上轻摔即可完全断开。最后平端面及加工半扣，$\phi300 \sim \phi500mm$电极接头在车床上进行，车床卡盘由相应规格的模具代替（模具内有螺纹，接头可以拧

入），车床上安有铣刀装置，接头一端拧入模具后由铣刀平端面及加工半扣，加工完一端后再加工另一端。

多数接头加工厂已采用组合机床来加工，不但可提高生产效率，同时还可提高精度和表面光洁度。

1.6.3　其他切削机床及切削用量的选择

（1）铣削用量选择。包括铣削宽度 B、铣削深度 t、铣削速度 v 和转速 n、走刀量 S_z 和 S_m。选择铣削用量的原则方法基本上和车削相同。具体步骤拟为：

1）铣削宽度 B 和铣削深度 t、加工余量 h 应为已知，目前加工炭块一般 $t = h - 1\text{mm}$，即一次铣完后，为提高光洁度和精度，可采用二次铣削。铣削宽度一般略小于铣刀盘直径。

2）每齿走刀量 S_z：它受机床刚度和表面光洁度的限制，一般先由光洁度确定每转走刀量 S_n，然后按下式求出 S_z（mm/齿）：

$$S_Z = \frac{S_n}{Z} \tag{1-14}$$

式中　Z——铣刀刀齿数。

3）铣削速度 v 及转速 n，目前由经验确定 v，然后再根据机床取接近计算值的实有转数：

$$n = \frac{1000v}{\pi D} \tag{1-15}$$

式中　v——铣削速度，m/min；

　　　D——铣刀盘的直径，mm。

4）每分钟走刀量 S_m（mm/min）可按下式计算，再根据机床取接近计算值的实有走刀量：

$$S_m = S_Z Z n \tag{1-16}$$

式中　Z——铣刀刀齿数。

目前加工炭块常采用铣床，尤其多采用双端面铣床，应注意的是两端铣刀间距离应大于炭块长度。加工时其主要参数如下：铣刀盘转速为 205～230r/min；铣刀盘上铣刀头不少于四把（根据吃刀量安装刀数目）；工作台行进速度 1～1.2m/min；吃刀量可在 1～70mm 内调节。

（2）刨削用量选择。刨削用量包括刨削速度、走刀深度及进刀量，选择原则和方法与车削相类似。加工炭块一般采用双臂或单臂龙门刨床，应注意的是刨床工作台行程应大于炭块长度，加工时其主要参数如下：

刨床具有无级变速，工作台行进速度可在 5～75m/min 内调节，一般控制在 45m/min 左右。吃刀深度不要超过 50mm，精加工时应减少吃刀深度。走刀量可在 1～15mm，刨刀角一般为 12°～14°。

（3）磨削用量选择。用无心磨床研磨圆柱形制品和金属陶瓷制品（青铜石墨）的研磨工作条件见表 1-14，若要提高光洁度，则要降低磨削量，在无心研磨陶瓷制品时，圆周速度降到 40～50r/min，纵走刀量降到 1500～2000mm/min，研磨深度降到 0.01～0.02mm。

表 1-14　研磨电炭制品和陶瓷制品的工作条件

工作条件	对炭素材料		对金属陶瓷制品
	研磨平面	磨圆表面的无心研磨	
研磨的圆周速度/m·r^{-1}	30~37	25	30~35
圆周的转速/r·min^{-1}	2200~5000	350	50~70
圆周的偏转角/(°)	±2	6	2
纵走刀/mm·min^{-1}	1300~3500		2000~2500
研磨的深度/mm	0.3 以下	0.5 以下	0.04~0.05

（4）钻孔。用普通型号的钻床，钻速可达到 60m/min，进刀量的大小，随着所采用的钻头直径的增大而大大提高，见表 1-15。

表 1-15　钻金属陶瓷制品时的进刀量

钻头直径/mm	φ3~6	φ6~12	φ12~19	φ19~25
每转的进刀量/mm	0.05~0.1	0.1~0.15	0.15~0.20	0.20~0.30

1.7　切削刀具

炭素、电炭制品在机械加工过程中，刀具的好坏直接影响加工质量及生产效率，而影响刀具顺利切削的主要因素有刀具的材料和刀头的几何角度等。

1.7.1　刀具材料与性能要求

在切削过程中，刀具切削部分因承受力、热和摩擦的作用而发生磨损。刀具使用寿命的长短和生产率的高低，首先取决于刀具材料是否具备应有的切削性能。此外，刀具材料的工艺性能对刀具本身的制造与刃磨质量也有显著的影响，因此，刀具切削部分的材料应满足下列基本要求：

（1）切削性能方面：1）高的硬度，至少应高于被加工件材料的硬度，否则便不能进行切削。2）高的耐磨性。3）足够的强度和韧性。4）高的耐热性。所谓耐热性是指在高温下，继续保持上述性能的能力，常用红硬性或黏结温度作为衡量指标，它是评定刀具材料切削性能优劣的主要标志。

（2）工艺性能方面：

1）热处理性能好（热处理变形小，脱炭层小和淬透性好等），这是工具钢应具备的重要工艺性能。2）刃磨性能好，能够磨得光洁锋利。3）其他工艺性能（如焊性能、被切削加工性能）好。

此外，刀具材料尚应具有资源丰富，价格低廉等特点。

1.7.2　刀具材料类型

当前使用的刀具材料分 4 大类：工具钢（包括碳素工具钢、合金工具钢、高速钢），硬质合金，陶瓷，超硬刀具材料。一般机加工使用最多的是高速钢与硬质合金。各类刀具材料的硬度与韧性如图 1-20 所示。一般硬度越高，可允许的切削速度越高，而韧性越高者，切削力越大。

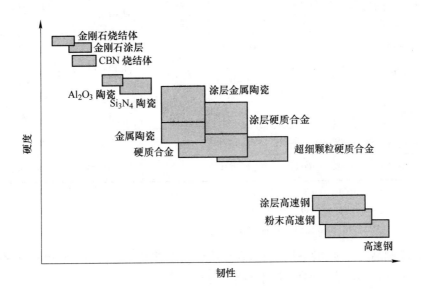

图 1-20　各类刀具材料的硬度与韧性

工具钢耐热性差，但抗弯度高，价格便宜，焊接与刃磨性能好，故广泛用于中、低速切削的成型刀具，不宜高速切削。硬质合金耐热性好，切削效率高，但刀片强度、韧性不及工具钢，焊接刃磨工艺性也比工具钢差，多用于制作车刀、铣刀及各种高效切削工具。各种刀具材料的物理力学性能见表 1-16。

表 1-16　各类刀具材料的物理力学性能

材料种类		相对密度	硬度 HRC (HRA) [HV]	抗弯强度 σ_{bb}[①] /GPa	冲击韧度 a_K[②] /MJ·m^{-2}	热导率 κ[③] /W·(m·K)$^{-1}$	耐热性/℃	切削速度大致比值
工具钢	碳素工具钢	7.6 ~ 7.8	66 ~ 65 (81.2 ~ 84)	2.16	—	≈41.87	200 ~ 250	0.32 ~ 0.4
	合金工具钢	7.7 ~ 7.9	60 ~ 65 (81.2 ~ 84)	2.35	—	≈41.87	300 ~ 400	0.48 ~ 0.6
	高速钢	8.0 ~ 8.8	63 ~ 70 (83 ~ 86.6)	1.96 ~ 4.41	0.098 ~ 0.588	16.75 ~ 25.1	600 ~ 700	1 ~ 1.2
硬质合金	钨钴类	14.3 ~ 15.3	(89 ~ 91.5)	1.08 ~ 2.16	0.019 ~ 0.059	75.4 ~ 87.9	800	3.2 ~ 4.8
	钨钛钴类	9.35 ~ 13.2	(89 ~ 92.5)	0.882 ~ 1.37	0.0029 ~ 0.0068	20.9 ~ 62.8	900	4 ~ 4.8
	含有碳化钼 (Ta)、铌 (Nb) 类	—	(~92)	~ 1.47	—	—	1000 ~ 1100	6 ~ 10
	碳化钛基类	5.56 ~ 6.3	(92 ~ 93.3)	0.78 ~ 1.08	—	—	1100	6 ~ 10

材料种类		相对密度	硬度 HRC （HRA） [HV]	抗弯强度 σ_{bb}① /GPa	冲击韧度 a_K② /MJ·m^{-2}	热导率 κ③ /W·(m·K)$^{-1}$	耐热性/℃	切削速度 大致比值
陶瓷	氧化铝陶瓷	3.6 ~ 4.7	（91 ~ 95）	0.44 ~ 0.686	0.0049 ~ 0.0117	4.19 ~ 20.93	1200	8 ~ 12
	氧化铝碳化物混合陶瓷			0.71 ~ 0.88			1100	6 ~ 10
	氮化硅陶瓷	3.26	[5000]	0.735 ~ 0.83	—	37.68	1300	
超硬材料	立方氮化硼	3.44 ~ 3.49	[8000 ~ 9000]	≈0.249	—	75.55	1400 ~ 1500	—
	人造金刚石	3.47 ~ 3.56	[10000]	0.21 ~ 0.48	—	146.54	700 ~ 800	≈25

① $1kgf/mm^2 = 9.8 \times 10^6 Pa = 9.8 \times 10^{-3} GPa$；

② $1kgf/mm^2 = 9.8 \times 10^4 J/m^2 = 9.8 \times 10^{-2} MJ/m^2$；

③ $1cal/(cm·s·℃) = 4.1868 \times 10^2 W/(m·K)$。

炭和石墨制品一般使用高速钢刀具和硬质合金刀具来加工，对于炭电极或其他焙烧制品，由于炭质材料硬度高，最好采用金刚石刀具。

高速钢是合金钢的一种。高速钢刀制造简单，刃磨方便，且容易磨得锋利，此外其坚韧性好，还能承受较大的冲击力。但是高速钢（约能耐热 500 ~ 600℃，淬火后硬度为 62 ~ 65HRC）的红硬性不如硬质合金。

硬质合金是由难熔材料如碳化钨、碳化钛和胶合剂钴黏结并在高温下烧结而成，硬质合金能耐高温，有很好的红硬性，在 1000℃ 左右尚能保持良好的切削性能。耐磨性也很好，常温下硬度达 87 ~ 92.8HRA，相当于 70 ~ 75HRC。缺点是性脆、怕震，坚韧性差。但这一缺点可以通过刃磨合理的角度来弥补，所以在炭和石墨制品的加工中大量使用硬质合金刀头。

常用的硬质合金有两种：钨钴类硬质合金及钨钴钛类硬质合金。钨钴类硬质合金用字母 YG 表示，其后数字表示含钨钴的百分率，而其余成分则为碳化钨，含钴量越多，则其韧性越大，越不怕冲击，但硬度和耐热性下降。钨钴钛类硬质合金用字母 YT 表示，其后数字表示含碳化钛的百分率。加入钛，能提高黏结温度，减小摩擦系数，增加硬度，但抗弯强度降低，性质脆。

1.7.3　高速钢

高速钢是含有 W、Mo、Cr、V 等合金元素较多的合金工具钢。高速钢是综合性能较好、应用范围最广的一种刀具材料。热处理后硬度达 62 ~ 66HRC，抗弯强度约 3.3GPa，耐热性为 600℃ 左右，此外还具有热处理变形小、能锻造、易磨出较锋利的刃口等优点。特别是用于制造结构复杂的成型刀具，例如各类孔加工刀具、铣刀、拉刀、螺纹刀具、切齿刀具等。常用高速钢的牌号及其物理力学性能见表 1-17。

（1）通用型高速钢。通用型高速钢应用最广，约占高速钢总量的 75%。碳的质量分数为 0.7% ~ 0.9%，按含钨、钼量的不同分为钨系、钨钼系。主要牌号有以下 3 种：

表 1-17 常用高速钢牌号的物理力学性能

类 型		牌 号			硬 度			抗弯强度	冲击韧度
		YB12—77牌号	美国 AISI代号	国内有关厂代号	室温	500℃	600℃	σ_{bb}/GPa	a_K/MJ·m^{-2}
通用型高速钢		W18Cr4V (T1)			63~66	56	48.5	2.94~3.33	0.176~0.314
		W6Mo5Cr4V2 (M2)			63~66	55~56	47~48	3.43~3.92	0.294~0.392
		W9Mo3Cr4V			65~66.5	—	—	4~4.5	0.343~0.392
高生产率高速钢	高钒	W12Cr4V4Mo (EV4)			65~67	—	51.7	≈3.136	≈0.245
		W6Mo5Cr4V3 (M3)			65~67	—	51.7	≈3.136	≈0.245
	含钴	W6Mo5Cr4V2Co5 (M36)			66~68	—	54	≈2.92	≈0.294
		W2Mo9Cr4VCo8 (M42)			67~70	60	55	2.65~3.72	0.225~0.294
	含铝	W6Mo5Cr4V2Al (M2Al) (501)			67~69	60	55	2.84~3.82	0.225~0.294
		W10Mo4Cr4V3Al (5F6)			67~69	60	54	3.04~3.43	0.196~0.274
		W6Mo5Cr4V5SiNbAl (B201)			66~68	57.7	50.9	3.53~3.82	0.255~0.265

注：牌号中化学元素后面数字表示质量分数大致百分比，未注者在1%左右。

1) W18Cr4V (18-4-1) 钨系高速钢。18-4-1高速钢具有较好的综合性能。因含钒量少，刃磨工艺性好。淬火时过热倾向小，热处理控制较容易。缺点是碳化物分布不均匀，不宜做大截面的刀具；热塑性较差；又因钨价高，国内使用逐渐减少，国外已很少采用。

2) W6Mo5Cr4V2 (6-5-4-2) 钨钼系高速钢。6-5-4-2高速钢是国内外普遍应用的牌号。因一份Mo可替代两份W，这就能减少钢中的合金元素，降低钢中碳化物的数量及分布的不均匀性，有利于提高热塑性、抗弯强度与韧性。加入质量分数为3%~5%的钼，可改善刃磨工艺性。因此6-5-4-2的高温塑性及韧性胜过18-4-1，故可用于制造热轧刀具如扭制麻花钻等。主要缺点是淬火温度范围窄，脱碳过热敏感性大。

3) W9Mo3Cr4V (9-3-4-1) 钨钼系高速钢。9-3-4-1高速钢是根据我国资源研制的牌号。其抗弯强度与韧性均比6-5-4-2好。高温热塑性好，而且淬火过热、脱碳敏感性小，有良好的切削性能。

(2) 高生产率高速钢。高生产率高速钢是指在通用型高速钢中增加碳、钒，添加钴或铝等合金元素的新钢种。其常温硬度可达67~70HRC，耐磨性与耐热性有显著的提高，能用于不锈钢、耐热钢和高强度钢的加工。表1-17已列出各类高生产率高速钢的典型牌号。

1.7.4 硬质合金

1.7.4.1 硬质合金组成与性能

硬质合金是由硬度和熔点很高的碳化物（称硬质相）和金属（称黏结相）通过粉末冶金工艺制成的。硬质合金刀具中常用的碳化物有WC、TiC、TaC、NbC等。常用的黏结剂是Co，碳化钛基的黏结剂是Mo、Ni。

硬质合金的物理力学性能取决于合金的成分、粉末颗粒的粒度及合金的烧结工艺。含高硬度、高熔点的硬质相越多，合金的硬度与高温硬度越高。含黏结剂越多，强度越高。合金中加入 TaC、NbC 有利于细化晶粒，提高合金的耐热性。常用的硬质合金牌号中含有大量的 WC、TiC，因此硬度、耐磨性、耐热性均高于工具钢。常温硬度达 89～94HRA，耐热性达 800～1000℃。切削钢时，切削速度可达 220m/min 左右。在合金中加入熔点更高的 TaC、NbC，可使耐热性提高到 1000～1100℃，切削钢时，切削速度可进一步提高到 200～300m/min。

表 1-18 列出了硬质合金牌号、性能和对应的 ISO 标准的牌号。除标准牌号外，各硬质合金厂均开发了许多新牌号，使用性能很好，可参阅各厂产品样本。

表 1-18　常用硬质合金牌号与性能

YS/T 400 —1994		化学成分/%					物理力学性能				对应 GB/T 2075—1998			使用性能				
类型	牌号	w_{WC}	w_{TiC}	$w_{TaC(NbC)}$	w_{Co}	其他	密度/g·cm^{-3}	热导率/W·$(m·K)^{-1}$	硬度（HRA）	抗弯强度/GPa	代号	牌号	颜色	耐磨性	韧性	切削速度	进给量	加工材料类别
钨钴类	YG3	97	—	—	3	—	14.9～15.3	87	91	1.2	K 类	K01	红	↑	↓	↑	↓	短切屑的黑色金属；非铁金属；非金属材料
	YG6X	93.5	—	0.5	6	—	14.6～15	75.55	91	1.4		K10						
	YG6	94	—	—	6	—	14.6～15.0	75.55	89.5	1.42		K20						
	YG8	92	—	—	8	—	14.5～14.9	75.36	89	1.5		K30						
	YG8C	92	—	—	8	—	14.5～14.9	75.36	88	1.75								
钨钛钴类	YT30	66	30	—	4	—	9.3～9.7	20.93	92.5	0.9	P 类	P01	蓝	↑	↓	↑	↓	长切屑的黑色金属
	YT15	79	15	—	6	—	11～11.7	33.49	91	1.15		P10						
	YT14	78	14	—	8	—	11.2～12	33.49	90.5	1.2		P20						
	YT5	85	5	—	10	—	12.5～13.2	62.8	89	1.4		P30						
添加钽(Ta)铌(Nb)类	YG6A	91	—	3	6	—	14.6～15.0	—	91.5	1.4	K 类	K10	红	—				长、短切屑的黑色金属
	YG8N	91	—	1	8	—	14.5～14.9	—	89.5	1.5		K20						
	YW1	84	6	4	6	—	12.8～13.3	—	91.5	1.2	M 类	M10	黄					
	YW2	82	6	4	8	—	12.6～13.0	—	90.5	1.35		M20						

YS/T 400 —1994		化学成分/%					物理力学性能				对应 GB/T 2075—1998			使用性能				
类型	牌号	w_{WC}	w_{TiC}	$w_{TaC(NbC)}$	w_{Co}	其他	密度/g·cm^{-3}	热导率/W·(m·K)$^{-1}$	硬度(HRA)	抗弯强度/GPa	代号	牌号	颜色	耐磨性	韧性	切削速度	进给量	加工材料类别
碳化钛基类	YN05	—	79	—	—	Ni7 Mo14	5.56	—	93.3	0.9	P类	P01	蓝					长切屑的黑色金属
	YN10	15	62	1	—	Ni12 Mo10	6.3	—	92	1.1		P01						

注：Y—钨；G—钴；T—钛；X—细颗粒合金；C—粗颗粒合金；A—含 TaC（NbC）的 YG 类合金；W—通用合金。

1.7.4.2 普通硬质合金分类、牌号与使用性能

硬质合金按其化学成分与使用性能分为三类：K 类：钨钴类（WC + Co）；P 类：钨钛钴类（WC + TiC + Co）；M 类：添加稀有金属碳化物类（WC + TiC + TaC（NbC）+ Co）。

（1）K 类合金（冶金部标准 YG 类）。K 类合金的抗弯强度与韧性比 P 类高，能承受对刀具的冲击，可减少切削时的崩刃，但耐热性比 P 类差，因此主要用于加工铸铁、非铁材料与非金属材料。在加工脆性材料时切屑呈崩碎状。K 类合金导热性较好，有利于降低切削温度。此外，K 类合金磨削加工性好，可以刃磨出较锋利的刃口，故也适合加工非铁材料及纤维层压材料。合金中含钴量越高，韧性越好，适于粗加工；含钴量少的用于精加工。

（2）P 类合金（冶金部标准 YT 类）。P 类合金有较高的硬度，特别是有较高的耐热性、较好的抗黏结、抗氧化能力。它主要用于加工以钢为代表的塑性材料。加工钢时塑性变形大、摩擦剧烈，切削温度较高。P 类合金磨损慢，刀具寿命大。合金中含 TiC 量较多者，含 Co 量就少，耐磨性、耐热性就更好，适合精加工。但 TiC 量增多时，合金导热性变差，焊接与刃磨时容易产生裂纹。含 TiC 量较少者，则适合粗加工。

P 类合金中的 P01 类为碳化钛基类（TiC + WC + Ni + Mo）（冶金部标准 YN 类），它以 TiC 为主要成分，Ni、Mo 作黏结金属。适合高速精加工合金钢、淬硬钢等。

TiC 基合金的主要特点是硬度非常高，达 90 ~ 93HRA，有较好的耐磨性。特别是 TiC 与钢的黏结温度高，使抗月牙洼磨损能力强。有较好的耐热性与抗氧化能力，在 1000 ~ 1300℃高温下仍能进行切削。切削速度可达 300 ~ 400m/min。此外，该合金的化学稳定性好，与工件材料亲和力小，能减少与工件的摩擦，不易产生积屑瘤。最早出现的金属陶瓷是 TiC 基合金，其主要缺点是抗塑性变形能力差，抗崩刃性差。现在已发展为以 TiC、TiN、TiCN 为基，且以 TiN 为主，因而使耐热冲击性及韧性都有了显著提高。

（3）M 类合金（冶金部标准 YW 类）（GB/T 2075—1998 标准中）。M 类合金中加入了适量稀有难溶的金属碳化物，以提高合金的性能。其中效果显著的是加入 TaC 或 NbC，一般质量分数在 4% 左右。

TaC 或 NbC 在合金中主要是提高合金的高温硬度与高温强度。在 YG 类合金中加入 TaC，可使 800℃时强度提高 0.15 ~ 0.20GPa。在 YT 类合金中加入 TaC，可使高温硬度提高约 50 ~ 100HV。由于 TaC 与 NbC 与钢的黏结温度较高，从而减缓了合金成分向钢中扩

散，延长刀具寿命。TaC 或 NbC 还可提高合金的常温硬度，提高 YT 类合金的抗弯强度与冲击韧性，特别是提高合金的抗疲劳强度。能阻止 WC 晶粒在烧结过程中的长大，有助于细化晶粒，提高合金的耐磨性。

TaC 在合金中的质量分数达 12%~15% 时，可提高周期性温度变化的能力，防止产生裂纹，并提高抗塑性变形的能力。这类合金能适应断续切削及铣削，不易发生崩刃。

此外，TaC 或 NbC 可改善合金的焊接、刃磨工艺性，提高合金的使用性能。

1.7.5　超硬刀具材料

超硬刀具材料指金刚石与立方氮化硼。

1.7.5.1　金刚石

金刚石是碳的同素异形体，是目前最硬的物质，显微硬度达 10000HV。

金刚石刀具有三类：

（1）天然单晶体金刚石刀具。主要用于非铁材料及非金属的精密加工。单晶体金刚石结晶界面有一定的方向，不同的晶面上硬度与耐磨性有较大的差异，刃磨时需选定某一平面，否则会影响刃磨与使用质量。

（2）人造聚晶金刚石。人造金刚石是通过合金触媒的作用，在高温高压下由石墨转化而成的。我国在 20 世纪 60 年代就成功地获得第一颗人造金刚石。人造聚晶金刚石是将人造金刚石微晶在高温高压下再烧结而成的，可制成所需形状尺寸，镶嵌在刀杆上使用。由于抗冲击强度提高，可选用较大切削用量。聚晶金刚石结晶界面无固定方向，可自由刃磨。

（3）金刚石烧结体。它是在硬质合金基体上烧结一层约 0.5mm 厚的聚晶金刚石。金刚石烧结体强度较好，允许切削断面较大，也能间断切削，可多次重磨使用。

金刚石刀具的主要优点是：（1）有极高的硬度与耐磨性。（2）有很好的导热性，较低的线膨胀系数。因此，切削加工时不会产生很大的热变形，有利于精密加工。（3）刃面粗糙度较小，刃口非常锋利。因此，能胜任薄层切削，用于超精密加工。

聚晶金刚石主要用于制造刃磨硬质合金刀具的磨轮、切割大理石等石材制品用的锯片与磨轮。在炭石墨制品加工中，常用于 C/C 复合材料、焙烧炭制品的切削加工。

金刚石刀具主要用于非铁材料（如铝硅合金）的精加工、超精加工；高硬度的非金属材料（如压缩木材、陶瓷、刚玉、玻璃等）的精加工；以及难加工的复合材料的加工。金刚石耐热温度只有 700~800℃，其工作温度不能过高。又易与碳亲和，故不宜加工含碳的黑色金属。

1.7.5.2　立方氮化硼（CBN）

立方氮化硼是由六方氮化硼（白石墨）在高温高压下转化而成的，是 20 世纪 70 年代发展起来的新型刀具材料。立方氮化硼刀具的主要优点是：

（1）有很高的硬度与耐磨性，达到 3500~4500HV，仅次于金刚石。

（2）有很高的热稳定性，1300℃ 时不发生氧化，与大多数金属、铁系材料都不起化学作用。因此能高速切削高硬度的钢铁材料及耐热合金，刀具的黏结与扩散磨损较小。

（3）有较好的导热性，与钢铁的摩擦系数较小。

（4）抗弯强度与断裂韧性介于陶瓷与硬质合金之间。

由于 CBN 材料的一系列的优点，它能对淬硬钢、冷硬铸铁进行粗加工与半精加工。同时还能高速切削高温合金、热喷涂材料等难加工材料。CBN 也可与硬质合金烧结成一体，这种 CBN 烧结体的抗弯强度可达 1.47GPa，能经多次重磨使用。

应指出的是，加工一般材料大量使用的还是高速钢与硬质合金。只有对高硬度的材料或超精加工时使用超硬材料才有较好的经济效益。

1.8　刀具结构与几何参数

1.8.1　车刀结构和切削部分的几何角度

如图 1-21 所示，车刀是由刀头和刀杆所组成的，刀头用来切削，故又称切削部分。刀杆是用来将车刀夹固在车刀架或刀座上的部分。

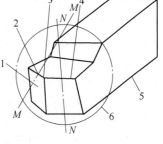

图 1-21　车刀的主要组成部分
1—副后刀面；2—副刀刃；3—刀尖；
4—主刀刃；5—刀杆；
6—刀头（切削部分）

刀头是由下面几部分组成的，如图 1-22 所示。

（1）前刀面——刀头上面与切削接触的表面，又称前面。

（2）后刀面——刀头下端向着工件的表面，它有主后刀面（主后面）和副后刀面（副后面）之分。

（3）主刀刃——主后面与前面相交的线叫主刀刃，它担任主要切削工作。

（4）副刀刃——副后面与前面相交的线叫副刀刃。

（5）刀尖——主刀刃与副刀刃相交的点叫刀尖。

此外，为了便于表示出角度还有几个面：

切削平面——是指通过主刀刃与切削表面相切的平面，如图 1-22 所示。

基面——通过切削刃上一点并垂直于切削平面的一个平面。

低平面——平行于车刀纵走刀与横走刀的平面。

主截面——垂直于主刀刃在底平面上投影的平面（图 1-21 中的 NN 线）。

副截面——垂直于副刀刃在底平面上的投影的平面（图 1-21 中的 MM 线）。

车刀在主截面内有下列几个角度，如图 1-23 所示。

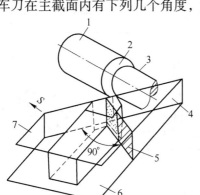

图 1-22　切削时的几个面
1—待加工面；2—切削表面；3—已加工面；
4—切削平面；5—主截面；6—底平面；7—基面

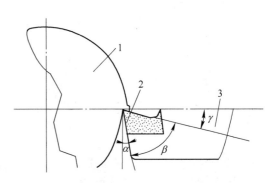

图 1-23　车刀在主截面内的几个角度
1—被加工产品；2—刀头；3—刀杆

（1）前角 γ ——前面与垂直于切削平面并通过主刀刃的平面之间的角度，或前面与基面的夹角度。

（2）后角 α ——主后面与切削平面之间的角度。

（3）楔角 β ——前面与主后面之间的角度。

（4）切削角 δ ——前面与切削平面之间的角度。

以上四种角度之间的相互关系为：

$$\gamma + \beta + \alpha = 90°$$
$$\delta = \alpha + \beta = 90° - \gamma \tag{1-17}$$

车刀刀头角度的选择很重要，下面分别介绍前角和后角的选择原则和方法。

（1）前角。前角的作用是减少切屑变形，减少刀具前面与切削的摩擦，使切削力降低，容易切下切屑。前角过大会削弱刀刃的强度和散热能力。前角大小与工件材料、刀具材料、加工性质有关，但影响最大的是工件材料。

切削塑性材料时，由于切屑沿刀具前面流过，切屑与刀具前面发生摩擦，为了减少摩擦和切屑变形，应取较大角度，切削脆性材料（炭和石墨制品）时，由于得到的切屑变形不大，并不从刀具前面流过，而集中在刀刃附近。为了保护刀刃，所以应取较小前角。加工石墨化制品时刀头的前角一般为 $0° \sim 10°$，且为正前角。

（2）后角 α。后角是为了减少刀具后面与工件之间的摩擦。后角的选择是在保证刀具具有足够的散热性能和强度的基础上，尽可能使刀具锋利和减少与工件的摩擦。加工塑性材料时，由于工件表面弹性复原会与刀具后面发生摩擦，为了减少摩擦，后角应取大一些。加工脆性材料后角则可取小些。如加工石墨化电极时，刀头后角一般为 $10° \sim 20°$，而加工炭块等较硬的产品，后角应更小些。

1.8.2　铣刀的几何参数

铣削是被广泛使用的一种切削加工方法，如图 1-24 所示，它用于加工平面、台阶面、

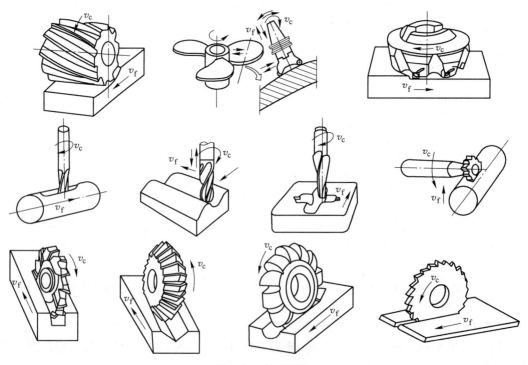

图 1-24　铣刀用途

沟槽、成型表面以及切断等。铣刀是多齿刀具，又是进行断续切削，因此，铣削过程具有一些特殊规律。

本节以圆柱形铣刀和面铣刀为例，讲述铣刀的几何参数和铣削过程的特点及其应用范围，从而掌握常用铣刀的选用。

1.8.2.1 圆柱形铣刀的几何角度

分析圆柱形铣刀的几何角度时，应首先建立铣刀的静止参考系。圆周铣削时，铣刀旋转运动是主运动，工件的直线移动是进给运动。圆柱形铣刀的正交平面参考系由 p_r、p_s、p_o 组成，如图 1-25 所示，其定义可参考车削中规定。

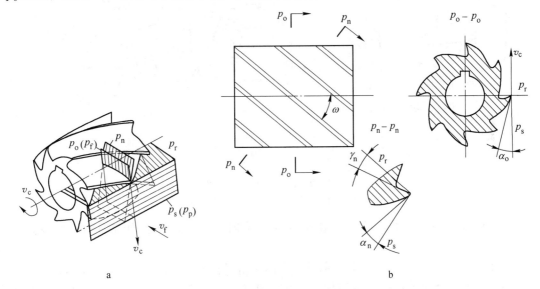

图 1-25 圆柱形铣刀的几何角度

a—圆柱形铣刀静止参考系；b—圆柱形铣刀几何角度

由于设计与制造的需要，还采用法平面参考系来规定圆柱形铣刀的几何角度。

（1）螺旋角：螺旋角 ω 是螺旋切削刃展开成直线后，与铣刀轴线间的夹角。显然，螺旋角 ω 等于刃倾角 λ_s。它能使刀齿逐渐切入和切离工件，能增加实际工作前角，使切削轻快平稳；同时形成螺旋形切屑，排屑容易，防止发生切屑堵塞现象。一般细齿圆柱铣刀 $\omega = 30° \sim 35°$；粗齿圆柱形铣刀 $\omega = 40° \sim 45°$。

（2）前角：通常在图样上应标注 γ_n，以便于制造。但在检验时，通常测量正交平面内前角 γ_o。可按下式，根据 γ_n 计算出 γ_o：

$$\tan\gamma_n = \tan\gamma_o \cos\omega \tag{1-18}$$

前角 γ_n 按被加工材料来选择，铣削钢时，取 $\gamma_n = 10° \sim 20°$；铣削铸铁时，取 $\gamma_n = 5° \sim 15°$。

（3）后角：圆柱形铣刀后角规定在 P_o 平面内度量。铣削时，切削厚度 h_D 比车削小，磨损主要发生后面上，适当地增大后角 α_o，可减少铣刀磨损。通常取 $\alpha_o = 12° \sim 16°$，粗铣时取小值，精铣时取大值。

1.8.2.2 面铣刀的几何角度

面铣刀的静止参考系如图 1-26 所示，面铣刀的几何角度除规定在正交平面参考系内

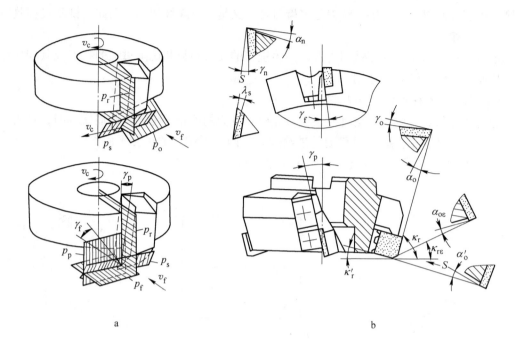

图 1-26　面铣刀的几何角度

a—面铣刀的静止参考系；b—面铣刀的几何角度

度量外，还规定在背平面、假定工作平面参考系内表示，以便于面铣刀的刀体设计与制造。

如图 1-26 所示，在正交平面参考系中，标注角度有 γ_o、α_o、λ_s、κ_r、κ_r'、α_o'、$\alpha_{oε}$ 和 $\kappa_{rε}'$。

机夹面铣刀每个刀齿安装在刀体上之前，相当于一把车刀。为了获得所需的切削角度，使刀齿在刀体中径向倾斜 γ_f 角、轴向倾斜 γ_P 角。若已确定 γ_o、λ_s 和 κ_r 的值，则可换算出 γ_f 和 γ_P。并将它们标注在装配图上，以供制造需要。

硬质合金面铣刀铣削时，由于断续切削，刀齿经受很大的机械冲击，在选择几何角度时，应保证刀齿具有足够强度。一般加工钢时取 $\gamma_o = 5° \sim -7°$，加工铸铁时取 $\gamma_o = 5° \sim -5°$，通常取 $\lambda_s = -15° \sim -7°$、$\kappa_r = 45° \sim 75°$、$\kappa_r' = 5° \sim 15°$、$\alpha_o = 6° \sim 12°$、$\alpha_o' = 8° \sim 10°$。

1.9　炭石墨制品加工的量具及测量

对于同一规格的一批产品，经过加工后的尺寸决不会完全相同，在正常情况下，加工后的产品尺寸呈正态分布，即加工后的产品尺寸变化有一定范围。同时为了使产品具有互换性，而规定了根据尺寸，即加工后的产品的实际尺寸应在规定的最大极限尺寸和最小极限尺寸范围内，允许尺寸的变动量，就称为尺寸公差。在加工操作和检验中，控制加工和检验产品是否在规定的公差范围内，则根据最大极限尺寸和最小极限尺寸可制成控制加工和检验产品的量具。

1.9.1　计量器具的分类

计量器具是测量仪器和测量工具的总称。通常把没有传动放大系统的计量器具称为量具，如游标卡尺、90°角尺和量规等；把具有传动放大系统的计量器具称为量仪，如机械式比较仪、测长仪和投影仪。计量器具按结构特点可以分为以下4类。

（1）标准量具。以固定形式复现量值的计量器具称为标准量具，一般结构比较简单，没有传动放大系统。量具中有的可以单独使用，有的也可以与其他计量器具配合使用。量具又可分为单值量具和多值量具两种。单值量具是用来复现单一量值的量具，又称为标准量具，如量块、直角尺等。多值量具是用来复现一定范围内的一系列不同量值的量具，又称为通用量具。通用量具按其结构特点划分为以下几种：固定刻线量具，如钢尺、圈尺等；游标量具，如游标卡尺、万能角度尺等；螺旋测微量具，如内、外径千分尺和螺纹千分尺等。成套的量块又称为成套量具。

（2）量规。量规是指没有刻度的专用计量器具，用于检验零件要素的实际尺寸及形状、位置的实际情况所形成的综合结果是否在规定的范围内，从而判断零件被测的几何量是否合格。量规检验不能获得被测几何量的具体数值。如用光滑极限量规检验光滑圆柱形工件的合格性，不能得到孔、轴的实际尺寸。用螺纹量规综合检验螺纹的合格性等。

（3）量仪。量仪是能将被测几何量的量值转换成可直接观察的指示值或等效信息的计量器具。量仪一般具有传动放大系统。按原始信号转换原理的不同，量仪可分为如下4种：

1）机械式量仪。机械式量仪是指用机械方法实现原始信号转换的量仪，如指示表、杠杆比较仪和扭簧比较仪等。这种量仪结构简单，性能稳定，使用方便，因而应用广泛。

2）光学式量仪。光学式量仪是指用光学方法实现原始信号转换的量仪，具有放大比较大的光学放大系统。如万能测长仪、立式光学计、工具显微镜、干涉仪等。这种量仪精度高，性能稳定。

3）电动式量仪。电动式量仪是指将原始信号转换成电量形式信息的量仪。这种量仪具有放大和运算电路，可将量测结果用指示表或记录器显示出来。如电感式测微仪、电容式测微仪、电动轮廓仪、圆度仪等。这种量仪精度高，易于实现数据自动化处理和显示，还可实现计算机辅助量测和检测自动化。

4）气动式量仪。气动式量仪是指以压缩空气为介质，通过其流量或压力的变化来实现原始信号转换的量仪。如水柱式气动量仪、浮标式气动量仪等。这种量仪结构简单，可进行远距离量测，也可对难以用其他计量器具量测的部位（如深孔部位）进行量测。但示值范围小，对不同的被测参数需要不同的测头。

（4）计量装置。计量装置是指为确定被测几何量值所必需的计量器具和辅助设备的总体。它能够量测较多的几何量和较复杂的零件，有助于实现检测自动化或半自动化，一般用于大批量生产中，以提高检测效率和检测精度。如齿轮综合精度检查仪、发动机缸体孔的几何精度综合量测仪等。

1.9.2 常用计量器具

常用计量器具有：

（1）游标类量具：1）游标卡尺；2）高度游标卡尺；3）深度游标卡尺。为了方便读数，有的游标卡尺装有测微表头，它是通过机械传动装置，将两量爪的相对移动转变为指示表的回转运动,并借助尺身刻度和指示表,对两量爪相对位移所分隔的距离进行读数。电子数显卡尺,它具有非接触电容式量测系统,由液晶显示器显示,电子数显示卡尺量测方便可靠。

(2) 螺旋测微量具:1) 外径千分尺;2) 公法线千分尺;3) 内径千分尺;4) 内侧千分尺;5) 三爪内径千分尺;6) 深度千分尺。

(3) 机械式测微仪:1) 百分表;2) 大量程百分表;3) 千分表;4) 内径百分表。

(4) 其他量具:

1) 万能角度尺;2) 半径样板;3) 螺纹样板;4) 卡规与塞规;5) 专用量具。

1.10 炭石墨制品机械加工通风设备的操作与维护

炭和石墨制品机械加工时产生大量的碎屑和粉末。碎屑和粉尘质量约占毛坯质量的15%。为了回收这一部分碎屑及粉尘以节约原料及降低成本,且改善劳动环境和条件,使操作环境的粉尘浓度达到国家工业卫生的标准,做到文明生产,必须重视和安装相应的通风除尘设施。另外,炭、石墨粉尘对机械零件磨损大,为了保护机床也应采取通风除尘。

一般采用的除尘办法是局部除尘,即在加工部位附近或周围安装透明通风罩,通风道吸尘口可随刀具移动,小颗粒的粉尘经抽风管随抽风进入旋风除尘器和袋式除尘器回收。大颗粒或碎片掉入机床下地沟,由螺旋输送机和斗式提升机送到料仓。各种不同的碎屑和粉尘分别储存,以备待用。机加工车间通风除尘系统如图1-27所示。

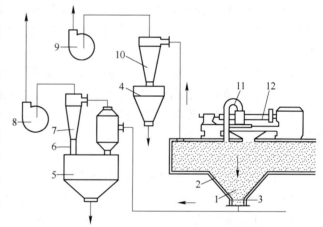

图1-27　机加工车间通风除尘系统示意图
1—切屑;2—收尘管道;3—排料阀;4—料斗;5—切屑料斗;
6—卸料器;7,10—旋风分离器;8,9—风机;
11—吸尘罩;12—加工电极

1.10.1 除尘器的操作与维护

常用的除尘器有旋风除尘器、机械振打式除尘器、气环反吹式袋式除尘器和脉冲除尘器,除尘器的结构与工作原理在这里不讲述,这里只讲述操作与维护。

(1) 旋风除尘器的特点与操作:

1) 使含尘气体作旋转运动时借作用于尘粒的离心力,把尘粒从气体中分离出来。这类除尘器的除尘效率比重力除尘装置高得多。因此多被采用于处理颗粒径大、密度大的粉尘。

2) 除尘器的排灰口不能漏风,排灰口的严密程度是保证除尘效率的重要因素。排灰口处的负压较大,稍不严密都会产生较大的漏风,已沉积下来的粉尘势必被上升气流带去排气管,失去除尘作用。漏风1%,除尘效率降低15%;漏风5%,效率降低50%;漏风15%,效率将趋近于0。

3）防止堵塞，因为旋风除尘器的进口浓度大，在排尘不及时，温度高等情况下，均易发生堵塞，堵塞时阻力增大，除尘效率降低。

（2）扁袋式除尘器运行中的维护：

1）除尘器启动后要检查清灰机构的电动机工作是否正常，三角皮带有无磨损，传动链条松紧是否适宜，内风门和振打风门是否能正常工作。2）经常检查排料机构是否正常运转，除尘器内存灰量多少，摆线减速机是否正常运转，运料螺旋转动有无摩擦声，排料阀轴是否弯曲。3）检查风机外排放出口是否冒烟。4）检查除尘器箱门是否严密。5）所有润滑部位每天注油一次。

（3）袋式除尘器在运转过程中，常出现的故障及原因：

1）运料螺旋不转动原因：① 料斗内积灰太多，把运料螺旋压住。② 摆线减速机出现故障。③ 电机出现故障。④ 除尘器进入杂物掩住了排料阀转子，将排料阀轴憋弯。⑤ 排料螺旋断裂。

2）除尘器清灰效果不好引起风量减小的原因：① 内风门始终处于关闭状态或外风门振打时内风门没关严。② 链条过松或外风门拨叉角度不合理，而引起外风门不振打，使布袋上的积灰过多。③ 布袋尺寸不合理，过松或过大清不下灰。

3）外排超标原因：① 布袋破损。② 布袋上的胶圈与除尘器的孔板有间隙，跑灰。③ 除尘器箱内密封不严。

（4）脉冲除尘器在运行中的维护：

1）检查电磁阀、脉冲阀是否正常工作。2）检查电动机、蜗轮减速机是否正常运转。3）检查排料螺旋与除尘器下箱体有无碰擦声音。4）检查料斗的储料量，做到及时排料。5）及时巡视除尘器净化后的气体外排情况。6）所有润滑部位每天注油一次。

（5）脉冲除尘器经常出现的故障及产生的原因：

1）除尘器风量小于正常值的原因：① 电磁阀不动作或颤动造成脉冲阀不喷吹。② 脉冲阀膜片破损，形成长吹，使压缩空气气压不足，造成整个除尘器不能正常清灰。③压缩空气中含水量过多，造成布袋潮湿不易清灰。④ 压缩空气压力不足，清灰不彻底。⑤ 除尘器箱盖不严密，跑风过多。

2）除尘器堵料原因：① 放料不及时使得储料斗过满，造成除尘器无法排料而堵料。② 排料螺旋断裂，而造成堵料。③ 排料阀转子被异物（如木块、破布等）卡住，造成堵料。④ 减速机发生故障，引起排料螺旋不能正常运转。⑤ 排料螺旋电机出现故障，造成堵料。

3）外排超标原因：① 布袋破损。② 布袋口绑扎不严或文氏管上的螺栓没拧紧造成跑灰。③ 除尘器箱体密封不严。

1.10.2　离心式通风机

（1）离心式通风机的构造。离心式通风机的构造如图 1-28 所示。

（2）离心式通风机的操作：

1）风机启动前准备工作：① 将进风调节门关闭。② 检查风机各部的间隙尺寸，转动部分与固定部分有无碰撞及摩擦声音。

2）风机启动后达到正常转数时，应在运转过程中经常检查轴承温度是否正常，轴承温升不得大于40℃，表温不大于70℃。如发现风机有剧烈的振动、撞击，轴承温度迅速上升等反常现象必须紧急停车。运转过程中还应检查电流表的电流值，不得超过电动机额定电流。

（3）风机的日常维护。为了避免由于维护不当而引起人为故障的发生，预防风机和电机各方面自然故障的发生，从而充分发挥设备的效能，延长设备的使用寿命，因此必须加强风机的维护。

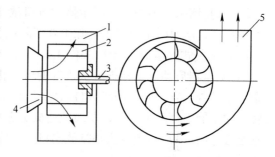

图1-28 离心式通风机构造示意图
1—机壳；2—叶轮；3—机轴；4—吸气口；5—排气口

1）风机维护工作的注意事项：① 只有风机设备完全正常的情况下方可运转。② 如果风机设备在维修后开动时，应进行30min的试车，同时注意风机各部位是否正常。③ 定期清除风机内部积灰、污垢等杂质，并防止锈蚀。④ 为确保人身安全，风机的清扫必须在停车时进行。

2）风机正常运转中的注意事项：① 在风机停车或运转过程中，如果发现不正常现象时应立即进行检查，如果发现大故障应立即停车检修。② 除每次拆修后，应更换润滑油外，正常情况下3~6个月更换一次润滑油。

（4）风机经常出现的故障及产生的原因，见表1-19。

表1-19 风机经常出现的故障及产生的原因

故　障	产　生　原　因	消　除　方　法
轴承座剧烈振动	（1）通风机轴与电动机歪斜不同心； （2）叶轮等转动部分与机壳进气口碰擦； （3）基础刚度不够或不牢固； （4）叶轮轮壳与轴松动； （5）联轴节上，机壳与支架轴承座及盖等连接螺栓松动； （6）通风机出气管道安装不良、产生振动； （7）转子不平衡； （8）轴承间隙不合理	进行调整，重新找正； 修理摩擦部分； 进行加固； 重新配换； 拧紧螺母； 进行调整； 重新找平衡； 重新调整
轴承升温过高	（1）轴承座剧烈振动； （2）润滑油质量不良或变质； （3）轴与轴承安装位置不正确； （4）滚动轴承损坏或保持架与其他机件碰擦	消除振动； 更换润滑油； 重新找正； 更换轴承
电动机电流过大和升温过高	（1）启动时进气管道内闸阀未关严； （2）流量超过规定值或管道漏气； （3）电动机本身的原因； （4）电流单相断电； （5）联轴节连接歪斜或间隙不均； （6）轴承座剧烈振动引起； （7）管网故障； （8）输送气体的密度增大，使压力增大	开车时关严闸阀； 关小调节阀，检查是否漏气； 查明原因； 检查电源是否正常； 重新找正； 消除振动； 调整检修； 查明原因、减小风量

1.10.3 机加工车间的除尘系统

除尘系统一般包括吸尘罩、管道、除尘设备和风机等。

（1）吸尘罩的作用：是将污染源散发出来的有害气体或粉尘加以捕集，并经管道送至除尘系统进行处理，避免了有害气体或粉尘对工作环境和大气的污染。

（2）在生产过程中对吸尘罩应注意的几个问题：1）系统调整好后，不要随意变动调节装置。2）定期检查管道和设备的严密性。3）定期检查管道和设备，防止积尘或被杂物堵塞。定期清扫管道和积尘。4）对由于磨损或磨蚀的管道要及时维修和更换。

1.10.4 气力输送

1.10.4.1 气力输送系统的特点

炭石墨制品机械加工车间在加工电极或其他产品时切削下来的碎料主要采用高真空负压输送。

它是依靠高压风机产生的负荷作为动力，通过下料口和风送管道来吸送物料。系统内真空度较高，达 15400Pa。这种系统同其他气力输送系统相比，具有防尘效果好，输送效率高，动力消耗小；设备紧凑，工作稳定可靠，物料对管道和设备磨损较小等优点，特别宜于输送干的、松散的、流性好的物体。

1.10.4.2 气力输送系统的运行维护

在气力输送系统运行中，经常遇到的问题是漏风、阻塞和磨损。

（1）漏风的危害与防止措施。在吸送式气力输送系统中，大部分的管道和设备处于负压状态，因此，空气往往可能通过系统的不严密处漏进去。料斗盖板、法兰和锁气器是否严密是产生漏风的主要原因。管道和设备的磨损也会引起漏风。

漏风使进料器、输料管风量减小，生产率降低，漏风严重时，物料就不能输送。漏风还会造成电能的消耗。锁气器漏风会导致分离器和除尘器效率降低，增加风机的磨损和污染大气。在运转过程中，对易漏风的部位和易于磨损的部分要加强检查，及时采取补漏措施。

（2）阻塞的检查与排除方法。在运转过程中，由于操作不当，经常造成物料的沉积，引起管道的阻塞，通常最易发生阻塞的地方是弯管（特别是由于水平管转向的弯管）和较长的水平管段。

检查管道是否阻塞，可用铁器敲击管壁。声音冷脆（"当""当"声）表示未阻塞；声音沉闷（"咚""咚"声）表示已阻塞。另外若管道被阻塞，带动风机的电动机电流便急剧下降。

如果发生阻塞现象，可以采取以下方法加以排除：

1）用铁器敲击管道的底部和侧部，使管道内沉积的物料振动并被气流带走。

2）在弯管或水平管上开设透气孔，正常运转时封闭，发生阻塞时将阻塞处的透气孔打开，让外界空气从透气孔进入，同时敲击管壁，使沉积物逐渐被气流带走。

（3）减小磨损的主要措施。由于高速运动的物料的撞击和摩擦，管道设备磨损。磨损最严重的部位是弯管和分离器入口转弯处。

为了减小磨损，对于最易磨损的弯管，应采用铸石、稀土球铁等耐磨材料制作，并从结构上提高其耐磨性，对于弯管处可增大曲率半径。

2　半导体、电子器件及电信工程用炭石墨制品

2.1　半导体工业用炭石墨制品的使用与选择

半导体工业是新兴的科学技术，近年来受到了人们极大地重视，被认为是 20 世纪 60 年代与原子能同等重要的科学新成就。而半导体技术的发展与石墨材料在半导体工业中的应用是分不开的。在半导体工业中主要采用高纯石墨材料制造单晶炉石墨加热系统、电子器件烧结模具、绝缘子烧结模具、可控硅管烧结模具等。

2.1.1　单晶炉用石墨制品

（1）石墨加热器。对单晶炉加热系统的要求是能够保证供给足够的热量，使硅、锗等迅速熔化，同时应能保证精细而方便地调节温度。故加热通常采用电阻和高频加热两种方式。

常用的电阻加热主要包括一个变压器和一个石墨加热器。常见的石墨加热器形状有杯形、直筒形、螺旋形，如图 2-1 所示。

加热器的尺寸、形状、开槽高度主要考虑熔料多少和有利于拉晶，其电阻值要和变压器匹配。加热器内径和高度的选择，原则是使熔硅时，石墨托上部位于加热器高温区，拉制晶体时，石墨托底部位于加热器高温区。加热器高温区长短和加热器开槽长短有关。加热器内径和高度决定后，根据变压器输出功率来决定加热器片厚，如变压器最大输出功率 15kW，最大输出电压 48V，则要求加热器电阻值最好为 0.15Ω。再根据 $R = \rho \dfrac{bL}{t}$ 求出加热器片厚 t，b 为宽度，L 为长度。

单晶炉石墨加热系统如图 2-2 所示。

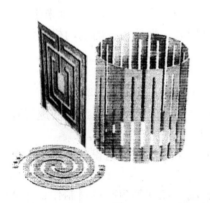

图 2-1　石墨加热器的外形　　　　　　　图 2-2　单晶炉石墨加热系统

（2）石墨电极、石墨支柱等石墨件。在单晶炉中，除了采用高纯石墨制作加热器外，还采用高纯石墨制作石墨电极、石墨支柱、石墨保温罩、石墨保温盖、石墨籽晶夹、石墨接渣盘、石墨托等，如图 2-3 所示。

采用直拉法拉制锗单晶的原理、设备（采用单坩埚拉制时）和操作过程均与上述硅单晶的拉制基本上一样，其不同是拉制锗单晶时可用石墨坩埚，而拉制硅单晶时须在石墨托上加装石英坩埚，因为在高温下硅与石墨起反应。

（3）石墨保温筒。在区域熔炼中，常采用石墨保温筒来降低位错的密度。石墨筒被卡在下反线圈上，由高频电磁场感应加热至红，石墨筒的辐射热使生产出来的晶体的热损失减少，使其处于比较均匀的温度场中，从而达到保温的目的。

石墨圆筒的上端必须与熔区的下界面相平或略高，是降低位错密度的关键。

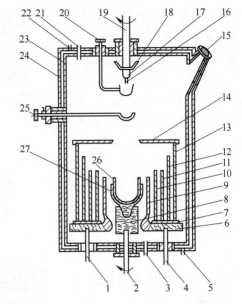

图 2-3　单晶炉结构

1，4—铜电极；2—蜗转；3—出气口；5—进水口；
6—石墨电极；7—石英片；8—石墨支柱；9—石墨加热器；
10~13—石墨保温罩；14—石墨保温盖；15—观察窗；
16—籽晶；17—石墨籽晶夹；18—石墨接渣盘；19—籽晶杆；
20—籽晶保护；21—进气口；22—出水口；23，24—内外
炉壁；25—掺杂勺；26—石英坩埚；27—石墨托

若低于结晶界面 2~3mm 将使位错密度上升至每平方厘米几万数量级，若在结晶界面之下 10mm 左右，将使单晶产生大量缺陷而接近多晶状态。石墨筒和结晶界面的相对位置，主要决定于下反线圈距主线圈的距离，而石墨筒的上端必须与下反线圈相平或高出 0.5~1mm。

石墨筒的温度要适宜，不宜太暗，也不宜太亮。若温度过高使单晶表面熔化或产生滑移线。石墨筒的热区有一定长度，并从上至下有一定梯度，故在下反线圈之下适当位置绕一较大的线圈进行辅助加热。石墨筒发红的情况，决定于它与下反线圈的相对位置，越向上越红，越靠下越暗。石墨筒和线圈接触处，由于线圈内冷却水的作用可能使之变暗，故应使线圈很少几点接触石墨。在线圈拐弯处由于磁力线密度很大，使石墨在该处特亮，应在该处石墨上锯口，使亮点消失。

用石墨筒保温的方法虽然对稳定生产较低位错密度的区熔单晶时比较方便，对单晶电阻率没有带来可察觉的影响。但是，应注意研究石墨筒的放置方式，严格处理和正确使用石墨筒来避免其他不良影响。

2.1.2　烧结用石墨模

由于高纯石墨具有耐高温、纯度高、高温下尺寸稳定、耐热冲击性能好等特点，所以在半导体工业中广泛采用高纯石墨制作各种绕结模具。

（1）电子器件烧结用模具。石墨烧结模适用于各种类型的二极管、三极管、可控硅管

等器件的管心烧结，图2-4为部分烧结模具实例。采用高频炉区熔法拉制单晶时，还采用石墨舟（见图2-4）。

（2）各种绝缘子烧结模具。石墨模适用于各种类型的三极管、硅整流管、可控硅管座的烧结，电容器绝缘子烧结，厚膜及薄膜集成电路绝缘子烧结，超小型继电器、接插件等元件绝缘子烧结模具等，图2-5为部分可控硅管和各种绝缘子烧结模具。

图 2-4　部分电子器件烧结模具实例

2.1.3　半导体工业用石墨材料的选择

图 2-5　部分可控硅管和绝缘子烧结模具

半导体工业对所用石墨材料要求其纯度越高越好，特别是直接与半导体材料接触的石墨器件如坩埚、烧结模等，杂质含量多会污染半导体材料，因此不但对所用石墨原材料的纯度要严加控制，而且还要经高温石墨化处理，使其灰分降到最低程度。

半导体工业要求所用石墨材料颗粒度要细，颗粒度细的石墨不但容易达到加工精度，而且高温强度高、损耗小，特别是用于烧结的模具要求加工精度很高。

因为半导体工业所用的石墨器件（包括加热器和烧结模）都需要承受反复加热和冷却过程，为了提高石墨器件的使用寿命，要求所用石墨材料在高温下具有良好的尺寸稳定性和耐热冲击性能。为了满足上述各项要求，目前我国生产了一系列适用于半导体工业所使用的石墨材料，其部分牌号和性能列于表2-1。

表 2-1　半导体工业用石墨材料的牌号和性能（JB 2750—80）

牌号	灰分/%	含硫量/%	假密度/g·cm^{-3}	气孔率/%	抗压强度/MPa	抗折强度/MPa	含钙量/%	电阻率/Ω·mm
G2	≤0.01	—	—	≤25	≥1.6×10^{-4}①	≥400	—	15×10^{-3}
G3	≤0.025	≤0.05	≤0.003	≤30	—	≥200	—	—
G4	≤0.10	≤0.05	≤0.03	≤30	—	—	1.8×10^{-3}②	—

①原资料为1.6，疑为1.6×10^{-4}。②原资料为1.8，疑为1.8×10^{-3}。

用未煅烧的石油焦制成的石墨，是一种机械强度很高的细粒结构材料，可用于制作电子技术制品，如坩埚、薄板、圆盘、真空炉和高频电炉的加热器、遮热板、熔炼纯金属的石墨皿、高温实验装置的把持器（夹头）、热压压模和过滤器等。此种材料可用于惰性气氛或保护性气氛中在2500℃以下的温度中工作；在真空（$10^{-4} \sim 10^{-5}$ mmHg❶）中于2000℃以下可以工作很久。МПГ-8 石墨的性能列于表2-2，此种材料可制成异型制品。

表2-2 МПГ-8 石墨的性能（根据 ЦМТУ01-51-69）（前苏联）

密度/g·cm⁻³	178	杂质含量/%	
极限强度/MPa		Al	$\leqslant 1 \times 10^{-3}$
抗压	$\geqslant 90$	Mn	$\leqslant 5 \times 10^{-5}$
抗弯	$\geqslant 45$	B	$\leqslant 6 \times 10^{-6}$
比电阻/Ω·mm	$\geqslant 15 \times 10^{-3}$	Fe	$\leqslant 3 \times 10^{-4}$
灰分/%	$\leqslant 0.02$	Cu	$\leqslant 1 \times 10^{-4}$

高纯石墨系用于制作半导体技术设备的各种元件，它是以普通的结构石墨在石墨化过程中用活性气体净化而成的。已净化的石墨须在防止制品污染的条件下进行机械加工。这种石墨（净化后）的灰分不超过 1×10^{-3}%，铁、铝、镁的含量不应超过 3×10^{-5}%，铜、硼、锰的含量不应超过 1×10^{-5}%。上面这些限定杂质含量都符合纯净级。在这些石墨里，硅钙的含量不大于 3×10^{-4}（质量%），高纯与超高纯石墨杂质含量见表2-3。

表2-3 高纯与超高纯石墨中杂质含量分析 （μg/g）

杂质	Li	B	Na	Mg	Al	Si	K	Ca	Ti	V	Cr	Mn	Fe	Co	Ni	Cu	Zn
超高纯石墨	<0.001	<0.1	<0.002	<0.001	<0.001	<0.1	<0.03	<0.01	<0.001	<0.001	<0.004	<0.001	<0.001	<0.001	<0.001	<0.002	<0.002
高纯石墨	<0.001	<0.15	<0.002	<0.004	<0.012	<0.1	<0.04	<0.08	<0.001	<0.018	<0.006	<0.001	<0.001	<0.001	<0.006	<0.002	<0.002
一般石墨	<0.03	<3	<0.5	<0.2	<14	<2	<2	<6	<33	<40	<0.3	<0.2	<26	<0.3	<4	<1	<0.6
应用	（1）多晶硅制造（加热器、支柱器）；（2）直拉单晶硅（加热器、坩埚、其他）；（3）晶体硅外延生长（石墨基座）；（4）不纯物的扩散（衬片）；（5）离子注入（电极、喷头）；（6）氧化膜形成，保护膜（等离子CVD电极）；（7）氧化膜刻蚀板（等离子电极板）；（8）组装（封装冶具）																
特点	（1）特性波动小；（2）高温下强度高；（3）对电的惰性；（4）抗溅射性强；（5）抗化学反应性高；（6）具有高纯度性；（7）具有适中的导电性；（8）热传导率高																
备注	高纯化石墨的灰分≤20μg/g；超高纯化石墨的灰分≤5μg/g																

工业上还有纯度更高的结构石墨。用这种石墨制成的制品经过机械加工之后再进行补充净化，以减少其表面沾染的几率。限定杂质——铁、铝、镁、硼、铜、锰的含量不许超过 1×10^{-5}%，硅的含量不许超过 3×10^{-5}%，钛、镍、铬及其他元素的含量应少于 1×10^{-5}%。这些石墨的灰分在 $0 \sim 10^{-4}$%。各种牌号特纯石墨的物理力学性能列于表2-4。

---

❶ 1mmHg = 133.322Pa。

表 2-4　特纯石墨的性能（前苏联）

石墨牌号		密度 /g·cm⁻³	气孔率 /cm³·g⁻¹	气孔体积/% 半径/μm			透气率（空气）/cm²·s⁻¹	抗压极限强度 /MPa	比电阻 /Ω·mm
				10	10~1	1~0.01			
粗粒材料	ГМ3	≥1.56	0.115	20	60	20	7.0	≥25	12×10^{-3}
	ППГ	≥1.70	—					≥30	$\leq 12 \times 10^{-3}$
	30ПГ	≥1.74	—					≥35	
细粒材料	МГ	≥1.50	—	—	—	—		≥20	$(11~14) \times 10^{-3}$
	МПГ-6	≥1.72	0.114	1	86	13	0.3~1.0	≥80	$\leq 18 \times 10^{-3}$
	МПГ-8	≥1.78	—				0.3~1.0	≥80	$\leq 15 \times 10^{-3}$
再结晶石墨 ГТМ		2.00	0.035	0	40	60	7×10^{-3}	≥60	—

注：ГТМ石墨的热处理温度为2700℃，其他各种牌号石墨的热处理温度为2800~3000℃。

有保护层的特纯高强石墨是由普通细结构石墨经过净化并在真空中脱气，然后用热解炭进行表面增密处理而成的。其制品（加热器、圆盘、石墨皿等）可用于以气体外延生长法制取硅薄膜。

制品内杂质含量：铁不超过 5×10^{-4}%，铝不超过 2×10^{-4}%，镁和铜不超过 5×10^{-5}%，钛不超过 1×10^{-4}%，镍和钴不超过 1×10^{-5}%。

热解炭形成的增密保护层的厚度不大于2mm。也可在经过增密处理的制品的表面，还可以沉积厚度不超过0.1mm的热解石墨薄层。石墨制品经热解炭增密处理之后，其透气性和气体析出量（气体解吸率）显著降低（见表2-5）。

表 2-5　МПГ-8 和 МПГ-8y 石墨的气体解吸率（1900℃时）和透气性（前苏联）

石墨牌号	气体解吸率/cm³·g⁻¹			透气性 /cm²·s⁻¹
	氢	氮	一氧化碳	
МПГ-8	1.55	6.3×10^{-2}	0.56	0.90
МПГ-8y	0.2	5.4×10^{-3}	2.4×10^{-2}	0.098

2.1.4　半导体工业用石墨材料的处理

未使用过的石墨材料发热体、保温罩、托架和籽晶夹、石墨坩埚等器件，因在机械加工时有石墨粉附着在石墨器件的表面或浸入石墨体气孔中，也可能有其他杂质浸入石墨孔隙中，为了防止在使用中对半导体材料引起污染，在使用前必须进行预处理。

一种预处理方法是先将石墨器件在四氯化碳中浸泡数小时，然后用去离子水冲净并烘干，在使用温度下真空煅烧3~4h，再保存起来待用。

另一种预处理方法是将石墨器件放在王水里浸泡24h，取出后用去离子水煮沸多次，直至溶液呈中性为止。烘干后连同整套石墨器件装在炉膛里，在真空中（一般 10^{-1}mmHg以上）进行高温处理1h，其温度应稍高于工作温度，冷却后取出放入干燥瓶待用。

对使用过的石墨器件须妥善保管。再使用时，可先用0号金相砂纸擦去表面层，再经去离子水和无水酒精擦净后烘干，即可使用。

2.2 单晶硅与多晶硅生成用炭石墨制品

2.2.1 单晶硅的生产（CZ 拉伸法）

制造单晶硅棒的工艺有拉伸法（CZ）和浮游带区域精炼法（FZ），CZ 法一般使用石墨制品。利用 CZ 法生产时，将多晶硅块料和添加元素（掺杂）装入石英坩埚，再将石英坩埚置于高纯石墨坩埚或 C/C 复合材料坩埚内，并使其随轴旋转，在减压条件下通入氩气的同时用石墨制的加热器加热至 1500 ~ 1600℃，使多晶硅块料融化。同时与坩埚旋转相反的方向从炉顶旋转垂下细棒状的籽晶（单晶），使其触及多晶硅液面。然后，使液面温度保持在 1420℃ 的条件下，向上缓慢提拉籽晶，单晶硅也随之逐渐生长。一直生长到按照 15.24cm、20.32cm 或 30.48cm 等规定的直径后，保持其直径继续向上拉伸，生产 1 ~ 1.5m 长的单晶硅棒。这种 CZ 单晶炉的结构如图 2-6 所示。

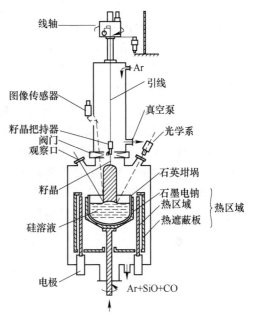

图 2-6 大型拉伸单晶炉的结构

其中使用炭素材料的部件有坩埚（石墨或 C/C 复合材料）、加热器、电极、保温筒（石墨或 C/C 复合材料）、籽晶夹，以及支撑轴、上下保温盖（石墨或 C/C 复合材料）、防漏盘、螺钉（石墨或 C/C 复合材料）、热反射板（石墨或 SiC 涂层材料）（图中未注明）等。其他如保温材料等也用炭纤维或炭毡制成，除了作为原料的多晶硅以外，大部分炉内部件为炭素制品。之所以如此大量使用炭素制品，就是因为炭素材料即使用于 1600℃ 高温强度也不会降低，碳与硅同属第Ⅳ族，电性能为中性，可以制造金属杂质在数 ppm[❶] 以下的高纯品。此外，作为加热器有导电性。近年来生产单晶硅也趋向大型化，开始拉伸直径 12in[❷] 的单晶硅。使用的热区范围多在 32in 左右，使用的炭素制品为与石英坩埚相匹配、石墨坩埚外径约为 $\phi 860mm$、加热器约为 $\phi 1000mm$，其他部件最大的为直径 $\phi 1500mm$。随着大型化，作为取代石墨坯料的 C/C 复合材料的使用渐渐扩大，同时为了提高炉内的纯度，使用 SiC 涂层部件的倾向也在增加。图 2-7 所示为 C/C 复合材料坩埚的例子。因为 CZ 单晶炉内大量使用炭素制品，并且炭素制品的质量直接影响到单晶硅的质量，特别是液面以上的部件最好使用超高纯产品。

2.2.2 外延硅片生成用石墨

把单晶硅棒切成硅片进行抛光处理后就成为抛光片。制造半导体器件时使用下列 3 种

---

❶ 1ppm = 10^{-6}。
❷ 1in = 0.0254m。

硅片：（1）抛光片；（2）在抛光片表面生成单晶硅的外延片；（3）在绝缘体上生成单晶硅层的 SOI（Silicon On Insulator）硅片。

图 2-7　C/C 复合材料坩埚

炭素制品在外延片制造时使用。其方式为在石英容器内通入硅烷系列的气体、减压下加热到 1000℃，在抛光片上以 CVD 法在片基板上形成有与单晶硅片相同结晶方位薄膜的方法，此时所用的工装基盘材料是用 CVD 法生成 SiC 涂层的高纯各向同性石墨。这样做的理由是石墨具有自身高温强度高、热传导性良好、加工性能好的特性，在此基础上通过 SiC 涂层处理提高其表面纯度，可以大幅度降低石墨的气体发生量和发尘量。根据不同的装置，石墨基座的形状分为水平式、圆盘式和立柱式 3 种。石墨基座的形状和外延炉的构造如图 2-8 和图 2-9 所示。最近，由于硅片的大直径化，又开发了对每片硅片进行单独处理的片叶式外延装置，其基座也使用 SiC 涂层的高纯石墨。

图 2-8　石墨基座的形状

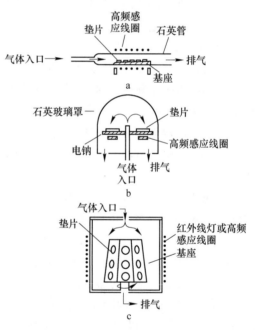

图 2-9　外延炉的简单构造
a—横型炉；b—纵型炉；c—筒型炉

2.2.3　化合物半导体单晶生产用石墨

化合物半导体单晶制造基本上以 CZ 法为主。由于 As、P 等元素的蒸气压较高，与 Si 不同而采用加压拉伸（LEC 法），由不同元素组合而成的化合物半导体较多，仅以使用炭素制品较多的 GaAs 单晶的制造工艺为例做一说明。将 Ga 和 As 装入 PBN 坩埚，为了防止 As 蒸发和周围炭素成分的混入，在 PBN 坩埚内加入 B_2O_3 并将其置于石墨坩内使其随轴旋转，通入 N_2 或 Ar 气加压至数个到数十个大气压，用石墨制成的加热器加热至 1400℃，使

GaAs 溶解反应。同时与坩埚旋转相反的方向从炉顶旋转垂下细棒状的籽晶（单晶），使其触及 GaAs 液面。然后，使液面温度保持在 1240℃ 的同时向上缓慢提拉籽晶，促进单晶 GaAs 生长，这个过程与拉伸单晶硅基本相同。但是相对单晶硅而言，要生产无结晶缺陷的单晶 GaAs 较难，批量化生产以 2～3in 的单晶棒为主。生产化合物半导体用的 CZ 炉结构如图 2-10 所示。炉内的大部分部件也使用炭素制品。

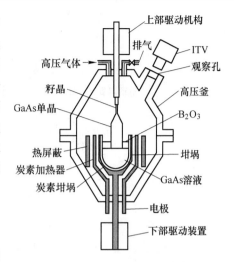

图 2-10　液体封闭式拉伸 GaAs
单晶炉的构造图

2.2.4　化合物半导体液相外延生成用石墨

　　把拉伸法制造的化合物半导体单晶棒制成硅片，再用液相法在硅片上生长同种或异种的化合物半导体结晶层。这个过程使用的装置有卧式滑动舟型、卧式旋转滑动型、竖式浸渍型等种类。图 2-11 所示为卧式滑动舟型的简单构成。其舟体即是用高纯度各向同性石墨的部件组合而成，也可以使用玻璃炭涂层的石墨部件。其工作原理为把石英管中的石墨舟加热至 1300℃，在通入氢气的同时，移动装载有硅片的滑动板，使其与所定的某种金属相接触，缓慢冷却后硅片上就会析出单晶。要生成多层单晶时，按上述方法反复操作即可。之所以使用石墨材料，乃是因为其具有高温强度高、电性能不活跃、高纯度、热传导性能好、加工性能好及自润滑性等特性。

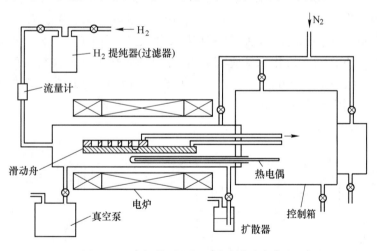

图 2-11　液相外延生长用卧式滑动舟装置

2.2.5　化合物半导体有机金属气相生长用石墨（MOCVD）

　　在化合物半导体上，以 CVD 法生长同种或不同种的化合物半导体单结晶的工序中，作为固定片的基盘座，使用 SiC 涂层的高纯石墨。图 2-12 所示为 MOCVD 装置。原料使用含 Ga、As、Al 等的有机化合物，在减压下加热至 600～750℃，使之热分解蒸涂到片上生成薄膜。采用 SiC 涂层品的理由是为防止从石墨中发生的气或粉尘污染薄膜。

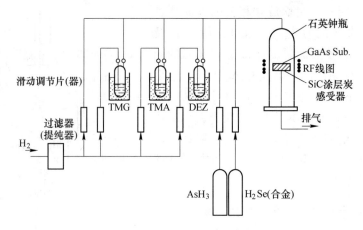

图 2-12　有机金属气相生产装置

2.2.6　多晶硅生产用石墨制品

（1）硅半导体用的多晶硅生产。当今，硅材料是以存储器为核心的半导体产业所使用的主要原料。其生产制造过程中大量使用炭素制品。

多晶硅的生产工艺为，将纯度较高的石英石（SiO_2）混以焦炭、木炭等炭素材料，高温下加热还原，生成金属硅（纯度约为 98%）；然后在反应炉内使金属硅微粉和氯化氢气体反应合成硅烷气体；通过反复精炼提高硅烷气体的纯度。

接下来的工序主要分为两种方法。一种是将三氯硅烷（$SiHCl_3$）和氢气的混合气体通入温度为 1100℃ 的石英容器，使其蒸结在容器中耸立的多晶硅芯棒的表面，并使芯棒的直径逐渐变粗至 $\phi150 \sim 200mm$ 的方法（CVD 法），称之为西门子法。另一种是将硅粉末和单硅烷/氢的混合气体通入流化床反应容器内，加热到 600℃，使硅烷分解，反应后生成 1mm 左右的颗粒状多晶硅的方法，称之为流化床法。西门子法的模拟图如图 2-13 所示，其反应容器的模拟图如图 2-14 所示。

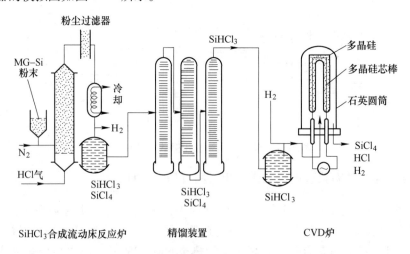

图 2-13　多晶硅生产工艺（西门子法）

作为上述制造工艺中所使用的炭素制品，首先是在硅烷气体制造过程中使用的用超大型等静压石墨制成的 $\phi 1000mm$ 的反应容器。由于超过 $1000℃$ 要与含硅或氢的周围气体接触，必须具有高温强度和耐化学反应性。在接下的多晶硅 CVD 生产法中，使用高纯石墨制成的部件有多晶硅芯棒的保持器兼作通电电极、气体导入的通气嘴和加热器。另外，用流化床法生产颗粒状多晶硅时，也使用 $\phi 1000mm$ 的高纯石墨反应容器，但是为了防止硅烷气体泄漏，在其表面要进行 SiC 涂层处理。

（2）化合物半导体用的多晶硅生产。化合物半导体的原料由元素周期表上 Ⅱ～Ⅵ 族的元素构成，代表性的元素有镓（Ga）、砷（As）、磷（P）、铟（In）等。化合物半导体单晶与 Si 单晶有

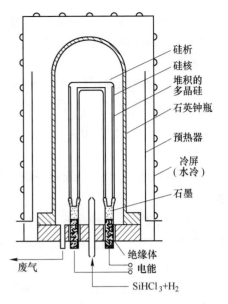

右侧标注（从上到下）：
硅析
硅核
堆积的多晶硅
石英钟瓶
预热器
冷屏（水冷）
石墨
绝缘体
电能
SiHCl₃+H₂
废气

图 2-14 多晶硅生产用 CVD 炉

些区别，一般采用液封 CZ 拉伸法（LEC：Liquid Encapsulated Czochralski）制造，但是也有用合成方法生成多晶化合物并以此为原料的做法。例如，制造 GaP 时，按照其化学当量的比将 Ga 和 P 装入石墨管，加盖封闭，在加压的同时，用中频感应加热至大约 $1500℃$，使之熔融，反应生成 GaP 的合成多晶。这里所用的石墨要求具有高纯度、高热导性和高温强度等特性。

2.3 水银整流器和大型电子管用炭石墨制品

由于人造石墨体积密度比铝还轻，在常压下不熔化，蒸气压很小，有良好的导电性能，导热系数比铁、锡、镍、汞和铂高，而线膨胀系数却很低，大体与玻璃相同，具有良好的耐热冲击性能和稳定性以及高的电子逸出功，并不与汞起反应等特性，因此，它可作为水银整流器阳极、栅极和大型电子管的阳极和栅极等。

2.3.1 水银整流器和电子管用石墨制品的性能

水银整流器和电子管用石墨阳极要求灰分杂质含量少，机械强度高。灰分杂质在阳极表面能放射电子，特别有害的是半导体的杂质，如硅、碱金属和碱土金属（包括钠、钾、钙、镁及其氧化物）。因为这些杂质容易使整流器产生逆弧现象。有泵阳极灰分要求小于 0.035%，而无泵水银整流器阳极装入机体后，除解体检修外，不能抽气。如存有灰分杂质影响更大，要求灰分小于 0.01%。此外，还要求石墨具有一定的机械强度，表面加工均匀一致，气孔率小、致密等。

水银整流器和电子管用的人造石墨材料，采用灰分含量低的细颗粒焦炭粉末（如沥青焦、石油焦等）和少量鳞片状石墨粉，并用沥青作黏结剂，经混合、磨粉、压制、焙烧和石墨化等工序而制成。经过高温石墨化处理（2600℃以上）的目的是将无定形炭转变成人

造石墨，并将大部分灰分驱赶掉。为了使灰分降到最低限度，也有的厂家采用通氯气石墨化的方法，即在加热到1900～2000℃时通以氯气，促使灰分如SiO_2及Fe等变成氯的化合物而挥发。

人造石墨毛坯制成后，采用机械加工的办法按照要求加工成各种形状和尺寸的水银整流器和电子管用石墨器件，如图2-15所示。

用这种方法生产的高纯石墨的主要特性如下：

（1）纯度高。这种高纯石墨的灰分一般不超过0.1%，经特殊净化处理的特高纯石墨的灰分可达0.001%。这种材料不仅可以避免二次电子发射，而且可使由于杂质元素的蒸发而污染使用系统的现象减少到最低程度。

（2）结构致密，机械强度高。一般情况下，气孔率不超过30%，抗压强度大于

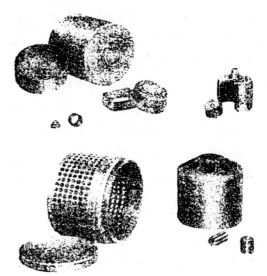

图2-15　各种水银整流器和电子管用石墨制品

20MPa。特殊情况下，气孔率可降至5%左右，抗压强度可达80～100MPa，用它制成的各种石墨件，具有较大的支撑能力和抗震能力，并在高温下不掉粉、不碎裂。

（3）热导率。作为阳极材料，若具有较高的热导率就可以允许设计成较小尺寸的阳极。阳极和其他元件之间具有较低的静电电容量，就可以容许在较高的频率下使用。石墨阳极在这两方面都具有优越性。

（4）石墨的线胀系数很低。一个发射管的工作频率只能在经过足够的预热时间以后才能测出，在这段时间里，如果材料具有较大的线胀系数，频率将发生偏移。而石墨线胀系数很小，在高温中经过脱气后不会引起这种现象，不会发生扭曲变形。

（5）石墨电子热发射效率高、质量轻、能耐高速电子流的轰击。

（6）石墨在空气中450℃左右开始氧化，其氧化速度随温度的升高而加剧。所以石墨件在高温下使用，必须置于真空或还原性气氛中。石墨件在真空中经高温除气处理后性能稳定，能保证设备在高真空状态下正常工作。

用于加工水银整流器和电子管器件的高纯石墨的牌号及性能见表2-6。

表2-6　水银整流器和电子管用高纯石墨的牌号和性能

性　　能	G2	G3	G4
灰分/%	≤0.01	≤0.025	≤0.1
含硫量/%	≤0.03	≤0.05	≤0.05
含钙量/%	≤0.002	≤0.003	≤0.003
密度/g·cm^{-3}	≤1.60	≤1.50	≤1.50

性　　能	G2	G3	G4
电阻率/Ω·mm	$(6 \sim 12) \times 10^{-3}$	$(10 \sim 16) \times 10^{-3}$	$(10 \sim 20) \times 10^{-3}$
气孔率/%	≤25	≤30	≤30
抗压强度/MPa	≥40	≥23	—
抗折强度/MPa	—	—	≥18

2.3.2　水银整流器和电子管用石墨件的结构

（1）水银整流器用石墨件。水银整流器用石墨件是大型水银整流器的主要部件，包括主阳极、内栅极、外栅极、反射极、点火极和激励极等。一般采用高纯石墨G3。

（2）电子管用石墨器件。电子管用石墨器件应用于各种大型电子管内，包括阳极、栅极等主要石墨件，一般采用高纯石墨G4。

无汞水银整流器用石墨件可选用G2石墨加工，包括阳极、栅极等。

2.3.3　石墨件在装管前的处理

2.3.3.1　电子管用石墨件的处理

（1）在大气中灼烧。电子管用石墨件在装管前必须进行净化处理，以便去掉石墨件表面的油污等杂质。净化的方法是用高频加热器烧约45s，温度大约为1400~1600℃，冷却后进行扫灰，把表面氧化层扫除干净。有的单位，净化后为了加速冷却，防止氧化，采用通风冷却的方法，效果不佳，反而使氧化加重，表面出现很多麻点。

有的厂家采用如下净化工艺，效果较好，即同样采用高频加热器加热，温度为1000℃左右，加热时间为2~3min，而将须净化的制品装在石英坩埚里，如图2-16所示。

加温处理后使制品自然冷却，制品表面光洁明亮，没有麻点现象。采用这种方法处理的产品外观质量较前一种净化工艺处理的制品要好得多。

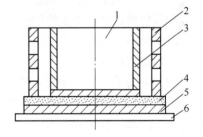

图2-16　石墨件净化处理装置
1—放制品；2—高频加热器；3—石英坩埚；
4—耐火砖；5—胶木板；6—支架

（2）在氢气中灼烧。石墨器件在装配之前必须在1000℃或更高的温度下进行脱气处理，因为石墨本身是多孔性材料，孔隙中含有大量空气，如不经过脱气处理，石墨件在使用过程中（在高温下）就会从石墨件体内跑出一些空气，影响真空度。脱气的工艺通常为：先在氢气炉中烧约20min，温度为1100℃左右。加热过程中，氢气取代了气孔中的空气，有利于抽真空，另外还起一定的还原作用。

（3）在真空中灼烧。把石墨器件套在石英玻璃的管罩时，用高频加热器加热，真空度10^{-2}mmHg，温度为1300~1400℃。

（4）在石墨阳极外表面喷锆粉。锆粉的作用为：在高温时可以吸收气体，提高电子管的真空度。

2.3.3.2　水银整流器用石墨器件的处理

石墨器件于 1800℃ 左右在真空烘焙炉里进行净化，时间大约为 50h，边抽真空边升高温度，要防止制品氧化。石墨除了制造上述部件外，还可制成胶状石墨（将石墨和水制成胶体溶液，其中加有稳定剂和氨）涂在金属零件和玻璃上，使金属零件变黑以增加辐射能力，在玻璃上形成导电层用在真空器件中。

2.4　电子管石墨阳极

2.4.1　石墨阳极特性

任何来源的电能最终都要以热能出现。电子管内的阳极必须尽可能有效地能将这种热能消散。

石墨允许功率耗散的增加，因此电子管元件的温度较低。电子装备时常遭受到意外的或故意的超负荷。石墨可以经济地生产出许多不同形状和大小的制品，加工出的尺寸在使用时可以保持它的精密度，因为它不会发生扭曲变形。

石墨阳极几乎已经用于所有常用的各种形状、各种尺寸和各种形式的电子管中。汞弧整流器用的阳极，可能是制品中最大的；而用于 OZ-5 型整流管的（直径 0.049 时，长 0.375 时），则是最小的。一种较大的如 HF-1000 型空气冷却的功率管所用的石墨阳极。石墨阳极材料是用电炉把炭焙烧，使炭转变为人造石墨而成。焙烧后密度增加，而电阻则降低很多。杂质在焙烧时挥发掉，直到剩余含量只有 0.08% 或更少。应用适当的真空抽气系统可以使焙烧后的人造石墨很快地进一步脱气，并且耐久不变。下面是石墨阳极一些特性。

（1）辐射发射率：石墨的发射率在较高温度下降低。但是，尽管如此，它的降低的最小值和其他材料比较还是相当高，因此温度对发射率的影响在这里是不重要的。石墨在瞬时峰值负荷的热消散方面也因为发射率高而效率较好。图 2-17 是石墨阳极的热辐射和其他金属阳极材料的比较。

（2）热导率：一种阳极材料能够具有高的热导率就可以允许设计成较小尺寸的阳极。阳极和其他元件之间具有较低的静电电容量，故可以容许在较高的频率下使用。石墨阳极在这两方面都具有优越性。

（3）线性膨胀系数：一个发射管的工作频率只能在经过了彻底的预热时间以后才能测定出。在这个时间里，如果材料具有大的线性膨胀，频率将发生偏移。石墨的线膨胀系数很小，频率稳定。石墨在高温中经过脱气不会引起测量的困难，石墨阳极不会发生扭曲变形。

2.4.2　石墨阳极的功能

（1）吸气作用：石墨阳极能够吸收一定数量的气体。用石墨阳极的电子管经过长时间高的超负荷使用后会出现气体痕迹，但一经回到正常负荷，通常在短时间内就可以清除掉这些痕迹。

（2）蒸汽压力：石墨的蒸汽压力在 1000℃ 温度下是 360×10^{-12} mm。

（3）脱气：诺尔歇和马歇尔研究了石墨阳极在真空管的脱气，并和他们对金属电极在真空管中脱气的其他研究结果作比较。图 2-18 是一个直径为 23/32in、厚为 1/4in 的钨氩

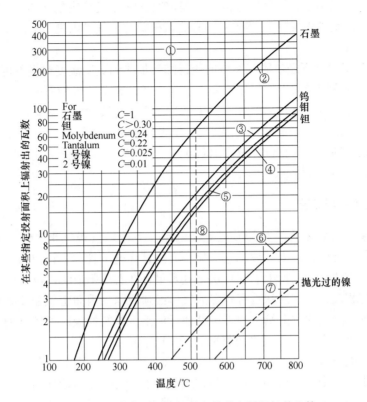

图 2-17　石墨阳极的热辐射和其他金属阳极的比较

① 石墨的辐射面积为它的投射面辐射面积的 2 倍，辐射 $= CT^4$，$C =$ 常数，
取决于材料以及这种材料的辐射面积和投射面积之比。各种材料的数值如下：石墨 $C = 1$；
钨 $C = 0.30$；钼 $C = 0.24$；钽 $C = 0.22$；1 号镍 $C = 0.025$；2 号镍 $C = 0.01$；② 石墨；③ 钨；④ 钽；⑤ 钼；
⑥ 1 号镍（经氧化和还原过的）；⑦ 2 号镍（经抛光过的）；⑧ 温度线，在这个温度下金属显示出它的颜色

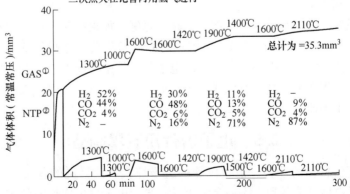

图 2-18　石墨的脱气

①立方毫米气体；②常温常压

整流管用的人造石墨阳极脱气测定分析图。测定时先在氢气炉内初步点火加热到1500℃，随后再在阿森姆真空炉内加热到1800℃。有些试样曾在氢气炉内进行第二次点火加热，试图脱除吸收的氧气。

石墨在2150℃温度下经过脱气有可能使得随后加热到更高温度时也不再放出气体。在1700～2200℃温度范围内放出的气体主要是氮气。经过完全脱气的石墨，如果随后暴露在空气中，它将吸收氧气。这种氧气在石墨中被这样牢固地吸附住，只有加热到2150℃，才能把它以一氧化碳的形式脱除出来。用沥青为黏合剂的普通石墨，没有在真空炉中经过1800℃初步点火处理的，每克试样放出10000mm³的气体。没有经过预先处理的人造石墨，每克试样放出270mm³气体。

2.4.3　石墨阳极处理工艺

石墨阳极装配之前必须在1000℃或更高的温度下用氢气脱气半小时。对于敷钍的钨丝，通常在元件装配好并封入以后把它炭化。方法是让电子管部分抽空，引入乙炔气或苯蒸汽，使炭沉积在明亮的钨丝上。这种炭化处理最好在石墨阳极装入以前进行。

石墨阳极容积较大，这意味着有较多的气体必须脱除，因而也就需要有较大容量的抽吸系统才能在乏气进度安排上给出相当于其他任何阳极材料抽吸时所容许的速度。这个抽吸系统必须能够乏气到10^{-7}，或者更好能达到$10^{-9}\mu m$。

有时会遇到电子管玻璃变黑或带有污点。这是由于没有很好注意到第一次抽气的结果。先把玻璃烘焙一个相当长的时间，烘焙温度，只要不会损坏到玻璃，应该尽量地高，通常在400℃。烘焙以后，开始抽气，一直连续抽到麦克劳德低压计变成不动为止。然后开始外部轰击，轰击时先用低输入功率电，再逐渐增加，直到从阳极第一次涌出的气体被点燃而发生闪光时为止。立即停止加热，经过一个短时间，然后恢复加热。这时可以让阳极在一个短时间内加热到赤热，通常在加热到这一温度以后也不会有闪光的危险。按照这种方法处理，玻璃罩不会出现变黑的痕迹。其余的乏气程序可以按照应用金属阳极电子管的程序进行。无论是内部轰击或是外部轰击，两者在阳极上所形成的最后温度都必须达到1200℃或更高。这样的高温需要有冷却设施，这可以用大风量、高速度的鼓风机产生的空气来冷却。冷却的目的是防止因石墨阳极高的热发射而使玻璃崩溃，同时也防止因温度太高而使玻璃放出气体。

实践表明最好把吸气剂放在管底部分，越低越好。如果把吸气剂存放在阳极最热部分的对面（通常在靠近加固肋的薄壁处），则短时间的超负荷将把吸气剂加热到一点，使吸气剂重行激活，因而它将吸附那些从过热的电子管元件中可能释放出的气体。这在一定限度的超负荷循环使用次数以内是可以成功的，但是，在这以后，吸气剂被用完，下一次超负荷时将造成一个不能适用或者效率差的电子管。

2.5　电子器件用石墨制品

在现今高度信息化的社会，情报仪器的进步惊人。计算机的普及、通信设备的小型化，特别是手机电话已普及到人手一台。更进一步，由于情报通信网的扩大，与世界实时对话的时代已经到来。不言而喻，这样的世界促进了电子零件、半导体技术的飞速发展。在这些技术中炭素材料及炭素产品也扮演着重要的角色。

"器件制品"从目前的半导体器件的观点来看，可以说使用炭素材料的器件制品几乎没有。而在本节决定从广义领域到炭素材料电子零件的观点观察一下。

2.5.1 使用炭素材料的电子零件

在电子设备中众多电子器件中应用的炭素材料，见表2-7。作为一般性了解的制品有电子管、电阻以及开关等。

（1）电子管。所谓电子管是真空管和放电管的总称。在高真空的容器（玻璃、金属）中，装有电子放出源的阴极和控制电子运动的电极（阳极、栅极），在真空中利用电子的运动及其作用的管称为真空管；而封入气体或蒸气的管称为放电管。

表 2-7 在电子零件中炭素材料的主要用途

电子部件名称	炭素材料的主要用途	炭素材料的特性
电子管 整流器用阳极	为控制真空中电子的运动 电极材料（阳极、栅极）	导电性、耐热能、耐辐射系数
固定电阻器	电阻器本体 热解炭膜电阻器的炭膜	固定电阻 导电性
可变电阻器	炭高阻抗电阻器的炭膜	导电性、耐磨损性
开关	橡胶接点材料 触点配线材料 2次电池防止过剩放电开关	导电性、耐磨损性 导电性、耐磨损性 导电性、热传导性
电容	双层式电容的电极 电解电容的电极	导电性、大比表面积 导电性
印刷基板	印刷电阻基板的电阻部分	导电性

此时炭素作为阳极、栅极其理由为炭素可以较容易地被进行高温精加工、加工形状的自由度较大、耐高温性能和优良的排气特性等等。现在，电子管的作用都基本上由半导体器件所替代。但是，像发射管这种高压及高功率的场合，依然使用电子管，其中的部件使用炭素。

（2）电阻器。从炭素材料的特性的角度，选择适当的材质可以在 $5.0 \times 10^{-6} \sim 1.0 \times 10^{-2} \Omega \cdot cm$ 的范围内用作电阻，图2-19a 所示为炭素材料作为固定电阻器使用的情况。作为固定电阻，也有在陶瓷上涂上炭素薄膜而做成的薄膜电阻，但现在基本已不太使用。另外，作为音量调谐和速度调谐的可变电阻，是用炭黑或石墨与树脂相混合，利用印刷技术在树脂或陶瓷基板上形成回路而用于电阻体器件的。代表性的可变电阻要数炭素合成式电阻（如图2-19b 所示）。但是，由于电子回路技术和半导体技术的进步，这些炭素类电阻器的使用量有减少的倾向。

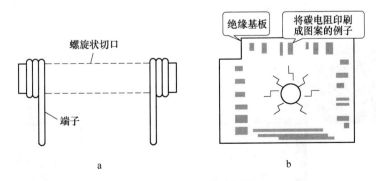

图 2-19 电阻器示意图
a—固定电阻器略图；b—炭素合成式电阻

（3）开关。作为开关类的炭素材料，多用于遥控器按键的触点等的导电材料。制作导电材料，是把炭素材料添加于树脂、橡胶等高分子材料，混合后成为具有导电性的材料，然后制成成型体、板状和糊状产品。由于各种电子器件需要的增大，用于导电性高分子材料的石墨的使用量也大幅度增加，作为重要的电子材料备受注目。如上所述，在电子器件领域，主要是把炭素材料的导电性功能赋予高分子材料，这种材料即所谓分散系导电性树脂。根据湿度和温度的变化，炭素分散系导电性树脂的电阻值也随之变化，利用这个特性，开发了保护电子设备回路的开关（PTC 过热、过电流保护元件），需要也在不断增加。

2.5.2　PTC 过热、过电流保护元件

通过选择适当的赋予了导电性的高分子材料，分散系导电性树脂由于对温度的感应性可以用于无接触开关。其温度感应性被称为 PTC 特性（Positive Temperature Coefficient），即随着温度的上升电阻也急剧增大的性质。利用这一特性，可以保护电子部件和电子回路免于因电源的异常电流而导致的损坏。最近，把这类器件用于信息器械和汽车电器方面取得了进展。下面具体说明使用炭素材料的 PTC 器件的制造方法、原理及使用方法。

制造 PTC 器件方法为：首先给作为导电材料的炭素颗粒和结晶聚合物（聚乙烯、氟树脂）加上其他添加物，搅拌后压制成板状，切成所需的形状，组装在镍箔等电极上。PTC 器件工作原理为在聚合物的非晶质部分聚集的炭素微粒流形成了无数个导电电路，随着温度的上升，由于聚合物结晶部分的热膨胀而导致电路减少，从而使电阻增大，利用此原理使其起开关的作用。其模型如图 2-20 所示。

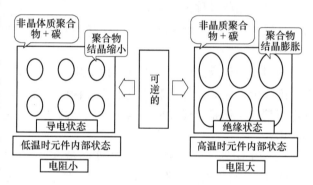

图 2-20　PTC 的工作原理模型

PTC 器件是以保护电子回路免受异常电流侵扰为目的的，利用温度变化的回路切断开关。也使用于锂离子二次电池的保护电路。图 2-21 所示为具有代表性的 PTC 器件，图 2-22 所示为 PTC 的电阻-温度特性。

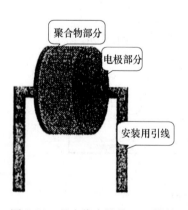

图 2-21　具有代表性的 PTC 器件

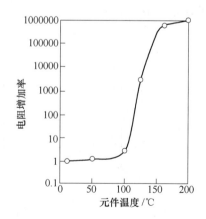

图 2-22　PTC 的电阻-温度特性

2.5.3 炭素系列材料应用的展望

目前，炭素材料在电子及电子器件领域的应用局限于给塑料材料赋予导电性的添加剂和电阻器等。但是除了作为导电性分散材料以外，对炭素系材料的深入研究和范围广泛的应用开发也在进展之中。其中金刚石（包括金刚石薄膜）因具有其他物质所没有的优良特性而成为重要的工业材料之一，可以期待应用于半导体器件领域。

不久前发现的作为炭素家族新成员的富勒烯，是由 60 个碳原子组成的球状物质，此后，更由于纳米级的碳纳米管及石墨烯的发现，明确了呈现新结构的炭素材料的存在。对这些新结构体的研究已成为现今世界的热门研究课题。今后，随着对金刚石的应用以及对富勒烯、碳纳米管、石墨烯等炭素家族新成员研究的深入，特别相关复合技术的发展，可以期待开辟出电子及电子器件的新型材料。可以期待的领域及其产品见表 2-8。

表 2-8 金刚石、富勒烯、碳纳米管的应用可能性

期待领域	期待的器件产品
电子分立器件	耐高温器件、中频器件、发光器件（青色）、激光器件、介电器件、晶体管
感应器	高温压力、光、紫外线、放射线、热敏感应器

2.6 电子仪器方面应用的炭石墨制品

2.6.1 概述

最近，由于半导体集成度的提高和微机的应用，电子仪器逐步得到小型化和多功能化，从而在进一步扩大了家用电器市场的同时，加速了高度信息化社会的到来。炭材料和半导体一起同时在电子仪器的小型化、多功能化方面担当重要的角色。

炭材料可说是具有高导电性，耐磨损性，大比表面积，黑色，质轻，廉价等各种各样特征的极独特材料。为此单独或复合地利用这些功能，即使少量使用就可作为电子仪器的关键材料和辅助材料。今后对应由于环境问题派生的节能，节省资源等市场需要，估计将逐渐提高其作为材料的存在意义。

作为炭材料在电子仪器方面的实际应用例，有各种阻抗器的电阻材料、开关、电容和电池的电极材料；电机的电刷、磁盘等耐磨涂层材料；防静电涂料以及密封涂料、电子管涂料、调色剂以及各种打印材料；面状发热体等各种各样的物体。对应于多种多样的用途，有效地发挥其特性。

这些用途中，电功能是电子仪器中最基本、最重要的功能，下面将概述有效发挥炭材料特性并应用于电子部件的一些例子。

2.6.2 电子部件中的炭材料

电子部件有：从动部件，如固定电阻器、可变电阻器、电容、变压器等；连接部件，如连接器、开关、印刷基板、继电器等；变换部件，如音响部件、磁头等；记忆部件，如磁带、软盘等；以及其他部件。

（1）开关和电容等所谓一般电子部件。其用途伴随产品的电子化，不仅在家用电器，信息仪器和产业机器方面得到应用而且也正扩大到汽车等方面。其中用炭材料的代表性电子部件见表 2-9，已知有固定电阻器、可变电阻器、开关等。

炭材料在开关方面的使用例子，有电视输入装置的遥控开关和电子计算器开关等的橡胶接点材料，以及在微波炉输入装置等中采用的膜开关的接点和配线材料等。橡胶接点是由炭黑和石墨与橡胶混匀后成型制造，而膜开关则是在聚酯膜上形成炭黑和石墨与树脂混合物的涂膜来制造。以上主要是在电子部件中添加炭黑和石墨等炭材料，将其导电性等功能性赋予树脂及橡胶等高分子材料，即多数场合是以所谓分散系导电性塑料的形式

表2-9　在电子部件中炭材料的主要用途

电子部件名称	炭素材料的主要用途	炭素材料的特性
固定电阻器	热解炭膜电阻器的炭膜	导电性
可变电阻器	炭混合阻器的电阻	导电性、耐磨损性
小型电机	电刷	导电性、耐磨损性
开关	橡胶接点材料	导电性、耐磨损性
	薄膜开关的接点及配线材料	导电性、耐磨损性
印刷基板	印刷电阻基板的电阻部分	导电性
磁带	保护膜涂层	耐磨损性
电容	电双层型的电极、电解电容的电极	导电性，大比表面积导电性

利用，大部分是以涂料和糊状等形态加以利用。同样也有为了赋予其导电性为目的，将金属粉分散的分散系导电性塑料，但采用炭材料时具有耐氧化性、耐硫化性、润滑性好、成本低、质量轻等优点，因而被广泛利用。

（2）固定电阻器。它又有金属膜电阻器，金属陶瓷电阻器，热解炭膜电阻器，最普及的是带引线型的固定电阻器。这种热解炭膜电阻器通常由下述方法制造：首先，在密闭容器中放置适当耐火性的磁制基体（氧化铝等），将其加热到1000℃左右，然后导入烃类气体等，通过这类气体的热解，在基体表面析出炭膜。再在两端装配上引线后，加工螺旋状沟槽以调整其电阻值。最后，在电阻体表面加上防湿、绝缘、耐热性的保护涂层。

（3）可变电阻器。它的代表例子是将炭黑以及石墨和作为黏结剂的树脂混合，然后将其成型或涂上绝缘材料后，烧结炭化成炭混合电阻器。金属电刷在这种电阻体上滑动，因此炭材料不仅承担可变电阻的电阻部分，作为可变的原因在和金属刷滑动时，它们也对提高摩擦磨损特性起着重要的作用。此外，这种类型材料的主要用途还有电视和音响等的音量调节，因此，通常可变电阻也被称之为音量调节器。

2.6.3　炭分散系导电性塑料

作为炭分散系导电性塑料的代表见表2-10，在日本有大约为1000亿日元/年需要量适用于可变电阻的炭混合电阻器（以下简称炭电阻）（如图2-23所示）。下面说明这类炭电阻的制法，电阻值及其特征等。

表2-10　炭分散系导电性塑料的应用

应用例	内　　　容
印刷电阻基板	将与可变电阻上炭电阻同样的物质在酚醛双层板上形成廉价的电阻回路
面状发热体	将炭黑、石墨和石墨化炭黑等与树脂混合后涂在耐热织布上，做成自控型加热器
结露传感器	是使用炭材料和高级湿性黏结剂的电阻，随吸水量变化其电阻值会急剧增大，被VTR等采用
静电防止材料	涂刷在塑料等上面起防止静电和防止带电的作用
屏蔽用涂料	防止电磁波泄漏和因电磁波造成的障碍
导电性黏结剂	不仅用于不必锡焊的电工材料等的电工连接上，也用作代替锡焊的材料

（1）炭电阻的制法。图 2-24 所示为炭电阻制造工程的代表例。作为导电材料或者电阻材料利用高导电炭黑、炭纤维以及鳞片石墨、土状石墨等各种炭粉末，根据市场及制造要求特性将它们进行适当的混合，作为结合剂最好使用酚醛，环氧，邻苯二甲酸二烯丙基酯和醇酸树脂等热固性树脂。通常再在这些导电材料和结合剂中加入添加剂（消泡剂、涂平剂等涂膜调整剂以及作为增强材料的无机充填剂等）和溶剂，用球磨机和 3 辊轴轧辊机等混合机混合成糊状。

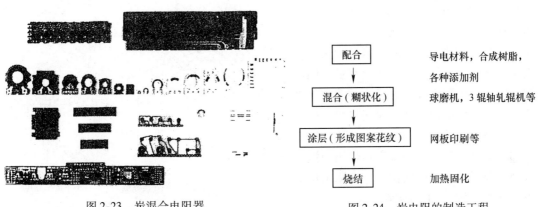

图 2-23　炭混合电阻器

图 2-24　炭电阻的制造工程

这样，使之糊状化后，用网板印刷法等在已形成电极的酚醛基板和氧化铝基板等上面以形成布线图案状态涂层，得到的膜厚为 $10\mu m$ 左右，然后，将它们在结合剂热固性树脂的固化温度下烧结在基板上，另外根据需要用各种不同比电阻的炭糊经数次反复印刷和干燥后，再烧结。

（2）炭电阻的电阻值。炭电阻的电阻值 R 由比电阻 ρ 和形状的不同按下式求得，$R = \rho L \cdot W/t$，此处 L、W、t 为炭电阻的长、宽和厚。

这一电阻值按市场要求，在 $100\Omega \sim 10M\Omega$ 的宽范围内，精度为 $\pm 10\% \sim \pm 30\%$。首先为了满足如此宽范围的电阻值，在 ρ、L、W、t 中，作为作用最大的比电阻，要求具有 $10^{-2} \sim 10^{3}\Omega \cdot cm$ 的宽范围。通过对炭粉末及树脂的种类，混合方法等的选择与控制以适应这些要求，而这些都是各制造商的技术秘密。在这些管理项目中如图 2-25 所示改变炭粉末的量和种类最为有效。添加某种数量以上的炭粉末则其电阻值将急剧下降。其次为了满足电阻值的高精度，炭电阻体的形状，特别是其厚度要求在形成时有良好的精度，需要有较高的生产技术。

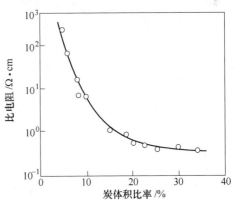

图 2-25　炭/黏结剂-树脂配合比的关系

此外为了得到更低的电阻值，有必要大量使用作为炭粉末的高导电性石墨。适当控制其粒度和它们与其他炭材料的混合比也十分重要。再者，由于石墨的电阻值有各向异性故在电阻器中应对石墨层面按一定方向取向进行控制。

为了获得高电阻值从图 2-26 可知仅加入少量炭材料即可，此时，炭材料的量略有变化其电阻值便可产生极大的变化。因此，为了获得稳定的高电阻值应选择对炭材料添加量变化来说电阻值变化尽可能小的炭材料。

（3）炭电阻随温度湿度变化时电阻值的变化特性（以下称温湿度特性）。已知炭电阻随温度、湿度的变化，即环境的变化，其电阻值也变化。这种炭电阻的电阻值与炭黑等炭粒子本身的电阻相比，与炭粒子间的接触电阻关系更为密切。因此，炭电阻的温湿特性就成了所谓炭粒子间接触电阻的温湿特性。其炭黑粒子间的接触电阻通常具有负的温度特性。由于保持炭粒子的结合剂为树脂，而树脂的线膨胀系数通常比炭粒子线膨胀系数大，通过炭电阻的加热，树脂发生膨胀，炭粒子间的接触被切断，故电阻值增大，呈正的温度特性。因此，炭电阻值的温度特性是炭黑粒子间的接触电阻的负温度特性和树脂造成的正温度特性的叠加。另外，炭电阻的湿度特性因吸湿树脂膨胀，切断了炭粒子间的接触，电阻值增大，其影响最为明显（如图 2-26 所示）。

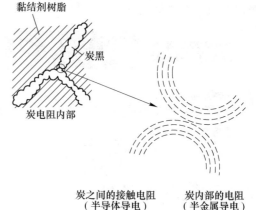

图 2-26　炭电阻内部的接触状态

热解炭膜固定电阻器其表面用树脂涂层，但为可变电阻器时，炭电阻的表面应和金属制电刷直接接触，由于其表面裸露，特别是对湿度很敏感，其电阻值易发生变化。这种炭电阻对湿度的敏感性是由几乎无吸湿性的材料构成，与金属陶瓷及金属膜等其他种类的电阻相比应对其缺点进行某些改善。为此，炭粉末的选择及表面处理都很重要，特别是在选择前述作为结合剂的黏结树脂十分重要。

反之，利用这种炭电阻对湿度的敏感性，已知可制成结露传感器。另外，作为炭电阻的黏结树脂若采用线膨胀系数大的物料时，由于随温度的上升其电阻值急剧增大，从而开发了通过自控其温度上升的加热器，即所谓面状发热体。

（4）炭电阻的滑动特性。由于通过磷青铜及锌白铜等金属制电刷在可变电阻器的炭电阻上滑动取出电信号，故炭电阻受到电刷的机械摩擦并产生磨损。但它不是一般所说的单纯机械摩擦磨损现象，即使受到摩擦磨损炭电阻面和电刷应始终保持电接触。例如在非接触润滑时即使有良好的摩擦磨损特性也并没有什么意义。

这意味着能综合保持导电性和润滑性两方面特性的炭材料可说是最适合这方面应用的材料。但是，由于得不到仅用炭材料作成的电阻，所以作为结合剂的黏结树脂也是决定电阻器滑动特性的重要原材料。因此不用说，其选择也很重要。仅选择黏结树脂得不到所需要的滑动特性时，有时也添加无机填料来增强炭电阻。

（5）炭分散系导电塑料的应用。具有这种特性的炭分散系导电塑料不仅可应用于可变电阻器之类的电子部件，还可用于如表 2-10 所示的主要以糊状化的各种各样用途中，开发了银等高导电材料和炭材料混合的制品，它们被应用于膜开关、导电性黏结剂等方面。

2.6.4　炭分散系导电性塑料的发展

这种炭分散系导电性塑料可说是很有用的复合制品，今后可期望有如下方面的应用：

（1）用于电子线路基板。印刷基板的代表例子是将铜箔黏结于酚醛层压纸板上，通过对铜箔的刻蚀可形成所希望的配线电路。在这种印刷配线板上将各种各样的电子部件用表面固定技术装配，锡焊固定后就成为目前最流行的电子线路基板。但是伴随电子仪器的轻薄短小化和低成本化，基板材料进行了转换技术的开发，如由刚性酚醛层压纸改为挠性聚酰亚胺薄膜，进一步改为聚酯薄膜，配线材料由高价的铜箔改为廉价的导电性涂料，由有环境问题必须用有机溶剂洗涤塑料以进行焊接的改用导电黏结剂。因此，迫切要求廉价的炭分散系导电性涂料或导电性黏结剂，即进一步要求有更高导电性的炭材料。

（2）用作屏蔽材料与散热材料。电视，收音机，电脑等许多电子设备会产生电磁波，为了使之不向外泄露，或不因外部电磁波而阻碍电子设备的功能，主要有在塑料上涂层，作为屏蔽电磁波材料的导电性涂料。作为导电材料与使用银和镍等金属的导电性涂料相比，炭材料不但廉价而且更轻，今后如果能进一步提高其导电性，可望有很大的市场。

石墨材料具有优良的散热性能，可作为电子设备的散热器，如笔记本电脑散热器。

（3）可变电阻器的市场需求。可变电阻器主要用于在使收音机、音响等的音量和音质发生变化时在线路板中调整线路，这方面对轻薄短小和高性能化的需求仍很强烈。为此作为炭电阻体要求 $10^{-2}\Omega \cdot cm$ 以下的低比电阻以及具有与金属膜电阻有同样水平的温湿特性和音质。

近几年来，将价格较低的可变电阻器用作可检测出绝对位置的接触式位置传感器代替光和磁传感器等非接触式传感器，使照相机一体型 VTR 的位置传感器以及汽车的新控制系统成为可能，如图 2-27 所示为正在开发的接触式位置传感器。

这些与过去的可变电阻器相比较应具有更高的滑动寿命和更高精度的输出电压直线性。今后这些特性估计会要求更高，因此，在满足这些需求进行技术开发的同时也对炭材料提出了要求。

图 2-27　汽车用接触式位置传感器

将炭材料应用于电子仪器和设备方面，在电子部件中作为炭分散系导电性塑料形式的可变电阻器用炭电阻。这些都是通过复合化能更好地发挥炭材料的电机械特性而加以很好的利用。今后通过这样的复合化技术发展以及综合富勒烯碳纳米管、石墨烯等为代表的新型炭材料和高度进步的高分子材料等，可望有更高功能的新型电子部件以及利用这些部件而开发的新型电子设备和仪器。

2.7　电子器件制造装置用石墨制品

现今的半导体，特别是电子器件产业之所以取得长足的发展，乃是因为细微化技术使得在小小的芯片上进行大功能集成成为可能，以及由于生产技术和制造技术的进步使得大量低价位供应这些大容量芯片成为可能的结果。在支撑着此细微化加工技术的制造装置中，大量地使用炭素制品（如图 2-28 所示）。下面介绍其中的重要部分。

单晶硅用 C/C 复合　　　离子注入用　　　等离子蚀刻用　　　感应加热和区熔用
　　材料坩埚　　　　　　石墨部件　　　　　石墨部件　　　　　　　石墨舟

电子束蒸发用　　　PECVD 用石墨托板　　金属有机物气相外延　　液相外延用石墨舟
　石墨内衬　　　　　　　　　　　　　　　　用石墨基座　　　　　　　　组件

外延炉用柱型 SiC　　　电子器件玻璃　　　等离子体 CVD　　　切割单晶硅用石墨垫
涂层石墨基座　　　　封装用石墨模　　　　　用电极

图 2-28　电子器件制造用石墨制品

2.7.1　电子器件制造装置用炭素制品

　　生产以记忆芯片为代表的电子器件，要经过多种处理工艺。图 2-29 所示为有关形成电子器件回路的硅片处理工序。

　　（1）硅片外延处理工序。在此工序中，以硅片为基板，在其表面生成同样的硅单晶的同时，通过掺加不纯物而形

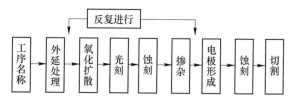

图 2-29　形成线路的芯片处理工序示意图

成 p 型层或 n 型层。外延工艺一般以 CVD 法（化学气相沉淀）为主流。其装置的概略如图 2-30 所示。工艺流程为，用氟酸将硅片清洗，干燥后，贴置于基座上，然后加热升温，通入盐酸除去硅片表面的氧化层，生成外延层。基座要求选择具有不能伴有金属污染、耐高温及耐盐酸腐蚀、不与硅反应、没有气体发生等特性的材料。作为能满足这些要求的材料，一般使用以高纯石墨为基材，通过 CVD 法在基材表面进行高纯 SiC 涂层的基座。

　　（2）氧化、扩散工序。对于硅材料器件而言，这个工序是形成绝缘膜的最重要的工序。形成绝缘膜的方法有高温氧化法和 CVD 法。在单体处理式的等离子体 CVD 方法中，炭素产品既是等离子体的放电电极，也是硅片的支撑板。其装置概略如图 2-31 所示。这里所使用的材料，同样要求不能使用中伴有金属污染，而且需具有诱发等离子发生的导电性，以及对反应气体、电极板清洗气体的抗腐蚀性。为了解决石墨内部微量不纯物的发生问题，有时也使用在表面进行玻璃炭涂层或热分解涂层，或者浸渍的炭素材料。现在，单体式装置正在逐步减少，而代之以枚叶式装置。

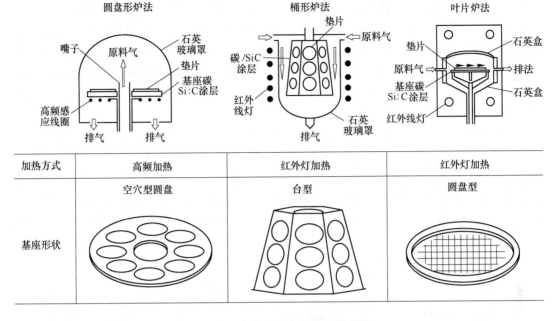

图2-30 各种外延生长装置概略图

（3）蚀刻工序。除去前道光刻工序所指定的细微部分，形成回路模式的工序称之为蚀刻工序。在此工序中，有使用液体的湿式蚀刻法和使用气体的干式蚀刻法。现在以能满足回路模式细微化要求的干式蚀刻法为主流。特别是等离子干式蚀刻法已成为主流，其装置概略如图2-32所示。这里所使用的炭素产品有等离子发生用的上下电极，同时兼用作蚀刻气体整流用的吹气板，和防止等离子扩散用的聚焦环。如图2-33所示，用于电极板的材料有多种，一般根据所用的蚀刻对象和使用的气体而选择。

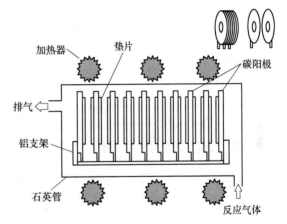

图2-31 盘片式单体等离子CVD装置概略图

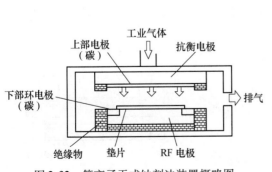

图2-32 等离子干式蚀刻法装置概略图

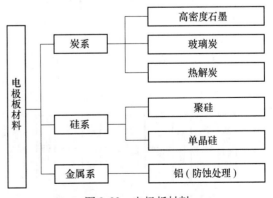

图2-33 电极板材料

（4）离子注入装置（掺杂）。所谓离子注入就是以极高的速度将被加速的离子注入半导体基板中，使用 p 型或 n 型离子不纯物即可生成 p 或 n 层。装置概略如图 2-34 所示。由于离子被高能量加速，其中极少的离子会撞击装置的金属内壁，而被撞击出的金属壁离子会污染硅片，为了保护离子束通过的通道内壁、卡固离子束的电极和偏向电极部分，也使用石墨隔板。离子束撞击部位（如离子束挡销）的温度高达 2000℃，从耐高温、抗热冲击的角度而言，石墨部件也不可或缺。

（5）电极形成工艺。在真空状态下使与电极配线薄膜同样的材料使之蒸发，镀着于位置上与其相对的基板上的方法称为 PVD（物理气相蒸镀）技术。PVD 技术有真空蒸镀法、溅射法和离子喷镀法 3 种。其中使用石墨部件的是电子束真空蒸镀法，如图 2-35 所示，其方法是在石墨坩埚（Hearth Liner）中用热电子将蒸镀物质（主要为铝）加热蒸发。但是，现在的半导体工艺以溅射装置为主流，不使用石墨部件。现在的 LSI 工艺也不采用离子喷镀法。

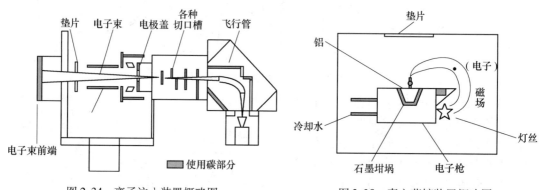

图 2-34　离子注入装置概略图　　　　　　图 2-35　真空蒸镀装置概略图

2.7.2　其他器件制造用的石墨部件

说到器件和集成电路，一般以硅器件（各种记忆单元、MPU）为代表，但是也有化合物半导体器件和 LCD（液晶）。这类器件的制造装置也大多使用石墨制品。下面仅介绍其中一部分。

（1）化合物半导体器件。最常见的化合物半导体器件有发光二极管和半导体激光。图 2-36 所示为发光二极管的制造工艺。

这里所使用的石墨制品有制作（化合物）单晶棒时加热用的加热器和坩埚，以及外延生长工艺用的工装。工业上所使用的外延生长法有液相外延法（LPE）和有机金属 CVD（MOCVD）法。图 2-37 所示的是 LPE 法。

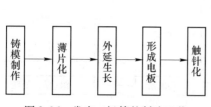

图 2-36　发光二极管的制造工艺

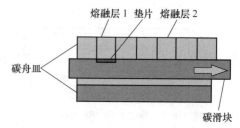

图 2-37　LPE 法概略图

LPE 法的工艺为把化合物单晶片置于石墨滑板上，使熔融的同成分化合物（元素配合比不同）单晶片逐层成长，熔融物的容器也用石墨材料。工艺过程中若有金属成分混入，将阻碍二极管/激光的发光，所以必须使用高纯石墨。

（2）液晶。当今，液晶制品已成为电子显示技术所不可或缺的器件，今后，其使用范围还会不断扩大。液晶器件的制造使用玻璃基板，由于在基板上形成回路的方法与硅器件基本相同，其工艺过程也大量地使用炭素制品，由于版面所限不再详述，但其大有作为。

（3）液晶制造玻璃基板热处理用的石墨板。在对液晶显示装置用的玻璃基板进行缓冷处理时，使用内埋金属加热器的石墨板。为了防止石墨粉黏附在玻璃上，一般使用玻璃炭涂层石墨。另外，由于玻璃基板的平面度极为重要，要求石墨板自身的平面度要好。玻璃金属封接用石墨板如图 2-38 所示。

（4）TFT 型液晶显示用离子注入装置部件。作为液晶显示方式的一种，TFT 方式是在 Si 薄膜上形成多个晶体

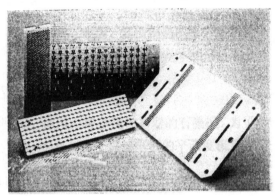

图 2-38　玻璃金属封接用石墨板

管，但是需要添加掺杂物质的 As 或 P。其做法与硅半导体同样也用离子注入法，部分装置也使用高纯石墨部件。由于离子束的冲击以及防止晶体管器件内混入掺杂物质以外的不纯物，也需要使用高纯石墨。

2.8　炭石墨电阻器

2.8.1　拼合炭电阻器

炭和灯丝类型的拼合电阻器使用的是一种具有高比电阻的导电材料，其中混合有某种填料和黏合剂，填料（硅石、滑石、黏土、橡胶和酚醛塑料）和黏合剂可以变化而不相同。用不同的组合把填料、黏合剂和导电材料加以配制可以获得电阻等级范围不同的电阻材料。灯丝型电阻器是用炭的电阻材料在一根玻璃棒上烘焙而制成，玻璃棒用陶瓷盒或酚醛塑料盒密封。这是获得低瓦数电阻器的一种代价不高而产品体形又紧凑的制造方法，为小型无线电设备的发展提供了十分有利的条件，因为等效电特性的线绕电阻器比较它成本高，并且体积庞大。在美国估计每年要生产这种电阻元件五万万件。

（1）小型炭无线电阻器。小型无线电电阻器的生产规格是：电阻从 10Ω 到 20MΩ，额定容量从 1/3W 到 3W。尺寸变化：从最小 1/3W 的 3/32in 直径 ×5/16in 长变化到最大 3W 的 3/8in 直径 ×2in 长。用模制方法可以在更小空间内获得高欧姆值的电阻。模制时将镀锡引线放在模内和电阻材料一道成型。

额定瓦特数对尺寸，以及对标印在每一电阻元件上的最高电压数值的关系如下：额定瓦特数 1/3W，直径 0.135in × 长 3/8in，允许最大电压 200V；额定瓦特数 1/2W，直径 0.125in × 长 1/2in，允许最大电压 350V；额定瓦特数 1W，直径 0.225in × 长 3/4in，允许

最大电压 500V。

端子引线除作为导体外，还作支承电阻器之用。电阻器可以是绝缘的或者是不绝缘的。电阻材料的成分组成在模制时要选择好使它具有低的电阻温度系数，如图2-39 所示。

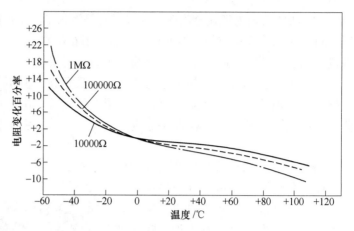

图 2-39　炭拼合电阻器的温度特性

1）电压系数：电阻器的名义电阻数值在 1000Ω 或以上的是按照在连续工作电压下测定数值的 0.1 来标定的。因此电压系数按下式计算：

$$电压系数 = \frac{100R_1 - R_2}{R_2} \tag{2-1}$$

式中，R_1 为在额定连续工作电压下的电阻；R_2 为在 0.1 额定连续工作电压下的电阻。

电压系数随着电阻器尺寸的减少而增加，并随电阻的增加而增加。此外，它还随电阻材料所使用的导电材料的成分或混合物的不同而有变化。图 2-40 表示三种大小（1/3W，1/2W，1W）电阻器的电压特性。

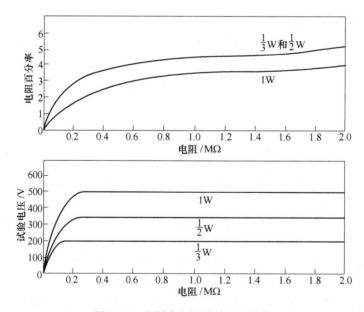

图 2-40　炭拼合电阻器的电压特性

2）电寿命：炭的拼合电阻器的电寿命是在周围温度为 40℃ 的条件下测定。施加电压测定片的电寿命以前，先测定它的电阻。用直流电源并按照额定连续工作电压进行测定。测定时要间断地施加电压。即每接通一个半小时要断开半个小时，直到总共达到 1000h。在整个测定时期，电阻器的初始电阻值的变化不能超过 10%。图 2-41 表示几种大小电阻器的电寿命。

3）湿度特性：电阻器必须能经受住 250h 的在温度为 +40℃和相对湿度为 95% 条件下的暴露。因湿度变化而引起的电阻变化不能超过 10% 。图 2-42 表示电阻变化和温度对时间的关系。

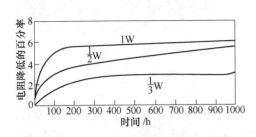

图 2-41　炭拼合电阻器的电寿命

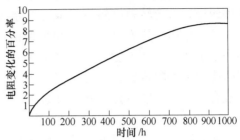

图 2-42　电阻变化和温度对时间的关系

电阻器在无线电装置上可以对电子管、声频管、检波管提供栅极偏压，以及用于板极耦合、分压器和滤波器。用于这些不同用途的典型数值是：1）检波管偏压电阻，5000 ~ 50000Ω；2）功率管偏压电阻，200 ~ 3000Ω；3）分压器，1000 ~ 100000Ω；4）板极耦合电阻，50000 ~ 250000Ω；5）栅漏电阻，100000Ω ~ 20MΩ；6）滤波电阻，100 ~ 100000Ω。

这种电阻器还用作避雷器保护装置或冲击电电阻器、点火电阻器以及用于不同大小和不同形式的低压调整器、电喇叭和挡风窗电动风雨刮刷。

（2）避雷器。避雷器电阻器可以用来保护电气设备，避免由于雷电冲击以及由于各种异常高电压的冲击而受到损坏，例如开关操作时形成的冲击电压等。因此理想的避雷器电阻器是用来提供一个对地通路，它的电阻，在电压低于某一个数值期间，应该是无限大；但是，当电压超过了这个限定数值时，它就应该变成一个良导体。此外，当电压回降到这个限度以下，它应该重又变成一个绝缘体；从绝缘体变成导体，又从导体变回到绝缘体，应该都在几乎一瞬间完成。

避雷器电阻器和冲击式电阻器都制成环状。为了获得良好电气连接，棒状电阻器可具有接线端头或在端部焊接接线鼻子。

（3）点火电阻器。用于飞机、卡车、汽车以及旅客汽车上内燃机的点火电阻器具有 5000Ω 的电阻，每一个火花塞内插入一个，从里面或从外面插入都可以。用这种电阻器可以延长火花塞的使用寿命，同时还可以消除由于每一个火花塞点火所引起的无线电干扰。

2.8.2　可变拼合炭电阻器

可变电阻器使用精细分散的炭粒子来传导电流，同时依靠一个接触棒在导电面上接触位置的不同来控制电流通路的长度。这种电阻器可以用来控制高阻抗、低功率电路中的电流和电压。使用这种电阻器的变阻器和电位器，其电阻可变范围可以从几欧到几兆欧。

可变拼合电阻器由一个绝缘基底构件，其上附着有一薄层炭的导电材料所构成。这个导电沉积层的形状呈扇面形，两端引向外部接线端子。有一根由手轴来操作的接触棒可以在导电沉积面上同心地转动，手轴和接触棒通常是绝缘的。还有一个灵活的连接片或触履压在接触棒的动触头上使它和绝缘底板上另一个接线端子接通。

图 2-43 为一个防尘盖已被拿开的可变拼合电阻器的外形图。*A* 和 *B* 分别代表导电炭

膜的两端，C 代表接触棒和动触头相连接的一点。这种构造装有一个挠性弹簧连接片和端子 C 形成弹性连接。弹簧连接片用电木垫圈和转动轴绝缘，拼合转动接触棒形成一个永久性连接。接触棒用一块方电木和转动轴连接，使它们一道旋转并相互绝缘。转动轴末端装有一块带凸缘的金属限位装置，可以和防尘盒上的刻槽咬合，把转动轴的转动范围限制在大约 300° 以内。

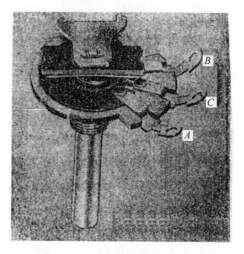

图 2-43   可变拼合电阻器控制装置

装上防尘盖的全套组装好的可变拼合电阻器，在上面带有一个通过啮合由轴动轴来操作的快动开关。这种构造用于音量控制。用于较大功率控制的双联可变电阻器，上面带有两个相互绝缘的、由同一转轴来操作的拼合电阻元件。这种电阻器可以用来控制两个单独电路的电阻，也可以用来一方面调整一个电路的音频电压的大小，而同时在另一个电路的端子间维持一个恒定阻抗。

可变电阻器可以和电子装备一道应用，当大幅度的变阻必须保证平稳而经济时。电子装备所需要的这种特性实为这种构造的拼合电阻器所固有，因为拼合电阻材料的沉积层可以分级变阻，通过接触棒转动角度的大小，我们就可以获得范围广泛的、不中断的电阻变化。

图 2-44 给出曲线 A、B 和 C 三个例子来表示这种可变拼合电阻器的电阻调整可能达到的范围。在这里，线性标度的相对电阻数值是以控制轴的有效转动的百分比来表示。

电阻材料主要由炭黑构成，其中用有机黏合剂把炭的颗粒黏牢。用于电阻较低的，附加有石墨，用于高电阻的，用惰性颜料为附加剂来减少炭黑浓度。拼合的电阻材料则以喷漆的形式用喷枪涂在电木的表面上，或者用某些电路印刷方法像丝网电路印刷法那样的印刷。所想要的电阻数值由喷漆中所含炭的导电材料的浓度以及由沉积出的导电材料的截面积大小来控制。所用的炭黑属于低

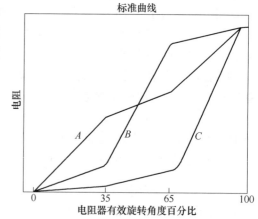

图 2-44   可变电阻器接触棒转动角度和
电阻的关系

挥发物的品类，其溢出的、经过沸腾的水浆中应显示出具有 8 ~ 12 的 pH 值，并且希望具有低的电阻温度系数。这种炭黑会在扩散方面发生一些困难，但是可以按照前面所提到的在拼料中加进一些树脂溶剂和它一起在卵石磨中或在油漆研磨机中研磨来达到均匀扩散。

电阻沉积层的厚度可以从少数几个千分之几 in 到千分之十 in 范围内变化。有些电阻控制器具有相当大的厚度，但应该在有效接触电阻的允许范围以内，不能太厚。沉积下来的拼合材料中所含的溶剂用蒸发来脱除。烘焙可以使树脂黏合剂熟化，或使它部分分解和

炭化，结果能导致较高的电导率。

可变拼合电阻器在机械的和电的稳定性上不如线绕电阻器那样的高。它们的电压系数，像那些不可变的拼合电阻器那样，电压每变更 1V，电阻变化通常不到 0.01%。这些电阻器用于电压只有几伏，但在它们额定瓦数范围以内，也能经受住高达 350V 的电压；可是这只是对现有的 0.3W、0.5W、1W 和 2W 这几种产品而言，同时假定负荷耗散在所有的拼合材料中都发生。当额定负荷施加到这些电阻器时，经过 1000h，要求电阻变更不超过 5%。

滑动的接触棒经过了大量次数的前后循环转动以后会发生轻微的机械磨损。这方面引起的电阻变化在 15000 次前后摆动以后可能会产生 5% 的差异。高的大气湿度也可以引起 5%~10% 的电阻变化，但在干燥条件下，它将回到它的原来数值。

2.9 电信工程用炭石墨制品

电信工程用炭石墨制品包括光导纤维、电话送话器、喉头送话器用的炭石墨制品及避雷器用的炭片。电话送话器和喉头送话器用的炭石墨制品包括振动膜、炭素座（又称炭电极）及炭砂。

2.9.1 电话送话器及喉头送话器用炭石墨制品

电话传送的实质是在送话器里将声波（声波的各种频率）变为电气波动发送到收话器，在收话器里再将电气波动变为不同频率的声波，这种声波传到人的耳朵里就可以听到对方的声音，其原理如图 2-45 所示。

送话器的基本原理比较简单。送话器炭粉是把送话器和喉头送话器（在温度 - 50 ~ 50℃ 和相对湿度 98% 以内工作）内的机械振动转化为电振荡。因为炭砂在互相接触的过程中，只要炭砂粒子间压力保持一定，其电阻值也将保持一定。但是，当压力增加时，电阻就会减少，同时将流过较多的电流。相反，如果压力降低，电阻就会加大，流过的电流就会减少。

在电话机中这种力是由冲击在振动膜上的声波作用提供的，而且由于这种声波是来自讲话的人，所以电流的大小随着说话人的音调和声音强度而变化。这种电流的变化最终在电路的另一端转变成清晰的声音。

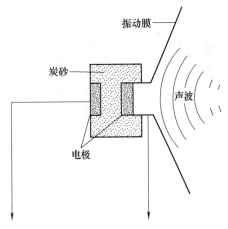

图 2-45 G. P. O 型送话器示意图

图 2-45 是用图解法说明一个用炭砂、炭电极和一个铝振动膜的 G. P. O 型送话器的构造原理。由图可见，炭电极完全浸没在炭砂中，其目的是防止送话器断路。

（1）送话器用炭砂。自从送话器早期发展以来，炭就以粒状的或球状的形态被用作接触电阻。这种炭的粒状物或球状物即为炭砂。在送话器中，炭砂是唯一可以获得满意效果的电阻元件。各种金属粉末和其他材料的粉末都已被证明不能满足需要。这里因为它比金属具有高的比电阻和接触电阻，而且它的颗粒表面不受电流和环境气氛的浸蚀而发生变化。炭砂的"电阻-压力"特性曲线具有足够的恒定性和可复原性，所以可获得满意的使用效果。

1）送话器用炭砂的制造：送话器用炭砂选用含铁、硫等杂质低、强度高和致密光亮的无烟煤制成。其工艺流程为：先将粗选的无烟煤放在炉内煅烧，使之具有一定的电阻，然后再进行精选和破碎（粗破碎、中破碎和细破碎），按照粒度要求进行筛选并检查含铁量与粒度，然后再进行酸洗、清洗、烘干、再检查、焙烧，完后进行成品检查（包括体积电阻、调变率、流动性、耐潮性等），最后按规程包装出厂。

2）国产炭砂的型号、性能及使用范围：国产炭砂的型号及其电气物理性能见表2-11，各种型号炭砂的粒度和杂质成分见表2-12，各种型号炭砂的应用范围见表2-13。

表 2-11　国产炭砂的型号及其电气物理性能

型号	电阻/$\Omega \cdot cm^{-3}$	受潮前						受潮后			
		电阻变化率/%		流动性/$cm^3 \cdot s^{-1}$	调变率/%			电阻变化率/%	流动性/$cm^3 \cdot s^{-1}$	调变率/%	
		随电流变化	随时间变化		振幅 0.05μm	振幅 0.1μm				振幅 0.05μm	振幅 0.1μm
F1	40～75	—	±15	≥0.60	≥8.0	≥17		+20 -10	≥0.50	≥6.5	≥16
F2	75～125	—	±15	≥0.60	≥8.0	≥17		+20 -10	≥0.48	≥6.5	≥16
F3	500～700	—	±15	≥0.65	≥8.0	≥17		+20 -10	≥0.55	≥6.5	≥16
F4	300～450	—	±15	≥0.65	≥8.0	≥17		+20 -10	≥0.55	≥6.5	≥16
F5	150～300	—	±15	≥0.65	≥8.0	≥17		+20 -10	≥0.55	≥6.5	≥16
F6	170～225	≤30	±15	≥0.70	≥8.0	≥17		+20 -10	≥0.60	≥6.5	≥16
F7	250～350	≤45	±15	≥0.70	≥8.0	≥17		+20 -10	≥0.60	≥6.5	≥16

表 2-12　各种型号炭砂的粒度和杂质成分

型　　号	粒度/mm	杂　质　成　分/%		
		水分	灰分	含铁量
F1，F2	0.25～0.355	≤0.6	≤3	≤0.3
F3，F4，F5	0.18～0.25	≤0.8	≤3	≤0.3
F6，F7	0.14～0.25	≤0.3	≤2	≤0.3

3）国外送话器炭粉的特性：炭粉在正常气候条件（气温25±10℃，相对湿度65±15%，大气压力86～106kPa）下的电声特性列于表2-14。炭粉在95%～98%的相对湿度，40℃气温条件下，经过6昼夜的防潮实验之后，其电声特性应符合

表 2-13　各种型号炭砂的应用范围

型号	应用范围
F_1，F_2	磁石式电话机
F_3，F_4，F_5	共电、自动式电话机
F_6，F_7	喉头送话器

表2-15规定的数值。用于热带气候条件下的炭粉，在98%～100%相对湿度、40℃气温条件下经过21昼夜防潮性试验之后，其电声特性应符合表2-16中规定的数据。

表 2-14 送话器炭粉在正常气候条件下的电声特性（前苏联）

炭粉牌号	正常电阻/$\Omega \cdot cm^{-3}$		电阻的正常调变率/%		流动性/$cm^3 \cdot s^{-1}$	机械时效/%
	额 定	最大误差	振幅0.05μm	振幅0.1μm		
K-60	60	±12	≥11.0	≥22.0	≥0.67	≥18.0
K-100	100	±25	≥10.5	≥21.0	≥0.06	≥17.0
KT-60	60	±12	≥11.0	≥22.0	≥0.66	≥17.0
C-250	250	±50	≥10.5	≥21.0	≥0.74	≥25.0
C-425	425	±75	≥9.5	≥19.0	≥0.73	≥23.0
C-600	600	±100	≥9.0	≥18.0	≥0.72	≥20.0
CT-250	250	±50	≥10.5	≥21.0	≥0.73	≥23.0
CT-425	425	±75	≥9.5	≥19.0	≥0.71	≥22.0
M-200	200	±30	≥10.5	≥21.0	≥0.75	≥25.0
MT-200	200	±30	≥10.5	≥21.0	≥0.75	≥24.0

注：粗粒炭粉的电阻和机械时效在50mA电流下测定，中等粒度和细粒炭粉在15mA电流下测定。

表 2-15 炭粉的电声特性（前苏联）

炭粉牌号	正常电阻的变化率/%	电阻的正常调变率/%		流动性/$cm^3 \cdot s^{-1}$
		振幅0.05μm	振幅0.1μm	
K-60	-6～+18	≥10.5	≥21.0	≥0.65
K-100	-6～+18	≥10.0	≥20.0	≥0.63
C-250	0～20	≥9.5	≥19.0	≥0.67
C-425	0～20	≥9.0	≥18.0	≥0.65
C-600	0～20	≥8.5	≥17.0	≥0.63
M-200	0～20	≥10.0	≥20.0	≥0.69

表 2-16 用于热带气候条件下的炭粉的电声特性（前苏联）

炭粉牌号	正常电阻的变化率/%	电阻的正常调变率/%		流动性/$cm^3 \cdot s^{-1}$
		振幅0.05μm	振幅0.1μm	
KT-60	20	≥10.0	≥20.0	≥0.62
CT-250	23	≥9.0	≥18.0	≥0.64
CT-425	22	≥8.5	≥17.0	≥0.62
MT-200	23	≥9.5	≥19.0	≥0.65

4）送话器用炭砂的保管及使用注意事项：

① 严禁炭砂受潮，面料砂受潮后将严重影响它的流动性、电阻变化率和调变率，因而在使用和保管过程中要特别注意。在热带和亚热带条件下，炭砂因受高温的影响而使炭砂黏结在一起，特别是炭砂与送话器极板间的黏结尤为严重，同时在极板表面产生黑色或

红棕色斑点，这可能是金属硫化物。实际使用情况表明，在热带、亚热带或雨季里，炭砂最易受潮黏结。通过人工潮热试验得知，在温度为55℃，相对温度为98%左右时，炭砂的黏结现象较严重。

炭砂受潮现象与好多因素有关。炭砂本身是吸水性物质（尽管比其他材料低）。如果炭砂表面极其光滑和不含其他杂质，则不易受潮。但是，由于目前炭砂都是采用灰分含量较低的天然晶状无烟煤作原料，因此炭砂中可能含有二氧化硅、氧化铁、氧化铝、氧化钙、氧化镁和金属硫化物等具有强烈吸水性的杂质，易于吸收水分。另外，炭砂虽经多道工序加工处理，但仍具有凸凹不平的表面，凸出部分的碳原子饱和度较小，表面活性较大，吸附能力较强，这些碳原子叫作活性点。如果这种活性点越多，吸附外界气体分子的能力越大。第三个原因是由于炭砂表面具有毛细孔，加之使用时发生的火花放电，增加了表面粗糙度，使之具有强烈的吸附能力，因为毛细孔内吸附了很多水分子，对炭砂的电气物理性能有很大的影响，使其本身的电阻变大。造成黏结现象时就大大地削弱了频变导电的能力。

解决炭砂受潮问题应从两方面着手。炭砂制造厂应尽量使炭砂致密，减少表面毛细孔，颗粒形状要光滑圆润、无杂质，这样可以大大减少吸收水分的能力。另一方面，目前世界上好多国家采用渗碳的方法，将炭砂表面渗上一层具有一定厚度且均匀的炭膜。这样一可覆盖炭砂表面的吸水性杂质，使表面电阻降低，也使杂质不能直接与水分子接触；二可将炭砂表面的毛细孔堵塞起来，使表面平滑光洁。实践证明，这种方法可防止炭砂受潮，提高使用性能和延长炭砂的使用寿命。

使用者一定要加强对炭砂的保管，应储存在干燥通风的地方。炭砂通常装在塑料瓶或玻璃瓶中，并用蜡封口。应该常检查封口是否严密，封蜡有无脱落现象。当从瓶中取出一定量炭砂后，瓶中剩下的炭砂也一定要用蜡封好。

② 严禁炭砂受振动。炭砂出厂后，若受到较严重的振动会使炭砂的颗粒形状、接触电阻等性能发生变化，从而影响使用效果。故在运输和存放过程中都要十分注意，应存放在无振动的房间里，当取用炭砂时不要用手剧烈晃动包装瓶。

③ 应严禁灰分和其他杂质混入炭砂内。

总之，炭砂在使用上最突出的问题是随着时间的增长而出现电阻增加和灵敏度衰减，通常认为是"老化"。可采取特殊处理方法（例如采取渗碳的方法）使之维持在最低水平。

（2）送话器用炭膜片。虽然有些电话机上振动膜采用金属薄片，但炭的振动膜仍然在使用。炭的振动膜及炭片是由细粒度纯炭素材料经混合、压制、热处理及机械加工方法制成。

炭膜片系用于电话机的送话器盒充做弹性导电元件，它把声振动变为机械振动，然后机械振动再付给送话器盒里的炭粉。炭膜片是一个极圆的弹性薄片。炭膜片的表面应该平滑而光洁，不应有裂纹、微孔及其他杂质沾染。

炭振动膜及炭片的表面应光滑、干净、没有气孔、裂纹及杂质。若需要高的表面光洁度，就必须采用较硬质的炭石墨。形状复杂的则可采用中硬质的炭石墨。

通常，振动膜呈现规则圆片，直径由32～55mm、厚度为0.5mm，并要求具有一定的机械强度。炭膜片在静力负荷下的抗折机械强度不小于400g。工业上生产的炭膜片的规格列于表2-17。

表 2-17　送话器炭膜片的规格（前苏联）

直径/mm	额定厚度/mm	直径/mm	额定厚度/mm	直径/mm	额定厚度/mm
32	0.5	50	0.5	52	0.5
45	0.4	51	0.5	53	0.5
47	1.0	51.2	0.5	55	0.5
48	0.5				

（3）后电极。后电极又称炭素座，与振动膜同样是由细粒度炭素粉末和黏结剂（沥青和煤焦油）经混合、压制、焙烧及石墨化处理，最后采用机械加工的方法制成。

各种不同形状的送话器所采用的炭电极的形状和尺寸也不一样。为了提高炭砂与炭电极的接触面积，可将电极表面加工成多种形状，例如呈星形及带孔等。

目前我国主要采用下述两种类型的炭电极（见图2-46）。对炭电极的性能要求主要是面光洁度，需达 $R_a = 9$ 以上，体积电阻要小于 $47.3 m\Omega$，每只质量不小于1.2g 用这种炭电极代替用铜镀金的电极，不但节省资金，而且性能也较铜电极稳定，因为铜电极腐蚀后对电话使用性能带来不良的影响。

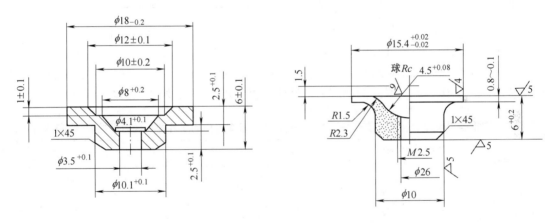

图 2-46　国产炭后电极的规格、尺寸

2.9.2　避雷器用炭片

为了防止电话机、电报机以及电话局的电气设备和电线，于雷雨闪电时在导线中形成高电压而受到破坏，故需采用安全装置——避雷器。避雷器的功用在于雷雨闪电高压电时击穿电极间的间隙将高压电流导入大地。在现有的各种避雷器中，炭素避雷器简单可靠，故使用范围最广。避雷器与被防护的设备通常采用并联。

通话时电压约为1/100V，平均频率为1000Hz。而雷雨放电电流频率约为 $10^7 Hz$，高压约为1000V。在这个时间内电话机的输入电流是感抗，而避雷器是容抗，因此对雷雨放电电流，电话机线路的电阻非常高，故电流经过避雷器导入大地。与此相反，对通话电流，避雷器的电阻比电话机电阻高很多倍。因此避雷器实际上不成分路。

避雷器用炭片一般由两个炭片重叠组成，在炭片间放置由云母做成的绝缘衬垫，其中间带有切口。两个炭片之间所加之力约为1500g。还有由多片石墨片（3～9片）组成，避雷器种类很多。

由于云母上有切口，在炭片间云母垫切口处有一定的空间，云母绝缘垫的厚度通常为0.15mm。

根据炭片的用途有矩形或槽形炭片。炭片的表面应该平整光滑，没有裂纹、气泡及缺口，炭片的电阻应不大于$0.15\Omega \cdot mm$，弯曲及不平度不得大于0.1mm。避雷器用炭片同样要求具有一定的机械强度。

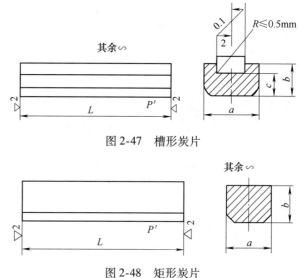

图 2-47　槽形炭片

图 2-48　矩形炭片

避雷器炭片是用石油焦和炭黑制成的。炭片压制成规定的截面形状，焙烧后切成标定长度，然后研磨端面。炭片的工作面P应机械加工，且不应有粉尘。

避雷器炭片有两种类型：一类是截面为槽形（见图2-47），主要用于电报；另一类是，截面为矩形（见图2-48），主要用于电话。炭片的规格见表2-18。

避雷器用炭片的表面应该平滑，不应有可见的裂纹和缺口。所有类型炭片的表面P平面偏差不得大于0.1mm。炭片的物理力学性能应符合表2-19所列的数据。

表 2-18　避雷器用炭片的规格（前苏联）

炭片型别	额定尺寸/mm				
	a	b	L	l	c
ПУКР—11	11	6	30	6	4
ПУКР—9	9	5	30	6	3
ПУКР—9	9	4	30	—	—
ПУКР—8	8	6.8	30	—	—

表 2-19　避雷器用的炭片的物理力学性能（前苏联）

炭片型别	电阻/mΩ	抗弯曲破坏力/N	质量/g
ПУКР—11	≤45	≥80	2.4
ПУКР—9	≤70	≥40	1.4
ПУКР—9	≤65	≥45	1.5
ПУКР—8	≤45	≥80	2.2

2.9.3　光纤维用石墨制品

（1）石英预制棒的制造用石墨制品。作为光纤原料的石英预制棒是用VAD（Vaporphase Axial Deposition）等方法制成的棒状原料。由于石英预制棒所含有的气泡可以造成拉丝光纤质量缺陷，所以有必要在1000℃以上加热，除去气泡，这种加热炉使用笼状石墨加热器。图2-49所示为其形状例，另外，为除去预制棒中影响透光率的OH基，需要在氯气中进行热处理，该处理炉中使用高纯石墨筒。图2-50所示为通过石墨模拉丝的光导纤维。表2-20为日本光导纤维用石墨的物理特性。

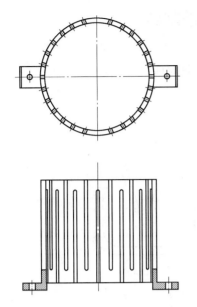

图 2-49 光纤维石英预制棒用加热器用例

图 2-50 光导纤维

表 2-20 光导纤维用石墨的物理特性（日）

材　　质	密度/g·cm⁻³	硬度（肖氏）	抗折强度/MPa	抗压强度/MPa	弹性模量/GPa	线膨胀系数/℃⁻¹	热导率/W·(m·K)⁻¹	灰分/μg·g⁻¹
IG—120	1.78	55	39.2	88.2	10.8	4.7×10^{-6}	104	<20
IG—210	1.78	55	41.2	83.3	9.8	4.6×10^{-6}	116	<20
IG—310	1.85	60	49.0	103.0	11.8	5.0×10^{-6}	128	<20
ISO—680	1.82	80	76.4	171.5	13.2	5.6×10^{-6}	70	<20
IG—510	1.90	60	53.9	103.0	11.8	4.8×10^{-6}	139	<20
特点	（1）抗氧化性好；（2）致密高强度；（3）特性波动小；（4）高纯度							
主要制品	（1）中心管；（2）加热器；（3）加热管（棒）；（4）马弗管							

　　（2）光导纤维拉伸线炉用石墨制品。光通信所使用的光导纤维的制造工艺为，将直径 $\phi50 \sim 100mm$ 的高纯石英棒在 Ar 气体气氛及 2000℃ 以上加热熔融，利用其重力下垂拉伸而生产 $\phi100\mu m$ 左右的纤维。在加热炉内大量使用炭素制品，如高纯石墨的加热器、均热用的炉芯管、排气管、保温筒以及用炭纤维制的保温材料。为了降低石英中杂质的混入量，都使用高纯材料。图 2-51 所示为加热器形状的一例。

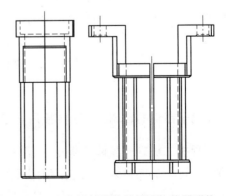

图 2-51 光导纤维拉伸炉用加热器形状

2.10　其他用途炭石墨制品

本节主要说明制造半导体、通信和电子器械过程中所必要的间接部件及其他用途中使用的炭素制品。

2.10.1　拉伸单晶所用部件

2.10.1.1　石英坩埚制造用石墨坩埚和超高纯石墨电极

在 Cz 法拉伸单晶硅时使用石英坩埚。石英坩埚的制造工艺为在石墨模具内装入天然的水晶粉末（α-SiO_2），在旋转的同时利用离心力使粉末沿模具内壁附着，然后将多个高纯石墨电极插入模具中利用电弧放电加热至大约 2000℃，溶融粉末和内侧的粉末变化为溶融石英并透明，冷却后取出石英坩埚，除去外部粉末即为制品。电极因放电而氧化消耗，由于电极放置在水晶粉末的上方，为不混入金属杂质需使用超高纯石墨。图 2-52 所示为石英坩埚制造装置的概略图。

2.10.1.2　PBN（热分解氮化硼）坩埚制造用石墨

在拉伸单晶化合物时使用 PBN 坩埚。PBN 坩埚的制造工艺为，以加工成型的高纯石墨模具为基材，利用 CVD 法在其表面蒸镀 BN。由于石墨的线膨胀系数比 PBN 的大，冷却后能容易取出 PBN 坩埚。为了提高 PBN 的纯度，也要求使用高纯石墨模具。

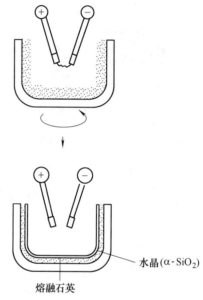

图 2-52　石英坩埚制造装置的概略图

2.10.2　硬盘基板保护膜生成用石墨制品

制造计算机装置用的硬盘，要在铝质基板上生成数层薄膜，作为保护膜，需要在其中的磁性薄膜上生成 20nm 厚的炭素薄膜。其原理为，利用 DC 电磁法下 Ar 等离子体的能量，使 Ar 离子撞击高纯石墨靶标，利用运动能量撞击出碳原子，使其附着于铝质基板上，亦即所谓离子溅射法。这里作为碳源（靶标）的石墨是黏结在铜板上而被使用的，要求具有高密度、高热传导、高纯度、特性稳定及吸附气体脱离快等特性。

2.10.3　电子器件的玻璃封装及焊接用石墨模具

为了保护二极管、晶体管等电子器件中的晶片和引线的连接处免受大气中水分的影响，有必要进行玻璃封装，工艺上使用石墨模具。石墨模具通常上下两片为一套，利用直接通电或气氛加热升温至 650～1000℃，使玻璃溶化，密封晶片和引线。

另外，焊接 IC 陶瓷基座的陶瓷基板和引线时也使用高纯石墨模具。利用气氛加热升温至1000℃，熔化焊条焊接。图2-53所示为石墨模具形状的一例。

2.10.4 液晶

液晶制品作为显示器件已为当今世界所不可或缺，其用途范围不断扩大，将被更加广泛地利用。液晶器件利用玻璃作为基板，在基板上形成回路的方式与硅器件的基本相同，也大量使用石墨部件，极可期待。

图2-53 石墨模具形状的一例

3　核反应堆用石墨制品

3.1　概　　述

从 1942 年世界上第一个核反应堆的建成，从第一代石墨型核反应堆，经过第二代重水型核反应堆，到现在的第三代高温气冷核反应堆，至今已超过 70 年的发展历程。我国从 1958 年建第一个实验用核反应堆，现在已成为世界上少数几个掌握高温气冷堆技术的国家。核反应堆有各式各样，有大有小，有实验用堆，有发电用堆，也有军事用堆（核潜艇、核动力航母）。不论哪种堆，从第一个反应堆 CPI 就开始使用石墨制品。

我国的核电工业发展迅速，从 1983 年深圳大亚湾建设第一座核电站开始，现已建成 4 个核电站，11 个机组装机总容量 $900 \times 10^4 kW$。1991 年我国自行设计建造国产第一座核电站（秦山核电站）。至 2009 年，全球兴建 57 座核电反应堆，中国占 20 座，全球第一，至 2020 年核电装机容量为 $7000 \times 10^4 kW$。

三年内开建 8 个核电站，16 台机组，装机 $1000 \times 10^4 kW$。大亚湾、岭澳、泰山、田湾等核电站已投产运行，浙江三门、山东海阳、广东阳江、台山已开工建设，福建、海南、湖南等省正在筹建核电站。

石墨用于核反应堆是基于它的减速性质和反射性质，以及它的结构强度和高温稳定性。减速剂将快中子慢化成热中子，这种热中子最易使 U-235 和 U-233 裂变。反射剂是将中子反射回反应堆活性区，如果没有这种反射剂，中子将要泄漏到堆外去。

3.1.1　核裂变原理

U^{235} 受理中子的袭击，产生核裂变释放出中子和巨大的能量，中子又袭击其他 U^{235}，又释放出中子和能量，这种连锁反应非常迅速，若不能控制中子的速度，就变成了原子弹，若对中子进行控制，就可以利用核裂变的能量来发电。

核裂变时放出中子，其动能为 2MeV（200 万电子伏）量级，速度为 $2 \times 10^7 m/s$。这种中子不易为核燃料所俘获，因此反应不能持续下去。当中子能量低于 1eV（一电子伏特）时，铀同位素的裂变几率迅速增加。到了热能范围（在 300K 时能量为 0.025eV 或速度为 2200m/s）铀同位素的裂变几率就变得相当大了，减速剂或反射剂必须具有散射中子的能力，同时要有较低的俘获几率。散射时中子还必须把大量的能量传递给靶核。在石墨中，中子每碰撞一次传递的能量大约是自身能量的 15%。这样从裂变中子减速到平均能量为 1eV 就需要 90 次碰撞，减速到热中子范围还需要再加 25 次碰撞。在减速过程中，中子达到 1eV 能量时，走的路程是 230cm，花的时间是 22.8μs。从 1eV 到热能范围费时 140s，行程 290cm。由于这些路程是方向紊乱的许多短的距离组成的，所以对快中子热化来说，中子走过的直线距离要小得多，大约为 47cm。许多石墨减速的反应堆燃料元件排列的栅距约为 20cm。

与核作用的核截面称之为核常数。这种作用的几率应该正比于原子核的截面积，但不同于其几何面积。有效核截面 σ 指的是元素的微观截面。原子核的几何半径为 10^{-12} 厘米量级，所以 σ 的单位为 $10^{-24} cm^2$，称之为一巴。由于量子效应，σ 是中子能量的函数，它的数值可以从核的几何截面变化到千倍其几何截面。

一束中子射到材料上，由于散射或吸收，其强度将按指数律衰减。宏观截面 Σ（单位为长度的倒数）定义为：

$$I = I_o e^{-\Sigma X} \tag{3-1}$$

式中，I 为射到材料正面上的中子束强度；X 为中子数进入材料的距离。

Σ 的量纲为 cm^{-1} 和 σ 的关系为：

$$\Sigma = N\sigma \tag{3-2}$$

式中，N 是单位立方厘米里的原子数；σ 的量纲是平方厘米。由于中子束强度的衰减是一些独立的过程，总宏观截面 $\sum t$ 是各个截面之和，如果 $\sum s$ 是宏观散射截面，$\sum a$ 是宏观吸收截面，那么：

$$\sum t = \sum s + \sum a \tag{3-3}$$

这些数值都与能量有关。在中子减速情况下，Σ 必须权衡每个能量水平下中子减速的时间，以得到有效截面 Σ。在反射剂中，热中子截面 $\Sigma(th)$ 是重要的。最好的减速剂是热中子吸收前的寿命 ts 比慢化到 1eV 的寿命 t_1 长。以此定义：

$$减速剂品质因素 = t_a/t_1$$

最好的反射剂要求反射回堆芯的散射几率比吸收掉的几率大。同时可以定义：

$$反射剂品质因素 = \sum S(th) / \sum a(th)$$

与这两项指标有关的是中子慢化到 1eV 所经过的直线距离 $\sqrt{6}L_1$ 和中子吸收前的热扩散距离 $\sqrt{6}L$。一般来说，希望 L_1 小，L 大。

3.1.2　减速剂反射剂的选择

石墨和别的一些减速剂、反射剂的这些数据见表 3-1，表中的截面数值是对于不含杂质的材料来说的，扩散长度 L 是实测值。

表 3-1　减速剂和反射剂特性

参　数	H_2O	D_2O	Be	BeO	石墨（GBF 或 TSF）
密度/$g \cdot cm^{-3}$	1.00	1.10	1.85	3.03	1.70
$\sum s/cm^{-1}$	3.45	0.449	0.865	0.501	0.409
$\sum s/cm^{-1}$	1.46	0.351	0.742	0.715	0.404
$\sum a(th)/cm^{-1}$	0.020	0.000029	0.0010	0.00065	0.000286
$t_1/\mu s$	1.1	8.9	9.3	11.6	22.9
t_a/ms	0.23	157	4.3	7.2	15.9
L_1/cm	0.94	9.77	6.74	7.62	16.8
L/cm	2.73	116	22	32	54.9
t_a/t_1	209	17.500	456	604	695
$\sum S/\sum a(th)$	172	15.300	788	774	1430

水和重水在工作温度下是液体或气体，因此都不能起结构作用，而需要结合应用某一种结构材料。为了提高反应堆的热效率，要求反应堆的工作温度尽可能高一些，这样用水和重水减速的堆就需要用压力容器。水中的氢虽然慢化能力最强，但它的热中子吸收截面大，以致天然铀反应堆用水作减速剂时就不能达到临界反应。重水中的氢就没有这种高截

面的缺点，所以它是最优越的减速剂和反射剂材料。但对于民用堆来说，重水太贵了。高的价格和不方便，抵消了重水堆比石墨堆尺寸小、燃料少的优点。Be 的原子量比较小，因此它的散射能力比石墨要好些，但价格较贵。现在的高温气冷核反应堆采用石墨。

3.1.3　石墨的纯化机理

　　炭素材料石墨化的同时，伴随着杂质元素的排出。材料的纯度视杂质的沸点和达到的温度而定。杂质的排出基本上通过下述四种过程：（1）还原—汽化；（2）生成—分解；（3）直接汽化；（4）化合—汽化。其化学反应可参见蒋文忠编著的《炭素工艺学》。以上四种热纯化都是扩散过程，它的作用受到气体扩散速度的限制。杂质气体先从制品内部扩散到制品外面，在较冷部分冷凝或被填料吸收，在一定的温度和压力下有一定的平衡浓度，如果制品外围的杂质气体浓度与制品内部相等，达到平衡时，则制品内部的杂质浓度就不再降低；如果填料中的杂质气体能够不断排出，或者原来填料就很纯，则当制品中的杂质浓度较填料中高时，制品内的杂质就能向外扩散，直至平衡为止。因此，在不通入纯化气体的情况下，要取得纯度较高的制品，除了温度要高以外，制品本身和所用的电阻料、保温材料也要求很纯。

　　在通气石墨化时，由于电阻料的温度比制品高，首先被提纯，然后制品内的杂质向外扩散，到了 1900℃ 左右通入氯气，把填料中的杂质氯化，到 2400℃ 添加氟里昂 – 12 气体，此时制品外围的氟、氯浓度比制品内部高，扩散到制品内部，将杂质氟氯化，又发生反向扩散作用，杂质的氟氯化物从制品逸出，这种程序能将大部分硼、硅、铁、钒、钛等杂质除去，在光谱分析中达到不出现上述杂质的谱线。

　　在 1900℃ 以内不应通入氟，因在这一温度区域内，会生成 CF_4，使制品受损；用氟、氯纯化过的制品内还可能有少量（$10^{-5}\%$）的镁，这是因为形成了氟化镁（沸点 2239℃）。

　　炉子停电后还要继续通氯，目的是防止杂质气体反扩散，到炉温降到 2000℃ 以下时，停止通氯，改通氮气，目的是将氯气洗出，在制造核石墨时还要在通氮后改通氩，因氮的中子俘获截面较大。在高温下通氮应注意可能生成剧毒的氰酸（HCN）或氰化物，为了取得含灰量少的天然石墨，常将石墨粉压成块，装炉热纯化，有时发现热纯化过的石墨摩擦系数和磨损率都有增大，这是由于温度过高，石墨的结构受到破坏，因此，热纯化温度须控制在一定的范围内，减速剂材料必须密度高、结构强度大，没有裂缝和有良好的导热性。对于天然铀堆，最重要的标准是纯度——尤其不允许有俘获截面大的杂质。通过选择原料，能使纯度和质量得到一些改善，在很高的温度下延长石墨化处理时间（高温纯化），或者用强烈的化学方法进行提纯处理（通卤气纯化）都能改善石墨的纯度和质量。

　　核石墨是由 0.015 ~ 0.03in❶（0.38 ~ 0.76mm。注：现在核石墨粒度一般 <10μm）粒度的焦炭和沥青混合、挤压、成型、焙烧，然后用沥青浸渍制成的。在 2800 ~ 3000℃ 进行石墨化处理，并在 2500℃ 用氯气和氟气来进行化学提纯。

　　应用卤素来提纯石墨是从光谱电极处理时所用的类似方法发展起来的。处理时硼（吸收截面 75.5MPa）、钒（吸收截面 0.5MPa）在石墨中形成稳定的碳化物，在有氯气和氟气存在的气氛中，这些碳化物转化为挥发性的卤素化合物，并从石墨中被净化出来。净化处理的时间随工件截面的增加而增加。提纯对中子性能的改善见表 3-2。

---

❶　1in = 0.0254m。

通常的石墨化处理是升温到 2400 ~ 2800℃然后冷却，低沸点的杂质如 Si、Ca、Al 和 Mg 都挥发掉了。较麻烦的是难熔金属，它们形成高熔点的碳化物，通常这类碳化物在石墨化温度下是不分解的。硼的热中子吸收截面很高（75MPa），形成的碳化物熔点达 2350℃，但一直到 3500℃还不沸腾，并在石墨结构中形成稳定的置换式固溶体，钒吸收截面为 0.5MPa，形成的碳化物到 2800℃还不熔化。

表 3-2 中子特性

牌号	Δih（倒时数）	$\sum a(KT)/Pa$	硼近似含量/$\mu g \cdot g^{-1}$	灰分近似含量/%
CS	-0.85	$4.87(2) \times 10^2$	1.3	0.09
AGOT	0.25	$4.07(2) \times 10^2$	0.4	0.07
TSF(GBF)	1.00	$3.52(2) \times 10^2$	<0.2	<0.01
元素碳	1.50	3.40×10^2	0	0

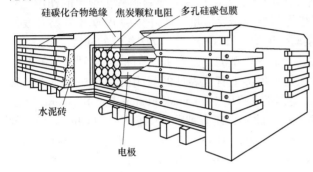

硅碳化合物绝缘　焦炭颗粒电阻　多孔硅碳包膜

水泥砖

电极

图 3-1　正常艾其逊炉的装料

石墨的纯化是采用改进的艾其逊炉，工作温度在 2400 ~ 2800℃。制品装料方式见图 3-1。垂直安放的石墨电极之间有适当的空隙，在这些空隙内填以焦炭电阻体。当电流沿炉子纵向流过时，热量主要在焦炭电阻体上产生。电极由起电阻作用的一层焦炭包围起来，外面的绝缘层是 SiC 粒、块和焦炭以及砂子的混合物。

图 3-2 是修改后作为气体净化用的炉子的等角投影剖面图。净化炉中的所有填料和绝缘材料都由石油焦制成。图中 A、D、E 是绝缘区，由低渗透性的颗粒和粉末组成，用以隔离气体。区域 B 和 C 只填颗粒，气体可以自由通过。卤素气体通过管子引到炉子的底部，在那里颗粒疏松的区域 B 有助于气体均匀分布。挥发的卤素化合物和残余的卤素气体集合到角锥区 C，由烟罩收集，经过洗净器最后排到外面。

减速剂石墨的含硼量应小于或等于 1μg，硼是最坏的污染物。杂质硼要求用氟净化，反应温度必须在 2500℃以上，这时杂质在固体中的扩散速率才能高到使内部杂质迅速扩散迁移到晶体表面，与气体进行反应。净化炉必须用惰性气体冲洗，直到低于石墨氧化温度为止。

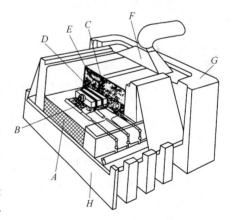

图 3-2　气体净化炉剖面图

A，D—焦粉和焦粒（通气性少）；
B，C—焦粒（通气性）；E—被处理毛坯；
F—抽风罩；G—炉头；H—炉底

气体净化的动力学表明扩散是其自约因素，因此必须避免内部初始杂质的浓度过大。

3.2　原子能反应堆及其应用材料的类型

3.2.1　绪言

炭材料在原子能方面的用途可大致分为核分裂炉（原子反应堆）用和热核反应堆用两

大类。各自都有相应的报告，在这里概要的记述在原子能方面的应用。为了和平利用核能的原子能开发以及确保其安全性，已努力克服了许多问题。从其特殊性及材料选择的观点看，首先要求材料有适当的核性质。碳原子质量小具有双重优良的核性质，即有很大的把高速中子减速成热中子的效果以及吸收中子的效果小。为此，石墨材料在 1942 年由艾里戈、费米等开始用作世界上最初建设的原子反应堆（CP-I）的主要结构材料的减速材料使用。其后，由于除优良的核性质之外，它们在高温时的机械性质也很优良，因此作为更高温的热能利用目标得到进一步改良和开发，成为卡德霍尔型等石墨减速气冷型核反应堆，改良气冷型核反应堆，高温气冷型核反应堆等的主要结构材料。此外，在高速实验炉中作为中子屏蔽材料也在日本、英国、美国、德国、原苏联、法国、意大利等国得到应用。我国于 20 世纪末建成 10MW 实验用高温气冷堆，现已大力开发发电用高温气冷堆。这样，炭材料在人类最初的核能开发以及其后和平利用原子能方面作为先驱材料起了很大的作用。在日本，于 1965 年起运转了一台改良的卡德霍尔型原子反应堆。此外，从 1969 年开始开发研究的高温气冷型原子反应堆的高温工学实验研究炉（HTTR），于 1997 年开始建设。

另一方面，也正在热核反应堆方面进行某些炉型的开发研究，但把炭材料作为等离子体的面向材料使用的热核反应堆中，首先是在世界上有代表性的封闭磁场热核反应堆装置的三大托卡马克装置，即日本的 JT-60，美国的 TFTR（Tokamak Fusion Test Reactor）和欧洲联盟（EU）的 JET（Joint European Torus）。此外，还有被称之为偶极（doublet）IIID 的其他托卡马克型装置也正在进行等离子体的研究。另外，开发研究使用炭材料的 ITER（International Thermonuclear Experimental Reactor）从 1988 年以来就由日本、美国、欧共体、俄罗斯四方面协作在进行。这样，炭材料伴随有关等离子体的研究进展作为直接面对等离子体的第一壁材料引人注目，正在为提高托卡马克型热核反应堆中等离子体性能的研究发挥作用。

3.2.2　原子反应堆材料的类型

在原子反应堆中可依材料的功能区分其用途，本文参考原子能用语辞典，将炭材料作主体材料大致分为以下几种：

（1）减速材料：是在发生核分裂反应时，中子不被扑获而是经散射使之能量减少的物质，除石墨外还有轻水、重水、氦等。

（2）反射材料：是为了从原子反应堆的中心减少中子向外的漏泄，维持核分裂反应放置在反应堆中心周围的材料，是散射中子的效果大、吸收效果较小的材料。除石墨外有重水、氦、锆等。

（3）中子吸收材料：中子相互作用，作为自由粒子使之明显不起反应的材料，例如：硼、镉、氙、铪等元素以及含这些元素的物质，石墨材料中含有碳化硼的材料等。

（4）包覆材料：是将核分裂物质封闭使之与核燃料分开的材料，也是构成原子反应堆材料中条件要求最严的材料。在石墨减速气冷堆中主要用镁诺克斯合金和其他的镁合金，在高温气冷堆中用热解炭和碳化硅，而在轻水反应堆中用铝及其合金等。

除此之外，炭材料也作为屏蔽材料、套筒材料、隔热材料，高温空腔块以及反应堆芯支持材料等使用。

3.2.3　使用炭材料的原子反应堆的类型

在原子反应堆中使用的材料在多数场合随反应堆的型式而有所不同，炭材料除部分用于原子反应堆外，多用于气体作冷却材料的原子反应堆中，其主要用例如下：

（1）石墨减速气冷堆：它是用石墨材料作减速材料和反射材料，用气体作冷却材料的原子反应堆，英国的卡德霍尔型反应堆就是这种反应堆的一种。核燃料用天然铀，冷却材料用二氧化碳，改良的卡德霍尔型反应堆是将发电作主要目的的改进了的原子反应堆。日本初期工业化的原子发电站即日本原子能发电公司的东海发电站就是这种型号的原子反应堆。由于燃料棒是用镁诺克斯合金包覆，故也被称之为镁诺克斯反应堆，是在大致比400℃更低的温度下运转的反应堆。

（2）改良型气冷堆（AGR）：其最高运转温度高达500~575℃，是由英国所开发，核燃料用浓缩铀的石墨减速气冷堆，减速材料和反射材料用石墨材料，冷却材料为二氧化碳，包覆材料用不锈钢。

（3）高温气体反应堆（HTGR）：它是由石墨减速气冷堆所发展的原子反应堆，冷却材料的出口温度为高温，在将核热能用于高温过程的同时力图提高发电反应堆的经济效益，是以高热效率为目的的原子反应堆。为了在高温运转，减速材料和反射材料用石墨材料，核燃料用热解炭或者碳化硅包覆形成直径约1mm的包覆燃料粒子，冷却材料则用氦。图3-3为HTTR的鸟瞰图，图3-4为燃料体预制件等的反应堆芯的配置图。冷却材料在原子反应堆的入口温度/出口温度分别为395℃/850~950℃。

（4）高速反应堆：动力反应堆是核燃料开发事业团大洗工学中心的高速实验反应堆"常阳"，其反应堆芯周围用石墨材料作中子屏蔽材料。

除此之外，还有将石墨材料作为研究用原子反应堆的反射材料的例子。

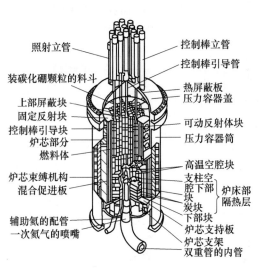

图3-3 HTTR的鸟瞰图

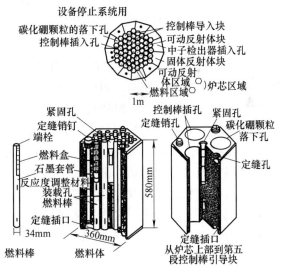

图3-4 HTTR的燃料体和在炉内的配置

3.2.4 实际利用材料的特性

（1）减速材料、反射材料：将用在HTTR中的石油焦基微粒各向同性石墨（［日］IG-110）用JMTR进行中子照射测定其尺寸变化、线膨胀率、导热率、弹性模量以及照射蠕变系数等，实验结果如图3-5~图3-9所示。对在美国的高温气体反应堆Fort. St. Vrain反应堆中使用的石油焦基亚各向同性石墨材料H-451的各种特性的照射效果以及照射温度、照射能量等的影响进行了系统的研究，其成果和许多有关数据已在 GA 报告中发表。

1）照射引起的尺寸变化：图 3-5 为在 1150～1250℃ 中子照射后因辐射引起的宏观尺寸的变化，尺寸因照射而收缩，其收缩率随中子照射量的增大而逐渐加大。此外，垂直于杆的轴向 AG 以及平行方向 WG 的尺寸收缩率之差不大。再者，尺寸收缩率随照射温度有明显的不同，在约 850℃ 附近最小，照射温度比其低或比其高时都更大。这些变化的趋势和由其他材料得到的趋势有良好的一致性。

2）线膨胀率：图 3-6 是从 20℃ 到照射温度（Tirr）时的平均线膨胀系数随照射所发生的变化。线膨胀系数随照射量的增加在照射初期略有增加后就逐渐减少。这些变化随照射温度而有所不同，照射温度越高，线膨胀系数呈极大值的照射量表现出向高方向移动的趋势。

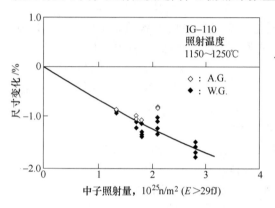

图 3-5　IG-110 石墨在 1150～1250℃ 照射后，
尺寸的变化

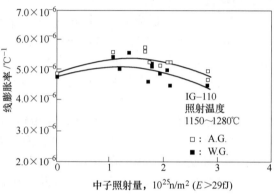

图 3-6　在 1150～1280℃ 照射 IG-110 石墨后，
其线膨胀率的变化

3）热导率：热导率与温度的关系随照射的变化如图 3-7 所示。图中上图为照射前，下图为照射后，石墨热传导主要是因声子的散射所引起，其机理之一是因结晶境界上引起的散射，故与结晶的大小有关，结晶随照射量的增加逐渐紊乱，热导率与照射初期相比急剧减少后，即使照射量增加也几乎不再变化。这些变化趋势在平行和垂直于杆轴的两个方向几乎一样。此外，照射后随温度的提高而增加，呈极大值后，再逐渐降低，呈现这一极大值的温度随照射量的增加有逐渐向高温侧移动的倾向。

4）模量：图 3-8 为实验结果的一例。从热冲击的观点看，希望模量值更小，但其值随照射而增大。增加率在照射初期较大，其后随照射量的增加而逐渐减少，照射初期的增加率在照射温度较低时会

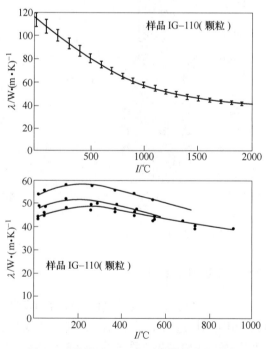

图 3-7　照射后 IG-110 石墨热导率的变化

更大。

5）照射蠕变系数：使用中石墨的蠕变等是由于温差的生成而产生热应力，但在照射时，尺寸发生变化，通过蠕变使应力缓和。希望表示这种应力缓和程度的照射蠕变系数更大，图 3-9 为各种石墨照射蠕变系数的实验结果，随照射温度的提高其值趋向于更大。

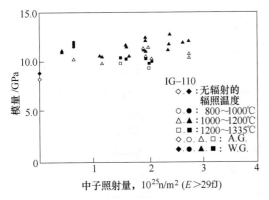

图 3-8　照射后 IG-110 石墨弹性模量的变化

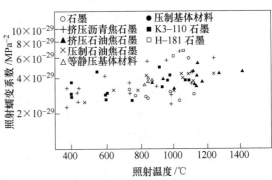

图 3-9　原子反应堆用石墨的照射蠕变系数

6）氧化造成的腐蚀：高温气体反应堆中一次冷却材料中的不纯物水蒸气会引起氧化，另外一次冷却系统的配管发生破断事故时从外部浸入空气也会产生氧化，它们会使力学性质有何种程度的降低很重要。对氧化反应来说，估计最大的影响因素是不纯物，故重要的是用纯度高的均质材料。此外，卡德霍尔型原子反应堆中有必要减少因冷却材料二氧化碳引起的氧化，正采用混入甲烷和一氧化碳等方法来抑制氧化。

7）积蓄能：在比 200℃ 更低的温度进行中子照射后，在 200℃ 附近有能量急剧放出现象。因此，引起自加热作用是造成原子反应堆事故的原因之一。在 1957 年英国的威斯开努发生的事故就是例子。这是石墨材料在低温中子照射环境中使用时应注意的性质。

（2）屏蔽材料：因受照射的中子束更低，故与减速材料和反射材料相比其影响不太大，但在长期使用时积累的中子照射量增多，随之也会引起特性的变化。

（3）中子吸收材料：在含吸收中子的碳化硼的石墨中，伴随照射尺寸的变化、导热率、热膨胀率等与包裹其材料的金属的并存性也很重要。照射效果和原子反应堆石墨材料类似，但由于在 ^{10}B （n.α）^7Li 反应中生成的 α 粒子也会造成损伤，故依含硼量而有所不同。

（4）包覆材料、基体材料：将核反应生成的核分裂生成物密闭是最重要的课题，故经常保持高温照射后材料的健全性很有必要。此外，从核燃料到冷却材料的热传递必须优良。为此要求因照射引起的尺寸变化及线膨胀率小，热导率大。

3.3　核反应堆用石墨的制造

要想保证反应堆用石墨具有良好的核特性，必须考虑具备这样一些条件：（1）高纯度；（2）高密度；（3）对放射线照射稳定；（4）加工精度高；（5）导向性小；（6）热导率高；（7）耐热冲击性大；（8）不产生有害的核分裂物质等。核反应堆用石墨的制造方法，同一般人造石墨基本相同，但要满足上面的各种条件，除通常的工序之外，另外还需添加高密度化和高纯度化等工序（如图 3-10 所示）。

现就堆用石墨制造上需要注意的地方，择其重点，逐项分别简单加以叙述。

3.3.1　原料及其处理

人造石墨用的原料是从炭化率高的有机化合物制得的易石墨化的焦炭。理想石墨的体积密度是 2.266，把各种炭素原料加热到 3000℃ 后的密度示于表 3-3。从表中数据可知，石油焦的密度仅次于天然石墨，石墨化性也是最好的。此外，石油焦纯度高，资源丰富，故为核反应堆石墨的最佳原料。以不同产地的原油制备的各种石油焦，其成分也各不相同（见表 3-4），最为重要的是石墨化性与破碎性两者有很大差异。由于有此性质上的差异，所以用不同的石油焦制作的石墨制品，其性质也会根本不同。生焦含有大量（7% ~ 15%）的挥发分，因此在使用前，首先在 1000 ~ 1300℃ 下煅烧，排除大部分的挥发分，使其充分收缩，以求抑制后道工序中的体积变化。煅后焦的纯度非常重要，焦炭中杂质含量因焦炭生产条件的不同而有差异（见表 3-5）。这些杂质中，以硼的危害为最大，而且在普通的石墨生产工艺条件下难以排除掉，所以应尽量使用硼含量少的原料。

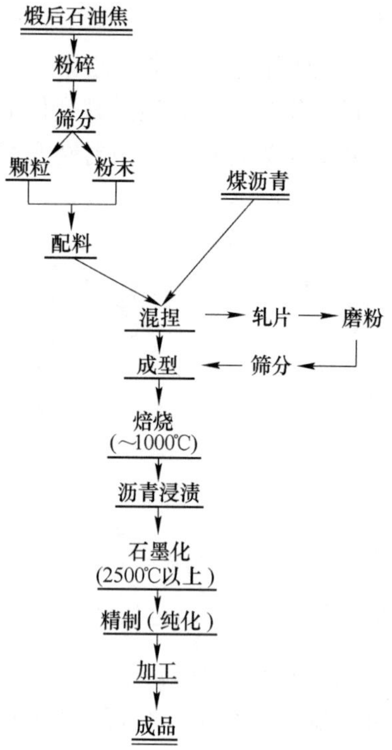

图 3-10　反应堆用石墨的生产工艺流程

表 3-3　各种炭质材料的体积密度（3000℃）

活性炭	1.46
砂糖炭	1.50 ~ 1.58
椰子壳炭	1.51
软质木炭	1.60
纤维素炭	1.68
木材质沥青焦	1.70
硬质木炭	1.87
骨炭	1.94
血炭	2.01
乙炔黑	1.04
烟煤	2.07
无烟煤	2.07
煤焦油黑	2.11
煤焦油沥青	2.14
褐煤	2.18
炉黑	2.18
甑炭	2.23
石油焦	2.20 ~ 2.26
天然石墨	2.26

表 3-4　英国产石油焦的成分

杂质	范围	代表值
总灰分/%	0.05 ~ 0.3	0.1
S/%	0.1 ~ 2.5	0.8
V/μg·g^{-1}	3 ~ 500	15
B/μg·g^{-1}	0.1 ~ 0.3	0.1
N/%	0.1 ~ 1.4	1.0
H/%	3 ~ 4.5	4.0

表 3-5　煅后石油焦中的金属杂质

杂质	通常范围	代表值
总灰分/%	0.1 ~ 0.5	0.15
Si/μg·g^{-1}	30 ~ 300	50
Fe/μg·g^{-1}	30 ~ 1500	40
V/μg·g^{-1}	3 ~ 500	15
Ti/μg·g^{-1}	1 ~ 20	10
Al/μg·g^{-1}	15 ~ 300	30
Mn/μg·g^{-1}	5 ~ 50	10
Ni/μg·g^{-1}	25 ~ 100	40
Ca/μg·g^{-1}	15 ~ 250	20
Mg/μg·g^{-1}	5 ~ 50	10
B/μg·g^{-1}	0.1 ~ 0.3	0.1

　　煅烧后的焦炭，接着要进行粉碎，粉碎后焦炭颗粒的形状和以后制品块的异向性有很大关系。为了避免异向性，要选用使颗粒形状尽量呈圆形的粉碎方法，一般认为采用气磨式粉碎机是比较理想的。另外，有对原料进行球化处理，使原料粉成球形（或近似球形）。

　　粒度配比能决定制品的密度，所以应通过实验来确定能获得最高密度的适当配比。例如，以 $0.4 \sim 0.8$ mm 的颗粒和 $2 \sim 300\mu m$ 的粉末，以 3:1 的比例配合。还可以往焦炭粒粉中混入极细粉末状炭黑，能制得 $1.8g/cm^3$ 左右的高密度制品。

　　粒度配合好的焦炭，再加入黏结剂进行混捏。对黏结剂性质的要求：（1）首先就是黏结力强；（2）此外，为了提高制品密度，还要求炭化率高；（3）在混捏成型工艺的操作温度下，其性能应保持长时间不变，能使混合糊具有良好的流动性和可塑性；（4）石墨化性良好；（5）价格便宜，杂质少等等。现在煤沥青就算是最适宜的黏结剂了。其概略成分列于表3-6。适合做黏结剂的性质，其特性值列于表3-7。

表3-6　沥青黏结剂的概略成分

成　分	分析值/%	
	国家标准炭素公司	本国各公司制沥青
C	913 ~ 92.9	89.7 ~ 93.2
H	4.47 ~ 4.80	4.52 ~ 5.05
N	0.81 ~ 1.07	0.88 ~ 1.30
S	0.42 ~ 0.53	0.27 ~ 1.15
灰	0.03 ~ 0.10	0.02 ~ 0.17
0（差数）	1.16 ~ 2.28	0.79 ~ 2.69

注：此值相当于环球法88℃。

表3-7　沥青的性质

软化点（立方空气法）	100℃
苯不溶分	30%
喹啉不溶分	9% ~ 16%
密度（25℃）	1.31g/mL
碳化率（1.000℃）	65%

3.3.2　混捏和成型

　　混涅的首要目的就是使焦炭粒粉和沥青混合均匀，把每个焦炭颗粒都用沥青薄膜包覆起来，混合均匀程度如何，是支配后道工序中制成的毛坯好坏的重要因素。沥青对原料焦的混合配比也是很重要的，适当的配入量要通过实验来求得。为了增加沥青的流动性，混涅应在比沥青的软化点高 $50 \sim 70$ ℃的温度下进行，要充分加热，混捏时间的长短，应以焦炭颗粒四周完全被沥青包覆为适度。以模压和挤压方法制作的制品的特性比较示于表3-8。

　　成型分为挤压法和模压法及等静压法。此外，糊料进入压机之前要贮放在模体中使其熟化一段时间，抽气处理也会产生良好的效果。

表3-8　挤压法和模压法的比较

特　性	挤压法			模压法		
	平行于颗粒	垂直于颗粒	比（⊥//）	平行于颗粒	垂直于颗粒	比（⊥//）
视密度/$g \cdot mL^{-1}$	1.64			1.75		
比电阻/$\Omega \cdot cm$	0.86×10^{-3}	1.62×10^{-3}	1.88×10^{-3}	0.96×10^{-3}	1.32×10^{-3}	1.38×10^{-3}
线膨胀系数/℃$^{-1}$	11×10^{-7}	41×10^{-7}	3.70×10^{-7}	19×10^{-7}	32×10^{-7}	1.68×10^{-7}
弹性模量/MPa	12.93	5480	24	9780	6750	14.5
抗弯强度/MPa	31.8	21.2	0.146	32.9	27.7	0.125

特　　性	挤压法			模压法		
	平行于颗粒	垂直于颗粒	比（⊥／∥）	平行于颗粒	垂直于颗粒	比（⊥／∥）
比电阻/Ω·cm	0.71	1.12	1.59	0.96	1.36	1.43
弹性模量/MPa	16.10	5850	27.5	8150	4980	16.4
带磁率/m·s·u	4.05×10^{-6}	$\begin{cases} 8.17 \\ 7.76 \end{cases} \times 10^{-6}$	2.02（平均）$\times 10^{-6}$	$\begin{cases} 6.31 \\ 6.20 \end{cases} \times 10^{-6}$	7.8×10^{-6}	1.25（平均）$\times 10^{-6}$

目前，国内外普遍采用等静压成型法生产核石墨，等静压压制压力，一般为 100 ~ 200MPa，最高可达 500 ~ 600MPa，等静压制品为各向同性（各向异性系数为 1.01 ~ 1.02 左右），密度高，体积密度可达 1.85g/cm³ 以上，密度不均匀度为挤压制品的 1/15 ~ 1/30。但是，等静压成型制品生产成本较高，生产效率较低，另外，与模压法一样，需增加轧片，磨压粉筛分工序。抽气处理是任何成型方法都应采用的。

此外，也可采用振动成型生产核石墨，如德国西格里炭素公司。

3.3.3　一次焙烧

为了使沥青炭化，把黏结剂的碳固定下来，成型后的生制品，须进行焙烧，焙烧一般使用环式炉。为了防止焙烧中毛坯破裂或组织不均匀，450 ~ 500℃ 之前的加热，必须非常缓慢进行。焙烧温度需达 700 ~ 1300℃，焙烧工艺一个周期需要 4 ~ 6 周，能量消耗为每吨焙烧品折合用电 1500 ~ 2000kW·h。

3.3.4　高密度化

焙烧品因黏结剂的挥发损失，形成了大量的气孔，要想把毛坯的密度更进一步提高，通常都要进行沥青浸渍处理。即首先把毛坯装入热压釜，然后给热压釜排气，使釜内压力降到 1/10 气压以下，当釜内加热到 250℃ 之后，再注入熔融沥青，然后加压到 7 个气压（高压浸渍为 18 ~ 25 个气压），保持数个小时，使沥青浸透毛坯。经过一次沥青浸焙处理再石墨化，可获得密度约为 1.7g/cm³ 的石墨制品。如反复进行浸渍处理，可获得更高密度的石墨。举例来说，浸渍前密度为 1.60g/cm³ 的焙烧品，经一次浸渍后，其密度可达 1.75g/cm³；经二次浸渍后，可达 1.79g/cm³；经三次浸渍后，可达 1.83g/cm³；经四次浸渍，可达 1.84g/cm³；经五次浸渍，则可达 1.85g/cm³。随着浸渍次数的递增，因靠近毛坯表层的空隙首先被充填，沥青的浸透率遂随之逐渐降低，从而浸渍效果也随之递减。除此之外，近年来又采用加压焙烧法，即把成型制品装入密闭容器，利用空气压力和成型体本身产生的气体压力，一面加压，一面焙烧，使其达到高密度化。另外，在配有可动压力的胎膜中，加入黏结剂含量甚少的糊料，以极大的压力（有的以 6.86MPa 以上的压力），一面给炭糊加压，一面通电，仅用数十分钟，即可结束焙烧，石墨制品可高达 1.8g/cm³ 以上的密度，对这种方法也进行过研究。

3.3.5 石墨化与高纯度化工艺

经过浸渍处理的毛坯,加热到 2600~3000℃,进行石墨化。石墨化用的电炉需用耐火砖砌筑成带沟的炉壁,电炉两端装备导电用石墨电极,毛坯以一定间隙并列竖装,毛坯间空隙用焦粒充填,利用毛坯本身和焦粒的电阻发热,进行石墨化。所需的电力因炉子尺寸和毛坯规格等的差异而有所不同,功率大致为 600~6000kW。每吨制品所需电量为 3500~6600kW·h,加热 2~6 日,冷却 2~4 周。

在石墨化工序的高温下,炭材料中包含的大部分杂质都挥发排除掉,但还残留微量的杂质。表 3-9 示出了普通人造石墨中所含杂质的特性。为了清除这些杂质,制成纯度非常高的石墨材料,已经研究出了多种净化方法。现在已经采用的高温处理法,就是在大约 3000℃下,保持很长时间 (15~50h),制品可净化到灰分达 0.07%,硼含量达 0.5mg/g 左右。然而像 B_4C 和 VC 之类的碳化物,很难挥发和分解,所以只靠高温处理,便不易清除。可是若使这些杂质和卤素气体起反应,变成挥发性的卤化物逸出,便可清除。联合碳化物公司所开创的方法就是利用有机卤化物之类在高温下容易析出卤素的物质 (CF_4 和 CCl_2F_2),在高温下清除碳材料中杂质,此方法叫做 GBF 法,我国在 1972 年就已开展了对石墨制品的提纯。此种净化法的流程图示于图 3-11。这就是把已石墨化的毛坯排列在净化炉内,毛坯之间用填充粉料充填,在每个毛坯的下方都设置卤素气体的导入管。当净化炉升温约达 1800℃时,将 N_2 通往 CCl_4,使 N_2 气中 CCl_4 饱和再送入净化炉内。用 CCl_4 清除杂质的反应式示例如下:

表 3-9 石墨中的杂质元素及其碳化物的热性质

元素与化合物	熔点/℃	分解温度/℃	升华温度/℃	沸点/℃	气化热/kJ·mol^{-1}	生成热 ΔH_{298}/kJ·mol^{-1}
Fe	1539			2750	8402×4.186	
Ca	850			1690	3806×4.186	
Ti	1725			>3000		
Al	660			2500	6906×4.186	
V	1750			3000		
Si	1440			2630	7206×4.186	
B	2300			2550		
Fe$_3$C	1840	700~1100				
SiC	>2700	2210~2600	2000~2680			+5.8×4.186
Al$_4$C$_3$		>1400				−27×4.186
CaC$_2$	2300					−44×4.186
MgC$_2$		700~1200				−16.7×4.186
MgC		490~600				
Mn$_3$C	1217					−59×4.186
TiC	3140					
WC	3400					
B$_4$C	2350~2500	>2800	>2800			
BaC	>1755					
VC	2750~2810					−27×4.186

$$CCl_4 \longrightarrow C + 2Cl_2 \qquad (3-4)$$

$$3C + Fe_2O_3 + 3Cl_2 \longrightarrow 2FeCl_3 + 3CO \qquad (3-5)$$

$$C + CaO + Cl_2 \longrightarrow CaCl_2 + CO \qquad (3-6)$$

当温度达到 1900℃ 以上时，把
CCl_4 换为 CCl_2F_2，再进一步以 2500℃
以上的温度，继续进行 4h 以上的净
化处理。在冷却过程也还要用 N_2 或
Ar 气体继续进行冲洗，同时防止杂
质的逆扩散，并除掉卤素。硼以外的
杂质，用氯几乎可以完全清除，硼难

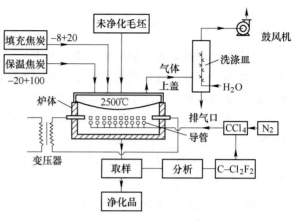

图 3-11　卤素净化流程图

以用氯排除，必须用氟才能起清除作用，但在 1900℃ 以下，如果用氟，氟和碳起反应，生
成 CF_4，侵蚀石墨。BCl_3 和 BF_3 的生成热可分别用下式表示：

$$B + 3/2Cl_2 \Longrightarrow BCl - 40 \times 4.186kJ(3000K) \qquad (3-7)$$

$$B + 3/2Cl_2 \Longrightarrow BF + 150 \times 4.186kJ(3000K) \qquad (3-8)$$

在工业上净化大量石墨时，将大型石墨
化炉做某些改变之后即可使用。如前面图 3-2 是把艾
其逊型石墨化炉改良成净化炉之后的剖面图。在
填好填充料的毛坯下方，通入石墨管，用以导入
卤素气体。在填充焦炭比较松散的部分，可使气
体均匀分布。挥发掉的卤化物，从 C 部分上升到
炉子的上方，通过炉子上的风斗，被送入洗涤
器，洗净后排入大气。在净化工序中，温度对净
化效果的影响最为显著，尽管气体分布是均匀
的，但净化温度与时间的关系如果不适当，也同
样不能提高净化效果。用气体净化时的温度和硼
含量的关系示于图 3-12。

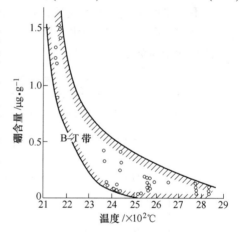

图 3-12　气体净化温度和硼含量的关系
（净化前硼含量为 2 ~ 3μg/g）

反应堆用石墨的纯度，一般以化学分析法测
定。这虽是广为应用的标准方法，但石墨中混入极微量的杂质，也会使中子吸收截面发生
变化，所以还有利用反应堆非破坏性地测定试料的综合纯度的方法。最初用 Hanford305 试
验堆（HTR）所开创的方法是用倒时差（DIH）表示的，这就是把标准纯度的试片置于试
验堆的中心部位，测出到达临界点的时间（t_o），并把测得时间的倒数作为 d_o，然后把和标
准试片同一尺寸的未测片放入测定，求出到达临界点的时间（t），求出 t 的倒数 d。d、d_o
两者之差为 DIH。即：

$$DIH = d - d_o \left(= \frac{1}{t} - \frac{1}{t_o} \right) \qquad (3-9)$$

DIH 为正值，而且此值越大，表示其纯度比标准试料越高。以［美］国家炭素公司的
AGOT 作为标准试料时，DIH 与化学分析值的对应关系见表 3-10。

DIH 和吸收截面 σ_a 之间成直线关系。对上述试验堆（HTR）的热中子（2200m/s），每个碳原子的平均吸收截面和 DIH 之间的关系可用下式表示：

σ_a（2000m/s）＝（$4.47 \pm 0.04 - 0.733DIH \pm 0.03$）×0.1kPa。Speer 炭素公司的两种堆用石墨的测定结果见表3-11。

表3-10 DIH 与化学分析值的对应关系

试样	硼含量 /μg·g⁻¹	灰分/%	DIH	σ_a/kPa
AGX 或 CS	1.5	0.20	−0.85	5.7×0.1
AGOT	0.5	0.07	0	4.97×0.1
CSP	0.1	0.004	+0.85	4.14×0.1
GBF	0.1	0.002	+1.00	4.00×0.1

表3-11 吸收截面测定值

试样	B 含量/μg·g⁻¹	Ti 含量 /μg·g⁻¹	V 含量/μg·g⁻¹
SP7B	0.02	0.5	0.25
SP24B	0.7	4.2	9.3
DIH	σ_a（根据上式）/kPa		σ_a（根据上式）/kPa
+0.108	（3.65±0.05）×0.1		（3.42±0.30）×0.1
+0.265	（4.27±0.05）×0.1		（4.01±0.35）×0.1

此外，纯度对热中子扩散距离 L（表示中子由被减速变成热中子到被吸收所移动的平均距离的量度）有很大影响，所以在石墨块一端插入的中子源释放出的中子在石墨内的分布，用铟放射化等方法即可测定，所测得的分布情况，利用初等扩散理论代入给定的公式，确定必要的系数，求出 L 之后，即可得出纯度的指标。

$$L^2 = 1/[3 \sum a \cdot \sum s(1 - \overline{\mu_o})] \tag{3-10}$$

且

$$L = \sqrt{D/\sum a} = (A/\mathrm{d}N_0) \cdot \sqrt{1/[3\sigma_s(1 - \overline{\mu_o})]} \cdot \sqrt{1/\sigma_a} \tag{3-11}$$

式中，$\sum a = \mathrm{d}N_0 \cdot \sigma_a/A$（宏观吸收截面）；$\sum s = \mathrm{d}N_0 \cdot \sigma_s/A$（宏观散射截面）；$\overline{\mu_o} = 2/3A$（散射角余弦的平均值）；$D = 1/[3 - (1 - \overline{\mu_o}) \sum s]$（扩散系数）；$A$ 为原子核质量（石墨为12.01）；N_0 为阿伏伽德罗数（6.024×10^{23}）；σ_s 为微观散射截面[石墨为（4.7 ± 0.2）×0.1MPa]；σ_a 为微观吸收截面；d 为石墨的密度。

核反应堆用石墨的一般特性示于表3-12。在日本，JIS 标准给堆用石墨制定了等级，示于表3-13。材料的试验，根据 JISR7222（高纯炭材料的物理试验方法）和 JISR7223（高纯炭材料的化学分析法）所定方法进行。

表3-12 核反应堆用石墨特性

项 目 / 制 品		国家炭素公司（美国）			佩西内（法国）	摩根（英国）	昭和电工（日本）	
		AGOT	TSP	GBF			No. 1	No. 2
吸收截面	Pa	450	380	370	400	—	363	361
总灰分	%	0.07	0.004	0.002	—	—	0.01	0.011
硼含量	μg/g	0.5	0.1	0.1	0.3	1.4	0.19	0.10
线膨胀系数 轴向	℃⁻¹	2.96×10^{-6}	—	—	1.4×10^{-6}		2.35×10^{-6}	2.34×10^{-6}
径向		4.76×10^{-6}	—	—	3.2×10^{-6}		3.56×10^{-6}	3.45×10^{-6}
导向性		（1.60×10^{-6}）	—	—	（2.28×10^{-6}）		（1.51×10^{-6}）	（1.47×10^{-6}）
视密度	g/cm³	1.70	1.70	1.70	1.63	1.73	1.72	1.71

杂质分析/$\mu g \cdot g^{-1}$	硼	钙	氢	铁	镁	钒	钛	稀土	氯	钠	钼
国家炭素公司 AGOT	0.5	150~260	—	11~87	—	8~160	5~20	—	—	—	—
佩西内	0.3	60	15	15	0.1	23	17	0.1	—	25	—
昭和电工 No·1	0.19	60	16	—	—	—	8	—	4	8	40
昭和电工 No·2	0.10	0	20	—	—	—	1	—	3		25

表 3-13　高纯炭材料 R7221—1962

项目 \ 种类	反应堆用炭		金属精炼用炭
	1 级	2 级	
硼含量/$\mu g \cdot g^{-1}$	0.1 以下	0.5 以下	(0.1 以下)
灰分/%	0.002 以下	0.07 以下	0.220 以下
假密度	1.70 以上	1.60 以上	根据产购双方的协定
真密度	(2.2 以上)	(2.2 以上)	
抗弯强度/MPa	22 以上	15 以上	
抗压强度/MPa	35 以上	25 以上	
抗拉强度/MPa	12 以上	10 以上	

注：括号内的数是参考数，是根据产购双方的协定而变更的。

3.3.6　加工

　　减速材料和反射材料用的石墨，都是由许多块组合起来的一个完整的结构体，但必须以精密的尺寸制有核燃料棒、控制棒的插入孔和实验用的孔。此外，为了防止中子流和冷却气体的泄漏，还必须使接合部严密接合起来。因此，要求的加工精度为 1/1000 ~ 2/1000in（0.0254 ~ 0.0508mm），平滑度 $\leqslant 3 \mu m$。

3.3.7　耐震构造

　　核反应堆是具有一定危险性的工程，所以从反应堆的安全性的观点来考虑，就要求具备十分可靠的耐震性。整个反应堆必须具备的耐震度，建议为：水平方向 600 伽（伽为加速度单位，等于 $1 cm/s^2$），垂直方向 300 伽。如果反应堆是巨大石墨结构的堆心的石墨减速型动力反应堆，那么石墨结构的耐震设计就是极为重要的问题了。为了防止应力集中，在石墨块的结合方式上，配合部的加工精度便成了重要的因素。在考虑石墨块的结合方式时，要极力防止中子流和冷却液的漏泄，石墨块的结构还必须考虑加工容易和组装简便易行。此外也必须考虑到，石墨的抗压性虽然很强，但其抗拉性却弱。图 3-13 是组装方法之一例，此方法的特点就是用一块组合用的石墨瓦可以

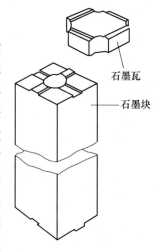

石墨瓦

石墨块

图 3-13　石墨块的组装方式

把相邻的四个石墨块跨接并固定起来。为了防止中子流和冷却液的漏泄，在炭块上设有铰接角。以此种结构制作核反应堆，不需外部补强，即可耐 500 伽以上的水平推动。但石墨受到中子照射，就会渐渐发生所谓 Wigner 堆长而引起尺寸变化（膨胀），所以为了克服尺寸变化的影响。在石墨块与石墨块之间要留有微细的间隙。在石墨块之间设有微细的间隙，耐震性必然显著降低，一个解决办法，就是在各石墨块之间插入并贯穿以石墨水平键（楔），同时还要改善连接瓦的形状，按图 3-14 展示的构造进行设计。整个反应堆的尺寸和水平键的尺寸如果搭配适当，那就完全可以耐 600 伽以上的震度，而且能够防止漏泄。

此外，（日）东海村卡尔德-霍尔型反应堆采用六棱柱的嵌合块体，如图 3-15 所示。此种石墨块体是上面直径为 9in、高 37in 的六棱柱体，其上有三个凸缘和与邻接石墨块凸缘相配合的三个凹沟。凸缘和凹沟相互嵌合，交错堆砌，构成反应堆，然后用补强圆筒来加强反应堆整体的外侧。

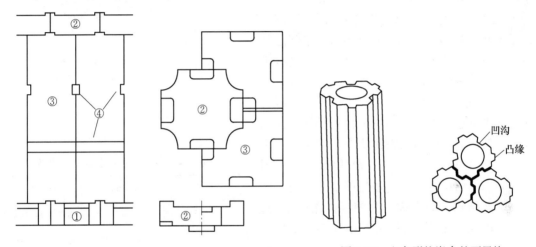

图 3-14　水平键的补强结合方式和改良的石墨瓦　　　　图 3-15　六角形柱嵌合的石墨块
①—石墨瓦 A；②—石墨瓦 B；③—石墨块；④—水平键·沟槽

3.4　核石墨的理化与力学性能

碳一般认为是金刚石、石墨、无定形碳三种形态，此外，还有卡宾、富勒烯、石墨烯三种形态，它们在外观、晶形、性质上都互有很大差异。碳是原子价为 4 的原子，金刚石是单键结合，一个碳原子以 0.154nm 的间距同四个碳原子相结合形成正四面体的晶格。

石墨中一个碳原子同三个碳原子相结合，形成二维的巨大分子层面，此层面又在三维上呈有规则而整齐的重叠堆积。无定形碳在晶体结构上，同石墨难以截然区别，但其结晶很不发达，二维分子层面都很小。在 5nm 以下，分子层面不规则地交错重叠，有时六角碳网之间又复杂地交联（Cross-Iinking）在一起。

反应堆所使用的是结晶度良好的石墨，对其机械性质、热导率、耐热冲击性和纯度的要求都是很高的。

3.4.1　核石墨的物理性质

3.4.1.1　石墨的晶体结构

石墨的晶体是由无数的相互平行的网状层面有规则地重叠而成，每一层内的碳原子都呈正六角形环相互连接。层面上的碳原子都由强有力的共价键相接合，而各层面相互之间，仅有极弱的范德华力相联系。基于这种结构，就构成了石墨的各种物理性质上的异向性。层面内的相邻碳原子间的距离为 0.1421nm，层间隔为 0.3354nm。碳原子带有四个价电子，其中三个是 σ 电子，在层面内碳原子与邻接的三个原子之间以电子对相结合；剩下的一个电子为 π 电子，在与层面成直角的方向上下分布，这个 π 电子以极少的能量即可移动。这就是石墨之所以呈现黑色，是电的良导体，又具有磁的异向性等等的原因所在。各层面相互重叠堆积具有一定的规则性，一般如图 3-16 所示，相邻的上下层，以苯核的一半相互错开，因此每隔一层层面又回到原来的状态。然而此种重叠关系有时也有些变化，也有每隔两层才回到原来状态的结构。前者称之为贝尔纳结构，亦称 ABAB 结构；后者称之为德拜，谢乐结构，亦称 ABCABC 结构。图 3-16 中 a、b、c 是正六方晶形的三个结晶轴。用粗实线表示的是晶胞，晶胞内含四个碳原子，用黑圈表示。理想石墨的晶格常数 $a_o = 0.246nm$，$b_o = 0.428nm$，$c_o = 0.67nm$。结晶面用 a、a'、c 轴表示，一般不用 b 轴表示。商品石墨制品的晶格常数的测定实例示于表 3-14。

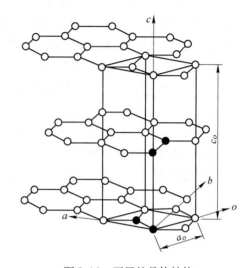

图 3-16　石墨的晶体结构

$a_o = (2.4612 \pm 0.0001) \times 0.1nm;$

$c_o = (6.7079 \pm 0.0007) \times 0.1nm;$

容积 $= (35.190 \times 0.1nm)^3;$

密度 $= 2.266g/cm^3$

表 3-14　商品石墨制品的晶格常数

品种	a_o/nm	c_o/nm
AGX	2.457 ± 20.00	6.713 ± 0.007
AGR	2.457 ± 0.002	6.711 ± 0.005
AGOT-K（Ⅰ）	2.457 ± 0.002	6.709 ± 0.005
AGOT-C（Ⅰ）	2.457 ± 0.002	6.711 ± 0.005
AGOT-W（Ⅰ）	2.457 ± 0.002	6.712 ± 0.005
AGOT-W（T-15）	2.458 ± 0.002	6.708 ± 0.005

3.4.1.2　核石墨的密度

根据晶格常数计算所得的石墨理论密度为 $2.266g/cm^3$，反应堆石墨的视密度在 $1.70 \sim 1.85$ 范围内。以氦气置换法测得的密度，也只是在 $2.05 \sim 2.17$ 范围之内。这是因为石墨中有气体不能侵入的微孔，在堆用石墨中，$1 \sim 30\mu m$ 范围内的微孔占大多数，直径 20nm 以下到 2nm 左右的微孔也大量存在。对燃料包覆材料等的透气性的研究，所涉及的问题，也只是气体能通过的开口气孔。所谓不透气性的程度就是气体透过的难易程度，也就是以气体的透过率的大小来进行评价。根据达西法则，在介质中的一定压力下，气体的透过速度是与夹在介质两侧的压力差成比例，没介质的截面积为 $A(cm^2)$，介质厚度为 $L(cm)$，介质内的气体平均压力为 P_m（达因/厘米^2），介质两侧的压力差为 $\Delta P = P_1 - P_2$（达因/厘米^2），则在平均压力 P_m 下的气体总透过速率 Q_m［毫升/（厘米^2·秒）］按式（3-12）求算。

$$Q_m = K(A/L)(\Delta P/P_m) \tag{3-12}$$

式中，K 是比例系数，定义为透过率（Permeability Coefficient），按［厘米·克·秒］制，其量纲为［厘米^2/秒］。普通的人造石墨块，其气体透过率约为 $10 \sim 0.1\,cm^2/s$。若以沥青浸渍等方式将石墨块进行不透气处理，便可制得大约 $10^{-7}\,cm^2/s$ 的低透气率的制品；若以特殊方法处理，则可获得 $10^{-11}\,cm^2/s$ 以下（和玻璃一样）的制品。

3.4.1.3 石墨的比热容

石墨的比热容在高温下，由 300K 时的 $2.05 \times 4.185 \times 10^{-3}\,kJ/(mol \cdot ℃)$ 起，随温升而增加，当温度升到 2000K 时，则比较接近于古典的杜隆-珀替的 $6 \times 4.185 \times 10^{-3}\,kJ/(mol \cdot ℃)$（如图 3-17 所示）。

在低温下，即在 $20 \sim 260K$ 的全温度范围内，石墨的比热容与 T^2 成比例增大；在 $1.5 \sim 10K$ 范围内，则与 $T^{2.4}$ 成比例增大。

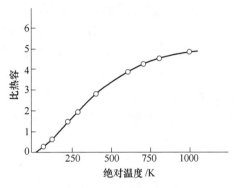

图 3-17 石墨的比热容

3.4.1.4 蒸气压、升华热、熔融

碳的蒸气压很难直接测定，但根据保持在高温下试料的蒸发，即依其质量减少的速度可以间接求出。根据 chupkaa、Hoch 等的测定，碳的蒸气压，在 2500℃ 下，大致为 5×10^{-6} 气压左右。温度的倒数 $1/T$ 和蒸气压的对数 $\log P$ 二者之间的关系如图 3-18 所示。$\log P$ 和 $1/T$ 呈直线关系，若将此直线向上延长外推，则可知在 1 个气压下的升华温度约为 4500K。

升华热按其推求方法的不同可以求得许多不同的数值，得不出确定数值。碳的升华分子中，除含有单原子分子 C 之外，还有二原子分子 C_2、三原子分子 C_3 等，一般来讲，单原子分子的升华热 L（C）是很重要的。大致的数值如下：

$$L(C) = 170 \times 4.186\,kJ/mol \qquad L(C_2) = 190 \times 4.186\,kJ/mol$$

$$L(C_3) = 200 \times 4.186\,kJ/mol$$

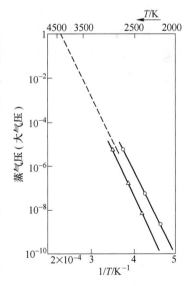

图 3-18 碳的蒸气压

最近 Bundy 用超高压高温装置对石墨的三相点进行了再检验。检验的结果，熔融热在 $48K_b$（K_b 即千巴 $= 1.000$ 气压）下为 $25 \times 4.186\,kJ/mol$，熔融点在 $9K_b$ 下约为 4100K，在 $70K_b$ 下则约达 4600K 的最大值，压力继续上升，熔融温度又下降，即当压力为 $125K_b$ 时，此温度约为 4100K。"石墨—金刚石—液相"的三相点测

定为 125～130K$_b$，熔融温度为 4000～4200K。图
3-19 是 Bundy 加入了金刚石合成等有关数据之后所
作的碳相平衡图。

3.4.1.5　石墨的电性质和磁性质

石墨单晶的电导率具有明显的异向性，在平行于
层面方向上在室温下，其电阻率约为 $5×10^{-5}\Omega·cm$，
而垂直于层面的 C 轴方向上，其电阻率就会增加
100～1000 倍。石墨块的电阻异向性与此有密切关系，
异向性因制造过程中形成的晶体配列程度不同而有差
异。石墨的电阻随温度而变化的情况示于图 3-20。人
造石墨有这样一个特征，即石墨化温度越高，其电阻
就越小，而且在某一温度下，其电阻值为最小。根据
经验可知，以石油焦为原料制取的石墨，其最小值发
生在 400～600℃ 之间，超过此温度，一直到 2500℃，

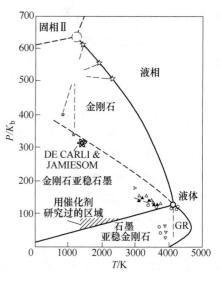

图 3-19　碳相平衡图

电阻几乎成直线增加，而且电阻的最小值越小，此直线上升的坡度就越大。

如果考虑与电性质有关的石墨的电子能带的构造，石墨从其本质来看是一种半导体，
充满电子的价电子带被空的导带和狭窄的禁带所隔开，当温度上升时，电子便从价电子带
向导带移动（被激发），在价电子带残留下带正电荷的空穴，此电子和空穴（此两者叫做
载流子）共同起导电作用。导电能力的大小不仅取决于载流子的数量，而且因载流子运动
时的散射情况而有不同。散射的原因是原子的晶格振动具有周期性的紊乱。这是原子的热
运动所引起的，所以随着温度的上升，电阻亦不断增加。可是单晶石墨，温度下降，其电
阻反而减少，所以还要考虑它还具有金属性格的一面，因此还可认为，价电子带和导带的
一部分互相重叠。这样能带的构造形式如图 3-21 所示。

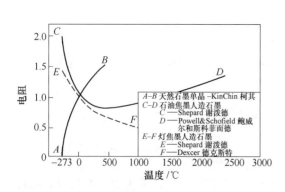

图 3-20　各种石墨的电阻（0℃ 的值取为 1.0）
随温度而变化的情况

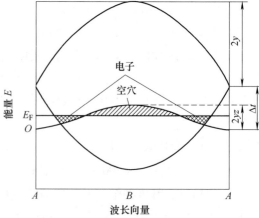

图 3-21　石墨的构造模型
E_F—费密能级

磁学的性质对碳的电子论的研究提供了有力的线索。物质的磁化率（x）是表示磁力矩（磁化强度）（M）和磁场强度（H）。如果 x 为负，该物质即是反磁性体。纯粹石墨的磁化率的导向性是非常高的：在 a 向上，$x = -21.5 \times 10^{-6}$emu/g；在 C 向上，$x = -0.5 \times 10^{-6}$emu/g。a 向结晶尺寸的大小对此种反磁化率有很大的影响。许多种碳，在 1500℃ 热处理温度下，出现 x 的急剧增加，在 2300℃ 以上时，达到饱和。这种 x 值剧增的现象发生在晶体尺寸为 $(75 \sim 150) \times 0.1$nm 的范围内。图 3-22 表示热处理温度与磁化率的关系。

3.4.1.6 热导率

单晶石墨的热导率也有很大的异向性，在室温下，在垂直于层面的方向上的测定值比平行于层面的测定值约小 5 倍。用天然石墨单晶测出的两个方向的热导率示于图 3-23。可以认为，在多晶石墨里，热的大部分都是沿各微晶的层面流动。许多种反应堆用石墨，平行于颗粒方向上的热导率在 $(0.3 \sim 0.6) \times 6.96$W/(m·K) 范围内，在垂直于颗粒方向上则略低些，两者之比大致为 2:1。石墨的热传导也和金属一样，不仅由电子传导，而且还由晶格的热振动传导（声子传导）。其特征是随着温度的下降，热导率遂变成了微晶尺寸的函数，振动量子（声子）在晶体边界上的散射程度取决于声子的平均自由程。热导率与晶格振动的关系可用下式表示：

$$\kappa = \gamma C_p \lambda v \tag{3-13}$$

式中，γ 为几何因数（在各向同性物质中为 1/3）；C_p 为比热容；λ 为声子平均自由程；v 为声子传播速度。

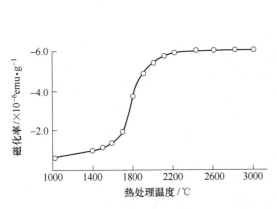

图 3-22 磁化率因热处理温度不同而变化的情况

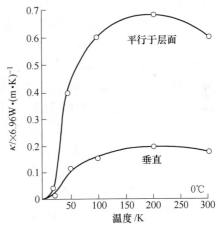

图 3-23 天然石墨的热导率

多晶石墨的热导率与温度的关系如图 3-24 所示。在低温下，声子在晶粒内移动不会受到散射，但在晶粒边界上，却会受到散射，所以应认为 λ 的大小接近晶粒的尺寸。此外，假如晶体缺陷的杂质等会参与晶体紊乱，那么热导率就主要受 C_p 的支配。高度石墨化的石墨，其热导率在接近室温时为最大。石墨中晶粒越大，此最大值出现的温度越低，而峰值越高。晶粒小的石墨，其热导率的最大值出现在温度较高的一侧。在高温范围内，C_p 值大致一定，温度越上升，晶格振动亦越激烈，声子的散射也越多，这时由于 λ 减少，所以热导率也随之降低。经过 2600℃ 以上的热处理的石墨，其电导率与热导率之比是一定的：

$\kappa = 0.00031/\rho$，而且 $\kappa\rho = 0.00031$

其中，κ 为热导率（6.96W/(m·K)）；ρ 为电阻率，Ω·cm。

此式对于许多石墨在室温下的测定值，都具有 ±5% 的精度。石墨块的热导率还因密度的不同而不同（如图3-25所示）。

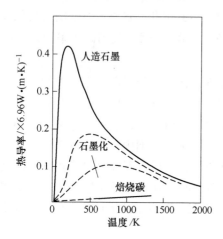

图3-24　多晶石墨的热导率

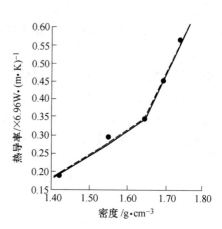

图3-25　密度和热导率

3.4.1.7　石墨的热膨胀

石墨晶体的线膨胀也有很大的异向性。把天然石墨粉碎成细粉，用高温 X-线照相机测定热膨胀，测定结果示于图3-26。层面碳原子之间是由价键相结合，所以 a 向的热膨胀是非常小的，这与我们预期是相符的。而 c 轴方向上的热膨胀则非常大，在 0～800℃ 之间的平均线膨胀系数为 $28.3 \times 10^{-6}℃^{-1}$。炭块的表观热膨胀是源于单晶体的热膨胀。各种多晶石墨，在接近室温条件下测定，其线膨胀系数在垂直于挤压方向上为 $(2\sim6) \times 10^{-6}℃^{-1}$，这样的石墨块的热膨胀，比单晶的热膨胀小，特别是挤压方向上热膨胀则更小，有人认为，这是由于焦炭气孔壁上有竹篮花纹孔的结构所形成的。各种石墨制品的线膨胀系数值虽然多种多样，但实际上因温度而变化的情况则是一定的，在求得由室温到最终温度的平均线膨胀系数时，最好使用外推法，首先求出 20～100℃ 的线膨胀系数，

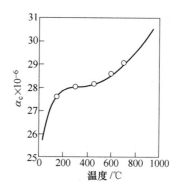

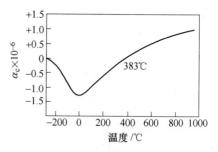

图3-26　石墨晶体的热膨胀

将求出的系数再加上一定的相应因数，一直算到所要求的温度。求算线膨胀系数所需用的因数列于表3-15。表中的数字不管对于什么样的多晶石墨都是适用的，其精度可达 $\pm0.2 \times 10^{-6}℃^{-1}$，而且很简便。

焦炭骨料的煅烧温度对制品的热膨胀也有影响。无论是平行还是垂直于挤压轴方向，都是以 400～800℃ 的温度，煅烧的焦炭所制得的制品的线膨胀系数为最大。

3.4.2 核石墨的机械性质

石墨制品在制作工序中，焦炭颗粒进行了有选择的取向，所以其机械性质也有很大的异向性。制品的机械性质因原料和制作方法的不同而有很大差异。用同样原料制得的制品中，不同试样之间也有差异，而且在一个试样中，其内部和外部也不尽一样。因此，在测求制品的机械性质时，必须获得大量试片的数据。

表 3-15 平均线膨胀系数的计算表

最终温度 /℃	对在 20~100℃ 温度区间的测定值所需添加的数值 /℃⁻¹	最终温度 /℃	对在 20~100℃ 温度区间的测定值所需添加的数值 /℃⁻¹
100	0	800	11.4×10^{-7}
200	2.0×10^{-7}	900	12.3×10^{-7}
300	4.0×10^{-7}	1000	13.2×10^{-7}
400	6.0×10^{-7}	1500	17.2×10^{-7}
500	7.7×10^{-7}	2000	21.2×10^{-7}
600	9.2×10^{-7}	2500	25.2×10^{-7}
700	10.4×10^{-7}		

3.4.2.1 石墨材料的抗压强度

抗压强度对于测定来说算是最简单的机械性质。有关各种制品曾发表过许多测定值，但一般都在 28~70MPa 范围内。抗压强度值与压力方向并无多大关系。石墨的抗压强度随试验温度而增大，在 2000~2500℃ 之间达到最大值（如图 3-27 所示）。

3.4.2.2 石墨材料的抗拉强度

由于石墨质脆，织构粗糙，所以在石墨制品抗拉强度的测定上，还存在试片的形状、尺寸的影响等许多问题。石墨的抗拉强度也和抗压强度一样。随着温升而增大，在 2000~2500℃ 之间达到最大（如图 3-28 所示）。

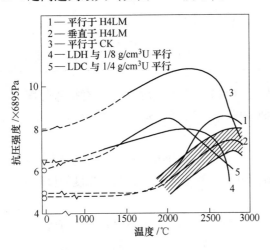

图 3-27 抗压强度与温度的关系

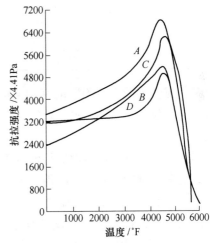

图 3-28 温度对各种石墨的抗拉强度的影响
A—商品石墨电极（ECA）平行挤压轴，密度 1.67；
B—商品石墨块（C-18）垂直和平行挤压轴，密度 1.60；
C—商品炭块（SA-25）垂直模压方向，密度 1.67
D—商品石墨块

3.4.2.3 石墨材料的抗弯强度

石墨制品的抗弯强度比较容易测定，而且比抗压强度更容易得出互相一致的结果，在实际上也很有用，所以此项测定常作为机械强度的主要标准。抗弯强度的测定既可采用以试片两端为支点，中央一点为荷重点的三点法，亦可采用两点荷重的四点法，据认为，像石墨这样脆的物质，以采用四点法为宜，此法试片承受最大压力的部分较长。用四点法测得的数值比三点法低20%~35%。各种石墨的抗弯强度见表3-16。石墨的抗弯强度也是随温升而增加的，例如，ATJ石墨在2000℃下的强度比室温时大53%，在2500℃下则大110%。

表3-16　各种石墨的抗弯强度

品　种	制造厂	密度/g·cm^{-3}	折弯强度/MPa	
			//	⊥
PGA	英国艾奇逊电极公司	1.74	14.8	10.8
R-0013	[美] 国民碳素公司	1.85	22.8	21.1
R-0018	国民碳素公司	1.85	23.9	22.5
ATJ	国民碳素公司	1.75	23.2	23.2
R-0025	国民碳素公司	1.90	28.1	27.4
R-0020	国民碳素公司	1.90	28.8	27.4
ATL-82	国民碳素公司	1.88	32.3	32.3
MH 4 LM-90	大湖碳素公司	1.90	19.3	20.4
CCN	国民碳素公司	1.92	16.9	14.4
AJL-82	国民碳素公司	1.88	19.7	16.9
石墨·G	石墨专业公司	1.88	31	27.4
石墨·A	石墨专业公司	1.93	33.8	28.1
R-4	国民碳素公司	1.98	27.1	25
AGOT	国民碳素公司	1.70	16.9	14.1
CS	国民碳素公司	1.68	16.9	13.9
CEQ	国民碳素公司		18	20.2

从机械强度的许多测定值可知，抗拉强度（S_T）、抗压强度（S_C）对抗弯强度（S_B）是成一定比例的：$S_T/S_B = 0.53$（$0.47 \sim 0.68$ 的范围内），$S_C/S_B = 2.07$（$1.61 \sim 2.90$ 的范围内）。

机械强度随温升而增大的特殊性质，是因制造时石墨内部被冻结的应力所引起的内部变形，随着温度的上升而逐渐得到缓和，但经过塑性变形而发生破裂，强度便会降低。

3.4.2.4　石墨材料的蠕变

在高温下，石墨也会稍微表现出延展性，经测定，直到破裂之前，可延展7%。在1300~2000℃范围内，蠕变量的大小与原料、形状、测定温度、变形种类无关，在实验误差范围内，可用下式描述

$$E_1 = \sigma[1/M_T + (C\log t/M_o)\exp(-\Delta E/RT) + B_o t\exp(-\Delta E'/RT)]$$

式中　E_1——时间为 t（min）时的变形；

　　　σ——负荷应力（0.1Pa）；

M_o，M_T——在室温和试验温度（K）下的弹性模量（0.1Pa）；

　　　C——石墨的常数（约13）；

ΔE，$\Delta E'$——在过渡状态、稳定状态下的活化能，如果是堆用石墨PGA，则 $\Delta E = 8.37$kJ/mol，$\Delta E' = 16.74$kJ/mol；

B_o——常数（$3.31 \times 10^{-10}\,\mathrm{Pa^{-1} \cdot min^{-1}}$）；

R——气体数。

3.4.2.5 弹性模量

石墨的弹性模量虽然有压缩、拉伸、弯曲等各方面，但都表现出同样的倾向。石墨制品的性质即使在常温下，也并非完全弹性体，而是具有若干塑性，如果反复受到压缩和拉伸，就会造成明显的滞后现象，即使除掉压缩或拉伸的应力，仍会造成最大的残留变形。压应力和变形的关系示于图3-29，以PGA石墨为例，其压缩弹性模量值在挤压轴方向上为 $10.33 \times 6895 \times 10^5\,\mathrm{Pa}$；在垂直于挤压轴方向上为 $4.97 \times 6895 \times 10^5\,\mathrm{Pa}$。

拉伸的"应力-变形"曲线也与压缩的"应力-变形"曲线相类似，但其变化的绝对值很小。FGA石墨的拉伸弹性模量，在挤压方向上为 $16.3 \times 6895 \times 10^5\,\mathrm{Pa}$，在垂直方向上为 $8.11 \times 6895 \times 10^5\,\mathrm{Pa}$。除掉应力后，弯曲"应力-变形"曲线和纯拉伸完全相同。把每次测定的残留变形用圆点标示在图上，所得的曲线示于图3-30。

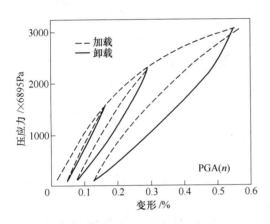

图3-29 压应力与变形的关系

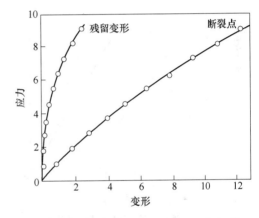

图3-30 石墨的"应力-变形"曲线

各种弹性模量都随温升而增加。在0～2000℃范围内测定各种原料制作的石墨的弯曲弹性模量（动态弹性模量），测定值随温度而变化的情况示于图3-31。

3.4.3 核石墨的化学性质

石墨在化学上是不活泼的，但在特定条件下却与许多物质发生反应。这类反应大致分为三

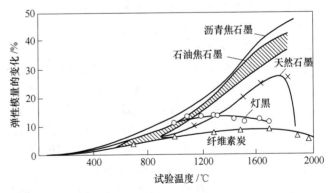

图3-31 用各种原料制作的石墨的弹性模量随温度变化的曲线

种：（1）氧化；（2）生成层间化合物；（3）生成碳化物。但在反应堆用石墨的化学性质上，需要探讨的主要是石墨和冷却剂之间的化学反应。

3.4.3.1 氧化

无论是低温操作的空气冷却堆，还是气体和液体冷却堆，在它们的冷却剂中混入氧，石墨被氧所氧化，是一个严重问题。如果把24h内发生1%氧化失重时的温度确定为氧化

开始温度，那么纯石墨的氧化开始温度就是 520～560℃。"氧-石墨"体系发生反应的方式如下：

$$C + O_2 \Longrightarrow CO_2 \quad (\Delta H = -392.1 \text{kJ/mol}, 18℃, 1 \text{ 大气压}) \tag{3-14}$$

$$C + 1/2O_2 \Longrightarrow CO \quad (\Delta H = -111 \text{kJ/mol}, 18℃, 1 \text{ 大气压}) \tag{3-15}$$

$$CO + 1/2O_2 \Longrightarrow CO_2 \quad (\Delta H = -281.1 \text{kJ/mol}, 18℃, 1 \text{ 大气压}) \tag{3-16}$$

温度达高于氧化开始温度 200～250℃之前，氧浸入石墨材料内部，发生氧化，此时石墨体积减少不大，而质量却大为减轻。在此温度以上，反应速率为氧化生成的气体的扩散所控制，氧化作用多在表面发生，氧化速率对表面气体流速变得敏感起来。温度和气体流速对石墨氧化速度的影响示于图 3-32 和图 3-33。

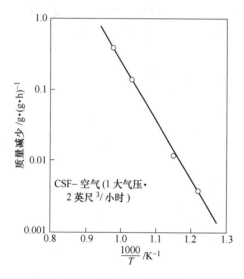

图 3-32　温度对石墨氧化速度的影响　　　　图 3-33　空气流速对氧化速率的影响

石墨在水蒸气和 CO_2 气氛中也会被氧化，但其氧化开始温度比在 O_2 中更高，在水蒸气中为 700℃，在 CO_2 中为 900℃。水蒸气作为冷却气体的杂质混入时，和石墨发生反应，生成 CO、CO_2、H_2、CH_4 等。

$$C + H_2O \Longrightarrow CO + H_2 \quad (\Delta H = 130.94 \text{kJ/mol}, 18℃, 1 \text{ 大气压}) \tag{3-17}$$

$$CO + H_2O \Longrightarrow CO_2 + H_2 \quad (\Delta H = -40.24 \text{kJ/mol}, 18℃, 1 \text{ 大气压}) \tag{3-18}$$

$$C + CO_2 \Longrightarrow 2CO \quad (\Delta H = 170.1 \text{kJ/mol}, 18℃, 1 \text{ 大气压}) \tag{3-19}$$

$$C + 2H_2 \Longrightarrow CH_4 \quad (\Delta H = -74.52 \text{kJ/mol}, 18℃, 1 \text{ 大气压}) \tag{3-20}$$

石墨和 CO_2 发生反应很重要，因为 CO_2 可用做冷却剂或用做减速材料的保护气体，在低温下不会出现什么问题，在高温下则会发生反应。

$$C + CO_2 \Longrightarrow 2CO \quad (\Delta H = 170.1 \text{kJ/mol}, 18℃, 1 \text{ 大气压}) \tag{3-21}$$

石墨与氧之间的反应是放热的，氧化反应会自动加速，而石墨与 CO_2 之间的反应是吸热反应，所以情况比较良好。石墨在含水蒸气的氩中，其氧化速度和 CO 的平衡浓度与温度的关系，分别展示于图 3-34 和图 3-35。

3.4.3.2　石墨的层间化合物的生成

在保持石墨特有的层状构造的条件下，石墨的反应生成物叫做层间化合物。反应物质从结合力薄弱处向层面间扩散并嵌入，会使层面间隔扩大，往往表现为石墨在 C 轴方向上

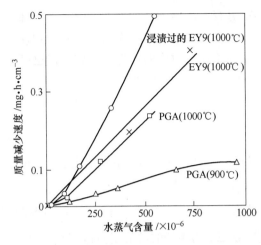

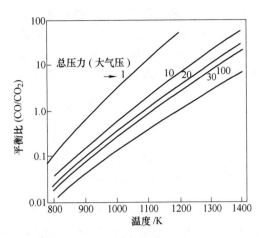

图 3-34　石墨在含水蒸气的氩中的氧化速率　　图 3-35　（CO/CO_2）平衡浓度与温度的关系

显著伸展，因而容易导致石墨材料崩裂。现将层间化合物的生成条件和主要特征，举例分类列于表 3-17。

表 3-17　层间化合物的生成条件和特征

种类	反应条件	例	特　征
A	在氧化条件下和硫酸共存； 阳极氧化； 硝酸铬酸； $KMnO_4$； MnO_2	硫酸氢石墨	硫酸氢离子 硫酸离子 }各层嵌入层间隔伸展到 8nm
B	存在卤素或卤素之间的化合物（室温和室温以上）	溴石墨	Br_2 的分子 Br 离子 }隔一层嵌入， 层间隔伸展到 0.7nm 左右
C	碱金属或碱土金属（熔融状态）	C_8K 和 $C_{16}K$	每层都嵌入 每层嵌入一个 }石墨迅速崩裂
	金属卤化物（200℃左右）	石墨—$FeCl_3$	$FeCl_3$嵌入各层，使层面间隔伸展到 0.94nm

3.4.3.3　石墨的碳化物的生成

石墨能与多种金属生成碳化物，在高温下容易生成碳化物的金属有：Mo、V、Si、Cr、Ni、Ti、Zr、B 等。然而既要防止和石墨反应速度大的金属扩散，又要使这种金属的碳化物在石墨表面形成，这两种情况也有可能同时实现。

在原子反应堆里，有充做冷却剂的液态金属，这类金属也有腐蚀石墨的问题。现在的冷却剂有 Na、Na-K 合金和 Bi。和 Bi 的反应尚未查明。关于 Na，需要探讨的，一个是 C 溶解或分散于液态 Na 之中的问题，再就是 Na 嵌入石墨晶体层面间隔之中的问题。在 450℃以上时，因 Na 侵入石墨晶体，造成石墨明显膨胀，从而导致晶体的破裂，Na 一经侵入石墨，石墨的中子吸收截面便随即增大约达七倍。

3.5　核石墨的辐照损伤与退火

对于石墨减速的反应堆来说，石墨中辐照损伤的研究仍然是一个重要问题，因为这种堆的设计功率密度和工作温度越来越高。本文只涉及这个领域中的一部分，因为整个领域已经证明具有预想不到的复杂性。为了便于掌握，我们仅考虑辐照损伤的物理基础和现代反应堆设计中一些最重要的辐照效应。本文将主要讨论这些效应的形稳性问题，但也简短地叙述了一些对物理性质有影响的效应。

3.5.1 石墨中辐照损伤的物理基础

3.5.1.1 位移过程

石墨中的辐照损伤是由于中子碰撞引起原子位移的结果。中子流的损伤能力可用每个原子的位移率 G_o 定量地表示出来：

$$G_o = \int_o^\infty \varphi(E)\sigma(E)n_d(E)dE \tag{3-22}$$

式中，$\varphi(E)dE$ 为能量在 E 和 dE 之间的中子通量；$\sigma(E)$ 为中子的散射截面；$n_d(E)$ 为一个中子碰撞引起的位移原子的平均数（见表 3-18）。根据通常应用的剂量计量方法给出的位移原子的总份额见表 3-19。

表 3-18 每一中子碰撞造成的位移原子数

E/MeV	0.01	0.1	0.2	0.5	1	2	5	10	14
$n_d(E)$	10	76	131	220	295	370	461	519	547

3.5.1.2 损伤的积累

在通常的温度下，绝大多数位移原子都回到点阵结点上去，因此，性质的改变取决于时间 t、温度 T 和位移率 G_o。辐照温度低于450℃时，损伤速率的效应可用"等效温度"的概念来表示。这样，如果两个堆的

$$(G_o t)_1 = (G_o t)_2$$

表 3-19 不同反应堆中的原子位移

来　源	剂量单位	Got/单位剂量
美国早期数据	兆瓦日/吨（汉福特）	0.88×10^{-4}
美国高通量数据	中子剂量（$E > 0.14Mec$）	0.67×10^{-21}
英国早期数据	Bepo 当量剂量	0.16×10^{-21}
高通量数据	PLUTO 和 DIDO 当量镍剂量	1.131×10^{-21}
英国动力堆	兆瓦日/吨（calder）	1.24×10^{-4}
	辐照损伤的当量裂变剂量	0.534×10^{-21}

及

$$\frac{1}{T_1} - \frac{1}{T_2} = 1.64 \times 10^{-4} \lg 10 \frac{(G_o)_2}{(G_o)_1} \tag{3-23}$$

则其性质的改变将相等，这里 T_1 和 T_2 是绝对温度 K。

用这个关系式，不同反应堆内的损伤可以简化成"标准速率"并以"等效剂量"和"等效温度"的函数的形式表示。

3.5.1.3 辐照石墨中的缺陷

在通常的反应堆工作温度下，间充原子极其活跃，大多数位移原子回到空的点阵结点上去。石墨中残存的辐照损伤是由于从一些稳定混合物形成了间充原子的聚集体，这些复合物的分布取决于它们在不同温度下的稳定性，以及它们的形成速率和使它们破坏的辐照效应。在任何温度下，复合物的数量都达到某一饱和值，这一数值随辐照温度增加而下降。有些复合物作为核心而形成间充环，一旦核心形成，间充环就无限生长。温度足够高时，空穴发生移动，形成空穴环。

用透射电子显微镜进行观察时，可以在150℃以上辐照过的石墨晶体中看到空穴和间

充环。通常用暗场观察，在暗场下选择特殊的衍射束，以形成映像。低温时缺陷显示为黑点或白点，但是在较高的温度下，能够看到轮廓分明的环，可以确切地识别它们的特征。

在一个理想的晶体中，间充环均匀成核，随着温度的增加，它们的分离也迅速增加。不均匀成核，能由几种方法诱导。多晶石墨中，不均匀成核发生在晶粒边界上，在这种情况下定量研究是困难的，但是在标准的堆石墨中，好像是温度高于300℃时，不均匀成核占主导地位。低于这一温度，成核是均匀的。

间充环的生长速率取决于两个主要因素：它们的平均间隔和空穴的性质与数量。间隔大的间充环，由于增加了复合的几率，生长速度远远小于间隔小的环。这个结果说明，在均匀成核区（300℃以下）辐照损伤对温度有着强烈的依赖关系。在300℃以上，依赖关系则比较小。空穴以三种形式发生，单个空穴及小空穴团，表现像点一样的小缺陷，很容易和间充原子复合。空穴环发生在空穴可移动的温度（500℃以上）之下，如果温度太低，以致空穴不能移动，这些空穴环就不能形成。但是一般已认为，在很高的辐照剂量下，可以形成坍塌的空穴线，这些空穴成 a 方向的收缩。这些坍塌的空穴线形成的机理如下：辐照时，每个原子可以位移许多次，虽然仅有很小一部分位移原子保留下来。一些小的空穴复合物偶然形成并坍塌，以致妨碍了与间充原子的再结合，这样就使得一些数量的空穴得以择优生长。表3-20摘录了各种条件下产生的一些缺陷类型。

表3-20 辐照石墨中产生的缺陷

缺　陷	温度	特征
可移动的间充群	所有温度	饱和
稳定的间充群	<400℃	饱和
间充环	所有温度	非饱和
简单空穴	所有温度	饱和
坍塌的空穴团	所有温度	非饱和
空穴环	>500℃	非饱和

3.5.2 核石墨的辐射线辐照损伤与退火

具有175电子伏（eV）以上能量的中子，和石墨中的碳原子发生碰撞，碳原子便从正规的晶体点阵弹跳出去，潜入到晶体层面之间，同时在原来位置上留下一个空晶格点。众所周知，碳原子获得大约25电子伏的能量，便发生位移，离开原来晶格点。在紧接核分裂之后，具有2百万电子伏（MeV）高能量的中子，在4cm的平均行程上连续同碳原子碰撞，直至达到175电子伏的能量时，可产生58个一次移位碳原子。接受了大能量的移位原子，在能量很高的情况下，其大部分能量因电子激励、离子化作用和卢瑟福散射而消失。可是当移位原子的能量降到5000电子伏以下时，则因和其他碳原子发生弹性碰撞，其能量的大部分都消耗掉，在这个过程中发生多起二次位移，移位原子的能量终于降低到不能弹出晶格点的程度，于是在碰撞点产生大量的热，然后移位原子就停止下来，与2百万电子伏的中子进行碰撞所产生的一个一次移位碳原子，直到其运动停止时，可发生1500个以上的二次位移。弹出的碳原子的移动比较容易，其大部分都潜入到晶体中的空晶格点，或者移动到晶体的端部并落定下来，还有一部分单独地或成集合状态（多半是 C_2 分子的集合体）停留在层面之间。以这样机理产生的晶格空位，层间侵入原子和原子群是石墨晶体的主要缺陷，也叫做石墨材料的辐照损伤，这会引起石墨特性的显著变化。石墨各种特性与辐照剂量的关系示于图3-36。

3.5.2.1 核石墨辐射线照射后的晶体结构变化

石墨晶体受中子辐照后，会造成晶格紊乱，发生转化成无定形炭的逆态举动。同时会

出现 C_o 增大和 a_o 收缩的现象。但 a_o 的变化比 C_o 小得多。在室温附近 C_o 因辐照而产生的变化示于图 3-37。辐照剂量 MWd/At（每检定吨铀兆瓦天）等于 1.3×10^{17} 中子/厘米^2（$E > 0.18$ 百万电子伏）的中子密度。中子/厘米^2 亦可用 nvt 来表示。

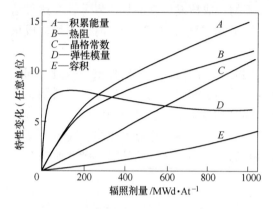

图 3-36 辐射剂量和石墨各种特性的变化

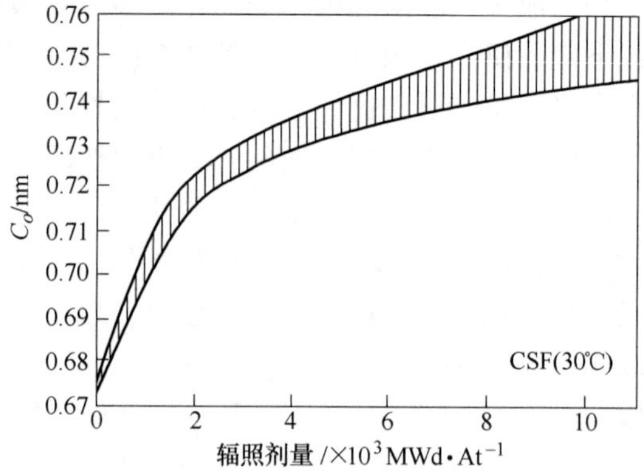

图 3-37 辐照石墨的 C_o 的变化

此外，X-射线（002）衍射线的峰点随着辐照剂量的增加，向小角方向移动，衍射线强度减弱；剂量达到 1500MWd/At 时，衍射峰就已完全模糊不清了，即向无定形炭方向移动（见图 3-38）。辐照温度越高，C_o 的变化亦越小。这在石墨的辐照损伤上是最重要的一面（见图 3-39）。

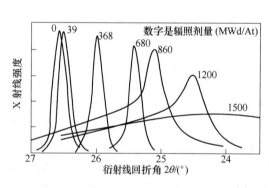

图 3-38 衍射线因辐照剂量不同而变化（30℃）

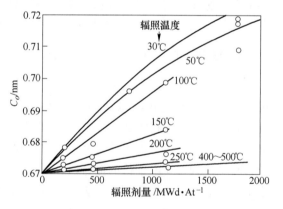

图 3-39 温度对 C_o 变化的影响

3.5.2.2 核石墨辐射后的尺寸变化

石墨制品受到辐照，其晶体结构和微晶尺寸都要发生变化，从而推测出石墨的尺寸也必然有变化，但两者之间只有定性关系，制品尺寸变化的比例同微晶自身的变化相比要小得多。这是因为石墨制品是多孔的，微晶尺寸的变化被微孔所缓和，所以石墨的视密度越高，其辐照时的尺寸变化也就越大（见图 3-40）。此外，尺寸变

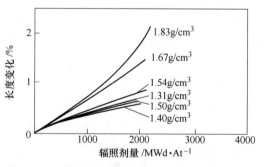

图 3-40 石墨材料的视密度和尺寸变化（30℃）
（模压品，在模压方向上测定的长度变化）

化也受微晶尺寸及定向程度的很大影响，一般来讲，在垂直于挤压轴方向上，膨胀较大，在平行方向上，变化很少，反而有收缩倾向（见图3-41）。而且一般来讲，石墨化温度越高的石墨，其膨胀比例越大。图3-42展示了以德克萨斯焦为原料的模压制品受石墨化温度的影响情况。而且辐照产生的尺寸变化还与辐照前的线膨胀系数有关，越是线膨胀系数大的制品，其尺寸变化也越大。图3-43所展示的是各种堆用石墨的尺寸变化与辐照前的25~425℃平均线膨胀系数的关系。

当辐照温度上升到室温以上时，一般的倾向是：在垂直于挤压轴方向上的热膨胀减少，当辐照温度到300℃以上时，则出现收缩。CSF石墨在达到300℃附近之前，在垂直方向上的尺寸变化示于图3-44，300℃以上的变化情况示于图3-45。在400~500℃之间出现最大收缩，当温度由此上升到800℃时，收缩度减少，而温度上升到800℃以上时，收缩又开始增加。此外，根据观察可知，随着辐照剂量的增加，从某一极限值起，制品又转向膨胀在平行方向上试料的尺寸变化，随着辐照温度、辐照剂量的变化，则只能出现收缩，而且在800℃以上时，尺寸变化最小。辐照温度对线膨胀系数的影响，对于普通的堆用石墨来说，则不会有成为问题的显著变化。

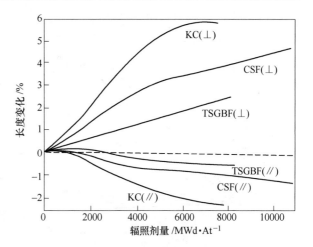

图3-41　各种石墨的尺寸变化

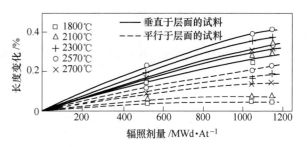

图3-42　石墨化温度对尺寸变化的影响

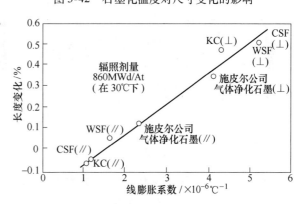

图3-43　线膨胀系数同尺寸变化的关系

3.5.2.3　核石墨辐射后的电导率

未辐照石墨中的电荷载体只是在晶界上散射，所以其平均自由程比较大。石墨受到辐照，产生晶格缺陷，因而电载体的浓度发生变化，散射中心的数量也发生变化，因此电荷载体的平均自由程有所变化，电导率也就必然变化。石墨的比电阻在辐照初期急剧变化，然后便立即达到饱和值（见图3-46）。这是因为在辐照剂量低时，空穴浓度的增加与自由电子浓度的减少几乎是平衡的，所以电阻的增加是与散射中心的数量成正比的。如果超过低辐照剂量范围（~200MWd/At），有助于导电的自由电子，就会极度减少，当达到此点时，空穴浓度的增加，和散射中心间的平均自由程的减少便会相互抵消，保持在一定水平

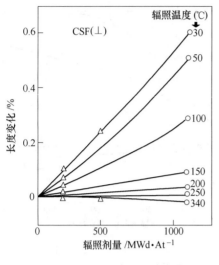

图 3-44　辐照温度和尺寸变化

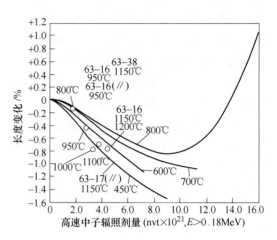

图 3-45　辐照温度、辐照剂量和尺寸变化，
CSF（⊥）（MeV—百万电子伏）

上，当以室温以上的温度辐照时，电阻的变化比率如图 3-47 所示。

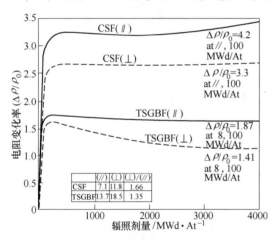

图 3-46　比电阻因中子辐照不同而变化的比率

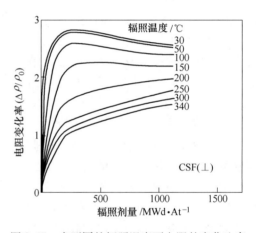

图 3-47　在不同的辐照温度下电阻的变化比率

3.5.2.4　核石墨辐射后的热导率

石墨受到辐照时，晶格的缺陷成为声子散射中心，石墨热导率显著下降。作为减速材料，热导率降低，也不一定不好，在反应堆工艺学上，在设计时为了满足反应堆的热传递随时间而变化的情况，要对石墨进行预先辐照，以求改变其热导率。经过 30℃ 左右辐照，石墨热阻（热导率的倒数）的变化比率，在室温下测定的结果示于图 3-48。在辐照初期，热阻急剧增加，超过某一极限值，就会出现饱和倾向。进一步继续辐照，所有石墨都接近于同一热导率值（$2.088 \sim 2.923 W/(m \cdot K)$）。如果辐照温度上升，热阻增加的比率便会下降（见图 3-49）。

3.5.2.5　核石墨辐射后的机械性质

反应堆用石墨除充做减速材料之外，还可用来支持核燃料堆芯，又可作为形成冷却剂通路的结构材料。除特殊情况之外，石墨堆芯不可能更换新的，所以为了延续反应堆的寿

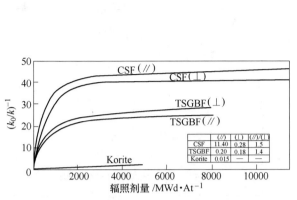

图 3-48　热阻随辐照剂量而变化的比率

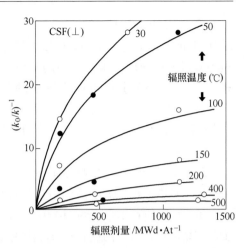

图 3-49　热阻随辐照温度而变化的比率

命，就要求堆芯部具有机械完善性。

杨氏模量在室温下受到 100~200MWd/At 剂量的辐照时，会出现比未辐照时的模数急剧增加 1~2 倍，然后稍有下降。当辐照剂量超过 600MWd/At（兆瓦·天/检吨）时，至少可以达到未受辐照时的 2 倍值（见图 3-50）。当辐照温度上升时，杨氏模量的变化减少，在 350℃时，以 $4 \times 10^{20} n/cm^2$ 的剂量辐照，比未辐照时的模数仅大 0.4 倍。刚性模量的变化也和杨氏模量相同，增加的比率与石墨材料制造时的最高处理温度有关（见图 3-51）。

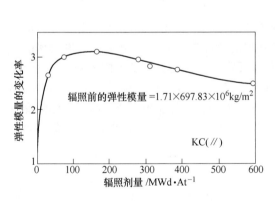

图 3-50　石墨的杨氏模量因辐照而变化的比例

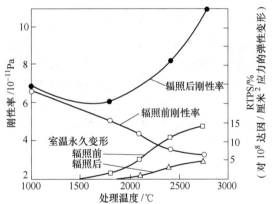

图 3-51　最高热处理温度对辐照前后的刚性
模量和室温永久变形（RTPS）的影响
（$7.3 \times 10^{19} n/cm^2$，60℃）

中子辐照对石墨机械强度的影响如图 3-52 所示。从图中可见，抗压强度的变化比率和弹性模量的情况是一样的，弹性破坏时的变形量，经过辐照几乎没有变化。抗弯强度在辐照剂量为 100MWd/At 的点上，出现一个尖峰。在此点上的强度值可达初期强度的 3.6 倍。如果继续辐照，强度便开始下降，其饱和值大约为初期强度的 2 倍。

石墨经过辐照后，在晶体中发生变形，结果使硬度增大、变脆，从而造成机械加工困难。用硬质合金钻头穿孔法，根据穿孔深度所测得的加工性的大小，其结果示于图 3-53。

经过大约 150MWd/At 的辐照，加工性降低到 1/10，这时的加工性与经 1400℃ 以下热处理但未经辐照的炭制品相同。可是，经过 1400℃ 的热处理的炭，并不会成为无定形炭，这说明，单是辐照，还不能认为是石墨化的逆过程。

3.5.2.6　核石墨辐射后的储能

一个具有大约 200 万电子伏能量的高速中子，可以使石墨中大约 21000 个碳原子从其晶格点移位，因此在石墨晶体中，会形成许多空晶格点和层间侵入原子。这些空晶格点和侵入原子，由于再结合等原因，消灭掉一部分之外，都是石墨晶体的缺陷，使石墨晶体产生变形。进行中子辐照时，在石墨中，由于此种变形可积蓄能量，因而使石墨的含热量增加。这种增加的热含量称为"储能"（storecl energy）或"韦格纳能"（Wigner energy）。

如果把辐照过的石墨加热到辐照时的温度以上，那么储存能的一部分就会

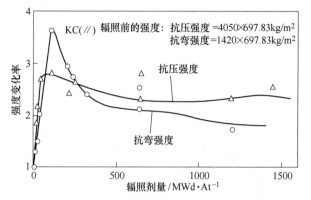

图 3-52　辐照对石墨强度的影响

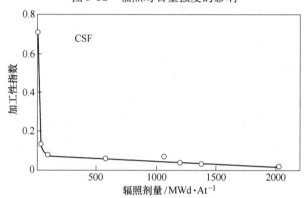

图 3-53　由于中子辐射造成的加工性的变化

变成热而被释放出去。这是由于温度升高，原子的热振趋于激化，石墨晶体变形有所减少的结果。这是以被辐照过的石墨与未被辐照的石墨的燃烧热之差求算出来的。辐照剂量与储能的关系，以及在辐照之后在 1000℃ 下退火时所残留的储能如图 3-54 所示。图中的虚线系以两者之差来表示退火所释放的能量。在图中，退火温度 T 取为横轴，把以 10℃/min 的升温速率，每经 1℃ 所释放的储能（$\mathrm{d}S/\mathrm{d}T$）作为纵轴，这样做出的曲线叫做"储能释放曲线"（Wigner energy release spectra），图 3-55 展示了在 30℃ 下，以 400MWd/At 剂量辐照过

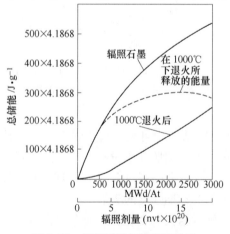

图 3-54　辐照剂量与储能的关系

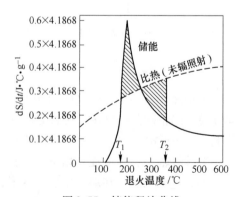

图 3-55　储能释放曲线

的石墨的储能释放曲线。若将被辐照
过的石墨加热到 T_1 的温度，便开始释
放储能，所释放的储能相当于从未辐
照石墨的比热线之上画有斜线的那部
分面积。储能的释放导致温度的上
升，在断热条件下，温度 T_1 恰好升到
T_2，使比热线上斜线部分的面积等于
其右侧到 T_2 温度为止的斜线部分的面
积。根据这一原理，在运转中的反应
堆减速材料，很可能会出现很大的温

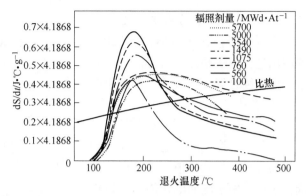

图 3-56　辐照剂量和储能释放曲线

度上升现象。在 30℃ 附近，受过各种不同辐照的石墨，其储能释放曲线如图3-56所示。从
此图可以看出，200℃ 附近出现大量的能量释放，是由于石墨层间所形成的 C_2 分子集合体
的分解所造成。此外，在 200℃ 左右的能量释放，在辐照剂量小的范围内，是随辐照剂量
的增大而增大的，辐照剂量大到某一定值时，释放能量达到最大值，超过此限度，释放能
量反而变小。辐照温度高于室温时，随着辐照温度的增高，储能逐渐减少，而且能量释放
曲线变低。

3.5.2.7　石墨辐射后的氧化性

大家都知道，处于放射线辐照气氛中的石墨
和氧化性气体的化学反应速度大于通常的氧化反
应速度。因石墨的辐照效应的不同而引起的反应
性的变化和气体反应性的变化，在这里都略加论
述。对于前者，一般认为，由于有晶格缺陷，在
晶体层面上出现微小的空穴，造成比表面的增大。
因此，氧化从空穴周围开始进行。对于后者，则
认为 CO_2、O_2 等被活化，所以对 CO_2 气体来说，其
氧化石墨的反应速度与辐照剂量和被辐照气体的
总量成比例，在 500℃ 以下，与温度无关；辐照的
气氛如果是空气，采用 4×10^{20} nvt 的中子辐照，在
250～450℃ 下，则石墨的氧化速度为未辐照石墨的
6 倍。图 3-57 展示了石墨在各种条件下的氧化速
度与温度的关系。

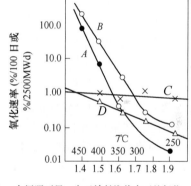

A(●)—未辐照石墨，在无放射线状态下的氧化，
$E=48.8 \times 4.186$ kJ/mol；
B(○)—受损伤的石墨，在无放射线状态
$E=36.1 \times 4.186$ kJ/mol；
C(×)—在反应堆内的放射线下的氧化，快中子束
$E=1.6 \times 4.186$ kJ/mol；
D(△)—在反应堆内的放射线下的氧化，慢中子束
$E=9.0 \times 4.186$ kJ/mol

图 3-57　石墨在各种条件下的氧化速度
与温度的关系

3.5.3　退火后辐照损伤的平复

对于石墨减速型反应堆，从延长反应堆寿命和安全运转等观点，像阐明辐射损伤的本
质一样去研究退火现象是很重要的。

在 400℃ 以下退火时，移位的原子约有 80% 都要回到空晶格点上，残余的原子则成
为侵入原子群。在 400～1000℃ 的退火温度下，这类侵入原子群，有的构成晶粒间的缺
陷，有的逸出石墨表面之外，这样一来，石墨的各种受到损伤的特性都逐渐恢复到原来
状态。

3.5.3.1　石墨的辐照退火

经过辐照损伤的石墨，以 250℃ 的高温进行中子辐照，所得的退火效果要比单纯升温大得多，这种现象叫做辐照退火（Radiation Annealing）。这表明，石墨晶体中侵入的碳原子群，只依靠温度上升，还不易恢复到正规的位置。虽然一般认为，侵入的碳原子群在中子辐照的作用下可以被分散开，但辐照退火这一现象在理论上的解释还不明确。图 3-58 举出一个实例来表明辐照退火对辐照石墨尺寸变化的影响。

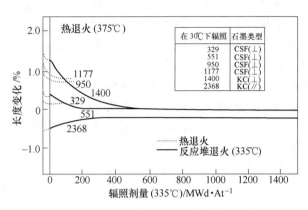

图 3-58　辐照退火对尺寸变化的影响

3.5.3.2　退火后的石墨的层间距离

由于辐照而发生变化的石墨晶体层间距离，经过退火又恢复到原来状态，如图 3-59 所示。为了使条件不同的实验结果进行比较，图中按表观活化能 $E_o = RT\ln(Bt)$、$B = 7.5 \times 10^{13}\,\text{s}^{-1}$、$t$ 为时间，展示出层间距离的变化。当 E_o 在 $100 \times 4.1868\text{kJ/g}$ 原子以下时，层间距离的恢复几乎按直线规律进行。受到很大辐照剂量的石墨，如果不以非常高的活化能进行退火，要恢复层间距离则是很困难的。

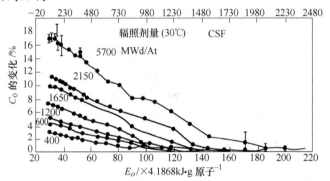

图 3-59　经过辐照的石墨在退火后层间距离的变化

3.5.3.3　退火后石墨的尺寸变化

辐照产生的石墨膨胀，必须在高温下才能通过退火使其恢复到原来状态（见图3-60）。长度和层间距离的退火状态是类似的，层间距离变化的百分比约为长度变化百分比的 6 倍。这是因为在层间隔收缩时，残留有晶体间的空穴和无定形炭的缘故。在室温下辐照出现的平行于挤压方向上的尺寸变化（收缩）经过退火可以消除。在室温下，以 4200MWd/At 辐照过的石墨，其收缩的大部分，要以 1000℃ 加热才能消除。

3.5.3.4　退火后石墨的电阻

辐照石墨经过 1h 退火，其电阻的变化示于图 3-61。以低剂量辐照的石墨，在 400℃ 下，即可使大部分退火终了，以后的变化是微小的，辐照剂量多的石墨，退火过程可持续到 1000℃。图中除最高辐照剂量的石墨之外，在 1000～1300℃ 之间，出现 ρ/ρ_o 的增加。这是由于侵入原子从"侵入原子-空晶格点对"游离开来，扩散了很大的距离，在残留的空晶格点群中，相邻的空晶格点之间的互相作用有所减少，俘获能级的能量上升，被俘获的电子数减少，因而缺陷的散射截面增加。在此点以后的恢复过程取决于空晶格点的移动。

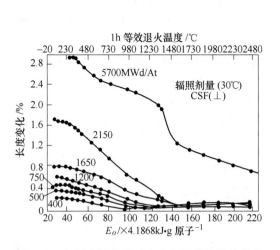

图 3-60　辐照石墨的尺寸变化与退火效果的关系

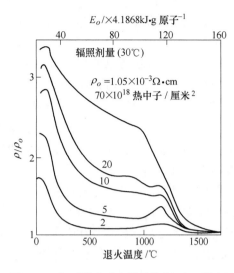

图 3-61　经过退火后电阻的恢复（1h 退火）

3.5.3.5　退火后石墨的热导率

未辐照时的热导率用 κ_0 表示，退火后的热导率用 κ 表示，辐照石墨的热导率因退火温度的不同而变化的情况如图 3-62 所示。热阻也和电阻一样，在 1000℃ 时不增大。这是因为在多晶石墨里，基于电子运动所引起的热导几乎是观察不出来的。

3.5.3.6　退火后石墨的机械性质

图 3-63 所展示的是经过一系列等温退火之后杨氏模量的变化（未退火部分的变化）。杨氏模量的数据是在退火时间由数小时到一个月，退火温度由 100℃ 到 303℃ 各种不同条件下得出的，时间和温度用 E_o 加以统一，都表示为 E_o 的函数可连成一条单一的曲线。等温退火部分，大致成直线，各条直线彼此首尾互相重合。图中的黑圆点表示在稍高的温度下，经过 1h 的退火所得出的另一种形式的实验值。这种实验值，在活化能高的情况下，

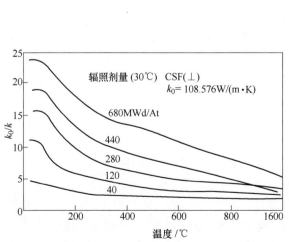

图 3-62　热阻因退火温度而变化的曲线

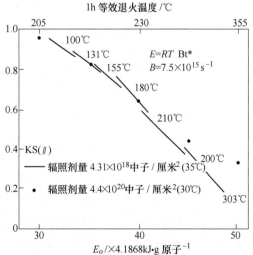

图 3-63　退火效应和杨氏模量的关系

（＊为英热单位，1Bt＝252cal）

与等温退火的结果不一致，这是由于 1h 的退火，在高活化能的情况下，辐照剂量太高所引起的。

3.5.3.7　石墨的辐照-退火循环

已经证实，在 30~300℃ 范围内，以某一温度下对石墨辐照之后，再以比此高一些的温度 T_2 将其退火，要比在温度 T_2 下同时辐照的石墨的损伤程度大一些。此外，短期间辐照产生的单纯损伤中心，比在低辐照温度下连续辐照损伤得以积累的场合更容易退火。甚至对复杂的损伤中心，如果在非常高的温度下进行辐照退火，其中也有一部分可以被除掉。

从此类事实可以看出，依靠"辐照-退火"的适当循环条件，完全能够有效地平复操作。此方法有：（1）以 30℃ 连续辐照之后，再以 500℃ 进行 20h 的退火；（2）在 30℃ 作短时间辐照，然后以 500℃ 进行 5h 退火；（3）在 150℃ 下连续进行辐照等。将辐照过的石墨置于上述条件下，其尺寸变化如图 3-64 所示。实际上也有这样的例子，为了不致造成过重的损伤，既要考虑防止石墨的氧化，又要考虑保全燃料元件不变，最好是以

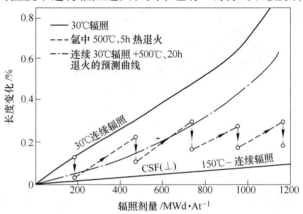

图 3-64　"辐照-退火"循环与尺寸变化的关系 KC（⊥）

350℃ 进行退火，温度上升时，冷却气体的量要减少，相反，却要增加反应堆的输出功率。如能这样做，采取辐照退火，恢复效率也会更好。如果使整个反应堆都以 200℃ 以上的温度运转，在中子通量达 3.4×10^{20} 中子/厘米^2 之前，使用此方法，就可以不考虑膨胀的问题。

3.6　原子反应堆用石墨制品的应用机理

由于石墨具有良好的减速性能（使快中子减速）和反射性能（热中子吸收截面小），以及在高温下机械强度高、热稳定性好（导热系数大、线膨胀系数小）、机械加工性能好、价格便宜等特点，所以很早就被人们用于原子反应堆作为减速材料和反射材料等。第一个原子反应堆 CP1 就开始使用石墨，该堆 1942 年建于芝加哥大学的斯特格广场，自 1942 年以来，石墨制造厂家已经为原子反应堆提供了几十万吨的高纯石墨。

3.6.1　石墨减速和反射材料的特性

石墨减速层的作用是使^{235}U 之类的核裂变物质在核裂变时产生的快中子（其速度约为 $3 \times 10^7 m/s$，其能量平均约为 2~200 万电子伏量级，这样的中子不易为核燃料所俘获，因此核裂变不能进行下去）与碳原子核作弹性碰撞，在连续的碰撞中，快中子失去大部分能量，速度大大减慢，直至速度降约 2200m/s、能量降为约 0.025eV 时，就成为慢中子（也叫热中子），用这样的中子去轰击其他^{235}U 的原子核，才能使它产生核裂变，释放出大量热能和辐射能，又产生新的快中子，经过石墨减速作用，又把快中子变成慢中子，去轰击其他^{235}U，依此循环，使核裂变继续下去。

　　减速层和快中子每碰撞一次，都必须使中子损失较多的能量，这样才能缩小反应堆的体积。根据物理学原理可知，两物体相碰撞时，以两物体质量相等时能量损失最大。由于中子质量比一切原子都小，故原子序数越小的物质对中子的减速越有效，在周期表开头的几个元素中，氢为气体，密度小，原子很分散，不宜作减速剂；锂、硼、氮则有很强的吸收中子的能力，也不宜作减速剂。故常用重氢、铍、碳和氢氧组成的固体或液体，如重水、水、氧化铍、石墨或其他碳氢化合物、氢化物。其中，石墨减速层因提纯较易，吸收中子少，资源丰富，价格便宜，而且又有良好的物理力学性能（高温下机械强度高、导热性能和耐温性能好等），故较广泛地用作减速材料。

　　反射层的作用是把逃逸到减速层外的中子反射回去，防止它们的散失，以提高反应堆的效率。反射层应具有良好的散射性质，吸收中子要少。常用的反射材料也是水、重水、氧化铍、石墨等。

　　各种减速材料的核特性见表3-21。作为核反应堆减速剂的材料，应首先具备中子俘获截面小和减速比大两种重要性能。现分别说明如下。

表 3-21　各种减速材料的核特性

材料	原子量 A	假密度 D/g·cm^{-3}	原子密度 N×10^{-24}原子·cm^{-3}	散射截面 σ$_s$/kPa	吸收截面 σ$_a$/kPa	Σ$_α$/cm^{-1}	ξ	减速能 Nξσ$_s$	减速比 (σ$_s$/σ$_s$)ξ	扩散距离 L/cm	age τ/cm^{-2}	C/次
铍①(Be)	9.102	1.85	0.124	6.1×100	0.009×100	0.0011	0.206	0.16	145	24	98	88
石墨①(C)	12.01	1.67	0.0837	4.7×100	0.0036×100	0.00031	0.158	0.0625	201	48	100	114
钠②(Na)	22.99	0.97	0.0254	3.0×100	0.49×100	0.012	0.83	0.063	0.53			
镁②	24.31	1.74	0.043	3.4×100	0.059×100	0.0025	0.073	0.011	4.4			
铝②(Al)	26.98	2.70	0.060	1.34×100	0.215×100	0.013	0.071	0.0058	0.45			104
氧化铍①(BeO)	25.0	2.80	0.067	9.9×100	0.009×100	0.00060	0.173	0.11	183			
碳化铍①(BeC)	30.0	2.4	0.048	16.9×100	0.023×100	0.0011	0.193	0.16	145	288		94
水①(H$_2$O)	18.0	1.00	0.033	44.4×100	0.66×100	0.0022	0.925	1.36	62	171（纯的）	33	20
重水①(D$_2$O)	20.0	1.10	0.033	10.5×100	0.0011×100	36×16^{-6}	0.504	0.18	5000	100(99.77%)	120	86

　　①为良好的减速材料；②为减速能低。

3.6.1.1　中子俘获截面

　　"截面"在核物理学中的定义是在规定条件下发生某种核反应几率的一种度量，以符号 σ 表示。

假定在一定时间内，一束每平方厘米中有 i 个中子的中子束垂直地射到每平方厘米中含 N_α 个原子的原子层的靶上，则在此时间内每平方厘米上发生核反应（中子俘获）的数目 C 应视该材料的俘获截面而定。即：

$$\frac{N_\alpha i}{cm^2}\sigma = C \tag{3-24}$$

式中，σ 为一种特定的系数。

假定 N_α 和 i 恒量，则在一定时间内每平方厘米靶物质上发生核反应（中子被俘获失去其动能）的数目 C 与此物质的特定系数 σ 的大小成比例。σ 即为某核反应的截面。上式表示 N_α 个核的情况，如果是一个核，则式（3-24）变为：

$$\sigma \equiv \frac{C}{N_\alpha i} \tag{3-25}$$

数值 σ（cm^2）是每一个核发生反应的有效面积。达 $10^{-22} \sim 10^{-26}$ 的数量级，习惯上取其平均值 $10^{-24} cm^2$ 作为单位，称为巴恩，简称巴。

一个碳原子的俘获截面 $\sigma_\alpha = 0.0037$，就是说，平均每个碳原子吸收中子的数量为 0.0037 个，即碳原子俘获中子的几率为 3.7‰（3700Pa）。

一种物质原子核俘获中子的几率越大，中子的利用率就越低，不利于核裂变。

表3-21 中所列全吸收系数 $\sum_\alpha$ 是指 $1cm^3$ 碳原子（而不是 $1cm^2$ 的单层原子核）对中子的俘获总截面。设石墨的假密度为 $1.67g/cm^3$，则 $1cm^3$ 中的碳原子数为：

$$N = \frac{1.67g}{(12.011 \times 1.65963 \times 10^{-24})g} = 8.383 \times 10^{22}（个）（注：原文为10^{-22}） \tag{3-26}$$

N 个碳原子的总截面：

$$\sum = \frac{N\sigma_s}{cm^3} = \frac{(8.383 \times 10^{22}) \times (0.0037 \times 10^{-24}cm^2)}{cm^3} = 0.00031cm^{-1} \tag{3-27}$$

表3-21 所列一个碳原子的散射截面 σ_s 的定义是：原子核被射入一个中子放出的还是中子，这就是弹性散射。散射截面表示一物质的原子核散射中子的几率，其意义和俘获截面相反，这时，C 是被射出去的中子数。

$$\sigma_s \equiv \frac{C}{N_\alpha I} cm^2 \tag{3-28}$$

一个碳原子的散射截面 $\sigma_\alpha = 4.7$，即平均每个碳原子散射中子的几率以截面表示为 4.7 巴恩。它比吸收截面大许多倍，俘获及散射截面的数值都由实际测定。

由全吸收系数 $\sum_\alpha$ 的定义可知，一个中子在大块石墨被吸收前平均走行距离 λ 与 $\sum_\alpha$ 成反比，即：

$$\lambda = \frac{1}{\sum_\alpha} = \frac{1}{0.00031^*}cm = 3200cm = 32m（*原文为0.0031） \tag{3-29}$$

3.6.1.2　减速比

快中子与某种物质的原子核碰撞后，就失去一部分能量，损失能量的多少由中子质量（≈ 1）和被碰撞的原子质量的关系求得。中子碰撞原子核时，能量损失的对数平均值由下列近似式求得：

$$\xi \approx \frac{2}{A + 2/3} \tag{3-30}$$

式中，A 为元素的相对原子质量。

将碳的原子量代入式（3-30）中可得：

$$\xi \approx 0.158$$

即快中子每一次和碳原子核碰撞时失去能量的对数平均值为 15.8%。快中子每一次碰撞后失去的能量越多，就越容易慢下来。据此，在 $1cm^3$ 的物质中全部核的减速能力为：

$$\tau = N\sigma_s\xi \tag{3-31}$$

将表 3-21 所列的假密度为 $1.67g/cm^3$ 的石墨的诸参数代入上式得：

$$\tau = (8.383 \times 10^{22}) \times (4.7 \times 10^{-24}) \times 0.158 = 0.0625cm^{-1}$$

即快中子在这种石墨中每行走 1cm 的距离，平均损失总能量的 6.25%。但是，中子俘获截面也应尽量小，否则，减速能力虽大也没有用处。这就要求石墨应具有很高的纯度，特别是不应含有过多的俘获截面大的物质。为此，要把减速剂的俘获截面也考虑进去，用减速能力与俘获截面 σ_α 的比值 $\frac{\sigma_s}{\sigma_\alpha}\xi$ 来表示，称为减速比。将某种石墨的参数代入，它的减速比

$$n = \frac{4.7 \times 10^{-24}}{0.0037^* \times 10^{-24}} \times 0.158 = 202 \ (*:\text{原文为} 0.037) \tag{3-32}$$

这就是这种石墨的减速比。它仅次于重水（$n = 5000$），而纯水的减速比 $n = 62$。然而，重水的减速比虽大，但它的天然存在却很少，在海水中重水最多，也只有 0.0139%~0.0158%，要取得足够的重水，的确很困难。

对于民用堆，重水太贵了。价格高昂、制得不易，抵消了重水堆比石墨堆体积小、燃料消耗少的优点。铍（Be）的原子量比较小（9.102），因此它的散射能力比石墨要好些，但价格也较贵。

要求作减速材料用的石墨必须具有密度高、结构强度大、没有裂缝和具有良好的导热性和热稳定性。天然铀堆最重要的标准是纯度，尤其是石墨中不允许含有俘获截面大的杂质。石墨中各种杂质的核特性见表 3-22，众所周知，经过高温（2600~2800℃）石墨化处理后的人造石墨材料，其中大部分杂质都已挥发，但还存在微量杂质。表 3-22 所示为普通人造石墨中所含杂质的核特性。对用于核反应堆的人造石墨材料，必须尽可能设法将这些杂质去掉，特别是硼和镉。由于硼的热中子吸收截面大［硼的中子俘获面积为（75000±1000）kPa］，因此主要是限制它的含量，国外几种反应堆石墨的含硼量控制在 0.2~0.9μg/g 范围内，国产石墨的含硼量控制在 0.5μg/g 以下。另外，百万分之几的钒、铁和其他杂质也会增加中子的俘获截面。为了去掉人造石墨中的杂质，通常采用两种方法：一是提高石墨化温度，延长石墨化时间。将石墨化温度提高到约 3000℃，并保持 15~50h，灰分可降到 0.07% 以下，硼（B）的含量可降到 0.5μg/g。低沸点的杂质如 Si、Ca、Al、Mg 等都已挥发，较麻烦的是难熔金属，它们形成高熔点的碳化物，如碳化硼（B_4C），其熔点为 2350℃，但一直到 3500℃ 还不沸腾，并在石墨结构中形成稳定的置换式固溶体。

钒的中子俘获截面为500kPa，形成的碳化物直到2800℃还不溶化。为了去掉这些极为有害的杂质，目前世界各国广泛采用卤素气体净化法（即第二种方法），进行气体净化处理是在石墨化过程中进行的。在950～1950℃范围内往石墨化炉中通以四氯化碳和氯（CCl_4和Cl_2），在1950～2500℃用二氯二氟甲烷替换四氯化碳来处理不纯石墨（4h以上），将石墨中的不纯物，特别是上面提到的几种危害较大的B_4C和VC等变成挥发性的氯化物和氟化物除去。

表3-22　石墨中各种杂质的核特性

元素	原子序数	相对原子质量	密度/g·cm⁻³	热中子截面			
				σ_s	σ_α	ξ	σ_f [1]
B	5	10.28	2.34	4 ± 1	750 ± 10	0.1756	
C	6	12.010	1.67	4.7 ± 0.2	0.0036	0.1589	
Na	11	22.997	0.971	4.0 ± 0.5	0.49 ± 0.02	0.0852	
Mg	12	24.32	1.74	3.6 ± 0.4	0.059 ± 0.004	0.0807	
Al	13	26.97	2.699	1.4 ± 0.1	0.215 ± 0.008	0.0730	
Si	14	28.06	2.42	1.7 ± 0.3	0.13 ± 0.03	0.0702	
Ca	20	40.08	1.55	9 ± 2	0.43 ± 0.02	0.0495	
Ti	22	47.90	4.5	6 ± 2	5.6 ± 0.4	0.041	
V	23	50.95	5.96	5 ± 1	4.7 ± 0.2	0.0385	
Mn	25	54.93	7.2	2.3 ± 0.3	12.6 ± 0.6	0.036	
Fe	26	55.85	7.85	11 ± 1	2.43 ± 0.08	0.035	
Ni	28	58.69	8.90	17.5 ± 1.0	4.5 ± 0.2	0.034	
Cu	29	63.54	9.93	7.2 ± 0.7	3.59 ± 0.12	0.031	
Zn（参考）	30	65.38	7.14	6.3 ± 0.4	1.06 ± 0.05	0.030	
Cd	48	112.41	8.65	7 ± 1	2400 ± 200		
Sm	62	150.43			6500 ± 1000		
Eu	63	152.0	7.7		4500 ± 500		
Gd	64	156.9			44000 ± 2000		
U（天然）	92	238.07	18.69	8.2	7.42		3.92
^{235}U					650		549
^{238}U					2.80		0
^{235}Pu	94	239			1026		646

①原子核分裂的断面积。

为了减少核石墨中的杂质，除了必须采用上述提纯方法外，还必须对原材料的纯度严加控制，而且要防止在生产各程序中混入外来杂质。

反应堆用石墨除应具有上述性能外，还应具有良好的传热性能。因为石墨减速材料在降低中子速度的同时，还要把核燃料所产生的热量传给在它里面的液体或气体冷却剂，通过冷却剂把热量传到堆外面的热交换器里，把在热交换器中流动的水变成高温高压水蒸气来带动发电机、核潜艇、核航母、轮船等。

用于核反应堆的石墨，还有一个不容忽视的问题是它的各向异性（各向异性石墨受辐射后，在平行和垂直方向的收缩和膨胀都很大，而各向同性石墨的变化则较小）。反应堆设计者希望应用各向异性小的石墨，最好能用各向同性石墨。近年来这一愿望已经实现，好多国家的碳制品公司已能为核反应堆提供各向同性石墨。

现将西德、法国、英国、美国部分原子反应堆用石墨材料的性能介绍如下（见表3-23）。

表 3-23 高温气冷反应堆用石墨材料的性能

国名	牌号	成型方法	假密度 /g·cm^{-3}	抗张强度 /MPa	线膨胀系数×10^{-6}cm^{-1} // （RT-500℃）⊥		导热系数 /W·(m·K)$^{-1}$
西德	A2-500	挤压	1.75	14	3.5	4.5	0.33×417.6
法国	P$_3$JHAN	挤压	1.72	15	3.00	4.25	0.26×417.6
法国	P$_2$JHA2N	挤压	1.78	15.9	2.90	4.10	0.30×417.6
英国	SMI-24	挤压	1.80	19	4.25	3.85	0.37×417.6
英国	VNMC	挤压	1.80	17	4.60	4.20	—
美国	H-451	挤压	1.76	13	3.45	4.45	0.31×417.6
美国	TS-1240	挤压	1.77	15.5	3.30	3.80	0.24×417.6
美国	H-327	挤压	1.77	12	1.20	3.05	0.36×417.6

3.6.2 辐射对石墨性能的影响

辐照会引起石墨力学性能和物理性能的变化，因此，在反应堆的初始设计中，必须在结构方面充分估计到反应堆运行后期石墨结构变化的情况。主要应考虑在辐照下潜能释放、导热性能下降以及对尺寸变化的影响。原子核反应堆中的石墨砌体在中子辐射作用下，其各种性质将发生显著变化（见图3-65），这是辐射破坏的结果。石墨砌体受辐照后各种性能的变化程度视石墨的质量和辐射剂量而定。

3.6.2.1 热阻和电阻的变化

在不同温度下，中子辐射对石墨材料的电阻和热阻的影响如图3-66和图3-67所示。

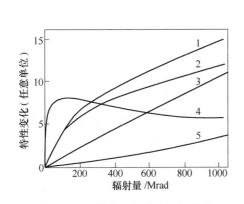

图 3-65 辐射量和各种特性的关系
1—贮能；2—热阻；3—格子常数；4—弹性模量；5—容积

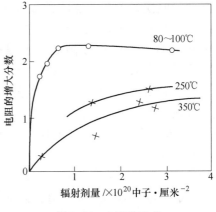

图 3-66 电阻的改变

在辐射初期，这两种性质的变化方式相似。经过长期辐射后，电阻达到一个稳定值，而热阻则继续增大。测量辐射对石墨霍尔常数的影响表明，辐射使碳原子 π 带中的荷电子 + |e| 的数目（即空穴的数目）增加，由于这些新的空穴对电子的捕集效应而增大的导电

率抵偿了电阻的继续增大。π带中荷电子的增加是石墨晶体点阵中碳原子受中子轰击而易位的结果。

3.6.2.2　石墨潜能的变化

石墨经辐射在其内部储存潜在能量。其量值可以从石墨的燃烧热比较出来，图3-68表示在不同温度辐射下石墨的潜能变化曲线，它们和热阻变化曲线极为相似。

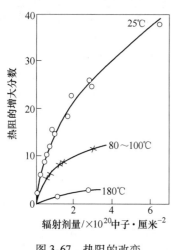

图 3-67　热阻的改变

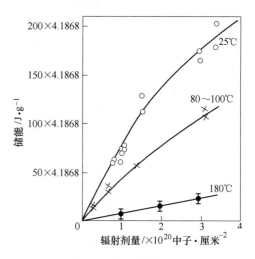

图 3-68　石墨潜能的变化

这个潜能在石墨被加热到500℃以上时，可以释放出来。当辐照积分通量到10^{20}中子/厘米^{2}时，潜能可达600×4.1868J/g，这个能量释放出来是巨大的。如果这些能量突然释放出来，将会烧坏反应堆构件。可以用热处理或保持石墨工作温度不超过500℃的方法来减少甚至避免这种辐照破坏效应。

3.6.2.3　晶体点阵常数的变化

中子辐照使石墨晶体点阵常数C_o随着辐射积分剂量的增加而增大，而α_o则缩小，即发生点阵的畸变。而在较高的辐射温度下，这种畸变并不那么显著。图3-69为不同温度下石墨点阵常数C_o的变化。由于点阵常数的变化，在宏观上表现为在低温情况下（300℃以下），一般垂直于挤压方向的尺寸增加，平行于挤压方向的尺寸减小。

挤压石墨（密度在 1.6 ~ 1.7* g/cm^3）（*：实为1.80 ~1.85g/cm^3）在高温（300 ~

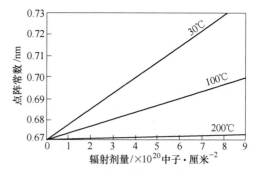

图 3-69　不同温度下点阵常数C_o的变化

1200℃）高通量下辐照时，在垂直方向上先是缓慢增大，然后收缩，通过转折点后便急剧增大；在平行方向上先是收缩，通过转折点后便长大。通常平行方向上的转折点比垂直方向上的转折点靠后些，有时辐照实验通量还达不到垂直方向的转折点。

总结辐照引起五十余种石墨尺寸变化的规律，发现石墨在辐照下尺寸稳定性大致可分为两个温度带：400 ~825℃及850 ~1275℃。在每一温度带中，数据比较接近，这对石墨辐照性能分析与选择石墨提供了有利的依据。

实验表明，石墨的石墨化程度越高、结晶越完善、各向同性越好，则转折点越靠后，所以要求反应堆中选用性能良好的石墨。

3.6.2.4　线膨胀系数的变化

不同温度辐射下的石墨线膨胀系数的变化见图 3-70。由图 3-70 可见，石墨的线膨胀系数随辐射剂量的增加而增大。但在低于 2×10^{20} 中子/厘米^2 的剂量下，其增大并不明显，超过这一数值，增加的趋势急剧变大。这一剂量对石墨的其他性质则有显著影响。

3.6.2.5　力学性能的变化

即使辐射剂量不大也能影响到石墨的力学性能。图 3-71 所示为在不同温度下辐射时，石墨弹性模量的变化。

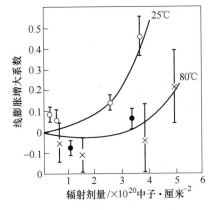

图 3-70　不同温度时线膨胀系数的变化

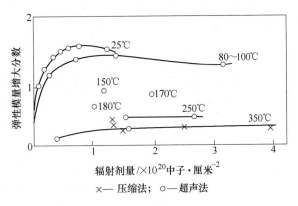

×—压缩法；○—超声法

图 3-71　不同温度时弹性模量的变化

与弹性模量增大的同时，石墨的机械强度也相应增大，变硬变脆。塑性变形率大为降低。这种现象同微晶石墨或菱面体石墨类似。

3.6.2.6　辐照对石墨氧化速率的影响

试验研究表明，辐照过的石墨，在强 γ 射线下的氧化反应速率比没有 γ 射线时要大好几倍。与未被辐照的石墨相比，无论在有无 γ 射线的情况下，其氧化速率都大好几倍，如图 3-72 所示。

有的学者认为辐照过的单晶石墨氧化速率超过未辐照过的石墨单晶是由于点阵缺陷引起的，即辐射产生了空位，成为易受氧浸蚀的活动场地，而这种场地在辐照前是连续的碳层结构。

总之，在中子辐射下，石墨发生两种类型的组织破坏。第一种类型的破坏引起电阻、弹性模量、硬度的变化，但很快达到稳定状态。这类破坏可在 500 ~

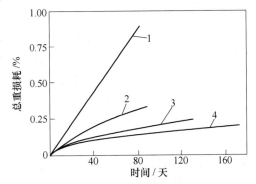

图 3-72　石墨在辐照前后氧化速率的变化

1—辐照过的样品，在强 γ 射线下的氧化反应速率（A200000γ/时）；2—辐照过的样品，在没有任何射线情况下氧化反应速率；3—没有辐照过的样品，在强 γ 射线下的氧化反应速率（A610000γ/时）；4—没有辐照过的样品，在没有任何射线情况下的氧化反应速率

600℃的温度下退火而消失。第二种类型破坏的特征是 C 轴方向上的尺寸增大（膨胀）、导电性能和导热性能继续下降，随着辐射剂量的增加而缓慢的下降。这种类型的破坏程度较深、较稳定。只有在 2000℃ 以上，也即在使石墨晶体重新排列所需要的石墨化温度下才能消除，有些研究者认为这种破坏与晶体的细化有关。

3.6.3　石墨辐照破坏的本质

受辐照破坏引起的石墨性质的改变可以用高温退火来消除，即石墨的辐射破坏向石墨化的逆向进行。

石墨中的辐照损伤即辐照对石墨各种性质的影响，是由于点阵缺陷、间隙原子和空点阵的增加。而这些现象的产生则是石墨点阵受中子轰击时原子位移的结果。这是石墨辐照破坏的本质（参见前面 3.5.1 节）。

3.6.4　原子反应堆中其他用途的石墨

3.6.4.1　硼化石墨

前已述及，纯石墨基本上不吸收中子（俘获截面仅为 3.7Pa），只能降低中子的速度，所以常用石墨作减速材料和反射材料。但在核反应堆的设计和运行过程中，往往需要对中子的发射加以控制和提供必要的屏蔽作用，常采用含硼的石墨。为使石墨能吸收中子，就要往纯石墨里加碳化硼，含量可为 30% ~ 60%。硼化石墨比碳化硼经济，但其吸收中子的能力比碳化硼低，所以使用体积比碳化硼大得多。例如，吸收 100 个中子，只需一小块碳化硼，但为了经济，用户宁可使用一大块硼化石墨，空间较小时，就用碳化硼。当硼化石墨中的碳化硼含量达到 30% 以上时，很难进行机械加工，因此，成型时毛坯尺寸必须接近成品尺寸，再用金刚石研磨。硼化石墨可以做成球形、管形等形状。它主要用在高温反应堆里（例如美国 GUIFE 原子反应堆）作中子速度控制屏或控制棒。

3.6.4.2　空心石墨球

在钍增殖反应堆设计中，采用空心或带夹层空腔的石墨球作为核燃料元件的包壳。石墨球设计成一完整结构，球壳不开孔、无接缝，而采用加压的方法将液态燃料盐压入空腔内，元件在堆内达一定燃耗后再用离心法将熔盐排出以进行后处理。

目前国际上制造的空心石墨球，采用机械加工方法，这样就需要在球壳上钻孔，从而破坏了包壳结构的完整性。至于夹层空腔则几乎不可能用机械加工的方法来实现，目前有的国家采用易于挥发的材料作芯子，在成型压制时压合在石墨球坯内，在炭化处理的过程中挥发而形成空腔。从而可以制得内壁光洁、外壳完整的空心石墨球和夹层球。

3.6.4.3　石墨棒

用高密度、高纯度石墨制成，这种石墨棒几乎没有开口气孔率，闭口气孔率也只占体积的 5%，内部没有任何裂纹。用这种石墨芯棒代替金属棒，可以防止铀棒的变形，提高铀空芯圆柱的寿命。因为这种石墨具有良好的耐高温性能、热稳定性能和耐辐照性能，因而不会像金属棒那样经热胀冷缩后产生破坏。这种石墨棒要经过多次处理，主要目的是降低其气孔率（5% 以下），否则渗进铀是很危险的。

3.6.4.4　石墨毡

石墨毡用于原子反应堆作绝热材料，而且容易铺设。

3.6.4.5 石墨纤维复合材料——幕墙

众所周知，反应堆堆芯是原子能工程的心脏部分，主要由上万根铀棒组成。在反应过程中，由于铀棒在中子轰击下要产生很大的辐照变形，易膨胀脆裂，因此，需在铀棒外面套上结实的外套即幕墙。对这个外套材料要求强度高、弹性模量高、变形小、不怕辐照，还要具有很大的散射截面和很高的耐高温性能。普通的核石墨虽然对中子的吸收截面很小，反射中子的能力很强，而且耐高温，但因强度不够，还是经受不住铀棒的辐照而发生变形。用镍铬钢虽然能满足各种条件，但因不耐高温，所以用它作外套材料，反应堆的温度只能控制得很低。而用高弹性模量、高强度的石墨纤维和石墨做成的复合材料，它的强度比普通石墨高 100 多倍。用它作铀棒的外套材料，不仅可以防止铀棒的辐照变形，对中子的吸收截面小，反射中子能力强、而且在没有氧气存在的反应堆堆芯中，能够耐 3000℃以上的高温。石墨纤维和石墨作的复合材料也有质量轻的特点，它的质量要比石墨轻 30%，用它作铀棒的外套材料可显著地减少反应堆的质量，这对于核潜艇等应用尤为必要。

3.6.4.6 颗粒状核燃料用热解石墨包壳

高温气冷堆（HTGR），采用直径为 $100 \sim 800 \mu m$ 的核燃料小球，为了避免核燃料的裂变产物与冷却剂发生反应和防止冷却剂被裂变产物所污染，必须将核燃料小球的表面包上厚度约为 $30 \sim 100 \mu m$ 的密度不同的热解石墨层（两层或三层）。早期的反应堆，为了防止放射性的核裂变产物污染冷却剂，把核燃料物质装入金属管中，可是在高温气冷堆中，核燃料的温度最高近 1400℃，金属容器不能使用。所以高温气冷堆出现的初期采用高密度不透性石墨或玻璃炭作为气密性核燃料容器。1956 年以来，世界上一些国家采用如图 3-73所示的方案制造核燃料容器，获得较好的效果。当然因高温气冷堆不同，核燃料的直径和包壳层的厚度也不相同。

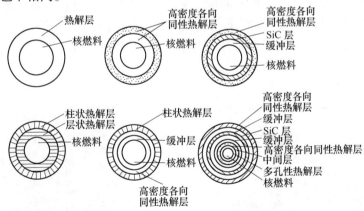

图 3-73 热解石墨包壳的形态和名称

包壳最里面一层（与核燃料接触的一层）作为缓冲层，为假密度在 $1.3 g/cm^3$ 以下的各向同性多孔质热解石墨。以此层来吸收裂变产物，避免高密度包壳层的破坏，缓冲核燃料的膨胀和高密度外包层由辐射而引起的收缩。高密度包壳层的作用是阻止核燃料产生的裂变产物跑出来，这一层的假密度为 $1.7 \sim 2.0 g/cm^3$。SiC 层的作用是阻止核裂变产物中的铯、钡、锶等特定的放射性物质扩散出来。还有的国家在高密度热解石墨的外层包上一层以树脂为黏结剂的石墨粉。

3.7　热核反应炉用石墨制品

3.7.1　在热核反应装置中利用的炭材料

有关等离子体的科学论证研究，将把达到自点火条件和长时间燃烧以及开发原型炉时，应将反应堆工学技术作为基础，开发作为研究的中型核装置的托卡马克型实验炉，对热核研究开发展开研究。从材料方面考虑，不纯物对等离子体的影响大致与原子序数的 3 倍成比例而使之变差。炭材料是原子序数低的材料，耐热性优良，加工性比较好，在有关等离子体的研究过程中，被作为热核反应堆等离子体的面向材料而受到重视。在热核反应研究中各国都是用 JET、TFTR、JT-60 等，等离子体由磁场密闭的托卡马克型热核反应装置，炭材料在有关等离子体的研究进展中起到重要作用，在等离子体性能的研究及其提高方面正发挥作用。

3.7.2　热核反应堆用材料的用途

托卡马克型热核反应装置中炭材料作为面对等离子体的等离子体面向材料使用。图 3-74 为托卡马克型热核反应堆的鸟瞰图。图 3-75 表示的是主要结构物中心部的真空容器的内部。为了包围环形室状的等离子体，在真空容器的内侧设置有等离子体的面向壁，炭材料被用作其构成材料。等离子体的面向材料是首先面对等离子体的墙壁，功能上可分为折流器、限幅器和第一壁等。折流器设置在等离子体周围，尽量由线圈做成磁力线形状，是使从中心飞出的等离子体不直接挡住附近壁而由排气部导出的装置，具有减少等离子体中不纯物的效果，也有帮助燃烧生成物（氦）排气的作用。限幅器决定了等离子体截面的大小和形状，是连接等离子体而放置的板。第一壁构成等离子体面向壁的 8 成以上，是将密闭容器的壁与由等离子体发出的高能粒子负荷和热负荷隔开的保护材料，这些等离子体面向壁的表面材料可叫做等离子面向材料或者用代表部位的名称，也可统称之为第一壁材料等。

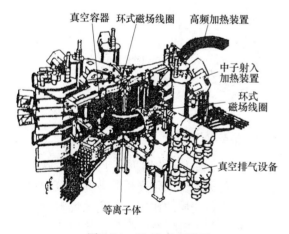

图 3-74　JT-60 的鸟瞰图

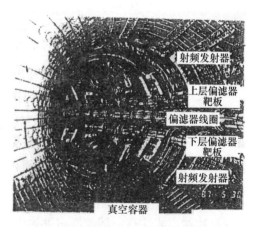

图 3-75　JT-60 的真空容器内部结构

3.7.3 热核反应堆材料所必要的性质

因为第一壁材料面对高温等离子体，因此除从等离子体受到大的热负荷外，还受离子、电子、中性粒子、光辐射等的影响。此外，由第一壁材料放出的不纯物混入等离子体中，导致大的放射损失和等离子体性能恶化。有不少应解析说明的现象，此外作为第一壁材料要求的特性很多。特别是实际用作第一壁材料时，从在真空中使用时受到大的热负荷等观点看，有必要综合评价不纯物放出、表面浸蚀、除热、热疲劳、等离子体粒子循环率、照射损伤等，从而选择更优良的材料并进行开发。

3.7.3.1 耐飞溅，起泡性

飞溅有物理飞溅和化学飞溅，物理飞溅是具有比一定值更高能量的离子或原子与第一壁材料的原子起冲突，将其飞弹出的现象。而化学飞溅是由等离子体的氢原子和第一壁材料发生的化学反应衍生成其他物质的现象，第一壁材料为石墨材料时则生成甲烷。图 3-76 为实验结果的一例。表明化学飞溅率在 500℃ 左右时最大，且与石墨种类无关。起泡是具有高能量的离子和原子在接近第一壁的表面附近气化形成气泡，在表面附近膨胀的现象。因等离子体中混入不纯物会引起放射损失，故要求用对其影响小的低原子序数的材料。

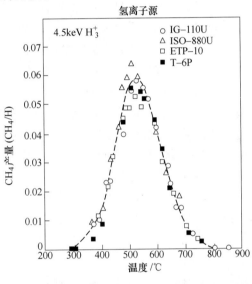

图 3-76 各种石墨材料的化学飞溅与温度的关系

3.7.3.2 耐热性，耐热冲击性

第一壁材料从等离子体受到大的热负荷而达到高温，因此它首先应是熔点高的耐升华优良的材料。作为材料耐热冲击性比较的第一指标，已知有 $\sigma \cdot \lambda / E \cdot \alpha$（$\sigma$：强度，$\lambda$：导热率，$E$：弹性模量，$\alpha$：热膨胀率），从而可知为了提高耐热冲击性，希望强度和导热率大，弹性模量和热膨胀率小的材料。

3.7.3.3 气体、水分的吸贮

石墨材料容易吸贮气体，而且水分也是问题，为了使之在高温放出时对等离子体影响少，在使用前有必要进行低温干燥等处理，在将重氢（D）和氚（T）进行热核反应的 D-T 运行时，有可能有随燃料气吸贮放射性物质氚的问题。

3.7.3.4 氢循环

在等离子体放电中，从第一壁材料放出氢气以及等离子体中的氢离子和第一壁材料之间有明显的氢移动。其结果，因有降低等离子体温度等恶劣影响，故希望在第一壁材料中吸藏的氢量尽可能少。在等离子体放电之前也采用烘烤及氢放电清洗等方法进行脱气。

3.7.3.5 耐中子照射性

现在托卡马克型热核反应装置有逐渐大型化的倾向，为使装置更小型化，对第一壁材料来说估计中子壁负荷等技术问题，对装置大小将成为直接的制约条件。此外，在今后的

热核反应堆中，通过 $D + T \rightarrow {}^4He(3.5MeV) + n(14.1MeV)$ 的热核反应，将产生 14.1MeV 的高能电子，使第一壁材料的特性受到明显的影响，可充分估计到，将面临被放射化等严重问题。因此，应在解明这些现象的同时进行材料开发。炭材料是所希望的因照射而引起放射化程度较低的材料，特别是从除去热量的观点看，由于中子的照射，导热率明显的降低将成为很大的问题，再者照射后尺寸的稳定性也很重要。

3.7.4　实际被利用的材料的功能和特性

3.7.4.1　石墨材料

有在 JET，TFTR，JT-60，偶极ⅢD 等无中子照射环境中使用的例子，据报道由于热冲击、破裂、逃逸电子等使折流器、限幅器、第一壁材料等受到冲刷并产生破裂等损伤。特别是为了减少不纯物氧，也曾试用过硼进行表面改性的例子，在日本已将各种石墨材料作为第一壁材料进行了综合特性评价试验并报道了其结果。

3.7.4.2　炭基复合材料

炭基复合材料已被广泛地用于 JET，TFTR，JT-60，偶极ⅢD 等反应堆中。为了提高耐升华性，耐热冲击性，希望有更高导热率的材料。从这一观点出发，单向复合材料更为优良，但是在垂直于纤维轴向时其强度较低，最近开发了高导热率的三维材料。另外，也试制了炭材料的表面为 B_4C 改质层的复合材料。炭基复合材料今后将是热核反应堆中不可缺少的材料，但目前有关其中子照射影响的数据尚不充分，尤其是有关高能中子照射影响的数据，由于无照射装置，目前还完全没有取得。复合材料的导热率在与纤维轴平行的方向较大，但照射后明显降低。同时，估计该方向宏观尺寸的收缩也很大，所以照射实验不可缺少。据报道在研究反应堆照射中子时，炭基复合材料的尺寸以及导热率和原子反应堆用石墨材料有类似的变化。宏观尺寸在纤维轴向对齐的方向收缩，在垂直该方向上膨胀。图 3-77 为和导热率密切有关的热扩散率在研究复合材料的反应堆中经中子照射时的变化。

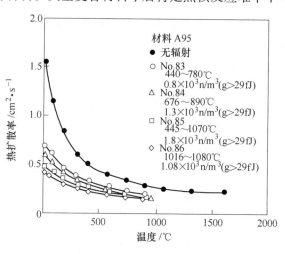

图 3-77　炭基复合材料的热扩散率随辐照的变化

3.7.4.3　热分解石墨

沿热分解石墨层面方向的导热率非常大，特别是从热冲击性的观点考虑，也有考察在 JET 热负荷极苛刻的地方使用它们的例子。

3.8　高温气冷堆用石墨制品的特性

随着世界人口的增长，对能源的需求越来越大，同时由于使用石油和煤炭燃料而排出的 CO_2 气体等引起地球环境问题也越来越严峻。而日本能源原料供给的大约 80% 依赖于进口，我国也需大量进口石油、能源供给结构非常脆弱。所以不能偏重于某一种能源，而必须确保多种能源的稳定供给。特别是核能，由于具备廉价、电力稳定及 CO_2 的排出量小等特点，作为替代石油的主要能源，其开发利用正在被积极地推进，我国目前正在大力发展核能。

在核能源中，以高效率和多功能为目标的高温气冷堆，由于在扩大核能利用、减轻环境负担、实现能源的多样化和稳定供给方面有突出作用，在能源政策上具有重要的意义。

另外，核聚变的燃料和材料资源在地球上的无穷无尽，核聚变能源若被实用化，人类就可以确保永恒的能源。在这样的背景下，在开发核能资源的过程中，炭素制品以其极其优越的性能发挥着重要的作用。

3.8.1 高温气冷堆的开发概况

石墨作为中子减速材料（Moderator）及反射体（Reflector）具有优良的性能；而且作为一种成熟的工业材料，可以满足大量需求；同时作为一种结构材料，石墨具有足够的强度和非常好的热稳定性能。因此，成为在以高效率为目标的高温气冷堆中所使用的唯一材料。在用石墨作为减速材料和反射体的动力堆中，从天然铀石墨减速型的镁诺克斯（Magnox）炉开始，经过改良型的气体冷却堆（AGR），到现在，开发出了各种各样的高温气冷堆（HTGR），并逐步向实用化迈进。如表 3-24 所示，以德国、美国为核心进行了多种研究开发。

表 3-24　各国高温气冷堆的开发状况

	反应堆名称	设置目的	炉型/出口温度	运转期间或临界预定
运转完成	Dragon（OECD）	研究用实验堆	角柱/750℃	1964~1976
	Peach Bottom（美国）	发电用实验堆	角柱/750℃	1966~1974
	（美国）	发电用实验堆	块状/782℃	1974~1989
	AVR（德国）	发电用实验堆	颗粒/950℃	1966~1988
	THTR-300（德国）	发电用实验堆	颗粒/750℃	1983~1988
计划中	HTTR（日本）	核热利用试验堆	块状/950℃	1998
	MHTGR（美国）	发电用实验堆	块状/704℃	2002
	HTR-500（德国）	发电用实验堆	颗粒/700℃	未定
	HTR-Module（德国）	核热利用试验堆	颗粒/700℃	未定
	VGM（俄罗斯）	核热利用试验堆	颗粒/950℃	未定
	VG-400（俄罗斯）	核热利用试验堆	颗粒/950℃	2000
	HTR-10（中国）	核热利用试验堆	颗粒/950℃	1999
	Module-200（中国）	核热利用试验堆	颗粒/750℃	未定
	M HTGR（南非）	发电用实验堆	颗粒/900℃	2003

注：主要基于这样的考虑，即以小型高温气冷堆为单元，根据需要组合的话，可进行标准化制造，也容易获得许可。

在高温气冷堆中，由于用氦气作为冷却剂，用炭素及陶瓷作为燃料的包覆材料，用石墨及炭素材料作为减速材料和炉芯结构材料，可以把接近 1000℃ 的高温热量导出炉外，热效率高达约 50%。同时，由于炉芯的输出密度小、热容量大，使发生反应温度异常上升或冷却能力降低等情况，而炉芯温度的变化极为缓慢，包覆材料和炉芯结构材料不会溶化。基于这些特性，其固有的安全性能特别好。另外，高温气冷堆也具有燃料的燃烧度极高的特性。除了发电以外，也可以期待利用煤的汽化或液化（～700℃）、水蒸气改质、铁矿石的直接还原、甲醇制造（～850℃）以及热化学法制氢（～950℃）等领域。

　　在日本，以确立高温气冷堆的技术基础、改进机制以及有关热工学等尖端技术的基础研究为目的，1991 年建设的热功率为 30MW 的热工学试验堆（High Temperature Engineering Test Reactor，以下称 HTTR）临界成功。今后，将会进一步推进高温气冷堆的发展和相关尖端技术基础的研究。

　　伴随着高温气冷堆研究成果的进步，如何选择这些正在使用的材料，成为左右反应堆性能的重要问题，将进一步要求在高温下的热稳定性以及高温反复照射带来的结构稳定性。

3.8.2　主要高温气冷堆的结构

　　如从高温气冷堆的炉芯结构看，德国开发的"颗粒"型与美国开发的"块状"型有一定的区别。不过炉芯都是由燃料材料和石墨材料构成。

　　"块状"型如图 3-78 所示，在外部周围设置了不规则形状的石墨反射材料，在炉芯以六角柱的燃料元件和反射块堆积成蜂巢式。燃料元件具有能够使范围内各柱铀的浓缩度以及冷却材料的流量变化，使各柱的燃料最高温度不断均一化，使炉芯最下段各柱的燃料块的冷却气体温度均匀的特点。

　　"粒状"型如图 3-79 所示，以石墨制反射材料形成炉芯空间（下部是圆锥形的圆筒），而在炉芯空间填充了数十万个直径 60mm 的球状燃料。冷却材料在燃料间上下流动。这种形式的特点是，新的球状燃料可以从炉芯上部补充，旧的可以从炉芯下部取出，燃料更换时，核反应堆不需要停炉。

3.8.3　减速材料以及反射材料用石墨性质

　　作为核反应堆材料使用最多的，不

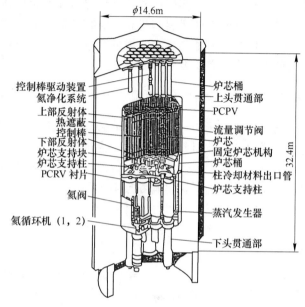

图 3-78　"块状"型高温气冷堆
（美国、FSV 核反应堆断面）

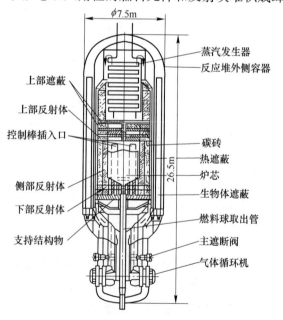

图 3-79　"粒状"型高温气冷堆
（德国、AVR 核反应堆）

言而喻是减速材料和反射材料。在日本最初的石墨减速、CO_2冷却型东海1号炉，大约使用了1500t的石墨材料，虽然是按照一般的生产方法，但由于是在强放射线下长期运行，必须具有核石墨特有的性质。

3.8.3.1 一般的特性要求

核反应堆用石墨材料，因核反应堆的形式和设计结构而不同。例如，高温气冷堆HT-TR时，是以直径约 $\phi460mm$、长700mm（减速材料及反射材料）或直径约 $\phi1500mm$、长1500mm（反射材料）为毛坯的标准尺寸，要求大型毛坯。此外在大批量生产时也要求质量上均一、高纯度、耐腐蚀和高强度。

3.8.3.2 核特性及纯度

减速材料在核反应堆起着使核分裂时发生的高速中子减速到热中子，提高 ^{235}U 原子核间的碰撞几率，让核分裂进行的最佳效果，热中子吸收截面积小，必须是减速能力大的材料。

主要减速材料的核特性如表3-21所示，石墨在重水之下，具有良好的减速比和反射能，是高温气冷堆唯一的结构材料，并且由于要求散乱截面积大，石墨材料必须采用沥青浸渍，实施高密度化。对于纯度，由于元素不同，中子吸收截面积有显著差异，所以仅规定灰分是不够的。虽然已从天然铀转变为浓缩铀燃料，要求标准有些缓和，但由于中子吸收截面积大的硼（B）、锰（Mn）、钛（Ti）、钒（V）、镍（Ni）、铁（Fe）等元素必须实施降低减少含量的提纯处理。此外，钆（Gd）、钐（Sm）以及镉（Cd）具有较大的中子吸收截面积，但在石墨中一般不含有这些元素。

另一方面，反射材料围砌在炉芯外侧，其目的是将想要逃出炉外的中子反射并返回炉芯部，防止中子泄漏。对于反射材料要求的核特性不像减速材料那么严。

3.8.3.3 因放射损伤引起的物性变化

在炉芯燃料附近使用的石墨减速材料，存在由照射损伤引起蠕性变形，尺寸变化，热传导率降低，弹性模量增加等物性变化。石墨在温度梯度下受到中子照射，热应力随蠕变缓和，尺寸变化与温度相关，产生内部应变（即内部应力），这种情况在核反应堆停止时也不消失（残余应力）。这是因为核反应堆长期运行再让其停止，停止初期有可能产生大的应力。而且，作为减速材料，对于照射下的蠕变变形以及因照射尺寸变化产生的内部应力，应具有相当的强度。

图3-80所示为燃料块体内产生的应力因照射量不同的变化。在这里表示了比A石墨强度大的D石墨在约 $0.25\times10^{25}n/m^2$ 的照射量下产生的应力引起破坏的可能性。

良好的减速材料产生应力很小，在高温不断照射下，特性变化小。具体可举出蠕变常数、尺寸变化、线膨胀系数以及弹性模量小等。此外有关照射下的物理变化有许多的文献发表，请参照。

表3-25所示为有关主要的高温气冷堆使用炭/石墨材料的情况。表3-26所示为这些材料及性能。虽说照射尺寸变化与原料焦相关，不过主要的高温气冷堆用主要原料中通常采用石油焦支撑的高强高密各向同性石墨。

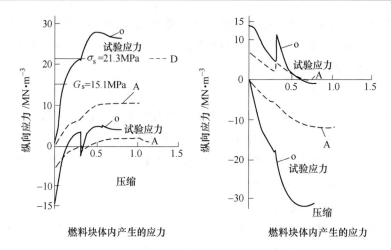

图 3-80　燃料块体内产生的应力与照射量的关系

表 3-25　主要高温气冷堆炭/石墨材料使用情况

核反应堆 结构物	AVR （德国停炉）	THTR （德国停炉）	HTR-500/ HTR-200 （德国计划）	Fort St. Vrain 炉 （美国停炉）	MHIGR （美国计划）	HTTR[①]_#1 （日本建设中）	HTR-10[②]_#2 （中国建设中）
冷却材料入口/ 出口温度/℃ 冷却压力/MPa	275/950 0.98	250/750 3.92	250/723 250/700 5.5/6.0	403/775 4.85	258/775 6.5	400/850 900 4.0	250/700 3.0
●料体（球）	球状燃料 A-3（1100）	球状燃料 A3-3，3-27	球状燃料 A3-3	球状燃料 H-327- H-451 （1100）	球状燃料 H-541 （950）	球状燃料 IG-110 （1250）	球状燃料
●减速材料·反射 材料	ARS/AMT	PAX2N， PAN	ATR-2E ASR-1RS	H-327- H-451	H-541 （950）	IG-110 （1250）	IG-11
●支撑柱	（不明）	（不明）	V-483T	ATJ	2020（810）	IG-110 （1250）	—
●支持结构件，固 定反射体	ARS/AMT	PAX2N， PAN	ATR-2E ASR-1RS	PGX， HLM85	2020（810）	PGX（1100）	IG-11
●隔热结构件	炭	炭	炭	Al_2O_3 层 + SiO_2（750）	Al_2O_3 SiO_2（810）	ASR-ORB （900）	炭

注：括号内数字为使用温度。
① #1：HTTR 1998 年 6 月完工；
② #2：HTR-10 中国建设中。

表 3-26　主要高温气冷堆用炭/石墨材料及性能

材料名称	IG-110	H-327	H-451	ATJ	PGX	ATR-2E	ASR-1RS	V-483T	IEI-24	ASR-ORB
材料种类	微粒各 向同性 石墨	粗粒各 向同性 石墨	粗粒各 向同性 石墨	微粒各 向同性 石墨	粗粒各 向同性 石墨	粗粒各 向同性 石墨	粗粒各 向同性 石墨	微粒各 向同性 石墨	微粒各 向同性 石墨	粗粒各向 同性石墨
焦炭种类	石油系	石油系	石油系	石油系	石油系	煤系	煤系	煤系	硬沥青焦	煤系
平均颗粒直径/mm	0.02	1.7	1.6	0.15	0.76	1.0	1.5	0.1	—	1.5

续表3-26

材料名称		IG-110	H-327	H-451	ATJ	PGX	ATR-2E	ASR-1RS	V-483T	IEI-24	ASR-ORB
成型法		等静压	挤压	挤压	模压	挤压	振动成型	等静压	挤压	挤压	振动成型
体积密度/g·cm^{-3}		1.76	1.78	1.74	1.78	1.71	1.80	1.81	1.75	1.80	1.69
灰分		20×10^{-6}	300×10^{-6}	50×10^{-6}	1200×10^{-6}	1000×10^{-6}	$<500 \times 10^{-6}$	140×10^{-6}	500×10^{-6}	200×10^{-6}	3000×10^{-6}
各向同性 α_L/α_T		0.90	4.8	1.21	0.70	0.85	1.12	0.95	0.95	0.85	0.90
热传导系数(λ) /W·(m·K)$^{-1}$	L	124	188	163	98	92.9	179	130	109	130	9.7
	T	138	139	149	122	108	163	137	109	121	10.8
线膨胀系数 α /TL10^{-6}K^{-1}	L	4.0	5	3.3	3.7	2.6	4.8	4.2	4.1	4.1	5.5
	T	3.6	24	4.0	2.6	2.2	4.3	4.4	4.2	4.8	4.9
弹性模量(E) /GPa	L	9.42	14.8	10.6	8.90	6.6	6.6	9.8	9.4	10.0	14.2
	T	9.97	6.96	9.55	12.40	8.2	8.4	10.2	9.3	8.0	15.6
抗拉强度(σ_1) /MPa	L	24.9	12.1	14.2	24.7	7.9	12.6	17.9	21.1	20.6	6.41
	T	24.0	6.86	13.9	29.5	7.3	12.4	18.1	18.8	15.7	6.72

注：1. IG-110 日本东洋炭素造，H327-H451 美国 GLC 造，ATR-2E、ASR-ORB、ASR-1RS 德国 SIGR 造，PGX 美国 UCAR 造，V-483T 德国 RINGSDORF 造，IEI-24 英国 AGL 造；

2. 线膨胀系数测定范围，室温~400℃。

3.8.4 HTTR 炉内石墨结构物

在前面讲到的日本原子能研究所的 HTTR 已完成。图 3-81 所示为炉内结构物的配置图。HTTR 是"块状"型高温气冷堆，是将构成炉芯的燃料体元件、炉芯构成元件以及支持炉芯的石墨结构体装入钢制的核反应堆压力容器内。HTTR 输出功率 30MW，约使用 250t 炭和石墨材料。以下介绍其结构、功能及要求特性。

3.8.4.1 炉芯构成元件用石墨

炉芯是由六角柱的燃料块（IG-110）、控制棒导向块（IG-110）、可动反射体块（IG-110）构成的蜂巢状堆积体。

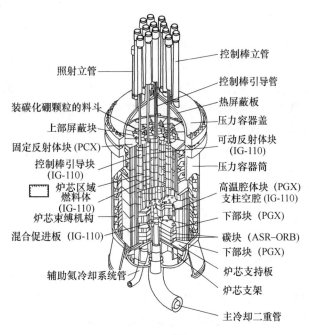

图 3-81 HTTR 炉结构配置图

图 3-82 所示为炉内结构物（炉芯最上段）的照片。有关燃料块将在下节中介绍。将沿轴方向堆积的 1 列为 1 柱，炉芯共 61 柱、9 段构成。在炉的四周设置了不规则形状的石墨反射材料（RGX）。控制棒导向块装备在燃料领域与可动反射体领域，具有将控制棒和碳化硼颗粒插入炉芯的导向功能；同时还具有中子减速、反射等重要功能。而可动反射块

具有中子减速、反射以及对压力容器中子的遮蔽功能；同时还在燃料领域的上下块形成一次冷却材料的通路结构。另外，控制棒导向块还有支持水平方向荷重的作用，与周围的块垂直方向错开100mm堆积。确定位置用的销子、孔等也大大提高耐震性。

3.8.4.2　炉芯支持石墨

炉芯支持石墨结构物由固定反射体块（PGX）、高温腔体块（PGX）、支持柱（IG-110）以及炉床底部的隔热层（ASR-ORB）构成。起着在对一次冷却

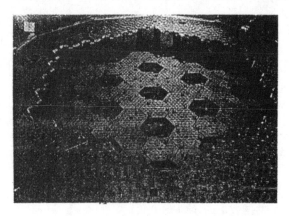

图 3-82　HTTR 炉内结构物（炉芯最上段）照片
外侧平径 4.25m［日］

材料流量适当分配的同时遮蔽热以及支持炉芯的作用。此外，在炉芯支持柱石墨结构物中，采用相邻块之间以楔和楔槽的结合结构，形成圆筒状一体化。同时为防止一次冷却材料的泄漏，采用了密封元件（IG-110）。

3.9　核燃料用炭和石墨制品

3.9.1　概述

燃料元件必须具有由核燃料分裂的生成物不向外泄漏的结构和材料。特别是防止放射性气体从冷却材料中泄漏，对核燃料要进行气密性包覆，核反应堆温度低的场合采用耐腐蚀性合金（例如：镁合金、锆合金、不锈钢等）制的筒内封装的方法。在高温气冷堆中耐热性好的石墨材料是作为包覆材料的唯一材料。耐热不透性石墨、玻璃炭以及热解炭涂层等都是为这些燃料开发的燃料筒。

在石墨减速气冷堆的第一代镁诺克斯炉，燃料采用天然金属铀，燃料包覆材料使用中子吸收小的镁合金，所以只能在 400℃ 以下温度运行。在第二代改良型的 AGR 炉，燃料采用氧化铀，包覆材料使用不锈钢。在第三代的高温气冷堆，开发了多个核燃料颗粒（UO_2）、包覆热解石墨（PG）或碳化硅（SiC）的方法。这是在以 1250～1500℃ 高温包覆带来的效果。不含中子吸收截面小的金属。因为核燃料颗粒的包覆是 2～4 层，气密性极好，并且以球状包覆核燃料颗粒，所以即使是对高温气体状的核分裂生成物的高内压也保证十分结实。这种包覆燃料颗粒，是完全基于高温气冷堆的设计，在前节所述的"颗粒"型和"块状"型的高温气冷堆也采用这种方法的核燃料颗粒。颗粒型的典型燃料元件是直径为 60mm 的石墨球，内藏一定量的包覆核燃料颗粒（浓缩铀、钍）。而在"块状"型炉芯，在垂直堆积的石墨角柱（通常是六角柱）的集合体，配备燃料和冷却材料的通路等等。包覆的燃料颗粒分散在碳母体中，压成燃料的压制坯块，将燃料块装入石墨筒，组装成无实心的中空燃料棒后，以减速材料石墨块以及石墨筒支持，或直接插入石墨块的孔中。另外，石墨块或石墨筒由于是在离核燃料最近的地方使用，中子照射条件极其苛刻，而且高温下的强度梯度很大，所以需要采用耐上述条件好的材料。对于具体特性要求，如上节所述。

表 3-27 所示为主要高温气冷堆的燃料元件特征，以下介绍以 HTTR 为主要代表的炉型燃料元件。

表 3-27 主要高温气冷堆的燃料元件特征

项 目		HTTP（日本）	美国高温气冷堆		德国高温气冷堆	
			FSV（美国）	MHTGR（美国）	THTR（德国）	AVR（德国）
包覆燃料颗粒形状	燃料核	UO₂	（U/Th）C₂ThC₂	UCOThO₂	（U/Th）O₂	UO₂
	包覆形式	TRISO（4 层）1490℃	TRISO（1260℃）	TRISO（1100℃）	BISO（2 层）（1250℃）	TRISO（1134℃）
	膜压	LpyC（60μm）HpyC（30μm）SiC（25μm）HpyC（45μm）	LpyC（50μm）（50μm）HpyC（20μm）（20μm）SiC（20μm）（20μm）HpyC（40μm）（40μm）	LpyCHpyCSiCHpyC	LpyC（70μm）HpyC（110μm）	LpyC（50μm）HpyC（20μm）
燃料体形态		块 IG-110（1250℃）	多孔 H-327→H-451（1100℃）	多孔 H-451（9℃）	球状燃料 A3-3，A3-27	球状燃料 A3-3（1100℃）

3.9.2 HTTR 用燃料元件

燃料元件是对面间距离 360mm，高 580mm 的六角柱，由燃料棒和支撑燃料棒的石墨块组成。图 3-83 所示为标准燃料体的结构图。燃料棒是在外径 φ34mm 的圆筒形石墨筒中封装 14 个燃料坯块，每一个燃料体插入 31 根或 33 根，燃料坯块为防止由核燃料核分裂的生成物、特别是放射性气体从冷却材料中泄漏，而采用二氧化铀燃料核（颗粒直径 φ600μm），用流动床方式，以热解炭或碳化硅涂层薄膜，4 层包覆的燃料颗粒（直径 φ920μm）与石墨或炭的混合物构成的坯料分散的圆筒状。

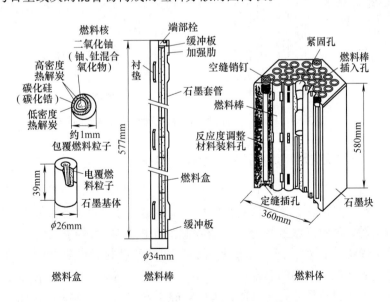

图 3-83 HTTR 标准燃料体的结构图

在包覆的最内层是以密度比较低的热解炭，起着吸收反跳分裂核，贮留气体状分裂生成物的缓冲层的作用。第二层是致密的热解炭，其外的第三层是 SiC 层，使用 SiC 是因为其对金属的核分裂物的不透性大。最外层是高密度的热解炭，起保护颗粒的作用。燃料体块以及石墨筒使用具有良好的机械特性、照射特性以及耐腐蚀性的高纯度微粒各向同性石墨（IG-110）。

炉芯是由 5 层堆积约 150 根燃料元件构成的。另外，与燃料一起构成的燃料元件的石墨块（减速材料）以及石墨筒在 3 年一周期时要一起更换。

3.9.3　HTTR 型核反应堆用燃料元件（美国 Fort St. Vrain 炉）

燃料元件在压力容器内也安装在炉芯上部，由 6 层堆积的 1482 根燃料元件构成。图 3-84 为 Fort St. Vrain 炉（1989 年停炉）的燃料元件和炉芯截面图。核燃料元件是在与 HTTR 相似的对面距约 360mm、高约 800mm 的六角柱的石墨块。将包覆燃料颗粒分散了的细棒状坯料直接插入到与轴平行钻孔的孔穴中。此外还设置了与该孔穴有区别的贯通孔作为冷却材料通路。包覆颗粒是以热解炭或 SiC 4 层包覆的浓缩铀钍的碳化物，直径为 $\phi360 \sim 860mm$，另外，构成炉芯的燃料元件与燃料一起，每 6 年一个循环，炉芯整体全部更换。

如从经济性角度考虑，不使用燃料筒等的简略化，由燃料产生的热通过部分块传导给冷却材料，块容易稍有高温，并且强度梯度也大。

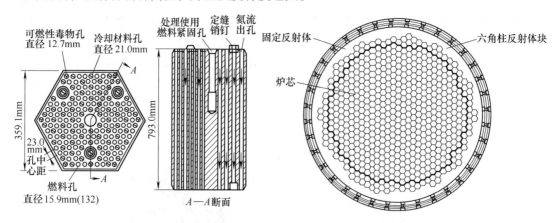

图 3-84　Fort St. Vrain 炉用燃料元件与炉芯截面图

3.9.4　"颗粒"型核反应堆用燃料元件（德国 . THTR）

炉芯是由在料斗样的石墨反射材料的内侧，散孔堆积约 70 万个石墨球构成。不是块状或管状减速材料，是由该石墨球形成减速材料和燃料。球呈直径 60mm、厚 5 ~ 10mm 的球壳状，含包覆燃料颗粒形状的核分裂生成物和潜在核分裂生成物。图 3-85 所示为"颗粒"型（THTR 1988 年停炉）球壳状燃料元件。初期的燃料元件是在中空的石墨球中纳入以热解炭包覆的颗粒与石墨的混合物。作为 THTR 用的燃料元件，是在石墨壳中，在石墨以及黏结母体中将包覆颗粒完全分散，再以等静压方式成型。这些石墨球的完整性和燃烧的连续性经检查，确定是从炉顶部装入还有除去。

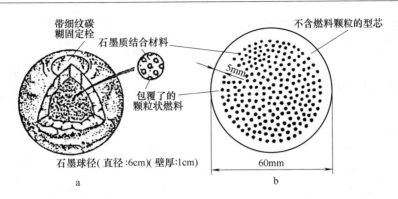

图 3-85 "颗粒"型燃料元件
a—初期物；b—新型（Integral）

3.9.5 核熔融炉聚变用石墨及炭素制品

3.9.5.1 概述

将氢的同位体重氢（D）与氚（T）的原子核在高温中聚变就会在形成氦和中子的同时产生大量的核能源。核聚变炉就是利用这个反应。从 1950 年开始的核聚变研究，在超高温等离子体接合开发方面取得了飞速发展。在 1980 年代为了生成高温等离子体，就采用石墨材料作为核聚变装置的等离子体面壁材料，大大减少了等离子体中的金属杂质，显示了良好的热性质。其结果是等离子体的能量封闭特性极大的提高。现在在大型的托卡马克装置 JT-60U、JET、TETR 中内壁几乎全部采用炭素材料（石墨材料或 C/C 复合材料）。此外，日、美、EC、俄国四国共同开发设计的国际热核聚变实验炉（ITER）也在进行中。

3.9.5.2 等离子体面壁材料的条件要求及其问题点

如果说等离子体的特性完全依赖于等离子体面壁材料是不过分的。在等离子体中，如存在比燃料氢的原子序号 Z 大的离子（杂质）存在的话，以高速运动的电子能就会因光辐射成为零。由于电子能的冷却，燃料离子的能量也降低，从而不能保证燃烧条件。由于辐射强度与原子序号 Z 的 3 ~ 4 次方成正比，即使混入杂质，其原子序号也必须小。此外，面壁材料由于等离子体发出的粒子、光、热的冲击，产生各种各样的损伤。因升华、剥落、挥发等原因杂质混入等离子体。另一方面由于在放电中混在壁中的燃料粒子飞出，在壁和等离子体之间往返（循环），为了维持燃烧条件，这些控制是不可少的。

随着核聚变装置的大型化，由于高温等离子体的生成，即使在等离子体中混入能量辐射损失小的 Z 材料，采用了能在高温等离子体中保持稳定性的有良好热的力学性能的石墨材料或 C/C 复合材料，得到了良好的放电特性，但是石墨材料也存在几个问题。例如，石墨材料是多孔质，氢的残留量多，由于氢的往返循环，等离子体难以控制。以化学剥落为主的甲烷气体损耗如图 3-86 所示，超过 1000℃ 以后，由于照射促进升华损耗激增。因此，在以后热负荷更加苛刻的装置正在研究能否用损耗小的钨等。

此外，由于氧杂质的存在，形成 CO 而使损耗激增。一产生损耗，就会由热负荷或电磁力产生弯曲应力而出现裂纹。由于中子照射，热传导率将降低 1/5。

综上所述，对炭素系材料的面壁材料做如下评价：

（1）排放气体等真空学的特性。

（2）剥落、氢残留等等离子体的表面相互作用。

（3）热的机械的特性。

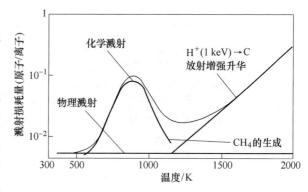

图 3-86　相对氢离子的石墨损耗特性

而且对上述三点进行了许多的研究，氢残留高的问题或等离子体密度控制难的问题是通过放电前将焙粉或氦（He）放电洗净，即开发所谓的"壁镀涂发"解决的。以硼（B）包覆，铍（Be）蒸镀，可以控制氧杂质和循环。添加钛（Ti）、铁（Fe）、铬（Cr）等金属，可大量减少剥落现象。核聚变炉研究根据这些低 Z 壁研究实现了高温等离子体和良好的封闭条件。今后的课题是保持长时间恒定和核燃烧。为了维持这些燃烧条件，要求控制适当的热粒子以及控制或除去杂质和 He 灰（燃后灰）。在今后装置中，虽然在研究钨（W）等的适用性，但为使炭素材料更适用，正在开发具有热传导率大、耐热冲击性好，特别是尽量不产生照射促进升华或化学剥落的、长寿命的新材料。同时，因等离子体变更必须减少热负荷。同时对于 DT 核燃烧，作为面壁材料以及外壳，期盼开发具有极好低放射化特性，并且耐热、耐氧化特性极好的 SiC/SiC 复合材料。

3.9.5.3　在主要核聚变装置中石墨材料的使用状况以及今后装置面壁材料的开发情况

（1）大型托卡马克装置（JT-60U）。对于日本原子能研究所正在研究的临界等离子装置 JT-60U 中，在上述的含有推力换向器的等离子面壁材料中使用了石墨材料或 C/C 复合材料的各砖瓦。作为推力换向器处的面壁材料采用了研制的热传导率高、耐热冲击性好的 CF 布 C/C 复合材料。此外，在热负荷比较小的第一壁使用了各向同性石墨。图 3-87 所示为推力换向器的剖面图，图 3-88 所示为 JT-60U 的炉内照片。

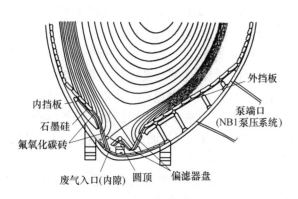

图 3-87　JT-60U 推力换向器的剖面图

图 3-88　JT-60U 炉内照片

等离子体面壁材料中，特别是推力换向器担负着控制维持燃烧条件 He 或等离子体中进行杂质排气的重要作用。同时，也必须排出高的热负荷。因此，在 1997 年 2~5 月改造了配备排气装置的 W 型推力换向器。并且对主要的托卡马克装置（JET、ASDEX-U、DⅢ-D 等）也都同样进行了包含推力换向器和排气系统优化的改造。

（2）主要核聚变装置用石墨制品。新的大型螺旋形装置（LHD）正在建设中，其内壁将使用各向同性石墨材料。图 3-89 所示为主要核聚变装置的面壁材料，CHS（Compact Helical System）砖是使用了有高热传导率的 C/C 复合材料的大型三维形状的制品（鞍型）。

图 3-89 主要核聚变装置的面壁材料

a—CHS 砖；b—JET 真空容器内部

（3）新装置（ITER）用推力换向器等的开发情况。

在新的大型装置中的推力换向器，由于苛刻的粒子负荷以及热负荷的爆射，为有良好的高热负荷效率，壁砖材料采用冷却管/热水槽以冶金烧结的方式接合。图 3-90 所示为新

图 3-90 推力换向器试验体（实样）

a—对电极垂直试验体（实样）；b—叶片试验样（实样）

装置（ITER）推力换向器试验体的照片。作为砖的材料虽然从提高耐升华性、耐热冲击性观点开发了热传导性好的一维 C/C 复合材料，但由于纤维垂直方向的强度极低，最近的砖材料开发了热传导率为 500W/（m·K）的三维 C/C 复合材料。另外，焊接材料主要采用银焊条，不过为了避免银与镉核变换产生不纯物质向炉内扩散，也使用 Cu-Mn 系焊条。同时砖材料还使用高热传导性的 C/C 复合材料、Cu-Fe-Mo 系积层结构的接合材料。或以钛箔的活性金属法进行各种材料的试验研究，以求健全性。

此外，该 Z 值的钨（W）因剥落率小等原因正在研究其使用的可能性，但 W 的可加工性不好，且质量重，因此石墨系材料因具有优良热的机械的特性被应用，而在真空等等离子体法中以 W 做衬的面壁材料也在开发中。

3.9.6　其他核反应堆用炭/石墨制品

3.9.6.1　其他核反应堆用材料（反应度控制材料与遮蔽材料）

在核反应堆设置了不但控制核裂变物质的增减，迅速调节中子数平衡，而且调节操作简单的控制棒。控制棒是远距离操作的机械装置，是将吸收中子截面积大的材料插入炉芯的棒。控制棒通常使用硼，但在热中子炉中也采用镉（Cd）、铕（Eu）、钆（Gd）的。

作为 HTTR 的控制反应度设备的控制系统和后备停止系统，采用的是将 B_4C 分散在石墨中硼含量 30%的含硼石墨。另外，后备停止系统是在紧急时从料斗中放入含硼石墨颗粒，使核反应安全停止的装置。作为中子遮蔽材料，设置有上部遮蔽体和侧部遮蔽块。这些也是硼和石墨的混合体，硼含量在 1%~3%。为使燃料在燃烧期间彻底燃烧，要保持适当的过剩反应度，含硼石墨作为调整反应度的材料，根据不同燃料元件进行增减。

表 3-28 所示为 HTTR 用含硼石墨制品一览。含硼石墨根据使用温度氛围气体平稳地添加，满足对中子照射的稳定性。另外，从安全角度考虑希望在后备停止系统中的氧化硼（B_2O_3）含量要少，以防止由于水分吸附，材料之间黏结。

对于不需要减速材料的高速增殖炉，作为中子遮蔽材料，在炉芯周围也大量使用石墨材料或含硼石墨材料。

表 3-28　HTTR 用含硼石墨一览

项目 ＼ 名称	控制棒系统用	反应度调整材料用	后备停止系统用	遮蔽材料用
材质	B_4C 和石墨混全烧结体			
品名	GB-030N	GB-102NO	GB-030N	—
硼含量（质量分数）/%	30	2~2.5	30	1~3
体积密度/g·cm^{-3}	1.85~1.95	1.65 以上	1.85~1.95	1.7
形　状	圆柱状	圆柱	圆柱	各种形状
尺寸 /mm　内径/外径	$\phi75/\phi105$	$\phi14$	$\phi13$	—
尺寸 /mm　长度	58	20~25	13	—

3.9.6.2　铀浓缩用石墨制品

铀浓缩是为了促进连锁反应，将产生核分裂的^{235}U 的浓度从 0.7%提高到约 3%~41%。虽然有种种方法，但目前已实用化的仅有透过薄膜让六氟化铀（UF_6）气体扩散的气体扩散法和将六氟化铀气体在高速下离心分离的离心分离法。作为下一代的铀浓缩技术为分离系数好（是离心分离法 1.4 的 10 倍以上）、经济性高的激光法，目前各国都在积极的研究之中。成为核燃料 3% 浓度的铀在 1 台装置上可以生产。激光法是加热天然铀金属，使之生成铀蒸气，以仅被 ^{235}U 原子吸收的极锐利的激光照射，选择性地仅激发 ^{235}U，进一步以激光照射，使之离子化（正离子），从而在电极板上只回收 ^{235}U。将铀金属在 2800K 以上的高温加热，由于利用了金属铀蒸气，所以容器本体、坩埚、加热器以及回收板等采用石墨材料。石墨材料耐腐蚀，热和力学性能好，与钽（Ta）或钼（Mo）等高熔点金属相比，易加工、质量轻、易于大型化。另外，为提高与铀的抗腐蚀性，容器内侧溶射喷镀三氧化二钇（Y_2O_3）。近年来随着设备的大型化，质量轻、强度高的 C/C 复合材料也被采用。

3.9.6.3　医疗用低能量反射体以及减速材料

应用研究用核反应堆进行特殊放射线治疗的有中子捕捉法（NCT：Neutron Capture Therapy）。其中的硼中子捕捉疗法是只向病变细胞投放特异集中的硼化合物，然后向病变细胞照射热中子，以 ^{10}B（N，a）^7Li 生成的电荷粒子仅破坏病变细胞。以美国为起端，在日本的原子能研究所 JRR-4，武藏工大原子炉、京大原子炉实验炉 KUR，利用热中子以及外热中子进行治疗，其中的减速材料和反射材料应用石墨材料的研究也在进行中。

3.9.6.4　废核燃料处理用炭和石墨制品

以氧化物电解法，进行核废燃料处理的铀或钚等燃料回收技术，作为经济性高的新一代再处理技术有望实用化。作为高温处理熔融盐电解槽，使用以热解石墨（CPG）涂层的石墨坩埚或 C/C 复合材料坩埚。但仍需提高其二氧化钚（PuO_2）的腐蚀性和气体不透性。为此对以装置大型化、提高耐腐蚀、耐热性、材料长寿命等为目标进行的研究开发中，必须解决的问题还很多。

3.10　特殊炭材料与制品

要提高原子反应堆的热效率，最有效的措施就是提高炉心温度，世界各国总的倾向就是以堆心温度达到 1000℃ 以上作为目标。为了使这样的高温堆能够耐用，不仅耐热性好，耐高温强度要大，而且燃料被覆材料的气密性也要好，能防止核分裂生成物的泄漏，这是一个很重要的问题。近年来，满足此种要求的、具有特异性能的几种炭素材料，分别采用不同的特殊制法研制了出来。此类制法大致可分为如下三种：（1）一般采用的把石墨制品中的空隙用热解炭充填的方法；（2）使炭微晶在基体上极度定向沉积的方法；（3）使炭微晶的二维结构间的交联极度发达的三维化方法。

3.10.1　浸渍处理的不透石墨

除前述的沥青浸渍之外，还有反复用砂糖溶液浸渍再焙烧的工艺，使透气速度降到 1/1000 以下的方法。还可用呋喃树脂浸透后再焙烧，二次循环后，可使透气率达到 1/10000；4~5 次循环后，可使透气率达百万分之一，抗弯强度增加数倍。其缺点是呋喃树脂炭化时，体积收缩很大，毛坯容易发生微裂纹，而且初期缩合物的黏度高，浸透率差，使用以二乙烯苯（DVB）单体为主体的苯乙烯聚合物。在炭化过程生成一层不透气的薄膜，具有碳化率高而黏度低的优点，然而孔径较大时反而不易充填，所以考虑与呋喃树脂复合使用。这类液态充填剂，其碳比率不能达到50%，所以又有把含碳气体的气相热分解生成的炭，连续地往空孔内沉积，进行气相浸渍处理的方法。充做原料气体的有 CO、甲烷、丙烷和苯蒸汽等。把这些气体加热之后，往石墨毛坯的空孔内渗透，如果温度掌握不适当，就不能做到充分的内部沉积。经过这番处理，透气率量级可达 10^{-9}。

3.10.2　热解石墨

热解石墨亦称定向石墨，若把碳氢气体，主要是把甲烷、丙烷气体置于 1200～2500℃ 的较高温度下进行热解，就会在周围的固体表面沉积上有金属光泽的、异向性很强的炭。在此种条件下沉积的热解炭，以六角面网为基础，构成层状结构，具有高度选择的定向性，其密度非常高。如沉积温度选择适当，可制得与石墨的理论密度大致相等，即密度为 2.265g/cm³ 的石墨。图 3-91 展示了沉积温度与密度的关系，从图中可以看出，当碳氢气的压力为 5mmHg❶ 以上，温度在 1700℃ 附近时，密度处于最低点，这是因为气体相中生成烟垢，烟垢包藏在热解石墨之中所引起的。因原料气体和制造条件等的差异，所制得的热解石墨的结构和性质也有明显差别，其一般特性示于表 3-29。

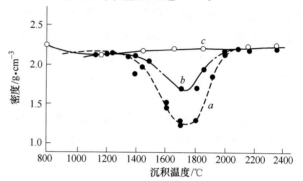

图 3-91　热解石墨的沉积温度和密度
a—甲烷或丙烷 25～200mmHg；b—甲烷 5mmHg；
c—1.7×10^{-2} mmHg

3.10.3　玻璃炭

为了制成炭微晶之间交联极度发达的炭，以纤维素为原料。即把棉纤维或纸浆纤维等用机械或化学方法进行粉碎，将其水分散液进行过滤成型，把成型品缓慢加热炭化之后，再置于非活性气氛中，加热到 2500℃，可制成高强度的玻璃状石墨。即透气率在 10^{-12} cm²/s 以下的低透气性炭材料。

在以有机高分子化合物为原料制成的所谓聚合炭中，可供使用的有用"糠醛树脂-酚醛树脂"混合型的呋喃树脂，还有用 DVB（或 TVB）苯乙烯共聚的苯乙烯型树脂制成的玻璃炭。以这些硬化树脂作填料，以相应的同种树脂作黏结剂，制成成型品，并加以焙烧

表 3-29　热解石墨的特性

特性（室温）		热解石墨	普通石墨
假密度/g·cm⁻³		1.80～2.20	1.62～2.0
抗拉力/Pa		(15000～20000) ×6895	(2000～4000) ×6895
热导率 /W·(m·K)⁻¹	//	(0.38～0.93) ×417.6	0.45×417.6
	⊥	(0.0048～0.0083) ×417.6	
比电阻（//）/Ω·cm		(200～250) ×10⁻⁶	800×10⁻⁶
线膨胀系数（//）/℃⁻¹		0.67×10⁻⁶	(1～2)×10⁻⁶
强度/密度 [(Pa)/(g/cm³)]		10000×6895	1340×6895

❶　1mmHg = 133.322Pa。

和石墨化。制品的外观与玻璃相类似,透气率为 $10^{-9} \sim 10^{-10} \text{cm}^2/\text{s}$ (见表3-30)。此外,还有一种方法,就是把 DVB 苯乙基乙烯、二乙基苯单体混合物,以聚乙烯醇为稳定剂,进行悬浮聚合,以所生成的共聚树脂为原料,成型后再炭化而制成制品。在 N_2 气流中,升温至1000℃缓慢进行热解,质量约减少60%,但尚能保持成型品的原形。经过2660℃处理,可制得致密而坚硬的玻璃状低透气性的制品。

关于放射线对玻璃炭的损伤,是最近的研究课题,没有发表多少文章,在 2×10^{19} nvt 以下的范围内,热导率、杨氏模量也和通常的堆用石墨一样,几乎没有什么变化,因而推测玻璃炭应远比石墨稳定。

表 3-30 玻璃炭的特性

种类 / 等级 / 特性	玻璃炭			浸透型耐热不透石墨	纤维素炭糊料	透明石英
	GC-10	GC-20	GC-30S[①]			
耐热温度/℃	1300	2000	3000	1300	2500	1670
视密度/$g \cdot mL^{-1}$	1.47 ~ 1.50	1.46 ~ 1.47	1.43 ~ 1.46	1.75 ~ 1.92	1.48	2.20
视在气孔率/%	0.2 ~ 0.4	1 ~ 3	3 ~ 5	8 ~ 15	—	—
肖氏硬度	110 ~ 120	100 ~ 110	70 ~ 80	45 ~ 55	—	—
抗弯强度/MPa	90 ~ 100	70 ~ 80	40 ~ 50	40 ~ 50	—	40 ~ 80
比电阻/$\Omega \cdot cm$	(45 ~ 50) $\times 10^{-4}$	(40 ~ 45) $\times 10^{-4}$	(30 ~ 35) $\times 10^{-4}$	(9 ~ 11) $\times 10^{-4}$	45×10^{-4}	10^{15}
灰分/%	0.1 ~ 0.2	0.1 ~ 0.2	<0.05	0.1 ~ 0.2	—	—
硼	(0.3 ~ 0.5) $\times 10^{-6}$	—	0.08 $\times 10^{-6}$	$0.03^{①} \times 10^{-6}$	2×10^{-6}	—
透气率/$cm^2 \cdot s^{-1}$	$10^{-11} \sim 10^{-12}$	$10^{-10} \sim 10^{-12}$	$10^{-7} \sim 10^{-9}$	$10^{-5} \sim 10^{-6}$	10^{-12}	$10^{-10} \sim 10^{-12}$
热导率/$W \cdot (m \cdot K)^{-1}$	(3 ~ 4) $\times 1.16$	(7 ~ 8) $\times 1.16$	(13 ~ 15) $\times 1.16$	(100 ~ 120) $\times 1.16$	—	0.9×1.16
线膨胀系数/$℃^{-1}$	(2.0 ~ 2.2) $\times 10^{-6}$	(2.0 ~ 2.2) $\times 10^{-6}$	(2.0 ~ 2.2) $\times 10^{-6}$	(2.0 ~ 2.5) $\times 10^{-6}$	2.5 $\times 10^{-6}$	0.3 $\times 10^{-6}$
弹性模量/MPa	(2300 ~ 3000) $\times 10$	(2500 ~ 2900) $\times 10$	(1500 ~ 2000) $\times 10$	(100 ~ 1200) $\times 10$	$2700^{②} \times 10$	7780×10

①经高温化学处理的高纯制品;②1500℃处理的值。

将来的原子反应堆究竟采取哪一种形态,现在尚难预料,从最近的发电用动力堆的动向来看,以美国为中心的轻水堆型和在英国、欧洲得到迅猛发展的气冷堆型这两种堆型占据主流。这两种类型对当前实用堆似乎起着示范作用,而且堆用石墨的利用对于后者尤为重要。

3.10.4 加硼的炭和加硼的石墨制品

在核反应堆的设计和运行中,当中子的发射必须控制以及适当的屏蔽必须提供时,常常使用含硼的炭和石墨,作为核反应堆外围的屏蔽材料。

　　硼置换点阵中的碳原子，要能这样，只需加入质量比的千分之几。如果需要较大的浓度，以及如果在某一个应用场合要求硼以特定尺寸的颗粒的形式分布弥散在石墨基体内，就要采用加碳化硼的办法。用这种办法已经生产了含硼浓度达20%质量的石墨。含硼10%时石墨基体的性能只有少量的变化。

　　在500℃干燥的空气或氧中，碳化硼是稳定的，然而如果在氧化温度下有水汽存在，保护性的氧化层就不稳定了，这时会产生硼跟着生成挥发性的氧化硼而跑掉。如果在氧化初始温度以上工作，建议用高纯度加硼石墨。

　　如果要求加工截面上热导率高，并在750℃以上气体释放量少，可用完全石墨化的高纯加硼石墨。表3-31表示加硼材料的可能有的性质。尺寸限制和别的标准炭制品相似。

　　"R"系列产品的尺寸已经发展到直径达 30×0.0254 m，其特征为：（1）性能的总变化为普通石墨的 1/2 ~ 2/3 。（2）松密度为 $1.83 ~ 1.86$ g/cm^3 ，和标准石墨比较，ATS 为 1.73 g/cm^3 ATL 为 1.78 g/cm^3 。（3）挠曲强度和抗拉强度接近 ATJ 石墨，抗压强度同 ATJ 石墨相当。（4）透气率低。

　　表3-32 是"R"系列石墨的性质。这些牌号石墨适用于导弹、热压模、烧结底块、模子和烧盘。

表 3-31　加硼材料的性质

性　质	单　位	加　硼　的　炭	加硼的石墨
硼含量	%	1 ~ 10	1 ~ 10
除硼外的灰分	%	0.5	0.2 ~ 0.5
最大颗粒尺寸	m	0.03×0.0254	0.03×0.0254
松密度	g/cm^3	1.4 ~ 1.6	1.6 ~ 1.7
挠曲强度	Pa	$(1800 ~ 3000) \times 6895$	$(1500 ~ 2500) \times 6895$
比电阻	Ω·cm	$(60 ~ 70) \times 10^{-4}$	$(12 ~ 16) \times 10^{-4}$
热导率	W/(m·K)	$(0.012 ~ 0.017) \times 417.6$	$(0.050 ~ 0.091) \times 417.6$

表 3-32　"R"系列石墨的性质

性　质		单　位	RVA	标准石墨	
				ATL	ATJ
最大颗粒尺寸		m	0.03×0.0254	0.03×0.0254	0.006×0.0254
松密度		g/cm^3	1.84	1.78	1.73
比电阻	平行于颗粒方向	Ω·cm	12×10^{-4}	11.30×10^{-4}	11.00×10^{-4}
	垂直于颗粒方向		15×10^{-4}	11.80×10^{-4}	14.50×10^{-4}
挠曲强度	平行于颗粒方向	Pa	3700×6895	2190×6895	4000×6895
	垂直于颗粒方向		2900×6895	2140×6895	3600×6895
抗拉强度	平行于颗粒方向	Pa	1600×6895	1100×6895	1790×6895
	垂直于颗粒方向		1400×6895	1120×6895	1430×6895
抗压强度	平行于颗粒方向	Pa	8400×6895	5090×6895	8270×6895
	垂直于颗粒方向		8100×6895	5090×6895	8540×6895
杨氏模量	平行于颗粒方向	Pa	$1.7 \times 6895 \times 10^6$	$1.28 \times 6895 \times 10^6$	$1.45 \times 6895 \times 10^6$
	垂直于颗粒方向		$1.3 \times 6895 \times 10^6$	$1.24 \times 6895 \times 10^6$	$1.15 \times 6895 \times 10^6$

性 质		单 位	RVA	标准石墨	
				ATL	ATJ
线膨胀系数	平行于颗粒方向	℃$^{-1}$	1.8×10^{-6}	2.4×10^{-6}	2.2×10^{-6}
	垂直于颗粒方向		27.7×10^{-6}	2.4×10^{-6}	3.4×10^{-6}
热导率	平行于颗粒方向	W/(m·K)	0.26×417.6	0.27×417.6	0.28×417.6
	垂直于颗粒方向		0.21×417.6	0.26×417.6	0.21×417.6
透气率	平行于颗粒方向	毫达尔绥 (Darcys)	0.6	68	18
	垂直于颗粒方向		0.6	64	15

4 宇航与军工用炭石墨制品

由于炭石墨材料具有耐高温（无氧条件下），高温机械强度高、质量轻、比强度高，对某些波的吸收性能好等许多优良性质，因而在宇航与军工方面得到广泛的应用。

4.1 宇航用 C/C 复合材料

4.1.1 概述

人类对宇宙空间的探索与开发，必不可少的运载工具是火箭与航天飞机 OPE（obriting plane），火箭与航天飞机在离开地球穿越大气层和返回地面穿越大气层时，由于火箭与航天飞机以极超音速（如大于 20 马赫）飞行时，在机体前面形成强大冲击波，使气流产生高温，机体暴露于最高温度部分是火箭的鼻锥和航天飞机的前端部分与主翼前沿等处，对此处的材料要求是能耐再进入大气圈时严酷的空气动力加热环境，具有再使用性。目前这种耐热结构材料，通常是采用 C/C（Carbon/Carbon）复合材料。

航天飞机是美国由 1970 年开发的，1981 年 4 月初发射成功的航天飞机，机体前端部、机翼前缘部初次使用了用 SiC 涂层具有耐氧化性的 C/C 复合材料。由于飞机在返回大气层时产生摩擦热，为保护机体必须使用质量轻又耐高温有强度的部件，C/C 复合材料充分发挥了其机能。我国的航天事业也发展得很快，航天技术进入到世界先进水平行列，载人飞船多次从太空往返，建立了空间站，即将实现登月。这些丰功伟绩，也有炭材料的功劳。前苏联是世界上第一个国家实现了载人太空遨游，1961 年加加林成为遨游太空的第一人。

耐氧化 C/C 复合材料是用如下方法制成的。将黏胶丝基炭纤维编织物用酚醛树脂浸渍后制成的预浸带，以所设定的形状 19～38 层叠积，在高压釜固化后，进行后固化，然后经 70h 815℃炭化，再用糠醛树脂进行 3 次浸渍—固化—炭化的致密化处理，之后同时进行高温热处理和耐氧化涂层。再把焙烧体埋入铝、硅、碳化硅适量混合后的粉末中，使之在 1650℃反应，表面镀上 SiC 后就制成了 C/C 复合材料。为密封 C/C 基材和 SiC 涂层膜之间热膨胀差产生的裂纹和防止涂层膜脱落进行 5 次 TEOS（四乙基原硅酸）浸渍，再经 315℃热处理就完成了耐氧化涂层。

C/C 复合材料的特点是除了在高温下保持着高强度、高耐热性、高耐热冲击性、高耐热腐蚀性，以及对热和电的传导性好这些炭素材料的一般特点外，还可以举出高强度、高刚性、低密度以及比强度、比刚性高，断裂韧性好等优点。但是与一般炭素材料同样在有氧存在条件下耐氧化性差，故在氧化性气氛中使用时必须进行 SiC 等耐氧化性物质涂层。

图 4-1 为日本由火箭 H-Ⅱ垂直发射的航天飞机 HOPE 机体构想图，机体中

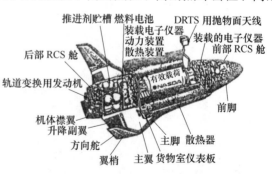

图 4-1 HOPE 机体构想图

部有货舱，在此处装载宇宙实验用仪器。在机体前部，收纳有控制姿势用的推进系统和其他电子仪器。在机体后部装备有轨道变更用的推进系统和发动机。主翼是具有大的后退角的双重三角翼，在翼端装有代替垂直尾翼的翼梢尾翼（チップフィン）。翼梢尾翼方式与机体上的垂直尾翼相比，可提高低速时的提升特性，而且在发射时收藏于备用舱内部的效率好。作为操作面，辅助翼安装在主翼后部，方向舵则装备在翼梢尾翼的后部。而在本体后部为提高提升特性安装有机身襟翼；作为降落装置，在机体前部收容有前轮，在主翼前部收容有一对主轮。

在再突入大气圈高度约为 80km 时，马赫数约为 25 的稀薄极超音速流在机体前面形成强大的冲击波，就在其后气流温度达 20000～30000℃。这一高温气流加热机体，使机体表面温度高达 1700℃。在这样稀薄的高温空气流中，空气分子在解离或者电离的流动场中进行化学反应的同时，也和机体表面的材料进行化学反应。因此，有必要考虑所谓的实在气体效果并对其进行处理。

4.1.2 航天飞机对 C/C 材料的要求

图 4-2 所示为 HOPE 机体主结构的分件图，HOPE 最重要的是开发能耐返回大气层时严酷的空气动力加热环境，且满足再使用性要求的耐热材料和耐热结构。对 C/C 复合材料的要求条件如下：（1）耐热性。在氧化性气氛下，最高能耐温达 17000℃。（2）再使用性。设计重复使用次数为 10 次，修补和检修达到最小限度的。（3）耐荷重。鼻锥罩和前沿为单壳状结构，为了对空气动力学负荷能保持其形状，要使之不形成纵向弯曲，故要求具

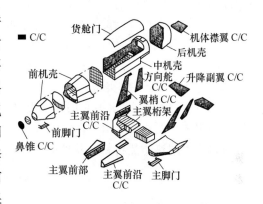

图 4-2 HOPE 机体主结构的分件图

有高模量。为使升降副翼，舵体襟翼那样的舵面和翼梢尾翼耐大的空气动力学负荷，还要求有高的强度。（4）环境条件。对音响、振动、冲击具有优良 EYJ 特性，且耐气候性，耐宇宙环境性优良。（5）成本及可靠性。成本低，可靠性优良。

4.1.3 日本的 HOPE 计划

在日本以 NASDA（宇宙开发事业团）和 NAL（航空宇宙研究所）为中心，确立了 21 世纪初实现"有翼往还技术"，为掌握具有世界水平、高效率的实用系统，HOPE（H-Ⅱ Orbiting Plance）以及为开发 HOPE 实验机的研究开发已经正在进行中。

（1）返回大气层轨道实验（OREX）。OREX（Orbital Reentry Experiment）1994 年 2 月 4 日从种子岛宇宙中心用 H-Ⅱ火箭 1 号机发射升空围绕地球一圈后返回大气层，落在太平洋水中。OREX 的机体构想图如图 4-3 所示。其中 C/C 复合材料的鼻锥帽如图 4-4 所示。

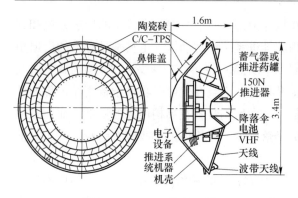

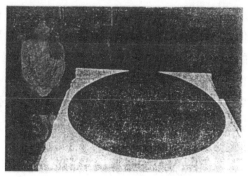

图 4-3　OREX 机体构想图　　　　　　　图 4-4　OREX 的鼻锥帽

鼻锥帽是外径 ϕ1.7m，曲率半径 1.35m 的部分球壳形状的世界最大级的一体化 C/C 复合材料，并实施了涂层。此外与航天飞机相比厚度为 4mm，谋求壁薄质量轻。该 C/C 复合材料的鼻锥帽系以 PNA 基高弹性炭纤维的 8 层编织物，成型树脂和浸渍树脂使用热固化树脂。耐氧化涂层是由将 C/C 复合材料的表面用 SiC 的逆转层和玻璃密封层构成的。这个涂层在返回大气层时十分有效。可以确认，试验片具有良好的力学特性和耐热性。事实证明，应用于大型复杂的结构部件也是可行的。

在 OREX 鼻圆锥体的周围配置了 24 张 TPS 嵌板，同样也使用实施了耐氧化涂层的 C/C 复合材料。

（2）超超音速飞行实验（HYFLEX）。HYFLEX（Hypersonic Flight Experiment）1996 年 2 月 12 日从种子岛宇宙中心用 J-1 火箭 1 号机发射升空，在小笠原近海着水。HYFLEX 的机体构想图如图 4-5 所示。鼻锥帽和舵面使用了 C/C 复合材料。在这次飞行试验中 C/C 复合材料作为耐热防热材料，其性能得到完全发挥。

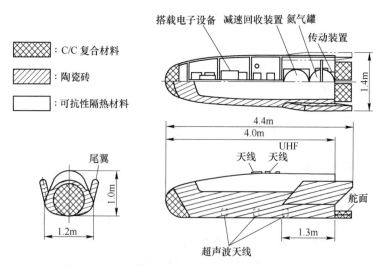

图 4-5　HYFLEX 的机体构想图

（3）HOPE。用 H-Ⅱ派生型火箭发射的大型实用 HOPE 的构想图如图 4-6 所示。鼻圆锥体、主要的边棱、升降副翼等处计划使用 C/C 复合材料。

在日本 C/C 复合材料的生产技术是先进的，很多地方值得我们借鉴，但他对空间技术的开发也是值得我们密切关注的。

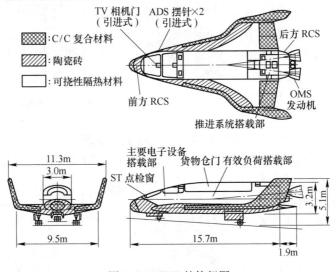

图 4-6　HOPE 的构想图

4.2　耐氧化 C/C 材料的制法及特性

4.2.1　耐氧化 C/C 复合材料的制法

　　通过对许多种材料的试验，可得到选定在 HOPE 中使用的 C/C 复合材料的基础数据，图 4-7 所示为典型的耐氧化 C/C 复合材料的制造过程。原材料和加工过程对 C/C 复合材料的最终特性有很大的影响。作为原料的炭纤维采用了强度、模量都比较高的 PAN 基和更高模量沥青基两种。图 4-8 表明两种炭纤维的特性，沥青基炭纤维是高模制品。拉伸断裂应变是：PAN 基纤维为 0.50，而沥青基为 0.46，PAN 基纤维略大一些。在 CFRP 预浸带中用酚醛树脂；作为炭化致密化的浸渍树脂则用酚醛树脂、呋喃树脂或沥青。这一炭化致密化过程要反复操作多次，以提高 C/C 复合材料的体积密度，最终进行石墨化处理后才作为 C/C 复合材料被使用。

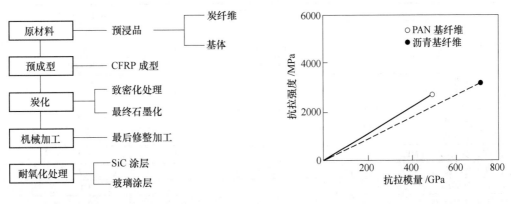

图 4-7　耐氧化 C/C 材料的制造过程　　　　　　图 4-8　炭纤维的特性

　　在 HOPE 再入大气层时的空气热力学加热环境下为防止表面氧化消耗，有必要进行耐氧化涂层，耐氧化的基本概念如图 4-9 所示。第一层为 SiC，选它的理由是 SiC 的耐热性以及对炭材料的亲和性好。作为涂层的方法有将 C/C 基材通过化学反应转化为 SiC 的转化法（Conversion）和由化学气相沉积（CVD）法，及将 SiC 沉积在表面的 CVDSiC 法。对 SiC 层应注意的是 C/C 复合材料和 SiC 层之

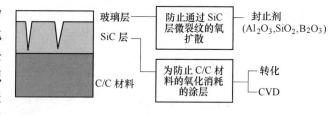

图 4-9　耐氧化的基本概念

间会产生热应力。这是由 C/C 复合材料和 SiC 之间的热膨胀差所引起，它们使 SiC 涂层剥离和开裂。为防止 SiC 涂层剥离，C/C 复合材料和 SiC 之间的界面通过转化的 SiC 进行梯度功能化以提高其黏结性。为防止剥离，转化 SiC 层不可缺少。另外，为防止通过裂口造成 C/C 复合材料的氧化，采用了在第二层用玻璃状陶瓷封堵的办法。对 TYPE-A，TYPE-B 的 SiC 层进行对比试验如图 4-10 所示。TYPE-A…转化 SiC（使 C/C 材料 SiC 化）；TYPE-B…转化 SiC + CVD-SiC；玻璃状陶瓷用 B_2O_3、Al_2O_3、SiO_2 组合。

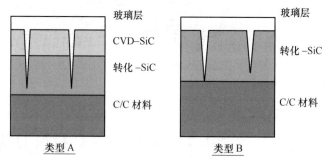

图 4-10　耐氧化涂层系统

4.2.2　耐氧化 C/C 材料的特性

耐氧化 C/C 材料的特性见表 4-1。其抗拉、抗压、抗折强度大致达到 300MPa。图 4-11 为高温时测定的热导率，图 4-12 为冲击后的压缩强度，冲击能在低水平（150in ibs/in）时，C/C 复合材料中就会产生层间剥离，但即使受到高速冲击（700in ibs/in 以上）也只打开空穴，而观察不到灾难性的破坏。

表 4-1　耐氧化 C/C 材料的机械特性

炭纤维	PAN（HM）	沥青（HM）
纬向结构	8 缎纹织物	单向
叠层结构	0/ ±45/90	0/ ±45/90
CFRP 基体	酚醛树脂	酚醛树脂
致密化基体	沥青	沥青
耐氧化涂层	SiC	SiC
松密度/g·cm^{-3}	1.6	2.0
抗拉强度/MPa	320	370
1000℃时抗拉强度/MPa	370	363
抗拉断裂伸长/%	0.3	0.2
抗压强度/MPa	410	320
抗压断裂应变/%	0.5	0.2
抗折/MPa	280	180
抗折断裂应变/%	0.3	0.1
层间剪切/MPa	16	16

续表4-1

模量 /MPa	抗拉	120	180
	抗折	95	140
	抗压	110	150

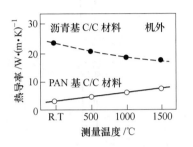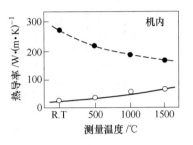

图 4-11 耐氧化 C/C 材料的热导率

由这些结果可知，C/C 复合材料的特性具有下述特征：

（1）由 PAN 基炭纤维所制 C/C 材料的特性：弯曲，压缩强度大，断裂应变也大，高温特性优良，耐冲击性良好。导热率随测定温度增大，本身热导率小。

（2）由沥青基炭纤维所制 C/C 材料的特性：抗拉强度大，但抗压、抗折强度小，且断裂应变小。模量在抗拉、抗压、抗折等方面都很大，高温特性优良，耐冲击性也良好，体积比重值略大。

这些特性差异估计几乎全是由炭纤维的特

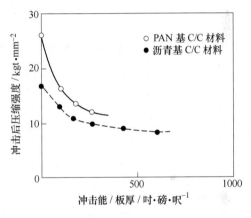

图 4-12 耐氧化 C/C 材料的冲击压缩强度

殊差异所引起，由沥青基制成的 C/C 复合材料的断裂应变小。C/C 复合材料是由炭纤维和炭基体构成，但与炭纤维相比炭基体的断裂应变更小。C/C 复合材料的断裂先由炭基体引起，最终导致纤维的破断。炭基体到炭纤维破断时的应变与炭纤维和炭基体之间界面黏结力有关。断裂应变小的 C/C 复合材料，这种黏结力强，表明 C/C 复合材料的断裂强烈地受炭基体的断裂所影响。为了确保对 C/C 复合材料变形的过冲性，希望 C/C 复合材料的断裂应变更大。由沥青基炭纤维所制 C/C 复合材料，今后应研究开发的是增大其断裂应变；在考虑控制炭纤维和炭基体之间界面的黏结力时应研究炭纤维的表面处理技术。

层间剪切强度由短梁剪切（Short Beam Shear）法测定时为 15～16MPa，是抗拉强度的 1/10 甚至更低，与金属材料（Al，2024 系列）的 250MPa 和 CFRP（T300/环氧树脂）的 60～80MPa 相比则较低。在用作结构体材料时这是最大的弱点。提高 C/C 复合材料的层间剪切强度是今后应研究的课题。目前使用的 C/C 复合材料应尽可能避免用复杂的成型品，把单纯形状的部件用紧固件组装可能是一种办法。

C/C 复合材料的紧固件-接头的强度试验按图 4-13 所示进行。e/D（e 为从孔到端部的距离，D 为孔径）的值定为 2～3，面压强度（E_{br}）由下式算出：

$$E_{\mathrm{br}} = P/(2D \cdot t) \tag{4-1}$$

式中，P 为最大耐荷重；t 为板厚。

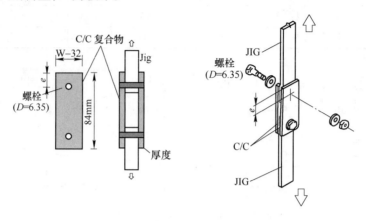

图 4-13　紧固件-接头的强度试验

图 4-14 为接头强度的试验结果。通常用螺钉连接的接头，其破坏方式已知有三种：（1）面压破坏（Bearing）；（2）剪切破坏（Shearout）；（3）截面抗拉破坏（Tension Cleavage-Tension）。图 4-15 为在各自试验中破坏的方式。抗拉破坏在接头部尺寸（从孔到端部的距离及试料的宽）小时发生，当接头部尺寸大时，转为面压破坏，而面压破坏不呈现脆性破坏，希望接头的破坏方式为面压破坏。

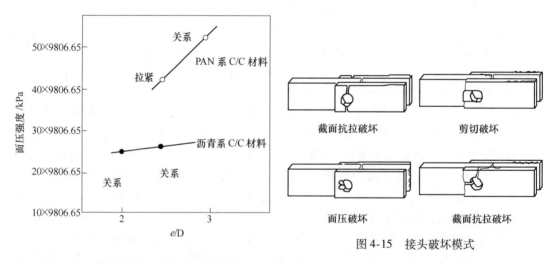

图 4-15　接头破坏模式

图 4-14　紧固件-接头的强度试验结果

4.2.3　C/C 复合材料的成型加工

为了将 C/C 材料作为 HOPE 所具有的各种形状结构体使用，它应具有良好的成型性，在预想 C/C 复合材料适用的部位中构成舵面和翼梢尾翼结构的增强平板和主翼前沿的一部分的曲面形状部件，为了考查在设计、制造上的问题，应进行试制试验。从增强平板的大小、从确认构成要素水平的成型性目的来看，取其长为 1m，宽为 0.5m。考虑到 C/C 复合材料的成型性并作为叶片型的外板时，纵梁进行整体成型（见图 4-16）。由试制试验的结果，考察了成型过程，成型条件以及模板构成的妥当性，但成型品的质量评价还有待今后进一步研究。尤其是了解到应有对付拐角部分的微裂纹和孔隙的对策。

图 4-16　C/C 材料的增强平板

4.2.4 耐氧化 C/C 复合材料使用的分析

HOPE 在返回大气层时，由于空气动力加热而达到高温，但机体表面的空气被加热到这样的高温时，空气分子解离为原子和离子形成流体，这种解离的原子、离子在机体表面通过材料的催化发生再结合（见图 4-17）。因这种再结合是发热反应，所以材料的催化性能越大，机体的表面温度就越高。此外，在一定的空气动力加热率的条件下，表面温度变成了辐射平衡温度，所以材料的辐射率越小，机体表面温度就越高（见图 4-18）。这样，HOPE 在返回大气层时机体的表面温度就由辐射率和催化性能所决定，而这些均与 C/C 复合材料的耐氧化被覆层的特性有关。

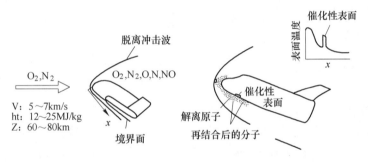

图 4-17　机体表面原子的再结合

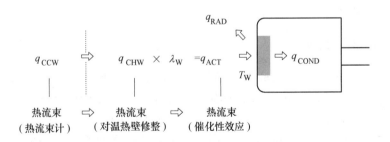

$$q_{CHW} \times \lambda_W = q_{ACT} = q_{RAD} + q_{COND}$$

q_{ACT}：从试体流出的热传导能；q_{RAD}：从试体流出的辐射能 $= \varepsilon \cdot \sigma \cdot T_W^4$；

ε：辐射率；σ：Stefan–Boltzoon 系数；T_W：试体表面的温度；

q_{COND}：流入试体的能量；λ_W：催化系数

图 4-18　机体（C/C 复合材料）周围的热平衡

　　HOPE 的耐氧化被覆层不仅要求其耐热，耐氧化性好，还对辐射率（其值越大表面温度越低）和催化性能（越差，表面温度就越低）等功能有所要求。为了评价 HOPE 在返回大气层时在空气热力加热环境中的这些功能，可用能模拟这种环境的拱形加热风洞设备。图 4-19 为耐热性、耐氧化性评价。耐氧化 C/C 复合材料在拱形加热风洞设备中，进行评价试验时，各反应层可归纳如下。

　　（1）玻璃层因高温高速气流而蒸发，分解，飞散。

　　（2）SiC 层有被动氧化（passive oxidation）和活性氧化（active oxidation），产生哪种反应由温度-压力决定（见图4-20）。在活性氧化时，气体生成物为 SiO，CO_2 的 SiC 常常不断地被氧化故氧化消耗激烈。

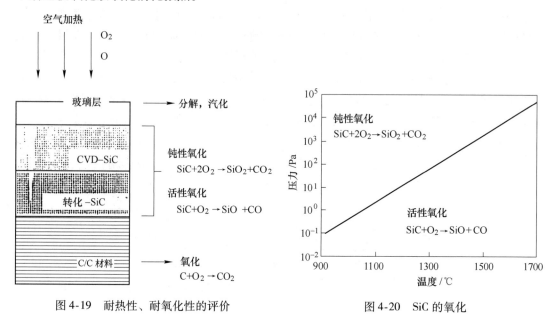

图 4-19　耐热性、耐氧化性的评价　　　　　图 4-20　SiC 的氧化

　　（3）C//C 复合材料…被通过 SiC 层的裂纹扩散进入的氧氧化。SiC 层的裂纹估计在 SiC 的生成温度（CVDSiC 时为 1500℃ 以上）以上时闭合，考虑到碳本身的氧化在 600℃ 以上进行，估计温度在 1000℃ 左右时最危险。

4.2.5　电弧加热风洞试验

　　图 4-21 为电弧加热风洞试验的示意图。电弧加热的形式为 Huel 型，最大电能为 10.5MW。使用喉径为 25.4mm 的圆锥型喷嘴，其出口直径为 101.6mm。提供试验的物体用耐氧化涂层处理过的 C/C 材料（A，B），是直径为 25mm、厚 2～3mm 的圆柱型体。加热条件是表面温度为 1400～1700℃，表面压力为 4000～13000Pa，在各温度下保持 4min。

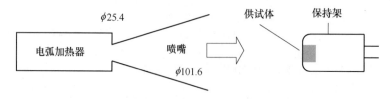

图 4-21　电弧加热风洞试验示意图

气流的热流束（g_{ccw}，kW/m^2）通过水冷或无氧的铜制热流束计进行计量检测。图 4-22 为 C/C 复合材料的安装状况。

表 4-2 为电弧加热风洞试验结果。图 4-18 表明供试体圆周的热平衡，而实际上流入供试体的热流束（q_{ACT}）如下式：

$$q_{ACT} = q_{RAD}（辐射）+ q_{COND}（热传导）\qquad (4-2)$$

图 4-22 C/C 材料的装配情况

表 4-2 电弧加热风洞试验结果

供试体	表面温度/℃	表面压力/Pa	热流束/$kW \cdot m^{-2}$	辐射率	催化性
A	1402	44×100	1581	0.89	0.32
	1426	44×100	1628	0.89	0.32
	1644	130×100	1967	0.89	0.41
B	1429	43×100	1495	0.88	0.39
	1465	44×100	1606	0.88	0.39
	1659	130×100	2049	0.88	0.48

注：A 为从沥青基炭纤维得到的 C/C 复合材料；B 为从 PAN 基炭纤维得到的 C/C 复合材料。

此次实验中使用的热束流计的材质为铜，已知铜对原子和离子再结合的催化性大。材料的催化性（催化系数：λ_w）是通过这种热流束计得到的热流束（q_{ccw}）修正为高温时的热流束（q_{CHW}），在以其为基准而求得。其结果得到 $\lambda_w = q_{ACT}/q_{CHW} = 0.3 \sim 0.5$ 的值，明确了耐氧化 C/C 复合材料的催化性小。

分析拱形加热风洞试验后的供试体的结果，最外层的玻璃几乎不残留，而且未看到 C/C 复合材料的氧化消耗和 C/C 复合材料与被覆层的剥离，可确认其耐热、耐氧化性良好。

我国已实现航天飞机的往返，但要提高航天飞机的寿命，还应对耐氧化 C/C 复合材料作为鼻锥罩、热防护材料（C/C—TPS），升降副翼使用进行各种耐热实验。与此同时，用拱形加热风洞设备对其往返 10 次再使用性进行测试，还应对今后更大型的复杂结构体的成型加工技术进行试验研究。

4.3　火箭用石墨制品的性能

众所周知，火箭能高速飞行是由于火箭在燃料燃烧后以很高速度喷出的同时，本身也受到大小相等、方向相反的反作用力，从而推动火箭前进。

固体燃料火箭的喷嘴处于 2000 ~ 3000℃高温的气流下。此时，具有腐蚀和磨蚀性的气体，在这样高的温度下以很大的压力由喷嘴喷出，所以火箭喷嘴必须具有很高的耐热性能（包括耐热冲击性能）、耐腐蚀性能和耐磨耗性能。在这种情况下不能使用一般的金属材料，此类材料一般有石墨、碳化物、金属陶瓷等高温材料烧制而成的喷管衬套、玻璃纤维、石墨纤维-树脂层压材料等。而石墨材料更是具有适应这种情况的独特性能：

（1）具有很高的耐温性能。前已述及，在通常的大气压下，碳不熔融，当温度升到（3620 ±10）K 时，固体碳直接升华变成气体。

（2）具有很高的高温机械强度。石墨制品在常温下的机械强度并不算高，但它的机械强度却随使用温度的升高而增加，在 2000～2500℃之间，机械强度大约比室温下增加 1 倍左右，它的比强度比其他任何材料都高。直到 2500℃以上，它才显出一点塑性，在负荷下发生一点蠕变。

（3）具有良好的热稳定性。石墨材料具有较高的导热系数，比不锈钢、铅、硅铁等金属材料还高，这就保证了石墨喷嘴料能够迅速将材热气流的热量传走一部分。同时石墨材料的线膨胀系数很小，因此耐热冲击性能也很好，这也是喷嘴材料必须具备的性能。

（4）石墨材料在常温下基本上不氧化，而在 450℃以上石墨材料开始氧化，这是石墨材料的缺点。但石墨材料氧化后直接变成 CO 或 CO_2 气体跑掉，在高温下（3620±10）K 又直接升华，需要吸收很大的升华热，都会带走一部分热量，这对降低喷嘴处的温度也有好处。

正因为石墨材料具有上述一系列适于作喷嘴材料的性能，加之石墨材料具有良好的机械加工性能，可以加工成各种形状和精度的制品，故世界各国广泛采用石墨材料作火箭喷嘴的内衬材料，小的喷嘴直径为 30mm，大的喷嘴直径可以做到 1000mm 以上。还有的资料报道已制造了一个重 10t 的火箭喷嘴内衬石墨材料。

现将几个国家用于制造火箭喷嘴内衬石墨材料的牌号及性能介绍如下（见表 4-3～表 4-5）。

表 4-3　美国生产的 Z 系列石墨的性质

性　质		单　位	ZTA	ZTC	ZTE	ATJ（老产品）
最大颗粒尺寸		in[①]	0.006	0.05	0.03	0.005
假密度		g/cm³	1.95	1.95	1.95	1.73
比电阻	顺晶方向	Ω·cm	7.10×10^{-4}	6.10×10^{-4}	8.90×10^{-4}	11.00×10^{-4}
	横晶方向		19.90×10^{-4}	7.70×10^{-4}	20.00×10^{-4}	14.50×10^{-4}
抗弯强度	顺晶方向	Pa	5.400×6895	2.400×6895	4.300×6895	4.000×6895
	横晶方向		2.425×6895	1.800×6895	2.300×6895	3.600×6895
抗拉强度	顺晶方向	Pa	4.000×6895	—	—	1.790×6895
	横晶方向		1.200×6895			1.430×6895
抗压强度	顺晶方向	Pa	11.240×6895	5.500×6895	6.950×6895	8.270×6895
	横晶方向		12.020×6895	6.500×6895	8.950×6895	8.540×6895
弹性模量	顺晶方向	Pa	$2.65 \times 6895 \times 10^6$	$1.50 \times 6895 \times 10^6$	$2.45 \times 6895 \times 10^6$	$1.45 \times 6895 \times 10^6$
	横晶方向		$0.80 \times 6895 \times 10^6$	$0.85 \times 6895 \times 10^6$	$0.80 \times 6895 \times 10^6$	$1.15 \times 6895 \times 10^6$
线膨胀系数	顺晶方向	℃⁻¹	0.70×10^{-6}	1.8×10^{-6}	0.8×10^{-6}	202×10^{-6}
	横晶方向		8.2×10^{-6}	5.5×10^{-6}	5.5×10^{-6}	3.4×10^{-6}
热导率	顺晶方向	W/(m·K)	0.43×417.6	0.58×417.6	0.37×417.6	0.28×417.6
	横晶方向		0.16×417.6	0.33×417.6	0.17×417.6	0.21×417.6
透气率（氮）	顺晶方向	cm²/s	10^{-4}	—	—	2.6
	横晶方向		10^{-5}			2.6

① 1in = 0.0254m。

表4-4 法国罗兰炭素公司火箭喷嘴用石墨的型号与性能

性质	单位	3780WFG（模压）	2239（模压）	5890（模压）
假密度	g/cm³	1.70	1.80	1.82
开口气孔率	%	16	10	8
肖氏硬度		40~45	55~65	60~70
抗弯强度	Pa	300×98066.5	500×98066.5	600×98066.5
线膨胀系数（100℃）	℃⁻¹	$3.4×10^{-6}$	$4×10^{-6}$	$4.20×10^{-6}$
比热	J/(g·℃)	0.18×4.1868	0.18×4.1868	0.18×4.1868
导热系数	W/(cm·℃)	1.24	0.84	0.49
电阻率	Ω·m	$1300×10^{-8}$	$1500×10^{-8}$	$1500×10^{-8}$
各向异性		很弱	几乎没有	几乎没有
灰分	%	<0.1	<0.1	<0.1
尺寸	mm	圆柱形： 直径 146~470 高度：≤直径或≤1.2×直径 方形：197×155×53 520×188×111	圆柱形： 直径 56~225 高度：≤直径或 φ280×181 方形：168×132×30 168×132×51 460×165×111	圆柱形： 直径 55~220 高度：≤直径或 φ280×181 方形：163×128×30 163×128×51 455×165×111

表4-5 美国大湖炭素公司生产的火箭喷嘴用石墨的性能

性能	单位	H585	H590	性能	单位	H585	H590
最大颗粒尺寸	in①	0.07	0.07	弹性模量	Pa		
假密度	g/cm³	1.80	1.85	顺晶方向		$10.8×10^9$	$10.8×10^9$
电阻率	Ω·mm			横晶方向		$6.9×10^9$	$7.4×10^9$
顺晶方向		$9.0×10^{-3}$	$8.6×10^{-3}$	线膨胀系数（273~384K）			
横晶方向		$13.0×10^{-3}$	$12.0×10^{-3}$	顺晶方向		2.5	2.4
抗弯强度	Pa			横晶方向		4.5	4.4
顺晶方向		$32×10^6$	$35×10^6$	硬度	肖氏	35	36
横晶方向		$25×10^6$	$26×10^6$				
抗压强度	Pa						
顺晶方向		$63×10^6$	$66×10^6$				
横晶方向		$65×10^6$	$69×10^6$				

① 1in＝0.0254m。

　　为了改善石墨材料易氧化的缺点，可将石墨表面涂上钨、铟、钛等耐热金属涂层或耐火材料的碳化物、氮化物、硼化物等涂层。图4-23 和图4-24 为已应用的石墨火箭喷嘴内衬。

　　根据有关镀层和复合物的报道文献，钨镀层是美国纳姆考研究与开发公司开发的，这就是在石墨上敷以碳化物皮膜，皮膜上再加上一层钨，并用钨钒合金熔接。这虽然在2000℃以上还会氧化，但还是取得了防止高温磨耗的效果，故可用于固体燃料火箭。美国联合碳化物公司还发明了铱涂层，在2200℃的温度下耐热冲击性能良好。

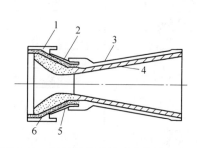

图 4-23　固体燃料火箭喷嘴构造示意图

1—火箭本体前部（Al 合金）；2—前部衬；
3—火箭本体后部；4—后部衬（F. R. P）；
5—陶瓷耐热衬；6—石墨

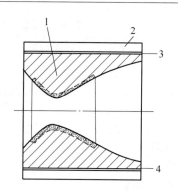

图 4-24　组合构造的火箭喷嘴

1—石墨；2—钨衬；3—钼线；4—加强塑料

为了提高石墨的抗氧化性能，可将硼化物、碳化物和氮化物及硅化物等加在石墨粉中压制成型（即组合材料），能显著降低其高温下的氧化速度和提高机械强度。据美国资料报道，将 C- ZrB$_2$- Si 的石墨组合材料和 ATJ 石墨放在 1470℃ 的热气流下，测量其质量损失，ATJ 石墨放置 20min 后，其质量损失达 24%，而复合（C- ZrB$_2$- Si）石墨材料放置 180min，其质量损失仅为 1%。

为了提高火箭喷嘴用石墨的耐热冲击性能和耐磨蚀性能，有专利主张将石墨材料做成有一定气孔的石墨材料，然后将气孔浸入某种浸渍材料，这种浸渍材料在喷嘴喷气时汽化，在石墨与腐蚀气体间形成保护膜，且希望它具有较高的汽化热，在汽化时能吸收高热，以降低喷嘴表面的温度。锡是一种合适的浸渍材料，锡的熔点虽低（为 231℃），但沸点却为 2260℃，汽化热为 68000 × 4. 1868 焦耳/克分子。实验表明，银也是一种较理想的浸渍材料，银的熔点为 960℃，沸点为 1950℃，汽化热为 60720 × 4. 1868 焦耳/克分子。通常浸渍金属的量应是石墨质量的 30% 左右。

近年来，为了提高石墨喷嘴内衬的耐氧化性能，采用在喷嘴石墨的基体上沉积一层热解石墨的方法。沉积层的厚度一般在 3 ~ 10mm。

通常将热解石墨作成圆片状，然后叠加在一起作为喷嘴衬料，这样就可以生产标准的热解石墨板，避免了复杂的加工。

上述各种石墨材料也可用作发动机燃烧室的内衬、舵板、护头及其他耐热零件。

4.4　火箭发动机用炭石墨制品

4.4.1　固体火箭用 C/C 复合材料

石墨材料作为固体火箭推进用喷嘴，与钨等材料相比，由于具有质量轻、耐高温、耐腐蚀的特点，而被用在热的最苛刻喉管处。最近为弥补石墨材料脆的弱点，使用以炭纤维三维或多维编织物浸渍沥青，然后焙烧的多维 C/C 复合材料。

在火箭推进用喷嘴喉管部由于超声波气体喷射温度约 3000℃，而其背面温度又较低，传统喉管使用的是石墨材料，但 C/C 复合材料具有质量更轻、强度更高，而且有更好的耐热冲击性和耐热烧损性，又由于可做的较薄，开口比（喷嘴出口面积/喉管面积）、质量比

（推进药质量/推进器总质量）可做的大，具有高比推力的优点。在喷嘴的应用方面 C/C 复合材料作为理想的材料通过开发已在内外实现应用。例如，发射实用人造卫星用的 H- I 火箭的第 3 段远程控制火箭的喷嘴已经使用。图 4-25 所示为火箭发动机用喷嘴结构。

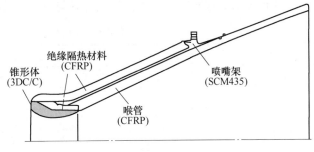

图 4-25　火箭发动机用喷嘴的结构

4.4.2　液体火箭用 C/C 复合材料

液体火箭发动机零部件中为使燃烧器材料轻量化，以及对高温燃烧气体的高温物性好，从这两方面考虑，应用 C/C 复合材料的研究正在进行。

此外，作为航天飞机用发动机的冲压式喷气发动机也正在研究。这些发动机的涡轮入口温度都达到了 1750℃ 以上，所以，已进行耐氧化涂层的 C/C 复合材料的零部件作为耐热、耐氧化的将来优选材料的研究开发正在进行。

4.4.3　离子发动机用 C/C 复合材料

离子发动机是根据在电场中将等离子节流后由喷射口喷出得到推力的航天用发动机。它具有质量轻、输出功率低、寿命长的特点，被用作控制固定卫星位置、行星间飞行器的推进发动机。该发动机为了产生电场附加三块极板。离子发动机的外观如图 4-26 所示。

以前极板使用的是钼板，但是自从知道 C/C 复合材料比钼板的喷射寿命长 2 倍之后，开始使用 C/C 复合材料板。C/C 复合材料的线膨胀系数比钼小，因此在运动中的热应变小，极板间的间隙（0.5mm 以下）也不变化，但是 C/C 复合材料与钼板相比有材料强度偏低的缺点，不尽如人意，这是今后研究的课题之一。

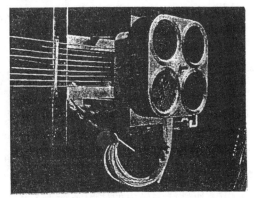

图 4-26　离子发动机的外观

4.4.4　宇航石墨

同石墨的 X 射线密度 2.26 相比，通常制造出来的石墨的体积密度只能达到 1.90。要使密度提高，只有应用反复浸渍的方法才能达到。现在生产出的浸渍石墨的体积密度可在 1.85～2.15 范围以内。通过采用独特的灵活制造方法得到的特种石墨，其性能如下：

（1）有受控的晶粒取向度和高度各向异性的物理性能。沿着晶粒方向的热导率增加；沿着晶粒方向的挠曲强度和抗拉强度增加。（2）渗透性降低 1000～10000 倍。（3）没有结构上的宏观缺陷。（4）能够制出精密度高的光洁表面。

表 4-6 表示了这些牌号石墨的性能，并与 ATJ 石墨作了比较。

表 4-6　Z 系列石墨的性质

性　质		单位	ZTA	ZTC	ZTE	标准牌号 ATJ
最大颗粒尺寸		in	0.006	0.06	0.03	0.006
松密度		g/cm³	1.95	1.95	1.95	1.73
比电阻	平行于颗粒方向	$\Omega \cdot cm$	7.10	6.10	8.90	11.00
	垂直于颗粒方向		19.90×10^{-4}	7.70×10^{-4}	20.00×10^{-4}	14.50×10^{-4}
挠曲强度	平行于颗粒方向	Pa	5400×6895	2400×6895	4300×6895	4000×6895
	垂直于颗粒方向		2425×6895	1800×6895	2300×6895	3600×6895
抗拉强度	平行于颗粒方向	Pa	4000×6895	—	—	1790×6895
	垂直于颗粒方向		1200×6895	—	—	1430×6895
抗压强度	平行于颗粒方向	Pa	7240×6895	5500×6895	6950×6895	8270×6895
	垂直于颗粒方向		12020×6895	6500×6895	8950×6895	8540×6895
杨氏模量	平行于颗粒方向	Pa	$2.65 \times 6895 \times 10^6$	$1.50 \times 6895 \times 10^6$	$2.45 \times 6895 \times 10^6$	$1.45 \times 6895 \times 10^6$
	垂直于颗粒方向		$0.80 \times 6895 \times 10^6$	$0.85 \times 6895 \times 10^6$	$0.80 \times 6895 \times 10^6$	$1.15 \times 6895 \times 10^6$
线膨胀系数	平行于颗粒方向	$℃^{-1}$	0.70×10^{-6}	1.8×10^{-6}	0.8×10^{-6}	2.2×10^{-6}
	垂直于颗粒方向		8.2×10^{-6}	5.5×10^{-6}	5.5×10^{-6}	3.4×10^{-6}
热导率	平行于颗粒方向	$W/(m \cdot K)$	0.43×417.6	0.58×417.6	0.37×417.6	0.28×417.6
	垂直于颗粒方向		0.16×417.6	0.33×417.6	0.17×417.6	0.21×417.6
透气率（氦）	平行于颗粒方向	cm^2/s	10^{-4}	—	—	2.6
	垂直于颗粒方向		10^{-5}	—	—	2.6

3000℃时的稳态蠕变速率为 $6.3 \times 10^{-5} \times 0.0254$ m/min（试样截面为 $3/16 \times 3/8 \times 0.0254$m，跨距为 $3/2 \times 0.0254$m，纤维最大应力为 3800×6895Pa，应力加在 $3/16 \times 0.0254$m 方向上），而 ATJ 石墨是 $1.2 \times 10^{-3} \times 0.0254$m/min。

圆柱体的尺寸可以做到直径 30×0.0254m（φ762mm），长 24×0.0254m（609.6mm）。ZTA 牌号石墨显示出：（1）没有内部裂纹、空穴和用射线检查技术探测出的其他缺陷。（2）用整块试样测量出的体积密度为 $1.92 \sim 1.97$g/cm³。（3）灰分低于 0.25%。（4）用水银孔隙仪测定表明没有大于 1μm 的孔，90% 的孔直径小于 0.5μm。（5）氦透气率低于 5×10^{-3}cm²/s（Fo）。（6）各向异性，垂直于晶粒方向与平行于晶粒方向的线膨胀系数之比（20 ~ 1000℃之间的平均值）大于 3。

利尔等人报道了从 79 次固体燃料火箭发动机在地面上点火试车中对喷嘴不同部位上的氧化情况的研究结果。

戈德门等人研究了电沉积法制造金属-陶瓷复合涂层以防护石墨火箭喷嘴的氧化和腐蚀。用一系列喷嘴涂上不同厚度的金属陶瓷，在以气态氢和气态氧为燃料的火箭发动机中点火作试验。最好涂层厚度是 $2.0 \sim 2.5$Mil（$1 Mil = \frac{1}{1000} \times 0.0254$m）。电镀槽中陶瓷颗粒的浓度对于吸留在涂层中的陶瓷颗粒的数量的影响，试验中显示出应没有什么影响。

戈德门等人还研究了 12 号铬基金属陶瓷涂层，这种涂层包括三种尺寸范围的陶瓷颗粒，涂在 ATJ 石墨块上，用氧炔火焰和高温氧化片进行试验。喉部直径为 $0.430 \times 0.0254m$ 的 ATJ 石墨火箭喷嘴，也用 12 号金属陶瓷复合物进行涂覆，以作最终评价。试验在气态氢-氧火箭发动机上进行。把硼化锆-二硅化钼混合物，氮化硅、碳化钽、碳化硅分别弥散在铬基体中，都显示出良好的性能。

杜恩莱等人应用浸润和流动特性来确定各种硬焊合金对石墨-石墨、石墨-金属的焊接性能，这些合金包括 30 Au-Ni-Mo 和 Au-Ni-Ta 合金、几种 Ti-Zr-Be 和 Ti-Cu-Be 合金以及若干商业合金。没有一种商业合金是适用的。4826：Ti-49%，Cu-2%，Be48% 和 Ti-48%，Zr-4%，Be-48% 合金的浸润性和流动性都很好，但是要求严格地控制硬焊时间和温度以防止对石墨的渗透。60% Au-10% Ni-30% Ta 合金的流动性良好，但延性较差。含 Ta 量低的合金在石墨和钼之间具有良好的硬焊性，但不能对石墨-石墨进行硬焊。35% Au-35% Ni-30% Mo 合金是试验材料中最好的合金，它能很好地对石墨-石墨、石墨-钼进行焊接；其焊接处在熔融氟盐中具有良好的抗腐蚀性能。

4.5 其他航天航空用炭石墨制品

4.5.1 飞机用材料

（1）刹车片材料。从飞机燃料费上涨以及减小维修费用，需要质量轻、寿命长的刹车片，刹车盘如图 4-27 所示。C/C 复合材料刹车片的特点是质量轻，即使高温其力学性能也丝毫不降低，且摩擦系数小，不产生衰减，所以制动能力大，耐摩擦性比传统材料好。

图 4-27 刹车盘

（2）结构材料。作为飞机的结构材料第一要点是质量轻、高强度、高刚性，即：比强度、比刚性要大。再一点，机体在长期运行时要有优良的耐疲劳性，耐腐蚀、耐损伤性也是不可缺少的。对于这些要求，CFRP 比强度、比刚性是普通金属材料的 $2 \sim 8$ 倍，容易制成复杂形状以及耐腐蚀等材料，使其作为飞机极有魅力的结构件用材料，在机体上不断应用。

作为大型民航机的结构材料，在欧洲生产的空中客车 A320（160 座位）上比较适用的新材料已使用了约 20% 的复合材料，CFRP 的应用可以一直涉及到一次结构的尾翼梁间结构。表 4-7 所示为飞机机体材料的物性比较。

表 4-7 飞机机体材料的物性比较

项 目	钢	铝合金	钛合金	玻璃纤维/环氧树脂	石墨/环氧树脂	白坚木/环氧树脂
密度 $\rho/g \cdot cm^{-3}$	7.8	2.7	4.5	2.0	1.5	1.4
弹性模量 E/MPa	2.1×10^6	7.2×10^5	1×10^6	5.5×10^6	1.5×10^6	8×10^5
强度 σ/MPa	18000	6000	12000	14000	13000	14000
比刚性 $E/p/m$	2.7×10^6	2.7×10^6	2.2×10^6	2.8×10^6	10×10^6	5.7×10^6
比强度 $\sigma/\rho/m$	2.3×10^4	2.2×10^4	2.7×10^4	8.3×10^4	8.7×10^4	10×10^4

在军用飞机中，日美联合开发的 FSX 主翼是用 CFRP 一体化成型的，显示了日本复合材料技术之高。飞机机体用复合材料的成型加工方法是用一般的积层装袋成型高压釜法，但由于成型加工费占成本的 70%，今后的主要工作是降低费用。图 4-28 为 FSX 的复合材料适用部位。

4.5.2　人造卫星用结构材料

人造卫星用结构材料除要求有相当高的稳定性、可信赖性外，还由于火箭的发射能力以及经济价值要求质量尽可能的轻。另外，还必须能承受发射途中和宇宙空间的苛刻环境条件。对于这些要求，炭纤维增强塑料（CFRP：CARBON FIBER REINFORCED PLASTIC）具有高的比强度、比刚性，可以制成复杂形状，所以可能实现结构的轻量化。进一步讲对于在宇宙的苛刻温度条件下，其优良的尺寸稳定性也使炭纤维增强塑料成为不可缺少的材料。CFRP 首先是 1980 年作为通信卫星的天线被采用，并取得很大效果。接着 CFRP 占总质量更大比例的主构体也应用了。例如，1985 年哈雷慧星探察机［水星号］初次采用了CFRP 制的主构体。CFRP 从耐热性、耐宇宙环境性方面稍稍有点缺点，但从轻量化、尺寸稳定性方面却是最合适的材料，今后期待有更广泛的应用。

在航天、航空用途中，CFRP 作为质量轻、比强度高的材料在实际应用中正在稳步扩大。而在需要质量轻、比强度高的同时还要耐热性好的材料时，C/C 复合材料性能与此相符，现正在大力开发中，并不断实际应用。FSX 的复合材料适用部位如图 4-28 所示。但是对CFRP、C/C 复合材料都存在成型加工费用高、生产时间长、价格高的印象，今后如果这些得到改善，其用途会更加广泛。

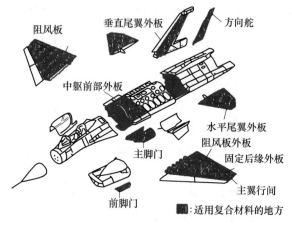

图 4-28　FSX 的复合材料适用部位

4.5.3　其他用炭石墨制品

前面主要讲作为结构材料在宇航军工方面的应用，其实炭石墨制品作为功能材料，其应用更加广泛。

炭石墨材料作为导电材料，在火箭、航天飞机、普通飞机、军舰、潜艇的电机、仪器等被广泛应用，如锂离子电池、电刷、触点等。

炭石墨材料对某些波长的波具有吸收作用，因此可作为隐形材料。其一是火箭、飞机、坦克等本身的隐形；其次是本体周围环境的隐形，有报道说，美国开发了一种具有隐形炭微粉材料——隐形炸弹，当遇到攻击时，炸弹爆炸向本身周围的空间里喷射这种微粉，使它悬浮在空中，干扰攻击的导弹或飞机的跟踪信号，而可躲避攻击。

由于在军事上的许许多多的用途都是保密的，往往实际应用很多，但资料很少，所以，不到实施，是很难了解的，例如，美国在科索沃的战争中使用的炭纤维微粉炸弹，就是利用炭纤维的导电性和质量轻、飘浮到电力网路上破坏绝缘而短路，使电网瘫痪的，但在此之前都没人知道，一旦暴露出来了，其实是很简单的。所以，炭石墨材料在军事上的应用，不怕做不到，只怕想不到。总之，炭石墨材料在宇航、军工上的应用是非常广泛的。海洋基地用石墨结构材料，这一用途里几乎还没有见到有关使用炭素材料的文献，但是炭素材料在这里一定会使用的。

4.5.4 石墨炸弹

石墨炸弹又名软炸弹，俗称"电力杀手"，因其不以杀伤敌方兵员为目的而得名。又因其对供电系统的强大破坏力而被称为断电炸弹。主要攻击对象是城市的电力输配系统，并将其瘫痪。石墨炸弹是选用经过特殊处理的纯碳（碳化学式 C 相对原子质量 12.01，原子序数为 6，非金属第 2 周期）（石墨）纤维丝制成，每根石墨纤维丝的直径相当小，仅有几千分之一厘米，因此可在高空中长时间漂浮。由于石墨纤维丝经过流体能量研磨加工制成，且又经过化学清洗，因此，极大地提高了石墨纤维丝的传导性能。石墨纤维丝没有黏性，却能附在一切物体表面。

4.5.4.1 石墨炸弹的使用

（1）激光制导的炸弹在目标上空炸开、旋转并释放出 100～200 个小的罐体，每个约有易拉罐大小。（2）每个小罐均带有一个小降落伞，打开后使得小罐减速并保持垂直。（3）罐内小型的爆炸装置起爆，使小罐底部弹开，释放出石墨纤维线团。（4）石墨纤维在空中展开，互相交织，形成网状。（5）由于石墨纤维有强导电性，当其搭在供电线路上时即产生短路造成供电设施崩溃。

4.5.4.2 石墨炸弹的威力

石墨纤维只要搭落在裸露的高压电力线或变电站所的变压器等电力设施上，经特殊化学处理的具有极好导电性能的石墨纤维就会使之发生短路烧毁，造成大范围停电。石墨纤维在造成过流短路时，还会受热汽化和产生电弧，使导电的石墨纤维涂覆在电力设备上，破坏它们原有的绝缘性能，使电力设施长期受损，难以修复。石墨纤维丝可进入电子设备内部、冷却管道和控制系统的黑匣子。石墨纤维丝弹头对包括停在跑道上的飞机、电子设备、发电厂的电网等所有东西都产生破坏作用。

4.5.4.3 石墨炸弹的实战

海湾战争时，石墨炸弹在"沙漠风暴"行动中首次登场。当时，美国海军发射舰载战斧式巡航导弹，向伊拉克投掷石墨炸弹，攻击其供电设施，使伊拉克全国供电系统 85% 瘫痪。在以美国为首的北约对南斯拉夫的空袭中，美国空军使用的石墨炸弹型号为 LU-114tB，由 F-117A 隐形战斗机于 1999 年 5 月 2 日首次对南电网进行攻击，造成南斯拉夫全国 70% 的地区断电。

石墨炸弹的另一技术特点体现在其运载工具和制导定位方面。若使用全球定位系统（GPS）或惯性导航系统制导、传感器引爆的运载工具，石墨炸弹可使用多种战机进行准确投放。而使用成本低廉的非制导的运载工具投放，则会出现百余米的攻击误差。据报道，南斯拉夫老大妈抱怨北约飞机给她的花园蒙上一层讨厌而昂贵的石墨纤维"地膜"，就是由于这个原因造成的。

5 炼钢炉与其他冶炼炉用炭石墨电极

5.1 电炉电极的分类与工作原理

5.1.1 电炉与电极的发展

电加热用的电极是耐火的导电体，它不参与炉内的反应。例如，炼钢用石墨化电极，它主要要求电阻率小，对强度和灰分的要求没有半导体石墨和核石墨那样高纯，特别是其他矿热的电极，如在制造碳化钙时，原料是焦炭和生石灰，都是便宜而不纯的材料，焦炭中含有大量的灰分，因此采用高灰分的电极也无妨，因为由消耗电极而渗入的杂质可能被炉热所分解或随炉渣排出。在大多数情况下，电极中杂质或者不会进入产品，或者进入产品也不会使产品产生显著的差别。故电加热用的电极可以是高灰分的，它的灰分或者是不重要的，或者是为了能使用便宜的电极，值得在电阻方面受些损失。

20 世纪 20 年代，所谓"标准的"炼钢电炉容量是 6t，到 1944 年是 70t，1950 年是 200t。电炉容量的增加意味着汇流排和电极的相应增大，也意味为配合炼钢更精细的技术条件，对电极的性能要有严格的要求。在电炉钢内，来自电极的硫污染可能是重要的，故电极要用低硫焦制造。到 1940 年代，倾向于提高石墨化温度，即提高石墨化程度，和使用低灰分的焦来增加电极的导电性。其后均采用石墨焦生产电极，由于电炉容量增大，为保证必要的电流密度，从而增大电极直径，这在电极成型上带来困难。至 20 世纪 60 年代开发高功率电极和超高功率电极，从提高质量来提高承受高电流密度的能力。

1808～1820 年用炭弧小电炉制造了钠和钾。1839 年用抽真空的钟形缸真空电炉，制造了碳化钙、石墨、磷和钙。

进入 20 世纪之前，已经有了制造铝、碳化钙、铁合金、碳化硅和石墨用的电炉。

1899 年，希劳特设计建造了第一只直接电弧炉，1900 年生产出第一批钢材。其后几年内，国外电炉最大发展就是大部分都是应用这种底部接触原理的电炉。

1906 年，美国建造了电弧炉，开始了电炉炼钢。早期的电炉设计都很粗糙，机械操作，选用一挡或二挡电压，用炭素电极、电炉门加料、应用各种不同的电路连接方法。老式的炉子每平方英尺炉床面积的运转功率为 20～25W，现代化炉子为 75～150W 及更高。

最初认为 90～100V 合适，但因炉子容量增大，电压必须提高，同时发现：熔化期和精炼期需用两种不同的电压范围，就是说熔化期用高电压高功率，精炼期用低电压低功率。如果把三相变压器的初级在熔化期作三角形连接，在精炼期作星形连接，那就可很好地满足上述条件。

电加热可以得到较高的温度，工艺也可简化。现今电炉在较高温度下，所进行的许多化学反应，如果在较低的温度下，这些反应是不可能以任何明显的速度进行的。电热法可以如表 5-1 所列分为电阻加热、电弧加热和感应加热。

表 5-1 电热的方法

Ⅰ 电阻加热

 A 被加热体起电阻器作用：1. 固体作电阻器。(1) 金属棒，铆钉等作电阻器；(2) 炭或石墨作电阻器 (生产石墨电极的炉子)；(3) 起化学反应的炉料作电阻器 (电热炼锌)。2. 液体作阻器。(1) 水 (电力蒸汽锅炉)；(2) 熔融电解质。

 B 辅助元件作电阻器：1. 金属丝或金属带 (常用镍铬合金，也用钼和铂)。2. 浇铸金属。3. 非金属。(1) 碳化硅、硅化物、氮化物及诸如此类的棒和管；(2) 炭粒；(3) 受压炭板；(4) 炭芯，周围用炉料包围 (碳化硅炉)。

Ⅱ 电弧加热

 A 直接电弧法：1. 直接串联电弧 (希劳特炉)。2. 直接电弧，电极悬离炉床。3. 直接电弧，电极埋入炉床。

 B 间接电弧法：1. 电弧发生在顶端相对的两根或更多的电极之间 (底特律炉)。2. 电弧发生在互相成一定角度的两根或更多的电极之间。

Ⅲ 感应加热

 A 低频，芯型：1. 固体电阻器作次级。2. 熔化的金属作次级 (阿茹克斯-艾特，阿茹克斯-泰玛炉)。

 B 高频，无芯型：导体或非导体坩埚与导体或非导体炉料的组合 (阿茹克斯-诺斯洛普炉)。

Ⅳ 自耗电极炉

Ⅴ 在减压下操作的上述各种加热方法 (真空熔炼)

5.1.2 电炉的分类

  电热法的应用可再分为下列四种：(1) 熔炼钢铁；(2) 熔炼非铁金属及合金；(3) 用于铁合金生产；(4) 制造非金属产品，如 CaC_2、SiC、石墨；以及蒸馏产品，如 P、S_2O_5 和 CS_2。

  电炉有五种形式：(1) 三相直接电弧炉，用于钢、铁、铜和镍的熔化与精炼；(2) 单相间接电弧炉，用于铁、铜和铜合金的熔化；(3) 单相或三相埋弧电炉，用于铁合金、磨料、碳化钙和磷酸的生产；(4) 电阻炉，用于石墨化，熔炼铜合金的热处理；(5) 感应炉，用于熔炼钢和有色金属及其合金。

5.1.3 电炉的工作原理

  除原子态氢弧外，炭弧是最热的电弧。不同材料的电极间的电弧中所达到的温度列于表 5-2。电弧炉通常采用交流电，现在已采用直流电炉炼钢，图 5-1 表示交流电弧的电压和电流的相互关系。图中曲线和直流电弧的相似，电流的增加伴随着电弧电压的降低，

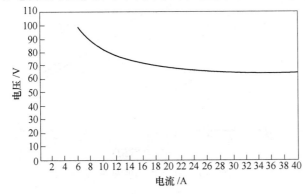

图 5-1 交流电弧的电压-电流特性

表 5-2 电弧温度

电极材料	电弧温度/K
炭	3413
钨	3000
铁	2430
镍	2365

但恒电压电弧必然是不稳定的。电弧功率因数通常在 85% 以上，图 5-2 中功率与伏-安的比值即为功率因数。

通过研究的电炉的类型及其特性，电极周边电阻的概念，即 R_K 因数：

$$R_K = \frac{E\pi D}{I} \qquad (5-1)$$

式中　R_K——电极周边电阻因数；

　　　E——电极对地电压；

　　　I——每一电极的电流；

　　　D——电极直径（in❶）。

熔炼过程看来要求有一个典型的 R_K 值，即电炉电阻与电极周长的乘积 $R_K = R \cdot \pi D$。R_K 因数其典型数值示于表 5-3。从表 5-3 上所列数据可以看出，用预焙阳极（预焙电极）生产碳化钙和高百分比硅铁比连续式自焙阳极（自焙电极）有较高的 R_K 因数。图 5-3 中这些产品的曲线的斜率就是根据这些数据定出的。如果电流和电压都保持恒定，而电极尺寸增大，则结果是功率密度降低，R_K 因数增大。

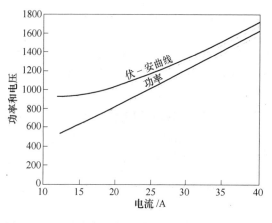

图 5-2　电弧功率因数随电弧瓦特而变化的情况

表 5-3　埋弧操作 R_K 因子的典型值

产　品	R_K 因子
磷	0.75 ~ 1.00
高碳铬铁（低硅）	0.35 ~ 0.65
50% 硅铁	0.24 ~ 0.34
高碳铬铁（高硅）	0.20 ~ 0.30
碳化钙（连续式自焙阳极）	0.19 ~ 0.22
（预焙阳极）	0.28 ~ 0.32
75% 硅铁（连续式自焙阳极）	0.16 ~ 0.20
（预焙阳极）	0.25 ~ 0.30
铬铁硅（两段冶炼）	0.12 ~ 0.17
硅锰	0.10 ~ 0.15
标准锰铁	0.08 ~ 0.13

埋弧电炉用的电极尺寸是根据工作电流密度来选定的。经济上要求尽可能用最大的电流密度，以保持最小的投资费用。按电流密度选择电极，这将要求提高电极性能，而不受冶炼特性的限制。

图 5-4 表示预焙阳极的电流密度值。重叠上的曲线是由下式推导出来的，即 $cd = \dfrac{250}{\sqrt{D}}$，这里 cd 为

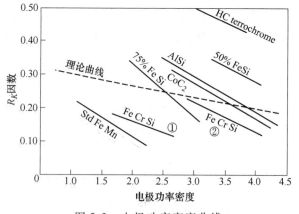

图 5-3　电极功率密度曲线

----

❶　$1\,\mathrm{in} = 0.0254\,\mathrm{m}$。

电流密度，A/in^2；D 为电极直径，in。

开弧电炉用的石墨电极的额定电流负荷范围，直径 12 in 以下的示于图 5-5，直径 14~24 in 的示于图 5-6，冶炼铁合金和碳化钙用炭电极的额定电流负荷范围示于图 5-7，制磷用炭电极的示于图 5-8，其他各样用途的炭电极的电流负荷范围示于表 5-4。

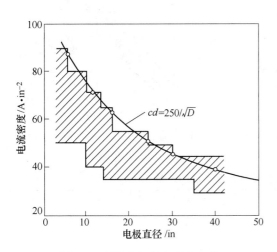

图 5-4 预焙电极的电流密度值

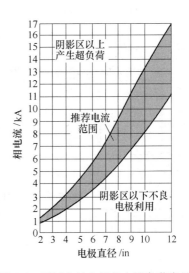

图 5-5 开弧电炉电极的电流负荷容量
（电极直径在 12 英寸以下）

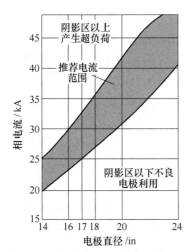

图 5-6 开弧电炉电极的电流负荷容量
（电极直径 14~24 in）

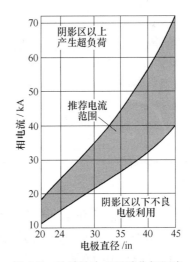

图 5-7 冶炼铁合金和碳化钙用炭
电极的电流负荷容量

三相电炉设计的重要因素是电极间距。曾采用的一种方法是使电极间的间隔等于电极的直径。能够适应于各种不同用途的电极间距许多都采用电极直径的 1.5 倍。这一点在某种程度上取决于电炉上面的辅助装置所需要的间隔。表 5-5 是根据各种各样的电炉尺寸及负荷抽取 50% 硅铁的数据编制而成。这些数据表明电炉的负荷与电极间距的平方成正比。

表 5-4　电极的电流范围（间歇使用的圆形炭电极）

电极公称尺寸/in	近似面积/in²	额定电流范围	
		电流密度/A·in⁻²	总负荷/A
直径 8	50	50~90	2500~4500
直径 10	79	40~80	3100~6300
直径 12	113	40~70	4500~7900
直径 14	154	35~65	5400~10000
直径 17	227	35~65	7900~15000
连续使用的正方形和长方形电极			
16×16	256	35~55	9000~14000
20×20	400	35~55	14000~22000
24×24	576	35~45	20200~25900
24×30	720	30~40	21600~28800

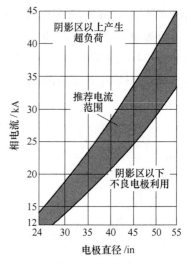

图 5-8　制磷用炭电极的电流负荷容量

表 5-5　50%硅铁电炉的电极间距与负荷的关系

实际电炉负荷/W	实际电炉间距/ft①	计算电极间距/ft	计算值与实际值之比
12000	8.5	9.2	1.08
10900	8.5	8.8	1.03
10560	8.5	8.6	1.01
10100	8.5	8.4	0.99
11400	8.0	8.9	1.11
11050	8.0	8.8	1.10
10770	8.0	8.7	1.08
9500	8.0	8.1	1.01
7570	6.0	7.3	1.21
4320	5.5	5.5	1.00
4150	5.0	5.4	1.08

① 1ft = 0.3048m。

关于反应区和熔池直径问题，通过研究认为，最小反应区和最大反应区分别如图 5-9 和图 5-10 所示，但最好的电炉反应区应该是相邻的反应区之间稍有重叠，而所有三个互相重叠的部分又恰好接触于中心点，如图 5-11 所示。对应对这些反应区（直径 D_r）的有效的电炉直径（D_f）则将是电极间距（S）的 2.3 倍。或 $D_f = 4H = \dfrac{4S}{\sqrt{3}} = 2.3S$，$D_r = \dfrac{2S}{\sqrt{3}} = 1.16S$。经验表明熔化区域和炉衬直接接触是不可取的，因此计算的电炉直径 D_f 需要加大一些。电炉的工作数据表明衬内熔池直径应大约等于 D_f 的 1.15 倍。

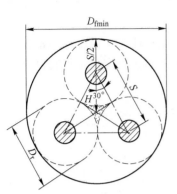 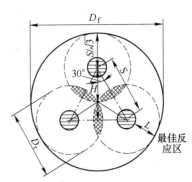

图 5-9　三角形排列的电炉电极　　图 5-10　最大电炉反应区　　图 5-11　最佳电炉反应区
　　　　间距与最小反应区直径

在熔炼过程中，如熔炼硅铁，铬铁硅及铅硅合金等，炉底充满高导电性的炉床金属基体，其高度达到离电极尖端仅数英寸处。在电极尖端通常离炉床 60 英寸的情况下，则电极下面的导电炉床金属将高达 55 英寸。电极埋入炉料中的深度与电极尖端跟炉床的距离之比，其变化是很大的，但冶炼标准合金对这一比值范围为 0.3 ~ 3.0。

电炉制造磷、铁合金及碳化物的最佳电压或电压范围，取决于伏安值与功率负荷之比，电极尺寸以及变荷变压器的抽头数目。次级的相电压（E）与每一相的相电流（I）之间的关系随电炉形态进料的制备情况及炉床载料的表面形状而改变。根据实际操作经验，制磷电炉的 E/I 比在 80 ~ 173 范围内，可以获得满意结果。这时如电炉负载容量 9000 ~ 15000W 则最佳电压范围为 300 ~ 350V，40000W 大电炉的最佳电压当在 500V 以上。高功率因数随使用电压、电流电路的电阻及电炉电路的感抗而变化。感抗的大小决定于电炉电路的几何形状及供电频率。

电炉的尺寸兼顾下列诸因素：（1）由电炉负荷决定的炉床面积；（2）由电极尺寸；（3）次级电压；（4）进料特性；（5）炉床转料的表面形状而定的炉床的横截面尺寸。炉床面积是以瓩/平方英尺计量的。从 20 ~ 60 瓩/平方英尺的炉床面积用于不同的 E/I 比与不同的材料组合，在电炉运转上都很成功。但施用的功率必须是以维持炉渣熔融，并使整个炉床面积保持在反应温度。

当功率负荷固定时，提高电压可使电极在炉内升高使用。这样做的好处是炉底和炉墙的侵蚀可以降低。但电极升高到一定程度时，将使炉子烟气中灰尘含量和温度增加到超过限度，而使炉子收尘器及辅助设备不能有效地工作，因此，电炉逸出气体的温度超过 500℃ 是不允许的。

电极消耗是选定电压的一个因素。在给定的功率负荷下，较低的电压导致较高的相电流。电极消耗随电流密度的增加而变化，电流密度超过最佳值之后电极消耗近似地按电流密度的平方增加。增大电极尺寸可降低电流密度。炭素电极和石墨电极用于冶炼多种产品的消耗量示于表 5-6。

电弧炉中电极消耗的分布情况，结果如下：（1）电极损耗率随电极电流增加而增加；（2）在一个给定的电压下，损耗率随输入功率的增加而增加；（3）对于一个给定输入功率来说，损耗率随炉子的电压增高而下降；（4）电极总消耗随电炉电压提高而降低。电极损耗随电流增大而增大，主要是由于电极底部损耗增加。

　　伊尔普等人指出氧化反应与温度有依赖关系，直到700℃左右还遵从通常的激活能方程式。在更高的温度，反应将依赖于扩散作用，这时反应速率不再依赖温度，而将随空气流速增加而增加。

表5-6　炭素电极和石墨电极的消耗量（以每1000磅产品消耗的电极磅数计算）

用　途	炭素电极	平均	石墨电极	平均	炭素电极与石墨电极之比
非铁金属	—	—	1.25 ~ 5	3.12	—
铸铁，冷废料	—	—	2.50 ~ 5	3.75	—
铸铁，冷废料（双联法，热加料）	—	—	1.50 ~ 7	4.25	—
铸钢	4.5 ~ 10	7.25	2.25 ~ 5	3.62	2
钢锭	8.5 ~ 15	11.0	5 ~ 10	7.5	1.57
硅铁					
15%	10 ~ 22	16.5	—	—	—
50%	22 ~ 33	27.5	—	—	—
80%	35 ~ 52	43.5	—	—	—
80%锰铁		31.2	—	—	—
高硅硅铁	45 ~ 145	90	—	—	—
铬铁	—	45	—	—	—
碳化钙	15 ~ 100	57.5	—	—	—
磷		30	—	—	—
铁矿石（电炉炼生铁）	9 ~ 13.5	11.25	—	—	—

5.1.4　电炉电极的性能要求

　　性能优良的电热电极必须具备下列性能：（1）高的电导率（低电阻）；（2）缓慢的氧化速度（高的表面密度）；（3）一定的机械强度（混合均匀并有适当的粒度配比，颗粒很好的黏结在一起）；（4）良好的形状和正确的尺寸；（5）光洁的机械加工；（6）低的热导率。

　　我国炭素工业起步较晚，于1956年建吉林炭素厂（201厂），最大规格为 ϕ462（18″）×1750mm，但发展很快，特别是近30年，发展迅速，不但有炭电极，普通石墨化电极（SDP），还能生产高功率（SDG）和超高功率电极（UHP）。产量已为世界第一，炭素电极最大直径可达1200mm，石墨电极最大直径可达800mm。

　　图5-12所采用的电极是一种连续的，没有接缝的电极，它就在被应用的电炉本体上自己成型、自己焙烧、自己更新，因而它通常被称作连续自焙电极。这种电极的原料是电极糊。

　　这种电极包括有一个金属板制成的外壳、外壳内用糊状的电极原料混合物填充。根据电极消耗量，按时将新的电极糊添加到已被加长了的外壳中去。电极下部利用电炉废热焙烧。一旦电极在炉上装好以后，它就可以在炉体整个使用期间连续工作。

电极糊所用原料和预焙电极相同，但根据冶炼性质，需按其不同的使用目的而变化。

电极糊是几种不同的炭质材料（煤、焦炭等）的混合物，用焦油沥青做黏合剂。干燥的炭质材料的颗粒组成在这里十分重要。电极在焙烧前并不压制成型。黏合剂在未焙烧的混合物中含量较高，目的使它在外壳中能均匀流动、很好充填。

煅烧后的煤和焦炭先经过适当破碎，然后和黏合剂一道在加热的混捏锅中进行混捏，混捏出的糊状物可以直接注入电极外壳内，或者铸成糊块运出。在室温下，这种糊块是硬的，但易于处理。加热到121℃，糊块即恢复原来稠度。

图5-12表示这种熔炉（铁合金、碳化钙等）的一个典型的结构布置。电极外壳①用铁板制成。外壳里面有铁板做的径向小翼板伸进电极中。电极用托座②支架，托座包括有夹钳和连接母线的压力环。托座悬挂在套筒③上，而套筒的上端则带有链条滑车，用起重机吊住。套筒的直径比电极直径稍大，可以让冷空气在中间围绕电极循环流动，来调节夹钳以上的这一段电极的温度。

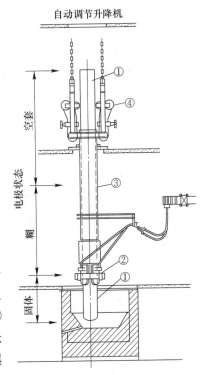

图 5-12　用于熔炼炉的自焙电极装置自动调节升降机

5.2　石墨化电极在炼钢中的应用

5.2.1　概述

自20世纪以来，汽车、飞机、机械、电机等产业对特种钢的需求量急剧增加。因而促进了电炉炼钢的发展。20世纪50年代后电炉炼钢朝着大型化和超高功率（UHP，Ultra High Power）发展，使生产率得到提高，并开发了从废钢冶炼普通钢的炼钢方式。电炉炼钢法与高炉-转炉法相比，有可根据需求灵活性地变动品种，而且投资成本低，建设周期短，从而得以急速发展。特别是在1960年以后，开始用废钢生产普通钢，进一步促进了电炉炼钢。1980年代开发了大型直流电炉。我国现在钢产能每年可达2亿多吨，成为世界上产能第一大国，产能远远超过需求。但电炉炼钢占的比重还不高，特种钢还需发展。日本到1994年的电炉钢产量已达到3030万吨，占粗钢总产量的31.2%。人造石墨电极在电炉炼钢中作为电的导体使用，对电炉炼钢的发展起着支撑性作用。虽说电炉炼钢的飞跃发展是得益于众多周边技术的进步，但能够使用大规格电极，实现直流UHP操作，起决定性作用的还是人造石墨电极性能的提高。即：使用高质量的针状焦和改质沥青黏结剂，开发了低线膨胀系数、低电阻率、耐热冲击性好、机械强度高的优质UHP电极，才实现了耐高电能负荷、有可能进行大直流（电流）操作。

95%以上的人造石墨电极是作为电炉炼钢的电极消耗，因此电极产量与电炉钢产量成正比变化。石墨电极的需求量（如图 5-13 和图 5-14 所示）取决于电炉钢产量的电极消耗。日本电极炼钢单耗随年代的变化如图 5-15 所示，逐年降低。在电炉炼钢高速发展之前的 1960 年为 9.3kg/t，1978 年降为 5kg/t，1989 年降至 3kg/t，到 1994 年甚至降到了 2.82kg/t，我国炼钢电极消耗高于日本，一般在 4.5～5.5kg/t。这里

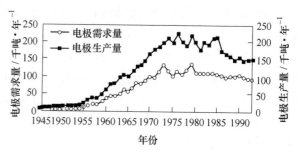

图 5-13　日本电极的产量及需求量

面除了电炉大型化，生产率提高和提高了电炉炼钢操作技术外，很大程度上得益于采用针状焦的高质量电极。就整个世界而言，随着电炉钢的增加和电极单耗的下降，人造石墨电极的需求可能是保持不变或略有增加的趋势。

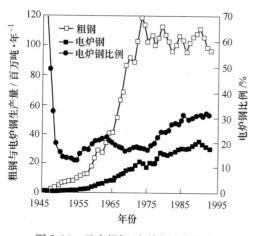

图 5-14　日本粗钢/电炉钢生产变化

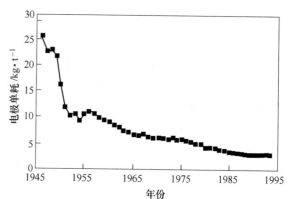

图 5-15　日本电极消耗的变化

5.2.2　电极的使用与操作规程

　　首先概述使用人造石墨电极最多的炼钢用电弧炉和电极的作用。在粗钢生产中有平炉、转炉和电炉三种方法。在日本平炉已被淘汰，世界上也是同样的趋势。表 5-7 为高炉-转炉炼钢法与电炉炼钢法的比较。虽然电炉炼钢的生产率为转炉的 1/5，但其具有可 100% 使用废钢或还原铁饼等特点，因此世界各国电炉钢的生产比率都在提高。电炉炼钢是从交流炉开始发展起来的，但最近新建的电炉以直流炉为主。电弧电流的变化可产生

表 5-7　高炉法和电炉法的比较

类　别	高炉法	电炉法
主原料	铁矿石	废钢或还原铁
主燃料	焦炭	电
生产规模	50～1500 万吨/年[1]	5～150 万吨/年[2]
工程	上下工程附带设备多	上工程附带设备少
操作技术	复杂	相对简单
循环作业	点火后停产困难	停炉再启动容易
建设周期	5～6 年，时间长	2 年，时间短
投资额	大	比高炉法少
生产品种	少	多
场地条件	制约多	制约少
管理维持费	高	低

①1 台炉每天生产 1000～10000t；②1 台炉每炉生产 5～400t。

像白炽灯荧光灯以致电视屏幕等那样的闪烁，但直流炉的亮度闪耀只有交流炉的一半以下，上部只用一根人造石墨电极，易实现自动化操作，并具有电极消耗低等优点。

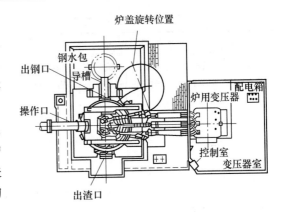

图 5-16 为炼钢用电弧炉的炉体简图。表 5-8 为电极与炼钢用电弧炉的大小、炉容量、炉壳内径以及变压器容量间的关系。图 5-17 为电极直径与允许电流的关系。

电炉炼钢是使电极和装入的废钢之间产生电弧，并以此为热源，溶解废钢，氧化除去熔钢中的杂质，调整成分，在此之后进行出钢的方法。操作大体分为装料期、溶解期、氧化期、除渣期、出钢期。

电极消耗受炉子结构、操作、交直流方式以及电极质量的影响。一般每吨钢消耗电极 1~4kg。电炉炼钢中电极消耗一般分为端部消耗、侧部消耗和折损消耗。端部消耗主要是由端部高温电弧热所引起的升华和熔渣侵蚀所致，它与电流的平方成

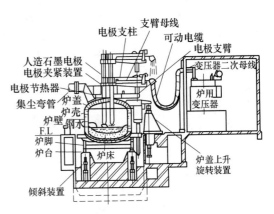

图 5-16 炼钢用电弧炉的炉体构造

正比。例如，在交流 UHP 操作时的精炼期，由大电流引起的端部消耗增加，可占总消耗（不包括折损消耗）的 50%。图 5-18 所示为通电条件与电极单耗关系。最近开始应用的大型直流炉在采用大电流的同时，电极直径也变大，使由热冲击引起的端部消耗成为主要消耗。

侧部消耗也称氧化消耗，在交流炉中占总消耗的 50%。与端部消耗不同的是侧部消耗在停电时也会进行。这个消耗取决于电极的表面温度、炉内表面积、炉内气体成分和流速以及炼钢时间。石墨电极的氧化速度与温度的相互关系如图 5-19 所示。温度与炉内气体等条件对侧部消耗的影响大于电极质量。一般采取提高电极体积密度使之致密化来降低氧化消耗。抑制氧化消耗的有效办法是设法降低电极冷却温度为目的的电极直接水冷法，一般都采用此法，特别是大电流操作的直流电炉此法是必不可少的。

折损消耗是与前两种消耗不同的异常消耗，属于电极事故。折损事故分：电极孔处折断、接头折断以及本体折断。再加上松动脱扣，由端部裂纹扩展引起的掉块，一般占 0~10%，如图 5-20 所示。电极在通电时由于电磁力等原因产生激烈的振动，此时若再加上超过电极强度的外力和热应力时，就会使电极主柄下边的连接部折损，从而明显地降低了生产率，增大了电极消耗，必须尽可能避免。

表5-8　电弧炉容量与电极间的关系

炉公称容量/t	炉壳内径/m	变压器容量/MVA			电极公称直径(D_p)/mm
		普通功率(RP)	高功率(HP)	超高功率(UHP)	
1	1.7	1	—	—	150
2	2.15	1.5	—	—	175
3	2.45	2	—	—	200
5	2.75	3	5	—	250
8	3.05	4	6	—	300
10	3.35	5	7.5	10	300, 350
15	3.65	6	10	12	350
20	3.95	7.5	12	15	350, 400
25	4.3	10	15	18	400
30	4.6	12	18	22	400, 450
40	4.9	15	22	27	450
50	5.2	18	25	30	450
60	5.5	20	27	35	500
70	6.8	22	30	40	500
80	6.1	25	35	45	500
100	6.4	27	40	50	500
120	6.7	30	45	60	550, 600
150	7.0	35	50	70	600
170	7.3	—	60	80	600
200	7.6	—	70	100	600, 700
250	8.2	—	—	120	700
300	8.8	—	—	150	700

注：电极为参考值。

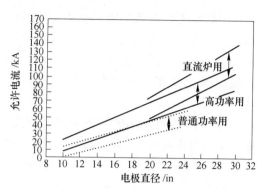

图5-17　电极直径与允许电流的关系

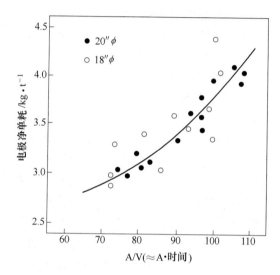

图5-18　通电条件与电极单耗关系

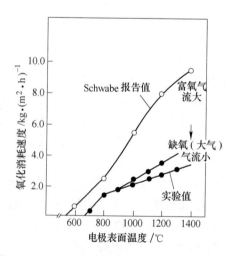

图5-19　石墨电极的氧化消耗速度与温度的关系

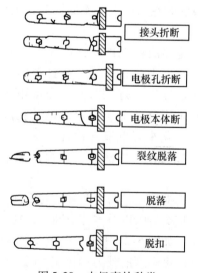

图5-20　电极事故种类

　　电极消耗量和电能负荷（电流密度）之间的一般关系如图5-21所示。为了降低消耗量适当地保持电能负荷很重要。同时，电极消耗也与电炉操作条件密切相关，其影响因素有很多，特别应考虑的有如图5-22所示的各项。交流炉和直流炉的电极消耗量比较如图5-23所示。直流炉的电极消耗比交流炉低5%~30%。操作时直流炉通常用一根电极，比要用三根电极的交流炉电极表面积大大减少。但这一降低幅度并未达到原来引入直流炉时曾希望达到的50%，因此要查出交流炉和直流炉的电极消耗的差别，似乎还有一定困难。

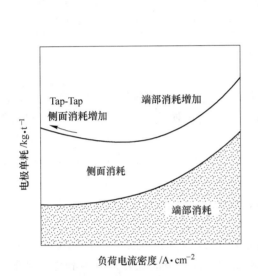

图5-21　电流密度与电极消耗的一般关系

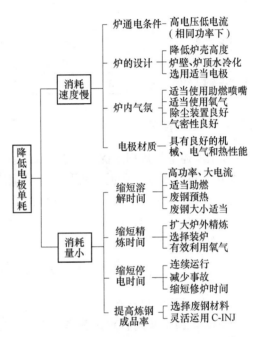

图5-22　为降低电极单耗而采取的措施

　　综上所述，为了降低电极消耗量所要求的性质有：（1）电阻率低，有充足的电流容量；（2）线膨胀系数低，有良好的热冲击性；（3）密度高，有良好的抗氧化性；（4）机械强度高，不易折损等。对大电流操作的直流炉，特别强调抗热冲击性要好，以防止电弧产生时电极端部出现热剥落掉块。

5.2.3　炼钢用电极的质量特性

　　目前大型直流炉使用的大直径电极的代表特性值如表5-9所示。直流炉时由于无集肤效应，每单位电压下的电弧长度长，与交

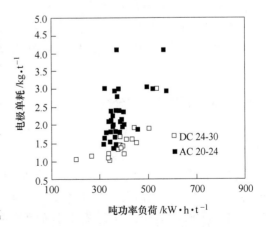

图5-23　电极消耗与吨功率负荷的关系

流炉相比操作电流更大，电极的使用条件更苛刻。对应于这种大电流操作，要求电极的电阻率、线膨胀系数更低，体积密度更高。这些特性可以通过原料种类和生产工艺的调整来

改变，实现可人为控制调整这些特性来适应各种电弧炉操作条件。作为高负荷用电极至少低电阻率和低线膨胀系数是必不可少的。

表5-9　大直径电极的代表特性

项　目	本　体	接　头
体积密度/g·cm⁻³	1.68～1.77	1.80～1.85
直密度/g·cm⁻³	2.20～2.25	2.20～2.25
气孔率/%	20～25	15～20
电阻/μΩ·m	4.0～6.0	2.5～3.9
抗折强度/MPa	(100～150)×0.098	(250～350)×0.098
弹性模量/MPa	(900～1400)×0.098	(1800～2400)×0.098
线膨胀系数 (100～200℃)/×10⁻⁵deg	0.3～1.0	0.3～1.0

5.2.4　今后的展望

综上所述电炉炼钢的优点，再加上美国 UCC 公司于 1989 年首先在世界上成功采用电炉-薄板连铸技术生产薄板，使欧美电炉钢的粗钢产量所占比例上升。同时发展中国家随着产业经济的发展，都在积极制定钢材自产自供的体制，纷纷引进电炉炼钢。今后新建的电炉几乎都是直流炉，耐大电流操作的大直径电极（φ700～750mm 及以上）的需求量将有大的增加。

5.3　炼钢炉与其他矿热炉用炭石墨制品的分类与使用

由于炭石墨材料具有一系列独特的性能，例如它耐高温（在常压下它不溶融，当温度达到（3620±10）K 时，直接升华变为气体）、耐腐蚀、并且具有良好的导电和导热性能、耐强电弧作用等特点，因此它最早被人们作成黏土石墨坩埚用于冶金工业。随着近代科学技术的发展，冶炼特殊钢、铁合金、铝、镁、锰等以及其他有色金属和黑色金属的电炉与电解槽等都采用炭电极和人造石墨电极作为电流导体。因为在高温熔炼条件下，不能使用金属导体。一些异形人造石墨制品也广泛用在冶金工业中，例如石墨坩埚、石墨舟、石墨铸模、石墨发热体等。

5.3.1　炭和石墨制品的分类

用在冶金工业中的炭和石墨制品的品种很多，分类方法也不统一。根据 GB 1426—78 的规定，大致可分为三大类。

（1）石墨制品类（S 类）。又称石墨化制品或人造石墨制品，其中包括普通石墨电极、高功率石墨电极、超高功率石墨电极、特制石墨电极、抗氧化涂层石墨电极、石墨块以及用于加工石墨坩埚、石墨舟、石墨模等制品的高纯度电化石墨。

这类制品都是以石油焦和沥青焦为主要原料，以煤沥青作黏结剂，经混合、压制（挤压或模压）、焙烧、石墨化等加工工序，将无定形炭转化为石墨。这一类制品的共同特点是：含碳量在99%以上，灰分一般不超过0.5%，具有良好的导电性和良好的耐热性能，开始氧化的温度比较高，导热系数也较大，耐腐蚀性能强。但是，生产这类制品的制造工艺比较复杂，生产周期较长。通常，从原材料的制备到成品需要三个月左右，某些高强度高密度的石墨化制品的生产周期甚至更长。

（2）炭素制品类（T类）。这一类制品是指成型后的毛坯，只要经过1300℃左右的焙烧（或称烧成）后即可使用的制品。其中包括电炉炭块、高炉炭块、自焙炭块、炭电极、炭阳极、炭电阻棒等。这一类产品是采用无烟煤及冶金焦（或石油焦）作为原料。天然石墨电极和再生石墨电极，是采用天然石墨或者人造石墨化碎（石墨化产品加工时的切削碎屑或废品）生产的电极，只经过焙烧即可使用，其性质介于石墨化制品和炭素制品之间，但从经过焙烧后即可使用这一特点来看，它可以归入炭素制品一类。

（3）炭糊类制品（TH类）。这一类制品把原料（破碎后的无烟煤或焦炭颗粒）与黏结剂在加热下混合均匀以后，不经过压型及进一步热加工，而只要把加热混合后的糊状物料在常压条件下，简单铸成块状或装入容器即可供使用。电极糊、密闭糊、粗缝糊、细缝糊等。

糊类产品按其用途可分成两类：一类是作为连续自焙电极使用的，如生产铁合金、电石、黄磷用的电极糊也作为导电材料。电极糊是用无烟煤及冶金焦为原料。另一类炭糊，是用作砌炭块时的黏结和填缝材料，如砌高炉炭块或电炉炭块用的细缝糊及粗缝糊，砌筑铝电解槽炭块用的底糊。有的冶金炉直接用底糊或粗缝糊捣打成炉底及炉壁。糊类产品制造工艺比较简单，生产周期较短，成本也较低。

5.3.2 电炉用电极的选择

正确选择电极的种类和规格，对于保证所熔炼金属的质量和电炉的正常工作有重要作用。在电极质量良好的情况下，由于电极截面选择不当，也会影响电炉的正常工作。

首先要根据所熔炼金属的品种和质量要求来选择电极的种类。例如，由于炭素电极的灰分含量较高，所以不适合熔炼高级合金钢，在这种情况下必须使用石墨化电极。

选择电极类型时，还要注意炉子变压器的容量和各种电极的电阻率。要注意，在截面相同的条件下，石墨化电极的导电率要比炭素电极大2～3倍。炼钢电炉的容量主要取决于变压器容量的大小，可参照表5-10的数值选择石墨电极直径。

此外，选择电极时还要考虑到相电流的强度和不同种类、不同截面电极的允许电流密度。

表 5-10 电炉的容量和所需石墨电极的直径

电炉公称容量 /t	变压器容量 /kV·A	普通石墨电极的公称直径 /mm
3	2000	200
5	3000	200～250
10	5000～7000	300～350
20	9000～12000	350～400
40	15000	400
50	18000	400～450
75	25000	500

5.3.3 电极的连接

随着下部电极的烧损，要不断接上新的电极。电极的接长工作一般都不在电炉上进行，而是在专用的工作台上进行。这样既可减少电炉的停歇，又能减轻工人的劳动强度。

电极接长工作台（见图5-24）通常设在电弧炉的附近。工作台是一种带有圆孔的平台，孔的大小与所用电极的直径相符，为了便于工作，台下设有地坑。把待接长电极的下部分插入坑内，用夹子（任何结构形式均可）夹住，然后把接头小心拧入下部电极接头孔中，再把新电极接上。

电炉电极在使用时须经常注意连接处的松动情况，这种松动是炉体本身与周围设备所产生振动而引起的。电极接头的松动，势必会增加接头处的接触电阻，引起电能消耗的增加和发热。尤其是因为振动和发热，还会经常在接头处发生断裂现象。故提高电极接头本身的质量（尤其是抗压强度）和提高电极的连接质量是炼钢工作者关心的问题之一。

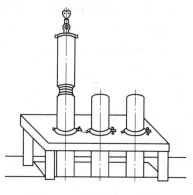

图 5-24　电极接长工作台

为了提高电极的连接质量，防止接头的松动，国外采用了一些办法，对提高电极的连接质量有一定效果。现介绍如下：

（1）日本东海电极公司的"紧密接头"。"紧密接头"就是在普通电极接头上沿着纵向横切螺纹挖出两个槽。将特制的煤焦油沥青作为黏结剂涂在接头两端边沿使之呈圆形。当电极在工作中受热时，黏结剂开始熔化，到一定温度后因体积膨胀而流入接头螺纹上两个纵切槽里，在温度进一步升高后，使黏结剂开始炭化，其结果就把两个工作着的电极牢固结合在一起。

"紧密接头"的外形尺寸，除了在其上开了两个纵向槽以外，其他与标准接头均相同。

（2）德国西格里炭素公司防止电极接头处松动的方法。

1）石墨销防松法。这种方法有三种形式，如图 5-25 所示。图 a 中的石墨销贯穿于电极与接头；图 b 中的石墨销插入电极本体和接头一定深度；图 c 只把销子插入电极接缝处一定深度。

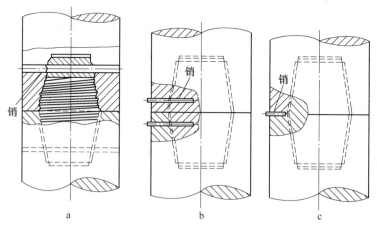

图 5-25　电极连接石墨销防松形式
a—穿通销；b—半穿销；c—销

采用这些方法，销洞必须事先钻好，而钻孔又往往会引起电极裂纹。在这种方法中，以无螺纹的销子较为可靠，因为这种销子移动时不致损害电极插口。

2）沥青销或胶泥销。沥青是在一定温度下熔化的材料，当电极受热时，沥青熔化流进接头螺纹的接缝中，随着温度的升高便在那里炭化，从而使接头和接头孔的螺纹凝结成一整体。这种技术同样可使用胶泥销代替，西格里炭素公司推荐使用这种方法。

3）金属喷镀。金属喷镀是把接头整个的或部分的表面喷镀上一层很细的铜薄膜。

（3）德国立绪顿堡电炭厂（EKL）的固定件。EKL制造了一种固定件（见图5-26），只要经过简单的处理就可用于电炉，固定件的材质应具有良好的机械连接性和在连接状态下的导电性能。EKL电炭厂供应的固定件在常温下是固态的被压成板条状的物质。当用接头连接电极时，在上接头前把固定件插入接头中，然

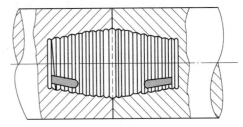

图5-26　固定件连接

后，在上电极前，将固定条板放在这一接头上。当温度升高后，固定件会软化和膨胀，在高温下流入螺纹间隙中，炭化后就把电极和接头固定在一起。EKL的固定件每根电极配两个，在连接电极时将固定件嵌入接头的上、下部。

（4）连接电极接头用黏结糊的改进。美国等国为了改进电极的连接质量，对黏结糊的质量进行了改进，也取得一定的效果。

通常，电极的连接是将螺纹接头旋进被连接电极的接头孔中，然后用黏结糊黏结接头的连接处。将黏结糊安放到连接处的方法有若干种。其中之一，当进行连接时，将黏结糊用毛刷刷在电极接头和电极的连接处。另一种方法是将黏结糊（如沥青）作成销子状固态物装入电极接头的孔洞中，当电极在工作受热时，黏结糊从孔洞中流出，进入接头螺纹和接头孔的空隙处，固化后就把电极彼此连接在一起。但在许多情况下，用沥青销黏结的强度显然是不足的，这种方法特别是用于400℃以下的温度时，沥青销的黏结不会使连接处产生足够的强度，美国制成了一种黏结糊则避免了上述缺点。这种黏结糊在较低的温度下（400℃以下）也能保持牢靠的黏结，并能很容易作成销形，而且能经得起将其插入接头孔洞中的操作。当连接处受到逐渐升高的温度的作用时，黏结糊便从接头孔中流出进入接头和电极的孔隙中。这种黏结糊是由热固性合成树脂同沥青、炭填充物和糊精的混合物而制成。混合物的稠度应保证能将其作成销状物。

上述黏结糊是由25%～60%的沥青，5%～25%的糊精，20%～30%的合成树脂，10%～40%的炭填充料所制成（均按质量百分比）。下述配方黏结糊的黏结效果更好：沥青30%～40%，合成树脂20%～30%，糊精10%～20%，炭填充物20%～30%。

黏结糊中使用的沥青应具有120～180℃的软化点，最好在140～160℃。所使用的合成树脂为热固性树脂，黏结糊中的炭填充物采用焦粉，其最大粒径应小于60μm。

黏结糊可用挤压机挤压成条状，然后再切成销形。这种黏结糊也可以糊料的形式压进接头的孔洞中，黏结糊的稠度应使其保持固态和在长期贮存时保持不变形。同时在正常室温下不流出，只有在受热时才变成液态流出，填满接头和电极之间的缝隙，高温下固化，把两根电极紧紧连接在一起。

5.3.4　电极的使用环境

电弧炉中使用的炼钢用电极的作用是让铁屑与电极间产生电弧。炉内温度超过

1500℃，弧端温度在3500℃以上，因此作为电极材料不但要具有导电性，还要具有在高温下不熔融变形，保持一定的机械强度。人造石墨电极因符合上述条件而成为唯一的实用材料，如图5-27所示。

电极消耗分正常的连续消耗和异常的不连续消耗，后者是脱落或折损消耗。电极前端部因产生电弧局部加热而受到很大的热应力，产生掉块。另外在追加铁屑再通电时的急冷急热，大电流通过时电极内部的温度差，由此产生的径向环应力和剪切应力使电极产生裂纹，在电极前端部的连接处，常发生脱落或掉块折损。在直流电弧炉中，电流120kA操作条件下，28in电极产生裂纹的图例如图5-28所示。

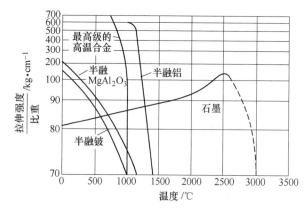

图5-27　各种材料的高温特性

图5-28　电极端部产生裂纹的图例

电极从机械作用角度讲也是在过酷条件下使用。铁屑崩塌对电极的冲击很大，常常造成电极卡箍下连接接头最大径附近或孔底处折断。电极连接部应力分布如图5-29所示。

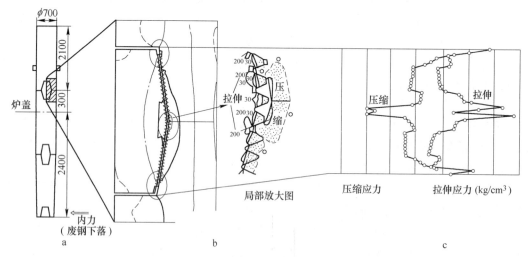

图5-29　有限要素法分析电极连接部应力
a—连接整体；b—应力分布的例子；c—各螺纹谷的部分应力

熔解末期是超过1500℃的高温，吹氧精炼或流入的空气使炉内成为氧化性气氛，在这样环境下，电极侧部会连续消耗。此外，电极端部会由于电弧热升华，会因与炉渣或熔钢接触而遭侵蚀。

1990 年以来，日本直流电弧炉发展迅速，100t 以上的大型炉不断投产。交流电弧炉为降低闪烁，增大有效功率，降低电极消耗，也在稳步地向追加电抗器的电弧炉转换。这样的背景下，日本在实施了夜间操作的基本体制下生产率提高，对各种消耗要求进一步降低。这样一来，就要求电极能提高耐折损性和耐剥落性，抑制氧化。

二次精炼炉除了 LF 以外，原西德的 DH 以及原西德的 RH 真空排气精炼法（石墨发热体如图 5-30 所示）也于 1960 年投入使用。虽然长期使用人造石墨发热体，但气体燃烧方式几乎完全改变了。

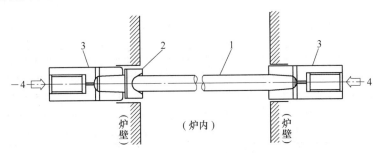

图 5-30　DH/RH 法排气精炼炉用石墨发热体
1—石墨发热体；2—凹球面石墨端子；3—带螺纹的锥形石墨端子；4—水冷电极

5.4　人造石墨化电极生产工艺

5.4.1　概述

炭石墨电极可分为人造石墨电极、炭电极（有预焙烧与自焙）和天然石墨电极，此外还有再生电极。人造石墨电极又分为普通功率电极（或称普通电极），高功率电极和超高功率电极。

炭石墨电极是电炉炼钢及其他矿热炉的导电电极，特别是人造石墨化电极，在电炉炼钢中占有重要地位。我国现在各类炭石墨电极年生产量约 40 万～50 万吨，其中高功率和超高功率电极年产约 12 万～15 万吨。我国目前钢铁生产能力已居世界前列，但电炉炼钢量还不够，故高功率和超高功率电极还有待进一步发展。普通石墨化电极与高功率和超高功率电极的生产过程是完全相同的，不同之处在于原材料中的石油焦不同。普通石墨化电极采用的是普通石油焦，而高功率与超高功率电极，采用的是结晶度良好的针状石油焦；当然，除此之外，高功率与超高功率石墨化电极在生产过程中，各个环节的要求更加严格。

5.4.2　骨粒原料

（1）普通石油焦。石油焦是石油冶炼后的渣油通过焦化方法得到的焦，称为石油焦。目前，石油焦是通过延迟焦化生产的，称为延迟石油焦。

焦化时压力和时间也影响到焦炭的质量。提高气相压力将促进芳烃分子的融并和结构的规整化。受焦化物料处于塑性流动的时间越长，则在 350～500℃ 范围内形成的中间相小球的定向便越好，其直径可达 1mm。

固体杂质和游离炭颗粒将破坏中间相小球的表面，使它们无法成长和融并，含量大时，将使焦炭变成不易石墨化的细镶嵌结构。普通石油焦中含有较多的细镶嵌结构，但也有部分针状焦成分。焦化时的工艺参数对产焦率及焦炭线胀系数的影响见表 5-11，石油焦的显微结构如图 5-31 所示。

表 5-11　焦化工艺参数对焦炭产率及焦炭线膨胀系数的影响

渣油各类	减压渣油						催化裂化渣油					热裂渣油		
	1	2	3	4	5	6	1	2	3	4	5	1	2	3
循环比	0.2	0.2	1.0	1.0	1.0	1.0	1.0	1.0	1.0	1.0	3.2	1.0	1.0	1.0
渣油加热温度/℃	499	499	502	502	507	510	502	502	510	510	510	502	502	510
焦化塔内压力/Pa	34.3×10^4	34.3×10^4	34.3×10^4	68.6×10^4	34.3×10^4	68.6×10^4	68.6×10^4	34.3×10^4	34.3×10^4	68.6×10^4	68.6×10^4	34.3×10^4	34.3×10^4	68.6×10^4
焦炭产率/%	19.5	44.3	37.3	26.7	36.8	35.0	43.2	57.5	44.3	55.4	44.5	59.6	59.9	58.1
焦炭线膨胀系数/℃$^{-1}$	2.27×10^{-6}	1.55×10^{-6}	1.57×10^{-6}	1.55×10^{-6}	1.27×10^{-6}	1.67×10^{-6}	0.44×10^{-6}	0.24×10^{-6}	0.41×10^{-6}	0.40×10^{-6}	0.27×10^{-6}	0.27×10^{-6}	0.39×10^{-6}	0.25×10^{-6}

石油焦的质量，可用挥发分、灰分、硫分及 1300℃ 煅烧后的直密度等来表征。国产延迟石油焦的质量指标与工业分析分别如表 5-12 和表 5-13 所示。表 5-12 中所列指标项目是工业检验项目，它只能在一定程度上反映生焦质量，却不能作为生焦的鉴定项目。国外不同公司生产的石油焦质量检验项目都不大相同，如后面的表 5-19 列出美国大陆石油公司（Conoco）和日本 Petrocokes 子公司的针状焦质量指标，从该指标看来，石油焦检验项目有根据使用要求而增多的趋势，这对加深了解原材料性能是有益的。

图 5-31　石油焦的显微结构
a—热解焦；b—热裂焦

表 5-12　国产石油焦质量指标

项　目	1 号焦	2 号焦	3 号焦
灰分/%	≤0.3	≤0.8	≤1.0
硫分/%	≤1.0	≤1.0	≤1.5
挥发分/%	≤10.0	≤12.0	≤16.0
水分/%	≤3.0	≤3.0	≤3.0
1300℃ 煅后真密度/g·cm^{-3}	≥2.08	≥2.08	—

表 5-13　石油焦的工业分析结果

石油焦产地	工　业　分　析				元　素　分　析				
	灰分/%	挥发分/%	水分/%	真密度/g·cm^{-3}	碳/%	氢/%	硫/%	氮/%	氧及损失/%
大庆	0.14	14.95		1.361	93.12	3.83	0.38	1.64	1.03
胜利	0.1	10.68	1.2	1.385	89.6	3.96	1.25	2.85	2.34
玉门	0.23	2.20	0.4	1.726	94.19	1.10	0.28	2.46	1.97

注：大庆焦和胜利焦为延迟焦化的焦，玉门焦为釜式焦（同时吹氧）。

1）挥发分：石油焦的挥发分高低表明其焦化程度，对煅烧工艺影响较大，目前使用的延迟石油焦挥发分一般在7%~18%。

2）灰分：灰分是石油焦的一项重要质量指标，石油焦中的灰分含量与石油渣油的盐类和含硫及焦化条件有关。原油中的盐类杂质，经炼制富集在渣油中，最后都转移到石油焦中。如大庆和胜利减压渣油的含盐分别为0.101mg/cm³和0.070~0.090mg/cm³。

一般高硫石油焦中金属杂质含量亦较高，主要有Si、Fe、Al、Ca、Ti、V等。国产几种石油焦的杂质元素分析结果见表5-14。

表5-14 石油焦的杂质元素分析结果　　　　　　　　　　（%）

石油焦产地	Si	Fe	Al	Ca	Mg	Cu	B	V
大庆	313×10^{-4}	126×10^{-4}	69×10^{-4}	374×10^{-4}	48×10^{-4}	7×10^{-4}	0.22×10^{-4}	0.8×10^{-4}
胜利	323×10^{-4}	141×10^{-4}	32×10^{-4}	129×10^{-4}	50×10^{-4}	6×10^{-4}	0.66×10^{-4}	10.0×10^{-4}
玉门	52×10^{-4}	275×10^{-4}	25×10^{-4}	100×10^{-4}	32×10^{-4}	12×10^{-4}	0.8×10^{-4}	8.0×10^{-4}

硫与磷可使钢产生红脆性和冷脆性，钢中含硫、磷量应小于0.06%，因此炼钢石墨化电极用石油焦的含硫、磷量应低。又如：Ti和V对制铝用炭特别有害，在电解槽侧块和阳极中若含有0.1% V、Ti杂质，将使电解铝时电阻系数增大4~5倍。

特别是核石墨，B、Li、Cd、Sm、En、Gd、Dy等元素对中子的吸收截面大，因此，高温气冷核反应堆反射层石墨要求杂质元素的纯度在10^{-12}~10^{-16}量级。一般炭石墨材料生产用的石油焦的灰分量应不大于0.5%；生产高纯石墨时，石油焦的灰分应不大于0.15%；并且必须对石油焦中的这些有害杂质含量严格控制在0.1%以下。

3）硫分：硫分是石油焦的重要质量指标之一。硫分主要来自原油。表5-15列出三种不同产地的原油与用此渣油制得的石油焦的含硫量。石油焦中的硫可分为有机硫和无机硫。有机硫有硫醇、硫醚、硫化物等，无机硫有硫化铁和硫酸盐。石油焦中有机硫占多数，在较低温度下煅烧可除去有机硫。但无机硫要在石墨化高温下才能分解挥发。然而，少量硫在此高温下会生成稳定化合物，只有加其他添加剂才能除去。表5-16为用胜利原油的渣油炼制的石油焦在不同煅烧温度处理后硫的含量。

表5-15 原油和渣油及石油焦的含硫量　　（%）

原油产地	原油含硫量	渣油含硫量	石油焦含硫量
大庆	0.11	0.2~0.3	0.33~0.37
胜利	0.805	1.36	1.47
大港	0.14	0.36	0.6~0.8

表5-16 胜利石油焦在不同温度煅烧后的含硫量

热处理温度/℃	总硫量	硫的存在形式/%		
		硫化铁硫	硫酸盐硫	有机硫
生焦	1.47	0.0014	0.007	1.4679
1300	1.51	0.0035	0.0014	1.5061
1500	0.33	0.0034	0.0020	0.3246
1700	0.17	0.0014	0.0007	0.1679
2300	0.06	0.0055	0.0048	0.0497

硫是一种有害组分。含硫多的石油焦在石墨化时会发生爆裂（Puffing）的异常膨胀的现象，使制品开裂。这种异常膨胀的大小随焦炭品种而异。图5-32表示某石油焦制品在石墨化过程中的膨胀现象。曲线显示，该焙烧品在1200℃和1600~2000℃之间发生两次异常膨胀。据研究，这种现象是原料中的硫分在升温过程中急剧逸出所致。为了防止这一

现象的发生，通常在料粉混合时加约 2% 的 Fe_2O_3 作抑制剂（Inhibitor），因氧化铁易与硫化合成硫化铁（FeS），它在石墨化过程中分解缓慢，抑制了硫分的突然逸出。

4）真密度：真密度的大小标志着石油焦石墨化的难易程度，一般说来，在 1300℃ 煅烧过的石油焦真密度较大，这种焦易石墨化，电阻率较低，线膨胀系数较小。针状焦就具有这一优点。

（2）针状石油焦。原料油的质量和焦化条件对焦炭质量影响很大，如果原料油中芳香族化合物含量高（60% 以上），侧链少而短，苯不溶物和杂质含量（特别是硫）少，则这种油类的化学反应性较低，即热稳定性较高。其中呈圆片状的稠环芳烃又比直线形稠环芳烃稳定性高、平面度大，在焦化过

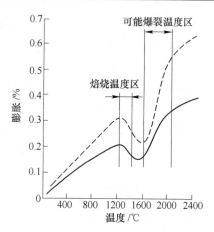

图 5-32　石油焦基焙烧块的
爆裂现象之一例
虚线—$B_焦$（S：1.5%）；
实线—$A_焦$（S：0.3%）

程中形成的中间相的可塑性就大，它在较宽的温度范围内仍保持很好的可塑性，流动性好，所结的焦表面平滑，呈有光泽的长纤维结构。破碎后，颗粒呈细长针状，石墨化时容易生成石墨的层状结构，顺着纤维方向的电阻系数小，这是典型的针状结构特征。这种针状结构的焦占多数时，这种焦就可以称为针状焦，它和普通焦的对比数据列于表 5-17。如果渣油中含沥青较多，由于它是化学活性大的物质，焦化时将形成结构疏松定向性很差的，且石墨化性能不良的焦炭。

表 5-17　针状焦的特征

焦炭级别	种类	特 征					
		电阻系数 /$\mu\Omega \cdot cm$	弹性模量 /MPa	线膨胀系数（室温）/℃$^{-1}$			
				$\alpha_{//}$	$\alpha_\perp$	β	$\alpha_\perp/\alpha_{//}$（异性因数）
No. 1	挑选针状原焦	650	8500	0.85×10^{-6}	2.00×10^{-6}	4.85×10^{-6}	2.35×10^{-6}
		700	8000	1.10×10^{-6}	2.42×10^{-6}	5.94×10^{-6}	2.20×10^{-6}
No. 2	挑选针状原焦	730	7600	1.12×10^{-6}	2.16×10^{-6}	5.44×10^{-6}	1.93×10^{-6}
		820	6600	1.90×10^{-6}	2.88×10^{-6}	7.66×10^{-6}	1.52×10^{-6}
普通级（参照）		900	6500	2.90×10^{-6}	3.61×10^{-6}	10.12×10^{-6}	1.24×10^{-6}

注：α—线胀系数；β—体胀系数；//—平行于挤压成型方向；$\perp$—垂直于挤压成型方向。

前面已述针状焦是由芳香烃含量很高的热裂化渣油或催化裂化渣油经焦化制得的优质石油焦。焦块孔径小分布均匀，多呈细长椭圆形，有较高的定向性，焦块受到锤击会裂碎成长条状的焦片，这种焦炭石墨化定向程度高，在 2000℃ 以上的高温下容易石墨化，线胀系数较小、电阻率较低。针状焦的物理性能见表 5-18，国内外的针状焦的质量指标见表 5-19，针状焦扫描电镜照片如图 5-33 所示。

表 5-18　针状焦在两个互相垂直方向上的物理性能

项 目	平行于粒子方向	垂直于粒子方向
线膨胀系数/℃$^{-1}$	1.0×10^{-6}	4.1×10^{-6}
弹性模量/GPa	11.02×10^{-2}	0.490×10^{-2}
抗折强度/MPa	30.99	20.69

针状焦质量指标中很重要的一项是测定线膨胀系数，它和焦炭的微晶结构有密切的关系。微晶结构不同能很敏感地从线膨胀系数反映出来，而其他手段都不那么有效，焦炭的 CTE 是用标准工艺将焦炭制成棒状试样来测定的。

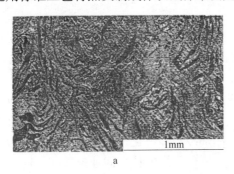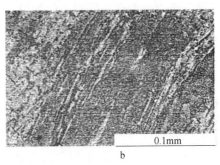

图5-33　针状焦的扫描电镜照片

a—普通石油焦；b—针状焦

表5-19　针状石油焦质量指标

项　目		日本 etrocokes'	日本兴亚石油公司	荷兰 Shell 石油公司	前苏联 KHIIC 石油焦[①]	美国大陆石油公司水岛厂	中　国
灰分/%		0.04	<0.3	0.1	0.05	<0.1	<0.1
硫分/%		0.26	<1.0	0.5	0.26	<0.2	<0.2
挥发分/%		0.27	<0.3	0.3	1.05	<0.45	
金属杂质/%	V	1.2×10^{-4}	—	3×10^{-4}	—		3×10^{-4}
	Ni	27×10^{-4}	—	—	—		
密度(0.074mm (−200 目))/g·cm^{-3}		2.128	>2.10	2.14	2.14	2.12	2.12
CTE(石墨化试样)/℃$^{-1}$		3.4×10^{-6} (30~100℃)	$(1.5~2.0) \times 10^{-6}$		$4.7(\perp)2.2(/\!/) \times 10^{-6}(20~400℃)$	1.35×10^{-6} (1000℃)	1.0×10^{-6}

① 石油热解特种焦中的针状焦。

随着电炉炼钢向高功率与超高功率方向发展，对石墨电极要求也越来越苛刻。用普通石油焦作原料很难制造超高功率石墨电极，故应选用针状焦为宜。针状焦的各向异性大，凡是用针状结构发达的焦炭生产出来的制品，性能的各向异性也就较大，但这种各向异性度并非越大越好，例如，线胀系数各向异性度大的制品，热振抗力（Thermal Shock Resistance）就较差。

5.4.3　黏结剂

5.4.3.1　黏结剂的种类

炭素材料的生产中，通常使用的黏结剂有：煤焦油、蒽油、煤沥青（中温沥青或高温沥青）、酚醛树脂、环氧树脂、呋喃树脂等各种人造树脂。对于某些特殊用途的产品使用的黏结剂还有蔗糖、蜂蜜、蓖麻油、松节油、石蜡等。

对黏结剂的选择视成型方式、成型设备和制品用途而定。对于一般制品，无论挤压或模压及振动成型，大都用中温煤沥青或中温沥青与蒽油、煤焦油的混合物，以降低其软化点。对于高强度、高密度模压制品倾向于使用高温沥青（软化点达110℃），而某些炭黑基制品用辊压代替热混合时，甚至可用软化点达 120~150℃ 的硬沥青。目前，改质煤沥青

（或称改性煤沥青）越来越受到重视和使用。

炭素制品制造工艺中的一个重要工序是焙烧，它的本质就是压件中的黏结剂受热焦化的过程，所以正确选用黏结剂及其用量是一个重要问题，而黏结剂的加工改质是改善炭素制品质量的一个有效途径，受到人们重视。

不论是煤焦油、煤沥青，还是人造树脂，它们的化学活性都很高，在贮藏、运输、取用过程中不断变性，性质是不稳定的，运输也不方便，需专用车辆，加热时所产生的烟气有一定的毒性，要注意改进设备和预防。

煤焦油与煤沥青是生产各种人造石墨和炭素制品的常用黏结剂。它们能很好地浸润和渗透到各种焦炭及无烟煤的表面和孔隙，并使各种配料的颗粒成分能互相黏结及形成具有良好塑性状态的糊料。糊料成型后的生制品，稍加冷却即硬化，保持其成型时的形状。生制品在焙烧时煤沥青逐渐分解并炭化，同时把四周的焦炭颗粒牢固地连接在一起。煤沥青的炭化率比较高，炭化后生成的沥青焦也较容易石墨化。

5.4.3.2　煤焦油与蒽油的生成与质量指标

煤焦油是烟煤焦化的副产物，它是黑色黏稠液体。煤的焦化有两类：一为高温焦化，温度达 1000 ~ 1300℃，其主要产品为冶金焦，副产品为煤焦油和煤气，煤焦油约占 3%，主要含芳香烃，密度 1.15 ~ 1.26g/cm³，可用作炭素生产的黏结剂；另一类为低温焦化，温度达 500 ~ 600℃，主要产品为煤焦油和半焦，是煤的综合利用的一种形式，低温焦油主要含石蜡烃和环烷烃，密度 0.95 ~ 1.14g/cm³，挥发分高达 91%，不宜作炭素生产的黏结剂。

煤焦油是多种不同分子量的碳氢化合物的混合物。有资料认为，其中的单体有机化合物有一万多种，其中，确定为单体化合物的只不过 300 多种，但不易分离。可用蒸馏方法从煤焦油中提炼出轻油、酚油、萘油、蒽油和煤沥青等上百种有机化合物。煤焦油中沥青的含量为 50% ~ 60%，一般是煤焦油与沥青配合使用，经过脱水后的煤焦油在炭素制品生产中主要用来调整煤沥青的软化点。有些炭和石墨制品需要浸渍时，有时为了降低沥青的黏度也加入适量煤焦油。这种与煤焦油混合的沥青降低黏度后能提高流动性，易于浸入焙烧半成品的气孔中。蒽油是煤焦油加热蒸馏时在 270 ~ 360℃ 间蒸发出来并冷凝以后得到的褐色黏稠液体，产量占煤焦油量的 20% 左右。使用蒽油的目的与使用煤焦油相同，也是为了降低煤沥青的软化点或黏度。煤焦油和蒽油的质量指标分别见表 5-20 和表 5-21。

在电炭生产中使用的煤焦油须预先蒸馏至 270℃，以驱除萘以下的轻馏分，因为萘和其他轻馏分的析焦量低，挥发的温度范围窄，易使制品在焙烧时开裂。

表 5-20　煤焦油的质量指标

指　标	品　种		
	1 级	2 级	脱水煤焦油
密度/g·cm⁻³	1.12 ~ 1.20	1.13 ~ 1.22	
灰分/%	≤0.15	≤0.15	≤0.2
水分/%	≤4.0	≤4.0	≤0.2
游离炭/%	≤6.0	≤10.0	≤10
黏度 E_{80}	5.0	5.0	

表 5-21　蒽油的质量指标

指　标		品　种	
		1 级	2 级
密度/g·cm⁻³		1.1 ~ 1.15	1.06
苯不溶物/%		≤0.3	≤0.3
水分/%		≤1.5	≤1.5
分馏成分 /%	210℃ 以下	≤5	≤5
	235℃ 以下	≤10	≤10
	360℃ 以下	≤75	≤65

5.4.3.3 煤沥青的生成及其质量指标

煤焦油蒸馏至320℃后的所得物为软沥青或称熬煮煤焦油,其软化点控制到52~56℃;蒸馏到360℃后所得物为中沥青,其软化点波动在65~80℃范围内。焦化厂蒸馏煤焦油的目的在于得到各种有机溶剂和有机物:轻油(<170℃)、酚油(170~210℃)、萘油(210~230℃)、洗油(230~300℃)、蒽油(300~360℃),由此再精馏获得各种单体,蒸馏釜最后留下的残余物就是煤沥青。煤焦油蒸馏分釜式和管式两种:

(1)釜式间歇蒸馏生产煤沥青。这是一种较老的方法。首先将煤焦油预热至120℃,使水分降至1%以下,然后打入釜内。

在釜底用煤气加热,随着釜内温度的升高,轻油、中油、重油和蒽油依次陆续蒸馏出来。经过16~20h,当蒸馏釜顶部的气体上升管温度达到300℃以上时即取残留在釜底的沥青样品分析,软化点达到要求时即停止加热。把沥青从蒸馏釜放出来,经过筛孔漏入冷却水池(成长条状),蒸馏釜再次装入焦油循环操作。蒸馏釜是一种间歇操作的设备,不能连续生产。

用蒸馏釜法生产煤沥青由于焦油在釜中停留时间很长,以及加热不均形成局部过热,一部分煤焦油分解和聚合过急,引起部分焦油加深裂解,因而沥青中的游离炭含量相对有所增加。沥青中的甲苯不溶物较多,达27%。

一个蒸馏釜可装焦油20t,蒸馏出轻油、中油、重油和蒽油8~10t,残留沥青量为10~12t,即沥青产率为焦油量的50%~60%。用蒸馏釜生产沥青时软化点可任意调节,只要在蒸馏时提前停止加热使蒽油少出一些,沥青的软化点即可降低。反之,在蒸馏釜中吹入压缩空气则可提高沥青的软化点。

(2)用管式炉与蒸发器生产煤沥青。这是一种比较先进的生产方法,实现了煤沥青的连续生产。焦油先加热至110℃,使水分降低至4%,再将焦油用柱塞泵打入两段管式炉的第一段,入口温度80℃,出口温度120~130℃,在此段使焦油进一步脱水至0.4%以下。以后,将脱水至0.4%的焦油打入管式炉的第二段(高温区),即蒸馏段入口温度120℃,在这里加热温度达到400~410℃后,迅速打入蒸发器中。焦油中的轻馏分立即蒸发,并进入分馏塔分级。煤沥青则沉在蒸发器的底部,经过油封口(保持沥青液面高度)将液体沥青打入贮罐。在此取样分析,并定期放入冷却池,冷却成条状。

由管式炉加热并由蒸发器分离出沥青的方法是一种处理量大、生产效率高、连续作业的生产方法。焦油在加热炉内停留时间短而且加热均匀,因而不会引起深度裂解,沥青中的游离炭含量也较少。

由于炼焦时采用原煤的品种不同,配比、炼焦的温度、蒸馏等工艺操作也不同,致使煤沥青的物理化学性质在很大范围内波动。根据煤沥青软化点的不同一般分为三种:硬沥青或称高温沥青(软化点90~110℃),中沥青(软化点75~90℃)和软沥青(软化点75℃以下)。目前,国内炭素制品生产中,一般使用中温沥青,也有使用硬沥青或改性沥青及软沥青的。国产中温沥青的质量指标见表5-22;不同温度蒸馏的煤焦油和中温沥青质量指标对比见表5-23。

国外一般使用高温沥青(环球法软化点为100~115℃),如美国大湖炭素公司使用软化点为100~110℃(空气中立方体法)的直馏沥青。国外,对沥青的要求质量指标项目

表 5-22　中温煤沥青的质量指标

指　标	品　种	
	电极用中温沥青	一般用中温沥青
灰分/%	≤0.3	≤0.5 [1.0]
挥发分/%	60～70	55～75
软化点（环球法）/℃	>75～90	>75～95
甲苯不溶物含量/%	15～25	<25
水分/%	≤5	≤5
喹啉不溶物含量/%	≤10	
游离炭含量/%	17～28	17～28

表 5-23　煤焦油中沥青的质量指标对比

质量指标	270℃蒸馏煤焦油	320～350℃熬煮煤焦油	中温煤沥青
密度/g·cm⁻³	1.17～1.22		1.2～1.3
甲苯不溶物/%	<14.0	<20.0	18～25
析焦量/%	—	>25	33～37
恩氏黏度（80℃，流出孔 φ5mm）	2.7～5.5		
软化点（环球法）/℃	—	52～56	75～90
灰分/%	<0.2	<0.3	<0.3

为：软化点、挥发分、甲苯不溶物（a—组分）含量、喹啉不溶物（a_t—组分）含量、密度、360℃以下的馏出物、灰分和水分。根据各项指标的不同、分成不同的牌号，如前苏联对生产电极、电刷、预焙阳极、炭砖等不同材料分别有专门生产的沥青；国外还有不含喹啉不溶物的煤沥青。国外对煤沥青提出的要求见表 5-24 和表 5-25。

表 5-24　外国公司对煤沥青提出的要求

公司名称	t_p/℃	不溶物含量/%				密度/g·cm⁻³	蒸馏360℃挥发物/%	焦炭残渣/%	灰分/%
		苯（甲苯）	吡啶	喹啉	蒽油				
法国彼施涅公司	80±2	≥28			≤11		≤5		≤0.3
英国达尔涅依公司	73～78	≥25						≥50	<0.3
英国铝业公司	70～75	≥25				≥1.28	≤6	≥50	≤0.3
美国铝业公司	82～87	≥25						≥50	≤0.25
美国大湖炭素公司	92～100①	29～32				1.29～1.32	≤6	≥60	0.2～0.5
前西德煤焦油产品贸易联合公司	70～80	20～25	10～15	2～4		1.28			≤0.5
	80～85	29～33	16～21		5～8	1.30		≥51	≤0.3
	80～85	37～43	25～31		9～15	1.27		≥51	≤0.3
	80～85	41～44	31～34		14～19			≥54	≤0.3
加拿大铝业公司	88～90①	34		10～12				≥0～55	≤0.3
	100～110①							≥57	≤0.3
挪威，"ЭЕКТРОКЕМИС К"	70～80	27～28		9～10		1.28		≥50	≤0.3
	72～78	24～36		5～9		1.29		≥50	≤0.3
瑞典铝业公司	93	52						≥55	≤0.3
日本	78～85①	16～27		1～5		1.28		48～51	≤0.3
俄罗斯	85～90	≥31		≤12		挥发分（53%～57%）			≤0.3

① 按"空气立方体法"测定，其他系按照水银法测定。

5.4.4　石墨电极的制造工艺流程

　　人造石墨电极的原料主要是石油焦和沥青焦。它们是由石油沥青和煤沥青经焦化处理得到的，是一种低灰分、低硫分，易于石墨化的理想炭素材料。生产人造石墨电极的工艺流程如图 5-34 所示。原料经破碎加工，达到适宜的粒度后，送入 1000～1300℃煅烧炉中

表 5-25 国外炭石墨制品工业所用煤沥青的性质

项 目	电解铝工业		炭石墨制品工业	
	阳极糊	预焙阳极	黏结剂	浸渍用
软化点(环球法)/%	90~105	95~110	95±3	80~90
喹啉不溶物/%	10	12	12~15	4
甲苯不溶物/%	30		32	12~19
β树脂/%	20	20		
结焦残炭值/%	35	55	59	50
密度(20℃时)/g·cm⁻³	1.30	1.30	1.32	
灰分/%	0.2	0.2	0.3	0.3
原子分数比 $x(C)/x(H)$	1.65	1.65	1.78	
硫含量(最大值)/%	0.5	0.5		
水分(最大值)/%	0.2	0.2	0.5	

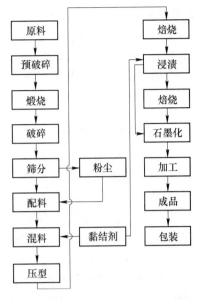

图 5-34 人造石墨电极生产工艺流程图

进行热处理,以除去原料中的水分和挥发分,以提高其密度、机械强度、导热和导电性能。石墨化工序是人造石墨电极关键的一环,它是在常压和 2200℃ 以上的温度下,使石油焦和沥青焦的碳原子由二维空间的乱层结构,转化为三维有序排列的石墨晶粒。石墨化的好坏对产品质量影响很大。结晶化程度与电极的导电性能有关,石墨化工序采用大型石墨化炉进行,耗电量极高,每吨电极耗电 4500~5000kW·h。关于石墨电极的详细生产工艺可参阅蒋文忠编著的《炭素工艺学》。

5.5 炭石墨电极的性能

电弧炉炼钢与转炉炼钢是现今有代表性的炼钢法。电弧炉是以电为主要热源,以铁屑和还原铁为原料熔解、精炼的。

电弧炉炼钢的优点是:(1)根据还原精炼可以生产各种钢;(2)温度容易控制;(3)设备费用低;(4)生产操作灵活等等。

欧美与日本已停止了平炉炼钢,而电炉炼钢由于上述优点不断增加,并且电炉冶炼粗钢的比率不断上升。在全世界也有同样的倾向,图 5-35 为世界主要国家电炉炼钢比率的变迁。

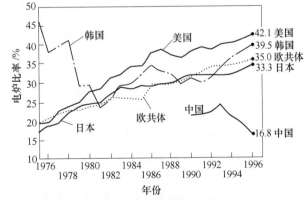

图 5-35 主要国家电炉比率变迁

日本电极单耗如图 5-36 所示,由于采用了铁屑预热、长电弧操作、电极水冷等工艺改善而逐渐降低。甚至由于近年来出现了直流电弧炉更进一步有较大降低。直流电弧炉的设备构成略图如图 5-37 所示。

电炉炼钢用电极不但用于电弧炉而且也在炉外精炼的 LF (Ladle Furnace) 使用。当初

LF 是单纯对钢脱氧时温度下降而进行温度补偿设置 。LF 具有温度补偿，又可向钢包中添加还原剂，使钢种扩大，质量改善，合格率上升，也是实现连铸配合不可缺少的设备。

5.5.1　普通石墨化电极

石墨化电极用于电弧冶金炉作为导电材料，冶炼各种合金钢、铁合金、有色金属及稀有金属。冶炼硬质合金和生产石英玻璃时，也使用由石墨化电极毛坯料车削成的各种石墨管、石墨坩埚等。

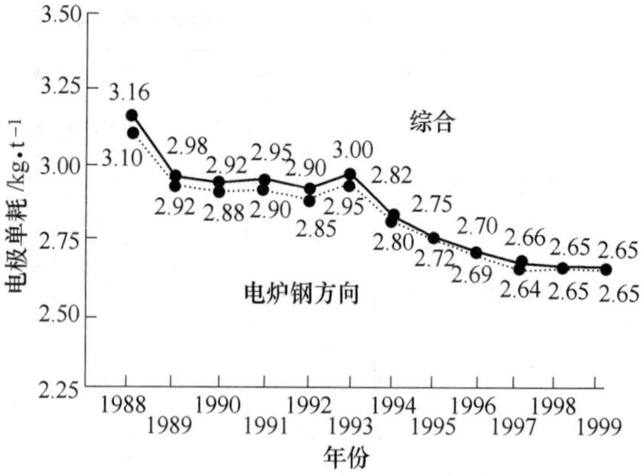

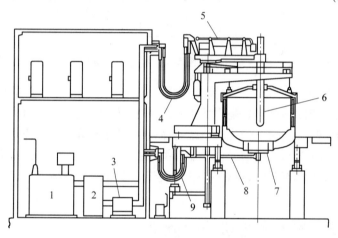

图 5-37　直流电弧炉的设备构成

1—变压器；2—可控硅整流器；3—DCL；4—水冷母线；5—阴极侧导体；
6—石墨电极；7—炉底电极；8—阳极侧导体；9—水冷母线

图 5-36　日本电极单耗的变迁
（97 年以后为预测值）

石墨化电极是以石油焦和沥青焦为原料，以煤沥青为黏结剂。石墨化电极的灰分杂质含量很低，导电性良好，耐热性能及耐腐蚀性能都很好，在高温下不熔融、不变形，是适合在电弧炉的高温下使用的导电材料。

众所周知，用电炉熔炼金属和合金，需要大量的电流所产生的热量。而电流必须通过导体导入炉内，交流电弧炼钢炉如图 5-38 所示。选用炭石墨材料作为电弧炉的电极材料，除上述原因外，还因炭弧具有很高的温度，除了原子态氢弧外，炭弧就是最热的电弧。几种不同材料电极间的电弧所达到的温度列入表 5-2 中。

电极经炉顶圆孔插入炉内（见图 5-39），用水冷式电极夹持器固定，以夹持器导入。要调整电弧，可通过自动调整装置分别调整每根电极的高度。

石墨电极又可分为普通石墨电极和特制石墨电极。普通石墨电极是以石油焦、沥青焦、煤沥青为原料制成，供普通功率电弧炉作导电电极，代号为 SDP；特制石墨电极是以优质石油焦为主要原料制成，供较高功率电弧炉作导电电极，代号为 SDT。

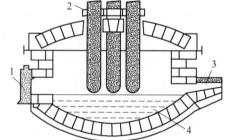

图 5-38　电弧炼钢炉示意图

1—炉门；2—电极；3—出钢口；4—熔池

5.5.1.1　石墨化电极的理化性能指标（YB 818—78）

石墨化电极的理化性能指标如表 5-26 所示。日本石墨电极特性如表 5-27 所示。

表5-26 石墨化电极的理化性能

项 目		单位	公称直径/mm								
			75 ~ 125			150 ~ 200			250 ~ 500		
			SDT	SDP		SDT	SDP		SDT	SDP	
				优级	一级		优级	一级		优级	一级
比电阻	电极	Ω·mm	$\geq 8 \times 10^{-3}$	$\geq 9 \times 10^{-3}$	$\geq 10 \times 10^{-3}$	$\geq 8.5 \times 10^{-3}$	$\geq 9.5 \times 10^{-3}$	$\geq 11 \times 10^{-3}$	$\geq 8.5 \times 10^{-3}$	$\geq 9.5 \times 10^{-3}$	$\geq 11 \times 10^{-3}$
	接头		$\geq 8 \times 10^{-3}$	$\geq 9 \times 10^{-3}$		$\geq 8 \times 10^{-3}$	$\geq 9 \times 10^{-3}$		$\geq 8 \times 10^{-3}$	$\geq 9 \times 10^{-3}$	
抗压强度	电极	MPa	≥20	≥20		≥20	≥18		≥20	≥18	
	接头		≥30	≥30		≥30	≥30		≥30	≥30	
灰分		%	≤0.3	≤0.5		≤0.3	≤0.5		≤0.3	≤0.5	
真密度		g/cm³	≥2.20	≥2.18		≥2.20	≥2.18		≥2.20	≥2.18	
假密度	电极	g/cm³	≥1.63	≥1.58		≥1.58	≥1.52		≥1.56	≥1.52	
	接头		≥1.63	≥1.63		≥1.63	≥1.63		≥1.68	≥1.68	

5.5.1.2 石墨化电板的规格

石墨化电极的产品规格分公制（国内采用的）和英制（主要为欧美各国所采用的）两种。其尺寸及允许偏差如表5-28所示。

5.5.1.3 石墨化电极的接头

石墨化电极出厂时，表面需经过加工，两端车成带梯形螺纹的接头孔。每根电极配备一个接头。接头有两种形式：一种为圆柱形，另一种为圆锥形。以前一般采用圆柱形接头，现在国内外一般都采用圆锥形接头。圆柱形接头的规格尺寸如图5-39和表5-29所示。圆锥形接头的规格尺寸如图5-40和表5-30所示。

表5-27 石墨电极本体的特性（日）

假密度/g·m⁻³	1.70
真密度/g·cm⁻³	2.23
电阻率/μΩ·m	4.7
抗弯强度/MPa	14.7
弹性模量/GPa	10.8
线膨胀系数/×10⁻⁶℃⁻¹	1.2
灰分/%	0.2

表5-28 石墨化电极的规格尺寸及允许偏差

公称直径		实际直径/mm			长度及允许
mm	in	最大	最小	黑皮部分最小	偏差/mm
75	3	78	73	72	
100	4	103	98	97	1200 ± 120
125	—	128	124	122	
150	6	154	149	146	
200	8	205	200	197	1500 ± 150
250	10	256	254	248	
300	12	307	302	299	1500 ± 150
350	14	357	352	349	
400	16	408	403	400	1800 ± 180
450	18	460	454	452	1800 ± 180
500	20	511	505	503	2000 ± 200

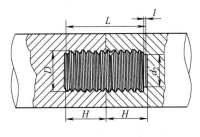

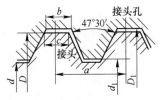

图5-39 圆柱形接头

表 5-29　圆柱形接头与接头孔的尺寸　　　　（m）

电极直径	接头					接头孔			螺纹		
	D	d	L	d_2	l	D_1	d_1	H	a	b	c
75	41.2	33.8	103	32	−2　　6	42.5	35.1	53			
100	66.7	59.3	135	56		68.0	60.6	59.0			
125	69.8	62.4	153	59		71.1	63.7	78.0	8.47	2.37	2.82
150	88.9 −0.5	81.5 −0.5	169	78 −1		90.2 +0.5	82.8 +0.5	86.0 +0.5			
200	122.2	114.8	203	112		123.5	116.1	103.0			
250	152.4	141.5	228	139		154.1	143.2	116.0			
300	184.2	173.3	254	170	−3　　10	185.9	175.0	129.0			
350	215.9	205.0	280	202		217.6	206.7	142.0			
400	244.5	233.6	305	220		246.2	235.3	155.0	12.7	3.67	4.23
450	274.3 −0.7	263.4 −0.7	340	260 −2	−2　　10	276.0 +0.7	265.1 +0.7	172.5 +0.7			
500	296.0	285.1	375	280		297.7	286.8	190.0			

由于接头的横截面积小于它连接的电极的横截面，所以生产接头材料的抗压强度要大于被连接电极的强度，而且电阻率要小。我国目前规定用作加工电极接头的毛坯料的抗压强度应不低于300MPa，比电阻应符合优级成品或一级品的质量指标。

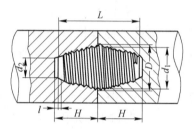

采用接头的目的是把电极相互连接起来，以便于连续输入电炉。电极之间采用圆柱形或圆锥形接头连接，接头处应车削与接头孔相适应的螺纹。锥形接头连接的机械强度较高，而且便于操作。但在电炉上存在振动时容易松扣，因此须采取补救措施，以防止接触不良。而圆柱形接头对防止松动有一定好处。在连接电极时应注意，两根电极连接处端面间缝隙应不大于0.5mm，中心线偏差应不大于3mm。

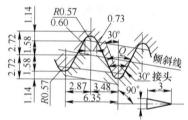

也有的专家提出将阳螺纹（或称接头）直接加工在电极上，就不需要像普通电极那样使用单个接头了。这样，由于线膨胀系数不同而引起的热应力可减至最小。这种连接方法的优点还有接触面积大、电流分布均匀、机械强度高等。而且由于接触面积和接触楔紧力大，就使这种连接法

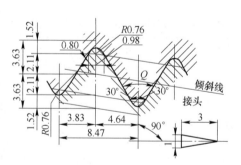

图 5-40　圆锥形接头

的连接电阻低于普通电极的连接电阻，这又进一步减少了因电阻发热而引起的热应力。而在采用单独接头连接电极的情况下，考虑到接头孔内接头膨胀的需要，应留有一定的间隙，因而接触面积和接触压力都受到一定的限制。采用将阳螺纹直接加工在电极上的连接方法还有另一优点，即由于螺纹楔紧作用和接触面积大，接触摩擦力也大，致使连接具有

表 5-30 圆锥形接头及接头孔的尺寸 （mm）

电极直径	接 头					接 头 孔			螺距
	D		L	d_2		l	d_1	H	
75	46.04		76.2	20.8			39.72	41.10	
100	69.85		101.6	40.3			63.53	53.80	
125	79.38		127.0	45.6		6	73.06	66.50	6.35
150	92.08		139.7	56.2			85.76	72.85	
200	122.24		177.8	80.0			115.92	91.90	
250	155.58	-0.5	220.1	103.8	-1.0		147.14	113.05	——
300	177.17		270.9	116.9	-3		168.73	138.45	+0.5
300	215.90		304.8	150.0		10	207.47	155.40	8.47
400	241.30		338.6	169.3			232.87	172.30	
450	273.05		355.6	198.7			264.62	180.80	
500	298.45		372.5	221.3			290.02	189.25	

注（d₁、H列）：+0.5

锁紧的趋向。因而即使在高温下也没有明显的脱扣现象。而且这种连接只需拧一圈就可以拧紧，所以上电极也比较容易。但是为了充分利用这种连接法具有较低连接电阻这一特点，还需要用大扭矩拧紧。对于大规格电极，可以使用一种机械拧紧装置。

5.5.1.4 石墨化电极的电流负荷

普通石墨化电极允许的电流负荷如表 5-31 所示。特制石墨化电极的电流负荷允许比普通石墨化电极提高 15%~25%。

表 5-31 普通石墨电极允许的电流负荷

公称直径/mm	允许电流负荷/A
75	1000 ~ 1400
100	1500 ~ 2400
125	2200 ~ 3400
150	3500 ~ 4900
200	5000 ~ 6900
250	7000 ~ 10000
300	10000 ~ 13000
350	13500 ~ 18000
400	18000 ~ 23500
450	22000 ~ 30000
500	25000 ~ 34000

注：电极直径增加，允许电流负荷大致上与其横截面积成正比。

5.5.2 高功率与超高功率石墨电极

近年来，由于电炉炼钢技术不断革新，对炼钢用的石墨化电极不断地提出更高的要求。如高功率或超高功率电炉炼钢法的出现可使电炉冶炼时间缩短 56%，每吨钢可节约电力 22% 以上，产量可相应增加 1.3 倍。为了适应这种炼钢法的需要，已生产出一种新的石墨化电极——高功率与超高功率石墨电极。这种高功率石墨电极具有下列特点：（1）比电阻低，可以导入比普通石墨化电极高 25%~40% 的电流；（2）线膨胀系数小，耐急冷急热性能好；（3）机械强度比一般石墨化电极大；（4）氧化损耗小，炼钢时的电极单耗比普通石墨化电极低 1 倍左右。

生产这种新型的高功率石墨电极所采用的原料，是一种新品种的石油焦——针状焦，生产工艺也与生产普通石墨化电极有所区别。

5.5.2.1 高功率石墨电极的性能

高功率石墨电极，代号为 SDG，理化性能指标如表 5-32 所示。

5.5.2.2　高功率石墨电极的规格尺寸及公差

高功率石墨电极的规格尺寸及公差如表 5-33 所示。高功率石墨电极接头和普通石墨电极接头相同，亦执行 YB 818—78 的规定。接头、接头孔及距孔底 100mm 以内的电极表面不允许有孔洞和裂纹。两根电极连接处端面间缝隙不大于 0.5mm，中心线偏差不大于 3mm。

表 5-32　高功率石墨电极的性能

公称直径/mm	假密度/g·cm⁻³		抗压强度/MPa		比电阻/Ω·mm	
	电极	接头	电极	接头	电极	接头
250						
300						
350	1.6	1.7	23	32	7×10^{-3}	7×10^{-3}
400						
450						
500						

注：真密度、气孔率、灰分、抗弯度强、导热系数、线膨胀系数和弹性模量作为参考指标。

表 5-33　高功率石墨电极的规格尺寸及允许公差

公称直径		实际直径/mm			长度及允许偏差/mm
公制/mm	英制/in	最大	最小	黑皮部分最小	
250	10	256	251	248	1500 ± 150
300	12	307	302	299	1500 ± 150
350	14	357	352	349	1800 ± 180
400	16	408	403	400	
450	18	460	454	452	2000 ± 200
500	20	511	505	503	

5.5.2.3　高功率石墨电极的电流负荷

高功率石墨电极的电流负荷建议按表 5-34 的规定执行。

表 5-34　高功率石墨电极允许的电流负荷

项目	公称直径/mm					
	250	300	350	400	450	500
允许电流负荷/A	9500 ~ 13000	13000 ~ 17000	17000 ~ 23500	23500 ~ 30000	28000 ~ 38000	32000 ~ 44000

5.5.3　抗氧化涂层石墨电极

为了降低电极的消耗，有的国家从 1964 年开始、我国始于 1970 年代研究在石墨化电极表面喷涂一层抗氧化的铝基金属陶瓷涂层。经十几年的使用证明，抗氧化涂层石墨电极具有如下优点：（1）有抗氧化涂层石墨电极在炉拱下可以把不氧化区拉长；（2）有抗氧化涂层、直径为 22 英寸的石墨电极可以代替无涂层的 24 英寸电极使用，而电极末端的锥体基本上一样；（3）带有抗氧化涂层的石墨化电极，不仅可以减少每吨钢水的电极消耗量，并且涂层还增加了电极的导电性。表 5-35 列出了三种规格涂层电极与非涂层电极的电阻值。

表 5-35　抗氧化涂层电极与非涂层电极电阻值的比较

直径/mm	电阻/Ω·m		电阻降低率/%
	非涂层电极	涂层电极	
200	2.74×10^{-4}	1.37×10^{-4}	50
250	1.82×10^{-4}	0.89×10^{-4}	51
400	0.58×10^{-4}	0.31×10^{-4}	46

由于有了涂层，在电极同样质量的情况下，可以降低每吨钢水的电极消耗量达 20% ~ 25%。经过长期的对比试验，各种不同方法的电炉炼钢，采用涂层电极都有好处，仅仅是

好处大小有所不同而已。我国抗氧化涂层电极是以石墨电极为基体，在其表面上熔合一层铝基金属陶瓷涂层，代号为 SDC。这种抗氧化涂层石墨电极的理化性能指标和其基体石墨电极相同，按 YB 818—78 的规定。抗氧化涂层石墨电极，覆盖在电极表面的涂层物质量为 $(1 \pm 0.2) \times 10^{-5} \text{MPa}$。涂层后电极的尺寸及允许偏差和石墨电极相同，按 YB 818—78 的规定。抗氧化涂层石墨电极的接头和石墨电极接头相同，按 YB 818—78 的规定。同样，两根电极连接处两端间缝隙不应大于 0.5mm，中心线偏差应不大于 3mm。

5.6　非炼钢矿热炉用炭电极

5.6.1　炭电极

炭电极（代号为 TD）是以无烟煤和冶金焦为主要原料（有时加入少量天然石墨或石墨化碎），现在也有以石油焦为原料生产的导电材料。炭电极的比电阻要比石墨化电极大好几倍，但在常温下的抗压强度却比石墨化电极大一些，而导热性及抗氧化性能均不如石墨化电极。由于生产炭电极的主要原材料是灰分含量较高的无烟煤和冶金焦，所以炭电极的灰分含量较石墨化电极高得多，一般都在 6%～10% 的范围内。炭电极适用于中、小型电弧炉和生产铁合金、黄磷和刚玉的电炉作为导电电极，用来生产一些普通电炉钢及铁合金等。由于炭电极的灰分含量比较高，所以不适合熔炼高级合金钢。

生产炭电极的原料比较容易解决，生产时也不需要进行石墨化处理，所以产品的成本比石墨化电极低得多。产品焙烧后须进行机械加工，其中包括车光表面和在两端车出连接用带螺纹的接头孔。同时还要加工出供两根电极连接用的接头。为了使两根电极能更好地连接，供应每吨成品电极时，应同时供应 5kg 左右的炭素膏——它是由石墨粉、糖浆和水调成，供连接电极时涂在接头孔内。接触用炭素膏的作用为，当电极拧紧后，它可以充满接头处螺纹之间的缝隙，既可降低接触电阻，又可防止松扣。

炭电极的规格尺寸及允许偏差如表 5-36 所示（据 YB 819—78 的规定）。炭电极的理化性能指标如表 5-37 所示。炭电极接头、接头孔螺纹尺寸应符合图 5-41 与图 5-39 和表 5-38、表 5-39 的规定。

表 5-36　炭电极的尺寸及允许偏差

直径		实际直径/mm			长度及允许偏差/mm
mm	in	最大	最小	黑皮部分最小	
150	6	154	149	146	
200	8	205	200	197	1500 ± 150
250	10	256	251	248	
300	12	307	302	299	1500 ± 150
350	14	357	352	349	
400	16	408	403	400	1800 ± 180
500	20	511	505	503	2000 ± 200

表 5-37　炭电极的理化性能

等级	比电阻/Ω·mm	抗压强度/MPa
一级	≤50 × 10⁻³	≥20
二级	≤60 × 10⁻³	≥17

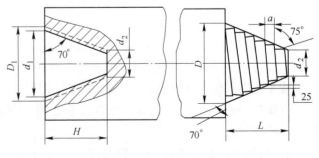

图 5-41　圆锥形接头

表 5-38　圆柱形接头、接头孔及螺纹的各部尺寸　　　　　（mm）

电极直径	接头				接头孔			螺纹		
	D	d	L	l	D_1	d_1	H	a	b	c
150	84.5	70.5	203		86.5	72.5	104.5	20	5.96	5.96
200	115.0	95.0	290		119.0	99.0	148			
250	140.0	120.0	310	25	144.0	124.0	158	30	11.00	7.4
300	160.0	140.0	310		164.0	144.0	158			
350	190.0	160.0	370		195.0	165.0	188	40	13.00	9.5
400	210.0	180.0	370		215.0	185.0	188			

（公差：D、d、L 为 150~300 取 -1.0，350~400 取 -1.5；l 为 -2；D_1、d_1、H 为 150~300 取 +1.0，350~400 取 +1.5）

表 5-39　圆锥形接头的尺寸　　　　　（mm）

电极直径	接头						
	D	L	d_2	D_1	d_1	H	a
500	386　-2	290　-2	175　-2	389　+2	325　+2	294　+4	40

两根电极连接处端面间缝隙应不大于 0.5mm，中心线偏差应不大于 3mm。电极表面掉块（或孔洞）不应多于两处，尺寸不应超过表 5-40 的规定。

炭电极的电流负荷，建议按照表 5-41 的规定执行。

表 5-40　电极表面缺陷的尺寸限额　　（mm）

缺陷尺寸	公　称　直　径	
	150~200	250~500
直径	10~20（<10 不计）	20~40（<20 不计）
深度	3~5（<3 不计）	5~10（<5 不计）

表 5-41　炭的直径及允许最大电流负荷

公称直径/mm	允许最大电流负荷/A	公称直径/mm	允许最大电流负荷/A
150	2000	350	7500
200	3200	400	8500
250	4500	500	11000
300	5500		

由于炭素电极允许的电流密度比石墨化电极小一半以上，所以同容量的电炉（或同样的相电流）采用炭电极时其直径要大得多。如果原来采用石墨化电极时直径为 200mm，换用炭素电极就得使用直径 300~350mm 的。如果直径选细了，就会造成电流密度高于规定的标准，引起电极接缝处的过热和炭素接头被烧坏，甚至有时引起部分接头连同电极一起断裂，掉入炉中，结果造成停炉、降低生产率和增加电极的消耗。

炭素电极其他一些物理化学特性如下：

含碳量：90% 左右；灰分：10% 左右；真密度：1.9 ~ 2.0g/cm³；假密度：1.5 ~ 1.6g/cm³；气孔率：20%~25%。

我国近年来炭电极发展很快，其规格远远大于石墨化电极，最大规格直径可达 1200mm 及以上。有些为了节约原料，还采用中空式（电极轴向中心为空心）。

5.6.2 非炼钢矿热炉用自焙烧电极

在炼钢中脱氧或调整成分使用锰铁、硅铁等铁合金，生产碳化钙、单晶硅以及磷等使用炭电极或者自焙电极糊。自焙式电极糊是把焦炭、石墨、无烟煤等骨料与煤沥青混合成型物装填入金属制的圆筒壳中，通电后以电极自身的电阻热和从炉内传递的热逐渐焙烧成炭电极。自焙式对应于大型炉而言自由度大，不需要电极连接作业，使用容易，价格便宜，以非炼钢矿热炉几乎都采用自焙式电极。现在因环境保护等原因，自焙式电极正在被炭电极或石墨电极所替代。

虽然不是炼钢，但碳化钙也是要把生石灰和炭素材料在电炉中加热到 2000～3000℃ 熔融生产制造的。这种电炉是一种为抑制碳化钙分解和提高热效率，把炭电极端部埋入原料中的电阻加热炉，生成熔融的碳化钙从炉下部侧面的放液口用电弧打孔作为出口流出。此时使用作为打孔的电极直径为 ϕ50～100mm，长度为 1000～2000mm 的人造石墨电极。图 5-42 为有代表性的碳化钙生产炉（密闭式电炉）。

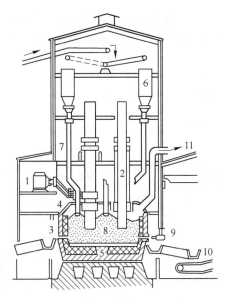

图 5-42 碳化钙生产炉（密闭式电炉）
1—变压器；2—电极；3—炉壳；4—炉盖；
5—炉衬；6—原料加料斗；7—原料流槽；
8—炉内装入物；9—放液装置；
10—注型机；11—排气处理装置

磷是用焦炭还原磷矿石生产的。由于该反应中在 1400～1500℃ 有较大的吸热反应，电能大部分作为热能源消耗掉了。炭电极的消耗也比铁合金或工业硅少得多，因而常使用焙烧炭电极。

5.6.3 天然石墨电极生产工艺

石墨是冶金工业中的一种重要材料，除用于坩埚、耐火材料等以外，主要还在炼钢电炉、电弧炉中作电极。我国 1955 年开始使用人造石墨电极，20 世纪末开始使用天然石墨生产电极，而且发展很快，1986 年我国用于制造电极的天然石墨消耗量达 5200t。下面简单讲述天然石墨电极的制造工艺、性能和使用。

如图 5-43 所示，天然石墨电极的原料由高碳鳞片状石墨，中温煤沥青经破碎混合组成。根据电极产品的规格不同，各种原料的颗粒级配有所不同。生产时原料先进行粉碎、筛分、配料及干混。干料混匀后进行适当的加热。再加入一定数量的沥青进行湿混，使黏结剂与原料混匀，成为可塑性好的糊料。将糊料送入电极挤压机的料缸中，经预压排除空气，再压制成型。成型后的生坯送入焙烧炉中焙烧，使黏结剂煤沥青在一定温度下裂解，并产生聚合反应，使碳原子之间形成焦炭网络，把石墨粉紧密连接起来，形成一个具有一定机械强度和理化性能的整体。焙烧按一定升温曲线升至 1300℃，需要时间为 219～240h。采用冶金焦和石英砂混合物作充填料及覆盖料。浸渍后二次焙烧条件基本相同，时间稍短一些。浸渍过程是将一次焙烧产品送入预热炉中，温度达 260～320℃，预热 3～5h 后入浸渍罐。浸渍时，先抽真空，再加压，液态沥青在一定的压力、温度条件下浸入制品的微孔中，然后用水冷却后出罐，一个周期要 6h。浸渍后的电极经二次焙烧后再进行加工，出厂。

目前国家还没有正式颁发天然石墨电极的质量标准。根据生产电极的技术装备水平与用户使用要求，对人造石墨电极和天然石墨电极的质量标准列于表 5-42 中。

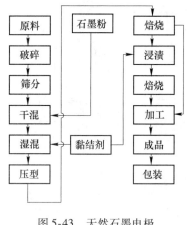

图 5-43　天然石墨电极
生产工艺流程图

表 5-42　人造石墨电极及天然石墨电极技术性能指标

技术性能指标	品级	人造石墨电极（GB 3072—82）	天然石墨电极（DB—2303 Q51—347—87）
比电阻/Ω·m	一级品	11	11
抗压强度/Pa	一级品	17640×10^4	19600×10^4
抗折强度/Pa	一级品	6370×10^4	7840×10^4
灰分/%	一级品	0.50	3.50
体积密度/kg·m^{-3}	一级品	1520	1600
弹性模量/Pa	一级品	9310×10^4	17640×10^4

由于人造石墨电极灰分少，半个多世纪以来，人造石墨电极发展很快，但近几年研制的天然石墨电极某些性能优于人造石墨电极，而且不需要复杂的石墨化工序，能大量节省能源。因此，天然石墨电极最近几年来得到迅速地发展。如果质量问题解决得好，有取代人造石墨电极的趋势。

5.6.4　再生电极生产

再生电极生产工艺流程和天然石墨电极生产工艺流程相同，它们都是人造石墨化电极生产工艺流程的一部分，即固体原料经粉碎筛分后，经配方（添加黏结剂）、混捏、成型、焙烧后即为半成品毛坯，然后机械加工为成品。三者不同之处在于主要骨料原料的不同，炭电极主要采用石油焦作原料，或添加低灰分无烟煤；再生电极主要原料是人造石墨碎，或添加低灰分冶金焦粉提高产品强度；天然石墨电极主要原料是天然鳞片石墨。它们都是用于冶炼电石、铁合金、黄磷等矿热炉作导电电极，取代原电极糊（或密闭糊）之自焙电极。

5.7　连续铸造及加压铸造用石墨制品

5.7.1　连续铸造用石墨制品

连续铸造法可省略铸锭与开锭工序，直接挤压或压延生产毛坯板材，这种连续铸造法现已广泛使用于铸钢生产钢板与钢棒；也广泛使用于铝等有色金属的板棒管的生产，如用于黄铜生产已有 50 多年了。由于连续铸造可以简化工序，提高制品合格率，产品组织结构均一。现在对非铁金属的塑性加工材料几乎都使用连续铸造法。连续铸造用石墨性能如表 5-43 所示。连铸用石墨结晶器如图 5-44 所示。

表 5-43 连续铸造用炭石墨材料性能（德）

性 能	模压	等静压				挤 压			振动成型
平均粒度/μm		7	10	15	20	≤0.4mm	≤0.8mm	≤0.8mm	≤0.8mm
体积密度/g·cm^{-3}	17	1.84	1.77	1.72	1.82	1.73	1.74	1.77	1.83
开口气孔率1101%	15	10	10	13	10.0	17	16	15	9
孔径/μm		0.8	1.5	2.0	2.5				
透气性/cm^2·s^{-1}		0.03	0.10	0.15	0.10				
硬度(HR5/100)	105	95	70	80(HR10/100)	100(HR10/100)				
电阻率/μΩ·m	27.0	14.0	14.0	12.0	11.5	6(//) 10(⊥)	7.0(//) 10.5(⊥)	7.5(//) 12(⊥)	7.7(") 8.7(⊥)
抗折强度/MPa	55	65	50	45	45	24.0(//) 15.0(⊥)	23(//) 16.5(⊥)	23.0(//) 18.0(⊥)	21.5(") 21.0(⊥)
抗压强度/MPa	155	150	120	90	105	38(//) 36(⊥)	48(//) 35(⊥)	48(//) 38(⊥)	51(") 47(⊥)
杨氏模量/GPa	22	12.5	10.5	10.5	11.0	16.0(//) 6.0(⊥)	12.0(//) 9.0(⊥)	13.0(//) 10.0(⊥)	10.8(") 9.6(⊥)
抗拉强度/MPa						13.0(//) 7.0(⊥)	16.0(//) 12.0(⊥)	16.0(//) 13.0(⊥)	14.0(") 12.5(⊥)
导热率/W·(m·K)$^{-1}$	12	90	80	90	125	200(//) 110(⊥)	190(//) 135(⊥)	190(//) 130(⊥)	165(") 155(⊥)
20~200℃时线膨胀系/×10^{-6}K^{-1}	3.0	3.9	3.9	2.9	4.2	0.7(//) 3.2(⊥)	2.1(//) 3.7(⊥)	1.5(//) 3.3(⊥)	2.7(") 3.2(⊥)
灰分/×10^{-6}	200	200	200	200	50	500	500	1500	1000

对于在连续铸造中使用的嘴子以及心轴，要求有如下特性：

（1）热传导性好。

（2）热稳定性、耐热冲击性大。

（3）润滑性好。

（4）不与熔融金属浸润。

（5）不与铸造金属反应，不影响金属质量。

（6）在严格的公差要求下，容易加工。

图 5-44 连铸用石墨结晶器

一般情况下，石墨材料对上述诸条件几乎均可以满足。特别是微粉结构的各向同性石墨材料，它的机械强度大，具有均匀致密的组织，无大气孔，而且膨胀系数也可在相当大的范围内调整，是很好的金属连续铸造用结晶器材料。

现在石墨制的连续铸造用型嘴除适应于铸钢外，还适用于铜、青铜、黄铜、磷青铜、白铜、铝合金、铸铁等，生产中应注意的是冷却水的管理，排除产生的气体，防止表面偏折。

连续铸造使用的石墨材料特性，体积密度 1.70 ~ 1.90g/cm³、抗弯强度 40 ~ 50MPa、抗拉强度 25 ~ 40MPa、热传导系数 110 ~ 150W/(m·K)。型嘴尺寸：圆棒用最大外径 φ510mm、长 580mm，圆管用分为 φ390/φ355mm × 420mm 和 φ370/φ310mm × 390mm 两种。纵型角板为 1260mm × 200mm × 280mm，横型板材为 1000mm × 70mm × 240mm。铸造速度根据铸板尺寸不同，分别为 0.7 ~ 4m/min。连续铸造分为水平连续铸造法和垂直连续铸造法（见图 5-45）。水平连续铸法简单易行，能制得优质棒材。水平连续铸造装置的硬模部分的概略图从略。图 5-46 所示为生产非金属管的垂直连续铸造设备的铸模部分构造图。

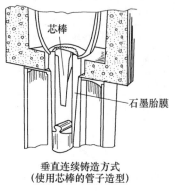

垂直连续铸造方式
（使用芯棒的管子造型）

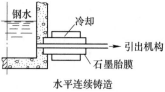

水平连续铸造

图 5-45　垂直和水平连续
铸造方式

5.7.2　铸模

5.7.2.1　加压铸造用铸模具

加压铸造法从前用于非铁金属，但 1950 年美国的 Griffin Wheel Co. 采用石墨铸模加压铸造钢车轮获得了成功。据说石墨铸模 I 型的具有制造 10000 个车轮的寿命。此技术经 Amsted Industries Inc. 进一步改善，以加压铸造法生产不锈钢及其他的扁钢坯、钢坯都获得了成功。

加压铸造它具有可以制得无缺欠的均质铸件，收率高，没有普通铸件中不可避免的因收缩引起的中心部变形或偏析等缺陷，铸造品具

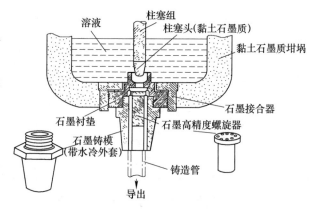

图 5-46　连续铸造装置的铸模部分结构

有尺寸精度高，铸件内部质量好等优点。汽车零部件等锌合金或铜合金的压铸件用铸模需采用致密的、机械强度大的人造石墨。

图 5-47 所示为根据加压铸造法概略介绍车轮制造装置和钢坯制造装置。

5.7.2.2　离心铸造用铸模具

离心铸造法是让石墨铸模一边旋转一边把钢水注入，靠离心力使钢水贴在铸模内壁铸造凝固。因此，圆筒、管等中空铸件或多数的圆形铸件都适用于一次成型铸造。采用这种方法，钢水中的气体及炉渣等杂质会因密度的差别集中在铸件的内面。

5.7.3　热压压模

人造石墨热压压模用于硬质合金的加压烧结方面有下述优点：一是若压制温度提高到 1350 ~ 1450℃时，则所需单位压力可降到 6.7 ~ 10MPa（即为冷压时的压力的 1/10）就

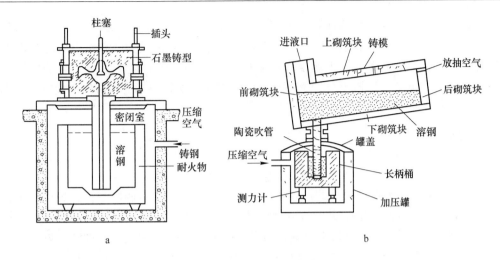

图 5-47　加压铸造装置概略

a—铁路车轮用；b—扁钢坯或钢坯用

可；二是加压和加热在同一道工序进行，经短时间的烧结就能得到致密的烧结体，大大降低了成本。在这种高温高压的情况下，采用人造石墨材料的优越性是其他材料所无法比拟的。硬质合金用热压铸型的结构如图 5-48 所示。

　　近年来，人造石墨热压模用在氮化硼刀具的生产上也取得了良好效果。当加热温度达到 1780℃ 左右时，单位压力为 56~28MPa 即可。这种热压模的上下冲头、阴模套、垫片、加热器部用人造石墨制作，其构造原理与图 5-47 相似。但因其热压温度较高，压力较大，所以上下冲头、阴模套应选择强度大、密度高的人造石墨材料来制造，例如可选择 M205 等。

　　随着新型陶瓷的出现，成型用压模也采用了人造石墨材料。因为人造石墨材料的线膨胀系数小，所以用它来生产的制品形状和尺寸稳定性高。另外由于人造石墨材料导热系数大，耐热冲击性能好，所以也有利于模具的急冷急热。人造石墨材料的高温强度高，这就更成为热压压模的

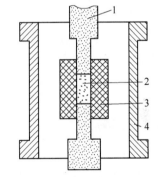

图 5-48　硬质合金的热压铸型

1—石墨冲头；2—硬质合金的粉末；
3—石墨铸型；4—石墨发热体

必要条件。人造石墨热压压模也成功地用于金刚石砂轮和金刚石钻头的成型。

　　近年来，随着热压技术的发展，对成型条件要求，正向高温高压方向发展，对制造模具用的人造石墨材料提出了更高要求。我国新研制的可用作热压模具的 M205 人造石墨材料，其抗压强度已达 70MPa 以上。目前，有的国家用于作热压模具的石墨材料的抗弯强度可达 70MPa。炭纤维复合材料的强度更高，但是由于价格等问题，使其使用受到了限制。

　　在进行热压用人造石墨模具设计时，圆柱型压模所承受的应力为：

$$\sigma = \frac{b^2 + a^2}{b^2 - a^2} P \tag{5-2}$$

式中，a 为压模的内径；b 为压模的外径；P 为内压。

　　外径和内径之比 b/a 一般都为 3~4。考虑到安全问题，作为机械用炭，b/a 可用 5~

10。当压力不大时，考虑到热压模是消耗品，为了降低成本，b/a 也可采用较低的数值1.5~2。人造石墨热压模在使用时，需要考虑人造石墨材料的蠕变。技术上规定约 2400℃ 为使用温度界限，因为高于这个温度，石墨材料会产生一定程度的蠕变。有的使用者发现，在 2400℃ 以下，石墨模也会发生一定程度的蠕变，尽管很小，也应经常检查。根据使用经验，大约在 1200℃ 以下，可以获得较长的使用寿命。

5.7.4　其他模具

5.7.4.1　玻璃成型用模具

自古以来炭就作为玻璃成型的模具使用。例如手工作业时木制固定板，也就是根据当它接触高温玻璃时表面炭化以防止与玻璃溶敷的道理。炭石墨材料还具有化学稳定性好，不易受熔融玻璃的浸润，不会改变玻璃的成分；还有石墨材料耐热冲击性能良好，尺寸随温度变化小等特点，所以近年来在玻璃制造过程中，成为不可缺少的模具材料，可以用它来制造玻璃管、弯管、漏斗及其他各种异形玻璃瓶的铸模。

5.7.4.2　烧结模与其他

利用人造石墨材料热变形极小的特点，可制造晶体管的烧结模具和支架，现已广泛使用，它已成为发展半导体工业不可缺少的材料。

此外，人造石墨也使用于铸铁用的铸型，各种有色金属用的耐久性铸模，铸钢用的铸型，耐热金属（钛、锆、钼等）用的铸型及焊钢轨用的铝热焊剂的铸型、金刚石工具烧结模等。

人造石墨模的形状和尺寸往往由使用单位选择，由炭石墨制品厂按要求用大坯料经机械加工而制成。

5.8　炼钢增碳剂及其他炭石墨制品

5.8.1　增碳剂

炼钢时为使产品质量符合标准，要调整溶钢中的碳含量。增碳剂加入溶钢中可以增加碳含量，主要在电炉炼钢中使用。在炼钢过程中通过造渣除去硫（S）、磷（P）、硅（Si）及其他杂质的同时，也进行了脱碳，所以在溶解精炼期之后的最终成分调整期要进行增碳。作为增碳用的炭素材料，特别是增碳剂有做成煤球状的，但更多的是使用石墨粉或人造石墨电极加工屑。

球形增碳剂具有向溶钢中投入时不扬灰、收率高、容易使用的优点。此外，为使其更易穿过炉渣层被溶钢吸收，增碳球往往除碳成分外加 20%~50% 的铁混合成型。

电极切屑碳含量高且容易被溶钢吸收，作为增碳剂是很好的。石墨粉或焦粉也大量被用作增碳剂，根据使用目的，粒度、纯度各种各样，不过精炼后期使用的增碳剂要求高纯度，杂质中的 S、P 特别要忌避，S 最好在 0.2% 以下。在一般的炭素材料中 P 的含量很少，通常在 0.02% 以下，作为增碳剂石墨质的要好于炭质的；在溶钢中的溶解速度石墨质是炭质的数倍，特别是碳含量高（90% 以上），石墨质增碳剂可以给予最好的效果。

5.8.2　脱氧剂碳化硅

炼钢时通常要使用硅铁脱氧。目前发展了用碳化硅代替硅铁作脱氧剂，炼出的钢质量更好，更经济。因为用碳化硅脱氧时，成渣少而且很快，有效地减少了渣中某些有用元素的含量，炼钢时间短而成分更好控制。

脱氧型黑碳化硅的化学成分要求为：SiC >90%，F.C <4%，Fe <1%。脱氧剂黑碳化硅有粉末状与成型的两种形式供应。粉末状脱氧剂黑碳化硅通常有 4 ~ 0.5mm 和 0.5 ~ 0.1mm 两种粒度。自碳化硅炉上分选取得脱氧剂黑碳化硅后，经破碎并粗略分级，即可供应市场。成型的脱氧剂则需经过成型。按脱氧剂质量，自黑碳化硅炉上分选出来的物料破碎成粉末，加入临时黏结剂（如亚硫酸纸浆废液等）混合均匀，经过挤压机挤压成大型方条，再经钢丝切砖机分割成要求的长方形小块，然后干燥、包装，即可供应市场。制砖过程是完全连续的。成型的脱氧剂黑碳化硅用起来较方便，用时无须再称量，而且加料时无粉尘。

脱氧剂黑碳化硅在美国和日本等国家的钢铁工业中用得很普遍。磨料用或耐火材料用碳化硅炉中所生成的适合于作脱氧剂的物料，都能全部销售掉而无须回炉，炉产品综合利用得好，碳化硅生产的经济效果极佳。

5.8.3 轧辊石墨套管

5.8.3.1 电磁钢板（硅钢板）热处理炉床用轧辊

压延后的硅钢板要经过辊底炉进行脱炭退火处理。此轧辊也有使用耐热特殊钢或陶瓷等的，但现在为防止钢板出现伤痕缺陷而使用在特殊钢的芯材上加装石墨套管的轧辊。套管的尺寸为直径 ϕ 120 ~ 180mm，长 1500 ~ 1800mm，因套管是在弱氧化气氛下工作，使用的标准人造石墨（挤压品、等静压品）最好实施耐氧化处理。

5.8.3.2 不锈钢板连续辉光退火炉用轧辊

压延后的不锈钢板需要在氨气分解气氛的辉光退火炉热处理。钢板的导向辊是用耐热特殊钢加装石墨套管，使用挤压成型或等静压成型的标准人造石墨。

5.8.3.3 镀锌浴槽中的轧辊与轴承

镀锌钢板在汽车车体、家电、建材中广泛使用。电镀浴的结构原理图如图 5-49 所示。在锌浴中使用的轧辊及轴承，由于是在苛刻的条件下使用，必须研究在特殊钢上加石墨、陶瓷等新材料。

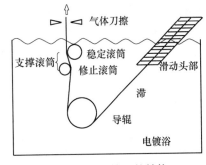

图 5-49 电镀浴的结构

5.8.4 铁水槽及矿渣槽

可以用人造石墨或天然石墨制造从冶炼炉、电炉里放出熔融金属和熔渣的流槽。

对于铁水和熔渣，流槽使用前可先用焦炭粉、石墨粉或者与黏土的混合物涂抹于使用面上。图5-50 是具有代表性的铁水流槽用石墨块，使用时将这些石墨块接起来。

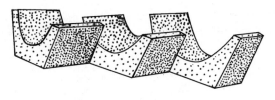

图 5-50 铁水的流槽块

5.8.5　石墨平台

石墨平台镶在上浇注块的铸造铸件平台的中央部位，该铸模是用于溶钢被铸造凝固成钢锭。无石墨平台时，钢锭从铸模脱出，平台与钢锭容易烧在一起，不易脱模，极费劳力和时间。采用石墨平台不与金属浸润，容易脱模，可以顺利地进行造锭作业。作业的顺利不但有效地提高生产率，而且对炼钢厂的设备、生产节拍的总体设计都有很大影响，石墨平台是日本开发的，最近国外市场也有显著的使用效果。石墨材质主要采用斯里兰卡天然石墨。

另外，转炉炉口砖也是使用石墨材料，它是利用石墨不易浸润的性质。

5.8.6　其他铸模具与炭石墨用具

除上述内容以外，人造石墨材料还在铸铁用模具、各种非铁金属耐用性铸模具、专用铸模具以及钛、锆、钼等耐热金属用铸模具中使用。此外，铁道轨条的铝热剂焊接用模具，玻璃成型用模具也使用石墨。

铸模具的形状与尺寸，一般都是根据用户需要而定，每次从毛坯上切割加工成制品。

炭石墨材料具有一系列适合制作冶炼用具的性能：良好的热传导性、耐高温、形状稳定、与熔融的金属不浸润、不黏着、不起反应、体轻等。故可以用人造石墨材料来制造钢包塞、熔融金属取样勺、容器、搅拌棒及浇铸用的浇口等冶炼用具。

此外，各种溶融金属钢包的出液口使用黏土石墨质或人造石墨质的嘴塞或冒头。溶融金属与炉渣相关的浇口、流槽、内浇口等处使用以煅后无烟煤为骨料生产的炭质、黏土石墨质或人造石墨质的炭块或炭砖。

6　炼铁及其他冶炼炉用炭石墨制品

6.1　炼铁用焦炭

6.1.1　炼铁用原料煤的质量

6.1.1.1　煤的特性

煤是数千万年至数亿年前的树木，在微生物的腐蚀作用下，在地下长年高温高压环境下，经煤化作用，脱氢、脱甲烷、脱碳酸反应，而演变成以 C、H、O 三元素为主成分的天然高分子物质。由此而生成的煤因根源植物种、地质年代、地质条件的不同而异。作为生产冶金焦炭的原料煤，不是所有的煤都可以使用，主要是以碳含量在80%～90%的烟煤为冶金焦炭原料（表6-1），其资源占煤总资源的20%。

表 6-1　碳含量对煤的分类

碳含量/%	种类
~70	低级褐煤
70~78	褐煤
78~80	非黏结煤
80~83	弱黏结煤
83~85	黏结煤
85~90	强黏结煤
90~	无烟煤

（78~90 为烟煤）

6.1.1.2　原料煤的质量评价

原料煤一般不像燃料煤那样以发热量来评价，而是以纯黏结性和煤化度两项指标来评价。黏结性指标以表示加热时软化熔融程度的最高流动度（MF）和表示膨胀程度的全膨胀率（TD）%来表示。煤化度以煤中的碳原子含量（C%）、煤中组织成分镜煤质的最大平均反射率（Ro%）、煤干馏时的挥发分量（VM%）等来评价，通常多采用 Ro% 和 VM%。表 6-2 是有关原料煤以 Ro 和 MF 的分类评价表。

表 6-2　焦炭原料分类表

MF				
3.5 – 2.5	低煤高流 RLFH 低煤化度高流动性煤 Low Rank Medium Fluidity coal	中低煤高流 RM_2FH 中低煤化度高流动性煤 Medium Rank Mo. 2 High Fluidity coal	中高煤高流 RM_1FH 中高煤化度高流动性煤 Medium Rank No. 1 High Fluidity coal	高煤高流 RHFH 高煤化度高流动性煤 High Rank High Fluidity coal
0.5	低煤中流 RLFM 低煤化度中流动性煤 Low Rank Medium Fluidity coal	中低煤中流 RM_2FH 中低煤化度中流动性煤 Medium Rank Mo. 2 High Fluidity coal	中高煤中流 RM_1FH 中高煤化度中流动性煤 Medium Rank No. 1 Medium Fluidity coal	高煤中流 RHF 高煤化度中流动性煤 High Rank Medium Fluidity coal
0	低煤低流 RLFL 低煤化度低流动性煤 Low Rank Medium Fluidity coal	中低煤中流 RMFL 中煤化度低流动性煤 Medium Rank Low Fluidity coal　0.7　1.1　1.5		高煤低流 RHFL 高煤化度低流动性煤 High Rank Low Fluidity coal　1.9　$\overline{R}_0$

注：1. $\overline{R}_0$：镜质型的平均最大反射率（% in oil at 546 nm）；2. MF：最高流动度（log（ddpm））；3. 每个小方框内，从上至下每行分别为汉语略称、英语略称、汉语正式名称、英语正式名称。

6.1.2　焦炭的质量

（1）焦炭的特性。原料煤干馏后得到的焦炭，大多数为高炉用焦。图6-1模拟了高炉内焦炭的主要作用，有如下四种：1）还原材料：将装入高炉内的三氧化二铁等氧化物铁矿石还原成金属铁。2）热源：与从高炉下部吹入的高温空气燃烧，为氧化还原反应和铁熔融提供必要的热量。3）通气通液性：为在高炉内保持良好的气流，使氧化还原均匀地进行和燃烧彻底，并给熔融铁和熔渣留出向下部流淌的通路。4）热交换材料：在高炉底部，利用还原反应结束后上升的高温气流，给装入的矿石通过热交换加热。能同时实现上述四种目的的便宜稳定材料只有焦炭。因此，只要高炉法炼铁存在，就必然使用焦炭。

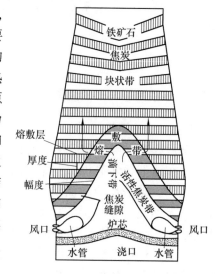

图6-1　高炉炉内状况

高炉用焦炭在高炉内要有一定的机械/热的耐摩擦强度，具备对CO、反应的抗劣化性，这一要求对大型高炉尤为重要。近年来随着向高炉内直接喷吹微煤粉工艺技术的推广，这一点更加受到重视。

（2）焦炭的质量评价。为了评价在高炉用焦炭的质量特性，希望测定其在常温下的耐机械冲击摩擦强度和CO_2热气氛下的耐机械冲击摩擦强度。但热气氛下的测定十分困难，所以对与CO_2反应性（一定温度下相对时间的反应量）和反应后耐机械冲击摩擦强度分别测定，并已经标准化。

对常温下的耐机械冲击强度的评价采用的是转筒回转强度指数（DI），对于反应性评价，采用大小为20mm的块焦200g在100℃加热2h，将其与CO_2反应时的减少量作为指标（CRI），而反应后的焦炭，用Ⅰ型转筒测定回转强度，作为反应后强度指标（CSR）来评价。

目前所采用的高炉用焦炭的质量特性如表6-3所示。此外又因焦炭属于多孔炭材料，目前又将其强度分解成气孔和基质强度两项标来评价。

表6-3　高炉用焦炭的质量指标

项　目	实际使用范围
常温强度 DI	83 ~ 85
热间强度 CSR	50 ~ 65
抗拉强度/MPa	5 ~ 8
灰分/%	11 ~ 12
平均粒度/mm	45 ~ 60
安息角/(°)	42
空隙率/%	50
表观密度/g·cm^{-3}	0.9 ~ 1.0

6.1.3　焦炭的制造技术

6.1.3.1　煤的配比及预处理技术

为了生产优质焦炭，煤的配比和预处理是极为重要的。作为焦炉的原料煤几乎都要经过如图6-2所示的预处理。

6.1.3.2　干馏技术

预处理后的煤通常如图6-3所示，装入两侧砌筑有耐火砖墙壁的炉室式焦炉，从炉壁

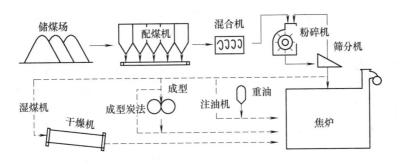

图 6-2 煤的预处理工序

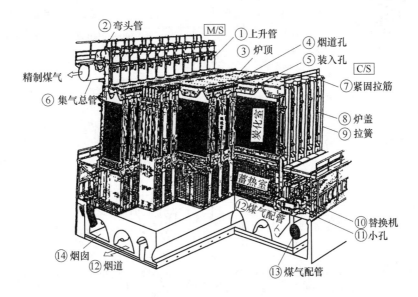

图 6-3 焦炉立体断面图

向炉中心部顺次序进行干馏。焦炭层也从炉壁开始形成。从煤到焦炭的整个干馏过程中变化可以简单归纳如图 6-4 所示。如果浓缩一下煤加热转变成焦炭的过程，可以分成如下三个阶段的变化现象：

（1）煤软化熔融。从粉末向块状物状态变化。

（2）促进煤的热分解，产生气、液、固体的相分离分解。

（3）焦炭固相聚合，为提高机械化学强度产生必要的分子结构变化。

对干馏反应的另一种看法是，有机质的煤向无机质的焦炭（炭材料）的化学结构变化。虽然有机质的热分解生成物在 700~800℃ 之间就不再生成，考虑到干馏温度有高有低，但认为干馏温度至少应在 1000℃ 左右的高温。

干馏中的焦炭从软化层消失阶段开始急剧收缩，炉墙壁和焦炭饼块之间产生间隙，因此干馏后的焦炭与炉墙壁之间阻力很小，很容易实现循序渐进式推出排料。

干馏技术的要点是煤往炉内装料要均匀，均匀加热可以减小焦炭的质量偏差。由于引入了有节能作用和加热均衡的自动燃烧控制技术（ACC），现在几乎已在所有的焦炉普及，干馏用热能也大幅度降低。炼焦干式冷却设备如图 6-5 所示。

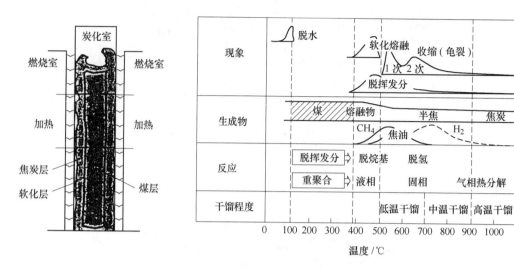

图6-4　焦炉内的干馏现象和各种反应的变化

6.1.3.3　新的焦炭制造技术

今后焦炭生产技术的发展至少应具备如下要素：

（1）为降低投资成本，开发生产率高的工艺技术。

（2）为更有效利用煤资源，大量使用低品位原料煤。

（3）为确保舒适的作业环境和保护地球环境，完全控制环境污染。

作为满足以上要素的新焦化技术具体讲可分成以连续生产焦炭为目标的成型焦化技术和以现行炉室式焦炉为基础的发展完善型焦化技术两大类。

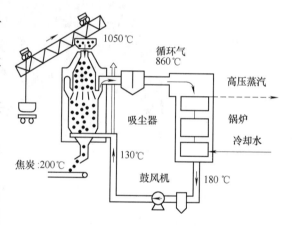

图6-5　炼焦干式冷却设备

对于成型焦化技术，图6-6所示铁链式成型焦化法。但是成型焦化受原料煤和高炉使

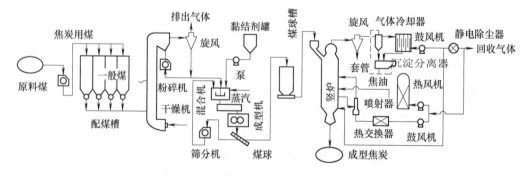

图6-6　铁链式连续式成型焦炭制造工艺

用的制约，生产量为普通焦炭的 20% ~
30%。因此，也要重视以现行炉室式焦炉
为基础的发展完善型焦化技术。因此将来
的焦化技术是以对人类和地球友好的焦化
工厂为目标的。即如图 6-7 所示，以发展
完善型焦化制造法和成型焦炭制造法相组
合来配合高炉生产。

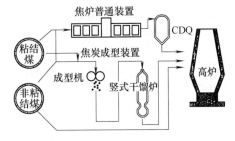

图 6-7　未来焦炭的制造技术

6.2　炭素耐火材料的生产方法

6.2.1　概述

内含无定形炭、人造石墨和天然石墨的炭素耐火材料，软化点非常高，对熔融金属和
熔融矿渣具有极强的耐蚀性，热导率高，在高温下机械强度大，耐热冲击性好；其缺点是
在高温下，容易被氧、二氧化碳和水蒸气所氧化。如果炭素耐火材料在不受氧化的条件
下工作，则是非常优秀的耐火材料。炭素耐火材料可充做高炉、化铁炉等冶金工业用炉
的内衬耐火砖，还可作为生产电石、铁合金、电炉生铁等的电炉炉底内衬耐火砖。此
外，在冶金中铸型、出铁槽、排渣沟、坩埚等都使用炭和石墨制品。近来，人造石墨也
用于火箭喷管等特殊高温场合。炭素耐火材料使用范围日益扩大，越来越居于重要
地位。

炭素耐火材料的制造方法与一般炭素制品几乎相同。也就是石油焦、无烟煤、天然
石墨等炭素原料，在 1250 ~ 1400℃下煅烧后，破碎成适当的粒度，再进行筛分。经过
破碎和筛分的原料，根据所生产的制品的性质进行配料，再用沥青黏结剂混捏，并挤压
成各种形状或模压成型，成型后的生制品在 1000 ~ 1200℃下焙烧。炭素制品和天然石
墨制品需要加工成必要的形状。在某种情况下，还要把焙烧品进一步在 2700 ~ 3000℃
下进行高温处理，以便石墨化。人造石墨制品也要进行机械加工。

6.2.2　原料

炭素耐火材料的原料分为两类，即石油焦、沥青焦、冶金焦、无烟煤及天然石墨等炭
素原料，和煤沥青、煤焦油等黏结剂。炭素耐火材料的特性在很大程度上取决于炭素原料
的性质，所以炭素原料的特性与选择是极为重要的。

6.2.2.1　石油焦

石油焦是天然沥青、石油沥青或石油系的重质油经过干馏制成的纯度高的焦炭，它是
人造石墨不可缺少的一种原料。现在以延迟焦化法生产石油焦。石油焦的特性不仅因石油
产地不同而受很大影响，而且也因制造方法的不同而有很大差异。硫含量少、线膨胀系数
小、机械强度大的石油焦，对于生产炭素耐火材料是极为良好的先决条件。国外有代表性
的几种石油焦的一般特性列于表 6-4。

表6-4　几种有代表性的石油焦的一般特性

品　种 特　性	生石油焦		煅后石油焦	
	美国（大湖公司）	日本（兴亚石油）	美国（大湖公司）	日本（兴亚石油）
固定碳/%	87~90	86~87	99.35	99.33~99.40
灰　分/%	0.3~1.0	0.1~0.2	0.35	0.20~0.22
硫　分/%	1.0~1.2	0.5~0.6	1.11	0.50~0.57
全水分/%	4~8	3~7	0.02	0.17
挥发分/%	10~13	12~14	0.39	0.30~0.38
真密度/g·cm^{-3}			2.07	2.10~2.08
硅、铁/%			0.065	—
钒含量/μg·g^{-1}			400~450	10

6.2.2.2　沥青焦

沥青焦是把沥青放入考伯斯式炼焦炉、蜂房式炼焦炉、蒸馏罐及延迟塔等，经过干馏制成的。沥青焦主要作为人造石墨、炭素耐火材料的生产原料。其性能较石油焦低劣，故较少使用。沥青焦的一般特性见表6-5，其特点是硫和钒的含量少。

表6-5　有代表性的沥青焦的特性

特性 种类	水　分 /%	挥发分 /%	灰　分 /%	固定碳 /%	硫　分 /%	钒含量 /μg·g^{-1}	真密度 /g·cm^{-3}
考伯斯炉沥青焦	0.03	0.25	0.21	99.54	0.33	3~5	1.98
蜂房炉沥青焦	0.20	1.0	0.5~1.5	98.00	0.5	3~5	1.95

6.2.2.3　冶金焦

冶金焦是用考伯斯式炼焦炉、奥托式炼焦炉、蜂房式炼焦炉等将煤焦化制成的。用质量致密而坚硬、灰分少的铸造焦作为炭素耐火材料的原料，生产出的制品耐磨性强，使用性能良好。但受热时尺寸稳定性差，这对热稳定性有特殊要求的制品，并非良好的原料。将冶金焦炭的品级分类列于表6-6。

表6-6　冶金焦品位的分类

灰　分 /%	落下强度 （50mm 指数）	挥发分 /%	硫　分 /%
0.6 以下	90.1 以上		
6.1~8.0	85.1~90.0		
8.1~10.0	80.1~85.0	2.0 以下	0.8 以下
10.1~12.0	70.1~80.0		
12.1~14.0			

6.2.2.4　无烟煤

炭素耐火材料用的无烟煤是炭化完善的物质，其外观是均质的，而且有光泽，不容易燃烧而且坚硬，灰分及挥发分少。我国的石嘴山和阳泉无烟煤，质量较好，国外主要有越南的鸿基煤、南非联邦的纳塔尔煤、美国的宾夕法尼亚煤等。这几种煤的一般特性示于表6-7。无烟煤除用做炭素耐火材料的原料之外，还可作为连续自焙电极的电极糊和炼铝阴极的重要原料。

6.2.2.5　天然石墨

天然石墨可分为结晶较为完善的鳞状石墨，即鳞片状、叶片状、针状石墨，和乍一看就可分辨出来的块状石墨。天然石墨的热导率高，在高温下耐碱侵蚀性强，所以可用于制作炭素耐火材料。但只用天然石墨制作的制品，其缺点是机械强度差，故宜与其他原料混合使用。鳞片状石墨以斯里兰卡和非洲的马达加斯加（马尔加什）出产的最为有名，我国山东莱西、平度，黑龙江柳毛，内蒙古兴和等地都出产鳞片石墨。炭素耐火材料一般使用的天然石墨规格见表6-8。总之，天然石墨是天然石墨电极、炭素耐火材料的重要原料。

表6-7 几种无烟煤的一般特性

种类	项目	灰分/%	挥发分/%	水分/%	固定碳/%	硫分/%	粒度/mm
鸿基煤	1号煤	3~4	7~8	3	88.0	0.5	120以下
	2号煤	3~5	7~8	3	87.0	0.5	50~120
	3号煤	3~5	7~8	3	86.5	0.5	30~50
	4号煤	5~6	7~8	4	86.0	0.5	15~35
	5号煤	6~7	7~8	4	85.5	0.5	6~18
南非纳塔尔煤		10		3	80	0.8	
美国宾夕法尼亚煤		3~5	4~6	3~5	78~84	0.6	

表6-8 炭素耐火材料用天然石墨的规格

种类	特性及粒度	固定碳	挥发分	水分	灰分中的指定杂质（占试料的百分比）	粒度	用途
鳞状石墨		85.0%以上	2.5%以下	1.30%以下	—	+0.3mm	电极耐火材料、
		85.0%以上	2.5%以下	1.30%以下	Fe_2O_3 2.0%以下	+0.11mm	电极耐火材料、
		75.0%以上	3.0%以下	23.0%以下	Fe_2O_3 3.0%以下	+0.11mm	电极
块状石墨		80.0%以上	3.5%以下	18.0%以下			电极
		75.0%以上	3.5%以下	23.0%以下			电极

6.2.2.6 黏结剂（煤沥青、煤焦油）

黏结剂用的焦油是煤干馏中的副产品焦油经过加工而成的。煤沥青是煤焦油经过蒸馏，将轻质油、中油、重质油（杂酚油、蒽油等）馏出后的残渣。生产炭素制品用的沥青的炭化值是很高的。为了增大其黏结性，要采用特殊蒸馏及热炼的方法。对沥青的水分、黏度等都有规定。生产炭素耐火材料用的一般沥青、焦油的特性列于表6-9。

表6-9 主要煤沥青与煤焦油的特性

种类	特性	软化点/%	灰分/%	挥发分/%	固定碳/%	密度/g·cm⁻³	苯不溶分/%
煤沥青	中温沥青	70~75	0.3以下	45~55	55以下	1.1~1.2	15~25
	硬沥青	80~90	0.3以下	40~50	55以下	1.2~1.3	20~30
煤焦油		—	0.1	80~90		1.1~1.2	

6.2.3 制造方法

6.2.3.1 煅烧

挥发分0.5%以上的炭素原料，即生焦、无烟煤或天然石墨，都要经过煅烧。如果以挥发分多的生焦和无烟煤等为原料来生产炭素制品，则成型品在焙烧过程中，必然发生过大的收缩以至变形，或者导致成型品断裂。所以在使用之前，先将原料在1250~1400℃下进行煅烧，使其成为热稳定性良好的原料。焦炭和无烟煤经过煅烧，挥发分减少，体积收缩，电阻降低，机械强度、硬度和真密度都有所增大。天然石墨经过煅烧之后，还增加了和黏结剂的润湿性，而且成型品的密度也得以增大。煅烧通常采用竖式罐式煅烧炉、回转窑、电气煅烧炉等，不管采用哪一种煅烧方式，都在杜绝氧化的状态下加热。

6.2.3.2　干燥

炭素原料容易吸潮，而且在运输中也往往被润湿，所以必须经过干燥处理之后，方能使用。用水分多的炭素原料生产炭素制品，原料同黏结剂的润湿性非常不好，在成型与焙烧工序中容易发生断裂。原料多用回转窑式的烘干炉在 110～130℃ 下进行充分干燥，使水分减少到 0.5% 以下。

6.2.3.3　黏结剂的熔融与脱水

沥青熔融之后，即可除去运输中附着的水分和混入的杂质。沥青可以在熔融状态直接使用，或者使其再度冷却固化，破碎成 10mm 以下的颗粒再使用。焦油是加热到 100～110℃ 左右使其脱水之后再用。熔融加热一般使用蒸汽加热、有机介质（导热油）加热或电热加热的熔融槽和加热槽，经过一定时间即可充分脱水。

6.2.3.4　粉碎与筛分

各种炭素原料要经过粉碎，然后再筛分成各种所需的粒度。粒度分为颗粒和粉末，为了达到适当而正确的配料目的，颗粒还须详细分级。粉末的分级，则以其在 200 目（74μm）以下的含量的多少为准；一般在 45%～96% 之间分为若干级。颗粒破碎机有颚式破碎机和对辊破碎机等，既可单独使用，亦可两种以上联合使用。颗粒的筛分可用振动筛、电磁筛、滚筒筛等。粉末粉碎机有管式粉磨机、雷蒙粉碎机、球磨机等。这些粉碎设备一般都配有空气分级装置，用以调整粒度。

6.2.3.5　配料

炭素制品的特性因炭素原料的种类、粒度及配比的不同而有很大变化。配料须视炭素制品所要求的特性和用途而定。一般来讲，颗粒与粉末的配比须以混合料的视密度达到最大为适度。即使是同一种类的原料，但由于最大颗粒的大小的不同，炭素制品的特性也就有所不同，如表 6-10 所示。配料使用手控称量机和自动称量机，然后将料投入下一道工序的混捏机或混合机。

表 6-10　粒度对挤压石墨性能的影响

配料粒级 特　性	细　粒 (0.38mm)	中　粒 (3.1mm)	粗　粒 (12.7mm)
假密度/g·cm^{-3}	1.55	1.54	1.44
电阻/Ω·cm	8.5×10^{-4}	8.9×10^{-4}	11.6×10^{-4}
弹性率/MPa	8200	6700	4500
线膨胀系数（60℃温度下）/℃$^{-1}$	1.0×10^{-6}	1.4×10^{-6}	1.9×10^{-6}
抗弯强度/MPa	18.2	8.4	5.8

6.2.3.6　混捏

把配合好的炭素原料和预先准备好的黏结剂一起放在混捏机或混合机内加热到 120～160℃ 进行混捏或搅拌。黏结剂的配比因炭素原料的种类及其配比的不同而有很大变化。一般来讲，以使其具备适于成型的可塑性为适宜。国内有卧式双 Z 轴混捏机，国外有 Baker 和 Perkins 公司制造的韦纳型或其改制型混捏机，这种类型的混捏机配备有西格马型的叶片，其特点是以其糅合作用和切割作用进行强有力的混捏。混合机配有水平圆筒形搅拌器及其改制型搅拌器。这种混捏设备能将炭素原料和黏结剂很快搅拌好，而且效率高。

6.2.3.7　成型

混捏好的原料，根据所要求的炭素制品的特性和尺寸等，以挤压成型法、模压成型法或在特殊情况下采用振动成型法、捣固成型法进行成型。成型的制品叫做生制品。

（1）挤压成型法。把混合料稍事冷却，即由混捏温度降到 100~130℃之后，可初步用预压机压成块状，也可以把混合料直接装入挤压机的挤压缸。将混合料直接装入挤压机时，需要将混合料分成数次装填，即一边压缩，一边装填，所以最好使用预压机。装入挤压缸的混合料，以 10~30MPa 的压力，通过压型嘴压制成必要的形状，再按规定的尺寸切断，然后洒水或浸泡，使其冷却。挤压的压力因混合料的种类和温度、压型嘴的尺寸和形状、制品的截面与挤压缸截面之比等的不同而有差异。此外，挤压的压力还须根据制品的特性而定。

国产有 3500T、2500T 系列化挤压机，国外挤压机多为德国 Hydraulik 型、Sehromann 型及其改进型，还有美国的 Watson Stillman 型等。制品的直径尺寸与挤压缸直径尺寸之比也有一定限制，一般为 1.4~10；若从质量和效率来考虑，则以 2~4 为适宜。一般用其横截面积比（ϕ）表示，ϕ 为 3.0~15 或 20 为宜。

（2）模压成型法。模压成型法分为冷压法和热压法。冷压法需要用 140MPa 以上的压力；若采用 50~100℃ 的热压法时，有 28~42MPa 的压力就足够了。如用模压成型法将 250~300mm 以上厚度的制品从一端加压成型时，另一端的密度就较低些；若从两端加压成型，则中央区的密度较低，但是比一端加压的高。模压成型法制造的炭素制品的特征是具有各向异性现象（表6-11）。模压成型黏结剂使用量的范围比挤压成型宽广得多。模压机大型的压力可达 30~100kN。国内目前最大立式压机为 3000T，国内炭块生产主要采用振动成型。

表 6-11 细颗粒配料的挤压成型制品和模压成型制品的特性

特 性	方 向	挤压成型制品	模压成型制品
电阻 /$\Omega \cdot cm$	颗粒方向	8.6×10^{-4}	9.0×10^{-4}
	垂直方向	16.2×10^{-4}	13.2×10^{-4}
	两者之比	0.53×10^{-4}	0.73×10^{-4}
线膨胀系数 /℃$^{-1}$	颗粒方向	1.1×10^{-6}	1.9×10^{-6}
	垂直方向	4.1×10^{-6}	3.2×10^{-6}
	两者之比	0.27×10^{-6}	0.60×10^{-6}
抗弯强度 /MPa	颗粒方向	24	24.9
	垂直方向	16.6	19.3
	两者之比	1.44	1.28
弹性模量 /MPa	颗粒方向	12900	9700
	垂直方向	5900	6700
	两者之比	2.40	1.45
假密度 /g·cm^{-3}		1.64	1.75

6.2.3.8 焙烧

将生制品加热，在 100~200℃ 时，生制品便极为软化，在 350℃ 左右，沥青开始排出气体，400~550℃ 时，沥青黏结剂进行焦化，生制品发生收缩。当温度继续升高时，则进一步炭化，生制品变成了电导体，即变成了所谓焙烧品。温度达到 1200~1400℃ 炭化才能完成，炭耐火材料一般不进行石墨化处理。只需经过焙烧即成为制成品的焙烧品，则至少需要 1200℃ 的焙烧温度。为了防止在焙烧过程的变形和氧化，生制品需要用填充料（主要是硅砂和冶金焦炭的混合料）掩埋再进行焙烧。焙烧温度的上升速率是非常重要的。必须根据制品的性质和尺寸进行调整。一般来讲，在 300~550℃ 下，以不大于 4℃/h 的极低的温升率进行加热，以防止发生剥落和龟裂。所以焙烧工艺需要 20~28 天之久才能完成。

焙烧炉分为单独炉、连续炉（环式炉）、电焙烧炉、隧道窑等，目前多用单独炉和连续炉（尤其德围的 Riedhamnier 炉）。

单独炉乃是一种以煤、重油或轻油为燃料的倒焰窑，有小型炉，也有 70t 的大型炉。单独炉虽比连续炉的燃料消耗量多，但焙烧条件容易自由调整。

Riedhammer 连续炉是利用废气余热进行预热的多炉室焙烧炉，是焙烧电极之类大型制品的焙烧专用炉。一台（单火焰系统）炉通常包括 20 个炉室，生产能力为 300 ~ 1000t/月，以燃烧重油和煤气的方式加热。环式炉在一台炉的 20 个炉室中，有预热炉室 7 ~ 9个，点火炉室 1 ~ 2 个，冷却炉室 6 ~ 7 个，进行装出炉作业的炉室 4 ~ 5 个。一台焙烧炉即按此顺序操作。双火焰系统为 32 ~ 38 个炉室，国外最大有 108 个炉室的特大型炉。

6.2.3.9   沥青浸渍

要求气孔率低、机械强度大的炭素制品，需要将焙烧品用沥青浸渍，然后再次焙烧，进而石墨化，制成石墨化制品。把预热好的焙烧品装入已加热的浸渍釜，首先用真空装置抽真空，再把熔融沥青注入釜内，以 0.7 ~ 1MPa 的压力（高压浸渍的压力为 1.8 ~ 2.5MPa）使沥青浸透制品。如能充分浸透，焙烧品 85% 的气孔都能浸入沥青。浸渍用的沥青，其游离碳应该少，而炭化值又要高。

6.2.3.10   石墨化

把无定形炭在 2500 ~ 3000℃ 左右的高温下加热，碳结晶便越加发达，即生成人造石墨。凡是炭都能转化成石墨，但石墨化的难易程度却因炭的种类不同而各异。石油焦是非常容易石墨化的，而炭黑、冶金焦等则是比较难于石墨化的炭。在工业上通用的石墨化温度一般为 2200 ~ 3000℃。石墨化炉既有小型炉，也有能承装制品 50 ~ 70t 甚至 100t 以上的大型炉。不管是哪一种炉子，都不外是以内装的焙烧品和填充的焦粉和焦粒作为电阻加热体的电阻炉。因而所用的焦粒都是经过筛分配合的电阻高、灰分少的冶金焦。工业用石墨化炉的送电时间为 75h，每吨装炉产品消耗电力为 4000 ~ 7000kW·h。

6.2.3.11   加工

无论是焙烧制品还是石墨化制晶，均须机械加工成必要的形状。焙烧品坚硬，加工性差，人造石墨加工容易，可以进行精密机械加工。加工机械根据加工形状的不同，有车床、龙门刨床、龙门铣床等，加工工具有超硬工具、陶瓷车刀、高速钢刀具、研磨机等。

6.3   炭素耐火材料的一般特性

炭和石墨具有许多特殊的性质，故可充做各种高温材料。炭素耐火材料在使用中的各种必要性质分述如下。

6.3.1   热学与辐射性能

（1）升华温度。炭在常压下无熔点，炭的升华温度根据典型报告值为（3550 ± 10）℃。炭的气、液、固三相点为 $1 \times 10^7 Pa$，4100K。

（2）辐射能

炭素耐火材料的辐射能力很强，石墨质材料为理论黑体辐射值的 75% ~ 90%，炭质材料比此值略低些。辐射能力因材料表面状态的不同而有变化，即使是研磨面，经过长时间使用后，辐射能力也会增强。

（3）比热容。炭素耐火材料的比热容，并不因品种的不同而有什么变化，在常温下为

2.0cal/（mol·℃），比热容随温度上升而增加，在 2000K 下，据根杜隆-普蒂定律，可达 6.0cal/（mol·℃），炭素比热容对温度的依赖关系示于图 6-8。

（4）热导率。石墨质的炭素耐火材料的热导率非常高，在常温下，在平行于颗粒方向上与铝相似，在垂直方向上与黄铜相接近。然而炭制品的热导率与石墨制品相比却低得多。图 6-9 的曲线表示典型的人造石墨和无定形炭制品的热导率对温度的依赖关系。石墨的热导率，自室温起，随温度的上升而减少，而炭质材料的热导率，则随温度上升而略有增加。

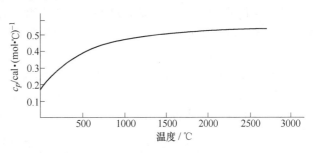

图 6-8 炭素的比热容与温度的关系

（5）线膨胀系数。炭素耐火材料的线膨胀系数比金属低得多。炭素耐火材料的线膨胀系数与其他特性一样，因挤压或模压成型方法的不同而异向性有所不同。原料颗粒长度方向上的膨胀系数低。人造石墨的线膨胀系数，一直到高温为止，总是随温度的升高而增加。人造石墨由常温到高温的平均线膨胀系数与温度的依赖关系，不管材质如何，就是在由常温到 100℃ 之间的系数的基础上。再加上图 6-10 所示的数值即可求出。

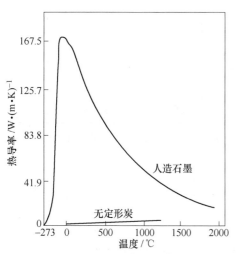
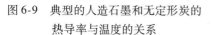

图 6-9 典型的人造石墨和无定形炭的热导率与温度的关系

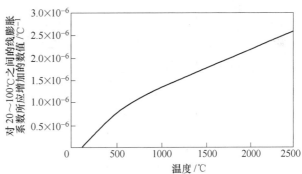

图 6-10 人造石墨高温下的平均线膨胀系数的求算图
（由室温到高温的平均线膨胀系数，就是将 20～100℃ 之间的线膨胀系数，再加上图中所示的数值）

6.3.2 力学性能

6.3.2.1 机械强度和弹性模量

高温下的石墨质炭素耐火材料的机械强度，在 2400～2500℃ 之前随温升而增大。在 2400℃ 前后的数值，比常温值增高 50%～100%（图 6-11）。高于此温度，则由于蠕变，强度急速降低。根据多种炭素耐火材料的实验结果，实用上取抗拉强度/抗弯强度 = 0.53

（0.47～0.60），抗压强度/抗弯强度 =2.07(1.61～2.90) 最为适宜。

弹性模量也同机械强度一样，是随温升而增加的，但上升的速率及达到最大值的温度则与机械强度不同。弹性模量因达到最大值时的测定法的不同而有差异。用振动法测定，其最大值在 2200～2300℃ 比常温值约增加 40%，用挠曲法测定，则在 1700℃左右，约增加 30%。

6.3.2.2　耐热冲击性

炭素耐火材料因具有线膨胀系数小、热导率高、相对于机械强度其弹性模量较低等特点，所以显示出很大的耐热冲击性。石墨质材料的耐热冲击比炭质材料更大。炭素耐火材料的耐热冲击性与其他各种耐火材料的比较列于表 6-12。

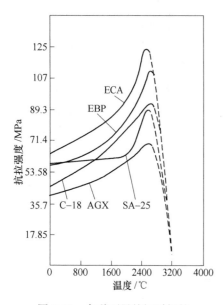

图 6-11　各种石墨的短时间的
抗拉强度与温度的关系

AGX—中颗粒挤压品；C-18—中颗粒模压品；
EBP—细颗粒模压品；ECA—细颗粒挤压品；
SA-25—灯黑基碳材料

表 6-12　各种耐火材料的耐热冲击性

温度/℃　　　各种材料	100	400	1000
石墨质耐火材料	105	55	20
炭质耐火材料	3	3	3
Al_2O_3	2.7	1.1	0.60
BeO	17.3	6.9	0.69
MgO	1.9	0.94	0.45
莫来石	1.1	0.75	0.84
尖晶石	1.15	0.77	0.45
ThO_2	1.3	0.66	0.30
锆石	(2.2)	1.4	0.73
ZrO_2	0.31	0.30	0.29
熔融硅石	9.5	10.1	
碱灰石英玻璃	0.38	0.43	
TiC	2.5	1.3	0.56
磁器	0.48	0.43	0.52
黏土耐火砖	0.14	0.14	0.48
TiC 金属陶瓷	(17.3)	(8)	(4)

注：1. 上表的数值用下式计算：$R=\dfrac{kt(1-\mu)}{aE}$ （cal/(s·cm)）

式中，k 为热导率；a 为线膨胀系数；μ 为泊松比；t 为抗拉强度；E 为弹性模量。

2. 括号内的数值是推定值。

6.3.3　化学的稳定性

除了一部分强氧化剂之外，炭和石墨几乎对所有的化学物质都是不活泼的。

可是炭素耐火材料在高温下容易氧化，生成层间化合物及碳化物，因而被侵蚀。

（1）干式氧化。炭素耐火材料的氧化开始温度及氧化速率，因原料种类、受氧化面积的大小、热处理温度、杂质的含量、侵蚀气体的浓度及流量等的不同而有差别。以一定大小的试片做氧化试验，以在 24h 内，质量减少 1% 的温度作为大概的氧化开始温度。炭素耐火材料的氧化开始温度列于表 6-13。

表 6-13　炭及石墨的大致氧化开始温度
（一定大小的试片，在 24h 之内，
重量减少 1% 的温度）　　（℃）

炭素耐火材料	空气中	水蒸气	二氧化碳
无定形炭	370	—	—
普通人造石墨	450	700	900
高纯人造石墨	540	—	—

（2）和金属的反应。炭和石墨与许多种金属在高温下生成碳化物。石墨和金属之间大致的反应开始温度列于表6-14。然而随着温度的变化，反应速率如何变化，至今还不甚明确。

表6-14 石墨和金属的反应

元素	温度/℃	反应物及效果	元素	温度/℃	反应物及效果
Al	800	Al_4C_3：在1400℃下反应急速，在1200℃以下铝中炭素溶解度非常小，在1700~1800℃下生成Al_4C_3	Na	>450	Na_2C_2、Na 在 250~730℃下能将石墨浸透，充满气孔的60%~90%，Na 还可生成一部分层间化合物，主要是和其他杂质共同有选择地破坏非石墨部分的粒间结合，从而将炭及石墨崩坏
B	1600	B_4C：在工业条件下，2400℃下生成			
Be	900	在真空和氢气氛中生成Be_2C	Nb	>870	NbC、Nb_2C：在氧中略有反应
Bi		（熔融 Bi 浸透石墨，冷却时，石墨被破坏）	Ni	1310	Ni 中炭素溶解度为0.65wt%
			Pb	(1090)	不反应
Co	218	CoC、Co_3C 次稳定，Co_2C 不稳定	Pu	1050	PuC
Cs		$CaCs$ 等层间化合物，对液体或在 $2~3mm^2$ 水柱的蒸汽压下发生反应	Rb		C_8R_b 其他层间化合物。在蒸汽压为 2~3mm 汞柱的温度下生成
Cu		不反应			
Fe		Fe_3C	Si	1150	$\beta\text{-}SiC$
Hf	600~800	HfC	Sn		不反应
K	2000	C_8K，其他层间化合物。在蒸汽压为223mm 汞柱以上的温度下发生反应，使石墨崩坏	Ta	1160	Ta_2C：在氢中
				2200	TaC
Li	500	Li_2C_2	Th	2100	ThC、ThC_2：在真空中
Mg	(1100)	不反应	U	1150	UC
Mo	700	Mo_2C：形成碳化物皮膜		1400	UC
	1200		W	1400	W_2C、WC：在氢中
Na	400	$C_{64}Na$ 层间化合物	Zr	750	略有反应
	(400)	无 O_2 时不反应			

其中钾、铷、铯主要是钠生成层间化合物，其他金属元素则生成碳化物。

（3）和金属氧化物的反应。炭素耐火材料可将金属氧化物还原，生成碳化物和一氧化碳，和金属氧化物的大致反应开始温度列于表6-15。

表6-15 炭和金属氧化物的反应

金属氧化物	反应温度/℃	说 明	金属氧化物	反应温度/℃	说 明
B_2O_3	1200	*	BeO	962	生成 BeC_2
V_2O_3	438	*		1315	*
	650		ZrO_2	1300	*
Fe_2O_3	485		UO_2	800	*
TiO_2	930	反应物的颗粒直径为 100 目以下	MgO	1350	*
	1100		ThO_2	1380	*
SiO_2	1250	*	PuO_2	1300	PuC 或 Pu_2C
Al_2O_3	1350	*			
	1280	生成 Al_4C_3			

注：* 表示反应不明显。

（4）层间化合物。许多种物质都能同炭及石墨生成层间化合物。这时，石墨的层间距离变大，石墨容易崩坏。与炭素耐火材料有关的层间化合物（参见表6-14）已知的有 C_8K、$C_{16}K$、$C_{24}K$、C_8R_6、C_8Cs、C_8Br、C_8Cl、$FeCl_3$ 石墨等。

6.3.4　其他特性

（1）加工性。在炭素耐火材料中，炭质制品坚硬，加工性不好，而石墨质制品容易进行极为精密的机械加工，所以加工性好。这是石墨制品的一个长处。

（2）真密度、假密度。炭素耐火材料由多晶体石墨到无定形炭有许多种，真密度因品种的不同而有很大差异。用丁醇浸液法求出的真密度，石墨质约为 $2.2g/cm^3$，炭质约为 $1.9 \sim 2.0g/cm^3$。

因有开放气孔和闭塞气孔（占 15% ~ 30%），故假密度低于真密度，约为 1.45 ~ $1.85g/cm^3$。

（3）杂质。以冶金焦、无烟煤和天然石墨为原料的制品，其灰分约占百分之几，除此以外，以石油焦等为原料的制品，其灰分则约为 0.5%。灰分多由 Fe、Si、Ca、Al、V、Mg 等组成。人造石墨制品因经过高温石墨化处理，杂质蒸发，灰分便减少到 0.1% 左右，其组成主要为 Ca、Fe、V、Ti 等。

炭块的理化指标见表6-16。

表6-16　炭块的理化指标

项　目	种　类				
	炭　质		天然石墨质		人造石墨质
	1 种	2 种	2 种	2 种	
灰分/%	≤8	≤10	≤18	≤20	≤1.5
全气孔率/%	≤20	≤25	≤20	≤23	≤30
抗压强度/MPa	≥34.32	≥19.6	≥14.71	≥14.71	≥24.51
挥发分/%	≤1.0	（≤1.0）	（≤1.0）	（≤1.0）	（≤1.0）
固定碳/%	≥90	（≥88）	（≥80）	（≥78）	（≥97）
体积密度/g·cm⁻³	≥1.5	（≥1.5）	（≥1.7）	（≥1.6）	（≥1.5）
真密度/g·cm⁻³	≥1.9	（≥1.9）	（≥1.9）	（≥1.9）	（≥2.0）
抗折强度/MPa	≥7.85	（≥4.90）	（≥3.92）	（≥3.92）	（≥5.88）

注：括号内数值为参考值。

6.3.5　特性检测

炭素制品要求品质均匀，不得有在使用上有害的裂纹、裂痕、裂缝等，全部产品都应进行外观检查。此外有时还须进行非破坏性测定，以检查内部缺点。

（1）试验方法的内容：

1）水分（m）：在 105 ~ 110℃ 下，经过 1h 的加热，根据减重计算。

2）挥发分（u）：在 950℃ 下，经过 7mm 的加热，根据减重计算。

3）灰分（a）：在 750℃ 下，完全灰化后求出。

4）固定碳（c_f）：按公式 $c_f = 1000 - (m + u + a)$ 算出。

5）假密度（d_b）：按尺寸、质量算出。

6）真密度（d_t）：以丁醇在（30 ± 0.3）℃下浸透后测定。

7）全孔率（p）：根据假密度和真密度按下式计算：

$$p = \frac{d_t - d_b}{d_t} \times 100\% \tag{6-1}$$

8）抗弯强度（b）：对于炭块和天然石墨块，用直径 50mm、长度 230mm 的圆棒，或用宽 50mm、厚 50mm、长 230mm 的方棒；对于人造石墨质炭块、人造石墨电极及高纯炭材料，用直径 20mm、长 100mm 的圆棒或用宽 20mm、厚 20mm、长 100mm 的方棒作为试件。试验用的是阿姆拉型试验机和米哈埃里斯双杠杆型材料试验机。

9）抗拉强度（t）：试件中部（试验破损部）直径 20mm、长 40mm；试件全长 180mm，端部直径 40mm。试验机与抗弯强度试验所用的相同。

10）固有电阻（ρ）。使用开尔芬双电桥法或电压降落法进行测定。

11）弹性模量（E）：用纵振动法测定。

（2）其他测定法：

1）线膨胀系数（a）：室温到 100℃ 之间的线膨胀系数用蒸汽加热式的光杠杆法测定。

2）热导率（k）：用考劳喜法测定。

3）耐碱侵蚀性：以 ASTM 标准中规定的耐火砖试验法为准。往 $50mm^3$ 的试件中央孔灌入 8g K_2CO_3，以 955℃ 加热 5h 后，根据发生龟裂的程度来判定侵蚀度。

4）耐磨性：以耐火砖的试验法为准，以 SiC 喷砂来测定磨耗量。

5）热收缩率及残留线膨胀收缩率：试件在由常温到 1600 ~ 2000℃ 之间，以一定的升温速率加热，使试件分别进行均匀膨胀、急剧膨胀、收缩、冷却之后，测定试件尺寸的永久变化，并求出膨胀收缩曲线（图 6-12）。图中的 Δl_1 和 Δl_2 分别叫做热收缩率及残留线膨胀收缩率。

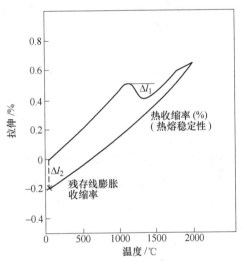

图 6-12 高炉炭块的热收缩率和残存线膨胀收缩率的表示方法

（举例图示两种收缩率的大小）

6）气体透过率：在一定的压力差下，根据透过试件的气体量求出。

6.3.6 炭块质量的改进

炭块取代以往的耐火砖已被广泛应用，但还有几方面有待改进。

（1）与熔融铁水的反应：由于炭块经常与熔融铁水相接触，大部分炭伴随着生成的渗碳体溶解到熔融铁水中。这个溶解速度与温度成比例，需改善冷却效果。因此，作为炭块的质量应该说热传导率高的质量好。

（2）氧化：高炉内一般为还原气氛，但也有从炉外空气侵入或冷却水渗透的时候，这

时应考虑 O_2、CO_2、H_2O 等引起的氧化消耗。

（3）碱性反应：造成炉壁耐火物化学侵蚀的主要原因是碱性反应。主要原料不采用焦炭而使用煅烧无烟煤可以提高耐碱性。另外人造石墨质炭块的耐碱性也优于以焦炭为主要原料的炭质炭块。

（4）脱离漂浮：炭素材料密度小，在熔融铁水中受到浮力，为防止由这种浮力引起的炭块脱离漂浮，要研究炭块的砌筑方法。

（5）炭块间的热收缩：炭块由于制造条件的不同（特别是焙烧温度），有的在高温下产生热收缩。而人造石墨质炭块由于经过近 3000℃ 的高温处理，相互间不产生热收缩。

6.4 高炉炭块

6.4.1 概述

炼铁高炉是用焦炭把铁矿石还原生产生铁的设备。大型高炉的规模为高 10m，炉内直径 15m，日出铁量可达 10000t。高炉炉内最高温度约 1700℃，生成的铁水流向下方，滞留在炉底。高炉铁水存留部开有直径 $\phi50mm$，称为出铁口，铁水从此流出炉外，铁水温度约 1550℃。所谓高炉用炭砖是指高炉的炉壁、炉底、铁水滞留区、风口等处内铺的炭砖。图 6-13 为高炉炉衬的一般图例。

由于高炉炉内基本上属于还原气氛，所以不必担心高温氧化，因此，作为接受炭饱和浓度附近的铁水以及由铁矿石中杂质生成炉渣的容器，炭素材料是最合适的。

如前所述，炭素耐火材料在化学上是稳定的（尤其耐碱侵蚀性好），对熔化金属、熔融矿渣耐腐蚀性强，热导率高，线膨胀系数小，而且热变形少，在高温下机械强度大，是高炉、

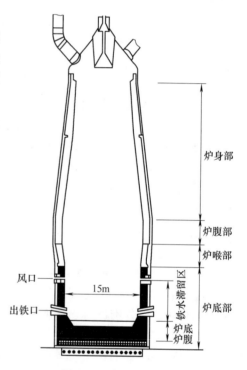

图 6-13 高炉的内衬图

电炉、平炉、化铁炉等内衬用的不可缺少的耐火材料（炼铝炉用炭素阴极既是内衬耐火材料，又是电导体，所以是一种非常重要，而且不可缺少的材料）。

高炉炭块代号为 TKG，是供砌筑炼铁高炉的炉底、炉身用的。过去，炼铁高炉内衬都采用高铝砖或其他耐火砖，使用寿命较短。在炉底及炉膛的内壁改用炭块砌筑后，由于炭块对铁水及熔渣的耐腐蚀性能好，耐高温（可以在 2000～3000℃ 的高温下使用），且高温下的强度大（在 2400℃ 左右时，其强度比在常温下提高一倍左右），因此大大延长高炉内衬的使用寿命，在较好的情况下可使用十年左右。

生产高炉炭块的原料是无烟煤和冶金焦（有时加入沥青焦、石墨化冶金焦或石墨化

碎），经粉碎、筛分、配料、混合、成型和焙烧制成。生产高炉炭块的工艺流程与生产侧炭块、底炭块相同，仅仅配料方（颗粒组成与煤沥青用量）不同。

高炉炭块的机械加工比侧炭块及底炭块要复杂得多。高炉炭块都是成套订制的，在订货时附有不同形状炭块的图纸及每一水平炭块的安装图。由于高炉炭块砌筑时的缝隙有的要求不超过1mm，所以加工精度和光洁度都必须达到较高的水平。每层炭块在单块加工完成后，需要在制造厂中按照图纸进行预安装，检查它是否符合安装要求，然后依次标号，再包装发货。

按照 YB 2804—78 的规定，用于砌筑1000~2500m³高炉的炭块，其理化性能指标如表6-17所示。高炉炭块的尺寸及允许偏差如表6-18所示。

表6-17　高炉炭块的理化性能指标

项　目	单　位	指　标
灰分	%	≤8
抗压强度	MPa	≥30
气孔率	%	≤23
假密度	g/cm³	≥1.50
热导率	W/(m·K)	—

表6-18　高炉炭块的尺寸允许偏差　（mm）

部　位	砌筑方法		允许偏差			
			宽度	高度	长　度	
					非自由端	自由端
满铺炉底	卧砌	宽缝	+1 -4	±1	±5	±10
		窄缝	±1	±1	±5	±10
综合炉底、炉缸等	环形		+1 -2	±1	—	±5

鉴于使用要求，对高炉炭块的外观质量要严加控制，特别是炭块的缺角、缺棱和表面缺陷，不应超过 YB 2804—78 的规定。

目前，世界上高炉日趋大型化。日本最近建筑的高炉容积在4000m³以上，每日出铁在10000t以上，炉底直径有14m。目前世界上已建成了5000m³的高炉。随着高炉的大型化，运转条件越来越苛刻。因此对高炉炭块的质量上、形状上、加工精度上的要求越来越高。目前最大的炭块尺寸已达 600mm×700mm×1400mm 及以上，每块重数百千克，而炭块的安装缝则要求在1mm以下，所以炭块必须在高精度磨床上进行精加工。

6.4.2　炉用内衬炭素耐火材料的种类与形状

6.4.2.1　炉用内衬炭块的种类

炉内衬用炭素耐火材料是经过焙烧或石墨化的耐火砖，大致可分为大型炭砖、大型炭块和有可塑性的炭糊几大类。炭砖和炭块因使用的原料和制造工艺的不同，分为石墨质（人造石墨质、天然石墨质）和炭质（石油焦质、冶金焦质、无烟煤质）两类。有关炭块（主要是高炉和电炉内衬用炭块）的分类见表6-19。

表6-19　炭块的分类

名　称	说　明
炭素质炭块	以焦炭类及无烟煤主要原料，经过成型、焙烧和加工而成
天然石墨质炭块	以天然石墨为主要原料，经过成型、焙烧、加工而成
人造石墨质炭块	以沥青焦和石油焦为主要原料，经过成型、焙烧、石墨化及加工而成

人造石墨质的砖和块由于价值昂贵，所以只在特高温、避免污染等特殊条件下使用；天然石墨质的炭块用于电炉的内衬。石油焦质、冶金焦质的炭块作为各种炉的内衬耐火材料；无烟煤质炭块系用做各种炉，特别是高炉内衬用耐火材料。

炭糊根据其用途不同，可按表 6-20 分类。炭糊和炭块一样，以焦炭类和无烟煤为原料。

表 6-20　炭糊的分类

品　种	用　途
缓冲糊	用做炭砖热膨胀的缓冲材料
炉用捣固糊	炉用捣固材料
砌缝糊　（粗缝糊）	10mm 以上砌缝的充填材料
砌缝糊　（细缝糊）	1mm 以下砌缝的充填材料

6.4.2.2　炭砖及炭块的形状

A　炭砖的尺寸和形状

炭砖的尺寸，除了 65mm×114mm×230mm 的标准炭砖尺寸之外，还有以此为准的异形炭砖，如横楔型、纵楔型、楔型、半厚型、扇型等。炭砖的尺寸，例如日本电极制造株式会社炭砖的尺寸见表 6-21。

表 6-21　炭砖的尺寸（日本）

名　称	尺　寸	代号	长度 A/mm	宽度 B/mm	厚度 C/mm	厚度 D/mm	单位质量/kg
标准型（直形）		S	230	114	65		2.72
横楔型		Y 1	230	114	65	59	2.60
		Y 2	230	114	65	50	2.41
		Y 3	230	114	65	32	2.03
纵楔型		T 1	230	114	65	55	2.62
		T 2	230	114	65	45	2.31
		T 3	230	114	65	35	2.10
楔型		B 1	230	114	105	65	2.62
		B 2	230	114	85	65	2.38
		B 3	230	114	65	65	2.14

B　炭块的尺寸

炭块的尺寸因炭块的制造设备、制造方法及内衬设计的不同，各个国家都不一样。从高炉炭块的大小来看，德国有 500mm×750mm×2000mm 的大型炭块，一般还有 300mm×600mm×900mm、300mm×600mm×650mm、300mm×425mm×650mm 这类比较小型的炭块；英国多使用 300mm × 300mm × (380 ~ 500)mm 的小型炭块；与此相反，美国多使用 570mm × 760mm × 6500mm、560mm × 760mm × 4500mm、570mm × 730mm × 4500mm、570mm × 760mm × 4500mm 等大型的炉底用炭块和 300mm × 200mm × 100mm、450mm × 280mm × 100mm 等小型的炉壁用的炭块。日本炭块的尺寸列于表 6-22，高炉用的有 400mm × 600mm × (1000 ~ 1300)mm、500mm × 600mm × (1000 ~ 1300)mm、500mm × 700mm × (1000 ~ 1300)mm 等比较大型的炭块。

表 6-22　炭块的尺寸规格（日本）

厚度/mm	宽度/mm	长度/mm
250	250	800、1000、1300
300	300	1000、1300、1500、
550	550	1800、(2000)
(370)	(450)	(1000)、(1300)、(1500)、(1800)、(2000)
400	500、600	
450	450、500	1000、1300、1500、1800、2000
500	500、600	

注：1. 括号里的是参考数值。2. 表面加工规定是机械加工，有时此工序从略。3. 尺寸容许误差为：厚及宽 ± 2mm、长 ± 3mm。

C　炭块的形状

炭块的密度一般来讲比炉内的熔化物小，而且还缺少坚固而有效的黏结糊料，所以炉底的内衬炭块在使用中有时发生上浮的破损。为防止发生这类事故所采用的方法，就是把炉底炭块制成各种形状，并进行全面的精密机械加工，然后再进行组装。图 6-14 就是这

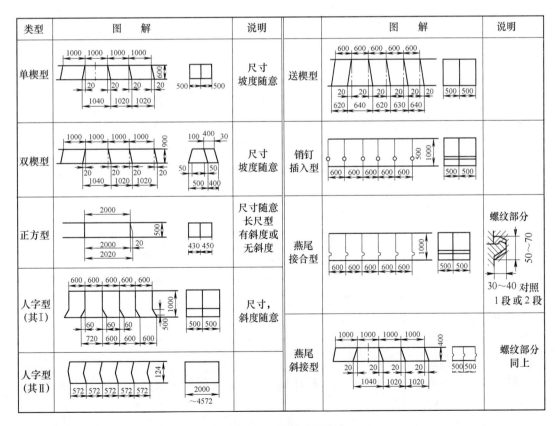

图 6-14　炭块的形状

些炭块的形状。通常使用的炭块有单楔型、双楔型、正方型、燕尾接合型（波形），参见图6-23。

6.4.3　炭块的特性

高炉炭砖的种类和特性如表6-23所示。所谓无烟煤质和石墨质是指其主要原料分别为无烟煤和石墨，焙烧温度1200～1300℃。炉底衬使用人造石墨。高炉的寿命为10～20年，此期间内衬材料受化学腐蚀、物理侵蚀以及热应力等会爆裂、损伤、消耗。高炉炉身上部可以中修，但高炉炭砖铺的炉底和铁水滞留部位却不能中修。正因如此，设计炉底、铁水滞留部位的内衬时，要对使用材质的质量、形状等进行详细的研讨。高炉用炭砖的主要质量特性应符合如下几点：（1）耐熔融铁水性；（2）耐碱性；（3）良好的机械特性；（4）耐热的特性；（5）耐熔融铁水浸透性。

表 6-23　高炉炭砖的种类和特性

记 号	A	B	C	D	E	F
材 质	无烟煤质	无烟煤质	无烟煤+石墨	石墨质	石墨质	人造石墨
体积密度/g·cm^{-3}	1.56	1.62	1.71	1.78	1.61	1.62
真密度/g·cm^{-3}	1.93	1.99	2.11	2.24	2.13	2.18
固定碳/%	96	83	77	76	99	99
平均气孔率/μm	5	0.3	0.05	0.05	5	3
通气率/mD	150	4	<0.5	<0.5	210	250
抗压强度/MPa	38	44	66	60	29	22
抗折强度/MPa	12	13	15	16	10	10
线膨胀系数/K^{-1}	3.3×10^{-6}	3.4×10^{-6}	3.5×10^{-6}	3.4×10^{-6}	3.5×10^{-6}	45×10^{-6}
热导率/W·(m·K)$^{-1}$	15	13	21	37	37	128
耐碱性（ASTM）	LC	U/LC	U	U	U	U
熔铁浸蚀指数	100	30	15	12	200	—
适用部位	炉底 浇口 风口	炉底 浇口 风口	炉底 浇口	炉底 浇口	炉衬	炉衬

注：耐碱性：LC（有微裂纹）、U（无裂纹）。

耐熔融铁水性是指炭对熔融铁水使其溶解消耗的抵抗性。无烟煤、焦炭、人造石墨、天然石墨等各种炭素原料都不同。人造石墨溶解速度最快。而其他原料根据其所含灰分组分不同呈不同的溶解速度。另外在炭素原料中添加耐火金属氧化物，可以大幅抑制溶解速度。表6-23中的A材质炭砖的耐熔融铁水指数为100时，添加金属氧化物的B～D材质炭砖降为30～12，石墨质E最大为200。

耐碱性是当K、Na等碱金属侵入炭块中有关膨胀的特性，膨胀小的好。人造石墨与熔融碳酸钾（K$_2$CO$_3$）的反应性也最好。

机械特性、耐热特性与耐热应力、破坏韧性相关，应予以重视。一般采用热传导系数为10～40W/(m·K)的炭砖。

因熔融铁水可以侵入到炭砖1μm的气孔中，所以整个炉底或者一部分采用耐熔融铁水侵蚀的（材质B、C、D）高炉炭砖。特别是C、D材质的炭砖多数气孔直径在1μm以下，即使在 0.7MPa 下，熔融铁水也不会侵蚀到炭砖中去。这种耐熔融铁水的侵蚀性是由于把硅化合物触须插入到炭素材料的气孔中所得到的（图 6-15）。

作为炭素耐火材料的炭块的特性规格列在表 6-24 中，其中炭质 1 类、2 类一般为高炉、电炉、化铁炉用炭块；天然石墨质 1 类、2 类为电炉用炭块。

英国的 Elliot 发表的关于高炉炭块和 42% Al_2O_3 耐火砖的特性比较示于表 6-25。此炭块相当于炭质 1 类炭块，其特长有以下几个方面：

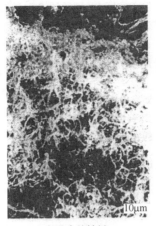 

气孔内的触须　　　　　正常品的气孔

图 6-15　气孔内触须状硅化合物

表 6-24　炭块的特性

项　目 \ 种　类	炭　质		天然石墨质		人造石墨质
	1 类	2 类	1 类	2 类	
灰分/%	8 以下	10 以下	18 以下	（20 以下）	1.5 以下
全孔率/%	20 以上	25 以下	20 以下	（23 以下）	30 以下
抗压强度/MPa	35 以上	10 以上	20 以上	（15 以上）	（25 以上）
挥发分/%	1.0 以下	（1.0 以上）	（1.0 以下）	（1.0 以下）	（1.0 以下）
固定碳/%	90 以上	（88 以上）	（80 以上）	（78 以上）	（97 以上）
假密度/g·cm⁻³	1.5 以上	（1.5 以上）	（1.7 以上）	（1.6 以上）	（1.5 以上）
真密度/g·cm⁻³	1.9 以上	（1.9 以上）	（1.9 以上）	（1.9 以上）	（2.0 以上）
抗弯强度/MPa	8 以上	（5 以上）	（4 以上）	（4 以上）	（6 以上）

注：括号内的数值是参考值。

表 6-25　炭砖和黏土砖的特性比较

特性项目		炭　砖	黏　土　砖
一般性质	气孔率/%	22.3	23.3
	假密度/g·cm⁻³	1.51	2.01
	真密度/g·cm⁻³	1.95	2.64
	透气率（C.G.S）	0.022	0.160
	荷重软化点（0.4MPa）	变形（1700℃）	软化（1500℃）
	荷重软化点（31MPa）	变形（1400℃）	破裂（1600℃）
	1500℃×2h 残留收缩/%	<1	<1
	熔点/%	<3000	1740

续表 6-25

特性项目		炭　砖	黏　土　砖
物理化学性质	铁矿石黏附性	无	黏着，炉渣反应
	一氧化碳破裂	几乎不发生	发生的可能性大
	化学侵蚀	对铁、炉渣、碱反应强烈	和铁、炉渣、碱反应
	和 CO_2 的反应	700℃以上，1000℃以上急速	无
	和 O_2 气体的反应	700℃以上，1000℃以上急速	无
	热导率/W·(m·K)$^{-1}$		
	300℃	27.4	8.8
	600℃	35.6	
	800℃	41.4	
	1000℃	46.6	
	耐热冲击性	+30	+30
	线膨胀系数（20~1000℃）/℃$^{-1}$	0.65	0.55
机械性质	抗压强度/MPa	400~105	8~42
	抗弯强度/MPa	17	7
	弹性模量/MPa	1.3×10^4	1.7×10^4

（1）炭块的表观气孔率与耐火砖相等，假密度比耐火砖小。但炭块的透气率小，所以具有对抗外来成分侵入的特性。

（2）再加热的收缩率大致相同，而且炭块的软化点及荷重软化点非常高，所以在使用上不必有任何担心。

（3）炭块同铁、炉渣、碱、铁的氧化物不易发生反应，也不会被任何矿石所润湿，所以充做耐火材料，它具有非常良好的性质。

（4）炭块在高温下在 O_2、CO_2、H_2O 等氧化性气氛中，有易受氧化的缺点，所以应在还原性气氛中和氧化开始温度以下使用。

（5）因 CO 而破裂的现象较耐火砖少得多。

（6）线膨胀系数与耐火砖相比，变化并不大，炭块的热导率很高，而且冷却效果非常好。

（7）炭块的机械强度及耐磨性是很大的。耐火砖在 1000℃ 以上时，由于玻璃体急剧增加，表现出可塑性，导致强度降低，与此相反，炭块的机械强度在高温下却反而增加。表 6-26 所列的是 Champbell 测定的炭块在常温和 1600℃ 时的机械强度。

表 6-26　高炉炭块的高温耐压强度　　　　　　　　　　（MPa）

方向		纵　向				横　向		
温度	品名	普通 A	普通 B	石油焦 B	石油焦石墨质 A	冶金焦炭	普通 A	普通 B	石油焦石墨质 B
常温		12.5	27.8	32.3	19.8	65.3	15.5	38.0	17.2
1600℃		18.3	47.7	50.3	28.0	>77.0	23.3	55.0	21.4

初期高炉使用的炭块如表 6-27 所示，视密度大，机械强度也高，近来高炉炭块研究工作有了进展，机械强度虽略有降低，但主要着重于研制出热导率高，使冷却效果变好，

而且耐碱侵蚀性强，透气性和气孔率低，高温体积稳定性大的炭块。最近制成热导率高的无烟煤-石墨质炭块的特性示于表6-27。

表6-27　初期和最近的炭块特性的比较（日东海电极株式会社制品）

项　目	初期（昭和20年代）	最近（昭和41年）	规　定
假密度/g·cm^{-3}	1.63	1.59	1.5以上
真密度/g·cm^{-3}	1.99	1.91	1.9以上
全孔率/%	18.3	17.0	20以上
水　分/%	0.2	0.2	
挥发分/%	0.2	0.15	
灰　分/%	6.5	5.4	
固定碳/%	92.4	94.0	
硫　分/%	0.7	0.4	
抗弯强度/MPa	12.3	10	8以上
抗压强度/MPa	46.6	45	35以上
热导率/W·(m·K)$^{-1}$		9.28	
高温收缩率/%		0.00	
残留线膨胀收缩率/%		0.0	
耐碱侵蚀性（ASTM）		L.G	
透气率（空气）/D		0.5	

6.4.4　高炉炭块的使用

据文献记载，1876年法国就已经把炭糊作为炭素耐火材料用作高炉的内衬砖。据称，1939年德国全部高炉的75%~85%已经用炭素耐火材料作为炉的内衬。德国的炉底、炉缸侧壁及炉腹，以炭块做内衬已经很普遍，出铁寿命达20年以上的高炉已经很多，据称，现在出铁寿命为30万吨。据报道，美国自1939年起开始研究，第二次世界大战后，受德国的影响，研制工作迅速高涨，1955年已有110余座高炉使用了炭素耐火材料。英国自1941年，苏联自1944年起开始研究并转入实用化。1949年英国出现了全部用炭块内衬的高炉。其他如瑞典、芬兰、智利也着手致力于研究工作。

最近，炉底、炉缸以至炉腹，用炭块做内衬已经成了常识。在美国，从1962年到现在，一直到炉腹，全用炭块砌筑的高炉就有20座以上，因此，高炉的寿命得以进一步提高，一座炉能出铁400万~500万吨以上。

此外，高炉本身向大型化发展，建造了2000m^{3}级的高炉，每座炉需用1000t炭块。这样，用炭块做内衬，便能实现稳定的操作，较以前的100~150t的出铁量有了大幅度的改善，大型炉出铁可达500万吨以上。

6.4.5　用高炉炭块筑炉的构造

高炉炭砖的尺寸大小每个约为500mm×600mm×3000mm，是从比该尺寸更大的毛坯上加工研磨成设计形状的。形状根据各高炉所用炭砖比例而不同，没有定形品，几乎一块砖一个样。加工尺寸精度很重要，例如：（500±0.3）mm的高精度。如此加工的高炉砖，大型高炉一台需要2000块，高炉炭砖在运往现场安装之前，要在炭素生产厂家进行几次预装检查，通过预装校正直径、平直度、宽度、水平等。图6-16所示为预装照片。

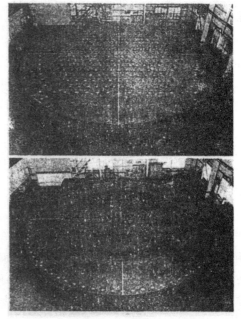

图6-16　预装的高炉炭砖照片

　　初期，在德国和美国虽然用捣固糊制成了炉底，或炉底和炉缸侧壁的炭质内衬，但炉用捣固糊烧结不完全，成功的实例非常少。美国初期用捣固糊制作内衬的高炉如图 6-17 所示，炉底的外周还同时使用一部分炭块。德国的炭块内衬的砌筑方法如图 6-18 所示。炭块均需正确的机械加工。炉底用可防止上浮的楔形炭块砌筑，砌缝不用黏结或用焦油黏结。炉壳与炭块之间用缓冲糊固结。

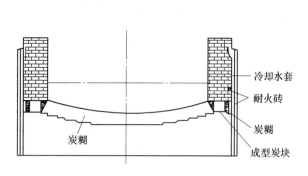

图 6-17　炉用捣固糊内衬

图 6-18　德国的典型炭块内衬的构造

　　美国用炭块砌筑内衬的构造示于图 6-19。也就是炉底铺垫两层 22in[1] 厚 × 33in 宽 ×180in 长的炭块。长、宽方向的缝为 2in，缝用粗缝糊充填，上下面是经过加工的，1 层和 2 层之间以及 2 层和耐火砖之间用细缝糊黏结。炉缸侧壁砌以两层，两层间缝宽为 2in，以炉用炭素捣固糊黏结。这是把炉侧壁筑成多层，以减少热损失。而且可以在一定程度上防止金属和熔渣的侵入。炭块和炉壳之间的缝隙宽 2in，用焦炭、焦粉和焦油的混合物来充填。

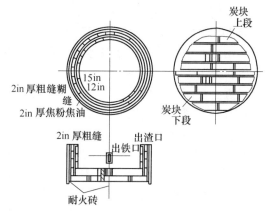

图 6-19　美国炭块内衬的构造

　　美国最近的炉子内衬构造如图 6-20 所示，炉底是用三层炭块砌成的，炭块之间夹以 φ2in 石墨棒，以防止上浮。炉底多采用厚度达 85.5in（28.5in ×3 层）结构。炉底炭块砌层的厚度可分为两种：85.5in 和 79.5in（28.5in ×2 层和 22.5in ×1 层）；炉缸侧壁的炭块砌层厚度则以 18in 和 15in 的两层壁居多，有时也用小型炭块做内衬。

　　在英国有一个时期，认为砌缝没有多大用处，所以采取不使用砌缝材料的方法，而是研究采用图 6-21 所示的以波浪形炭块组合的构造。这种炭块虽然在高温下收缩，但因采用了许多大尺寸的燕尾咬合（波浪形）构造，而且燕尾的尺寸大于相当于炉底直径的炭块收缩量，所以炭块并不会上浮。此砌缝中侵入熔化铁水，一直侵入到炭块的下层；炭块砌体层中温度分布不均，下部温度较低，故可使熔铁固化。1949 年英国的 Appleby- Froding-

---

❶　1in = 25.4mm。

ham 钢铁公司的第 6 号高炉,原来只在出铁口和出渣口周围使用黏土砖,后来完全采用了炭块。炉底如 6-21 所示,使用了大量的波浪形炭块。炉腹用宽为 228mm 的炭块,炉腰用 75mm×343mm 的炭块砌筑内衬。炉腹下部的炉壳用注水方式冷却,炉腰部不用冷却箱的结构,还很少见。

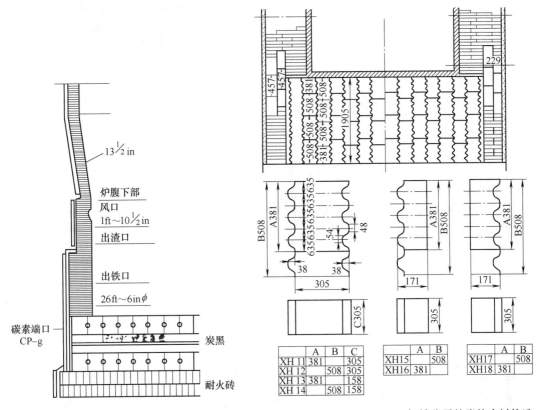

图 6-20 最近美国炭块内衬的构造　　图 6-21 Appleby-Frodingham 钢铁公司的炭块内衬构造

我国采用的是如图 6-22 所示的炉底、炉缸的侧壁及炉腹所使用炭块,还有与此大致相同的构造,如图 6-23 所示的炉底及炉缸侧壁所使用的炭块。

6.4.6 高炉炭块砌筑的内衬构造的发展趋势

最近以来,不管哪一种高炉,有的单是炉缸,或者炉缸一直到炉腹,都是用炭块做内衬。在炉底的设计上有以下三种方法,处于发展之中:

(1) 将炭块砌筑的炉加厚,使熔融铁的凝固线局限在炭块砌体的厚度以内。

(2) 采取炉底强制冷却的方法,即在

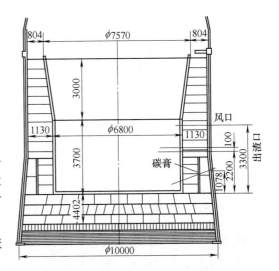

图 6-22 我国的典型的炭块内衬构造

炭块的下方装设气冷、油冷或水冷等冷却装置（图6-24）。

（3）为使炭块达到冷却目的，将炉底与金属溶液接触的部分衬以黏土耐火砖，在其下段或最下层，则以炭块做内衬（图6-25）。

在（1）、（2）、（3）三种方法中，不管用哪一种方法，都必须在炭块的形状和内衬砌筑上采取对策，来防止炭块上浮。

图6-23　表示炉底和炉缸侧壁完全炭块砌筑的高炉构造的试装照片

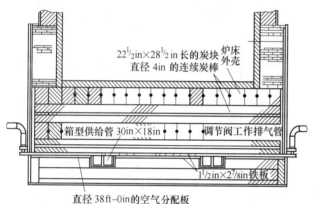

图6-24　使炉底强制冷却的方法

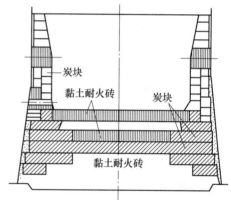

图6-25　将炉底炭块作为冷却材料的构造

从炉底耐火砖的耗损状态来看，上层中央的黏土耐火砖的寿命与炭块相同。可是在下层，由周边产生的冷却效果，对炭块极为有利，所以炭块与黏土砖相比可认为是没有损耗的。另外，从库利斯岑、布尔弗哈津的专利来看，有以下的考虑。这就是高级黏土耐火砖对炉底铁水的流动和生铁的侵蚀具有抵抗性。可是黏土耐火砖的热传导性差，所以热量有被蓄积在炉底的倾向。因此把导热性良好、耐炉渣和铁水侵蚀性强的炭块铺砌在炉底的外周和炉底黏土砖的下层做内衬，可以促进冷却，减少炉底耐火砖的损耗和铁水侵入炉底。在此情况下，为了缓和炉外壳与炭块之间的热膨胀和改善导热性，还须用导热性特别良好的材料（如石墨）作缓冲材料充填在外壳与炭块内衬之间。炉外壳采取注水冷却。

炉底的损耗状态因高炉的操作条件、容量、矿石及筑炉设计等的不同而变化，所以上述的（1）、（2）、（3）三种方法或其改进的方法，对于炉底内衬的设计，今后还将继续采用。

6.4.7　高炉中炭块的损耗

关于高炉中炭块损耗的机理有以下几个方面。

（1）外来成分的侵入。对于炉底炭块，是铁水的侵入，而对于侧壁炭块，碱性物质的影响则很显著。侵入炉底炭块中的铁水，以碳化物（Fe_3C）和氧化物（Fe_3O_4）的形式存在，已用 X 射线衍射的方法确认了这一点，其含有量，Fe_2O_3 在表面约有 50%，在内部和炉壁炭块中均有 10%。有人认为，炭块容易受碱性物质，特别是受钾的侵蚀。将使用后的炭块的碱含量以其氧化物定量分析的结果加以比较可知：K_2O 和 Na_2O 多，而且炉壁部比炉底部多，炭块内部的积蓄量比接触面多，炭块受碱的破坏，现在认为是生成层间化合物（$C_{16}K$、$C_{24}K$、C_8K）的结果。

（2）炭块的收缩。炭块通常发生两种收缩：高温收缩和石墨化收缩。收缩并不致使炭块的特性变坏，但收缩会导致炭块砌缝的松弛，助长铁水等外来成分的侵入，关系到炭块的破损和上浮，因此收缩还是一个重要课题。最近已经开始制造高温下几乎不收缩的制品。

（3）炭块的氧化。炭块易受 O_2、CO_2、H_2O 等氧化性气体的侵蚀而造成氧化消耗。这是炭素的本质所决定的，虽曾采用涂层等改善对策，但直至目前几乎没有效果。因此在操作时应使炭块尽量不接触氧化性气氛，在设备的构造上，必须注意勿使氧化性气体侵入。

（4）其他。炭块因熔渣、矿石或焦炭等装入原料的磨耗而造成的损耗问题，目前尚不甚明确。

6.5 其他冶炼炉用炭块

6.5.1 电炉炭块

电炉炭块代号为 TDK，是用于熔炼和精炼电炉钢、铁合金、铅等各种金属，以及制造电石、石棉、烧结磷肥、磷等生产用的电炉，一般都是以炭块（包括炭糊）做内衬。

这些高温工业炉之所以采用炭块而不是采用其他耐火材料，也是由于炭块具有良好的耐腐蚀性能及耐热性能。有些大型电石炉采用成套订制炭块的方式，这也如同高炉炭块一样，需要进行精密机械加工，并须在制造厂预安装合格后再发给用户。

生产电炉炭块所用的原料及生产工艺流程，与生产高炉炭块完全一样。但大部分电炉炭块的机械加工比较简单，只需两端切平，表面不需加工。电炉炭块的尺寸及允许偏差如表6-28 所示。

图 6-26 是用炭块砌筑炉底和炉缸侧壁内衬的大型电石炉。炭块的砌筑采取斜缝的形式，来防止上浮。图 6-27 是已经砌好炭块内衬的金属精炼用的电炉。采取暗榫结构，以防止炉底砖上浮。电炉的炭块内衬也和高炉一样，为了防止炭块上浮，在采用大型炭块的同时，还必须采取斜缝、暗榫等防止上浮的对策。电炉所用炭块，除与高炉炭块相同之外，还可使用天然石墨质的炭块。

表 6-28 电炉炭块的尺寸及允许偏差

规格 /mm × mm × mm	允许偏差/mm		弯曲度
	截面	长度	
220 × 220 × 1500	±10	±40	不大于长度的 0.5%
220 × 220 × 1200		±30	
400 × 400 × 1200			
400 × 400 × 1500	±15	±40	
400 × 400 × 2500			

注：只加工两个端面。

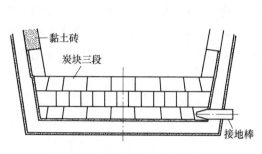

图 6-26　大型电石炉的炭块内衬

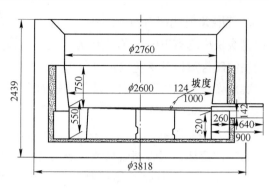

图 6-27　典型的电炉内衬的炭块

电炉炭块的理化性能如表 6-29 所示。

电炉炭块的表面应平整，断面组织不允许有空穴、分层和夹杂物，但炭块表面允许有表 6-30 所列的缺陷。

6.5.2　自焙炭块

自焙炭块适用于砌筑中小高炉、矿热电炉、电石炉和铝电解槽，作为内衬材料。

自焙炭块按理化性能指标可分为两类：第一类适用于不小于 255m³ 高炉及不小于 3000kVA 矿热电炉、电石炉。代号为 TKZ-1。第二类适用于小于 255m³ 高炉及小于 3000kVA 矿热电炉、电石炉。代号为 TK2-2。

自焙炭块系采用无烟煤、焦炭、石墨等原料，成型后直接使用。具有较高的机械强度，较好的耐腐蚀性能。

自焙炭块的理化性能（按 YB 2803—78）如表 6-31 所示。

表 6-29　电炉炭块的理化性能

项　目	单位	指标
灰　分（不大于）	%	8
抗压强度（不小于）	MPa	30
气孔率（不大于）	%	25

表 6-30　电炉炭块允许的表面缺陷（mm）

项　目		规　格	
		220mm × 220mm	400mm × 400mm
裂纹（宽度 0.2 ~ 0.5，<0.2 不计）长度		≤80（不多于两处）	≤100（不多于两处）
缺角深度		≤30	≤40
缺棱	深度	≤10 ~ 20	≤10 ~ 30
	长度	≤80	≤120

注：跨棱裂纹连续计算，缺棱深度小于 10mm 的不计。

表 6-31　自焙烧炭块的理化性能

项　目	TKZ-1		TKZ-2	
	焙烧前	焙烧后	焙烧前	焙烧后
固定碳/%	≥84	≥92	≥82	≥90
灰分/%	≤7	≤8	≤9	≤10
残余线收缩（800℃ 4h）/%	—	≤0.10	—	≤0.20
抗压强度/MPa	≥20	≥30	≥15	≥25
显气孔率/%	≤13	≤23	≤15	≤25
体积密度/g·cm⁻³	≥1.60	≥1.50	≥1.55	≥1.45
剪切强度/MPa	—	≥6	—	≥5

注：剪切强度作为参考指标。

对自焙炭块的外观，要求其表面平整，不允许有局部变形、凸起及裂纹缺陷。至于缺角、缺棱、扭曲及内部组织情况等应按照 YB 2803—78 的规定执行。自焙炭块允许的尺寸偏差见表 6-32。自焙炭块的名称、型号及尺寸见表 6-33。

表 6-32 自焙炭块允许的尺寸偏差　　　　　　　　　　（mm）

项　目	尺寸允许偏差
长　度	±5
宽　度	−1.5
厚　度	−1.5

表 6-33 自焙炭块的名称、型号及尺寸

炭块名称	型号	尺　寸/mm				体积	质量/kg	
		a	b	b_1	c	/cm³	TKZ-1	TKZ-2
炉底炭块	1	345	345	—	345	41064	65.70	63.70
	1A	345	345	—	520	61893	99.00	96.00
	1B	400	400	—	400	64000	102.40	99.20
	1C	400	400	—	600	96000	153.60	148.80
两面宽楔形炭块	2	550	220	335	235	35867	57.40	55.60
	3	550	243	335	235	37353	59.80	57.90
	4	550	265	335	235	38775	62.00	60.00
	5	550	290	335	235	40390	64.60	62.60
	6	800	220	304	235	49256	78.80	76.40
	7	800	248	304	235	51888	83.00	80.00
	8	345	252	335	235	23796	38.10	36.90
	9	345	282	335	235	25012	40.00	38.80
	10	345	305	335	235	25944	41.50	40.00
	11	230	275	335	235	16485	26.40	25.60
	12	230	297	335	235	17080	27.30	26.50
	13	230	315	335	235	17566	28.00	27.00
铝电解槽侧炭块	14	400	500	—	115	23000	36.80	35.70

6.5.3 化铁炉与平炉炉床的炭块内衬

（1）化铁炉内衬。炭块（包括炭糊）作为化铁炉的内衬材料，其理由和用于高炉是同样的，以美国应用最为广泛。炭块在化学上是中性的，对酸性、盐基性的任何矿渣都能适应，用作化铁炉的内衬则更适合。

化铁炉由炉床到风口，均用炭砖或炭块砌造而成，在一般操作条件下，炉衬寿命较长，有些化铁炉曾连续操作数月，而炭衬炉底仍无损坏。目前，出铁口、炉膛、出渣槽及堵塞栓等也均使用炭衬材料。

为了使砌缝的侵蚀达到最低限度，化铁炉炉缸内衬要尽可能使用大型炭块（美国的尼

纳铸造厂使用的是 9in×22in×25in（228mm×559mm×635mm）。图 6-28 是化铁炉使用的炭块的一例。用炭块做内衬的化铁炉炉缸，仅是补修，就需时 6 个月到 1 年半。因此化铁炉的炭块内衬的建设费用是很高的，但寿命长，所以还是经济的。

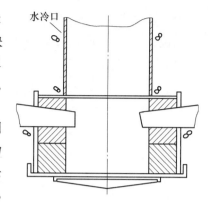

水冷口

图 6-28　炉缸使用炭块水冷式化铁炉

（2）平炉炉床的炭块内衬。美国的共和钢铁公司在 250t 的平炉上曾用炭块做内衬。炭块的截面为 725mm×245mm，炉中心处的高度为 575mm，在炭头内衬的上面再加上 500mm 厚的镁氧粉，并加以捣固。该炉运转 44.5 个月，除此之外，平炉使用炭块的实例是很少的。

6.5.4　石墨化块

石墨化块在电解金属镁、金属镍等工业中作为导电电极使用，也适用于冶金炉、电阻炉作炉衬和导电材料，其代号为 SK。石墨化块还大量使用于制作化学工业中耐腐蚀热交换设备和高温炉的筑炉材料。

生产石墨化块的工艺流程与生产石墨化电极的工艺流程完全一样。根据使用要求的不同，有的石墨化块在进行石墨化处理前还须用煤沥青进行浸渍处理，以提高制品的密度、强度，降低电阻率，有的则不需要。用作电解工业导电电极的石墨化块，用煤沥青浸渍处理，借以延长使用寿命。石墨化块的规格尺寸及允许偏差如表 6-34 所示。

石墨化块在出厂前，检查其比电阻及抗压强度两项性能指标。作为电解导电电极使用的石墨化块，对其质量要求较高，作为制作热交换器及砌筑高温炉用的石墨化块，其比电阻高一些也可以使用。石墨化块的理化性能指标如表 6-35 所示。

表 6-34　石墨化块的规格尺寸及允许偏差　　（mm）

规格 /mm×mm×mm	允　许　偏　差			弯曲度
	宽　度	厚　度	长　度	
220×220×1500 220×220×1200	±10	±10	±15	长度的 0.5%
400×115×1300 400×115×1050	±15	±10		
400×400×2100 400×400×1500 400×400×1100	±15	±15		

表 6-35　石墨化块的理化性能指标

指　标　规　格	比电阻（不大于）/μΩ·m		抗压强度（不小于）/MPa
	优级	一级	
220mm×220mm 440mm×115mm	10	12	20
400mm×400mm	11	13	18

注：比电阻的测定按 YB 911—78；抗压强度的测定按 GB 1431—78。

石墨化块其他一些物理化学特性如下：含碳量：小于 99%；灰分：0.5% 左右；真密度：不小于 2.19g/cm³；假密度：1.5~1.7g/cm³；气孔率：20%~32%；导热系数（20℃时）：116~208.8W/(m·K)。

6.5.5 炼镁炉炭格子块

镁厂竖炉用的炭素格子砖，按其机械强度分为两个品级。格子砖的直径100mm（容许误差±8mm），长度100mm（容许误差±10mm），格子砖重1.3kg。对格子砖的技术要求列于表6-36，工业上生产的格子砖性能数据列于表6-37。

<table>
<tr><th colspan="2">表6-36 炭格子砖的性能（苏）</th></tr>
<tr><td>抗压极限强度/MPa</td><td></td></tr>
<tr><td>一级品</td><td>≥45</td></tr>
<tr><td>二级品</td><td>≥35</td></tr>
<tr><td>比电阻/μΩ·m</td><td>≥50</td></tr>
<tr><td>气孔率/%</td><td>≤25</td></tr>
</table>

<table>
<tr><th colspan="2">表6-37 工业生产的炭格子砖的性能</th></tr>
<tr><td>抗压极限强度/MPa</td><td>47~55</td></tr>
<tr><td>比电阻/μΩ·m</td><td>≥55~70</td></tr>
<tr><td>密度/g·cm⁻³</td><td>2.05~2.07</td></tr>
<tr><td>容积密度/g·cm⁻³</td><td>1.58~1.62</td></tr>
<tr><td>气孔率/%</td><td>22~24</td></tr>
</table>

6.5.6 磷酸肥料制造炉炭内衬

生产磷酸三钙的熔炼炉，是将磷矿石和硅砂的混合料，在有水蒸气的条件下，加热熔化来生产磷酸三钙。由于磷矿石和耐火材料发生反应，尤其是矿石内含有硫和氟，侵蚀极为严重，所以这种炉子的寿命从来只有几个月。美国田纳西工程管理局根据多种实验的结果，确认石墨内衬最为适宜。磷酸肥料生产炉的构造如图6-29所示。炉子的钢制圆外壳的内径98in（2489mm），高124in（3150mm），其下半段用厚度为11.1/2in（292mm）的石墨块砌筑内衬，上半段是黏土内衬。两个煤气喷嘴可将炉内加热到1400~1500℃。

此外，铁合金炉也采用炭内衬，因为它对抗高温、抗热震、抗腐蚀性熔渣的要求比高炉更为重要。在生产各种品位的矽铁、高碳铬铁、钒铁和钼铁的冶炼炉也都使用炭内衬。

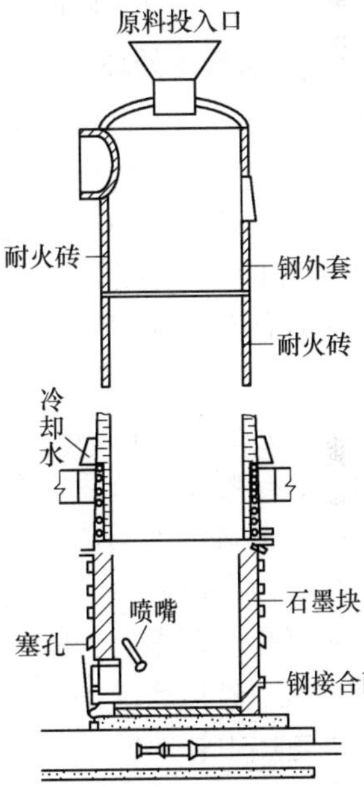

图6-29 以石墨块做内衬的磷酸肥料生产炉的构造

6.5.7 其他工业炉用炭砖

炭块除应用于高炉或电炉外，利用其耐酸、耐碱性还在下述的工业炉中使用：

（1）液体燃烧装置用炭素零件：在化学工厂用油焚烧废液的装置上应用。这种方式热量不能回收，现在以锅炉形式为主，从环境保护高度考虑产生二噁英少的液体中燃烧方式再次引起人们的重视。

（2）垃圾焚烧炉用炭素零件：一般的垃圾焚烧装置几乎不使用炭素零部件，但对于焚烧可能混入氟化物的焚烧炉，现在采用全铺炭块内衬的形式。

（3）分解氟利昂用装置的炭素零件：从冰箱等回收氟利昂气体用的等离子分解装置或盐酸、氟酸回收装置上也使用炭素零件。

6.6　铝、镁炭砖与碳化硅砖

6.6.1　铝、镁炭砖的生产工艺概述

石墨耐火材料的生产工艺与普通耐火材料生产工艺相仿。其基本工艺环节，从原料到制成耐火材料制品，可用下面流程来表示：

原料选择—原料热处理—粉碎—配料—混合—生坯成型—干燥—生坯预烧—粗加工—烧成—最后加工—检验—成品。

（1）原料的选择。原料是决定石墨耐火材料制品性能的重要因素。多数原料都用化工原料，而极少数直接采用矿物原料。一般在市场上可以直接买到，也有少数原料，如难熔化合物，市场上不容易买到，必须自己配制合成。

石墨耐火材料所用的原料一般纯度较高，如生产镁炭砖的镁砂要求氧化镁等于或大于95%，鳞片石墨的含石墨量不低于92%。从材料性能角度看，似乎希望所用材料越纯越好，其实不然，任何事情都不是绝对的，如镁炭砖中杂质三氧化二铁的含量在0.35%以下，就足可保证材料性能，如果要求过纯，价格就会越高。

（2）原料热处理。用于制造石墨耐火材料制品的原料，特别是氧化物类原料在使用前需要在一定温度下进行热处理。热处理的方法、性质和目的有以下两方面：

1）煅烧，在低于制品的烧成温度下，将原料预先烧一次。其目的：① 去除原料中易挥发的杂质和夹杂物，如化学结合水、物理吸附水、分解气体、烧掉有机物等，从而提高原料的纯度。② 使原料颗粒致密化及结晶长大，以减少成坯后收缩变形，从而提高制品合格率。③ 促使其完成同质异晶的晶型转化，形成稳定的晶相，使以后坯体烧成时减少晶变应力。

2）电熔，将原料送入电弧炉中升温熔融，冷却后再粉碎成各种大小的颗粒，按需要选用。这样可使原料活性降低，以便减少坯体烧成时的收缩，能精确控制其尺寸。

（3）粉碎。在石墨耐火材料的制造中，粉碎是一道重要的工序。它的任务是改变原料的颗粒度，为以后各工序提供所需要的各种粒度的粉料。原料的细度对成型、烧成及制品的性能都有很大影响。原料粒度过粗，做成泥料可塑性降低，同时烧成温度提高，制品的表面粗糙。概括地说，原料粉碎有以下几点作用：1）适当的粒度，可使原料分散良好，有利于素坯生坯的成型；2）一定的细度，可使颗粒之间接触面增大，有利于高温烧成时固相反应促进烧结；3）可以降低烧成温度；4）可使配料均匀，使烧成的制品组成均匀；5）能使原料内部杂质进一步暴露出来并便于除去。

（4）配料与混合。将加工合格的各种原料按比例进行配料与混合，随后加入黏结剂，为素坯成型作准备。

（5）素坯成型。将混合均匀的坯料进一步加工为规定形状尺寸的坯体。随着成型工艺不断发展，成型的方法越来越多：常用模压法，即在粉料中加入一定量的黏结剂，在金属模中加压成型。此外，还有捣打法、注浆法、挤压法、热压注法、轧膜法、等静压法、热压法、熔铸法、化学蒸镀法等。无论采用哪种成型法，其共同要求是：1）符合设计要求的形状、尺寸，精度；2）结构致密、均匀、不分层、气孔极少；3）具有足够的机械强度；4）符合预期的化学组成和物理性能。

（6）干燥。成型后的坯体，需在空气中自然干燥一定时间，再送入烘箱或烘房中充分

干燥，以除去坯体中的游离水分，然后方可进行最终烧成。也可将成型后的坯体，直接运到隧道窑中，先在140℃温度下烘干，再进行最终烧成。

（7）素坯预烧及粗加工。在坯体最终烧成之前，先要在低于烧成温度下预先烧一次（称素烧），以除去坯体中加入的各种有机结合剂，尤其是热压注成型的坯体中所含的蜡。预烧后使坯体有了足够的机械强度，这时可以对坯体进行粗加工，如尺寸修整、切削、打洞等。因为最后烧成的制品硬度大，再进行机械加工困难很大。

（8）烧成。最后烧成是石墨耐火材料制造工艺过程中最重要的一环。通过烧成才能得到所希望的产品。如果此环节掌握不好，那就会前功尽弃。烧成过程中的物理化学变化主要有：1）排除坯体内残余水分及有机物；2）使制品结构中的晶体发生同质异晶的晶形转变；3）使固态物质颗粒相互之间进行反应——固相反应；4）烧结时坯体最终体积收缩，排除气孔，晶体长大，强度提高、致密、坚硬，成为体积稳定的制品。

（9）最后冷加工及检验。石墨耐火材料制品的制造工艺复杂，工序繁多，在一系列的工序中，受原料质量、工艺条件、技术操作等因素影响，结果使最终烧成的制品与设计要求往往有一定的误差，必须对烧成的制品，用特殊设备和工具，进行最后精确尺寸的加工，以达到造型和尺寸公差的要求。其加工是在冷态进行的，故称冷加工，包括切、车、刨、钻、铣、磨、抛光等，加工后再经严格产品检验即可出厂。

6.6.2 镁炭砖的生产

镁炭砖是一种新型的冶金耐火材料。近几年来氧气转炉及炉外精炼冶金新技术的高速发展，要求研制高效和节能型优质耐火材料：能耐高温，抗渣性好，还要求具有较好的耐剥落性和抗氧化性。镁炭砖优于传统的碱性耐火材料，能较大幅度地延长使用寿命。目前我国已研制成功并生产。

（1）镁炭砖的主要原料。1）镁砂。氧化镁含量要求达到95%以上，杂质三氧化二铁含量要求低于1%。2）炭素材料。鳞片石墨要求含碳量必须达到92%~95%，粒度要求为50~80目。石墨约占原料总数的7%~18%。3）黏剂主要是树脂黏结剂。

（2）镁炭砖的生产工艺。1）原料加工，把制镁炭砖所用的各种原料按粒度要求进行粉碎筛分加工。2）混合配料，将加工合格的原料按要求的比例进行混合，随后加入黏结剂进行混炼。3）成型，将混炼均匀的泥料，用压力机压制成砖坯。砖坯的体积密度应符合要求，尺寸要严格按照设计规格，如长600mm、高100mm、宽180mm。4）热处理，将压制成型的砖坯送入隧道窑中，先在140℃左右温度下烘干，再在300℃左右下焙烧至8~12h。热源一般是用燃料油。焙烧过的砖用沥青浸渍后，运到库中冷却。

生产镁炭砖的工艺流程如图6-30所示。

（3）生产镁炭砖用的主要设备。生产设备有：粉碎机、混料机、轮碾机、烘干机、整形

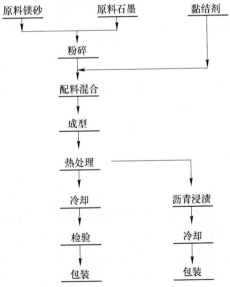

图6-30 镁炭砖生产工艺图

机、包装机、各种型号的压力机等。

（4）检测。主要项目：1）抗压强度测定，用压力试验机；2）烧损度测定，在温度1000℃下烧4h；3）抗弯曲试验，用Y-SKF型试验机；4）耐火度测定；5）透气性、容重测定。

（5）镁炭砖产品性能指标。其主要性能指标见表6-38。

表6-38　镁炭砖的性能指标

性能项目	冷压强度 /MPa	渗透性 /%	体积密度 /kg·m⁻³	显气孔率 /%	质量密度 /kg·m⁻³	总气孔率 /%
指标	42.14~29.40	<0.03	2700~2900	4.0~7.0	2900~3000	4.0~7.5

6.6.3　铝炭砖生产

铝炭砖是石墨质的氧化铝耐火材料。它越来越广泛地用于连续铸造和二次钢的提纯。添加鳞片石墨能改善氧化铝的耐腐蚀和热震性，并且有助于热的传递。石墨还能使耐火材料具有非润湿性，并能提高强度。

铝炭砖用以控制和保护从浇包流向水冷模子的金属。当金属从浇包流向浇口盘时，等静压石墨化的氧化铝会对金属起保护作用。用铝炭砖做成的进料嘴套，还能起着防止金属氧化的作用。

生产铝炭砖的原料主要有氧化铝、鳞片石墨（含碳量要求达到85%以上）、氧化硅、树脂黏结剂。铝炭砖的生产工艺，从原料加工、配料、成型到烧成基本与镁炭砖生产工艺相同。

6.6.4　非磨料用碳化硅的生产

碳化硅的物理、化学性质，决定了它在国民经济各部门中有着广泛的用途。除作磨料外，它的其他主要用途，是作耐火材料、脱氧剂及电工材料。这些用途的碳化硅，都以专门的牌号（如耐火材料黑碳化硅、脱氧剂碳化硅、电工用碳化硅）供应市场。其他一些用途较少的，则不另立牌号。

根据国外厂商的习惯，耐火材料黑碳化硅通常分为三种牌号：（1）高级耐火材料黑碳化硅。这种牌号的化学成分要求，与磨料用黑碳化硅完全相同，主要用以制造高级碳化硅制品，如重结晶碳化硅制品、燃气轮机构件、喷嘴、氮化硅结合碳化硅制作、高炉高温区衬材、高温炉窑构件、高温窑装窑支撑件、耐火钵厘等。（2）二级耐火材料黑碳化硅，含碳化硅大于90%，主要用以制造耐中等高温的炉窑构件，如马弗炉炉衬材料等。这些构件除利用碳化硅的耐热性、导热性外，在很多场合还兼用它的化学稳定性。（3）低品位耐火材料黑碳化硅，其碳化硅含量要求大于83%。主要用于出铁槽、铁水包等的内衬。

我国对耐火材料黑碳化硅的技术标准未作统一规定，耐火材料生产单位可根据其制品的技术要求，与碳化硅生产单位协商确认其标准。

耐火材料用黑碳化硅生产过程，原则上与磨料黑碳化硅相同。但其破碎、水洗、筛分、磁选都比较粗陋，质量控制没有磨料用黑碳化硅那么严格，不需要经过碱洗或酸洗处理。

耐火材料黑碳化硅有三种等级，包括了制炼炉各层的碳化硅材料，因此，制炼炉产品综合利用较好，热利用率更高，经济效果更佳。

6.7 炭糊及其他用途炭石墨制品

6.7.1 炭糊

炭糊类制品（TH 类）也是冶金工业常用的炭素制品之一。包括电极糊、密闭糊、粗缝糊、细缝糊等。每种糊类产品的代号、特点与用途如表 6-39 所示。

电极糊用于敞开式电石炉与铁合金炉作为自焙电极之用，而密闭糊是用于密闭式电石炉与铁合炉作为自焙电极之用，都是在使用过程中，由炉温加热，经过熔化，炭化成炭电极而能导电的，因此，又称为连续自焙电极。

表 6-39 炭糊类制品的种类、代号、特点与用途

名 称	代 号	特 点 与 用 途
电极糊	THD	采用无烟煤、焦炭等原料制成。用于敞开式矿热炉作自焙电极
密闭糊	THM	采用无烟煤、焦炭、石墨等原料制成。用于密闭式矿热炉作自焙电极
粗缝糊	THC	采用无烟煤、冶金焦或低灰分原料制成。用于砌筑炉的炭块
细缝糊	THX	用冶金焦等原料制成。用于砌筑炭块

6.7.1.1 电极糊

电极糊是供给铁合金炉、电石和黄磷炉的电炉作为导电材料使用的。按其使用方式也是一种连续自焙电极。所谓自焙电极，就是在金属外壳里充填电极糊，在炉子高温和电流通过电极时产生热量的作用下，电极糊得到焙烧，从而使其具有炭素电极的性能。

用电极糊制成的连续自焙电极，其允许的工作电流密度较低，一般为 $3 \sim 6 A/cm^2$，其导电性能与石墨化电极或炭素电极相比相差较大，但生产电极糊对原料要求不高，制造工艺比较简单，成本也比较低。

按使用要求电极糊可分为两类：供敞开式电炉用的称为电极糊，代号为 THD；供密闭式电炉用的称为密闭糊，代号为 THM。现统称为电极糊，分为 5 级。1、2 级相当于密闭糊，3～5 级相当于原电极糊。

电极糊的理化性能指标如表 6-40 所示。

表 6-40 电极糊的理化性能指标

指 标	电极糊（THD）	密闭糊（THM）
灰 分/%	≤0	≤6
挥发分/%	12～16	12～16
比电阻/μΩ·m	≤100	≤80
抗压强度/MPa	≥20	≥16

注：比电阻、烧结强度和软化点作为参考指标。

6.7.1.2 粗缝糊

粗缝糊适用于砌筑炭块时填充炭块与炉壳及炭块之间较宽的缝隙，而且烧结时应能变得坚硬而致密。粗缝糊的理化性能指标如表 6-41 所示。粗缝糊供应糊料，也可供应粉料，如用户自己配制时可按表 6-42 的配方进行。表 6-42 中配方 1 和配方 2 的干料粒度组成如表 6-43 所示。

表 6-41　粗缝糊的理化性能指标（YB 2807—78）

项　目	单　位	指　标
灰　分	%	≤8
挥发分	%	≤12
抗压强度（烧结后）	MPa	≥15

注：抗压强度作为参考指标。

表 6-43　粗缝糊配方中干料粒度组成

粒径/mm	12～8	8～4	4～0.075	0.075～0
在干料内的/%	<5	25±4	按比差	30±3

表 6-42　粗缝糊的配方

原　料	单位	配方 1/%	配方 2/%
无烟煤 0～8	mm	47±2	—
冶金焦 0～0.5	mm	38±2	64±2
（混合焦 0～1）		—	20±2
土状石墨 0～8	mm		
沥青		10.5±1	4±1
煤焦油		—	12±1
蒽油		4.5±1	—

6.7.1.3　细缝糊

细缝糊专供砌筑炭块时填充炭块间 1mm 以下的较小缝隙之用，它应具备强固的黏结性，烧结时不至脱落。

细缝糊的理化性能如表 6-44 所示。

细缝糊供应糊料，也可供粉料，如用户自己配制时可按表 6-45 的配方进行。

表 6-45 中配方 1、2 中干料粒度组成如表 6-46 所示。

表 6-44　细缝糊的理化性能（YB 2808—78）

项　目	单　位	指　标
挥发分	%	≤45
挤压缝试验	mm	≤1

表 6-46　细缝糊干料粒度组成

粒径/mm	1～0.5	0.5～0.15	0.15～0
在干料内的/%	<2	按比差	90～95

表 6-45　细缝糊的配方

原　料	配方 1/%	配方 2/%
冶焦 0～0.5mm		
（混合焦 0～0.5）	50±1	59±1
煤沥青	22.5±1	—
油	27.5±1	—
煤焦油	—	35±1
柴油	—	6±1

表 6-47 为日本东海电极生产的炭糊特性。

表 6-47　炭糊的特性（日本）

项目 代号	水分 /%	挥发分 /%	灰　分 /%	使用温度 /℃	在室温下 的状态	用　途
JB₁	0.5 以下	10 以下	10 以下	90～110	粒　状	缓冲糊
JP₃	0.5 以下	8～13	10 以下	90～110	块　状	炉用捣固糊
JP₂	0.5 以下	12～17	10 以下	90～110	块　状	厚缝充填糊
JP₁	0.5 以下	28～33	1 以下	60～80	黏稠状	细缝黏结糊

6.7.2　金属精炼用气体吹炼管和提纯用精吹管

石墨制气体吹炼管是为了除去熔融非铁金属（铝、锰、黄铜等）中熔存的氢氧化物及其他杂质时吹入氯气、氮气、氩气、氦气用。石墨制注入管用于往熔化铁水中导入石墨粉末和碳化物之类的脱硫剂。吹入管和注入管的普通规格如表 6-48 所示。

表 6-48　吹入管和注入管的尺寸

（in）

内　径	外　径	长　度
1/2	2	54、72、108
1/2	1.1/2	72、96
3/4	3	72、96

石墨制精吹管是为生产低硫黄铜,将碳化钙、苏打等脱硫剂打入铜水时使用。气体吹炼管和精吹管的长度根据熔融金属的深度而定,一根不足时可套螺纹连接使用。

气体吹出口根据要吹气泡的大小不同,有时管横切后直接使用,需要小气泡时要先将前端截面封好,再在管的前端钻几个小孔或者在前端安装多孔炭管。另外,管是用挤压成型法生产的,为延长使用寿命也有进行耐氧化处理的。

6.7.3 出铁槽、排渣沟、挡渣堰炭块

为了从高炉、电炉等排出熔化金属,须用人造石墨和天然石墨制作的溜槽。出铁槽和排渣沟根据其使用状态,内表面须用焦炭、石墨和黏土的混合物涂布后才能使用。图 6-31 所示的是最典型的出铁槽用炭块。用碳质黏结剂将这类异形炭块接合并组装在一起,即可使用。

图 6-31 出铁槽用炭块的照片图

挡渣堰炭块和出铁槽用炭块其品质大致相同,或者是用略细一些的人造石墨或天然石墨制成的。

6.7.4 碳化硅系列制品

(1) 氮化硅结合碳化硅制品。

氮化硅结合碳化硅制品见表 6-49。

表 6-49 氮化硅结合碳化硅制品

产品名称		氮化硅结合碳化硅制品			
牌号		DTZ-1	DTZ-2	BSSN-1	BSSN-2
化学成分/%	SiC	≥72	≥70	≥71	≥70
	Si_3N_4	≥21	≥20	≥21	≥21
	Fe_2O_3	≤1.5	≤2.0	≤1.5	≤2.0
显气孔率/%		≤17	≤19	≤18	≤20
体积密度/g·cm^{-3}		≥2.62	≥2.58	≥2.60	≥2.55
常温耐压强度/MPa		≥150	≥147	≥150	≥100
抗折强度/MPa	常温	—	—	≥30	≥30
	1400℃	≥43	≥39.2	≥43	≥40
用途		高炉炉腰、炉腹、炉身下部、冷却壁、垃圾焚烧炉、锅炉		电解铝槽、化工行业反应罐	工业窑炉棚板、滑板、推板、匣板、风口组合砖
特 点		高温化学稳定性好、硬度高、高温强度大、耐磨损、抗碱侵蚀性能好、线膨胀系数低、热导率高			

(2) 赛隆结合碳化硅制品。

赛隆结合碳化硅制品见表 6-50。

表 6-50　赛隆结合碳化硅制品

产品名称		赛隆结合碳化硅制品	赛隆结合刚玉制品
牌号		SLSC-1	SLAO-1
化学成分/%	SiC	≥70	Al_2O_3　≥83
	N_2	—	N_2　≥4.75
	Fe_2O_3	≤1.5	
显气孔率/%		≤18	≤15.5
体积密度/g·cm^{-3}		≥2.60	≥3.15
常温耐压强度/MPa		≥150	≥150
抗折强度/MPa	常温	≥35	
	1400℃	≥40	
抗熔碱侵蚀质量变化率/%		<10	
荷重软化点（0.2MPa）/℃			1650
用　途		高炉炉腰、炉腹、冷却壁、炉身下部、工业窑炉、化工行业反应罐	适用于高炉炉身、炉腹、炉缸、陶瓷杯等部位
特　点		高温化学稳定性好、硬度高、高温强度大、耐磨损，抗氧化性、抗碱侵蚀性和抗渣侵蚀性能更优	具有高熔点，高强度，化学性能稳定，适应于高温下氧化气氛或还原气氛

（3）碳化硅复合制品。

碳化硅复合制品见表 6-51。

表 6-51　碳化硅复合制品

产品名称	碳化硅复合棚板	
牌号	BSAD	BSAE
显气孔率/%	≤18	≤18
体积密度/g·cm^{-3}	≥2.52	≥2.55
常温抗折强度/MPa	≥28	≥22
热震稳定性（850℃水冷）/次	>30	>30
耐火度/℃	≥1770	≥1770
最高使用温度/℃	1360	1450
用　途	陶瓷、电瓷、砂轮生产用梭式窑、隧道窑、推板窑的棚板、垫板、支柱、隔焰板等	
特　点	使用寿命长、抗氧化、高温强度大、导热快、不弯曲、不落渣、抗热震性能好	

（4）黏土结合碳化硅制品与氧化物结合碳化硅制品。

黏土结合碳化硅制品及氧化物结合碳化硅制品见表 6-52。

表 6-52 黏土结合碳化硅制品与氧化物结合碳化硅制品

产品名称		黏土结合碳化硅制品	氧化物结合碳化硅制品
牌 号		BSNT-1	BSOC-1
化学成分/%	SiC	≥80	≥85
	SiO$_2$	7 – 10	8 – 12
	Fe$_2$O$_3$	≤2.0	≤1.5
显气孔率/%		≤18	≤17
体积密度/g·cm^{-3}		≥2.56	≥2.60
常温耐压强度/MPa		≥100	≥100
热震稳定性（850℃水冷）/次		≥40	≥40
荷重软化点（0.2MPa）/℃		≥1600	≥1700
用 途		粉末冶金、建材、工业窑炉、有色金属冶炼炉	
特 点		耐磨损、抗氧化性好、抗热震性能好	

7 铝冶炼用炭石墨制品

7.1 概 述

我国电解铝工业始于20世纪60年代初，为70KA上部导电自焙阳极电解槽；20世纪80年代以来，电解槽电流从160kA先后开发出180kA、190kA、200kA、230kA、280kA、300kA、320kA和350kA高电流效率，低能耗的大型中间点式下料预焙槽。电解铝2001年的产量为343万吨。目前，我国电解铝的生产能力可达1000万吨。炼铝工业是炭素制品的最大用户。我国炼铝年消耗炭石墨制品约300万吨。

金属铝的生产采用氧化铝熔盐电解法。氧化铝在电解槽中熔解于氟化铝和一种或几种导电性大于铝的金属氟化物，如钠、钾、钙的氟化物。冰晶石为$NaFAlF$。

菲力普斯等采用冷却曲线及观察检验冷却熔体的方法，绘制了冰晶石-氧化铝系液相曲线，一直达到1050℃和氧化铝浓度为16%为止。纯冰晶石的凝固点为（1009±1）℃，冰晶石-氧化铝的低共熔点为962℃（10% Al_2O_3，质量比）。在低共熔点区域内，氧化铝结晶缓慢，在相应的熔体初晶析出的冷却曲线上，没有转折点。冰晶石-氧化铝系的凝固点图见图7-1。

图7-2为氟化铝-氟化钠系的凝固点图。在冰晶石-氧化铝系，或氧

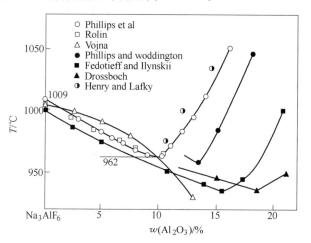

图7-1 冰晶石-氧化铝系的凝固点图

化铝-冰晶石加上其他氟化物系溶液中，通以直流电时，氧化铝被分解，在阴极上析出熔融状态的金属铝（熔点为660℃），在阳极上析出氧气。氧气与炭素阳极反应，最初可能生成二氧化碳。二氧化碳被炽热的阳极碳还原成一氧化碳。阳极碳的氧化热效应减少了维持电解使熔融状态所需要的电能，而电解使本身几乎不被分解。

炼铝用炭石墨制品有炭阳极、阴极和侧块，炼铝用的阳极分为两类：

（1）预焙炭块阳极（其黏结剂的百分比含量较低）。

（2）连续自焙炭糊电极（其黏结剂的百分比含量较高），也称为阳极糊。

炭素电极生产过程主要包括下述工序：

（1）干燥。在必要时，将焦炭或无烟煤放在连续式回转窑或竖式煅烧烘炉中，煅烧到1100℃，以排除挥发分，并导致材料收缩。

（2）把磨碎的焦粒与焦粉及熔化后的煤沥青黏结剂放在装有坚固的Z形搅刀和加热的混捏锅中搅拌。

（3）混捏后的糊料可送去模压或挤压成阳极和阴极炭块，然后在1200℃左右焙

烧以排除挥发分，得到充分收缩的致密产品。也可以将生炭糊直接用作连续自焙阳极，即所谓索德伯格电极，电解槽中的予焙和自焙阳极如图7-3和图7-4所示。

图7-3a，b是电解槽的剖面模型。每个槽使用的石墨块的尺寸和块数（以300kA 槽为例），则阳极块的尺寸为620mm × 650mm × 1450mm，每个槽有40块，阴极块尺寸为 450mm × 650mm × 3270mm，每个槽有20块。阳极炭块组如图7-4所示。

原料氧化铝加入到阳极与阴极之间的电解浴中，通过 100 ~ 300kA（根据电解槽的大小而定）的电流进行电解。电解生产1t铝所消耗的炭阳极，在理论上为 330kg，但实际上要消耗 400 ~ 500kg。由于消耗量如此之大，因此阳极通常是由炼铝公司自行制造的。成型

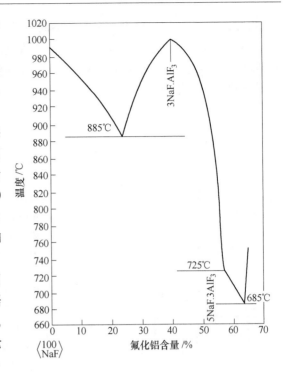

图7-2　氟化铝-氟化钠系的凝固点图

方法有振动加压法和模压法，经 1000℃ 以上焙烧。由于近年来电解槽的大型化和解决环境问题，炭阳极都必须是预焙成型体，而使用阳极糊的自焙式阳极，现在仅在小型槽上继续使用，后面不予详述。

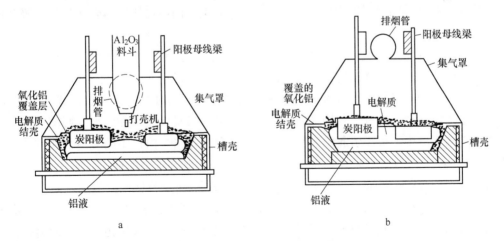

图7-3　铝电解槽结构示意图

a—预焙阳极电解槽（中部打壳）；b—预焙阳极电解槽（边部打壳）

预焙阳极和连续自焙阳极的对比数据如表7-1所示。与大型自动化生产的炭阳极相比，阴极为一种特制品。在小型电解槽（20000 ~ 60000A）中，采用炭糊捣固阴极，炭糊由煅烧后的无烟煤、冶金焦和沥青混合而成。但在60000 ~ 130000A 的高功率的大型电解

槽中，由于承受巨大的应力，捣固的炭糊内衬一般寿命较短，为了延长使用寿命，所以高功率电解槽要求采用预焙炭块。目前，大型电解槽电流容量为 280 ~ 350kA，最大可达 500kA，对于阴极，都采用预焙炭块作阴极，炭块之间用炭糊黏结。阳极炭块有炭质、半石墨化质和石墨化阴极。

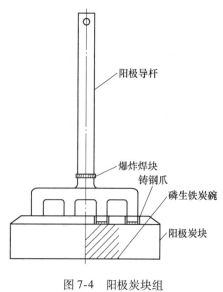

图 7-4　阳极炭块组

阳极导杆

爆炸焊块
铸钢爪
磷生铁炭碗
阳极炭块

表 7-1　预焙阳极与连续自焙阳极电解槽的性能比较

性　能	预焙槽	自焙槽
电解槽电流强度/A	90000	90000
母线电流密度/A · in^{-2}①	161	161
阳极电流密度/A · cm^{-2}	0.7	0.7
阳极电流密度/A · in^{-2}	4.52	4.52
阳极电压降（母线到阳极下部表面）/V	0.25 ~ 0.3	0.5 ~ 0.6
电解质电压/V	3.35	3.15
槽电压/V	4.0 ~ 4.1	4.3 ~ 4.4
电流效率/%	90 ~ 91	87 ~ 88
电能消耗/kW · h · (kg 铝)$^{-1}$	14	15
阳极消耗/kg · kg^{-1}	0.45	0.52
电能消耗/kW · h · (lb 铝)$^{-1}$	6.37	6.8
焙烧损失/kg · kg^{-1}	0.05	
炭素总消耗/kg · kg^{-1}	0.50	0.52

① 1in = 25.4mm。

与捣固内衬相比，预焙炭块内衬具有机械强度高、密度大、孔隙度低、电阻率小等特点。预焙阴极炭块是预先经过收缩的，这使得它具有较好的启动性能和经受循环作业的能力。单位质量相同的预焙阴极炭块，比捣固炭糊更导电，因而也比较适合作焙烧阴极和侧部炭块。

在电解高温操作条件下，熔融的冰晶石铝水与电解槽反应作用很大，极易损坏电解槽。利用钢壳内衬炭块的办法解决了这一问题，至今尚未发现其他更好的结构材料。

炭素阴极必须具有足够的机械强度和优良的导电性，同时要能保持在位置上不走动，使通过的电流保持稳定。过热和局部应力过大会引起阴极炭块裂缝和碎裂。脱落的内衬碎块浮于槽内电解质中，可能引起阳极和金属铝液的局部短路。内衬中的裂缝会造成熔融金属铝对阴极钢壳的腐蚀，这样就形成了含铁的铝熔液。电解浴中的钠侵入炭块的气孔中，由于反应而产生膨胀，再加上熔融金属流动产生的磨损，都会影响电解槽的寿命。

炭素内衬是一种多孔的物质，它所吸收的熔融电解质的质量几乎接近于它本身的质量。当电解槽大修时，便将旧内衬打碎，放在多膛煅烧炉内烧掉含炭物质，以使溶附在内衬上的电解质得到回收。

阴极内衬有两类。一类是把适当形状的铸铁内模置于阴极钢壳中，把粉碎的焦炭和焦油、沥青黏结剂组成的热混合物放入铁模和钢壳之间进行捣固，这样就制成了所需形状的阴极内衬。阴极糊是把冶金焦、无烟煤和软沥青混合加热至150℃制成。整个阴极内衬在槽中焙烧到 600 ~ 800℃。此类现在已经不用了。

另一类是用预先成型和预焙的炭块来砌筑槽膛内衬。炭块之间用由焦油、沥青和焦粒组成的炭糊黏结。这类电解槽的使用寿命可达 3 年以上，无须检修或更换。现在均采用此类。

7.2 电解铝用炭阳极（预焙阳极）

7.2.1 概述

炭阳极代号为 TY，用于铝电解槽作为导电阳极，炼铝工业是炭制品的最大用户之一，我国铝产量和炭阳极消耗量及需求量变化见表 7-2。

表 7-2 我国铝产量和炭阳极消耗量及需要量变化 （万吨）

年 份 名 称	1990	1995	1999	2000	2001	2003
全国铝产量	86.9	167.6	261.5	282.6	342	550
炭阳极（糊、块）需要量	53	105	140	150	220	330
阳极产品（糊、块）交易量[①]	20	39	55	65～70	90	120
阳极炭块交易量	0	1.0	5	15～20	50	80
阳极糊交易量	20	39	50	45～50	40	30

注：需要量未包含库存。

①铝厂自用除外。

金属铝是用电解槽在 930～980℃温度下，借助直流电电解冰晶石（$Na_3Al F_0$）和三氧化二铝（Al_2O_3）熔融体而制得的。

电解槽金属壳的四侧和底部都用炭块衬砌，这些底部炭块同时作为阴极。电流通过敷设在底部炭块槽内的金属阴极棒导入底部阴极炭块。在电解槽内母线上悬挂着炭素电极，是一锥度不大的矩形角柱体，它是电解槽的阳极。炭阳极（又称预焙阳极）是铝电解槽的阳极导电材料。使用炭阳极的电解槽比相同容量的连续自焙阳极的电解槽有如下一些优点：

（1）电能单耗低，每吨节电 800～1000kW·h，因阳极电压损失明显降低。

（2）氟化盐消耗低，因气体析出和水解速度较慢。

（3）无阳极焙烧时的挥发物——焦油馏分排入车间。

（4）如电解槽装有集气罩、抽气系统和烟气净化系统，则对电解过程排出的有害气体和灰尘能进行捕集和净化。

（5）可以明显提高电解槽单位容量而不降低电解技术经济指标，这主要是因为磁场分布较好和电解时从阳极底下面析出的气体从电解槽整个面积上均匀排出。

由于使用预焙阳极具有上述一系列优点，特别是使用预焙阳极的电解槽，比使用阳极糊时厂房内的工业卫生条件要好得多，而且预焙阳极允许的电流密度也高于阳极糊，所以当前已经取代了阳极糊进行使用。但采用预焙阳极的缺点是生产成本较高，生产工序较多。生产炭阳极的主要原材料是石油焦和沥青焦。

在电解过程中预焙阳极的作用与电炉炼钢的石墨化电极的作用不完全相同，它不仅仅是作为导电体，而且也参与电化学反应，它在电解铝生产过程中起着重要作用。随着电化学反应的进行，阳极上发生氧离子放电，从而阳极上的炭被氧化生成 CO_2 和 CO。析出的阳极气体在 950~1000℃ 高温下也与阳极上的碳发生反应，这些反应均在阳极工作表面上进行。此外，电解质结壳以上的阳极表面也被空气中的氧所氧化。由于阳极各点的氧化程度不均匀，有的焦炭就会脱落，转入电解质中形成"炭渣"，恶化电解过程。阳极脱落以及阳极的侧面和上面氧化，都会导致阳极过多消耗。鉴于上述情况，对炭阳极的主要要求是：炭阳极的所有质点对氧、二氧化碳等气体的反应能力应是均一的，并且应具有足够的机械强度和热稳定性。

7.2.2　预焙阳极的安装及其使用特性

众所周知，预焙阳极铝电解槽（图7-5）在实际生产中，要定期更换阳极。连续阳极块，尚没有得到广泛的应用。

阳极组由一个或几个阳极块组成。阳极块借助于钢爪悬挂在铝制阳极杆上。钢爪事先用生铁水浇铸在阳极块的专门凹穴中。安装阳极时，往凹穴中浇铸生铁，以及随后往电解槽中安放阳极时，都会发生热冲击，致使阳极出现裂缝和缺口。阳极块甚至还会碎裂，从而引起电解工艺制度紊乱。为防止工艺遭到破坏，阳极应具有足够的机械强度和热稳定性。

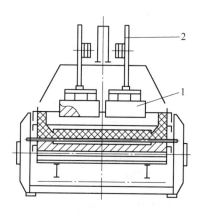

图 7-5　预焙阳极电解槽
1—阳极；2—阳极杆

在电解铝过程中，预焙阳极的作用不仅是为了导电，而且它也参与电化学反应。随着氧化铝分解的主要电化学反应的进行，在阳极上发生氧离子放电，继而将阳极中的碳氧化成 CO_2 和 CO。析出的阳极气体也在高温（950~1000℃）下，与阳极中的碳发生反应。电解质结壳以上的阳极表面也被空气中的氧气所氧化。上述阳极碳的氧化反应式如下：

$$Al_2O_3 + xC \Longrightarrow 2Al + (2x-3)CO + (3-x)CO_2 \tag{7-1}$$

$$C + CO_2 \longrightarrow 2CO \tag{7-2}$$

$$C + O_2 \longrightarrow CO_2 \tag{7-3}$$

$$2C + O_2 \longrightarrow 2CO \tag{7-4}$$

由于阳极各质点的氧化程度不均匀，其中有的焦炭就会脱落而转入电解质中形成"炭渣"，恶化电解过程，这就要求多付出一些劳动来净化电解质。此外，阳极脱落及其侧面和上面氧化，会导致阳极过多消耗。因此，对预焙阳极的主要要求是：阳极的所有质点无论对氧还是对二氧化碳的反应能力，都应当是一样的（均一性）。

可见，为了保证正常的电解工艺制度，预焙阳极应该具有：（1）足够的机械强度；（2）导电性；（3）均一性；（4）化学稳定性。

7.2.3　预焙阳极物理性能要求

反映预焙阳极质量的主要物理性能是：孔隙度、真密度、体积密度。所有这些性能彼此是互相联系的。阳极物理性能测试部分仪器的照片如图7-6所示。

布朗值测试仪

X荧光光谱议

空气渗透率测试仪

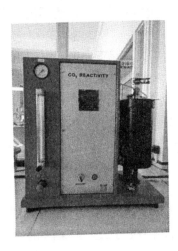
煅后焦二氧化碳测试仪

阳极空气反应性测试仪

电阻率测试仪

图7-6 预焙阳极物理性能部分测试仪器照片
（济南澳海炭素有限公司提供）

（1）孔隙度。孔隙度分为总孔度、开口孔度和闭口孔度。开口孔度，即露在阳极表面上的气孔，具有十分重要的影响。电解时形成的气体就由这些气孔输入。气体和碳的反应过程就会深入到阳极内部。开口孔度和闭口孔度值的总和就是总孔度值。

材料的总孔度按下式计算：

$$q_{总} = \frac{q_u - q_k}{q_u} \times 100 \tag{7-5}$$

式中，$q_{总}$ 为总孔度，%；q_k 为体积密度，g/cm^3；q_u 为真密度，g/cm^3。

总孔度值与原料的性能、原料的粒度组成和工艺特点（混捏和成型条件、制品尺寸、焙烧温度曲线等）有关。因此，工业阳极块总孔度值的波动范围是相当大的，即 19%～24%。各公司和国家的标准中，通常只规定孔隙度的上限，因为生产孔隙度小的炭素制品需要采用特殊的工艺。然而，大幅度地降低总孔度，是不适宜的，因为这样做，会降低阳极的弹性性能，从而引起阳极断裂，以后组装时，以及在高温电解条件下工作时，致使其遭到破坏。

为了充分了解材料的内孔结构，还必须知道气孔的内容积、表面积形状和结构。这些指标需要用专门的研究方法来测定，如水银气孔法、液体互换法、低温吸气法、透气法和显微结构分析法。这里仅就开口气孔的透气性和尺寸两项指标的测定，加以叙述。

在现行技术规范中已列入预焙阳极的透气性指标，透气性是通过测量空气在 20kPa（200mm 水柱）压力下，穿过直径 50mm 和高 20mm 阳极试样的流量来测定。测定各种阳极试样透气性所得结果表明，这一指标值介于 0.17～6.07cm²/min 之间。阳极的透气性越小，其性能，尤其是化学稳定性（CO_2 中的脱落度）和电化学稳定性就越好。ISO 标准中，透气率单位为 nPm，其值一般小于 2nPm。

透气性值可以作为判定阳极内开口气孔量的间接特性。但只凭这一指标，还不足以充分说明阳极的质量，因为开口气孔各自的尺寸是不同的。

若把阳极看作是内部有许多气孔的炭素体，则在电流密度小的情况下，电解过程将取决于小气孔的表面积，在大电流密度下，取决于大气孔，而归根结底，取决于某些粒子形成的宏观轮廓。

为了确定开口气孔的大小及各种尺寸气孔的分布情况，需采用气孔测定法。即高压水银气孔测定法，工作阳极试样中开口气孔的含量介于 6.6%～14.0% 之间，尽管总孔度的变化不太大（19.0%～24.0%）。必须指出，开口（疏通）气孔总体积中的大部分（58%～64%）是 3～6μm 的气孔。

研究表明，随着开口气孔体积的增大，电解时阳极的消耗量提高，而电动势值降低。这会影响阳极的消耗量，主要是那部分 26～80μm 连通气孔。阳极与二氧化碳的化学反应，在很大程度上取决于小尺寸连通气孔（小于 10μm）的含量。

因此，为了制取优质阳极，必须保证成型后的多孔结构材料，没有大量开口气孔和内部缺陷（砂眼，较大的闭口气孔）。

（2）体积密度。体积密度是计算总孔度所必需的特性，但也具有独特的作用——表示阳极炭块性能的各相异性。生产实践表明，制品的密度是从中央部分向四周增大。

（3）真密度（用比重瓶二甲苯法测得的密度），与原料的种类和原料及阳极的热处理条件有关。在原料有了变化，工艺发生改变，或者对各厂阳极的性能进行比较时，就真密度值一项加以对比，则是很有意义的。工业阳极真密度的波动范围不大，为 2.04～2.10g/cm³。

（4）电导率。电导率（比电阻）是一项很重要的特性。提高电导率可以降低阳极电压降；从而可以提高电解槽的电流强度或者增大极距，也就是说，可以提高电解槽的生产能力。

测定电导率用的方法是：在通直流电的情况下，测定阳极试样一段长度上的电压降。

方法的区别是：试样的尺寸、导电叉形接头结构和叉形接头在试样上的压接法不同。生产中采用的试样长 100mm 和直径为 45mm，叉形接头两端的距离为 60mm。

所有已知方法的共同缺点是，电压降都是在室温下测定的，这就和工业阳极的电压降不符，因为炭石墨材料的电导率和温度有着很复杂的关系。因此，比电阻只能作为大致反映阳极性能的一个特性。工业阳极的比电阻一般为 $50 \sim 70 \mu\Omega \cdot m$。

7.2.4 预焙阳极化学性能要求

在电解制铝过程中，在阳极表面和阳极体中发生复杂的电化学反应和化学反应。由于在高温下，阳极与冰晶石一氧化铝溶液接触时，有阳极电势存在，所以氧和阳极材料发生反应（在一定条件下还有氟和二次气体——一氧化碳和二氧化碳反应）的结果，就会使阳极中的一部分炭转为气相，一部分脱落成炭渣；杂质就会转到溶液中，或者变成气相。所有这一切会引起阳极过多消耗，使制得的铝变脏，恶化劳动条件，而有些杂质还会明显地恶化电解槽的工艺状况。

因此，在化学性能中最重要的是杂质的数量和成分，以及化学的稳定性。

（1）灰分杂质。预焙阳极是用少灰炭素原料生产的。工业阳极试样中含灰分 0.30%~0.60%，阳极中的灰分之所以有这么大的波动范围，是由各种因素决定的。阳极中矿物杂质的主要来源是：原料（焦炭，沥青）中所含的灰分和生产返回料（主要是残极）一起落入阳极的灰分，以及在生产阳极过程中，例如煅烧炉和焙烧炉耐火内衬磨耗时和原料贮存运输过程中混入阳极中的灰分等。

（2）矿物杂质（灰分）中主要包括铁、硅、铝、碱金属和碱土金属，以及重金属钒、铬、钛和锰。这些杂质可以分成 4 类：

1）惰性杂质，即对电解过程和金属质量无明显影响的杂质（属于这类的有铝）；

2）不恶化电解过程和铝的质量，但由于催化作用，却能增大阳极耗量的杂质（包括碱金属和碱土金属）；

3）可改善阴极金属的某些特性，但由于含量少，而对电解过程和阳极耗量无明显影响的杂质（主要是金属杂质，甚至少量的重金属杂质也能显著降低铝的导电性）；

4）恶化铝质量和增大阳极耗量的杂质（其中包括能降低铝的抗蚀性和塑性，但能提高阳极反应能力的铁，以及能降低铝的导热性、塑性和线膨胀系数，并能增大强度极限的硅）。

可见，最有害的杂质是铁、硅、钒、钠、钙、重金属和钾。铁和硅的含量不得大于 0.15%。而重金属的总量不得大于 0.015%。铁和硅主要来自原料中的灰分，在原料的运输、贮存和处理过程中也会混入一部分。钒来自石油焦，而铬、锰和钛则主要来自阳极车间的设备。

（3）含硫量。硫是阳极中有争议的杂质。电解过程中，它主要以氧化物形态转为气相。研究发现，在阳极废气中含有有害的含硫化合物，例如硫化氢、二硫化碳。因此，要求彻底地捕集和净化阳极气体。

阳极中的硫含量主要取决于骨料焦中的硫含量。由于阳极主要是用石油重渣油制的石油焦生产的，中东、印尼等地的原油，含硫较高，可使石油焦含硫量达 3.5%，我国大部分油田，原油含硫量不高，石油焦硫含量一般小于 1.5%。

（4）化学反应。阳极材料就其化学反应性来说，不是均质的，一些较活泼的粒子会发生有选择性的氧化，而不太活泼的粒子则会脱落到电解质中。为了评定阳极的质量，通常是测定它的氧化度（即转为气相的碳量）、脱落度（以固体粒子脱落的碳量）和剩余率或残损率（试样的总减重量，即前两项值的总和）。

阳极的化学反应性，通常是将阳极试样放在气流中，在高温下进行氧化的方法来测定的。氧化剂为空气中的氧或二氧化碳。阳极化学反应性测仪照片如图 7-7 所示。

7.2.5　阳极的力学性能要求

在工业条件下，阳极受到两种机械作用——压缩和弯曲。压缩是由铸铁浇铸的阳极钢爪发生热膨胀引起的，并与该部件的尺寸和温度有关；而发生弯曲，则是由于阳极是悬吊在一个或几个支点上的梁。产生的力的大小与阳极尺寸和钢爪的位置有关。

为了说明阳极的力学性能，必须测定阳极的抗压和抗弯强度极限，以及弹性模量（杨氏模量）。炭素制品的强度与所用原料和生产工艺有关，而产生的应力又与阳极组的尺寸和结构有关，所以机械特性的检验指标对于不同阳极来说，也可能有很大的不同。

工业阳极的机械强度范围相当大，抗压强度介于 30 ~ 55MPa 之间，极限抗弯强度介于 8 ~ 12MPa 之间，而静态弹性模量则介于 3.5 ~ 5.5GPa 之间。

铝工业向大型阳极过渡，需要测定极限抗弯强度。根据生产经验，建议采用如下极限值：极限抗压强度不小于 30MPa，极限抗弯强度不小于 8MPa。

7.2.6　阳极热物理性能要求

更换电解槽中的阳极时，是把新阳极立即或者在电解槽旁边短期加热之后，放入电解质中，其温度很快就提高到 900 ~ 1000℃，这样有时（视阳极的热物理性能和尺寸而定）就会引起阳极裂缝，继而破坏。因此，应对阳极的热物理性能——线膨胀系数、热导率和热冲击系数进行研究。

（1）线膨胀系数，是在直径 20mm、长 50mm 的阳极试样上，室温至 300℃ 下，用膨胀测量法测定的。测试仪照片如图 7-7 所示。

（2）热导率，用比较法来测定。将被研究的试样放在两个相同的样盘之间，样盘的热导率是已知的。根据被研究试样和样盘的温差即可计算出热导率。测试仪照片如图 7-7 所示。

（3）热冲击系数，一种方法是在直径 40mm、厚 6mm 的盘形试样上测定。从一定距离向盘形试样中央，由丙烷-氧气燃烧器喷射强烈火焰。燃烧器和火焰大小，以及丙烷和氧气向燃烧器的流速，都是标准的。为了测算热冲击系数，需测定试样迅速加热时产生裂缝所需的时间。

表 7-3 是法国彼施涅铝业公司某厂炭阳极理化指标的平均值与标准值的对比。

热导率测试仪

空气反应性检测

线膨胀系数测试仪

CO_2 反应性

CO_2 反应性检测

图 7-7　预焙阳极理化性能部分测试仪照片（山东济宁晨阳炭素集团公司提供）

表 7-3　法国彼施涅铝业公司某厂炭阳极理化指标的平均值与标准值对比

项　目		平均值	标准值	备　注
表观密度/$g \cdot cm^{-3}$		1.49	1.50 ~ 1.60	越大越好
电阻率/$\Omega \cdot mm^2 \cdot m^{-1}$		57	50 ~ 60	越低越好
抗弯强度/MPa		9.4	8 ~ 14	
杨氏模量/GPa		6.95	6 ~ 10	
真密度/$g \cdot cm^{-3}$		2.097	2.0 ~ 2.10	
线膨胀系数/K^{-1}		3.89×10^{-6}	$(3.5 ~ 4.5) \times 10^{-6}$	
O_2 氧化损失率/%		29.5	8 ~ 30	
O_2 氧化掉渣率/%		8.7	2 ~ 10	越低越好
CO_2 反应损失率/%		11.2	4 ~ 10	越低越好
CO_2 反应掉渣损失率/%		5.4	1 ~ 10	越低越好
微量元素	S	1.61%	0.5% ~ 3.2%	越低越好
	Fe	553×10^6	$(100 ~ 500) \times 10^6$	越低越好
	Si	42×10^6	$(50 ~ 300) \times 10^6$	越低越好
	V	261×10^6	$(30 ~ 320) \times 10^6$	越低越好
	Ni	266×10^6	$(40 ~ 200) \times 10^6$	越低越好
	Na	395×10^6	$(150 ~ 600) \times 10^6$	越低越好
	Ca	155×10^6	$(50 ~ 200) \times 10^6$	越低越好

表7-4是加拿大铝业公司和日本"Ataka"公司关于炭阳极的热物理性能指标。

现代优质阳极要求应对阳极的热物理性能进行测定。研究表明，阳极材料在20～300℃温度的线膨胀系数约为（3.5～4.5）×10^{-6}K^{-1}，温度在100～1000℃范围内，而其热导率则介于3.0～4.5W/(m·K) 之间。

表7-4　加拿大和日本主要预焙阳极生产公司生产制品的热物理性能

热物理性能指标名称	加拿大铝业公司	日本"Ataka"公司
热膨胀系数/℃	（2.5～3.5）（最大4）	（5±1）
热导率/W·(m·K)$^{-1}$	（4.5～6.0）（最小4）	8
热冲击系数/℃	>65	—

7.2.7　形状、尺寸和外形要求

阳极的形状和尺寸根据电解槽的结构特性、确保安装和操作时用的劳力最少以及阳极消耗和阳极组内的电压降值尽量合理等条件来确定。为了最合理地利用电解槽的面积和使其达到最大生产能力，阳极应制成矩形的。这样可使阳极体具有最大面积，从而增大电流强度，减少残极量，亦即减少阳极总消耗量。在阳极块的上部做有钢爪连接孔，其形状为圆柱形或矩形，视组装方法而定。用生铁浇铸钢爪时，为避免应力和裂缝集中，往往采用圆柱形连接孔；而用炭糊扎固钢爪时，为了简化这种作业和改善接触质量，钢爪孔需做成矩形的。

钢爪孔的数量及位置与每个阳极块的电流强度和尺寸有关。无论是钢爪孔的数量还是它的位置，都应当保证电流在阳极中均匀分布和阳极组中具有最小电压降。所有这些应在设计电解槽时，通过阳极电场和电解槽电平衡的计算，来加以确定。

阳极尺寸对其在电解过程中的消耗、电解槽维护，以及阳极组装和拆卸时的劳动消耗，都有很大影响。例如，随着阳极尺寸的加大，无论被二氧化碳还是被空气中的氧气所氧化的阳极侧表面单位面积均减小。采用大尺寸阳极可以明显简化阳极组装工作和改善阳极体内电流的分布情况。残极的单位产出量取决于钢爪孔的深度、电解质水平和阳极高度。但是，提高阳极高度会导致电解槽所有金属结构加大，以及阳极和立母线中的电压降提高。

铝工业在向高效节能方向发展，因此对预焙阳极炭块的质量会提出越来越严格的要求。表7-5～表7-8为国内外炭阳极质量情况。

表7-5　我国现行炭阳极质量标准（YS/T 285—1998）

牌号	灰分/%	电阻率/μΩ·m	线膨胀率/%	CO$_2$反应性/mg·(cm^2·h)$^{-1}$	耐压强度/MPa	体积密度/g·cm^{-3}	真密度/g·cm^{-3}
	不大于				不小于		
TY-1	0.50	55	0.45	45	32	1.50	2.00
TY-2	0.60	60	0.50	50	30	1.50	2.00
TY-3	1.00	65	0.55	55	29	1.45	2.00

表7-6　国外预焙阳极质量和我国测试情况

性　能　指　标		测试方法	一般范围	我国测试情况
焙烧体积密度/g·cm^{-3}		ISO N838	1.50~1.60	有标准、测试
电阻率/μΩ·m		ISO N752	50~60	有标准、测试
抗弯强度/MPa		ISO N848	8~12	无标准、不测
抗压强度/MPa		DIN51910	40~55	有标准、测试
线膨胀系数（20~300℃）/K^{-1}			(3.5~4.5)×10^{-6}	有标准、测试
弹性模量/GPa	静态		3.5~5.5	无标准、测试
	动态		6.0~1.0	无标准、测试
断裂能量/J·m^{-2}			250~350	无标准、不测
热导率/W·(m·K)$^{-1}$		ISO N813	3.0~4.5	无标准、不测
真密度/g·cm^{-3}		ISO DIS 9088	2.05~2.10	有标准、测试
真气渗透率/nPm			0.5~2.0	无标准、不测
CO_2反应性/%	残极率	ISO 804	84~95	行业推荐标准、多不测
	脱落失重		1~10	
			4~10	
空气反应性/%	残极率	ISO 805	65~90	无标准、不测
	脱落失重		2~10	
			8~30	
微量元素	S	ISO 837	0.5%~3.3%	无标准、不测
	V		(30~320)×10^{-6}	
	Ni		(40~200)×10^{-6}	
	Si		(50~300)×10^{-6}	
	Fe		(100~500)×10^{-6}	

表7-7　山东济南澳海炭素有限公司预焙阳极质量指标

项目	体积密度/g·cm^{-3}	抗压强度/MPa	空气渗透性/nPm	真密度/g·cm^{-3}	灰分/%	CO_2反应性（残极率）/%	空气反应性（残极率）/%	电阻率/μΩ·m
指标	≥1.58	≥42	≤2.0	≥2.06	≤0.30	≥92	≥90	≤55

表7-8　山东济宁晨阳炭素有限公司预焙阳极质量指标

项目	体积密度/g·cm^{-3}	电阻率/μΩ·m	真密度/g·cm^{-3}	耐压强度/MPa	CO_2反应性 残留/%	CO_2反应性 灰分/%	空气反应性 残留/%	空气反应性 灰分/%	热导率/W·(m·K)$^{-1}$	抗折强度/MPa	渗透性/nPm
保证值	1.56(Min)	56(Max)	2.06(Min)	38(Min)	91(Min)	2.5(Max)	92(Min)	2	3.0(Min)	9.0(Min)	2.3(Max)
典型值	1.56~1.60	52.0~56.0	2.06~2.10	38~45	91~95	1.0~2.5	93~97.5	0.1~2.0	3.0~4.5	9.0~13.0	0.5~2.3

7.3　炭阳极的规格及性能

7.3.1　规格与性能

国产炭阳极的尺寸及允许偏差如表 7-9 所示。

国产炭阳极的理化性能如表 7-10 与表 7-11 所示，前苏联炭阳极性能如表 7-12 所示。

表 7-9　国产炭阳极的规格尺寸
及允许偏差　　　　（mm）

规　格	允　许　偏　差			
	厚度	宽度	长度	弯曲度
400×400×1100 550×400×1100	±5	±5	±15	≤长度的1%

注：国外最大规格为 2250mm×750mm×2500mm，
　　单块重 2500kg。

表 7-10　国产炭阳极的理化性能

等级	灰分 /%	比电阻 /μΩ·m	抗压强度 /MPa	气孔率/%
一级	≤0.5	≤60	≥35	≤26
二级	≤1.0	≤65	≥35	≤26

表 7-11　工业生产的炭阳极的实际性能

抗压极限强度/MPa	33～46
灰　分/%	0.2～0.45
气 孔 率/%	21.5～23.5
密　度/g·cm⁻³	2.05～2.06

表 7-12　前苏联炭阳极的性能

指　标	优级品	一级品
抗压极限强度/MPa	≥23	≥23
灰　分/%	≤0.6	≤0.9
气 孔 率/%	≤25	≤26

7.3.2　炭阳极质量对铝电解生产的影响

炭阳极作为铝电解槽的心脏，其质量和工作状况对铝电解生产是否正常及电流效率、电能消耗、产品等级等经济技术指标影响十分巨大。工业电解槽，优者电流效率在 95% 以上，直流电单耗每 1t 铝在 13000kW·h 以下；劣者电流效率在 85% 以下，直流电单耗每吨铝达 20000kW·h 以上。劣质电解槽的特征主要表现为阳极本体及其周围的工作状况不佳，一般是电解质及阳极发热，出现以阳极为中心的各类故障，阳极工作状况不好等。

7.3.2.1　阳极故障

电解槽故障中有 70% 发生在阳极。电解槽经常出现的阳极故障（病状）有：阳极局部过热、电流分布不均、阳极掉块、阳极"长包"、阳极裂纹断层、阳极糊漏出自焙阳极、阳极"冒顶"自焙阳极、预焙阳极块脱落、大量炭渣落入电解质使电解质含碳、阳极四周氧化燃烧、阳极倾斜等。这十多种故障，主要由阳极质量问题及电解作业不当引起。故障发生，破坏了电解槽正常生产技术条件使电解槽出现紊乱状况：电压摆动、电压升高、铝水滚动、电解质表面不结壳、电解槽局部不导电、不工作，引起电流效率急剧下降、直流电单耗及原材料单耗急剧上升、电解操作困难、铝品位下降等恶劣后果，甚至导致停槽。表 7-13 是我国某厂一个电解系列电解槽的运转状况统计，观测显示，电流效率低于 84% 的电解槽即病槽，有 70% 以上是由于阳极工作不正常所致。

表 7-13 我国某厂电解技术经济指标统计

年 份	每1t铝阳极糊单耗 /kg	电流效率 /%	每1t铝直流电单耗 /kW·h	每1t铝氟化盐单耗 /kg
1960	855	50.6	35400	332
1968	689	77.1	19100	95
1972	701	83.1	17600	84
1976	685	82.7	17300	99
1979	542	87.3	15300	47

预焙阳极常见的故障有阳极掉块（脱钩）、阳极长包、阳极裂纹分层等，是预焙阳极不定期更换的主要原因。

（1）阳极掉块（脱钩）。预焙阳极炭块因磷生铁浇铸不牢或阳极炭碗缺陷，当在电解槽上使用时，其受热膨胀，会发生阳极炭块与钢爪脱离的现象。发生此情况需从电解槽中捞出炭块，更换新的预焙阳极。阳极炭块出现大裂纹，也会裂开掉块。

（2）阳极长包。由于炭块内部质量不均匀，在电解槽上使用过程中，电解消耗速度不一，造成炭块下表面局部凸出的现象，称为阳极长包。预焙阳极有时也会发生阳极长包。发生此情况需取出阳极，砸掉阳极炭块下面的长包后，该阳极炭块可继续上槽使用。电解槽工作不正常，炭渣多也会造成"长包"。

（3）阳极裂纹，预焙阳极炭块因成型或焙烧等原因，有时会有横向或纵向裂纹。一般说来，阳极浇铸前发现的有裂纹的阳极炭块，都不浇铸；在电解槽上使用过程中发现了，需取出更换新的预焙阳极。内裂纹的识别，凡是炭石墨产品，当打开时，新断面为银灰色，若断面上有黑色片状面，则此处为内裂纹。

7.3.2.2 阳极故障对槽温和电流分布的影响

各类阳极故障是铝电解槽的"急性症状"，严重影响电解槽经济技术指标，已如前所述。阳极质量不好引起的慢性病症，它使得阳极和电解槽的温度过高、电流分布不均，同样也严重影响铝电解槽的经济技术指标。

铝电解槽通过的电流高达几十至几百千安，阳极电阻率和阳极导电距离、结构形式的变化，严重地影响到电能消耗。阳极欧姆压降所产生的热量相当于一个 $30 \sim 160kW$ 的电炉连续运转，阳极各部电阻的变化不仅影响到能耗，而且影响到阳极和电解槽工作温度，从而对电流效率产生巨大影响。如果将炭阳极电阻率由 $75\mu\Omega \cdot m$ 降为 $50\mu\Omega \cdot m$，每1t铝可节电 $500kW \cdot h$。另外，落入电解质中的炭渣也影响电流效率和电耗。研究表明，电解质中炭渣含量为 0.04%，可使其电流效率下降1%；若电解质中含炭渣1.0%，则可使电导率下降11%。

炭阳极与空气和 CO_2 的氧化反应，占炭阳极消耗的20%以上。此反应是选择性的，它与阳极质量、阳极工艺、电解槽设计和电解操作关系极大。表7-14为部分铝厂 CO_2 反应性实测指标。

碳与空气的反应，对铝电解槽引起两大危害：一是该反应为放热反应，引起阳极和槽温升高；温度升高，在空气流通时会使反应加速，形成恶性循环，不仅使炭耗增大，而且影响电流效率；二是该反应选择性氧化，引起大量炭渣脱落，进一步危害电解槽的各项技术经济指标。图 7-8 表示电解槽温度分布及对阳极反应性的影响。

表 7-14　部分铝厂炭阳极的 CO_2 反应性

铝　厂	氧化度 /%	脱落度 /%	总消耗速率 /mg·(cm²·h)⁻¹	剩余率 /%	备　注
郑　州	14.5	1.3~3.8	23.9~28	80~84	工业品
贵　州	37.4	44	150.1	18.7	工业品
青铜峡	25.8	8.1	461	66.7	糊试样
青　海	12~14	0.8~1.8	19~26	82~96	试验样
贵　州	28~45	16~29	84~145	24~55	试验样

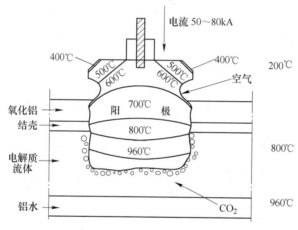

图 7-8　电解槽阳极温度分布及对阳极反应性影响

($p = 40$mbar，1bar $= 10^5$Pa)

7.3.2.3　炭阳极氧化掉渣和裂纹掉块的危害

炭阳极在正常电解生产中，电流从上部阳极导入，阳极下部浸在熔融的电解质中。炭阳极参与电化学反应与热平衡等作用，炭阳极中部被电解质壳块所包围，上部覆盖保温的氧化铝粉和碎电解质块。炭阳极下部因不断参与电化学反应被消耗。生成 CO_2 气体。工作中的炭阳极在高温下处于 CO、CO_2、空气和电解质壳、氧化铝粉等的包围之中。电解铝过程是无渣冶炼过程，阴极析出铝液，阳极析出 CO、CO_2 气体。现代中心下料预焙阳极电解槽，每约 2min，自动点式打壳加一次氧化铝，每日固定时间抽出阴极铝液，每 24~28 天更换一遍炭阳极。正常生产的电解槽，在炭阳极周围的电解质中极少有炭渣和碎阳极块，电解质洁净不含炭渣，析出的阳极气体火焰呈微蓝白色，电流效率高达 93%，直流单耗低达 13200kW·h/t。此时炭阳极消耗约 410kg/t，氟化盐消耗约 30kg/t。

所谓炭阳极氧化掉渣和裂纹掉块是指电解槽运行中阳极炭块底部周围不断有炭渣和碎块脱落。炭渣的直径从 1μm 到几毫米不等，大到十几毫米以上甚至几厘米以上的称为碎块。炭渣碎块脱离阳极，不仅增大了炭耗，更重要的是脱离阳极的炭渣碎块，失去了电化学作用不再排斥电解液，它们进入电解液并被电解液浸润渗透，悬浮于电解质中。大量的阳极炭渣，碎块进入电解质，破坏了电解生产正常技术条件，严重危害铝电解生产的正常进行，甚至导致事故停槽。

铝电解槽炭阳极氧化掉渣和裂纹掉块的危害主要有以下几个方面：

（1）使电解质电阻升高，据 K. Grotheim 等人测试，当电解质中含炭渣量 0.04% 时，电解质电阻率降低 1%，当电解质内炭渣含量为 1% 时，电解质电阻率降低 11%。工业电解质中 $1 \sim 10 \mu m$ 的微粒，由于界面电位梯度影响，几乎不导电。

（2）使电解质发热，产生"热槽"。炭渣累积，电解质电阻增大，造成槽电压升高，热收入增加，逐步导致"热槽"。"热槽"使电流效率下降，电耗、炭耗和氟盐单耗增加。

（3）捞炭渣的烦扰和经济损失，为保持电解槽继续平衡运行，必须要打开电解质结壳，近 1000℃ 的高温下，面对熔化的电解液，人工用铁具不断地捞出炭渣和碎炭阳极块，捞出的炭渣中含有约 70% 的电解质，不仅增加了炭耗和氟盐消耗，也增加了热能损耗和人力损耗。电解槽阳极温度分布及对阳极反应性影响如图 7-8 所示。

（4）阳极长包和侧部漏电，十几毫米以上甚至十几厘米的碎块聚集在一起，在侧部聚集会引起电流沿阳极——聚集的炭渣碎块向侧部漏电，使炉帮不易形成；在阳极底部聚集，会使阳极长包，使电解槽技术状况严重恶化，产生极难处理的病槽。甚至引起漏槽。

电解工艺自动化程度越高，炭阳极氧化掉渣、裂纹掉块的危害程度越大。过去边部打壳电解槽，3h 左右"加工"一个大面，结壳全部打开，炭渣暴露，与空气接触，部分炭渣被氧化掉，炭渣积聚效应不十分强烈，剩余的部分炭渣，在加料前人工捞出也比较容易。现代大容量中心点式作业，炭渣失去了与空气接触氧化掉的机会，容易累积。而且现在电解槽设计边部很窄，人工捞炭渣碎块作业困难。现代自动下料预焙槽对阳极的抗氧化性和抗热震性提出了更高的要求。

7.3.3 炭阳极生产工艺流程及设备

阳极材料的生产工艺包括原料的预碎、煅烧、破碎、筛分、分级、配料，黏结剂的预处理、混捏，混捏后的糊料成型、焙烧及清理加工，工艺流程及设备流程如图 7-9、图 7-10 所示。

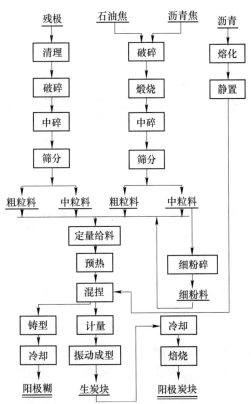

图 7-9　阳极材料生产工艺流程图

焙烧炉　　　　　　　　　　　　　　成型机

图 7-10　预焙阳极生产设备流程图
（济南澳海炭素有限公司提供）

7.4　电解铝用炭石墨阴极炭块

7.4.1　概述

自铝电解技术发明以来，除铝用炭阳极外，铝电解用炭素，还有炭阴极与侧块，国内外铝电解槽阴极结构大致上经历了以下四种类型：

（1）整体炭糊捣固阴极：内部的全部炭素体是用塑性炭糊就地捣固而成，其下部用 Al_2O_3 作为保温与耐火材料。这种结构的铝电解槽阴极造价低，槽内氧化铝在槽大修时可回收使用。其改进型是在整体捣固炭糊下部依次采用耐火砖和保温砖作为耐火与保温材料。

（2）半整体捣固阴极：采用 Al_2O_3 作为耐火与保温材料，在 Al_2O_3 层上部砌筑阴极炭块，其侧部用塑性炭糊捣固而成。

以上两种类型的铝电解槽的使用寿命均低于预焙炭块与耐火砖和保温砖砌筑的铝电解槽，而且捣固炭糊在电解槽焙烧启动时，产生大量的沥青烟气，严重污染环境，因此这种内衬在新建电解铝厂中已不再采用。

（3）炭糊捣固预焙炭块阴极：预焙阴极炭块砌筑在耐火砖与保温砖上，炭块之间的接缝及炭块的边缝用炭糊捣固成整体。这是目前国内外铝电解槽常用的阴极结构。

（4）整体粘接块预焙炭块阴极：预焙阴极炭块砌筑在耐火砖与保温砖上，炭块之间用炭胶粘接，但砌筑前须对炭块的粘接面进行精加工。这种阴极的使用寿命长，但炭块的加工精度要求高，加工较困难，因此目前国内外都很少采用这种类型的铝电解槽阴极。

近年来发达国家已开始普遍使用石墨化阴极炭块代替预焙炭块作铝电解槽阴极，而我国铝工业电解槽中的主导槽型原来采用的阴极炭块主要是预焙半石墨质阴极炭块，现在使用的也是石墨化阴极炭块的铝电解槽，已有生产铝电解槽用石墨化阴极炭块的大型企业，只是国内外生产的石墨化阴极炭块价格较高。

在大规模生产半石墨质阴极炭块之前，国内外在很长一段时间内生产的预焙阴极炭块都是以回转窑或煤气煅烧炉煅烧的无烟煤作骨料。由于煅烧温度低于 1400℃，因此这种煅后煤的电阻率是电煅煤的 1 倍以上，制成的阴极炭块电阻率高、导热系数低，抗钠侵蚀能力差，用作铝电解槽时电流效率低、使用寿命短、经济效益差。自 20 世纪 80 年代初贵阳铝厂引进日本的无烟煤电煅烧技术与设备后，国内的相关设计和生产部门在消化吸收国外先进技术的基础上，相继开发出多种结构形式和规格的无烟煤电煅烧炉，满足了不同阴极炭块生产企业生产电煅无烟煤、实现产品升级换代的需要，与此同时专业生产电煅无烟煤的企业也迅速发展壮大起来，为阴极炭块生产企业生产高质量的半石墨质阴极炭块奠定了良好的物质基础。随着全国铝电解工业的迅速发展，铝电解槽用半石墨质阴极炭块的产量也不断增加，生产企业遍及 14 个省区，尤以山西、内蒙古、河南发展较快。据不完全统计，2002 年我国半石墨质阴极炭块产能已达到 27 万吨，到 2004 年国内铝用半石墨质阴极炭块的产能将达到 40 万吨。与此同时炭块的成型也由传统的挤压成型发展为现在普遍采用的振动成型，大幅度降低了设备造价和生产成本，产品质量也显著提高，国产半石墨质阴极炭块的性能如表 7-15 所示。

表 7-15 国产半石墨质阴极炭块的性能指标

牌 号	灰 分 /%	电阻率 /μΩ·m	钠膨胀率 /%	抗压强度 /MPa	体积密度 /g·cm⁻³	真密度 /g·cm⁻³
	不大于			不小于		
BSL-1	7	40	1.0	32	1.56	1.90
BSL-2	8	45	1.2	30	1.54	1.89

将表 7-15 与表 7-16 对比可以看出，我国生产半石墨质阴极炭块的质量指标不仅与国外给出的半石墨质阴极炭块质量指标差距较大，对提高铝电解槽的电流效率、降低能耗仍然有较大的制约，而且只有两种牌号，质量指标分档不细，远远不能适应不同类型和规格的铝电解槽的需要。因此近年来国内的铝电解槽阴极炭块生产企业也在积极开发适应用户要求的质量指标不同的半石墨质阴极炭块，说明国内企业和研究院所已开始高度关注铝用

阴极炭块质量的改进与提高。如兰州炭素集团公司通过调整配方组成及工艺条件，试制出了电阻率可分别控制在 $25 \sim 30\mu\Omega \cdot m$、$30 \sim 35\mu\Omega \cdot m$ 和 $35 \sim 40\mu\Omega \cdot m$ 的半石墨质阴极炭块，其他指标也有很大改善，对提高半石墨质炭块的质量起到了积极的促进作用。

铝电解槽用石墨化阴极炭块是铝电解槽阴极材料中的关键材料，在国外已有四五十年的研究和使用历史，石墨化阴极炭块取代半石墨质阴极炭块是铝电解技术发展的必然趋势，但由于国外对石墨化阴极炭块生产技术保密性很强，文献资料很少，给研究工作带来很大困难。因此，我国到 21 世纪初才研制出高性能的石墨化阴极炭块，促进了铝电解技术进步和市场发展的需要。

7.4.2　铝电解槽阴极炭块的分类

铝电解槽用阴极炭块的分类一直比较混乱，国际上至今尚无统一的分类方法，各种名称也不规范。表 7-16 列出了铝电解槽用阴极炭材料的分类，这也是目前国内外比较通行的分类方法。

表 7-16　铝电解用阴极炭材料的分类

种类	学术界（大学、研究所）	工业界（铝厂、炭素厂）
无定形炭	骨料：无烟煤加 0 ~ 50% 人造石墨，焙烧温度：1200℃	骨料：无烟煤（多为电煅，下同）加 0 ~ 15% 人造石墨，焙烧温度：1200℃ 左右
半石墨质	骨料：100% 人造石墨，焙烧温度：1200℃	骨料：无烟煤加 20 ~ 50% 人造石墨，焙烧温度：1200℃ 左右
石墨质	—	骨料：100% 人造石墨，焙烧：1200℃ 左右
半石墨化	骨料：石油焦或石油焦加沥青焦，焙烧温度：1200℃ 左右，石墨化温度：2200 ~ 2700℃	—
石墨化	骨料：石油焦或石油焦加沥青焦，焙烧温度：1200℃ 左右，石墨化温度：3000℃	骨料：石油焦或石油焦加沥青焦，焙烧温度：1200℃ 左右，石墨化温度：2200 ~ 2700℃

从上述分类可以看出，阴极炭块的分类是比较细的，种类很多。但在实际中，很多概念往往是混淆的，表述也各不相同。从国内的情况来看，现在铝电解槽用石墨化阴极还不能全部取代电解槽阴极，目前所有的 27 万吨阴极炭块的生产能力中绝大多数是半石墨化铝用阴极炭块，普遍采用振动成型，工艺上改变过去煤气煅烧无烟煤，而普遍采用电煅烧无烟煤，其温度可达 1800℃ 以上，配方中加入小于 30% 的石墨碎，经过 1250℃ 左右的焙烧后，加工成所需规格尺寸。产品的性能指标执行行业标准 YS/T 287—1999（包括 BSL-1和 BSL-2 两种半石墨质阴极炭块），这与国际上无定形炭阴极炭块的质量指标相近（见表7-17）。近年来国内有少数厂家生产所谓"高石墨质阴极炭块"，主要体现在这种炭块的电阻率较半石墨质阴极炭块有较大幅度的降低。BSL-1 和 BSL-2 牌号阴极炭块的电阻率分别小于 $40\mu\Omega \cdot m$ 和小于 $45\mu\Omega \cdot m$，而"全石墨质阴极炭块"的电阻率则小于 $32\mu\Omega \cdot m$。表 7-17 为国外对阴极炭块的分类标准。

阴极炭块分两个品级，优级品和一级品。品级是根据炭块工作面和侧表面的弯曲度（挠曲度）公差来决定的。优级品：工作面不超过长度的 0.8%，侧表面不超过 5mm；一级品：工作面不超过长度的 1%，侧表面不超过长度的 0.5%。

表 7-17　国外对铝电解用阴极炭块的分类标准

性　质	炭 块 类 型			
	无定形炭	半石墨质	半石墨化	石墨化
真密度/g·cm⁻³	1.85 ~ 1.95	2.05 ~ 2.15	2.05 ~ 2.18	2.20
体积密度/g·cm⁻³	1.50 ~ 1.55	1.60 ~ 1.70	1.55 ~ 1.65	1.6 ~ 1.8
总孔度/%	18 ~ 25	20 ~ 25	15 ~ 30	25
开口孔度/%	15 ~ 18	15 ~ 20	—	—
电阻率/μΩ·m	30 ~ 50	15 ~ 30	12 ~ 18	8 ~ 14
热导率/W·(m·K)⁻¹	8 ~ 15	30 ~ 45	32	80 ~ 120
抗压强度/MPa	25 ~ 30	25 ~ 30		15
抗拉强度/MPa	6 ~ 10	10 ~ 15	6 ~ 10	10 ~ 15
钠膨胀率/%	0.6 ~ 1.5	0.3 ~ 0.5	0.3 ~ 0.5	0.05 ~ 0.15
灰分/%	3 ~ 10	0.1 ~ 1.0	< 1.5	< 0.5

表 7-18 对比列出了各种阴极炭块的性能，可见石墨化阴极炭块除抗磨损系数稍差以外，在热导率、电阻率、钠膨胀率等影响铝电解槽寿命和电流效率的主要使用性能上都优于无定形炭块和半石墨质炭块，但价格却是无定形炭块的 2 ~ 3 倍、半石墨质炭块的 1.5 倍左右。采用的石墨化阴极炭块既有从国外引进的也有利用企业自有的炼钢石墨电极生产线试制的。近年来，随着大型铝电解槽的研制成功并在国内大规模推广，石墨化阴极炭块为国内铝电解广泛采用。

表 7-18　各种阴极炭块的性能对比

可比性质		无定形炭块	半石墨质炭块	石墨化炭块
抗磨损系数		优	良	差
抗热震系数		可接受	良	优
热导率		适中	高	很高
电阻率	室温下	高	低	很低
	槽温下	中等	很低	很低
抗压强度		高	适中	低
钠膨胀率		适中	小	很小

7.4.3　铝电解槽阴极炭块的特性

7.4.3.1　热导率

对于铝电解槽的热平衡来说，阴极炭块的热导率是最重要的。高热导率有利于减小炭块上下表面的温度差，减小炭块的热应力和热变形，延长炭块的使用寿命。特别是对中间点式下料的铝电解槽，为了获得适宜的伸腿结壳形状，底部炭块的热导率对于通过完整保温层的垂直热损失量一般无关紧要。相比之下，通过边部保温层的水平热损失量，它要用底部结壳以及调节槽伸腿的部分来平衡，底部炭块的热导率就显得十分重要了。在点式下料电解槽上能保持更加均匀地生成表面结壳和伸腿结壳，要求槽底与侧部炭块具有高热导率，最好应用半石墨化或石墨化侧块。因此影响工业铝电解槽能量平衡的主要因素是铝电解槽内衬材料的导热性能。

铝电解槽阴极炭块的导热性能，表现在同类产品之间，未使用之前以及使用一定年限之后都会出现一定的差异。在使用大约一年时间，由 100% 无烟煤制成的阴极炭块和添加一定量石墨制成的阴极炭块的电阻率几乎没有什么差异。在一年或更长时间内它们大部分会转化成石墨，其导电性能跟同龄的石墨化内衬并无大的差别，热导率因此会增加 4 倍。但随着槽龄的增加，炭素材料吸收电解质后，导热系数下降，随着电解质含量的增加而降低，渗入电解质越多，热导率变化越大。

根据挪威 Morten srlie 等人的研究，可以看出阴极炭块热导率的一些变化规律（见图 7-11）。半石墨质阴极炭块的热导率与温度的关系如图 7-12 所示。

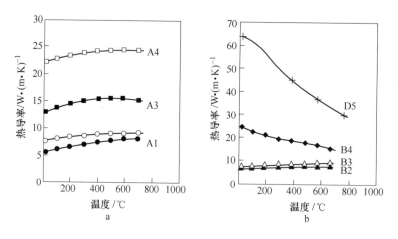

图 7-11　各种阴极炭块的热导率随温度的变化
a—阴极炭块 A；b—阴极炭块 B

7.4.3.2　电阻率

阴极电压降也是铝电解槽运行状况的一个重要参数，该参数是测定阴极运行状态、电解槽热平衡调整和运行好坏的指标。阴极电压降直接影响到电解槽的能耗，还涉及电能的有效利用和槽内衬的使用寿命。阴极电压降主要取决于被使用的阴极炭块的电阻率，一般来说，阴极材料的电阻率越低，铝电解槽的阴极电压降也越小。

从图 7-13 可看出与采用纯无烟煤制备的阴极炭块和含 20% 石墨的阴极炭块相比，含 30% 石墨的阴极炭块的阴极电压降最稳定，它的性能也十分类似于已石墨化过的阴极炭块的性能。这是目前阴极炭块中的石墨含量越来越高的原因，目的是确保电解槽具有较长的使用

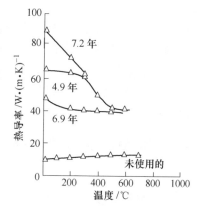

图 7-12　半石墨质阴极炭块的
热导率与温度的关系
（挪威 Morten Srlie 等的研究）

寿命和有较低的阴极电压降。而由图 7-14 则可以看出阴极炭块的电阻率与所采用的无烟煤的热处理温度有关，热处理温度越高的无烟煤制得的阴极炭块的电阻率越低。因此，我们可以通过选择焦炭、黏结剂和热处理条件改善阴极炭块的性能。

阴极炭块的电阻率越低，热导率越高，则阴极电压降越小，抵抗电解质腐蚀的能力越强，钠膨胀越低，阴极变形越小，对槽壳作用力越小，槽寿命也越长。而铝电解槽的运行实践表明，无定形炭块与石墨化炭块相比，趋向于电解一段时间后显示出较高的阴极电降值。当阴极电压降增加到使槽底电压超过 600mV 时，即使电解槽没有破损，也因电耗增

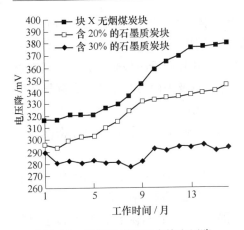

图 7-13　半石墨质阴极炭块电压降
与工作时间的关系

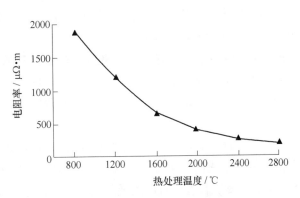

图 7-14　阴极炭块的电阻率与无烟煤
热处理温度的关系

加，生产成本上升而导致停槽。因此，要保证电解槽有较低的电压降，开发电阻率较低的石墨化阴极炭块是非常必要的。

7.4.3.3　钠膨胀率

人们对铝电解槽早期破损的原因和机理曾作过大量研究，现已查明铝电解槽早期破损的原因除了与铝电解槽的设计、筑炉质量有关外，还与铝电解槽内衬材料及生产操作有关。其中起主要作用的是电解过程中钠向阴极炭块内部的渗透，并与炭反应，导致炭块破裂。因此在影响铝电解槽寿命的诸多因素中，抗钠侵蚀膨胀率也是阴极炭块的一项很重要的性能指标。铝电解槽用阴极炭块是一种多孔材料，在铝电解过程中，大量的金属钠和电解质熔体会向这种多孔的阴极炭块内部渗透，并引起炭块的膨胀和破裂，这就是人们常说的 Rapoport 效应。显然，这种渗透与炭块的孔隙结构有关，不同的炭块具有不同的孔隙结构，因此具有不同的渗透性能。

一般认为，存在于铝电解槽阴极炭块表面的金属钠是由如下化学反应生成的：

$$Al(液相) + 3NaF(熔融) \Longrightarrow 3Na(溶解) + AlF_3(冰晶石中) \tag{7-6}$$

或者是按如下的电化学反应生成的：

$$Na^+ + e \longrightarrow Na \tag{7-7}$$

生成的金属钠可以借助于扩散传质或其他传质方式渗透到阴极炭块内部。也可能以钠离子的形式电迁移到炭块的孔隙内，然后在孔隙的内壁面上以电解还原成金属钠的形式传质到炭块内部。因此在讨论铝电解槽阴极炭块钠渗透的机理时，区分化学渗透与电化学渗透是非常重要的。

当金属铝与电解质熔体在一起时，钠的渗透依然存在，因此这种钠理所当然地被认为是按照化学反应方程式（7-6）进行的。钠在阴极炭块中的渗透深度与电解质的分子比有明显的关系，随电解质分子比的升高而升高。根据 Tingle 等人的研究结果，与冰晶石熔体相平衡的铝中钠的含量会达到一个平衡浓度，这个浓度与冰晶石熔体的电解质组成有关。并且可以证明，钠在阴极炭块中的渗透表现为钠以蒸气的形式在炭块中进行等湿吸附，并以形成层间化合物的形式传质。

　　由铝电解理论可知，在冰晶石-氧化铝熔盐电解质熔体中电解时，电解质中的电流主要是由钠离子 Na^+ 传导的，其次是由氟离子 F^+ 传导的。钠离子以电迁移的形式趋向于阴极表面，而含铝的离子 AlF_6^-、AlF_4^-、AlF_5^{2-} 则以扩散的形式趋向于阴极表面，并在阴极表面放电形成金属铝和氟离子。因此随着电解过程的进行，阴极表面将富集 NaF，并导致阴极表面电解质分子比的升高。与此同时 Na^+ 则按式 7-7 在阴极表面通过电化学放电生成金属钠。显然钠在阴极炭块中的渗透深度随着电解温度、电解质分子比和阴极电流密度的增加而增加。

　　阴极表面生成的金属钠通过炭素晶格和孔隙向阴极炭块体内扩散，金属钠扩散到炭素晶格层内，生成嵌入化合物 C_xNa，引起炭块膨胀和破裂，因此炭材料越疏松其膨胀越大。Netrot 等人发现石墨化石油焦吸收钠主要是由杂质引起的，钠吸收量随着石油焦热处理温度升高而减小，一般来说纯石墨不能夹杂或吸收钠，如果含有少量的钠可能是由混入的少量杂质引起的。由此可见，开发石墨化阴极材料，对阴极材料的抗钠侵蚀、延长阴极使用寿命，是非常重要的。此外，石墨与无烟煤相比，又是一种抗磨损力小的材料，这一点就被认为是应用石墨作底衬材料的主要缺点。而实际试验表明，石墨化阴极与无烟煤阴极的磨损率基本是相同的。尽管石墨抵抗空气氧化和钠侵蚀的能力更强，但由于炭化物的生成，石墨和无烟煤炭的抗化学侵蚀较接近。从普遍的观点来看，石墨材料的抗磨损不如无烟煤材料，而且发现化学磨损大于物理磨损。但对阴极材料来说，物理磨损还是最重要的磨损。

　　综上所述，石墨化阴极炭块具有电阻率低，导热性高，抗钠渗透能力强等优异性能，既能有效地延长铝电解槽寿命，又能通过加大电流强度提高电解铝的产量和电流效率、减少能耗、增加效益，因此被国外铝电解行业所推崇。

7.4.4　石墨化阴极炭块的制备工艺

　　石墨化阴极炭块的制备工艺与生产炼钢石墨电极的工艺流程几乎完全是一样的，即从原料—煅烧—破碎—筛分—配料—混捏—成型—焙烧—石墨化—加工。但由于两者的用途不同，使用的环境不同，对其性能指标的要求也有较大的差别。表 7-19 列出了三种类型的炼钢石墨电极的性能指标，与表 7-17 相比较可见，石墨化阴极炭块的许多性能指标都与普通功率石墨电极相当，但也有较大的区别，如新增加了钠膨胀率、抗压强度和热导率等考核指标，而电阻率则可以适当高一点。这种设计一方面是为了尽可能降低生产石墨化阴极炭块的成本，另一方面也是为了适应石墨化阴极炭块的使用环境。因此在焦炭原材料的选择上应有较大的堆积密度，在黏结剂沥青的选择上应有较高的结焦值，并在工艺流程中增加沥青浸渍和二次焙烧工序（类似于生产高功率石墨电极），以保证产品有较低的孔隙率、较高的抗压强度和热导率以及适宜的电阻率。

表 7-19　三种类型的炼钢石墨电极的性能指标

项　目	普通功率	高功率	超高功率
电阻率/$\mu\Omega \cdot m$	9.0~11.0	6~7	4.5~5.8
抗弯强度/MPa	6.4	9.8	9.0~12.5
抗拉强度/MPa	—	—	6.0~8.0
弹性模量/MPa	9.3	12.0	6.0~9.5
灰分/%	0.5	0.3	0.1
真密度/$g \cdot cm^{-3}$	2.20	2.21	2.22
热导率/$W \cdot (m \cdot K)^{-1}$	—	—	210~290

7.5 铝电解槽用炭块

铝电解槽用炭块，代号为 TKL，系采用无烟煤、冶金焦作为原料，经成型焙烧制成的。具有较高的机械强度，较好的导电性和耐腐蚀性，用于砌筑铝电解槽。

7.5.1 侧炭块

侧炭块是砌筑铝电解槽槽腔用的。铝电解槽生产时的温度不太高，但是电解槽中电解质—氟化盐有强烈的腐蚀性。一般的耐火材料在氟化盐电解质及熔融铝的浸蚀下很快被腐蚀损坏，所以铝电解槽虽然也用一些黏土耐火砖，但直接接触电解质及熔融铝的槽腔都采用炭块砌筑而成，如图 7-15 所示。

为了给铝电解槽砌筑侧壁，生产有各种规格的侧块（表 7-20）。厚 115mm 的侧块是模压成型的，厚 200mm 的侧块是挤压成型的。在厚 200mm 的侧块上，其两个棱面加工成"锁接槽"，因此，当两块侧块结合在一起时，在结合处就形成一个圆形孔（R40mm）（图 7-16）。两侧块之间的空腔，在安装电解槽时用底部糊充填，经焙烧后，底部糊把侧块牢固地连接起来。厚 115mm 的侧块没有"锁接槽"。

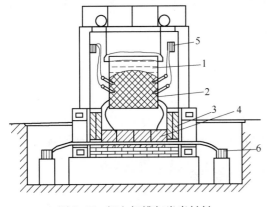

图 7-15 铝电解槽与炭素材料
1—阳极糊（溶化状态）；2—阳极糊（烧结状态）；
3—侧炭块；4—底炭块；5—阳极母线；6—阴极母线

表 7-20 侧块的规格和质量

宽度/mm		厚度/mm		长度/mm		平均质量/kg
额定	容许误差	额定	容许误差	额定	容许误差	
400		115		550		40
550		200		606		105
550		200		695		120
550	±10	200	+14；-5	800	±10	140
650		200		1000		210
650		200		2000		420
730		200		1000		235
730		200		2000		470

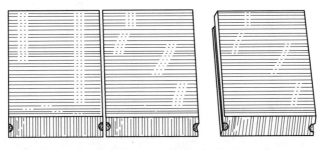

图 7-16 有锁接槽的侧块

侧块的质量应符合技术条件 MPTУ48-13-23-66 的规定。侧块也分两个品级——优级品和一级品（表 7-21）。厚 115mm 的侧块应具备优级品的特性出厂。表 7-22 所列的是工业生产的侧块的实际性能。

表 7-21　厚 200mm 侧块的性能　（mm）

指　标	优级品	一级品
对接窄面的不平行度	≤1	≤3
窄面相互垂直度的偏差	≤0.5	≤1

表 7-22　工业生产的侧块的性能

真密度/g·cm⁻³	1.90 ~ 1.95
体积密度/g·cm⁻³	1.55 ~ 1.57
抗压极限强度/MPa	33 ~ 46
气孔率/%	16 ~ 21
灰分/%	4 ~ 6

注：真密度、体积密度单位为 g·cm⁻³

（真密度/g·cm^{-3}，体积密度/g·cm^{-3}）

7.5.2　底炭块

　　底炭块是砌筑铝电解槽槽底用的。底炭块不仅是电解槽的内衬材料，也是电解槽的阴极，因此，有人把底炭块称为阴极炭块。由于底炭块是电解槽的阴极，所以除要求底炭块能耐高温和耐腐蚀以外，还要求底炭块的比电阻应尽可能低一些。铝电解槽生产的炭素底块（阴极炭块）呈棱柱形。在一个棱面上有阴极棒纵向槽，阴极棒是用铸铁浇铸的（图 7-17）。侧壁制有凹槽，以便与炭糊更牢固地结合。纵向槽槽轴与炭块纵轴的容许偏移量为 ±10mm。

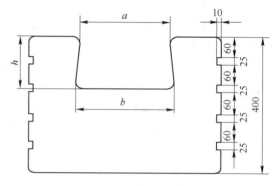

图 7-17　阴极炭块的横剖面

　　阴极炭块的形状都是一样的，只是规格不同（表 7-23）。但对所有规格阴极炭块的技术要求都是一样的，其技术指标见表 7-24。工业上生产的阴极炭块的物理力学性能实际指标列于表 7-25。技术条件规定的各项指标，还不能概括阴极炭块的全部性能，而极为重要的工艺方面（主要是配方），技术条件中并未考虑。在电解槽里，经常有钠的蒸汽，不同

表 7-23　阴极炭块的规格和质量

阴极炭极	宽　度/mm			高　度/mm			长　度/mm			槽　的　规　格/mm					平均质量/kg
	额定	容许误差		额定	容许误差		额定	容许误差		h		a	b	b-a	
		优级品	一级品		优级品	一级品		优级品	一级品	额定	容许误差	不小于	不大于	不小于	
砌筑有填塞缝的炉底内衬用	400			400			600			145		130	140	2	128
	400			400			800			145		130	140		172
	400			400			1000			145		130	140		214
	400			400			1200			145		130	140		258
	400			400			1600			145		130	140		344
	550			400			600			145		250	270		167
	550	+5 −10	±10	400	±10	±10	800	±10	±10	145	±10	250	270	5	222
	550			400			1000			145		250	270		278
	550			400			1200			145		250	270		335
	550			400			1400			145		250	270		389
	550			400			1600			145		250	270		445
	550			400			2000			145		250	270		558
砌筑无缝炉底内衬用	440			400			2000			160		150	160	2	463
	440			400	±10	—	2500	±5		160	±5	150	160		580

注：大型铝电解槽阴极炭块最大长度达到 3500 ~ 4500mm。

性质的炭材料对它的反应也不尽相同。抗钠蒸汽侵蚀最稳定的是石墨，而石油焦就不够稳定，因此制备这种炭块时，应力求避免采用石油焦。产生炭化铝（Al_4C_3）也会引起阴极炭块的破坏。炭石墨材料按生成炭化铝的能力，可按如下顺序排列：石墨、石油焦、沥青焦、无烟煤、铸造焦炭。

表 7-24 阴极炭块的性能
（根据 MPTY48-13-22-66）

抗压极限强度/MPa	≥22
气孔率/%	≤24
破损系数	≤1.5

7.5.3 铝电解槽用炭块的规格及性能

（1）铝电解槽用炭块的理化性能如表 7-26 所示。
（2）炭块的尺寸及允许偏差如表 7-27 所示。
（3）炭块的表面状况。

表 7-25 工业生产的阴极炭块的性能

真密度/g·cm^{-3}	1.89~1.94
体积密度/g·cm^{-3}	1.51~1.56
抗压极限强度/MPa	27~35
气孔率/%	18~22
灰分/%	4.1~5.8
抗侵蚀稳定系数（参考数）	11~12
破损系数	1.0~1.2

表 7-26 铝电解用炭块的理化性能

项　目	指　标
灰分/%	≤8
抗压强度/MPa	≥30
气孔率/%	≤23
比电阻/μΩ·m	≤60
破损系数	≤1.5

注：截面 400mm×115mm 的制品不测定破损系数和比电阻。

表 7-27 铝电解用炭块的尺寸及允许偏差

规　格 /mm×mm×mm	允　许　偏　差/mm		
	宽　度	厚　度	长　度
400×400×550			±10
400×400×1000			
400×400×1100			
400×400×1150	±10	±10	
400×400×1200			±20
400×400×1400			
400×400×1500			
400×400×1800			
400×115×480			±10
400×115×520			
400×115×550	±10	±10	
400×115×650			±20
400×115×700			

注：只加工长度方向的两个端面。

炭块表面应平整，断面组织不允许有空穴、分层缺陷和夹杂物。但炭块表面允许有按表 7-28 规定的缺陷。国外铝用炭块质量标准如表 7-29～表 7-31 所示。

表 7-28 炭块表面所允许的缺陷（按 YB 125—78）

项　目	指　标	
	截面 400mm×400mm	截面 400mm×115mm
裂纹（宽度 0.2~0.5，<0.2 不计）长度	≤100（不多于两处）	≤80（不多于两处，小面长度不大于 300）

续表 7-28

项　目		指　　标	
		截面 400mm×400mm	截面 400mm×115mm
缺角深度		≤40	≤30
缺棱	深度（<10 不计）	10~13	10~30
	长　度	≤100	≤100
弯曲度		≤1m 不大于 5 >1m 不大于长度的 0.5%	一个大面不大于 2，另一个大面 不大于长度的 1.2%

注：1. 跨棱裂纹连续计算；2. 截面 400mm×400mm 的炭块，有一个大面不允许有宽度 >0.2mm 的裂纹；3. 弯曲度超出规定时，除工作面外可以加工修正。

表 7-29　国外铝用底、侧部炭块质量标准（1）

项　　目	日本 AC-E （底块）		日本 AC-O （侧块）		项　　目	传统的无 定形炭块	半石墨 质炭块	半石墨化 炭块	石墨化 炭块
	标准	保证	标准	保证		挪威阴极炭块（引自 Welch 和 May）1987.12			
真密度/g·cm^{-3}	1.87	1.84	1.94	>1.90	真密度/g·cm^{-3}	1.85/1.95	2.05/2.15	2.05/2.18	2.2
体积密度/g·cm^{-3}	1.54	>1.48	1.57	>1.52	体积密度/g·cm^{-3}	1.50/1.55	1.60/1.70	1.55/1.65	1.6/1.8
全气孔率/%	18	<20	19	<22	全气孔率/%	18/25	20/25	15/30	25
抗压强度/MPa	33	<25	36	>25	电阻率/μΩ·m	30/35	15/30	12/18	8/14
电阻率/μΩ·m	35	<45	45	—	灰分/%	3/10	0.5/1.0	<1.5	<0.5
灰分/%	4	<6	6	<8	开口气孔率/%	15/18	15/20	—	—
碳损系数/%	0.8	<1.4	1.8	—	热导率/W·(m·K)$^{-1}$	8/15	30/45	32	80/120
弯曲强度/MPa	9.0	—	9.0	—	冲击强度/MPa	25/30	25/30	6/10	10/15
弹性模量/GPa	40	—	50	—	电解膨胀率/%·mm^{-1}	0.6/1.5	0.3/0.5	0.3/0.5	0.05/0.15
CTE（20~900℃）/℃$^{-1}$	3.3×10^{-6}	—	4.5×10^{-6}	—					
热导率（400℃）/W·(m·K)$^{-1}$	11.6	—	8.1	—					

表 7-30　国外铝用炭块质量标准（2）（挪威 SACESIEW 厂）

项　目		阴极炭块型号				
		WA1-62	WA1-5C	WA1-7C	WA1-10C	WA-10CS
保证值	孔度/%	<17	<17	<18	<20	<17
	体积密度/g·cm^{-3}	>1.54	>1.55	>1.56	>1.58	>1.68
	电阻率/μΩ·m	<50	<37	<33	<28	<23
	抗压强度/MPa	>25	>25	>25	>27	>30
	灰分/%	<5	<4	<3	<2	<2

项　目		阴极炭块型号				
		WA1-62	WA1-5C	WA1-7C	WA1-10C	WA-10CS
定向值	真密度/g·cm^{-3}	1.85	1.90	1.95	2.00	2.00
	孔度/%	20	19	20	24	19
	抗弯强度(挤压方向)/MPa	8	8	8	8	8
	杨氏模量(挤压方向)/GPa	5	5	6	5	6
	热导率(20℃)/W·(m·K)$^{-1}$	8	12	18	32	36
	热膨胀率/K^{-1}	2.6	2.6	2.6	2.5	2.5
	电解膨胀率/%	1.0	0.8	0.6	0.3	0.4

表7-31　国外铝用炭块质量特性（3）

项　目	意大利西格里(Srgri)公司 1983.11							项　目	法国萨瓦(SAVO1E)炭块 83.1 (HC-1)[①]
	无定形炭块			半石墨化块		石墨块			
	4BND	5BND	6BND	5BCN	5BCS	BY	BS		
真密度/g·cm^{-3}	1.90	1.92	1.95	2.15	2.15	2.23	2.23	真密度/g·cm^{-3}	1.92
体积密度/g·cm^{-3}	1.54	1.54	1.54	1.60	1.70	1.56	1.65	体积密度/g·cm^{-3}	1.59
孔度/%	19	20	21	25	21	30	26	孔度/%	16.8
抗压强度/MPa	27	27	27	35	30	15	19	灰分/%	5.0
抗折强度/MPa	7	8	9	10	14	6	8	抗压强度/MPa	33.0
电阻率/μΩ·m	40	35	30	20	15	11	11	热导率(80℃)/W·(m·K)$^{-1}$	13.4
线膨胀系数/K^{-1}	2.5×10^{-6}	2.4×10^{-6}	2.4×10^{-6}	2.3×10^{-6}	2.3×10^{-6}	2.0×10^{-6}	2.3×10^{-6}	电阻率/μΩ·m	
热导率/W·(m·K)$^{-1}$	8	11	15	35	45	100	105	20℃ M35	46.3
比热容/J·(g·K)$^{-1}$	0.8	0.8	0.8	0.8	0.3	0.8	0.8	1000℃ M22	29.5
灰分/%	4	3	2	1	1	0.5	0.5		

①30%石墨,70%电煅无烟煤。

　　底炭块的长度可以增加，因为长度增大后，可以减少电解槽底的砌缝和缩短装配时间。在底炭块装配好后，要用底炭糊填充接缝，然后将炭素阳极放到电解槽槽底，借助电流在1000~1100℃温度下烘烤槽底。在烘烤前向槽底撒一层冶金焦粉，或浇上一些液体金属铝。烘烤后，向槽中装入熔融冰晶石，然后加氧化铝，使电解槽逐渐进入正常工作。

　　上述技术条件规定的各项指标，还不能概括阴极炭块的全部性能，而极为重要的工艺问题（主要是底炭块的配方），技术条件中并未包括。在电解槽里，经常有钠的蒸汽，不同性质的炭素材料，对钠的反应速度也不尽相同。抗钠蒸汽浸蚀最稳定的是石墨，而石油焦就不够稳定，因此制作这种炭块时，应避免采用石油焦。产生碳化铝（Al_4C_3）也会引起阴极炭块的破坏。炭石墨材料按生成碳化铝的能力，可按如下顺序排列：石墨、石油焦、沥青焦、无烟煤、冶金焦。

7.6　其他炼铝用炭石墨制品

7.6.1　挤压铝材用保护性滑道

　　利用人造石墨具有良好的热传导性，耐热冲击、耐高温、自润滑和耐磨损等特点，可选用人造石墨材料来制造挤压铝材时用的保护性滑道（图 7-18），可对铝材的表面起到很好的保护作用，也可提高铝材的冷却效果。其具体规格和尺寸通过使用单位和制造单位协商解决。

7.6.2　铝用排气搅拌装置

随着铝材料向大型结构件、飞机、电子设备等领域扩展以及铝材料在尖端技术领域的应用，其质量标准要求在提高。为提高质量，在溶解、铸造工序必须除去溶液中的氢气和非金属杂质，以前是采用前边介绍的吹入法。但是，由于这样的处理很难达到更高的质量要求和提高生产率相适应，以及操作环境等问题，所以开发了各种搅拌式溶液处理法。这是一种在转子轴顶端用螺纹连接上转子高速旋转，由转子把微小的氩气气泡连续地分散喷带出来，同时搅拌铝溶液，高效地吸着上浮氢气或杂质并除去的方法。溶液处理装置的实例如图 7-19 所示。

转子和转子轴使用人造石墨材料，尺寸和形状各种各样。石墨材料为正规的挤压成型或等静压成型。为延长转子轴和转子的寿命往往也进行耐氧化处理。

7.6.3　吹炼管与精吹管

吹炼管与精吹管的规格尺寸如表 7-32 所示，吹气管如图 7-20 所示。

图 7-18　铝型材挤出用石墨输送滑道

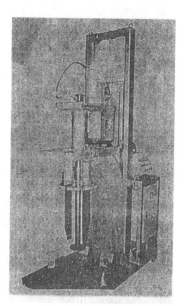

图 7-19　溶液处理搅拌装置

表 7-32　吹炼管及精吹管
的尺寸　　　（mm）

内径	外径	长度
13	51	1000 ~ 4000
23	55	1000
40	90	3000

图 7-20　精炼铝用吹气管及石墨转子

7.6.4　滤罐及滑板

生产铝制窗框条是把铝锭加热到溶融状态用挤压机加压后通过成型模连续挤压成型。挤压出的铝制窗框条数通常是一个模具同时成型 2 ~ 5 根。通过模具后的几根铝窗框条相互接触，为防止黏结或变形，需配备滤罐在模具出口处。

通过滤罐后的铝窗框条温度约为 200℃，碰到硬的异物容易产生伤痕，为使软弱的铝窗框条不擦伤，而使用润滑性好的石墨材料做滑板。石墨材料采用以天然石墨为骨料的模压品或以微粉针状焦为原料的挤压品。

8 炭石墨坩埚及稀土金属冶炼用炭石墨制品

8.1 有色金属铸造用人造石墨模具

人造石墨，其耐热冲击性强，导热性好，线膨胀系数小，加热后尺寸不变化，不弯曲，对熔融金属没有润湿性，加工容易，对有色金属反应不活泼，具备制作铸型和硬模的必要特性，可作为有色金属的铸型和硬模材料。因此，石墨宜用于以不氧化的方法铸造用，如铸铜，人造石墨中有5%～30%的气孔，在铸造中，气体通过铸型的气孔外逸，容易脱模，可获得表面精美的铸造体。人造石墨的热导率高，所以具有容易冷却，冷却快，冷却后可立即取下铸型的优点。特别由于连续铸造法和加压铸造法的发展，石墨作为铸型材料得到了重新认识。因此，在冶金等工业中已广泛用它来制造特殊工况条件下使用的模具。在有色金属冶炼中使用的部分石墨件如图8-1所示。

铝及铝合金熔化用流槽和坩埚　　　　有色金属连铸用结晶器　　　　贵金属连铸用结晶器

贵金属熔化、铸造用坩埚结晶器　　　垂直铸造铝棒　　　　钢及铁合金棒材铸造用石墨模具
用油汽润滑环

图 8-1　有色金属冶炼用部分石墨件

8.1.1 铸模用人造石墨材料的性能

铸模用人造石墨应有如下性能：

（1）热传导系数较高。用它作铸模，对铸件的冷却很有好处。由于冷却得快，所以使用石墨模具有能够很快取出铸件的特点。

（2）线膨胀系数很小，耐热冲击性能强。受急冷急热时，模具的形状和尺寸变化很小，容易保持铸件的精度。

（3）具有良好的自润滑性能，完全可以在无润滑剂的状态下使用，而且能够保证被加工金属表面不产生缺欠。

（4）不被熔融金属所浸润。

（5）不容易与被熔融的金属起反应，特别是对有色金属呈惰性。这是作为铸型和模具所必须具有的特性。人造石墨在不产生氧化的条件下经常被用作铸铜等有色金属的铸型和模具材料。

（6）常温下，人造石墨材料具有一定的机械强度。而在高温下，人造石墨材料的强度不但不降低，反而随着温度的升高而增加，当温度升高到2400℃左右时，其强度大约比室温下提高1倍。这是其他金属材料所无法比拟的优点。当温度升高到2500℃左右时，石墨材料才开始产生一点蠕变，机械强度开始下降，当温度升到3000℃时，其强度下降到接近于常温（20℃）时的强度。人造石墨材料的抗弯强度和抗拉强度随温度的变化如图8-2和图8-3所示。

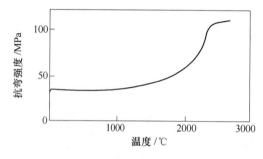 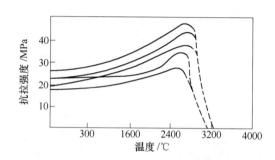

图8-2　人造石墨材料抗弯强度与温度的关系　　　图8-3　人造石墨材料抗拉强度与温度的关系

（7）可根据需要制成具有一定气孔率的制品（通常约为5%~30%）。气孔率，特别是开口气孔率较大时，被加工金属中的气体容易通过这些气孔排除掉，从而获得光滑的铸件表面。

（8）具有良好的机械加工性能，可以加工成各种复杂的形状。

（9）约在450℃时开始氧化。如果采取防氧化措施，使之不氧化，使用温度可达3000℃左右，因为石墨材料在常压下于（3620±10）K时才直接升华。

（10）石墨的氧化物直接变成气体跑掉，不会在工件上留下残留物。

通常选作制造石墨模的石墨材料的理化性能指标如表8-1所示。铸型和硬模用石墨材料是细粒配合、具有不分层的均一结构，而且是经过沥青浸渍处理的高密石墨。表8-2所列的是国外这种石墨的典型特性。

表8-1　通常用于制造石墨模的石墨材料的性能

型号	灰分 /%	假密度 /g·cm⁻³	抗压强度 /MPa	抗折强度 /MPa	气孔率 /%	硬度	
						压入法	肖氏
D252	≤0.5	—	—	—	≤6~25	—	—
G3	≤0.025	≥1.5	≥23	—	≤30	—	—
G4	≤0.1	≥1.5	—	≥18（平均值）	≤30	—	—
T501	≤0.1	≥1.6	≥20，通常在40以上	—	≤20	—	—
205	—	≥1.6	≥70	≥25	≤21	—	55

表8-2 铸型和胎模用石墨的典型特性

会社	牌号	规 格	最大颗粒/mm	假相对密度	抗弯曲强度/MPa	电阻/$\Omega \cdot cm$	抗压强度/MPa	抗拉强度/MPa	透气率/达西	灰分/%
联合炭化物公司	ATJ	$9''^{①} \times 12'' \times 24''$ $\phi13'' \times 14''$ $\phi14'' \times 75''$ $\phi17'' \times 14''$	0.15	1.73	33.25	11.7×10^{-4}				0.20
	AG	$\phi3\frac{1}{2}'' \times 9''$ $\phi4\frac{1}{2}'' \times 12''$	0.20	1.70	16.2	8.2×10^{-4}				0.2
	MT	$\phi10'' \times 12''$	0.41	1.70	16.2	8.20×10^{-4}				0.2
	ATL	$\phi20'' \sim \phi24''$ $\phi20'' \times 20''$ $\phi24'' \times 24''$ $\phi24'' \times 30''$	0.76	1.70	15.50	8.90×10^{-4}				1.2
		$\phi30'' \sim \phi50''$ $\phi47'' \times 20''$	0.76	1.78	12.68	11.20×10^{-4}				1.0
联合炭化物公司	CS	$\phi1'' \sim \phi2\frac{3}{4}$ $\phi3'' \sim \phi11''$	0.41	1.68	19.72	8.15×10^{-4}				0.10
		$2'' \sim 12''$（厚度） $\phi12'' \sim \phi18''$ $16\frac{3}{8}'' \sim 17\frac{3}{8}''$（厚度）	0.76	1.72	16.91	8.65×10^{-4}				1.2
大湖公司	H205	$\phi10'' \times 12''$	1.52	1.75	32.41	10.90×10^{-4}	62.35	16.25	0.02	
	J0Z	$\phi8'' \times 56''$	1.27	1.68	19.51	10.70×10^{-4}	39.45	9.15	0.01	
	HLM	$\phi4'' \times 14''$	0.84	1.78	21.13	8.15×10^{-4}	37.34	9.15	0.13	
	HLM	$\phi18'' \sim \phi36''$	0.84	1.74	16.91	8.90×10^{-4}	33.82	8.45	0.05	
东海电极	G151A	$\phi320mm \times 1470mm$	1.50	1.68	25.0	8.5×10^{-4}				
	G161A	$\phi405mm \times 1000mm$	1.50	1.70	25.0	8.5×10^{-4}				
	G116	$\phi304mm \times 410mm$	1.50	1.70	30.0	8.5×10^{-4}				
		$\phi500mm \times 800mm$	1.50	1.70	30.0	8.5×10^{-4}				

① 1in=25.4mm。

8.1.2 石墨模的应用

目前，石墨模主要在以下几个方面得到了较广泛的应用。

8.1.2.1 有色金属连续铸造及半连续铸造用石墨模

以前是从铸块开始，经锻造、压延和拉拔等方法来生产有色金属圆棒和方棒。近三十年来，国内外正在推广由熔融金属状态直接连续（或半连续的）制造棒材或管材等先进的生产方法。国内在铜、铜合金，铝、铝合金等方面也已广泛采用这种方法，人造石墨作为有色金属的连续铸造或半连续铸造用模具被认为是最合适的材料。生产实践证明，由于采用了石墨模具，因其导热性能良好（导热性能决定了金属或合金的凝固速度），模具的自润滑性能好等因素，不但使铸造速度提高，而且由于铸锭的尺寸精确，表面光滑，结晶组织均匀，可直接进行下道工序的加工。这不仅大大提高了成品率，减少了废品损失，而且产品质量也有大幅度的提高。

连续铸造方法有立式连续铸造法和卧式连续铸造法两种，如图 5-45 所示。卧式连续铸造法是获得优质棒材的简易方法。

通常，连续铸造或半连续铸造用石墨模都加装铜或铜合金、铝或铝合金等导热性能好的金属外套，以便通冷却水，加速冷却。因石墨材料一般具有多孔性，因此，石墨模的外表面不能和冷却水直接接触，如果冷却水通过石墨孔隙与高温金属或合金接触，有爆炸的危险。而加装导热性能好的金属冷却水套，既能取得良好的冷却效果，又能避免冷却水与高温金属直接接触。

因为铜、铝等金属的线膨胀系数较石墨材料大很多，因此在加装铜或铝等金属外套时，应注意使石墨模在工作时，不至于因受热使石墨模与金属外套脱离接触而影响冷却效果。为此，有两种方法可将石墨模装在金属套内：可采用压配合的方法将石墨模硬压在金属套内；也可采用预热法将金属外套先预热到一定温度（视采用的金属种类和工作时的受热情况而定），使金属外套膨胀，然后将石墨模装进套内，再将金属外套冷却至常温，利用收缩应力将石墨模紧紧固住。

人造石墨材料不仅适用于制造连续铸造或半连续铸造用石墨模，还可以用来制造其型芯和托盘等。在加工铸模的内径与型芯时，应尽量提高光洁度，如能抛光将会得到更好的效果。因为光滑的表面能防止液体金属渗入石墨体内，并能提高石墨模的润滑性能和铸件的表面光洁度。

8.1.2.2　加压铸造用模具

人造石墨材料已成功地用于有色金属的加压铸造上。例如，用人造石墨材料制造的加压铸造用模具生产的锌合金和铜合金的铸件已用于汽车零件等方面。

据资料报道，美国的一家公司（Griffin Wheel）还采用人造石墨材料车成直径1060mm、高 900mm 的铸模用来加压铸造铁路货车的钢车轮。铸成的车轮表面平整，尺寸准确，因而可以大大简化车轮的机械加工。

美国的另一家公司（Amsted Industries）改进了 Griffin Wheel 公司的技术，用加压铸造法铸成了小钢锭和扁钢坯。其压铸模是采用大型整块石墨加工的。

加压铸造法早就用于有色金属的铸造。1950 年美国的格里芬车轮公司用石墨铸型加压铸造铸钢车轮获得成功。采用加压铸造的车轮制造装置大致如图 5-47a 所示。车轮是用直径42″、厚18″的铸型和密叶尔型冒口浇注而成的。1 个石墨铸型的寿命可供制作约 1000 个车轮。

美国的阿姆斯蒂工业公司把格里芬车轮公司的技术加以改良，以加压铸造法制造成功了方钢坯和扁坯。也就是在依次配置的大型石墨铸型底板下移动的铁水包中的钢水，按加工铸造的原理，通过耐火材料引铸管，提升到上方，即用下注法充填到方坯或扁坯的石墨铸型中，制成尺寸为 2.5in❶ ×7in×442in 或更大的方坯和扁坯。用于铸造 2.5in×24in×300in 的扁坯和不锈钢扁坯，就需铸造厚 1.3/4 ~ 7in、宽 9.1/2 ~ 58in、长 60 ~ 336in 的铸件。铸造这类扁坯还必须制造 24in×72in×312in 的大型整体石墨块。

8.1.2.3 离心铸造用石墨模具

石墨模已成功应用于离心铸造上。美国已采用壁厚为 25mm 以上的人造石墨铸模来离心铸造青铜套管。为了防止人造石墨模的烧损，可采取一定的防氧化措施，浇铸一定数量的铸件后（若保护好，每个铸模大约可浇铸 500 个铸件），如果发现铸模内表面烧损，可以将铸模内孔的尺寸扩大以便用来铸造大规格的套管，这样可以节约制造模具用石墨材料。

8.1.2.4 其他用途

其他用途有：

（1）硬模汽车部件等锌合金和铜合金压铸件用的硬模，还有其他超硬烧结合金的加压成型和烧结用的硬模等，都是用石墨材料制成的。

（2）铸型各种有色金属（钛、锆、钼）用铸型，以铝热剂焊接铁轨用铸型，金刚石工具烧结用铸型，电铸砖用的铸型，硬质烧结合金制造用的铸型等，也都是用石墨材料制成的。由于石墨铸型易被氧化，所以用于铝镁的铸型质量必须比用于钢锭铸型的质量大 2 倍，用于铜合金铸型的质量则比钢锭铸型大 1 倍。

（3）硬质合金热压用铸型，硬质合金烧结须采用热压，如果这时的压缩温度为 1250 ~ 1450℃，则压力为 10.0 ~ 16.7MPa，相当于冷压压力的 1/10；如果把加压和加热作为同一工序，通过短时间的烧结，即可制成致密的烧结体，但这并不适用于大量生产。在这种情况下，便可以用石墨材料做铸型，因它具备适宜于加压的性能，耐热强度大，线膨胀率同硬质合金近似相等的特点。以石墨材料作为硬质合金热压用铸型的构造如图 5-48 所示。

8.2　人造石墨坩埚和石墨舟

8.2.1　人造石墨坩埚

由于石墨材料具有良好的耐高温性能（在保护气氛下使用可以工作到 2500℃ 以上），高温强度高（其机械强度随温度升高而增大，在 2000 ~ 2500℃ 之间，它的强度大约比室温下增加 1 倍，直到 2500℃ 左右才显出一点塑性），与溶融金属不起反应、不浸润、不污染被熔融的金属，耐急冷急热等许多优点，因此在冶金工业中大量采用石墨材料制造坩埚。按使用要求的不同，有人造石墨坩埚和黏土石墨坩埚两种。本节介绍人造石墨坩埚和石墨舟。

人造石墨坩埚和石墨舟系采用石油焦、沥青焦和少量鳞片石墨粉为原料，以煤沥青为黏结剂经混合磨粉、压制、焙烧、石墨化等工序制成毛坯，然后经机械加工而制成的。

人造石墨坩埚（图 8-4）灰分含量不超过 0.1%，主要用在真空炉和高频炉内，或用在熔炼黑色金属、有色金属、半导体和贵金属以及其他金属的熔炼炉内，即使用在 2500℃ 左右温度条件下并有保护气氛或真空的炉子内。

人造石墨材料在 2800 ~ 3000℃ 时才能失去机械强度，在常压下，在（3620 ±10）K 时

---

❶　1in = 25.4mm。

由固态直接升华变为气态，在真空中于
2300℃左右挥发，但在空气中大约于450℃时
就开始氧化。因此，人造石墨坩埚不适宜用
于敞开式炉膛或用固体燃料或带有氧化火焰
的石油喷嘴进行加热和熔炼的炉子内。

　　根据不同使用要求，人造石墨坩埚可以
加工成锥形、柱形、异形和特殊形四种。人
造石墨制成的坩埚，可用以来代替高频电炉
内捣固式坩埚。捣固和焙烧石英或耐火黏土
坩埚，需要耗费3h左右的时间，因此捣固式
坩埚大大降低了高频电炉的生产能力。

图8-4　各种石墨坩埚和石墨舟

　　使用人造石墨坩埚的经验表明，与捣固式坩埚相比，人造石墨坩埚不仅能加速金属的
熔化过程，而且能延长坩埚使用寿命。

　　如果高频感应炉使用容量为500kg、外径为480mm的捣固式坩埚，改用由人造石墨坯
料车成的坩埚，不仅炉子的生产能力显著增加，而且还能提高熔融金属的质量。

　　圆锥形坩埚（图8-5）主要供手动浇铸金属时使用（浇铸时夹子卡住坩埚的锥体）。
圆柱形坩埚如图8-6所示。异形石墨坩埚（图8-7）用于熔炼黑色、有色和半导体金属及
合金。特殊形状坩埚（图8-8和图8-9）用于熔炼有色金属及贵金属，以及加搅拌熔炼半
导体金属，另外还可做铸造试验室铸造试样用的坩埚（图8-10）和专供熔炼贵金属用的
人造石墨坩埚（图8-11）。各种类型坩埚的标称容量及规格尺寸如表8-3～表8-6所示。

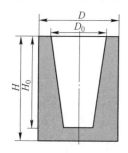

图8-5　圆锥形人造石墨坩埚

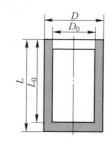

图8-6　圆柱形人造石墨坩埚

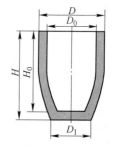

图8-7　熔炼有色金属及
　　　　黄金用的异形坩埚

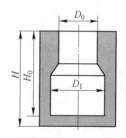

图8-8　熔炼有色金属及
　　　　矿渣用坩埚

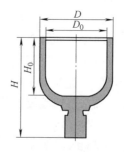

图8-9　熔炼半导体金属
　　　　用的杯形坩埚

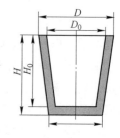

图8-10　铸造试样用坩埚

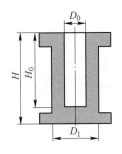

图 8-11　接触电熔炼贵金属用的卷筒形坩埚

表 8-3　锥形坩埚的规格尺寸

标称容量	尺　寸/mm				
/kg	D	D_0	D_1	H	H_0
1.0	65	52	50	85	79
3.0	100	85	80	120	105
10.0	170	120	110	200	170
45.0	250	190	170	303	273
55.0	300	240	210	240	200
85.0	270	218	180	400	366

表 8-4　圆柱形坩埚的规格尺寸

标称容量	尺　寸/mm				标称容量	尺　寸/mm			
/kg	D	D_0	L	L_0	/kg	D	D_0	L	L_0
0.1	30	22	70	61	9.0	120	90	200	180
0.5	35	25	150	135	15.0	140	125	180	172
0.2	45	20	100	80	30.0	180	145	245	225
0.5	50	30	90	80	40.0	210	160	320	295
2.0	60	56	100	96	80.0	250	170	550	480
1.0	80	40	170	140	70.0	335	250	510	460
3.0	85	65	150	130	200.0	230	210	765	720
4.0	110	80	135	115	500.0	480	410	600	560
5.0	100	70	180	160					

表 8-5　异形坩埚的规格尺寸

标称容量	尺　寸/mm					标称容量	尺　寸/mm				
/kg	D	D_0	D_1	H	H_0	/kg	D	D_0	D_1	H	H_0
0.1	30	24	20	39	34	30	210	233	145	259	233
0.2	40	32	25	48	43	40	230	253	155	280	253
0.3	50	40	33	60	53	50	250	273	170	303	273
0.6	60	46	40	70	63	75	285	195	348	314	195
3	100	82	68	122	110	100	315	215	385	347	215
5	120	98	82	146	132	125	340	230	418	376	230
10	145	117	100	176	160	200	395	270	484	436	270
15	165	135	113	202	182	250	430	290	521	474	290
20	185	151	125	226	203	300	455	310	556	501	310

　　表 8-3 ～ 表 8-6 中所列人造石墨坩埚的容量是按熔炼铜计算的，若熔炼其他金属，坩埚的容量须按下列系数另行换算：

$$B = AK \qquad (8-1)$$

式中　B——坩埚容量，kg；

　　　A——坩埚标称容量，kg；

　　　K——换算系数。

　　根据熔炼金属种类的不同，其换算系数为：铝—0.32；硬铝—0.32；铅—1.38；钢—0.9；金—2.27；银—1.23；黄铜—0.96；铸铁—0.86；镍—1.02；锌—0.82；锡—0.89。

表 8-6　特殊形坩埚的规格尺寸

标称容量	尺　寸/mm			
/kg	D	D_0	D_1	H
1.0	75	58	50	100
4.0	130	80	75	160
4.0	100	72	94	152
8.0	130	90	106	170
10.0	176	160	—	190
30.0	260	240	—	200
100.0	250	185	240	600
250.0	450	290	330	660

8.2.2 人造石墨舟

人造石墨舟皿可用在真空炉或其他炉内，在防止氧化的保护气体中烧结硬质合金和熔炼黑色、有色、稀有金属及半导体材料。根据使用需要，人造石墨舟皿可制成敞口式和加盖密封式两种。

8.3 黏土石墨坩埚

8.3.1 概述

黏土石墨坩埚是以天然鳞片石墨、碳化硅和耐火黏土等为原料经粉碎、筛分、配料、混捏、成型、烧结而制成的。与人造石墨坩埚相比，它的耐高温性能和纯度不如人造石墨坩埚，但它的耐氧化性能优于人造石墨坩埚，可用在敞开式的炉膛中，价格也低于人造石墨坩埚。

目前我国大致生产两种黏土石墨坩埚。一种是以天然鳞片石墨及碳化硅为主要原料并添加一部分其他材料、用优质黏土结合经烧结而制成的。这种坩埚的特点是使用寿命长、传热快，最适合于熔炼合金铜、紫铜、黄铜等有色金属，也适合于熔炼其他金属，如锌、铝、铅、锡、金银等，以及在铅笔芯和小炭棒品的焙烧时使用。如金狮牌黏土石墨坩埚就属于这一种。

另一种坩埚是以天然鳞片石墨为主要原料，再添加其他耐火材料，用优质黏土结合经烧结而制成的。这种坩埚的特点是价格较便宜，适合于熔炼各种金属。如鸽牌黏土石墨坩埚就属于这一种。现以金狮牌和鸽牌黏土石墨坩埚为例介绍黏土石墨坩埚的理化性能指标（表8-7）。坩埚的外形结构如图8-12所示。

表8-7 金狮牌和鸽牌黏土石墨坩埚的性能

牌号 性能指标	金狮牌	鸽牌
耐火度/%	≥1630	≥1630
碳含量/%	≥38	≥38
气孔率/%	≤35	≤35
体积密度/g·cm^{-3}	≥1.7	≥1.68
盈烧收缩（1300℃，2h）	≤1	≤1
荷重软化点/℃	1550	—
抗压强度/MPa	>12	—
抗折强度/MPa	>5	—

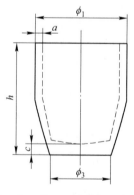

图8-12 黏土石墨坩埚的外形

使用保管注意事项：（1）黏土石墨坩埚最怕潮湿，必须存放在干燥处或木架上，切勿放在砖土地或水泥地上，以免受潮。（2）黏土石墨坩埚使用前须在干燥设备或炉旁预热烘烤，防止爆裂。（3）熔炼时坩埚应放在炉口平面以下，避免炉盖磨损坩埚上口。（4）采用连续生产比间歇生产对坩埚损坏轻。加料时应根据坩埚容量，不要挤得太紧以免金属热膨胀、胀裂坩埚。（5）清除坩埚壁上的熔渣及粘焦时应轻敲，避免损坏坩埚本体。（6）出炉用夹钳等工具，均应与坩埚形状相符，避免坩埚局部受力损坏，防止摔碰坩埚。

（7）坩埚如受潮，使用前一定要烘烤（20h，烘烤到500℃），方可入炉使用，烘烤时升温要缓慢，以防爆裂。

8.3.2 坩埚的类型与性能及应用

坩埚可分为石墨坩埚、黏土坩埚和金属坩埚三大类。在石墨坩埚中，又有普型石墨坩埚、异型石墨坩埚及高纯石墨坩埚三种。各种类型的石墨坩埚，由于性能、用途和使用条件不同，所用的原料、生产方法、工艺技术和产品型号规格也都有所区别。

本节所讲的坩埚，是以结晶形天然石墨为主体原料，可塑性耐火黏土作黏结剂，经与不同类型熟料配合而制成的。主要应用于冶炼特种合金钢、熔化有色金属及其合金的耐火石墨坩埚。就产品的性能、用途而言，石墨坩埚是耐火材料的一个组成部分。

8.3.2.1 石墨坩埚的性能与用途

石墨坩埚的主体原料，是结晶形天然石墨，故它保持着天然石墨原有的各种理化特性，即具有良好的热导性和耐高温性，在高温使用过程中，线膨胀系数小，对急热、急冷具有一定抗应变性能。对酸、碱性溶液的抗腐蚀性较强，具有优良的化学稳定性。坩埚的型号规格较多，在应用时不受生产规模、批量大小和熔炼物质品种的限制，可任意选择，适用性较强，并可保证被熔炼物质的纯度。

石墨坩埚，因具有以上优良的性能，所以在冶金、铸造、机械、化工等工业部门，被广泛用于合金工具钢的冶炼和有色金属及其合金的熔炼，并有着较好的技术经济效果。

8.3.2.2 石墨坩埚的种类与规格

20世纪50年代前，我国的石墨坩埚生产数量较少，年总产量约200万号。大都集中于旅大（现大连）、天津、北京、上海及武汉等工业比较发达的城市。不仅产量低，品种规格少，而且产品质量很差。因此，每年需从国外进口石墨坩埚。

20世纪50年代以来，我国的坩埚制造工业，同其他工业一样发展较快。生产方法、工艺技术在不断革新和发展。产品的品种、型号、规格及制品质量等，也在不断改进和提高。现在石墨坩埚的总产量，已超过5000万号，并且产品已打入国际市场。

坩埚的种类大体分为三大类：第一类为炼铜坩埚，其规格"号"，有1/4号、3/8号、1/2号、1号、2号、3号、10号、15号、20号、30号、40号、500号；第二类为炼铜合金坩埚，特种圆形有100个号，圆形有100个号；第三类为炼钢用的坩埚，有100个号。

坩埚规格（大小），通常是用顺序号大小表示的。1号坩埚具有能熔化1000g黄铜的容积，其质量为180g。坩埚在熔炼不同金属或合金时熔化量计算，可以坩埚的容重规格号，乘上相应金属和合金系数。

例如，容重规格100号的石墨坩埚，要用其熔炼金属铝，一次可熔化多少千克？

$$100 \times K = 100 \times 0.32 = 32\text{kg}$$

即100号石墨坩埚，一次可熔化金属铝32kg，系数 K 的选择见表8-8。

表8-8 金属的 K 系数

金属名称	系数/K	金属名称	系数/K
金	2.27	铅	1.38
银	1.23	铝	0.32
黄铜	0.96	铋	1.20
铁	0.86	镍	1.02
锡	0.89	锌	0.82

8.3.3 生产坩埚的方法与原料

8.3.3.1 原料种类与生产方法

坩埚的生产原料可概括为三大类型：一是结晶质的天然石墨，二是可塑性的耐火黏土，三是经过煅烧的硬质高岭土类骨架熟料。近年来，开始采用耐高温的合成材料，如碳化硅、氧化铝金刚砂及硅铁等做坩埚的骨架熟料。这种熟料对提高坩埚产品质量，增强坩埚密度和机械强度有着显著效果。

坩埚的成型方法有三种，较原始古老的成型方法是手塑成型法。这种传统的成型方法，目前尚未完全淘汰。原因是对异型坩埚的成型，尚未研制出一种切实可行的工艺设备和模具。第二种是旋塑成型法。这种成型方法自20世纪30年代至今仍普遍采用。它是在手塑成型基础上发展起来的。第三种是压塑成型法。这种成型方法是20世纪60年代末至70年代初，在旋塑成型的基础上发展起来的一种新的工艺成型方法。

坩埚的烧结，大都采用倒焰窑烧结。1959年前的烧成方法，是利用搭成的匣钵套装，以焦炭末做保护材料，间接加热，暗火烧结。这种烧结方法烧成的周期长，劳动强度高，窑炉利用系数低，能源消耗大和生产成本高。20世纪60年代后，研制出石墨坩埚釉料，普遍推行了涂釉明火烧结，并取得了较好的技术经济效果。

8.3.3.2 天然石墨

天然石墨，是一种高级耐火材料。它是坩埚生产的主要原料之一。在配料中占45%~55%，以结晶形鳞片状和针（块）状石墨为佳。我国与英国摩根公司的坩埚产品，均采用结晶形大鳞片石墨，比利时产品采用结晶形针（块）状石墨。

我国的石墨坩埚制造业，普遍采用鳞片状石墨。对石墨粒度选择，是以坩埚的性能用途，型号规格（号）为基础的。一般容积在100号以上的大型坩埚，选用32目（0.495mm）以上的大鳞片石墨；容积在60号~80号的中型坩埚，采用80目（0.175mm）鳞片石墨，容积在50号以下小型坩埚，选用100目（0.147mm）鳞片石墨。对手工成型的异型坩埚，采用小于100目细鳞片石墨。对石墨碳含量的要求，一般为85%~93%。实践证明，碳含量相差±1%，对坩埚使用寿命无明显影响。在工艺操作、配料比相同情况下，不同碳含量和粒度的鳞片石墨，采用旋塑成型生产的坩埚，使用情况如表8-9所示。适用于坩埚生产用的石墨，以山东莱西、平度及内蒙古兴和等地所产的大鳞片石墨为佳。

表8-9 石墨碳含量、鳞片大小对坩埚质量的影响

配方序号	容量规格	配料比例/%				石墨质量		使用寿命	
		石墨	黏土	熟料	助剂	碳/%	粒度/目	熔物	熔炼次数
60-1	100号	45	38	17	1	85~86	16~24	电解铜	40~42
60-2	100号	45	38	17	1	87~88	32	电解铜	34~36
60-3	100号	45	38	17	1	91~92	50	电解铜	25~29
60-4	100号	45	38	17	1	90~91	80	电解铜	22~26
60-5	100号	45	38	17	1	89~90	100	电解铜	12~16

注：使用条件为焦炭炉强制通风，连续间断使用，直至无安全保障不能再用为止。每批中取三只样品同时使用。

8.3.3.3 耐火黏土的选用

在石墨坩埚的生产工艺中,所用的石墨和各种熟料没有可塑性,需依靠性能优良的可塑性耐火黏土作黏结剂,才能达到成型的目的。坩埚生产要求黏土成分纯净,可塑性强,理化性能稳定,具有较高的耐火度和良好的热效应。选择质量好的耐火黏土,对石墨坩埚产品质量很重要。

A 黏土的分类

黏土可分原生黏土、次生黏土和变质黏土三大类。在这三种黏土中,因成因、结构和组成成分的不同,又有硬质、半硬质、软质和粉质黏土之分。

原生黏土,又称残积黏土。在这类黏土中,常含有未风化的岩石砂粒,有的碱金属含量较高。使用时要经淘洗,除去砂粒,提高纯度。江苏吴县、山西阳泉有这类黏土矿床。

次生黏土,又称沉积黏土。因雨水、河流的冲洗、水洗作用,黏土的质量较纯净,砂粒少,三氧化二铝含量高。山西的白杨岭黏土,属于这种类型的黏土。

变质黏土,这类黏土的地质成因较为复杂。同时,变质黏土矿床也较为少见,故不详述。

B 耐火黏土的主要理化性质

黏土是一种水化铝硅酸盐。其化学式为:$Al_2O_3 \cdot 2SiO_2 \cdot 2H_2O$。理论成分含量:$Al_2O_3$ 39.5%,SiO_2 46.5%,H_2O 14%。经过烧结后化学成分为:Al_2O_3 46%,SiO_2 54%;密度为 2.5~2.75g/cm³,莫氏硬度为 2.5 左右;具有良好耐火特性。耐火度高于1580℃的黏土,称为耐火黏土;低于1580℃者称为普通黏土。对于石墨坩埚生产,黏土更重要的性能是它的颗粒在胶体中分散后的可塑性和热固性。

(1)耐火黏土颗粒的分散性。耐火黏土颗粒是由胶态氧化铝和硅酸组成的一种可分散的胶体矿物。胶体颗粒的大小、分散状况,除与黏土的成因、组成结构、致密性有关外,还与电解质的存在及分散相和分散介质有着重要关系。性能优良的黏土,胶体颗粒大都在 1μm 以下,细小的颗粒可在 0.01~0.1μm。1μm 以下的胶体颗粒含量占60%~80%,即为可塑性优良的黏土。例如,山西洋矸土,就是这类黏土之一。洋矸土,结构致密,有油脂光泽,杂质含量较少,吸附性能强。组成黏土的胶体颗粒,有着良好的吸水性、膨胀性和分散性。

(2)耐火黏土的可塑性。它是衡量黏土黏结性的主要指标之一,不同产地的黏土,有着不同的可塑性。其可塑性主要取决于组成黏土胶体颗粒的吸水、膨胀和分散程度。组成黏土的胶体颗粒越细、越多,分散越好,其吸水量与可塑性也越高。黏土中有机成分的存在,或在分散相中加入少量可溶性盐类(如硼砂等),可提高黏土的可塑性。但这类物质的含量不能过高,否则影响黏土的耐火度并使收缩率过大,造成龟裂现象。

(3)耐火黏土的收缩与热效应。黏土成型后,经空气干燥和高温烧结会产生体积收缩,通常称为空气干燥收缩率和烧结收缩率。坩埚生产常用的几种耐火黏土,干燥收缩率和烧结收缩率如表 8-10 所示。一般规律是黏土的灼烧减量和可塑水量大,其干燥和烧结的收缩率也高。

表 8-10　坩埚生产用的几种耐火黏土化学成分与物理特性

名称产地	外观性状	化学组成/%								耐火度 (SK)	备注
		灼减	SiO$_2$	Al$_2$O$_3$	Fe$_2$O$_3$	CaO	MgO	K$_2$O	Na$_2$O		
1 号瓷土（苏州）	白灰色块状	14.12	41.39	43.13	0.37	0.50	0.22	—	—	35~36	结构疏松
洋矸土（山西）	白粉红块状	16.80	43.10	39.50	1.10	0.72	0.50	0.10	0.11	34~35	结构致密
柏杨岭土（山西）	灰色半块状	12.74	44.36	39.54	1.46	0.70	0.12	—	—	35~36	结构致密
紫节土（唐山）	灰褐色叶片状	12.55	55.73	23.04	4.07	0.50	0.60	—	—	26~27	—
木节土（台州）	浅灰色叶片状	11.32	56.63	25.14	3.04	0.77	0.59	—	—	27~28	—

名称产地	可塑水量 /%	空气干燥收缩率/%	烧结收缩率/%			烧结后气孔率 /%	外观性状
			700~900℃	1000~1200℃	1300~1400℃		
1 号瓷土（苏州）	34~36	7~8	0.8~1.0	4~6	12~14	35~38	洁白坚硬
洋矸土（山西）	36~32	5~6	0.9~1.1	6~8	14~16	10~13	洁白坚硬
白杨岭土（山西）	30~34	4~5	0.5~0.7	4~6	5~7	8~10	白灰坚硬
紫节土（唐山）	45~48	10~12	0.9~1.1	8~10	7~8	8~11	浅灰棕斑硬
木节土（台州）	45~50	14~16	0.5~0.7	6~8	6~7	9~12	浅灰白泡硬

注：紫节土与木节土系用于使用温度小于 1580℃ 的异型坩埚，用于锌的冶炼。

　　耐火黏土在烧结过程中，发生一系列物理和化学变化，这种变化称为热效应。烧结温度在 400~600℃ 时，黏土开始分解，逐步失去结合水，并开始产生体积收缩。当温度在 700~900℃ 时，黏土发生熟化，体积同样逐步收缩并形成固结块状。烧结温度升至 1000~1200℃ 时，黏土中易熔化的物质开始熔融，形成玻璃流体充填于微孔之中。这时黏土形成致密坚硬的结块（又称固化或石化），密度增加，机械强度也大为提高。

　　C　熟料的选用

　　熟料又称骨骼原料，是指蜡石、焦宝石及硅石等天然矿物，在一定温度下经煅烧熟化后的原料。熟料应具有较高的耐火度和理化稳定性。它在石墨坩埚中，主要起着筋骨和调节内应力收缩的作用。近年来，推行碳化硅和氧化铝金刚砂等合成材料，取代蜡石和焦宝石等传统熟料后，对提高石墨坩埚性能，有着显著效果。

　　a　叶蜡石和焦宝石

　　叶蜡石简称蜡石，系硬质黏土类矿物的一种。蜡石为含水硅酸铝，化学组成式为 $H_2Al_2(SiO_4)_4$ 或 $Al_2O_3 \cdot 4SiO_2 \cdot H_2O$。理论组成：$Al_2O_3$ 28.3%，SiO_2 66.7%，H_2O 5%。蜡石与黏土不同之处是蜡石的二氧化硅含量较高，氧化铝含量偏低，结构坚硬。蜡石一般为白色或灰分白色，因含有不同微量杂质，故有淡绿色、淡黄色和浅红色等。

　　经煅烧后的熟蜡石，在高温应用过程中，有着更好的耐火性和化学稳定性。熟蜡石对降低坩埚烧结收缩率，缩短烧结时间，提高坩埚的机械强度，提高坩埚对酸性溶液侵蚀的抵抗能力，有着较好的作用。

　　焦宝石是一种灰色或淡灰色硬质高岭土矿物。化学组成与黏土（$Al_2O_3 \cdot 2SiO_2 \cdot 2H_2O$）一样，所不同的是焦宝石结构致密、坚硬，外观色泽较深，经风干后便沿着解理面而形成小块。焦宝石多呈浅灰色。有的含有附着性氧化铁。经煅烧后的焦宝石，断面常有少量棕褐色斑点。焦宝石熟料，具有纯净白色、耐火度高的特点。耐火度可达1780℃，属于一种上等优质耐火原料。

蜡石与焦宝石主要产于浙江温岭、青田和山东博山。在石墨坩埚生产中，这两种原料可以相互代用，作为坩埚骨骼原料使用。在使用之前，应经过煅烧增加其稳定性，然后再粉碎加工通过40目（0.370mm）筛网，颗粒组成为40目以下。蜡石和焦宝石的化学成分见表8-11。

表8-11 蜡石与焦宝石的化学成分

项目 名称与产地	化学成分含量/%					
	灼减	SiO_2	Al_2O_3	Fe_2O_3	CaO	MgO
蜡石（浙江温岭）	5.75	59.70	32.95	0.50	0.20	—
蜡石（浙江温岭）	5.72	56.90	36.56	0.60	0.10	—
蜡石（浙江青田）	7.07	57.44	34.69	0.45	0.27	—
蜡石（浙江青田）	6.85	55.50	35.92	0.48	0.17	—
焦宝石（山东淄博）	14.22	44.16	39.52	0.80	0.16	0.57
焦宝石（山东淄博）	14.40	42.86	41.95	0.78	0.20	0.32

b 硅石

硅石即石英石，组成成分是二氧化硅（SiO_2）。石英的种类较多，坩埚生产用的石英为结晶型普通石英。石英的晶体结构为六方晶系，理论组成为Si46.70%，O53.3%，密度为2.65g/cm³，莫氏硬度为7，耐火度（SiO_2含量≥98%）在1750℃以上。石英中常含有不同的杂质，往往呈现不同的外观色泽。同时，各种杂质也易影响石英的耐火度。

在结晶形石英中，有八种不同的结晶形态，如β-石英、α-石英、γ-鳞石英等。各种不同结晶形态的石英，在高温烧结过程中，其结晶形态随着温度升降相互转化。由于石英在不同温度条件下，晶体形态的可逆转化，造成石英体积膨胀和收缩，这是石英在热效应中的不稳定性。石英晶体形态相互转化，除与温度条件有关外，还与石英颗粒细度和受热时间长短、急缓情况有着很大关系。

石墨坩埚生产中石英的用量不大，仅占配比的5%左右，系采用14~42目（1.168~0.351mm）大颗粒。有关硅石的化学组成如表8-12所示。

表8-12 部分地区硅石的化学成分

名称与产地	化学成分含量/%						耐火度 /℃
	灼减	SiO_2	Al_2O_3	Fe_2O_3	CaO+MgO	K_2O+Na_2O	
秦皇岛硅石	0.24	97.87	—	0.45	—	1.10	1750
五台山硅石	0.28	98.48	0.34	0.40	0.30	—	1770
锦西硅石	0.16	98.44	0.27	0.35	—	—	1770
开滦硅石	0.18	96.74	0.95	1.44	0.28	—	1710
招远硅石	0.20	97.74	—	0.42	0.20	—	1750
招远硅石	0.12	98.40	—	0.24	—	—	1770

c　碳化硅与熔融氧化铝

碳化硅又称金刚砂。化学组成式：SiC。自然界里，游离状态的碳化硅是不存在的。工业用的碳化硅是由石英粉、焦炭末及木屑等原料，在电炉中经高温熔融而成的。碳化硅有两种类型：一种是结晶形，一种是无定形的。结晶形的碳化硅为六方晶形，质纯者透明无色。工业品碳化硅，因含少量不同杂质，多呈淡黄色、灰色和兰灰色等。碳化硅结构致密，晶体坚硬，莫氏硬度为 9，仅次于天然金刚石，密度为 $3.17 \sim 3.21 \mathrm{g/cm^3}$，具有折光性和良好耐热性及导电性。碳化硅理化性能稳定，熔点为 $2500 \sim 2700 ℃$，属于高级耐火材料。

用于坩埚生产的碳化硅，以结晶形颗粒状为佳。工业碳化硅为多系片、块状，使用前应进行粉碎到需要的颗粒度，并进行磁选除铁。以碳化硅取代蜡石等熟料，对提高坩埚产品质量有着较好的效果，不仅坩埚密度、机械强度有明显提高，而且坩埚的耐火度也大幅度提高。

应用熔融氧化铝（又称氧化铝金刚砂）作坩埚熟料，也有着同样的较好的效果。这种熔融氧化铝，系采用铝土矿（铝矾土）或水铝石，经 $1200 \sim 1350 ℃$ 煅烧后，再进入电炉中进行熔融处理，然后缓慢冷却而得的。这种氧化铝金刚砂，组织致密，结构坚硬，理化性能稳定，密度为 $3.8 \sim 3.9 \mathrm{g/cm^3}$，耐火度在 $2050 ℃$。其有着与碳化硅相同的应用效果。

8.4　黏土石墨坩埚的生产工艺

石墨坩埚的生产工艺，自古老的石碾粉碎，木模手塑成型，到现代的机械粉碎和压塑成型，经历了较长的发展过程。下面具体讲述生产工艺。

8.4.1　坩埚的配料与陈化

坩埚生产配料是物料的物理混合过程。但坩埚在烧结和使用过程中，组织结构的变化是比较复杂的。人们为改善和提高坩埚质量，不仅对原料的品种、理化性能、颗粒组成等进行了试验研究，而且对各种原料的配比、工艺成型方法和烧结温度也作了大量研究。

8.4.1.1　原料粉碎

坩埚生产待粉碎的原料可分两种：一种是耐火黏土；另一种是骨料腊石等。在进行粉碎之前，应手选除掉杂物。作骨骼用的熟料叶蜡石或焦宝石等，经选料之后，要进行煅烧处理。煅烧温度一般在 $1250 ℃$，冷却之后才能粉碎。但对黏土和熟料的粒度要求是不同的：（1）对黏土的粉碎与粒度要求。黏土是坩埚生产成型的黏结剂，可塑性的大小，除与性质有关外，还与黏土的粉碎细度有着重要关系。颗粒细度一般要求在 $120 \sim 150$ 目（$0.122 \sim 0.104 \mathrm{mm}$）之间。采用 "R" 型雷蒙机粉碎，可以满足工艺要求。（2）对熟料的粉碎与粒度要求。坩埚生产采用叶蜡石、硅石或焦宝石等熟料。硅石粒度一般要求在 $14 \sim 42$ 目（$1.168 \sim 0.351 \mathrm{mm}$）之间；腊石或焦宝石一般要求在 $32 \sim 80$ 目（$0.495 \sim 0.175 \mathrm{mm}$）之间。熟料的粉碎一般分两段进行：第一段用颚式破碎机粗碎；第二段用锤式破碎机进行细碎。经粉碎后，用电磁铁除铁。有关黏土和各种熟料的粒度要求见表 8-13。

表 8-13　坩埚用黏土与熟料颗粒度

项目 原料名称	颗粒范围/目	粒度分布技术要求
煅烧硅石	粗颗粒 14～42	≥14 目不多于50%，≤42 目不大于10%
煅烧叶蜡石	中细颗粒 32～80	≥32 目不多于5%，≤80 目不大于20%
碳化硅	中细颗粒 32～100	≥32 目不多于5%，≤80 目不大于20%
洋矸土	粉状细颗粒 120～150	≥120 目不多于5%，≤150 目
白杨岭土	粉状细颗粒 120～150	≥120 目不多于5%，≤150 目

8.4.1.2　泥料的配制

坩埚坯体（泥料）各种原料的配比，是在试验研究的基础上又经生产实践而得出的。

（1）国内几种坩埚的配料比。由于坩埚熔炼的物质和使用条件的不同，在生产中，各种原料的配比不一，例如，冶炼特种合金钢，要求坩埚具有良好的导热性和较高的耐火度，故石墨的含量要高些。熔炼金属锌（氧化锌）常用立式异型坩埚（熔罐），使用温度较低，石墨的含量可低些。因此，坩埚生产原料的配料比，应根据坩埚的用途和使用条件合理确定。表 8-14 和表 8-15 为不同类型坩埚主要原料配方举例。（2）国外坩埚配料情况。在 20 世纪 60 年代中期以来，国外在坩埚生产原料的配比方面，取得了很大的进展。表 8-16 为国外石墨坩埚配料举例。

表 8-14　不同类型坩埚配料比举例

原料 坩埚类型	鳞片石墨 /%	耐火黏土 /%	骨骼熟料 /%	废坩埚 /%	备注
熔炼高碳钢	50～55	38～40	5～15	—	普通坩埚
熔炼电解铜	45～50	35～38	12～18	—	普通坩埚
熔炼铜合金	40～45	38～40	15～20	—	普通坩埚
熔炼金属锌	15～35	40～42	15～35	10～15	异型坩埚

表 8-15　普型熔铜坩埚的几种配方

配比 成型方法	原料配比/%							外加硼砂 /%
	石墨	硅石	碳化硅	硅铁	白杨岭土	白杨岭土	洋矸土	
旋塑 581	50	5	—	—	10	12	23	1
旋塑 602	48	5	—	—	10	14	23	1
压塑 703	43	—	24	7	—	26		—
压塑 704	45	—	10	9	—	36		—

注：旋塑成型配料水分外加19%～21%　压塑成型配料水分外加10%～12%。

表 8-16　国外石墨坩埚配料举例

配料 国别	石墨 /%	碳化硅 /%	硼硅酸盐 玻璃/%	硅镁 /%	水晶石 /%	熟料 /%	黏土 /%	黏结剂 /%
日本	33.30	28.60	8.30	26.20	3.60	—	—	26
日本	29.00	18.70	10.00	23.30	3.00	—	—	26
朝鲜	40.00	12.00	7.00	18.00	3.00	—	—	20
保加利亚	45.00	—	—	10.00	—	10	35	—

注：黏结剂为沥青与焦油混合物，配合比例为4:1，有机黏结剂在烧结过程中析碳16%。

8.4.1.3　泥料的混合与搅拌

依照配料比先把黏土用水浸泡，使黏土颗粒膨胀和充分扩散。石墨、熟料和部分黏土在搅拌机中混合搅拌 10min 后，再把浸泡的黏土泥浆倒入搅拌机中，再搅拌 30～40min，要求泥浆与石墨、熟料混合均匀。配料的批量一般每批在 100～200kg，设备可采用强制搅拌机卧式混合机。

8.4.1.4　对泥料的挤匀与陈化

经搅拌均匀和混合充分的泥料，输入挤泥机挤匀，然后进入料室静放陈化。目的是促进黏土胶体颗粒充分扩散，增强黏土与石墨、熟料的结合性。陈化室应保持阴暗潮湿和密闭，以地下室为佳。旋塑成型用的泥料，挤匀时间为 1h，中间翻泥一次，陈化时间为 15d 以上。

8.4.2　坩埚的成型与烘干

8.4.2.1　坩埚的成型模具

坩埚成型用的模具，有手塑成型用的木质模具、旋塑成型用的铝合金模具和压塑成型用的钢质模具。目前，国内坩埚生产厂家所用的成型模具的规格尺寸尚不统一，而且外观几何形状（R 值）相差较大。这使得产品有效几何容积和几何形状多种多样，不利于产品标准化。（1）坩埚成型模具的设计，应以标准成品尺寸为准，采取放尺设计。也就是说成品标准尺寸，加泥料干燥收缩率（%），为半成品标准尺寸。再加成品烧结收缩率（%），即为成品标准尺寸。以此制定合理公差范围，作为半成品或成品尺寸检验标准。在生产实践中，因工艺成型方法、泥料成型水分、所用材料不同，收缩率自然不一致。旋塑成型泥料，坩埚坯体高度收缩率为 4%～5%，直径收缩率为 2%～3%。压缩成型高度收缩率为 1%～1.5%，直径收缩率小于 1%。泥料的收缩率，主要取决于黏土和成型水分。（2）坩埚的外型 R 值的确定。我国的坩埚产品有效容积和几何形状尚不统一，坩埚外形曲率半径 R 的确定，还没有统一的计算公式。确定 R 值的计算如图 8-13 所示。

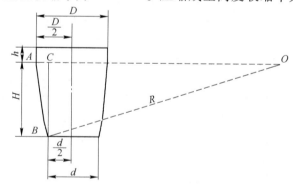

图 8-13　坩埚外形曲率半径 R 值计算图示

8.4.2.2　手塑成型

坩埚的手塑成型，虽然比较古老和原始，但至今尚未完全淘汰。原因是一些特殊用途的异型坩埚，旋塑和压塑法成型不适用。只有依据产品形态和尺寸，把搓好的泥料，采用手工翻底、捏接纡合、挤刮等技艺，才能达到塑造成型的目的。这种成型方法，泥料搓合要好，水分比旋塑要高，成型不能一次完成，而是连续进行，否则易走形报废。有一些特殊异型坩埚，可采用旋塑与手塑相结合的方法进行成型。如氧化锌蒸罐和长嘴式异型坩埚，底部可采用旋塑成型，上部可采用手塑成型。

50 号以下的普型小号坩埚，虽适宜于旋塑成型和压塑成型，因模具装卸过于麻烦，机械生产效率低，故人们仍然沿用木制模具（或铝合金模具）手塑成型。这种手塑成型方

法与异型坩埚有所不同。因来自人的
两臂压力，坩埚坯体的组织结构较好，
密度和气孔率均优于旋塑成型，产品
质量尚能保证。手塑成型所用的模具
如图 8-14 所示。

8.4.2.3　旋塑成型

旋塑成型是以旋罐机带动塑模运
转，利用内刀挤塑泥料完成坩埚塑形
的。这种成型方法，工序繁多，环节
复杂，是在手塑成型基础上，逐步发
展完善起来的一种机械成型方法。旋
塑成型，有近百年历史，目前依然被
不少坩埚厂家所沿用。旋塑成型工艺
流程如图 8-15 所示。

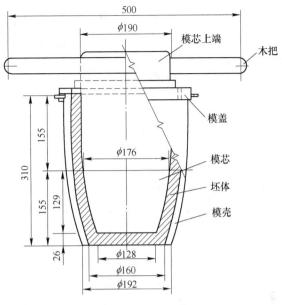

图 8-14　手塑成型模具

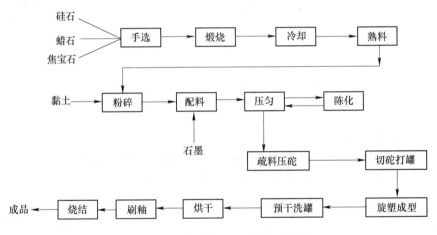

图 8-15　旋塑成型工艺流程示意图

8.4.2.4　压塑成型

压塑成型是以油压、水压或气压等压力设备为动力，以钢模为模具进行坩埚成型的。
它与旋塑成型法相比较，有以下几方面优点：一是工艺简单生产周期短，成品率与生产效
率有所提高；二是工序和生产岗位定员减少，劳动强度降低；三是成型水分少，坩埚收缩
率和气孔率低，产品质量和密度提高。从坩埚成型发展方向来说，压塑成型法具有很好的
发展前景。其工艺流程如图 8-16 所示。操作步骤是：

（1）泥料的准备。压塑成型用的泥料经陈化、疏料后可进行成型。成型的泥料，要求
不得有干固结块和夹皮等，水分、温度应均匀一致，成型水分保持在 8%～9%。压塑成型
因泥料水分较低，因此坩埚半成品不易裂纹和变形。

（2）泥料的填装与成型。首先用油布把钢模擦洗好。把经计量的 1/3 泥料倒入钢模

内，用特制的木质模芯将底部捣好压实。再把其余的泥料倒入钢模内，并用工具捣实。然后，取出木质模芯，放好钢圈和胶垫。启动升降机，将钢盖和胶胆模芯定于中心密闭。启动油泵，给顶出缸加压密闭钢模。同时，打开真空抽气泵，把钢模中的空气抽出，当排气达到规定值时，立即打开胶胆模芯的进油阀，并关闭真空泵停止抽气。此时，胶胆模芯随着压力增大而膨胀，施压于泥料以达到成型的目的。当压力

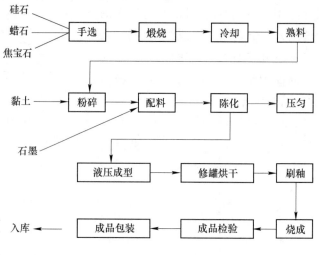

图 8-16　压塑成型生产工艺流程示意图

达到 $(1.471 \sim 1.667) \times 10^7 \mathrm{Pa}$ 时，停止加压保持 1min 后打开油阀，进行泄压出模。

（3）卸模与修整。在充压胶胆的油泄完后，启动升降机把模盖吊起，挖好坩埚流口，打开顶缸的进油阀把坩埚顶出，应用夹具把坩埚搬到拖车上送入烘干室。压塑成型的坩埚外形比较光净，仅在上口钢圈封闭处有轻微的毛边和积泥，不需洗灌只要用抹子绕口刮一圈即可。

（4）半成品的烘干。压塑成型之坩埚，因成型水分少，坩埚坯体又系受压成型，故半成品的密度高，卸模后即有一定强度，在生产搬运过程中，坩埚不易变形和裂纹，可直接进入烘干室进行烘干。烘干室的温度和操作注意事项与旋塑成型坩埚烘干相同。应用压塑成型法生产石墨坩埚，其生产工艺流程和旋塑成型相似，仅陈化之后略有不同。胶胆充压后的形态，又取决于坩埚内形和各部位尺寸。若胶胆受压分布不匀，会造成坩埚上、下部位密度不一。这些缺点，应在生产实践中，通过改进受压成型方式，不断克服。压塑成型法所生产的石墨坩埚、坩埚坯体的组织结构与旋塑成型不同，石墨的鳞片呈不规则杂乱排列。这时对石墨坩埚的使用寿命是否有影响，目前尚无明确结论。

8.4.3　坩埚的刷釉与烧成

经烘干后的坩埚，应按半成品标准规定进行检验。合格品进入涂釉工序涂刷釉料，釉层干固后才能装窑和烧成。烧成的目的，是为了增强坩埚的密度和机械强度，提高产品质量。

8.4.3.1　烧成原理

坩埚在烧成过程中，坯体的组织结构发生一系列变化，发生变化的主要是由于可塑性的耐火黏土。有关坩埚烧成的基本过程，可分以下四个阶段来说明：

（1）预热烘烤阶段。窑炉温度在 $100 \sim 300℃$，是坩埚坯体排除残余水分的过程。窑顶天窗应开启，升温时速度应缓慢，特别是当坩埚中残余水分超过 3% 时，应严格控制温度，否则易发生坩埚裂纹和炸罐事故。

（2）低温烧成阶段。窑炉温度在 $400 \sim 600℃$ 是坩埚烧结的低温阶段。随着窑温的升

高，坩埚中的结合水开始分解和排除。黏土中的主体成分 Al_2O_3 和 SiO_2，一度形成游离状态。坩埚外表釉层尚未熔化，升温速度仍应缓慢进行，如若升温速度过快和不均匀，同样也易发生炸罐和塌垛事故。

（3）中温烧成阶段。窑炉温度在 $700 \sim 900℃$。这时，黏土中非晶形 Al_2O_3，可能部分转化成 γ 型结晶 Al_2O_3。在窑温逐步升高的情况下，以游离状态而存在的 Al_2O_3 和 SiO_2，便结合成坚硬的硅酸盐的固化物（又称石化过程），把坩埚中的石墨、熟料连接固化为整体。在中温烧结过程中，坩埚的外表釉层随着温度的升高逐渐熔化，形成一层玻璃状的釉膜，封闭或覆盖于坩埚表层，保护着坩埚不受氧化。这期间升温速度应快，窑中火焰以还原焰为佳。

（4）高温烧成阶段。此阶段温度为 $1000 \sim 1200℃$。此时坩埚中的黏土经中温烧结形成固化后，逐步向莫来石转化，如 $3Al_2O_3 + 2SiO_2 = 3Al_2O_3 \cdot 2SiO_2$（莫来石）。这期间升温速度应比中温时加快（俗称放大火过程），窑中火焰应控制为中性焰或还原焰。坩埚在高温烧结过程中，釉层已完全熔化，形成玻璃状釉膜，封闭于坩埚外表。若烧结温度超出釉料最高温度限度，易流脱造成坩埚的氧化。因此，在高温烧结过程中，应注意观察坩埚釉层熔化状况，避免由于过烧而达不到烧结的目的。莫来石（$3Al_2O_3 \cdot 2SiO_2$），系一种理化性能稳定的高级耐火矿物。密度、硬度、耐火度以及荷重软化点都很高，线膨胀系数小。在坩埚的组织结构中，起着重要的固结硬化及承荷作用。由此可知，在坩埚烧结过程中，由于可塑性耐火黏土的热效应作用，把石墨、熟料固结为具有一定的机械强度的整体。因此，烧结温度的高低，操作过程中的温度控制，对坩埚产品的质量和使用寿命，有着重要的影响。

8.4.3.2 釉料的配制与涂刷

坩埚中的石墨，虽具有导电、传热和耐高温等特性，但当温度在 $700 \sim 750℃$ 时，经与空气长时间接触，易氧化生成二氧化碳。这种现象，虽比较缓慢，但随着温度的升高和时间的延长而加快。如何保护坩埚在烧结过程中石墨不受氧化，在 20 世纪 60 年代前系采用耐火硅板搭槽，焦炭未作保护剂（匣钵套烧），封闭式间接暗火烧结。这种烧结方式的主要缺点是能源消耗大，窑炉利用系数低，劳动强度大，生产效率低，经济效率差。鉴于上述问题，人们经研究，采用低熔点的釉料与其他材料配合，配制防氧化釉料，保护坩埚在烧结过程中不受氧化，从而以往的暗火烧结变为明火烧结法。这一重大的工艺改革，不仅提高了坩埚的烧结质量，而且取得了较好的技术经济效果。

（1）坩埚釉料的制备。釉料属于一种低熔点化合物。最初的釉料是采用工业硼砂与低级黏土熔化而成，后经改进采用纯碱与废玻璃熔制而成。经改进后的釉料，经济适用成本低廉，有着同硼砂釉料相同的效果。几种经济适用的釉料配方比例如表 8-17 所示。根据表 8-17 中的配合比例，把混合均匀的物料置于坩埚中盖好，在炉中进行加热熔融，保持炉温在 $1300℃$ 左右，时间为 $1.5 \sim 2h$。待熔化物完全熔化成无固体物，以铁棒沾取滴下为度，然后倒出冷却并以水激碎。熔化完好的釉料呈半透明性脆的玻璃体，以松黄、棕褐、黄绿色为佳。经粉碎后测试，在 $600 \sim 650℃$ 微熔，$700 \sim 750℃$ 全熔，符合坩埚釉子配制的基本要求。

（2）釉子的涂刷。釉料经石碾粉碎小于 120 目（0.122mm），按照釉料配比混合均匀，调成泥浆即可用于涂刷。涂刷时，首先清除坩埚外表的泥尘。用毛刷沾取釉浆上下刷一遍，再横刷一遍。然后沾取釉浆少许，抹平刷光，保持釉子覆盖均匀。釉层厚度在 1.5 ~ 2mm，每号坩埚平均耗釉泥约 10g，经涂釉后的坩埚，釉层不得有麻眼、龟裂和残缺不齐等缺陷。经预干后可翻过刷口，待口部硬固后，可涂一层耐火泥浆，防止坩埚在烧结过程中，相互粘连或因口部不平而透气氧化内部。耐火物配比：废石英粉 100 ~ 150 目（0.147 ~ 0.104mm）60% ~ 65%，废洋矸土 < 120 目占 20% ~ 25%，次白杨岭土 < 120 目占 10% ~ 15%，使用时调成泥浆即可涂用。釉浆的配制见表 8-18。在坩埚釉子配制成分中，也有采用人造氧化铝（金刚砂）或硅铁的。但金刚砂、硅铁与废硅石粉相比价格较贵。坩埚在涂釉干燥过程中，有时易产生釉层裂纹，产生这种现象的主要原因是黏土量偏高，收缩量大。消除的办法是降低黏土成分比例，或增加硅石粉的配比。有时往往由于干燥过快，室内通风量大或坩埚尚未冷却即进行刷釉，也会因水分挥发和吸收过快，内外收缩不同而产生这类问题。

表 8-17　坩埚釉料的几种配方

配方序号　　项目	硼砂（粉状）/%	纯碱（粉状）/%	杂玻璃（32 ~ 40 目）/%	木节土（<100 目）/%	釉料外观性状
6011	50	—	35	15	松黄色玻璃体，性脆
6052	50	20	15	15	棕褐色玻璃体，性脆
6073	20	50	15	15	黄绿色玻璃体，性脆
6084	—	50	50		黄绿色玻璃体，性脆

注：在配比中加入适量萤石粉、滑石粉，所制成的釉料配成的釉子，经烧结后的坩埚外形呈萤石的淡蓝色。

表 8-18　坩埚釉子（釉浆）几种配方举例

序　　号　　项目	釉料（<120 目）/%	废洋矸土（<120 目）/%	木节土（<120 目）/%	废硅石粉（<120 目）/%	水玻璃（°Bé 56）/%	其他（外加水）/%
601	20	25	10	40	5	26 ~ 28
602	25	25	5	40	5	26 ~ 28

注：601 号釉子之釉料为棕黄色玻璃体，600℃微熔，700℃全熔。602 号釉子之釉料为黄绿色玻璃体，650℃微熔，750℃全熔。

8.4.3.3　坩埚的烧成

坩埚的烧成一般采用倒焰窑。与隧道窑相比，这种窑机动灵活不受生产规模的限制，适用于间断生产。缺点是燃烧消耗大，热能利用系数低，对于中、小型坩埚生产厂家来说，采用容积不同的倒焰窑是比较适宜的。

（1）坩埚的装窑方法。经涂釉后的坩埚，待釉层硬固后即可进行装窑。装窑的方法是首先用标准砖做架子，平铺一层耐火板，并要垫一层厚度 6 ~ 8mm 硅石砂，采用横排分列立式装窑法进行装窑。每列宽 1200mm，列与列之间距 100 ~ 200mm，每排长度与高度视窑的容积而定。装窑的坩埚应口对口，底对底，大号在下，小号在上，大套中，中套小地进行。两个坩埚相接处，应垫以硅石砂，防止在烧结过程中相互粘接或因对口密封不严造成透火氧化。靠近火墙处的坩埚，须用耐火板覆盖，防止火焰直射造成烧结过火，而形成熔洞和氧化。在装窑时，应严格检查坩埚釉层是否完好，如有损坏和脱落应立即用釉子铺刷和修复，否则将会造成废品。

（2）坩埚烧成温度制度。坩埚的烧成是生产过程中最后一道工序，也是最重要较难控制的工序之一。因此，在烧结过程中的每个升温阶段，应按照升温速度要求进行，见图 8-17。窑中温度指示应准确，观察记录应及时。窑温在 750℃ 以下时，易烧氧化焰，750℃ 以上时应烧还原焰。当窑温进入 900℃ 以上高温时，（俗称放大火）应烧中性焰或还原焰。司炉者应做到给煤均匀，交叉通火，间隔给煤，调节闸板尽量减少窑中各部位温差。控制窑中火焰性质，技术难度较大，应有熟练的操作经验。同时，还应具有丰富的烧结理论知识。图 8-23 是石墨坩埚烧结升温曲线，当窑中温度达到烧结规定值时，应调节

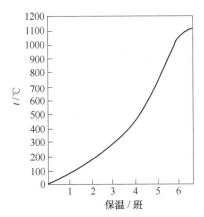

图 8-17　坩埚烧成温度曲线

闸板经保温一定时间后，封闭炉门与风道保温 8h，然后陆续打开天窗、炉门和窑门进行降温冷却。

（3）出窑与检验。窑中坩埚冷却 24h 以后，提起烟道闸板进行降温，待炉温达到 40℃ 时，可进行出窑作业。取出的坩埚，按成品标准规定进行检验，合格的成品应分类存放，并要趁热浸防潮沥青，然后贴沾或喷涂产品出厂标志。依据产品出厂规定进行包装入库。

经烧结后的坩埚成品，釉层有时发生裂纹和程度不同的起泡和熔点（麻眼），这对产品使用寿命无影响。产生这种现象的原因是：釉子配比中玻璃量大，釉料颗粒大搅拌不匀，釉子中有机成分多，在烧结熔化时产生气泡。在一定温度下，气泡破损形成熔点（麻眼）。釉层产生裂纹是一种骤冷后的自然现象。它是由窑中坩埚冷却过急，釉层玻璃体与坩埚坯体收缩不一造成的。

8.5　特殊石墨坩埚与皿舟

人造石墨在高温下不熔化，耐热冲击性强，对熔融金属和熔渣等不污染，而且不附着，所以最宜用做金属熔解用的坩埚和舟。锗、硅等高纯金属精炼或金属铀熔解用石墨坩埚，须用灰分 0.002% 以下，硼含量 0.1μg/g 以下的人造石墨。坩埚和舟用石墨以致密而无缺陷为最好，美国国民炭素公司的产品目录中有 CS、ATL、ATJ 及其同类产品。

坩埚按其主要用途有：铁的气体分析用坩埚、铀熔解用坩埚、蒸铝用坩埚、有色金属熔解用坩埚，此外还有钨、钼制造用舟（氧化物还原），石英熔解用、锗、硅等高纯金属精炼用坩埚等。

8.5.1　气体分析用石墨坩埚以及石墨皿

铁或钢中的氧或氮做气体分析时需使用石墨坩埚。将加入石墨坩埚（包括石墨皿）中的铁或钢的试样放入高频加热炉或石墨发热体的电阻炉中，高真空、高温度（1600 ~

1800℃）加热熔融，产生的气体以吸出泵或采用氦气等运载气体从电炉连接的检出器取出分析。试样中的氧、氮化物、固溶状态氢等分别转变成 CO、N_2、H_2O 而分检出。此时，为抑制从坩埚或石墨皿中产生的气体，要求使用杂质低的高纯石墨。

应用资料表明，人造石墨加热器和隔热板的使用寿命为可完成 20~30 次测定，坩埚和漏斗可使用 1 个班。气体分析用人造石墨制品的种类有外部电极、内部电极、带凸缘的隔热板、圆筒形隔热板、圆筒形坩埚、圆锥形坩埚、漏斗、支持架等。其规格尺寸视仪器型号而定。另外在高频加热时，横穿磁束部分石墨坩埚的截面积也要加大，要使用厚壁石墨坩埚。坩埚以及皿的形状、尺寸例如图 8-18 所示。

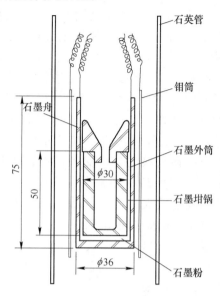

图 8-18　气体分析用坩埚及皿

8.5.2　溶解铀用坩埚

在溶解金属铀、铸造核反应堆燃料棒时用的坩埚，是石墨、刚玉、铝锆坩埚或氧化铝敷层的石墨坩埚。处理铀的坩埚或铸型时，为避免杂质，尤其是硼的混入，要选用与核反应堆或减速材料所用石墨品级相同的高纯石墨。石墨坩埚加热是依据电阻加热、高频加热、电弧加热等，超过 1300℃铀会与石墨反应生成碳化物，此点需注意。

8.5.3　金属精炼用舟与坩埚

金属锭仅一部分熔化并依次向熔融带移动，偏析系数小的杂质会向接下去的熔融带移动并浓缩，因此最初固化的部分纯度明显提高。依据此理论的金属精炼法为带域溶融精炼（Zone Refining）法。带域溶融精炼法用的舟或坩埚要选用不污染溶融金属的材料。

带域溶融精炼锗时使用高纯度的石墨舟，反复进行六次带域溶融精炼可制得纯度达 10N（10 个 9）的产品。实用的带域熔融精炼如图 8-19 所示，将锗放入石墨舟，为熔化部分锗，使用高频线圈或电热线加热，从单方向实施牵引石墨舟。此时使用的石墨舟不能含有杂质，尤其是硼，如果含有硼就会污染锗，锗恐怕就会变成 P 型。

带域熔融精炼铝也采用石墨舟，移动速度 0.5cm/h，可以很好地剔除锌、铜等，反复三次可制得纯度达 5N（5 个 9）的铝。铜也可以使用石墨舟，在氢或氮的气流中进行带域熔融精炼。

虽然石墨舟的形状各种各样，但多数使用的是宽 20~27mm、上部具有稍微打开台形断面的、其长度为宽度的 10 倍以上为宜，一般为 500mm。

精炼硅时，由于硅在高温下化学活性很大，不能使用石墨舟，另外热处理温度在石英的软化点附近也不能使用石英容器，因此采用游离区域（Fioating Zone）法代替带域溶融精炼法。

有关精炼锗、硅等高纯度物质时使用的舟以及坩埚，在日本标准 JIS R—7221（高纯石墨）中规定，硼含量 0.1μg/g 以下，灰分含量在 0.002% 以下。

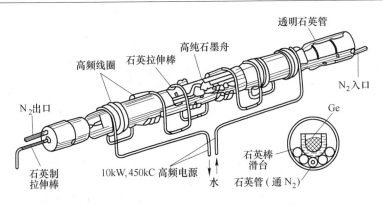

图 8-19　带域熔融精炼法

8.5.4　钨以及钼还原用舟

将氧化钨（WO_3）或者氧化钼（MoO_2）在氢气气流中加热，还原成钨或钼时使用石墨舟或石墨坩埚。此外在生产碳化钨时也使用石墨舟。舟的形状与尺寸，根据制品的种类或氢炉的大小，往往采用宽 70~120mm、深 25~60mm、长 200~300mm 的尺寸。

8.5.5　蒸镀铝用坩埚

包装、装饰（金银两种）、电气设备（电容器）等用的铝铂有广泛的用途。这是让溶融的铝在高温、高真空下蒸发，使之蒸镀在塑料薄膜或纸上制得的。此时的石墨坩埚或舟即是铝的溶解容器又是加热器。石墨和铝在高温下会发生反应，降低坩埚的使用寿命，为抑制这种反应，要充填氧化铝。作为石墨材料，无论是圆型（高频加热用）还是角型（电阻加热用）都必须是等静压成型的或微粉配方的挤压成型品（图 8-20）。

另外坩埚以隔热为目的使用时常在铝制坩埚内覆一层石墨毡（炭纤维隔热材料）。

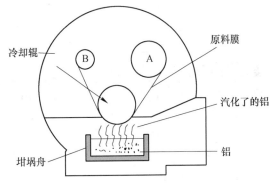

图 8-20　蒸镀铝装置的略图

8.5.6　黏土石墨坩埚

这类制品是以天然鳞片石墨和优质黏土、碳化硅等为原料经烧结而制成。做成各种规格的坩埚用于熔炼紫铜、黄铜、铝、锌等各种金属。上节已有详述。

8.6　镁、钠、锡、铅等金属冶炼用炭石墨制品

我国有色金属矿藏丰富，特别是稀土金属，储藏量占全世界的 43%，我国稀土的出口量占世界市场的 90%。铯金属与稀土金属的冶炼需要大量的炭石墨制品，如导电的电极，发热体、冷凝罩、蒸发盘、汇流盘以及坩埚等炭石墨制品。

8.6.1　镁电解用电极

镁是轻而还原性很强的金属，已用于各个产业部门，例如镁合金汽车零件或海绵钛制造工艺中的四氯化钛的还原剂等。

镁的规模生产方式之一是普遍采用的氯化镁电解法。电解浴是 $MgCl_2$、$NaCl$、KCl 和 $CaCl_2$ 等的混合物，阳极为人造石墨电极，阴极为铁。对阳极石墨特性的要求是电导率高、杂质少、机械强度高等。通常使用挤压成型的石墨，其特性例示于表 8-19 中。

阳极上产生的氯气沿着阳极从电解浴中逸出，而阴极上镁呈液滴状析出，并沿电极上浮。随着电解槽的大型化即在大电流下运行，再加上阳极和阴极间配置多块人造石墨电极板的多极型电解槽的开发，电解槽的生产能力迅速增大。

炭电阻棒适用于竖式电阻炉生产氯化镁时作发热体用。炭电阻棒系采用沥青焦等为原料，成型后在 1000℃ 左右的温度下焙烧而制成。具有较高的机械强度和适宜的电阻值。炭电阻棒的代号为 TDZ，其理化性能（按照 YB 0806—78 的规定）如表 8-20 所示。

表 8-19　镁电解用石墨材料的特性

体积密度/g·cm^{-3}	1.70
固有电阻/μΩ·m	5.5
弯曲强度/MPa	19.6
灰　分/%	0.1
阳极尺寸/mm×mm×mm	$(200 \sim 250) \times (800 \sim 1200) \times (2300 \sim 2500)$

炭电阻棒的尺寸及允许偏差如表 8-21 所示。炭电阻棒的成品表面不准有掉皮、碰损，但允许有宽度不大于 0.5mm，长度不大于 20mm 的裂纹。

表 8-20　炭电阻棒的理化性能

项　目	指　标
灰　分/%	≤1.5
抗压强度/MPa	≥45
气孔率/%	≤26
比电阻/μΩ·m	≤49

表 8-21　炭电阻棒的尺寸及
允许偏差　　　　（mm）

规　格	允　许　偏　差	
	直　径	长　度
$\phi100 \times 1600$ $\phi100 \times 1200$	±5	±20

8.6.2　钠电解用电极

钠在医药、有机合成（农药、聚丙烯等）、高速增殖反应堆的冷却材料及电动汽车用钠-硫二次电池等方面具有广泛的用途。

历史上曾开发了多种制造钠的方法，但目前主要的制造钠的方法是唐斯法。它是将食盐和氯化钙的混合熔融盐电解的方法。电解槽的基本结构如图 8-21 所示，阳极为人造石墨电极，阴极为铁。阳极上产生氯气，阴极上析出金属钠。阳极直径为 400 ~ 450mm，长2000mm，每个标准槽设 4 根阳极。

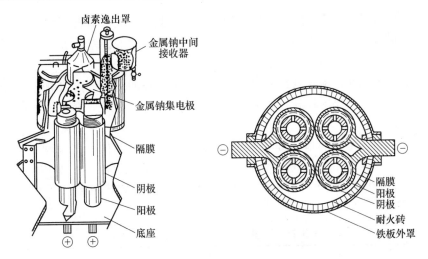

图 8-21 钠电解用电解槽的基本结构

对人造石墨电极的性能要求最好以电炉炼钢用电极为标准。电极中的铁与电解液反应，会损坏电极的接头部分，明显缩短电解槽的寿命，因此必须控制电极中的铁含量。

8.6.3 稀土金属电解用电极

稀土金属的应用已扩大到永久磁铁或光盘的磁性材料、贮氢合金用原料等领域，需要量也不断增加。

为了大量而廉价地生产稀土金属，最适合的方法是熔融盐电解法，阳极为人造石墨电极，阴极为钼、铁、镍或其他金属。图 8-22 为稀土金属电解槽的模型。

将稀土化合物加热熔融，通过电解使稀土金属在阴极上或阴极一侧析出。熔融盐电解法按电解液的种类可分为氯化物电解和氧化物电解。无论哪一种，一般都使用挤压成型的人造石墨电极。随稀土金属的种类及其电解条件的不同，对石墨电极的性能要求也不一样。

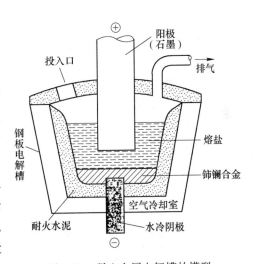

图 8-22 稀土金属电解槽的模型

8.6.4 石墨化炭块

石墨化炭块在电解金属镁、金属镍等工业中作为导电电极用，也适用于冶金炉、电阻炉作炉衬和导电材料。其代号为 SK。石墨化炭块还大量使用于制作化学工业中耐腐蚀热交换设备和高温炉的筑炉材料。

生产石墨化炭块的工艺流程与生产石墨化电极的工艺流程完全一样。根据使用要求的不同，有的石墨化块在进行石墨化处理前还须用煤沥青进行浸渍处理，以提高制品的密度、强度，降低电阻率，有的则不需要。用作电解工业导电电极的石墨化块，经过用煤沥青浸渍处理，借以延长使用寿命。石墨化块的规格尺寸及允许偏差如表8-22所示（按 YB 2818—7）。

石墨化块在出厂前，检查其比电阻及抗压强度两项性能指标。作为电解导电电极使用的石墨化块，对其质量要求较高，作为制作热交换器及砌筑高温炉用的石墨化块，其比电阻高一些也可以使用。

石墨化炭块的理化性能指标如表8-23所示，石墨化块其他一些物理化学特性如下：（1）碳含量不小于99%；（2）灰分为0.5%左右；（3）真密度不小于2.19g/cm^3；（4）假密度为1.5~1.7g/cm^3；（5）气孔率为20%~32%；（6）导热系数（20℃时）为116~209W/（m·K）。

表8-22　石墨化块的规格尺寸及允许偏差　　　　　　　　（mm）

规格	允　许　偏　差			弯曲度
	宽度	厚度	长度	
220×220×1500 220×220×1200	±10	±10	±15	长度的0.5%
400×115×1300 400×115×1050	±15	±10		
400×400×2100 400×400×1500 400×400×1100	±15	±15		

表8-23　石墨化炭块的理化性能指标

指标 规格/mm×mm	比电阻/μΩ·m		抗压强度/MPa
	优级	一级	
200×200 400×115	≤10	≤12	≤20
400×400	≤11	≤13	≤18

注：比电阻的测定按 YB 911—78，抗压强度的测定按 GB 1431—78。

8.6.5　铅、锡冶炼用炭石墨制品

铅、锡冶炼用炭石墨件很多，如汇流盘、蒸发盘、密封罩、石墨盖、冷凝罩、石墨电极、石墨接嘴等。

8.7　稀土金属冶炼用炭石墨制品

8.7.1　稀土金属的分类

诸多的稀土矿物按照稀土元素在矿物中的化学组成、稀土元素在矿物的配分、晶体结构和晶体化学特征等方面的区别可以分成若干类别。稀土冶金行业通常按照化学组成将稀土矿物分成9类，按照稀土配分分成两大类。

（1）按照稀土元素在矿物中的化学组成分类。

1）氟化物类矿物：钇萤石、氟钙钇石、氟铈矿等。2）碳酸盐及氟碳酸盐类矿物：碳酸锶铈矿、氟碳铈矿等。3）磷酸盐类矿物：独居石、磷钇矿等。4）硅酸盐类矿物：硅铍钇矿、铈硅磷灰石、钪钇石、市硅石等。5）氧化物类矿物：褐钇铌矿、易解石、黑希金矿等。6）硼酸盐类矿物：水铈硼钙石。7）硫酸盐类矿物：水氟钙钇钒。8）钒酸盐类矿物：钒钇矿等。9）砷酸盐类矿物：砷钇石、开来石等。

在自然界中，有些矿物经常以多酸盐矿物形式存在，如铈硅磷灰石（硅酸磷酸盐）、硼硅钡钇矿（硅酸硼酸盐）都属于这一类的矿物。因此，也可以按照不同类矿物的共存方式进一步将稀土矿物分成许多类别。在上述的 9 类矿物中，前 5 类的储量远大于后 4 类，而且选矿和冶金过程相对容易，是主要的稀土工业矿物。

（2）按照稀土元素在矿物中的配分分类。

1）完全配分型。在此类矿物中，铈组元素和钇组元素的含量之间差别不大，没有较强的选择性。例如，铈磷灰石中铈组元素的含量稍高于钇组元素的含量，而钇萤石中钇组元素的含量稍高于铈组元素含量，但是差别都不大。

2）选择配分型。在此类矿物中铈组元素和钇组元素有较大的选择性，且两组元素的含量差别很大。例如，独居石、氟碳铈矿和褐帘石中铈组元素的含量远高于钇组元素的含量，而磷钇矿、褐钇铌矿以及离子吸附型矿中的钇组元素含量远高于铈组元素含量。为此，习惯上称前者为轻稀土矿，称后者为重稀土矿。在我国由于磷钇矿、褐钇铌矿以及离子吸附型矿主要产于南方地区，因而也称之为南方稀土矿。

在选择性矿物中往往是一两种稀土元素特别富集。例如，独居石、氟碳铈矿中铈的含量接近50%，镧的含量在25%~30%；磷钇矿中钇的含量大于50%；褐钇铌矿中钇、镝富集较多。这说明稀土矿物的配分并非是固定不变的，它与成矿的原因有关。

8.7.2 世界上稀土金属的分布与储量

重要的稀土矿物是指稀土元素在矿物中含量较高，容易回收，并且能在矿物的处理过程中获得较高的经济收益的矿物。如褐帘石、硅钛铈矿硅酸盐以及硼酸盐、砷酸盐等类矿物，虽然稀土元素在其矿物中有一定的富集度，但是因为加工工艺复杂，提取成本过高，工业利用价值不大，目前仍然不被认为是重要的工业矿物。磷灰石中稀土含量很低，一般不被列入稀土矿物之列，但它却是前苏联提取稀土的重要资源。同样，美国新墨西哥州产出的异性石，加拿大伊利奥特湖产出的铀矿物，一般也不被看作稀土工业矿物，但是，由于在异性石中提取锆，在铀矿中提取铀后，钇和其他稀土元素在副产品中得到了富集，进一步提取稀土产品比较容易，并且可以从中获得较大的经济效益，因此，这两种矿物在当地则被认为是提取稀土的重要原料。由此可见，判别某稀土矿物是否具有重要的工业意义，应该依据该种矿物的直接回收价值和综合利用价值而论。

根据近几年对世界各国稀土矿的储量与稀土矿山产量的统计可以知道，工业上目前使用的稀土矿物大约只有10种（表8-24），其中以独居石、氟碳铈矿、独居石与氟碳铈矿混合型矿、离子吸附型矿、磷钇矿产量最大，是最为重要的稀土工业矿物。

表 8-24　2000 年世界稀土储量和 2002 年稀土矿山产量

国　　家	主要矿物种类	储量（以 REO 计）/万吨	储量占世界比例/%	矿山产量（以 REO 计）/吨	矿山产量占世界比例/%
中国	氟碳铈矿，独居石，离子吸附型氟碳铈矿与独居石混合型	4300	43	88400	89.4
美国	氟碳铈矿	1300	13	5000	5.1
印度	独居石	110	1.1	2700	2.7
俄罗斯	磷灰石，铈铌钙钛矿	1900	19	2000	2.0
马来西亚	独居石	3.0	0.0003	450	0.5
巴西	独居石，黑稀金矿，钇铌矿	28	0.3	200	0.2
斯里兰卡	磷钇矿	1.2	0.0001	120	0.1
澳大利亚	独居石	520	5.2	0	0
加拿大	含稀土铀矿	94	0.94	0	0
其他国家		1743.8	17.4	0	0
世界总计		10000	100	98870	100

我国是世界上稀土资源最为丰富的国家，无论稀土储量还是稀土产量都位居世界第一。同世界各国的稀土资源相比较，我国的稀土资源具有如下 5 个方面的特点：

（1）储量大。我国的稀土储量占现已探明世界储量的 43%（见表 8-24）。

（2）分布广。稀土矿在我国分布广泛，这为我国的稀土工业的合理布局提供了有利条件。

（3）矿种全。在我国已经知道的具有重要工业意义的稀土矿几乎都能找得到，而且颇具规模，得到了开发利用。

（4）类型多。我国稀土矿床类型数量超过了世界上任何一个国家。其中国外稀少的沉积变化质-热液交代型铌-稀土-铁矿床和风化壳淋积型稀土矿床，它在我国却是规模甚大的工业矿床。

（5）价值高。在我国氟碳铈矿与独居石混合型稀土矿物中，高价值的铈、钕、镨的含量均高于美国的芒廷帕斯氟碳铈矿。特别是我国的离子吸附型矿中富含铕、铽、镝、钇等重稀土元素（表 8-25），其经济价值是世界罕见的。

表 8-25　中国与世界各主要稀土矿的稀土典型稀土配分　　　　　　（%）

稀土组分	中　国					美　国 氟碳铈矿	俄罗斯 铈铌钙钛矿	澳大利亚 独居石	马来西亚 磷钇矿
	混合矿（包头）	氟碳铈矿（四川）	吸附型离子矿						
			A 型	B 型	C 型				
La_2O_3	25.00	29.81	38.00	27.56	2.18	32.00	25.00	23.90	1.26
CeO_2	50.07	51.11	3.50	3.23	<1.09	49.00	50.00	46.30	3.17
Pr_6O_{11}	5.10	4.26	7.41	5.62	1.08	4.40	5.00	5.05	0.50
Nd_2O_3	16.60	12.78	30.18	17.55	3.47	13.50	15.00	17.38	1.61
Sm_2O_3	1.20	1.09	5.32	4.54	2.37	0.50	0.70	2.53	1.61
Eu_2O_3	0.18	0.17	0.51	0.93	<0.37	0.10	0.09	0.05	0.01
Gd_2O_3	0.70	0.45	4.21	5.96	5.69	0.30	0.60	1.49	3.52

| 稀土组分 | 中 国 | | | | | 美 国 | 俄罗斯 | 澳大利亚 | 马来西亚 |
| | 混合矿 | 氟碳铈矿 | 吸附型离子矿 | | | 氟碳铈矿 | 铈铌钙钛矿 | 独居石 | 磷钇矿 |
	(包头)	(四川)	A 型	B 型	C 型				
Tb_4O_7	<0.1	0.05	0.46	0.68	1.13	0.01	—	0.04	0.92
Dy_2O_3	<0.1	0.06	1.77	3.71	7.48	0.03	0.60	0.69	8.44
Ho_2O_3	<0.1	<0.05	0.27						
Er_2O_3	<0.1	0.034	0.88	2.48	4.26	0.01	0.80	0.21	6.52
Tm_2O_3	<0.1	—	0.13	0.27	0.60	0.02	0.10	0.01	1.14
Yb_2O_3	<0.1	0.018	0.62	1.13	3.34	0.01	0.20	0.12	6.87
Lu_2O_3	<0.1	—	0.13	0.21	0.47	0.01	0.15	0.04	1.00
Y_2O_3	0.43	0.23	10.07	24.26	64.97	0.10	1.30	2.41	61.87

8.7.3 稀土金属冶炼炉用炭石墨制品

稀土金属冶炼用炭石墨制品主要有石墨阳极、石墨坩埚、还原剂、导电电极、炉衬、隔热层与保护层等。

8.7.3.1 稀土氯化物熔盐电解槽

稀土氯化物熔盐电解制取稀土金属的设备包括三部分,即供电系统、电解槽、电解尾气净化处理系统。

800A 石墨电解槽和 10000A 陶瓷电解槽的结构示意图分别如图 8-23 和图 8-24 所示。

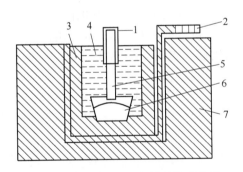

图 8-23 800A 石墨电解槽结构示意图

1—磁保护管;2—铁坩埚和阳极导电排;
3—石墨坩埚;4—电解质;5—钼阴极;
6—稀土金属;7—保温砖

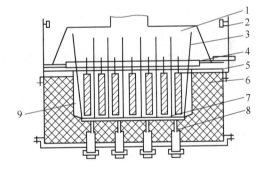

图 8-24 10000A 陶瓷电解槽结构示意图

1—风罩;2—阳极升降架;3—上插阴极;
4—阳极框;5—石墨阳极;6—高铝砖;
7—金属室;8—阴极导电棒;9—电解质

10000A 电解槽的供电系统是由两套 6000A 硅整流器并联组成的,最大输出电流为 12000A、电压为 75V,其中包括辅助电源、辅助电源启动器、高压开关柜、感应调压器、整流变压器和万能空气断路器等。

整流器向电解槽送电时,应先合上辅助电源,推上高压开关柜的隔离闸刀开关,然后启动辅助电源的启动电源,随之开整流器和调压器的风机,再开交流少油量断路器,将交流空载电压降至实际零位,最后开直流开关,即向电解槽输送直流电。

石墨坩埚电解槽所用整流器通常为 1500~2000A,36~60V 直流电流输出。

8.7.3.2 稀土氧化物熔盐电解操作工艺及设备

A 稀土氧化物熔盐电解生产工艺步骤

稀土氧化物熔盐电解生产稀土金属的工艺过程包括如下操作步骤。

（1）电解槽砌筑：1）在钢槽底部铺设一定厚度的保温材料；2）将石墨槽放入钢槽，将周围空隙用石墨粉填实；3）将钨坩埚放入石墨槽内，用稀土氧化物或炉底料将缝隙填充；4）安置好顶部绝缘板及阳极导电板。

（2）烘炉：1）将电解槽内清理干净；2）将阳极安装于电解槽内；3）在电解槽内放入 5~8cm 厚的电解质料层；4）将 2~3kW 的发热体放入电解槽内加热，缓慢升温，槽内温度达 300℃ 即可启动电解槽。将一定截面积的石墨放置在阴阳极之间，与阴阳极紧密接触并通直流电使石墨发热熔化电解质。当熔化的电解质与阴阳极接触后，取出石墨，通直流电并升高电压以保持较高的加热功率，使电解质快速升温至正常电解温度。

（3）正常电解：电解槽温度达到正常电解温度后，调整电解工艺参数到规定值，开始按一定速度加料，并开始正常电解。

（4）出金属：正常电解一定时间后，通常电解 4~6h，停止加料，继续电解 10~15min，降低电解电流并将阴极向一阳极靠近后，开始用钛勺子出金属。

（5）更换阳极：由于稀土氧化物电解所采用的石墨阳极在电解过程中不断消耗，因此，当石墨阳极即将消耗完时，取出残余阳极并更换新阳极。

（6）分析检验、打磨包装：当稀土金属冷却后将稀土金属与电解质分离。取样分析检验合格后，将稀土金属打磨干净包装。

B 稀土氧化物电解生产所用主要设备

（1）电解槽。氟化物熔体对电解槽材料腐蚀严重，目前适用于工业规模的电解槽材料仅限于石墨。由于受到石墨制品尺寸和石墨间黏合技术的限制，长时间来电解槽的生产规模在 3000A 以下。近年来，由于科学技术的发展，出现了 10000~28000A 的大型电解槽。

3000A 以下电解槽由石墨圆柱直接加工而成，内配置一根钨阴极和圆形石墨阳极，其电解槽结构如图 8-25 所示。10000A 电解槽多呈矩形，内配置多根钨阴极和平板石墨阳极，其结构示意图如图 8-26 所示。

（2）整流器。它为电解槽提供直流电。其工作原理是利用二极管的单向导电特性将交流电转换为直流电。目前常用的是可控硅整流器，包括整流变压器和整流柜两部分。由于稀土氧化物电解多为单槽运行，整流器输出电压低，整流方式采用双反星形联结，有利于提高设备的传动效率。以可控硅冷却方式的不同，分为水冷和风冷两种形式。为便于调节槽温，通常将整流器设计成两挡不同的输出电压，一般低压挡为 0~12V，用于正常电解，高压挡为 0~45V，用于启动电解槽及出炉后温度降低时加热。

（3）阴极升降机。它的作用是把持阴极，可以使阴极在一定范围内移动以获得合适的阴极插入深度。阴极升降机主要由升降装置、导电臂和电极把持装置组成。

（4）加料机。它的作用是将稀土氧化物均匀加入电解槽。通常使用的是电磁振动加料机，由电磁振头、料斗、溜槽、支架和控制器组成。其工作原理是利用二极管将交流电转换成单向脉动电流，通过电磁振头使料斗及溜槽产生振动，使物料向前移动。为减少槽口热气流带出稀土氧化物颗粒，宜采用大料量、间歇加料的方法。每次下料量以不发生沉积为限。

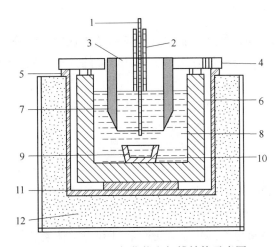

图 8-25 3000A 氧化物电解槽结构示意图

1—钨（钼）阴极；2—保护管；3—加料口；4—阳极导线；
5—绝缘体；6—石墨坩埚；7—石墨阳极；8—电解质；
9—金属钕；10—钼坩埚；11—坩埚底座；12—保温层

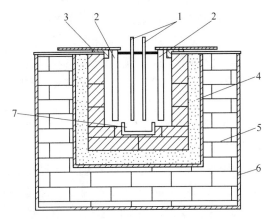

图 8-26 10000A 氧化物电解槽结构示意图

1—钨阴极；2—片状石墨阳极；3—绝缘材料；
4—捣固碳素；5—保温砖；
6—钢质外壳；7—金属盛受器

（5）表面清理机。它用于清理金属表面黏附的电解质，其工作原理是利用高速喷出的钢珠与金属表面的电解质碰撞，使其从金属表面剥落。主要由喷丸装置、物料翻转系统及粉料回收装置组成。

8.7.3.3 硅热还原法生产稀土硅铁合金冶炼炉

硅热还原法生产稀土硅铁合金的冶炼设备，通常借用标准炼钢电弧炉及配套设备。对设备的总体要求是能适应不同原料生产多种产品，节约能源，有较高的机械化和自动化程度，生产效率高，使用寿命长，易于维护和有利于环境保护。冶炼稀土硅铁合金，国内常用电弧炉的主要技术参数列于表 8-26。

表 8-26 电弧炉主要技术参数

型　号	HGT-0.5	HGX-1.5	HGX-3	HGX-5
电弧炉容量/t	0.5	1.5	3	5
变压器容量/kV·A	500	1200	1800	2250
炉壳直径/mm	1480	2230	2740	3240
炉膛直径/mm	950	1600	2000	2520
熔池直径/mm	240	290	360	430
电极直径/mm	150	200	250	300
电极最大行程/mm	850	1100	1300	1700

电弧炉容量可以根据设计产品产量、品种及所使用的原料状况以及变压器容量来确定，一般可用下式计算：

$$W = P/(KNT) \tag{8-2}$$

式中　W——变压器公称容量，kV·A；

　　　P——稀土硅铁合金年产量，t；

　　　K——原料系数，一般取 1.0～1.3，稀土富渣取下限，稀土精矿渣取上限；

　　　N——电弧炉利用系数，t/(MV·A·d)；

　　　T——年作业时间，d。

（1）炉顶料斗装料。由于固体稀土富渣的导电性不良，对其只能采用先起弧后装料的方式。先将炉料进行计算并装入料斗，然后用吊车运往炉顶料仓内贮存。电弧炉起弧后，需要加料时可将料仓的闸门打开，炉料通过导料管从炉盖的加料孔流到炉内。每台电弧炉可以根据其容量的大小设 1~2 个加料孔。

（2）增大熔池深度。由于冶炼稀土硅铁的炉料体积大，而且在冶炼时常出现熔渣沸腾的现象，因此必须增大熔池深度，扩大熔池体积，以满足冶炼稀土硅铁合金的要求。实践中常采用提高炉门坎位置来增大熔池深度。

（3）采用炭质炉衬。由于含氟稀土炉渣对用碱性或酸性耐火材料砌筑的炉衬有较强的腐蚀性，炉衬寿命较短，降低了电弧炉的作业率，因此需改用耐氟的炭质炉衬。

（4）增设排烟除尘设施。电弧炉冶炼稀土硅铁合金过程中产生了大量的烟气，其含尘量可达 $2g/m^3$，并且含有氟等有害气体，严重恶化了作业环境。目前稀土合金生产厂普遍采用烟罩收集烟气，用引风机将烟气通过布袋或静电除尘，达到排放标准的烟气对空排放。

8.7.3.4　矿热炉炭热还原一步法冶炼稀土硅化物合金

矿热炉冶炼稀土中间合金工艺中，炉料的品质包括其化学成分、物理和力学性能、粒度组成等。它们对炉况顺行、电能消耗和产品质量有着重要作用。炉料的破碎和适当的造块是强化熔炼过程的有效途径之一，因为材料的分散提高了它的表面能，增加了化学活性，粉料的充分混合则明显提高了还原反应的速度和完全程度。但在工业实践中还是采用破碎和筛选块状物料，只有粉状的稀土精矿和稀土化合物才进行造块。

炭热还原一步法冶炼稀土硅化物合金新工艺和在 4150kV·A 矿热炉中采用该工艺工业生产稀土硅化物合金的工艺过程如下。

A　原料

a　稀土原料

该工艺采用的稀土原料为四川冕宁氟碳铈型稀土精矿，其主要化学组分为：REO > 55%，BaO < 8%。该稀土精矿中稀土元素的配分值列于表 8-27 中。由表 8-27 可以看出，冕宁矿不同矿点稀土配分值的变化比较大。

表 8-27　冕宁氟碳铈矿稀土配分

组分	$\sum REO$	La_2O_3	CeO_2	Pr_6O_{11}	Nd_2O_3	Sm_2O_3	Eu_2O_3	Gd_2O_3
1	65.46	27.5	38.75	4.5	14.0	1.25	0.25	0.58
2	51.16	49.92	46.38	4.00	10.22	0.49	< 0.10	0.16
组分	Tb_2O_3	Dy_2O_3	Ho_2O_3	Er_2O_3	Tm_2O_3	Yb_2O_3	Lu_2O_3	Y_2O_3
1	0.042	0.11	0.058	0.072		0.032		0.76
2	0.10	< 0.01	< 0.01	< 0.01	< 0.01	< 0.01	< 0.01	< 0.01

稀土精矿的粒度，重选矿一般小于 0.5mm，浮选矿粒度为 -200 目（-0.074mm）。从球团化的性能来看，浮选矿更好一些。表 8-28 为一重选矿粒度分布的实测值。

表 8-28　重选氟碳铈精矿粒度分布

筛网/目	+20	-20~+40	-40~+50	-50~+70	-70~+100	-100~+140	-140
粒径/mm	0.8	< 0.8~0.4	< 0.4~0.3	< 0.3~0.2	< 0.2~0.15	< 0.15~0.01	< 0.01
质量/g	0.35	6.05	7.05	42.40	2.45	14.70	27.70
分布/%	0.35	6.04	7.04	42.34	2.45	14.68	27.66

注：称量总质量为 100.15g，分样合重为 100.20g，误差为 0.05%。

b　硅石

原则上讲，冶炼硅铁合金所使用的硅石，均可用作本工艺所用的含硅原料，其化学成分应符合 ZBD53001-90GS—98 标准，$SiO_2 \geqslant 98\%$，$Al_2O_3 < 0.5\%$，$P_2O_5 < 0.02\%$。硅石的块度为 25～80mm。

要求硅石具有比较好的抗爆裂性能，按照吉林铁合金厂 Q/JJ-研 02—86 标准，抗爆率大于 80%。

c　炭质还原剂

各类焦炭（冶金焦、煤气焦、石油焦等）、木炭、木块等均可用作本工艺的炭质还原剂。考虑到冶炼工艺过程的需要，要使用那些反应活性好、比电阻大的炭质还原剂，同时又要考虑生产成本。实际生产中，往往搭配使用。

B　工艺过程

目前的最新工艺是炭热还原氟碳铈矿一步法生产稀土硅化物合金。

9 硬质合金等冶炼炉用炭石墨制品

炭素材料主要在真空热处理炉、高纯度处理炉、单晶硅拉伸炉、石墨化炉等1500℃以上高温热处理的各种工业炉的高温部作为主要构件使用。按其用途有发热体、隔热材料、炉体结构材料、输送用机架、冶具材料等分类。

炭素材料的特点如高耐热性、良导电性、低热膨胀率、高热传导性、质量轻、高温下强度不变、易加工、低污染以及在空气中的氧化性等。在工业炉根据用途也有利用其相反的性质。炭素材料在惰性气体的保护下，可以在1500℃以上稳定使用，且成本低易于采购，是唯一的优良材料，往往对照各自的用途，结合炭素材料的易加工性、高温特性以及成型技术，在控制炉内气氛的同时灵活使用。

因此，在各种场合以不同形态使用的隔热材料采用炭黑、焦炭微粉、炭纤维或其成型体。而在发热体中主要是石墨质颗粒状或石墨坯料加工品，但在结构材料或运输用机架及托板等的材料是采用石墨坯料加工品或 C/C 复合材料。

粉末或粒状物、纤维主要是作为隔热材料或发热体使用的，但其形状或向炉内充填时的状态，即以其截面积和长度得到的体特性决定着部件材料的性能，这是很重要的。

人造石墨块或 C/C 复合材料是作为发热体、炉结构体或输送用机架托板等使用，坯料自身具有的特性往往决定部件材料性能。

在特性要点中主要有电阻率、强度等，但有时也注重体积密度、热传导率、线膨胀系数等。

在半导体领域使用的单晶硅拉伸炉和光导纤维生产炉等，因非常注意防止杂质污染，需使用杂质浓度低至数 μg/g 的高纯制品。此类制品已在前面介绍，此处不再述及。

在本章对硬质冶炼等工业炉使用的炭素材料，根据用途分别介绍，同时举几个利用炭素材料特点的具体实例。

9.1 炭石墨发热体

工业炉使用的发热体分金属质和非金属质两大类。金属质发热体有 Fe-Cr-Al 系、Ni-Cr 系、钨、钼等，非金属发热体有碳化硅、碳化钼、镍铬、炭素材料发热体等。其中炭素材料发热体如图 9-1 所示，它是在惰性气体保护下最高温度可以使用到3000℃左右的发热体，一直在真空炉或非真空炉中作发热体使用。炭素材料发热体分石墨质和炭质两种，但一般情况下以使用石墨质的为主。经1000℃左右焙烧的炭质品电阻率比石墨质的高 3~4 倍，因此仅在需要高电阻材质时使用。炭质品的使用温度如果超过热处理温度，尺寸会发生变化，电阻率会降低引起质变，因此使用条件必须要注意。

9.1.1 石墨质发热体的特性

一般石墨质发热体使用石墨材料的特性如表 9-1 所示。由于石墨材料的电阻率比较低，所以常在低电压、大电流时使用，另外由于线膨胀系数小，有对急冷急热耐冲击性强的优点。但同时由于不能像金属发热体那样有柔软性，遇机械冲击时比较脆，在使用时应注意。

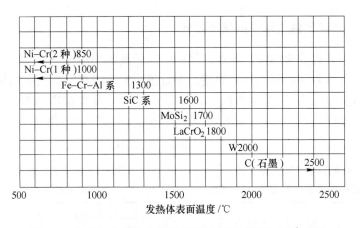

图 9-1 各种炉内发热体的使用温度范围（元件表面温度）

表 9-1 日本一般石墨发热体使用石墨材料的特性

项 目	A 类产品	A 类产品	B 类产品
体积密度/g·cm^{-3}	1.79	1.85	1.75
电阻率/μΩ·m	13.0	11.0	9.5
弹性模量/MPa	100	110	
抗弯强度/MPa	40	50	45
线膨胀系数/℃$^{-1}$	3.5×10^{-6}	4.2×10^{-6}	3.9×10^{-6}
导热系数/W·(m·K)$^{-1}$	104	116	
肖氏硬度	56	58	120

　　人造石墨的电阻率与温度的关系，根据原料及制法的不同，显示出不同的关系。一般从常温到 500~600℃ 都降低，之后有随温度上升呈直线上升的，也有呈单纯下降的，所以有必要考虑在发热体使用区域内，坯料的电阻率变化。图 9-2 所示为石墨、碳化硅以及镍铬发热体相对温度的电阻率变化。

　　另外抗弯强度从常温到 2500℃，随温度上升提高，达到常温的 2 倍左右，超过2500℃后急剧降低。这种倾向抗拉强度和抗压强度也同样如此。图 9-3 所示为石墨发热体抗弯强度随温度的变化。

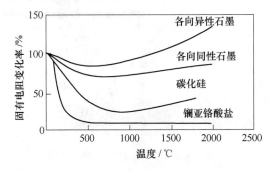

图 9-2 电阻率随温度的变化

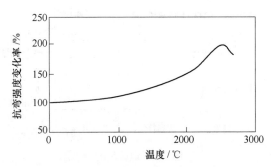

图 9-3 抗弯强度随温度的变化

9.1.2　石墨发热体在气体气氛中的使用温度

表 9-2 所示为各种非金属发热体在各气氛中的最高使用温度。表 9-3 所示为各种金属发热体在各种气体气氛中的最高使用温度。两石墨质发热体在惰性气体的保护下可以使用到 3000℃ 左右的高温。这是由于石墨在常压下不熔融，升华温度约为 3500℃，非常高，此外蒸汽压在 2200℃ 下为 6~10atm❶，非常低。但是在空气中约从 400℃、水蒸气中约从 700℃、在碳酸气中约从 900℃ 石墨开始氧化就不能使用了。

表 9-2　各种非金属发热体在各气氛中的最高使用温度　（℃）

气氛 ＼ 发热体	SiC 系	MoSi₂ 系	LaCrO₂ 系	石墨系
大气中	1650	1800	1800①	400
H₂（干燥）	1400	1350	不可	2500
N₂	1450	1600	不可	3000
分解胺（氨）	1300	1400	不可	2500
碳酸气体	1600	1600		900
二氧化硫气体	1300	1600		
真空中	1100	1300	不可	2200

① 在含 10% 以上 O₂ 的气氛中。

表 9-3　各种金属发热体在各气氛中的最高使用温度　（℃）

气氛 ＼ 发热体	铬铁 1 种	镍铬 1 种	钼	钨
空气中	1200	1150	不适宜	不适宜
H₂	1200	1150	1800	2000
N₂	1000	1150	1600	1800
氨	不适宜	1000	1800	2000
真空中	1200	1000	1800	2000

9.1.3　发热体的使用例及其形状

虽然炭素材料发热体的代表形状为管状、棒状、板状以及粒状，但由于炭素材料机械加工容易，因此为适应使用要求形状可做成许多种。

（1）管状发热体。管状发热体是将被热处理物插入管内加热的，如坦曼炉（如图 9-4 所示）和单晶硅拉伸炉（如图 9-5 所示）。

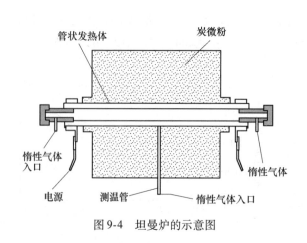

图 9-4　坦曼炉的示意图

图 9-5　单晶硅拉伸炉示意图

❶　1atm = 101325Pa。

坦曼炉是以最简单的方式得到3000℃左右高温的，但为了保证炉内温度气氛的均匀，内径必须尽可能地细，一般在3000℃左右的高温使用条件下，内径最好在ϕ50mm以下，被加热物体的长度不超过发热体长度1/5的话，可保证加热均匀。

发热体的形状有如图9-6所示的几种，一般以单纯管状发热体为多，为适应使用用途提高电阻，有的将一部分截面积变小，有的将发热体切口加工成螺旋管形状。另外，加工后的发热体抗外力的能力很弱，外力会使发热体部分产生微细裂纹；截面积发生变化也会异常发热，对于这些在使用中必须格外注意。

单晶硅拉伸炉用发热体使用高纯石墨材料。发热体的形状以纵方向切槽口（图9-6）的为主流，发热体直径ϕ（300～900）mm，估计今后还会进一步大型化。

（2）棒状、板状发热体。棒状、板状发热体用于金属淬火、回火等热处理炉以及粉末冶金、陶瓷等烧结炉。图9-7为使用棒状发热体的真空热处理炉的示意图。

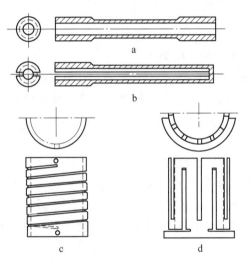

图9-6　各种管状发热体的形状

a—标准管状发热体；b—发夹形管状发热体；

c—螺旋形管状发热体；d—纵形管状发热体

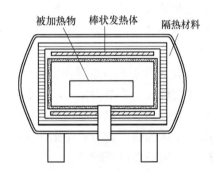

图9-7　使用棒状发热体的
真空热处理示意图

发热体的形状除单纯的棒状、板状外，根据用途还有如图9-8所示的各种变化形状。石墨发热体随着温度的上升，其中心部位的温度高于表面，直径或厚度越大温差也越大。一般情况下直径ϕ100mm的石墨发热体使用时表面温度超2200℃后，其中心部位可达到升华温度，会由于内压上升而破裂，所以要根据使用温度适当选择发热体的形状。

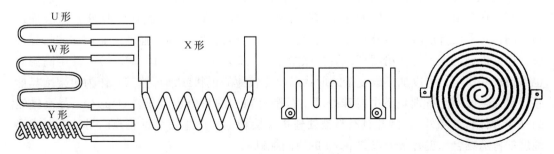

图9-8　各种棒状、板状发热体

（3）粒状发热体。粒状发热体是利用炭素颗粒之间的接触电阻和颗粒本身电阻的发热方式，其代表炉型如图9-9所示的有粒状炭电阻炉或石墨化炉（艾其逊炉）。

利用粒状发热体的炉子多是与坦曼炉一样以简单方式取得了3000℃左右的高温。其缺点是由于发热的大部分是粒子之间的接触电阻产生的，所以粒子直径、充填的不均匀性都使炉内温度气氛很难保持稳定。

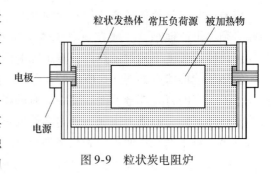

图9-9　粒状炭电阻炉

发热体有焦炭或石墨的粉碎筛分物以及碳化硅与石墨的混合造粒。粒径一般主要使用5mm左右，常温下接触电阻为0.001～0.1Ω·m的。

9.1.4　作为热源的特殊应用例

下面介绍在少有的特殊方法中以石墨材料为热源的应用例。

（1）LWG炉（Length Wide Graphitizing Furnace）。LWG炉是生产石墨化电极时使用的一种石墨化炉（串接式石墨化炉），但与通常不一样，不是电阻料通电发热，而是将焙烧品直接通电加热，直至近3000℃高温的炉型，总之将被处理品直接作为通电体也是发热体的一种特例。

（2）垃圾焚烧残渣熔融用电弧炉。近年来，将垃圾焚烧炉产生的焚烧灰或过滤器捕集的煤灰等焚烧残渣熔融固化，以减少残渣数量和二噁英类的无害化处理的以环保为目的的电弧炉已有应用。该炉与炼钢用电弧炉一样，以人造石墨电极与熔融炉渣之间生成高温的电弧等离子区为热源。为确保操作安全和分解二噁英，熔融炉内要保持氧化气氛，每吨残渣消耗的人造石墨电极较多。

9.2　硬质合金等冶炼炉炭石墨结构件与舟皿

9.2.1　真空（过压）炉炭石墨构件

硬质合金炉等冶炼炉内的支架（框架）、托板、平板等以及隔热层都是采用炭石墨材料（如图9-10所示）。

一般大批量生产的流水线产品为精密组装或确认零件在其安装位置及导向时用的辅助工具称为机架等石墨件，根据材质、形状、使用目的有各种各样。

石墨在非氧化气氛下，即使在1000℃的高温，与大多数的金属（Si除外）或玻璃也不浸润，几乎没有反应。另外与金属或陶瓷不同，具有温度越高，强度反而增加的特异性质。而且机械加工容易，精度高，线膨胀系数小（$2 \times 10^{-6} \sim 7 \times 10^{-6} ℃^{-1}$），甚至高温时也保持尺寸稳定，可以加工成复杂的形状以及比较薄的板状或细长棒状，作为机架冶具能够稳定安全使用。特别是不用特殊处理，石墨材料中的灰分也就仅数百μg/g，是高纯制品（半导体行业除外）。因此具有与被处理物质接触也不产生污染的特点。另外在要求高纯度的特殊场合，也有灰分仅数μg/g的更高纯制品。

石墨材料制机架等石墨件在高温下不与被处理品反应，有良好的强度，不变形，因此

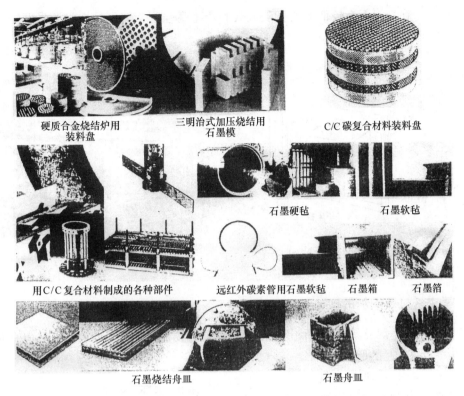

硬质合金烧结炉用 装料盘　　三明治式加压烧结用 石墨模　　C/C碳复合材料装料盘

石墨硬毡　　石墨软毡

用C/C复合材料制成的各种部件　　远红外碳素管用石墨软毡　　石墨箱　　石墨箔

石墨烧结舟皿　　石墨舟皿

图9-10　硬质合金真空（过压）冶炼炉用部分石墨件

作为一种工业炉材料常在一些必要的场合使用。但是炉内温度如超过400℃要有惰性气体保护。另外，在其他许多炉用材料如使用炭制品的时候，机架等也用炭制品。

作为输送用石墨材料的用途可以举出把被加热物送入炉内，再从炉内取出时用的容器。具体是指装入被加热物移动输送的箱、筐、坩埚、盖、机架、机架支持板、机架止动销等。图9-11所示为采用输送用托架的推料式连续烧结炉的示意图。

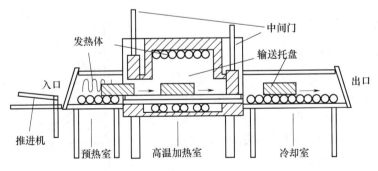

图9-11　推料式连续烧结炉示意图

除作输送用外，石墨制品还用作为防止从真空烧结炉加热器发出的辐射热直接辐射到被加热物的保护板或均热板。另外也用作炉内放置被加热物的底板或支持底板的支持棒或支持台。间接式电阻炉内使用的底板概略图如图9-12所示。

在固定石墨制的发热体、隔热材料、炉结构件、冶具等构件时也要使用螺钉和螺母

（图 9-13），为在高温下有较低的线膨胀系数和产生高强度，特别是在强调强度时，要采用高价的 C/C 复合材料。

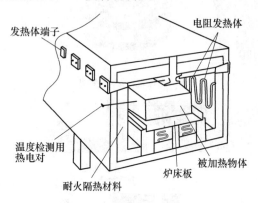

图 9-12　间接式电阻炉的示意图

图 9-13　真空冶炼炉石墨结构件
（支架、托板、导轨、螺钉、螺母）

9.2.2　真空（过压）炉用石墨舟皿

真空（过压）炉及其他烧结炉用炭石墨舟皿或载物盘，是用来盛放待烧结物的容器或托盘，根据待烧物品的形状、规格大小的不同，采用不同形状与规格的舟皿或盘，有圆盘舟、槽形方舟、平板舟、齿槽舟等，种类、形状、规格繁多，有些有盖，有些无盖。典型的舟皿如图 9-14 所示。

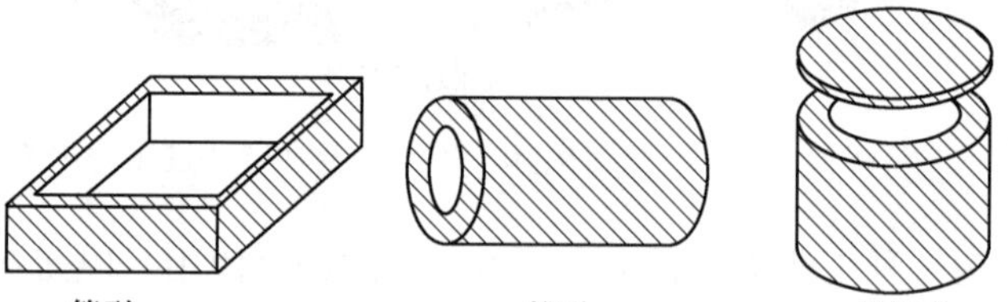

烧结炉舟皿有炭质的和石墨

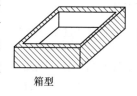　　

箱型　　　　　管型　　　　　坩埚型

图 9-14　输送用冶具的用例

质的，主要性能要求是：其一是要有足够的强度，气孔小、无裂纹；其二是抗氧化性能好。另外使用寿命长，性价比高。

9.2.3　还原炉用石墨炉膛与舟皿

在硬质合金的原料制备中，钨、钴、镍、钛、钽等金属氧化物，是在还原炉内还原为金属粉末的。虽然不同金层氧化物还原时的还原剂不同，如钨、钴、钛、镍、铜等金属的氧化物的还原剂为氢（H_2），而稀有金属钛、钽等氧化物则用金属热还原，但还原反应可用下面一般化学式表示：

$$MeO + X \Longrightarrow Me + XO \qquad (9-1)$$

式中，Me、MeO 为金层、金属氧化物；X 为还原剂；XO 为还原剂氧化物。

连续式还原炉结构示意如图 9-15 所示，还原炉炉膛有两种结构：一种为方形截面炉膛；另一种为圆截面炉膛。方形炉膛用石墨板筑砌，圆形炉膛用圆形

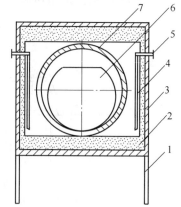

图 9-15　连续式还原炉结构示意图
1—炉支架；2—保温隔热层；3—炉外壳；
4—发热元件；5—发热体端子；
6—石墨舟；7—炉膛

石墨棒车削成圆管（连续式石墨炉膛与附件如图9-16所示）。待还原的金属氧化物由石墨舟装载，从炉的进口一个接一个连续送入炉膛，进口处进一个舟，出口处出一个舟。方形炉膛用方舟，圆形管炉膛用半圆舟，均采用炭或石墨材料制作，如图9-17所示。

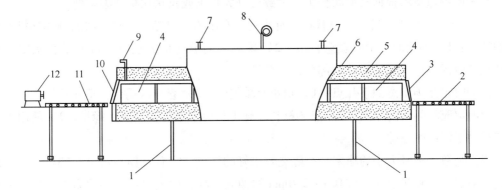

图 9-16 连续式还原炉结构示意图

1—炉支架；2—出舟平台；3—出口炉门；4—石墨舟；5—隔热保温层；6—炉外壳；7—发热体端子；
8—热电偶；9—H_2进气管；10—进口炉门；11—进舟平台；12—推进机构

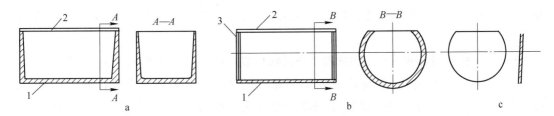

图 9-17 还原炉用石墨方舟与半圆舟示意图

a—方舟；b—半圆舟；c—半圆舟端盖
1—舟体；2—舟盖；3—端盖

9.3 炭石墨隔热材料与制品

9.3.1 隔热材料的特性

在工业炉中隔热材料的作用是：在有效使用发热体给予炉内热量的基础上，实现节约能源和保护炉体等，所以隔热材料的作用很重要。

一般炭素材料的特点可举出质量轻、耐热、热传导性好、高温下强度不降低、热膨胀小、耐药性好等优点，但作为隔热材料，特别是高温区域使用的隔热材料所需特性除上述外还需要低热传导性、耐腐蚀、低吸湿性、气体发生量少等特点。

炭素材料具有的特性大致就是隔热材料所需要的特性。由于气体的热传导率比固体的热传导率低，因此炭素材料的气孔使之成为做隔热材料适合的材料。

隔热材料在1500℃左右比较低的温度区域使用时可以使用陶瓷类物质，但在更高的温度区域由于耐热性、易污染被加热物质、隔热材料产生气体等原因而采用炭素质隔热材料。

9.3.2　炭素隔热材料的分类

炭素质隔热材料根据其形状分类，大致可分为粉末或粒状和炭纤维系列。

（1）粉末或粒状。粉末或粒状物中有焦粉、石墨粉、炭黑，这种形状的隔热材料有如下的特点：1）使用时的形状随意自由；2）采用不同的充填方法可以改变堆积密度；3）有消耗的时候，仅补充消耗掉的部分，十分经济。

但同时也必须留意如下几点：1）很难充填均匀；2）容易因扬尘而造成污染。

影响填充均匀性的原因：1）隔热材料在施工时由于架桥现象产生蜂巢；2）使用中因粉末移动下沉产生空隙。

炭黑是数十纳米大小的粉末，有隔热效果好的优点，也有飞扬易污染的缺点。为了改善这一缺点，有将炭黑加工成 0.1~2.0mm 的颗粒，其表面被包覆一层硬质炭，成为一种改善了流动性、污染性的颗粒状隔热材料。

（2）炭纤维系列。炭纤维系列隔热材料的形状有粉末状（粉、短纤维）、毛毡状、成型体（舟、皿状）等各种各样的。由于这种隔热材料可以用剪刀进行简单的剪裁切断加工，施工时的可操作性强，隔热效果好，所以是现在使用最多的隔热材料。常用的有：

1）粉末状：因与前项所介绍的粉末或粒状相似，其特点和问题点也如前项所述。

2）毛毡状（炭毡）：具有均一的厚度和可挠性，可以缠绕或重叠在隔热层使用，可操作性强。另外，由于厚度均一，体积密度固定，可以根据预测隔热效果而对炉子进行设计。

但有时也会有单根丝脱落飞散的情况，或因使用条件限制不易应用的场合。

3）成型体：将炭毡或短切炭纤维以沥青类黏结剂成型固化后的纤维系列隔热材料，可单独使用且使用方便。另外也不会有粉末或炭毡那样粉末飞扬，因此对产品没有影响。与炭毡相比体积密度高，隔热性能稍差，消耗后不能修理或修补只能换新。硬毡制品如图 9-18 和图 9-19 所示。

图 9-18　SIGRATHERM 硬毡的形状

4）多层反射板：纤维系列隔热材料的传热机理大致分空隙部的热辐射、换热和经纤维的热传导。在高温区域受空隙部的热辐射和换热的传热机理影响大。根据此传热机理作为降低换热的一种方法是在隔热材料之间夹入多层石墨薄层的多层反射板。石墨硬毡复合材料如图 9-20 所示。

保温盖板
圆盘直径可达
1950mm

保温筒
直径可达 2000mm
高度可达 (2500±2)mm
厚度可达 300mm

图 9-19 硬毡保温筒与盖板

1524（60″） 1219（48″）
20±2、25±2、30±2、40±2、50±2
最大保温板尺寸：厚度 120mm，
宽度 2000mm，长度 2500mm

图 9-20 石墨硬毡复合材料板

9.3.3 炭素隔热材料的主要性能

9.3.3.1 热导率

用相同的测试方法测定的各种炭素质隔热材料热导率的结果如图 9-21 所示。热导率随温度上升增大，除石墨颗粒外其他特性曲线相似。在图 9-21 中，炭纤维制作的隔热材料（CF 舟），沿纤维平行方向的热传导率比垂直方向高，热导率呈各向异性，在施工时应引起注意。

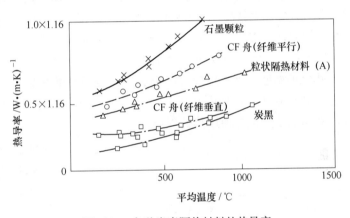

图 9-21 各种炭素隔热材料的热导率

9.3.3.2 体积密度

隔热材料体积密度越小质量就越轻，有利于施工。另外，隔热材料的体积密度小，热容量就小，炉子升温所需要的能量就少，同时升温、冷却速度也快，炉子的循环操作短，比较经济。炭素质隔热材料大多使用在高温领域，在高温领域主要是辐射传热。体积密度大的话，对辐射传热有效，炉外壁温度低，热损失小，因此在选定体积密度时应充分考虑。

9.3.4 隔热材料的热处理温度与热传导、氧化及吸水性的关系

9.3.4.1 热处理温度和热导率

炭素材料由于热处理温度不同，热导率也不同，热处理温度高，热导率就高。粒状隔热材料的热导率与温度的相关性如图 9-22 所示。粒状隔热材料（B）是将粒状隔热材料（A）高温处理后的产物。粒状隔热材料（B）的热导率比粒状隔热材料（A）高，经 2800℃ 处理后产物的热导率比粒状隔热材料（B）更高。同样对于炭纤维，石墨质纤维的

热导率比炭质纤维高。

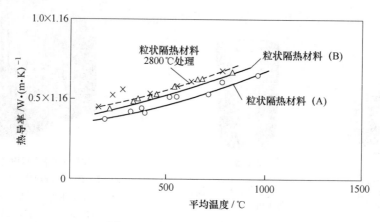

图 9-22　粒状隔热材料的热导率

9.3.4.2　热处理温度和氧化

热处理温度对氧化开始温度也有影响。各种炭纤维的氧化开始温度如图 9-23 所示。氧化开始温度也根据炭纤维的材质不同而异，同一材质的炭纤维相比较。其倾向是热处理温度高，氧化开始温度就高，但是氧化开始温度是在 400～700℃ 范围之间，为防止隔热材料寿命降低，隔热性能劣化，打开与空气相接触的炉盖时，必须注意此时的温度。

9.3.4.3　处理温度和吸附水分

热处理温度与吸附水分有一定关系，炭纤维的热处理温度在 1000℃ 和 2000℃ 时的相对温度和水分的关系如图 9-24 所示。热处理温度高的炭纤维几乎没有水分吸附，因此，在嫌恶水的地方最好使用热处理温度高的炭纤维。

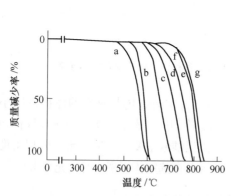

图 9-23　炭纤维的氧化开始温度
a—沥青系（各向同性，900℃处理）；b—PAN 系（高强度型）；
c—沥青系（各向异性，900℃处理）；d—沥青系（各向异性，
1400℃处理）；e—PAN 系（高弹性率型）；f—沥青系
（各向同性，2000℃处理）；g—沥青系（各向异性，2000℃处理）

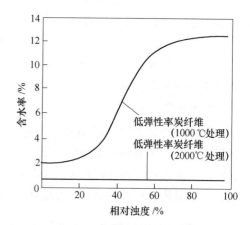

图 9-24　相对温度和含水率的关系

9.3.5 炭素高温绝热材料

据文献报道，新的炭素耐火材料，其密度和热导率都很低，可做多种用途的高温绝热材料。其特性列于表9-4。

表9-4 密度和热导率极低的炭和石墨的特性

试料号 常温特性	密度和热导率低的炭和石墨								典型的人造石墨
	950℃				2500℃（石墨化品）				
	1	2	3	4	1	2	3	4	
视密度/$g \cdot cm^{-3}$	0.472	0.575	0.653	0.743	0.486	0.591	0.670	0.762	1.70~1.75
气孔率/%	74.0	68.3	64.0	59.1	76.2	71.6	67.8	63.4	约19
热导率（190℃） /$W \cdot (m \cdot K)^{-1}$	0.32	0.41	0.51	0.63	3.6	5.3	6.9	9.1	140~160
弹性模量/MPa	252	329	707	1652	133	182	283	420	11000~12000

9.3.6 隔热材料的施工

炭纤维成型隔热材料的安装如图9-25所示。由于炭素质的隔热材料有导电性，加热器或电极接点部分不能与隔热材料接触，此点在安装时必须注意。此外，隔热材料安装时，常使用炭质螺柱或梳条（炭纤维制）、钼等耐高温性金属的销子进行施工安装。

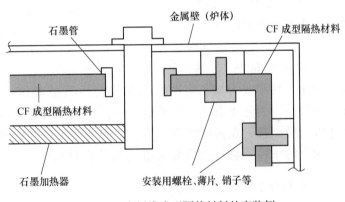

图9-25 炭纤维成型隔热材料的安装例

9.4 石墨模具

9.4.1 热模压用石墨材料

热模压是在生产切削加工用超硬刀头时，以加热加压将金属或塑料进行烧结所采用的手段。热模压法中炭素材料作为加压模具同时还是发热体。加热方式大体分电阻加热方式和感应加热方式两种。热模压机的加热方法举例如图9-26所示。

烧结条件是根据被烧结体的不同而异，烧结温度一般在600~1500℃，加压压力可到40MPa，烧结气氛控制为氧化气氛或非氧化气氛。要求热模压采用的炭素材料的性质主要有如下特性：（1）强度。应具有承受加压烧结金属产生应力的强度。（2）致密性。气孔大的坯料金属容易侵入气孔中，应有致密性。（3）浸润性。若与烧结金属的可润湿性好的话，烧结后与被烧结体的剥离就困难，故应与烧结金属不润湿。（4）电阻率。在电阻加热方式中，电阻过低就需流过更多的电流，这样就必须配备大型电源装置，所以石墨模的电阻应适当。(5) 各向同性。同时使用多个加压穿孔材料时，炭素材料如是各向异性的话，因线膨胀系数的不同会造成破裂，应采用各向同性材料。

对于铸模、套管、穿孔机等制品，若从强度、致密性等考虑，主要采用各向同性石墨材料，但从价格方面考虑也有采用挤压成型的石墨材料。一般各向同性石墨材料的强度是挤压成型石墨材料的 2 ~ 4 倍。除铸模外，套管与铸模间隙或穿孔材料与烧结

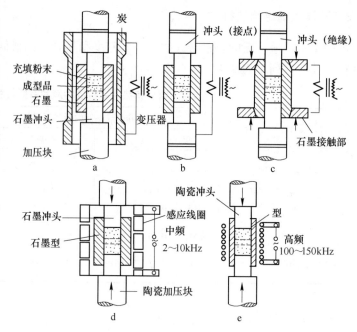

图 9-26　热模压机的加热方法
a—炭管加热；b—冲头通电；c—型模通电；
d—中频加热；e—高频加热

体之间作为缓和应力材料有时也采用可挠性石墨密封。具体而言，当 C/C 复合材料铸模变形后，为防止因线膨胀系数不同，烧结体和穿孔机或套管间产生应力引起的裂纹或提高脱离性，在铸模和内部管套之间使用可挠性石墨。最近从强度和有效利用空间考虑，对于模型材料也积极采用 C/C 复合材料。

9.4.2　金刚石工具烧结用铸模

砂轮修整器用金刚石工具或钻井机的金刚石锥等制造时的烧结铸模使用人造石墨（挤压成型、等静压成型），此时要求使用的石墨材料致密，制品表面精加工，氧化消耗少，铸造寿命长。金刚石工具烧结用铸模如图 9-27 所示。

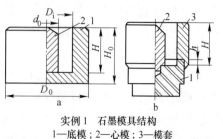

实例 1　石墨模具结构
1—底模；2—心模；3—模套

实例 2　制造金刚石工具用石墨件

实例 3

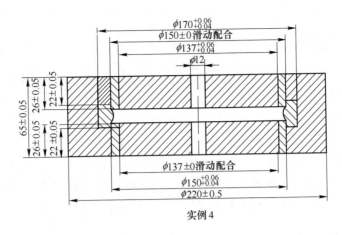

实例4

图9-27 金刚石工具烧结用石墨模具

9.4.3 超硬合金热挤压用铸模

超硬合金烧结采用热挤压。此时如压缩温度有1350～1450℃的话，压缩力为6.6～9.8MPa，压力为冷压缩时的1/10为好。加热和加压在同一工序内短时间烧结，可以得到致密的烧结品。石墨材料做铸模具有比较大的抗拉强度，热强度大，线膨胀系数与超硬合金相似等优点而常被选用。图9-28为采用石墨材料制造超硬合金的热挤压铸件及构造。

近年来由于采用高密高强的等静压材料以及炭纤维复合材料，可以提高成型压力，另外由于压力均衡，铸件的内径也可以大一些。

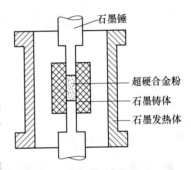

图9-28 超硬合金的热挤压铸件及构造

9.4.4 炭的铸模和压铸模

炭和石墨在翻砂铸造方面以及在粉末冶金方面也具有一些宝贵性质而被应用。有许多特殊铸造需要用炭和石墨做的铸模，很多翻砂工厂也要用炭和石墨做的冷铸模。石墨具有的高热导率和高热容量使它成为一种使用效率很高的冷铸材料。

在粉末冶金的领域里，有许多压力铸造必须在很高的温度下施加压力。石墨做的压模就应用于这些方面，因为石墨和炭在高温下保持强度的能力比其他任何材料要好。在热压钨铬钴合金、碳合金和其他钨碳化物基的工具材料中也要用炭和石墨做的压模。

9.5 工业炉用其他炭石墨制品

在工业炉的基础上炭石墨制品还有其他用途，应充分利用石墨材料特有的性质，其特有性质如下：（1）耐热冲击性强，即使直接插入高温的熔融金属（铝：约700℃，铁：1350～1570℃）也不破坏。（2）耐腐蚀，不污染熔融金属，也不与熔融金属润湿。（3）高温下不变形，高温下强度增大。（4）导热系数大。（5）质量轻，容易处理，连接容易，易加工。

9.5.1　温度计用保护管

石墨的热传导率高，耐热冲击性也好，在电炉中作为测定熔融金属温度使用的浸渍式电气温度计二重管式保护管的外管使用。这种用保护管的温度计略图如图 9-29 所示。除前端部外，浸入熔融金属部完全用石墨制的外管保护，温度计内部装有电热对。用石英管保护的温度计仅在前端部数厘米处露出的部分在熔融金属中前后浸入 10s 进行测温。这样可以使用 200 次左右。这个保护管是由温度计前端部有石英保护管的锥形石墨插头，为把插头固定在石墨外管而附有带螺纹的衬套，为保护钢制内管的石墨制外管等构成。石墨外管的外径为 $\phi(40\sim60)$ mm，内径为 $\phi(23\sim25)$ mm，长 1000mm 左右，根据需要可以接到所需长度。

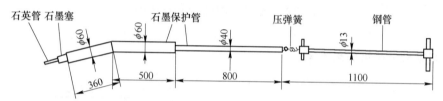

图 9-29　温度计的概略图

保护管使用的石墨选用气孔少、不包藏吸附气体、熔融金属不易浸入气孔中、致密、机械强度大的材质。

9.5.2　热电偶的保护套

为了防止热电偶插入熔融金属内烧损，在热电偶的金属外套上套上一个用细颗粒人造石墨坯料车成的带螺纹的管状保护套（图 9-30）。热电偶的工作端用石英管保护着，石英管用人造石墨塞与人造石墨保护套连接在一起（图 9-31）。

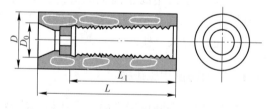

图 9-30　热电偶用人造石墨保护套

人造石墨保护的热电偶可用以实现高炉、平炉、电炉和其他熔炼炉炉温的自动测量，也可用于其他工业炉的热电偶保护套或测温孔石墨管。由于人造石墨具有热导率高、耐热冲击性能好、体积质量轻等特点，所以广泛用于制作测定平炉、电炉等熔融金属用的插入式的热电偶的保护套。

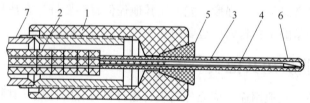

图 9-31　钨-钼热电偶工作部分的保护装置

1—人造石墨保护套；2—瓷珠；3—瓷管；4—石英嘴；
5—石墨塞；6—热电偶工作端；7—热电偶金属套

对保护套用人造石墨的要求是，气孔要少，石墨内不能包藏着吸附的气体，不允许熔融金属浸入石墨内孔隙内，为此，必须选用机械强度大、致密的人造石墨材料来制造保护套。人造石墨保护套的使用寿命与所选用的人造石墨的材质好坏和使用条件有关。应用于平炉的情况下，通常使用次数在 200～300 次之间。

9.5.3　光辐射高温计测温管

高温炉的光或者辐射高温计测温管在 1000℃以上高温、非氧化性气氛的炉内测温用，作为插入管有各种型式应用。为防止向炉外热损失，有时也采用热传导率低的炭质管材。

9.5.4　吹气管和注入管

为了除掉熔融有色金属（铝、镁、黄铜等）中的氢、氧化物和其他不纯物，需将氮气、氯气、氩气等吹入熔融金属里进行精炼处理。因为人造石墨具有耐高温、与熔融的有色金属浸润角很小、不起反应、体轻等特点，所以人们早就选中了人造石墨材料来制作这种吹气管。

通常采用外径 37mm 或 50mm，内径 13mm 的人造石墨管。管的长度根据熔融金属的深度而定。

在吹入管的前端，也就是在出气口处，为了获得均匀的小气泡，以便提高精炼效果，可将吹入管端头封住，然后在管子前端四周钻些小孔或者在前端安装多孔质炭素管。

石墨注入管是将石墨粉和碳化物等好的脱硫剂注入到铁水中进行脱硫用的。

炉内吹入管，是为将金属熔融精炼而把石墨管作为一种工具。例如，为除去熔融铝中的溶解气体或除去锰等金属中的杂质而吹入 N_2 气或 Cl_2 气的吹入管。另外有为铁水脱硫而吹入 CaC_2 的吹入管，还有为制造弹性铁时作为吹入锰粉的吹入管等。

9.5.5　炉内填充材料

作为特殊用途，如生产炭素制品的焙烧炉或石墨化炉使用的炭质填充料。在焙烧炉里是传热材料，也是空气隔断材料。在石墨化炉里是发热材料同时也是传热材料、空气隔断材料。石墨化炉的概略如图 9-32 所示。

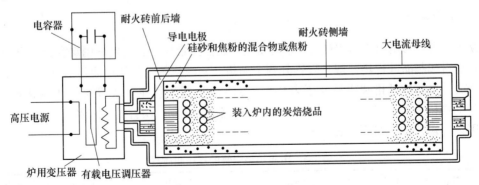

图 9-32　石墨化炉平面概略图

9.5.6　溶液过滤器

日立制作所开发的连续感应加热炉，炉内使用的炭素制品，可以说是种非常特殊的应用，如图 9-33 所示，炉内形成的炭层不但是发热体，还是溶液过滤器、还原剂。

9.5.7　炉内冷却用管

炉内冷却用管的特殊例有 C/C 复合材料制冷却管（兼作加热管）。金属淬火用真空热处理炉有一种单室型超高压气体冷却或高压对流加热真空炉，这种炉在加热和冷却时使用 C/C 复合材料制管。由于通电而作为管式加热器，也作为通过 He 或 H$_2$ 气等致冷剂的冷却管。耐急冷急热、尺寸变化小的石墨才有这种用法。

9.5.8　小石墨棒

小石墨棒可以用做电阻炉的加热器。平均灰分不应超过 0.02%，每批的平均比电阻不大于 11μΩ·m。表 9-5 列出了小石墨棒的规格和质量。

表 9-5　小石墨棒的规格和质量

直径/mm		长度/mm		平均质量 /kg
额　定	容许误差	额　定	容许误差	
20		1000		0.5
20		1200		0.6
25	±1.5	1000	±15	0.78
25		1200		0.94
32		1300		1.70
40	2.0	1400	±50	2.80

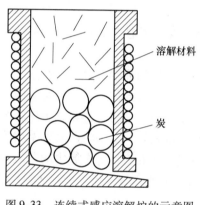

图 9-33　连续式感应溶解炉的示意图

小石墨棒可以用做电阻炉的加热元件。也有在技术条件中，灰分没做限定但比电阻不应大于 10μΩ·m 的。如额定直径为 32mm（容许误差 ±2mm），长度 550mm（容许误差 ±50mm）。石墨棒的平均质量 0.72kg。弯曲度（挠曲度）不得大于其长度的 1%。

9.5.9　小炭管

炭管主要用做电阻炉的加热器，铝的氯化，制作拉希环等。电阻炉用炭管充作电炉加热器，对材料和制品进行热处理。炭管分两个品级。一级炭管，其比电阻应在 40~80μΩ·m 的范围内。炭管的规格和质量列于表 9-6。二级炭管用于氯化。炭管可用于制作拉希环。其炭管的规格和质量列于表 9-7。渗硅炉用炭管充做加热器，炭管的比电阻应在 30~70μΩ·m 范围内。炭管的规格列于表 9-8。

表 9-6　电阻炉用炭管的规格和质量

外径/mm		内径/mm		长度/mm		容许壁厚 /mm	平均质量 /kg
额　定	容许误差	额　定	容许误差	额　定	容许误差		
72	±2	60	−4	550	+25 ~ −50	2	1.0
86	+4 ~ −1	75	+1 ~ −5	1075	±25	2	1.7
150	+6 ~ −2	110	±5	975	±25	3	13.5

注：一级炭管的弯曲度（挠曲度）为管长的 0.7%，二级炭管为 1.4%。

表 9-7　氯化用炭管和拉希环用炭管的规格和质量

技术条件	外径/mm		内径/mm		长度/mm		平均质量/kg	弯曲度（挠曲度）（不大于长度的比例）/%
	额定	容许误差	额定	容许误差	额定	容许误差		
氯化用炭管	32	±2	24	±2	1300	±20	0.7	2
拉希环用炭管	72	+2～-2	60	+1～-5	500	±10	1.0	—

表 9-8　渗硅炉用炭管的规格和质量

外径/mm		内径/mm		长度/mm		容许壁厚差/mm	平均质量/kg	弯曲度（挠曲度）（不大于长度的比例）/%
额定	容许误差	额定	容许误差	额定	容许误差			
96	+7 -3	75	+3 -7	1500	+50 -30	3	6.6	2

9.6　玻璃工业用炭石墨制品

玻璃主要用于：（1）化学化工，如器皿，瓶罐等；（2）光学；（3）建筑，如门窗玻璃、外墙装饰玻璃。虽然玻璃与硬质合金的用途完全不同，但是玻璃工业用炭石墨制品与硬质合金冶炼用炭石墨制品有许多共性，因而归入此。

前已述及，炭石墨材料具有良好的自润滑性能、热稳定性、耐磨性、化学稳定性和易进行机械加工等特点，故可在高低温、酸、碱、油、空气或水等介质中作为抗磨材料，目前，它在机械、化工等部门已获得广泛应用。炭石墨制品与在机械等工业中一样，在玻璃工业中也被广泛地应用，下面予以分类叙述。

9.6.1　普通玻璃工业中用炭石墨制品

据英国、德国等国家的资料介绍，炭石墨材料可作玻璃生产中吹制、浇注、压制、拉伸等成型工艺的各种工具和模型等，如卷轴和套管、熔融坩埚、衬件、插件和成型模等。而且，许多通用形状已经标准化。

目前，我国已有一些玻璃制造厂家开始使用炭石墨材料。特别是对于在高温下作业，又需要加润滑油的部件，用炭石墨制品代替金属，使用时不用加润滑油，维护十分方便，例如，生产平板玻璃的平拉辊和转向辊轴承、隧道窑的铜套、拉边机夹辊头等都可以采用炭石墨轴承。

（1）平拉辊石墨轴承。玻璃制造厂成品车间的平拉辊将已成型的平板玻璃往前拉，以便切成所需尺寸的玻璃。该设备有 7 根这种辊子，辊子两端各有一个轴承，规格为 $\phi 190$mm/$\phi 165$mm×45mm，转速为 20r/min，工作温度为 180℃左右，辊轴为耐热钢。目前采用炭石墨材料（例如 M254 等）制造轴承，寿命可达 1 年左右，且不用加润滑油，使用效果好，操作和维护都很方便。

（2）转向辊石墨轴承。成品车间的转向辊是设备的关键部件之一，它的作用是把半凝固状态的玻璃液从炉子底下往上拉，再转 90°方向向前输送。轴承有冷却系统，内通冷却水冷却。因此，转向辊一端的轴承还有密封作用。原来采用盘根密封时，泄漏严重，经常流水，严重影响操作环境的卫生，并且维修很麻烦。在改用炭石墨轴承的初期，曾试用过未浸渍的电化石墨材料，由于这种材料气孔率大（约 20%～30%），不耐磨，密封效果不好，泄漏量仍很大。同时，装配时易碎。后来，采用浸渍巴氏合金的石墨材料，效果良好，基本上不泄漏，磨损很小，使用单位很满意。

（3）玻璃工业中的炭素耐火材料。此外，在玻璃工业中还使用炭素耐火材料，炭素不为熔融玻璃所浸润，在玻璃上不残留斑点和搔痕，耐热冲击性强，不需要润滑剂，而且容易机械加工，许多种石墨制品在玻璃工业上有各种用途，可以用做石墨车轮、玻璃板用滚道、滑板、玻璃纤维的导向器和缠辊轮、玻璃容器的铸模材料等。

9.6.2　石英玻璃工业用炭石墨制品

石英玻璃生产过程中，特别是采用电熔法生产透明石英玻璃时，广泛采用石墨坩埚、石墨发热体、石墨保温套等。玻璃及石英工业用石墨制品如图9-34所示。在生产不透明石英玻璃时，常采用单棒法进行生产，即利用一根石墨棒（包括圆形棒和U形棒），通电加热，将石英砂熔化成石英玻璃。而在气炼法生产石英玻璃中，也采用石墨材料来制造托板。而在"气炼槽沉法"中，须将一次气炼的石英块，放在涂有钨烧结层的石墨盒内，盒上用石墨块加压，置于高频炉或电阻炉中加温到料块熔化和沉平，然后停电、冷却和退火，这样可将一块细长的石英块压制成大直径的光学石英玻璃（也可压成异形的），并能减轻气炼玻璃的颗粒不均匀性，可见，在石英玻璃生产过程中，石墨已成为不可缺少的材料。

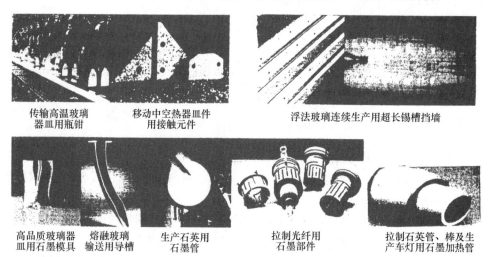

传输高温玻璃　　移动中空热器皿件　　　　　　　浮法玻璃连续生产用超长锡槽挡墙
器皿用瓶钳　　　用接触元件

高品质玻璃器　熔融玻璃　　生产石英用　　　拉制光纤用　　　　拉制石英管、棒及生
皿用石墨模具　输送用导槽　　石墨管　　　　石墨部件　　　　产车灯用石墨加热管

图9-34　玻璃及石英工业用石墨制品

9.6.2.1　真空常压法生产透明石英玻璃

它是将纯净的经过处理的天然水晶料块（粒度5~25mm）装入石墨坩埚内，在真空电阻炉内快速熔制（每炉15~45min），并直接控制成透明石英玻璃管的方法。

石墨坩埚一般采用筒式，既是容器，又是发热体，如图9-35中4所示。为了便于排除气泡，炉子的保温结构和石墨坩埚的形状均应符合下部温度高、上部温度低的原则。

9.6.2.2　真空加压法生产石英玻璃

它是将细粉碎原料真空熔融后，随即充入高压气体，然后放气拉管或制成红外光学石英玻璃。目前真空加压法拉管所采用的石墨坩埚，一般是采用筒式梭形埚，埚壁两端薄中间厚，选择这样的埚形主要是为了减少坩埚发热体纵向温差。因为纵向温差的存在，使靠近芯杆周围料层脱氧不完全，由于局部料层玻璃熔化后已经下沉，芯杆周围料层形成气泡，即使延缓脱气时间，气泡也排不出去。

石墨坩埚发热体的几何尺寸各有不同，以外径204mm的坩埚为例，其外形和各部尺寸如图9-36所示。

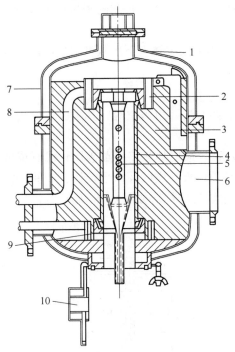

图9-35 真空常压炉剖面示意

1—上炉盖；2—上电极；3—保温层；4—石墨发热体；
5—芯杆；6—排气孔；7—炉体循环水；
8—导线；9—下电极；10—下炉盏

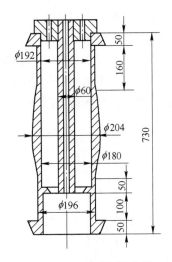

图9-36 石墨坩埚发热体

对上述两种石墨发热体，要求所采用的石墨材料纯度高，并经过石墨化处理，如果未经石墨化处理，则在使用前要经过高温煅烧。

真空加热法拉管的炉内，保温结构分为固定保温和活动保温两种。固定保温采用石墨圆套，保温套的大小根据坩埚直径确定。采用石墨圆筒的固定保温法有很多优点：熔制效果重复性好，炉体处于灼热状态，可以省电，操作简便，车间环境卫生好。

真空加压法熔制光学石英玻璃时，采用间接加热法即在石墨发热体内装有盛料的石墨盒，并在石墨盒内壁涂有钨烧结层。

目前，用石墨坩埚作发热体生产透明石英玻璃成本高的主要原因是，石墨坩埚发热体消耗量大。由于目前有些厂家采用炼钢用石墨电极材料加工坩埚发热体，而这种材料颗粒度较大，电极本身的气孔率较大，因而在高温时在空气中的氧化速度较快，加之二氧化硅同石墨电极的线膨胀系数不同，影响石墨坩埚的使用寿命。为了延长石墨坩埚的使用寿命，降低生产成本，应采用如下几项措施：

（1）选用细颗粒高纯石墨制品，虽然这样做一次投资较用炼钢电极料会有所增加，但由于这种材料抗氧化能力较强，使用寿命较长，对提高产品质量、降低生产成本仍有好处。

（2）拉完管后应立即将用过的石墨坩埚在真空下进行高温煅烧，煅烧的温度要超过熔制使用温度，通过高温煅烧基本上可以除去碳化硅层。

（3）拉管时上炉盖不应打开，以防止坩埚氧化。

（4）为了不影响下一炉生产，必须将烧红的坩埚取出后放在特制的密封石墨套内，使之不与空气接触，以防止高温下氧化。

（5）为了增加使用次数，坩埚壁可适当厚些。坩埚发生体上下形状可车成对称，可以双向颠倒使用。

9.6.2.3　生产不透明石英玻璃的方法

这类方法很多，有单棒法、多棒法、电弧法、离心法、坩埚法等，其中以单棒法工艺最成熟，应用最广泛。

单棒法即用一根石墨棒（包括圆形棒和 U 形棒），通电加热将石英砂熔化成石英玻璃的工艺方法。熔制不透明石英玻璃的单棒电阻炉是用铁板制成的圆筒形炉体，中间有横向轴可以自由转动，其构造如图 9-37 所示，U 形棒电阻炉的构造如图 9-38 所示。

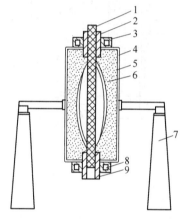

图 9-37　立式单棒电阻炉示意

1—石墨电极；2—石墨电极夹头；3—水冷电极套；
4—炉体；5—石英砂；6—熔融石英玻璃；
7—炉架；8—水冷电极套；9—石墨电极夹头

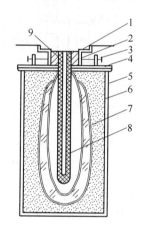

图 9-38　U 形石墨棒电阻炉示意

1—电极夹板及导线；2—石墨电极夹头；3—顶丝；
4—石棉绝缘板；5—炉体；6—保温石英砂；
7—熔融的石英玻璃；8—U 形石墨加热棒；
9—石英玻璃绝缘片

熔制不透明石英玻璃的电阻炉，用石墨棒作为电阻发热体。通电后，石墨棒发热体的温度迅速上升，当升到 1700℃ 以上时，发热体周围的硅砂层开始熔化形成石英玻璃，同时二氧化硅和发热体开始起反应，其主要反应如下：

$$SiO_2（液相）+3C（固相）== SiC（固相）+2CO\uparrow（气相）$$

由于上述反应，在石墨棒外表面和熔料相接触的地方生成致密的碳化硅层，并出现充满 CO 等气体的空腔，温度越高，熔化时间越长，反应越强烈。碳化硅及空腔的形成有利于熔融结束后，将石墨加热体从熔料中抽出来，熔制成的不透明石英玻璃还要经过成型，才能得到所需制品。所谓成型即将在炉内熔化好的石英玻璃料块，先拔出石墨加热棒，然后夹出放在模型内吹制或压制成所需形状的制品。成型模具是两开式的，一般用铸铁制成，但对数量少的小型制品也可用石墨制成或在大模型中套一所需形状的小石墨模型。

所谓电炉熔炼法就是将被熔融物装在一个旋转的容器中，利用石墨电极之间的电弧来加热熔融石英玻璃。过去的厂家采用电解锰炭棒来作这种电极，因纯度和密度不够，这种电极的使用寿命较短。石英玻璃生产厂家希望能得到具有一定的体积密度、电阻率、硬度、强度和低的燃烧速度及稳定弧光的石墨棒作电极，为此，世界各国的炭素制造厂家都在进行大量研究工作。

据报道，有的电炭生产厂家为了使电极电弧达到稳定，在石墨电极上先涂敷金属硅或硅的化合物。当电极间发生电弧时，电极上的硅元素经过电弧的高温，开始蒸发，发生电离作用，离子在电极间形成电弧通路，这样就可以产生一种极稳定的电弧。与此同时，一部分硅元素被氧化，作为原料混入熔融石英中，能使熔融状态达到均质化，获得高纯石英产品。

这种高纯石英玻璃电弧熔融用电极可采用如下几种方法制造。

（1）在经氯气、四氯化碳或二氟二氯甲烷等气体脱灰处理过的石墨粉中，添加所需量的金属硅粉或硅化合物粉用黏结剂成型后，放入非氧化性气氛中进行烧结，就可获得含有金属硅或硅化物的高纯石英玻璃电弧熔融用石墨电极。

（2）将经氯气、四氯化碳或二氟二氯甲烷气体脱灰处理过的石墨电极放在含有硅微粉末或硅化合物微粉末的混合液体中浸泡或在真空条件下浸泡后，为了防止浸入石墨电极的硅或硅的化合物渗出表面可逐渐加热，干燥后可获得高纯石英玻璃电弧熔融用电极。

（3）在经氯气、四氯化碳或二氟二氯甲烷等气体脱灰处理过的石墨电极上，将用有机物为黏结剂的硅粉或硅化合物微粉涂敷在石墨电极上，再经过干燥，即可获得高纯石英玻璃电弧熔融用电极，后两种方法也可在石英玻璃制造厂进行。我国实践表明，使用情况良好。

当然，为了提高电弧的稳定性，在石墨电极上施加高频电压或脉冲电压，效果会更好。

（4）由于高纯石墨材料具有良好的耐高温性能，并且在高温下尺寸稳定，耐热冲击性能好，与石英玻璃不浸润、不黏着等特点，所以可用高纯石墨材料制造生产石英玻璃的工具与器具。例如，可用高纯石墨材料制造拍平面和扩喇叭口用的各种形状石墨板、石墨锥和各种石墨模型等。

9.6.3 小截面电极

小截面电极主要充作电阻炉的加热元件。此外，它还可作为炭粒电阻炉的导电元件。氰氨炉用的电极的规格和比电阻见表9-9。电极和炭管（管接头）配套供应。

表9-9 生产氰氯化钙用的炭棒的规格和特性

制 品	直径/mm		长度/mm	比电阻/μΩ·m
	外径	内径		
电 极	15 ± 0.3	4 ± 1.0	1050 ± 25	不大于63
接 头	26 ± 1.0	16 ± 0.3	235 ± 15	不小于50

生产石英玻璃用的电极制成直径（22±1）mm，孔道直径（10±1）mm，长度（1000±50）mm，比电阻不应大于75μΩ·m，灰分不超过1.5%，含铁量不超过0.3%，含铜量不超过0.005%，直线偏差不大于0.8%。此种电极具有良好的耐热性，能经受400A的起动电流而不致破裂。

石英加热器用的电极制成直径（8±0.5）mm，长度（650±10）mm。电极的弯曲度不应超过长度的1.0%。电极的比电阻不大于60μΩ·m，灰分不大于0.5%，抗弯极限强度不小于18MPa。

特殊结构加热炉用的石墨棒制成直径（1±0.1）mm，长度不小于40mm。如与订货方协商，还可生产其他规格的电极，既可制成棒状和管状的，亦可制成片状和特形电极。灰分不应超过0.05%，抗弯极限强度（两支点间距离为10mm时）不小于3MPa。

10 机械工业用炭石墨制品

10.1 机械用炭的种类与特性

由于炭石墨材料具有独特的自润滑、减磨、热导、耐腐蚀性能，它在机械工业中的应用就具有强大的生命力。特别是运转在高温（或超低温）、强腐蚀介质中的机械设备，由于使用炭石墨机械零件，润滑和耐腐蚀问题获得了圆满解决，因其发展速度很快，仅几十年的时间，炭石墨材料已变成机械制造工业中的通用材料之一。目前广泛用来制造轴承、活塞环、密封环、泵及阀的部件、保护套、支座、防爆器及造纸机中的吸附片等。图 10-1 展示的是各种机械用炭制品的形状示例。

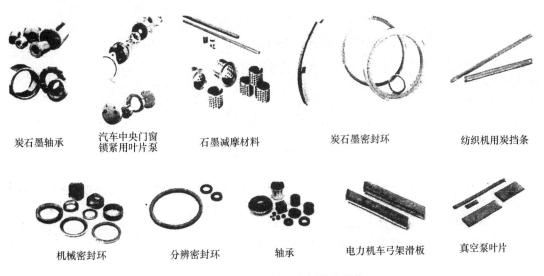

炭石墨轴承　　汽车中央门窗　　石墨减摩材料　　炭石墨密封环　　纺织机用炭挡条
　　　　　　　锁紧用叶片泵

机械密封环　　分辨密封环　　轴承　　电力机车弓架滑板　　真空泵叶片

图 10-1　各种机械用炭制品的形状

10.1.1 机械用炭的特征

（1）炭材料的特性。综合起来看如表 10-1 所示。

（2）作为机械材料的条件。炭石墨材料的静摩擦系数约为 0.3，动摩擦系数在空气干燥状态下为 0.1 ~ 0.2，本身有润滑性。热性能方面根据材料的最终热处理温度以及浸渍材料（树脂、金属、药物等）不同而异。在空气中 150 ~ 550℃ 范围内有耐氧化性。线膨胀系数约 $(1.0 ~ 6.0) \times 10^{-6} K^{-1}$，远小于金属与塑料。尺寸因用途的不同，要求的条件各异，综合起来如下：

表 10-1　炭的特性

特 性	优 点	缺 点
耐火性	熔点高（不熔化，不烧焦）	氮化、燃烧
耐腐蚀性	化学上稳定	对特定药品不稳定
减磨性	固体润滑性	有温度限制
热导率	石墨导热良好	无定形炭少
热膨胀	低	和金属相比差别大
机械加工	加工容易	比金属脆

　　1）不透性（但也有利用浸透性的情况）；2）减磨性大；3）导热良好；4）热膨胀小；5）耐腐性大；6）机械强度大，特别是耐冲击性大；7）机械加工容易；8）磨耗（干式、湿式）小；9）价格低廉。

　　这些条件还因用途的不同而有轻重之分，适应这些条件的材质和性能，可以在相当宽广的范围内选定，这是炭制品的最大特征。

　　（3）和其他工业材料特性的比较。机械用炭石墨材料特性与其他工业材料的特性比较见表10-2。

表 10-2　和其他工业材料特性的比较

	特　性	炭	其他工业材料
物理特性	视密度/g·cm⁻³	1.5～2.0	略小于玻璃，是铁的1/4
	热导率/W·(m·K)⁻¹	炭1172.4；石墨25122	铜93788.8；铁11304.9
	线膨胀系数/K⁻¹	炭1.5；石墨1.0	瓷器2.3；玻璃2.8～5.6
机械特性	抗弯强度/MPa	炭3.5～85；石墨5～30	在2500℃以下，强度随温度而增大
	硬度（肖氏）	30～110	（18.8不锈钢）约20
	弹性率/MPa	4000～13000	（18.8不锈钢）19700
	减磨性	炭：削磨性；石墨：润滑性	
电气特性	比电阻	石墨是炭的1/4	在非金属材料中是最低的
化学特性	耐腐蚀性	化学上稳定	
	氧化开始温度	氧400～500℃；氢700℃；二氧化碳900℃	
	高热熔点	与重金属制成碳化物在3900℃以下不熔融	

10.1.2　机械用炭的种类

10.1.2.1　按炭颗粒的黏合形式分类

　　具体如下：

　　（1）树脂黏合质：热硬化性树脂——各种合成树脂；热可塑性树脂——氟树脂及其他。

　　（2）烧结质（碳黏合）：1）炭石墨质，分为无浸渍与浸渍质，其中浸渍质又可分为树脂浸渍、金属浸渍和炭浸渍；2）人造石墨，分为无浸渍与浸渍质（主要是化学上用）。

　　（3）金属石墨烧结质（金属黏合）：金属和石墨的粉末冶金体。

10.1.2.2　机械用炭材料的种类

　　炭和石墨材料的一般情况列于表10-3（日本实例），表10-3中展示的炭和石墨是现行普通机械用炭的主要范围。

　　机械、输送设备用炭素制品所用炭素材料的种类，根据炭素原料、黏合材料、浸渍材料等的组合不同，主要分为如下几类：

　　（1）炭质：主要由非结晶质（低规则性）的炭素原料构成，硬质，在流体润滑下耐磨损性好，在大气中的耐热温度（氧化开始温度）约300℃。

　　（2）石墨质：主要由结晶质的炭素原料构成，软质，自润滑性好，有良好的高温特性，在大气中的耐热温度约450℃。

表 10-3 机械用炭的类别、特性、用途一览表（日本产品）

项目	名　称	中　硬　质		硬　质			
		炭 A	炭 B	炭 C	炭 C₂	炭 C×3	炭 D
机械特性	密度/g·cm⁻³	1.75~1.80	1.75~1.80	1.76~1.78	1.77~1.80	1.70~1.75	1.76~1.78
	硬度（肖氏）Hs	6~7	6~7	9~10	10~11	9~10	9~10
	抗弯力/MPa	45~50	45~50	50~55	50~55	50~55	50~55
	抗压力/MPa	150~160	120~130	200~210	200~210	150~160	200~210
	摆锤式冲击值/N·cm⁻¹	11~14	11~14	18~20	18~20	16~18	18~20
	线膨胀系数/℃⁻¹	1.0×10⁻⁶	1.0×10⁻⁶	1.5×10⁻⁶	1.5×10⁻⁶	—	1.5×10⁻⁶
	耐热温度(空气中)/℃	250	250	250	250	400	250
	摩擦系数	低	低	低	低	低	低
材　料　特　长		沥青结合树脂浸渍	沥青结合树脂浸渍	沥青结合树脂浸渍	沥青结合树脂浸渍	沥青结合全炭质	沥青结合树脂浸渍
耐药品性	硫酸 70%以下	良	不可	良	良	良	不可
	硫酸 75%~86%	不可	不可	不可	良		不可
	硝酸	不可	不可	不可	不可	不可	不可
	其他酸	良	可	良	良	良	可
	碱	不可	良	不可	不可	良	良
	中性溶液	良	可	良	良	良	可
	中性溶剂	良	可	良	良	良	可
使用条件	液体中	良	良	良	良	良	良
	气体中	良	良	良	良	良	良
	温度 250℃以下	良	良	良	良	良	良
	温度 250℃以上400℃以下	不可	不可	不可	不可	良	不可
	滑动部件的圆周速度	低	低	高	高	高	高
	对偶滑动材料	钢（淬火，渗氮）、钨铬钴合金、科罗莫尼合金	钢（淬火，渗氮）、钨铬钴合金、科罗莫尼合金	钢（淬火，渗氮）、陶瓷、超硬合金	钢（淬火、渗氮）、陶瓷、超硬合金	钢（淬火、渗氮）、陶瓷、超硬合金	钢（淬火、渗氮）、陶瓷、超硬合金
用途	旋转轴轴封	机械密封蒸汽密封	机械密封	机械密封间隙密封（炭衬垫）	机械密封间隙密封（炭衬垫）	机械密封间隙密封（炭衬垫）	机械密封间隙密封（炭衬垫）
	往复轴轴封	活塞环轴棒衬垫	活塞环轴棒衬垫	活塞环轴棒衬垫	活塞环轴棒衬垫	活塞环轴棒衬垫	活塞环轴棒衬垫
	轴承	无轴承	无轴承	无轴承	无轴承	无轴承	无轴承
备　注		耐酸用耐溶剂用	耐碱用耐溶剂用	耐酸用耐溶剂用	耐酸高压用浓硫酸用耐溶剂用	耐酸碱共用高温用耐溶剂用	耐碱用耐溶剂用

（3）炭石墨质：将非结晶质与结晶质炭素原料混合配料，产生了具有两种原料特性的材质，硬度介于炭质和石墨质中间，机械强度高，干燥润滑和流体润滑都有良好的耐磨损性，在大气中的耐热温度约300℃。

（4）浸渍树脂质：是以炭质、石墨质或炭石墨质材料为基材，浸渍酚醛树脂或呋喃树脂，经热处理后的制品。由于浸渍得到了高密度、高强度，气密性、耐磨损性、耐压性都得到提高。耐热温度根据浸渍树脂的种类和热处理温度的不同而异，在170~300℃。

（5）浸渍金属质：与浸渍树脂质一样将钢合金、铝合金、锑、铜等金属浸渍入各种炭素材料基材得到的制品，随着机械强度的提高，耐压性、耐磨损性、气密性、导电性相应也提高，还赋予抑制电腐蚀等性质，在大气中的耐热温度根据浸渍金属的不同而异，在200~450℃。

（6）树脂结合质：把用炭素原料和树脂混合成的成型原料以射出成型或压缩成型等方式制成与成品相近的尺寸或形状，再热处理。适合生产耐磨损性好的小型产品，耐热温度约150~300℃。

（7）膨胀石墨：这是一种与上述六种完全不同的产品。主要是被加工成片状，其原料为膨胀石墨。膨胀石墨的制法首先是让天然鳞片石墨与浓硫酸和浓硝酸的混合液反应，或是在硫酸液中电解生成石墨层间化合物，然后水洗—脱水—干燥，接着在100~1000℃下快速加热，使石墨结晶在C轴方向膨胀数十数百倍。这种膨胀的石墨体积密度极小，成蠕虫状，它不需要黏合剂，直接加压就很容易成型。一般被加工成片状，制成各种垫圈，耐热温度450~500℃。

10.1.2.3　机械用炭的特性与用途

美国某密封件制造厂制造密封件所使用的炭的特性实例见表10-4，日本机械用炭石墨材料的特性如表10-5所示，英国机械用炭使用情况如表10-6所示。

表 10-4　机械用炭的特性

品　种　代　号	B	A	P
材质	炭·石墨·金属浸渍	炭·石墨·树脂浸渍	炭·石墨·树脂浸渍
密度/g·cm^{-3}	2.8	1.75	1.82
硬度（肖氏）	60	75	100
抗压强度/lb·in^{-2}	26000	31000	37000
抗弯强度/lb·in^{-2}	7500	9500	13000
抗拉强度/lb·in^{-2}	4600	4200	—
剪切强度/lb·in^{-2}	4300	5500	—
弹性率/lb·in^{-2}	2.10×10^6	2.00×10^6	2.60
热膨胀系数/℉$^{-1}$	2.50×10^{-6}	2.95×10^{-6}	3.40×10^{-6}
使用极限温度/℉	350	550	475

表 10-5 机械用炭石墨材料的物理特性（日本）

材质	密度 /g·cm⁻³	硬度 （肖氏）	抗折强度/MPa	抗压强度/MPa	弹性模量/GPa	线膨胀系数/℃⁻¹	热导率 /W·(m·K)⁻¹	耐热温度 /℃
石墨	1.77	51	39.2	78.4	9.8	4.5×10^{-6}	116	450
	1.84	60	44	88	11	4.6×10^{-6}	120	400
炭素石墨	1.68	58	45	130	15	3.5×10^{-6}	15	350
	1.72	65	48	135	15	3.5×10^{-6}	15	350
	1.78	105	70	270	20	4.0×10^{-6}	5	350
浸渍树脂	1.73	75	55	155	17	4.0×10^{-6}	13	300
	1.78	75	60	175	17	4.5×10^{-6}	15	300
	1.82	80	68	200	20	4.5×10^{-6}	13	300
	1.85	110	85	370	22	5.5×10^{-6}	5	250
浸渍金属	2.19	80	78	220	22	5.0×10^{-6}	13	450
	2.25	110	100	430	27	5.0×10^{-6}	5	500
	2.30	88	90	300	27	5.0×10^{-6}	13	500
不透性炭素石墨	1.64	90	60	250	20	4×10^{-6}	—	350
	1.78	105	90	290	20	4×10^{-6}	—	350
	1.85	80	55	185	20	3.5×10^{-6}	—	350
	1.89	80	68	185	20	3×10^{-6}	—	350
树脂结合	1.63	90	110	255	10	23×10^{-6}	—	200
	1.70	75	85	175	15	23×10^{-6}	—	150
	1.77	60	70	100	15	15×10^{-6}	—	150
金属结合	4.6	18	25	55	—	12×10^{-6}	—	200
	6.2	18	205	350	—	12×10^{-6}	—	400
用 途	燃料泵；化工泵；精炼工艺泵；搅拌器和高压釜密封圈；冷水和热水泵；家用电器和园艺用泵；汽车用水泵；核电站散热泵；饮料工业用泵							

表 10-6 机械用炭的使用状况（英国）

流 体	流体的润滑性	使用温度 [1]	使用温度 [2]	使用温度 [3]	流 体	流体的润滑性	使用温度 [1]	使用温度 [2]	使用温度 [3]
水蒸气	劣	△	△	—	二氧化碳（干）	劣	△	△	△
水	劣	△	—	—	氧-氩（干）	劣	△	△	△
水和洗剂	劣	△	—	—	氩-氢（干）	劣	△	△	△
汽油	劣~可	△	—	—	氮（干）	劣	△	△	△
煤油	劣~可	△	—	—	高真空	劣	△	△	△
酸	劣~良①	△	—	—	液态氧（LOX）	劣	—	—	△
碱	劣~良①	△	—	—	液态氢（LH）	劣	—	—	△
石油系润滑剂	良	△	—	—	液态氧化氮（LON）	劣			
合成润滑剂	良	△	—	—	液态氮（LN）	劣			
润滑脂	良②	△	—	—	液态卤（无水）	劣			

流　　体	流体的润滑性	使用温度			流　　体	流体的润滑性	使用温度		
		[1]	[2]	[3]			[1]	[2]	[3]
氟利昂 12、22、114	劣	△	△	—	还原性气体	劣~良③	△	△	—
中性或惰性气体	劣~良③	△	△	—	空气	劣~良③	△	△	△

注：[1]—使用温度在 500℉ 以下；[2]—使用温度在 500℉ 以上（气体或蒸汽）；[3]—使用温度 -162.6 ~ -450℉（气体、液体状态）。△在此状态下使用的炭制品；—不存在此状态。
①随流体黏度变化；②锂皂（润滑脂）不良；③因水分含量的多少而不同。

10.2　机械工业用炭石墨制品的性能

对机械工程中使用的炭石墨制品，从使用角度主要有如下严格要求：

（1）制品具有尽可能大的减磨性能；（2）制品具有良好的热传导性；（3）制品的线膨胀系数要小；（4）制品具有很高的耐腐蚀性能；（5）制品具有不透性；（6）制品的机械强度，特别是耐冲击性能要大；（7）炭石墨材料应具有良好的机械加工性能；（8）无论使用在干式或湿式的条件下，要求其磨损要小；（9）成品的价格要便宜。

根据生产工艺特征，机械用炭石墨材料可分如下六类（每类又有若干不同牌号）：

（1）焙烧的硬质炭石墨材料；（2）人造石墨材料；（3）浸树脂的焙烧及石墨化材料；（4）浸金属的焙烧及石墨化材料；（5）以聚合树脂为黏结剂的石墨材料；（6）抗磨石墨涂层材料。

10.2.1　炭石墨制品的性能

目前国产用于机械工业中的部分炭-石墨材料和人造石墨材料的牌号及其理化性能指标分别列入表 10-7 和表 10-8 中。

表 10-7　部分炭-石墨材料的牌号及性能

牌　号	假密度/g·cm⁻³	抗折强度/MPa	抗压强度/MPa	肖氏硬度	气孔率/%	使用温度/℃
M102	—	—	45	≥40	—	450（空气中）
M161	≥1.50	≥250	≥60	≥40	≤25	350（空气中）
M121	≥1.55	≥280	≥80	≥65	≤17	350（空气中）

表 10-8　人造石墨材料的牌号及性能

牌　号	抗折强度/MPa	抗压强度/MPa	肖氏硬度	弹性模量/MPa	假密度/g·cm⁻³	气孔率/%	线膨胀系数/℃⁻¹
M202	≥55	≥25	≥38	4500	≥1.65	≤21	3×10^{-6}
M202B	≥60	≥25	≥40	4600	≥1.60	≤20	2.3×10^{-6}
M203	≥100	≥35	≥55	6000	≥1.55	≤19	3.5×10^{-6}
M204	≥75	≥30	≥40	—	≥1.70	≤18	
M205	≥70	≥25	≥55	5000	≥1.60	≤21	5.1×10^{-6}

牌　号	抗折强度 /MPa	抗压强度 /MPa	肖氏硬度	弹性模量 /MPa	假密度 /g·cm⁻³	气孔率/%	线膨胀系数 /℃⁻¹
M208	≥70	≥30	≥45	—	≥1.70	≤15	—
M216	≥45	≥25	≥35	4000	≥1.60	≤20	2×10^{-6}
M233	≥100	≥40	≥55	—	≥1.80	≤10	—
M252	≥40	≥20	≥30	—	≥1.60	≤25	—
M276	≥60	≥25	≥40	—	≥1.60	≤20	—
M277	≥40	≥20	≥40	—	≥1.60	≤22	—
M278	≥50	≥20	≥40	—	≥1.60	≤20	—
M238	≥60	≥30	≥35	—	≥1.70	≤20	—

10.2.1.1 炭石墨材料的力学性能

A 炭石墨材料的自润滑性能

在机械工程方面作为抗磨材料使用，自润滑性能是炭石墨材料最重要的特性。石墨材料具有良好的自润滑性能是由于石墨具有特殊的层状晶体结构。

石墨晶格内的碳原子按正六角形排列于各个平面上，同一平面层内碳原子间的距离为0.142nm，而各平面层之间的碳原子相距0.335nm，并且沿同一方向互相错开，第三个平面重复第一个平面的位置，第四个平面又重复第二个平面的位置，依此类推。在每一个平面层内，由于碳原子排列较近，故它们之间的结合力较大，而层面与层面之间的碳原子相距较远，它们之间的范德华力很弱，故易于分开和作相对滑动。这是石墨材料具有良好自润滑性能的主要原因。石墨材料与大多数金属有较强的附着力。因此在与金属件对磨时，成层状脱落的石墨微粒就很容易附着在金属表面上，形成一层石墨膜。这样就变成了石墨与石墨之间的摩擦，而石墨层之间很容易相对滑动，加之石墨材料易吸收空气中的水分或氧等，在摩擦面上形成一层水膜，这些都是石墨材料具有良好自润滑性能的原因。

根据目前使用状态机械用炭的使用温度范围如表10-6所示，使用温度在由高温到极低温的极宽广范围逐渐扩大。

所有炭素物质（包括焦炭、炭黑等）都具有石墨的微晶体结构，只不过它们的微小晶粒不像石墨晶体那样完全有序排列，通常称为无定形炭。当然，一般炭石墨制品都属于多晶体，其中含有结晶度低的石墨、无定形炭和其他物质。但由于石墨微结晶很整齐，在一般情况下，各向异性仍然很显著，所以上述特点仍然存在。正因为炭石墨材料具有这一宝贵的特性（这一特性随着石墨化温度的提高和时间的延长而变得更显著），所以在运行时，就能满足不允许加润滑油的要求。但是在绝对湿度非常低的情况下，石墨便会失去优良的自润滑性能。石墨在真空中也会出现这种情况。

在正常情况下，炭石墨材料的摩擦系数在干运转时为0.10~0.25，湿运转时为0.01~0.05，半干运转时为0.05~0.10。摩擦系数的大小取决于接触表面的性质和状况，以及许多其他因素如温度、湿度、粉尘、滑动速度和介质等。

用电子衍射法进行的研究工作表明，经过一段时间的运行（磨合运转），会在对磨的金属表面上形成一层石墨薄膜，其石墨膜的厚度及定向程度都达到一定值，在这段时间内，开始时石墨的磨损速度很快，随着石墨膜的建立，磨损速度逐渐降低至恒定数值。摩擦系数的变化也与上述情况相同。而当同一种炭石墨材料与不同金属摩擦时，磨合运转终了时所形成的薄膜厚度、石墨晶格（剥离下来的石墨）的定向程度以及恒定磨损值和摩擦系数各不相同。表面光洁度高的金属-石墨摩擦副的石墨膜的定向程度最好，晶体薄膜的极限厚度最小。这种摩擦面可以保证磨合终了时的磨损率及摩擦系数最小。

试验表明，炭-石墨材料和人造石墨材料在大气介质和室温条件下与镀铬层干摩擦时，能够形成良好的定向薄膜（其摩擦系数及磨损率都很低）。而在同样情况下与铜、铝及其合金摩擦时，结果却不令人满意。

炭-石墨材料对铸铁的耐磨性能良好，而对钢却很坏。而电化石墨材料对铸铁及钢的耐磨性能，恰与第一类材料（炭-石墨材料）的情况相反。

图 10-2 为 AΓ-1500 人造石墨耐磨材料和几种金属摩擦时的磨损率与摩擦副材料的性能及运转时间的关系。该试验是在压力为 1MPa、滑动速度为 0.24m/s 的条件下进行的。

通常，随着滑动速度的增大，摩擦面的温度升高，其耐磨性能降低。特别是用塑料作为摩擦副时，这种现象就更为显著。但由于石墨材料具有很高的导热系数，有助于把摩擦面的热量迅速传开，从而使滑动速度对摩擦系数和磨损率的影响降到较低的程度。

纯炭石墨材料（包括炭-石墨材料和电化石墨材料）的磨损率通常随着压力的增加而变大，其关系曲线如图 10-3 所示。

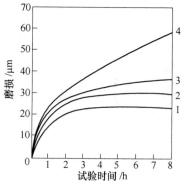

图 10-2　AΓ-1500 石墨材料和几种金属摩擦时的磨损率与摩擦副材料的性能及运转时间的关系
1—与铬；2—与 1Cr18Ni9 钢；
3—与黄铜；4—与铜

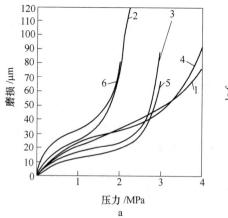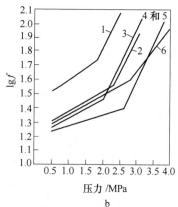

图 10-3　纯炭石墨材料的磨损率与压力的关系
a—炭-石墨材料（焙烧制品）与铸铁对磨时，磨损率与单位压力的关系
1—AO-1500；2—ΠK-0；3—2Π-1000；4—CY-10；5—石墨-特 4；6—SE-8
b—电化石墨材料与 1Cr18Ni9 钢对磨时，磨损率与单位压力的关系
1—ЭΓ-2A；2—AΓ-600；3—Э-46；4—EK-461；5—EK-40；6—AΓ-1500

图10-2和图10-3都是在滑动速度为0.24m/s的情况下运行8h所得的数据画出的（其中包括磨合运转时的磨损）。只不过图10-3b是以磨损的对数值（lg f）和单位压力为坐标制成图表，则可明显看出每种牌号材料的容许单位压力（即为两直线的交点）。

介质的性质对炭石墨材料的摩擦系数和磨损率也有影响。例如，大多数金属-石墨对磨件在真空或干燥的中性气体中工作时，其允许的单位压力均降至1/3~1/5，而在干燥的化学腐蚀性介质如氧、氯和酸性气体中，则未见有此现象。在含饱合水蒸气或油蒸气的气体中，当摩擦面上凝结有液体微粒或形成凝皮层时，石墨材料的磨损率在很小的单位压力下也会急剧增大，而经过浸树脂或浸金属处理的石墨材料对蒸汽凝结过程的敏感性则很低，可以成功地用于湿度为100%的气体介质中。

纯炭石墨材料在液体介质中工作时，摩擦系数和磨损率远较干摩擦时大，但磨损值并不算高。当不存在对浸渍剂有破坏作用的物质时，浸树脂的炭石墨材料、浸金属的炭石墨材料在液体介质中工作效果最佳，摩擦系数为0.001~0.005，实际上磨损很小很小。

B 纯炭石墨材料的机械强度

炭石墨材料在常温下的机械强度比金属材料低。但石墨材料的强度却随使用温度的提高而增加，一直到2400℃左右为止，然后便急剧下降，到3000℃时，其强度便下降到接近20℃时的强度。在2400℃时，石墨的强度大约比室温下增大一倍，此温度下的强度和比强度是其他材料所无法比拟的。

炭石墨材料的晶体结构决定了其强度也和其他性能一样，存在着明显的各向异性，如图10-4所示。

由上述曲线可见，炭石墨制品的抗压强度约为抗拉强度的4~5倍，约为抗弯强度的2~3倍。故应尽可能利用石墨件抗压强度高的特性，而避免使其受拉应力的作用。这一点与金属材料不同，金属材料的抗压、抗弯和抗拉强度基本相同。

由图10-4可见，炭石墨材料属于脆性材料，缺乏塑性变形。因此表示弹性变形范围内的应力与应变之间关系的虎克定律，对于炭石墨材料仅在有限的范围内才适用。炭石墨材料的断裂应变大大低于金属材料。图10-5列出了炭和钢断裂应变的比较。由于炭石墨材料较脆，不可能用冷塑或热塑法加工，只能进行机械加工。

由图10-5还可看出，炭石墨材料机械强度的数值还取决于测量方向，测量方向不同，所得数据也不一样，具有很明显的方向性，这也是由其晶体结构所决定的。

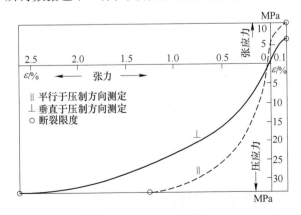

图10-4 石墨材料的机械强度

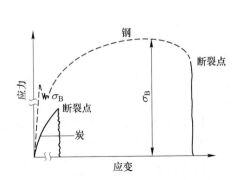

图10-5 炭和钢断裂应变的比较

C　气孔率

由采用的原材料和制造工艺所决定，炭石墨材料表现出多孔性。炭石墨材料的气孔由炭颗粒本身的孔隙和黏结剂在焦化后形成的孔隙所组成。一般情况下不大于25%，这个数值中包括5%~10%用肉眼看不见的微孔。因此，作密封材料使用时，必须进行浸渍处理，把多孔性的纯炭石墨材料变成不透性材料。

D　加工性能

纯炭石墨材料具有良好的机械加工性能，能加工成高精度、高光洁度的制品，也能够加工成形状复杂的制品。

10.2.1.2　炭石墨材料的热学性能

（1）常压下，炭石墨材料不熔融，在（3620±10）K时直接升华。

（2）具有较高的热传导性能。石墨材料与大多数非金属材料相比，具有相当好的热传导性能，加上它的不熔化性能，不仅有利用于电气和机械方面，也适合用在冶金方面，尤其是作为模具材料。炭-石墨制品的导热系数在32.48W/（m·K）左右；电化石墨材料的导热系数在69.6W/（m·K）左右。而铜为259.84W/（m·K）；铁为2731.32W/（m·K）。

（3）低的线膨胀系数。炭石墨材料的线膨胀系数低。因此炭石墨零件尺寸稳定，不易随温度而变化。如果要设计公差精密的耐磨零件，最好采用石墨化度高的石墨材料，因为这种石墨材料的线膨胀系数更小。炭石墨材料的热特性与其他材料的比较见表10-9。

表10-9　炭石墨材料的热特性与其他材料的比较

材料名称	20~150℃之间的 线膨胀系数/℃$^{-1}$	20℃时的热导率 /W·（m·K）$^{-1}$	100℃时的比热容 /J·（kg·K）$^{-1}$
电化石墨	（2~4）×10^{-6}	41.87~125.61	920.92
石墨（焙烧）	（3~5）×10^{-6}	12.56~41.87	125.58
铝	25×10^{-6}	209.35	937.66
铁	12×10^{-6}	75.37	485.58
铜	16×10^{-6}	385.20	396.41
非合金钢	（12~13）×10^{-6}	41.87~62.80	460.46
合金钢	16×10^{-6}	16.75	502.32
陶瓷	8×10^{-6}	3.35	1046.5
PTFE复合材料	（40~50）×10^{-6}	0.33~0.38	1067.43

由于炭石墨材料具有较低的线膨胀系数和很高的热导率，因而它也具有良好的耐热冲击性能。

10.2.1.3　炭石墨材料的化学性能

A　常温下的稳定性

众所周知，炭石墨材料在常温下都是化学性能稳定的材料。

炭石墨材料几乎能耐所有有机介质的侵蚀，下述工业的中间产品和成品均在此列：石油化工、煤的净化、合成物、油漆、染料、药品、化妆品、食品、摄影化学、冷冻剂、抗冻剂等。

炭石墨材料还能耐无机介质的侵蚀,如绝大多数酸碱溶液、各种盐溶液及绝大多数工业气体。但具有强烈氧化作用的酸(如铬酸、硝酸、浓硫酸)和具有强烈氧化作用的盐类(如 $K_2Cr_2O_7$、$Na_2Cr_2O_7$ 等)除外。

炭不能抗液态碱的腐蚀(如钠和钾),这些液态碱与炭能构成层状化合物,会使在使用中的炭石墨制品尺寸增大,甚至导致破坏。

炭石墨材料不能抵抗混合酸(硫酸与硝酸之比为3:2)和王水(盐酸与硝酸之比为3:1)的腐蚀。

B 高温下的化学活性

随着温度的提高,碳也变得活跃起来。无定形炭在350℃开始氧化,而石墨材料在450℃时也开始氧化,氧化后变成 CO 或 CO_2 气体跑掉,它与金属不同,不会形成研磨性的固体氧化物残渣。尽管如此,炭石墨材料的应用还是受到易氧化性能的限制。人造石墨材料所允许的最大环境温度在空气中为450℃,在水蒸气中为650℃,在 CO_2 中为750℃,如果在保护性气氛中使用,其允许的使用温度更高。

在高温下,炭与金属相互作用,生成碳化物或溶解于能生成碳化物的金属熔体中。

10.2.2 浸树脂炭石墨材料的性能

前已述及,由于采用颗粒状的原材料和制造工艺上的特点,纯炭石墨制品(包括焙烧的炭-石墨制品和电化石墨制品)都具有一定的孔隙度(一般不大于25%),具有气体或液体的透过性,作为密封材料使用这是不能允许的。为了提高炭石墨制品的密封性能和机械强度以及耐磨性能,通常采用合成树脂对其基体进行浸渍处理,将炭石墨材料变成不透性制品。

我国目前用来对炭-石墨材料和电化石墨材料进行浸渍的树脂有酚醛树脂(代号 F)、环氧树脂(代号 H)和呋喃树脂(代号 K)以及聚四氟乙烯(代号 J)。用这几种物质浸渍炭石墨材料并经固化,其性能有很大的变化。现将浸树脂炭石墨材料的性能列入表10-10中(根据 JB 2934—81 的规定)。

表 10-10 浸树脂炭石墨材料的牌号及性能

类别	型号	肖氏硬度	抗压强度/MPa	抗折强度/MPa	开口气孔率/%	假密度/g·cm⁻³
1	2	3	4	5	6	7
浸渍碳石墨类	M102F	≥50	≥100	≥40	≤3.0	≥1.80
	M106H	≥60	≥120	≥50	≤2.0	≥1.60
	M120H	≥60	≥100	≥45	≤2.0	≥1.65
	M152JH	≥80	≥160	≥45	≤2.0	≥1.70
	M159H	≥60	≥120	≥45	≤2.0	≥1.60
	M106K	≥70	≥160	≥55	≤3.0	≥1.60
	M120K	≥70	≥120	≥50	≤3.0	≥1.65
	M159K	≥70	≥140	≥52	≤3.0	≥1.60

类别	型号	肖氏硬度	抗压强度/MPa	抗折强度/MPa	开口气孔率/%	假密度/g·cm⁻³
1	2	3	4	5	6	7
浸渍电化石墨类	M201F	≥40	≥80	≥35	≤2.5	≥1.80
	M202F	≥45	≥95	≥40	≤2.5	≥1.82
	M208F	≥65	≥120	≥45	≤3.0	≥1.80
	M216F	≥48	≥100	≥43	≤2.5	≥1.84
	M204H	≥60	≥130	≥50	≤1.0	≥1.85
	M233H	≥70	≥160	≥55	≤2.0	≥1.80
	M239H	≥40	≥80	≥40	≤2.0	≥1.85
	M252H	≥45	≥80	≥40	≤3.0	≥1.75
	M254H	≥40	≥75	≥35	≤2.0	≥1.0
	M255H	≥40	≥80	≥35	≤2.0	≥1.80
	M276H	≥60	≥100	≥50	≤4.0	≥1.85
	M277H	≥60	≥80	≥40	≤5.0	≥1.85
	M278H	≥60	≥90	≥45	≤5.0	≥1.85
	M254K	≥60	≥140	≥40	≤4.0	≥1.85
	M238K	≥50	≥100	≥45	≤3.0	≥1.85
	M252K	≥40	≥90	≥35	≤5.0	≥1.80
	M254K	≥50	≥80	≥40	≤3.0	≥1.70
	M255K	≥40	≥90	≥50	≤3.0	≥1.75
	M276K	≥60	≥90	≥45	≤4.0	≥1.85
	M277K	≥60	≥80	≥35	≤5.0	≥1.85
	M278K	≥60	≥85	≥40	≤5.0	≥1.85

　　浸渍树脂炭石墨材料的允许使用温度受到树脂耐温性能的限制，比纯炭石墨材料的允许使用温度低得多。浸酚醛树脂的炭石墨材料的使用温度一般不允许超过 180℃；浸环氧树脂炭石墨材料的使用温度可达 180~200℃；浸呋喃树脂的炭石墨材料可以在 200℃ 下长期使用，但不得高于 220℃。

　　炭石墨材料因浸树脂的种类不同，其耐腐蚀性能也不一样，也即浸渍制品的耐腐蚀性能，除了取决于基体材料之外，主要取决于浸渍剂的耐腐蚀性能。选用时应按表 10-11 ~ 表 10-13 进行选择。

表 10-11　浸酚醛树脂的炭石墨材料的耐腐蚀性能

类别	介　质	浓度/%	温度/℃	耐蚀性能	介　质	浓度/%	温度/℃	耐蚀性能
有机化合物	丙酮	100	<沸点	耐	一氯化苯	100	<沸点	耐
	甲醇	100	<沸点	耐	二氯乙烷	100	<沸点	耐
	乙醇	95	<沸点	耐	四氯化碳	100	<沸点	耐
	苯	100	<沸点	耐	四氯乙烯	100	<沸点	耐
	苯胺	100	<沸点	耐	异丙醚汽油	100	<沸点	耐
	甘油	95	<沸点	耐	二氧杂环乙烷		<沸点	耐
碱类	氨水	任何	沸点	耐	氢氧化钾	10	常温	尚耐
	一乙醇胺	任何	沸点	耐				

类别	介　质	浓度/%	温度/℃	耐蚀性能	介　质	浓度/%	温度/℃	耐蚀性能
酸 类	盐酸	任何	<沸点	耐	磷酸	<85	<沸点	耐
	醋酸	任何	<沸点	耐	硫酸	45	<沸点	耐
	甲酸	任何	<沸点	耐	硫酸	75	<沸点	耐
	草酸	任何	<沸点	耐	氢氟酸	<48	<沸点	耐
	柠檬酸	任何	<沸点	耐	氢氟酸	48~60	<85	耐
	乳酸	任何	<沸点	耐	铬酸	10	常温	尚耐
	酒石酸（果酸）	任何	<沸点	耐	硝酸	5	常温	尚耐
	油酸	任何	<沸点	耐	氢溴酸	任何	<沸点	耐
盐 类	硫酸镍	任何	<沸点	耐	氯化亚铜	任何	<沸点	耐
	硫酸锌	27	<沸点	耐	氯化铁	任何	<沸点	耐
	硫酸铜	任何	<沸点	耐	氯化钠	任何	<沸点	耐
	硫酸铁	任何	<沸点	耐	氯化锡	任何	<沸点	耐
	硫酸钠	任何	<沸点	耐	氯化铵	任何	<沸点	耐
	硫氰化铵	任何	<沸点	耐	三氯化钾	任何	<沸点	耐
	氯化铜	任何	<沸点	耐				
卤 类	溴水	饱含	常温	耐				
	干氯气	<100	常温	耐				
其 他	尿素	70	常温	耐				
	硫酸乙酯	50	<沸点	耐				

表10-12　呋喃树脂浸渍的炭石墨材料的耐腐蚀性能

介　质	浓度/%	温度/℃	时间/h	耐蚀性能	介　质	浓度/%	温度/℃	时间/h	耐蚀性能
盐酸	任意	沸点	80	耐	硫酸铜	任意	沸点	—	耐
硫酸	45~50	95	80	耐	氯化亚铁	—	沸点	—	耐
硫酸	70	沸点	80	不耐	氢氧化钠	10	沸点	80	耐
硝酸	5	20	80	耐	氢氧化钠	20	沸点	80	耐
水醋酸	50	70	72	耐	氢氧化钠	30	沸点	80	耐
磷酸	75	沸点	—	耐	氢氧化钠	40	沸点	80	耐
溴酸	任意	—	—	耐	甲苯	100	90	—	耐
醋酸	100	20	—	耐	甲醇	95	60	—	耐
蚁酸	任意	沸点	—	耐	二氯乙烷	100	沸点	—	耐
醋酸	55	120	—	耐	四氯化碳	100	100	—	耐
氢氟酸	30	沸点	—	耐	氯仿	100	沸点	—	耐
氯化钠+28% 硫酸	—	—	—	耐	三氯乙烯	100	沸点	—	耐
氯化铵	30	25	80	耐	醋酸乙酯	100	60	—	耐
硫酸铵	50	70	—	耐	甲醛	37	60	—	耐
苯	—	沸点	72	耐	二硫化碳	100	60	—	耐
乙醇	工业	沸点	72	耐	二氯甲烷	100	沸点	—	耐
丙酮	任意	沸点	—	耐					

表 10-13　环氧树脂浸渍的炭石墨材料的耐腐蚀性能

介　质	浓度/%	温度/℃	耐蚀性能	介　质	浓度/%	温度/℃	耐蚀性能
硫酸	10	室温	耐	甲苯	100	室温	耐
硫酸	40	室温	尚耐	丁酮	100	室温	尚耐
硫酸	70	室温	不耐	苯胺	100	室温	不耐
磷酸	10	室温	耐	氯化钠	30	室温	耐
硝酸	5	室温	不耐	过氯化氢	10	室温	不耐
铬酸	10	室温	不耐	甲醛	100	室温	尚耐
醋酸	10	室温	尚耐	二氯苯	100	室温	尚耐
氨水	10	室温	耐	硫酸铝	40	室温	耐
苛性钠	10	室温	耐	氯化铝	40	室温	耐
苛性钠	20	室温	耐	硫化铵	40	室温	耐
碳酸钠	30	室温	耐	氯化铵	40	室温	耐
甲醇	100	室温	耐	氯化苯铵	30	室温	耐
乙醇	100	室温	耐	硫酸苯	30	室温	耐
丙酮	100	室温	尚耐	氯化铜	30	室温	耐
苯	100	室温	耐	硫酸铜	30	室温	尚耐

　　总之，对于碱性介质，通常选用浸渍呋喃树脂或环氧树脂浸渍的炭石墨材料，而对于酸性介质，通常选用酚醛树脂浸渍的炭石墨材料。

10.2.3　浸金属炭石墨材料的性能

　　为了降低纯炭石墨材料的气孔率，提高密封性能，提高制品的机械强度，特别是为了提高纯炭石墨制品的耐冲击性与韧性，常用一些耐磨性能好的易熔金属对炭-石墨材料和电化石墨材料进行浸渍处理。

　　通常可选用易熔金属（例如巴氏合金）、铝及铝合金、铜及铜合金、锑及锑合金等材料对炭石墨材料进行浸渍处理。经浸金属处理后，炭石墨材料的机械强度大大提高，提高的程度视浸渍金属的种类和浸渍含量而定（见表 10-14）。其耐温性能则视所浸金属材料的熔点而定。

表 10-14　浸金属后炭石墨材料的性能

金属种类	制品牌号	假密度 /g·cm^{-3}	抗折强度 /MPa	抗压强度 /MPa	肖氏硬度	气孔率/%	线膨胀系数 /℃$^{-1}$	使用温度 /℃
浸渍易熔金属（巴氏合金）	M106B	≥2.40	≥65	≥200	90	≤2	5.5×10^{-6}	200
	M112B	≥2.36	≥50	≥150	55	≤2	5.5×10^{-6}	200
	M161Y	≥2.30	≥50	≥140	55	≤4.5	—	200
	M202Y	≥2.40	≥35	≥80	40	≤3.5	—	200
	M200BY	≥2.35	≥40	≥85	45	≤3.0	—	200
	M2003Y	≥2.40	≥45	≥100	45	≤3.0	—	200
	M2005Y	≥2.25	≥75	≥225	70	≤3.0	—	200
	M232B	≥2.30	≥60	≥160	60	≤3.5	—	200
浸渍铝	M112L	≥2.10	≥150	≥350	80	≤2.0	8×10^{-6}	400
	M113L	≥2.10	≥130	≥300	70	≤2.0	3×10^{-6}	400
	M232L	≥2.15	≥100	≥250	50	≤2.0	6×10^{-6}	400

　　注：M—抗磨材料的代号；B—用巴氏合金浸渍；Y—用易熔金属浸渍；L—用铝浸渍。

　　密封磨损元件现广泛采用浸渍巴氏合金或易熔金属，用这些材料浸渍的炭石墨制品不透水不透气，具有较高的强度或在液态介质中耐磨等性能，但其使用温度却受到限制，其允许使用温度为200℃。

　　用锑对炭石墨材料进行浸渍，其允许的工作温度可达500℃。此外，由于锑与钢对磨时不易黏着，故能够在加大负荷和加快速度的情况下工作，其耐磨性能可提高2~3倍。

　　用锑浸渍的人造石墨材料作端面密封时，经多次试验证明，在含有292g/L NaOH的强碱性介质中，在90℃的温度下工作1000h以上，其结果良好，磨损很小。

　　经浸渍金属处理后的炭石墨材料的性能列于表10-14。

　　由于所浸金属的耐腐蚀性能不一样，浸渍之后的炭石墨制品的耐腐蚀性能因浸渍金属种类不同而有差异，与基体炭石墨材料的耐腐蚀性能也不一样（见表10-15）。

表10-15　浸渍金属后炭石墨材料的耐腐蚀性能

介　质	浓度/%	纯炭石墨	浸金属炭石墨		
			巴氏合金	铝合金	铜合金
盐酸	36	+	—	—	—
硫酸	50	+	—	○	—
硫酸	98	+	—	—	—
硝酸	50	+	—	—	—
硝酸	强	+	—	—	—
氢氟酸	40	+	—	—	—
磷酸	85	+	—	○	—
铬酸	10	+	—	—	—
醋酸	36	+	—	—	—
氢氧化钠	50	+	—	—	+
氢氧化钾	50	+	—	—	+
海水		+	+	—	—
苯	100	+	+	+	—
氨水	10	+	+	+	—
丙酮	100	+	○	+	+
尿素		+	○	+	—
四氯化碳		+	+	+	—
机油		+	+	+	+
汽油		+	+	+	+

注：+为稳定，—为不稳定，○为尚稳定。

10.2.4　压型不透性石墨的性能

　　压型不透性石墨是以石墨粉为基料，以合成树脂为黏结剂，经压制、固化而制成的石墨制品。这种石墨制品致密无孔，具有良好的化学稳定性，可作耐磨材料使用。

　　压型不透性石墨材料的机械强度比用树脂浸渍的炭石墨材料的机械强度高1~1.3倍。它的缺点是导热系数仅是同类树脂浸渍的炭石墨材料的1/3左右，线膨胀系数也较大。因此，压型不透性石墨材料对较高温度的作用更为敏感。因为这种石墨材料的树脂含量远远高于浸渍石墨的树脂含量（浸渍含量一般不高于4%~6%），加之这种材料的导热系数低，摩擦时产生的热量会使耐磨材料表面层的温度升高，特别在高速和高压条件下运行时更是如此。温度升至黏结剂软化点时，其摩擦系数急剧增大，当温度继续升高时，摩擦材料会被破坏。在单位压力为3MPa的条件下对压型不透性石墨材料所作的耐磨试验表明，其磨损率的增加情况不成比例，如图10-6所示。

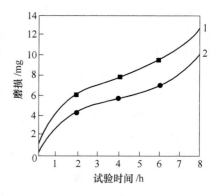

图10-6　压型石墨材料磨损率
与运行时间的关系
1—EK-2092；2—ATM-1

因此，在高速高压条件下，特别是在高温环境中不推荐采用这类石墨制品。甚至在低速和低压条件下工作时，也必须设法使热量从摩擦面导出。

但因压型不透性石墨材料生产周期短、造价低、制造简单，因此在机械工程中可用于制造运行PV值很低的耐磨件（例如印染行业用的轴承等）。但这种制品可大量用于化工设备中作为耐腐蚀零件。

10.2.5　涂覆石墨材料的性能

前已述及，石墨材料具有升华温度高，在高温下机械强度大，自润滑和耐热冲击性能好等优良特性，但在含氧气氛中高于450℃情况下即被氧化。为了进一步提高石墨制品的耐高温性能、抗磨性能和抗腐蚀性能，目前已出现了一种涂覆石墨材料，即在石墨制品表面涂覆或浸渍一层金属或金属化合物以提高石墨的性能。根据使用要求的不同可分为抗氧化涂层、抗磨涂层和抗腐蚀涂层。

10.2.5.1　抗氧化耐高温涂层

对抗氧化涂层材料的要求是：抗氧化能力高，附着力强，线膨胀系数要近似基体石墨材料。适合作这种涂层的材料有钌、钯、锇、铂、钨、钼、钽、锆、铪、铌、钛以及钨、铝、钽、锆、铪、铌、钛、硅的碳化物、硼化物、氮化物。

有的国家还采用双涂层，内层为氧化铝，外层为二硅化钼，采用火焰喷涂法进行两次喷涂。其方法是将直径为2.7～2.9mm的氧化铝棒送入温度高达2000℃的氧乙炔焰中，以0.4MPa的压缩空气将熔融的氧化铝喷涂在石墨制品的表面上。氧化铝棒的成分为：氧化铝93.2%，二氧化硅6.34%，氧化铁0.37%。采用与上述同样的方法再往氧化铝表面喷涂二硅化钼玻璃状物，火焰温度为1450℃。二硅化钼玻璃状物由40%～60%的二硅化钼和60%～40%的238号黏结剂配制而成。238号黏结剂的成分为二氧化硅80%、氧化铝2.5%和氧化硼17.5%。内层厚度为0.15～0.20mm，外层厚度为0.05～0.1mm。这样制得的涂层石墨能在1400℃的空气中工作100h以上。

前西德采用硅化钛涂层技术，在高温1600℃和无氧气氛条件下，对石墨制品喷涂或浸涂含有金属润滑剂的硅化钛。金属润滑剂为钼粉或硅化钼粉，其含量为5%～15%。

日本东海电极公司制成了高纯碳化硅涂层石墨，涂层厚度为0.3mm，能在1350℃的高温下使用。

美国制成钨钼涂层石墨，使用碳氢化合物、硼氢化合物、氟氢化合物的离子火焰法进行喷涂，火焰最高温度高达4000℃，这种涂层石墨耐温可达3000℃。

美国联合碳化物公司制成RVC涂层石墨。将石墨制品置于硅粉与稀释剂的混合物中，加热到2000℃，在石墨制品表面形成一层厚0.25～0.38mm的防氧化膜。这种涂层石墨能在 1600℃ 高温下使用 5h。该公司还制成一种涂铱石墨，能在 2200℃ 高温下使用。美国麻姆卡（Marmco）研究与发展公司制成涂钨石墨，可耐 2300℃ 的高温，又制成了涂铪石墨和涂锆石墨，能在 2100℃ 的高温下使用，美国金刚砂公司还制成了涂碳化硅的石墨纤维。

10.2.5.2　耐磨涂层

为了提高石墨制品的耐磨性能，各国炭石墨制造者和使用者进行了大量的研究工作，并取得了明显的效果。例如，渗硅石墨就是一种炭石墨基的新材料，它是用液态硅浸渍炭石墨材料制成的，这种材料具有很高的抗化学腐蚀性能、良好的耐热冲击性能及在液体和气体介质中的抗磨性能，因此它可以用来制造有色和黑色冶金工业用的坩埚、热电偶保护套、铸模等，但通常都把这种材料作为抗磨材料使用。

在生产端面密封和石墨轴承方面广泛采用渗硅抗磨石墨材料，甚至在有摩擦微粒的情况下，这种材料也可以工作，例如抽吸石油（内含砂、泥浆、水锈等杂质达 100mg/L）的主干泵的端面密封就成功地采用了这种密封材料。

前已述及，石墨材料自润滑性能好的原因之一是石墨滑移层的游离键易吸收空气中的水分形成一层水膜，当空气中湿度降低时（或真空、高温），磨损情况变大。而在石墨耐磨材料的气孔中加入过磷酸盐就能改善上述情况。

试验表明，用多磷酸铝或硅有机磷酸镁聚合物浸渍的 AΓ-1500 石墨，其氧化速度和磨损率都大大降低，用多磷酸铝浸渍的 AΓ-1500 石墨的磨损率与不浸的 AΓ-1500 石墨的比较列入表 10-16 中。

表 10-16　AΓ-1500 石墨浸多磷酸铝前后的耐磨性能

材　料	磨　损/$\mu m \cdot h^{-1}$				
	200℃	300℃	400℃	500℃	600℃
AΓ-1500	4	3	22	44	—
用多磷酸铝浸的 AΓ-1500	2	2	2	3	12

10.2.5.3　耐腐蚀涂层

用在高温腐蚀性介质中，性能特别优良的涂覆石墨用的合金是钛基合金（含铍量为 1%~20%）。在此范围内，接近低共熔物的合金，即铍含量为 5% 的钛合金最好。因为在这个系列的合金中，接近低共熔物的合金具有低的熔点、最大的流动性、最高的浸渍能力，而不必要过高的温度和不会有大量的碳化物生成。含铍 5% 的钛合金，熔化温度在 1000~1150℃ 之间，此温度比铍的熔点（1285℃）和钛的熔点（1800℃）都低。

含铍量为 1%~20% 的锆铍合金也适用于涂覆和浸渍石墨制品。但是，它的熔点比钛铍合金高，因此锆铍合金特别适用于渗碳作用无害的情况下。

10.3　机械用炭石墨制品的设计及应用

10.3.1　设计石墨零件时应注意的问题

炭石墨制品具有良好的机械加工性能，可以加工成任何形状的制品。但是以相同形状和同一尺寸的石墨零件简单地代替金属零件，在很多情况下不能保证机械零件的可靠性和使用性能。因此设计人员应考虑石墨材料的特点，特别要注意它是脆性材料，破坏前基本上没有塑性变形。它的破坏变形是在弹性范围之内，不超过 1%。正如所有的脆性材料一样，石墨材料对于任何一个应力集中点，例如对于表面上的易破损处、锐边、突然改变的横断面、沟槽及孔眼，都很敏感，在零件的上述部位，其强度仅为材料极限强度的几分之一。

在设计时还应注意石墨材料的各种破坏极限强度差异很大，抗压极限强度最大，抗弯强度一般是抗压强度的 1/2 ~ 1/3，而抗张强度则更低，通常为抗压强度的 1/5 ~ 1/12。另外，当测定石墨材料的抗压强度时，同一材料的极限强度误差竟高达 200%（甚至仔细制备的试样也如此）。从这里可以看出应力集中点——表面易破损处、材料内部结构的不均匀性、大气孔以及微细裂纹等因素对制品强度的影响。

考虑到上述问题，设计时应注意以下几点：

（1）炭石墨零件只能在受压及个别受弯曲负荷不大的条件下应用。

（2）在设计时，摩擦面上承受的计算单位压力一定要低于炭石墨材料所容许的单位压力，因为机器运转时可能产生位移或歪斜，从而使零件承受的实际压力高于计算的压力。

（3）炭石墨零件的外形应尽量简化，且不宜带有应力集中点，因此必须对棱角处的倒角及截面突变处的结构形式进行研究。为了防止零件在加工、安装及运输过程中的破损，不应将炭石墨零件设计成薄壁的，其壁厚与直径的比例不应过小。

（4）炭石墨材料的线膨胀系数大大低于金属的线膨胀系数。因此要特别注意研究将炭石墨零件紧固于金属部件之内的方法。任何装开口销、销钉、固定螺钉的孔以及螺纹、键槽等，都可能使炭石墨零件在工作过程中受到破坏。因此当止动作用力较小时，可采用安置于平座上的止动销或纵向光滑面销钉来阻止石墨轴套转动。当止动作用力较大，或需要紧密固定时，采用加热嵌装法将炭石墨件装入金属套内。

图 10-7 是由炭石墨材料制造的零件正确的与不正确的结构实例。在工作中，为了防止因温度改变而使组合件发生位移，完全可以用胶糊或漆将石墨零件黏结于金属部件上。

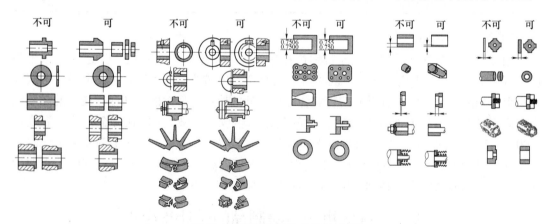

图 10-7　炭石墨零件的结构示例

在选择石墨摩擦组合件的材料时，应该考虑磨面的工作条件，首先是工作介质和温度。在有些情况下，它们完全取决于石墨和金属材料的选择。其次是决定组合件的结构，使其承受一定大小的压应力。

为了保证炭石墨组合件的工作能力，必须正确选择配合间隙。针对不同用途的零件选择合适的配合间隙,在各有关章节中叙述,这里不再赘述。

摩擦面的质量状况对保证组合件的工作效果也很重要,主要是与石墨相接触的金属零件的材质和表面加工质量。摩擦系数及磨损率与石墨件所接触的金属表面的粗糙度有关,这对电化石墨材料的磨损率影响很大。

在磨合过程中,摩擦系数及磨损率随表面加工光洁度的提高而降低。对于抛光面,摩擦面的磨损率只在磨合运转时才稍高,磨合运转结束后,其磨损速度即达定值。对于过分粗糙的加工面,其磨损速度在很长时期内始终很高,即不能磨合,石墨材料被粗糙的金属表面上的凸出点连续不断地切刮下来。因此,石墨材料不允许沿粗糙的金属加工面滑动。

总之,摩擦副材料选择得当,组合件的结构及摩擦面加工正确,磨合情况良好,就能保证炭石墨零件较长期可靠的工作。

10.3.2 形状、尺寸、公差

碳与金属的性质不同,所以作为机械部件设计时,往往并无必要像金属部件那样过分严密。本来作为消耗材料的炭部件,就无须保持过于细微的公差。但接合面的加工面(研磨面)的平面精度或直角精度等,或者间隙的尺寸等仅重要部位才必须十分注意。兹将各种炭制品例示如下,供选择时参考。

10.3.2.1 形状

在设计和制作中应该避免的形状如图 10-7 所示,图中标有"不可"字样的形状应避免采用,标有"可"字样的是可取的形状。也就是力求避免内孔的复杂化、薄壁、内径过小而且长的突出部以及锐角部分等。

10.3.2.2 尺寸标记法

图 10-8 展示的是设计图上的尺寸标记实例。图中展示了制造方法上的成型压出品(以树脂黏结居多)、压出品的一部分机械加工和制品全部机械加工,同时标出了加工制品的尺寸公差实例。

10.3.2.3 公差

加工中不可避免发生公差,过高地提出不恰当的精度要求,不仅难以做到,而且也不经济。

必须根据不同用途来适当地确定加工公差,公差的实例列于表 10-17 和表 10-18。

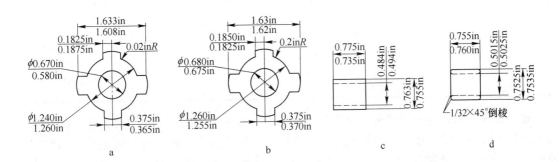

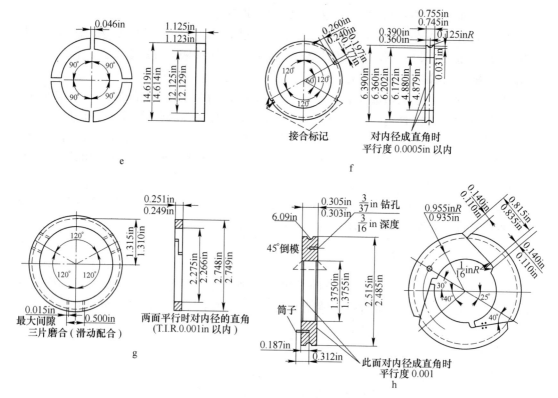

图 10-8　炭密封件的尺寸标记实例

(同心情况下，直角度 0.0015in 以内)

a—模压成型品（密封垫）；b—机械加工品（密封垫）；c—模压成型品（轴瓦）；d—机械加工品（轴瓦）；
e—活塞环（凸起接合）；f—滑轮垫圈（凸起接合）；g—活塞环（阶梯配合）；h—密封圈（正切切削）

表 10-17　美国 USG 公司标准

制作方法	适 用 范 围	公 差	制作方法	适 用 范 围	公 差
压形品	长度 3/4in 以下	0.01in（0.25mm）		偏心率	
加工品	截面薄壁部分　最小界限 直径		加工品	直径 2in 以上	0.014in（0.1mm）
	内径 2in 以上	0.06in（1.5mm）		最高界限	0.002in（0.05mm）
	外径 2in 以上	0.002in（0.05mm）		平面度	
	精度（要求时可能最高）	0.002in（0.05mm）		粗磨	0.0005in（0.0125mm）
	长度			细磨	0.01in（0.25mm）
	1in 以下	0.0003in（0.0075mm）		精磨	0.005in（0.125mm）
	1～2.1/2in	0.005in（0.125mm）		细精磨	0.0001in（0.0025mm）
	2.1/2in 以上	0.010in（0.25mm）		抛光	6　Band
	平行度	0.15in（0.375mm）			3　Band

　　对于炭轴承和炭制品间隙密封垫等制品，除炭制品本身的尺寸公差之外，还要确定和对偶配合金属的间隙问题。炭材料的线膨胀系数比金属小得多，所以在使用温度下的热间隙极小，还必须决定常温下的冷间隙（图 10-9）。此外，在化学上对于浸入炭内使其膨胀的液体（例如层间化合物的生成）也应特别注意。

炭和对偶材料（金属、无机材料）的滑动接触面，必须根据其用途，进行高度精细的加工，使其具有合乎要求的平面精度和光洁度，其检定就是利用单式光源照射下光学平晶（光学平面样板）进行测定。与此同时，在采用普通抛光和超精抛光等抛光方法上，根据所采用的材料和用途，使加工状况达到标准化。

滑动接触面的光洁度可用泰勒·霍布森·带里萨弗（Taylor Hobson Talysurf）表面检查机以 5000 倍、10000 倍、50000 倍进行测定，测针：金刚石 $2.5\mu R$，测定力 $0.1gr$，测定方向是 C 向。

表 10-18　法国罗兰炭素公司标准

制作方法	适 用 范 围		公 差
压型品	外径		
	30mm 以下		±0.1mm
	60mm 以下		±0.15mm
加工品	惯用公差		±0.1mm
内外径	精密公差		
	直径 100mm 以下		±0.0025mm
	直径 100～250mm		±0.1mm
厚度	惯用公差		
	直径 100mm 以下		±0.015mm
	100～250mm		±0.030mm
	250mm 以上		±0.050mm

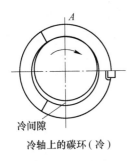

冷间隙

冷轴上的碳环（冷）

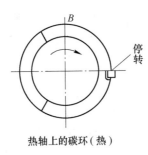

停转

热轴上的碳环（热）

间隙 10/1000 以上

断面

图 10-9　冷间隙和热间隙

10.4　炭石墨轴承

10.4.1　抗磨材料的性能

炭和石墨抗磨材料可供制作各种机器、仪器和机械上的径向轴承和止推轴承的轴瓦、导向轴套、薄片、活塞环、活塞密封垫、径向密封垫等。这些材料的优点就是无论在高温或低温（ $-200\sim+2000℃$ ）的条件下，或者是在极高的滑滚速度（达 $100m/s$ ）下，甚至在侵蚀性介质里等，都能无须润滑进行工作。石墨材料工作时所处的周围介质，对其摩擦和磨损都有影响。在真空和干燥的气体介质（氢、氮、二氧化碳、氩）中，石墨的抗磨性能会显著变坏。液体或油类蒸气的凝结，在摩擦表面形成薄膜，也会导致抗磨性能变坏。如果把制件完全浸入液体中工作，其抗磨性能就会改善。氧和氯并不会降低抗磨性能。

炭基抗磨材料按工艺特征可分为两类：一类是以煤沥青为黏结剂生产的材料，另一类是以人造树脂为黏结剂生产的材料。

第一类材料是有孔、透气、渗水的：材料的吸水率为 6%～9%（质量分数）；第二类材料的吸水率为 5%～7%（质量分数）。如果这些材料用金属或人造树脂浸渍，即可变为不透气和不渗水的，同时还提高了机械强度，因而能用于机器的高负荷部件。用金属浸渍的材料，其主要优点就是在各种介质（水、液体燃料、氟利昂等）中，能够无须润滑进行工作。列入牌号系列的抗磨材料，用于浸渍的金属有铅、锡、巴氏合金。

焙烧（AO）材料与石墨化（AT）材料比较，强度和硬度均较高，但热导率较低。所有这些材料的气孔率为12%~20%，冲击韧性低，在断裂之前产生弹性变形。承压（20℃时）断裂前的变形为1%~2%。用这些材料制成的部件，在工作时应避免张力。这些材料的线膨胀系数比金属低，摩擦系数为0.05~0.10。抗磨炭材料的力学性能和热物理性能列于表10-19。

表 10-19　焙烧和石墨化抗磨材料的性能（苏）

牌号	密度 /g·cm⁻³	极限强度/MPa 抗压（圆柱体）	极限强度/MPa 抗弯（试样）	压缩弹性模量 /MPa	肖氏硬度	导热系数（20℃） /W·(m·K)⁻¹	线膨胀系数（20~200℃） /K⁻¹	在气体介质中的容许工作温度/℃ 氧化介质气氛	在气体介质中的容许工作温度/℃ 还原介质气氛
AO-1500	1.65~1.70	150~180	60~80	1.6×10^4	60~65	23.2	5.0×10^{-6}	350~400	1300~1500
AO-600	1.60~1.65	110~150	50~70	1.4×10^4	55~60	23.2	5.0×10^{-6}	300~350	1300~1400
AO-1500-CO5	2.70~3.00	260~280	100~120	1.7×10^4	70~75	34.8	$(6\sim7)\times10^{-6}$	300	300
AO-1500-σ83	2.60~2.90	250~270	90~100	1.7×10^4	70~75	34.8	6.5×10^{-6}	230	230
AГ-1500	1.70~1.80	80~100	40~50	1.3×10^4	45~50	58	5.0×10^{-6}	400~450	2300~2500
AГ-1500-111	1.90~1.95	100~120	50~60	—	50~55		—	400~450	2300~2500
AГ-600	1.65~1.75	60~80	35~40	1.0×10^4	43~45	58	5.0×10^{-6}	400~450	2300~2500
AГ-1500-CO5	2.50~3.10	150~160	60~75	1.35×10^4	65~70	81.2	$(6\sim8)\times10^{-6}$	300	300
AГ-1500-σ83	2.40~2.80	140~150	50~60	1.35×10^4	70~72	81.2	6.5×10^{-6}	230	230
AГ-1500-σpC30	2.20~2.50	150~160	60~70	1.32×10^4	70~75	75.4	6.0×10^{-6}	400~450	900
ЭГ-O-σ83	2.80~3.20	80~90	22~26	0.3×10^4	42~45	81.2	5.7×10^{-6}	230	230

聚合树脂基材料的性能与第一类材料的性能不同。此种材料强度较低，但密度大，不透气和不渗水，热导率低。此种材料的线膨胀系数接近于金属。这一类材料的使用温度取决于聚合树脂的性能，但一般不超过200℃。如果温度过高，就会大大缩短材料的使用寿命。表10-20所列的是各种牌号含氟树脂石墨抗磨材料的性能，表10-21是树脂石墨抗磨材料的性能。选用抗磨材料时，要考虑结构的特点、材料工作时所处的介质和所接触的对偶材料。

表 10-20　含氟树脂石墨抗磨材料的性能（苏）

指　标		76-2A	AФГM	AФГM-80BC
密度/g·cm⁻³		$\dfrac{1.9\sim2.0}{1.9\sim2.0}$	$\dfrac{\geqslant2.1}{2.1\sim2.3}$	$\dfrac{\geqslant2.0}{2.05\sim2.15}$
吸水率/%		$\dfrac{\leqslant0.1}{0\sim0.1}$	$\dfrac{\leqslant0.2}{0\sim0.02}$	$\dfrac{\leqslant0.05}{0\sim0.05}$
极限强度/MPa	抗压	$\dfrac{\geqslant35}{35.0\sim58.2}$	$\dfrac{\geqslant8}{15\sim26}$	$\dfrac{\geqslant10}{11\sim19}$
	抗弯	$\dfrac{未检测}{20\sim30}$	$\dfrac{未检测}{10\sim15}$	未检测
硬度/MPa		$\dfrac{0.8\sim1.4}{0.85\sim1.29}$	$\dfrac{\geqslant0.6}{0.67\sim1.43}$	$\dfrac{\geqslant0.6}{0.60\sim0.95}$
导热系数（20℃）/W·(m·K)⁻¹		$\dfrac{\geqslant8.12}{8.12\sim17.4}$	$\dfrac{未检测}{1.16\sim1.74}$	$\dfrac{未检测}{0.58\sim1.16}$

续表10-20

线膨胀系数/K⁻¹	$\dfrac{\geqslant 2.5}{(1.5\sim2.5)\times10^{-5}}$	$\dfrac{未检测}{(4.0\sim7.0)\times10^{-5}}$	$\dfrac{未检测}{(8.0\sim13.0)\times10^{-5}}$
压缩弹性模量/MPa	$\dfrac{未检测}{(0.09\sim0.12)\times10^4}$	$\dfrac{未检测}{(0.07\sim0.10)\times10^4}$	$\dfrac{未检测}{(0.06\sim0.09)\times10^4}$
容许工作温度/℃	250	180	200
挠　　性	不好	好	很好

注：分子是标准确定的指标；分母是出厂材料的实际数据。

表 10-21　塑料石墨抗磨材料的性能（苏）

指　标	НИГРАН （根据 ТУ48-01-58-71）	НИГРАН-В （根据 ТУ48-01-58-71）	ПРОПАГ	АГПФ-300 （根据 ТУ01-71-71）
密度/g·cm⁻³	1.65~1.70	1.80~1.85	1.90~1.95	1.90~1.93
极限强度/MPa 抗压 抗弯	 90~120 30~40	 140~160 50~60	 120 35	 80 25
透气性/cm²·s⁻¹	$1\times10^{-2}\sim5\times10^{-3}$	5.5×10^{-5}	1×10^{-5}	1×10^{-5}
线膨胀系数/K⁻¹	$(4\sim5)\times10^{-6}$	$(4\sim5)\times10^{-6}$	$(3.5\sim4.5)\times10^{-6}$	$(3.5\sim4.5)\times10^{-6}$
导热系数（20℃） /W·(m·K)⁻¹	11.6~17.4	11.6~17.4	58	58
最高工作温度/℃	—	300	200	300

　　石墨材料的工作能力取决于气体介质的成分和湿度。所有未浸渍材料，在真空（低于 10^{-3}mm 汞柱）和低于露点（湿度 4.85g/m³）的干燥中性气体中，其容许压强降低到 $0.5\sim0.8$MPa，而浸渍材料则降低到 $1\sim1.2$MPa。

　　石墨材料的摩擦和磨损很少取决于滑滚速度。随着滑滚速度的增大，其磨损大约与速度的七次方根成正比增大。必须注意，这时释出的热量剧增，而且由于石墨材料与对偶金属的线膨胀系数不相同，在散热不良的情况下，摩擦偶的间隙可能有很大变化。

　　在液体介质中工作时，只能采用不透的抗磨材料。在流体动力摩擦的条件下，摩擦系数达 0.001，在半湿摩擦和界限摩擦下，摩擦系数在 $0.08\sim0.1$ 范围内。在流体动力条件下，石墨材料实际上不磨损，在半湿摩擦和界限摩擦条件下（因摩擦种类和压强的不同），每工作 100h 的磨损量波动于 $5\sim50\mu$m 之间。

　　对偶组合件组装完好以后，要经过磨合运转阶段，在此阶段，摩擦和磨损逐渐减少，最后达到恒定值。磨合运转在低速低压下进行，或者以工作状态作短时间的启动，然后作长时间停歇，使其冷却，如此反复进行。

　　石墨材料制件的外形应该力求简单，不宜有截面急剧转折和应力集中点，也就是应避免有切口、孔洞和螺纹。此种制件只能在弯曲负荷或压缩负荷的条件下工作。不允许用销钉或螺钉进行固定。

　　在选择金属与石墨材料的配合和间隙时，必须考虑这两种材料的线膨胀系数的差别。选定工作压力应低于容许压力。如果制件须以高的滑滚速度工作，必须保证有效地导出摩擦热。

　　石墨活塞环一般制成分节的，由三节或更多的节组成；在个别情况下，用支撑弹簧把活塞环紧压于汽缸壁上。端面密封圈上制有凸缘，用"热配合"或用胶贴入金属圈内。

　　分段密封圈由三节组成，严密地贴合于轴（联杆）的表面，并从外面用弹簧顶紧。

　　石墨轴承制成轴套形式，用"热配合"法嵌在金属圈内。石墨轴套不宜采用机械压装法，以免石墨断裂。

10.4.2　炭石墨轴承的使用范围

　　根据炭石墨轴承的性能，可广泛用于：

　　（1）在轴承运转时不准许使用油脂润滑剂的地方。例如食品、饮料、纺织、化学等工业部门中的运输机，造纸工业中使用的干燥机，纺织工业中应用的布干燥机，人造纤维纺织机和香烟制造设备及潜水泵电机等的轴承，在这些地方使用油脂润滑剂不可避免要引起污染，因而被禁止使用。而炭石墨轴承的自润滑性能很强，可不使用润滑油而进行长期运转。

　　（2）因温度高而普通轴承不能使用的地方。

　　例如铸锭运送机，锅炉预热器和锅炉设备中焰管气体通风门和鼓风机，高温运料机，钢铁工业中的加料机以及烟道阀门调节机等轴承均可使用炭石墨轴承保证其正常运转。

　　（3）在化学和纺织工业中，有些轴承运行在有腐蚀性的气体或者液体之中，在这种场合下，不但禁止使用油脂润滑剂，而且金属轴承也会很快被腐蚀，故可采用炭石墨轴承。

　　总之，炭石墨轴承的特性与典型用途可参见表10-22 和表10-25。浸渍体的特性比较参见表10-23 与表10-24。

表 10-22　炭轴承的特性

项　目	数　值
视密度/$g \cdot cm^{-3}$	>1.7
肖氏硬度	>100
抗压强度/MPa	>170
抗弯强度/MPa	>50
气孔率/%	<0.2

表 10-23　浸渍炭体的特性比较（轴承用）（美国）

性　能	单位	不浸渍体	浸渍体		（比较）加石墨的青铜
			树脂浸渍	青铜浸渍	
最大负荷（静）	lb/in²[①]	200～500	500～1000	1000	20000
最大速度（连续）	ft[①]/min	200～500	500～1500	1000～2500	300
PV 值（连续）	10000h	15000	12000	15000	30000
摩擦系数		0.1～0.3	0.1～0.2	0.12～0.25	0.04～0.10
弹性模量	lb/in²[①]	$(2.0～3.5) \times 10^6$	$(1.5～3.0) \times 10^6$	$(2.0～5.0) \times 10^6$	15×10^6
临界温度（接触面）	℉	650～750	300～400	600	600
热导率	Btu	1.5～150	90	200～300	400
线膨胀系数	K^{-1}	$(1.5～3.0) \times 10^{-6}$	2.5×10^{-6}	$(3.4～4.0) \times 10^{-6}$	10×10^{-6}
耐湿性		优	良	良	良
耐药品性		良	可	劣	可
密度		1.7	1.8	2.5	7.5～8.5
价格比	g/CC	5.0	90	100	11

　　①　1lb = 0.45kg，1in = 0.0254m，1ft = 0.3048m。

表 10-24　最近的浸渍炭轴承

特　性	普通的炭·石墨	炭·石墨经过浸渍的材料			
		陶瓷	树脂	金属	碳
视密度/g·cm⁻³	$1.55 \sim 1.9$	$1.68 \sim 2.00$	$1.78 \sim 1.85$	$2.35 \sim 2.60$	1.87
硬度（肖氏）	$20 \sim 85$	$40 \sim 80$	$60 \sim 85$	$45 \sim 90$	—
抗压强度/lb·in⁻²	$(3.5 \sim 300) \times 10^3$	$(10 \sim 27.5) \times 10^3$	$(20 \sim 32.5) \times 10^3$	$(15 \sim 42.5) \times 10^3$	9×10^3
抗弯强度/lb·in⁻²	$(25 \sim 9) \times 10^3$	$(4.5 \sim 11) \times 10^3$	$(7.5 \sim 11) \times 10^3$	$(7 \sim 13) \times 10^3$	4.7×10^3
抗拉强度/lb·in⁻²	$(1.5 \sim 7.5) \times 10^3$	$(3.5 \sim 7.5) \times 10^3$	$(5.5 \sim 7.5) \times 10^3$	$(4.7 \sim 10) \times 10^3$	3.5×10^3
限制温度/℉					
中性气氛	$350 \sim 6000$	$1250 \sim 1500$	$200 \sim 500$	1500	6000
氧化气氛	$350 \sim 900$	$1000 \sim 1250$	$200 \sim 450$	$500 \sim 900$	—
线膨胀系数/K⁻¹	$(1.1 \sim 2.9) \times 10^{-6}$	$(1.6 \sim 3.6) \times 10^{-6}$	$(2.2 \sim 2.5) \times 10^{-6}$	$(3.0 \sim 4.0) \times 10^{-6}$	2.4×10^{-6}
透气率/Da	$(100 \sim 50000) \times 10^{-6}$	$< (0.01 \sim 2000) \times 10^{-6}$	$< (0.001 \sim 300) \times 10^{-6}$	$(0.5 \sim 10.5) \times 10^{-6}$	0.0002 $\times 10^{-6}$
孔度（容积）/%	$6 \sim 25$	$3 \sim 18$	$3 \sim 10$	$2 \sim 5$	0.7

表 10-25　炭石墨轴承的典型用途

干法作业，高温	干法作业，不能有油脂	干法作业，低 PV 值	湿法作业
链辊式添煤机，发电厂等锅炉装置的烟道调节风门和鼓风机用轴承，炉辊子用轴承，均热炉覆盖轴承，干燥炉用的吊挂轴承，核气阀轴承，400℃时的 CO_2 中的轴承，各种司炉机轴承等	食品、纺织、印染化学工业中的输送机轴承，胶合板，木板和纸的干燥机用轴承，制烟机械、封闭设备和烘炉用的轴承，高速滑轮用的轴承等（这些地方正常润滑是困难的）	家用电镀表用轴承（预期寿命 15 年）	离心泵轴承，叶轮轴承，齿轮轴承，主齿轮轴承，燃料计量泵轴承，潜水泵轴承，无密封套的离心泵轴承，循环泵、净化装置等用轴承，化学工业、纺织工业用液体计量泵的轴承，飞机用燃料循环泵的轴承等

10.4.3　炭石墨轴承的运行情况

10.4.3.1　PV 值

为了保证碳石墨轴承的安全运行，就必须把 PV 值限制在一定的范围之内。

$$PV = 压力 \times 速度$$

式中，P 为单位面积上所承受的压力，MPa；V 为轴的线速度，m/s。

在干运转的情况下，炭石墨轴承允许的最大载荷受到轴承的强度和允许的磨损速率的限制。其允许的最大线速度则受到轴承摩擦面上所产生热量的限制。而磨损速率又受到轴承材质、轴和轴承的表面加工情况、载荷、速度及周围介质等条件的影响。一般地，其磨损速率与载荷、温度和速度的平方成比例。在高温下使用时，允许的 PV 值必须比低温时要小得多，才能保证炭石墨轴承的安全使用。而且轴的材料最好选用不锈的材料，以保证轴在使用过程中始终有光滑的表面。

在干运转的情况下，轴承允许的 PV 值还直接受到轴承材质的影响。故在这种情况下，一般都选用石墨级和金属浸渍石墨级轴承。表 10-26 列出了这两种材质的轴承在连续干运转条件下允许的最大 PV 值（推荐）。

表 10-26　石墨质及金属石墨质轴承允许的最大 *PV* 值（推荐）

材 质	以最大寿命/MPa·m·s^{-1}	以短寿命（6 个月）/MPa·m·s^{-1}	P 的极限值/MPa
石墨级	0.73	1.78	1.4
金属浸渍石墨级	1.45	2.16	2.3

在选用炭石墨轴承的时候，还要考虑到轴承的运行温度。这个温度是由两方面因素构成的：一是轴承周围介质的温度，另一是在轴承摩擦面上产生的摩擦热。

众所周知，各种材质的炭石墨轴承允许使用的温度不同。故必须根据运行温度情况，选择适当材质的轴承。各种材质的炭石墨材料允许的使用温度在前面已介绍过，这里不再赘述。当轴承浸在液体里或者是液体所喷溅的情况下（湿运转），其摩擦和磨损大大降低。加之液体能够帮助逸散因摩擦而产生的热量，这样就大大提高了炭石墨轴承允许的 *PV* 值。实际上在这种条件下，其允许的 *PV* 值可能较于运转时高出 1000 倍。

10.4.3.2　炭石墨轴承的磨损

前已述及，炭石墨轴承的磨损取决于它的材质、轴的材质及表面状况、总压力、速度和周围环境等因素。

滑动轴承存在着两种形式的摩擦，即静摩擦和动摩擦。静摩擦取决于表面状况和所采用的材质。一般炭石墨轴承的静摩擦比同样情况下的金属轴承要小一些。普通炭石墨轴承在干运转的情况下，其动摩擦系数在 0.08 ~ 0.30 之间变化。在轴承刚安装时，其动摩擦系数要高一些，但经过一段时间的运转后，轴承表面和轴的表面就磨合好了，因而摩擦系数就降低了。

在湿运转的情况下，由于液体起着润滑作用，故磨损是很小的，动摩擦系数一般都在 0.01 ~ 0.10 的范围内，而在干运转情况下，其磨损率通常是设计时应考虑的主要因素。前面所推荐的 *PV* 值是在保证其磨损率不大于 0.25μm/h 的情况下提出的。显然，始终保持轴的表面具有光滑的状态很重要。因此应避免灰尘和腐蚀。为此，应选用耐腐蚀、不生锈的材料或者选用一种在运转条件下能在轴的表面上生成一层保护层的材料来作轴。

如前所述，在一般条件下，炭石墨轴承的磨损与载荷、温度和速度的平方成比例。当压力为 0 ~ 0.49MPa 时，各种材质的炭石墨轴承均能满足需要。当载荷为 0.49 ~ 2.8MPa 时，还是选用浸金属的石墨级轴承较合适。当载荷为 2.8 ~ 7MPa 时，只能选用浸金属的石墨级轴承，据实际情况，有时也只能间歇使用。

10.4.4　炭石墨轴承的设计

本节所讨论的轴承的设计，主要是指轴承的形式和尺寸的选择。通常生产的炭石墨轴承的形式和适用范围如图 10-10 和表 10-27 所示，可供轴承设计时参考。

在轴承设计时要特别注意，炭石墨轴承与金属轴承相比，它的抗拉强度和抗剪强度比较低，所以一定要避免轴发生挠曲现象，否则会出现轴承破坏事故。如果轴有挠曲的可能性，应采用自位轴承，如表 10-27 中 B 所示，或者将轴承的长度与直径的比例加大，同时还要采取措施，使轴与轴承之间保持正确的位置。

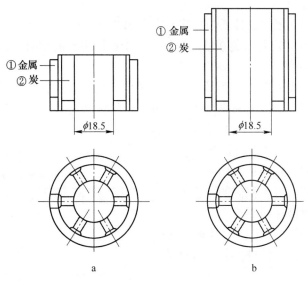

图 10-10 炭轴承（罐式泵用）

a—止推轴承；b—径向轴承

表 10-27 炭石墨轴承的形式及适用范围

种 类	适 用 范 围	图 示
圆柱形	适用于各种用途和温度范围	
圆柱代凸缘形	常与止推垫一起用，除在室温运行时不希望采用	
圆形（自位轴承）	A：除轻载荷（例如垂直轴的情况下）外不希望采用	
	B：3A 型轴承的变体，载荷可以加大一些	
特殊结构	特殊要求	

　　在干摩擦的条件下，轴承长度和内径之比不能小于1:1，然而在湿运转的情况下，可以减少到 0.25:1。当用炭石墨轴承代替滚动（金属）轴承时，在强度允许的情况下，应尽

可能保持原有的尺寸。

表 10-27 指出了一般的设计要领，应着重考虑如下几点：

（1）推力轴承，一定要避免在整个轴肩上因安装而引起的轴向载荷，因这种载荷可能引起过应力而发生事故。

（2）自位轴承，其最简单的形式如表 10-27 中 A 的形式：轴承和衬套是线接触，所以仅能支持很轻的载荷。实际上采用在球面上带平带的轴承是合适的，因为这样轴承与衬套的接触面积加大，可以承受较大的载荷，如表 10-27 中 B 所示。

（3）当轴承处在干运转的情况下，在轴承孔里应加除灰槽，特别是采用易磨损的轴承时，就更为必要。因为积储的灰尘有时能造成堵塞而使轴承破坏。

（4）在湿运转的情况下，设计时应采取措施以防止在油的入口处进入灰尘或硬渣引起迅速磨损。

为了保证其强度，适于采用厚壁炭石墨轴承。表 10-28 所列是推荐的壁厚和轴承直径的公差，供设计时参考。

表 10-28　根据轴径推荐的壁厚和允许的轴径公差　（mm）

轴　径	壁　厚	轴径允许的公差
< 12.5	3	0.025
12.5 ~ 25	4.5	
25 ~ 50	6.0	
50 ~ 75	7.5	
75 ~ 100	9.5	0.050
100 ~ 150	12.5	
> 150	16	0.075

10.4.5　炭石墨轴承的安装方法

根据使用要求，炭石墨轴承可以采用如下四种方法进行安装：

（1）收缩安装法。该法主要用在 PV 值大的轴承上。众所周知，炭石墨轴承具有较低的线膨胀系数和弹性模量，要把它牢固保持在金属套内是很困难的。所以只有一开始就高公差配合进去。为此，可先把冷态轴承装入预先加热到一定温度的金属套座内。其预热温度不应小于最高的运行温度。随后冷却使金属套收缩，这样就产生一定的压力，把轴承固定住。

经验表明，当轴承外径为 25mm 时，采用配合间隙为 –0.1 ~ 0.15mm 是合适的，当采用收缩安装法把轴承安装到铝或磷青铜（或者具有同样高的线膨胀系数的材料）的轴承座套里时，应该绝对避免超过其允许的使用温度范围。

（2）压力安装法。该法适用于轴承直径较小且使用温度范围变化不大的情况下。采用这种安装方法时要保证轴承和轴承套绝对平直和压力稳定。

（3）松动安装法。这种安装方法仅适用于经载荷薄壁轴承的情况下。安装时轴承允许在套里转动，为了防止左右转动，也可以用一键来固定。

（4）滑动安装法。仅用在由于轴承的限制必须使用滑动结构的地方，否则，应该尽量避免采用它。

10.4.6　炭石墨轴承的运转间隙

一般，处在干运转情况下的轴承运转间隙规定为轴径的 0.3% ~ 0.5% 是合适的。但任何情况下其运转间隙不应小于 0.05mm。

在湿运转的情况下，其运转间隙一般为轴径的 0.1%~0.3%。干运转的安装间隙要大于湿运转，是因为干运转时的摩擦系数大于湿运转，因而摩擦生热也较大，加之湿运转时的摩擦生热能很快被液体介质带走，而干运转却做不到这点，故一般情况下干运转时其安装间隙要大一些。若安装间隙小了，轴受热后的尺寸膨胀可能使安装间隙消失，从而使摩擦面的正常工作遭到破坏，严重时甚至产生抱轴现象。这一点在运转情况下要特别注意。

现将国外一些公司推荐的炭石墨轴承的安装间隙列于表 10-29 和表 10-30，供设计和安装炭石墨轴承时参考。

为了帮助轴承冷却和润滑，在轴承上开一小孔，并沿轴承内表面开一轴向轨迹沟槽，其沟槽的深度根据轴承的尺寸而定，一般为 1~2mm。无

表 10-29 室温下工作的石墨轴承安装间隙（推荐值）

轴径 /mm	间隙/μm			
	苏联机器研究所数据	英国摩根公司数据	西德林斯道夫公司数据	美国石墨公司数据
3~6	5~10	40~80	9~15	25
6~10	10~15	53~111	8~50	25~40
10~18	15~30	66~136	30~90	40~60
18~30	30~50	85~170	54~150	60~80
30~50	50~80	105~206	90~250	80~140
50~80	80~100	130~250	150~400	—
80~120	100~150	156~267	240~600	—
120~180	150~200	188~351	360~900	—
180~250	200~400	220~407	540~1250	—

表 10-30 室温下液体介质中石墨轴承安装间隙（推荐值）

轴径 /mm	安 装 间 隙/μm	
	英国摩根公司数据	西德林斯道夫数据
6~10	38~111	6~30
10~18	48~136	10~54
18~30	60~170	18~90
30~50	75~206	30~150
50~80	90~250	50~240
80~120	108~297	80~360

论是在湿运转还是在干运转的情况下，炭石墨轴承都必须进行精加工，以便于安装和运行。特别是运转间隙要求很精确时（例如液体计量泵用轴承等），就更显得必要。为此，在轴承安装到支座套上以后，还可以进行精加工。

10.5 炭石墨活塞环的工作机理

10.5.1 概述

在机械工业中，炭石墨活塞环适用于运行在高温（或低温）高速条件下，或输送腐蚀性介质，或在运行过程中不允许加润滑油的往复式压缩机和泵等。采用炭石墨材料制作压缩机的活塞环可经济、安全地压缩大量氧气。这种压缩机与用甘油或水润滑的压缩机比较，不仅活塞的线速度高，而且去除了用甘油润滑时所必需的过滤和干燥设备，因而大大减少了投资，降低了成本。

在用于压缩氯化氢（HCl）、二氧化氮（NO_2）、二氧化硫（SO_2）等酸性气体的压缩机中，不允许使用润滑油。在合成氨的生产中，如果油蒸气进入氮氢混合气体中，会使成本很高的触媒海绵铂遭到破坏。实践证明，在这些场合下都成功地使用了炭石墨活塞环。例如，压缩氯气的压缩机，由于采用了石墨密封件，显著简化了整机结构，延长了使用寿命（与用浓硫酸作润滑剂相比）。

在塑料生产过程中，压缩乙内酰胺、乙烯和其他类似气体时，采用炭石墨材料作密封

件的无润滑压缩机就更成为绝对必要的。因为用油润滑时，润滑油会破坏工艺流程和损坏产品质量。此外，在纺织、印染、食品、卷烟和制药等工业中，气体内甚至有油的痕迹都是不允许的。故只能采用以炭石墨材料作密封件的无润滑压缩机。

蒸汽机内应用石墨活塞环可以避免蒸汽受到污染，并且可以除掉油冷凝装置。这对密闭式循环系统（例如船舶火车及其他运输设备）是十分重要的，因为油落入锅炉会使受热面过热，产生使热交换恶化的污垢，影响锅炉的安全运行和寿命。

但也应注意到，针对不同介质和工况条件，正确选用炭石墨密封材料的材质（即型号）和正确进行结构设计和加工，是成功地使用炭石墨活塞环的关键。为此，必须详细了解炭石墨密封材料的性能以及炭石墨活塞环的工作机理和运行状况，才能进行正确的选型和设计。

10.5.2　炭石墨活塞环的工作机理

众所周知，石墨材料是一种低弹性的材料，用它制成的活塞环不能靠自身的弹力而实现密封作用，这与具有很高弹性的金属环的工作情况是有区别的。所以用于压缩机、蒸汽机以及其他机械上的石墨活塞环必须分瓣（一般分三瓣），如图 10-11 所示。

分瓣式炭石墨活塞环实现密封作用的机理为：在缸体里，当活塞环的槽与槽之间存在一定压力差的情况下，工作介质（液体或气体）将经过环与槽之间的缝隙流动，当炭石墨环分瓣以后，这种压力差就把炭石墨环的瓣压贴到缸壁上和活塞环槽的一边上，实现密封作用。试证如下：

设活塞环一边的介质压力为 P_1，另一边介质压力为 P_2，且设 $P_1 > P_2$。

在这种条件下，工作介质（液体或气体）在活塞环槽里的流动略图以及介质对活塞环的压力分布情况如图 10-12 所示。

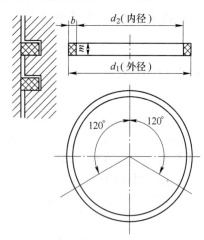

图 10-11　分瓣式炭石墨活塞环

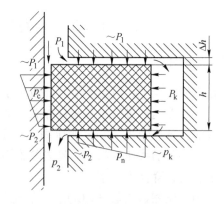

图 10-12　介质在活塞环槽里的流动及对活塞环压力的分布

实践证明，炭石墨环与缸体之间完全接触不但起不到密封作用，而且工作介质也会漏掉，所以在石墨活塞环的瓣与瓣之间以及缸壁与活塞环之间应留有一窄的间隙，充满工作介质（见图 10-12）。

如果采用的间隙与介质的黏度为一常数，那么，压力沿环高度 h 的变化 $\dfrac{\mathrm{d}p}{\mathrm{d}h}$ 也为常数，即压力按直线规律变化。当然，应该指出，如果间隙能维持正确形状，那么在压差大约到 9.81～10MPa 之前，间隙里的压力会符合直线规律变化，当压差继续升高时，由于缸壁变形及间隙正确性的破坏，压力分布的特征就会改变。

在前一种情况下，压力沿炭石墨环高度方向的变化 $\Delta P = P_1 - P_2$，其量的大小等于两个活塞环槽之间的压差。此时工作介质作用在活塞环上的平均单位压力 $P_c = \dfrac{P_1 + P_2}{2}$。

在工作时，活塞环随着活塞的运动及介质对它的作用力的变化而移动。在活塞环与活塞环槽之间的间隙里，沿活塞环高度方向所分布的压力为 P_k。在 Δh 具有相当高度时，可以认为 $P_k \approx P_1$，所以在活塞环与活塞环槽之间由介质对活塞环所产生的单位压力也可以采用 P_1 表示。

故作用于活塞环里面与外面的压力差为：

$$P_k - P_c = P_1 - \frac{P_1 + P_2}{2} = \frac{P_1 - P_2}{2} \tag{10-1}$$

由式（10-1）可见，由介质产生推动活塞环移近缸壁的单位压力与槽内介质压力的绝对值无关，而与它的均匀性有关，随着它的绝对值差数的增加，推动活塞环移近缸壁的单位压力也相应增加。当 $P_1 = P_2$ 时，活塞环对于缸壁来说，是处于中性状态。

以同样的分析方法，在活塞环上边的间隙里，介质所产生的压力近似于 P_1，而在相反的一边，介质的压力将由 P_k 降到 P_2（见图 10-12）。显而易见，介质不仅在活塞环与缸壁之间流动，而且也在活塞环与活塞环槽之间的缝隙中流动。充满活塞环与活塞环槽之间的工作介质，在间隙里形成了一定的浮力，$P_f = (P_k + P_2)/2$，与式（10-1）相似，也可以得出如下结论：介质的压力差 $P_1 - P_f = (P_k - P_2)/2$ 产生了把活塞环压贴到活塞环槽壁上的作用力，其大小与 P_k 和 P_2 的差数有关。

可是，除了介质压力外，作用在活塞环上的力还有活塞环所固有的惯性力、摩擦力、缸壁的反作用力等。

10.6　炭石墨活塞环的使用性能

10.6.1　炭石墨活塞环的磨损

炭石墨活塞环的磨损主要产生在它的外表面以及它同缸体接触的地方。其他地方的磨损与工作表面的磨损相比很小。环里面的磨损仅是工作介质磨蚀的结果。所以在评价活塞环磨损的程度时，基本上以环的厚度 b 在径向上的变化为依据。同时，沿活塞环瓣周边上的磨损也是不均匀的。所以在评价炭石墨活塞环的磨损时最好用它的平均径向值和工作时间，这样可求出平均单位磨损值 $\Delta r/h$。

除了径向磨损以外，还有重力磨损。这种磨损在开始使用时和运转一个阶段以后是不同的。这种磨损使它本身变薄。重力磨损也与运转时间有关，即 $\Delta g \mu g/h$。

磨损的绝对值 Δr 和 Δg 不可能真正说明活塞环的磨损情况，因为它们开始使用时的尺寸和质量都不一样。在这种情况下采用相对磨损值较合理：

$$\Delta r_{相对} = \frac{\Delta r}{b} \times 100\% \; ; \; \Delta g_{相对} = \frac{\Delta g}{G} \times 100\%$$

式中，G 为活塞环开始工作时的质量。

金属表面的炭石墨活塞环与其他石墨零件的磨损有如下特点：

（1）在整个运行过程中，基本上仅是炭石墨活塞环被磨损。因为在活塞环运行过程中，在缸壁上附着一层石墨膜，因而保护了缸壁，所以摩擦发生在炭石墨活塞环与附着在缸壁上的石墨膜之间。

（2）炭石墨活塞环的磨损随时间而不均匀，新环在开始使用时磨损最大，而随着时间的延长磨损就会有所降低，通常把这一阶段称为磨合阶段。磨合好以后，磨损量基本处于稳定状态。

（3）在磨合过程中，随着磨合时间的延长，摩擦系数也逐渐降低，磨损也随着降低。当磨合好了以后，在其他条件相同的情况下，摩擦系数基本为一常数。

磨损的诸因素中对磨损影响最大的是压降 Δp（活塞环槽之间的压差），因为随着压降 Δp 的增加，压迫活塞环贴到缸壁上的压力也相应增加，因而磨损量也随着增加。下面列出试验数据：

活塞环槽之间的压力差/MPa	1.2	0.9	0.6	0.3
平均径向磨损/μm·h⁻¹	1.08	0.72	0.55	0.40
百分比/%	100	61.8	51.0	3.70

可见，当压差 Δp 降低至原值的 1/4 时，平均径向磨损大约降低至原值的 1/3。在一个活塞里，活塞环的数量对磨损也有很大影响，随着环数 Z 的增加，磨损量急剧降低。下面列出一个活塞环的表面磨损相对值与活塞环数量的关系：

环的数量	1	2	3
相对磨损值/%	100	40	21.6

显然，在其他条件相同的情况下，采用三个环时，负荷最大的环的磨损较采用一个环大约降低至原来的 1/5。

工作介质不同，对活塞环的磨损有很大影响。例如，对于一单级空气压缩机，当压力增加到 5 个大气压时，活塞的平均速度为 2.26m/s 时，活塞环与具有同样条件（压力和速度）的水蒸气压缩机活塞环的磨损进行比较，可明显看出不同介质种类对磨损的影响，如图 10-13 所示。

由图 10-13 可见，在同样参数的情况下，压缩加热水蒸气石墨环的磨损比压缩空气的大很多倍。承受最大载荷的那一环，压缩水蒸气的磨损比压缩空气的约大八倍，而最底下的一环，其磨损也大三倍。随着工作时间的延长，其磨损的差别有所降低。

介质的湿度和纯度对磨损也有很大影响。当湿度较高时，会在摩擦表面形成液体的膜和滴，常导致磨损的增加。试验结果表明，在湿度大的水蒸气里炭石墨环的磨损要比在加热到 60～100℃的蒸汽里炭石墨环的磨损大两倍。

摩擦副材料的性能及表面状态对炭石墨环的磨损也有很大的影响。图 10-14 表明抗磨石墨材料（包括电化石墨级制品和焙烧炭石墨制品）的磨损与摩擦副的材质及比载荷的关系。

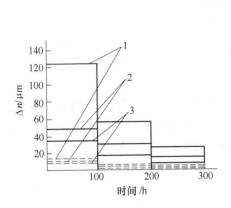

图 10-13　介质对磨损的影响

———压缩蒸汽时环的磨损；

- - - - -压缩空气时环的磨损

1—最上面的环；2—中间的环；

3—下面的环

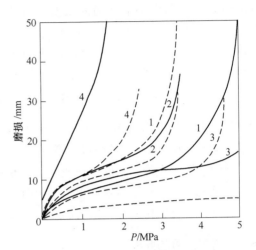

图 10-14　石墨抗磨材料在几种金属

表面上的磨损率与比载荷的关系

- - - - -电化石墨材料；———焙烧炭石墨材料

1—生铁；2—钢（特 8 级）；3—铬；4—黄铜

由图 10-14 可见，焙烧材料在生铁面上运行最合适，而石墨化材料在钢上滑动效果较好，若摩擦副是铬，其磨损更小。但所有炭石墨材料在黄铜和铜上运行，其磨损都较大。

从图 10-14 上还能看出，磨损速度随压力的增加而增加。在设计石墨活塞环时，必须适当选择单位压力，以保证在某种金属摩擦副上的炭石墨环有较小的磨损速率。例如，焙烧的炭石墨材料在生铁摩擦副上运行时，其允许的载荷不应超过 3MPa。而电化石墨材料在以钢为摩擦副时，其允许的载荷不应超过 2.5MPa。如果采用黄铜或铜作为摩擦副时，最好不采用焙烧的炭石墨材料制作活塞环，就是采用电化石墨材料来做活塞环时，也仅在其载荷不超过 1MPa 的情况下才能使用。

炭石墨活塞环的磨损与缸壁、活塞以及与它接触的一切零件的表面加工状况有关。表面加工越光洁，活塞环的磨损就越小。所以与它接触的金属表面最好加工至 $Ra0.8 \sim 0.2$。

经验表明，炭石墨环的磨损量也受到接口处间隙量总和的影响。随着间隙量的增加，在槽里迫使活塞环贴紧缸壁的压力就降低，因此磨损也随着降低。但必须考虑到，密封性能随间隙的增加而变坏，漏损也会有所增加。

可见，影响炭石墨环磨损的因素很复杂，根据公式来计算磨损量很困难。一般情况下，可用一些经验公式近似计算。

必须指出，沿炭石墨活塞环周边的磨损不均匀。在环瓣的中间部分磨损最大，从环瓣的中间到两边接口处，磨损随单位压力的降低而逐渐减少。经验资料表明，在环瓣的中间部分即中心角在 40°～50°处发生最大的磨损，如图 10-15 所示。

从中间往两端，其磨损按抛物线规律逐渐减小。这不仅适用于炭石墨活塞环，也适用于金属环。现以 Δr_{max} 表示中间部分的最大磨损，以 Δr_y 表示两端部分的磨损，以 Δr 表示平均磨损。Δr_y 的数值将随着接口处的间隙 σ、两个环槽之间的压差以及活塞环的数量而变化。

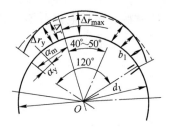

图 10-15　沿着活塞环瓣周边上磨损的变化

因为炭石墨活塞环磨损的绝对值一般不很大，所以在实际工作中很少有必要确定沿着周边的磨损值的大小（$\Delta r = \sum\limits_{i_x} \Delta r_y$，其中 i_x 为测量点数）（若要确定，如前所述，可以采用径向局部磨损平均值 Δr 来表示（图 10-15）。

前已述及，由于炭石墨材料是一种良好的自润滑和耐磨材料，由它制成的活塞环还很耐磨。经验表明，在最不利的工作条件下，炭石墨环也可工作 2000～3000h 无需更换，而在某些压缩机中，炭石墨活塞环工作了 10000～15000h 还没有多大的磨损。而且石墨环还不磨损缸壁，可见，优越性是很大的。

10.6.2　密封装置的间隙

在确定炭石墨密封装置间隙时应考虑到由于金属与炭石墨材料的线膨胀系数不同，所以其工作时和开始安装时的间隙有较大的差别。炭石墨材料的线膨胀系数 α 要比金属材料的线膨胀系数小几倍。表 10-31 列出了不同温度区间的各种材料的线膨胀系数。

表 10-31　几种材料在不同温度区间的线膨胀系数 α　　　　　　　　（℃$^{-1}$）

材料名称	温 度 区 间　Δt/℃				
	20～100	20～200	20～300	20～400	20～500
碳钢	$(10.6～12.2)$ $\times 10^{-6}$	$(11.3～13.0)$ $\times 10^{-6}$	$(12.1～13.5)$ $\times 10^{-6}$	$(12.9～13.9)$ $\times 10^{-6}$	$(13.5～14.3)$ $\times 10^{-6}$
钢铬	11.2×10^{-6}	11.8×10^{-6}	12.4×10^{-6}	13.0×10^{-6}	13.6×10^{-6}
生铁	$(8.7～11.1)$ $\times 10^{-6}$	$(8.8～11.6)$ $\times 10^{-6}$	$(10.1～12.2)$ $\times 10^{-6}$	$(11.5～12.7)$ $\times 10^{-6}$	$(12.9～13.2)$ $\times 10^{-6}$
紫铜	$(16.6～17.1)$ $\times 10^{-6}$	$(17.1～17.2)$ $\times 10^{-6}$	17.6×10^{-6}	$(18.0～18.1)$ $\times 10^{-6}$	18.6×10^{-6}
黄铜	17.2×10^{-6}	17.5×10^{-6}	17.9×10^{-6}	—	—
锡青铜	17.6×10^{-6}	17.9×10^{-6}	18.2×10^{-6}	—	—
铝青铜	17.6×10^{-6}	17.9×10^{-6}	19.2×10^{-6}	—	—
纯铝	23.9×10^{-6}	24.3×10^{-6}	25.3×10^{-6}	26.5×10^{-6}	—
焙烧的炭石墨材料或电化石墨材料	—	—	$(2.5～2.7)$ $\times 10^{-6}$	$(2.5～2.7)$ $\times 10^{-6}$	$(2.5～2.9)$ $\times 10^{-6}$

因密封结构不同，随着温度的升高或降低，间隙可能增加或者减少。例如，随着温度

的增加，活塞环与活塞槽之间的间隙要增加，而环与轴之间的间隙则要减少。如果间隙选择不当可能导致密封装置的破坏或增加漏损。

10.6.2.1 活塞的密封间隙

在零度以上情况下安装时，其活塞环按高度方向的间隙通常取用 2～3 级配合公差。在工作时，Δh 随温度的变化可根据下式确定：

$$\Delta h = \Delta h_{安装} \pm \Delta t (a_m - a_g) h \qquad (10-2)$$

式中　$\Delta h_{安装}$——室温 t_0 情况下安装时的间隙；

h——活塞环的标准高度；

t_0——活塞的工作温度，$\Delta t = t_p - t_0$；

a_m——在温度差为 Δt 时金属摩擦副的线膨胀系数；

a_g——在同样情况下炭石墨环的线膨胀系数。

如果 $t_p < t_0$，间隙减少，所以 Δt 前面的符号应取负号。

可见，工作在℃以下的活塞环，其安装间隙应该大一些。

【例】　已知：$h = 10$mm，$t_0 = 15$℃，$t_p = 300$℃，$\Delta t = 335$℃，$\Delta h_{安装} = 0.015 \sim 0.065$mm，求在铸铁活塞环槽里的工作间隙。

解　据式(10-2) 得：

$\Delta h = \Delta h_{安装} \pm \Delta t (a_m - a_g) = (0.015 \sim 0.065) \times 10^{-3} + 335(12.2 \times 10^{-6} - 2.5 \times 10^{-8}) \times 0.01$

$= (47 \sim 97) \times 10^{-6}$m（或 $\Delta h = 0.047 \sim 0.097$mm）。

很显然，工作间隙与安装间隙有很大差别。经验表明，随着尺寸的变化，$\Delta h = 0.04 \sim 0.10$ 是比较合适的，能保证活塞环的正常工作。

10.6.2.2 活塞杆的密封间隙

活塞杆密封装置的环与套座间的工作间隙 Δh 应根据套座的线膨胀系数来考虑，可按式 (10-2) 来计算，因为它同活塞环槽里的活塞环与槽之间的间隙相类似。按照活塞杆的不同直径，可采用滑配合 2 级到 3 级公差来装配。

在活塞杆的密封装置中，由于弹簧张力的作用，密封环将尽可能贴近轴。在这种情况下，其接口处间隙的确定与活塞环不同。在活塞杆密封装置中，随着磨损的增加，接口处的间隙将随着减小，当接口处的间隙消除时，环就失去了密封作用，因为在环与活塞杆之间形成了径向间隙。当密封环的间隙消除时，可以把环移到大直径的活塞杆上使用，否则易导致环端部的破坏。所以仅在活塞环具有很大的横断面，并且在经车削后仍然具有很大的强度时才做成这种形状，针对这种形式的接口（图 10-16），为了减少应力集中，必须把棱角磨圆。其倒角半径可采用 $r = (0.15 \sim 0.20)h$ 计算。

不推荐将活塞环的接口做成图 10-16c 的形状，因为这种形式接口的尖角处经常被折断。

在某些情况下，有时要求必须提高接口处的密封性，在接口之间可以安嵌一密封板，密封板也应采用与环同样材质的炭石墨材料制成，可做成如图 10-16d 所示的形式。

在某些机构中，必须采用更复杂的接口形式，如图 10-16e 所示。这种接口形式的优点是能实现两个方向的密封。其环应选用具有较高强度的炭石墨材料制成。

10.6.3　石墨支撑环

由于汽缸壁完全处于无润滑状态，因此要防止缸壁和金属活塞体接触，否则会发生划伤现象，这对炭石墨活塞环的使用很不利。

为了克服上述现象，可以在活塞上装一个或多个炭石墨支撑环。在直径小于30cm的汽缸中，可采用整体支撑环，较大的汽缸可采用分段环，通常采用3段或4段对接。

如果支撑环是分段制造的，必须采取一定措施防止波动的压力把支撑环压贴在汽缸壁上。如果发生持续接触，将会使支撑环磨损而降低其效能。考虑到这一点，分段支撑环必须带有一个凸肩，以阻止支撑环在波动压力影响下引起向外的运动。支撑环允许的磨损量通常由活塞和汽缸壁之间的间隙来决定。

为了保证活塞正确对中，应考虑支撑环的内径（包括允许的制造公差和膨胀修正量）必须尽可能与活塞上的支撑槽相适应。而环的外径按相似公差和膨胀修正量进行加工，使之与汽缸壁相吻合。

卧式压缩机可用导向板代替支撑环。这种导向板可由分段炭石墨材料组成，装在活塞的下边，可通过连接孔来找正，当导向板磨损后，可通过连接孔进行调整。

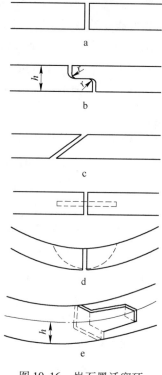

图 10-16　炭石墨活塞环的接口形式

10.7　炭石墨密封环的类型与结构

10.7.1　概述

任何密封装置都是为了将气体或液体介质密封于封闭的容器之中，而运动着的零件（转轴或活塞杆）可以通过密封装置从密闭容器里伸出，以便和原动机相接。

常见的密封环如图 10-17 所示，密封装置可以做成非接触式结构，即固定件和运动件之间留一尺寸很小的间隙；也可以做成接触式的，即固定件和运动件作滑动接触。

接触式密封装置需用润滑剂减少滑动接触面上的摩擦与磨损。当液体介质本身具有一定的润滑性能时，则可利用介质本身作为接触式密封的润滑剂。如果工作介质没有润滑性能，而且又不允许另外使用润滑剂，这时应采用无润滑剂运行的接触式密封。

在滑动速度较小，工作温度和压力又不高的情况下，可以采用含石墨的软质密封填料，或由皮革、钢纸、氟塑料等制成的密封碗，或由增强塑料制成的密封环。

随着设备工作参数的提高，现已大量采用由炭石墨抗磨材料制成的硬质密封环，以保证设备在无润滑剂及高速高温或腐蚀性介质中可靠地工作。在汽轮机、燃气轮机、活塞式或透平式压缩机、蒸汽机、泵以及各种化工设备中，炭石墨密封环已得到广泛应用。用于机械密封的材料见表 10-32。

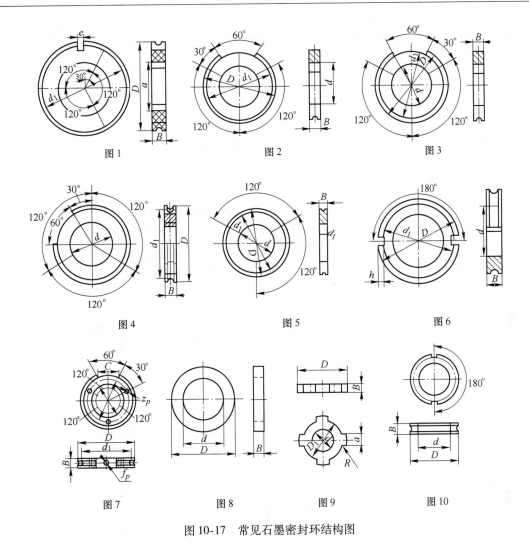

图 10-17　常见石墨密封环结构图

表 10-32　用于机械密封的推荐材料（德）

使用温度	生产方式	材料[①]	应用举例
湿运转			
平均负载（典型情况 <10MPa·m/s）			
可使用至 200℃/392℉，主要用于中性或酸性介质	依靠模具的大批量生产，最大产品尺寸为 φ75mm	EK2230，直接压制成型，合成树脂浸渍炭石墨材料	汽车水泵，家用电器等
		RIDURID® V1774，合成树脂黏结石墨（$pv \leqslant 5$MPat·m/s）	加油泵

使用温度	生产方式	材料[①]	应用举例
湿运转			
平均负载（典型情况＜10MPa·m/s）			
可使用至 550℃/1022℉（在氧化气氛中可达 400℃/752℉，主要用于中性或碱性介质）	依赖模具的大批量生产，最大产品尺寸为 φ75mm	EK 3235 锑浸渍，直接压制成型的炭石墨	工序密封，燃油泵，制冷压缩机
		EK 2239 直接压制成型的全炭材料（适用酸、碱介质，温度可达 400℃/752℉）	洗碗机用泵，汽车水泵
最高负载（典型情况＞10MPa·m/s）			
可使用至 200℃/392℉，主要用于中性或酸性介质	小批量标准尺寸，直径最大可达 φ550mm	EK 2200 合成浸树脂炭石墨材料	机械密封，如电站中的给水泵用密封
可使用至 550℃/1022℉（在氧化气氛中可达 400℃/752℉，主要用于中性或碱性介质）	小批量标准尺寸，直径最大可达 φ550mm	EK 3205 浸锑炭石墨	机械密封，如压缩机用密封
干运转			
可使用至 200℃/392℉	小批量标准尺寸，直径最大可到 φ550mm	EK 2240 合成树脂浸渍炭石墨材料	机械密封，如搅拌器用密封
	依靠模具的大批量生产，最大产品尺寸为 φ75mm	EK 2250 合成树脂浸渍炭石墨材料	密封环和垫片
可使用至 550℃/1022℉（在氧化气氛中可达 400℃/752℉）	小批量标准尺寸，直径最大可到 φ550mm	EK 3245 浸锑炭石墨材料	机械密封，如反应釜、海底管道气体密封
	依靠模具的大批量生产，最大产品尺寸为 φ75mm	EK 3255 浸锑炭石墨材料	密封环和垫片

① 所有材料都有气密性防护的证明，可适用于食品工业。

　　按照不同用途，基本上可将密封方式分为往复式活塞杆的密封及旋转轴的密封两大类。

10.7.2　活塞杆密封环

　　多数活塞杆的密封与采用炭石墨活塞环的压缩机配套使用，这类压缩机的密封性能，除了靠活塞环密封外，在很大程度上还取决于活塞杆密封的工作情况。

　　通常，活塞杆密封装置的工作压差约为 5～15atm❶，因为炭石墨密封装置总是尽可能用在低压缸体中。

---

❶　1atm = 101325Pa。

最常见的活塞杆炭石墨密封装置的结构如图 10-18 所示。

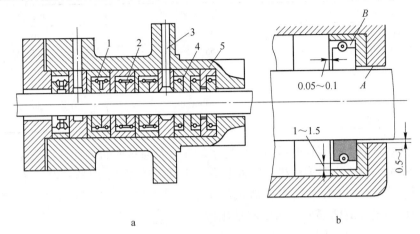

图 10-18 使用炭石墨环的密封装置
a—活塞式压缩机活塞杆的密封装置；b—活塞杆密封间隙示意
1—弹簧；2—销子；3—排气管；4—炭石墨密封环；5—金属槽

密封环 4 由 3 个弓形炭石墨件组成，用螺旋形弹簧沿其圆周箍紧，使炭石墨环以不大的压力贴紧活塞杆。密封环装在金属槽 5 中，滑动接触面要经过仔细研磨。在金属槽内，径向应留有不大的间隙，以使密封环能自由移动。在每个金属槽中装一个或两个密封环（实践证明，最好装一个环，使一个环的截面与金属槽相适用，其使用效果较好）。有时采用金属销 2 来防止密封环传动。漏出的介质通过沟槽 3 吸入汽缸内。如果间隙的尺寸选择得正确（图 10-19 所示），工作介质在剩余压力作用下即通过间隙 A 进入空间 B，形成附加压力，使密封环紧紧压住活塞杆。

炭石墨密封环的密封作用是对气体或液体介质的节流作用形成的（如同炭石墨活塞环），该作用发生在密封环与活塞的表面之间的狭小缝隙中。炭石墨密封环通常由直锁口的弓形件组成。但有时为了减少直锁口失量而改用比较复杂的结构。

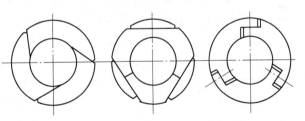

图 10-19 活塞杆密封环的结构

为此，有时在每个槽室内装上两个高度较小的密封环，两环的锁口错开 60°（如图 10-19 所示）。但是所有这些复杂结构都不能使密封性能提高很大，反而使炭石墨件的加工变得更为困难，并且弄不好会降低操作过程中的可靠性。

每个槽中只装一个高度较大的直锁口炭石墨环是最合理的。环与活塞杆之间的间隙应这样确定：当活塞杆受热膨胀后，密封环内表面应严密贴附于活塞杆上，同时接口的间隙应不大于 0.1~0.15mm。随着密封环的磨损，锁口间隙逐渐缩小。当长期工作以后，密封环与活塞杆之间的间隙会变大，从而使漏损量也会相应增加。因此，须定期检查密封环，如果必要，须修改锁口。

表 10-33 给出了直径不同的活塞杆所用炭石墨密封环的推荐尺寸。

表 10-33　　活塞杆炭石墨密封环的尺寸（推荐）　　　　（mm）

活塞杆直径	环的外径	环的高度
20 ~ 30	45 ~ 60	10 ~ 12
40 ~ 50	65 ~ 85	12 ~ 15
60 ~ 80	95 ~ 120	18 ~ 20
80 ~ 100	120 ~ 140	20 ~ 30
100 ~ 120	140 ~ 160	30 ~ 35
120 ~ 150	160 ~ 200	35 ~ 40

密封环的数量取决于密封的压力、活塞平均速度及通过密封的允许漏失量。一般，空气及氧气压缩机、制冷机和蒸汽机的容许漏失量为其输送能力的 1%~2%。在不允许工作介质漏失或工作介质进入大气中会造成污染时，可将密封装置分成两部分，从中间抽出漏失的工作介质（见图 10-18）。

以不同平均速度进行的试验表明，活塞杆的平均速度提高两倍，密封的漏损量减少 8%~40%。密封的压力越低，速度对漏损量的影响越大。上述试验是在活塞杆直径为 32mm、环数为 3~6 环、每只环的高度为 12mm、密封压力为 1~15atm 条件下进行的。图 10-20 示出了活塞杆平均速度为 1.25m/s 时，不同环数的密封装量其漏失量与密封压力的关系（试验过程中压力保持恒定）。

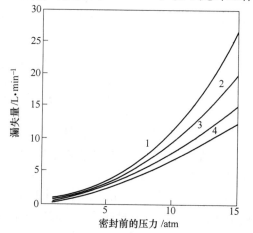

图 10-20　　活塞杆密封环漏失量
与密封压力的关系

1—3 个环；2—4 个环；3—5 个环；4—6 个环

由图 10-20 可见，密封压力越高，环数对漏失量的影响越大。根据试验数据及压缩机实际操作的结果，活塞杆密封环的数量推荐见表 10-34。

表 10-34　　根据密封压力推荐的密封环环数

密封压力/atm	4 ~ 5	7 ~ 10	10 ~ 15
环　数	2	3 ~ 4	5 ~ 6

在许多情况下，活塞杆密封必须在更高的压力下应用。化学工业中使用的终压压缩机及循环压缩机常是这种情况。单纯增加密封环的数量，并不能获得很理想的效果，必须与改变密封结构相结合。目前高压密封结构有好几种。循环压缩机（出口压力为 300atm）用炭石墨密封环来密封活塞杆已获得了满意的效果（图 10-21）。

由于密封环是沿着钢制活塞杆工作的，因此，在强度允许的情况下，多半采用电化石墨抗磨材料制造密封环。在气体或蒸汽压力超过 5atm 时，因电化石墨材料属于多孔性材料，会产生渗透现象，使漏损量提高。因此高压密封装置应采用浸渍类炭石墨材料即浸渍树脂或浸渍金属的炭石墨材料。究竟选用哪种浸渍炭石墨制品，应根据密封压力、工作温度、密封介质的性能等因素进行选择。

10.7.3　旋转密封

旋转密封结构按照密封位置的不同，可分为端面密封（密封位置在轴的端面上）和圆周密封（密封位置在轴的圆周上）。

炭石墨密封可以用于端面和圆周密封，但是以端面密封用得最多。端面密封和圆周密封都是浮动装置。通常称端面石墨密封为机械密封装置。

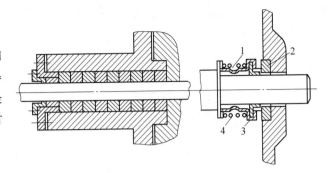

图 10-21 高压压缩机用炭石墨密封活塞杆的结构
1—橡胶套；2—摩擦环；3—石墨环；4—弹簧

10.7.3.1 端面石墨密封

图 10-22 所示的密封装置为较典型的石墨密封结构，用于油泵封油。轴 1 上有凸爪，带动动环 2 一起旋转。弹簧 3 迫使动环 2 紧贴在炭石墨环 5 的摩擦端面上，使之保持密封状态。炭石墨环 5 与壳体 4 之间有过盈，但为了确保密封，还没有橡胶圈 6，以防止介质从石墨环 5 与壳体 4 之间不贴合处渗漏。

动环与轴之间装有橡胶圈 7，它有三个作用：一是防止介质从动环 2 与轴 1 之间渗漏；二是减振，吸收轴 1 的振动，使动环 2 振幅减小，以利密封；三是使动环浮动，以保证动环与石墨环始终接触良好。因为，如果动环是紧套在轴上或直接坐在轴上，则炭石墨环不能用过盈配合装在壳体中，而要采取一些措施使炭石墨环浮动，而橡胶圈 7 正好能起到这个作用。

图 10-23 所示为带橡胶套的石墨密封，橡胶套 3 设计成波浪形，可作轴向伸缩。弹簧 4 迫使橡胶套 3 延伸，推动密封环 2 紧贴在轴 1 的摩擦面上。炭石墨环 2 直接装在橡胶套 3 的孔内，利用橡胶的弹性夹持炭石墨环。

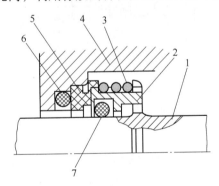

图 10-22 典型的石墨密封
1—轴；2—动环；3—弹簧；4—壳体；
5—炭石墨环；6, 7—橡胶圈

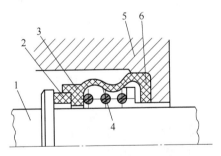

图 10-23 带橡胶套的石墨密封
1—轴；2—炭石墨环；3—橡胶套；
4—弹簧；5—壳体；6—骨架

比较图 10-22 与图 10-23 可见，由于使用橡胶套 3，而省去了图 10-22 中的橡胶圈 6 和 7，简化了结构。但它只适用于尺寸较小的附件密封，其工作温度、压力、速度都较低。

在图 10-24 中，用金属波形管 5 取代橡胶套，其工作原理同图 10-23。波形管 5 一端焊在壳体 6 上，另一端焊有摩擦环 4，炭石墨环 3 夹在摩擦环 4 与动环 2 之间，根据炭石墨环 3 两端面的摩擦、润滑情况，炭石墨环 3 可能是静止的，也可能徐徐转动。由于这种密封装置完全没有橡胶件，故可用于较高的工作温度。如果金属波形管 5 的弹力足够，也可以不设弹簧，如图 10-24 所示。

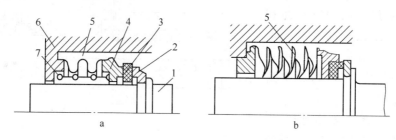

图 10-24　高温石墨密封
a—用金属波形管取代橡胶套的石墨密封；b—不设弹簧的石墨密封
1—轴；2—动环；3—炭石墨环；4—摩擦环；5—金属波形管；6—壳体；7—弹簧

由上述可见，轴的偏心跳动对密封的影响不大，因为摩擦面是浮动的。这个优点是填料密封、皮碗密封装置所不具备的。

炭石墨密封设计的关键在于一对摩擦副采用何种材料。试验结果表明，炭石墨密封环摩擦面的径向接触高度对泄漏量的影响甚微，故炭石墨密封环的尺寸主要根据强度来选取，而不是根据密封条件来选择。从应具有足够的机械强度来考虑，选取炭石墨密封环的径向高度约为 4～5mm 即可，一般不超过 10mm，如图 10-25 所示，即 $(D_1 - D_2)/2 = 4 \sim 10$mm。而在航空燃气涡轮发动机中采用的炭石墨密封环，其封严处的径向高度更小，即 $(D_1 - D_2)/2 = 1 \sim 2$mm。

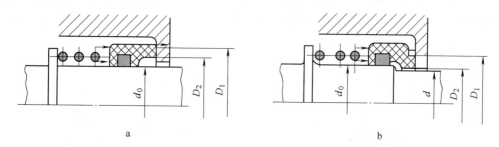

图 10-25　不平衡型与平衡型的石墨密封
a—光轴；b—台阶轴

正确选择弹簧压力也很重要。压力太大会使炭石墨密封环的磨损加快，对磨件的磨损也有一定的影响；压力不够，则容易产生渗漏现象，降低了密封效果。可根据弹簧作用于炭石墨摩擦面上的压力为 0.05～0.3MPa 来设计弹簧。使用金属波形管类型者可采用下限，轴与动环之间有橡胶圈封严者应采用上限，因为使橡胶圈作轴向移动需要较大的压力。

炭石墨密封环摩擦接触面，除了有弹簧力作用外，还受全部或部分介质压力的作用。图 10-25a 使用光轴，介质的压力全部作用在摩擦接触面上，称之为不平衡型；图 10-25b 使用台阶轴，即位于摩擦面处的轴直径 d' 小于 d_0，故介质压力仅一部分（而不是全部）作用于摩擦接触面上，称之为平衡型。

图 10-26 和图 10-27 的结构类似，动环 6 都由轴 1 上的凸齿带动与轴 1 一起转动。所不同者，图 10-26 中，炭石墨环 5 与轴 1 之间有几个"V"形截面的密封圈 8，用以封严

和减振；而在图 10-27 中，炭石墨环 5 与动环 6 之间用一个橡胶圈 8 来密封，动环 6 与轴 1 之间则无橡胶件，动环 6 与轴 1 之间配合有极微小的间隙，故当炭石墨环磨损时，弹簧 7 可灵活地推动动环 6，使炭石墨环 5 紧贴在摩擦环 2 的端面上。由于存在着这种微小的间隙，所以这种结构只适用于低压密封。因为密封压力不很高，而且密封介质有一定黏性，故密封介质很难经由图 10-27 中的动环 6 与轴 1 之间的微小间隙渗漏。

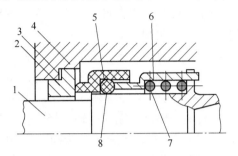 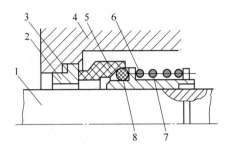

图 10-26　高压石墨密封　　　　　图 10-27　低压石墨密封

1—轴；2—摩擦环；3—密封垫；4—壳体；　　　1—轴；2—摩擦环；3—密封垫；4—壳体；

5—炭石墨环；6—动环；7—弹簧；8—密封圈　　5—炭石墨环；6—动环；7—弹簧；8—橡胶圈

图 10-26 和图 10-27 的结构均不适用于高速，高速的密封结构的弹簧不应跟随轴一起转动，否则会由于离心力的作用而引起不平衡和振动，影响封严，炭石墨环也不应随轴旋转，以免在离心力的作用下石墨环断裂。

图 10-28 所示为尺寸较大的高速密封装置，炭石墨环 3 的摩擦面外径为 80mm，轴 1 的转数为 13000r/min，故摩擦面的圆周速度达 54m/s。该密封装置用以封油，即防止左腔润滑轴承的润滑油流入右腔。在这种结构中，介质压力不仅不加于炭石墨环的摩擦接触面上，反而始终压缩弹簧，使炭石墨环脱开接触面，因此要求这种结构的弹簧压力要大。

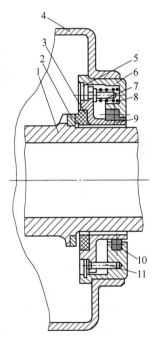

图 10-28　高速石墨密封

1—轴；2—摩擦环；3—炭石墨环；

4—壳体；5—卡圈；6—密封盖；

7—弹簧销；8—弹簧；9—密封体；

10—橡胶圈；11—销子

比较图 10-28、图 10-26 和图 10-27 可见，图 10-28 中的炭石墨环 3、弹簧 8 等许多密封元件都不旋转，而图 10-26、图 10-27 的炭石墨环 5、弹簧 7、动环 6 等都跟随轴一起转动。高速旋转产生很大的离心力，对变形、强度、密封效果都产生有害的影响，故进行调整密封设计时应尽可能地减少密封装置中的旋转件。图 10-28 所示的密封结构中只有小小的摩擦环 2 随轴一起转动。在转轴上设置摩擦环 2，是为了磨损后便于更换。在密封体 9 的圆周上，均匀装有几个弹簧 8，并用销子 11 来防止密封体 9 转动。

在一般低速通用机械的实际使用中，用得最多的仍是密封件随轴一起旋转的结构，因为这种结构简单，便于通用化、标准化和系列化，也即只要确定轴的直径，就可以购买整套炭石墨密封装置，而不必自行设计制造。

　　图 10-29 和图 10-30 为通用石墨密封。图 10-29 中，轴 1 经由传动销 3 而带动转动座 2 旋转。在转动座 2 的右边铣出一小段横向槽，将横向槽左端的材料弯曲，嵌在动环 7 的轴向槽内，因此，动环 7、内密封圈 6、压圈 5 以及弹簧 4 也和轴一起旋转。炭石墨环 10 是静止的，用销子 11 以防转动，并用外密封圈 8 封住炭石墨环 10 与壳体 9 之间的间隙。动环 7 与轴 1 之间的间隙用内密封圈 6 封严，并用弹簧 4、压圈 5 压紧。

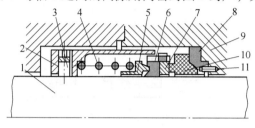

图 10-29　通用单面石墨密封

1—轴；2—转动座；3—传动销；4—弹簧；5—压圈；
6—内密封圈；7—动环；8—外密封圈；9—壳体；
10—炭石墨环；11—销子

　　若温度较高，则密封圈 6 和 8 采用聚四氟乙烯塑料（可耐温至 400℃）。

　　如果被密封的介质为危险品或贵重品而要求严格不漏时，可采用双面密封，见图 10-30。它有两个炭石墨环 3、两个动环 4，因而有两道摩擦密封端面。轴 1 经由传动螺钉 8 而带动转动座 9 旋转，转动座 9 用图 10-29 中同样的方法带动两个动环 4 一起旋转，其余结构与图 10-29 类似。

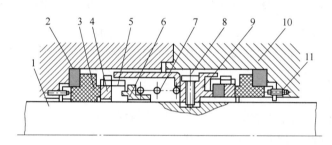

图 10-30　通用双面石墨密封

1—轴；2—外密封圈；3—炭石墨环；4—动环；5—内密封环；6—压圈；
7—弹簧；8—传动螺钉；9—转动座；10—壳体；11—销子

　　以上各种密封结构都采用螺旋弹簧以保证炭石墨环的摩擦接触面的紧密接触。在有些场合下，为了尽可能减少密封装置所占的体积和质量，可采用波形板弹簧代替螺旋弹簧。

　　下面列举几种应用波形板弹簧的实例。

　　图 10-31 所示结构用于小尺寸密封，该例中炭石墨环摩擦接触面的外径仅有 16mm，故炭石墨环 3 设计成为密封装置的主体。炭石墨环 3 圆周上有轴向槽，密封体 7 的板料嵌在其轴向槽中，以防止炭石墨环转动。三个波形板弹簧 6 通过垫圈 5 而迫使炭石墨环 3 紧贴在动环 4 上，以保证密封。动环 4 用氮化钢制造，并经氮化处理。被密封的液体（煤油）从壳体的通道输入高速旋转的轴 1 内腔。

　　图 10-32 和图 10-31 所示的密封结构差不多，只是后者用于小尺寸，而前者用于大尺寸。图 10-32 的结构中，将图 10-31 中的炭石墨环 3 分成炭石墨环 3 和密封环 8 两个零件。3 与 8 之间有过盈，并用胶接触其结合牢固。

　　图 10-32 中的动环材料也采用氮化钢经氮化处理。图 10-31 和图 10-32 的结构均适用于高速，它们也有标准化和系列化的设计，可按轴径选用。

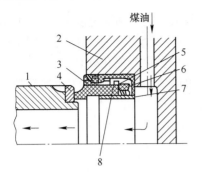

图 10-31　带波形板弹簧的石墨密封（小尺寸）

1—轴；2—壳体；3—炭石墨环；4—动环；5—垫圈；
6—波形板弹簧；7—密封体；8—橡胶圈

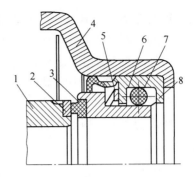

图 10-32　带波形板弹簧的石墨密封（大尺寸）

1—轴；2—动环；3—炭石墨环；4—壳体；5—波形板
弹簧；6—密封体；7—橡胶圈；8—密封环

表 10-35 列出了国外部分厂家端面密封炭石墨环的推荐尺寸，可供选用时参考。

表 10-35　国外端面密封炭石墨环的推荐尺寸　　　　　（mm）

轴直径	石墨环的外径及内径		环高	轴直径	石墨环的外径及内径		环高
	苏联机械研究所推荐	英国摩根公司推荐			苏联机械研究所推荐	英国摩根公司推荐	
9.5	— —	19.9　10.2	—	30	45　32	— —	12
10	24　11	— —	7	31.8	— —	45.7　33.3	—
12	25　13	— —	7	35	50　37	— —	12
12.7	— —	19.9　13.6	—	38.1	— —	52.1　39.6	—
15	30　16	— —	0	40	58　42	— —	15
15.9	— —	25.4　16.5	—	41.3	— —	54.6　42.8	—
19	— —	28.5　19.7	—	45	65　48	— —	15
20	35　22	— —	10	50	70　53	— —	15
22.2	— —	31.8　22.8	—	55	75　58	— —	15
25	42　27	— —	12	60	85　63	— —	15
25.4	— —	39.4　27.2	—				

10.7.3.2　圆周石墨密封结构

上述端面石墨密封，其接触摩擦是在端面上（平面摩擦）。而圆周石墨密封，其接触摩擦面是在轴的圆周上（圆柱面摩擦）。

由于平面密封比圆柱面密封容易，故绝大多数采用端面石墨密封装置。如果端面密封在总体设计布局上不便安排（例如由于位置、空间的限制），也可采用圆周石墨密封。

在图 10-33 中，炭石墨环 4 空套在轴 1 上，其半径间隙为 0.1～0.15mm，炭石墨环 4 与垫圈 3 的轴向间隙为 0.15～0.30mm，轴 1 的左腔为压缩空气，由于空气有压力，故炭石墨环的右端面紧贴在密封体 5 上，只在轴的外圆与炭石墨环的内孔产生摩擦。

轴 1 的右腔是轴承腔，利用飞溅的润滑油，经壳体 2 上的小油孔流入密封体 5 内润滑摩擦表面。实际上，根据空气压力的大小，以及接触面的摩擦情况和润滑情况，炭石墨环 4 可能静止不动，也可能略转动一下就停止，一会儿又略作转动，当它转动时，其转速远远低于轴的转速，此时，既产生端面摩擦，也产生圆周摩擦，在图 10-33 的实例中，垫圈 3 和密封体 5 用不锈钢制造，轴 1（直径30mm）未经特殊表面处理，用于33m/s的圆周速度。这里有小油孔引油润滑，这是很重要的。

图 10-34 与图 10-33 的结构相类似，但图 10-34 所示密封结构尺寸较大，轴 1 的转速

也是每分钟两万多转，但由于在这里轴径（84mm）较大，故其圆周速度可高达110m/s。

大尺寸的炭石墨环最好不让它旋转，故装有波形板弹簧5以产生轴向力，用来压住炭石墨环。另外，炭石墨环7之外还装有护圈6，轴1的摩擦面经氮化处理。

图10-33和图10-34中的炭石墨环都是一个整体的圆环，随着工作时间的延长，炭石墨环的内孔将因磨损而变大，使其密封性能越来越差，在图10-35所示的结构中，将整体的炭石墨环改为由三块扇形块5所组成，其外圆用弹簧4箍紧，使炭石墨块的内径与轴1保持接触。

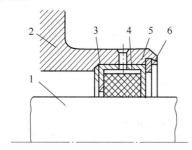

图10-33　浮动环石墨密封（小尺寸）

1—轴；2—壳体；3—垫圈；

4—炭石墨环；5—密封体；6—卡圈

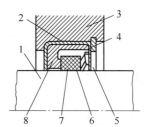

图10-34　浮动环石墨密封（大尺寸）

1—轴；2—封严盒；3—壳体；4—卡圈；

5—波形板弹簧；6—护套；7—炭石墨环；8—密封体

由于三块扇形炭石墨块之间留有微小的间隙（见A—A剖面），这样，当炭石墨块内径略有磨损时，弹簧4仍能使扇形炭石墨块与轴保持贴合状态，使密封性能保持不变。销子2用以防止扇形炭石墨块转动。由于炭石墨块上的销子配合孔是一个径向的深孔，故销子2并不限制炭石墨块5的微小径向位移，所以扇形炭石墨块可沿径向浮动。因此，轴的微小偏心跳动或产生不大的弯曲变形时，不会影响它的密封性能。

图10-36所示的密封结构采用三层密封，其中每层的结构都与图10-35相同。

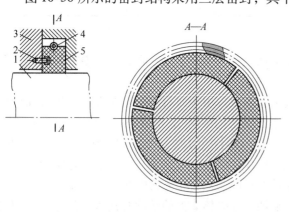

图10-35　圆周石墨密封

1—轴；2—销子；3—壳体；4—弹簧；5—扇形石墨块

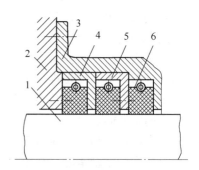

图10-36　多层圆周石墨密封

1—轴；2—壳体；3—密封盖；4—间隔环；

5—弹簧；6—扇形石墨块

图10-35和图10-36所示的密封结构将整体炭石墨环分为几块扇形环瓣，从而解决了炭石墨环磨损后的自动补偿问题，但由于几块扇形石墨块之间有间隙存在，故介质可能从这些间隙中渗漏。图10-37所示密封结构进一步解决了这个问题，可以做到完全不漏。

在图 10-37 所示的密封结构中，外扇形石墨块 9 由三块组成，三块之间的间隙很大，三个外销子插在此间隙中（见 *A—A* 剖面），用以防止石墨块转动。外炭石墨块 9 的内孔装有三块内扇形炭石墨块，三块之间的间隙插入三个防止转动的内销子 13。组合后，炭石墨块的右端面与挡板 6 接触，左端面与大炭石墨块 12 接触（见图 10-37），大扇形炭石墨块 12 也由三块扇形块组成，三块之间的间隙也穿过外销子 7（此销子较长，它同时穿过外炭石墨块 9 和大炭石墨块 12）。

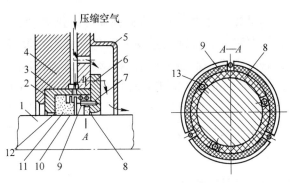

图 10-37 较完善的圆周石墨密封

1—轴；2—密封体；3—弹簧；4—壳体；5—隔热罩；
6—挡板；7—外销子；8—内扇形石墨块；9—外扇形石墨块；
10—波形板弹簧；11—垫圈；12—大扇形石墨块；13—内销子

被密封的介质可以沿着三块内石墨块 8（图 10-38）之间的间隙渗漏，但当它沿径向向外渗漏时，将遭到外石墨块 9 的阻挡，而当它沿轴向向左渗漏时，则遭到大石墨块 12 的阻挡。为了使密封更可靠，在右边也装有同样结构的密封装置，左、右两密封装置之间装有波形板弹簧 10（图 10-37），使各石墨块端面紧密贴合，保证密封，各排石墨块均通过弹簧 3 而得到径向箍紧。该实例的摩擦面圆周速度为 96m/s。

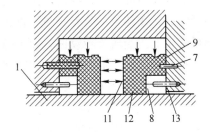

图 10-38 较完善的圆周石墨密封原理

1—轴；7—外销子；8—内扇形石墨块；
9—外扇形石墨块；11—垫圈；
12—大扇形石墨块；13—内销子

在图 10-37 中，左边为轴承润滑油腔，右边为高温燃气流。为了保护该密封装置，壳体 4 有孔道引入压缩空气，以冷却该密封机构。另外还装有隔热罩 5，用冷却空气包围和冷却整个密封装置，这种结构较复杂，其中扇形石墨块共有 18 块之多。

不论是圆圈石墨密封还是端面石墨密封，如有必要（例如摩擦速度很高时），都可设气冷或液冷装置。图 10-39 所示为液冷装置示意，是采用滑油散热的，动环 4 钻有许多径向斜孔，滑油自轴中心引出，在离心力作用下甩出，以带走摩擦热量，使摩擦面处的温度降低。图 10-39 也是一种气冷形式。

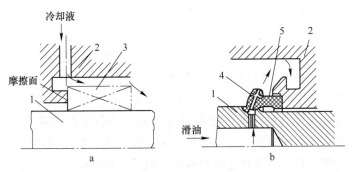

图 10-39 石墨密封的冷却

1—轴；2—壳体；3—石墨密封装置；4—动环；5—石墨环

　　如果被密封的介质中有固体微粒，例如砂石、磨料、泥浆之类，则应过滤，以免损坏石墨摩擦面，若过滤后还不能保证清洁，则可通入冲洗液（图10-40）。冲洗液采用清洁的液体，其品种与密封介质相同，冲洗液的压力应略大于密封介质的压力，从冲洗环5的环形缝隙中流出，以保护摩擦面。

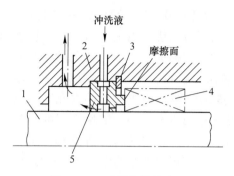

图 10-40　石墨密封的冲洗
1—轴；2—壳体；3—卡圈；
4—石墨密封装置；5—冲洗环

10.7.4　炭石墨刮片

　　正像炭石墨活塞环成功地用于无油润滑往复式压缩机一样，炭石墨刮片（又称旋片）作为密封元件已有效地用于刮片式压缩机、转子发动机、汽油机、印刷机、真空泵等。

　　从设计角度来看，刮片式密封实质上是旋转压缩机压缩腔的密封，主要由一个圆柱体转子组成，在转子上装有一些放置在径向槽中的刮片，转子偏心地安装在水冷或气冷的圆筒形转轴上。当转子转动时，刮片在离心力的作用下，被沿着径向抛出并与缸壁紧密接触，把转子体和气缸内壁之间的空间分成许多部分（视刮片的数目而定）。

　　图10-41为刮片式压缩示意图，转子偏心安装，各个部分的容积不同，并且每运转一周时，每部分的容积周期性地变化一次：增加到最大又减少到最小。进出口是这样安排的，即使每个部分均当其容积达到最大时吸进，达到最小值时排出，使其介质受到压缩。因而，要求这种密封件一定要具有优良的机械强度、耐磨性（自润滑性能）和耐热性，同时，还必须使气缸的内表面不产

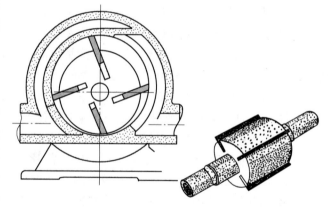

图 10-41　刮片式压缩示意图

生非正常的磨损。过去曾采用过铁刮片及塑料刮片，都未能满足使用要求。铁刮片虽然在强度、导热性能方面能满足要求，但其自润滑性能较差，对缸体磨损较大，而且极易形成波纹，使密封性能变差，并降低了缸体的使用寿命。塑料刮片的耐热性能差，使用中因摩擦生热，塑料刮片极易烧坏。经过实践和改进，普遍认为刮片材料的自润滑性能很重要。如果刮片和缸壁之间的摩擦系数很大，在运行过程中会产生很高的摩擦热。为了避免这种现象，近年来普遍认为，以自润滑性能非常良好的人造石墨粉为原料，以煤沥青为黏结剂，经混合、压制、焙烧而制成的炭石墨材料来制作刮片，其使用效果较好，若将这种材料再进行石墨化处理，其自润滑性能将会更好，但其本身的强度却降低了，这是不符合使用要求的，因而一般都不经石墨化处理，例如常用的M161刮片材料就属于这一种。不但

如此，为了更进一步提高炭石墨刮片的强度（因为刮片在工作时受力是很大的），还需要将炭石墨基体材料进行浸渍处理，例如浸酚醛树脂、环氧树脂、呋喃树脂等。有的情况下，还要求浸渍金属材料，以便更大程度地提高炭石墨刮片的强度和韧性。例如 M112L、M113L 就是炭石墨材料经浸铝处理的。

在选择浸渍材料特别是选择金属浸渍材料时，更要注意采用密度较大的金属来浸渍炭石墨刮片，虽然能提高刮片的强度，但由于密度大幅度提高，会使运行过程中的离心力也大幅度提高，反而增加了刮片本身对缸壁的磨损，离心力的增加还容易使刮片和缸壁之间的摩擦面产生疲劳，将产生"斑点"或"鳞片"状剥落，结果使刮片的密封性能降低。这一点应引起设计人员和使用者的注意。

10.8 密封环使用的实例

轴密封装置和使用炭的关系如表 10-36 所示。

表 10-36 轴密封装置和机械用炭

密封面	轴密封装置名	轴的动作	流体	使用机械实例
轴直角面	机械密封	旋转	液体·气体	泵·高压釜
	蒸汽密封	旋转	蒸汽	辗光机
	端面密封	旋转	气体	鼓风机
轴周面	迷宫式密封	旋转和往复	气体	压缩机
	轴衬密封	旋转	液体·气体	各种旋转机
	密封圈	旋转和往复	旋转	鼓风机
轴直角和轴周面	活塞密封	旋转	气体	压缩机
	密封垫	旋转	旋转	涡轮

下面仅就有代表性的密封装置实例加以介绍。

10.8.1 接触密封

10.8.1.1 机械密封

A 机械密封的使用范围

（1）使用机器。各种泵、高压釜、搅拌机、鼓风机、涡轮压缩机、离心式分离装置、转矩变换器及其他有旋转轴的机器。

（2）性能上的使用范围。1）流体：液体、液化气、气体、泥浆混合液等；2）温度：现在 +400℃，-160℃（最近的将来 +800℃，-269℃）；3）压力：400atm，10^{-3}mmHg·绝对（最近将来 500atm，10^{-6}mmHg·绝对）；4）速度：50m/s（11000r/min，ϕ80）（最近将来 75m/s，15000r/min，ϕ150）；5）寿命：24 个月（最近将来 36 个月，在整个机械设备上）。

B 使用实例

（1）泵：在各种泵上使用机械密封装置（表 10-37）时，应该熟知其使用状态，炭材质的选定上也是很重要的。

表 10-37　泵的密封实例（属于特殊条件、密封历来是很困难的）

对　象	流　体	压力/MPa		温度	转数 /r·min^{-1}	直径 /mm	机械密 封形式	使用部门
		抽入	排出					
泥浆液多量	重 HC(密度0.9)	0.07	0.7	375℉	1750	67	UVC	炼油厂
高压高温	热水	5.0	1.1	106℃	3550	70	BVHE	石油化学
高温	熔融沥青	0.4	0.667	150℃	960	65	US-12	炼油厂
低密度	LPG（密度0.52）	1.5	2.02	40℃	1750	90	BE	石油化学
耐蚀、耐磨耗	CAA（泥浆多量）	0.07	1.37	30℉	3500	72	UV	石油化学
耐蚀	化纤液	—	0.1~0.2	75℃	1500	100	UWN	国外
耐蚀	HF+HC	—	1.0	35℃	3500	47	BV	石油化学
耐蚀	BF$_3$+HC	—	1.95	99℃	2960	75	UV	石油化学
长寿命	轻（灯）煤	0.30	1.36	233℃	3500	57	BV	炼油厂

（2）高压釜，这里对于上述泵中使用的机械密封，基本上应予以同样的考虑，只是高压釜中的机械密封件长而且大，高压釜密封实例如表 10-38 所示。

（3）蒸汽密封，蒸汽密封是机械密封的一种，在压延机轧辊等一面转动，一面吹入加热用蒸汽的情况下，充作轴封。由于压延机旋转缓慢，轴的振动大，所以滑动面的平面接触困难，因而采用球面接触的形式。其实例如图 10-42 所示。

（4）用于涡轮压缩机的密封，表 10-39 是炭密封件在氟利昂冷冻机上安装成功的实例。从表中可见，设备的转数大，其压力条件经过压力试验、真空试验，证明其运转压力和负荷范围是宽广的。

表 10-38　高压釜的实例

对象	第一条件	第二条件
高温	>200℃	
	最高实例（360℃）	
高压	>100atm	>200℃
	最高实例（300atm）	250℃
高速	>1000r/min >4000r/min	
	最高实例（8000r/min）	
高黏度	<150℃ <150℃ >200℃	>5000cp 100000~200000cp >5000cp >10000cp 最高实例（200000cp）
高压	<1atm	
	最低实例（0.01mmHgA）	
压力范围	使用范围大	
	最大实例（真空-15atm）	
大轴径	100~120mm 120~150mm >150mm 最大（190mm）	

表 10-39　涡轮压缩机（最近实例）

流　体	氟利昂-12
压力范围/MPa	1~0.2~50mmHg（绝对）
温度/℃	120
转数/r·min^{-1}	11000
轴径/mm	ϕ65，ϕ80
机械密封形式	BOH

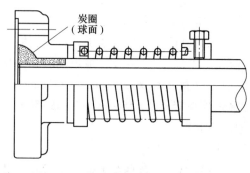

图 10-42　蒸汽密封用炭（球面接触）

在这样高的圆周速度的涡轮压缩机和涡轮鼓风机上，机械密封作为接触密封已经问世，取代了历来的油膜密封形式的气体密封，其心脏部分仍然是机械用炭。在罗茨鼓风机上有腐蚀性气体，难免出现泄漏，故采用机械密封。此外还解决了轴振动大的大轴径的密封问题。这也是机械用炭的重要使命，其大致情况列于表10-40。

图10-43展示的是平面密封的外国实例，这是干气密封装置。

（5）用于离心分离机的密封，离心式分离机已朝大型化和高转速方向发展，所以轴封也采用了机械密封。其实例列于表10-41。

表 10-40 罗茨鼓风机（最近实例）

容量/m³·h⁻¹	2500
流体	HCl、Cl₂、CH₃Cl
压力（插入）/MPa	（第1段）0.03，（第2段）0.0842
（排出）/MPa	（第1段）0.0842，（第2段）0.170
温度/℃	100
转数/r·min⁻¹	970
轴径/mm	120
机械密封形式	UFND
使用单位	石油化工厂

表 10-41 大型离心分离机（卧式）

项　目	内　容
流体	有机溶剂蒸气
压力/MPa	0.049
温度/℃	80
转数/r·min⁻¹	2500
轴径/mm	φ195
机械密封	GS-BF

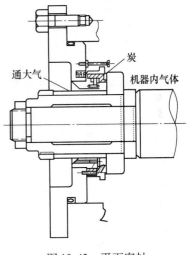

图 10-43　平面密封

此种离心式分离机的规格已越来越大，其轴径已达300mm。

10.8.1.2　轴圆周密封

此种密封通常为压盖密封垫，就是把几块炭瓦片组合成环状紧压在轴的周围，充作密封装置，同时还利用炭的润滑性。

炭密封圈由密封圈、盖环和垫环这三部分所组成，其中密封圈顶端的两个挡壁分别卡在轴周围的导槽面上，在与此构成直角的开缝外套的内面，同时成浮动接触，并借助弹簧和流体的压力保持此接触状态。此种炭密封圈的构造很复杂，需要做精密的工作。但其良好性能使得这些密封方式仍得以应用。轴圆周密封实例如图10-44和图10-45及表10-42所示。

10.8.1.3　往复运动密封

A　无油压缩机

（1）材质，利用炭的固体润滑性，在不供油的状态下，使活塞顶和活塞杆进行工作。因此利用机械用炭的自润滑性、耐蚀性、耐热性（不燃烧），做活塞顶以及连杆的衬套使用。

这里应该特别注意的就是在完全干燥的气体条件下，炭不能发挥其自润滑性，因此，气体必须至少保持25%以上的相对湿度。

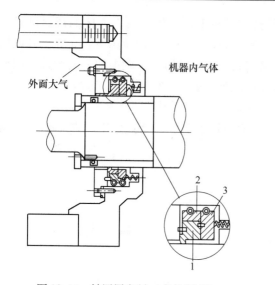

机器内气体

外面大气

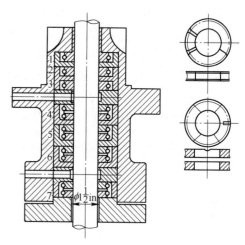

图 10-44　轴圆周密封（考伯斯式）　　　　　图 10-45　轴封（英国摩尔加纳公司制品）

表 10-42　轴圆周密封（气体用）

流体	轴径 /in	转数 /r·min^{-1}	压差 /lb·in^{-2}	温度 /℉	泄漏量 /ft^3·min^{-1}	滑动机（硬化）	寿命 /h
空气	4	>7000	>25	>400	<0.3	镀铬	>300
燃烧气体	7.5/5	<10000	<60	<1200	<1.1/2	氧化铝	不详
二氧化碳	8.1/2	1800	—	100	<0.1	敷层镀铬	>12000
空气	8.1/2	11200	30	750	0.55	碳化钨熔敷	>1500

注：1in = 0.0254m，1ft = 0.3048m，1lb = 0.45kg。

例如，在 99.999% 的 N_2 气体中，炭的磨耗是最快的。

为此，把炭（石墨）混合在聚四氟乙烯（特氟隆）中，经过焙烧，可以制造聚四氟乙烯充填密封材料。

（2）形状。

1）活塞顶，把开口炭环放入由顶端环和槽内环所形成的沟中，充作活塞环，在与汽缸内壁接触的往复运动中起着密封的作用（参见图 10-46 和图 10-47）。如果使用聚四氟乙烯材料，可使其构造变得更加简单（参见图 10-49）。

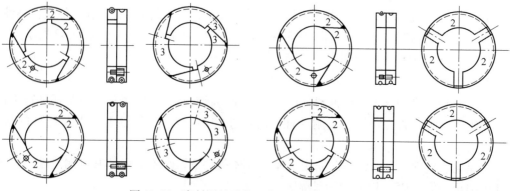

图 10-46　密封圈的形状（美国加罗库公司制品）

2）杆的密封，杆的密封由几个开口炭密封垫圈重叠使用（见图10-48），以及把在内周被截开的炭轴衬若干段重叠起来，也是属于间隙密封的一种形式。

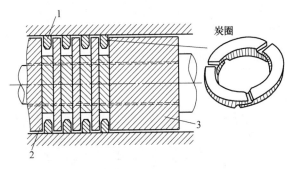

图 10-47　活塞环（炭）

1—活塞环（炭）；2—槽内环（炭）；3—顶端环（炭）

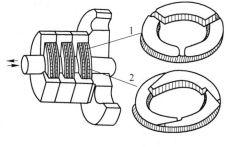

图 10-48　杆的密封（炭）

1—径向密封圈（炭）；2—切向密封圈（炭）

B　活塞泵

以往复运动输送液体的泵，其活塞上有同样的活塞顶，使用充填石墨的聚四氟乙烯的活塞环。

10.8.2　非接触密封

此密封方法就是利用间隙，使流体通过后压力逐渐降低，最后与大气压力相同，以起到密封的作用。若从其形状来看，有迷宫式炭密封（轴承及散热片上使用）、浮动轴衬密封（炭轴套上使用）、浮动密封圈（炭圈重叠使用）。

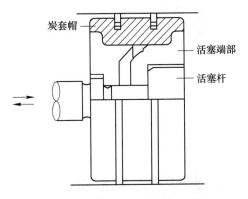

图 10-49　活塞环（石墨聚四氟乙烯）

其中最有代表性的就是蒸汽涡轮用炭密封圈，下面加以详述。

（1）为了制止蒸汽泄漏，用炭衬垫作为蒸汽涡轮机的轴封，在其构造上主要注意以下两点：

1）利用轴周围间隙的间隙密封；2）采用炭密封，在与开口处套壁接触的部位使用浮动接触密封件，如果使用不恰当，往往导致蒸汽泄漏。

（2）炭密封的必要性能，间隙密封作用的材料应能耐高热、高速蒸汽的侵蚀，而且磨耗要小，对抗机械冲击和热冲击的强度要大，摩擦系数要小，同时在织构上气孔还要小。尤其在高温情况下，炭的线膨胀系数比金属低，所以正确确定冷间隙是很重要的。

必须避免炭的削磨性过大，要选用在含冷凝水的蒸汽中磨耗少的材质。

为了能在运转中保持这些性能，要特别注意轴的振动、偏心、轴面的修整、杂物的存在和混入等。

作为浮动接触密封时，要特别注意其接触面（炭和对偶金属面）的工作（平行度、直角度、加工程度），应能完全保持启动和运转中的正常接触。

为此所需要的炭材料应具备以下特性：

1）有极强的耐湿式磨耗的能力；2）耐冲击性（机械的、热的）强；3）热性能稳定；4）没有有害成分和特性（削磨性等）。

在形状上应具备以下特点：

1）机械接触良好；2）冷间隙适当。

（3）炭密封件的泄漏原因和措施见表10-43。

表10-43　碳密封件的泄漏原因和措施

项　　目		原　　因	措　　施
炭密封圈周围的泄漏	内圆周面与轴面间	冷间隙过大； 轴振动，炭的异常磨损； 炭密封件的形状尺寸不标准； 蒸汽压力过大	考虑央圈与轴的膨胀差；防止发生炭材质变质和生锈公差
	平面 槽壳	炭件平面加工状况不良； 槽壳平面加工不良	平面、平行度； 平面加工不良，考虑除锈
	炭扇形体间	滑动贴合面不良	注意加工精度
	弹簧	耐热性变差	选择适当材料
间接原因	轴振动	轴承间隙过大，润滑油不足； 装配不良	最小漏孔，注意循环量； 注意找正
	轴磨损（壳罩内部）	耐蚀、耐磨耗性能不够 （特别在间断使用时）	表面硬化
	蒸汽状态	轴封部的蒸汽压力过大； 高压侧（排出）； 低压侧（吸入）	迷宫式轴封不完善； 与冷凝器有关； 与蒸汽密封有关系

10.9　汽车、船舶、车辆、空压机等机器用炭石墨制品

10.9.1　汽车、船舶、车辆用炭素零部件

汽车、船舶、车辆等也大量使用炭素制品，特别是C/C复合材料更具有发展潜力，如欧美、日本将其用于汽车，德国西格里汽车炭纤维有限责任公司的进一步发展将取决于Megacity Vehicle的市场反响及宝马集团使用炭纤维增强塑料部件的轻质结构战略走向。计划将第一阶段产能提升到每年3000t炭纤维的产量水平，为量产化汽车制造的炭素时代贡献自己的力量。但除C/C复合材料外，由于炭素制品耐冲击性差，很少用作结构材料。

10.9.1.1　刹车块、刹车片

刹车制动方式有摩擦刹车（机械刹车）、电动刹车、液压刹车以及发动机刹车4种方式。

炭素材料作为刹车制动材料的应用是以摩擦刹车方式，其中最简单的结构是以块式刹车（刹车块）和片式刹车（圆板状刹车）为代表。图10-50为刹车块和刹车片的示意图。

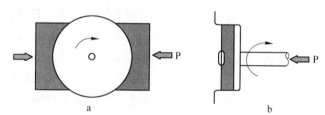

图10-50　刹车块与刹车片的示意

a—刹车块；b—刹车片

　　刹车制动的材质分铸铁、钢铁带、软钢、铜合金、木材皮、石棉编织物、石棉树脂成型品、金属烧结品等许多种类。上述刹车制动材质的摩擦系数都很大，即使施加较低压力制动效果也很好，但由于研磨性强，易使轮箍研磨，促使消耗，另外还有耐热性低，高温、高速时摩擦系数不稳定等缺点。

　　就此而言，炭素材料虽然因摩擦系数小需施加较大的压力，但其无研磨性，耐高温，摩擦系数与温度无关，所以被用作高温、高速刹车制动材料。

　　（1）刹车块，刹车块通常是铸铁或钢制的刹车轮，外周以1个或2个块施压刹车。

　　炭素材料的刹车块是以5%~30%的石墨粉与铜粉的烧结品制成的，其应用举例：造纸厂卷纸卷或反纸卷时为防止纸卷松弛的制动刹车。此时为在高速运行中保持一定微小的张力，制动刹车应能进行微小调整，采用摩擦系数低的炭素材料较为适合。

　　（2）刹车片，由于刹车片是向圆盘状制动器的轴向（推力方向）施压刹车的，所以分圆盘是一片的单片制动刹车和几片重叠的多片制动刹车。

　　炭素材料的刹车片有以5%~30%石墨粉和金属粉（青铜系合金成分）的烧结品。这种烧结品是把成型原料与作为芯板的钢板一起成型烧结或将没有芯板的成型烧结物切削加工后，再用小螺钉将其固定在芯板上制成刹车片两种形式。

　　刹车片的用途是作为建筑机械、车辆、船舶、压力机、工作母机、农业机械、摩托车、造纸机械的制动刹车，同时也广泛用于传动装置离合器。

　　最近已采用C/C复合材料作刹车材料，C/C复合材料质量轻、强度高，即使在高温高速的高负荷下也保持稳定的摩擦系数和良好的耐磨损性，但同时也有在低温区域、雨中摩擦系数急剧降低的缺点。另外目前因其生产成本极高，所以用途也有限。在用于汽车时以赛车为主，摩托赛车也使用，摩托车只是晴天时使用C/C复合材料，雨天比赛时使用烧结合金系代替。除汽车外飞机也采用C/C复合材料，飞机质量轻可以降低燃料费用，以及在高负荷下制动性能稳定。机车车辆也应用C/C复合材料。图10-51所示为C/C复合材料制动刹车片的实例。还可用C/C复合材料制作高速列车车轮润滑棒。

图10-51　C/C复合材料制动刹车片的实例

10.9.1.2　密封材料

　　机械密封多用于汽车空调的制冷空压机以及发动机冷却用的水泵。与普通用泵相比，其负荷轻且批量生产，多采用树脂结合质。大型车用高负荷时，有时采用炭石墨质。

　　旋转机的顶点密封采用炭素材料。旋转机圆长形的汽缸内呈鼓圆形的三角形转子在气化燃料以吸收—压缩—燃烧—爆发—排气的程序下，消耗能源进行旋转，给旋转轴传送动力。因在转子的各顶点装有叶片，被称为顶点密封。顶点密封由于受到上述因燃料的燃烧爆发引起的高温高压，所以要求具有金属材料同样的机械强度和润滑性。因此需采用以高强度炭质为基体的金属浸渍品。图10-52为旋转机的示意图。

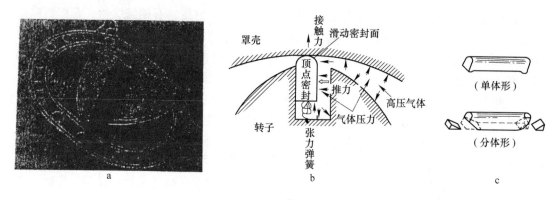

图 10-52　旋转机的示意

a—罩壳内部与转子；b—气压密封机理；c—顶点密封

10.9.1.3　垫圈、衬垫

发动机汽缸顶部的衬垫或排气支管垫圈多采用以膨胀石墨制成的石墨密封。汽缸顶部衬垫是燃烧气体，冷却水以及润滑油的密封，排气支管垫圈是密封排气体的。

从前密封是采用石棉制品的，但石墨密封的密封性、耐热性及压缩复原性都好于石棉，再加上对石棉制品使用的限制，石墨密封正在取代石棉。不但是汽车，就连摩托车、农业机械、建筑机械、小型船舶等的发动机以及其他的高温高压反应容器的垫圈等也采用石墨密封。图 10-53 所示为汽缸顶部衬垫的应用举例。

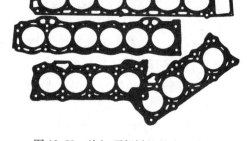

图 10-53　汽缸顶部衬垫的应用举例

10.9.1.4　各种结构材料

炭素材料脆，耐机械冲击性不好，几乎不作为结构材料使用，但由于开发了 C/C 复合材料，可以考虑下述的用途。C/C 复合材料的特点是质量轻、强度高，且比强度、比刚性高。

（1）汽车用，在汽车上的应用主要是考虑影响成本的部位，例如：试做悬挂部件、钢板弹簧、盘管弹簧、驱动轴等较重的零部件，但这些还都在试验阶段。不过赛车的车体很早就已经采用 CFRP 了。

（2）船舶用，作为船舶用结构材料有聚酰胺纤维（AF）、玻璃纤维（GF）、炭纤维（CF）等以及各自的 FRP 和 AF/GF、CF/GF、CF/AF 等各种混合 FRP。这些复合材料广泛应用在皮划艇、游艇、快艇、赛艇、汽船等的船壳、船的装置部件上，从效果看，今后 CF 的应用比率会提高。

10.9.1.5　其他

以上所介绍的炭素制品都是由成型坯体加工而成的。由于炭或石墨具有润滑性，还以粉末状态作为减小摩擦材料使用。

所谓的减摩擦材料是使之介于相互滑动的界面，降低摩擦系数，以此防止发热，减小摩擦损耗。在一般情况下是使用润滑油一类的流体润滑剂，但在不能使用流体润滑剂的高温、高压、真空、腐蚀等苛刻的条件下，需使用像石墨这样的固体润滑剂。

固体润滑剂中除了石墨以外，还有传统的二硫化钼（MoS_2）、二硫化钨（WS_2）、氮化硼（BN）等。但最近几年氟化石墨（$(CF)_n$白色粉末）引人注目。这些固体润滑剂都与石墨一样属于六方晶系。

空气中石墨到400℃左右保持润滑性，但在真空中或还原气氛中润滑性降低，MoS_2在真空中润滑性强，但在高温氧化气氛中弱。$(CF)_n$在氧化、还原气氛中也有良好的润滑性，PV值越高效果越好。

将这些固体润滑剂与分散剂混合，可作为铸模的润滑剂或离型剂等。另外也可以作为电刷或机械用炭素制品的添加剂，除此之外还可以作为润滑脂或润滑油等润滑剂的极性添加剂。

10.9.2 不注油式压缩机用零件

不注油式压缩机就如名称一样不使用润滑油，压缩气体中不含油雾，因此，多在需要清洁干燥气体的化学、食品、电子设备工业或隧道挖掘工程等行业使用。

压缩的气体有空气、氮气、氧气、氢气、氯气、盐酸气体以及各种碳氢气体。

不注油式压缩机根据其动作原理做如下叙述。

（1）往复动作式压缩机。如图10-54所示，由于活塞的往复运动气体被压缩，作为炭素零件有活塞环、导向环、活塞杆衬垫环三种。1）活塞环镶嵌在活塞沟槽内，从背面作为弹簧呈推压状态与汽缸一边滑动接触一边保持气密性。2）导向环是当活塞环达到磨损极限时，防止汽缸与活塞接触的环，对其强度要求比气密性更高，所以比活塞环厚。3）活塞杆衬垫环的作用是防止传向活塞杆方向的气体泄漏而设置的，一般分四五层组装。具有一个杆衬垫环呈3分份或6分份，紧箍在轴上，即使磨损也总保持气密性的结构。

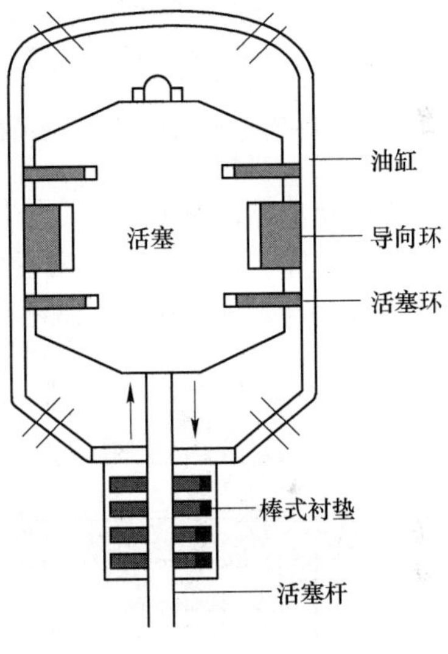

图10-55a和b分别为活塞环和杆衬垫环的形状示例。

图10-54　往复动作式压缩机构造

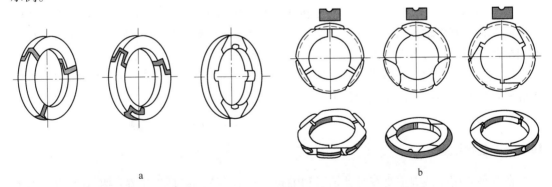

图10-55　活塞环（a）和杆衬垫环（b）的形状示例

（2）旋转式压缩机。由偏心转子旋转而压缩气体的装置。如让其阀门反向就成为真空泵。其炭素零件有旋转叶片。叶片是长方形薄板状镶在转子上开出的沟槽内，转子旋转时由于离心力的作用与汽缸接触，一边滑动一边保持气密性。图 10-56 为其结构图。这些炭素叶片更多是用于真空泵。

（3）摇动式压缩机。像大芭蕉扇扇风一样，因叶片左右摇动而压缩气体的装置。叶片的上部和侧部有沟槽镶入炭叶片，一边滑动一边保持气密性。图 10-57 为其结构的示意图。

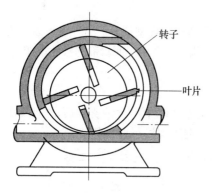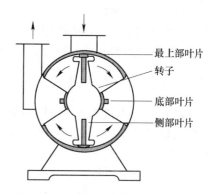

图 10-56　旋转式压缩机的结构图　　　　　图 10-57　摇动式压缩机的结构图

为防止从轴部泄漏气体，采用一种被称为迷宫环的非接触式炭素密封环。图 10-58 所示为其示意图。该迷宫环的内径中设计了几根沟槽，沟槽与轴间仅有的小间隙有气体通过，当最后与大气压相等时就不再泄漏。这种形式的密封被称为清除密封。

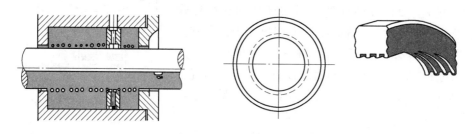

图 10-58　迷宫环的示意图

（4）螺旋式压缩机。由公螺旋转子的齿与母螺旋转子的槽相互咬合，高速旋转而压缩气体的装置。其中轴封用的环是炭素制品，增强的金属垫圈多数使用热装好的炭环，作为非接触性密封圈，具有保气性。

以上作为不注油式压缩机的零件因干燥润滑而重视气密性，所以活塞环、杆的垫圈、板等都采用炭石墨质的树脂浸渍，另外与气密性无直接关系的导向环也采用炭石墨质。作为露点低的氮气、氢气、氩气用的压缩机零件，有时也采用特殊的树脂混合体。

10.9.3　各种泵零件

在各种泵用零件中主要有滑动轴承和轴封（密封环），都是用于在一些金属或塑料不能承受的热和化学苛刻条件下使用的泵，其用途从家用到核工业用非常广泛。

10.9.3.1　滑动轴承

轴承分滑动轴承和滚动轴承两种，但炭素材料仅用于滑动轴承。对于滑动轴承来说，分垂直轴方向受载荷的转动轴承和沿水平轴方向受载荷的推动轴承两种。

由于炭素制品很脆，作为轴承使用时，通常压入金属轴承的壳架内，以热压配合或黏合的方式增强。

（1）转动轴承，转动轴承一般是圆筒状的，也有带法兰盘的。为保证磨损粉末的排出和流体润滑良好，有的内径带直线或腹线沟。图 10-59 所示为转动轴承的实例。

在化学工业、造纸工业、石油工业等常用到输送化学药品流体的耐酸泵、耐碱泵、淤泥泵等各种泵。这些泵中在重视耐药性时，常采用以炭质或炭石墨质为基体的树脂浸渍质产品。

300℃热媒循环输送高温液体用或核工业发电用存储电机泵（电机和泵一体化的泵）采用硬质炭。

当流体是像海水一样的电解质时，轴和轴承之间产生电化学反应，轴会因电化学腐蚀而被箍住（特别是泵的停运行期间），例如，船舶用海水扬水泵的轴承。为防止电化学腐蚀将轴承合金等浸入炭素材料，使用浸渍金属质炭素材料。

在农业或土木建筑业常输送混入水的泥浆料，这种泵的轴承多使用硬质炭材料。

另外，在家庭生活中有中心热站用泵、24h 洗澡用泵、餐具洗淋用泵、房间暖气用泵等，在我们身边的还有自动售货机用泵、洗车机用泵、清洗剂喷射用泵等。与工业用泵相比，这些都是小负荷低载荷的，所以常采用树脂结合炭素材料，根据流体的温度、压力选用炭石墨质或炭石墨质树脂浸渍材料。转动轴承应用举例如图 10-60 中磁石泵的示意所示。

图 10-59　转动轴承的实例

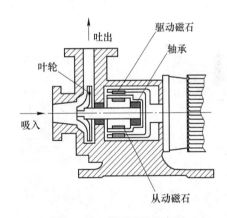

图 10-60　磁石泵的示意图

（2）推力轴承，与转动轴承相比，推力轴承的使用非常少，主要在潜水电机泵中使用。这种泵是由电机和泵组成一体的存储电机泵。转动轴承多在卧式设备上使用，而推力轴承常在竖式设备中应用，图 10-61 为推力轴承的实例。

图 10-61　推力轴承的实例

推力轴承与转动轴承一样，大多与旋转停止销一起连接固定在金属制的轴承套中。在深水井中用的电机泵，由于扬程高、容量大、轴承受的压力大，使用轴承合金或锑金属等浸渍的炭质。在低负荷时采用炭石墨浸渍树脂质。水中电机泵的止振用推力轴承有的也采用炭素零件，此时由于负荷低而采用炭石墨质或防止电磨蚀的金属浸渍质。

10.9.3.2　轴封（密封圈）

轴封一般称为密封圈。密封分端面密封（径向正面密封）和轴面密封（轴向正面密封）。

端面密封是为了封住与轴相垂直方向的流体，最普通的是机械密封。

A　端面密封

端面密封根据滑动面的形状分机械密封和转动接点式密封。

（1）机械密封圈，机械密封与滑动面成平面，是由钨铬钴合金、碳化钨、碳化硅等硬质材料制成的转动环和自身有润滑性的炭固定环组成来阻断流体。适用于不能使用油封和衬垫的高温高压流体泵。机械密封的其他用途与前述的轴承相同，以家用电器为主，汽车、发电厂、航天、航空以及其他各产业非常广泛的领域中使用的各种泵。机械密封所用的炭素材料重视气密性和耐磨损性，采用以炭质或炭石墨质为基体浸渍树脂或金属质。图10-62为机械密封圈的实例。

（2）转动接点密封，转动接点密封是在转动滚筒输送加热用蒸汽或冷却水时，为防止在转动部位与固定部位的结合面泄漏流体的密封。由于滑动面是球面，所以具有结合部的中心线稍微偏离也会自动调解中心的优点。

转动接点密封常使用在钢铁工业、造纸工业等的轧辊上。图10-63所示为转动接点式密封示意图。

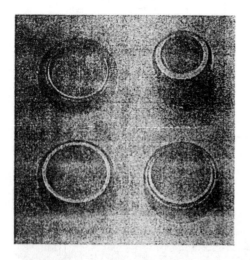

图 10-62　机械密封圈实例

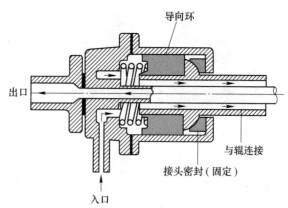

图 10-63　旋转接点式密封示意图

转动接点式密封中的炭素零件除密封圈外还有导向环。密封圈是以炭质或石墨质为基体，经树脂或金属的浸渍品，导向环由于是低负荷，可使用炭质或石墨质的非浸渍品。

图 10-64 为接点式密封的实例。

B 轴面密封

轴面密封是防止流体沿轴向泄漏的密封,与轴相接触状态时称为接触密封,而把与轴略有间隙的状态下防止流体泄漏的称为清除密封。

(1) 接触密封,一般称为衬垫,如那种不注油式压缩机用的活塞杆衬垫。

接触密封不光密封气体,也做液体的轴向密封。例如,作为水力发电机用水轮机主轴封水装置用密封圈。通常称为水轮机衬垫,小的直径 $\phi 300mm$,大的直径达 $\phi 2000mm$。

根据泥浆混入的程度采用炭石墨质或炭质,也有采用金属浸渍品的。

(2) 清除密封,除用于摇动式压缩机等作为轴封以外,还用作 400℃ 的小型蒸汽涡轮的轴封以及高温鼓风机的轴封等。图 10-65 所示为迷宫式密封的实例。该密封常采用有耐热性、不研磨轴的软质石墨。

图 10-64 清除式密封实例

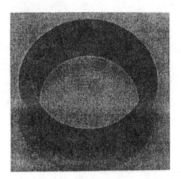

图 10-65 迷宫式密封圈实例

10.9.4 其他机械用零件

10.9.4.1 阀门用零件

化学工业、造纸工业、石油工业、发电站等场所使用较多的阀门。为密封高温、高压的流体,这些阀门中也使用炭素制品做阀门密封。形状有与前述的旋转接点式同样的内径侧为球面的球形瓣的接触面,以防止流体泄漏的密封圈。

另外为使阀门的开闭尽可能光滑,也有作为开闭轴的轴承使用的。

对于高温高压用阀门密封,多采用高强度、耐磨损、耐热性好的炭石墨质的金属浸渍品。对于轴承,由于阀门密封不承受载荷而使用石墨质或炭石墨质。

10.9.4.2 流量计用零件

在计量各种流体流量的流量计中,由于能溶解润滑油的汽油类流体或润滑油会污染食品工业、化学工业,因此不能使用金属或塑料而使用炭素零件。

在旋转叶片方式中,由于流体的流动,动压使转子旋转,测量其旋转速度而确定流量。是与旋转式压缩机的结构相同而功能相反的装置。在这种形式的流量计中采用的炭素零件有壳罩、转子、叶片等。

以两个非圆齿轮构成的容积流量计(椭圆流量计)的齿轮轴承采用炭素零件。图 10-66 所示为椭圆流量计的原理。

流量计用零件摩擦系数的稳定性、耐摩擦性是重要的,较多采用的是炭石墨质或其树脂浸渍品，在小型轻负荷的流量计中也有使用树脂结合质的。

10.9.4.3　核反应堆用零件

核电站的周围设备使用各种泵和空压机，这些设备中采用许多炭素零件。另外，核反应堆本体也采用炭素零部件。

轻水反应堆分加压水型（PWR）和沸腾水型（BWR）。沸腾水型核反应堆的控制棒驱动装置中使用许多炭素密封圈（轴向密封）和导向环。图 10-67 为密封圈和导向环的实例。

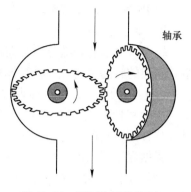

图 10-66　椭圆流量计的原理

图 10-67　密封圈和导向环实例

控制棒驱动装置起着为控制核反应使控制棒上下移动的作用。在驱动装置的轴上分别组装了 18 组炭素密封圈和导向环。平时控制棒驱动装置由于输送冷却水，周边温度约 100℃。运行时炭素密封圈和导向环上的负荷较低，但紧急时需快速地将控制棒插入炉内，此时对于炭素密封圈来说，受到高温、高 PV 值的负荷，这就要求炭素密封圈有耐这样高 PV 值的耐磨损性和耐冲击性，现在使用高密度炭石墨质的浸渍树脂品。

10.9.4.4　其他

如高温热交换机用风机轴承和在胶合板的压板制造工序里干燥机的滚辊输送带的轴承等。这些在空气中工作温度达 400℃高温的气氛下使用的轴承常采用炭素制品，材质为石墨质或炭石墨质。

11 电加工及其他炭石墨制品

11.1 电火花加工用石墨电极

11.1.1 电加工石墨电极的优点

近年来，材料的电加工方法在工业上得到了广泛的应用。材料电加工方法的特点是：加工时材料的破坏或排除、材料的迁移以及材料形状的变化或者组织改变是在电能直接作用于加工部位时发生的，而无须预先使电能转换成机械能或者其他形式的能。

金属电加工方法可分为基于电流热作用的电热方法和基于电流化学作用的电化学方法两类，电镀、阴极腐蚀、电化学氧化和电化学着色、电解除油、电化学磨削、电解加工等属于电化学方法；而熔炼、电液加工、电火花加工、电弧焊接、电弧切割等属于电热方法。石墨制品用做电加工电极具有如下优点：

(1) 线膨胀系数低，大约是铜的1/6，使用中不变形；

(2) 对被加工机件材料的蚀除率高；

(3) 电极自身损耗率低，加工精度高；

(4) 电极材料易于机械加工；

(5) 石墨电极材料资源广，成本低。

11.1.2 电加工石墨电极的制造

制造石墨电极的主要原料是焦炭。由于碳在正常压力下、在氧气中是一种难熔易燃物质，并在3500℃以上直接升华，因此，它不能像金属那样采用熔铸或锻压的方法来制造，炭素材料的性质决定了它的特殊制造工艺。

将原料焦炭（石油焦、沥青焦）破碎成小块，装入煅烧炉在1100～1300℃高温下煅烧，排除轻馏分有机挥发物，使焦炭达到预先收缩。将煅烧后焦炭磨成不同程度等级的细粉，按工艺规定配方投入混合锅内，以熔化沥青作为黏结剂进行加热混合，混合后料糊在轧辊机上辊压成片，冷却后再度磨成细粉，并投入压力机阴模内压制成型（毛坯）。将毛坯装入焙烧炉在隔绝空气的条件下焙烧至1300℃左右，目的是使黏结剂热分解，脱氢焦化，从而使毛坯焦固成坚实的整体。这一焦化过程产生了较多的气孔，因此还需要装入高压真空气中强迫浸渍沥青液。第二次进行焙烧使沥青焦化，密度比这一次焙烧大大提高，但还有一定气孔率，根据要求可如此进行多次浸焙。最后将浸渍毛坯进行石墨化。石墨化的方法是以毛坯本身为电阻，通电加温至2500℃以上。它与焙烧一样，是一种隔绝空气的"热处理过程"。根据对制品某些性能特殊要求，在各工序还可以采取不同的工艺辅助手段。

本节主要介绍电火花加工和电解加工及电解成型磨削用石墨电极的性能及其使用。至于电弧气刨用炭棒和熔炼用炭石墨电极等按习惯的分类方法将在其他章节介绍。

11.1.3　电火花加工原理

由于石墨比其他材料价格便宜，机械加工性能好以及损耗小等，因此广泛用作电火花加工的电极材料。据报道，美国的电火花加工用电极材料约 75% 采用人造石墨。

众所周知，电火花加工是电极间脉冲放电时电火花腐蚀的结果。电火花腐蚀的主要原因是电火花放电时，火花通道中瞬时产生大量的热，足以使电极表面的金属局部熔化，甚至汽化蒸发而被蚀除下来。要使电火花腐蚀原理用于金属材料的加工，满足被加工零件的精度、光洁度、生产率等的要求，还必须解决下列问题。

（1）必须有足够的火花放电强度，否则金属只是发热而不能熔化或汽化。

（2）火花放电的时间必须极短，且是间歇性的（脉冲性的）瞬时放电。因为只有在很短的时间产生大量的热能，才能使热量来不及传导扩散到其他部分，从而能局部地蚀除金属。每一脉冲延续的时间一般应小于 0.001s。否则，像电弧放电那样，必然会使整个工件发热，表面"烧糊"，而这只能用于切割或电焊，无法用于尺寸加工。

（3）必须把电火花加工后的金属小屑等电蚀产物不断从电极间隙中排除出去，否则加工过程将无法继续下去。

上述问题可通过下列方法解决：

（1）周期性地利用电容器缓慢充电，快速放电，把积蓄起来的电能在电极间隙内瞬时放出，即用脉冲发生器把电流转换为脉冲电流。

（2）使火花放电过程在不导电的液体（如煤油、机油）中进行，以利于抛出电蚀下来的产物。

图 11-1 为最简单的电火花加工装置原理。在放电加工中，电极与工件在加工液中按对转的形式配置，当两者间反复发生每秒数百至数万次放电时，由此产生的大量放电痕迹累加起来即实现了对工件进行加工。每放电一次的放电能量越大，加工速度越快，但加工面也越粗糙。图 11-2 即表示每个放电周期中的加工原理，而每个过程中的形成机理也标示在图中。具体步骤是：（1）在加工液中的电极与工件之间加上脉冲高压电；（2）极间放电，形成放电柱，并过渡到电弧放电；（3）电弧放电

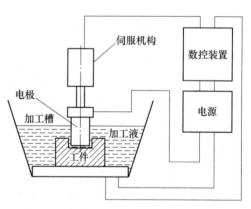

图 11-1　放电加工的工作原理

产生的高温使物料熔融、蒸发；（4）同时，周围的加工液气体，呈爆炸状态；（5）加工液汽化时形成的高压，使一部分熔融状态的物料向电极间外面排出；（6）在排出了物料的部分，周围的冷加工液流入，极间绝缘得以恢复，并返回到初始状态。

图 11-3 中脉冲发生器 1 是利用电容器的充电放电，把直流电转变为脉冲电流。电流和电能经过电阻逐渐充集储存在电容器 C 上，电容器上的电压逐渐升高到足以使工具电极 2 和工件 3 之间的间隙被火花放电击穿时，电容器上储存的绝大部分能量在电极间隙内瞬时放出，达到很高的电流密度、产生极高的温度，足以使金属局部表面熔化和汽化，形成如图 11-3 所示的凹坑。

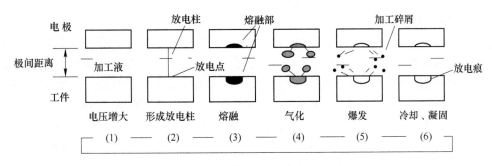

图 11-2 放电加工的工作原理（一个周期）

电容器的电能瞬时放完后，工具电极和工件间立即恢复绝缘状态，这时又经过电阻重新充电，如此反复循环。图 11-3 为工具电极和工件间隙的放大图。由于金属表面微凸起间此起彼伏地进行火花放电，整个表面将由无数小凹坑组成，因而工具电极的轮廓形状便复印在工件上。上述过程大致可以分为连续的两个阶段：第一是形成放电通道；第二是在工件表面实现能量转换，电能转换为热能，使金属在局部范围内加热、熔化和气化，从而蚀除金属。

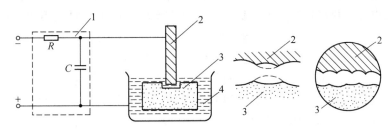

图 11-3 电火花加工原理
1—脉冲发生器；2—工具电极；3—工件；4—工作液

电极的微观表面凸凹不平，两电极间离得最近的尖端处电场强度最高，其间的工作液介质最先电离，即分解成负电子和正离子。在负电子迅速奔向阳极、正离子奔向阴极的过程中，双冲击绝缘介质的其他原子，使其电离，如此连锁反应，绝缘介质迅速被击穿，形成了火花放电通道。这时，电极间隙的电阻从绝缘状态的几兆欧，变成几分之一欧，所通过的电流相应由零增加到相当大；又由于放电通道受到放电时磁块力和周围液体介质的压缩，所以放电通道的断面很小，通道中的电流密度极大，达到 $10^5 \sim 10^6 \text{A/cm}^2$。由于电子和离子高速流动时互相碰撞，在通道中放出大量的热，同时阳极金属表面（一般是工件）受到电子流束的高速冲击，阳极表面（一般是工具）受到离子流速的冲击，电极间隙内沿通道形成一个瞬间的热源（5000 ~ 10000℃），在热源作用区的电极表面，很快被加热到熔点，直到气化的温度，由于这一过程非常短促，因此金属的熔化和气化以及工作液介质的气化都具有爆炸的特性（电火花加工时可以听到噼啪声），爆炸力把熔化和气化了的金属抛入工作液中而冷却。当它凝固成固体时，由于表面张力的作用，凝固成细小的圆颗粒，而电极表面则形成一个微小的凹坑。事实上，金属的抛出过程远比上述复杂，这里仅介绍原理。

火花放电过程中，阳极和阴极表面分别受到电子和离子的轰击以及瞬时热源的作用，同时遭到电火花腐蚀。但因为阳极和阴极表面所获得的能量不一样，故蚀除量也不一样

（即使是电极材料相同）。

电火花加工时两极蚀除速度不同的现象，称为"极效应"。一般当阳极的蚀除速度大于阴极的蚀除速度时，此时的极效应称为正，亦称"正极性"；反之称为负，或称"负极性"。极效应现象的产生，在于通道中电离放电时，由于负电子的质量小，容易获得加速度；而正离子的质量较大，加速度较低，启动较慢，所以在脉冲放电的前阶段，负电子对阳极的轰击多于正离子对阴极的轰击。因此在用持续时间较短（例如小于$50\mu s$）的脉冲加工时，阳极的蚀除速度将大于阴极，此时工件应接阳极，工具接阴极，即采用"正极性"加工。反之，当用较长的脉冲加工时（例如脉冲延时大于$300\mu s$），则阴极的蚀除速度将大于阳极，这时工件应接阴极，工具接阳极，即按"负极性"加工。这是因为随着脉冲延时放电时间的加长，质量较大的正离子也逐渐获得了加速度，因此对阴极的轰击破坏作用比电子对阳极的破坏作用要大。

为提高加工生产率和减少工具损耗，极效应越显著越好，当用交变的脉冲电流加工时，单个脉冲的极效应便互相抵消，总的极效应为零，增加了工具的损耗。因此通常采用单相、直流脉冲电流进行电火花加工。

当工具电极和工件材料不同时，仍然有极效应现象，不过变得更复杂了，因为不同材料的熔点、沸点和导热系数等都不一样。因此，在实际生产中何时采用"正极性"加工，何时采用"负极性"加工，不但要考虑到脉冲持续时间的长短，还要考虑到工件和电极的材料。电极材料的熔点和沸点（气化点）越高，导热系数、比热容、熔解热、气化热越大，电蚀量越小，反之则大。钨、铜、石墨等的熔点、沸点（气化点）很高，所以较难电蚀；钢虽比铁的熔点低，但导热好，所以其电蚀量仍比铁小；铝虽然导热系数比铁大，但因其熔点比较低，所以铝远比铁容易电蚀。

11. 1. 4　放电加工的条件与电极选择

11. 1. 4. 1　放电加工的条件

电极作阴极（−），工件作阳极（＋）的配置称为正极性加工，而相反的配置则称为反极性加工。在放电加工中是选择正极性加工还是选择负极性加工，峰值电流 IP（A）如图 11-4 所示，脉冲时间 τ_{on}（μs）、终止时间 τ_{off}（μs）、$D \cdot F$（功率系数，%）的设定，都需要从电极或工件的材质、电极消耗、加工速度和

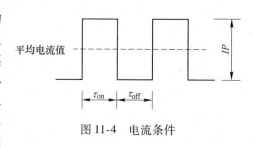

图 11-4　电流条件

加工面的粗糙度等放电加工特性中的哪个为主要目的来进行选择。

作为参考，下面借鉴晶体管电路中有关电流条件的用词来简单地加以说明。平均电流值（A）和一个周期中的放电效率 $D \cdot F$（%）由下式计算：

$$平均电流值（A）＝IP \times D \cdot F \tag{11-1}$$

$$D \cdot F = \frac{\tau_{on}}{\tau_{on} + \tau_{off}} \times 100 \tag{11-2}$$

式中　IP——峰值电流，脉冲放电时的脉冲电流的最大值，按粗加工条件设定其大小，A；

　　　τ_{on}——脉冲波的幅宽，也称为放电时间或起始时间，μs；

τ_{off}——脉冲停止的幅宽，为极间未加电压的时间（回到绝缘状态的时间），又称为休止时间，μs；

$D \cdot F$——一个周期内的放电效率。

在采用石墨电极进行放电加工时，其放电特性按如下形式定义：

（1）加工速度（g/min），用单位加工时间（min）内使工件通过放电而损失的质量（加工质量，g）来表示：

$$加工速度 = \frac{加工质量}{加工时间} \qquad (11-3)$$

（2）表面粗糙度，表示由于放电加工形成的工件表面的凹凸程度（μm，R_{max}）。

（3）电极消耗率（%），表示电极消耗长度（mm）与加工深度（mm）之比：

$$电极消耗率 = \frac{电极消耗长度}{加工深度} \times 100\% \qquad (11-4)$$

由于正极性和反极性的极性差别，造成的放电加工特性（加工速度、表面粗糙度、电极消耗）与脉冲波宽度的关系如图 11-5 ~ 图 11-7 所示。

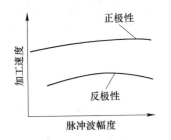

图 11-5 速度与脉冲波宽度的关系

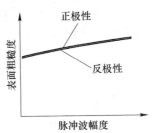

图 11-6 表面粗糙度与脉冲波宽度的关系

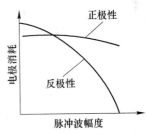

图 11-7 电极消耗与脉冲波宽度的关系

11.1.4.2 放电加工用石墨电极的选择

石墨没有熔点，导电性好，抗热冲击性优良，所以可以进行稳定的放电加工，此外石墨的机械加工性能优良，与金属相比只要用 1/3 ~ 1/10 的时间就可以加工成电极。因此与铜电极相比，石墨电极具有以下优点：

（1）机械加工性优异。切削阻力只有铸铁的 1/10，方便进行强力切削和强力磨削。

（2）高精度。不存在切削和磨削加工中常产生的尺寸偏差和毛刺。

（3）容易对电极表面进行精加工。很容易对切痕等进行手工精修。

（4）轻。密度是铜的 1/5，可制成大型电极。

（5）放电加工速度快。可以以铜电极 1.5 ~ 2 倍以上的速度进行加工。

（6）放电尺寸精度高。线膨胀系数小于铜的 1/4。

有代表性的石墨电极材料的特性如表 11-1 所示。按用途选择的例子则列于表 11-2 中。

表 11-1 石墨电极具有的特性

品种	视密度	抗弯强度 /MPa	抗压强度 /MPa	固有电阻 /$\mu\Omega \cdot cm$	热传导率 /$W \cdot (m \cdot K)^{-1}$	肖氏硬度	尺寸 /mm × mm × mm
ED-2	1.80	58.8	29.4	1300	81.2	55	1100 × 330 × 450

续表 11-1

品种	视密度	抗弯强度/MPa	抗压强度/MPa	固有电阻/μΩ·cm	热传导率/W·(m·K)$^{-1}$	肖氏硬度	尺寸/mm×mm×mm
ED-3	1.80	58.8	34.3	1400	75.4	65	110×330×450 160×320×620 160×465×465 240×450×1000
ED-4	1.90	98.0	49.0	1700	58.0	85	100×300×400
EX-50	1.75	58.8	36.3	1300	116.0	55	300×500×1000 330×620×1000
EX-70	7.85	68.6	49.0	1500	81.2	70	240×450×1000

表 11-2　石墨电极用途选择

用途品种	油放电				水放电			放电	加工种类					合金	Al合金	合金
	IP>50A	IP>50A	IP>20A	IP>5A	IP>100A	IP>100A	IP>20A		造型	造型	型	型	部品加工			
ED-2	○	◎			○	○	○		◎	◎			●			
ED-3	○		◎		○	○	○	○	◎	◎	◉	◉	●	◎	◎	
ED-4			◎	◎				○			◉		◉			●
EX-50	◎	○	○		◎	◎					●	●		●		
EX-70	○	◎	◎	○	◎	◎	◎	◎	◎	◎	◎	◎	◎	○	○	◎

注：◎—最佳；○—可以；◉—粗；◉—精加工；●—粗加工。

11.1.5　电火花加工机床简介

11.1.5.1　电火花加工机床原理

电火花加工是利用工具电极和工件电极间瞬时火花放电所产生的高温熔蚀工件表面材料来实现加工的。电火花加工机床一般由脉冲电源、自动进给机构、机床本体及工作液循环过滤系统等部分组成，工件固定在机床工作台上，脉冲电源提供加工所需的能量，其两极分别接在工具电极与工件上。当工具电极与工件在进给机构的驱动下在工作液中相互靠近时，极间电压击穿间隙而产生火花放电，释放大量的热。工件表层吸收热量后达到很高的温度（10000℃以上），其局部材料因熔化甚至气化而被蚀除下来，形成一个微小的凹坑。工作液循环过滤系统强迫清洁的工作液以一定的压力通过工具电极与工件之间的间隙，及时排除电蚀产物，并将电蚀产物从工作液中过滤出去。多次放电的结果，工件表面产生大量凹坑。工具电极在进给机构的驱动下不断下降，其轮廓形状便被"复印"到工件上（工具电极材料尽管也会被蚀除，但其速度远小于工件材料）。

（1）电火花加工的特点：1）可用硬度低的紫铜或石墨作为工具电极对任何硬、脆、高熔点的导电材料进行加工，具有以柔克刚的功能；2）可以加工特殊和形状复杂的表面，常用于注塑模、压铸模等型腔模的加工；
3）无明显的机械切削力，适宜于加工薄
壁、窄槽和细微精密零件；4）由于脉冲电
源的输出脉冲参数可任意调节，因而能在
同一台床子上连续进行粗加工、半精加工
和精加工。

（2）电火花加工应用范围：1）加工
硬、脆、韧、软和高熔点的导电材料；2）
加工半导体材料及非导电材料；3）加工各
种型孔、曲线孔和微小孔；4）加工各种立
体曲面型腔，如锻模、压铸模、塑料模的
模膛；5）用来进行切断、切割以及进行表
面强化、刻写、打印铭牌和标记等。

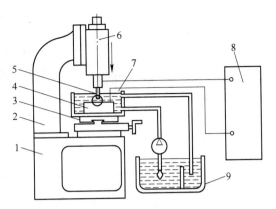

图 11-8　电火花加工机床组成示意图
1—床身；2—立柱；3—工作台；
4—工件电极；5—工具电极；6—进给机构；
7—工作液；8—脉冲电源；9—循环过滤系统

11.1.5.2　电火花线切割机床

电火花线切割加工是在电火花加工基
础上发展起来的一种加工工艺（简称 WEDM）。其工具电极为金属丝（钼丝或铜丝），在
金属丝与工件间施加脉冲电压，利用脉冲放电对工件进行切割加工，因而也称线切割。图
11-9 为电火花线切割加工原理。

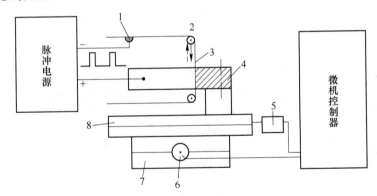

图 11-9　电火花线切割加工原理
1—供电部分；2—导轮；3—电极丝；4—工件；
5，6—进给机构；7—床身；8—工作台

电火花线切割加工的特点和应用：
（1）可切割各种高硬度材料，用于加工淬火后的模具、硬质合金模具和强磁材料；
（2）由于采用数控技术，可编程切割形状复杂的型腔，易于实现 CAD/CAM；
（3）由于几乎无切削力，可切割极薄工件；
（4）由于金属丝直径小，因而加工时省料，适于切割贵重金属材料；
（5）试制新产品时，可直接将某些板类工件切割出，使开发产品周期缩短。
线切割机床的结构大同小异，如图 11-10 所示，大致可分为主机、脉冲电源和数控装
置三大部分。

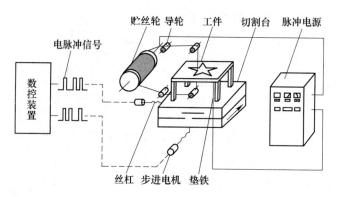

图 11-10 电火花线切割机床原理

我国数控电火花线切割机床型号的编制是参考《金属切削机床型号编制规则》（GB/T 15375—1994）规定进行的，机床型号由汉语拼音字母和阿拉伯数字组成，它表示该机床的类型、特性和基本参数。例如：DK7732 表示工作台横向行程 320mm、快走丝数控电加工机床。

11.2 电火花加工用石墨电极的性能

近年来，由于晶体管电源和自动稳压电路的采用，加之人造石墨制造技术的不断提高，人造石墨电极在电火花加工用电极材料中所占的比重越来越大了。这是因为人造石墨电极具有许多优良的特性，表 11-3 列出部分国产电火花加工用人造石墨电极的性能。国外电火花加工石墨电极物理特性如表 11-4 所示。

表 11-3 国产电火花加工用人造石墨电极的性能

型号	假密度/g·cm^{-3}	气孔率/%	抗压强度/MPa	抗折强度/MPa	电阻率/μΩ·m	灰分/%
T501	≥1.5	≤30	≥20	—	≤20	≤0.1
T502	≥1.5	≤30	≥28	—	≤20	≤0.1
T503	≥1.75	≤20	≥40	≥200	10~20	≤0.01
T651	≥1.80	10	900	350	12	0.1
T552	≥1.80	12	1000	400	16	0.03
T553	≥1.80	12	1000	400	13	0.03

表 11-4 国外电火花放电加工（EDM）用石墨电极的物理特性

项目	西格里公司（德国）				东洋公司（日本）				
	R8340	R8500	R8650	R8710	ISEM-1	ISEM-3	ISEM-8	ISO-63	TSO-88
体积密度/g·cm^{-3}	1.72	1.77	1.84	1.88	1.68	1.85	1.78	1.78	1.90
开口孔率/%	15	13	10	10	—	—	—	—	—
粒度/μm	15	10	7	3	10	10	8	5	3
孔径/μm	2.0	1.5	0.8	0.6	—	—	—	—	—
透气率/cm^2·s^{-1}	15×10^{-2}	10×10^{-2}	3×10^{-2}	1×10^{-2}	—	—	—	—	—

项　目	西格里公司（德国）				东洋公司（日本）				
	R8340	R8500	R8650	R8710	ISEM-1	ISEM-3	ISEM-8	ISO-63	TSO-88
洛氏硬度	80	70	95	110	45[①]	60[①]	63[①]	76[①]	90[①]
抗折强度 /MPa	45	50	60	85	36.3	49	51.9	64.7	93.1
杨氏模量 /GPa	12	14	13	13	13.5	10	13.4	15.0	15.5
电阻率 /μΩ·m	10.5	10.5	11.5	14	—	—	—	—	—
热导率/W· (m·K)$^{-1}$	90	80	100	100	—	—	—	—	—
线膨胀系数 (0~200℃) /K^{-1}	2.9×10^{-6}	3.9×10^{-6}	4.0×10^{-6}	4.7×10^{-6}	—	—	—	—	—
灰分 （最大）/%	0.02	0.02	0.02	0.02	—	—	—	—	—

注：石墨电极与铜电极相比的优越性：（1）电极消耗小，一般为铜的 1/3 ~ 1/5；（2）加工速度快，一般为铜的 1.5 ~ 3 倍；（3）机械加工性能好，切削阻为铜的 1/4，加工率为铜的 2 倍；（4）轻量化，密度为铜的 1/5，可用于大型电极；（5）耐高温，高温下不软化，线膨胀系数为铜的 1/4；（6）可黏结性，最好选用导电性黏结剂；（7）表面处理容易，可用砂纸简单打磨。

① 肖氏硬度。

11.2.1　电火花加工石墨电极物理性能

11.2.1.1　假密度

石墨的理论密度为 2.26g/cm^3。而一般人造石墨材料的假密度（又称体积质量）为 1.55 ~ 1.85g/cm^3。电火花加工用电极希望石墨材料的假密度大一些好，因为电极本身的强度、消耗速度、加工精度和表面粗糙度都与石墨电极密度有关，密度越大，强度就越高，电极损耗速度就越小，被加工件的精度越高，表面粗糙度就会越小。

11.2.1.2　电阻率

石墨电极的电阻率比导电性能良好的铜等金属材料大几十倍到几百倍，而且具有明显的各向异性，石墨电极模压时加压方向（压力面）的电阻较与它垂直方向（侧压力面）的电阻约大 1.3 倍。

11.2.1.3　机械强度

人造石墨电极的抗压强度和抗折强度在很大程度上取决于所采用的原材料和制造工艺。但总的来说比金属材料小，特别是弹性较差。因此，在精加工的范围（0.5mm 以下的小孔或 0.3mm 以下的槽加工）或尖角状的端部加工等场合容易产生缺欠，所以需要熟练的加工技术。但是，石墨材料的强度随温度的升高而增加，在 2400℃ 左右时强度约为常温时的 2 倍，这是其他材料无法比拟的。石墨电极的抗折强度也具有方向性，但与电阻率相反，侧压力面的抗折强度比压力面的高 30%~40%。

11.2.1.4　导热系数

石墨电极的导热系数比较大，约为紫铜的一半，大致与黄铜相同，近似于铝的导热系数。约为 $91.96 \sim 137.94 W/(m \cdot K)$。

11.2.1.5　线膨胀系数

石墨电极的线膨胀系数比金属材料小得多，耐热冲击性能非常好，这是石墨电极的突出特点之一。其单向线膨胀系数约在 $2.0 \times 10^{-6} \sim 5.0 \times 10^{-6} ℃^{-1}$ 左右。

11.2.1.6　纯度

普通的电加工用人造石墨电极的纯度都在 99.9% 以上。灰分大部分是钙，其他还有铁、硅、铝等。

11.2.1.7　常压下不存在液相

人造石墨电极的另一特点是在常压下不存在液相，当温度升到（3620±10）℃左右时，碳直接升华变为气体，使电极在电火花加工时具有不能引起飞溅的优点。在 3000℃时的蒸气压约为 0.1mmHg❶，所以由气化引起的电极损耗也是很少的。

综上所述，人造石墨材料制造电火花加工用电极具有下述优点：

（1）加工性能好。石墨很软能用手工简单进行电极加工，一般设备都能进行加工，经常采用磨削加工法，应注意切削不要过量。

（2）不发生变形。由于石墨材料的线膨胀系数很小，又经过温度高达近 3000℃ 的石墨化处理，故而在使用过程中因热引起的变形很小。因此，即使是薄板形的电极，也不必担心会产生弯曲等变形。另外，石墨电极的耐热冲击性能非常好。

（3）质量轻。人造石墨电极的假密度在 $1.55 \sim 1.85 g/cm^3$，比金属小得多，这有利于电火花加工机床能够安装很大的电极，所以在加工大部件时，采用石墨作电极是有益的。

（4）能够粘接。使用时可能遇到石墨电极坯料的规格较小，但这并不影响石墨的使用。用导电性黏结剂粘接，能把小块材料合并成大块电极，而且不存在热变形等问题。

（5）价格便宜。石墨电极的价格（单位体积计）不足铜的一半，是银钨合金的 1/120~1/140，是铜钨合金的 1/60~1/70。

（6）在粗加工和中加工时的加工速度比采用其他电极材料快。

采用人造石墨电极的缺点是：

（1）抗冲击性能较差，切削加工时棱角部分易损坏，难以制作棱边锋利的电极。

（2）不能进行塑性加工。

（3）精加工时电极损耗较大，加工速度较慢。

（4）加工面的粗糙度较大（与铜电极比），采用细颗粒高密度石墨、各向同性石墨或浸铜石墨情况会大有好转。

（5）容易产生电弧烧伤现象，因此在加工时应配合有短路快速切断装置。

---

❶　1mmHg = 133.3224Pa。

11.2.2 石墨电极的性能对电极的损耗、加工速度和被加工件表面粗糙度的影响

11.2.2.1 电极的性能对电极损耗比的影响

A 原材料颗粒度的影响

图 11-11 表示了电极损耗比和构成电极的原材料颗粒度之间的关系。当颗粒度的大小约在 5μm 以下时，电极的损耗比较小；当颗粒大小超过 5μm 时，电极的损耗比随着颗粒度损耗比则趋于稳定。

B 电极电阻的影响

图 11-12 表示了电极本身的电阻和电极损耗比之间的关系。当电极电阻约在 1200μΩ·cm 以下时，电极的损耗比较大；电阻在 1200μΩ·cm 以上时，损耗比降低。

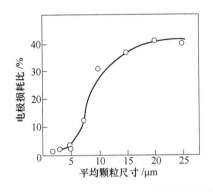

图 11-11 电极材料颗粒度对电极损耗比的影响

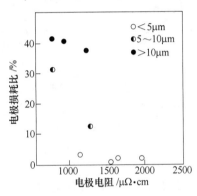

图 11-12 电极的电阻对损耗比的影响

C 电极假密度的影响

图 11-13 表示了电极的假密度和电极的损耗比之间的关系。由图可见，两者之间无明确关系。但通常都认为，电极的假密度越大，电极的损耗比就越小。

D 电极抗弯强度的影响

图 11-14 示出电极的损耗比与电极抗弯强度的关系。由图可见，两者之间也无明确关系。但是，一般说机械强度大的电极，其损耗比要小一些。

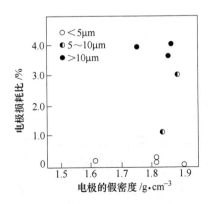

图 11-13 电极的假密度对损耗比的影响

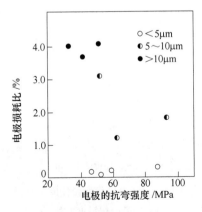

图 11-14 电极抗弯强度对损耗比的影响

11.2.2.2　电极的性能对加工速度的影响

A　电极的电阻对加工速度的影响

图 11-15 示出电极电阻与加工速度的关系。由图可见，加工速度随电极的电阻而变化。电极的电阻较小时，其加工速度较快。这是因为电阻较大的电极，放电时电阻损失的电能也较大。而且人造石墨电极的电阻和热传导度成反比，电阻大的电极热传导度小，放电时产生的热量扩散得电慢，加工液的绝缘性能恢复得也慢，结果就使加工速度减慢了。

B　电极材料颗粒度对加工速度的影响

图 11-16 示出电极原材料的颗粒度与加工速度的关系。由图可见，随着电极原材料颗粒度的增加，其加工速度也明显变快。

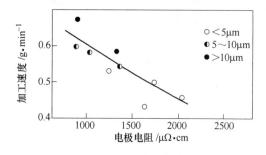

图 11-15　电极电阻对加工速度的影响　　　图 11-16　电极原材料颗粒度对加工速度的影响

11.2.2.3　电极的性能对被加工件表面状态的影响

A　电极原材料颗粒度的影响

图 11-17 表示了被加工件的表面粗糙度与电极原材料颗粒度的关系。由图明显可见，电极用原材料的颗粒度越细，则被加工件的表面粗糙度就越低。

B　电极各向异性的影响

图 11-18 示出按垂直于压力（石墨电极成型时的压力）和平行于压力方向加工电极的损耗比之间的比例与石墨电极导热系数异向比之间的关系。由图可见，电极材料的异向比近似为 1 时，即接近各向同性，电极损耗比的各向异性比例也近似于 1；当电极材料的各

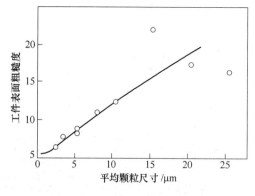

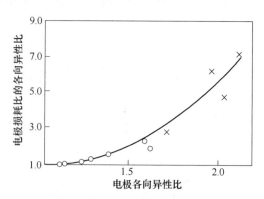

图 11-17　电极材料颗粒度对被　　　　　图 11-18　电极的各向异性与其损耗
加工件表面粗糙度的影响　　　　　　　　比的各向异性之间的关系

向异性比（指导热系数）增大时，电极损耗比的各向异性比例也随着增大，而且其增大的程度是电极材料各向异性比的 2 ~ 3 倍。石墨电极与铜电极相对消耗如图 11-19 所示。

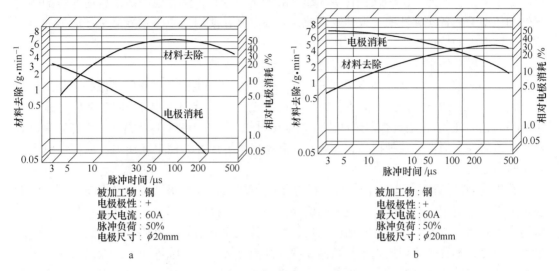

图 11-19　石墨电极与铜电极相对消耗的比较

a—石墨的电腐蚀特性；b—铜的电腐蚀特性

使用石墨时，最大材料去除率和最小电极消耗率会因不同的电频率而有不同的结果，所以在放电加工时，决定是要以高材料去除率或者低电极消耗来进行加工是很重要的。

图 11-19 是表示材料的去除率、电极消耗率、脉冲持续时间和电流的关系。在精加工的作业中，为求精确，应使用电极消耗最少的系数，也应使用所想要的表面精细相关脉动系数。石墨的表现无法只凭物理及机械特性来决定。所使用的原料、生产过程与材料的结构等都会影响去除率、电极消耗及表面精度。总的来说，生产石墨电极的粉料粒度越细，其电极损耗就越小，工件表面加工质量也越好，但同时加工材料的去除率也会随之降低。

11.2.3　石墨电极的使用与剥落现象

石墨电极在使用当中必须充分注意它的各向异性。晶体结构的各向异性明显地表现在毛坯上。毛坯在制造当中，在垂直压力方向上呈层状结构，机械强度高，导电导热性好。压力方向，电阻大，强度低。碳原子在高温石墨化时，其结晶的方向性也正是沿上述现象转化的。炭素颗粒，即使是超细粉也绝非是等半径圆形，在显微镜上观察，长、方、偏、圆不尽相同，但都有一个长轴（A 轴）、短轴（C 轴），或者说宽面、窄面。

一切可以自由移动的固体，都具有以其较宽较平的一面垂直于重力（或压力）方向而自然取向堆积的趋势。装入阴模的压粉无疑具有这种趋势，当施加压力以后，增大了这种取向性，或说使这种趋势形成了这一方向。因此，压型后的毛坯沿垂直压力方向先已形成了机械的层状结构。这时还不能把它看做石墨晶体的层状结构，因为这时的毛坯还不是石墨，它属于碳的另一种同素异构体——无定形炭的杂乱结构。但是，颗粒的取向给石墨结晶过程奠定了方向。

有资料认为，石墨微晶的六角网环是沿颗粒较宽平面平行分布的。以石油焦为例"用电子显微镜观察到这些微晶并不是杂乱地捆束在一起，而是 C 轴大致垂直于颗粒的平面。"（日本，小林和夫《炭素》NO60、1970）由此可见、微晶在生长过程中的 A 轴也必然与颗粒较宽平面平行取向，由于颗粒在毛坯成型对的定向分布，客观地决定了石墨晶体的各向异性与压型毛坯各向异性的一致性。因此，石墨电极在使用当中必须弄清毛坯成型的压力方向，使电极的造型按电流沿垂直压力面的流向而选料。

石墨电极在使用当中最大的缺点是产生一种剥落现象。

（1）电蚀剥落。电加工本身就是一种电蚀过程，利用电能产生瞬时高温将被加工材料气（液）化而抛出。当电流击穿介质时，在放电通道与电极面上产生的瞬时高温可达10000℃以上。所谓石墨具有耐热冲击性也是相对的，而在10000℃高温下对其与通道也必然有一定的冲击损伤。这种损伤，尤以不注意电极的方向性，使毛坯压力方向与电流方向一致时较为明显。

石墨的晶体结构，C 轴方向层面间的原子距离较长，范德华结合力又很弱，在高电能腐蚀下很容易遭到破坏。任何石墨制品的晶体结构遭到破坏，都无一例外地先从打开范德华结合力开始。电加工石墨电极通电以后，在与放电通道临界面上的电阻最高，电流密度最大，因此，不管是体积热源还是表面热源，高温点皆集中在临界面上。如果石墨电极结晶轴的 A 向与临界面平行，层面间的结合力就很可能容易被破坏，从而使电极沿临界面的表层产生断层解理现象，即称为"电蚀剥落"。

反映在临界面电极表层的温度尚无实验数据可提供，但可以认为，如剥落现象确因电蚀所致，反映在电极表层的温度足以达到破坏范德华结合力的程度。

目前石墨电极的生产，由于受条件的限制，品种规格都很单一，满足不了使用上对几何尺寸的要求，因而在使用当中顾及不到电极的方向性是客观存在的现象。

（2）嵌胀剥落。一般来说，一种物质的晶格构造不稠密，孔隙较多，其孔隙部分便有吸收其他物质分子的性质。石墨的特殊层状结构，使其他物质的分子易于嵌入层面之间，形成晶体化合物，亦称石墨的层间化合物。

能同石墨生成层间化合物的物质，其范围是很广的。这种"层面化合物"可以分为四大类：1）电化学化合物；2）石墨氧化物；3）石墨卤化物；4）金属碳化物。

嵌入石墨层间的反应物，一般形成分子化合物，其分子层达到相当厚度时，可以将石墨层面间距离胀开。由于层面化合物的种类不同，石墨层间距离可胀至 $0.5 \sim 1.1\,\mathrm{nm}$ 左右，而范德华结合力当分子间距离超过 $0.5\,\mathrm{nm}$ 时基本失去了功能。因此，石墨嵌入层间化合物，至使层面间结构疏松而剥落，即称为"嵌胀剥落"。

电加工石墨电极能接触到哪些反应物，生成哪些层间化合物？这要由液体介质和被加工材料来决定。由于液体介质和被加工工件的材料不同，反应非常复杂，目前只能作概括性的描述：反应物的来源有两方面：一是介质和介质内所含的杂质；二是工件材质中所含的杂质。工件为钢时，其成分主要是铁（Fe），还含有碳（C）、硅（Si）、锰（Mn）、磷（P）、硫（S）等元素；如以煤油为液体介质，其中也可能含有硫（S）等若干杂质，这些都是易与石墨化合的物质，铁和锰不但本身能与石墨化合，它还起到石墨与其他物质化合的催化作用。

被加工材料经气（液）化而抛出，石墨电极正处于这一蒸气炬的包围之中，即处于密布的金属离子包围之中而气态物质反应性很强；另外，电极在工作状态下，由于强电场力的作用，对所有反应物的极化微粒具有吸引作用。以上这些过程，给石墨电极表层生成层间化合物创造了非常优越的条件，促进了化合物的生成，这是电加工石墨电极在使用当中不可避免的弊病。每种层间化合物都是在一定条件下产生的，温度和压力是化学反应的重要条件。例如，在正常大气压下硫与碳作用，在 $700 \sim 1000\,^\circ\!C$ 时生成 CS_2，铁在 $1550\,^\circ\!C$ 生成 Fe_3C，硅在 $1150\,^\circ\!C$ 时生成 SiC。碳化物的生成可描述为如下通式：

$$2Me_xO_y + 3yC \longrightarrow 2yCO + Me_{2x}Cy \tag{11-5}$$

式中，Me 为除氧、碳以外的反应物；x、y 为参加反应的本元素的原子数。

有这样的介绍："通道具有非稳定的伏安特性，电流密度可高达 $105A/cm^2$，温度可高达 $10000\,^\circ\!C$ 以上，通道的光谱除中性原子谱线外，还有变成气体成分的各种元素的离子谱线。通道的瞬时压力可达数十或上百个大气压。"这一描述给本文提供了三个可以借鉴的实际数据：温度、压力和反应物，若在这样高的压力下（当然实际的非瞬间压力要小得多），又将大大地提高了反应条件。

电蚀剥落只有在电极 C 轴与电流同向才可能在与放电通道临界面上产生，而嵌胀剥落在电极 A 轴与电流同时产生在电极侧面。两种剥落机理以嵌胀剥落产生的可能性为最大。

剥落现象是石墨电极最主要的缺点，它影响着多方面的技术特性。据介绍，外国有将石墨电极在某种液体中泡一泡而减轻剥落的说法。这种方法的物理本质是：浸泡液充实了石墨电极表层的孔隙，有效地遏止其他反应物浸入，而达到阻碍生成层间化合物的作用，因而减轻剥落。它是石墨晶体结构的保护剂而不是强化剂，将这一过程称为"不透性处理"是最能反映它的物理意义的。这种保护剂的成分如何？有待于进一步试验和研究。保护剂的物理化学性能应该是：（1）容易被石墨吸收但不起化学反应；（2）惰性较强，沸点较高；（3）与电加工所用液体介质互不相溶。

11.2.4 使用石墨电极时应注意的问题

具体如下：

（1）电火花加工时，阳极和阴极（工具和工件）同时遭到不同程度的电蚀。为了减少电极损耗，首先应正确选用极性。在短脉冲精加工时采用正极性，即工件接正极；而在长脉冲粗加工时则采用负极性加工，即工件接负极。

（2）要提高加工质量和效率，减少电极的损耗，还应选用合适的电极材料。钨、钼的损耗比最小，紫铜、黄铜次之。但钨、钼的机械加工性能不好，价格昂贵。因此常用铜作电极材料，其平均损耗比为 10%~50%。而石墨电极在长脉冲粗加工时，损耗比很低，一般小于 1%，因此常用作型腔模加工时的电极材料。石墨电极因为牌号不同，采用的原材料和制造工艺不同，其性能也不完全相同。对石墨电极材料的要求是颗粒小、组织细密、强度高和导热性能好。

（3）要注意石墨电极的各向异性。国产石墨电极的毛坯大多采用模压方法成型。石墨电极的放电特性在压制成型时的压力面和侧压面上是不同的，侧压力面显示出更稳定的放电特性和良好的表面光洁度。存在这种各向异性，是由石墨的晶体结构决定的。众所周知，石墨是碳的宏观结晶体、碳的同素异构体之一，属于六方晶系。

碳为四价元素，它的原子外层有四个价电子，一个碳原子与三个相邻碳原予以共价键相结合时用去三个价电子，第四个价电子（π电子）处于层面中间，并可像金属结构中的自由电子一样运动，因此石墨具有类似于金属的导电性。但因"电子不能沿垂直层面方向自由运动，只能沿层面方向自由运动，加之在模压时大部分石墨结晶体（微晶）的 A 轴按层面方向取向，当然也有小部分微晶体的 A 轴沿压力方向取向，故层面方向的导电、导热率比垂直层面（压力面）方向大得多。

另外，石墨的层状结构在同一层面内，原子间距小，结构紧密，键能强。在垂直层面方向，原子间距离大、键能弱。因此层面方向的机械强度比垂直层面方向大得多。由于我国目前生产的石墨电极材料大都具有各向异性，因此在进行电极加工时，一定要严格注意方向性，一定要将侧压力面对着被加工件的加工面。

（4）在进行机械加工时产生大量的黑色粉尘，这种粉尘不但污染环境，而且具有研磨性，若进入机床的滑动部分会带来有害的影响。因此加工时最好使用袋式滤尘器、大型电气除尘器等集尘装置以保护环境卫生和提高机械的使用寿命。

（5）人造石墨电极材料比金属材料脆，容易发生掉角、掉边现象。因此在精加工和夹装电极时应十分注意。切削加工时刀具磨损较大，若用超硬质刀具在高速下进行切削加工，加工情况会变好。

11.2.5　电火花加工用石墨电极的发展

随着电火花加工技术的发展，对石墨电极的要求也越来越高。希望石墨电极朝着细粒度、高密度、结构均匀、各向同性的方向发展。

（1）细粒度。生产电极时采用原材料的颗粒度越细，加工时放电面上形成的放电痕就细而浅，加工精度和表面光洁度就越好。

（2）高密度。电极的密度越大，机械强度就越大，可以满足快速加工的要求，也可以进行薄片状和其他复杂形状电极的加工。另外，密度高，颗粒间的结合力大，故电极的损耗也小。

（3）结构均匀。作为电火花加工用石墨电极，不但要求细粒度、高密度，而且要求结构均匀，粉料和气孔均匀地分布在制品里。

（4）各向同性。各向同性石墨没有压力面和侧压力面的方向性，所以用毛坯制造电极时，无论从毛坯的哪个方向进行加工都可以。各向同性石墨是采用超细粉作原料经多面压制而成的。各向同性石墨除具有细腻、高密、机械强度高、韧性好、甚至可弯曲等特点外，最突出的特点是所有性能在各个方向上都相同。根据各向同性石墨的特点，很适合用作电火花加工用电极。据介绍，法国罗兰碳素公司生产的各向同性石墨已用于电加工电极上，加工精度高，电极损耗小，不受方向性的限制，使用灵活方便。

（5）有的国家用铜对石墨电极进行浸渍处理，浸渍含量在 25%~35%，使石墨电极既具有石墨的优越性又具有铜的优越性，大大提高了石墨电极的密度、强度、韧性，降低了气孔率，增加了被加工制品的表面光洁度和精度，降低了电极的消耗，更适用于精加工。

11.3　电解及其他加工用石墨电极

11.3.1　电解加工用石墨电极

在作为阴极的工具电极（以下称电极）和作为阳极的被加工工件之间形成有狭窄的间

隙，将食盐水等电解液自电极内部喷向被加工工件的表面，加工成同电极形状类似的制品。这类用电解加工的方法，目前已与电火花加工方法一起作为最新金属加工方法，广泛用于机械加工。

金属零件的电解加工工艺由下列几个工序组成（图11-20）。把被加工工件2固定在安装基面1上，把加工电极相对被加工件安置，使其间形成加工间隙，把混有气体的电解液在压力下通过输液管送到加工间隙5中，在工件和电极上施加直流电压，使工件保持正电压，加工电极保持负电压而发生电解。

电解加工方法的主要特点是：

（1）无论在理论上还是在实际加工中，都完全不消耗电极。

（2）能够用比较高的加工速度加工形状复杂的零件。

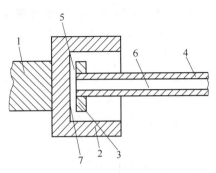

图11-20　电解加工设备加工部分示意图
1—安装基准面；2—被加工件；3—电极；
4—电极支架；5—加工间隙；
6—电解液输送管；7—工件的工作面

其缺点有：加工精度比过去的机械加工法或电火花加工法差；电极长期在电解液中工作，所以应使用一种抗电化学腐蚀的材料，因此电极的制作较困难。

同以往这类加工方法（如电火花加工和仿形切削加工）比较，上述两个特点极有吸引力，在当初开始研究时，电解加工方法就是作为一种打破过去加工金属模具的一般方法而出现的，这种新技术得到人们的极大重视。但是由于有上述两个缺点，这种加工方法对于制作便宜的金属模具即使有上述两个特点也不能补偿这种致命的缺陷。因此在一段时间里，这种加工完全不能适应金属模具的加工。

为了解决这个问题，出现一种往电解液中充入碳酸气或氮气之类非爆炸性的高压气体。这种方法既能保留上述两个特点，又能有效解决上述两个缺点。

人造石墨材料具有良好的导电、导热性能，在高温下机械强度高，耐腐蚀，易进行机械加工等特点，非常适于作电解加工的电极。采用人造石墨电极不但解决了耐腐蚀的问题，而且还解决了电极难加工的问题。

法国罗兰炭素公司生产一种电解加工用电极材料，是以人造石墨为基体经浸铜而制得的。这种电极的气孔率接近于零、耐腐蚀、没通电时，电极放在介质里不受腐蚀。同时，这种电极的强度很高，在电流短路情况下电极不变形。使用此种电极进行电解加工比使用铜电极节约电量20%。

目前，这种电解加工法已广泛用于贯通孔的加工、蜗轮叶片的加工、不锈钢的加工、锻模的加工、超硬合金的加工、钛合金的加工等。

11.3.2　电解成形磨削用石墨电极

11.3.2.1　原理

图11-21是电解成型磨削的原理图。首先把工件接在直流电源的正极，并把电极（砂轮）接在电源的负极。离开工件180℃以上把电解液输给电极外围，电极以普通磨床同样

的圆周速度（约 30m/s）转动。把在电极表面成为薄膜状的电解液输到工件与电极之间，这时，若在工件与电极之间附加有直流电压，就会产生各种电化学反应。其结果是工件成为离子而溶解在电解液中，最后成为氢氧化物的沉淀物，通常称为淤渣，相当于切削加工中的切屑。

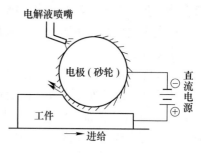

图 11-21　电解磨削的原理

在磨削的过程中，在电极上产生氢气。如是铁质工件，可用下列化学反应式来表示：

（1）工件表面的反应：

$$\text{Fe} \longrightarrow \text{Fe}^{2+} + 2e\text{（金属离子化）} \tag{11-6}$$

（2）电解液中的反应：

$$2\text{H}_2\text{O} \longrightarrow 2\text{H}^+ + \text{OH}^-\text{（水的电离）} \tag{11-7}$$

$$\text{Fe}^{2+} + 2\text{OH}^- \longrightarrow \text{Fe(OH)}_2\downarrow\text{（生成金属的氢氧化物并沉淀）} \tag{11-8}$$

（3）电极表面的反应：

$$2\text{H}^+ + 2e^- \longrightarrow \text{H}_2\uparrow\text{（产生氢气）} \tag{11-9}$$

对其他金属工件也产生类似的工件溶解反应，这时若将工件以相应于溶解的速度向电极进给，就连续发生电化学反应，使工件与电极之间保持微小的间隙（电解间隙），并进行连续加工。

（4）氧化皮的产生和去除：在进行上述电化学反应加工时，接在正极的工件与带有负电荷的电解液中的氧相结合，生成氧化皮。氧化皮的性质根据工件材料的不同而有所差别。例如铜、铜合金、铝合金等所产生的极薄氧化皮具有导电的性质，但超硬合金和银钨合金等所产生的极厚氧化皮是不导电的。为使工件光滑起见，必须除去氧化皮。

除去氧化皮的方法有两种：一是在电极中混入具有机械磨削作用的磨料以除去氧化皮；二是利用脉冲波的电源进行微小放电来除去氧化皮。前一种方法是用在以往的电解磨削加工中，后者是用在有靠模成型的石墨电极的情况。

11.3.2.2　电极的选择及其成型法

有三种电解成形磨削的方法，都是由使用的电极性质来决定的，表 11-5 所示是电极种类、成型形状和加工效率的比较。

表 11-5　电极种类、成型形状和加工效率的比较

加工方式	磨料的种类	电极砂轮制造法	电极砂轮的成型方法	用　　途	特　　征	使用的电源
1	无	石墨（模压）	可用靠模切成型（没有形状和尺寸的限制，0.3mm（宽）×3mm（深）可成型到 1mm（宽）× 20mm（深）左右的形状）	各种材料的成型磨削，薄板、小直径零件的平面磨削	价廉、电极容易成型、没有形状的限制	加工钢材时用直流电源，加工超硬合金时用交流电源

续表11-5

加工方式	磨料的种类	电极砂轮制造法	电极砂轮的成型方法	用途	特征	使用的电源
2	刚玉磨料	热压	用金刚石刀具（金刚石成形修整器）仿形成型，用样板仿形修整（可修整到各种形状，但不能比金刚石刀具尖头形状更小）	各种材料的平面磨削和砂轮成型的成型磨削	价廉，但有形状的限制，效率比石墨电极为优，但比金刚石电极为劣	一般用直流电源。在超硬合金的场合，要使表面光洁良好时，用交流电源
3	金刚石砂轮	金属结合	仿形制作，只有几种形状	超硬合金的平面磨削或简单成型磨削及切断	效率高，但受形状的限制。砂轮价格贵，所以受加工数量的限制	仅能在直流电源的场合使用
		电极沉积（电镀）	仿形制作（可成各种形状，但受尺寸的限制）	超硬合金的平面磨削或简单成型磨削及切断	即使只有一个砂轮，如有伤液就不能使用	仅能在直流电源的场合使用

    由表11-5可见，采用石墨电极的效果不受成型形状的限制。石墨电极可用靠模成型的方法，所以容易成型。假如靠模形状造得使其与工件形状相适应，那么只需在电极成型后取出靠模，并在其位置装上工件，所以合并前后位置和进刀量无须调节，一般操作人员容易使用。

    石墨电极最好选用密度大、强度高的人造石墨来制造，部分石墨电极如图11-22和图11-23所示。电火花加工用石墨材料在这种加工方法中都可使用，具体选用何种石墨材料可根据加工情况和石墨制造厂商定。

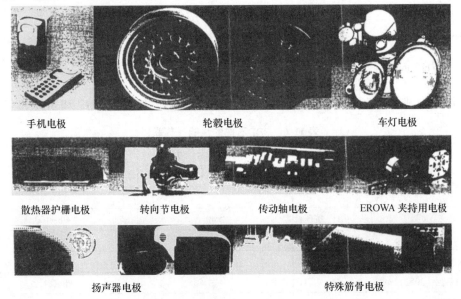

手机电极   轮毂电极   车灯电极

散热器护栅电极   转向节电极   传动轴电极   EROWA夹持用电极

扬声器电极   特殊筋骨电极

图11-22 部分外形简单的石墨电极

图 11-23　部分外形复杂的石墨电极

11.3.3　金属电蚀加工用石墨

金属电蚀加工就是通过电弧放电对被加工的制品进行多次反复处理。应用最广的就是对金属的脉冲加工和电火花加工。脉冲（放电）在加工空间里转化成热能，使金属剥落，并把腐蚀产物从加工空间抽出。电极（刀具）是阳极，被加工的金属毛坯作为阴极。电极（刀具）的形状和尺寸决定制品的形状和尺寸。电极（刀具）用石墨制成。它的耐磨性要比金属刀具高数百倍。

石墨以料块的形式出厂，其尺寸分为 200mm × 150mm × 180mm 或直径 155mm 和 270mm，长 180mm；用户则用这些料块制做电极刀具。用石墨料块制作刀具可在普通的金属切削机床上进行，但特别复杂形状的刀具须用涡流复制法制作。

金属脉冲加工（400 脉冲/s）时，设备的生产能力和石墨的磨损数据如下：

电流工作强度/A	5	10	50	100	150
相对磨损/%	0.1	0.15	0.2	0.25	0.3
生产能力/mm · min^{-1}	23	72	800	1400	1500

石墨的物理力学性能列于表 11-6，ЪПП 牌和 ГТМ 牌性能见表 11-7 和表 11-8。

表 11-6　ЭЭГ 石墨的性能（苏联）

指　　标		根据 ВТу608 – 59	统计数据
密度/g · cm^{-3}		≥1.55	1.55 ~ 1.85
气孔率/%		—	15 ~ 30
极限强度/MPa	抗压	≥40	40 ~ 100
	抗弯	≥20	20 ~ 70
比电阻/μΩ · m		12 ~ 25	10 ~ 25
导热系数（20℃）/W · (m · K)$^{-1}$		—	80 ~ 81.2
线膨胀系数（平均，20 ~ 100℃）/K^{-1}		—	5.0×10^{-6}

表 11-7 ЪПП 牌石墨的性能（苏联）

指 标		根据 ТУ623-61	统计数据
密度/g·cm^{-3}		≥1.82	≥1.85 ~ 1.90
极限强度 /MPa	抗压	≥45	45 ~ 70
	抗拉	≥10	10 ~ 15
比电阻/μΩ·m		10	7 ~ 10
透气系数/cm^2·s^{-1}		—	10^{-2} ~ 10^{-3}
导热系数 /W·(m·K)$^{-1}$	平行于模压轴 100℃	—	116.0
	1000℃		8.0
	2500℃		34.8
	垂直于模压轴 100℃	—	150.8 ~ 174.0
	1000℃		63.8
	2500℃		34.8
热膨胀系数/K^{-1}	垂直于模压轴 100℃	—	3.9 × 10^{-6}
	1000℃	—	5.2 × 10^{-6}
	2500℃	—	6.3 × 10^{-6}
	平行于模压轴 100℃	—	4.1 × 10^{-6}
	1000℃	—	5.4 × 10^{-6}
	2500℃	—	6.65 × 10^{-6}

表 11-8 ГТМ 牌石墨的性能（苏联）

指 标		统 计 数 据
密度/g·cm^{-3}		1.9 ~ 2.05
抗压极限强度 /MPa	平行于模压轴	50 ~ 70
	垂直于模压轴	30 ~ 50
导热系数 (100℃)/W·(m·K)$^{-1}$	平行于模压轴	45
	垂直于模压轴	150
热膨胀系数 (1000℃)/K^{-1}	平行于模压轴	14 × 10^{-6}
	垂直于模压轴	2 × 10^{-6} ~ 4 × 10^{-6}
比电阻 /μΩ·m	平行于模压轴	17 ~ 25
	垂直于模压轴	4 ~ 6
灰分/%		0.001 ~ 0.007
杂质 含量/%	Fe、Al、Mg	≤3 × 10^{-5}
	Mn、Cu	≤1 × 10^{-5}

11.3.4 电解加工机床简介

11.3.4.1 电解加工原理

电解加工的成型原理如图 11-24 所示，电解加工是利用金属在电解液中产生阳极溶解的电化学原理对工件进行成型加工的一种方法。工件接直流电源正极，工具接负极，两极之间保持狭小间隙（0.1 ~ 0.8mm）。具有一定压力（0.5 ~ 2.5MPa）的电解液从两极间的间隙中高速（15 ~ 60m/s）流过。当工具阴极向工件不断进给时，在面对阴极的工件表面上，金属材料按阴极型面的形状不断

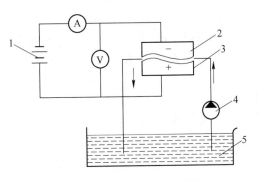

图 11-24 电解加工的成型原理
1—电源；2—电极；3—工件；
4—工作液泵；5—工作液

熔解，电解产物被高速电解液带走，于是工具型面的形状就相应地"复印"在工件上。电解加工的基本设备包括直流设备、电解加工机床和电解液系统三个部分（图 11-25）。

11.3.4.2 电解加工特点

电解加工特点具体如下：

（1）工作电压小，工作电流大；（2）以简单的进给运动一次加工出形状复杂的型面或型腔；（3）可加工难加工材料；（4）生产率较高，约为电火花加工的 5 ~ 10 倍；（5）加工中无机械切削力或切削热，适于易变形或薄壁零件的加工；（6）平均加工公差可达 ±0.1mm 左右；（7）附属设备多，占地面积大，造价高；（8）电解液既腐蚀机床，又容易污染环境。

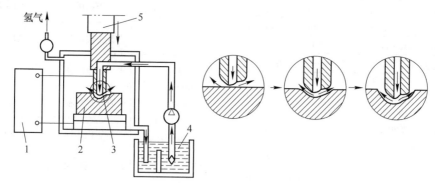

图 11-25   电解加工机床示意图

1—直流电源；2—工件；3—工具电极；4—电解液；5—进给机构

11.3.4.3   电解加工机床应用范围

电解加工主要用于加工型孔、型腔、复杂型面、小直径深孔、膛线以及进行去毛刺、刻印等。

11.4   石墨防爆板与摩擦片及石墨润滑剂

11.4.1   石墨防爆板

石墨防爆板是一种保护性构件，安装在加压管中，如果压力超载，它就爆裂，放出过大的压力，从而保证了设备的安全。用不透性石墨材料制成的防爆板，具有下列优点：

（1）石墨防爆板反应迅速，没有惯性延迟，能立即打开释压孔。因此适用于装有可能发生爆炸的气体，如煤气/空气或粉尘/空气的窗口上作为保护装置。

（2）石墨防爆板不受生成物的影响，而在这些生成物中的安全阀却很快会被堵塞、结垢或腐蚀，因而会失去保护作用。石墨防爆板的耐腐蚀性能良好，树脂浸渍的不透性石墨防爆板，由于浸渍树脂各类不同，耐各种介质腐蚀的能力有所不同（详见表 10-12 ~ 表10-14），一般，耐腐蚀性能都非常好。

（3）安全可靠。实践证明，实际使用压力可达石墨板爆破压力的75%，超载后，石墨板破碎，立即放出过大压力，使压力调节正常。

（4）安装和保养方便，每一块石墨防爆板上都标明额定爆破压力，同时也便于使用附加密封垫。

使用石墨防爆板与习惯上使用的金属防爆膜不同，比较起来有如下特点：

（1）抗腐蚀性能强，除少数强氧化剂外，实际上，它几乎不受所有腐蚀性介质的侵蚀。

（2）在2500℃以内，不产生蠕变，也不会产生疲劳应力破坏。

（3）在额定温度范围内，热稳定性好，允许快速升温。

（4）在特定温度范围内，石墨防爆板的爆破率和精确度（±5%）都较高。通常情况下，可以认为石墨防爆板的爆破率与介质温度和周围环境温度无关，因为在操作温度范围内，当温度变化时，其强度仍很稳定。而金属防爆膜就不同了，它随着温度的升高，其强度降低，因而使用金属防爆膜时，针对每个作业温度区间，都得专门计算其爆破率。

使用石墨防爆板与安全阀相比，占用的空间很小，由于设计和制作简单，所以投资费用小得多。与安全阀相比，石墨防爆板还有一个优点，即当压力或真空度超过额定压力时，石墨防爆板破碎，有足够大的流体出口面积，调节超载压力快，而安全阀却不能打开足够大的气体或液体出口面积。

在调节阀下面安装石墨防爆板，还可以起到如下作用：

（1）防爆板能把调节阀与工艺过程具有的腐蚀性介质分开。

（2）工艺过程中的产物可能腐蚀阀门，使之失调。装上防爆板，保护了阀门。

（3）只用调节阀，它密封不完善，会发生漏气，装上防爆板就可以消除产物的渗漏。

目前大致采用两种材质的石墨防爆板。最先使用的石墨防爆板是用人造石墨经浸渍合成树脂制成的。这种石墨防爆板的使用温度受到树脂耐温性能的限制，通常规定使用温度不得超过130℃。

近年来研制成功了不经浸渍处理就能达到不透气不透水的防爆板。这种防爆板在氧化气氛中可工作到300℃（−60～300℃），如果在还原性气氛中，可使用到2000℃。

把石墨防爆板安装在容器管道上有各种方法，图11-26表示了三种最常用的安装方法。

在安装石墨防爆板时，为了安全起见，必须注意以下几个问题：

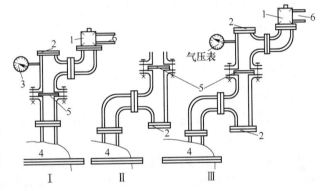

图11-26 石墨防爆板的安装方法
1—安全阀；2—活门；3—气压表；4—容器；
5—石墨防爆板；6—出口

（1）法兰盘的接触面必须绝对平，以便使防爆板不承受由于安装不当而引起的应力。

（2）与防爆板配套使用的密封垫必须优质完整，不得有任何形式的缺陷。

（3）安装时必须保证防爆板和管子同心。

（4）固定螺栓必须对角交叉，而且要均匀地拧紧。

至于石墨防爆板的材质、规格、尺寸的确定和选择要根据现场条件，如管道的标称口径、介质种类、反应压力以及工作温度等条件和制造厂家商定。

11.4.2 造纸机吸附箱用密封片

用于造纸机吸附箱中的密封片是炭石墨密封的一种特殊形式。在造纸生产过程中，湿的纸糊料是用带孔的皮带运输机传送的，在皮带运输机的一端装有汲取过量水的吸附箱。吸附箱中允许的真空度为50～65kPa，滚筒和密封片之间，如图11-27所示，典型密封片的外形和连接形式的间隙应当尽量地小，以便使由滴水形成的薄膜起到密封作用。实际上做到这一点是困难的，因此需要密封片对滚筒有一个较低的接触压力。其允许的摩擦速度可达 12m/s。

　　由于炭石墨材料具有较低的磨损率和摩擦系数，因此用它制作密封片可以获得良好的结果。制作这类密封片是采用电化石墨级材料。由于密封片可能发生弯曲，因此建议使用密封片的最大长度为 500mm，而整个密封段可采用相应长度的密封片接起来。典型的密封片外形和连接形式如图 11-27 所示。

11.4.3　炭石墨刹车片、保护套

11.4.3.1　炭石墨刹车片、摩擦片

　　改变炭石墨制品原材料的配方，增加其中的磨料成分，提高摩擦系数，可制成离合器用的刹车片和摩擦片。目前生产的这种炭石墨材料的型号有 M121 等。

11.4.3.2　轴承护套

　　在具有腐蚀性的介质中，为了防止腐蚀，

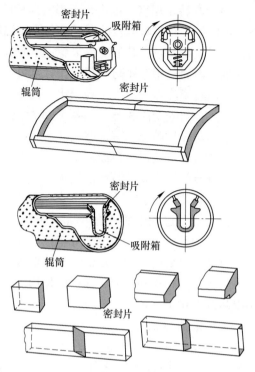

图 11-27　典型密封片的外形和连接形式

必须采用特殊的轴套，以保护驱动轴和活塞杆。这主要用在泵上，这些泵所接触的液体不允许使用金属材料，在这种情况下，使用浸渍合成树脂的炭石墨材料可以得到良好的保护。

　　安装保护套时，必须注意炭石墨材料与被保护的金属轴有不同的线膨胀系数。安装保护套时，一般情况下可以采用黏结剂来固定，如果这样做还不理想，可在每个端面加上固定凸缘。为了确保保护套不与被保护的轴相接触，保护套的尺寸可以做得大一些，并在安装后进行试运转。

11.4.4　石墨润滑剂

　　众所周知，石墨与二硫化铝 MoS_2 一样，具有片状晶体结构，润滑性能良好。而且还具有良好的导电、导热、耐磨、耐压、耐温（温度可高达 450℃）以及化学稳定性等特点，故石墨在机械工业中广泛用来制造各种润滑剂。

　　石墨作为润滑剂使用，主要是将石墨微细颗粒均匀分布于水、油或其他介质中形成稳定的胶体状物，它可以直接采用涂擦、浸涂或喷涂等方式加到需要润滑的部位，也可以加到各种润滑剂中合并使用。它与金属表面接触，不但能形成一层牢固的润滑薄膜，而且还能提高金属表面对其他润滑剂的润湿性能，从而保持长时间的润滑作用。另外，由于石墨是以极细微的颗粒存在，因此它极易渗入紧密吻合的滑动或转动部件间起良好的润滑作用。

11.4.4.1　石墨润滑剂的功效

　　其功效如下：

（1）各种机械的运转部分在使用胶体石墨润滑剂后，可减少磨损、发热或烧伤等现象，延长了机械的使用寿命。

（2）大大降低摩擦功率损耗，提高工作效率。

（3）节约润滑油的消耗量，当使用加入少量胶体石墨的润滑油，可使润滑油的消耗量大大降低，多者可达60%左右。

（4）金属切削加工时如采用加有少量胶体石墨的润滑剂时，可使加工件表面质量提高，还可提高切削速度和切削工具的寿命达30%以上。

（5）各种新制机床、内燃机汽缸、活塞杆曲轴等，初次开动时容易发生磨损现象，如事先采用含有胶体石墨的润滑剂，则可大大减少初始磨损严重的现象。

（6）使用这种润滑剂可以减少机械故障和运行时的噪声，节约保养费用。

（7）锅炉用水中加入胶体石墨后可避免锅疤的形成，并且可使原有的锅疤松碎易于去除，有利于锅炉的保养。

11.4.4.2 石墨润滑剂在机械工业的主要用途

主要用途如下：

（1）高温及高负荷的滑动轴承及各种机械的滑动或转动部分。（2）紧密吻合的精密器械的滑动或转动部分。（3）适用于内燃机、水轮机、蒸汽机等的润滑系统。（4）适用于作金属拉丝、管棒的挤压以及冲压、模锻等冷热加工时的润滑剂。（5）适用于不宜使用液体润滑剂机件上的转动与滑动部分。（6）以少量胶体石墨与金属切削加工润滑冷却液合并使用，可提高加工质量和速度，增加刀具的使用寿命。（7）可用作金属铸造及玻璃浇注等热加工模上的润滑剂，使铸件易于与模子脱离，并能提高工件的质量及模子的耐用度。

此外，还可用作钨丝、钼丝等电气材料加工时的润滑剂以及吸热或发热的黑体涂层等。

11.4.4.3 石墨润滑剂的分类

石墨润滑剂可分为水剂和油剂胶体石墨及微粒度石墨干粉三种，其使用方法如下：

（1）微粒度石墨粉。直接涂擦于转动或滑动部分，或混入介质中，如煤油、汽油或轻质矿物油中以及酚醛树脂或水玻璃中，以喷涂或浸涂等方式涂于需要润滑或覆盖部分，使用量按需要而定，一般为10%~20%。

（2）油剂。可直接加入原润滑系统所使用的润滑油中合并使用，使用量按需要而定，一般为2%~10%。

（3）水剂。将石墨粉直接加入水或乳化切削液中使用，使用量按需要而定，一般为5%~10%。

11.4.4.4 石墨润滑剂的性能

目前，石墨润滑剂已商品化生产，现将一些主要品种石墨润滑剂的性能介绍如下。

（1）石墨复合钙基润滑脂。这种产品是以复合钙基润滑脂为基础脂，根据机械设备润滑部位负荷、温度等条件的不同要求，在炼制过程中添加不同比例的鳞片胶体石墨而制成的高熔点润滑脂。这种润滑脂具有良好的润滑性、抗压性、耐磨性和较好的抗水性。

根据国家规定，润滑脂类产品按针入度范围（25℃）划分系列号。现将其中部分产品的质量指标列入表11-9中。使用温度上限分别为120℃、140℃、160℃、180℃，使用温度超过上限温度，润滑脂使用寿命即将缩短。这种产品的使用范围基本上同基础脂。但由于添加了石墨粉，使用范围扩大，更适用于重负荷、高温度条件下工作的设备润滑部位上。例如用于润滑速度较大的中型机械设备润滑部位上及负荷较大、速度较低的大型设备滚动轴，中等转速机械设备等。

表 11-9　石墨复合钙基润滑脂的性能（SYB1407-75）

项　目	质　量　指　标				检验方法
	ZFG-1S	ZFG-2S	ZFG-3S	ZFG-4S	
外　观	黑色均匀油膏				目　测
滴点/℃	≥180	≥200	≥220	≥240	GB 270-79
针入度（25℃，150g）/mm	31.0~34.0	26.5~29.5	22.0~25.0	17.5~20.5	GB 269-77
腐蚀（100℃，3h）钢片、铜片	合格	合格	合格	合格	SY 2710-66 及注
游离碱 NaOH 含量/%	≤0.2	≤0.2	≤0.2	≤0.2	SY 2709-66
游离有机酸	无	无	无	无	SY 2707-66
水分/%	痕量	痕量	痕量	痕量	GB S512-65
胶体安定性/%	≤13	≤10	≤7	≤5	GB 392-77
表面硬化试验（50℃，24h）	35	30	25	20	
机械杂质（酸分解法）	无	无	无	无	GB 513-77

注：腐蚀试验用 40 号、45 号、50 号的钢片及含锌 57%~61% 黄铜片进行。

　　（2）石墨锂基润滑脂。石墨锂基润滑脂是以锂基润滑脂为基础脂，根据机械设备润滑部位负荷、温度等条件的不同要求，在炼制过程中添加不同比例的鳞片胶体石墨而制成的。这种产品除保有基础脂的性能外，还具有良好的抗压性、耐温性、抗水性和耐磨性，在负荷较重的润滑部位上使用，能延长润滑脂的寿命。

　　石墨锂基润滑脂可用在负荷较重和温度较高的各种机械设备润滑部位上润滑，其使用温度在 -20~120℃ 之内，其他各种中小型设备的滚动轴承和滑动摩擦部位亦可使用。这种产品按针入度分为四个牌号，其性能指标如表 11-10 所示。

表 11-10　石墨锂基润滑脂的性能（SY 1412-75）

项　目		质　量　指　标				检验方法
		ZL-1S	ZL-2S	ZL-3S	ZL-4S	
外　观		黑色均匀油膏				目　测
滴点/℃		≥170	≥175	≥180	≥135	GB270-76
针入度（25℃，150g）/mm	60 次	31.0~34.0	26.5~29.5	22~25	17.5~20.5	GB269-77
	10000 次	≤37	≤35.5	≤31.5	≤28.5	
腐蚀（100℃，3h）钢片、铜片		合格	合格	合格	合格	SY2710-66
游离碱 NaOH 含量/%		≤0.1	≤0.1	≤0.15	≤0.15	SY2707-66
游离有机酸		无	无	无	无	SY2707-66
水分/%		痕量	痕量	痕量	痕量	GB512-65
机械杂质含量/%		无	无	无	无	GB513-77
胶体安定性/%		—	≤20	≤12	≤8	GB392-77
化学安定性（0.8MPa 氧压力下，100℃经100h的压力降）/kPa		50	50	50	50	
氧化后酸值		无	无	无	无	SY2715-77

注：基础油内不允许加任何添加剂，凝圈点不高于 -5℃。

（3）石墨型热模锻润滑剂。石墨型热模锻润滑剂是模锻工艺的一种新型润滑剂。这种润滑剂属于胶体石墨水剂。它具有不燃、无毒、不腐蚀模具等优点。在实际热锻生产中，具有良好的冷却、隔热、减摩、润滑性能。用这种润滑剂可以延长模具寿命、提高产品质量、改善操作环境和有利于工人身体健康。

11.4.4.5　热模锻润滑剂

当前，应用石墨型热模锻润滑剂对实现热锻压生产工艺的自动化和现代化是非常必要的有效措施。

（1）石墨型热模锻润滑剂的性质：1）外观为具有一定黏度的均匀黑色水剂。2）相对密度为 1.2 ~ 1.3。3）pH 值为 7.0。4）抗氧化性能：在空气中 1000℃ 以下不氧化。5）摩擦系数很低，一般为 0.005 ~ 0.13，且随温度升高、负荷增加而降低。6）凝固点为零下 8℃。7）该润滑剂冷冻以后，质量不变，不影响使用。

（2）石墨型热模锻润滑剂产品质量指标：石墨型热模锻润滑剂产品的质量标准列入表 11-11 中。

表 11-11　石墨型热模锻润滑剂产品质量指标

项　　目	质量指标	检验方法
干燥剩余物含量/%	≥30	重量法
石墨含量/%	≥20	燃烧残渣重量法
沉降度/%	≤3	比重法
黏度值/Pa·s	40 ~ 80	涂 -4 黏度计

（3）石墨型热模锻润滑剂使用范围和方法：1）适用于各种普通钢、不锈钢、铝及铝合金、高熔点稀有金属的热挤压、热拉伸、热冲压、热锻压等方面。2）适用于各种锻压设备，如大型锻压机、摩擦压力机、高速锤、模锻锤、小型胎模自由锻锤等。3）使用石墨型热模锻润滑剂，首先要搅拌均匀，用 5 ~ 15 倍水稀释，可以采用涂抹、浸渍、喷涂等方式涂在模具表面上，起到润滑脱模作用。其中以喷涂的效果为最好。

（4）石墨型热模锻润滑剂的使用保管注意事项：1）石墨型热模锻润滑剂应贮存在 -8℃ 以上通风干燥的地方，有效期为 1 年。如发生冻结或沉淀现象，不影响产品质量，搅拌均匀后可继续使用。2）石墨型热模锻润滑剂在贮运过程中严防落入灰尘、砂子等杂质。

11.5　焊接与气刨用炭棒及其他机械炭石墨制品

属于这一类炭棒的有焊接炭棒（电极），用于利用电弧热的装置；还有炭管、实心炭棒和石墨棒（亦称电极），用于电炉和加热装置。

11.5.1　焊接炭棒

焊接炭棒充做金属电焊和切割的电极，即利用炭棒与炭棒之间或炭棒与金属之间产生的电弧热进行焊接。在后一种情况下，被焊接件与正极连接，炭棒与负极连接。用一根炭棒焊接时，如有必要，可将金属丝放入电弧内熔化，作为焊料填充焊缝。

炭弧还可用于自动焊接各种牌号的钢、铜、铝以及它们的合金。焊接炭棒的规格和技术特性列于表 11-12。为焊接和切割所推荐的炭棒负载列于表 11-13。

表 11-12　焊接炭棒的规格和技术特性（前苏联）

直径 D/mm		长度 L/mm		抗断极限强度/MPa	比电阻/μΩ·m
额定	容许误差	额定	容许误差		
4	±0.2	250 700	±12.5 ±35	≥18	≤100
6	±0.2	250 700	±12.5 ±35	≥30	≤100
8	±0.3	250 700	±12.5 ±35	≥12	≤100
10	±0.3	250 700	±12.5 ±35	≥12	≤100
15	±0.5	250 310 350 700	±12.5 ±12.5 ±12.5 ±35	≥12	≤100
18	±0.5	250 700	±12.5 ±35	≥12	≤100

说明：按订货方的要求，直径 4mm、6mm、8mm、10mm，长度不大于 250mm 的焊接炭棒可镀铜供应。

表 11-13　焊接和切割所推荐的炭棒负载

额定直径 D/mm	焊接负载/A		切割工作负载/A	额定直径 D/mm	焊接负载/A		切割工作负载/A
	工作	额定			工作	额定	
4	50~75	100	至 80	10	150~300	400	200~350
6	50~150	200	至 180	15	250~500	700	300~550
8	100~200	300	150~250	18	350~700	1000	400~700

　　焊接炭棒呈圆柱形。按订货方的请求，炭棒的一端可加工成圆锥形，长度亦可改变。炭棒应该捆扎成束：直径 15mm、18mm 的炭棒，每束 25 支；直径 10mm 的每束 50 支；直径 4mm、6mm、8mm 的每束 100 支。

　　炭棒的比电阻不大于 100μΩ·m，灰分不大于 7%。

11.5.2　空气-电弧切割（气刨）用炭棒

　　此种炭棒用于熔整焊缝和铸件的空洞缺陷，整理焊接边缘，清理铸件等。炭棒的规格和使用条件见表 11-14 和图 11-28。炭棒的表面包覆一层很薄的镀铜层（约 0.2mm）。炭棒的镀铜层应该严密，工作时稳定。

图 11-28　空气-电弧切割用炭棒

　　炭棒的比电阻不得大于 100μΩ·m，灰分不得大于 1%。直径 6mm 炭棒的平均抗断强度应不小于 30MPa，其他规格的炭棒则不应小于 12MPa。如果遵守表 11-14 中规定的炭棒的工作制度，不应出现破裂和烟灰。

表 11-14　空气-电弧切割用炭棒的规格和工作制度（前苏联）

直径 D/mm		长度 L/mm		镀铜层				电流强度 /A	电弧极限稳定 （最小电流）/A
				长度 l/mm		厚度 S/mm			
额定	容许 误差	额定	容许 误差	额定	容许 误差	额定	容许 误差		
6	+0.3	300	±12.5	285	−5 ~ +15	0.18	0.025	200 ~ 280	120
8					−5 ~ +12			300 ~ 380	150
10					−5 ~ +10			400 ~ 480	180
12								500 ~ 580	240

该炭棒应以焊接炭棒同样方法包装成束，然后将炭棒束装入木箱供给用户。

11.5.3　减震器柱塞

减震器给出的摩擦力仅取决于柱塞的移动速度。如果有一个理想的减震器能够移动得足够慢，应该看不出摩擦力。石墨在光滑金属缸内的静摩擦不会高出滑动摩擦太多。石墨的滑动摩擦也低，因为石墨在配合面上的涂层使得滑动是在石墨与石墨之间进行。摩擦力和移动速度的比例关系当然要取决于缸和柱塞的尺寸大小，以及取决于控制空气进出的孔眼大小。

石墨可以提供低的静摩擦和滑动摩擦，而不需要应用会受温度影响的液体润滑剂，因此石墨柱塞的阻尼系数几乎完全取决于空气的黏度。

11.5.4　铁道轨隙联结用的熔焊模

铁路信号系统要求钢轨能够连续导电。钢轨的一般接头不是一种可靠的导体，因此需要用铜的电缆进行旁路联结。这些电缆是熔焊在铁轨上的，所用的石墨熔焊模如图 11-29 所示。

铜电缆塞在图右侧模子底部的槽缝中，而模子的下段则紧密夹在铁轨上。把整套模子在铁轨上组装好，然后将氧化铜和铝粉混合的热焊剂放

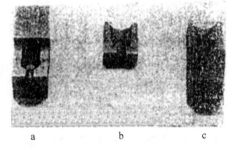

图 11-29　铝粉热焊法用的铁轨连接熔焊模

进熔焊模上部受料斗内，再用小量引燃剂和电火花来点火。点火后经热反应而熔化的铜液流入焊模下部，这样就把铁轨连同铜电缆焊接在一起，形成永久性的联结。

一套石墨熔焊模可以熔接几百次，然后才会损坏。图 11-29a 的焊模是这样安置的，使点火线可以从底部塞入。

11.5.5　受电弓架用的滑板

11.5.5.1　功能

滑板装于受电弓架的上部，通过与架线的摩擦接触集电，是电力机车不可或缺的部件。JIS E 630 对其标准形状和尺寸都做了规定。例如，如图 11-30 所示，断面为台形和三角形，摩擦面的宽度为 40mm，长度为 600 ~ 900mm。

形状为三角形的情况下，一个面磨损后，顺次转 120°，三个面都可以使用。通常，较

多地使用台形滑板，一个受电弓架上并列装两条
滑板。一个受电弓架通过的电流，新干线为 100
~250A（AC25kV），在来线的交流方式为 100A
以下（AC20kV），在来线的直流方式为 1500A
以下（DC1.5kV）。

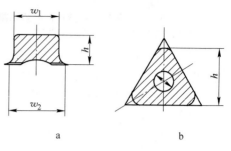

图 11-30　滑板断面形状

a—台形；b—三角形

11.5.5.2　材质

滑板的材质有铁系列及铜系列的合金烧结
品，也有纯炭素制品及金属浸渍炭素制品。各种
材料的特性请参考表 11-15。纯炭素滑板由于具
有自润滑性，列车行走时摩擦噪声小，对架线的磨损小，同时由于抗电弧性能强，具有电
波杂音小的特点。与合金烧结质相比，有强度低、电阻率高等缺点。在日本，除了部分私
人铁路，大部分都使用合金烧结质滑板。

表 11-15　滑板的种类及参考特性

项　目	合金烧结质	炭素质	金属浸渍炭素质
弯曲/长度		<0.2%	—
硬度	HB36~65	HS60~90	—
抗拉强度/MPa	>147	—	—
伸长率/%	>1%	—	—
抗折强度/MPa		24.5	>98
电阻率/μΩ·m	<0.4	<40	<3
磨损量/mm·（10^7m）$^{-1}$	0.5~2	1.7~2.2	1

注：HB 表示布氏硬度；HS 表示肖氏硬度。

但是，由于纯炭素滑板具有能延长架线寿命等突出优点，为取长补短，于 1990 年开
发出了金属浸渍炭素滑板，近来在 JR 的在来线[1]上得以应用，并逐步扩展到其他线路网。

欧洲以纯炭素滑板为主流。

11.5.6　地铁导电电极与高速机车用石墨减魔棒

11.5.6.1　地铁石墨导电电极

地铁导电电极又称三轨列车导电电极，或简称地铁导电权。它是将电网上的电流引入
地铁机车电机的电极，因机车是高速运行的，石墨导电电极在带电轨道（电网电路导线
板）上高速滑行。因此，要求导电电极板具有低电阻率、低摩擦系数、高强度、高硬度及
抗冲击性能优良等特性，国内地铁石墨导电板质量指标一般要求如表 11-16 所示。

表 11-16　地铁石墨导电板质量指标

电阻率/μΩ·m	肖氏硬度	抗折强度/MPa	磨耗寿命/万公里·根$^{-1}$ （270mm×60mm×30mm）
≤12	85~100	≥85	不小于 5

---

❶　在来线是日本铁路用语，指新干线以外的所有铁道路线。

国内地铁多采用上海摩根公司生产的导电板，广州万鹏石墨研发的导电板质量标如表11-17所示，其结构尺寸如图11-31所示。

表 11-17   270mm×60mm×30mm 地铁石墨导电电极质量指标（广州万鹏）

电阻率/$\mu\Omega \cdot m$	肖氏硬度	抗折强度/MPa	体积密度/$g \cdot cm^{-3}$
11	88.5	96.5	2.26

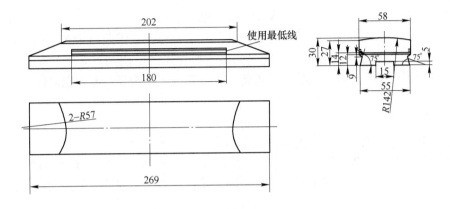

图 11-31   地铁导电电极结构图（广州万鹏石墨）

11.5.6.2   高速机车用石墨减摩棒

高速机车（如和谐号）在高速运行中，特别是行驶在弯道上时，机车车轮轮缘与铁轨之间产生摩擦与冲击，造成轮缘与铁轨的磨损，为了减少这种磨损，就应对这对摩擦副采用润滑剂进行润滑，原设计采用喷机油进行润滑。液态润滑剂润滑性能优良，但是，油雾对铁路沿线造成污染，易燃烧引起安全隐患，且冬季（特别是北方）机油黏度增高，易造成喷油不畅等缺点，若采用固体润滑剂。然而目前大多机车采用石墨润滑剂，利用石墨的润滑性能。广州万鹏石墨公司研发的275mm×40mm×20mm石墨减摩棒的性能如表11-18所示，其结构尺寸如图11-32所示。

表 11-18   275mm×40mm×20mm 石墨减摩棒的质量指标（广州万鹏）

摩擦系数	肖氏硬度	抗压强度/MPa	抗折强度/MPa	体积密度/$g \cdot cm^{-3}$	使用寿命/$km \cdot 根^{-1}$
0.20	85	115	60	1.80	18233[①]

①广州机务段经3个月试验，平均行驶18233km/根。

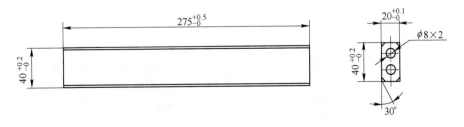

图 11-32   高速机车用石墨减摩棒结构图（广州万鹏）

12 电气工程用炭石墨制品

12.1 炭电阻器的种类和特征

碳与铋、锑同属所谓半金属一类。其电阻约比金属高 $10^4 \sim 10^5$ 倍，因制造条件的不同，其变化范围亦甚广。此外，电阻的温度系数一般比半导体小，而且具有电化学稳定性好、价廉、容易加工等优点，是充作电阻体的最适宜材料。因此历来都利用它作为电阻材料，现在，尤其在通讯机器、电子应用机器上所使用的电阻器，几乎全是碳电阻器。此外，中等功率用电阻或高频无感电阻器等，开始逐渐采用陶瓷炭复合电阻体。

12.1.1 分类

以炭做电阻，电阻器的分类方法各有不同，按其导电原理，主要分以下两大类：（1）利用炭材料本身的导体电阻；（2）主要利用电阻元件间的接触电阻（接触式）。

从实用方面来区分，炭电阻也可分为两大类：一类是大型的，使用大电流的大功率电阻；另一类是通讯器上使用的较小型的电阻。最大功率用的炭电阻，也要求具备极高的电特性。此外还需要有介于两者之间的电阻，这就难以适当分类。从另种实用方面区分，又分为固定电阻器和可变电阻器。表 12-1 总括列出了现用炭电阻器的种类和形式。

表 12-1 炭电阻器的种类和形式

形态	形	式	电阻器	电阻自体	电阻支架	实用电阻值范围 /μΩ·m
块状炭	异体式	固定	炭电阻棒、管、螺旋状炭管	炭	电阻本体	$(5 \sim 80) \times 10^{-4}$
		可变	螺旋状炭管电阻器	炭	电阻本体	$(5 \sim 80) \times 10^{-4}$
	接触式	可变	炭板重叠电阻器（角板、圆板、环状板）	炭	绝缘材料 + 金属框	20Ω ~ 1kΩ
膜状炭	异体式	固定	热解析出薄炭膜电阻器	炭	瓷棒、管、板	5Ω ~ 20MΩ
			碳化硼电阻	碳 + 硼	瓷棒、管、板	8Ω ~ 10GΩ
炭复合体	接触式	固定 膜式	树脂基结合薄膜电阻	炭 + 合成树脂 + 无机质充填剂	瓷棒、管、玻璃管	50Ω ~ 100GΩ
			纸带式电阻	炭 + 合成树脂 + 无机质充填剂	石棉纸	100Ω ~ 10MΩ
		体式	树脂炭结合体电阻	炭 + 合成树脂 + 无机质充填剂	电阻本体	3Ω ~ 22MΩ
			陶瓷基结合体电阻	炭 + 无机结合剂	电阻本体	5Ω ~ 1MΩ
		可变 膜式	薄膜式可变电阻	炭 + 合成树脂 + 无机质充填剂	合成树脂	100Ω ~ 10MΩ
		体式	块式可变电阻	炭 + 合成树脂 + 无机质充填剂	电阻本体	100Ω ~ 5MΩ

12.1.2 各种电阻器的特征和用途

大型电阻器通常为块状炭，有用于非氧化气氛中约达3000℃的发热体和各种形状的大电流调节器等。功率较小的小型电阻器，是在瓷器之类的基体上经过炭热解沉积的薄膜状炭，还有的把炭粉末用绝缘材料固结，制成炭的复合体，在无线电和电视等一般通讯机器上应用极为广泛，而且使用量非常大，具有单独的大量生产体系。热解沉积的薄膜电阻，在稳定性等其他性能上。比金属线绕电阻、金属合金材料薄膜电阻等略差些。但能以廉价得到相当高的电阻值，故亦可作为亚精密电阻用于高级通讯机上。特别是含硼的炭硼电阻，其温度特性可与金属合金材料相媲美，用于高频功率和电子计算机等方面。若再把这种电阻封入耐热的玻璃管中，其工作会更加稳定。其可作为高功率电阻使用。各种热解沉积炭薄膜电阻示于图12-1。

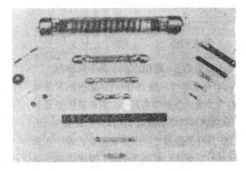

图12-1　各种热解沉积炭薄膜电阻

复合体电阻，一种是复合体电阻器，其电阻基体就是复合体本体；另一种是用电阻液涂布在绝缘物上的复合薄膜电阻器。不管哪一种电阻都是由极多炭微粒相互间的接触电阻集合而成的。其优点：能耐比较高的功率，不断线，特别是树脂基复合电阻，适合于大量生产，现在它和炭薄膜电阻同为生产量最大的，而且广为应用。

陶瓷基复合电阻的特征是耐热性好。它具有耐更高的功率，适合于小型化，而且稳定性好等的优点。图12-2展示的是市场上出售的各种陶瓷基复合电阻件的实例。用于通讯机的直径为1mm，用于大功率的直径为50mm，长度约为500mm以内的电阻均可制作。

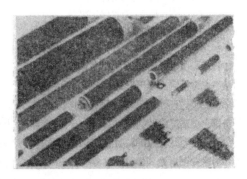

图12-2　各种陶瓷基的复合电阻

12.1.3 炭材料的电阻

12.1.3.1 石墨的层状结构和电传导

石墨的晶体结构是，碳原子二维有序扩展连接，构成六方环网状平面，各网状平面又有序地交错重叠，也就是每个六角网格的中心都与其上面相邻网络的一个碳原子相对应，有的呈 ABAB…交替重叠（六方结构），有的呈 ABCABC…交替重叠（菱面体结构），等等。

一个孤立的碳原子的价电子为 $2S^2 2P^2$，在化学结合时，六方网平面中的碳原子的 2S 轨道和 $2P_x$ 及 $2P_y$ 轨道形成杂化轨道，网平面中的相邻原子组成共价键，剩下的一个电子则进入垂直于层平面上下平分的 $2P_z$ 轨道，和相邻的所谓 π 电子形成共轭双键，各平面层

间靠范德华力相互结合。π 电子束
缚在平面层空间内，沿平面层自由
转动。因此石墨的电性质表现有很
强的各向异性，其导电性如图 12-3
所示，在层平面方向上，是禁带的
宽度为零的本征半导体，电阻温度
系数与金属一样，皆为正值，此
外，在垂直于层平面方向上的比电
阻有数千倍，而且电阻温度系数为
负，表现了典型的半导体特性。

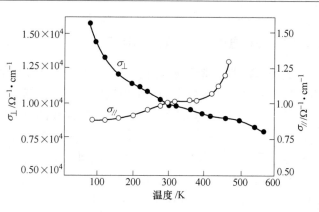

图 12-3　石墨的电导率与温度的关系
$\sigma_{//}$—平行于层平面；$\sigma_{\perp}$—垂直于层平面

12.1.3.2　多晶石墨和无定

形炭的电阻

　　从无数微小石墨晶体构成的多晶石墨到无定形炭、多环芳香族化合物聚合而成的一系
列的块状炭，其电阻与温度的关系均可用下式表达：

$$\rho = \left[\alpha T + \beta + \gamma(T)\right] / (r + e^{-\Delta E/2kT}) \tag{12-1}$$

式中　　αT——因晶体晶格振动而产生的紊乱；

　　　　β——晶界的紊乱；

　　$\gamma(T)$——接触电阻的部分（大致是随温度上升而减少的函数）；

　　　　r——一定数量的游离空穴；

　　　ΔE——禁带宽度；

　　　　T——绝对温度；

　　　　k——玻耳兹曼常数，$k = 1.370 \times 10^{-23} J/K$。

　　在多晶石墨里，电流平行于各微晶的层平面通
过，所以电流通路的长度显著增大。此外，层平面
的尺寸变小，从而 ΔE 增大。在低温下，$kT > \Delta E$ 一
项，即活化的电子与空穴的浓度随温升而增大，电
阻温度系数为负，表现出半导体的特性；反之，在
高温下，在 $kT < \Delta E$ 的范围内，活化的电子和空穴
的浓度则变得非常大，由于式（12-1）中的 αT 项起
作用，所以电阻随温升而增大，即相当于金属。电
阻随温度变化的特性如图 12-4 所示。

　　在无定形炭块中，ΔE 变得相当大，所以在测定
范围内，$kT < \Delta E$，如图 12-4 所示，在电阻温度变化
曲线上未出现最低值。此外，在低温生成物里，游
离空穴浓度变得非常高，所以此倾斜不只是反映
ΔE。这种类型的特殊炭材料，也是属于玻璃炭的一
种，它是某种有机化合物在长时间的适当条件下经过
炭化而成的，它的固有电阻值非常高，可达 0.005 ~

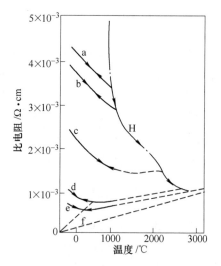

图 12-4　炭材料因加热处理
温度的不同而变化，
曲线 H 因炭材料热处理温度
不同而发生不可逆的变化
a—1000℃；b—1100℃；c—2000℃；
d—2600℃；e—3000℃；f—极限

$0.1\Omega \cdot cm$。这在结构上虽然使式（12-11）的 $\gamma(T)$ 项比多晶石墨要小，但它含有同下述热解沉积炭薄膜及炭黑之类相似的微细的微晶（约 $0.5\sim 10nm$），这种炭完全呈无秩序的堆积，构成无数的交叉联结（Criss-cross Linkage），式（12-11）β 项变大，因而比电阻增高。

在从蒽到石墨的中间，存在多环芳香化合物，它表现为共轭双键构成的半导体性质，可作为有机半导体。其电阻随温度变化时，ΔE 还可继续增大。图12-5 对各种炭材料的加热处理温度范围、晶体的大小、ΔE 等的变化和一维能带的模式都同时表示出来了。

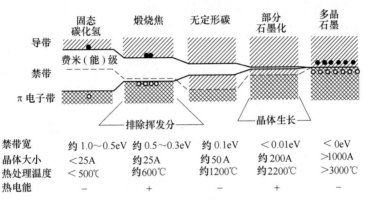

图 12-5　炭的能带模式

12.1.3.3　热解沉积炭薄膜

（1）炭薄膜的构造

所谓热解炭薄膜是在高温下在耐火性基体上热解沉积而成的，也是六方网状平面结构，其微晶极为细小，一般直径为 5nm 以下。在第一层内的原子间距离比石墨小，而层间距离则比石墨大。其最大的不同点就是各层平面的重叠堆积方式不同，层间距离虽保持一定，而层平面相互的原子位置却完全呈不规则状态。此外，热解炭微晶周边充满着氢和碳化氢，这些氢的含量当然随炭生成温度的上升而降低。

各微晶相互之间虽未必呈有序取向，但由于热解条件的影响，各微晶的层平面均与基体平面平行取向。在一定的甲烷浓度下，炭薄膜由厚 $3\times 10^{-5}cm$ 起，薄膜表面的取向性随热解温度的上升而增大，到 1025℃ 时达到最大值。但在减压下将液态碳化氢进行热解的情况下，此最佳的取向温度则略高些，据报道，苯为 1060℃，异辛烷为 1080℃。在一定温度下，一般来讲，取向度随碳化氢的浓度的增加而增大，基体上的微晶沉积状态与取向的情况，大致如图 12-6 所示。

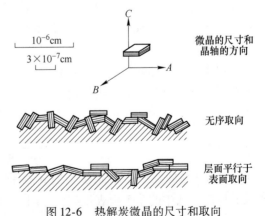

图 12-6　热解炭微晶的尺寸和取向

（2）比电阻及其温度系数。

热解炭薄膜的比电阻，在薄膜厚度约为 $2.5\times 10^{-6}\sim 2.5\times 10^{-4}cm$ 的范围内与薄膜厚度无关。比电阻因炭的生成条件而不同，在 3×10^{-5} cm 以上的厚度时，由于取向的关系，比电阻会受很大影响。取向性与薄膜电阻之间的关系如图 12-7 所示，在取向最好的情况下，比电阻约为 $0.001\Omega \cdot$ cm 以上，与石墨层平面方向上的电阻（图 12-3）相比，约大 1 个数量级，式（12-1）中的 β 项，即晶界的贡献变大了。

　　在适当的基体上沉积的炭薄膜，其电阻温度系数因薄膜的厚度、薄膜的温度及基体的线膨胀系数而不同。如图 12-8 所示，薄膜的厚度越大，温度系数的绝对值就越小，接近于 $-0.8 \times 10^{-4}/℃$。因此值与基体的性质无关，所以应看做是炭薄膜本身的性质形成的。如果基体的线膨胀系数发生变化，则厚度在 3×10^{-4} cm 以下的薄膜温度系数便会出现变化，同时微晶境界的接触状态的变化也会影响到电阻。

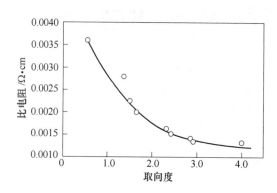

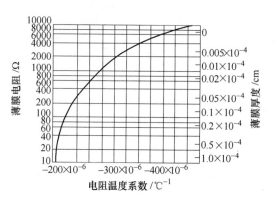

图 12-7　炭薄膜微晶的取向与比电阻的关系
横轴：0—无序；10—完全取向

图 12-8　炭薄膜的厚度与电阻温度
系数的关系（30~60℃之间）

12.1.3.4　炭粉

A　粉末电阻的机理

　　粉末状炭因粒度、粒形和粒子表面等不同，所以较之块状炭更是多种多样，尤其是炭黑类，由于其生成条件的不同，微晶层平面沿颗粒表面取向，完全呈紊乱状态，在表面形成氧化物等的薄膜，而且颗粒大致呈丝状连接的结构，即高度"织构化"，并且种类繁多。但这些粉末总体的电气性质有非常重要的特征，这就是式（12-1）中的接触电阻 $\gamma(T)$ 起着特别大的作用。

　　一般来讲，导体颗粒互相接触时，由于接触面受到限制而引起电流集中现象，以及在接触部位存在高电阻薄膜的阻挡层，所以流过接触部位的电流，也受到限制。前者叫做集中电阻（Spreading Resistance），后者叫阻挡层电阻。用霍姆公式表达为：

$$\gamma_c = \frac{\rho'}{\pi a} + \frac{\delta \rho''}{\pi a^2} \tag{12-2}$$

式中，a 为颗粒间圆形接触面的半径；ρ' 为颗粒比电阻；ρ''、δ 分别为颗粒表面薄膜的比电阻及其厚度。式中的第 1 项表示集中电阻，第 2 项表示阻挡层电阻。

　　一般来讲，$r_c \gg \rho'$，所以炭粉集合构成的电阻就是由此接触电阻 γ_c 集合而成的立体网络电阻，此电阻应认为是各接触点的面积和电流方向上各接触点的分布统计的某种函数。接触面是因颗粒间的压力而变化的，而且接触点的数量是因粉末颗粒的充填率而变化的，所以在记述粉末电阻时，一般都要表示出假密度和所加的压力。最简单的方法就是轻轻地把粉末自由堆积在一个圆筒中来比较电阻，这样可以进行各种粉末的相互比较。可是实际上，最疏松的充填状态是不稳定的，而且容易塌陷，所以应采取这样的方法，即适当地敲打管状容器，然后求出假密度的变化与比电阻变化的关系。其结果，对于多数炭黑来说，电阻值对数和假密度（C）的关系大致呈直线：

$$\rho = Ae^{-KC} \tag{12-3}$$

可是经压缩后，接触面积的变化变小，若使敲击只限于水平方向，在充填的初期状态，比电阻对数与假密度的倒数呈直线关系：

$$\rho = Ae^{KC} \tag{12-4}$$

随着假密度的变化，也就基本反映了接触点数量的变化。图 12-9 展示了几种炭黑及其与绝缘颗粒的混合粉末的自由堆积状态的电阻实例。

B 粉末电阻与压力的关系

炭粉电阻与压力的关系，自很久以前就做了许多研究：

$$\rho = AP^{-n} + B \tag{12-5}$$

据文献报道，作为一般关系式的指数，n 为 $0.23 \sim 2$ 之间的各种值。根据莫罗佐夫斯基的观点，因压缩而发生的颗粒变形，纯粹属于弹性变形和塑性变形，可分别用下面的公式表示：

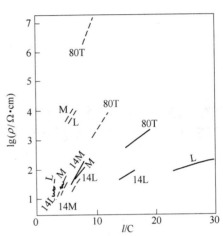

图 12-9 炭黑粉末的自由堆积状态的电阻
点线—炉黑；实线—乙炔黑；虚线—槽法炭黑；L—市场出售品原样；14L—1400（加热处理）；M—乳钵处理；14M—把14L作乳钵处理；80T—TiO₂80%混合粉末

$$\rho \approx 0.34\rho'E^{1/3}(P^{1/3}\upsilon) \tag{12-6}$$

$$\rho \approx 0.445\rho'H^{1/2}(P^{1/2}\upsilon^{3/4}) \tag{12-7}$$

式中，ρ' 为颗粒的比电阻；E 为弹性模量；H 为硬度；υ 为颗粒的真容积和假容积之比，即容积率。

对于一定量的粉末容积的实验关系，在莫罗佐夫斯基的测定范围（$0.35 \sim 42\text{MPa}$）内为：

$$\lg V = -m\lg P \tag{12-8}$$

式中，m 为 0.1 左右的常数。因 $\upsilon \approx 1/v$，所以式（12-6）、式（12-7）分别改变成下式：

$$\rho \propto P^{-(1/3+m)} \tag{12-6'}$$

$$\rho \propto P^{-(1/2+3m/4)} \tag{12-7'}$$

因此式（12-5）的 n 值约为 $0.33 \sim 0.6$。如果在碳颗粒上有氧化物之类高电阻表面层，因式（12-2）第 2 项的参与，则变成：

$$\rho = K'\rho'P^{-(1/2+3m/4)} + K''\rho''\delta P^{-(1-qm)} \tag{12-9}$$

式中，K'，K'' 是常数；δ 是补正系数。因此 n 接近于 1，一般在此范围内，接触面积的变化是主要因素，充填度只略有影响。

据观察，在更高的压力范围内，也大致呈同样的关系。经过石墨化的热解炭黑等，在约 $220 \sim 450\text{MPa}$ 的压力下，微晶的取向发生变化，n 减少到 0.23。

可是，多数的炭复合电阻体还存在更加深刻的关系，例如炭粉在自由堆积状态下稍许压缩，使其呈疏松的充填状态，这时炭粉末电阻不仅与炭粉末的种类无关，而且 n 还会涉及更广泛的范围，几乎都等于 0.5。疏松充填状态的电阻，同莫罗佐夫斯基的考察是不同的，与其说同接触面积有关，不如说与接触数量变化有很大关系，可见粉末的充填度对电阻是有很大影响的。对于几种炭黑，根据实际压力所测定的电阻变化结果，如图 12-10 所示。在一般情况下，疏松状态下电阻与压力的关系可用下式表达：

$$\rho = K(\rho' + \frac{\rho''\delta}{\alpha})\alpha\eta/2p^{-1/2} \tag{12-10}$$

式中，K 是常数，α 的变化很小，根据 α 的变化是弹性或者是可塑性，则变为 1 ~ 0 的常数。在同样疏松充填状态下，充填度的变化与粉末电阻的关系可用下式（0.05MPa 以下）表达：

$$\ln p \approx 常数 + (k + \frac{C_o\psi}{2}) + \frac{1}{C} \tag{12-11}$$

$$\ln p \approx 常数 + \frac{1}{2}\psi\ln(1/C) \tag{12-12}$$

式中，C_o 是疏松充填状态的假密度，k 是接触点数目，相对于容积变化而变化的常数；ψ 是决定每一个接触点的平均接触面积变化的常数。这意味粉末电阻的对数，在低压范围内，同 $1/C$ 呈直线关系，在 0.05MPa 以上压力时，同 lg（$1/C$）呈直线关系。实验结果如图 12-11 所示。

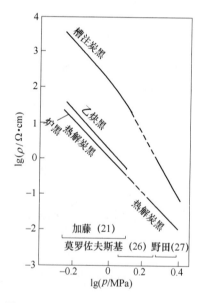

图 12-10 炭黑的比电阻与压力的关系

ρ —粉末比电阻；p—施加压力

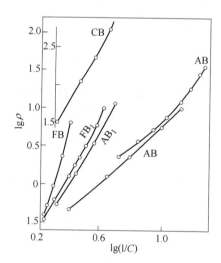

图 12-11 炭黑的电阻与比容积的关系

BC—槽法碳黑；AB，AB_1—乙炔黑；

FB，FB_1—炉黑

C 粉末电阻与温度的关系

测定粉末电阻对温度的依赖关系，必须特别考虑到粉末颗粒与试料容器的热膨胀差所引起的压缩，以及"粉末-电极"间的接触电阻的变化等。电极经过热涂银，测定热膨胀不同的各种玻璃管容器中的粉末电阻与温度的关系，由于充填度的不同，所呈现出电阻随温度而变化的情况也各不相同，在线膨胀系数为 $4 \times 10^{-6}/℃$ 的玻璃管中很难测定充填度对电阻的影响，而且在自由堆积状态下测定玻璃容器的热膨胀的影响则更准些。因此，炭黑的热膨胀系数大致估计为 $4 \times 10^{-6}/℃$，自由堆积状态的电阻对温度的依赖关系从粉末的性质（及粉末表面的性质）即可充分反映出来。

但只比较粉末电阻随温度变化的特性时，并不一定需要粉末比电阻和假密度值，所以使用图 12-12 所示的试料皿是很方便的。这就是在瓷制皿上烧接数个涂银电极，在电极之间的间隔（以 5mm 左右为宜）处，使炭粉末轻轻地堆在上面，给试料皿和炭粉全部加热并冷却，测定电极间电阻随温度变化的情况。利用此装置，以各种不同温度焙烧加热处理过的炭黑的测定结果作为一例示于图 12-13。其他所有的各种炭黑及炭粉末都有与此相同的倾向，即所得的曲线是向下方弯曲的。

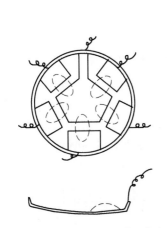

图 12-12 测定粉末电阻随温度变化的特性的测定器
（虚线表示试料位置）

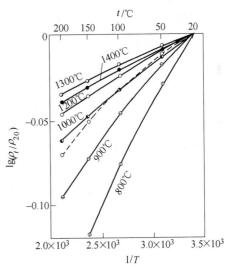

图 12-13 炭黑粉末电阻随温度变化的特性
实线—槽法炭黑；虚线—乙炔黑

12.2 电阻体的制造方法和电特性

12.2.1 块状炭电阻体

12.2.1.1 制造方法和电阻

凡是具有所需形状的炭电阻体，一般都是以木炭、炭黑、焦炭、无烟煤、人造石墨和天然石墨等炭原料中的一种或数种，加工成适当的粉末状颗粒，并以树脂、松节油（莰烯）、焦油、沥青等为黏结剂制造而成的。这类原料经过充分混捏之后，模压成一定形状，或通过一定的型嘴挤压成型，然后再置于非氧化气氛中焙烧固结，焙烧后，根据需要，再置于电阻炉中进行石墨化。

炭素成型体的比电阻，因炭原料的种类、粒度、黏结剂的种类和混合比、焙烧温度和焙烧时间而不同，无定形炭质的电阻大致为石墨质的 5～10 倍，其最大电阻约为 $8 \times 10^{-3} \Omega \cdot cm$。煤沥青为黏结剂加压成型的石墨化制品的黏结剂混合比与电阻值的关系如图 12-14 所示。当黏结剂偏少（范围Ⅰ）时，原料炭颗粒间的间隙里不能完全充满黏结剂，所以炭颗粒之间的接触电阻对总比电阻有很大影响；反之，黏结剂偏多（范围Ⅱ）时，由于经过炭化的黏结剂炭贡献增大，所以总比电阻亦即增大。这种块状炭素比电阻随温度变化的形式，与第一节所述的原因有直接关系，普通石墨质的比电阻，大约在 500℃时达到最低值，即低到常温时的 80% 左右，大约在 1200℃时，又恢复常温时的电阻，在 2000℃时，则稍见增高。

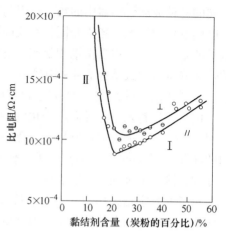

图 12-14　块状炭素黏结剂与比电阻的关系
∥—平行于挤压轴方向；⊥—垂直于挤压轴方向

12.2.1.2　管状及棒状电阻体

当电阻体充做发热体时，其电阻值当然取决于导体电阻体的长度和截面的大小，一般来讲，如果比电阻小，想要增加或调节电阻值，可以把电阻体加工成各种不同的形状。图 12-15a 展示的是几种管状发热体的形状。图 12-15b 展示的是低电压大电流调整用的螺旋收管电阻器，越往上部，螺旋越细，如上下接通电流，并在轴方向增加压力时，便会以上部依次接触，将导体的长度缩短，并使导电面积增大，就会使电阻逐渐减少。

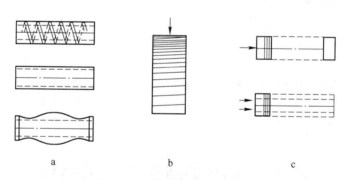

a　　　　　　　　b　　　　　　　　c

图 12-15　各种块状炭电阻器

12.2.1.3　炭板堆电阻器

此种电阻器如图 12-15c 所示，即由多层炭平板叠合而成，其两端为电极，用耐热绝缘板承托着，从两端施加压力，来改变炭板相互压实的程度，从而使接触电阻增加或减少，这对于承受大的负荷和发生急剧的电阻变化时尤为有用。此种电阻可充做 1000℃以下的发热体，还可以作为各种电压电流的调整器，小型的电阻器可以用于缝纫机的变速器和特殊自动调整装置等。

作为炭板，无定形炭的电阻比石墨的电阻随压力变化的程度更高些。这些电阻实际上是用各种炭质的混合物制成的。炭板的片数和有效截面积这两者都能决定该电阻器的电阻调节范围及最大电流容量。例如，用旋转手柄来调节电压的电阻器，实际上使用的炭板规格大致是：20A 用：13cm×13cm 左右；100A 用：40cm×40cm 左右。对于施加压力的变化，炭板堆的长度和电阻值大体上都呈双曲线状变化。此种特性如图 12-16a 所示。此外，从图 12-6b 还可以看出一般此种电阻表明了对电压的依赖性。

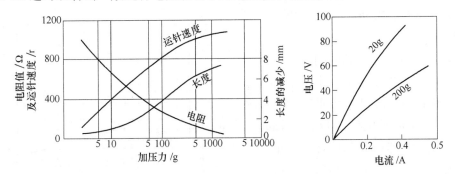

图 12-16 调整电动缝纫机运针速度用的电阻器

(直径 11mm，厚度 0.35mm，240 片)

a—用于 220V 电动机时；b—电流、电压特性（压力一定）

12.2.2 薄膜状炭电阻体

12.2.2.1 炭膜的生成方法

把适当的耐性基体置于密闭容器中，加热到 950～1000℃，并导入碳化氢气体及水蒸气，经过热解，便在基体表面形成炭薄膜。这是基于碳化氢的脱氢反应和缩聚反应的。认为这是以所谓芳烃缩合为主体的物质。反应及薄膜形成的控制，就是把高温容器抽成真空之后，并将导入碳化氢的蒸汽压力保持一定不变（减压法），或者用氮气等把碳化氢冲淡，保持一个大气压（常压法）。前者使用苯等液态碳化氢蒸汽较为便利，在我国广泛使用，而后者则使用甲烷等气态碳化氢，欧美应用较多。热解沉积用的装置有间歇式和连续式两种形式。

（1）间歇式沉炭装置。此方法就是首先在容器中置入大量的被沉积体，例如装入瓷棒，给整个装置加热到一定温度，密闭并排气之后，把一定量的碳化氢导入装置内，进行热解，通过气密容器的回转和振动，并使瓷棒进行不规则的转动，使沉炭条件均等化。此项工艺，液态和气态碳化氢两者均可使用。

（2）连续沉炭装置。此种装置就是把若干个瓷棒，逐个连续通过预热带、反应带、冷却带这三个区间，各瓷棒比间歇式更容易得到一致的处理条件，从而制得精度高的电阻体。我国主要使用的倾斜式沉炭装置的概略图示于图 12-17。瓷棒在倾斜的长石英管中排成一列，用断流阀控制，使其依次通过

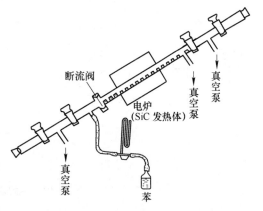

图 12-17 倾斜式连续沉炭装置

炉中的三个区域。在管内，由于减压，苯蒸汽不断输入炉内，所以新瓷棒追加进去和沉炭制品的取出，分别在两段内由操作阀门来实施。如果用此种生产方式，使用气态碳化氢，能使机械化程度更高些。

12.2.2.2　炭膜的生成条件和薄膜电阻

热解炭薄膜的厚度，主要取决于所使用的碳化氢的性质、浓度、沉积温度和沉积时间。在沉积的初期，最初的沉积物，可以作为下一步沉积的催化剂，使以后的沉积速度固定下来。薄膜的厚度与薄膜电阻成反比（图12-18）。瓷棒等被沉积物的性质，由于催化作用，对沉积速度有很大影响，特别是在瓷棒的表面，若有铁之类重金属及其氧化物存在，就会有柔软的烟熏的炭沉积在瓷棒的表面。

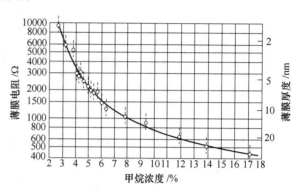

图 12-18　薄膜厚度因热解沉积条件而变化的曲线

12.2.2.3　热解炭薄膜电阻器

制造此种电阻，只需采用如下的一般的制造工艺：（1）表面处理（用0.1%～5%的氟化氢（HF）进行腐蚀处理）；（2）沉炭；（3）电阻分类；（4）端头帽（金属帽的机械压入嵌合，另外安上卷线端子，并在熔融的焊锡中浸渍）；（5）磨边；（6）涂底子（烤漆）；（7）切槽（切成螺旋状的条，提高电阻值并进行调整）；（8）完工涂饰（苯二甲酸树脂或密胺树脂）；（9）打标记；（10）制品检查。

此种电阻器的尺寸和形状，在 JIS 标准中都有规定，如图 12-19 所示，引出线端头的形状分为 L 型和 P 型，还有把整个电阻器涂敷以酚醛树脂等，使整个电阻形成一层绝缘层的模压型（或绝缘型）等形式的电阻。这类电阻的额定功率与尺寸的关系如表 12-2 所示。炭薄膜电阻器的各种特性受沉积条件、沉积基体的性质及各种涂漆处理的条件等影响非常大。

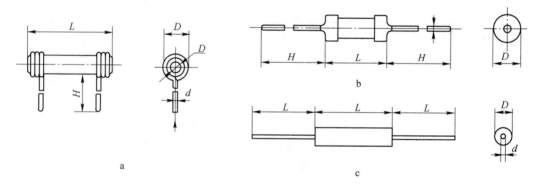

图 12-19　热解炭薄膜电阻的形状

a—L 型；b—P 型；c—压模

表 12-2 炭电阻器的尺寸 （mm）

额定功率 /W	L 型		P 型		模压型		树脂基混合体型	
	L	D	L	D	L	D	L	D
1/8	10 ± 1	3 ± 1	10 ± 1.5	2.5 ± 1	9.5 ± 1	2.5 ± 0.5	—	2.4 ± 0.5
1/4	12 ± 1	4.5 ± 1	13 ± 1.5	2.5 ± 1	9.5 ± 1	4.0 ± 0.5	$9.6 \pm^{1.0}_{2.0}$	—
1/2	18 ± 1	6.5 ± 1	15 ± 1.5	4.5 ± 1	15 ± 2	5.0 ± 1	9.6 ± 1.0	3.6 ± 0.5
1	30 ± 1.5	10 ± 1	24 ± 1.5	7.5 ± 1	30 ± 2.5	7.0 ± 1	$16.5 \pm^{2.5}_{2.0}$	6.0 ± 0.7
2	45 ± 1.5	11 ± 1	52 ± 1.5	7.5 ± 1	43 ± 2.5	9.5 ± 1	$33.0 \pm^{2.5}_{2.0}$	8.0 ± 2.0
8	95 ± 2	23 ± 2	—	—	—	—		

12.2.2.4 碳化硼电阻器

碳化硼电阻应该说是炭膜电阻的一种，碳化硼薄膜是碳和硼同时经过热解沉积而成的。例如，把三丙基甲硼烷之类的单一化合物或碳化氢和硼化氢以及三氯化硼等混合物经过热解即可制得。其他制造方法与炭膜电阻的制法相同。其特点是：如能使电阻温度系数达到最小，即可制得高电阻值的电阻。

根据 Grisdale 的见解，硼含量与比电阻值的变化关系如图 12-20 所示。在同一薄膜电阻值的情况下，由于硼含量的不同，电阻温度特性下降情况如图 12-21 所示。也和炭薄膜一样，薄膜电阻越低（即薄膜越厚），硼炭薄膜的温度系数也越降低。图中表示了三种不同硼含量（因而是三种不同的比电阻），此包络线系表示最低的电阻温度系数与薄膜电阻的关系。

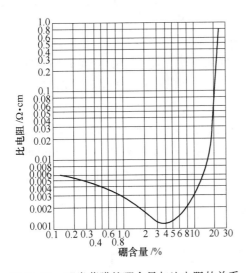

图 12-20 硼炭薄膜的硼含量与比电阻的关系

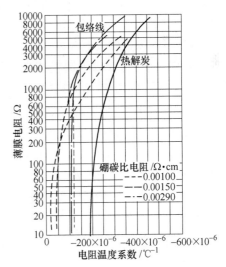

图 12-21 硼含量不同的硼炭薄膜的
薄膜电阻与电阻温度系数的关系

12.2.3 树脂基炭复合电阻器

12.2.3.1 原料炭粉

（1）炭黑的种类。"炭黑"是目前工业用烟黑的总称，种类繁多，电气性质也各不相同，其性质如何，对制成的电阻体的性质往往有直接影响，所以在电阻体制造中，原料的选择是很重要的。炭黑按其原料、制造方法和用途的不同，可分为各种类别。现用的炭黑的电子显微照片示于图 12-22。

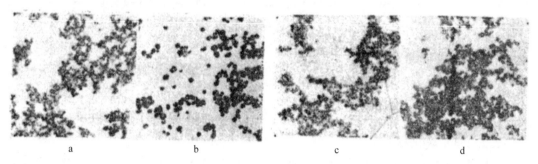

图 12-22　各种炭黑的电子显微照片

a—20000×；b—4000×；c—20000×；d—4000×

1）槽法炭黑（不完全燃烧法）。使燃气火焰同槽钢冲撞并使其急剧冷却，把附着在槽钢上的炭黑收集下来就是槽法炭黑。此种炭黑的粒径一般很小（9～35nm），而且性质均匀，是一种较低温的生成物，在冷却时，氧化的颗粒表面上，往往有羟基等物质。由于有颗粒表面薄膜等，所以一般来讲，粉末电阻是很高的。

2）热炭黑（热解法炭黑）。使热解炉达到高温，然后往炉内输入气体，靠炉内的高温而引起热解，加热和热解交替进行。生成物用喷水器冷却的办法进行捕集。一般来讲，热炭黑是很发达的球形大颗粒（150～470nm），具有非织构化的特点，充填密度高，粉末电阻对假密度的依赖性大。

3）炉黑（炉法）。以限制输往高温炉中的空气的方法，使炉中的巨大火焰不能充分燃烧，炭黑是用喷水器冷却捕集的。原料有烧天然气（燃气炉用）的和液态碳化氢高压喷射式的（烧油炉用）。炉黑的比电阻低于槽法炭黑。粒度范围为 25～150nm。

4）乙炔黑。乙炔黑以乙炔为原料，由于热解有发热反应，所以采取连续热解制造。炉温保持在 1300～1600℃左右，与其他炭黑相比，应属于高温生成物。粒度约 60nm。其特点是织构极度发达，充填密度小，粉末电阻小。在生成之后，置于氢中浮游，其表面容易吸附氢（其他炭黑一般易吸附氧化物）。

（2）炭黑的热处理。一般来讲，炭黑的颗粒表面因制造方法的不同，分别存在氢原子、羧基、苯酚氢氧基、醌基等，还吸附有 CO、H_2O 等，这些物质对粉末电阻的大小和稳定性产生直接影响，一般来讲，不一定有不稳定的情况，但作为电阻材料，在实际使用时，要预先在高温下经过预热，然后再使用。由于预热温度的不同，粉末电阻的变化情况如图 12-23 所示。除在高温下生成的乙炔黑之外，一般是在 1300℃附近时的电阻为最低，尤其是以低温下生成的槽法炭黑的电阻变化为最大。

12.2.3.2　黏结剂及电阻器的成形加工

以上述炭黑为原料制做电阻基体，一般以酚醛树脂为黏结剂。黏结剂对于导电虽然无直接关系，但它的性质却对电阻体的特性有很大影响，可是有关这方面的研究报告很少。

除采用适当的黏结剂之外，为了便于成型及加工，提高电阻体的比电阻和改善热传导性（即提高额定功率），通常还加入硅石或滑石粉等无机质添加剂。

制作体积电阻器毛坯，主要使用固态粉末状的树脂，炭粉及添加剂则应根据所要求的电阻值来以各种不同的配比添加，然后用混合机使其混合，再用辊碾机制备成坯土状的可塑物，通常采取挤压法成型。成型的毛坯在常温下干燥后，置于低温干燥器内进行预干燥，再放入适当的金属模型内，在 160 ~ 180℃的温度，约 35MPa 的压力下加热硬化。这时，接线端子的装填和绝缘外壳等都同时加工。此电阻还须进行一定时间的加热和加电压的老化。

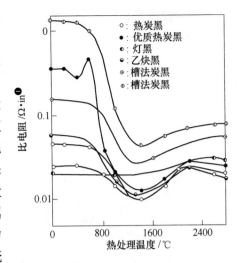

图 12-23　各种炭黑在加压（5100lb[②]/in²）下的电阻

制作树脂基合成物的炭膜电阻时，为了给瓷棒和玻璃管等涂敷电阻膜，要使用液态苯酚。至于炭黑和无机质充填剂的使用，加热处理以及导电机理等，与体型电阻器均无本质差别。以树脂基合成物制备的电阻器的构造如图 12-24 所示。其结构形式在 JIS 标准中有规定，额定电功率和尺寸的关系在表 12-2 中与膜电阻器同时列出，但比炭膜电阻更加小型化。

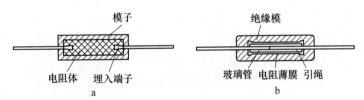

图 12-24　树脂基复合电阻的构造

a—结构型式；b—玻璃管式（薄膜式）

12.2.3.3　原料配比与比电阻的关系

复合电阻器的电阻与炭颗粒间的接触电阻有很大关系，所以电阻值的大小首先取决于原料炭的种类和混合比。

对于乙炔黑和酚醛基树脂（可溶酚醛树脂）的混合物，以各种配比与石英粉末混合，将此干燥粉末加压加热成型，制成 ϕ5mm × 15mm 的电阻体，其实测值示于图 12-25。石英粉的添加量不超过 70%，两者的结果完全一致，如果超过 70%，石英颗粒间就会产生空隙，所以实测值比计算值大。

对于同样的试料来说，假如石英粉混合比一定，而树脂与炭粉的配比发生变化，那就会像图 12-26 所示的那样：电阻值的对数同炭的混合比的倒数大致成直线关系。这与已经

❶　1in = 25.4mm。

❷　1lb = 0.45359237kg。

在第一节中叙述过的粉末自由堆积状态的电阻情况相同，亦即成式（12-4）表示的类似关系。

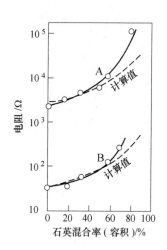

图 12-25　复合电阻（φ5mm×15mm）
的配比与电阻值的关系
（炭的混合率规定）
A—18.2%（质量）；B—26.3%（质量）

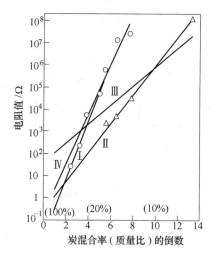

图 12-26　复合电阻（φ5mm×15mm）
的配比与电阻值的关系
（石英粉的混合比规定）
Ⅰ—人造石墨（石英 50%）；Ⅱ—乙炔黑（石英 60%）；
Ⅲ—炉黑（石英 50%）；Ⅳ—槽法炭黑（石英 60%）

12.2.3.4　电阻温度特性

树脂基复合电阻器的电阻随温度变化的情况在图 12-27 所示的范围之内，2、3 例用实线表示，一般来讲，随着温度的上升，电阻值非直线地减少，经过最低点后又反转上升。这虽然受到各种制造条件的影响，但与第一节所述的粉末电阻与温度的关系最为密切。

把炭黑和树脂的混合物涂敷在线膨胀系数不同的基体表面上，来研究电阻随温度变化的情况。经过加热，基体发生 0.1%~0.2% 的热膨胀，这时电阻值反而增大。线膨胀系数越高的树脂，电阻温度系数成为正数的值亦越大，基体的热膨胀会使炭颗粒间的接触受很大影响。如前所述，炭粉电阻与温度的关系一般为负，其线膨胀系数约为 $4 \times 10^{-6}/℃$。此外，酚醛基树脂的线膨胀系数非常大，约为 $20 \times 10^{-6}/℃$。因此，复合电阻器的电阻与温度的关系，特别是经过最低值之后，有反转增大的倾向，应认

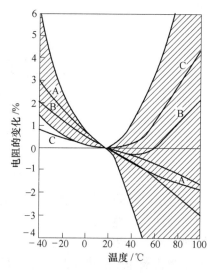

图 12-27　炭电阻与温度的关系
（斜线表示树脂基复
合电阻范围；A、B、C 等是 2、3 个实例；
双重斜线表示热解炭薄膜电阻器的范围）

为有两个原因：一个是炭粉本身的电阻温度特性，再就是电阻体热膨胀引起的接触状态度的变化。

12.2.3.5 炭黑的表面处理

把炭黑和树脂混合制成的薄膜的两端外加一定的电压，使其固化，由于电场的作用，炭颗粒重新排列和移动，电阻值的变化如图12-28所示。这时炭颗粒的分散状态宛如图中的模型所示。即使在固化之后，由于外加电压的作用，炭颗粒也会发生若干移动，因此将颗粒的表面进行某种表面处理，以增强它同树脂的结合力，从而提高了电阻值的稳定性。

（1）表面氧化处理。把炭黑置于某种条件下进行氧化时，例如在炭黑（1000g）、冰醋酸（50mL）、水（150mL）、浓硫酸（90mL）、35%的过氧化氢（90mL）、反应的最高温度（72~78℃）的氧化条件下进行氧化时，对于炭黑或许发生苯酚性羟基结合，从而使酚醛树脂的分散性得到改善。图12-29表示炭黑与酚醛树脂混合而成的薄膜内炭颗粒的移动情况，从静电容量法测定的结果可以看出，经过表面氧化处理，抑制了炭颗粒的移动，从而增大了稳定性。

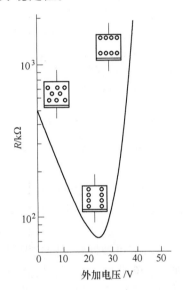

图 12-28 外加电压与电阻值的关系

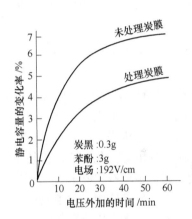

图 12-29 复合薄膜电阻的静电容量的变化（炭黑氧化处理的效果）

（2）炭黑·接枝共聚物。这是一种炭黑粒子表面存在的苯环的氢原子反应保持对称，并使苯乙烯单体等产生加成聚合的物质，苯乙烯共聚物是从炭黑颗粒表面呈胡须状生长着的东西。这样的接枝共聚物对树脂中的颗粒的移动起进一步抑制作用。实际上，如图12-30a所示，利用这种物质显著改善了复合电阻薄膜的粒子的移动状况。此外，如图12-30b所示，对改善电阻温度特性也有很大效果。另外还可改善负荷特性和电压特性等，其缺点是其是用热可塑性树脂制成的，故耐热性差，在低电阻范围内变脆。此外，低电阻范围0.2Ω·cm左右的电阻器也可容易制得。除电阻器以外，还可望用于充做面状发热体、导电性涂料或导电性黏合剂等。

12.2.4 陶瓷基炭复合电阻体

12.2.4.1 原料和烧结体的制造

陶瓷基复合电阻，就是相当于把树脂基的黏结剂完全用陶瓷材料所置换的制品。所用

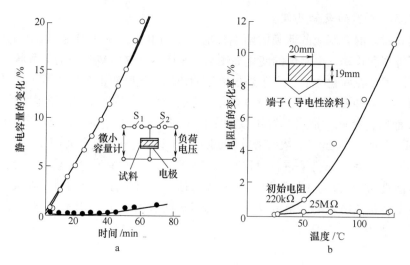

图 12-30　炭黑·苯乙烯接枝共聚物的电气性质

a—静电容量随时间的变化关系；b—电阻的温度特性

● —苯乙烯接枝共聚物（Philblack—与聚苯乙烯的量比为 1:7.5）；

○ —往苯乙烯共聚物中掺混炭黑之后

的炭粉都可以充做原料，但通常多与使用树脂基黏结剂时相同，主要以炭黑为原料。这是因为在陶瓷基里，也是炭颗粒越微细，电流的噪声亦越小，但在制造过程中，几乎都要经过 900℃ 以上的高温焙烧，所以由前述的炭黑在热处理过程中发生的变化，在烧结体制造过程中所出现的现象当然必须予以注意。同样要注意的，就是在有机质可塑剂的使用上，必须把炭化考虑进去。此外 Fe_2O_3 和 TiO_2 等氧化物可以还原到低分子氧化物和金属，这些都与烧结体的电阻变化有关，必须予以充分注意。

陶瓷原料主要有高岭土（陶土）之类黏土矿物，由于具有可塑性好、颗粒微细、混合性好等优点，故多使用。为了使烧结容易，有时还添加硼酸碱土类玻璃等。还有与树脂基电阻器中采用的无机质添剂相类似的就是基体中有时添加锆石细粉，此外，还采用氧化铝基体和滑石基体等，特别是大功率电阻中，还使用以磷酸铝黏结的氧化铝。

这些原料可根据不同的电阻值来采取各种不同配比，然后放入球磨机中进行湿式磨碎混合、脱水、混捏，制成适当的坯料，再用挤压成型法成型；或将适当粉末混合物（上述坯料干燥后的粉碎物或用细磨机等磨出的混合物）以干式加压成型法压制成所需的形状。在这里，通常的陶瓷成型方法也仍然适用。

成型后的复合体，为了减少其气孔并增加其强度，一般都置于非氧化气氛中进行高温煅烧。所得的烧结体的电阻值的大小受原料炭的种类、陶瓷材料的种类、它们的粒度、配比、成型方法、烧结条件等所有制造条件的影响。但最基本的因素是颗粒间接触的性质以及这些颗粒在烧结体中的分布状况。

12.2.4.2　制造条件和比电阻的关系

A　炭混合比

制品电阻值的误差已成为这种电阻制造中的很大障碍，所以对于高岭土和炭黑这两种成分，尽可能同样地进行混合和混捏，挤压成型为约 $\phi 6mm$ 的试料，其干燥后的电阻，对每种不同混合比来说都几乎是恒定的，电阻为 $1k\Omega$ 以下的制品，其电阻误差在 ±1% 以内。

如把制品放在炭中烧结，此误差就会从大约 5kΩ·cm 上开始急剧增大。这些结果如图 12-31 所示。不用混合比，而用炭的体积浓度（即烧结体单位容积的炭含量，与炭粉的情况相同，下面用 C 表示）来比较炭含量的方法更为合理。在焙烧过程中，假定炭含量不变，其计算结果的一例如图 12-32 所示，碳含量在某一浓度以上的情况下，比电阻的对数 $\lg\rho$ 与 $1/C$ 为直线关系，与自由堆积状态同样，成为式（12-4），即 $\rho = Ae^{k/c}$ 的关系。

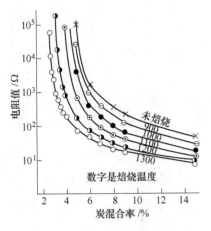

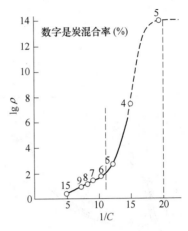

图 12-31　复合烧结体的电阻值与炭混合比的关系　　图 12-32　$\lg\rho$ 与 $1/C$ 的关系（1000℃，全范围）

B　焙烧温度

以炉黑和高岭土这两种成分制成的复合烧结体，其电阻值随温度变化的情况如图 12-33 所示。炭的混合比为 5% 以上时，电阻变化较少；混合比为 5% 以下的，则电阻变化急剧增大。烧结收缩率展示了与高岭石结晶水的脱水（约 500℃），准高岭石结构的破坏（约 1000℃）及莫来石的结晶和玻璃相的形成等相对应的各个阶段，图中电阻值的变化也与此收缩阶段有对应关系。以炭的假密度的倒数（$1/C$）代替炭的混合比作为参数，来表明 $\lg\rho$ 对烧结温度的关系，虽然如此，此收缩阶段也不能消除，所以必须考虑到，在这些变化阶段中，体积密度增大，不仅会使接触点增大，而且因烧结收缩，炭颗粒也相互受到压缩，接触面积也会发生很大变化。

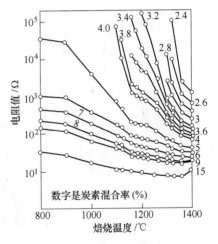

图 12-33　烧结体的电阻值
与烧结温度的关系

C　原料炭的种类

高岭土制的复合体，其未烧结干燥物的比电阻，因炭的种类的不同而有很大差异，如使其经过烧结，由于炭颗粒的表面层等消失，以及烧结收缩效果等原因，像炉黑、槽法炭黑和乙炔黑等某一粒度范围内的炭黑，如图 12-34 所示，其 $\lg\rho$ 与 $1/C$ 的关系都局限于比较狭窄的范围内。但粒度大、未织构化的热解炭黑和石墨粉，随着 $1/C$ 的增大，炭颗粒容易孤立化，这种关系就有很大不同了。

D　成型方法

以上所介绍的制品主要是以湿法把混合料挤压成型的，但也有时把混合料干燥处理，加工成粉末,再进行干式加压成型,因此会出现许多不同的现象。图 12-35 为表示 $\lg\rho$ 对 $1/C$ 的关系,而且以成型压力的影响同相同坯料的湿式挤压成型品做了比较。除了易使试料发生龟裂的 2MPa 以上的成型压力之外,由成型压力所引起的比电阻的变化,同炭的混合率的增大所引起的比电阻的变化,都在同样的曲线上移动。这与烧结收缩情况下所发生的 $1/C$ 变化不同,在成型压力增大的情况下,应认为主要的只是接触点增大。

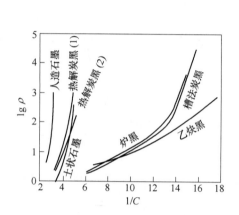

图 12-34　原料炭的种类对烧结体
电阻的影响

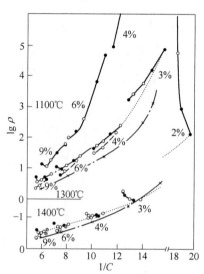

图 12-35　干式加压成型物的烧结体的
$\lg\rho$ 与 $1/C$ 的关系

⊙—0.1MPa; ⊖—0.2MPa; ○—0.5MPa;

◑—1MPa; ●—2MPa; ×—挤压成型试料;

实线—圆棒状加压试料; 虚线—矩形板加压试料

当焙烧温度达到 1400℃ 时,在炭混合率低的范围内,会明显出现极为异常的倾向,即成型压力增大,反而使烧结体的比电阻增大。这在炭混合率低的情况下,表现得更加明显。这种倾向与成型压力方向无关,在所有的方向上都是如此,其原因就是随着高温下玻璃相的增大,成型压力越高,炭颗粒的移动亦越困难。

12.2.4.3　高岭土基复合烧结体的电阻温度特性

A　$\lg\rho$ 与 $1/T$ 的关系

陶瓷基复合体的电阻温度特性与树脂基炭复合体基本是受同一机理支配的,陶瓷材料的线膨胀系数约为 $(3 \sim 10) \times 10^{-6}$/℃,与酚醛树脂的线膨胀系数 $(20 \times 10^{-6}$/℃) 相比,很接近于炭的线膨胀系数,由此,线膨胀差以外的影响就表现得比较明显了。特别是"炭黑-高岭土"复合烧结体,其线膨胀系数与炭黑几乎相同(约 4×10^{-6}/℃),对于电阻温度特性几乎没有影响。如果对这些烧结体的电阻温度变化加以测定,在所有情况下,所得的曲线都和图 12-13 所示的炭黑粉末自由堆积状态的电阻温度变化特性曲线有极为类似的倾向,复合体的导电机理与炭黑粉末状态的导电机理大致相同。根据集总电阻和阻挡层电阻的并列电阻就可得到说明。所有的曲线都和炭粉所得的曲线一样,向同一个方向下滑弯曲,其电阻温度变化率可以两个温度(例如 20℃ 和 200℃)的电阻比来表示。

B 电阻温度变化率

烧结体的电阻温度变化率一般如图 12-36 所示，即碳含量减少，比电阻增大，电阻温度变化率亦即随之增大，尤其炭混合率变小时，其电阻温度变化率就与基体瓷器相同了。复合体的比电阻应理解为：一方面是炭黑接触点的集总电阻所形成的立体网络；另一方面是包含稍微离开接触状态的阻挡层电阻的旁路部分。

C 炭的种类

从图 12-36 可以看出，电阻温度变化率随烧结温度的上升而减少，在约 1300℃ 时，变化率达到最低值，超过此温度，又反而增大，这种增大，在 ρ 越高的区间越加急剧。在 ρ 低的区间内，这种变化大体是由炭粉末本身的变化所引起的。如图 12-37 所示，使用槽法炭黑制成的烧结体，可以取得变化

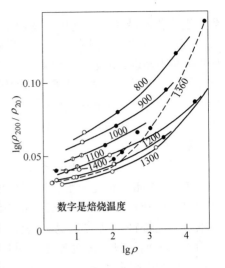

图 12-36 烧结体的电阻温度变化率
（炉黑、高岭土烧结体）

率的最低值，而使用乙炔黑制造的烧结体，就未显示出变化率的最低值。如虚线所分别表示的加热处理的炭黑粉末自由堆积状态的电阻温度特性那样，完全反映了粉末在这方面的性质。一般来讲，生成温度低的炭黑和用它制成的复合烧结体，在 1300℃ 时，电阻温度变化率达到最低值，但此值比较小，不论炭的种类如何，大致都是相等的，乙炔黑、石墨粉等生成温度高的炭粉，其粉末和复合烧结体，也是在 1300℃ 时，变化率达到最低值，可是它的值本身却比较高。

图 12-38 是这些有代表性的试料置于密封的容器中，在真空或在湿空气中所测定的电

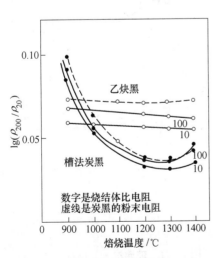

图 12-37 炭黑及其复合烧结体
的电阻温度变化率

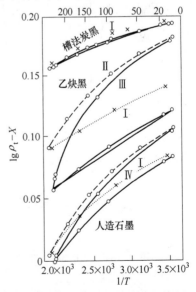

图 12-38 测定气氛对烧结体的
电阻温度特性的影响

Ⅰ—真空中加热；Ⅱ—氩中冷却；
Ⅲ—湿空气中加热；Ⅳ—湿空气中冷却

阻温度变化的结果。在这里，使用生成温度高的一组炭，其烧结体的比电阻容易受气体吸附和脱附的影响，所以电阻不稳定，反之，使用生成温度低的一组炭，其烧结体的比电阻，很难受外界气体的影响，显示了稳定的电阻温度特性。因此认为生成温度低的炭黑，经过加压烧结后收缩，可以产生炭-炭间的某种结合，从而达到接触点的稳定化。

12.2.4.4　硅石基复合烧结体的电阻温度特性

图 12-39 展示的是炭混合率 15% 的高岭土混合物，添加 40%~70% 的无定形硅酸，其烧结体的烧结温度同电阻温度特性的变化情况。基体中方英石的形成，在约 1300℃ 时表现得最为显著，同时出现与高低型转移相对应的电阻温度系数曲线的反转等变化。此影响当然也与炭粉的压缩率有关，因此越是使用粉末比电阻对容积依赖性高的炭粉，电阻温度变化率亦越大，即成正的变化。图 12-40 是绝缘填料中含 50% 无定形硅酸的各种炭粉制品的比较。图 12-41 所展示的是烧结体的电阻温度特性，即这种烧结体是在高岭土中加

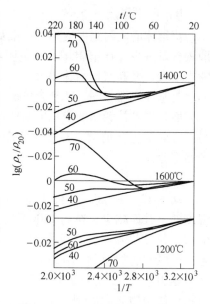

图 12-39　添加无定形硅酸烧结体
的电阻温度系数
（图中数字是无定形硅酸混合率,%）

入 30% 粉末电阻对容积依赖性高的玻璃状炭粉，再同用硅石二氧化硅预先合成的方英石相混合而烧结成的。此烧结体具有很大的正的温度系数（注意：图 12-41 的纵轴比其他图的纵轴大 1 个数量级）。

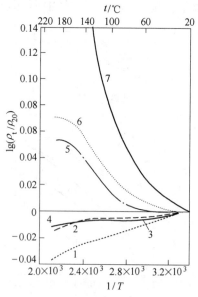

图 12-40　烧结体的比电阻与温度的关系
（各种炭的比较）

1—土状石墨 30%；2—乙炔黑 9%；3—槽法炭黑 15%；
4—炉黑 15%；5—热解炭黑（1）30%；
6—热解炭黑（2）30%；7—玻璃炭粉 40%

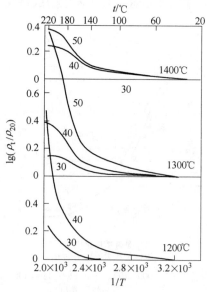

图 12-41　玻璃炭·方英石·高岭土
复合烧结体的电阻与温度的关系
（图中数字是方英石的混合率,%）

方英石的热膨胀收缩曲线根据转移速度等因素描绘出滞后回线即可得出，硅石基复合烧结体，其电阻温度系数也都是呈很大的正数，电阻温度特性曲线也可描绘出与热膨胀相同的滞后回线。

12.3 炭石墨电阻材料

炭与铋、锑等并列，属于"半金属"类。其电阻值随制造条件的不同而大幅度变化，而且电阻温度系数比一般半导体材料小，还具有化学稳定性高、耐高温、价格低廉、容易加工等优点。因此炭是理想的电阻材料和发热材料之一，很早就被人们用来作电阻材料和发热材料。

炭电阻的种类很多，其特征和用途也不一样。有的用来产生热量，起供热作用，称为炭石墨发热体，作为发热元件使用；有的只需要调节电流或电压，而不需要其热量。按其导电机理基本上可分为下述两种类型；（1）使用中主要利用炭素材料本身的电阻，称为导体型；（2）使用中主要利用电阻元件间的接触电阻，称为接触型。按用途可分为用于大电流、大功率的电阻和用于通信器材上的小型电阻。最近对大功率电阻也要求其具有相当高的电气特性，并且也需要中间类型的炭电阻。另外，从使用形式上则可分为固定电阻和可变电阻。现按这种分类方法进行叙述。

12.3.1 炭石墨固定电阻

炭石墨固定电阻按照材质的不同又可分为纯炭石墨质电阻、炭及其他材料的复合体、炭膜电阻。

12.3.1.1 纯炭石墨质电阻

纯炭石墨质电阻主要用于大功率的场合，通常采用块状炭石墨材料制成，在非氧化性介质中工作。例如可作为各种型号大电流的调节器等。

12.3.1.2 炭及其他材料的复合体电阻

有复合体本身是电阻的和在绝缘体上涂覆炭复合材料的薄膜，无论哪一种，其电阻都是由集合众多的炭素微小颗粒和其他复合物质的颗粒本身和颗粒间的接触电阻所构成的，因此调节其阻值的工艺是较困难的。

通常生产的复合电阻有陶瓷系复合电阻，又称为炭-陶电阻，以及树脂系复合电阻。

（1）陶瓷系复合炭电阻（炭-陶电阻）系采用炭与陶土或氧化铝及其他材料复合而成的。陶瓷系复合电阻的特征是耐热，兼有可承受大功率、易实现小型化、稳定性好等优点。可作为小型电阻用于水银灯启动电阻、火花塞防噪声电阻等。各种陶瓷复合电阻，从直径为1mm的通讯器材用的小一型电阻到 $\phi 50mm \times 500mm$ 的大功率电阻均有生产。

（2）树脂系复合碳电阻是采用炭、石墨及其他电阻材料如胶木粉等用树脂作粘结剂将其固化在一起。这种电阻的特点与炭-陶质电阻差不多，但它的生产效率高，适于大批生产，并可制成阻值较高的电阻，因此有的国家还在大批量生产。

总之，炭质复合电阻作为一种半精密电阻曾被广泛应用。它的特点是成本低，耐热，频率响应好，负载稳定性为 $\pm 4\% \sim \pm 6\%$，噪声为 $2 \sim 6\mu V/V$，温度系数为 $1000 \times 10^{-6} \sim 2000 \times 10^{-6}$℃，电压系数可做到每伏 0.035%。但是当热解炭膜电阻出现后，由于炭复合电阻的电阻特性较热解炭膜电阻差，特别是作为接触电阻时，有电流杂音、电压系数大等缺点，所以大有被热解炭膜电阻取代之势，但在高压、高频、大脉冲的场合下，在一般的通信器材上，这种老产品也还是受欢迎的。

12.3.1.3　炭膜电阻

炭膜电阻是在瓷之类的基体上沉积热解炭而制成的较小功率的电阻，大量使用在收音机、电视机之类的一般电信器材上，并形成了独特的生产系统。

热解沉积型薄膜电阻在稳定性和其他性能方面，比金属线绕电阻和金属膜电阻稍差，但因可廉价获得大电阻，也作为亚精密电阻用于高级通信器材上。

近年来炭膜电阻销售量显著增加，主要代替炭质复合电阻。它也是一种低成本的通用电阻器，除成本低这一点与炭质复合电阻一样外，其温度系数则优于炭质复合电阻。

目前，炭膜电阻的精度可做到 $\pm 0.5\%$，阻值在 $10k\Omega$ 左右时，温度系数为 $180 \times 10^{-6}/℃$。炭膜电阻的高频特性很好，用在 $5MHz$ 频率下性能稳定，噪声为 $0.1 \sim 0.5\mu V/V$。炭膜电阻的最高电压可达 $125000V$，阻值最高可达 $100T\Omega$（$100 \times 10^{12}\Omega$），功率可达 $100W$。

我国目前大量生产和使用的是 RTX 型小型炭膜电阻器性能如原机械工业部标准（SJ74-65）。RTX 型小型炭膜电阻器可用于直流、交流或脉冲电路中。其允许使用的环境条件为：

环境温度：$-55 \sim +125℃$；

相对湿度：达 98%；

大气压力：达 33mmHg❶；

振动：振频为 50Hz、加速度达 6g。

其外形尺寸如图 12-42 所示。

RTX 型小型炭膜电阻器的额定

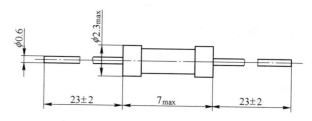

图 12-42　炭膜电阻的外形尺寸

功率、最大工作电压、短时过负荷电压、标准阻值范围和允许偏差见表 12-3。

表 12-3　RTX 型炭膜电阻器的主要工作特性

额定功率	最大工作电压/V	短时过负荷电压/V	标称阻值范围/Ω	允许偏差
1/8W 允许按 1/4W 使用	250	500	$4.7 \sim 1 \times 10^6$	$\pm 5\%$（J）　$\pm 10\%$（K）

电阻器噪声水平见图 12-43。电阻器允许负荷与环境温度的关系见图 12-44。电阻器温度系数水平见图 12-45。

RTX 型小型炭膜电阻器的主要技术特性如表 12-4 所示。

电阻器标记根据 SJ203-76 部标准，采用文字符号法或色标法。

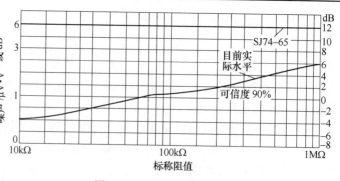

图 12-43　电阻器噪声水平

---

❶　1mmHg = 133.3224Pa。

（1）文字符号法：1）电阻器标称阻值的文字符号及其组合应符合表 12-5 示例的规定；

2）对称偏差标记符号为 ±5%（J），±10%（K）。

（2）色标法。色标法见表 12-6。

标称阻值系列符合 SJ618-73 部标准规定的 E12 或 E24 系列。电阻器每根引线根部涂覆层长度不大于 0.8mm。电阻器的填写示例：电阻器 RTX-0.125-820Ω- ±5% SJ74-65。

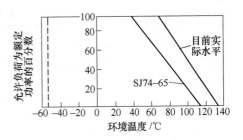

图 12-44　电阻器允许负荷与环境温度的关系

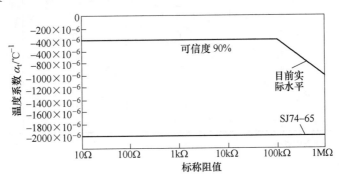

图 12-45　电阻器温度系数水平

表 12-4　RTX 型小型炭膜电阻器的主要技术特性

项　目	试验方法	阻值变化/%
耐焊接热	$(350 \pm 10)℃$，3s	$\leqslant \pm 1$
温度循环	$-55 \sim +100℃$，循环 5 次	$\leqslant \pm 2$
拉力强度	25N	$\leqslant \pm 1$
振动	振频 50Hz，加速度 $6g$，2h	$\leqslant \pm 1$
脉冲	平均功率 $\leqslant P_R$，最大功率 $= 1000\,P_R$，$U_{max} = 400V$，2h	$\leqslant \pm 3$
潮湿	40℃，相对温度为 95%~98%，400h	$\leqslant \pm 8$
加速老化	20℃，1.5 倍 P_R，100h	$\leqslant {}^{+2}_{-4}$
负荷寿命	70℃，额定功率1.5h 加负荷，0.5h 焦断续负荷1000h	$\leqslant \pm 6$
可焊性[①]	$(230 \pm 5)℃$，(2 ± 0.5) s	

① 10 倍放大镜外观检查，引线表面均匀沾锡。

表 12-5　电阻器标称阻值的文字符号

标称阻值	标记符号	标称阻值	标记符号	标称阻值	标记符号
5.1Ω	5Ω1	10Ω	10Ω	5.1 kΩ	5K1
100kΩ	100K	1MΩ	1M		

表 12-6　色标法

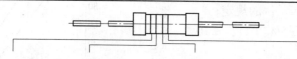

颜 色	第一位有效数字	第二位有效数字	倍率	允许偏差
黑	0	0	1	
棕	1	1	10	
红	2	2	10^2	
橙	3	3	10^3	
黄	4	4	10^4	
绿	5	5	10^5	
蓝	6	6	10^6	
紫	7	7	10^7	
灰	8	8	10^8	
白	9	9	10^9	
金			10^{-1}	±5%　(J)
银			10^{-2}	±10%　(K)

注：图中引线箭头对准表中各栏。

12.3.2　无级调节炭电阻片柱

　　炭电阻片柱可以在大功率、大电流的场合下作调节电阻，代替有级的金属丝电阻、节省大量金属，并可达到无级调节的目的。因此，炭电阻片柱可以广泛用于电流调整、电压调整、速度调整，或是用于压力调整等。主要有下述几个方面：自动电压调整用炭电阻片柱，它可以保证电机电压或电流负荷在一定范围内变动达到输出电压稳定；电风扇调速用炭电阻片柱，用在电扇内作无级调节的变阻器，通过电阻的改变，使风扇速度改变；电动缝纫机调速用炭电阻片柱，用在电动缝纫机内作无级调节的变阻器，通过外力改变电阻使缝纫机速度改变；电解用电阻片柱，用在电解输入回路端，经无级调节的可变电阻来改变电流的大小；压力测微用炭电阻片柱，利用炭电阻片柱的 ρ-Ω 特性曲线，测定未知压力的大小；无轨电车及电力机车的无级调速用炭电阻片柱，用在无轨电车及电力机车中作无级调速，通过降低或增加电阻来改变机车的运行速度，使列车运行稳定。

12.3.2.1　炭电阻片柱的工作原理

　　炭电阻片柱是由许多型号相同、表面光洁平整的炭片相叠所组成的。炭片之间的相互接触面积随着柱所受压力的大小而变化，压力增加，由于炭片具有一定的弹性，在压力的作用下产生一定的弹性变形，使炭片之间的真实接触面积增加，因而炭片之间的接触电阻就降低；当压力降低时，由于炭片本身的弹力作用，又使片之间的真实接触面积减小，因而炭片之间的接触电阻也随着增加。炭片之间压力改变前后接触面变化情况示意如图 12-46 所示。

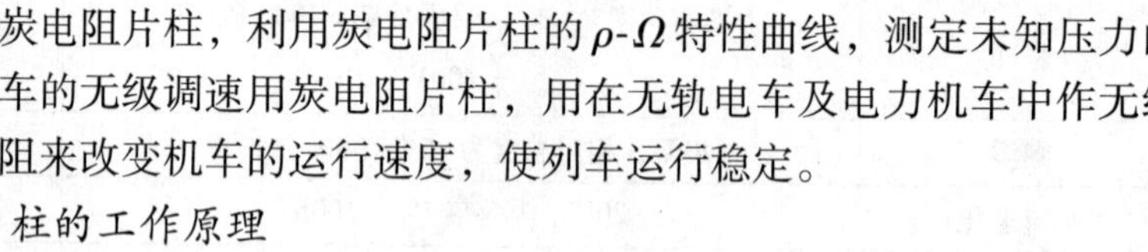

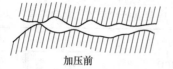

加压前

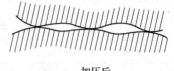

加压后

图 12-46　炭片之间压力改变前后接触面变化情况

一般情况下，每柱炭片的受压负载有一定范围，不能过大或过小。受压过大，炭片发生碎裂，破坏其结构；受压过小则接触不稳定，工作也不稳定，易发生火花，因而不能使用。

各种炭柱由于使用对象不同，对其要求也不一样。现以电压调节用炭电阻片柱的工作情况说明其特点。小容量交流发电机，它的电压随负荷的改变而变化；在直流发电机中，由于转子转速的变化而使它的输出电压发生改变。为了保持一定的电压稳定范围，都须加入自动电压调整器来调整电压。其基本原理就是在电机的负荷中串接一炭电阻片柱调压器，其接线图如图 12-47 所示。

当发电机电压正常时，炭电磁吸引力与炭电阻片柱的反作用力等于弹簧的作用力，与衔铁位置无关。当发电机电压升高时，电磁吸力增加，衔铁被吸下，施加于炭电阻片柱上的压力减小，因而电阻增加；当发电机端电压及励磁电流降低时，发电机电压就减小，电磁吸力也随之减小，炭电阻片柱在弹簧的作用下被压紧，炭电阻片柱的电阻就下降。通过这样的反复过程达到自动调压的目的，使输出电压保持一定。压力的调整也可以通过手动。

炭电阻片柱的电阻与压力关系的特性曲线（又称 ρ-Ω 特性曲线）如图 12-48 所示。

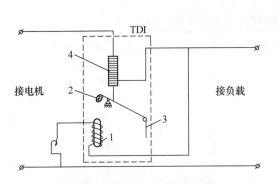

图 12-47　炭电阻片柱调压器接线

1—电磁线圈；2—衔铁；3—弹簧；4—炭电阻片柱

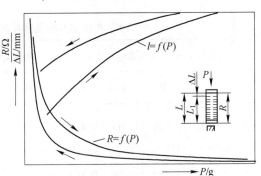

图 12-48　炭电阻片柱的 ρ-Ω 特性曲线

12.3.2.2　炭电阻片柱及零件的规格尺寸

炭电阻片柱是由许多表面平整、无黏附杂质、无砂眼、无裂纹等缺陷的炭素薄片重叠组成。其结构和尺寸随各种型号炭片式自动电流或电压调整器的使用要求不同而异。有的由同一尺寸的炭电阻片所组成，如图 12-49a 所示；有的除了同一尺寸的炭片外，每柱两端各由一片炭接触电阻片组成，如图 12-49b 所示。另外两端还各与一个炭接触点配套使用，炭接触点半成品如图 12-49c 所示。

炭电阻片柱零件的数量见表 12-7。炭电阻片柱及零件的规格尺寸和适用于调压器的型号如表 12-8 所示。

表 12-7　炭电阻片柱零件的数量　　　　　　　　　　　　　（片或个）

型号	中间炭电阻片	接触炭电阻片	炭接触点半成品
P1	162～202		
P2	162～202		
P5	84～94		
P05	69～81	2	1
P06	69～81	2	1

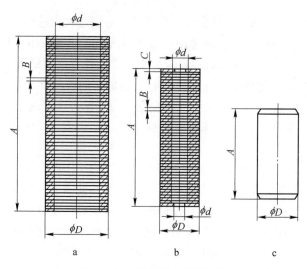

图 12-49　炭电阻片柱的结构

表 12-8　炭电阻片柱及零件的规格尺寸和适用于调压器的型号

型号	电阻片柱高度/mm	中间炭电阻片/mm			接触炭电阻片/mm			炭接触点半成品/mm		适用于电流或电压自动调整器的型号	备注
		外径	内径	厚度	外径	内径	厚度	直径	高度		
P_1	90	18	13	0.5						TD1-OA，TD1-1 TD1-3A	—
P_2	90	32	26	0.5						TD1-D，TD1-2 TD1-3	—
P_2A		36	30	0.5							散装
P_2B		30	24	0.5							散装
P_2C		24	18	0.5							散装
P_2D		40	32	0.5							散装
P_2E		40	32	1.0							散装
P_5	90	60	50	1.0						TD4，TD1	
P_5A		56	50	1.0							散装
P_5B		56	50	0.5							散装
P_5C		62	24	1.5							散装
P_{05}	52	11	5	0.7	11	3	0.7	8.5	19	TD1-0，TD4-625	
P_{06}	52	11	5	0.7	11	3	0.7	8.5	19	TD1-4，TD4-626	

12.3.2.3　炭电阻片柱的技术性能

炭电阻片柱的冷态技术性能和接触点的技术性能见表 12-9。炭电阻片柱热态技术性能见表 12-10。

表 12-9　炭电阻片柱冷态技术性能和炭接触点技术性能

型号	在负荷下炭电阻片柱电阻/Ω						炭电阻片柱机械变形/mm			炭电阻片机械强度		炭接触点		
							压力的改变/g		高度改变/mm	静负荷试验次数	破坏力/N	材料型号	电阻率/μΩ·m	肖氏硬度
	8.5g	20g	30g	850g	1000g	1200g	由	到						
P1		≥92			≤5.2		1000	20	≤1.5	5	≥150			
P2		≥65			≤5.2		1000	20	≤1.7	5	≥150			
P5			≥35			≤5.2	1200	30	≤1.7	5	≥150			
P05	≥30			≤1.0			8.5	850	≤0.25	5	≥70	D308	31~50	42~65
P06	≥60			≤2.0			8.5	850	≤0.25	5	≥70	D308	31~50	42~65

表 12-10　炭电阻片柱热态技术性能

型号	输入功率/W	工作温度/℃	荷重/g	补充荷重/g	热电阻/Ω	试验设备
P1	30	250	20	250	≥70	于相应型号炭片式自动电流和电压调整器中
P2	60	250	20	250	≥43	
P5	120	225	30	250	≥18	
P05	60	200~280	10~25		≥14	
P06	60	200~280	10~25		≥24	

12.3.3　炭石墨发热体与隔热材料

12.3.3.1　炭石墨发热体

炭石墨发热元件是真空电阻炉在低压下进行无氧化热处理时采用的一种发热材料。早期的真空热处理电炉大都应用于电子、宇航等工业的零件处理。那时发热元件均采用镍、钼等金属材料，由于价格昂贵、温度使用范围不广，因而真空电炉的发展一度较缓慢。直到 20 世纪 60 年代，美国、日本、西欧等工业发达国家和地区开始试用炭石墨材料作发热体，到 20 世纪 60 年代末、70 年代初，已有较大的发展，炭石墨材料比其他任何电阻材料的温度使用范围都广泛，而且汽化点特别高（3620K±10K），所以炭石墨电阻炉的操作温度可高达 2000~3000℃或更高（有的资料介绍可达 3300℃）。这种电阻炉可使用在低电压高电流的电路上，由于软质炭（电化石墨制品）的热稳定性好，有利于大型电炉的建造，而硬质炭（焙烧产品）可用于小炉芯、使用温度较低的电炉。

因为炭和石墨材料在低温下（炭素材料从 350℃，石墨材料从 450℃）开始氧化，因此在使用时必须加以保护使之不和空气接触。真空便是保护措施之一。

炭石墨加热器根据使用要求的不同，大致可采用下述四种类型。

（1）棒状发热体。用炭石墨材料制成的棒状发热体用在电阻炉或电弧炉内作为加热元件。其材质可分为炭素质和电化石墨质。炭素质的特点是电阻高，但导热性能低。电化石墨质是用含灰分很小的焦炭制成，然后在石墨化炉内经过 2400℃以上高温热处理，电化石墨质加热器含灰分很小，具有较高的导电和导热性能。

棒状发热体广泛用于冶金工业，将另有详述。

（2）板状发热体。板状发热体主要应用在电子工业、氮化硼刀具制造等方面。多采用电化石墨材料制成。为了提高其电阻值、增加发热量，通常在板面上加工出一些横口槽，如图 12-50 所示。

（3）管状发热体。当需要加热数量不大的材料或制品时，在电阻炉内可采用炭石墨管作发热体。炭石墨管内部是工作空间，在管内放置被加热制品或材料。管端夹以石墨或铸铁托头，炭电流通过托头导入其内。这种结构的炉子温度可达 2000℃ 以上。例如，用于化肥生产的管加热器，就是利用炭管自身电阻产生的高温加热反应物。为了提高炭石墨管的电阻，经常将炭石墨管加工成螺旋状，如图 12-51 所示。各部分尺寸可按使用要求进行加工。

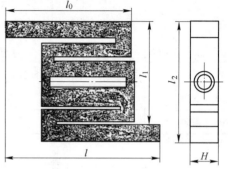

图 12-50　板状发热体

（4）粒状炭发热体。粒状炭是将炭石墨材料破碎成颗粒状态用在电阻炉里作为发热材料，与棒状、管状或板状发热体比较起来，其电阻要提高很多倍，因为电流必须通过颗粒体本身的电阻和颗粒间的接触电阻。随着原料材质的不同和颗粒度的不同，粒状炭发热体的电阻在 $600 \sim 20000\mu\Omega \cdot m$ 之间。

采用人造石墨颗粒作为发热体的流动粒子炉就是我国机械行业近几年来发展起来的一种新型热处理加热设备。这种粒子炉的工作基于气固流态化的原理，通过实践，认为球形石墨粒最为理想，它的粒度、选取直径范围在 $0.28 \sim 0.099\mu m$、堆密度在 $0.7 \sim 0.26g/cm^3$ 之间较为合适。总之，对于粒度的大小、密度，必须根据炉型深浅作严格的选配，才能获得良好的流态化质量。其他各项物理性能也应满足炉子的需要。

12.3.3.2　炭石墨隔热材料

由石墨化材料制成的隔热屏主要用于真空炉，以减少热量的损耗，有利于把热量集中在炭石墨发热体的炉膛中。通常将炭石

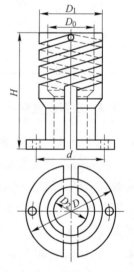

图 12-51　螺旋状炭石墨发热体

墨隔热屏加工成圆筒形，使用时可根据情况采用几个炭石墨筒套起来用，以增加隔热能力。在一些特殊情况下，也可以加工成异形隔热屏以适应发热体和炉膛的需要。

作为隔热材料，最好选用普通的电化石墨产品，例如 G3 或 G4 等，如能选用假密度小的、孔隙率大的产品，其隔热效果更好，但要考虑到如果气孔率过大，制品的强度会降低，损耗会加大，因此应适当掌握。通常密度小，孔隙率大的炭素材料有多孔炭、炭毡等，它们都是被广泛地使用作为隔热材料的。如用于真空炉、过压炉、单晶硅炉等，已在前面有关章节中叙述，此处不再详述。

12.4 调节器用炭柱

12.4.1 电压与电流自动调节器用炭柱

电阻炭柱是由一套 0.5 到数毫米厚的炭圈或圆片组成，用于发电机的电压调节器、电动机转速调节器、连续变换电阻的变阻器、压力调节器和指示器。

炭柱的特性是由动力电阻（上限电阻——对炭柱施加最小的压力；下限电阻——对炭柱施加最大的压力）和在此范围内测得的变形值来表示的。电阻的上限值和下限值之比越大，变形越小，说明炭柱的质量也越高。

电阻炭柱的炭圈和炭片是用各种不同的原料，主要是用炭黑和天然石墨的混合料制成的（图 12-52）。炭柱的基本电气和机械特性见表 12-11。

在电压和电流自动调节器内作为可变电阻用的炭柱，应能在下列条件下工作：（1）相对湿度不超过（95 ± 3）%，温度不超过（$40 + 2$）℃；（2）周围介质温度下限 -60℃（上限温度不作规定，但炭柱的耗散功率不宜过高，即不致使炭柱加热到高于表 12-11 中规定的温度）。

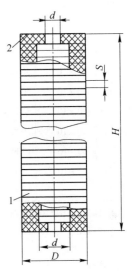

图 12-52 炭柱
1—基本炭圈；
2—接触炭圈

表 12-11　炭柱的电气和机械特性（根据 ГОСТ 10685-63）

炭柱牌号	最小负荷（试验负荷）/N	最大负荷（试验负荷）/N	电阻（欧姆）最小负荷下	电阻（欧姆）最大负荷下	炭柱变形/mm	在强度试验时炭柱的最大容许负荷/N	炭柱的耗散功率（试验的）/W	炭柱的负荷/N	电阻/Ω	炭柱容许加热温度/℃
			冷却状态下				赤热状态下			
CY-1	5×10^{-2}	850×10^{-2}	—	≤2.1	≤0.2	100	25	5×10^{-2}	≥40	≤200
CY-2	5×10^{-2}	5000×10^{-2}	—	≤0.18	≤0.2	100	—	—	—	≤200
CY-3	20×10^{-2}	5000×10^{-2}	≥6.5	≤0.22	≤0.2	100	—	—	—	≤200
CY-4	8.5×10^{-2}	850×10^{-2}	≥10	≤0.4	≤0.14	100	—	—	—	≤200
CY-5	8.5×10^{-2}	850×10^{-2}	≥120	≤4	≤0.25	100	30	10×10^{-2}	≥46	≤250
CY-6	5×10^{-2}	850×10^{-2}	—	≤2.1	≤0.25	100	40	5×10^{-2}	≥50	≤200
CY-7	5×10^{-2}	5000×10^{-2}	—	≤0.25	≤0.3	100	50	5×10^{-2}	≥24	≤250
CY-8	5×10^{-2}	5000×10^{-2}	—	≤0.28	≤0.38	100	60	5×10^{-2}	≥30	≤250
CY-9	5×10^{-2}	5000×10^{-2}	≥15	≤0.15	≤0.3	100	—	—	—	≤250
CY-10	8.5×10^{-2}	850×10^{-2}	≥150	≤5	≤0.25	70	60	10×10^{-2}	≥50	≤250
CY-11	8.5×10^{-2}	850×10^{-2}	≥30	≤1	≤0.25	70	60	10×10^{-2}	≥14	≤250
CY-12	8.5×10^{-2}	850×10^{-2}	≥60	≤2	≤0.25	70	60	10×10^{-2}	≥24	≤250
CY-13	5×10^{-2}	5000×10^{-2}	—	≤0.36	≤0.38	100	60	5×10^{-2}	≥41	≤225
CY-14	10×10^{-2}	5000×10^{-2}	—	≤0.25	≤0.4	100	150~160	5×10^{-2}	≥20	≤350
CY-15	10×10^{-2}	7000×10^{-2}	—	≤0.16	≤0.45	250	80	5×10^{-2}	≥16	≤250
CY-16	10×10^{-2}	5000×10^{-2}	—	≤0.14	≤0.4	100	150~160	10×10^{-2}	≥7.5	≤300

续表 12-11

炭柱牌号	最小负荷（试验负荷）/N	最大负荷（试验负荷）/N	电阻（欧姆）		炭柱变形/mm	在强度试验时炭柱的最大容许负荷/N	炭柱的耗散功率（试验的）/W	炭柱的负荷/N	电阻/Ω	炭柱容许加热温度/℃
			最小负荷下	最大负荷下						
			冷却状态下				赤热状态下			
CY-17	20×10^{-2}	1000×10^{-2}	≥92	≤5.2	≤1.7	150	30	20×10^{-2}	≥70	≤250
CY-18	20×10^{-2}	5000×10^{-2}	≥35	≤0.18	≤0.35	100	—	—	—	≤300
CY-19	20×10^{-2}	5000×10^{-2}	—	≤0.25	≤0.4	100	200~230	20×10^{-2}	≥5.5	≤300
CY-20	20×10^{-2}	5000×10^{-2}	≥105	≤2.8	≤7	150	—	—	—	≤250
CY-21	20×10^{-2}	1000×10^{-2}	≥65	≤5.2	≤1.7	150	60	20×10^{-2}	≥43	≤250
CY-22[①]	30×10^{-2}	1200×10^{-2}	≥13	≤1.6	≤1.8	150	145	30×10^{-2}	≥11	≤250
CY-24	30×10^{-2}	2500×10^{-2}	≥18	≤1.4	≤2	150	—	—	—	≤250
CY-25	30×10^{-2}	1200×10^{-2}	≥35	≤5.2	≤1.7	150	120	30×10^{-2}	≥18	≤250

① 在 30×10^{-2}N 的负荷下，电流强度为 1.25A；1200×10^{-2}N 负荷下，电流强度为 10A；1200×10^{-2}N 负荷时，电阻不大于 1Ω。

　　炭柱的电阻有负温度系数。因此，为了使炭调节器工作稳定可靠，不得以高于规定的温度对炭柱进行长时间加热。

12.4.2　炭-陶质体积电阻

　　炭-陶质体积电阻充做汽车拖拉机电气设备的部件。此种电阻分为以下几种类型：（1）炭-陶质电阻，作为 MM-4-302 型脉冲式仪表传感器的分流器；（2）标准阻尼电阻，作为汽车发动机高压电路的电阻，用以保护无线电接收不受干扰；（3）标准组合阻尼电阻，作为汽车发动机点火系统高压电路的电阻和滑动接触点，用以保护无线电接收不受干扰。

　　炭-陶质电阻制成小型圆柱形棒，其末端喷镀一层铜。此种炭棒是用石墨和氧化铝的混合料经过压型烧结制成的。炭棒只有一种尺寸，但其电阻各有不同。当温度由 +20 到 -40℃ 和由 +20 到 +75℃ 变化时，YKC 的电阻的变化，不会超过（20 ± 5）℃ 时测得的初始电阻值的 2%。阻尼电阻制成圆柱形棒，其末端压入镀锌金属接触点。组合阻尼电阻（图 12-53）由三个部分组成：上接触点、电阻元件和接触元件。在电阻生产中，炭接触点和金属接触点压入电阻元件。

12.5　电机车用炭石墨滑板

12.5.1　电机车用炭石墨滑板应用概况

　　电力机车在运行时，受流用的滑板和接触导线之间始终处

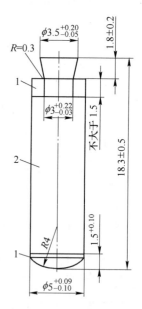

图 12-53　组合阻尼电阻
1—炭接触点；2—电阻元件

于相对滑动状态，因而会引起它们之间的相互磨损。这种磨损通常与线路状态、接触网悬挂类型、受电弓性能、电流大小、机车运行速度、滑板的材料种类以及运行条件等因素有关。受流用滑板的磨耗和接触导线的磨耗是同时发生的。由于更换滑板比更换导线容易，费用低廉，而且也不影响运输。因此，在选择滑板材料的种类时，必须同时考虑其对接触导线的磨耗要尽可能地小。

国外电机车受电弓最初采用金属滑板，如采用青铜、黄铜或软铁，但时间并不长。后来又改用铝、铜和钢滑板。有的国家例如法国和意大利等，至今还在使用铜、铁质的金属滑板。在欧洲一些国家的电机车上，炭滑板的应用已有 60 ~ 70 年的历史，荷兰从 1934 年、联邦德国也于 1935 年开始采用炭滑板。

采用炭石墨质滑板有很多优点，其中最主要的有下述几方面：（1）对接触导线的磨损小。根据荷兰资料记载，采用炭石墨滑板时，对导线的磨损比采用钢滑板降低 3/4。（2）炭石墨滑板的运行距离长，根据一些发表的资料，荷兰摩托车辆的石墨滑板的运行距离为 8 万千米；电力机车用炭滑板为 4 万千米；奥地利电机车用炭滑板的运行距离为 4.5 万 ~ 10.3 万千米；瑞士为 5 万 ~ 9 万千米；比利时为 7.5 万千米；西德为 18 万千米。而铜滑板的平均运行距离只有 1.2 万千米。炭石墨滑板的运行距离与其他材质滑板的比较见表 12-12。

表 12-12　炭石墨质滑板的使用寿命与其他材质滑板的比较

国　别	滑板材料	润滑方式	运行距离/km
前苏联	铜	润滑	12000
	钢-铜	—	100000 ~ 120000
	石墨	—	35000
荷兰	铜	润滑	12600 ~ 18800
	石墨	—	6700（夏季），35000（冬季）
法国	铜	石墨润滑	75000
	钢	—	80000
	钢-青铜	—	60000，有润滑时可达 150000
美国	钢	—	38000
日本	石墨	—	15000
	铜	—	13000
	锻制合金	—	16000
比利时	石墨	—	75000 ~ 108000
奥地利	石墨	—	45000 ~ 103000
瑞士	石墨	—	50000 ~ 90000
前西德	石墨	—	180000

炭素滑板还具有良好的接触稳定性，并且对无线电及电视的干扰极小。加之上述炭滑板对接触网线的磨损极微，减少了接触网线路的维修和更换的工作量，节省了大量费用，提高了运输效率。因此炭滑板近年来在我国也获得了广泛的应用。

12.5.2　国产炭石墨滑板的型号、规格及性能

国产炭滑板是以沥青焦和石墨粉等为原料经混合、挤压、焙烧而制成（C_{21}、C_{20}）。

为了提高润滑性能，将 C_{22} 滑板再经石墨化处理，就变成 C_{23} 滑板。国产炭石墨滑板的理化性能及规格尺寸如表 12-13 和图 12-54 所示。日本机车滑板的种类与性能见表 12-14。

表 12-13　国产炭石墨滑板的型号、规格及性能

型号	规格 /mm×mm×mm	用途	技术性能						备注
			灰分/%	电阻率 /μΩ·m	假密度 /g·cm⁻³	肖氏硬度 HS	抗折强度 /MPa	抗压强度 /MPa	
C_{21}	$\begin{matrix}30\\35\end{matrix}\}×36\begin{cases}250\\335\\500\end{cases}$	干线或工矿	1.5	≤40	≥1.6	≥60	≥30	≥70	
C_{22}	33×70×500 33×70×1000	工矿	1.5	≤35	≥1.7	≥40	≥200	≥35	
C_{23}	33×70×500 33×70×1000	工矿	0.1	≤20	≥1.7	≥35	≥200	≥230	电化石墨

注：目前也有的厂家生产三角形滑板。

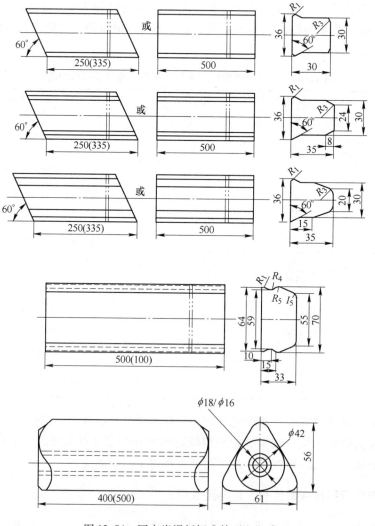

图 12-54　国产炭滑板标准外型和尺寸

表 12-14　日本机车的滑板的种类与性能

参考特性＼种类	烧结合金滑板	金属滑板	炭质滑板
上扰度、变形		对长度在 0.1 以下	对长度在 0.2 以下
硬度	HB（10/500 布氏）35 ~ 65	HB（10/500 布氏）40 ~ 70	HS（肖氏）60 ~ 90
抗拉强度/MPa	约 150 以上	约 180 以上	—
断裂伸长率/%	约 1 以上	约 5 以上	—
抗折强度/MPa	测定弯曲到一定角度以上时除弯曲部分的龟裂外产生其他缺陷时的角度		约 25 以上
固有电阻/$\mu\Omega \cdot cm$	约 40 以下	约 20 以下	约 4000 以下
冲击值/$kJ \cdot m^{-2}$	约 100 以下		—

（1）密度（体积质量）。通常采用假密度来表示炭石墨滑板的密度。假密度越大，其强度越高，电阻率越低，对减少自身的磨损是有好处的。国产炭素滑板（焙烧制品）和石墨滑板（石墨化制品）的假密度约在 $1.6g/cm^3$ 以上。

（2）熔点。炭只有当压力为 10MPa、温度为 4000K 时，才能变成液态。而在正常大气压的条件下，当温度超过 3620℃时，炭将直接升华变成气体。因而炭在电弧的作用下不会和接触线发生焊附现象，这是炭石墨滑板的独特优点。

（3）线膨胀系数。炭石墨滑板的线膨胀系数很小。电化石墨质滑板（C_{23}）的线膨胀系数为（$20 ~ 40$）$\times 10^{-7}/℃$；炭质滑板（C_{21}、C_{22}）的线膨胀系数为 $1.8 \times 10^{-4} ~ 6.5 \times 10^{-7}/℃$。

（4）电阻率。炭石墨滑板的电阻率与采用的原材料、压制密度和热处理的温度等因素有关。在 20℃时，炭质滑板（C_{21}、C_{22}）的电阻率在 $20 ~ 40\mu\Omega \cdot m$ 之间；而经过石黑化处理的 C_{23} 滑板的电阻率在 $10 ~ 20\mu\Omega \cdot m$ 之间。

（5）热导率。炭素滑板的热导率在 $4.18 ~ 8.36W/(m \cdot K)$ 之间，而石墨质滑板的热导率在 $100.32 ~ 125.4W/(m \cdot K)$ 之间。

（6）硬度。炭石墨滑板的硬度与所采用的原材料、挤压时的密度及热处理的温度等有关。对于炭石墨滑板来说，硬度要保持适中，软了不好，会使自身磨损加快，所以 C_{23} 炭石墨滑板只能采用低温石墨化处理，如果石墨化温度高，虽能提高润滑性能，但必然会造成硬度和强度的降低，反而不利于使用。硬度过高，虽然滑板自身的磨损减少，但却增加了对导线的磨损，这更是不允许的。

（7）机械强度。炭石墨滑板的强度如表 12-17 所示。为了适应电机车运行的特点，希望炭石墨滑板的强度高一些、韧性好一些，以免运行中被碰碎，因为炭石墨材料属于脆性材料。

（8）抗氧化性能。炭素材料在低温下是惰性的，它大约从 350℃开始氧化，而石墨材料则是从 450℃起才开始氧化。

（9）自润滑性能。炭石墨滑板的基础材料是碳原子的有序排列（即石墨）和碳原子的无序排列（即无定形炭，如焦炭等）。理想的石墨晶体结构属于六方晶系。碳原子分布在正六角形的角上，其原子间的距离为 0.142nm；而碳网格的层间距离为 0.335nm，因此层间碳原子的范德华作用力较层面之间碳原子的相互作用力要小得多（小约 5 倍）。因此在作滑动接触时，石墨的层面之间易做相对滑动。另外碳原子对大多数金属都有较强的亲和力，因而滑动接触部分的碳容易附着在摩擦副的金属表面上，形成石墨和石墨之间的摩擦。剥离后附着在导线上的石墨吸附空气中的水分、氧和其他物质形成了一层润滑性能良好的薄膜，对金属导线起一定的保护作用，对降低摩擦系数、减少滑板自身的磨损及对导线的磨损起很大的作用。同时，在常压下，只有在温度超过 3600℃ 时炭直接升华变成气体，而没有液相，因而在电弧的作用下不会出现炭和金属导线之间的焊附现象，保持了接触的光滑。上述这些特性就是炭石墨滑板具有良好减磨性能的原因，因此在使用时不需要加润滑油。炭石墨滑板的摩擦系数较金属滑板低得多，通常在 0.08 ~ 0.30 内变化，其中电化石墨滑板（C_{23}）的摩擦系数较炭质滑板（C_{21}、C_{22}）的摩擦系数为小。

12.5.3　影响炭石墨滑板磨损的因素及改进措施

12.5.3.1　影响炭石墨滑板磨损的因素

滑板在运行过程中的磨损通常与线路状态、接触网悬挂类型、受电弓性能、受流大小、机车运行速度、滑板的材质及运行条件等因素有关。在滑板的磨耗中，可分成机械磨耗和电气磨耗。据有关资料介绍，机械磨耗约占 1/3，电气磨耗约占 2/3。

（1）机械磨耗是当受电弓滑板在导线上滑动时，由两者之间发生摩擦和冲击而引起的。它的大小与受电弓的垂直压力成正比，与摩擦系数的大小成正比，并与机车的运行速度、滑板的材质、周围的环境（粉尘、风砂等）等因素密切相关。

（2）电气磨损是由运行中受电弓和导线接触不良以及跳跃现象等原因所引起的火花或电弧而造成的。影响电气性磨损的因素是复杂的，大体上与下述因素有关：

$$W = A\Pi\mathrm{g}\frac{I}{I_0}\frac{\eta}{V} \tag{12-13}$$

式中，W 为滑板的磨损量，g/km；A 为由滑板材质条件所决定的常数；I 为集电电流；I_0 为滑板材质所允许的额定电流；η 为离线率；V 为速度。

滑板的电气性磨损量为其材质、集电电流、离线率和速度的函数。集电电流越大，滑板的磨损量也越大。从上式还可看出，滑板的磨损量直接受离线率的影响。表 12-15 给出了离线率和磨损量之间的关系（日本测得）。其试验条件为：走行距离：2500km；集电电流：300A；运行速度：100km/h。虽然采用铜质烧结合金滑板和铜滑板做的试验，但其磨损量与离线率的关系与使用炭滑板还是相同的。

表 12-15　离线率和滑板磨损量的关系　　　　　　　　（W/(g·km)）

磨损量　离线率/% 滑板类型	1	4	10
铜质烧结合金滑板	480	1920	4800
铜　滑　板	48	190	480

（3）此外，滑板的磨损还受周围环境的影响。在有冰霜的季节、雨季、滑板的寿命要

缩短一些，这是因为虽然少量的水分能增加石墨的润滑性能、降低摩擦系数，但多了，由于水分的导电率很低，容易造成火花和打弧现象，结果使滑板的磨损增加。机车在粉尘风沙大的地区运行，粉尘、砂粒等落在滑板与导线之间，变成磨料磨损，也会增加滑板和导线的磨损。

12.5.3.2　减少滑板磨损的措施

具体如下：

（1）正确选择受电弓的压力。如上所述，滑板的磨损有机械性磨损和电气性磨损。降低受电弓的压力会减少机械性磨损，然而提高了离线率会增加电气性磨损；加大受电弓的压力，离线率会降低，电气性磨损会减少，但机械性磨损却增加了。因此应该选择合适的压力。当然所谓的合适压力与线路等情况有关。日本在 25kV 交流高速电气化铁路上，受电弓压力值定为 55～60N，我国在 25kV 交流电气化铁路上，受电弓的压力值定为 60～70N。选择压力的原则是：在保证受电弓升降灵活可靠、运行正常、不产生或少产生火花的条件下，压力值越小越好。如在准轨电机车上，受电弓的压力选为 70～110N，在窄轨电机车上，受电弓的压力选为 35～60N。

（2）架线方面可采取的技术措施。在电机车运行过程中，炭素滑板始终与架线相接触，为了使炭素滑板与导线接触良好，减少磨损，必须有一个质量较好的架线。因此以轨道为基础调整好架线是使用炭素滑板的关键。

1）架线高度差的调整。为了把炭素滑板对架线的压力控制在适当的范围，减小两者的磨损，架线高度差越小越好，一般高度差控制在 400～500mm，在有条件的地方应控制在 200mm 左右。

2）架线"之"字形的调整。为了防止架线将炭素滑板局部磨成沟，造成强度下降或撕裂，必须将架线在水平方向敷设成"之"字形，如图 12-55 所示。

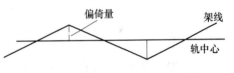

图 12-55　架线"之"字形调整示意

架线"之"字形的幅度与滑板的有效利用长度、架线的高度、两根钢轨轨面允许的高度差、轨距宽度及其宽度误差和受电弓横向（沿滑板长度方向）摆动值有关。通常，准轨的架线"之"字形的幅度为 ±250mm，曲线段可加大至 ±300～400mm；窄轨的架线"之"字形的幅度（偏倚量）为 ±100～±150mm。

3）岔线的调整。由于受电弓的压力及架线有一定的弹胜，当受电弓经过岔线时，两根架线会产生一定的高度差，滑板的铝导向角容易钻入岔线，造成"拉弓"事故。为了防止和减少"拉弓"事故的发生，必须对岔线进行调整，在岔线处增设辅助线，使行车时两根架线的高度差变小，并能同时升降，保证滑板顺利通过。

4）架线分区绝缘的改进。为了延长炭素滑板的使用寿命，在分区绝缘处应尽量缩小分区绝缘与架线连接处的高度差，实现无冲击的平滑滑动。

5）应尽量消除架线在垂直方向上的死弯，减少炭素滑板在运行中受到的冲击。

（3）正确选用炭滑板的材质。滑板材质的选择是一个较复杂的问题，与很多因素有关。仅从减少磨损的角度看，在架线初期，因架线表面较粗糙，可选炭质滑板（C_{21} 或 C_{22}）。因为炭质滑板硬度较高，对磨光接触表面是有好处的。当接触表面被磨光后，如其他条件允许的话，再改用石墨化滑板（C_{23}），对减少磨损是有好处的。

（4）在同一架线上，绝不允许金属滑板和炭石墨滑板同时使用，否则会使炭石墨滑板的寿命有很大的降低。因为金属滑板和炭滑板同时使用时，保护金属导线的炭膜建立起来后就被金属滑板破坏了，起不到保护作用。

（5）受电弓架结构的改进。受电弓结构形式对炭素滑板与架线的接触方式（正面接触还是侧面接触）、压力的波动范围及对滑板的使用寿命都有很大的影响。在使用时要选择压力波动范围小、能保证滑板与架线正面接触的受电弓架。

目前准轨电机车采用菱形弓双排滑板，窄轨电机车用菱形弓及单臂弓较为广泛。这两种弓架结构简单，质量轻、弓架起落高度大，可达 400～500mm，而且还能保证弓子对架线的压力。

（6）正确选择炭滑板的胎板架：由于炭滑板的电阻率比铜滑板要高很多倍，而且接触电阻也高，根据导电容量，炭滑板的体积必须加大。而且由于炭滑板的材质脆、强度低等，所以原来使用的金属滑板底架已不适应组装炭滑板，近年来有的厂家试制铸铝胎板，经过十来年的应用，证明其效果较好。它的优点是受热后变形小，由于平直度好，因而与炭滑板的接触电阻小，且质轻、耐磨蚀、导电导热性能良好。新试制的截面为三角形的炭滑板的支托架更为简单，两边靠 $\phi16mm \times 45mm$ 的圆铁作支撑，插在滑板的中心 $\phi16mm$ 的铁管中，安装方便，使用可靠。

（7）滑板应平直、精确。从滑板的角度来看，炭滑板应平直、尺寸精确，以保证安装时接触良好，降低接触电阻。为了降低接触电阻，通常在安装护套或支座前，在炭滑板的底部和楔形尾部镀上一层铜或喷涂铜粉，因为仅靠直接夹紧不能完全达到降低接触电阻的目的。另外，这样做也可避免大电流时出现过热点。

（8）司机操作时必须遵守如下规定，为了延长炭滑板的使用寿命，司机在操作对必须注意：

1）当弓子升起、接触稳定后，再送电起动机车。

2）机车在落弓子时，必须在无负荷状态下进行，以免发生电火花。

3）150t 机车作业时应采取双弓子同时受电。

4）在坡道上起车时，防止空转，减少起动负荷电流，压缩起车时间。

5）当机车电气部分发生故障尚未排除时，不要升起弓子，以防短路电流引起炭滑板发热造成断线事故。

6）在接触网有故障的情况下，炭滑板比金属滑板容易损坏。当有一部分脱落时，立即降弓是十分重要的。有的国家曾采取了一些自动降弓的措施，不但可以避免受电弓及接触网故障进一步恶化，而且还能及时提供故障点的位置。

7）设有两台受电弓的电机车通过架线隔火器时，由于隔火器两端存在电压，将有电流从受电弓上通过。为防止这种原因烧毁架线，应严禁将机车停在两个供电区段上（即机车上的两个受电弓分别与两个供电区段相接触），如果被迫碰到上述情况，应使用一台受电弓作业。

（9）对炭滑板的维护保养。对炭滑板局部磨出的沟要及时用锉刀将棱角处打平，以免被刮断。为提高炭滑板的利用率，对于长一些的没被磨着或磨损量较小的炭滑板可在一块胎板上拼装使用。有的国家统计，这样做可以节省 30% 的新炭滑板。

总之，炭石墨滑板的可靠性和运行效率只能在严格执行技术标准和技术规范时才能得到保证。

12.6　炭滑块和滑轮

12.6.1　概述

电车滑块的主要功能与电力机车受电弓架用的滑板一样，也是集电体的一种。所要求的特性也和电力机车受电弓架用的滑板基本相同。但是，与滑板相比，集电容量一般较小，行走速度也慢。摩擦面的长度约为 70mm，根据架线直径的不同，槽宽通常在 12 ~ 24mm 之间。

滑轮是一种在电源部件（架线）和转动机器之间起导电作用的集电体。它在沿着架线转动的同时通过摩擦接触而导电，所以与受电弓架用的滑板相比磨耗要小。滑轮的尺寸通常为：直径 $\phi(65 \sim 100)$mm，厚度 25 ~ 38mm，槽宽 12 ~ 24mm。

滑块主要使用炭质，滑轮主要使用石墨质的炭素材料。为了增加炭素质滑块的电容量和强度，往往进行低熔点金属（白钢）的浸渍。

滑块主要用于电车和有轨客车。图 12-56a 为其代表形状。由于滑块的集电能力小，仅用于小功率的机械（工具）。近来由于电车和有轨客车越来越少，滑块使用量大幅下降。滑轮主要用作行车的集电体。其代表形状如图 12-56b 所示。

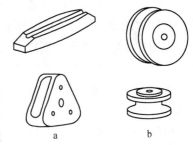

图 12-56　滑块和滑轮的典型形状
a—滑块；b—滑轮

12.6.2　无轨电车用炭质滑块

在各大中型城市广泛使用无轨电车作为交通工具。为了将架空线之电流引入车内，驱动电机，必须借助于滑动的或滚动的集电杆。通常，集电杆有滑轮式和滑靴式两种形式。滑轮式集电杆乃是在集电杆顶端采用铜、铝、钢等金属滑轮与架空线接触；而滑靴式系采用金属-石墨或纯炭质滑块来代替滑轮。

早期无轨电车均采用滑轮式集电杆。当车速超过 30km/h 时，滑轮来不及转动而变成滑动接触，摩擦系数很大。当车速降低时，又变滑动为滚动，因而容易掉线，限制了车速。再加上由于滑轮、滚轴和轮套磨损快，消耗了大量的有色金属，而且对架空线的磨损也相当严重。因而早在 1930 年左右欧美等国家即将滑轮式全部改为滑靴式，并采用了炭质滑块。我国也于 1958 年先后改为炭质滑块。

12.6.2.1　采用炭质滑块的优点

优点如下：

（1）不易脱线，滑动接触稳定，车速可大大提高。

（2）炭质滑块的本身具有良好的自润滑性能，摩擦系数小，对接触线的磨损大大降低（与滑轮比较），据推算，可延长架空线的寿命约 40 年。炭质滑块的自身耐磨性能也很好，而且噪声（包括机械性和电气性噪声）较使用金属滑轮也要小得多，这是减少城市噪声污染所必需的。

（3）炭质滑块结构简单，更换方便，便于维护和保养。

（4）作用力与导线垂直，与接触线的接触面积大（与滑轮式比较）且稳定，因此滑块磨损均匀。

（5）接触性能稳定，克服了与金属导线焊接的缺点。电车在行驶过程中由于颠簸使滑块与导线的接触不稳定，在滑动过程中由于瞬时脱线而产生电弧放电（发生火花），同时释放出大量的热能。过去使用金属滑轮和金属滑块就容易发生焊接现象，这样就容易损坏导线的光滑接触面，使接触变得更不稳定。

使用炭质滑块，由于炭本身需要很高的汽化热才能升华，而且不易和金属导线发生焊附现象，因此滑动接触面能始终保持良好的状态，使滑动接触性能稳定。

（6）减少了对无线电与电视的干扰。由于无轨电车的滑块在滑行过程中产生的火花对无线电和电视节目有干扰，尤其是使用金属圆形拖轮时产生的火花较严重，因而对无线电和电视的干扰也大。采用炭质滑块就减少了火花的发生，因而也减少了对无线电和电视的干扰。

总之，由于炭质滑块自身的导电性能良好，强度高，耐冲击，并且还具有良好的导热性和自润滑性能，加之它的摩擦系数低，抗磨耐用，价格低廉，而且对接触网线的磨损又小，使用和维修又方便，所以对无轨电车来说，是一种最理想的滑动接触材料。

12.6.2.2　国产炭质滑块的型号、规格和性能

根据原国家建委统一标准规定：无轨电车有两种车型，即北京型和上海型。上海型车使用大规格滑块（18mm × 28mm × 74mm）；北京型车使用小规格滑块（18mm × 24mm × 72mm）。其理化性能如表 12-16 所示，其外形结构与尺寸如图 12-57 所示。

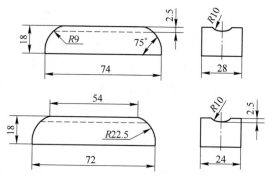

图 12-57　无轨电车用炭滑块的形状及尺寸

表 12-16　炭质滑块的型号、规格及性能

型号	规格 /mm × mm × mm	技术性能					
		灰分/%	电阻率 /μΩ·m	肖氏硬度 HS	假密度 /g·cm^{-3}	抗折强度 /MPa	抗压强度 /MPa
C$_{11}$	18 × 24 × 72	1.5	45	60	1.65	30	60
C$_{12}$	18 × 28 × 74						

前苏联无轨电车集电器上用的炭滑块如图 12-58 和图 12-59 所示。

BT-1 牌滑块的抗弯强度不小于 25MPa，BT-2 牌滑块的抗弯强度不小于 18MPa。在干燥天气里，接合处的滑接馈线在没有偏心位移的情况下，炭滑块应用

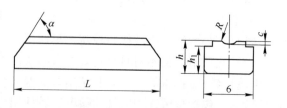

图 12-58　BT-1 型无轨电车用的炭滑块

保证无轨电车行驶 450km 以上。

12.6.3 影响炭质滑块使用寿命的因素及改进措施

鉴定炭质滑块质量的主要标志是：滑块本身既要有较长的行走公里数，又要对接触网线的磨损要小。从经济效果考虑，后者比前者更重要。因为更换无轨电车上的滑块毕竟还比较容易，而要更换一个电网上的架空线，无论从经济上、工作量上还是对城市交通的影响，都是一个很大的问题。

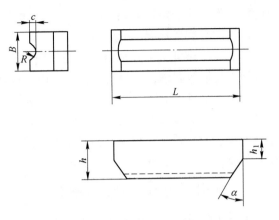

图 12-59　BT-2 型无轨电车用的炭滑块

影响炭质滑块使用寿命的因素大致可分为炭质滑块本身的固有性能和外界因素的影响两个方面。

影响炭质滑块使用寿命的外界因素很多，但影响程度较大者主要有下述几方面：

（1）若架空线的架设质量不佳，如架空线的垂度大、线卡不良等，会造成滑块机械碰损而使滑块掉边掉角。

（2）由于无轨电车露天运行，春夏秋冬，风霜雨雪，气候变化多端，运行条件十分恶劣。接触线上的水和冰霜容易造成电弧的增加，因而增加了滑块和接触线之间的电化学腐蚀强度，容易造成接触线和炭质滑块接触面上"起毛"，从而增加了它们的磨损。在冬季，炭质滑块的磨损要比夏季快得多；晴天炭质滑块的使用寿命可比雨天高 1～2 倍；霜雪天其使用寿命要比正常天气短得多。

（3）无轨电车在多风砂的条件下运行，由于风砂的作用，就会把滑块和接触线之间的滑动接触变成磨料磨损，造成滑块和接触网线磨损加剧。

（4）弹簧压力。众所周知，我国电车运行的电气参数是：钩铜接触网线（截面面积为 100mm^2 或 85mm^2 两种），线电压为 600V、额定电流为 200A。架线离地面高度为 5.5～5.75m，集电弓弹簧压力为 70～140N。

理论和实践都已证明，在其他参数相同的条件下，集电弓弹簧压力的大小对炭质滑块的使用寿命影响较大。总之，选择合适的弹簧压力，对延长滑块和接触线的寿命是很有好处的。

影响滑块使用寿命的内在因素主要是炭质滑块的材质、内部结构和外观质量。

（1）炭质滑块的材质。电炭制造厂完全可能制造出基本上不磨损的炭质滑块，但这样势必会使接触线的磨损加快，这是绝对不能允许的。最好的滑块应该是硬而坚并能耐电弧作用的材料，它自己既要经久耐用，又要有足够的润滑性能使接触线很少受到磨损。纯焦炭制成的滑块的磨耗比用炭黑制成的滑块要大，但对导线的磨损小。而采用炭黑制作的滑块，虽然强度高、自身磨损小，但摩擦系数较大，对接触线的磨损较快，这是不能允许的。

（2）炭质滑块的内部结构。改进炭质滑块的内部结构，增加韧性，提高抗冲击能力。从国产滑块的磨耗比看，有的并不高，但往往磨不到限就掉边掉角或粉碎性碎裂。因而增加制晶颗粒间的结合强度、减少制品分层和内裂是改进制品内部结构的方向。改进炭质滑块的浸渍物，对于延长滑块的使用寿命是大有好处的。目前国产滑块通常浸渍石蜡和机油，以增加其润滑性能，减少磨损。

（3）炭质滑块的外观质量。若滑块的外形不规正，尺寸超差，光洁度不好，甚至表面有鼓泡、变形等问题，不但安装费劲，而且勉强装上也势必增加滑块和靴头之间的接触电阻，甚至产生打弧电蚀、引起滑块发热，加剧运行过程中的磨损。同时，如果滑块宽度太宽时，会造成靴帮间距加宽，从而使分线时容易掉线。太窄又会造成靴帮磨挂线。高度尺寸偏差也会造成同样的问题。滑块起泡变形易造成安装偏斜，也会引起靴帮磨挂线的故障。因此，提高炭质滑块的外观质量，是制造厂家应努力解决的问题。

12.6.4　电力运输工具集电器用炭滑块

炭滑块用于取集滑接馈线的电流，它固定在电力运输工具和无轨电车集电器的滑瓦上。炭滑块比金属滑块优越之处，首先是滑接馈线的磨损小 1/2 ~ 2/3。此外，采用炭滑块，几乎完全消除了打火花的现象，从而避免了对无线电接收设备的干扰。

炭滑块按额定（计算）比电阻分为两种类型：一种是 A 型滑块，其比电阻为 27μΩ·m；另一种是 B 型滑块，其比电阻为 13μΩ·m。

炭滑块的外形和规格见图12-60。根据订货方的要求，炭滑块可以制成不同于图 12-60 规定的长度，但不得大于 600mm。长 240mm 滑块的弯曲度，在垂直面上（底部）不应大于 0.6mm，在水平面上（底部的两侧面）不应大于 0.5mm。在垂直于外形轴线的平面上，滑块底部不许有隆起现象。

表 12-17 是炭滑块的技术要求。与滑接馈线和集电器滑瓦实行电接触的滑块表面，其粗糙度不得低于 ТОСТ2789-59 中规定的 5 级。在设

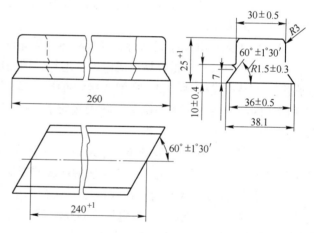

图 12-60　电力运输工具有的炭滑块

计集电器时，一个炭滑块的质量应取为 0.34kg。在水中浸泡 24h 之后，滑块的质量应增加 2% 以上。A 型和 B 型滑块材料的计算密度应分别为 1.81g/cm³ 和 1.86g/cm³。

表 12-17　A 型炭滑块（根据 ТОСТ51045-71）和 B 型炭滑块根据 ТОСТ14692-69 的技术特性

炭滑块类型	比电阻/μΩ·m	肖氏硬度	沿挤压轴方向的抗压极限强度/MPa	抗静弯曲的极限强度/MPa	灰分/%
A	≤30	≥65[①]	≥71.4	≥204	≤2.0
B	≤16	≥42	≥51.0	≥153	≤1.5

① 每批平均硬度为 75。

在电力运输工具行驶中，集电器取集的容许持续电流须按 ТОСТ12058-66 进行确定。在电力运输工具行驶中，一个集电器的容许持续电流见表 12-18。当使用滑瓦时，滑瓦上

安装的炭滑块不少于两排，其停止时的容许持续电流列于表12-19。

表 12-18　电力运输工具运行中炭滑块的容许持续电流（计算值）

炭滑块类型	一个单滑瓦集电器电流/A	一个双滑瓦集电器电流/A
A	760	1335
B	1010	1770

注：短时间（10min）内的过载允许超过规定数值的40%。

表 12-19　电力运输工具停止时炭滑块的容许持续电流（根据 ТОСТ12058-66）

炭滑块类型	一个单滑瓦集电器电流/A	一个双滑瓦集电器电流/A
A	80/50	130/80
B	100/65	170/110

注：分子是冬季状态（-10℃气温下）的数值，分母是夏季状态（+40℃气温下）的数值。

如果用户能遵守馈电网路的各项使用规则和标准（包括防冰措施），在交流电力运输工具和直流电气装置上装配三排或更多排炭滑块的滑瓦，其每年的平均运行里程不少于4万千米。ВД19 和 ВД23 电气机车运行里程不少于3万千米。只有在同一部分内，炭滑块不和金属接触板同时使用，用炭滑块才能取得良好效果。

12.6.5　各种炭石墨滑轮滑块

炭石墨制品除了用作各种断续触点、无轨电车滑块、电力机车滑板外，还可用作各种龙门吊车、普通桥式吊车及相类似机械用的滑块、滑轮等的滑动接触导电体。

因各种吊车等的运行速度较低，但启动、制动频繁、电压较低、负载电流变化较大等，因而对其所用的滑块、滑轮的要求与无轨电车和电力机车有所不同。希望滑块滑轮的导电性能要好，接触压降要低，允许通过的电流密度要大一些，对其他方面的要求则不那么严格。为了满足这些要求，通常选用人造石墨材料来制造吊车等用的滑轮滑块。有的场合下（电压较低、电流较大），还需要选用金属石墨材料。经常选用的炭石墨材料的性能列于表12-20。通常采用的滑轮与滑块的规格形状如图12-61所示。由于滑轮、滑块是采用半成品毛坯用机加工的方法制造的，因此可根据使用要求加工成各种形状和尺寸。

表 12-20　吊车等用炭石墨滑轮滑块坯料的型号及性能

型　号	灰分/%	电阻率/μΩ·m	假密度/g·cm⁻³	气孔率/%	抗压强度/MPa	肖氏硬度	摩擦系数	接触压降
M202	—	—	1.65	≤21.5	≤60	40	—	—
M202F	—	—	1.84	≤2.5	≤100	48	—	—
M161	—	—	1.60	≤20	≤50	35	—	—
G3	≤0.025	≤20	1.50	≤30	≤23	—	—	—
G4	≤0.1	≤25	1.5	≤30	抗折18	—	—	—
T501	≤0.1	≤20	1.5	≤30	≤20	—	—	—
D308	≤0.5	≤31~50	—	—	—	31~50	0.25	1.9~2.9
D309	≤0.1	≤26~45	—	—	—	26~45	—	2.4~3.4
J151	—	≤0.04~0.12	—	—	—	压入法5~10	0.20	0.15~0.40

注：M202F 为 M202 浸酚醛树脂。

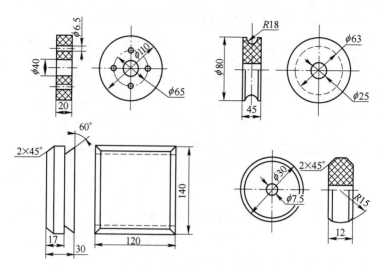

图 12-61　吊车等用炭质滑轮、滑块的外形结构和尺寸

12.7　电真空仪器用石墨阳极和栅极

　　石墨阳极和栅极可作为中等功率的高真空发射管、水银整流器及其他电真空仪器和充气的电子仪器的部件。阳极和栅极都是用石油焦制成的石墨化半成品经机械加工而成的。炭素厂主要制作毛坯，由用户将毛坯加工成阳极和栅极。表 12-21 是根据技术条件制订的规格，技术特性列于表 12-22。

表 12-21　水银整流器阳极和栅极用的毛坯的规格

直径/mm		长度/mm		直径/mm		长度/mm		直径/mm		长度/mm	
额定	容许误差	额定	容许误差	额定	容许误差	额定	容许误差	额定	容许误差	额定	容许误差
—	—	—	—	90	+4	248	+10	—	—	—	—
—	—	—	—	125	+4	236	+10	—	—	—	—
155	+4	155	+10	155	+4	155	+10	—	—	—	—
205	+6	220	+10	205	+6	220	+10	205	+6	220	+10
275	+8	245	+10	275	+8	245	+10	275	+8	245	+10
305	+9	245	+10	305	+9	245	+10	—	—	—	—

表 12-22　水银整流器阳极和栅极用石墨毛坯的技术特性（苏标）

指　标		根据 ЦMTY 3354-53	根据 ЦMTY 01-35-67	根据 ЦMTY 01-16-67
灰分/%		≤0.35	≤0.015	≤0.01
含钙/%		≤0.003	—	—
硫分/%		≤0.05	≤0.02	≤0.02
抗压极限强度/MPa	ϕ205mm 及以下的毛坯	≥22	≥40	≥50
	ϕ205mm 以上的毛坯	≥22	≥30	≥35

指　标		根据 ЦМТУ 3354-53	根据 ЦМТУ 01-35-67	根据 ЦМТУ 01-16-67
电阻/μΩ·m	φ205mm 及以下的毛坯	—	16	15
	φ205mm 以上的毛坯	—	16	16
孔率/%	φ205mm 及以下的毛坯	≤30	≤30	≤25
	φ205mm 以上的毛坯	≤321	≤32	≤29

　　电炭工业生产的水银整流器和电真空仪器用的制品主要是小规格的。成品均经过必要的机械加工后出厂。如果订货方认可，可以购买所需形状与规格的石墨毛坯，制作制品用的石墨，其特性数据如下：灰分不大于 0.14%，含钙不大于 0.03%，硫分不大于 0.051%，抗弯极限强度不小于 14MPa。

　　供水银整流器用的阳极呈圆柱形（图 12-62 和表 12-23）。为电真空仪器生产的是异形阳极（图 12-63~图 12-65 和表 12-24）。

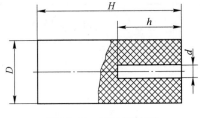

图 12-62　圆柱形阳极

表 12-23　水银整流器用的圆柱形阳极的规格

阳极标记 /mm×mm	额　定　规　格/mm			
	D	H	h	d
φ10×25	10	25	13	1.2
φ12×35	12	35	20	1.2
φ18×45	18	45	20	1.2
φ25×45	25	45	20	2.0
φ25×70	25	70	30	2.0

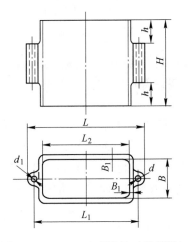

图 12-63　ОД3045 型阳极（前苏联）

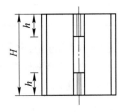
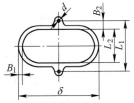

图 12-64　Д11КТ-145 型阳极（前苏联）

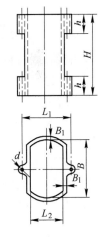

图 12-65　Д11 КТ-167 型阳极（前苏联）

表 12-24　电真空仪器用异形阳极的规格（前苏联标准）

阳极牌号	额定规格/mm								
	H	h	L	L_1	L_2	b	b_1	d	d_1
ОД 3045	58	15	83	73.5	60	26	2.5	3.85	4.25
Д11KF-145	54	15	—	28.6	22.2	47.6	2.0	1.6	—
Д11КТ-167	66	15	—	36	28	47	2.3	1.6	—
ОД1603	66	15	—	22	14	46	2.0	1.60	—

12.8　电接触点用炭石墨制品

12.8.1　概述

在现代化的电气装置、设备和仪器中，广泛使用各种不同的炭质电接触点简称电触点，其中包括开关、断路器、接触器、继电器以及各种形式的电路闭合和断开装置的接触点。此外，包括用于各种滑动接触的触点，前面讲的电力机车用石墨滑板、无轨电车用的炭质滑块、吊车用的炭质滑轮及电刷等，实际上也属于滑动接触的触点。

炭材料具有自润滑性，且在高温时很少生成熔融的氧化物。把它们用于电接点时由于电接触电阻的变动少，所以很早就被用在铁道信号器用的继电器、电梯用控制开关、小型电压调整器、断路机等处，滑动接点是用于可变电阻的物体，在阻抗体上滑动可连续地改变电阻。日本的信号接点材料和适用的器材见表12-25。

表 12-25　接点材料和适用的机器

接点材料	使用条件			适用机器
	接触压力/N	电压/V	电流/A	
石墨质：石墨质 银石墨质：银石墨质	>0.15	AC100	5	交流S形二元三位轨道继电器，交流二元二位轨道继电器。交流线条继电器
石墨质：纯银	>0.15		DC3	直流有极轨道继电器，其他
银石墨质：纯银	>1.50			交流直转辙控制器
纯金：纯银	>0.15	DC24	C3	插入型直流无极线条继电器
	>0.15		DC3	直流有极轨道继电器

选用炭石墨材料作为电触点是因为它的晶体结构、电阻率、接触电阻、耐电弧特性、热导率、热稳定性、汽车热以及良好的自润滑性能和耐化学腐蚀等性能非常适合于电触点的要求。特别是下述几点则远远优于其他材料。

（1）不熔接性。这是由石墨的晶体结构所决定的。因为石墨的晶体结构属于六方晶系，呈层状结构，所以石墨材料不管单独使用还是和金属材料混合在一起使用，都存在着"层晶效应"。在这些层面中的以及在这些层面上的石墨晶体阻止了金属的附着和熔接。同时，在正常的大气压下，炭在高温下直接升华变成气体（没有液相），而且升华温度特别高（3620K±10K），这就能够有效地阻止和对接材料熔化在一起。

（2）耐弧性能。炭电弧比某些金属电弧需要更高的电压来予以维持。另外，炭具有很高的汽化热，按照电弧散发同样的热能来看，炭被汽化的数量要比其他任何材料都少。

（3）导电面。炭石墨材料的比电阻和接触电阻都比较小，且在使用中变化又很小，在导电面上不会建立起能够起绝缘作用的薄膜，接触性能稳定。

由于炭石墨材料具有上述独特的性能，所以近年来广泛用作电触点材料。

12.8.2　功能与特性

12.8.2.1　功能

触点主要有作为电气回路的开闭器和可变电阻的摩擦接点这两种。开闭器即是一种开关，功能为控制产生小的断续电流。摩擦接点用于可变电阻，功能为通过与电阻器的摩擦接触使电阻产生连续的变化。接点的形状如表 12-26 所示。

表 12-26 接点的形状

种 类	接点的形状		用 途
点接触	针对平面		微压力、微电流
	球对球		小、中压力、小电流（1mA～1A），多种继电器采用
	球对平面		
	交叉圆柱		

12.8.2.2 材质

触点一般在大气条件下的保护箱内工作，伴随着电路的开关会有拉弧现象发生，同时也有开关动作的机械力发生作用。由于开关动作反复进行，就要求尽量减少工作中的电消耗、机械消耗、接触变形及变质。

用于触点的材料，除了石墨、银浸渍石墨，还有金、银、白金、钨等金属材料。

接点中大的有 $\phi10mm$，小的约为 $\phi0.5mm$。接点的形状多数为球面形和平面以及平面和平面组合而成。有时将接点用金属增强或者用银糊剂等改善其接触。

炭材料系接点是用和电刷同样的方法制造，也有在炭材料中浸渍金属的制品。金属石墨系接点用金属和石墨为原料经粉末冶金法制造。

为了将接点加工成更小的形状，故要利用机械强度高、硬度高的物品，表 12-27 为代表性的炭材料系和金属石墨接点材料的物理特性。

表 12-27 接点材料的物理特性

种 别		体积密度 /g·cm⁻³	固有电阻 /μΩ·cm	肖氏硬度	抗折强度 /MPa
炭质基	石墨质	1.60～1.72	1400～4500	35～65	30～45
	炭质	1.55～1.60	3000～5000	40～75	30～45
	浸金属质	2.4～3.07	150～650	44～71	49～60
金属石墨基	铜石墨质	4.4～5.8	6～14	10～12	25～70
	银石墨质	3.4～6.7	9～400	7～12	12～45
	铜合金石墨质	5.9	30	12	120

12.8.3 断开触点（电路定期断开用）

作为电触点材料，炭和石墨可以单独用作电弧的触头，配电盘、继电器和接触器的触点以及类似的用途。和银或铜粉末混合在一起制作的制品可用于断路器和继电器的触点。大容量空气断路器之所以能够成功，就是由于应用了银-石墨材料和银-镍材料组成的一对触点。应用含有其他材料的银-石墨触点，其断路容量在 600V 时已增加到 15000A。还有一种类型的触点材料是用银、铜或镉浸渍的石墨。

目前我国主要生产有纯炭石墨质的电触点、金属石墨质的触点。金属石墨质触点又有铜石墨质触点和银石墨质触点。现将它们的性能及用途列于表 12-28。

表 12-28　国产主要炭质及金属-石墨质电触点的型号、性能及用途

型号	材质	用途	技术性能		
			肖氏硬度	电阻率/$\mu\Omega \cdot m$	金属含量/%
C_{31}	炭质	电铲控制器及汽车、拖拉机分电器用触点	35 ~ 65	不大于 50	
C_{32}	炭质		—	—	
C_{33}	石墨		10 ~ 35（压入法）	8 ~ 20	
C_{35}	电化石墨		—	—	
C_{44}	铜-石墨	开关用触点	10	0.05	95
C_{45}	铜-石墨		14	7	25
J360	铜-石墨	仪表用触点	—	1.0	60
J385	铜-石墨		—	0.2	85
J366	铜-石墨		—	≤1.2	66

注：目前 C_{31}、C_{32} 绝大部分被 C_{33} 和 C_{35} 所取代。

各种材质的电接触材料均可按使用要求制作成各种形状和规格，如图 12-66 所示。

除了上述用途外，炭和石墨质材料还可用在焊接设备上作为电阻铜焊的电弧触头。炭和石墨在高温下（3620K ± 10K）直接升华的特点使它在焊接时不会被粘住或者被焊在一起，同时也不会因为受到压力而在白热温度下形成蘑菇状触头。另外，也能比较容易地变换电触头的形状和大小来调节焊接处的热量。缺点是它的强度不够高，因而限制了可以施加在电弧触头上的压力，这是它不能用于点焊的原因。另一缺点是炭石墨材料在铜焊温度下会受到氧化作用。

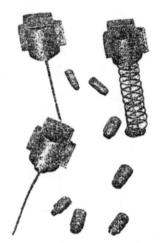

图 12-66　各种类型电触点

12.8.4　断续接触点

断续（断开）接触点用于断开和闭合电路，滑动接触点用于取集电流。

这些接触点用的材料，其接触电阻应该最小，在接触中不能有过热和焊接现象，要有高的抗电磨损和抗侵蚀性能。接触点应该精细加工，能抗腐蚀，并具有高的导热性和导电性。滑动接触点用的材料应耐磨、摩擦系数小，并具有必要的过渡电压降值。选择制作接

触点用的材料时，必须考虑电路的工作条件。

根据用途和工作条件，生产以下几种接触点：（1）汽车拖拉机电气设备用接触点；（2）电力运输工具和无轨电车集电器用的滑块；（3）电压调节器（无线变速器）用接触点；（4）振动式电压调节器用接触点；（5）启动变阻器用接触点。

汽车拖拉机电气设备用接触点，此种接触点用炭-陶质（yK）材料制成，作为高压脉冲电流电路的滑动接触点。它们装在汽车拖拉机设备的点火分配器上（图 12-67 ~ 图 12-70）。

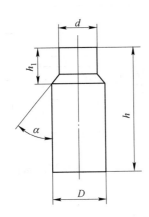

图 12-67　汽车拖拉机电气设备用
yK-4 型炭接触点

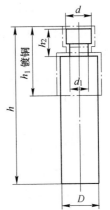

图 12-68　汽车拖拉机电气设备用
yK-5 型炭接触点

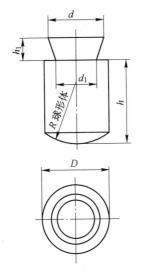

图 12-69　汽车拖拉机电气设备
用 yK-6 型炭接触点

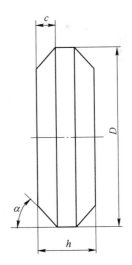

图 12-70　汽车拖拉机电气设备
用 yK-9 型炭接触点

炭-陶质（yK）材料的性能如下：肖氏硬度为 40 ~ 80；比电阻为 25 ~ 40μΩ·m；冲击韧性为 $15J/m^2$；灰分不大于 2%；磨损为 0.1mm。

接触点的基本尺寸见表 12-29。

表 12-29　汽车拖拉机电气设备用接触点的规格（根据 **TY16-538-035-69**）

接触点牌号	额 定 规 格								a^0
	D	d	d_1	h	h_1	h_2	R	c	
yK-4	4.0	3.0	—	9.0	2.6	—	—	—	45
yK-4	3.94	2.7	2.1	15.0	6.5	2.5	—	—	—
yK-6	6.3	5.0	4.5	10.0	2.0	—	6.0	—	—
yK-9	9.0	—	—	3.0	—	—	—	1.0	45

此外，在点火分配器上还使用其他高电压摩擦接触点（图 12-71），其特性数据如下：肖氏硬度为 60～80；灰分不大于 2%；密度为 1.6～1.7g/cm³；接触点的额定尺寸如下（mm）：

D	d	d_1	h	h_1	h_2	R
5.9	4.0	3.7	14.0	11.5	1.0	6.0

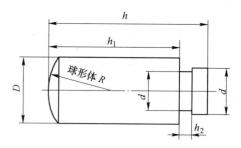

图 12-71　汽车点火分配器用炭接触点

12.8.5　电压调节器（无级变速器）用接触点

电压调节器的接触点采用电石墨化材料，接触点的规格列于表 12-30。

表 12-30　电压调节器（无级变速器）用接触点的规格

炭接触点牌号	额定尺寸/mm				
	D	d	h	R	$a \times a'$
ЭТ2A	14.0	4.0	6.1	7.0	1×30
	14.0	5.1	4.3	7.0	1×30
	30	8.1	12.5	12.0	2×30
	14.0	4.0	7.0	—	—
	14.0	4.0	7.0	—	—
	20.0	4.0	12.5	—	—
	30.0	6.0	16.0	—	—
ЭТ71	30.0	6.0	16.0	—	1×30
	30.0	8.3	12.5	—	2×30
MTCIIP	42.0	6.0	18.0	—	—
YT9	13.0	3.1	5.0	—	—

12.8.6　振动式电压调节器用接触点

振动式电压调节器制成各种不同的形状（图 12-72、图 12-73），其生产原料是灰分不大于 0.3% 的"阳极"牌炭素材料。表 12-31 是各种炭接触点的规格。

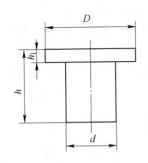

图 12-72 振动式电压调节器用的炭接触点

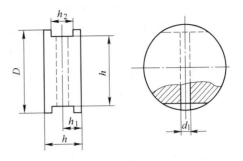

图 12-73 振动式电压调节器用的炭接触点

表 12-31 振动式电压调节器用炭接触点的规格（根据 TY16-538-023-69）

额定尺寸/mm						
D	d	d_1	h	h_1	h_2	h_3
30.0	16.0	—	24.0	4.0	—	—
30.0	—	—	40.0	—	—	—
35.0	—	4.5	18.0	28.0	10.0	9.0
35.0	—	—	45.0	—	—	—

12.8.7 КⅢМ 牌炭接触点

КⅢМ 牌炭接触点（图 12-74）用于 PⅡ-627 型起动变阻器内炭圆盘的接触。此种接触点用 YT9 牌炭素原料制成。接触点的规格如下（mm）：

D	d	h	h_1	h_2	R	a^0
11.0	8.0	9.0	2.5	1.0	5.0	45

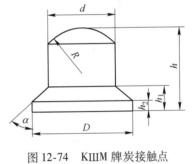

图 12-74 КⅢМ 牌炭接触点

12.9 其他电气用炭石墨制品

12.9.1 避雷针电极

避雷针是为了防止雷击事故而装于发电所、变电所、电气化铁路电源、电信电话部门及送电网的装置。当给避雷针施以额定电压以上的高电压时，就会在避雷针内的狭窄缝隙里对向安装的两片石墨电极之间产生瞬间大电流，破坏绝缘状态，产生放电。

对于电极的材质，要求其具有强导电性、耐电弧性、高强度等性能，一般使用人造石墨质。

12.9.2 扩音器和电话

自从扩音器早期发展以来，炭就以粒状的或球状的形态被用作接触电阻，同时还用作容器和炭棒。炭的膜片则用来接受空气中的振动。

在扩音器中，粒状物是唯一可以获得满意效果的电阻元件。各种金属粉末和其他材料的粉末都已证明不能满意。贵金属不能应用，因为它们颗粒之间的接触电阻太低。其他金属以及一些金属导电化合物也都不适合，因为它们的接触面要受到氧化，最终会把这种粉末弄成绝缘体。炭之所以能获得满意的效果是因为它比金属具有高的比电阻和接触电阻，以及因为它的表面不受电流和大气条件的侵蚀或改变。炭的"电阻-压力"特性曲线具有足够的恒定性和可复现性，可以给出满意的使用效果。

电话送话器由两片薄的炭片构成，在薄片之间用粒状炭充填其中的空间。声波引起炭粒之间的压力变化，这就使得流经颗粒的电流产生相应的变化。电流的变化使线路受话端产生相应的声间。薄片必须坚硬而且要高度的抛光。

电话机所用炭粒是一种经过磨碎的产物，用石油焦或精选的煤制成。先用电炉炼把这种材料煅烧到确定的电阻率，然后经过真空处理、研磨和筛选。筛选出的粒度，用于普通电话机的为每时 60 ~ 80 目（0.246 ~ 0.175mm），用于特殊目的的为每时 60 ~ 120 目（0.246 ~ 0.122mm）。这种炭粒必须是一种坚硬的材料，同时颗粒的形状也是相当重要。产品所需要的特性通过生产作业的控制来加以调节。耳聋的人用的电话机需要用炭的振动膜片和背面板，中间的空间要用一种空心球状的炭粒来充填。

炭的膜片加上炭粒可以改进扩音器的频率响应，并简化扩音器的构造。可采用几种不同形式的振动膜片和背面板。

13 电刷及其他电工用炭石墨制品

13.1 电刷的种类与标准

电刷用于电机的换向器或集电环上，作为导出或导入电流的滑动接触体，如图 13-1 所示。电工用炭石墨制品种类很多，而用量最大的是电机电刷。

电气机械用电刷几乎都是用在电动机和发电机械旋转体的滑动部分作为授受电流的导体。早期，曾用成束的铜线做成金属电刷，其后发展为在摩擦接触面上使用炭材料。

炭电刷是 1885 年在英国发明的，1890 年左右开始实际应用，其后石墨质电刷被发现并得到普及和发展。在解放前我国使用的电刷大部分都是进口的，解放后，1955 年哈尔滨电炭厂建成后，相继建了很多电刷生产厂，改革开放后，电炭工业蓬勃发展，已是世界上电刷生产大国，目前已能生产高质量的各种电刷。炭材质用于电刷具有如下的特长：

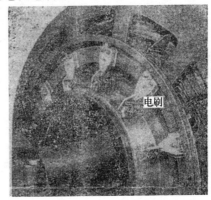

电刷

图 13-1　电机用电刷

（1）常压高温下不熔融，滑动中对金属不会熔敷；

（2）水分或氧存在下仍有自润滑性；

（3）在无水分或氧的条件下，有适当的孔隙度能浸透适当的润滑剂；

（4）化学性稳定；

（5）具有适当的电阻；

（6）根据原料的不同能得到多品种的制品。

13.1.1 电刷的种类

目前电刷的种类很多，分类的方法也很多。根据使用目的，电刷大致可区分为直流电机等的整流子用的整流用电刷和集流环等用的集电用电刷。整流电刷除有传导电流的作用外，由于也要有抑制火花产生的整流性，通常广泛采用的是高电阻率材料。而集电用电刷仅以传导电流为目的，故多用低电阻材料。根据各机械使用条件（通电电流、线速度、气氛等）可将电刷进一步根据使用原料不同分为炭黑基，半炭黑基（焦炭，炭黑混合），焦炭基，天然石墨基。金属石墨质可分为铜系和银系，还根据金属含有率分为高金属质和低金属质。图 13-2 为电刷的形状和外观的一些样品。

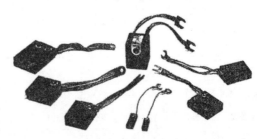

图 13-2　各种电刷的外观

电刷的物理特性和主要用途见表 13-1。

电刷的品种从用于电车和工场动力用电动机以及工场电力用发电机等所用的大型电刷，直至汽车电装置、家电、电动工具等使用的小型电刷,办公机器、机器人等微型电刷。炭刷用途见表 13-2。

表 13-1　电刷的种类、物理特性,以及其主要用途

目的	电刷材	原料		电阻率 /$\mu\Omega \cdot cm$	体积密度 /$g \cdot cm^{-3}$	肖氏硬度	抗折强度 /MPa	灰分 /%	接触电压降	特长	主要用途
整流用	树脂黏结质	天然石墨基		7000~10000	1.80~1.90	10~25	30~50	0.05↓	特大	润滑性良好	电车用电动机,小型电动机
		炭质		4000~8000	1.40~1.70	50~80	20~50	0.5↓	特大	耐磨性大	小型电动机
	电气石墨质	炭黑基	多孔质	5000~7000	1.45~1.55	40~50	80~200	0.1 以下	特大	滑动接触稳定	大容量直流机,交流整流子电动机
			致密质	4000~5000	1.60~1.70	50~60	300~500		大	一般整流用	一般直流机,电车用主电动机
		半炭黑基		3000~4000	1.65~1.75	60~70	300~600		中	耐磨损性好	电车用主电动机
		焦炭基		1000~2000	1.65~1.75	30~50	100~300		中	薄膜形成好	大~小容量直流机
		天然石墨基		500~1000	1.80~1.90	15~25	200~400		小	润滑性好	小容量直流机,高速集流环
集电用	金属石墨质	铜基	低金属	100~1000	3.0~4.5	10~20	200~400		小	耐磨损性好	低电压直流机,集流环
			高金属	5~50	4.0~6.0	10~20	300~1000		微	电流容量大	大电流集流环,车轴地线
		银基		10~50	4.5~7.0	5~15	150~450		极微	电压下降稳定	检出用,微型电动机等

表 13-2　炭刷的用途

用途	材质	容量	最大电流密度/$A \cdot cm^{-2}$	刷标准压力 /$g \cdot cm^{-2}$	转速/$r \cdot min^{-1}$	最大线速度/$m \cdot s^{-1}$
小型直流机	人造石墨质	<100kW	12	120~200	—	45
中型直流机	人造石墨质	>100kW	12	120~200	—	45
大型直流机	人造石墨质	>1000kW	12	120~200	200	50
机车主机	人造石墨质	>100kW	12	360~500	5000	55
机车辅机	人造石墨质	160kV·A	11	400~500	1800	50
机车接地	天然石墨质	—	25	150~250	2000	25
汽车启动电机	金属石墨质	12V,24V	20	650~850	3000	40
家用吸尘器	硅脂石墨质	100V,200V	4~7	450	40000	50
电动工具	石墨炭质	100V,200V	4~7	450~500	20000	45

随着科学技术的发展,电机的种类和使用的工况条件越来越多样化,因而需要有各种不同品级的电刷来满足这些要求,故电刷的种类也随着电机工业的发展而越来越多。为了

使用和管理上的方便，对众多的电刷进行了分类。目前国内外流行的主要分类方法有：

（1）按材质的软硬可分为：软质电刷、中硬质电刷和硬质电刷；

（2）按电刷的使用对象可分为：汽轮发电机用电刷、轧钢电机用电刷、牵引电机用电刷、汽车拖拉机电机用电刷、电动工具电机用电刷、飞机电机用电刷等；

（3）接电刷的颜色可分为：黑色电刷（用纯石墨材料制成）和有色电刷（用铜等金属材料和石墨制成）；

（4）按原材料的组成和生产工艺的不同可分为：

1）石墨刷——以石墨粉为原料，以沥青（煤焦油）或树脂为黏结剂经混合、压制、焙烧或固化而制成；

2）炭石墨刷——以焦炭和石墨为原料，以沥青（煤焦油）为黏结剂经混合、压制、焙烧而制成；

3）电化石墨制——以焦炭粉或石墨粉为原料，以沥青（煤焦油）为黏结剂经混合、压制、焙烧、石墨化而制成；

4）金属石墨刷——以金属粉末和石墨粉为原料经混合、压制、烧结而制成。

此外，电刷还可按转速分为，低转速电刷和高转速电刷（转速高于 $10000r/min$）。这种分类方法比较科学，使用也较广泛。我国电刷也采用这种分类法。目前电刷的品种有如下几类：

类　别	型　号
石墨电刷	S3，S4，S5，S6B，S6M，S7，S9，S26，S251，S253，S255，S270 等
电化石墨刷	D104，D172，D202，D213，D214，D215，D252，D280，D308，D308L，D309，D374，D374B，D374D，D374F，D374S，D374L，D376，D376N，D376Y，D479 等
金属石墨刷	J101，J102，J103，J105，J113，J151，J164，J201，J203，J204，J205，J206，J213，J220 等

其中 S 代表石墨电刷，S 之后的数字为顺序号；D 代表电化石墨电刷，D 之后的第一位数字表示：

1 代表石墨基（即原材料以石墨为基础）；

2 代表焦炭基（即原材料以焦炭为基础）；

3 代表炭黑基（即原材料以炭黑为基础）；

4 代表木炭基（即原材料以木炭为基础）；

其余数字为顺序号。

J 代表金属石墨电刷，J 之后的第一位数字表示：

1 代表无黏结剂电刷；

2 代表有黏结剂电刷；

其余数字为顺序号。

字尾 M、L、N、F、S、Y 等表示刷体浸渍不同的有机物。

13.1.2　电刷尺寸的标注法

根据部颁标准 JB 2623—79 的规定，电刷尺寸的标注法如图 13-3 所示。电刷主要尺寸

应包括切向尺寸 t、轴向尺寸 a
和径向尺寸 r，并应按 $t \times a \times r$
顺序书写。

13.1.3 部颁标准 JB2623-79 的 规定

电刷的结构形式 BG 应如图
13-4 所示。图中除 BG35、
BG36、BG37 和 BG38 外，应均
可采用适当的方法固定刷辫和设置附件。

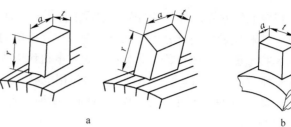

图 13-3 电刷尺寸的标注法
a—在换向器上；b—在集电环上

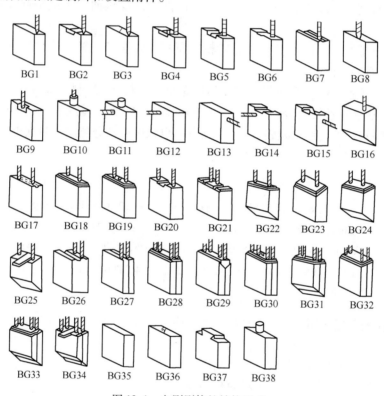

BG1   BG2   BG3   BG4   BG5   BG6   BG7   BG8

BG9   BG10   BG11   BG12   BG13   BG14   BG15   BG16

BG17   BG18   BG19   BG20   BG21   BG22   BG23   BG24

BG25   BG26   BG27   BG28   BG29   BG30   BG31   BG32

BG33   BG34   BG35   BG36   BG37   BG38

图 13-4 电刷刷体的结构形式

13.2 电刷的结构

13.2.1 电刷刷体的各向异性

电刷坯料一般系模压成型，在模压成型时，石墨粉料因受到压力的作用而成层状排列，因而形成明显的各向异性，以天然石墨为基体的电刷尤为明显，垂直于压力面方向的电阻率大于平行于压力面方向的电阻率。例如，D104 电刷的电阻率 $\rho_\perp / \rho_{//} = 5.7$。其他如线膨胀系数、硬度和强度等性能，也具有各向异性。随着基体中石墨粉含量的增加，其各向异性程度也越明显。为了有效利用坯料各向异性的特点，更好地满足电机运行的需要，在将坯料切割成电刷刷体时，应注意毛坯的压力面方向和非压力面方向。一般希望电刷跨

盖换向片方向（沿换向器旋转的方向）的电阻要大，这样有利于限制换向片之间的短路电流，以便于改善电刷的换向性能。因此，切割电刷毛坯时，要按下述原则进行，如图 13-5 所示。

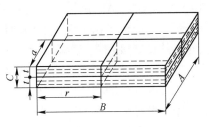

图 13-5 电刷毛坯的切割方法

无论是用于换向器还是用于集电环的电刷，其高度 r 都不能取自毛坯的厚度 c。用在换向器上的电刷，其厚度 t 必须是用毛坯的厚度 c 加工的，用于集电环上的电刷，其 t 与 a 可以互换。

13.2.2 电刷刷体的外形

众所周知，为了满足各种电机不同特点的需要，电机上采用了几种不同形式的刷握。主要有直刷握（又称回径刷握，其方向垂直于换向器表面）；单斜刷握（相对于换向器表面呈一个方向倾斜）和双斜刷握（相对于换向器表面呈两个方向倾斜）。直刷握通常用于中型可逆转或单向旋转的电机，有时也用于低速大型电机。单斜刷握一般用于单向旋转的直流电机。双斜刷握一般用于大型电机和换向困难的电机，根据其倾斜角度的不同，可用于可逆转或单向旋转的电机。为了与刷握相适应，各电刷制造厂家生产了多达七八十种外观形状不同的电刷（指刷体）。按其大类分有如下几种：

（1）径向式电刷。径向式电刷又称为辐射式电刷，如图 13-6 所示。平顶辐射式电刷与径向式

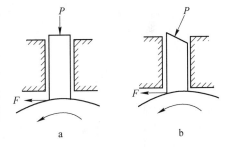

图 13-6 径向式电刷
a—平顶；b—上端面倾斜

刷握配合使用，适用于单向运转和可逆运转的电机。但要求刷握必须精确加工，刷体本身不宜过长，与刷握的配合间隙也必须适中。这样可避免由于电刷工作时的摩擦力将电刷推向刷握壁，使电刷产生卡塞现象；又可防止在变换运转方向的过程中，引起电刷跷起，与换向器面的接触减少，造成电流密度增大，以致产生过热、火花等现象。径向式电刷也采用如图 13-6b 所示的上端面倾斜的形式，适用于单向运转的电机，由于电刷与刷握前壁紧靠，可保证电刷在换向器面上稳定运行。

（2）前倾式及后倾式电刷。这类电刷安置在刷握中，电刷对换向器倾斜一定的角度，在平顶的电刷（图 13-7a、b）中，前倾式的倾斜角大于后倾式的，前者约为 30°，后者以 15°左右为宜。也可以采用刷顶倾斜的形式（图 13-7c）。

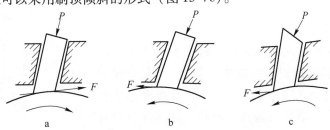

图 13-7 前倾式和后倾式电刷
a—前倾式电刷；b—后倾式电刷；c—上端面倾斜的后倾式电刷

　　电刷的受力和运动情况，在各种结构的刷握内是不同的。直刷握内电刷的受力情况如图 13-8a 所示。从图可见，当电刷与刷握间隙较大时，受摩擦力的作用，很容易使电刷歪斜，啃边，造成电刷不能上下滑动自如。因此即使经常保持额定压力，也不能保持电刷和换向器的良好接触。当存在外界干扰因素时（如摩擦系数变化、电流变化和机械振动等），很难适应，尤其是可逆转的直流电机，更为严重。

　　为了改进电刷的受力情况，可采用单斜刷握和双斜刷握。当压力调整适当时，可以消除直刷握存在的一些问题。其受力情况如图 13-8b、c 所示。在前倾式刷握中（图 13-8b），电刷所受弹簧压力 P_1，可以分解成与电刷轴线平行的分力 P_2 和与轴线垂直的分力 f_1。P_2 作用在换向器上，可以分解为与换向器垂直的分力 P_3 和与换向器表面相切的分力 f_2，其方向与摩擦力 μP_3 相反，μ 为电刷与换向器之间的摩擦系数。如果调整电刷弹簧压力 P_1，使其产生的切向分力 f_2 和摩擦力的绝对值接近相等时（即 $f_2 \approx \mu P_3$），则电刷能在刷握内自由上下运动，运行时工作稳定。如果分力 f_2 与摩擦力 μP_3 的数值相差较大时，则使电刷贴靠到刷握一壁。当 $f_2 > \mu P_3$ 时，电刷贴伏于 a 壁；当 $f_2 < \mu P_3$ 时，电刷贴伏于 b 壁。

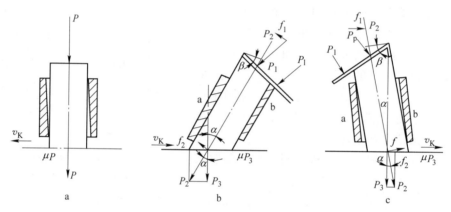

图 13-8　电刷在刷握中的受力情况
a—直刷握中电刷；b—前倾式刷握中电刷；c—后倾式刷握中电刷

　　在后倾式斜刷握中，电刷所受压力 P_1 在换向器上产生的切向分力 f_2，是和摩擦力 μP_3 同向的，都是使电刷倾倒的，因此这时电刷弹簧压力 P_1 和电刷倾角不宜过大，否则将使电刷运动受阻碍。为了使电刷在整个运行过程中受到均匀的压力，以保证运行的稳定性，在有条件的地方，最好选用恒压式刷握。

13.2.3　电刷导线的固定方法

13.2.3.1　填塞法（T）

　　将导线装入在刷体上预先钻好的锥形孔或螺纹孔内（图 13-9），用铜粉或镀银铜粉填塞。这样，电利导线与刷体间的接触电阻小，结合牢固。因此，凡能采用填塞法固定刷辫的电刷，应尽可能选用此种方法装配，但对质地松软而截面积较小的电刷则不宜选用。

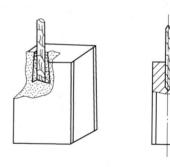

图 13-9　填塞法固定导线

13.2.3.2 扩铆法（K）

电刷上部钻孔、铣槽，导线由孔内穿入刷体的容线槽并绕在铜管上，加上垫圈与压垫，用专门设备和工具将铜管两端扩胀，导线被铆固在刷体上（图13-10）。黑色电刷及含铜量在70%以下的金属石墨电刷，采用此方法装配时，为降低导线与刷体间的接触电阻，须在电刷体的容线槽内镀铜。

13.2.3.3 焊接法（H）

在刷体上按规定位置钻好焊接孔，并在其上部或焊接孔内镀铜，将导线穿入刷体焊接孔内，用焊锡焊牢（图13-11）。

13.2.3.4 模压法（Y）

用压入方法固定导线有两种方式（图13-12）：

（1）在电刷上部按规定位置钻孔，穿入导线，然后把穿好导线的刷体放在专用模具中，用压床冲压，即可牢固地将导线固定在刷体上。此法适用含铜量较高并富有可塑性的电刷。

（2）在压制刷体的同时将导线固定在刷体上。采用此种方法在烧结时应以不损坏导线为原则。

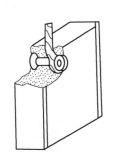

图13-10 扩铆法固定导线

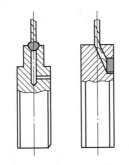

图13-11 焊接法固定导线

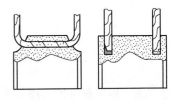

图13-12 模压法固定导线

13.2.4 电刷的尺寸公差及表面光洁度

根据部颁标准 JB-2623-79 的规定，电刷的主要尺寸应符合表13-3。

表13-3 电刷主要尺寸的允许公差　　　　　　　　　　　　（mm）

标准尺寸	t 和 a			r
	上偏差	下偏差	公差	公差
1.6、2、2.5、3	-0.02	-0.07	0.05	±0.3
3.5、4、4.5、5、5.5	-0.03	-0.09	0.06	±0.3
6.5、8、10	-0.05	-0.13	0.08	±0.3
12.5、16	-0.06	-0.16	0.10	±0.5
20、25	-0.07	-0.19	0.12	±0.5
32、40、50	-0.08	-0.23	0.15	±0.8
60、80				±0.8
100、125				±1.0

注：对于分辫电刷，t 尺寸的下偏差可适当增加，二分辫为 -0.02mm，三分辫为 -0.04mm。

电刷表面的粗糙度 R_a，四侧面应为 $6.3\mu m$，两端面为 $12.5\mu m$。

13.2.5　电刷导线的有效长度

电刷导线有效长度的测量位置应按图 13-13 所示进行，刷辫的有效长度及公差应符合表 13-4 的规定。

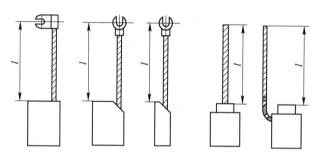

图 13-13　刷辫长度的测量位置

表 13-4　刷辫的有效长度及公差　　　　　　　　　　（mm）

L	公差	L	公差	L	公差
16		50		110	
20		60		125	
25	+3、−0	70	+5、0	140	+8、−0
32		80		160	
40		90			
		100			

13.2.6　刷体与刷辫的接触电阻

当电刷截面大于 $100mm^2$ 时，刷辫与刷体间的接触电阻应小于 0.004Ω；当电刷截面在 $25\sim100mm^2$ 时，其接触电阻不应大于 0.005Ω；当电刷截面积在 $25mm^2$ 以下时，其接触电阻应不大于 0.01Ω。

13.2.7　电刷刷辫的脱出拉力

采用填塞法装配的电刷，其刷辫脱出刷体的拉力应符合表 13-5 的规定。对于软质电刷和孔深小于规定及孔边缘距刷体边线较小者，可将脱出拉力适当减小。

采用其他方法固定刷辫的电刷，除有特殊要求外，一般对脱出拉力不作考核。

表 13-5　刷辫脱出刷体的拉力

刷辫截面积/mm^2	0.16	0.3	0.5	0.75	1	1.5	2	2.5	3	4	5	6	8	10	12	16
孔的深度/mm	4	5	6	7	8	9	10	11	11	12	12	12	12	14	14	14
脱出拉力/N	≥10	≥20	≥30	≥40	≥50	≥70	≥80	≥80	≥100	≥120	≥120	≥120	≥120	≥140	≥140	≥140

13.2.8　电刷配件

13.2.8.1　刷辫

刷辫应为经过软化处理的裸铜绞线，允许局部有因软化引起的金黄、淡红的氧化色泽. 对于有防潮、防霉、高温和防化学腐蚀要求的电刷，应选用相应的镀锡或镀银刷辫。刷辫的规格及性能如表13-6所示。

13.2.8.2　绝缘材料

为避免刷辫与机体的接触，对牵引电机和微型电机，应在刷辫上加装绝缘套管。其材质有玻璃丝套管、定纹玻璃丝管、化学纤维管及纸质螺旋管等。

13.2.8.3　电刷压垫

为保护刷顶或减少电刷在运行过程中的震动，有些电刷需在刷体顶部装配与其相应形式和材质的压垫。压垫材质有环氧玻璃纤维层压板、胶木、镀锌铁皮、橡胶等种类。

13.2.8.4　接头

接头材料为紫铜或黄铜。接头的形式、规格以及适用螺栓的尺寸应按表13-7（1）、（2）、（3）、（4）进行选择。

表 13-6　电刷刷辫的规格及性能

标称截面/mm^2	最大外径/mm	最大允许持续电流/A
0.16	0.65	4
0.3	1.0	6
0.5	1.4	9
0.75	1.5	12
1	1.7	15
1.5	2.1	20
2	2.4	24
2.5	2.8	28
3	3.0	30
4	3.6	38
5	3.8	44
6	4.3	50
8	5.1	60
10	6.0	75
12	6.3	80
16	7.1	100

表 13-7　接头形式、规格及螺栓尺寸　　　　　　　　　（mm）

（1）铲形接头

铲形接头	螺栓直径	$d_{-0}^{+0.3}$	B 最大	L 最大	x 最小
	2.5	2.8	7	14	
	3	3.3	9	16	
	4	4.3	11	18	6
	5	5.5	13	20	7
	6	6.5	17	28	8.5
	8	8.5	21	32	10.5
	10	10.5	23	40	13

（2）旗形接头

旗形接头	螺栓直径	$d_{-0}^{+0.3}$	B 最大	A 最大	x 最小
	2.5	2.8	7	8	
	3	3.3	9	9	
	4	4.3	11	12	6
	5	5.5	13	13	7
	6	6.5	17	16	8.5
	8	8.5	21	20	10.5
	10	10.5	23	25	13

（3）双靴形接头					
双靴形接头	螺栓直径	$d_{-0}^{+0.3}$	B 最大	b 最大	$2x$ 最小
	5	5.5	13	7	14
	6	6.5	17	9	17
	8	8.5	21	11	21
	10	10.5	23	11	26
（4）管形接头					
管形接头	螺栓直径	$d_{-0}^{+0.3}$	B 最大	A 最大	x 最小
	4	4.3	11	12	6
	5	5.5	13	13	7
	6	6.5	17	18	8.5
	8	8.5	21	20	10.5
	10	10.5	23	25	13

13.3　电刷的特性与制法

13.3.1　电刷的制法

电刷通常由块状原材料制造，然后，按所需形状进行加工，装配引线和各种零配件做成最终制品。电石墨质、金属石墨质、树脂黏结质原材料的制法大致如图 13-14 所示。

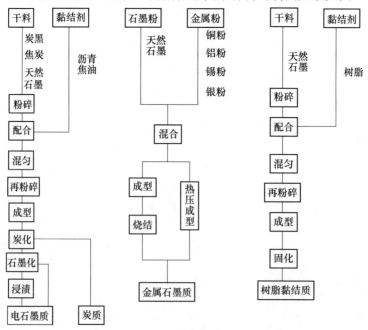

图 13-14　各种电刷原材料的制造过程

在制造不需要石墨化工序的金属质和树脂黏结的小型电刷时为了节省加工的劳力和时间，多采用称之为单个挤压的净（Net）成型法。

生产电化石墨质电刷用的原料有电炭石墨粉（一阶段料），一般占配料的60%；软质炭黑，占配料8%；沥青，占配料的22%。

生产工艺过程：原料→混合→粉磨→过筛→压型→焙烧→石墨化→机加工成品→包装。

技术要求：（1）混合：将电炭石墨粉、沥青、喷雾炭黑三种原料按9:3:1的比例加入混合机。（2）冷混30min后加热至170~190℃混合3min。（3）粉磨及过筛：将料粉送入装有孔径0.5mm筛网的万能粉碎机粉磨一遍，然后在70目（0.189mm）的振动筛上过筛。（4）成型：在油压机上加压成型。密度为1.75g/cm³，工作压力为1.2749×10⁸Pa。（5）焙烧：将压成的坯体倒立在倒焰窑内。块间相距3~6mm，层间距5~10mm，用石英砂、冶金焦作充填料。升混曲线为室温至500℃自由上升4h；500℃保持12h；500~800℃升温要求120h，每4h升温在12℃。800~1150℃要求控制升温24h，每4h升温50℃。在最高温度1250℃时保持48h。自然冷却至200℃以下出窑。（6）石墨化的制品倒立排列在石墨化炉中，制品距两端电极为140~160mm，用焦炭作填料，然后通电，石墨化温度为自由上升，当测温孔发出绿色光后（2500~3000℃），保持24h。

石墨电刷不应有气孔、裂纹、分层和外来夹杂物，电刷边缘大于0.5mm缺口不允许超过3处。电刷的物理机械、整流性能及灰分应符合表13-8的规定。

表13-8 电刷物理机械、整流性能及灰分规定

技术项目	硬度 H/MPa	电阻系数/μΩ·m	灰分/%	接触电压降/V	磨损值/mm	摩擦系数
要求	7.84~23.52	4~20	0.3~0.6	0.8~3	<0.2~0.6	>0.2~0.25

13.3.2 电刷所必要的特性

电刷所要求的特性（表13-9）大致可分为表示原材料物理性质的静特性和表示电刷功能的动特性。此处扼要地论及静特性和电刷在实际使用时所要求的动特性之间的关系。

13.3.2.1 静特性

A 体积密度、电阻率、抗折强度、硬度

通常，同一原料系统的电刷材料中当制造条件有所变化时，这4项特性就会相互关联地发生变化。例如，体积密度大时，则有电阻率降低、抗折强度和硬度提高的倾向。在实际应用时由于和其他因素搅在一起很难进行单一的判断，但作为基本物理特性它们对质量管理来说是重要的物性值。

B 模量、黏性系数

模量小、黏性系数高的物体具有滑动接触稳定的倾向，黏性系数也被称为内部摩擦。可由共振曲线的半宽值或振动的衰减率来求得。

C 灰分

它与电刷所具有的研磨性有关，灰分含量高则有可能在接触中对整流子或集流环造成伤害。为此除特殊的研磨用电刷外，通常电石墨质电刷的灰分被调整至0.1%以下。

D　石墨化度

通过 X 射线求得的品格常数以及真密度都可表示电刷石墨化程度的尺寸。石墨化度除与电刷所具有的润滑性和薄膜形成性有关外，也和其他诸特性有关，要求有适合于电刷使用条件的石墨化度。

导线在电刷内扎结的强度要根据抽出导线所需的力来判定（表 13-10）。此外，电刷体与导线之间的接触电阻要低（表 13-11）。

各种电刷的理想电流密度如下：（1）炭-石墨电刷：$6 \sim 7 A/cm^2$；（2）石墨电刷：$8 \sim 10 A/cm^2$；（3）电化石墨刷：$10 \sim 12 A/cm^2$；（4）金属-石墨电刷：$15 \sim 20 A/cm^2$。在低压电机上，电流密度大于上述范围，在短时间负载下（例如电动起动器），电流密度能升高 $5 \sim 10$ 倍。

表 13-9　电机电刷的特性（前苏联）

电刷的类型和牌号	物理力学性能				在圆周速度为 25m/s，电流密度为 $20A/cm^2$，压力为 80kPa 的情况下的整流性能		
	硬度 H_ϕ		比电阻/$\mu\Omega \cdot m$	灰分/%	每对电刷的接触电压降/V	20h 的磨损量/mm	摩擦系数
	A 级	B 级					
石墨电刷							
T3	$8 \sim 15$	$8 \sim 22$	$8 \sim 20$	—	$0.6 \sim 1.4$	≤0.50	≤0.30
611M	$5 \sim 12$	—	$8 \sim 28$	—	$0.8 \sim 1.8$	≤0.40	≤0.30
电化石墨刷							
ЭТ2А	$7 \sim 16$	$7 \sim 22$	$12 \sim 29$	≤1.0	$1.1 \sim 2.1$	≤0.40	≤0.23
ЭТ4	$2 \sim 7$	—	$6 \sim 16$	≤1.5	$1.1 \sim 2.3$	≤0.60	≤0.25
ЭТ8	$8 \sim 20$	$8 \sim 40$	$35 \sim 50$	≤0.8	$1.3 \sim 2.1$	≤0.40	≤0.25
ЭТ14	$8 \sim 18$	$8 \sim 30$	$20 \sim 38$	≤0.8	$1.3 \sim 2.3$	≤0.40	≤0.25
ЭТ71	$6 \sim 14$	—	$18 \sim 35$	≤0.8	$1.4 \sim 2.4$	≤0.40	≤0.30
ЭТ74[①]	$15 \sim 35$	$15 \sim 50$	$35 \sim 75$	≤0.4	$1.3 \sim 2.5$	≤0.40	≤0.22
炭-石墨电刷							
T2	$18 \sim 42$	—	$40 \sim 57$	—	$1.5 \sim 2.5$	≤0.10	≤0.30
铜-石墨电刷							
M1	$8 \sim 20$	$8 \sim 25$	$2 \sim 5$	—	$1.0 \sim 2.0$	≤0.18	≤0.25
M3	$7 \sim 15$	$7 \sim 20$	$6 \sim 12$	—	$1.4 \sim 2.2$	≤0.15	≤0.25
M6	$10 \sim 25$	—	$1 \sim 6$	—	$1.0 \sim 2.0$	≤0.35	≤0.20
M20	$8 \sim 16$	$8 - 25$	$3 \sim 13$	—	$1.0 \sim 1.8$	≤0.20	≤0.26
MT	$4 \sim 10$	$4 \sim 14$	$0.03 \sim 0.12$	—	$0.1 \sim 0.3$	≤0.80	≤0.20
MT2	$4 \sim 10$	$4 \sim 18$	$0.1 \sim 0.25$	—	$0.3 \sim 0.7$	≤0.40	≤0.20
MT4	$11 \sim 20$	$11 \sim 25$	$0.3 \sim 1.3$	—	$0.3 \sim 1.6$	≤0.30	≤0.20
MT64	$5 \sim 12$	$5 \sim 18$	$0.05 \sim 0.25$	—	$0.2 \sim 0.5$	≤0.60	≤2.20
MTC5	$6 \sim 11$	$6 \sim 15$	$2 \sim 15$	—	$0.7 \sim 1.9$	≤0.40	≤0.22

① ЭТ74 牌电刷的硬度和灰分是由浸渍前的半成品检验而得。

表 13-10 导线由电刷体中抽出的极限力（根据 ГОСТ 2332—63） （N）

电刷宽度/mm	电刷长度/mm			
	4～9	10～16	20～32	35～60
4.0～5.0	20	20	20	—
6.3～9.0	40	70	70	70
10.0～12.5	—	70	120	120
16.0～35.0	—	120	120	120

注：表中指定规格的ЭТ4和611М牌电刷，其导线的抽出力容许降低30%。

表 13-11 电刷体与每根载流导线之间的接触电阻（根据 ГОСТ 2332—63） （mΩ）

电刷的横截面积/cm²	电刷牌号	
	T3，611М，ЭТ2А，ЭТ4，ЭТ8，ЭТ14，ЭТ71，ЭТ74，T2，M1，M3，M6，M20，MT4，MTC5	MT，MT2，MT64
0.2～0.5	≤10.00	3.0
0.51～1.0	≤5.00	2.0
1.1～3.0	≤2.50	1.0
大于3.0	≤1.25	0.5

说明：横截面积大于3cm²，而且用扩管法固定载流导线的电化石墨刷，电刷体与每根载流导线之间的接触电阻应不大于10mΩ。

13.3.2.2 动特性

A 摩擦系数

在电刷和环（包括整流子和集流环统称为"环"）的滑动接触面上必然发生摩擦。其摩擦程度由摩擦系数 μ 代表，由电刷下压力 P 和环在接线方向动摩擦力 F 的比（$\mu = F/P$）来求得。摩擦系数和润滑性及薄膜成型性有关；随电刷材质和薄膜形成状况（除通电电流、环境气氛等之外还包括电刷下压力、线速度等机械条件）的不同而呈现不同的数值，但电石墨质通常为 0.2～0.3 左右。

B 接触电压降

通过电刷和环的滑动接触，在其边界形成绝缘性金属氧化膜（在整流子上为氧化亚铜），石墨薄膜，水分吸附膜。实际上电刷与薄膜机械地接触部分与被称之为赫兹面的表观接触面积相比小得多。实际流过电流的部分称之为导电点（也称为 a 点），仅为赫兹面的极小部分。流过电刷的电流如图 13-15 所示，集中于导电点，因在电刷中电流通道弯曲，产生反比于导电点面积的集中电阻。在这里成为电刷原材料的电阻和导电点薄膜的电阻合计起来就成了整体的接触电阻。

由于这一接触电阻，向旋转中的环通过电刷流过电流时就会产生接触电压的下降，多数场合对通电电流的增加，接触电压的下降呈现出非线性变化，但在直流电通过时，因极性不同通常负电刷（电流从环流向电刷）比正电刷（电流从电刷流向环）大，这些关系如图 13-16 所示。接触电压下降值随电刷材质及薄膜形成状况而有所不同，但与电刷大小无关，其范围电石墨质电刷为 1～2V，金属石墨质电刷为 0.05～0.5V。电阻率越高，接触电压降有更大的趋势，但有时即使电阻率低，石墨化度高，薄膜形成好的物体其接触电压降也高。

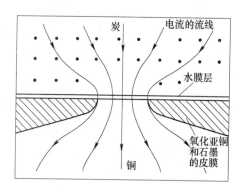

图 13-15　a 点附近炭、铜接触图

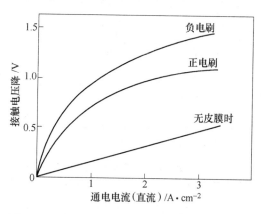

图 13-16　相对于通电电流时接触电压降的变化

C　整流性

直流电机的旋转体被称为整流子，整流子是由多个整流子片构成。电刷和整流子片滑动接触与线圈进行电流的授受，而通过在线圈内电流的变化在回路中产生电抗电压。这一电抗电压成为产生火花的原因。作为消除这点的方法可用附加极（补极）施加反向感应电流的电压整流以及利用整流子片和电刷之间的接触电阻的电阻整流。

作为整流性的评价方法，实际上在用有补极的直流电机时，测定无火花整流带。这一无火花，整流带是在将负过电流（流向电刷的电流）为横轴，补极电流（为了增加或减少电流整流作用而流过的电流）为纵轴时由求得不发生火花时的补极磁场范围来得到。显然无火花整流带范围越广，整流性越好（参照图 13-17）。

整流性是对电刷要求的最基本性质，它很大程度上受电刷的材质、薄膜的形成状况等影响，但通常接触电阻高，滑动接触越稳定，具有更高的趋势。

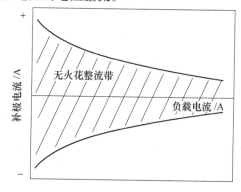

图 13-17　无火花整流带

D　耐磨损性

电刷磨损作为机械磨损有黏结磨损、磨料磨损、表面疲劳磨损，作为电磨损，则有电解，氧化等化学反应引起的磨损。然而，实际上电刷的磨损是由这些不同形态的磨损复合而成的，因而其磨损机理尚未完全明确。电石墨质电刷所代表的磨损机理估计大致如下：首先伴随通电，滑动接触面的导电点周围被加热，由于氧化产生局部机械强度的降低。然后由于反复施加应力，在强度降低的表面部分产生疲劳破坏，构成电刷的粒子脱落。这样反复进行，电刷便产生磨损，特别是在伴随产生火花时，电刷本身由于火花不仅产生直接消耗，同时因损伤环的磨料磨损（也称之为麻点磨损）而明显地增加了磨损量。

表 13-12 根据用途的不同列出了电刷磨损量的大致范围。

表 13-12　电刷的磨损量

用　途	平均磨损量	表示单位	备注
一般用	1 ~ 5	mm/1000h	对运转时间
车辆用	0.5 ~ 3	mm/10^4kn	对行走距离
电装置用（启动电机）	0.5 ~ 2	mm/10^4回	对启动次数

E　耐冲击性

对滑动接触中的电刷来说由于要承受振动、冲击、疲劳等，所以有时会使电刷产生缺损和破损等冲击破坏，由于耐冲击性是表示电刷对这种冲击破坏的耐性，故可作为电刷的动态机械强度进行评价。通常抗折强度高的制品其耐冲击性更好，而滑动接触稳定性好的电刷其耐冲击性也更好。

13.3.2.3　电刷使用时的障碍及其对策

在 13.3.2.2 节说明电刷的动特性时，已谈到使用条件有影响。在这里说明由于使用条件不适合时发生的主要障碍及其对策。振动是对电刷产生异常振动的现象，它是由于电刷的下压力过小、夹具和电刷的尺寸差过大等导致的电刷夹具不配合、环的偏心以及有外部产生的振动等而发生。此外，在薄膜形成过剩，摩擦系数极高时；反之，在薄膜形成不充分，磨损振动变大时都会产生振动。

作为对策，有修正夹具不适配处，环的改偏，在不能从外部避免振动时，在电刷头部套上橡胶等缓冲垫等方法。对于薄膜形成不好而发生的振动则有必要调整环境气氛等。当这些对策仍不能解决问题时，则应采取降低线速度、变更电刷材质等措施。

（1）产生火花（整流不好）。在整流用电刷中它也被称之为整流不良。表示火花大小的方法，在日本根据目测判断分类如图 13-18 所示的火花号数为 1 ~ 8 的 8 个阶段。火花的产生是阻碍直流电机正常运转的最主要因素，主要在振动，过剩薄膜形成导致接触电压降极端上升等情况下发生。作为对策有必要采取防止振动，防止过剩薄膜形成，降低线速度或电流密度，改变电刷材质等措施。

（2）环面的粗损。根据粗损的状态，可分为黑化条痕、阶梯状磨损、机件打滑等。黑化是在环表面的薄膜部分产生烧损的现象。特别

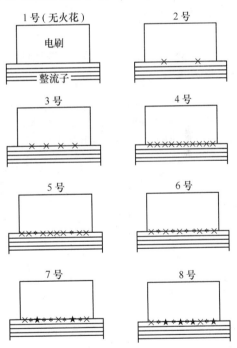

★ 火花（大）；* 火花（中）；× 火花（小）

图 13-18　火花号数

是在整流子时也称之为黑环，是因产生火花而发生，条痕和阶段状磨损都是环磨损形态的一种，沿环的圆周形成的线-带状沟槽，被称之为条痕，而相当于电刷宽的沟槽，则称之为阶梯状磨损，是由粉尘等异物的夹入，油、化学气体等的腐蚀，因薄膜形成不良而造成的电流不均匀，因润滑的不足而产生过度研磨等而产生的。作为对策必须防止火花的发生

和除去粉尘、油、化学气体等有害气氛。至于薄膜形成不良和润滑不足则应考查得到合适的薄膜和润滑性的使用条件和电刷材质。

（3）异常磨损。在火花发生极大或环面粗损极大等情况下，常会产生异常磨损。因此，作为对策必须防止火花发生以及环面粗损。除此之外湿度极低时，在有聚硅酮蒸汽等情况下会产生失去润滑性的异常磨损。

（4）缺损，破损。这是由过度振动而引起的电刷破坏的现象，其原因和对策和前述振动项目相同。

13.3.2.4　今后的发展

对电刷来说要求有各种各样的使用性能，但是最近从维护管理的成本考虑，有即使多少牺牲其他的性能力求得到更好的耐磨损性电刷的趋势。为此，开发高耐磨损性电刷对制造商来说是最重要的课题。高速（每分钟数万转）以下电刷、大功率电刷、军工和宇航用电刷的均需进一步开发。

13.4　电机用电刷的选择

13.4.1　国产主要电刷的技术特性及通用范围

正确选择和使用电刷是保证电机正常运行的重要条件。但电刷型号的选择是很复杂，到目前为止，国内外还没有一套科学的选型方法，即能根据电机的种类、电机的性能、使用条件、周围环境等的要求，对照电刷的技术性能，就能选出适用的电刷。目前世界各国往往要在预选的基础上经过实际运行试验，才能确定选用何种电刷。这里应强调指出实践经验的重要性。把对各种电机和各种电刷的性能及工作条件的充分了解和丰富的实践经验结合起来，对电刷的选型是至关重要的。国产主要电刷的技术特性及允许的工作条件见表13-13，各种型号电刷的适用范围见表13-14。

表 13-13　国产主要电刷的技术特性及工作条件

型号	电阻率 /μΩ·m	硬度 布氏/MPa	硬度 压入法/MPa	硬度 肖氏	一对电刷上的接触电压降/V	摩擦系数	工作条件 电流密度 /A·cm⁻²	工作条件 允许圆周速度/m·s⁻¹	工作条件 使用时的单位压力/kPa
S3	8.0 ~ 20		1.0 ~ 3.5		1.5 ~ 2.3	≤0.25	11	25	20 ~ 25
S4	80 ~ 120		1.5 ~ 2.0		4.0 ~ 50	≤0.15	12	40	20 ~ 25
S5	90 ~ 150		2.0 ~ 2.8		3.5 ~ 4.5	≤0.18	10	35	22 ~ 30
S6	15 ~ 23		0.3 ~ 0.43		1.4 ~ 3.0	≤0.28	12	70	22 ~ 40
S9	200 ~ 300		1.2 ~ 2.2		4 ~ 5.5	≤0.18	8	35	22 ~ 30
D104	6.0 ~ 16		0.3 ~ 0.9		2.0 ~ 3.0	≤0.20	12	40	15 ~ 20
D106	6.0 ~ 12		0.3 ~ 0.6		2.0 ~ 3.0	≤0.25	12	40	15 ~ 20
D172	10 ~ 16				2.4 ~ 3.4	≤0.25	12	70	15 ~ 20
D202	14 ~ 35		1.2 ~ 5.0		2.0 ~ 3.2	≤0.23	10	45	20 ~ 25
D207	22 ~ 32				1.5 ~ 2.5	≤0.25	10	40	20 ~ 40
D213	20 ~ 40		1.0 ~ 5.0		2.5 ~ 3.5	≤0.25	10	40	20 ~ 40
D214	22 ~ 36				2.0 ~ 3.0	≤0.25	10	40	20 ~ 40
D215	20 ~ 40				2.4 ~ 3.4	≤0.25	10	40	20 ~ 40
D252	8.0 ~ 18		0.6 ~ 2.5		2.0 ~ 3.2	≤0.23	15	45	20 ~ 25

型号	电阻率 /μΩ·m	硬 度			一对电刷上的接触电压降/V	摩擦系数	工 作 条 件		
		布氏/MPa	压入法/MPa	肖氏			电流密度 /A·cm⁻²	允许圆周速度/m·s⁻¹	使用时的单位压力/kPa
D308	31~50			20~30	1.9~2.9	≤0.25	10	40	20~40
D309	30~35				2.4~3.4	≤0.15	10	40	20~40
D373	35~70			35~55	2.1~3.0	≤0.20	15	50	32~35
D374	35~80		2.0~5.5		3.2~4.4	≤0.25	12	50	20~40
D374B	45~75		1.8~3.5		2.3~3.5	≤0.25	12	50	20~40
D374D	35~60		1.6~5.0	40~60	2.4~3.5	≤0.30	12	50	20~40
D479	15~35		0.7~2.5	30~50	1.6~2.6	≤0.25	12	40	20~40
J101	0.03~0.15	0.6~1.8		42~55	0.1~0.3	≤0.20	20	20	18~23
J102	0.10~0.35	0.6~1.4		38~53	0.3~0.7	≤0.20	20	20	18~23
J103	0.10~0.35	0.6~1.4		40~60	0.3~0.7	≤0.20	20	20	18~23
J113	0.05~0.20		0.6~1.8		0.2~0.7	≤0.70	20	20	18~23
J151	0.40~0.12	0.5~1.0			0.15~0.35	≤0.20	25	20	18~23
J164	0.05~0.15	0.6~1.8			0.10~0.30	≤0.20	20	20	18~23
J201	1.0~6.0		1.2~3.5		1.0~20	≤0.25	15	25	15~20
J203	5.0~12		0.9~2.8		1.4~2.4	≤0.25	12	20	15~20
J204	0.2~1.3		1.0~3.0		0.6~1.6	≤0.20	15	20	20~25
J205	1.0~12		0.8~2.8		<2.0	≤0.25	15	35	15~20
J206	1.0~6.0		1.0~3.0		1.0~2.0	≤0.20	15	25	15~20
J220	4.0~12		0.8~2.5		1.0~1.8	≤0.26	12	20	15~20

表 13-14 各种型号电刷的应用范围

电刷牌号	适 用 范 围
S3	换向正常，负荷均匀，电压为 80~120V 的直流电机；小容量交流电机的滑环
S4, S5, S6, S9	交流正流子式变速电动机和高速微型直流电机
D104	换向正常，电压为 80~120V 的直流电机；汽轮发电机、同步发电机的滑环以及电焊发电机
D172	大型高速汽轮发电机的滑环；换向正常，电压为 80~230V 的直流电机
D202	电压为 120~400V 的直流发电机；牵引电动机及角速度高的微型直流电机
D207	大型轧钢设备的直流电机及矿用大、中型直流电机
D213	汽车发电机和具有机械震动的牵引电动机
D214, D215	换向困难，电压在 200V 以上带有冲击性负荷的直流电机；以及汽轮发电机的励磁机
D252	换向困难，电压为 120~440V 的直流电机；牵引电动机；汽车发电机
D309, D308	换向困难的直流牵引电动机；角速度较高的小型直流电机，以及功率扩大机等

电刷牌号	适 用 范 围
D373	电力机车用直流牵引电动机
D371, D374B, D374D	电力及热电机车的直流牵引电动机；换向困难的高速直流电动机及高速汽轮发电机的励磁机
D479	换向非常困难的直流电机
J101	感应电动机的滑环；电压在6V以下的起动机；高电流低电压电机
J102	电解用电源发电机；交流电动机的滑环
J103, J113, J151, J164	低电压高电流发电机；电压在6V以下的起动机；电流密度较高的异步电动机的滑环
J201	汽车发电机；电压在60V以下的充电发电机；电压在24～40V的起动机；异步电动机的滑环
J203	电压在80V以下的充电发电机；电压较低的小型牵引电动机；异步电动机的滑环
J204	汽车、拖拉机起动机；单枢变流机和感应电动机的滑环，以及电压在40V以下的发电机电动机
J205	电压在60V以下的充电发电机；拖拉机的起动机；感应电动机的滑环
J206	电压25～80V的小型直流电机；高速而换向困难的低压电机
J220	电压80V以下的充电发电机；低电压小型牵引电动机

13.4.2　几种情况下的选型方法

要想在各种情况下很快选出适合电机需要的电刷，首先必须对电机有较深入的了解。国内外的经验证明，在选型前掌握下述资料对于电刷选型是必不可少的。

（1）电机的名称：发电机（交、直流），电动机（交、直流）；电机的型号，电压，结构（电枢的构造、机壳的结构、是敞开式还是密闭式），电机的容量、规格、电流（普通情况、最大电流），转速（普通、最大），频率。

（2）特殊条件：振动情况、温度、湿度、腐蚀性气体、粉尘、油烟（电刷附近的环境）。

（3）与整流相关的性能：主极数，有无换向极及数量，有无补偿绕组，整流子的直径及材质，云母片下刻还是齐平，电刷的排列方法等。

（4）滑环：环数（个），每环的电刷数（只），每环的电流（A），环的直径（mm），环的材质，环的表面状况（粗糙度、有无沟槽）。

（5）对电刷的要求：电流密度（A/个或 A/cm^2）。电刷的尺寸：厚度×宽度×高度（mm×mm×mm）；电刷的形式：径向式、前倾式还是后倾式等；电刷的压力（kPa）。

（6）有关电刷方面的问题：火花的等级及类型，有无异常磨损，有无不均匀磨损，滑动接触时的噪声大小，电刷振动情况，电刷是否过热，电刷刷辫或其他部分有无烧损，电刷压板有无破损，刷握弹簧动作是否良好，有无飞弧等情况。

（7）整流子上或滑环上的问题：氧化膜是否过厚（黑化）还是过薄，氧化膜是否有条痕，整流子或滑环是否偏心，滑动接触表面是否有分段磨损或过大磨损，有无斑点，整流子或滑环有无凸凹不平现象，整流子有无云母片凸出，整流片有无打滑现象，整流片是否有积尘等。

根据上述资料和电刷有关的资料，就可以进行电刷型号的预选。

（1）对于新的机种。在没有电刷使用经验可以借鉴的情况下。可以采用如下几种办法：

1）根据相近类型电机所使用的电刷型号来预选。

2）根据电刷的电阻率来预选。众所周知，国产电刷的电阻率范围是很广泛的。电阻率从0.03μΩ·m到120μΩ·m甚至更高。电刷电阻率的值不同，其适用的范围也不相同，详见表13-15。可根据电机的特点，预选某个电阻范围内的电刷。

表 13-15 电刷的电阻系数值及其适用范围

电阻率/μΩ·m	电刷基体类别	适用范围
50 以上	树脂作黏结剂的石墨电刷，炭黑基和木炭基电化石墨刷	换向困难的电机
30~50	炭黑基和木炭基电化石墨电刷	换向较困难的电机
20~30	焦炭基电化石墨电刷	一般直流电机
10~20	石墨电刷，焦炭基和石墨基电化石墨电刷	一般直流电机
1~10	含有25%~50%铜的金属石墨刷	电压较低的电机
0.5~1	含有60%~75%铜的金属石墨刷	低电压电机
0.3~0.5	高含铜量的金属石墨刷	低压大电流电机

3）根据要求的电流密度来预选。假设有一台电机，要求电刷的允许电流密度在 $12A/cm^2$ 以上，根据表 13-13，可以挑出一些能满足这一要求的电刷作为预选的对象。

4）根据电刷允许的网周速度来预选。假设这台电机的圆周速度为 40m/s，对照各种电刷允许的圆周速度，也能挑出一些符合这一要求的电刷作为单项预选的对象。

5）根据电机的使用环境来预选。电机使用环境（包括温度、湿度、粉尘、有害气体和振动等）的不同，对电刷的要求也不同。例如，在有振动情况下使用的电机，最好选用强度大一些，韧性好一些的电刷；在湿热带地区，所选用电刷的硬度要比正常情况下高一些为好，以防止氧化膜过厚；在空气稀薄的高原地区，要选用成膜性能好一些的电刷等，这些因素在单项预选时，都要考虑到。

6）根据电刷无火花换向区域来预选电刷。在有些场合下，不但对电刷的换向性能，而且对电刷的过载能力也有较严格的要求。遇到这种情况，在有条件的地方，也可根据电刷的无火花换向区域来预选电刷。上面举例说明了某一电机及其使用条件对电刷的要求，结合电刷的性能进行电刷单项预选的方法。这里必须指出：一台电机对电刷的要求绝不止上述几个方面，在实际选型时，应将电机本身、使用条件和周围环境、负载情况等对电刷提出的要求一一加以研究，进行多方面的单项预选。

（2）进行综合预选：单项预选完毕后，要进行综合预选。因为在进行单项预选时，仅仅根据电机的某一项要求，可能选出一种或几种能满足这一要求的电刷，而根据同一电机的另一项要求，又可能预选出几种电刷，其中有的电刷可能满足这一要求，而满足不了另一项或几项要求，综合平衡后，可能发现其中某一、两种电刷不但从重点而且还能从较多方面满足这一电机的各项要求，这种型号的电刷即可作为综合预选的结果。

（3）选型的实验鉴定：进行实际电机实验，是电刷选型的最后阶段，综合预选的结果是否正确，就要通过它来鉴定了。在运行实验中，观察氧化膜的状况，火花的大小等是迅速鉴别电刷预选的是否合适的可靠办法。因为电机在运行过程中的一切不良因素的影响都通过氧化膜和火花的状况表现出来。如果不合适，再重新进行预选。

（4）对于从国外引进的机组当原配电刷快用完时，须选用国产电刷代替国外电刷，最好将引进电机的各种已知参数，原配电刷型号及电刷运行状况和电刷样品一起提供给电刷制造厂。如果电炭厂根据这些资料能够选出一种电刷代替它，当然更好，但实际上往往做不到。为了能更快地选出合适的电刷，由电炭制造厂对原配电刷进行各种性能的测定、配方组分的分析，和国产电刷加以对照，可能更快地选出适用的电刷。

（5）对于有原用国产电刷使用经验的电机。因某种原因需要重新选用电刷时，应细心观察原用电刷在运行过程中存在的问题，分析发生问题的原因。经过观察和分析，如果确定是电刷材质方面的问题，就要针对原用电刷所存在的问题选用一种其他型号的电刷来弥补这些不足。例如，假设原电刷换向性能欠佳，其他情况还算正常，可另选一种其他性能和原电刷差不多，而电阻率和接触压降比原电刷大一些的电刷，看看还有什么问题，如果又出现新的问题，再解决之。这种在原配电刷使用基础上不断进行改进的选型方法，称为基础改进法。

13.4.3　大型汽轮发电机组用电刷的选型

众所周知，高速励磁机或滑环容易产生火花，电刷受到严重磨损，换向器出现条痕和电流分布不均匀现象，对电机的稳定运行，产生了不良的影响。这些现象的出现，和高速汽轮发电机的特点有密切关系。

高速励磁机换向受到不良影响的因素之一就是整流子的振摆问题。由于存在振摆，且振摆随转速的增加而加大，影响电刷与整流子的良好接触。因此，无论电刷的换向性能怎样好，由于振摆较大，其换向性能也不能得到充分的发挥。

由图 13-19 可以看出，高速励磁机换向比普通电机困难，振摆较大是主要原因之一。因此应引起注意，在振摆大的场合下，适当增加弹簧压力或在电刷与压板之间安放橡皮之类的衬垫对减少电刷的振动，改善换向有一定效果。

高速汽轮发电机的另一特点是，由于其线速度高，易发生并联电刷电流分配不均现象。有时全部电流都集中到一个电刷或几个电刷上，引起个别电刷过热，电机导线变色或烧断，在滑环上表现尤为突出。

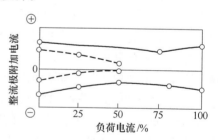

图 13-19　整流子振摆对整流的影响
实线—振摆为 0.03mm 时的无火花换向区；
虚线—振摆为 0.4mm 时的无火花换向区

引起电流分配不均的原因很多，目前普遍认为引起电流分配不均匀的原因有：

（1）机械上的原因。由于整流子或集电环偏心；转轴轴向串动；刷盒不正或电刷与刷盒配合间隙不当；造成电刷在刷盒内浮动受阻或卡住；弹簧压力不均，造成电刷与集电环或换向器接触不稳定等，引起电刷电流分配不均匀。

（2）电气上的原因。由于滑动接触面间的导电微粒分布不均匀，氧化膜厚度不均匀等而造成接触电阻大小不同，引起电流分配不均匀。

（3）滑动接触面间气体压力的影响。电刷滑动接触而与集电环（或换向器）表面做高速相对滑动时，由于电刷在刷盒内晃动，造成电刷弧大于集电环或整流子弧面，形成了楔形空间。在滑入边，当电机在高速运转时，黏附于集电环或整流子表面上且随之旋转的空气层进入楔形空间，对电刷产生一个向上的作用力，如图 13-20 所示。

在电刷滑出边同样也存在一个楔形空间，在电机高速旋转时，楔形空间里的空气同样会黏附于滑环或整流子表面上被带走，对电刷弧造成气吸现象，使电刷受到一个向下的吸力（图 13-20 中的 P_b）。

在这种情况下，由于电刷前后两部分受到方向相反的两个力的作用，而且作用点不在一直线上，会使电刷在刷盒里歪斜，结果扩大了滑入边空气楔的空间。随着滑环或整流子线速度的提高，跟随滑环或整流子旋转的空气对电刷滑入边产生的向上的浮力以及对电刷滑出边产生的向下的吸力也随着增大，如图 13-21 所示。

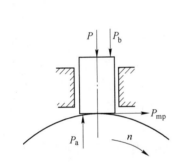

图 13-20　电机高速运转时电刷受力情况
P—弹簧压力；P_a—空气楔产生的扬力；
P_b—空气楔产生的吸力；P_{mp}—接触处的摩擦力

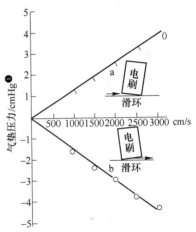

图 13-21　气垫压力与线速度的关系
a—正倾斜；b—负倾斜

一般情况下，在滑入边和滑出边形成的楔形空间相等时，且在线速度较高的情况下，滑入边楔形空间里产生的向上的浮力要大于滑出边楔形空间里所产生的吸力。这是因为进入滑入边以前，滑环或整流子上黏附的空气量及其动能要大于滑出边楔形空间里带走的空气量及其动能（因为此处的空气被带走的速度是从零开始而加速的）。在其他条件相同时，线速度越高，电刷受到带入空气所产生的向上的浮力越大，当大到足以克服滑出边所受到的吸力、弹簧压力和电刷的质量以及电刷与刷盒壁之间的摩擦力的总和时，电刷被滑环或整流子带入的空气托起，造成电刷与滑动接触面分离而不导电。

另一部分电刷，当其滑出边的楔形空间大于滑入边的楔形空间时，带走的空气量就大于带入滑入边楔形空间的空气量，因而产生的吸力就大于滑入边楔形空间所产生的浮力，有滑出边形楔空间减少的趋势，但电刷被刷盒架住，不可能改变其角度，因此电刷被紧紧吸附在滑环或整流子上，当然电流就从这些电刷经过，造成电流分配不均匀，这就是所谓

---

❶ 1cmHg = 13.33224Pa。

的气垫现象。

并联电刷之间由于电流不平衡现象导致电刷磨损不同，特别是流过大电流的电刷的使用寿命比其他电刷的使用寿命短得多。

为了消除气垫现象，除了在集电环上车螺旋槽，适当增加弹簧压力外，还可以从电刷的结构和选型上采取措施。例如在电刷磨面上开槽、钻斜孔等。最好选用假密度小的多孔质电刷，如 D106、D173 等，特别是开口气孔率多的电刷更为理想。因为所有这些措施都有利于空气的排泄（在滑入边）或吸入（在滑出边），以减少气垫的作用力。目前我国在这方面取得了良好的成绩。

高速励磁机换向性能的好坏，除了和电机本身的结构、设计参数、制造质量和使用条件等因素有关外，在一定程度上还取决于所用电刷抑制火花的能力。一般情况下，根据过去的实践经验，应该选择接触压降大一些、滑动接触特性好一些的电刷。通常选用接触压降大于 2V、摩擦系数小于 0.25、允许圆周速度高一些的电刷。根据上述要求，励磁机可选用电化石墨电刷和石墨电刷，这类电刷具有较好的换向能力，摩擦系数小，耐磨损，能适应高速运行。

13.4.4　轧钢电机用电刷的选择

轧钢电机有如下特点：冲击负荷大（过载电流高达 2～2.5 倍）；启动、制动频繁；经常变化转动方向，使电机的电流变化率相应提高，对电机换向来说，条件就更为不利。加之主电室因和轧钢车间很近，大量的辐射热使主电室水分蒸发很快，造成主电室空气干燥，不易形成氧化膜。这些都给电机换向造成很大困难，因此，各种类型轧钢用电机，对电刷都有如下几点要求：

（1）接触压降要适当高些，可以限制换向元件中的短路电流，有利于改善电机的换向性能。

（2）电刷的润滑性能要好，因为这不但能减少对换向的磨损和电刷自身的磨损，而且有利于电刷和换向器的稳定滑动接触。

（3）要求电刷形成氧化膜的能力要好，使换向和滑动接触状况能有所改善。

（4）要求电刷自身磨损小，炭粉少，有利于减少维护工作量和降低运行成本。

上述要求往往相互联系又相互矛盾。一般来说，润滑性能好、摩擦系数小的电刷，易形成氧化膜，但换向性能较差；面换向性能较好的电刷，一般摩擦系数都较大，而且磨损也较快。

为了适应上述要求，目前轧钢电机可选用如下几种电刷：

（1）石墨基电刷：如 D104、D172。这两种电刷润滑性能好、摩擦系数小、允许的电流密度和线速度高、滑动接触性能和热稳定性好，可用于换向器圆周速度较高的大型直流电机上。如 D104 电刷，在某钢厂 2500kW、500r/min 和 4930kW、500r/min 的直流发电机上使用情况较好。在另一钢厂的 4300kW、500r/min 的直流发电机上使用情况也较好。D106 电刷的换向性能优于 D104，因而在换向困难的发电机上使用，效果更好。

（2）焦炭基电刷：如 D214、D215、D211、D252 等。这类电刷接触压降较大，换向能力较 D104、D172 要好，形成氧化膜的能力也较好，一般可用于冲击负荷较大的电机上。而 D214、D215 是目前钢厂中采用最普遍的电刷。

（3）炭黑基电刷；如 D374、D374B 等。这类电刷的接触压降和电阻系数均较高，换向性能优于前面提到的两种类型电刷，但是形成氧化膜的能力较差，换向器温升高，所以钢厂很少单独使用。

（4）几种电刷配合使用：这是很多钢厂在实践中摸索出来的经验。一般不同型号或不同生产厂家制造的电刷不允许混用（详见 13.2 节）。但是，当某一电机换向很困难，而且又不易建立氧化膜的时候，选择一种换向性能好的、一种润滑性能好的电刷配合使用，充分发挥两种电刷的优点，这在钢厂已是成功的经验。

两种电刷配合使用，一般是用于单向旋转、换向困难的电机。滑入边使用润滑性能好的电刷，而滑出边使用换向性能好的电刷，解决了很多换向困难电机的换向问题。例如，某轧钢厂有一台 5000kW 直流发电机，换向比较困难，一直没有找到合适的电刷，后来采用 D104 和 D309 配合使用，效果比任何一种电刷都好。

13.4.5　牵引电机用电刷的选择

机车牵引电机整流子和电刷组件经常在转速和负载大幅度变化的情况下运行，其中包括启动时的过载、动力制动、长时间的无负荷、颠簸振动和冲击、周围环境变化多端等，例如，温度和湿度的急剧变化，冰霜、积雪、粉尘和风沙等，都使运行条件恶化。

机车在冬季运行时，由于钢轨端部出现波状的磨损和轨道接头间隙变大等原因，加剧了机车运行时的振动，尤其是悬挂在车轴上的电机，其振动更为严重。

有时由于振动大而造成刷握支架的损坏，使电刷移出中性线，导致换向恶化。由于振动大，还会使电刷与整流子接触不好，往往使电刷离开整流子，出现火花加剧或飞弧等现象。

由于电机处在上述特殊条件下运行，因此对电刷组件提出了严格的要求。

另外，牵引电机希望在架修期内不更换电刷，而整流子的磨损不得大于每 10 万公里 0.06~0.09mm。在选择电刷时，都应充分考虑上述这些要求。

为了满足上述这些要求，可选用经高温石墨化处理的电化石墨电刷。目前主要选用 D252、D308、D374、D374B、D374D 等几种电刷。特别是 D374 类型的电刷（包括 D374B、D374D），近年来得到了广泛的应用。

为了减小运行过程中电刷的振动，电刷上最好装上防震橡皮垫。同时，为了适应牵引电机振动大的特点，采用填塞法装配的电刷，为了防止由于振动大而导致电刷刷辫的松动或脱落，最好用加固化剂的树脂胶将填塞孔封起来。

为了适应牵引电机的特点，通常选用经浸渍处理的电刷。如果将上述提到的电刷经过浸渍处理，对改善其强度、提高耐磨性能及降低摩擦系数等会有好处的。

用石蜡（不超过刷体质量的 0.3%~0.5%）对刷体进行浸渍处理，对改善电刷的润滑性能是有效的。用金属肥皂（硬脂酸铝）浸渍，可以提高电刷的耐磨性能（浸渍含量不得超过 1.5%~2%）。采用煤焦油沥青或石油沥青浸渍刷体毛坯，然后经焙烧、石墨化处理，对提高电刷的强度很有好处。用含有硬化剂的树脂对电刷进行浸渍，对提高电刷的强度、韧性和耐磨性能都有很大的好处。一般，浸渍电刷的换向性能要受到不良影响。因此，在换向条件要求严格的地方，如果润滑性能、强度等指标能满足要求，最好不进行浸渍处理。

目前，牵引电机常选用分辫式电刷。因为电刷分辫后能更好地换向和集流。各种分辫式电刷平均能降低一级换向火花。

众所周知，大多数电刷在弹簧压力为 15 ~ 20kPa 时换向性能最好。但由于牵引电机的严重振动，必须使用较大的弹簧压力。一般应在 35kPa 以上，有时甚至需达 70kPa。当然，压力过高，会造成接触压降降低，换向性能变差，磨损加剧。这要根据实际情况认真地进行选定。

为了适应振动大的特点，要求刷握必须只有足够的强度，以保证在振动时能使电刷与整流子有良好的滑动接触，而且要求刷握的散热性能要好，以便在高电流情况下保持电刷的冷却。通常采用青铜、铝青铜或黄铜来制造刷握。刷握内壁的磨损是牵引电机常遇到的一个问题，因此在维护过程中要经常检查、修理和更换。

13.4.6　交流整流子电机用电刷的选择

交流整流子电机是装有整流子和电刷的交流机。众所周知，异步电动机由于使用交流电源，在工业上得到了最广泛的应用，但在调速问题上远不如直流电动机。交流整流子电机就是吸收了交流机和直流机的优点而出现的一种特殊电机，它不仅能在交流电网上运行，又有广泛的调速范围，而且还具有良好的功率因数。

交流整流子电机的缺点之一是换向过程比直流电机更困难，这是因为被电刷短路的换向元件里产生两种电势：一种由短路线圈在经过短路过程前后电流变化而产生，这种情况十分类似直流机中的 e_r；另一种由交流的旋转磁场切割短路线圈而产生，称为 e_t，这是在直流机中所没有的。另外，在交流整流子电机中一般都没有换向极，这就给换向增加了困难。可见，只有依靠电刷的换向电阻来限制短路电流了。

交流整流子电机的种类很多，主要有三相交流整流子电机（根据绕组不同的联结方式又出现了不同类型的三相交流整流子电机）和单相交流整流子电机。

三相交流整流子电机主要应用于纺织、印染、造纸、印刷、橡胶等工业中。而单相交流整流子电机的应用范围近年来日益广泛，大的如单相电气铁路上的电动机，小的如家庭用具、电动工具等电动机。还有一些起重设备也有这类电机。它的优点是起动力矩大，速度可以调整，具有串联特性。它的缺点也是换向比直流电机还困难，所以频率、电压和容量均受到了限制，当需要较大容量的电机时，必须采用较低频率的电源。当频率为 50Hz 时，运行电压应在 100V 左右；当频率为 25Hz 时，运行电压可达 200V 左右，而当频率为 $16\frac{2}{3}$ Hz 时，则运行电压可高达 500V 左右。在电气铁路上应用电源的频率一般为 25Hz 或 $16\frac{2}{3}$ Hz。在 50Hz 的电源上，一般只用功率较小的微型电机。

在原理方面，单相交流整流子电机与三相交流整流子电机有所差别，它没有旋转磁场，而只有脉振磁场。

由于交流整流子电机（包括三相和单相）的共同特点是调速范围大、角速度高。换向比直流机还困难，所以应选用换向性能很强的电刷，而且电刷还应具有良好的滑动接触特性，易于建立氧化膜等特点。近几年来电炭制造厂家专为交流整流子电机研制了几个型号的电刷，如 D374L、S、S5、S6、S9、S201 等，使用效果较好。

13.5　小型电机用炭电刷

使用炭刷的整流子电机相对其大小和质量而言，具有输出功率大的特点。在直流方面用于汽车（电装）电机，在交流方面主要用于吸尘器和电动工具电机。因为交流电源一般为 100~240V 的高电压，因此，基于换向性能和抑制火花的目的，一般选用电阻率较高的炭刷材质。

13.5.1 汽车电机用的炭刷类型

如图 13-22 所示，汽车上有很多电机，不同的电机需要使用与其性能相适应的炭刷。特别是近年来，基于便利性和舒适性的考虑，汽车上辅助类的电机越来越多，1 台高级轿车所需要的炭刷甚至超过了 100 只。由于汽车电机的电源是由电池供给的 12~24V 低电压，为了尽量减少电损，通常使用电阻率较低的含铜的金属石墨质炭刷。主要的汽车电机用的刷如图 13-23 所示。

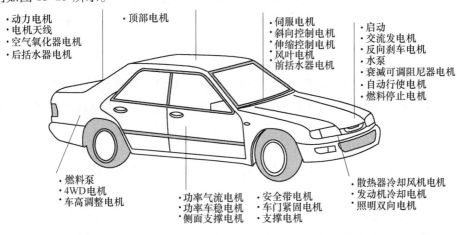

- 动力电机
- 电机天线
- 空气氧化器电机
- 后括水器电机

- 顶部电机

- 伺服电机
- 斜向控制电机
- 伸缩控制电机
- 风叶电机
- 前括水器电机

- 启动
- 交流发电机
- 反向刹车电机
- 水泵
- 衰减可调阻尼器电机
- 自动行使电机
- 燃料停止电机

- 燃料泵
- 4WD电机
- 车高调整电机

- 功率气流电机
- 功率车稳电机
- 侧面支撑电机

- 安全带电机
- 车门紧固电机
- 支撑电机

- 散热器冷却风机电机
- 发动机冷却电机
- 照明双向电机

图 13-22　汽车电机

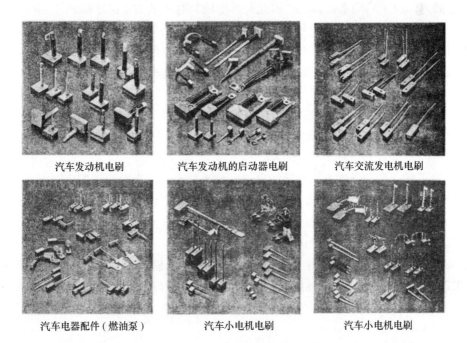

| 汽车发动机电刷 | 汽车发动机的启动器电刷 | 汽车交流发电机电刷 |
| 汽车电器配件（燃油泵） | 汽车小电机电刷 | 汽车小电机电刷 |

图 13-23　汽车电机用的炭刷

为了顺应环保及降低燃料能耗的要求，有必要推进汽车各个部件的轻量化设计。电机也不例外，除了小型化、轻量化之外，也要求在性能上有所提高。对于刷而言，则提出了小型化、轻量化、耐高温、耐磨耗、低成本等更为严格的要求。

人们为此做了大量的工作。例如就耐磨耗而言，在生产汽车发电机等用的炭刷时，把焙烧温度控制在黏结剂的炭化温度以下，有意残留一部分黏结剂，使用时可以把因摩擦发热而产生的有机物当作润滑剂而利用，特别在低温时可以提高其耐磨耗性；用于燃油泵电机的炭刷一直浸泡在汽油等燃油中，若在生产这种炭刷时添加炭纤维，可极大地提高其耐磨耗性。

另外，随着近年来轿车静音化的推进，要求降低汽车空调风扇电机用炭刷的摩擦噪声。为此，使用多孔性组织的炭刷材料，通过降低其弹跳性而减少摩擦振动的做法也在实验之中。

13.5.2　汽车拖拉机电机用电刷的选择

汽车所用电机有如下几种：发电机（包括直流发电机、硅整流发电机）；启动机；辅机电机类（包括暖风电动机、刮水电动机，玻璃升降、座位移动电动机，油泵电动机，洗涤器电动机等）。各种电机的特点不同，因而所选用的电刷也不相同。

13.5.2.1　汽车启动机

应用汽车启动机的目的在于启动汽车发动机。为了适应于启动机的特点，对汽车启动机用电刷有如下几点要求：

（1）首先要求电刷能适应于低电压大电流。启动机的蓄电池组的电压都较低，一部分为 6V，而大部是 12V 或 24V。对于启动机来说，还要求它具有低速时高转矩的特性和瞬时过载能力。由于启动电流极大，因此要求电刷具有较低的接触压降和接触损耗。

（2）其次是要求启动机具有较高的启动力矩，启动力矩太小，发动机无法启动。解放牌汽车启动机，要求其启动力矩不小于 26N·m。近年来有些电机制造厂家欲将启动力矩适当降低，而将转速提高。在其他条件都一定时，降低电刷接触压降和电气损耗，可以提高启动力矩。

（3）要求电机具有较长的使用寿命。过去国内一些厂家规定启动次数不得少于 5 万次，对于 5 马力❶以上的大型启动机的启动次数不得少于 5000 次，并希望电刷的寿命还能有所提高。

（4）为了保证振动条件下滑动接触良好，要求整流子有光滑清洁的接触表面。表面粗糙度 R_a 不高于 0.8μm，同时要求刷盒的强度要高，在振动和受热的条件下不变形，以保证电刷与整流子的良好接触。同时电刷与刷盒的配合间隙要适当，弹簧压力要适当提高。

（5）要求电刷在运行时的噪声小。

根据上述这些要求，目前主要可选用如下几种电刷：J204、J102M（单个成形）、J103、J205。部分进口汽车启动机除可选用上述几种型号外，还可选用 J151、J113. J210 等型号。

---

❶　1 马力 = 735.49875W。

13.5.2.2 汽车发电机

蓄电池充电用发电机，大部分都已改用交流发电机。但直流发电机仍然有一些还在继续使用。充电发电机都是通过皮带由发动机带动的，速度波动范围很大，因此选择电刷材质时要非常慎重。

近年来，为了减轻司机的负担，在汽车上应用的辅助电机的种类也增加了，这就要求增加发电机的容量，同时为了解决由于汽车增多使道路拥挤的现象，要求提高电机的空载功率。而交流发电机，因为是把三相交流发电机和六个硅二极管组成三相全波整流器，所以其效率、低速时的出力、寿命、维修保养等都比直流发电机为优。电刷使用在滑环上（供励磁用）。由于不需整流，所以选用电刷就比较简单。通常，用于交流发电机滑环上的电刷的使用寿命比用于直流发电机整流子上的电刷的寿命高 2 倍以上。

目前直流发电机上可选用 D213、D252、D104，个别的如 F66 发电机选用 J220 或 J203，还有少数发电机如 TE21 型则选用 J201。交流发电机常选用 J201，还有的选用 J206。

暖风电动机常选用 J204；而刮水器电动机要具有一定的转矩和低的电刷噪声，常选用 J204（适用于 ZD74 A 型电机）或选用 J151（适用于 ZD30A 和 ZD31 型电机）；玻璃升降、座位移动电动机常选用 J101 电刷；油泵电动机常选用 J204；洗涤器电动机用电刷，尺寸接近微型电机用电刷，多数是将电刷直接固定在磷青铜弹簧片上使用。

各类型电机应选用电刷的材质可参看表 13-16。

表 13-16　电机的种类和相应的电刷材质

电机种类		电化石墨质	天然石墨质	金属石墨质（金属含量）/%		
				< 50	50 ~ 75	> 75
启动电动机	612V				○	○
	24V			○	○	
直流发电机		○	○	○		
交流发电机	不锈钢滑环			○	○	
	铜滑环	○	○	○		
暖风电动机			○	○	○	
刮水器电动机				○	○	○
洗涤机电机					○	○
玻璃升降、座位移动电机					○	○
油泵电动机				○	○	○

随着汽车性能的不断改进，对电刷提出了更高的要求，主要有：

（1）尽量降低电刷的磨损，延长使用寿命。由于汽车（特别是拖拉机）的工作条件，有的学者认为，电刷的磨损近似于粉尘磨损，加之发动机室的温度较高，整流子和滑环表面光洁度不够，就成为电刷磨损增大的主要原因。

（2）降低电刷运行的噪声。随着发动机性能的提高和噪声的降低，电刷运行时的噪声就突出了。这种电刷运行时的噪声是由机械性原因和电气性原因所引起的。

引起电刷产生噪声的机械性原因，一般认为是电刷和刷盒之间，或电刷和整流子（或滑环）之间由于冲击引起的噪声和电刷在整流子（或滑环）上滑动的摩擦声。有报告说，当整流子偏摆达 0.04mm 时电刷噪声为 73dB；当偏摆降为 0.01mm 时，噪声则低于 49dB。摩擦系数大的电刷，噪声是 78dB；而摩擦系数小的电刷，其噪声则低于 54dB。

降低电刷噪声的方法，一般是提高整流子或滑环的同心度和表面光洁度；适当保持电刷与刷盒以及刷盒与整流子刷滑环之间的间隙。图 13-24 是电刷与刷盒之间的间隙与电或噪声的关系。

另外，小角度前倾式电刷容易引起电刷振动而发生噪声。相反，辐射式，特别是后倾式电刷，其运行时的噪声比较小。电刷运行时噪声随倾斜角度而变化的情况如图 13-25 所示。

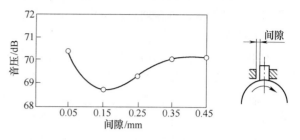

图 13-24　电刷与刷盒间之间的间隙与电刷噪声的关系

在汽车拖拉机电机上，使用 ЭГ13、ЭГ13П 牌电化石墨刷，用于直流发电机和电动机；此外，还使用 M1 牌铜-石墨电刷，用于直流发动机、摩托车发电和电动启动器；96 牌电刷用于直流电动机；МГС5 牌电刷用于电动启动器。这些电刷的性能数据列于表 13-17～表 13-20。

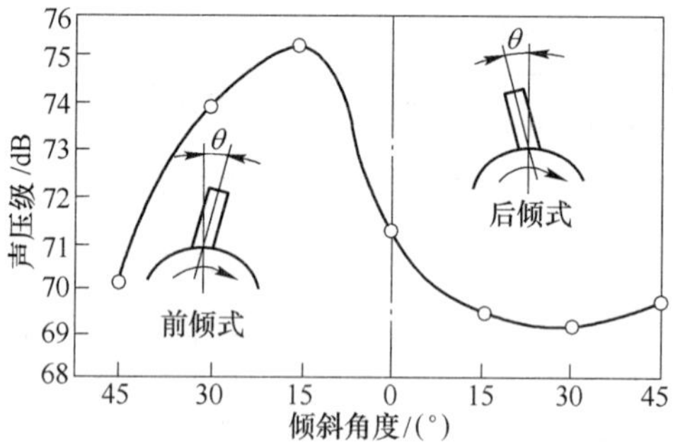

图 13-25　电刷倾斜角度与噪声的关系

表 13-17　导线由电刷体中抽出的极限力
（根据 ТОСТ 12919—67）

电刷牌号	电刷长度/mm	电刷宽度/mm	
		5～63N	63～125N
96	5.0～6.3	≥3	—
M1	6.3～8.0	≥2	—
96	6.3～8.0	—	≥5
M1		≥4	—
ЭГ13、ЭГ13П、МГС0	8.0～12.5	—	≥7
МГС5、ЭГ13、ЭГ13П		—	≥10
МГС5	16.0～20.0	—	≥7
	20.0～25.0	—	≥12
	32.0	—	≥12

表 13-18　汽车拖拉机电机用电刷的特性（根据 ТОСТ 12919—67）

电刷的类型和牌号		物理力学性能			整流子性能			整流子实验的制度				
		硬度/MPa	比电阻/μΩ·m	灰分/%	每对电刷的接触电压降/V	磨损/mm	摩擦系数	整流子型号	压强/kPa	电流密度/A·cm⁻²	圆周速度/m·s⁻¹	实验时间/h
电化石墨刷	ЭГ13	80～300	20～38	≤0.8	1.2～2.5	≤0.40	≤0.25	CK	76～84	20	25	20
	ЭГ13П	80～300	20～38	≤0.8	1.3～2.7	≤0.35	≤0.25	CK	76～84	20	25	20
铜-石墨电刷	M1	80～250	2～6	—	1.0～2.0	≤0.18	≤0.25	BK	15～30	15	15	50
	96	120～3200	0.8～6.0	—	0.3～1.6	≤0.40	≤0.18	CK	76～84	30	25	20
	МГС5	60～150	2～15	—	0.7～1.9	≤0.40	≤0.22	BK	15～30	15	15	50
	МГС0	140～4500	0.1～0.3	—	0.1～0.5	≤0.60	≤0.25	BK	15～30	20	15	50

注：ЭГ13、ЭГ13П 牌电刷的硬度和比电阻在浸渍之前测定。

表 13-19 汽车拖拉机电机用电刷的使用寿命（根据 ГОСТ 129129—67）

电刷牌号	寿命（时间或启动器接通次数）	做寿命试验的电机型号	实 验 制 度						
			电压/V	电流强度/A	转速 /r·min⁻¹	启动器一次接通的时间/s	整流子或滑环的径向振摆/mm	邻近整流子片之间的跌差/mm	实验之前对电刷的压强/kPa
ЭГ13	1000h	Г-214А-1	13.8 – 14.8	7 ± 1	3500 – 200	—	≤0.03	≤0.010	60 ~ 90
ЭГ13П	1000h	Г-108	12.5 – 15.0	15 ± 1					
МГ	1000h	Г-108	12.5 – 15.0	20 ± 1	3000 – 200	—	≤0.03	≤0.005	60 ~ 80
С5	1000h	СТ-103	14.5 – 15.6	20 ± 1	3000 – 200	—	≤0.03	≤0.005	60 ~ 80
МГ	接通9000次	СТ-15	8.7 – 9.3	600 ± 50	—	≤1.5	≤0.7	≤0.015	30 ~ 45
СО	接通100000次	（СТ-8）	13.8 – 14.8	250 ± 15	—	≤1.5	≤0.06	≤0.015	50 ~ 75
М1	3000h	Г-250		28 ± 1	3000 +200	—	≤0.04	—	50 ~ 80

注：1. 径向振摆和相邻整流子片之间的跌差应在装配完好的电机上于非工作部分进行测量，并在整个使用期间保持在规定的范围之间。

2. 在电刷试验之前，要进行整流子半径磨合运转。

3. 在 Г-214А-1 电机上做寿命试验，须以不同的电流强度交替进行：7A（16h），15A（7h）。

表 13-20 电刷体和导线之间的接触电阻（根据 ГОСТ 12919—67）

电刷横截面面积/cm²	0.2 ~ 1.0	1.0 ~ 2.0	>3.0
接触电阻/mΩ	≤5.0	2.0①	≤1.25①

① 在将导线压入电刷体内并使用铜粉的情况下，容许使接触电阻增大到5mΩ。

13.5.3 家电电机用的炭刷

13.5.3.1 吸尘器与洗衣机及电风扇电机电刷

与其他电机相比，吸尘器电机的转速较高，过去所用的炭刷一般采用电阻率较高的烟灰（炭质）系列的人造石墨质、润滑性能较好的炭石墨质，或浸渍于石蜡、油类等润滑剂的炭质材料。但是图 13-26 所示的是部分家电和电动工具用的炭刷由于对吸尘器电机更加小型化和强吸力的要求，设计上电机的风叶越来越小，而转速则越来越高，特别是电机的

工业机器用电刷

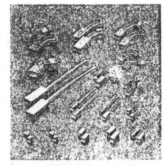
家用电器电刷

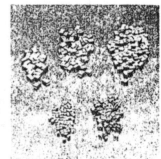
微型电刷

图 13-26 部分家电和电动工具用的炭刷

转速达到了 40000r/min 以上的超高速。在这种高转速的条件下，即使在炭刷上采用以往浸渍过的人造石墨质或炭质，要维持炭刷和整流子的正常电气接触也变得非常困难。因此，现在主要使用树脂结合质的炭刷。树脂结合质的炭刷是采用润滑性能好的石墨为基材加以热固性树脂的黏结剂的材料。工艺中不对树脂进行高温炭化处理（处于固化状态）。由于温度的上升树脂多少会软化，如图 13-27 和图 13-28（测定材质：树脂结合质、体积密度为 1.45、电阻率为 $360\mu\Omega \cdot m$）所示炭刷的硬度和强度也会降低。因此，使用中由于温度的关系炭刷的强度虽然会降低，但由于弹性系数也随着降低，可获良好的追随性。

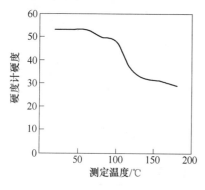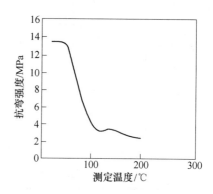

图 13-27　树脂结合质材料的硬度　　　　　图 13-28　树脂结合质材料的抗弯强度

　　另外，为了提高吸力，电机设计上有不断提高输入功率的趋势，但是随着输入功率的提高，炭刷的电流密度也随之增大，产生了炭刷和整流子的温度大幅度上升这样的问题。温度大幅度上升会加大炭刷的磨耗，整流子容易产生变形、并因此带来整流性能不良等重大问题。为了解决这个问题，设计并采用了在炭刷表面镀铜，或在炭刷内部埋入镀银铜粉芯等方法。由于这种电阻率低的良导体材料的设计，降低了炭刷的电压降，也降低了温度的上升。其断面图如图 13-29 和图 13-30 所示。

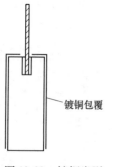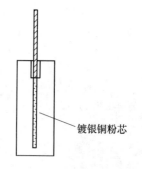

图 13-29　镀铜炭刷　　　　　　　　　图 13-30　镀银铜粉芯炭刷

　　最近，在电机设计上增加了根据其使用状况可以调整吸尘器吸力的输入功率控制功能。在输入功率可控的情况下，电机的输入电压无法形成正常的正弦波，这样往往会增加炭刷的磨耗量。这也是今后吸尘器开发应考虑的。

13.5.3.2 微型电机电刷

一般照相机、摄像机、计算机、笔记本电脑、传真机、AV 器械、OA 器械等使用的微型电机的电压比汽车电机的电压更小，对所用炭刷的效率提出了特别的要求，所以多使用金属石墨质炭刷。所用金属除铜以外，出于抗氧化性和降低接触电阻的考虑，也使用银、金等贵金属。由于这些电机小，所用的炭刷也很小，需要在成型、加工方法及弹簧的组装方面多下工夫。另外，有些微型电机不使用石墨炭刷，而使用纯金属电刷。

13.5.3.3 其他电机电刷

电风扇和洗衣机也是用量很大的家用电器，其电刷的用量也是很大的。

小型整流子电机也普通被用于榨汁机、电动缝纫机、电吹风、按摩机等家电产品，另外，还有很多家电产品都用电刷。由于这些产品更重视产品的成本，炭刷多采用成型性能较好的天然或人造石墨为原料，并采用产压成型。所谓立压炭刷，就是在压机成型时，在炭刷的长度方向上加压，用模具控制产品的尺寸，不需要后续加工；同时也可以将导线一次埋入成型，这样就可以降低产品的成本。立压炭刷也有不足之地，即和横压炭刷相比，其整流性能和耐磨耗性能较差，也难以压制长度较长的炭刷。

13.5.3.4 电刮刀用电刷

电刮刀使用的电刷应具备以下特性：

硬度 H_Φ：11~35；

比电阻：8~15$\mu\Omega \cdot m$；

灰分：不大于 1.0%；

电刷的整流特性应符合下列要求：

接触电压降：2.6V；

摩擦系数：0.23；

容许电流密度：2A/cm^2；

压强：20~30kPa；

线速度：15m/s；

角速度：18000r/min 以内。

电刮刀石墨电刷的类型和规格见图 13-31、图 13-32 和表 13-21。

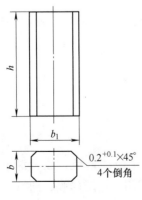

图 13-31　K—1 型电刷

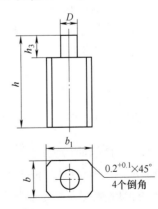

图 13-32　K—14 型电刷

表 13-21　电刮刀用电刷的规格（前苏联）

电刷型号	b/mm		b_1/mm		h/mm		h_3/mm		D/mm	
	额定	容许误差	额定	容许误差	额定	容许误差	额定	容许误差	额定	容许误差
K—1	2.5	-0.03	4.0	-0.03	$8 \sim 10$	± 0.3	—	—	—	—
		-0.09		-0.11	9	± 0.3	—	—	—	—
K—5 *	2.7	-0.03	4.1	-0.03						
		-0.09		-0.11						
K—14	3.2	-0.03	4.0	-0.03	$8 \sim 10$	± 0.3	2.3	$+0.2$	2	-0.2
		-0.09		-0.11						
K—14 *	3.0	-0.03	1.3	-0.03	8.5	± 0.3	2.3	$+0.2$	2	-0.2
		-0.09		-0.04						

注：K—1 * 和 K—14 * 型电刷允许用于 1967 年 1 月 1 日前设计并投产的电刮刀。

13.5.4　电动工具电刷

　　电动工具电机一般采用电阻率较高的炭质或炭石墨质的材料。输入功率高的电机也有用炭黑系列的人造石墨质材料。

　　电动工具电机要求炭刷对整流子磨损小，不能使整流子表面毛糙化。这是因为一台电动工具往往要数次更换炭刷，当电机整流子的表面变得毛糙时，更换后的炭刷使用寿命就很短。同时，炭刷磨损变短后，压在炭刷上的压力就会变低，导致整流效果差。为了防止炭刷变短产生的异常磨损，也有在炭刷内装置绝缘棒阻断电流的做法。

　　最近，出于使用安全的考虑，内装电磁刹车的电动工具有增加的趋势。即在磁体上设计有刹车功能的线圈，当电机停止时，电路转变到这个线圈，把转子转动的启动力转变为制动力。带刹车功能的电动工具要求炭刷对整流子的皮膜有调整作用。就是说，如果整流子的皮膜过剩，会分散刹车制动电流，不利于刹车；反之，如果整流子的皮膜不足，会影响润滑性能，引起炭刷和整流子的磨损增大。

　　另外，电动工具还要求炭刷引起的电源波扰动和辐射波扰动要小。为满足这个要求，在开发整流性能好的炭刷的同时，也采用浸渍的方法降低波扰。

　　对于冲击电钻和电锤等振动大的电动工具而言，炭刷易发生崩角、侧面磨损等问题，需要使用强度较大的炭刷。

13.6　电刷的使用性能

13.6.1　电刷的滑动接触

13.6.1.1　接触面的构造

　　在电刷与换向器或集电环的滑动接触中，其表面所生成的褐色，或者深紫色、浅蓝色、咖啡等色的薄膜层，在电刷的运行过程中起着重要作用。这层薄膜，通常称为"氧化膜"。

　　这层薄膜主要由两部分组成：其一是与基体金属结合在一起的金属氧化物和金属氢氧

化物，称为氧化薄膜；其二是炭素薄膜。炭素薄膜是由在运行过程中从电刷上析出的极其细小的炭-石墨粒子、电刷材质中所含的不纯物、空气中浮游的尘埃以及被吸附的水分和氧气所组成。

对于换向器，氧化薄膜主要是氧化亚铜、氧化铜。它的电阻很大，按触电压降大，有利于提高换向性能。但如果厚度过大，则对集电性能产生不良影响。霍耳姆（R. Holm）经研究认为，当外加电压小时，这层薄膜好像绝缘材料几乎不流通电流，当电压增大到一定值后，电流才急剧流通。霍耳姆称此现象为"击穿"（Fritting）。此时的电压称为击穿电压（以下用 U_F 表示）。氧化亚铜薄膜厚度与击穿电压的关系，示于图13-33。

由图13-33可见，氧化薄膜越厚，其所需击穿电压越高，对集电性能的影响就越大。其薄膜厚度在一般情况下可根据颜色来判别，膜越厚、颜色越深，U_F 越大。

炭石墨质薄膜在改善摩擦和磨损方面起着重要作用。下面主要以换向器薄膜为例来进行说明，其构成如图13-34所示。

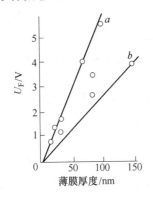

图13-33　击穿电压与薄膜厚度的关系

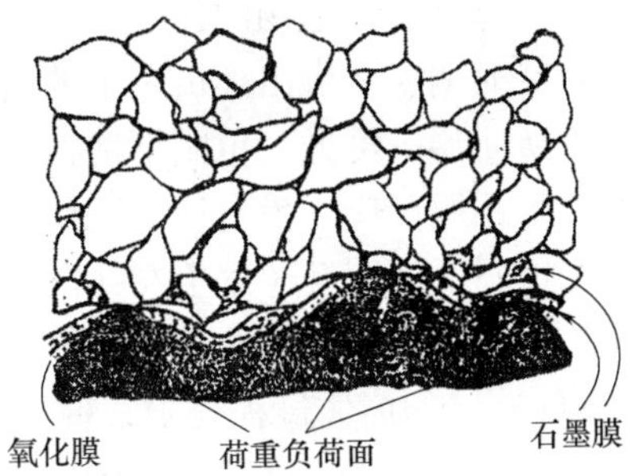

氧化膜　　荷重负荷面　　石墨膜

图13-34　氧化膜的构成

在换向器铜表面上有一层氧化薄膜，在氧化薄膜上面还有一层不规则的炭石墨和各种氧化物的薄膜。这一观点已多次被证明，而且赫斯利尔（Hessber）还第一次实际测到了保护膜的厚度，其结果如表13-22所示。

表 13-22　换向器薄膜分析结果

层别	物　　质	含量/%	平均厚度/mm
下层	氧化亚铜、氧化铜	65.8	2.1×10^{-5}
上层	炭-石墨	22.1	
	二氧化硅、三氧化二铝、三氧化二铁、氧化钙	12.1	3.3×10^{-5}

这层石墨质薄膜具有良好的减磨性能，这是由石墨的晶体结构所决定的。

13.6.1.2　氧化膜的动态平衡

氧化膜在正常运行的直流电机中处于动态平衡状态。换向片不断回转于不同极性的电刷下，当换向片是阳极时，铜就被氧化，氧化膜厚度增加，电阻增大；当换向片是阴极时，氧化铜又有部分被还原，氧化膜的电阻就减少。随着电机的运转，不断有石墨粉剥落到换向器或集电环上。同时又由于负电刷的清除作用，氧化膜上堆积的石墨结晶和炭粒子又不断被磨除，即氧化膜在直流电机运行过程中不断形成，又因机械和电气磨损而不断遭到破坏，所以氧化膜是一种性质活泼的物质。当生成的速度大于破坏的速度，氧化膜就越来越厚，此时就要采取措施，例如采用摩擦系数大的电刷来增加氧化膜的破坏速度；当氧化膜的生成速度小于破坏的速度时，就要创造一些有利于生成氧化膜的条件，例如采用易于生成氧化膜的软质石墨电刷等。总之，要使氧化膜的生成与破坏维持在平衡状态下，才能保证电机的正常运行。

13.6.1.3　氧化膜的颜色

由于电机运行条件不同，因而氧化膜的颜色也不一样。从前，一般认为氧化膜的颜色以巧克力色为好。但最近人们认为比巧克力色略微明亮点的氧化膜是理想的。总之，不管氧化膜的颜色是紫色、红褐色、浅蓝色、灰色还是咖啡色，只要色调均匀，有光泽，薄膜稳定，没有条痕和烧痕，氧化膜就是正常的，颜色深浅并不重要。

13.6.1.4　影响氧化膜形成的因素

氧化膜的形成与很多因素有关，如负荷的大小，电刷的材质、温度、湿度、换向火花和周围环境等。温度较高、湿度较大时对建立氧化膜较为有利。采用润滑性能好的电刷，并通以适当的稳定的电流对形成氧化膜也有好处。周围环境对氧化膜的形成和维持也有很大的影响。

当电机运行在正常湿度的空气中时，水分在电流的作用下开始电解，这时形成的氢正离子和氧负离子在强电场的作用下分别移向正负极。氧离子在正刷的接触面上析出，氢离子在换向器的铜表面析出。负刷下的情况正好相反，氢的离子奔向刷体的接触面，而氧的离子移向换向器。可见，负刷下的换向器工作面受到了氧化（发暗），正刷下的换向器工作面发生了还原反应（发亮）。上述两个过程中氧化占优势，因为氧化过程不仅发生在换向器处于负刷下，而且还发生在换向片运动到两相邻刷架之间的时候。除运行中的换向器工作面从大气中吸取氧之外，氧还穿过 Cu_2O 层，进一步将换向器的铜氧化。铜的氧化过程与 Cu_2O 外层的消失过程处于某种动态平衡，所以换向器滑动面上覆盖一层氧化膜。这一层氧化膜和由电刷剥落下来的炭石墨粉以及周围环境渗进去的杂质共同组成了换向器亮膜，即氧化膜。

如果运行条件遭到破坏，例如空气中的湿度很低，或者运行时有强烈的火花，使水分蒸发而导致电解过程终止，这样氧化膜的状态也将发生变化，摩擦和磨损将加剧。如果大气中含有硫化氢气体，氧化膜中将出现硫化铜成分，这种氧化膜很厚，与换向器铜结合得也很牢固。尽管硫化铜的导电性比 Cu_2O 好，但这种氧化物可完全破坏滑动接触部件的正常运行。用铁制作的换向器可用于硫化氢的气氛中，因为对硫化氢来说，铁是惰性的。当周围的大气中有氯气存在时，氯与水汽化合生成盐酸，可除去 Cu_2O 层，也可除去沉积在氧化层上面的炭石墨层。电刷在氨的气氛中运行，也有类似情况出现。上述几个例子说明了电机运行周围的气氛对氧化膜建立的影响。

13.6.2　电刷滑动接触时的导电机理与电压降

13.6.2.1　导电机理

电刷与换向器之间滑动接触的物理过程很复杂。尽管电刷和换向器在加工时都力求其表面光洁度高，但是实际上从亚微观结构看，表面还是凹凸不平的，使得两滑动表面总是在个别点上接触。实践观察到的现象也证明了这一点。加之电机在运行过程中，由于电刷和刷握间存在间隙，又由于刷握的固定部件在应力作用下的微小变形，都会使电刷面的曲率半径稍大于换向器的曲率半径，因而在电机运行过程中，与换向器接触的并不是全部电刷面，而是发生在很小的点或很小的面积上。况且大部分真实接触面又被氧化物或其他的绝缘物覆盖着，直接进行导电接触的面积就更小了。

由于换向器的旋转，电刷与换向器的机械磨损和接触点因通过高电流密度发生高热而引起气化作用，使真实接触点不断转移，所以电刷和换向器之间任何一点的接触都是短时的，接触点是经常不断变化的。

在有负载电流时，电流的传导机理如下。

(1) 电流通过电刷与换向器氧化膜直接传导。前已述及，由于氧化膜的电阻率很高，所以通过接触传导方式传送的电流很微小，实际上可以忽略不计。但是这种接触传导方式对于氧化膜的形成起很大作用。因为在这种接触传导时，使电刷和换向器之间产生电离、电解等化学过程，促成了氧化膜的形成。

(2) 电刷和铜的直接接触导电。当加在电刷与换向器接触面上的电压低时，氧化膜像绝缘材料一样，几乎不导电。当电压升高到一定值时，电流急剧流通而接触电压下降。前已述及，霍耳姆称这种现象为击穿，此时的电压称为击穿电压。当电流进一步增大时，电压降大致一定。由于氧化膜的击穿，这时电流的传导方式是从电刷到铜的直接传导。

(3) 场致放电和离子导电。当氧化膜被击穿后，如电流在接触点进一步增加，很高的电流密度将使接触点因电流过大而局部发热直到红热，铜和石墨在红热时将阳极化而发生热游离。当局部发热到白热化时，将引起正离子发射和电子发射，逸出的电子和接触面的空气相碰撞，将其离子化，造成场致放电和离子导电。

13.6.2.2 接触电压降

电刷与换向器之间的接触电阻由两部分组成：换向器铜和氧化膜之间的接触电阻以及氧化膜本身和电刷之间的接触电阻。因而电刷和换向器之间的滑动接触电压降随着氧化膜状态的不同而波动。电压降的大小与许多因素有关，如电流密度、电流的方向、电刷压力、温度、湿度以及圆周速度等，简述如下。

(1) 接触电压降与电流密度的关系。滑动接触面上氧化膜的厚度随电流增加而呈非线性增加，因而接触压降也相应增加。开始时，电刷的接触压降随着电流密度的增加接近于直线上升，当电流密度继续增加时，接触压降增加的速度慢慢降下来，最后趋于一个恒值。这种变化规律是由滑动接触的特性所决定的。因为当压降达到一定值时（击穿电压），氧化膜发生了击穿，所以尽管电流密度继续增加，电刷的接触压降却趋于恒值，如图 13-35 所示。

电刷接触压降与电流密度的关系曲线通常称为电刷的伏安特性曲线。

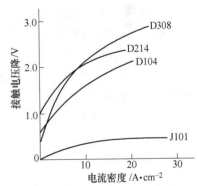

图 13-35 电刷压降与电流密度的关系

(2) 接触压降与电流方向的关系。正电刷的接触压降比负电刷大，这是由滑动接触过程中电化学现象决定的（图 13-36）。

(3) 接触压降与温度的关系。当温度增加时，电刷接触压降就降低，在 $80 \sim 100℃$ 时为最低，这是由氧化膜具有类似半导体的负电阻温度特性所决定的。但当温度继续升高时，氧化膜的动态平衡发生了变化，氧化膜变得粗厚，接触压降又开始增加，如图 13-37 所示。

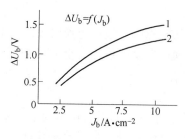

图 13-36　接触压降与电流方向的关系

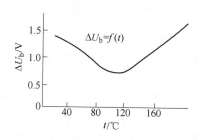

图 13-37　接触压降与温度的关系

（4）接触压降与电刷压力的关系。接触压降在电刷压力增加时，开始时下降，但当压力增加到某一值时，接触压降几乎维持不变。弹簧压力减少到一定值时，接触压降就不稳定（图 13-38）。

（5）接触压降与圆周速度的关系。当换向器圆周速度在一定范围内时，接触压降可以认为是一个常数。但当圆周速度超过某一值时，接触压降逐渐增加，但幅度不大，如图 13-39 所示。

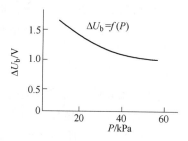

图 13-38　接触压降与电刷压力的关系

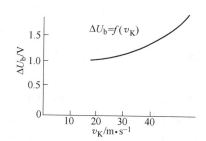

图 13-39　接触压降与圆周速度的关系

（6）接触压降与电刷材质的关系。电刷接触压降随电刷材质不同而异。一般电阻率较大的电刷，其接触压降也较高。至于电刷材质的电阻对接触压降的影响程度，随电刷材质的不同而有较明显的区别。金属石墨电刷中金属含量越高，电阻越小，接触压降也就越低，电刷的伏安特性曲线越趋于直线，表现出纯电阻的性质。电化石墨电刷的电阻率对接触电压降的影响相对比较小。西德森克-埃贝公司实验室进行过这样的试验：将电阻率分别为 $50\mu\Omega\cdot m$、$35\mu\Omega\cdot m$、$15\mu\Omega\cdot m$ 的电化石墨电刷，在同一台电机相同条件下进行试验，其接触压降之比仅为 1.3:1.2:1。可见，电化石墨电刷的电流密度与其接触压降并不成正比（图 13-35）。

总的看来，金属石墨刷的接触压降较低，电化石墨刷次之，高阻天然石墨刷为最高。

（7）接触压降与湿度的关系。接触压降随湿度的增加而增加。因为湿度增加促进了电解过程，使氧化膜变厚，压降增加，如图 13-40 所示。

13.6.3　电刷的摩擦与磨损

众所周知，电刷与换向器或集电环之间存在着摩

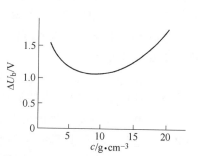

图 13-40　接触压降与湿度的关系

擦，这是引起电刷、刷盒、换向器或集电环温度上升、电刷振动和磨损的主要原因。而这种摩擦力的大小，在电刷压指压力一定时，则取决于摩擦系数。

13.6.3.1 电刷的摩擦系数

电刷的摩擦系数与换向器或集电环的表面状态、电刷材质、周围的温度、湿度和介质等情况有很大关系，现分述如下。

（1）摩擦系数与电刷材质的关系。前已述及，石墨本身是一种很好的固体润滑剂，所以石墨含量较高的电刷，其摩擦系数都较低，润滑性能都较好。

二硫化钼也是一种很好的固体润滑剂。其他还有碘化铅、氧化铅、锡等加入电刷来提高其润滑性能。

对于炭石墨电刷，所用原材料和制造工艺对摩擦系数都有很大影响，摩擦系数随石墨化程度而变化，当石墨化程度高时，晶格转化彻底，润滑性能就变好，如图 13-41 所示。

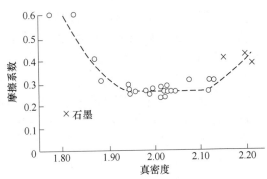

图 13-41　电刷的真密度和摩擦系数的关系

由图 13-41 可以看出，随着电刷真密度的增加（即随着石墨化程度的增加），其摩擦系数急剧下降。当真密度到 1.95 ~ 2.10 时，摩擦系数达到最低值。但当真密度到 2.25 左右时，摩擦系数又增大起来。霍耳姆指出石墨化程度达到极限时电刷摩擦系数增大的原因：在炭素结晶小的场合，在滑动面上，结晶的小鳞片成棱角状立着，摩擦系数较大。进行石墨化时，结晶格子一长大，在滑动面上石墨晶格按照 011 面排列着（即层面），易于滑动，使摩擦系数变小，随着石墨化程度的进一步提高，结晶容易定位，因而滑动面上没有氧化物，致使难于附着水分的石墨和石墨相接触，因而使摩擦系数又变大。

沥青焦炭基电刷的摩擦系数几乎恒定，与运转时间关系不大；而石墨基电刷的摩擦系数随运转时间的推移而增大。总之，因电刷的原材料、配方、制造工艺的不同，其摩擦系数也不同。

（2）接触面的状态对电刷摩擦系数的影响。表面光洁度直接影响摩擦系数，换向器或集电环的表面光洁度越高，电刷与它们之间的摩擦系数越低。换向器或集电环表面的表面粗糙度 R_a 应小于 0.40 μm。

具有表面氧化膜的摩擦副，摩擦主要发生在膜层内。在一般情况下，由于表面氧化膜的塑性和机械强度比金属材料差，在摩擦过程中膜先被破坏，特别是氧化膜上面附有一层石墨膜时，更是如此。因而使金属表面不易发生黏着，使摩擦系数降低，磨损减少，所以，换向器或集电环表面氧化膜的状况对摩擦系数的影响很大，氧化膜状况好（厚度适中均匀且有光泽），摩擦系数就低，反之，摩擦系数就高。

在摩擦表面涂覆软金属（铟、镉、铅等）时，也能有效地降低摩擦系数，其中以镉对摩擦系数的影响最为明显，所以一般最好以镉铜作为换向器的材料。

（3）电刷弹簧压力对摩擦系数的影响。众所周知，在弹性接触的情况下，由于真实接

触面积与所承受的压力有关，摩擦系数将
随着压力的增加而越过一极大值。当压力
足够大时，真实接触面积变化很小，因而
使摩擦系数趋于稳定，如图 13-42 所示。
图 13-42 是在速度为 15m/s 的短路整流子
上测得的。

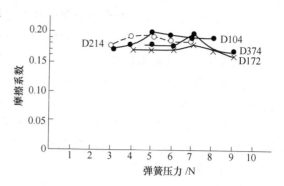

图 13-42　弹簧压力与摩擦系数的关系

（4）滑动进度对摩擦系数的影响。
一般情况下，随圆周速度的增大，摩擦系
数将减小，其减小的程度与电刷材质有
关。通常弹性模量大的电刷，随着圆周速
度的增加，其摩擦系数减小的程度也大。这是因为电刷的弹性模量大时，随着圆周速度的
增加，电刷和换向器或集电环的接触不良，因而导致摩擦系数减小，如图 13-43 所示。

在高速电机上，换向性能好的电刷摩擦系数是一定的，几乎与圆周速度无关。

（5）摩擦系数与电流密度的关系。在无电流或者电流密度很低的情况下，由于不能建
立起正常的氧化膜，而使摩擦系数增加，就会造成电刷的抖动和噪声。

（6）温度与摩擦系数的关系。格拉斯（S. W. Glass）发现，集电环表面的温度与电
刷的摩擦系数的关系如图 13-44 所示。由图可见，在 85℃ 左右，摩擦系数急剧降低。并且
认为这种变化是由在此温度下集电环表面极快生成了氧化膜所致。而霍耳姆提出了和格拉
斯相反的观点。霍耳姆认为在此温度下，摩擦系数急剧下降仅是浸渍过石蜡的电刷显示的
现象。因为在这个温度下石蜡熔化，所以摩擦系数就急剧下降。

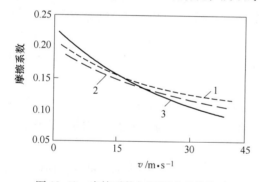

图 13-43　摩擦系数与圆周速度的关系
1—金属石墨刷；2—石墨电刷；3—电化石墨刷

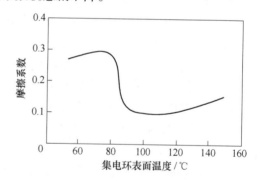

图 13-44　集电环表面温度与摩擦系数的关系

日本的一木利信也对温度与摩擦系数的关系进行了研究。他认为摩擦系数急剧变化的
温度因大气湿度的不同而异。大气的湿度越高，急剧变化的温度也越高。摩擦系数急剧变
化的原因是换向器上生成的氧化亚铜脱水。

（7）湿度与摩擦系数的关系。前已述及，炭石墨材料很容易吸附湿气而增加润滑性能。
相反，石墨在高真空中（即湿度很低）将失去润滑作用，摩擦系数很大；石墨粉在干燥的空气
中（相对湿度在 6% 以下）摩擦将会燃烧；而在湿空气中摩擦时，其摩擦系数为 0.06～0.10。

13.6.3.2　电刷的磨损

电刷的磨损率是电刷工作性能是否良好的重要标志之一。一般情况下，电刷的磨损以

下述三种形态存在：（1）没有电流作用时的纯机械磨损；（2）在有电流作用下的机械磨损；（3）纯电气磨损。

影响电刷磨损率的因素有：

（1）换向器或集电环表面状态的影响。换向器或集电环的表面状态对电刷磨损率的影响很大。换向器或集电环的表面光洁度越高，其摩擦系数越小，电刷的磨损率也越小。所以要尽量降低换向器或集电环的表面粗糙度。我国一般都要求表面粗糙度 R_a 在 $0.80\mu m$ 以下，有些工业发达的国家都在 $0.10\mu m$ 以下。另外，在换向器或集电环的表面上有一层良好的氧化膜，造成边界摩擦条件，对降低摩擦系数、减少磨损很有好处。如果这层氧化膜遭到破坏，电刷的磨损将迅速增加。

选用合适的材料制作换向器或集电环，对减少电刷的磨损也很重要。一般最好选用镉铜来制造换向器；选用硬度高、抗黏着性能好的材料制造集电环。另外，换向器云母槽下刻的正确，换向片修正的规矩等，对降低电刷的磨损都有好处。

（2）弹簧压力对电刷磨损的影响。每一种型号的电刷都有其允许的弹簧压力。弹簧压力小了，使电刷与换向器或集电环的接触不良，这样虽然能降低摩擦系数、减少纯机械性磨损，但电气磨损却大大增加，且易造成火花，这是不允许的。如果弹簧压力过大，虽然电气磨损降低，但机械磨耗增加，总的结果使电刷磨损增大，如图 13-45 所示。

（3）电流的影响。通电时电刷的磨损率要比无电流时大得多。因为电刷与换向器或集电环之间是滑动接触，电流从面积很小的真实接触面上通过，因而使接触面部分的温度比电刷的平均温度要高很多。造成多孔的炭石墨刷体升温而氧化，使联结变弱，导致接触表面部分的炭石墨剥落到换向器或滑环上，因此使电刷的磨损变大。图 13-46 描述了电流与电刷磨损率的关系。一般情况下，炭石墨电刷的负刷（电流从集电环流向电刷）磨耗要比正刷（电流从电刷到集电环）大，如图 13-46 所示。

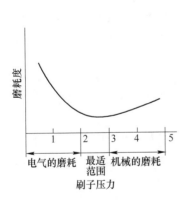
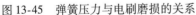

图 13-45　弹簧压力与电刷磨损的关系

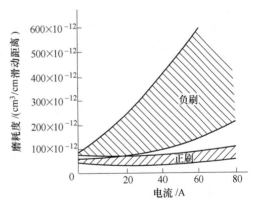

图 13-46　电流及极性对电刷磨损的影响

上述试验是采用 HM6 电刷（压指压力为 7N）在铜集电环上（2500r/min）测得的。

而汤姆逊（J. E. Thompson）的研究报告表明，在钢制集电环的场合下（同样采用 HM6 电刷、5000r/min、压力也为 7N），正刷的磨损要比负刷大，如图 13-47 所示。

铜集电环负电刷磨损大的原因还不清楚。V. P. 赫斯利尔通过显微镜下的照片发现，正电刷的滑动接触面较光滑，负电刷的接触面则较粗糙，这就是负电刷磨损大的原因。另一个原因是电弧的阴极比阳极温度高。

（4）偏心的影响。换向器或集电环的偏心（或振摆）对电刷的磨损是有影响的。偏心越大，磨损越大。金属石墨电刷，其磨损受偏心的影响更大，当偏心达 5/100mm 以上时，磨损急剧变大。因此应严格控制换向器或集电环的偏心，不应超过技术标准。

（5）电刷材质的影响。前已述及，电刷的磨损和摩擦副表面的粗糙度有很大关系。在集电体表面粗糙的情况下，组成电刷的炭素材料所受的局部应力超过其弹性极限时就发生破碎。因而电刷的磨损与炭石墨的宏观硬度及弹性率的综合性能有关。然而，在接触表面非常光滑的情况下，炭的磨损主要取决于其弹性。磨损与弹性率成反比。图 13-48 是兰卡斯特（J. K. Lancaster）的实验结果。直线1、2、3 分别表示炭质电刷、电化石墨电刷和天然石墨电刷的磨损与弹性率的关系。一般情况下，弹性率小、黏性系数大的电刷，虽换向性能良好，但磨损率较高。近年来，电刷制造厂家为了减少电刷的磨损，用一些减磨剂浸渍电刷或者加入到电刷基料中去。

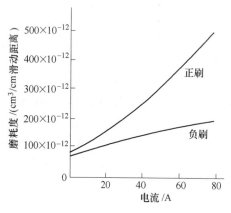

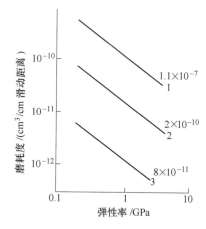

图 13-47　钢质集电环上电刷的磨损　　　　　　图 13-48　弹性率与磨耗的关系
　　　　　　与电流的关系　　　　　　　　　1—炭质电刷；2—电化石墨电刷；3—天然石墨电刷

电刷材质中灰分含量对电刷的磨损影响也很大，特别是灰分的性质，例如，若电刷中含有碳化硅等硬质颗粒时，电刷会发生异常磨损，而且对换向器或集电环的磨损也很严重。

（6）圆周速度的影响。各种型号的电刷都有其允许的最高圆周速度。当超过额定圆周速度时，电刷的磨损率会迅速增加。特别是角速度高的电机，因电刷与换向器接触不良而造成火花，使电刷的磨损急剧增加。

（7）湿度的影响和粉尘磨损。很多研究者都证明，石墨的润滑性能受湿气的影响很大。据资料介绍，石墨在真空中将失去润滑作用，摩擦系数很大。当空气中水分很低时，将发生粉尘磨损（又称磨料磨损）。这是因为空气中湿度很低时，氧化膜失去润滑作用，电刷与换向器或集电环之间的接触面，在摩擦过程中迅速从基体上剥落下来的一些粉粒，破坏了边界润滑条件，变成了磨料磨损（即粉尘磨损）。当空气中湿度低于 $0.3g/m^3$ 时，通常会引起这种粉尘磨损过程。沙瓦基（Savage）认为，当水蒸气压力低于 3mmHg❶ 时

---

❶　1mmHg = 133. 3224Pa。

就能引起粉尘磨损。图 13-49 为沙瓦基的实验结果。

图 13-50 和图 13-51 为一木利信的试验结果。从上述三图中可明显看出磨损与空气湿度和含氧量的关系。

除了湿度低以外，其他有害气体和粉尘对电刷磨损也有影响。

（8）氢气中电刷的磨损。氢气中电刷的磨损明显比在空气中小。图 13-52 是贝克（R. M. Baker）的实验结果。在有火花的场合，氢气中电刷的磨损要比空气中的大一些。特别是在湿度高的场合下其影响更显著。而在没有火花的场合，湿度和磨损的关系如图 13-53 所示。从此图可以看出，湿度越高，对电刷的减磨性越有利。

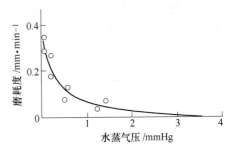

图 13-49 水蒸气压与磨耗的关系

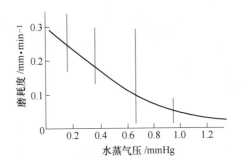

图 13-50 磨耗与水蒸气压的关系

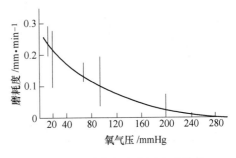

图 13-51 磨耗与氧气压力的关系

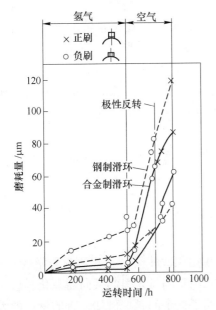

图 13-52 在氢气中和空气中电刷的磨损

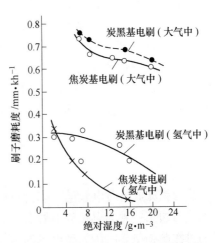

图 13-53 在大气中及氢气中绝对湿度和电刷磨损率的关系

　　（9）硅蒸气的影响。H 级绝缘全封闭的电机，所使用的电刷磨损很快，是由从绝缘漆中蒸发出来的硅蒸气所引起的。表 13-23 列出了硅蒸气压与电刷磨损的关系。表 13-24 列出了在各种气氛中电刷的磨损受硅蒸气的影响情况。

表 13-23　硅蒸气压与电刷磨损的关系

硅蒸气压 [(CH₃)₂SiO]₅/mmHg	电刷电流/A	磨损量/μm·h⁻¹
0.0	15	0.08
0.3	0	0.08
0.3	3	0.30
0.3	6	6.20
0.3	15	8.70

表 13-24　各种气氛中电刷磨损与硅蒸气的关系

实验	运转时间/h	周围气氛		磨损量/μm·h⁻¹
		气体	硅蒸气	
A	3	空气 + 水	没有	0.1
B	4	氮气 + 水	[(CH₂)₂SiO]₅	0.08
C	3	氮气 + 水	[(CH₂)₂SiO]₂O	0.1
D	7.8	氮气	[(CH₂)₂SiO]₂O	0.12
E	3.25	氮气	[(CH₂)SiO]₂O	0.12
F		空气 + 水	[(CH₃)₂SiO]₅	8.72
G	15	空气 + 水	[(CH₃)₃SiO]₂O	13.40

　　从表 13-23 和表 13-24 中可以看出，在有硅蒸气存在的情况下，无电流或者周围是氮气的情况下，刷子不发生异常磨损。在有空气和水的情况下，磨损较快。莱茵（C. Lynn）和依莱瑟（H. M. Elsey）认为，硅蒸气量为 1μL/L 时，磨损就比正常情况下（不含硅蒸气）见大。当硅蒸气的含量为 200μL/L 时，就引起了破坏性的磨损。特别是用硅橡胶线的全封闭直流电动机更容易发生这种情况。其原因是从硅橡胶线上蒸发出大量硅蒸气，在换向器和刷子接触面上生成 SiC、SiO₂ 等硬颗粒，引起异常磨损。总之，采用硅橡胶绝缘线比采用硅清漆更容易引起异常磨损。在有硅蒸气存在的情况下，应选用特殊性能的电刷。同时，设法降低电刷的电流密度也是必要的。

　　（10）电机的换向情况对电刷磨损的影响。当电机换向情况不好，火花较大时，增加了电刷的电气磨损。尤其当换向器表面的氧化膜被破坏后，磨损量将显著增加。

　　换向不良时，霍耳姆推荐用下式表示电刷磨损量：

$$W_a = rQ + gsP\sqrt{\frac{Q}{s}} \qquad (13-1)$$

式中，Q 为弧光放电时电流量；s 为滑动距离；P 为刷子压力；r、g 为电刷材质指数。

　　上式右边第一项为电弧放电所引起的磨损，第二项是因弧光引起换向器氧化膜破坏而造成的机械磨损量。我国大型电机的运行经验也说明了这个问题。例如，有的钢厂的大型直流发电机，每套电刷平均寿命可达 8 个月左右，当换向恶化时，其寿命就缩短到 2 ~ 3个月，甚至更短。总之，影响电刷磨损的因素很多，针对不同的场合要具体分析。

13.7　直流电机的换向

换向是指旋转的电枢绕组元件从一个支路转入另一支路时，在被电刷短路的过程中元件内电流所发生的方向变化。换向不良的表现就是电机在运行时发生火花。而火花等级超过一定的限度将引起换向器表面和电刷的损坏，致使电机不能继续运行。

13.7.1　换向过程的本质

换向过程的本质可用一简单环形电枢叠绕组来说明。在图 13-54 中，i_a 是电枢绕组每一支路的电流。

为了简单起见，假设电刷宽度等于换向片宽度，同时忽略换向片间绝缘厚度。当电枢绕组以某一速度旋转时，当电刷处在换向片 2 上时，电流的分布如下：在导线 cd 中，电流 $i_2 = 2i_a$；在导线 ab 中电流 $i_1 = 0$，而在换向片 1 和 2 之间的元件 akc 内电流由结点 a 流至 c，假定此电流为正方向，即此时 $i = +i_a$。

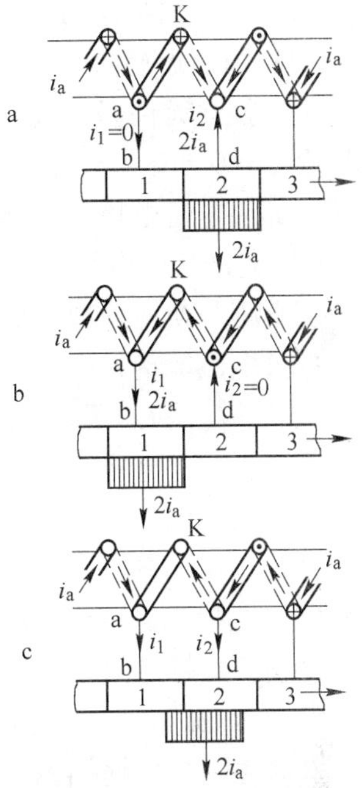

经过时间 T 后，电刷从换向片 2 滑入换向片 1（图 13-54b），这时，$i_1 = 2i_a$；$i_2 = 0$；$i = i_a$。可见，被研究的绕组元件在时间 T 内电流由 $+i_a$ 变为 $-i_a$，即有 $2i_a$ 的变化，这一过程称为换向。它是构成换向过程中诸现象的本质。电流换向所需之时间 T 称为换向周期。电刷在换向片 2 上的位置相当于换向的开始 $t = 0$；而电刷在换向片 1 上的位置相当于换向的终了 $t = T$。在时间 t 由 0 到 T 之间，电刷跨接 1 和 2 两个换向片，因此电刷、换向片 1 和 2 和与之相联的绕组元件形成一闭合回路。根据克希荷夫定律，此回路有 $\sum e = \sum i_r$。

图 13-54　当电刷宽度等于换向片宽度时电流的换向

通常，当元件开始被电刷短路时，换向开始，而当元件被电刷的短路断开时，换向结束。因此某一元件的换向过程相当于此元件被电刷短路的过程。这样，换向周期相当于元件被电刷短路的时间。通常换向周期 T 比时间 T_n（即一个元件在换向终结后由该电刷下移至次一异极性电刷下所需时间）小得多（$T \approx 0.001s$，$T_n \approx 0.02s$）。因而当电枢旋转时元件内电流的变化几乎具有矩形的形状，如图 13-55 所示。事实上也可这样解释：当元件未被短路时，元件中的电流由并联支路的恒定电势 E_a 产生，而不是由一个元件的电势所产生的。在进行换向的元件称为换向元件，换向元件的元件边所在的一部分电枢表面称为换向区域。

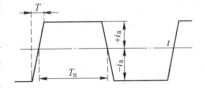

图 13-55　在元件通过两个极距的时间内，元件内电流的变化

13.7.2　换向火花产生的原因

换向火花是衡量换向优劣的主要标准，也是关系到直流电机能否正常运行的主要因素之一。对直流电机的换向进行维护和调整，都是为了使直流电机能达到无火花或轻微

的（无害的）换向火花运行。火花产生的原因可分为电磁、电位和机械的三种。现分述如下。

13.7.2.1　产生火花的电磁性原因

最初认为火花是由电刷下过高的电流密度所引起的。可是其后的实验表明，当电刷工作于电阻换向的情况下，即使电刷的平均电流密度为 $255A/cm^2$，而电刷滑出边的电流密度高达 $350 \sim 400A/cm^2$ 时，也没有发现火花。

现在对产生火花的电磁方面原因有以下看法：

（1）当电阻换向时，不会发生火花。

（2）当延迟换向时，如果换向元件回路电抗电势 e_r 不大的情况下，换向元件里电流基本上按图 13-56a 中 2 的曲线变化，也即在 $t = 0$ 与 $t = T$ 时，附加换向电流 i_K 都等于零，不会发生火花。如果电抗电势 e_r 很大时，换向电流就不再按图 13-56a 中 2 的曲线变化，而当 $t = T$ 时，附加换向电流 i_K 将不等于零。这样，当电刷与换向片离开的瞬间，被电刷短路的换向回路中尚有一部分电磁能量 $L_r i_{KK}^2 1/2$ 要释放出来，其中 L_r 是换向元件的合成电感，i_{KK} 是 $t = T$ 时的 i_K，即为被短接回路断开时的附加换向电流。当这部分能量足够大时，就要在电刷滑出边产生火花。图 13-56a 中曲线 1 为直线换向，曲线 3 为延迟换向，电刷后刷边（滑出边）可能发生火花，曲线 4、5 为超越换向。

（3）当换向区域内磁场所产生的电势 e_K 远远占优势时，会出现急剧的超越换向。这时在前刷边可能引起火花。

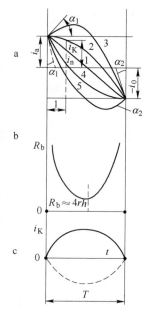

图 13-56　电流 i、电阻
R_b 及 $i_K = f(t)$ 曲线

13.7.2.2　产生火花的电位性原因

经验表明，沿换向器上的电位分布，特别是相邻两换向片间的最大可能电压 U_{max} 对换向有极大的影响。假定电枢嵌放单叠式全距（$y_1 = \tau$）绕组。相邻两换向片片间的电压便取决于接在这两片上的元件中的感应电势 $e_x = B_x L_v = CB_x$，B_x 是该瞬间两元件所在的气隙处的磁通密度（图13-57）。如果换向片的数目足够多时，可以认为，沿换向器相邻换向片间的电压分布，与相应的沿

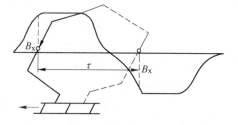

图 13-57　介于两换向片间的电压

电机气隙的磁通密度的分布成比例。在图 13-58a、b 中的曲线 1 分别表示电机空载相负载时的换向片间电压分布。当每极的换向片较少时，片间电压成为阶梯形曲线 2，其平均线（曲线 1）与沿电机气隙中磁通密度的分布曲线成比例。

实验结果表明，仅在下述条件下换向才能顺利进行，大容量电机中，最大片间电压 ≤25 ~ 28V；中容量电机中，贵金属粉和炭石墨粉，也促成这种电弧。电弧又使周围的空气电离，又促成了另外更强的电弧，结果破坏了电机的正常运行。

13.7.2.3　产生火花的机械原因

引起火花的机械性原因可综合为换向器及转动部分的缺点和电刷本身缺点。主要有：
（1）换向器偏心，转子平衡不良；（2）换向片间绝缘凸出；（3）换向片凸出；（4）电刷

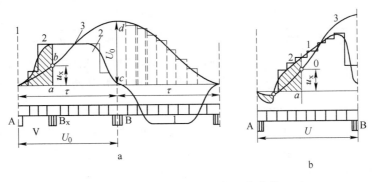

图 13-58　换向片间电压和电位曲线
a—空载情况；b—负载情况

接触面研磨不光滑（或换向器表面粗糙），接触不好或仅局部接触；（5）电刷上压力不均匀，大小不合适；（6）电刷在刷握里太松而发生跳动，或太紧将电刷卡住；（7）各个刷杆之间距离不等，致使有些被电刷所短路的换向元件不在几何中心线上；（8）各个换向极下气隙不等；（9）换向片装配得不准确或片间绝缘厚度不均匀；（10）换向器表面不清洁；（11）电刷牌号选择不当。

总之，产生火花的机械性原因很多，有时可能几种原因同时存在。因此必须针对具体情况进行仔细分析。

13.7.3　换向火花的等级

13.7.3.1　划分换向火花等级的原则

直流电机在运行中，换向火花是电机换向性能好坏的标志，也是考核电刷换向能力的标志。严格说应以火花能量和火花电压为标准来确定火花大小和它的危害性，但是，迄今对换向火花的能量和火花电压还无法进行精确测定。

13.7.3.2　换向火花的等级划分

换向火花等级的划分，在各个国家有所不同。我国电机标准 GB 755—65 对换向火花的规定如表 13-25 所示。

13.7.3.3　电机允许火花程度

由于各国规定的换向火花标准不同，所以电机所容许换向火花的等级也不同。我国通常规定：额定负载时，换向火花应不大于 $1\frac{1}{2}$ 级；最大过载时，换向火花应不大于 2 级。

表 13-25　火花等级的判别

火花等级	电刷下的火花程度	换向器及电刷的状态
1	无火花	换向器上没有黑痕及电刷上没有灼痕
$1\frac{1}{4}$	电刷边缘仅有微弱的点状火花或有非放电性的红色小火花	
$1\frac{1}{2}$	电刷边缘大部分有轻微的火花	换向器上有黑痕，用汽油擦其表面即能除去，在电刷表面有轻微的灼痕
2	电刷边缘全部或大部分有强烈火花	换向器上有黑痕出现，用汽油不能擦去，同时电刷上有灼痕，如短时出现这一级火花，换向器上不出现灼痕，电刷不被烧焦和损坏

火花等级	电刷下的火花程度	换向器及电刷的状态
3	电刷整个边缘有强烈火花，同时有大火花飞出	换向器上黑痕相当严重，用汽油不能擦除，同时电刷上有灼痕，如在这火花下短时运行，则换向器上将出现灼痕，同时电刷将被烧焦或损害

　　也即认为$1\frac{1}{2}$级火花为无害火花，电机可以长期连续运行。2级火花是有害的，只能在过载时允许短时出现。3级火花则是危险和不允许经常出现的。3级换向火花，由于电弧飞越，造成电刷摩道上的空气电离，易导致环火事故。

13.7.4　改善换向的措施

13.7.4.1　利用加宽电刷和电刷位错来改善换向

　　加宽电刷还可降低电刷的电流密度，这对过载倍数较高的电机是有利的。简便的方法是将用上述方法来改善换向，没有必要在电机上连续更换不同宽度的电刷。可使同一刷臂上的电刷不在一条直线上，将其错开一个距离，用这种办法来增加电刷宽度b。

　　加宽电刷宽度b和将电刷沿圆周方向错位，是改善直流发电机和由机组供电的直流电动机换向的一种有效措施。

　　电刷的错位安排很容易实现，只要在刷握与刷臂固定面加上不同厚度的垫圈即可。通过加宽电刷和使电刷错位来改善直流电机的换向，在很多轧钢电机的调整过程中，被证实是有效的。

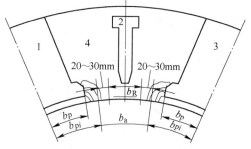

图13-59　换向区与中性区宽度

换向区窗口 = $\frac{1}{2}$（中性区宽 − 换向区宽）

1，3—主磁极；2—换向极；4—边侧磁通；

b_K—换向区宽度；b_a—中性区宽度；

b_p—主极机械极弧宽度；

b_{pi}—主极电气极弧宽度

　　但是，利用电刷加宽和错位使换向区域增宽，降低电抗电势来改善换向有一定范围，其原因一是电刷加宽后的电抗电势波形，要与换向磁场的波形配合合适；二是使换向区窗口宽度应为20～30mm（如图13-59所示）。这是因为当换向区太宽时，由于换向元件进入主极磁通区，换向元件因切割主极磁通而产生电势，甚至在电机空载时就会产生火花，所以希望保持一定换向区窗口。

　　电刷错位排列也应限制在一定的距离之内。这是因为当电刷位移太大时，换向区太宽，换向窗口太小，换向元件受主磁通干扰，空载火花明显加大。而且当2.5倍过电流时，由于向后错位的电刷后刷边电流密度过大，过电流火花明显加大。

13.7.4.2　合理选用电刷的材质和结构

　　用增加换向回路电阻来改善换向的主要方法之一，应选择合适牌号的电刷。因滑动接触电阻是换向回路中最主要的电阻，而不同牌号的电刷又具有不同的接触电阻。因此为了改善电机的换向性能，通常选用比电阻较大的电刷。

　　但电机对电刷的要求不仅表现在换向性能上，而且还要求电刷的润滑性能好，形成氧化膜的能力强，电刷自身的磨损及对换向器或集电环的磨损小，以便保证良好的滑动接触，减少维护工作量和降低运行成本，所以选择电刷时要尽量满足上述各项要求。在结构上，分瓣电刷（图 13-60c，d）的接触效果比整体电刷（图 13-60a、b）要好。

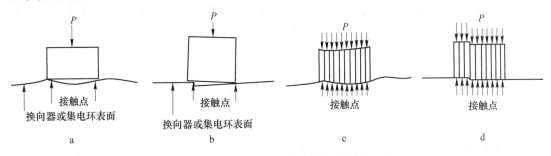

图 13-60　整体电刷和分瓣电刷接触效果比较

13.8　其他电工用炭素制品

13.8.1　电工碳化硅

电工碳化硅有两种重要类别：电热元件用绿碳化硅和避雷器用碳化硅。

13.8.1.1　电热元件用绿碳化硅

这种绿碳化硅，本质上与磨料用绿碳化硅完全一样，国内并未另立牌号，通常以经过酸碱洗处理的 TL24# 供应电热元件厂。电热元件厂则将这种绿碳化硅破碎成其需用的粒度。因此，并无生产电热元件用绿碳化硅的特殊工艺。国外则由碳化硅生产厂直接制成电热元件原料供用户使用，因而成为一种牌号。生产过程是，在绿碳化硅炉内选取合格的碳化硅块，控制破碎方法和磨碎程度，以获得最大充填密度的按用户要求的粒度给配。不经过洗或水洗处理。这样，就全过程来说，简化了电热元件的工艺过程，有利于降低成本。

13.8.1.2　避雷器用碳化硅

避雷器用碳化硅与磨料或耐火材料用碳化硅在电性能上有很大差异。避雷器用碳化硅生产过程虽与磨料用黑碳化硅基本相同，但制炼炉的炉料组成、供电规范、产品分选、质量标准等则有许多特点。

A　避雷器用碳化硅的基本特点

避雷器碳化硅是制造阀式避雷器阀片的基本材料。阀式避雷器由阀片与火花间隙配合组成。它安装于线路上，在正常电压下是不通电的。当雷过电压或内过电压幅值超过火花间隙的击穿电压时，火花间隙击穿，将此过电压经由阀片导入大地，从而保护了线路上其他电器设备的绝缘不致遭破坏。当过电压过去后，由于系统上仍然存在着正常工频电压，故紧接着将有工频电流流过避雷器，这种电流叫做续流。阀片的作用之一，在于将此续流限制在某一数值之内，以保证火花间隙能可靠地将此续流遮断。这就要求避雷器阀片在灭弧电压下具有很大的电阻。另一方面，避雷器为可靠地保护电器设备，除了要求其火花间隙的击穿电压必须低于某一数值外，还要求相当大的冲击电流（如雷电电流）流过阀片时，阀片两端的电压降（即残压）必须低于某一数值。这就要求阀片在大气过电压下必须具有很小的电阻值。例如 10kV 普通阀式避雷器 FS4-10 的灭弧电压为 12.7kV（有效值），而最大值约为 18kV。这种避雷器上的平板火花间隙可切断最大续流值为 50～80A。这就要求阀片在灭弧电压下的电阻值必须大于或等于 $18000/50 = 360\Omega$。这种避雷器在 5kA 时的残压不得大于 50kA，亦即阀片在 5kA 时的电阻值必须小于或等于 $50000/5000 = 10\Omega$。这种要求，对于通常遵循欧姆定律的线性电阻是不可能达到的，特殊的黑碳化硅制造的阀片则可以达到。这种特殊的碳化硅制成的阀片，是一种对称性非线性半导体。对这种半导体施加不同极性的电压时，具有相同的伏安特性曲线，而这伏安特性曲线不遵循欧姆定律，组反，却可用下列经验公式表达：

$$V = CI^a \tag{13-2}$$

式中，V 为阀片两端的电压降，亦称残压，kV；I 为流过阀片的电流，A；C 为材料常数，(kV/I^a)；a 为非线性系数。

其中 C 对于某种阀体材料而言是常数，a 则随着电压的改变而变化。但在某一定电流范围内，亦可近似地看作常数。图 13-61 是阀体典型的伏安特性曲线。只要知道了阀体在两种电流下的残压 (V_1, I_1) 和 (V_2, I_2)，就可以根据非线性电阻的伏安特性表达式，推导出计算非线性系数的公式：

$$a = \frac{\tan\left(\dfrac{V_1}{V_2}\right)}{\tan\left(\dfrac{I_1}{I_2}\right)} \tag{13-3}$$

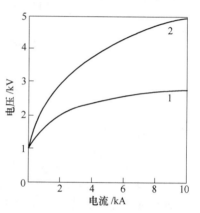

图 13-61　阀体的伏安特性曲线
1—低温阀片；2—高温阀片

根据避雷器的技术条件，可以计算出阀片的非线性系数值。国产 10kV 阀片的 a 值，一般在 0.19 ~ 0.2 范围之内。

阀式避雷器中的阀片，承受的是大幅值电流的瞬时作用，这是它区别于其他类型非线性电阻的一个明显特点。每通过一次电流，阀体难免受到一定的热破坏。破坏的过程是逐渐循环恶化的。阀片能通过一定波形一定幅值电流而不破坏的总次数，叫做通流能力。

因此，对于阀片的基本要求是，在某一特定的电流范围内，有较好的非线性，即非线性系数 a 要小，同时具有适当的残压和高的通流能力。避雷器用碳化硅的特点，就是具备能制出合乎上述要求阀片的性质。

B　避雷器碳化硅的技术条件

国外避雷器用碳化硅，根据其冲击电压梯度的大小，通常分为低阻的、中阻的与高阻的三种。它们的各种粒度砂子的冲击电压梯度数据如图 13-62 所示。这种冲击电压梯度数据是这样测量的：砂子放在一个直径 1in❶、高 1in 的圆柱内加一定的压力，然后通过 280A 的冲击电流，使其电流密度为 375A/in^2，脉冲电流为 $8 \times 20\mu s$ 的正弦曲线波形（即持续时间 $20\mu s$ 经 $8\mu s$ 达到峰值），用静电伏特计测量圆柱体两端的电压，测量结果用 kV/in 表出。

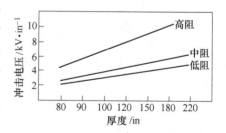

图 13-62　避雷器碳化硅的
典型冲击电压值

---

❶　1in = 25.4mm。

国内制订有"小尺寸阀式避雷器用碳化硅砂技术条件"。该标准规定，试样放于直径为22mm的圆柱内，试样总重8g，在压力14kN下，进行冲击电流试验，结果应符合表13-26的规定。避雷器碳化硅的化学成分应符合表13-27的要求。

表 13-26　避雷器用碳化硅冲击电流法测定值要求

粒度范围	非线性系数 4.3～340A	当电流为 4.3A 时电位梯度/V·cm^{-1}		当电流为 430A 时电位梯度/V·cm^{-1}	
−40 号～+60 号	≤0.25	≥400	≤500	≥1100	≤1400
−70 号～+90 号	≤0.25	≥550	≤900	≥1600	≤2100

表 13-27　避雷器碳化硅的化学成分　　　　　　　（质量分数,%）

SiC	Si + SiO$_2$	Fe$_2$O$_3$	F. C	其他杂质
>98%	<1.2	<1.0	<0.5	<2.5

C　生产过程特点

避雷器用碳化硅的电气性能特殊，因此，采用的原料与生产磨料用碳化硅的原料不同。避雷器用碳化硅结晶中要掺杂少许铝元素，炉料中应有适量氧化铝。

生产避雷器用碳化硅的二氧化硅原料，没有生产绿碳化硅那么严格。其有效成分大于98%即可，粒度以8号～12号为宜。

炭原料可用石油焦炭或无烟煤。当用石油焦炭时，炉料中要添加2%～3%的氧化铝（可用矾土粉末）。由于拌入的氧化铝在炉料中分布不够均匀，制炼出的碳化硅质量波动较大。用无烟煤为炭原料时，因其灰分中的各种杂质已均匀分布到每个颗粒中，因而产品质量比较稳定。无烟煤的工业分析为：水分6%，挥发分8%，灰分12%。灰分的化学成分为：二氧化硅45%，三氧化二铝43.5%，三氧化二铁4.5%，氧化钙4.49%，氧化镁1.56，氧化钾加氧化钠1.21%。灰分中的氧化铝，基本上能满足掺杂的需要。

对木屑的要求，原则上与生产磨料用黑碳化硅时相同。此外，炉料中应避免混入食盐。

炉料配比的选择与黑碳化硅炉相似。但因无烟煤灰分很多，由灰分引入的二氧化硅数量颇大，配料计算时应该计及这部分二氧化硅所应配的碳。由于要求的结晶体外貌与磨料有很大差别，视炉况进行碳硅比调整时的出发点就有些不同。

供电作业与黑碳化硅炉完全一样。由于炉料中含铝量很多，因而炉子的电阻变化范围很大。变化规律可参阅《磨料工艺学》中"碳化硅电阻炉"中关于"炉芯的有功电阻及炉子的操作电流"一节。变压器的电压范围，应按此特殊规律进行设计。例如1800kV·A的电炉，电压范围为300～200V，变化幅度达80～120V，比磨料黑碳化硅炉大。

避雷器用碳化硅从色泽上看属黑碳化硅，按照电气性能与适用范围来归纳，避雷器碳化硅炉产品的外貌特征可分为三种类型：（1）硅过量型。轻微硅过量的产品为灰白色无光泽的结晶，其结晶筒外层的细结晶松散，有时呈泡泡状结构。此类产品电位梯度高，通流能力水平低，不适用于制造阀片。（2）碳过量型。轻微碳过量的产品为亮黑或银灰色有光泽的针状结晶，它制成的低温阀片电位梯度稳定，残压容易控制，通流能力水平较高，特别是有较好的工频通流能力。但碳过量太严重的、结晶表面大部分附有石墨的碳化硅晶体也不好，不能作阀片。（3）正常型。正常型晶体粗大链状排列紧密，结晶之间无夹杂物，色泽鲜亮，如镜面反光。结晶筒外围细结晶有光泽，结晶筒断面上层次分明，易于分离。此类产品纯度较高，非线性良好，有较高的电位梯度而通流能力水平也高，适于制造高温阀片。

13.8.2　避雷器用炭电极

电话线路上以及无线电天线上所用的避雷器是应用炭电极之间的小间隙来提供一个对地的低电阻通路，当线路上受到雷电放电冲击时，避雷器有很多不同的设计，它们都是在线和地之间由两片抛光过的炭面提供一个狭窄的空气间隙。在正常情况下，这个空气间隙的电阻是无限大，但是当一个雷电冲击波击中线路时，这个间隙被击穿，炭弧产生，于是就提供一个通地的低电阻通路。如果随之而来的还有电力的电流，例如有时会发生电力线路跨落在电线上，则电话线路上的保险丝将被烧断，使电路切断。

上述电弧并不会使炭片表面起泡或熔化或使它变形，因此炭片和炭表面膜层可以经受重复多次的放电而不致损坏。金属则不然，它将起泡和短路，特别是在电力的电流随之而来的情况下。炭是形状稳定性的材料，它不会弯曲或扭曲变形，因此炭片之间的间隙可以保持不变，除非它完全破裂。此外，炭也能够被切削和抛光到微小间隙所需要的表面精度。

13.8.3　其他

13.8.3.1　炭电焊条

炭和石墨用作电弧焊接的焊条来连接或堆焊金属，用于金属切割的比较少。

电弧要在被焊接的基体材料和焊条之间引起。焊到焊角上的金属，或形成焊接处的金属，则另用金属棒馈进电弧内。当金属棒熔化时就沉积在焊件上并和焊件表面熔接。

13.8.3.2　电阻焊和铜焊触头

触头在焊接设备上用作电阻焊和铜焊的电弧触接头。主要用途是用在电阻铜焊上，它的一个组成部分被熔化，再引入一种合金焊料来完成熔接。

炭黑的高熔点和高沸点使它们在焊接时不会被粘住或者被焊在一起，同时也不会因压力而在白热温度下形成蘑菇状触头。此外，它们的高比电阻也使得能够用变换电弧形状的方法来调节焊接处的热量。

低熔点是它们的强度不够，从而限制了可以施加在材料上的压力，这就是为什么它们不被应用于电阻焊或点焊的原因。炭在铜焊温度下受到氧化作用。

14 弧光照明与 LED 等用炭石墨制品

14.1 弧光照明炭棒概述

14.1.1 概述

炭棒是人类最早进行生产的炭石墨制品之一，它的出现仅次于黏土坩埚。早在 1800 年，世界上就出现了第一批炭棒。当时的炭棒是由木炭制造的，先做成大块，然后加工成一头尖的小棒。19 世纪末，卡莱（CARRE）最早将炭棒发生的弧光应用于工业。20 世纪初，欧美等曾采用炭棒弧光灯作为路灯照明，在 1900～1916 年，炭极弧光灯已有了很大改进，一是在炭极中加入一定量的无机盐使炭棒燃烧时弧光稳定，二是生产炭棒的原料和工艺有了改进和提高。与此同时，弧光炭棒开始用作放映电影的光源，取代了以前使用的电石气灯（乙炔气灯）。20 世纪二三十年代，世界电影事业和其他工业迅速发展，对光源提出了新的更高要求，因此弧光用炭棒和其他用途的炭棒得到了迅速发展，并形成了一种专门的新兴工业。

在弧光燃烧的过程中，发出强烈的光和大量的热。这一过程也就是将电能变为热能和光能的过程。而这大量的光和热又集中在占有很小空间的弧焰处，形成光和热的源泉，这就是电弧的特点。因此电弧放电具有很高的温度和发光强度。

采用炭棒作为电弧放电的电极，不仅是因为炭具有良好的导电和导热性能，更重要的是因为炭具有在很高的温度下（3620K±10K）不经过液态而直接升华变为气体和在燃烧时发射强光等特点。

14.1.2 炭棒分类

炭棒的品种很多，按应用特征可以分为：（1）照明炭棒，主要利用电弧光能；（2）加热炭棒，主要利用炭棒的热能；（3）导电炭棒，主要利用炭棒的导电性能和耐腐蚀性能；（4）光谱分析用炭棒，主要利用其纯化后的性能与特定的光谱线；（5）还有利用其耐高温（非氧化性气氛下）抗腐蚀性的炭棒等。

按用途则可分为：（1）照明炭棒，其中包括电影放映炭棒、照相制版用炭棒、探照灯、电影摄影等用高光强炭棒等；（2）分光分析用炭棒、显微镜光源用炭棒等；（3）加热器用炭棒；（4）电弧气刨用炭棒、焊接炭棒；（5）电解锰用炭棒；（6）精密铸造用炭棒；（7）干电池用炭棒（放到第 16 章详述）；（8）稀有金属冶炼用炭棒；（9）接地用炭棒等。

14.2 弧光照明炭棒

伴随着电极发展的是弧光用炭。其发光是由一支或两支起弧炭棒末端的高温而产生的。普通炭棒的炭弧蒸汽产生的光较弱，但是，当把金属盐类加进正极炭棒或正负极炭棒，其热蒸汽就变得很亮，产生火焰弧光。被加进的金属盐类由于电弧温度而气化。对于消耗同样的电能，火焰弧比普通弧得到更亮的光。

14.2.1 弧光照明炭棒的制造方法

早期的弧光照明，在制造方面的发展，欧洲较美洲进步。在 1880 年以前，电弧照明用炭首先应用于开弧式。它由甑炭或石油焦制成。在欧洲大陆，原始弧光用炭是从坚硬的甑炭块切割而成，它们容易开裂，破碎和损坏。后来，使用灯黑炭得到较好的效果。约在 1895 年，起始采用了闭弧式，这种弧光需要用灯黑炭，因为它具有所要求的较高纯度，开弧电极以及它需要的石油焦用量以后就迅速下降。约在 1905 年，一些较高效率的装置，如不需用炭的磁铁矿弧灯和稍晚一点的高强度钨丝白炽灯的使用，代替了弧光灯。与此同时，火焰弧光发展起来，作为街道和一般照明，并曾被应用过一段短时间。开弧式电弧炭棒，是由灯黑制成的管套和发光盐类制成的芯组合而成。自此以后，电影工业出现，采用开弧炭棒及开弧火焰炭棒（即高强度炭棒）。对于街道照明，以前所用的炭弧光这时已被其他装置所代替。照相方面，柯莱式白炽灯几乎完全代替了弧光灯。

炭棒使用的原材料在欧洲大陆是用灯黑、甑炭、石油焦及沥青焦，以及有时采用煤焦油焦炭和煤焦油炭黑作为基体材料，用沥青、煤焦油和有关材料作为黏结剂。弧光炭棒的制造法类似炭素电极的制造。一种较好的混合物配方是：100 份生烟黑（灯黑），100 份处理过的烟黑，1 份硼酸和 160 份煤焦油。所谓的"处理过的烟黑"是由 100 份的生烟黑与 130 份的煤焦油混合，用水压机压制成块，在 1000 ~ 1400 °F 温度下焙烧；然后粉碎到能通过 300 筛目（0.047mm）。对于焦炭制品，较好的焦炭混合物是：100 份焦炭粉末，100 份粉碎的焦炭电极，两者均通过 100 筛目，60 份处理过的烟黑，3 份硼酸和约 155 份的煤焦油。

照明或弧光用炭是圆柱形的炭棒，通过两支炭棒接触后形成的电弧放电而产生光辐射。辐射光不仅限于可见光范围，还有紫外光和红外光成分。为了起弧，先使两支与电源相接的炭棒的端部接触，形成回路，让电流开始通过，然后使其分开 1/4 ~ 1in❶ 或稍多一点的距离。在分开的瞬间，高度集中在炭棒末端的热能使附近的电极材料蒸发，从而提供了两电极间的空间导电所需的离子蒸汽。电流继续不断地流过蒸汽，使离子受热而达到很高的能量状态，而这种能量又以各种波长的辐射光连续释放出来。

14.2.2 弧光照明炭棒的结构与功能

弧光炭棒是由管套和芯组合而成的，管套作为外壁，而芯则插入管的整个中空部分。管套的制造是仿照大型炭素电极的制造程序，其规格范围是，直径由稍小于 1/4in 到稍大于 1in，长度约由 6in 至 2ft❷。管套的中心孔是在挤压管体时形成的，孔的直径约为管套外径的 0.2 ~ 0.7。管套原料是灯黑或石油焦粉与煤焦油或沥青作黏结剂的混合物。

在炭棒管套焙烧以后，把芯插进去。但这种芯料是可塑的，既可以直接挤压到管套内和管套一道焙烧，也可以分开挤压和焙烧，然后插进管套内粘牢。除一般用的炭粉和黏结剂以外，棒芯通常含有少量的稳弧材料，如钾盐，还可以含有高达 75% 的发光材料。稳弧材料是为提供导电离子，保证通路有良好的导电性，以利于稳定燃烧弧。发光材料挥发成电弧蒸汽，使能量在这里转变为所需波长的辐射光。这些材料的配料比取决于炭弧的类

---

❶ 1in = 25.4mm。

❷ 1ft = 304.8mm。

型，即是低强度弧光，或火焰弧光，还是高强度弧光。

低强度弧光的炭素电极采用普通的或中性的炭芯，芯的尺寸较小，可含有碱性盐，以增进电弧使用的稳定性。这种电弧的电极间的气柱光比较暗淡，主要的光来自炽热的炭棒尖端。正极"弧坑"或正极炭棒的末端是主要光源，因为它所达到的亮度比负极高出很多。这种弧光产生的辐射能非常接近于 $3500 \sim 3900K$ 时的黑体的辐射。其辐射能的强弱取决于使用的电流密度。

低强度炭弧的另一种特殊形式是封闭弧，这里，两支纯炭电极间的电弧是在可以限制外部空气进入的玻璃球罩里进行的，只允许进入足以供燃烧炭棒上蒸发出的碳所需要消耗的空气，因此，发弧是在含氮和一氧化碳丰富的气体中进行的。辐射中的具有最高强度的波长范围在 $380 \sim 390nm$ 的氰光带在这里被加强，形成主要的辐射能源。对于氰的存在，虽然对炭弧蒸汽周围的气体和从灯箱排出的废气进行了细致的分析，并没有发现有这种物质的存在，但从所有的炭弧辐射光中都发现有这种氰光带，这表明在弧光射流本身中确实有氰的存在。显然，这一定是从弧光射流本身出来最邻近部分的温度——能量条件是这样的，以致使氰迅速分解了。

"火焰弧光"电极比较低强度弧光电极有较大的芯。其芯中含有可在弧光射流中蒸发的金属，使"火焰"产生出它的特殊光谱或颜色。两电极间的气柱是主要的辐射光源，从炭棒尖端发出的辐射则较小。改变加入棒芯的组分，就能任意变换这种辐射光谱的组成。对于要求有最好的可见光或近似"太阳光"型的辐射，还没有发现比铈类的稀土金属更好的芯料。对于某些特别感兴趣的要求具有选定波长范围的紫外光辐射，可采用多种不同比例和浓度的许多金属，如铁、铬、钛、铜等作为棒芯的材料。火焰弧光采用交流或直流电源，效果同样良好，电极通常与 $0.5 \sim 1.5in$ 的弧长成垂直关系，电压 $35 \sim 75V$。

在"高强度"弧光中，所使用正极炭棒的芯一般含有较高比例的铈类金属。通常使用直流电源，电流密度很高，约 $100A/cm^2$。高电流密度使正极炭棒的端部形成一个杯形弧坑，弧坑中有一极高亮度的气球。普通炭弧的亮度被碳的升华温度（大约3900K），所限制，接近 180 烛光 $/mm^2$，而高强度炭弧的弧坑亮度，以一般商品炭来说，约 $400 \sim 1200$ 烛光 $/mm^2$，以实验室中所达到的亮度值来说，则已经超过 2000 烛光 $/mm^2$。表 14-1 列出几种炭弧的亮度，钨丝放映灯也列入表中，以便比较。

表 14-1 光源亮度

光 源	烛光/mm^2	光 源	烛光/mm^2
荧光灯	$0.001 \sim 0.0147$	炭弧正极弧坑中心亮度 D-C 低强度碳弧光	175
钠蒸汽灯	0.07	PEARLEX 高强度炭弧光（用于16mm影片放映）	350
60W 线圈钨丝灯灯泡亮度	0.17	70ASUPREX D-C 型炭弧光	700
灯丝亮度	7.9	装有反光镜和聚光镜的高强度炭弧光	$825 \sim 985$
750W，25h 钨灯（用于 16mm 影片放映）垂直于灯丝平均亮度	32	D-C 实验用高强度炭弧光	2000
750W，25h 钨灯（用于 16mm 影片放映）垂直于灯丝平均亮度，但灯背后安装有强化球镜的亮度	36	大气层外的太阳光	1650

14.2.3　使用与操作

在使用操作中，电流必须通过夹架与弧之间的炭棒部分，因此，经常采用镀铜的炭棒，以增加导电性，铜在达到弧光蒸汽之前，即熔化脱落。许多火焰弧光的正负极炭棒以及电流在100A以下的所有高强度弧光的负极炭棒均采用表面镀铜。在这种情况下，电流从炭棒末端的夹点通过炭棒的全部长度。电流超过100A的高强度正极炭棒一般不镀铜，电流通过靠近弧坑背后的一种夹爪特殊装置来供给，同时，随着炭棒被消耗，这种装置推进炭棒以供燃烧。此外，在这种情况下，推进装置还使正极炭棒沿中心轴转动，以保持弧坑面的对称性。

弧光主要是用于光的投射，特别是用于影片的摄影和放映，以及用于大功率的陆海军探照灯。在投射细光束光时，要使得光束具有高的亮度，主要要求在一个小的、确定的面积范围内，光源要有高的本征亮度。因此，低强度炭弧主要只用于最小的电影院，而中型和大型电影院则需要用高强度炭弧，以获得较高亮度。这种弧光还有一个优点，就是它带有较白的光质，对天然黑白影片的摄影及放映能获得较好的重现色质。由于这个缘故，甚至在较小的影院，低强度炭弧也被简化的、改进的高强度炭弧所代替。探照灯如同电影放映一样，光源具有的高本征亮度是一个主要的必需条件。在所有较大的探照灯中，均以高强度炭弧光为主要光源。

封闭弧，由于它的高氰带辐射接近紫外光，故用于照相及晒蓝图等，具有特殊效果，在光谱分析中，低强度炭弧也得到特殊应用。在这里，用两个极纯的普通炭极作为载体，放入待研究的未知物质，使其产生特殊光谱，以备分析。

火焰弧光，它的本征亮度较低，但辐射范围较大，适用于那些对总辐射能，特别是对这种辐射能的光谱分布，具有重要性的场合。用于普通照相和电影摄影的火焰弧光，因其棒芯含有铈类稀土金属，电极间所产生的弧光能同太阳光具有相似的特性。这一特性不仅对于各种彩色摄影十分必要，即使对于黑白片也是重要的。在某些特殊情况下，可把其他金属盐类加进炭棒中，以达到改进色质的目的。

使用芯中含有铁和其他金属的炭棒，可使火焰弧产生较强的紫外光辐射，用于照射牛奶可增加维生素D的成分，用于照射烟草，可改进其质量，并广泛应用于食品业。

通过适当选择芯料和操作条件，可以使火焰弧发出的辐射光，作为人造光源，其光谱分布极其近似大自然的太阳。由于太阳光对人体具有十分有益的作用，因此，采用弧光模仿太阳光作为治疗剂，既可用于个人照射，也可用于医院和卫生单位集体照射，这就是所谓"太阳灯"。另外，在加速老化试验机上，也采用这种同太阳光类似的辐射，采仿照物体长期暴露于太阳光和气候条件所产生的影响，对防护材料、涂料、染色织物和其他材料进行光老化试验，使短时间内即获得试验结果。

劳伦专利的产生强黄光的正极弧光炭棒，其正极炭棒的芯含有氟化钙50%~75%，碳化硅或其他硅化合物6%~12%，人造石墨或别的碳化合物18%~20%、钛、锆、铌、钽、钼、铬或钨的一种氧化物或它们的混合物1.1%~3.5%，再加黏结剂混合。炭棒的管套可含达10%的焦炭。例如：直径13.6mm，芯直径6.6mm的正极炭棒，芯含氟化钙70%，碳化硅10.5%，人造石墨18%和氧化钨1.5%。在电流160A的条件下，正极产生

26700lm 的黄光。弧光非常稳定，正极损耗均匀一致。如果芯中没有氧化钨，得到的黄光是 17000lm。如果使用稀土盐类，则得到 32400lm 的白光。

电弧输入功率由小于 1kW 到高达 35kW。在电影放映和探照灯中，正极炭棒弧坑的高亮度局限在很小的面积上，容易聚焦，因此也适合用于要求辐射光源高度集中的光学系统。炭弧光可使用直流或交流电源。精确而可靠的电源和控制装置，使炭弧在整个使用期间，能保持恒定的能量发射和随之而发生的均匀的辐射光。此外，和其他大多数光源不同，炭弧的光不因设备的使用长久而退化消减。

由于电影摄影用的光源炭棒产生一种高速感光效率的冷光，可以精确地平衡彩色和黑白影片的色感光度。输入功率约达 17kW 的超高强度炭棒弧光用于放映机来放映背景或伪装镜头，可为半透明的银幕提供景色实体感。

以高强度黄色火焰炭棒弧光配合色温灵敏度为 3300K 的摄影底片使用时，可增加 60% 的有效光，而无须增加功率输入，这样，在技术上给摄影师许多方便。

照相制版及影印石板所用的电动控制的高强度弧光灯，使用铜镀层的高强度炭棒。由于它的光输出能量较大，因而容许快速拍摄，并能十分精确地控制其过程。

模拟大气层外的太阳辐射的高强度炭弧，其光谱能量分布接近于大气层外的太阳能，因此，在试验宇宙导弹，飞船和它们的组成部分时，这种能量是必须的。

用于弧光加热炉的炭棒是在高电流密度下操作，以获得极高的温度。加热炉的光学系统把正极炭棒弧坑形成一个小而强的像，聚焦在要加热的试样上。这种形式的加热炉可以瞬时达到高温，并可以防止试样容器因受热而使样品污染，以及可以让加热试料作为自己的容器而起保护作用。使用透明的外罩易于观察和控制样品周围的大气，为连续观察炉内情况提供了方便。据报道，温度可达 4000K。

14.3 弧光照明炭棒工作原理与应用

14.3.1 弧光的原理及特点

首先简单介绍电弧的工作原理。众所周知，导电方式可以分为电子、离子和混合型三种，金属的导电及真空管的导电都可以看成纯电子导电，液态电解质的导电则是离子导电，气体导电则属于混合导电。弧光是属于混合类型的导电，就是在电弧间隙中既有电子的移动，也有离子的移动。但是气体导电需要有一个较强的电场，电弧也需要这种条件，当把正负两根炭棒相互接触，通以强大的电流，由于接触点处具有较大的电阻，便产生很高的温度，这个温度能使负极炭棒发射热电子。但是若不将正负两极相互移开，使之具有一定的弧隙，仍不能达到气体放电的效果。因为两炭棒间尚未形成"电场"，热电子仍不能从负极射出。只有在炭棒相互移开时，其两端才能形成电场，热电子才能沿着电场方向向正极飞去。弧光炭棒往往是在空气或稀土金属蒸气下燃烧，因此从负极发射的高速热电子首先与存在于电极间的气体微粒相互碰撞，造成气体微粒的电离。阴极发射的电子和空气被电离产生的自由电子迅速沿电场方向向正极飞去，而被电离出来的阳离子则向负极飞去，如图 14-1 所示。

电子在飞向正极时速度很高，能量很大，使它发热形成弧坑，并变成高能量的光发射源，使正极产生近 4000℃ 的高温。而落在负极上的离子数量较少，故负极的温度低于正

的温度，约为 3300℃。这一温度足以使负极继
续发射热电子，形成了电弧的"自持放电"。

负极的热电效应是电弧中热电子发射的主要
原因，但是电极间强大电场的形成，也是产生弧
光放电的必要条件。故弧光在现代光源分类中属
于"热放射"和"场致放射（冷放射）"的混合
辐射光源，因此提高弧光的发光效率，应从提高
电弧温度和增加电极间的电场强度入手。

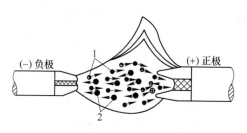

图 14-1　电弧放电的物理过程示意
1—电子；2—正离子

正极炭棒火焰口所产生的光通量约占电弧总光通量的 85%，负极炭棒约占 10%，其
余 5% 是弧光本身发出的。由于正极炭棒的温度比负极炭棒高，所以燃烧速度也比负极炭
棒快。为了使两根炭棒的燃烧速度平衡，正极炭棒的直径应比负极炭棒大。

交流弧光灯中的两根炭棒互为正负电极，炭棒末端呈圆锥形，两根炭棒的灼热程度一
样，燃烧速度也相同，两根炭棒的直径都一样。在电流强度相等的情况下，交流电电弧的
光通量要比直流电弧小 25%~50%。与采用直流电时的情形一样，交流电弧本身也是产生
约占总光通量 5% 的光通量，而每根炭棒所产生的光通量为总光通量的 47.5%。采用交流
电弧时，炭棒末端所形成的火焰口要小得多，因而亮度也小。

当采用直流电弧时，由于大部分光通量由正极炭棒火焰口辐射出来，所以弧光更近似
于点光源，这就是直流电弧较交流电弧优越的地方。采用直流电时，为了便于形成火焰
口，将正极炭棒制成空心状，里面填塞较疏松且易燃烧的物质（稀土族金属氟化物等）
——芯料。这种芯料，既便于形成火焰口，又增加发光强度，并能改变火焰的颜色。采用
交流电时，两根炭棒都要加芯料。

一般，对于各种弧光炭棒的主要技术要求首先是光亮度；第二是光弧燃烧时的稳定
性；第三是燃烧速度。

由于电弧间的导电是由气体作为介质，因而它不像固体和液体导电那样稳定。电弧的
电阻取决于各种气体介质的性质和浓度、电弧电流等因素。当电流强度不变时，电阻还随
电弧长度的增加而增加，弧端电压也随之而上升，因此弧光不像白炽灯那样能保持稳定发
光。为了增强电弧的光亮度，提高弧光的稳定性和降低炭棒的燃烧速度，炭棒制造者采取
了好多有效的技术措施并取得了满意的效果。

弧光大致可分为纯炭电弧、火焰电弧、高光强电弧三种，在原材料、制造工艺和使用
方面，它们之间各有差别。纯炭质炭棒仅由炭素材料制成，其工作电流密度一般约为 20~
30A/cm²。火焰电弧炭棒的外壳由纯炭素制成，一般镶有直径约为外径 1/2 的芯料，芯料
成分中含有钾盐、铁盐等，以求提高电弧的稳定性。同时还含有 5%~10% 的稀土族金属
氟化物以提高光亮度，其工作电流密度一般为 30~40A/cm²。火焰电弧炭棒的光强度要比
纯炭电弧大得多。火焰电弧炭棒用于以直流电和交流电为电源的弧光灯，所以仍保留着普
通电弧炭棒所具有的一般规律，即交流火焰电弧的光通量比直流火焰电弧的光通量小
1/3~1/2 左右，直流火焰电弧的正极炭棒的直径应更大些。

高光强电弧炭棒与火焰电弧炭棒很相似，但其芯料内稀土族金属的氟化物（主要是氟
化铈）的含量要比火焰电弧炭棒高些，通常含有 50%~70%，其工作电流密度一般为
120A/cm² 以上。为了进一步增加光亮度，除了提高芯料内稀土族氟化物的比例和稀土族

氟化物中的含铈量和二氧化铈的含量外，在正极芯料中加入氧化钨对提高光亮度也是有好处的。负极炭棒的直径较小（与正极比），工作时需要承受的电流密度较大。负极炭棒外壳通常采用电阻较大的炭黑等料制成。为了增强负极的导电性和发射电子束的能力，保持负极尖端放电，负极芯料采用易蒸发、导电性能好的软质炭素材料制成。

当高光强电弧炭棒在工作时，被分解的氟化稀土（来自正极芯料中）中有部分稀土金属原子与负极的碳化合，形成了红棕色的稀土碳化物晶体，这种化合物遇水即行分解，生成其他碳氢化合物。如果弧隙缩短，负极头上稀土族碳化物的生成数量还会增多，因此为了防止稀土碳化物的形成，首先必须使从正极芯料中传过来的稀土金属原子尽可能不与负极碳化合，而与负极芯料中其他元素化合，并在高温下蒸发。即使在负极头上有少量稀土碳化物形成，也要瞬间使其脱落，以防止形成稀土族碳化物堆积层而阻塞负极芯料的蒸发。为此，在负极芯料里增加电离性能较好的盐类（例如含有50%左右的铁氟化钾），使之易于和稀土金属化合。近年来，我国有的厂家试用氟硅酸钾代替铁氟化钾，以解决制造铁氟化钾对人身健康和环境的损害。

为了降低炭棒的燃烧速度，有的文章介绍，在炭素材料或芯料中添加硅和硅的化合物，燃烧速度可降为原来的80%。

虽然弧光的稳定性不如白炽灯，但它却具有较高的亮度。目前一般放映用白炽灯的亮度最高能达到 $3 \times 10^7 \mathrm{cd/m^2}$，而纯炭电弧的亮度，已具有 $15 \times 10^7 \mathrm{cd/m^2}$，约为白炽灯亮度的5倍，而高光强电弧则具有更高的亮度，约为白炽灯的15倍以上。尤其是它辐射光的色温接近于日光，故可用于电影摄影、电影放映、医学治疗、探照灯等方面。在芯料里加入铁、铬、钛、铜等，紫外线部分辐射增强，这些炭棒很成功地应用于培育细菌，例如用于提高牛奶中维他命D的含量和改善烟草质量等。在芯料中加入钙可获得黄色光，加入钡可获得蓝色光，加入锶则可获得红色光，加入铈可获得白光。

为了增加炭棒的导电性能，防止燃烧时氧化，通常将弧光炭棒表面镀铜。

14.3.2 电影放映炭棒

电影放映炭棒用于电影放映机的直流弧光灯，它是一种高光强弧光炭棒。炭棒芯料内的稀土族金属氟化物主要是氟化铈，其含量可达50%以上。为了增加导电性和降低燃烧速度，可在炭棒外壳镀上一层薄铜。

电影放映炭棒的规格、技术特性、工作条件和使用范围应符合部标准 JB 2825—80 的规定。

（1）电影放映炭棒的型号、标号及用途（见表14-2）。

（2）炭棒的尺寸应符合图14-2 和表14-3 的规定。

表14-2 电影放映炭棒的型号、标号及用途

炭棒型号	炭棒标号		使用电流	用途
	正极	负极		
B107-50	+	−	直流	普通银幕
B108-60	+	−	直流	普通银幕
B108-65	+	−	直流	普通银幕
B109-80	+	−	直流	宽银幕
B109-90	+	−	直流	宽银幕

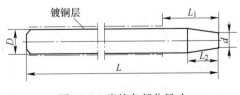

图 14-2 炭棒各部分尺寸

表 14-3　炭棒各部分尺寸及公差　　　　　　　　　　（mm）

炭棒种类	炭棒直径 D	炭棒长度 L	锥部直径 d	锥部长度 L_2	非镀铜部分长度 L_1	镀铜层厚度
B107（＋）	$7^{+0.15}_{-0.10}$	355 ± 1	$6^{+0}_{-0.2}$	5 ± 1	≤15	0.05～0.11
B107（－）	$6^{+0.15}_{-0.10}$	230 ± 1	$5^{+0}_{-0.2}$	7 ± 1	≤15	0.05～0.11
B108（＋）	$8^{+0.15}_{-0.10}$	355 ± 1	$7^{+0}_{-0.2}$	6 ± 1	≤15	0.05～0.11
B108（－）	$7^{+0.15}_{-0.10}$	230 ± 1	$5^{+0}_{-0.2}$	11 ± 1	≤15	0.05～0.11
B109（＋）	$9^{+0.15}_{-0.10}$	355 ± 1	$8^{+0}_{-0.2}$	6 ± 1	≤15	0.06～0.12
B109（－）	$8^{+0.15}_{-0.10}$	355 ± 1	$5^{+0}_{-0.2}$	11 ± 1	≤15	0.06～0.12

（3）炭棒的电气规范、亮度和燃烧速度应符合表 14-4 的规定。

表 14-4　电影放映炭棒的电气规范、亮度和燃烧速度

炭棒型号	电流性质	电气规范		火焰口中心的平均亮度/Mcd·m^{-2}	允许最大燃烧速度/mm·h^{-1}	
		电流 /A	电压 /V		正极	负极
B107－50	直流	50 ± 2	38 ± 2	≥500	340	130
B108－60	直流	60 ± 2	42 ± 2	≥510	320	120
B108－65	直流	60 ± 2	43 ± 2	≥580	420	130
B109－80	直流	60 ± 2	50 ± 2	≥600	430	130
B109－90	直流	60 ± 2	55 ± 2	≥710	650	130

在放映黑白和彩色影片过程中，由于银幕的照度和色度变化、银幕边缘照明不均匀以及传色畸变等原因，会降低影片的放映质量，为此，除了考虑电影放映机本身的因素外，电影放映炭棒还须满足以下要求。

（1）要具有足够的亮度。随着电影技术的发展，要求增大炭棒的亮度，以保证银幕上有足够的照度。同时，在放映彩色影片时，也可获得较好的传色效果。

（2）燃烧稳定性要好。炭棒燃烧时的稳定性直接影响银幕上照度的稳定程度。要求炭棒在额定工作条件下使用时，不出现断弧、跳动、喷火星、芯料脱落和冒黑烟等现象。为此，炭棒必须准确安装在弧光灯中，使电弧保持固定的长度（通常正负极之间的距离相当于正极炭棒的直径），不要超过电弧长度的允许范围，小于允许范围，弧光闪动不稳定，而且未烧尽的炭微粒从正极炭棒飞向负极炭棒并沉积下来，使负极炭棒出现蘑菇状的渣屑（蘑菇头），容易造成断弧；大于允许范围，光线发暗，也容易造成断弧，同时，还会造成火焰面积增大，导致弧光灯的反光镜过热甚至损坏。

（3）燃烧速度要低。要求炭棒的燃烧速度要低，避免在放映过程中更换炭棒。

（4）炭棒应保持干燥，避免在燃烧时引起电弧喷闪。

14.3.3　高色温弧光炭棒

高色温弧光炭棒主要用于探照灯、电影摄影和其他照明弧光灯。它是一种高光强弧光炭棒，其特点是光强而色白，能发射近似于太阳光的光谱，照射距离远，燃烧稳定，噪声小。高色温弧光炭棒的规格、型号及工作条件见表 14-5。对它的要求与电影放映炭棒基本相同。

表 14-5 高色温弧光炭棒的型号、规格及工作条件

型　号	规格（直径×长度）/mm×mm	电流/A	电压/V	表面处理
B202 （+）	16×550	150~170	75~85	不镀铜
B202 （-）	11×305			不镀铜
B203 （+）	16×550	190~230	85~95	不镀铜
B203 （-）	14×305			不镀铜
B204 （+）	16×400	150~170	75~85	不镀铜
B204 （-）	16×310			不镀铜

14.3.4 紫外线型和阳光型炭棒

　　紫外线型和阳光型炭棒均用于对橡胶、塑料、油漆、颜料和树脂等进行人工老化试验用人工老化仪的弧光灯。这两种炭棒的芯料中都含有一定量的钾盐。紫外线型炭棒用于封闭式交流弧光灯，炭棒在封闭的玻璃罩内燃烧，弧光呈蓝紫色，含有丰富的紫外线。阳光型炭棒用于非封闭式直流弧光灯，它产生的弧光光谱接近太阳光的光谱。紫外线型和阳光型炭棒的型号、规格和工作条件见表 14-6。

表 14-6 紫外线型和阳光型炭棒的技术性能

型　号	规格（直径×长度）/mm×mm	电源	电流/A	电压/V	表面处理	备　注
B413	13×330	交流	12~17	50~80	不镀铜	紫外线型
	13×305				不镀铜	紫外线型
B423 （+）	23×305	直流	60	50	不镀铜	阳光型
B423 （-）	13×305				不镀铜	阳光型

14.3.5 照相制版用炭棒

　　照相制版炭棒用于各种交流晒图制板弧光灯。点燃时，两电极之间的球状白炽气体产生强烈的弧光，成为点状光源，光强而色白，色温近似于太阳光，并且有弧光稳定、燃烧速度低以及发光效率高等特点。照相制版炭棒的型号、规格和工作条件见表 14-7。

表 14-7 照相制版炭棒的型号、规格和工作条件

炭棒型号	规格（直径×长度）/mm×mm	电流/A	电压/V	备　注
B313	13×355	30~50	30~60	不镀铜
	13×305			
B315	15×355	35~60	30~60	不镀铜
	15×305			
B316	16×355	40~65	30~60	不镀铜
	16×305			
B318	18×305	40~65	30~60	不镀铜

　　注：电源为交流。

14.3.6　晒图炭棒

晒图炭棒用于直流电和交流电的晒图机。采用直流电时，正极炭棒应有芯料，负极炭棒没有芯料。用交流电时，两根炭棒均应有芯料。"晒图"牌炭棒不镀铜。它的一个端头，和所有照明炭棒一样，也呈圆锥形。"晒图"炭棒的规格和技术特性列于表 14-8。

表 14-8　"晒图"炭棒的规格、电气特性和燃烧速度

电流类别	炭棒极性	直径/mm		长度/mm		燃烧制度		燃烧制度 /mm·h^{-1}
		额定	容许误差	额定	容许误差	电流强度/A	电压/V	
交流	—	13	±0.25	330	±0.5	15 ~ 25	40 ~ 60	≤120
直流	正极	13	±0.25	330	±0.15	12 ~ 15	50 ~ 80	≤120
	负极	13	±0.25	330, 250, 135				

14.3.7　显微镜光源炭棒

显微镜光源炭棒是用于显微镜内作为发光电极。目前生产的规格及性能如表 14-9 所示。

表 14-9　显微镜光源炭棒的规格及性能

规格（直径×长度） /mm × mm	电气性能		备　注
	工作电流/A	工作电压/V	
$\phi10 \times 100$	10 ±2	30 ±5	配对使用
$\phi5 \times 200$	10 ±2	30 ±5	配对使用

14.4　炭弧气刨用炭棒

炭弧气刨主要用于钢铁、黄铜、硬质合金、不锈钢等金属铸、构件开焊槽、铲平焊缝，浇口、废边、毛刺以及切割、打孔、补修与焊缝缺陷补填等作业。在造船、金属构件和金属铸造等行业中使用较广泛。

14.4.1　炭弧气刨的工作原理

前已述及，炭电弧具有很高的温度，一般部在 4000℃ 以上。这样高的温度会很快把被加工金属加热到熔化状态，甚至变成金属蒸气。这时，只要在液体金属凝固之前把它去掉，就可达到所谓"刨削"的目的。实践证明，最简单易行的办法就是用压缩空气流把液体金属吹走，其原理如图 14-3 所示。

把炭弧熔化金属和压缩空气吹走液体

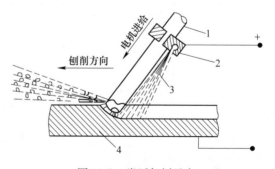

图 14-3　炭弧气刨示意
1—电极；2—刨钳；3—压缩空气流；4—工件

金属两个过程配合起来（见图14-3），就可以达到利用炭弧刨削金属的目的。当电极向前移动，且呈液态的熔化金属不断被吹走的过程连续进行时，就可以在被加工金属表面刨出沟槽、平面或坡口等。

14.4.2 炭弧气刨的优点

炭弧气刨与传统的加工方法风铲、气割等比较有如下的优点。

（1）能够切割用氧-乙炔焰难于切割的金属材料，如高碳钢、合金钢、有色金属、铸铁等。因为采用氧-乙炔焰切割金属时必须具备下述条件；

1）金属的燃点应低于熔点，只有金属在固态下燃烧才能保证切口平整。

2）所生成的氧化物的熔点应低于基体金属的熔点。如果高于基体金属的熔点，氧化物就会在金属表面形成固体薄膜，不易吹走，切割也就不能继续进行。

3）金属在燃烧时生成大量的热。在切割过程中加热金属的热量只有30%左右是由火焰供给的，而70%左右是靠金属燃烧时放出的热。如果某种金属燃烧时放出的热很少，就不能进行切割。

4）被加工金属的热导率应小。只有这样，热量才能集中，便于切割。导热性能好的金属，热量被很快传走，切口处达不到燃烧温度，所以切割不能进行。

5）生成的金属氧化物应具有很好的流动性，便于氧气把它吹走，使切割能够顺利进行。

由上述要求可见，低碳钢能够满足所有的要求，所以能很好地用氧-乙炔焰切割。对于碳钢，随着含碳量的增加，切割就越发困难，当含碳量达到1%时就不能用氧-乙炔焰切割了，铸铁也不能用氧-乙炔焰切割，因为它在氧中的燃点高于熔点。而合金钢如镍铬不锈钢、高铬钢等，在用氧-乙炔焰切割的过程中表面会生成 Cr_2O_3，它的熔点达2000℃，且流动性很差，阻碍了切割的进行。有色金属如铜、铝及其合金，热导率很高，热量不能集中，同时铝生成的氧化物 Al_2O_3 熔点达2030℃，远高于铝本身的熔点，所以不能用氧-乙炔焰切割。

但采用炭弧气刨切割这些金属不受上述条件的限制。在炭弧的高温作用下，上述金属和金属氧化物都被熔化了，而不会影响切割的进行。

（2）提高生产效率。例如，采用炭弧气刨开焊接坡口时，其效率比风铲高12～15倍，比气割高2～3倍。

（3）操作简便，噪声很小（与风铲相比），改善了操作条件和减轻了劳动强度。并可在任何位置对各种金属材料进行加工。不另需要专业性工人，只要普通电焊工经过短期训练就可进行工作。

（4）表面质量好，切口影响区域小。这是用氧-乙炔焰切割所不能实现的。炭弧气刨的加热温度虽高于氧-乙炔焰几倍，但是因为切割速度快，炭棒在加工区停留的时间短，且热量来不及往基体金属内部扩散就被高压空气冷却并吹走，所以热的影响区很小。

（5）设备简单，占用面积小，灵活性高，使用方便，而使用风铲时，需有一定的操作空间。一般的车间都有电焊机和压缩空气，只要有一把炭弧气刨枪就可以进行工作。

（6）操作安全。众所周知，用氧-乙炔焰切割时，需要严格的安全措施，否则会造成爆炸事故。风铲工也会因风铲产生的强烈噪声，逐渐伤害听觉器官，造成职业病。而炭弧气刨不会发生上述事故。

14.4.3　炭弧气刨炭棒的类别及特性

　　炭弧气刨炭棒采用炭和石墨并用沥青作黏结剂配制而成。它必须具有良好的导电性，才能满足低电压、大电流的使用要求。因此，现生产有焙烧镀铜炭气刨炭棒（常用）与表面不镀铜的石墨化（经高温石墨化处理）炭弧气刨炭棒。

　　炭棒镀铜后，其导电能力较裸体炭棒大大提高。但作为炭弧气刨使用的炭棒，其炭体本身的电阻也不能过大，否则炭棒将在规定的电流负荷下工作时急剧发热，导致炭棒发红，增大热量散失，并易引起炭棒表面镀层剥离。进行炭棒表面镀铜还可以有效降低炭棒与夹具之间的接触电阻和提高炭棒的抗折强度。同时，镀铜层有保护炭体不被氧化和不被喷流压缩空气吹扫所削细。

　　表面不镀钢的炭弧气刨炭棒，必须经高温石墨化处理，以尽可能降低炭棒的电阻。这种炭棒，因其外表不镀铜，加之经石墨化处理后产品纯度大为提高，所以在使用中没有铜蒸气等有害气体产生，在近似封闭或通风不良条件下使用较为合适。但因石墨化炭棒硬度低、摸之即黑，同时稳弧性能稍差，故目前使用范围还不广泛。

　　炭弧气刨炭棒除需导电性能好外，还希望它能抗氧化、耐电弧烧损、热传导率能低一些。国产炭弧气刨用炭棒的型号、规格和技术性能如表 14-10 所示。炭弧气刨炭棒的静态性能标准如表 14-11 所示，各部尺寸允许公差如图 14-4 所示。

表 14-10　国产炭弧所刨炭棒的型号、规格及性能

炭棒型号	规格/mm × mm 或 mm × mm × mm	电流/A	电源	形式	表面处理
B504	$\phi4 \times 355$	150 ~ 250	直流	圆形	镀铜
B505	$\phi5 \times 355$	150 ~ 250	直流	圆形	镀铜
B506	$\phi6 \times 355$	200 ~ 300	直流	圆形	镀铜
B507	$\phi7 \times 355$	300 ~ 400	直流	圆形	镀铜
B508	$\phi8 \times 355$	300 ~ 400	直流	圆形	镀铜
B509	$\phi9 \times 355$	350 ~ 450	直流	圆形	镀铜
B510	$\phi10 \times 355$	350 ~ 450	直流	圆形	镀铜
B512	$\phi12 \times 355$	400 ~ 500	直流	圆形	镀铜
B514	$\phi14 \times 355$	500 ~ 600	直流	圆形	镀铜
B516	$\phi16 \times 355$	550 ~ 650	直流	圆形	镀铜
B5510	$5 \times 10 \times 355$	320 ~ 380	直流	圆形	镀铜
B5512	$5 \times 12 \times 355$	320 ~ 380	直流	圆形	镀铜
B5515	$5 \times 15 \times 355$	350 ~ 450	直流	圆形	镀铜
B5518	$5 \times 18 \times 355$	350 ~ 450	直流	圆形	镀铜
B5520	$5 \times 20 \times 355$	350 ~ 450	直流	圆形	镀铜
B5525	$5 \times 25 \times 355$	450 ~ 550	直流	圆形	镀铜
B5620	$5 \times 20 \times 355$	450 ~ 550	直流	圆形	镀铜

　　注：根据使用要求还生产 $\phi3.5mm \times 355mm$ 和 4mm × 8mm × 355mm 两种。

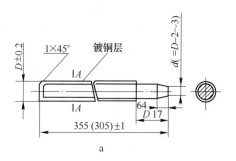

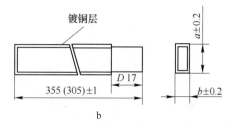

图 14-4　炭弧气刨炭棒各部
尺寸及公差
a—圆形截面炭弧气刨炭棒；
b—扁形截面炭弧气刨炭棒

表 14-11 炭弧气刨炭棒静态性能标准

性　　能	B5 (焙烧镀铜)	B5D (石墨化不镀铜)
电阻率/μΩ·m	≤20 (炭体)	≤13
灰分/%	≤2.0	≤0.3
假密度/g·cm^{-3}	≥1.50	≥1.50
镀铜厚层度/mm	0.08 ± 0.03	—
水分/%	0.5	—

14.4.4 炭弧气刨工艺参数的选择

使用各种炭弧气刨炭棒都必须合理选用工作参数。一般情况下使用直流电源。如果没有直流电源，交流焊机也可使用，但稳弧性较差。现介绍直流电源下炭弧气刨工艺参数的选择方法。

14.4.4.1 极性的选择

选择极性是炭弧气刨方法中首先遇到的问题。极性就是在焊接中的正接和反接。图 14-5 中带括弧符号的接法为正接，不带括弧符号的接法为反接。在炭弧气刨中，极性的选择视被刨金属材料而定。

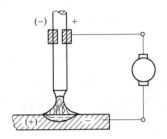

图 14-5 正接、反接示意

14.4.4.2 炭棒尺寸的选择

A 按照被刨金属的厚度来选择

一般被加工件的厚度越大，散热就越厉害。为使金属很快熔化和提高刨削速度，就要增大电流，因而炭棒的直径也要相应增大。对于同样直径的炭棒，刨厚板时所用的电流值，要比刨薄板时大一些。但在分离刨削时，为了得到小的切口宽度，应尽量选择小尺寸的炭棒，但必须与被刨金属的厚度相适应。特别是在厚度大于 5mm 时，为了提高生产效率，电流强度应大大提高，因而炭棒的规格也要相应增大。

B 按刨槽尺寸来选择炭棒直径

在开焊接坡口或焊缝返修时，应根据尺寸要求选择炭棒的规格。炭棒直径应比槽宽小 1~3mm，这是考虑到由于电弧的作用，使刨后槽宽大于炭棒的尺寸。

14.4.4.3 电流强度的选择

对于炭弧气刨来说，电流强度的选择对能否进行正常操作影响很大，直接影响生产效率的高低，炭棒烧损的大小，电能的有效利用以及刨槽的尺寸和被加工面的光滑程度。

生产效率与电流基本成正比关系。随着电流的增加，电弧的功率也增大，于是熔化的金属和吹掉的熔融金属量也随之增加（在喷吹压力相同的情况下）。

实践证明，电能的有效利用率（刨削系数）随电流的增大而增大的。当电流超过某一数值后，这个系数基本上就不变化了。

炭棒损耗的大小，跟气刨的成本有很大关系。如能合理选择电流，就可以更有效地利用炭棒。炭棒的有效利用率（g 金属/g 炭棒）随电流的大小而变化。当工作电流低于炭棒的额定电流时，炭棒的有效利用率随电流的减小而减小，当工作电流在炭棒额定电流范围内时，炭棒的有效利用率就较高。

电流大小能影响刨槽的尺寸和表面的光滑程度。在刨削速度不变的情况下，电流越大，电弧发出的热量就越多，刨槽尺寸也就相应变大。而且电流大还能比较容易地获得光滑的刨槽，因为在刨削同样尺寸的槽时，采用大电流可以提高刨削速度，刨削速度大了，手把颤动的现象就减弱了，这样刨槽表面高低不平的程度就减小了。当然，对每种炭棒，电流的增加都有一定限度。电流过大，容易引起炭棒近弧端发红部分过长，并易使端部铜皮剥离加剧和被喷气流削细炭棒，造成工作面不整直。电流强度过小，加工效率又低。必要时，批量使用前可作简单的抽样试用，然后确定合适的工作电流范围。

14.4.4.4　刨削速度的选择

刨削速度对炭棒的利用率、对电能的利用、槽型尺寸、表面光滑程度等都有一定的影响。刨削速度过快，电弧作用在金属某一点上的时间就短，金属得到的热量就少，金属熔化量也相应减少，故电弧刨削的深度也就浅，这样电能和炭棒的有效利用率都降低。刨削速度过慢，电弧作用在金属某一点上的时间就长，所以金属得到的热量就多，但因金属传热很快，故把刨槽周围的金属加热到很高的温度，这样就消耗了大量的无功能量。因此对刨削速度的快慢要进行认真选择。

14.4.4.5　压缩空气压力和质量的选择

炭弧气刨所使用的空气压力一般为 4 ~ 6atm[❶]。如果风压过大，电弧不稳定；如果风压过小，熔化的金属渣不易吹走，影响刨槽质量。空气压力的选择，主要根据电流的大小而定。表 14-12 列出了电流大小和所需空气压力。

当电流增大时，空气压力也需相应增大，被熔化的金属量也随之增加，故需较大的空气压力把它吹走。

表 14-12　电流大小和所需空气压力

电流强度/A	空气压力/atm
140 ~ 190	3.5 ~ 4
190 ~ 270	4 ~ 5
270 ~ 340	5 ~ 5.5
340 ~ 470	5 ~ 5.5
470 ~ 550	5 ~ 6
550 ~ 650	5 ~ 6

压缩空气中的水分应适当控制，水分过多会使被刨金属表面质量变坏。压缩空气的温度不应过高，若温度过高，对炭棒不能起到很好的冷却作用，增加了炭棒的烧损。若温度太低，对炭棒的冷却虽好，可是它能降低被熔金属的温度，使刨削速度降低。在一般情况下，压缩空气的温度以室温为宜。

14.4.4.6　正确控制弧长

弧长在刨削的过程中应尽可能地短。电弧过长，电能消耗增加，而且容易被压缩空气吹断或飘弧，造成电弧不稳。而且电弧过长，被刨金属的熔化深度和熔化量减少，使刨削速度大大降低，炭棒的有效利用率也随着降低。

另外，电弧长度过大，压缩空气的吹力不易集中，使被熔化的金属不能及时吹走，刨口的热影响区大，被刨金属表面的光洁度很低。

炭弧气刨时，弧长通常控制在 1 ~ 3mm 范围之内。为了保持一定的弧长，炭棒必须以一定的速度跟上去。速度大，电弧就短；速度小，电弧就长。在操作中就是利用这个关系，

---

❶　1atm = 101325Pa。

通过控制弧长来控制刨削速度的。

14.4.4.7 炭棒的倾斜角

炭棒与工件沿刨槽方向的夹角叫炭棒的倾斜角。最合适的倾角应为 20°~45°。角度的变化应根据刨槽的深度来决定。槽深增加，炭棒倾斜角也应随着增加。

14.4.4.8 炭棒的伸出长度

炭棒从钳口起到引燃电弧的那一头为止的长度叫做炭棒的伸出长度。炭棒的伸出长度越大，电阻就越大，在同样电流下发热就越多，这就加快了炭棒的烧损。而且炭棒的伸出长度越大，钳口离电弧越远，吹到熔化金属上的风力将减小，就不能及时将熔融金属吹走。但是伸出长度太小了也不行，首先是钳口离电弧太近，操作者看不到刨槽，操作起来很不方便。其次是很容易使手把与工件短路，轻者电弧不稳定，重者会烧坏手把. 如果一开始炭棒的伸出长度很短，刨了一会儿就要停下来调整，这样就影响了加工速度。根据操作者的经验，通常认为炭棒的伸出长度最好为 80~100mm。当烧蚀剩约 30mm 时就需要重新进行调整。

14.5　分光分析用炭棒与原子吸收分析用石墨管

14.5.1　分光分析用炭棒

分光分析是利用元素特定光谱线的出现与否和谱线的强弱程度进行矿石、矿物、金属和溶液等的定性和定量分析。炭棒可用作分光分析用摄谱仪的炭电极。

分光分析用炭棒是选用低灰分的原材料经混合、压制挤压成型，后经高温纯化处理而制得的，因此具有纯度高、杂质含量低、不影响分析精度、机械强度高，以及导电性和热稳定性好等特点。分光分析用炭棒的电弧谱线在 200~350nm 范围内。对炭棒所含杂质元素的含量，只允许硼、硅、铝、镁、铁、钛和钛等元素的极微弱谱线出现。分光分析用炭棒的规格及技术特性见表 14-13。

表 14-13　分光分析用炭棒的规格和技术特性

炭棒型号	规格（直径×长度）/mm×mm	纯度/%	杂质含量	密度/g·cm⁻³	气孔率/%	抗折强度/MPa	电阻率/μΩ·m
B606	φ6×300		硼、硅、镁、铁元素谱线微弱出现，铜、铝、钙元素谱线微弱出现到不出现				
B608	φ8×300	99.995~99.999		1.6	25	40	9~12
B610	φ10×300						
B613	φ13×300						
B615	φ15×300						

14.5.2　石墨炉原子吸收分析法用石墨管

原子吸收光谱分析方法已广泛用于冶金、地质、环境保护、医药卫生、农业、化工、食品和公安等部门的科学研究和监测工作。石墨炉无焰原子吸收法可测定低至 10⁻地克的金属元素。这种方法可看作是常规火焰原子吸收法的一种补充手段，并且在许多方面比火焰法优越。

石墨管是石墨炉无焰原子吸收法中的重要部件。图
14-6 所示的石墨管是新标准型石墨管，在其两端内侧
车制有细密沟纹，这些沟纹能使溶液保持在管内，这种
设计适用于水溶液和有机溶液。这种石墨管（带有热
解石墨涂层）用在 HGA-2100 型仪器上。

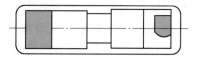

图 14-6   HGA-2100 标准型石墨管

与 HGA-2000、72、70 型石墨炉配套使用的石墨管有：标准型和沟纹型。标准型（图
14-7）用于大多数分析；沟纹型（图 14-8）则用于某些有机溶剂。

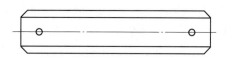

图 14-7   HGA-2000 标准型石墨管

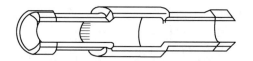

图 14-8   HGA-2000 沟纹型石墨管

沟纹型石墨管与标准型石墨管在耐热性能上有所不同，工作温度前者低、后者高。由
于沟纹型石墨管的最高使用温度比较低，故不适于测定钒、钼等挥发性较差的高沸点元
素。沟纹型石墨管对某些样品也有其特殊优点，比如生物样品，在灰化阶段易飞溅，用沟
纹型石墨管易于把样品保持在管子的中央部分。

石墨管的使用寿命约为 50～300 次测定。使用寿命取决于原子化阶段的温度、时间以
及载气流量和样品种类。在石墨管长期使用中，其灵敏度会有所降低，当灵敏度下降到开
始使用的 20%～25% 时，该石墨管一般应废弃，分析结果的再现性也会随着石墨管使用寿
命的延长而下降。

国产 T703 原子吸收分光光度计用石墨管经过多次试验和使用，证明其具有纯度高、
使用寿命长、电阻均匀和性能稳定等特点。可根据用户图纸要求，加工成各种不同规格尺
寸的管、锥、坩埚等成品。其技术性能如表 14-14 所示。

表 14-14   T703 石墨管的技术性能

电阻率/μΩ·m	肖氏硬度	抗折强度/MPa	抗压强度/MPa	灰分/%	假密度/g·cm⁻³
8～9	31	30～34	53～56	0.003	1.85

在国产 WFX-1 型仪器上的使用效果如表 14-15 所示。T703 管和 PE 管比较，其典型杂
质元素含量如表 14-16 所示。在使用石墨管的过程中，应注意下列事项：

（1）清洗后的成品，不允许用手或其他污染的东西触及，一切操作均应带乳胶手套，
并在清洁的房间内进行。

（2）如已沾污，可用无水乙醇清洗。

表 14-15   T703 石墨管在 WFX-1 型仪器上的使用效果

技术指标	非热解管	热解管	备　注
灵敏度	(Co) 1.4×10^{-10} g	(Mo) 1.3×10^{-11} g	
再现性	(Co) 1.4%	(Mo) 0.3%	
寿命	150 次	440 次	PE 管为 56～146 次

表 14-16　T703 管的典型杂质含量与 PE 管的比较

项　目	Al 含量	Zn 含量	Fe 含量	Mo 含量	Ca 含量
T703 管	$<2 \times 10^{-11}$	$<3 \times 10^{-12}$	$<3 \times 10^{-11}$	$<8 \times 10^{-11}$	2×10^{-11}
P-E 管	$<2 \times 10^{-11}$	$<3 \times 10^{-12}$	$<3 \times 10^{-11}$	$<8 \times 10^{-11}$	5×10^{-10}

（3）石墨管与石墨锥要求接触良好，以防打弧。

（4）要选用同种石墨材料来制造石墨管和石墨锥，否则，其再现性要差一些。

14.6　其他用途炭棒

14.6.1　精密铸造用炭棒

精密铸造是实现无切削或少切削工艺的有效方法，它能直接铸出形状复杂、表面光洁、尺寸精确的金属机械零件。用炭棒熔化金属在精密铸造工艺中已得到广泛应用。

精密铸造用炭棒即小型冶炼用的石墨电极，是以焦炭（沥青焦、石油焦）为原料，以熔化沥青为黏结剂经混合、挤压、焙烧和石墨化等工序而制成。因此，炭棒的导电性能好、灰分低，具有较好的机械强度，完全能满足精密铸造对电极的各项要求。

精密铸造用炭棒的型号、规格与技术性能如表 14-17 所示。

表 14-17　精密铸造用炭棒的型号、规格与性能

型　号	规格（直径×长度）/mm×mm	电阻率 /μΩ·m	抗压强度 /MPa	抗折强度 /MPa	灰分 /%
B925	$\phi25 \times 1000$	<15	—	—	<0.3
B930	$\phi30 \times 1000$	<15	—	—	<0.3
	$\phi30 \times 800$				
B950	$\phi50 \times 800$	13	30	20	0.15
B965	$\phi65 \times 800$	13	30	20	0.15
B975	$\phi75 \times 800$	13	30	20	0.15

14.6.2　焊接炭棒

焊接炭棒用作电弧焊接的电极，即利用炭棒与炭棒或炭棒与金属之间产生的电弧热进行焊接。在后一种情况下，焊接件与正极连接，炭棒与负极连接。用一根炭棒焊接时，如有必要，可将金属丝放入电弧内熔化，作为焊料填充焊缝。

炭棒还可用于自动焊接各种牌号的钢、钢、铝以及它们的合金。焊接炭棒的规格和技术性能列于表 14-18 中，各种焊接炭棒所允许的负载电流如表 14-19 所示。

14.6.3　电解锰用炭棒

电解用炭棒主要用于电解精制二氧化锰的生产过程中的导电电极。具有导电性能好、机械强度高、灰分低、直度好、使用寿命长等特点。电解锰用炭棒的技术性能列入表 14-20中。

表 14-18　焊接炭棒的规格和技术性能

直径 *D*/mm		长度 *L*/mm		抗折强度 /MPa	比电阻 /μΩ·m
额 定	允许误差	额 定	允许误差		
4	±0.2	250	±12.5	≥18	≤100
		700	±35		
5	±0.2	250	±12.5	≥30	≤100
		700	±35		
8	±0.2	250	±12.5	≥12	≤100
		700	±35		
10	±0.2	250	±12.5	≥12	≤100
		700	±35		
15	±0.2	250，310 350，700	±12.5 （700 为 ±35）	≥12	≤100
18	±0.2	250	±12.5	≥12	≤100
		700	±35		

表 14-19　焊接炭棒所允许的负载电流

额定直径 *D*/mm	焊接负载/A		额定直径 *D*/mm	焊接负载/A	
	工作	额定		工作	额定
4	50 ~ 75	100	10	150 ~ 300	400
6	50 ~ 150	200	15	250 ~ 500	700
8	100 ~ 200	300	81	350 ~ 700	1000

表 14-20　电解锰用炭棒的型号、规格及技术性能

型　号	规格/mm	电阻率/μΩ·m	灰分/%
B825	$\phi25 \times 1200$	<30	<2
	$\phi25 \times 1000$	<30	<2
B830	$\phi30 \times 1200$	<30	<2
	$\phi30 \times 1000$	<30	<2
B840	$\phi40 \times 1200$	<30	<2
	$\phi40 \times 1000$	<30	<2

14.6.4　电池用炭棒

电池用炭棒常用作原电池和电池组的阳极。用炭石墨材料作原电池和电池组的阳极，是因为炭石墨材料具有良好的导电性能和化学稳定性，特别是后一种性能对电池显得更为重要。这是因为电池的阳极长期处于腐蚀性介质中，如图 14-9 所示。由图 14-9 可见，电池中间是炭棒为阳极，锌皮为阴极。炭棒处在 MnO_2、Mn_2O_3 及 NH_4Cl 等中间。由于各种化学物质的相互反应，当电池接通时，则有电流通过。

根据电池结构形状和容量的不同，作为阳极导体的炭棒的规格和形状也不一样，有的是圆形（用于圆形电池），有的是矩形（用于方形电池）。它的规格和技术特性见表 14-21。

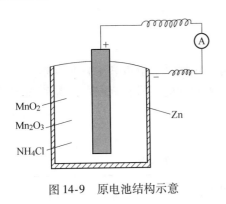

图 14-9 原电池结构示意

表 14-21 电池用炭棒的规格和技术特性

规格（直径×长度）/mm×mm	抗折强度/MPa	电阻率/μΩ·m
$\phi 4 \times (26 \sim 34)$	40	50
$\phi 6 \times (32 \sim 55)$	50	60
$\phi 8 \times (58 \sim 96)$	17	60
$\phi 10 \times 85$	18	70
$\phi 15 \times (106 \sim 120)$	17	80
$\phi 18 \times (150 \sim 180)$	15	80

14.6.5 接地用炭棒

将电气回路及各种电气设备接地的方法很多。众所周知，与用铜、锌之类的金属材料一样，炭棒或炭板主要用作电话机避雷器、变压器及避雷针用接地体以及作为各种电气工程的接地电极。

用普通金属制造的接地体，容易被腐蚀。因为它们不易生成起保护作用的表面氧化膜，因此造成接地体电阻增加，机械强度降低等缺点。而用炭石墨材料作为接地体，就能克服上述缺点。因为炭石墨材料能长期耐腐蚀，而且电阻稳定。但炭接地体与金属接地体比较起来，原始机械强度较金属接地体低。故安装，特别是往地下打入时较困难。而且将导线装入接地炭棒，要获得较小的接触电阻也有一定的困难。近年来，随着科学技术的发展，炭棒的强度有了很大提高，打入地下就不成问题，而且导线与接地炭棒之间的接触电阻很小，因而炭接地体使用起来很方便。还有的厂家将铜之类的金属棒装在炭棒中心作为接地体使用。

接地用炭棒和炭板采用普通的炭素材料，通常是天然石墨和煤沥青经混合、挤压、焙烧而制成的，也有采用天然石墨和合成树脂混合经模压而制成。接地用炭棒及炭板的性能见表 14-22，接地用炭棒的规格及性能见表 14-23。

表 14-22 接地用炭棒及炭板的性能

种类	主要原材料	制造	假密度/g·cm⁻³	抗折强度/MPa	比电阻/μΩ·m	直径/mm	厚度/mm
炭棒	天然石墨和沥青	挤压烧结	1.50 ~ 1.60	260 ~ 280	50	16 ~ 140	—
炭板	天然石墨和合成树脂	模压	2.4 ~ 2.6	160	40	宽 150 ~ 420	10 ~ 40

可用下述方法将导线固定在炭棒上：将炭棒端面钻一小孔，然后将导线放进去，用铜粉填塞紧固，然后用树脂封口。也可以将导线放入小孔后用熔化的铅灌满。根据需要，也可以同时采用几根炭棒，此时可将炭棒头车削成带螺纹孔，以便将炭棒接起来使用。

表 14-23 接地用炭棒的规格及性能

直径/mm	长度/mm	灰分/%	比电阻/μΩ·m	抗折强度/MPa
10	300	<20	<80	<35
25	250	<20	<80	<30
55	500	<20	<80	<25
90	700	<20	<80	<20
140	1000	<20	<80	<20

14.6.6　铱粒炭棒、铱粒炭板

铱粒炭捧、铱粒炭板是用于熔炼铱金、铂金等贵金属用的电极和耐高温容器。

根据使用要求的不同,目前主要生产如表 14-24 所示的型号和规格的铱粒炭棒和铱粒炭板。铱粒炭板和铱粒炭棒的尺寸公差应符合表 14-25 和表 14-26 的规定。铱粒炭棒和铱粒炭板的物理性能和灰分含量如表 14-27 所示。

表 14-24　铱粒炭棒和铱粒炭棒的规格及型号

种类	型号	规格/mm × mm 或 mm × mm × mm	电源	工作电流/A 额定	工作电流/A 最大	工作电压/V	备　注
炭棒	YS05	$R5 \times 305$	交流	150	180	70 ± 5	半圆形
	YS12	$\phi 12 \times 305$	交流	200	250	110 ± 5	
	YT07	$\phi 7 \times 230$	交流	100	115	85 ± 5	
	YT08	$\phi 8 \times 230$	交流	110	125	90 ± 5	
炭板	YB78	$163 \times 82 \times 26$	交流	150	250	$(70 \sim 110) \pm 5$	表面有孔 $R3 \times 78$
	YB02	$163 \times 36 \times 33$	交流	100	125	85 ± 5	

表 14-25　铱粒炭板的尺寸公差　（mm）

种　类	型　号	炭板长度 L	炭板宽度 S	炭板高度 H	弯曲度
炭板	YB78	163 ± 1	82 ± 1	26 ± 2	1% 以下
	YB02	163 ± 1	33^{+2}_{-1}	36^{+2}_{-1}	1% 以下

表 14-26　铱粒炭棒的尺寸公差　（mm）

种　类	型　号	炭棒直径 D	炭棒长度 L	锥部 直径 D	锥部 长度 L	弯曲度
炭棒	YS05	$R5 \pm 0.5$	$\geqslant 305$	$5^{+0.5}$	5 ± 1	1% 以下
	YS12	12 ± 0.2	$\geqslant 305$	$6^{+0.5}$	6 ± 1	0.25% 以下
	YT07	$7^{+0.1}_{-0.2}$	230_{-2}			0.25% 以下
	YT08	$8^{+0.1}_{-0.2}$	230_{-2}			

表 14-27　铱粒炭棒和铱粒炭板的物理性能和灰分含量

种　类	型　号	假密度/g·cm⁻³	比电阻/μΩ·m	电阻率欧/Ω·m	灰分/%
炭棒	YS05	>1.4	<12		≤1
	YS12	>1.35	<12		≤1
	YT07			<1.5	
	YT08			<1.5	
炭板	YB78	>0.8 ~ <1.1			≤2
	YB02	>0.8 ~ <1.1			≤2

14.7　光伏与 LED 用炭石墨制品

14.7.1　LED(发光二极管)——未来之光

14.7.1.1　概述

早在一百多年前,当人类第一次观察到电致发光现象时(即固体材料在电场激发下发光的现象),人类就发现了 LED 的功能原理。但是很久以来,这一发现一直未为人所用,直到 20 世纪 60 年代初期,人们开发出了二极管和半导体材料,它才得到了应用。最初的 LED 只有红色,从 20 世纪 70 年代开始,才陆续出现了绿色、橙色和黄色的 LED,但他们的亮度并不尽人意。直到 20 世纪 90 年代,随着科技的进一步发展,发光强度才得以大大提高,并且能生产出各种颜色的 LED,白色 LED 尤其常见。LED 的结构如图14-10所示。

LED 芯片是一种非常小的半导体裸片,面积约为 0.01in × 0.01in,位于半圆形的发射器中心,配备了端电极,并用树脂锭模进行保护。此类型的 LED 的输出功率约为 50mW。高亮度 LED 的芯片尺寸是其 20 倍,输出功率超过 1W。

如今数以亿计的现代高亮度 LED 被广泛运用于交通灯、广告牌、汽车前灯、移动电话中,近来也被用作液晶显示器的背光灯。然

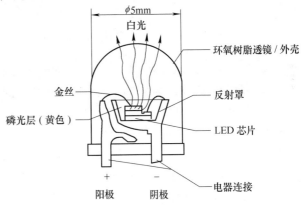

图 14-10　白透镜 LED 的结构(横载面)

而,LED 的光明未来仍在一般照明、室内的大型区域照明。

与发光时产生更多热量的传统光源相比,LED 只发出"冷"光。它们能将 35% 的电流转换成可见光,而白炽灯的转换率只有 10%。LED 既有节能作用,而且其使用寿命也很长(可达 5 万小时)。它们不会爆裂,而且工作电压远远低于 230V,并且不含危险材料。

能源效率是许多国家已经开始或者计划在未来几年内禁止使用白炽灯泡的主要原因。欧盟制定了与冰箱的能将等级类似的光源能效等级(A、B、C 等)。白炽灯泡只达到 D、E、F 和 G 级。荧光灯达到 B 或 C 级,但由于其含汞量而颇受争议。只有 LED 达到 A,因此未来属于它们。

但是 LED 比白炽灯要贵,并且在亮度方面仍然不能满足某些场合的使用要求。但是在每天长时间运行的应用情况下,例如工厂车间或街灯,使用 LED 照明更为经济。不仅如此,LED 技术正在迅速发展。在半导体和计算机产业中,功率方面大有进展的同时成本也得到了大大降低。

LED 是"发光二极管"的缩写。二极管是只往一个方向传送电流的电子元件。二极管还用作整流器,能将交流电转换成直流电,或者可用作晶体管中的电子开关。

然而,LED 并不是以硅为主的半导体材料,而是基于化合物半导体,它至少由两种不同的半导体材料组成。当电流流过 LED 时,LED 就会发光,发光颜色取决于所使用的半

导体材料。例如，蓝光或白光是由氮化镓/铟。日本赤崎勇、天野浩和美籍日裔科学家中村修二，他们发明了蓝色发光二极管（LED），并因此带来的新型节能光源。为表彰他们贡献，2014 年授予他们诺贝尔奖。

14.7.1.2　LED 价值链

LED 价值链从由蓝宝石或碳化硅（SiC）制成的衬底晶片开始，晶片是堆积若干层不同的半导体材料。半导体晶片制备过程如图 14-11 所示。

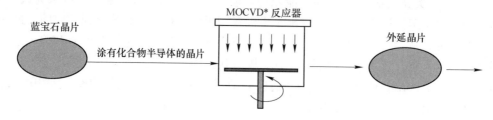

图 14-11　半导体晶片制备过程

典型晶片的直径为 2in❶、4in 和 6in。如同传统的半导体材料一样，这些晶片会切成许多小芯片。半导体芯片如图 14-12 所示。

一个 2in 的晶片可制造大约 5000 个芯片，如今的液晶显示器背光所使用的就是这样的芯片。多个 LED 常常与其他控制器和光学元件一起安装在一个模块上。如果该模块用于住宅，就构成了 LED 灯，如图 14-13 所示。

图 14-12　半导体芯片

14.7.1.3　LED 的应用

LED 在我们日常生活中随处可见，对于汽车、电脑和电话中那些显示功能激活的小红灯或绿灯，我们已经很熟悉了，LED 应用范围如图 14-14 所示。

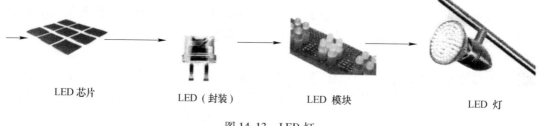

LED 芯片　　　　　LED（封装）　　　　LED 模块　　　　　LED 灯

图 14-13　LED 灯

14.7.1.4　LED 石墨散热器

LED 工作时产生发热现象，发出的热量不及时传递出去，将会使芯片温度升高，从而影响芯片的使用寿命和使用效果。目前 LED 普遍采用铝合金作散热器，它存在如下问题：

（1）随着 LED 功率的增加，铝散热器的散热效果已不适应 LED 功率增加的要求。

（2）铝合金表面易氧化（特别是室外工作环境下），氧化后生成的氧化铝疏松，疏松

---

❶　1in = 25.4mm。

汽车前灯　　　　　　　　LCD 显示器　　　　　　　　街灯　　　　移动电话

图 14-14　LED 应用范围

的氧化铝极易吸收空气中的水分，更加剧内层铝合金的氧化。这种恶性循环大大地降低了散热器的使用寿命和使用范围。

（3）铝合金氧化后，不但降低了导热率，更主要的是，疏松的氧化铝层大大降低了辐射效果。总之，降低了散热器的散热效果。况且，氧化铝粉易脱落，造成灯具污染。

（4）当温度升高，铝散热器的热导率随之下降，因而散热效果降低。

（5）大型 LED 灯具使用的铝散热器要消耗大量的铝合金。

由于上述原因，铝散热器的使用制约了 LED 的发展。目前，很多 LED 企业都在寻求新的材料来取代铝合金。若采用特种石墨材料取代铝合金生产 LED 散热器，特种石墨散热器具有如下优良性能：

（1）散热效率高。石墨晶体在层平面内的热导率不仅比铝高，甚至比铜和银还要高。虽然人造多晶体石墨热导率比铝稍低，可是热量的传递是通过传导、辐射和对流这三个途径，其中传导和辐射是与材质密切相关的。特种石墨提高了辐射率，从而也提高了散热率。故特种石墨材料的散热率比铝合金要高。而且石墨热容比铝高得多，在二极管相同发热量下，石墨散热器温升慢，特别适合非连续使用的情况。广州万鹏石墨制品有限公司研制的 LDE 特种石墨散热器（专利产品）。通过实验测试，在散热器体积相同情况下，采用特种新型石墨散热器时灯具的功率可提高 1 倍以上。如 MR16 型（图 14-15），采用铝合金功率为 3W，而采用特种新型石墨散热器时功率最高可达 8～9W。因此，用于 6W 的正式产品是非常合适的。

特种石墨散热器用于小功率 LED 灯可减少小灯的体积，使灯小型化。它特别适合于大功率 LED 灯，可使 LED 灯功率大型化并减小灯的体积。它不但可大幅度提高灯的功率，而且可减少对铝合金的消耗。

（2）产品不氧化，不变形，可在室外环境下使用；

（3）无毒无味无污染，是一种绿色环保型产品；

（4）灯具报废后，该散热器可回收利用。

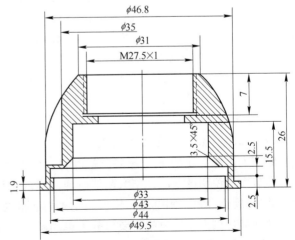

图 14-15　MR16 型石墨散热器

14.7.2　光伏用石墨制品

14.7.2.1　概况

太阳能是一种永不枯竭的能源（图 14-16），作为太阳能发电的光伏行业，当然是前景宽广的，光伏用石墨制品也是前途无量。

我国为鼓励国内光伏市场的快速发展。对《太阳能发电发展"十二五"规划》的装机总容量目标从 21GW，提高到 40GW。至 2011 年底实际光伏装机容量为 3.6GW，占全球的 8%，到 2015 年装机容量达到 21GW，年增 5GW，3 年增加 13GW 左右。

目前全国光伏电池产能大约为 40GW，比全世界的总装机容量还多，工信部下属企业光伏电池产能已达到 35GW。2011 年中国光伏组件的产能占全球的 80%，中国光伏产品 60% 的市场在欧盟。国内市场发展后，国内外各占 50%。

图 14-16　绿色能源（光伏行业）

光伏市场除欧美外，日本、东南亚、印度、巴西等地发展迅速，印度到 2017 年光伏装机容量将达 30GW。

目前光伏主要在并网发电，但以"自发自用"的分布式发电也值得发展，在"十二五"21GW 装机目标中，就包括离网系统在内的分布式光伏发电至少应达到 10GW 以上。早在 20 世纪 90 年代，德国就推出大规模屋顶光伏计划，目前，德国光伏发电 80% 装机来自屋顶电站，而美国、日本、意大利等国的此类光伏建筑也随处可见，因此，中国的分布式光伏发电的潜力巨大。

14.7.2.2　太阳光的光电转换

太阳光照射到可吸收光谱的半导体光电材料后，光子（Photon）会以激发电子/空穴（Electron/Hole）的方式输出。在光电转换的过程中，事实上并非所有的入射光谱都能被太阳电池所吸收，并完全转换成电流，有 30% 左右光谱因能量太低（小于半导体的能隙），对电池输出没有贡献。在被吸收的光子中，除了产生电子-空穴对所需的能量外，约有 50% 的能量以热的形式释放掉。

太阳能电池是一种能量转换的电器件，经过太阳光照射后，可以把光的能量转换成电能。从物理的角度来看，有人称之为光伏电池（Photovoltaic），其中的 Photo 就是光，而 voltaic 就是电力（Electricity）。

14.7.2.3　太阳能电池的种类

由于太阳能电池的种类繁多，若以材料的种类进行分类，其分类结果如图 14-17 所示。本节大致说明硅基晶片型太阳能电池的优缺点与目前的效能。对于硅薄膜型太阳能电池，Ⅱ-Ⅵ 族化合物太阳电池，染料敏化太阳能电池，有机太阳能电池等从略。

硅基晶片型太阳能电池主要可分为单晶硅（Single Silicon）和多晶硅（Poly Crystal Silicon）芯片型太阳能电池两大类。

以单晶硅太阳能电池而言，完整的结晶使单晶硅太阳能电池能够达到较高的效率，且

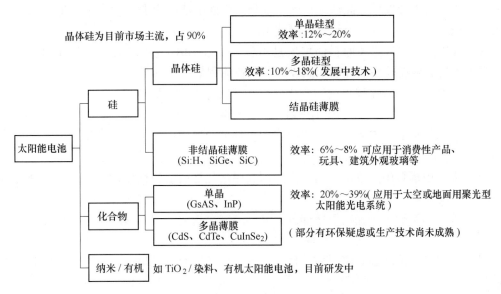

图 14-17 以材料的各类对太阳能电池进行分类

键结较为完全，不易受入射光子破坏而产生悬挂键（Dangling Bond），因此光电转换效率不容易随时间而衰退。

以多晶硅太阳能电池而言，由于具有晶界面，在切割和再加工的工序上，比单晶和非晶更困难，效率方面比单晶硅太阳能电池低。不过，简单与低廉的长晶成本是它最大的特色。因此，在部分低功率的电力应用系统上，多采用这类的太阳能电池。

目前从效能看，单晶硅型太阳能电池的模块率为15%~17%，多晶硅型太阳能电池的模块效率为13%~16%。

硅基晶片型太阳能电池的优点：

（1）硅基制备技术发展成熟，可大量生产，是目前太阳能电池的主流。

（2）整厂输出（Turn Key）设备价格低，25MW 的生产线约合 200 万美元。

（3）模块的效能稳定，使用期限长，一般可达 20 年。

硅基晶片型太阳能电池的潜在缺点；

（1）晶片原料有缺料风险，且同容量模块的能源回收期比薄型太阳能电池长。

（2）因为硅基晶片型太阳能组件较不透光，故不适合作为建材一体化（玻璃外墙）电池模块应用。

（3）技术门槛不高，因此许多国家硅基晶片型太阳能电池的建厂速度都很快。

14.7.3 单晶硅片制造技术

14.7.3.1 单晶硅的制度技术

目前生长硅晶圆（Silicon Wafer）晶体的方式主要有：

（1）柴式提拉法（Czochralski Pulling Technique，CZ）。

（2）浮熔区生长法（Floating Zone Technique，FZ）。

虽然使用浮熔区生长法长晶的质量较佳，但柴式提拉法具有低制造成本及较强的机械强度，且较容易生产大尺寸晶体，目前在硅晶太阳能电池应用上多采用柴式提拉法来生产太阳能电池级硅晶圆。以下介绍其关键技术。

硅晶圆生长时用来盛装原料的坩埚是由玻璃质（Vitreous）二氧化硅制成的，而传统的坩埚是用天然纯度较高的硅砂所制成。其制备流程如下：

（1）高纯度的二氧化硅可由四氯化硅与水气反应生成，如下式：

$$SiCl_4 + 2H_2O \longrightarrow SiO_2 + 4HCl \qquad (14-1)$$

（2）浮选筛检后的硅砂，置于水冷式的坩埚型金属模内壁上，模具慢速旋转以刮出适当的硅砂层厚度及高度，然后送入电弧炉中。

（3）电弧由模具中心放出，坩埚内壁因高温熔化之后之快速冷却，从而形成透明的非结晶质二氧化硅。

（4）外壁因接触水冷金属模壁部分，硅砂未完全熔化，因而形成非透明且含气泡的白色层。

（5）坩埚再经由高温等离子体处理，使碱金属扩散而离开坩埚内壁，从而降低碱金属含量。

（6）再浸镀一层可与二氧化硅在高温下形成玻璃陶瓷（Glass Ceramic）的氧化物，以增强坩埚抗热潜变特性，以及降低二氧化硅结晶成白硅石（Cristobalite，石英的同素异形体，在 1470~1710℃ 为稳定态）从坩埚内壁表面脱落的可能。

一般而言，坩埚的寿命受坩埚气孔大小、热传递性质、内壁表面白硅石结晶化速率的影响。该制作方式成本较为昂贵，且有高含量的—OH 键，并不适于大型坩埚的制作。

14.7.3.2　长晶炉及生长环境

图 14-18 是典型长晶炉示意图。长晶炉内电阻式石墨加热器与水冷双层炉壁间有石墨制的低密度热保温材料。长晶炉分为上炉室与下炉室，以隔离阀为界。上炉室用于冷却生长完成的单晶硅棒，下炉室的关键零件是上述的石英坩埚。为避免石英坩埚受热而造成破裂，石英坩埚被两片（或三片）组合式石墨坩埚托着。石墨坩埚的材质、传热系数及其形状会决定长晶炉的热场（Thermal Field）分布状况，进而影响长晶制备条件及质量。

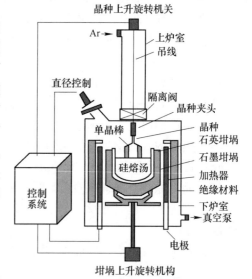

图 14-18　典型长晶炉示意图

14.7.4　多晶硅片制造技术

以目前的情况来说，由于单晶硅晶圆在量产化可行性、晶片质量及成型速度等关键问题上迟迟无法有所突破，因此采用铸造成型、切片、抛光等程序制造的多晶硅片几乎占了目前 80% 以上的太阳能电池市场。鉴于过去几年，多晶硅材料曾发生严重短缺的情况，目前各大晶片厂商除了纷纷扩产和新建厂房外，也在提高多晶硅锭的制作尺寸。尽管如此，铸造成型的多晶硅片仍然存在许多降低成本的改善空间，如加快成型速度、降低切片厚度等。

　　在 2000 年之后，因硅原料短缺，多晶硅材料生长技术发展出定向凝固法及浇铸法，可降低多晶硅太阳能电池的成本。图 14-19 所示为典型多晶硅制造示意图。降低成本一直是太阳能产业所面临的挑战之一。铸造多晶硅锭的优点在于它可以直接铸造出长方体形的硅锭，不像圆柱形的硅单晶棒需先将外径切方再研磨成长方体，因此材料的损耗可以比较小，但缺点是效率比单晶硅太阳能电池稍低。

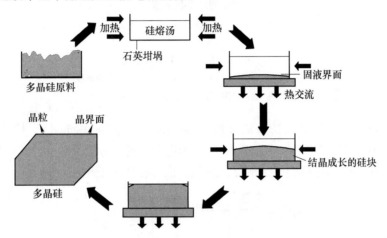

图 14-19　多晶硅原料到多晶片的制造流程
（参考资料：Renewable Energy CorporationAS）

　　常见的多晶硅材料生长方法包括：
　　（1）方向性凝固技术；（2）坩埚下降法；（3）浇铸法；（4）热交换法；（5）京都陶瓷磁浮铸造法。
　　下面简单介绍方向性凝固技术与坩埚下降法生长多晶硅材料。
　　（1）方向性凝固技术。方向性凝固技术（Directional Solidification，DS）是一种最早被用来制作多晶（柱状晶）铸锭的方法。该方法除了可以控制铸锭的质量外，更可实现硅纯化的效果。制备过程是使用上下双腔体（Double Chamber）、上下加热方式进行。上腔体进行多晶硅原料的熔炼，通常腔体的加热可使用感应或电阻式加热，其电耗率为 8～15kW·h/kg，经由上腔体下方的浇口注入下腔体进行缓慢的由下而上的方向凝固过程。典型的凝固速度为 0.06mm/min，铸锭产率为 4.3kg/h。
　　（2）坩埚下降法。坩埚下降法（Bridgman Method）是让熔体在坩埚中冷却而凝固。自 2004 年起，已有公司开始利用坩埚下降法生长多晶硅材料，生长速度可达 10kg/h。图 14-20 所示为坩埚下降法的示意图，其多晶硅生长方式为：
　　（1）采用石墨电阻热使硅原料熔化。
　　（2）移动坩埚或加热线圈，让坩埚底部通过较高温度梯度的区域。
　　（3）凝固过程是由坩埚的底端开始逐渐扩展到整个熔体。
　　硅在结晶固化的过程中，体积会膨胀而使多晶锭与坩埚之间出现黏着现象，甚至造成多晶硅锭的裂损伤。一般可通过在坩埚内壁镀上一层氮化硅（Si_3N_4）薄膜来减少这种现象。
　　坩埚下降法的优点是制备过程简单，但其缺点是反应较耗时，完成一次铸造的时间较长，产率也比浇铸法低。典型的凝固速率约为 1cm/h。

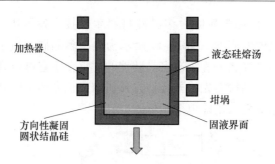

图 14-20　坩埚下降法示意图

（典型的石英坩埚大小约为 70cm×70cm，界面的移动方式
则是移动坩埚或移动加热线区均可）

另一个改良的方法是电磁铸造法（Electromagnetic Casting Method），其技术包含在美国专利 U. S Patent 4572812 中。图 14-21 所示为电磁铸造法示意图。其与坩埚下降法的差异是该方法通过电磁感应控制电流的方式加热，而非使用一般电阻加热器。

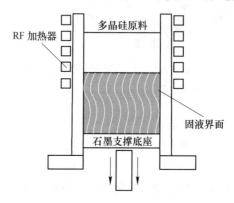

图 14-21　电磁铸造法示意图
（U. S Patent 4572812. 1986）

14.7.5　光伏用炭石墨制品

太阳能电池的核心部件晶体硅片单晶硅，多晶硅的冶炼需要石墨制品，有石墨坩埚、石墨加热器、石墨支架、石墨托板、石墨电极、炭石墨绝热层等。

15　测量和计量用炭石墨制品

炭素制品可以用于各种计量和测量，但大多作为仪器的零部件使用，因此在日常生活中很少见到。

15.1　碳原子用作测量和计量

15.1.1　原子质量单位

所有原子的质量单位都采用碳原子的同位素 ^{12}C 的 1/12 为单位，这里将 ^{12}C 的相对原子质量规定为 12.0000000，即原子质量单位为 $1.6605402 \times 10^{-24}g$。附带说明一下，相对原子质量的基准的改变是 1962 年，以前是以氧原子的质量作基准。

15.1.2　碳的年代测定法

大气中存在极少量的含同位素 ^{14}C 的二氧化碳（CO_2），它是大气上层的氮原子受宇宙射线的影响，发生如下元素转换而成的：

$$^{14}N + n(中子) \longrightarrow {}^{14}C + p(质子) \tag{15-1}$$

^{14}C 是一种可放出 β 射线而衰变的放射线同位素，半衰期较短，因此达到辐射平衡时，^{14}C 存在一定的浓度：

$$^{14}C \longrightarrow {}^{14}N + \beta^- \tag{15-2}$$

含 ^{14}C 的二氧化碳通过光合作用或代谢过程进入生物中，成为生物体的成分。生物死后，^{14}C 不再进入生物体内，积蓄在生物体中的 ^{14}C 因原子衰变而以 5730 年的半衰期不断减少，即过 5730 年减少为原来的 1/2，过 11460 年减少到原来的 1/4。利用这一性质，可以测定生活在约 4 万年前的生物化石或遗迹的年代。

这种年代测定法是 1949 年由 Libby、Andurson 和 Arnold 等建立的。其正确性已被世界各地的遗迹、化石的年代测定或通过与古文书的对照所证实。具体的测定对象是泥炭、树叶、坚果、毛发、皮肤、皮革、纸、布、牙齿、炭化后的骨骼等。此外，也被文化遗产（佛像、木简等）、寺院、古墓的考察所广泛运用。但在进行放射性测定时，必须特别注意样品的处理方法，详情请参考专门的书籍，这里从略。

15.2　炭温度计与微电极

15.2.1　炭温度计——测量低温用炭素制品

液氦的沸点为 4.2K，因此获得比这更低的温度的最简单的方法是使液氦在杜瓦瓶中剧烈地蒸发。这是一种利用汽化潜热的方法，它通过充分快速地排气，可以达到 0.7K 左右的低温。但是由于液氦在 2.19K 以下转移为氦Ⅱ，形成一薄层附着在器壁上，使蒸发面积显著增加，所以受目前实际上可以使用的排气泵容量的限制，用这种方法只能达到 0.7K 的极限低温，而在此以下的温度则通过绝热退磁法获得。

温度计在上述低温领域的应用是最普遍的。在此之前先介绍一下氦蒸气压温度计。由于减压下的液氦的温度可以通过测定其蒸气压来确定，因此通过氦气温度计可以正确决定蒸气压与温度的关系。目前通用的是 1955 年确立的氦气温度计，叫做 T_{L55} 温规。

电阻的温度依存性（$\frac{1}{R} \times \frac{dR}{dT}$）在液氦温度范围内可以利用的金属在纯金属中是没有的。康铜和锰可以在 2K 附近使用，而含约 1% 铅的磷青铜灵敏度非常高，但制备较困难，并且由于存在磁场与电流的依存性，因此难以用作温度计。与此相反，炭电阻温度计的温度系数为正，低温下的灵敏度高，其电阻 R 可以借用如下的对于杂质半导体成立的经验公式来表示：

$$A + \frac{B}{T} = \lg R + \frac{C}{\lg R} \tag{15-3}$$

由 R 求得的 T 误差在 ±0.5% 以内。作为制品使用的是由烃热解制成的所谓炭膜电阻（电子线路用）。它们在室温下的电阻约为 10Ω，在低温下的电阻分别为：

20K	4K	1.5K	0.5K	0.35K
25Ω	80Ω	500Ω	0.1MΩ	4.0MΩ

一般来说，它们可以在 0.3～70K 的范围内使用，而在此以下的温度测量则采用根据磁化曲线通过热力学理论来确定温度的磁化率温度测量法等。图 15-1 表示炭膜电阻的外观。

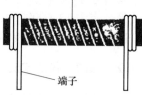

图 15-1　炭膜电阻的外观

15.2.2　生物体用炭素微电极

生物体用炭素微电极在多种化合物共存的临床生物体试样或大量的环境试样的分析中，正在普及推广局部微小区域的电化学分析方法。用于测定氢离子和金属离子浓度的比较大型（直径 10mm 以下）的电极中，除了复合在基准电极上的复合电极和复合离子传感器外，微电极或微小传感器还不太普及，这是因为技术上还存在困难。但最近，采用对特定物质较敏感，并可以检查出该物质的传感器电极，原位获得生物体等的局部，例如细胞水平上的生理学信息已成为非常重要的研究方法，这就要求将电极安置在生物体的目的细胞附近，并能选择性地测出通过刺入给予物理的、化学的或电的刺激后放出的相应物质或由于化学变化生成的特定物质。

以前使用的是玻璃电极（中空）等，而最近开发了炭素电极。采用的有玻璃炭、炭纤维、树脂黏结的天然石墨等。以下就复合电极，用图 15-2 表示炭素微电极的组装工艺，用图 15-3 表示炭素微电极与参比电极的结构。

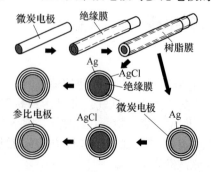

图 15-2　炭素微电极的组装工艺

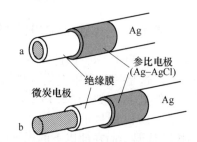

图 15-3　炭素微电极与参比电极的结构
　　　　a—圆板型；b—圆筒型

15.3　光谱分析用炭素电极

15.3.1　概述

光谱分析用炭素电极作为计量和测量用炭素制品是最广为人知的。虽然以前是广泛使用的重要的制品，但近年来因 ICP 法（电感耦合高频等离子体光谱分析法）的普及而开始减少。

发射光谱分析（以下简称光谱分析）是利用元素或化合物激发时发出的光谱，会显示出特定波长的原理来进行分析的。即通过加热或通电使试样发光，测定光谱线的位置和强度，对元素或化合物进行定量分析。光谱分析具有以下优点因而广泛用于各种分析研究中：（1）与一般的化学分析相比，操作简单且迅速；（2）分析灵敏度高；（3）试样量少；（4）可同时定性和定量分析试样中的各种元素。

此外，随着分光器和发光装置等分析仪器性能的显著改变，分析的灵敏度和精度已提高到可以与化学分析相当。特别是快速测定这一点上，自从光电测光式发射光谱分析装置（光子计数器）实用化以来，从试样的采集到给出分析结果报告，只需要几分钟。因此，光谱分析法在各产业部门已成为进行产品质量管理的重要武器。

在光谱分析中，自古以来就是用炭棒作为液体试样或导电性不好的试样的辅助电极，炭棒之所以能作为辅助电极是由于其具有以下特性：（1）它是电及热的良导体；（2）炭固有的光谱线很少；（3）具有适当的机械强度和优异的可加工性。

此外，要求辅助电极的最重要的特性是材质必须是高纯度的，特别是在进行微量元素的定性分析时，极微量的杂质成分都不允许存在。一般来说，在光谱分析中用作检验的石墨材料或炭材料中的杂质，主要有铝（Al）、硼（B）、钙（Ca）、铜（Cu）、铁（Fe）、镁（Mg）、硅（Si）、钛（Ti）、钒（V）等，除此之外，钾（K）、锰（Mn）、铬（Cr）、镍（Ni）等也可能存在。但是由于相关行业在高纯化研究方面的技术进行，现在已几乎检测不出杂质，已达到了可以工业制造极高纯的光谱分析用炭棒的水平。

光谱分析用炭棒有炭质和石墨质两种材质，一般的主要是石墨质的。近年来，作为特殊的用途开发了玻璃炭质的辅助电极。随着分析技术的不断进步，在试样的前处理过程中用作成型剂或稀释剂的高纯度炭粉或在制造过程中已加工成各种形状的加工电极（Preformed Electrodes）已有生产，可满足分析工作者的各种要求。

15.3.2　棒状炭电极

一般的光谱分析用炭棒，直径有 3.1mm、4.1mm、5.1mm、6.1mm 和 8.1mm 等，长度分别为 150mm、200mm 或 305mm，在实际使用时，通常将炭棒切割成 30～50mm 的短棒。用作上电极（通常为阴极）时，将前端加工成锥形，用作下电极（通常为阳极）时，在前端加工一个装填试样的小孔。加工后的炭棒的形状随分析试样的性质与实验目的不同而不同，据了解以前所用过的炭棒的形状就达到了 2000 种以上。炭棒按品质的不同可分为普通品（Regular Grade）和特级品（Special Grade），普通品和特级品的纯度比较如表 15-1 所示。

表 15-1　普通炭棒和特级炭棒的纯度

元素 级别	Ag	Al	B	Ca	Cu	Fe	K	Mg	Mn	Na	Pb	Si	Sn	Ti	V	灰分/%
特级品								0				1				10×10^{-4}
普通品		0	0			0	0	1				2		0		50×10^{-4}

注：无记号为无杂质；0 为估计有微量杂质；数字 1、2 表示杂质的相对强度。

普通品只含有微量的特定元素（主要是 Mg、Si、B、Fe），一般可用于含这些杂质之外的元素的定性或定量分析。但是当定性或定量分析的目的元素与炭棒中存在的杂质元素相同时，因为杂质元素的光谱线会干扰测定，所以必须采用特级品。

特级品是在光谱分析中几乎不能检测出杂质的高纯度的精制产品，其组织结构的均匀性也优于普通品，发光状态稳定且均匀性高，因此特级品用于试验中包含了其他微量元素的定性分析或要求高灵敏度、高精度地定量分析微量元素是非常有效的。

矿石、矿物、金属、溶液等光谱分析用的电极和材料，应该特别纯净，不得含有有损于分析精度的杂质。光谱纯电极的电弧波谱在 $200 \sim 350nm$ 范围内，只容许有以下几种元素的极弱的谱线：硼、硅、铝、镁、铜、钛。而不应有他种元素的光谱线。

直径 6mm、长 200mm 的棒状炭电极，按规定，容许含铁、铝、镁以及硅、钙不超过 $3 \times 10^{-5}\%$，含铜、锰、硼不超过 $1 \times 10^{-5}\%$，灰分不超过 $1 \times 10^{-3}\%$。

纯净级的高纯石墨粉（粒度大于 0.09mm），按规定，含铁、铝、钙不得超过 $1 \times 10^{-5}\%$，硅不得超过 $3 \times 10^{-5}\%$，灰分不超过 $1 \times 10^{-4}\%$。钛、镍、铬、钴及其他元素不超过 $1 \times 10^{-5}\%$。此石墨粉用于制备标准样品，即用化学方法使杂质富集时作为捕收剂（吸附剂）之用。石墨粉按每份 300g 定量分装到各石墨坩埚内。定量分装在石墨粉纯净化之前进行。

纯净级的异形电极制成四种类型（图 15-4），并有以下一些规格：$l = 37mm$，$d = 6mm$，$d_1 = 4mm$，$d_2 = 2mm$，$C = 10mm$，$C_1 = 6mm$，$C_2 = 4mm$，$h = 8mm$，$h_1 = 6mm$，$h_2 = 4mm$，$d_3 = 1.5mm$。如与订货方协商，还可制成其他形状和规格的电极。

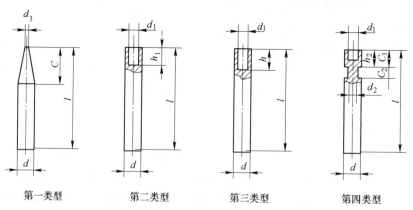

第一类型　　　第二类型　　　第三类型　　　第四类型

图 15-4　光谱分析用电极的几种类型

光谱分析用炭棒如图 15-5 所示。为了对特纯材料、矿石、矿物、金属等进行光谱分析，还生产几种不同纯净级的光谱炭棒（表 15-2）。炭棒的光谱底色的范围应为：测试线

260nm，在 0.1～0.3 范围内；测试线 320nm，在 0.4～0.8 范围内。炭棒比电阻不大于 20μΩ·m，抗弯极限强度不小于 25MPa，视密度不小于 1.65g/cm³，气孔率不大于 25%。

光谱炭棒的直径为（6±2）mm，长度为 40～300mm。最通用的长度为 200mm。直线偏差不得超过炭棒长度的 5%。

图 15-5　光谱分析用炭棒

表 15-2　光谱炭棒的特性

元素	分析线 /nm	谱线的黑度			
		C－2	无硼炭棒	C－3	C－4
铜	327.4	≤0.1	≤0.1	≤0.6	≤1.0
硅	288.1	≤0.1	≤0.1	≤0.6	≤1.5
镁	279.5	无	无	≤0.6	≤0.6
硼	249.7	≤1.5	〃	任意	强度
铁	259.9	无	〃	≤0.4	≤0.6
钛	323.4	〃	〃	≤0.6	≤1.0
铝	309.2	〃	〃	无	≤0.6
钙	422.6	〃	〃	≤0.4	≤0.6
钒	292.4	〃	〃	无	≤0.6

15.3.3　分析用粉末炭

光谱分析用粉有天然石墨质和人造石墨质两种。天然石墨粉主要用作成型，即与试样粉末混合或浸入液体试样后，制成所希望的形状。它在 200～300MPa 的压力下很容易成型，所以能够作为电极直接使用是其优点。人造石墨质粉常用作试样的稀释剂，即与试样粉末混合或浸入液体试样，放入辅助电极中使之发光。按适当的比例混合，即可得到电弧稳定性高并适合测量的光谱线是这种方法的优点。炭粉的粒度在 100 目（0.147mm）以下或 200 目（0.074mm）以下，纯度与光谱分析用炭棒中的特级品相同。

15.3.4　加工电极

加工电极是预先由制造商加工后出售的有特定形状的炭质辅助电极。分析者按复杂的形状精密加工炭棒是极困难的，加工时还容易出现炭棒被污染，表面附着杂质等问题。因为加工电极是制造商在严格的品质管理条件下加工而成的，加工精度极均匀，纯度也很高，因此分析者可以放心地使用。

目前市售的加工电极有 50 多种，代表性的产品有如图 15-6 所示的带颈电极（Necked Electrodes）、杯形电极（Cupped Electrode）、阳极杯电极（Anode Cups）和转盘电极（Rotating Disks）等。此外，根据需要也可以制造特殊形状的电极。

15.3.5　原子吸收光谱分析用石墨炉原子化器

在原子吸收光谱分析中，使试样原子化的方法是利用空气-乙炔焰或空气-氢气焰，但是使火焰严格控制在一定的状态是很困难的，而且由于火焰的限制还存在原子状或分子状的氧，它与被测元素的原子结合后，会降低游离态的原子的浓度，使分析的灵敏度下降。

人们研究了很多不用火焰而实现原子化的方法，其中，在如图 15-7 所示的高纯度中空石墨管（石墨炉原子化器）中放置微量（微米级）的试样，然后在惰性气体（Ar 等）

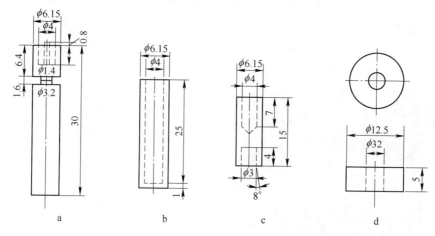

图 15-6　具有代表性的加工电极

a—带颈电极；b—杯形电极；c—阳极杯电极；d—转盘电极

图 15-7　石墨炉原子化器

的气氛下通电加热而实现试样原子化的方法已广泛使用。

　　这种石墨炉原子化器的特点如下：（1）具有不使原子扩散到外面去的独立结构，是一种高灵敏度炉，用于 Pb 的测定灵敏度提高到约 2.5 倍。（2）可自动检测石墨管的消耗量、自动校正干燥温度，即使在进行多种试样的检测时也可以防止试样的挥发和暴沸，适合于连续自动分析。（3）由光传感器带来的高可靠性的温度控制方式可以扩展到灰化温度。（4）石墨管的寿命大幅提高，用 Cr 标准液，经 1500 次测定后仍可以得到稳定的结果。

15.4　气相色谱、液相色谱用吸附柱的填充剂

15.4.1　无机气体分析用填充剂

　　无机气体分析用填充剂有分子筛、活性炭、硅胶、活性矾土、多孔聚合物微珠等，其中可以分离氧气和氮气的 0.5nm 分子筛（平均孔径 0.5nm）使用最广泛。但是分子筛易吸附二氧化碳，所以存在难以将其溶出的缺点。

　　一般来说，在同时分析 O_2、N_2、CO、CH_4、CO_2 等无机气体时，常用 0.5nm 分子筛和

多孔聚合物微球并列分流的吸附柱。但是由于试样沿两条路径流动，因此对每个吸附柱都要先用标准试样制成标准曲线，在分析含大量 CO_2 或低分子烃的试样时，存在 0.5nm 分子的性能下降较快等问题。

解决了上述问题的，是由炭素材料制造的无机气体分析用充填剂，它有以下特点：（1）用一根吸附柱就可以同时分析 O_2、N_2、CO、CH_4、CO_2、N_2O、C_2H_4、C_2H_6 等气体。（2）分析含水试样时，不会出现水的色谱峰。通过升温可以排水，所以不会由于水的残留而造成充填剂的性能下降。（3）因为是以合成高分子为原料制成的充填剂，所以由于批量不同而造成的性能波动较小。图 15-8 表示气相色谱吸附柱的分析结果。

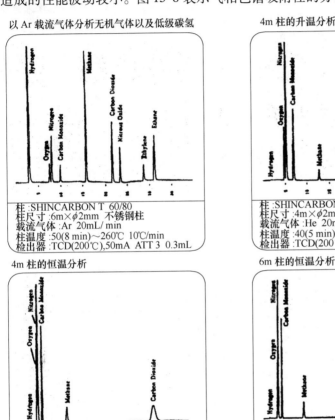

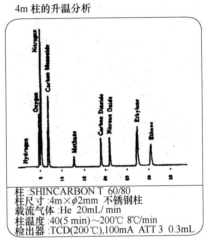

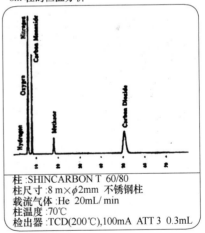

图 15-8　气相色谱吸附柱的分析实例

15.4.2　液体分析用充填剂

液相色谱用充填剂以附着了十八烷基、辛烷基、苯基或酰胺基的化学结合型硅石为主。此外，根据试样的分析目的和对象，也使用聚合物、羟基磷灰石或炭等。它们都是多孔性物质，几乎所有牌号的产品都是球形颗粒。颗粒的尺寸作分析用时为 2μm 或 5μm，作分离时为 10μm 或 20μm，且粒径分布极窄。

炭系液相色谱充填剂，对碱等耐腐蚀性好，吸附能力强。因此可用于低聚糖之类的对十八烷基硅石（ODS）吸附性较弱、分析较困难的亲水性物质的分离。此外，炭系液相色谱填充剂，由于碳原子特有的 π 电子 – π 电子相互作用，还适合于芳香族化合物中的结构异性体的分离。

图 15-9 表示液相色谱的不锈钢吸附柱的例子，而图 15-10 则表示液相色谱分析的实例。此外，为了表示炭填充剂在形态上的差异，在图 15-11 和图 15-12 分别表示了气相色谱和液相色谱用炭填充剂的显微照片。

图 15-9　液相色谱的不锈钢吸附柱

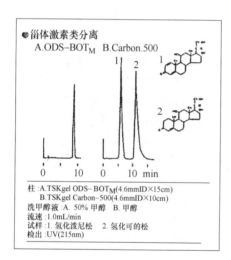

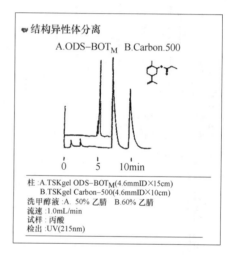

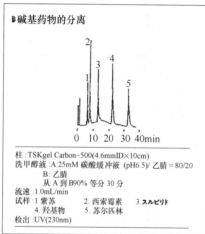

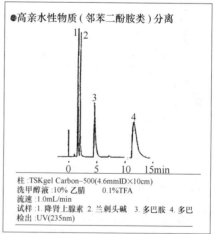

图 15-10　液相色谱分析的实例

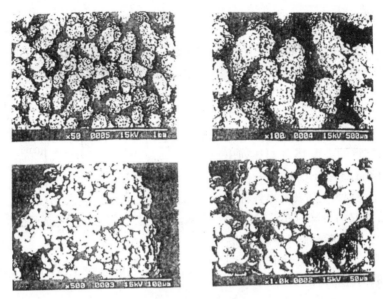

图 15-11　气相色谱用炭填充剂的显微照片

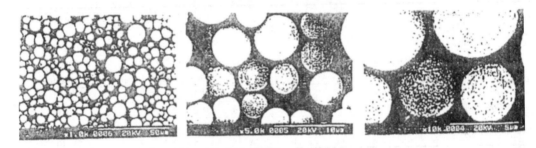

图 15-12　液相色谱用炭填充剂的显微照片

15.5　辐射用炭石墨制品

15.5.1　辐射分析用炭精盒

辐射分析适用于极微量成分的分析，炭精盒也与不锈钢、铝一起被用于辐射分析。辐射分析的基本方法是：将试样放入炭精盒中，插入原子反应堆的照射孔中，通过中子辐射对试样进行分析。炭精盒只是试样的夹具或带盖坩埚，但是从防止辐射能的污染来看，需要下工夫改进试样出入用夹具。

15.5.2　低能级核废料辐射能 4π 测定器的壁材料

4π（Four pi）测定器是能无遗漏地检测出从辐射源出来的向所有方向传播的粒子辐射线的测定器。因为不是测定试样的辐射能，而是测定核废料辐射能的绝对值，因此设计了一个边长约 1m 的立方体形的测定室。这个测定室的墙体（壁）材料就是人造石墨。

石墨对中子的反射率高，因此通过正确的修正，可以测定中子的绝对值，并且用于此目的的石墨没有必要控制硼含量。

15.5.3　X 射线、粒子射线的反射板、单色器（放射线光学元件）

X 射线衍射装置和中子衍射装置等正在普及，对这些装置来说，一个重要的问题是希望增大 X 射线、粒子射线的强度或实现单色化。因此，以前利用过 NaCl、CaF$_2$ 和 Si 等晶体，但 1970 年以后已全部采用高定向热解石墨（HOPG）。这是一种近似于单晶的石墨，即 HOPG 是由热解石墨经过热压加工而制得的。表 15-3 对比列出了 PFGB（热解石墨）、HOPG 和石墨单晶的特性值，而表 15-4 则表示出各种高定向石墨的晶体取向分布（MS，Mosail Spread）值和电学性能。图 15-13 为高定向热解石墨片的 X 射线衍射谱，图 15-14 为测定取向分布值的实例。

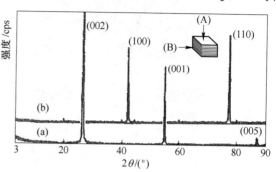

图 15-13　高定向热解石墨片的 X 射线衍射谱

表 15-3　PFGB、HOPG 和石墨单晶的物性比较

性　　质	PFGB	HOPG	单晶石墨
层间距/Nm	0.3354 ~ 0.3358	0.3354 ~ 0.3359	0.3354
密度/g·cm^{-3}	2.24 ~ 2.25	2.250 ~ 2.266	2.267
电阻率（沿 a-b 层方向	20000 ~ 23000	22000 ~ 28600	25000
C 轴方向）/Ω·cm	5 ~ 6	4.0 ~ 6.0	1 ~ 100
热导率（沿 a-b 层方向	>10	16 ~ 20	2 ~ 5
C 轴方向/W·(cm·K)$^{-1}$	0.05	0.07 ~ 0.09	0.4 ~ 0.8
线膨胀系数（沿 a-b 层方向 C 轴方向）	-1.0×10^{-6}	-10×10^{-6}	-1.5×10^{-6}
	27×10^{-6}	25×10^{-6}	27×10^{-6}

表 15-4　各种高定向石墨的 MS 值和电学性能

试样	MS/(°)	σ_{RT} /S·m^{-1}	$P_{RT}/\rho_{4.2}$	$(\Delta\rho/\rho)_{max}$ 77K, 1T
天然石墨	—	2.4×10^{-6}[1]	37.9[1]	—
集结石墨	—	—	47.6	38.8
HOPG	—	2.5×10^{-6}[1]	18.3[1]	—
HOPG3600	0.9	1.67×10^{-6}	5.50	13.94
PG3200	8.6	—	1.60	3.38
Kapton（25μm）				
3100℃	6.7		3.32	12.54
3200℃	1.8	2.14×10^{-6}	4.79	17.26
PPT（18μm）				
3200℃	1.7	1.8×10^{-6}	5.11	13.49
PPT（45μm）				
3200℃	2.3	1.9×10^{-6}	4.90	16.21

① RT 为 298K，其他为 300K。

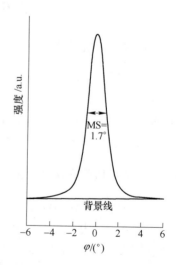

图 15-14　测定取向分布值的实例

NaCl、Si 等可以制成良好的晶体，但由于 NaCl 晶体易潮解，且对于原子序号比碳大的原子的 X 射线吸收损失大，因此目前 X 射线单色器及中子反射板几乎都采用 HOPG。HOPG 制品的尺寸为厚 1~2mm，宽 10~15mm，长 20~30mm 的小片。

反射板系在金属制凹镜上，贴上 500~2000 枚上述 HOPG 小片构成的。而可以获得大单晶的 Si 则适合于中子的测定，被用作量子力学原理实验。HOPG 单色器的精度由 Cu K_{α_1} 和 Cu K_{α_2} 是否完全分离来判断。

广泛用作石墨电极或发热体的石墨材料，几乎都是微晶不按特定方向取向而聚集的多晶体。与此相反，天然石墨或从熔融铁水中析出而形成的集结石墨（KG）则具有理想的石墨结构。但由于均系层面宽度只有数毫米的鳞片状结晶，因此作为材料使用时其应用范围受到很大限制。图 15-15 是 KG 剖切面的 SEM 像，可以观察到石墨层面具有良好取向的断裂面结构。

图 15-16 是 Kapton 型聚酰亚胺薄膜的热处理样的透射显微照片。薄膜原材料在高分子阶段的取向，即构成其分子的苯环等芳香族单元对薄膜面的取向程度的影响非常大，即使用同一分子结构的物质也可能作

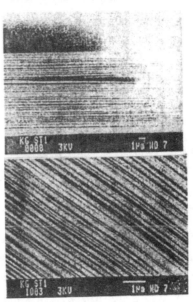

图 15-15 KG 剖切面的 SEM 观察像

为由 Kapton 薄膜制成的高定向石墨片（PFGB）的实例，在图 15-17 中分别列出了它们用作 X 射线单色器和中子射线滤波器的照片。

50Å

a

50Å

b

图 15-16 Kapton 型聚酰亚胺取向（a）及无取向（b）薄膜经 2800℃处理后的透射显微镜照片

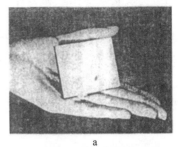

a

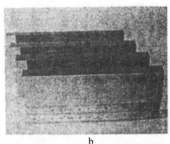

b

图 15-17 由 Kapton 树脂制成的石墨片
a—X 射线单色器，MS = 1.5°；
b—中子射线滤波器，MS = 1.8°

15.6　大型仪器中的炭石墨附件

15.6.1　大型电波望远镜抛物线天线的支架

电波望远镜很多，尤以日本野道山天文台的直径 45m 的抛物线天线具有代表性。该抛物线天线安装在室外，温度随昼夜和季节的变化而变化，因此天线支架会由于热膨胀而变形或由于自重而变形。为了保持天线的精度，有必要保持设计的曲面，因此通常使用炭纤维增强树脂（CFRP）作为支架的主要结构材料，利用其质轻、强度高且热膨胀变形小等特点。

CFRP 作主要结构材料使用的实例，还有日本、美国、欧洲、俄罗斯等将于 2003 年完成的"宇宙居住"共同建设计划。由于 CFRP 经常暴露在宇宙射线等中，为了提高其对电子射线、质子射线和带电粒子射线的防护能力，因此常需要包覆金属箔。

15.6.2　CT 扫描仪支架

X 射线 CT（Computed Tomography，计算机断层摄影仪）、MRA（Magnetic Resonance Analyzer，核磁共振分析器）等已在医疗机构中广泛使用。在这些诊断仪器中，X 射线 CT 是通过 X 射线光束扫描，使 X 射线触及诊断部分的各个方向，得到它们的吸收强度。而 MRA 是测定组织中的水或构成它们的分子中的质子的自旋共振，所以有必要在所有的方向配置检测磁场和电波的线圈。就 X 射线 CT 而言，追求的是提高 X 射线的透过率，即减少 X 射线的吸收（换言之，尽可能减少对人体的 X 射线照射量），对 MRA 而言，追求的是透磁率接近真空时的值。为了满足这些要求，采用 CFRP 是最适合的，通常用作支持患者头部的垫枕或支架（床）和装置的部分零件（如薄膜板机壳）。

15.6.3　透射电子显微镜支持试样的炭膜

一般使用铜网，但电子显微镜的使用者对炭网的期望很强烈，它可以提高电子射线的透过率。此外，以前利用的是蒸发炭膜，即通过真空中的光谱分析炭棒产生的电弧蒸发出炭，沉积在塑料或金属的表面，再经药品处理而得到炭膜。在原子核实验中，作为支持靶的材料也利用蒸发炭膜。

15.6.4　光学实验平台

用作精密尺寸测定和光学实验的平台一般是用锻钢制造的。最近正在推广陶瓷制平台，而用热膨胀系数小的 C/C 复合材料制造的平台，已开始用于激光实验测定，但目前还没有普遍使用。

15.6.5　测温用保护管

石墨保护管要求气孔少，内部不能贮藏吸附的气体，而且熔融金属也不会浸入气孔中，因此必须选择机械强度高、组织致密的材质。此外，在 1000℃ 以上的高温下，作为非氧化性气氛炉测温用的插入管已有多种形式。

不透性石墨不会被各种药品侵蚀，热导率大，常用作测量腐蚀流体温度计的保护管。

15.6.6 高温用波导管

虽然没有普遍实用化，但在高温现场进行微波加热或微波测定中，已使用人造石墨制方形及圆筒形波导管。它利用了石墨的导电性和耐热性，而利用其固有电阻小的性质，可以尽可能减少送电损失。

15.7 金刚石在仪器中的应用

15.7.1 金刚石制高压砧

20 世纪 40 年代，哈佛大学的 P. W. 布里奇曼用活塞将各种金属挤入小的料缸（圆筒）中，通过加在活塞上的力和活塞的行程可以求出金属体积的变化，并且发现铋（Bi）和铊（Tl）的体积在某一压力下会不连续地减小。产生不连续变化的压力，Bi 是在 25000atm❶ 或 88000atm 下，而铊是在 37000atm 下，这种不连续变化与 Bi 和 Tl 的原子排列的变化即相转移有关。在钡（Ba）中也发现了同样的变化，并发现电阻也是不连续变化的。与这种不连续变化相对应的压力，作为物质的压力恒定点（参照图 15-18），布里奇曼的测定值使用了 20 年以上。

自 20 世纪 60 年代以来，伊利诺伊州大学的多利卡马进一步开发实验装置，开始了超高压实验（图 15-19），但怎样测定压力是他留下的一个最大的难题。测定铂等贵金属的电阻率随压力的变化，可以发现在 15×10^4 atm 之内，电阻率都是随压力的增加而直线增加的。因此若假设这些金属的电阻率随压力的变化在任何压力范围内都是直线增加的，则据此可以求出压力。但由于高压砧（压头）前端的变形，压力增大的幅度会变小。现在已能产生 60×10^4 atm 的高压，而当时认为 20×10^4 atm 是极限，并且会涉及激波，那是 1962 年的事情。

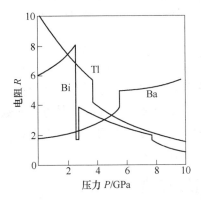

图 15-18 电阻随压力增加出现不连续变化
（压力恒定点）

（将铋（Bi）、铊（Tl）、钡（Ba）的电阻随压力
增大而出现的不连续变化当做压力恒定点）

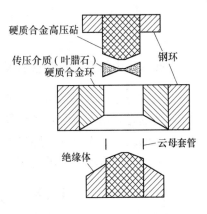

图 15-19 多利卡马高压砧装置
（整个装置只有放在手上那么大）

---

❶ 1atm = 101325Pa。

多利卡马提出的上述压力极限，在假定上是成立的，但如何实现连续地直接观测压缩的情况则利用了 X 射线衍射（参照图 15-20）。硼或碳可以透过 X 射线，用这种轻元素制成的物质替换一部分固体传压介质，则可以使 X 射线透过并照射到被加压的物质上。以食盐作标准物质，利用衍射现象可以求出原子间距并通过理论计算求出压力与晶格常数的关系。由于这种理论和实验方面的进步，压力恒定点被变更和修改。

在高压物理研究中，采用金刚石作对置的高压砧并获得最高压力的试验始于 20 世纪 60 年代。（图 15-21）。将 1 克拉（0.20g）级的钻石切割成的金刚石的前端，作为对置高压砧。由于加工精度提高，高压砧的基座可以使用硬质钨合金。在 1977 年达到了 100×10^4 atm，1978 年达到 170×10^4 atm。压力测定则利用金刚石的透光性，由红宝石的红色荧光波长的变化而求得。虽然活塞料缸高压发生装置的容量很大，但压力上限只有 5×10^4 atm。另一方面，以金刚石作为对置的高压砧则很容易得到 50×10^4 atm，因此被广泛应用于高压下的晶体结构研究。

图 15-20　超高压下的 X 射线衍射

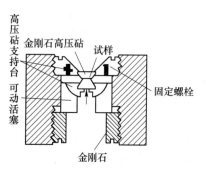

图 15-21　金刚石制高压砧装置

（金刚石制高压砧装置使用螺旋和杠杆将放置在中心的 2 个金刚石高压砧压紧而得到超高压）

（据 Bassett 等《Res. Sci.. Instrum.》）

15.7.2　检测仪器中的金刚石制轴承等

许多电流表、电压表或精密仪器的轴承，大部分使用蓝宝石，但也有一部分使用金刚石轴承。显然这是利用了金刚石的高硬度，但是，随着半导体的发展和仪器也在向数字化发展，这方面的应用已不再令人感兴趣了。作为一种变得不再使用的东西，人们也可以联想到录音机上的金刚石针。在硬度测定计中，金刚石用作压头。

15.8　分析用坩埚及其他

15.8.1　氧、氮分析坩埚

15.8.1.1　概述

氧、氮分析坩埚分析金属中氧、氮含量的装置，通常是使钢铁及非铁金属中的氧和氮，在惰性气体流中加热分解后，通过非分散型红外检测器和热导率检测器，高灵敏度、高精度、迅速地测定金属中氧、氮的含量。其在 20 世纪 70 年代引入钢铁分析中以后便迅速普及。这种分析装置的特点是通过引进微型计算机，实现了高度的自动化，与原来的装置相比，操作性和功能得到显著提高。此外通过设置降低坩埚接触电阻的独立的旋转电极机构、热分解炉的电力控制、取消吸附分离柱、设置多点校正，使高精度和高速分析成为可能。此外，还设置了针对研究室分析和现场分析的自动清洗机构，各种自诊断功能、统计处理功能及冷却机的冷却能力也得到大幅度提高，因此可以说已具备了较完备的功能。

15.8.1.2 工作原理

图 15-22 表示分析金属中氧、氮含量的装置（EGMA-2200）的工作流程。在炉的上、下部电极间，压接上石墨坩埚后通入交流电，由于焦耳热石墨坩埚本身快速升到高温。在高温状态下脱气后的石墨坩埚中投入被测试样，再次在高温状态下热分解。试样中的 O、N、H 等成分分别以 CO、N_2、H_2 的形式出来，通过氦气送入检测器。通过设置在检测器前面的红外检测器直接检测出 CO 后，进行氧化→（生成 CO_2 和 H_2O）→脱 CO_2→脱 H_2O 处理，通过后面的热导率测定仪检测 N_2。最初使用的石墨坩埚以天然石墨系为主，最近也开始使用焦炭系，尺寸为直径 13mm、高 20mm（壁厚 1mm）左右，坩埚底部的形状，依据装置制造商的不同而有微小的差别，但在本质上没有差异。

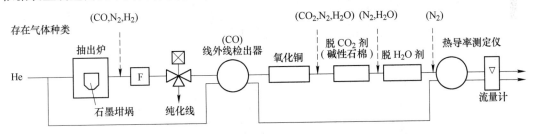

图 15-22 金属中氧、氮含量分析装置（EGMA-2200）的工作流程图

15.8.2 炭石墨制品在计算机中也有应用

计算机的中央处理器（CPU）会发热，这种热的去除是一个重要的问题。为了散热，最近已在笔记本计算机等中应用石墨纸及石墨散热器。

15.8.3 其他

据报道，人们正在进行改变炭纤维的热处理温度或进行表面改性，利用其气体吸附性和红外吸收特性的传感器的研究。也试图利用炭纤维的导电性，将 CFRP 埋入建筑物等结构中，通过测量电阻的变化检查其受到的最大应力或性能下降的情况，但是到现在还没有实用。此外，若能够重现性较好地制备低规则性炭（非晶质炭）的话，则对这种炭的新的特性，特别是作为计量和测量用炭寄予很大的希望。

最近，富勒烯已开始用于考古学中的花粉等的年代测定。例如，恐龙在 6500 万年前灭绝的原因中，大的陨石落在地球上的学说是最有说服力的，这时由于发生大火灾，将产生大量的富勒烯。若能证实这种富勒烯的存在，则可以提供一个很重要的证据。

此外，人们正在探讨炭在色调上的微小的差别，是否取决于其中有无富勒烯类的物质及其数量关系。而以阐明古代的炭的生产原料、制造方法为目的的研究也正在进行。

碳纳米管可以用作发射电子的材料引起了人们的广泛关注。例如，人们期望将其用作电子隧道显微镜的探针或产生超相干电子射线的阴极材料。而在工业上，碳纳米管在等离子显示方面的应用也具有现实意义。

衣食住材料的耐候性测定也可采用炭素材料，如为了评价紫外线照射对衣服等褪色的影响，人造太阳被用于各种耐候性测定和评价。使用电弧，这是因为电弧具有与太阳光大致接近的光谱，并且添加某些金属元素还可以提高指定波长的光的强度，得到比太阳光还要强的光。通常采用以焦炭作原料的挤压成型的石墨质制品，尺寸各异，既有光谱分析用的直径为 6mm、长为 150mm 的小电极，也有直径为 100mm、长为 1000～1500mm 的大电极。

在太平洋战争中军队将其大量用作探照灯。由于伴随着电弧的持续产生，电极会逐渐消耗，直至电弧中断，因此通常要配置 2 根电极交替使用，并配有手动或弹簧联动的更换机构，在它后面则设置了同轴型电极间隙调整器。一般来说，小型装置采用交流电弧，而大型装置则采用直流电弧。以前电影放映机等的光源都使用电弧，而现在已被氙灯所代替。

16 电化学用炭石墨制品

16.1 一次电池用炭石墨制品

16.1.1 概述

在电池方面利用的炭材料可分类为导电材料、集电材料和电极材料。锰干电池和碱锰干电池等一次电池和贮能用的燃料电池等过去已有过的电池主要是发挥炭材料本身所具有的耐蚀性和导电性，利用它作为导电材料和向外部线路输出电的集电材料。但是在最近开发的小型高能密度的新型锂二次电池和称之为超电容器的利用电双层的高容量新型电容器中，是直接发挥形成层间化合物，掺杂和脱掺杂功能，多孔化的高表面积形成功能等高活性化炭材料所具有的功能，其试用方式是在构成电极的炭材料内部或表面进行反应，从而形成电池的充放电反应。在快速的技术革新洪流中，有效利用能源以及保护地球环境已成为重要课题，在开发用于电动汽车以及具有负载矫正功能的贮电系统所需要的大容量新兴电池时，炭材料可发挥重要作用。从这一观点出发，也就急需开发更完全、效率更好的电池，力求开发不污染环境的高活性化炭材料来替代镉和铅。本章在讲解过去沿用电池所用炭材料的同时，也介绍有关的新型炭材料。

一次电池是指能将伴随着化学反应而释放的能量直接以电能的形式输出的装置。这是一种化学反应不可逆的、不能充电的电池。已实用化的一次电池如图 16-1 所示。它们大小、形状各异，种类繁多，令人惊奇。一次电池中使用的炭素材料不但用作集中的电极，而且用作导电材料降低电池的内阻，使之放出更大电流，同时，还起着贮存电解液、使生成的离子或电荷能顺利迁移的作用。在表 16-1 列出的一次电池中，不拘何种样式都需要使用炭素材料。

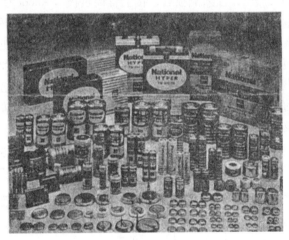

图 16-1 实用化的各种一次电池

16.1.2 锰干电池用炭棒（电池炭棒）

锰干电池是在 1866 年勒克朗谢发明的湿电池的基础上制成的干电池，也称为勒克朗谢干电池。在这种电池中发生的反应为：

$$2MnO_2 + 2NH_4Cl + Zn \longrightarrow 2MnOOH + Zn(NH_3)_2Cl_2 \qquad (16-1)$$

在一次电池中，锰干电池是目前使用最普遍的干电池。因为使用方便、价格低廉，因此广泛用作照明、通讯、玩具等的简易电源。如图 16-2 所示，炭棒在锰干电池中被用作集电材料。

表 16-1　使用炭素材料的各种一次电池

电池的名称	额定电压/V	活性物质		电解液
		正极	负极	
锰干电池	1.5	MnO₂	Zn	ZnCl₂、NH₄Cl
碱锰电池	1.5	MnO₂	Zn	KOH
氧化银电池	1.55	Ag₂O	Zn	KOH
汞电池	1.35	HgO	Zn	KOH 或 NaOH
	1.14	HgO + MnO₂	Zn	KOH
空气电池	1.4	O₂	Zn	NH₄Cl、ZnCl₂
	1.4	O₂	Zn	KOH
锂电池	3	MnO₂	Li	有机溶剂 + LiClO₄
	3	(CF)ₙ	Li	有机溶剂 + LiBF₄
	3.6	SOCl₂	Li	SOCl₂ + LiCl + AlCl₃

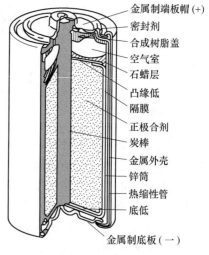

金属制端板帽(+)
密封剂
合成树脂盖
空气室
石蜡层
凸缘低
隔膜
正极合剂
炭棒
金属外壳
锌筒
热缩性管
底低
金属制底板(一)

图 16-2　锰干电池的结构

在锰干电池用炭素材料中，一般使用量最大的是乙炔炭黑，而欧美则使用炉黑。锰干电池是用炭棒（Carbon Rod）作集电对。它是在炭棒周围将氯化亚锌和氯化铵水溶液组成的电解液混匀成的正极（cathode）混合剂充填到二氧化锰和质量比相当于 10% ~ 15% 的乙炔炭黑中，插入隔板后，接上锌筒负极（Anode）而构成。炭帽是由天然石墨、焦炭、人造石墨等原料与黏结沥青混匀成型，在约 1200℃ 煅烧制造。炭电极的导电性能要求流过更多的电流时，其电阻要在 $0.005\Omega \cdot cm$ 以下。为使之与混合剂能紧密接触，其表面要加工使之变得粗糙。另外，含在电池中的重金属等可产生气体使内压上升，因此导致电解液喷出，污染腐蚀电池和组装电池的器具。为了防止这类事故要在防止由于高压气体逃逸引起的电解液浸透方面进行处理。电池用炭黑的特性如表 16-2 所示，其中体积密度、电阻率及盐酸吸附量是最重要的特性。

表 16-2　干电池用乙炔炭黑在 JIS 中的规定值

项目 种类	水分/%	灰分/%	粗粒子的组成/%	盐酸吸附量（mL/5g）	电阻率/Ω·cm	体积密度/g·cm⁻³	pH 值（参考）
粉状	<0.5	<0.2	<0.02	>15.0	<0.25	>0.02 <0.05	
压缩 50%	<0.5	<0.2	<0.02	>14.5	<0.25	>0.05 <0.09	6 ~ 8
压缩 75%	<0.5	<0.2	<0.02	>14.0	<0.25	>0.09 <0.12	

为了提高锰干电池的性能，有必要预先将更多的电解液贮存到电池内，因此正在使用盐酸吸附量达 17mL/5g 的乙炔炭黑。

乙炔炭黑是将乙炔气在 500 ~ 800℃ 预热后导入立式分解炉上部进行热分解时所得的产物，在锰干电池中使用的是压缩至其容积比约为 50%，密度为 $0.06g/cm^3$ 的制品。电池用乙炔炭黑的导电性为 $0.25\Omega \cdot cm$，BET 比表面积约为 60 ~ 70m²/g。乙炔炭黑（AB）保持液体的能力强，因此将电解液氯化亚锌水溶液以 60% ~ 70% 的质量比混合而成的混合剂不会成为泥浆状，而是以不会发生固液分离的果粒状使用，从而具有特殊的功能。这是锰干电池使用乙炔炭黑的最大理由。作为评价这一功能的指标是测定乙炔炭黑的盐酸吸附量，通常其值为 14 ~ 16mL/5gAB。使用氯化亚锌水溶液为主要成分电解液的锰干电池，伴随放电反应的进行要消耗电解液中的水。进行放电反应时混合剂会逐渐地变干而阻碍离子的移动。在高性能高容量的新型电池中为了能预先将更多的电解液组装入电池内，则使用 BET 比表面积为 130 ~ 150m²/g，盐酸吸液量为 17mL/5g 左右的高比表面积乙炔炭黑。

电池用炭棒是圆形和矩形截面的棒（图 16-3），作原电池和电池组的阳极。电池炭棒的部分规格和强度特性列于表 16-3 和表 16-4。电池炭棒的比电阻不超过 $50\mu\Omega\cdot m$，灰分不大于 1%，含铁量不大于 0.1%。炭棒可经石蜡浸渍后再供给用户，此时，石蜡含量一般不应低于 5%，应用户要求，石蜡含量也可以改变。

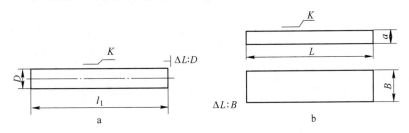

图 16-3　电池炭棒

a—圆形截面的电池炭棒；b—矩形截面的电池炭棒

表 16-3　圆截面电池用炭棒的规格和强度

直径 D/mm		长度 L/mm		炭棒的直线偏差	炭棒的垂直偏差	抗弯破坏力/N	
额定	容许误差	额定	容许误差	K	$\Delta L:D$	平均	最小
3.0	±0.04	20.5, 42.0	±0.25	≤0.2	≤0.10:3	—	—
4.0	±0.04	23.0, 36.0, 48.0	±0.25	≤0.2	≤0.10:4	45	35
4.1	±0.04	23.0, 36.0, 48.0	±0.25	≤0.2	≤0.10:4	45	35
6.0	±0.06	33.5, 47.0 55.0, 70.0	±0.25	≤0.2, 0.2, 0.3 0.4	≤0.15:6	90	75
6.1	±0.06	33.5, 47.0 55.0, 70.0	±0.25	≤0.2, 0.2, 0.3 0.4	≤0.15:6	90	75
8.0	±0.03	46.0, 58.5 71.5, 83.0	±0.25	≤0.3, 0.5, 0.6 0.7	≤0.20:8	120	100
8.1	±0.03	46.0, 58.5 71.5, 88.0	±0.25	≤0.3, 0.5, 0.6 0.7	≤0.20:8	120	100
10.0	±0.10	85.0, 95.0 165.0	±0.50	≤0.5, 0.5, 0.7	≤0.26:10	150	120
15.0	±0.12	116.0, 125.0, 155.0	±0.50	≤0.6, 0.6, 0.7	≤0.40:15	—	600
18.0	±0.12	151.0, 155.0, 170.0	±0.50	≤0.7, 0.7, 0.8	≤0.46:18	—	800

表 16-4　矩形截面电池炭棒的规格和强度

厚度 a/mm		宽度 b/mm		长度 L/mm		直线偏差	垂直偏差	抗弯破坏力/N	
额定	容许误差	额定	容许误差	额定	容许误差	K	$\Delta L : b$	平均	额定
4		25		126			≤0.9:25	100	90
4	±0.2	30	±0.2	131	±0.5	≤0.4	≤1.0:30	100	90
8		30		168			≤1.0:30	450	380

16.1.3　碱锰干电池用炭石墨材料

碱锰干电池（图 16-4）是随着电池耐漏液性、密封化技术的进步，在 1965 年左右将电解液改为氢氧化钾等碱性水溶液后诞生的一次电池。

在这种电池中发生的反应为：

$$2MnO_2 + Zn + 2H_2O + 2OH \longrightarrow 2MnOOH + Zn(OH)_4^{2-} \tag{16-2}$$

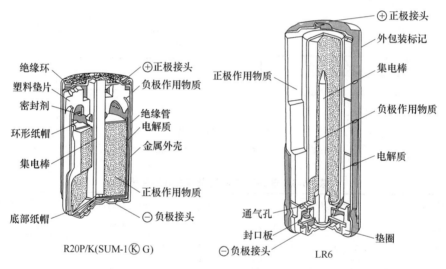

图 16-4　锰、碱锰电池结构图

实用化的碱锰干电池如图 16-5 所示，有圆筒型和纽扣型两种结构。在碱锰干电池中，

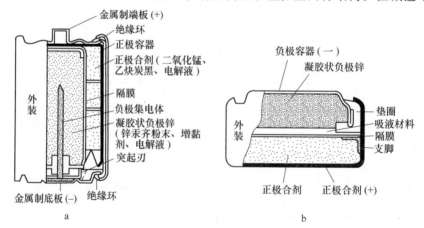

图 16-5　碱锰干电池的剖面图

a—圆筒型电池；b—纽扣型电池

正极合剂系将二氧化锰与石墨粉加入作为电解液的氢氧化钾中，经混捏、加压、成型而成的。负极集电体为镀锌黄铜，不用石墨棒。碱金属电池用石墨的扫描电镜（SEM）照片如图16-6所示。碱锰电池中在保持负极锌粉的表面活性的同时，为了防止因重金属不纯物而产生气体要使用大量的水银。但从1992年以来从防止环境污染的观点出发生产的都是完全无水银的电池。最初是以天然石墨系产品作为导电材料，但从尽可能减少重金属元素（Fe、Ni、Co、Mo、V等）含量以防止产生气体出发，现在已被人造石墨系材料代替。最近，为了增加正极活性物质的充填量以提高电池容量，开

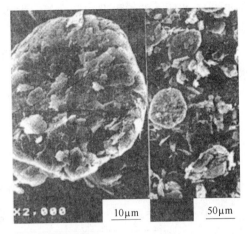

图16-6 碱锰电池用天然石墨

发只要少量添加就可以使导电性大幅度提高的石墨质新炭素材料。

16.1.4 空气电池用炭石墨材料

空气电池专业的说法应为空气-锌电池，但通常多称为空气电池。它是1879年由Meiche发明的电池，他将含有铂的蒸馏炭（Retort Carbon）粉碎装入多孔质容器中作为正极，但现在的电池则是将混有二氧化锰的活性炭或炭黑板材化后作为正极。最近，它作为汞电池的替代品，正在助听器用电池和心脏起搏器用电池（容器约比锂电池大20%）方面起重要的作用。空气电池的结构如图16-7所示，这是一种以空气中的氧为正极，以氢氧化钾水溶液凝胶化的金属锌粉为负极的电池。在正极中使用容易吸附空气的活性炭，为了使氧气活化，在活性炭中担载了锰的氧化物作催化剂。由于正极活性物质为取之不尽的空气，因此，正在试着将其开发为大型电池或二次电池，而作为正极使用的炭素材料的特性则要求具有适当的比表面积和耐碱腐蚀性。

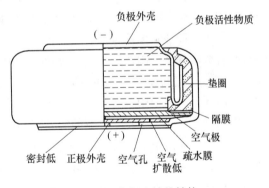

图16-7 空气电池的结构

16.1.5 锂电池用炭石墨材料

锂电池是20世纪70年代后期由日本最早提出实用化计划的转作民用的一次电池。由于采用还原性比锌等更强的锂作负极活性物质，因此使制造电动势为3~4V（约为原一次电池电动势的2倍）的电池成为可能。锂电池以金属锂箔作负极，而作为正极可以使用二氧化锰、氟化石墨、氧化铜和亚硫酰氯等。因为在电池中不能存在水分，必须完全密闭化，因此这种电池价格昂贵。但由于它具有能量密度大、寿命长等特点，适合作精密仪器的电源，因此目前已广泛用作照相机、电子计算器、电子表、移动电话等的电源和集成电路（IC）等中的存贮器的后备电源。实用化的锂电池中除了传统的圆筒型和纽扣型外，还

有如图 16-8 所示的硬币型和针型等。大多数锂电池都能做得极薄，这也是它的一个重要特征。

（1）氟化碳锂电池。它是将有共价键的化合物氟化碳（CF）$_n$ 作正极，将氟化锂溶于碳酸丙烯酯，1，2-二甲氧基乙烷等有机溶剂中作为电解液组合而成的。其放电反应如下：

$$（CF）_n + nLi \longrightarrow C_n + nLiF \tag{16-3}$$

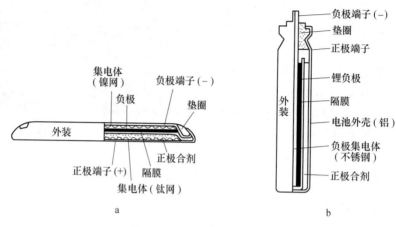

图 16-8　锂电池的剖面结构

a—硬币型；b—针型

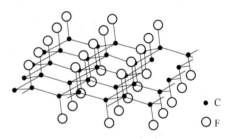

图 16-9　氟化碳的结构式

氟化碳的结构式如图 16-9 所示，氟化碳是以天然石墨或人造石墨为原料，在氟气中于 500 ~ 630℃ 热处理约 24h，或者以石油焦为原料在 400℃ 热处理数小时而成。但据说因合成温度与分解温度接近故合成收率低，制造成本高。氟化碳的电容为 864mA·h/g，超过空气电池的 820mA·h/g，在商业规模所开发的电池中其容量最大。由于使用有机溶剂因而是可在 -40 ~ 85℃ 较宽的温度范围内使用的电池，但因输出电流小，故用途受到限制，产品主要用于存贮后备电源和各种仪表用电源，钓鱼时发光二极管式电浮标用等用途，这种电池的正极是在氟化碳中加入约 5% ~ 15% 作为导电材料的乙炔炭黑，用约同样量的四氟乙烯作黏结剂成型为片状。

（2）锂锰电池。这种电池在照相机、时钟、IC 卡式收音机、电子计算器等方面大量使用。正极是用热处理过的电解二氧化锰，由于除去结晶水，其结晶系变化成了 β-MnO$_2$，因二氧化锰的导电性较低，仅为 3.5×10^2 ~ $4.2 \times 10^2 / \Omega \cdot cm$，故要混合 5% ~ 10% 的鳞状石墨和 0.5% ~ 2% 的乙炔炭墨使其导电性提高。配入的石墨在约 0.3GPa 的压力下成型，所得正极混合剂的导电性经改善后达到 3 ~ 4Ω·cm。

这种电池的总反应为：

$$MnO_2 + Li \longrightarrow MnO_2Li \tag{16-4}$$

1）锂锰电池。在正极采用带结晶水的 β 型二氧化锰的锂锰电池中，为提高导电性常将鳞片石墨或乙炔炭黑混入正极中。由于这种混入，正极材料的导电性提高，从电阻率来看，可以从 $350 \sim 400\Omega \cdot cm$ 下降到 $3 \sim 4\Omega \cdot cm$。

$$MnO_2 + Li \longrightarrow MnO_2Li \qquad (16-5)$$

2）氟化石墨锂电池。正极为氟化石墨的氟化石墨锂电池是商业化生产的电池中容量最大的电池，它的电容量达 $860mA \cdot h/g$，超过空气电池 $820mA \cdot h/g$ 的电容量。在正极中需加入 5%~10% 的乙炔炭黑作为导电材料。而氟化石墨本身则是将炭粉与氟气在约 600℃ 反应得到的不具有导电性的粉末，其结构式为 $(CF_x)_n$。X 接近 1 时产物为白色，X 从 1 逐渐减小时，产物从灰色逐渐变化到黑色。图 16-10 为白色氟化石墨的结构。在这种电池中发生的总反应为：

$$(CF)_n + n\,Li \longrightarrow C_n + n\,LiF \qquad (16-6)$$

3）锂-亚硫酰氯电池。在正极及电解液中使用亚硫酰氯的锂电池已实用化，这种锂-亚硫酰氯电池的结构如图 16-11 所示，电池中可以充填大量的正极活性物质。而且用炭棒作集电体，起着抑制放电时的极化，提高输出功率的作用。锂氯化亚硫酰电池：它是将液体氯化硫酰做正极，将四氯化铝酸锂溶解于氯化亚硫酰中作为电解液的电池。其工作温度范围为 $-55 \sim 85℃$，是实用电池中范围最宽的，其能量密度也最大，约为 $1000mW \cdot h/(cm^3 \cdot a)$。额定电压为 3.6V，高于其他一次电池（3V）。由于长期保存性好，再放电少，故广泛用于作为贮存后备电源以及检测计、观测器等苛刻环境中使用设备的电源。正极是将乙炔炭黑用聚四氟乙烯作黏结剂的成型物。乙炔炭黑是集电体，同时也具有催化功能。

电池反应如下式所示：

$$4Li + 2SOCl_2 \longrightarrow 4LiCl + S + SO_2 \qquad (16-7)$$

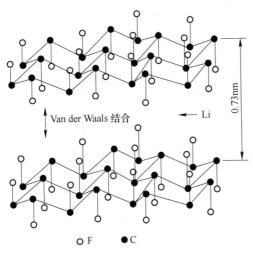

图 16-10 氟化石墨的结构

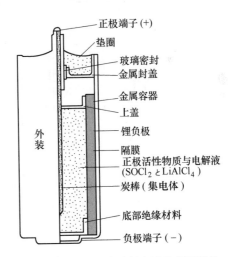

图 16-11 锂-亚硫酰氯电池的剖面结构

通过放电生成的 SO_2 能很好地溶解于 $SOCl_2$ 中，不会因 SO_2 气体使电池内压上升，生成的 LiCl 和 S 能贮存在正极体的孔隙中。因此，正极体应具有大的孔隙率，故使用比表面积大的乙炔炭黑或活性炭。

16.1.6 其他一次电池用炭石墨材料

使用炭素材料的其他一次电池中还有氧化银电池和汞电池，这些电池的额定电压均为

1.55V。（1）氧化银电池：在氧化银电池中正极活性物质为氧化银，添加了 2%~5% 的石墨粉。负极活性物质锰中则添加了 10%~25% 的石墨粉。（2）汞电池：汞电池专业的说法应是氧化汞电池。由于汞和作为电解液的氢氧化钾或氢氧化钠等碱溶液会带来环境污染，因此这种电池的消耗近年来有减小的趋势。汞电池的额定电压为 1.35~1.4V 或稍低一点，但与氧化银电池相比，因为容易保持一定的电压，因此适合于作助听器和照相机的电池。在正极活性物质氧化汞中需要添加 5%~10% 的石墨粉作为导电材料。（3）其他一次电池：除此之外的一次电池中还有注水电池和热电池等。

16.2　二次电池（可充电电池）用炭石墨制品

16.2.1　概述

二次电池是通过循环充放电，既能贮藏直流电，又能在必要时对外输出直流电的电池。最有代表性的二次电池是负极活性物质为铅，正极活性物质为二氧化铅，电解液为硫酸的铅蓄电池。此外还有以 Ni-Cd 电池（镍镉电池）为代表的碱性蓄电池。近年来，上述两种电池之外的镍-氢电池、锂离子电池和聚合物电池等新型二次电池的开发方兴未艾，有的已实用化。这一趋势与小型电池的新兴用途（便携式电话、笔记本电脑、声频视频机等）不断发展，与它们在世界上的需求量不断扩大是密切相关的。而且在这里，许多炭素材料起着举足轻重的重要作用。表 16-5 简要列出了使用炭素材料的主要的二次电池。

表 16-5　使用炭素材料的主要的二次电池

电池的名称	额定电压/V	活性物质		电解液	特　征
		正极	负极		
碱性电池	1.3	NiOOH	Cd	KOH	将石墨粉混入正极活性物质中
	1.2	NiOOH	Fe	KOH	
	1.3	NiOOH	H_2	KOH	
	1.5	AgO，AgO	Zn	KOH	
空气电池	0.7~1.2	空气（O_2）	Zn 或 Fe	KOH	空气极为多孔金属与活性炭的复合材料
钠硫电池	1.6~2.1	S	Na	β-Al_2O_3	正极活性物质浸入导电性炭纤维中
锌-溴电池	1.8	溴的配合物	金属锌	$ZnBr_2 + H_2O$	正极为炭布，负极为 CFRP
锌-氯电池	2.1	氯	金属锌	$ZnCl_2 + H_2O$	正极为多孔性石墨
锂电池	2~3	活性炭	锂合金	锂盐	正极也可使用 V_2O_5、MoS_2、TiS_2 等
氧化还原型电池	2.1	铁离子	铬离子	HCl，HBr	除 FeCr 型外还有 V 型，正极、负极均使用炭毡
锂离子电池	3.4~3.7	锂的氧化物	C	有机电解液	正极为 $LiCoO_2$、$LiMnO_2$ 和 $LiNiO_2$，负极 C 有石墨质和炭质两种
聚合物锂电池	3.2~3.6	锂的氧化物	C	聚合物凝胶	电解质为固体或凝胶状的聚合物

16.2.2　碱性二次电池用炭石墨材料

碱性二次电池也是电解液为氢氧化钾（KOH）或氢氧化钠（NaOH）的电池，Ni-Cd 电池是具有代表性的碱性二次电池。这种电池的负极活性物质是镉（Cd），正极活性物质是含氧氢氧化镍（NiOOH），电解液为添加了少量氢氧化锂（LiOH）的氢氧化钾溶液，额定电压为 1.2～1.3V。其结构如图 16-12 所示。

电池中发生的总反应为：

$$2NiOOH + Cd + 2H_2O \underset{充电}{\overset{放电}{\Longleftrightarrow}} 2Ni(OH)_2 + Cd(OH)_2 \tag{16-8}$$

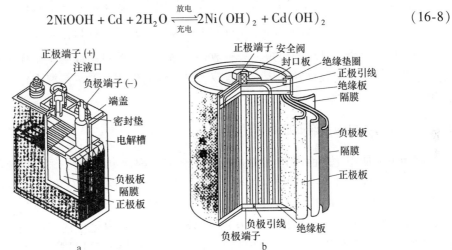

图 16-12　镍-镉蓄电池的结构

a—开放型烧结式蓄电池；b—圆筒密闭型蓄电池

由于这种电池的活性物质特别是正极活性物质氢氧化镍很难糊状化，因此其电极板是这样制成的，即在多孔的镀镍钢板上，将活性物质与镍箔、石墨粉等导电材料加在一起，加压成型。碱性蓄电池开发初期，负极活性物质不是镉而是铁粉。这种电池是 1901 年由著名科学家爱迪生发明的，因此也称为爱迪生电池。与镉相比，铁价格便宜，但存在充电时易产生氢气、自放电大等问题，因此现在已不生产。而采用燃料电池的氢负极代替镍-镉电池的镉负极制成的密闭型电池作为人造卫星搭载的蓄电池非常引人注目，可称之为镍氢蓄电池。为了储存充电时产生的氢气，必须将电池置入耐压容器中，因此这种电池虽然轻量但体积却较大。

此外，负极使用贮氢合金、能量密度大幅度提高的小型二次电池（镍氢电池）的需求量正在急剧增加。镍氢电池的电容量大，额定电压也与原来的电池相同（1.2V），因此容易取代这些电池。其结构如图 16-13 所示。与 Ni-Cd 电池相同，它也是在镍正极和贮氢合金负极之间夹以尼龙无纺布卷绕而成的电池。

对贮氢合金来说，要求达到的性能是：（1）可逆的吸、放氢容量大；（2）吸、放氢速度快；（3）使用中的平衡氢

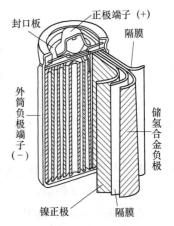

图 16-13　圆筒形镍氢电池的结构

分解压为 $0.01 \sim 0.1MPa$；（4）耐氧化性强，对碱性电解液的耐腐蚀性好；（5）循环吸、放氢后造成的性能降低较小。贮氢合金的基本组成有镧（La）、铈（Ce）、铌（Nd）等稀土金属的混合物（Mm）及其与镍合金化而成的 $MmNi_5$，今后的工作是改善和提高其能量密度。而正极通常为多孔镍板，此外也有将无纺炭布用黏结剂黏合后再镀镍的正极，这时，炭基材气孔率上升将影响正极的放电容量。

此外，负极采用锌、正极采用氧化银的碱性蓄电池称为氧化银蓄电池。其单位质量、单位体积的能量密度非常大，是铅蓄电池的 2 倍，放电电压平坦，适合于在大电流下充放电，因此主要用作小型轻量的二次电池。在这种电池中发生的总反应为：

$$AgO + Zn + H_2O + 2OH^- \overset{放电}{\underset{充电}{\rightleftharpoons}} Ag + Zn(OH)_4^{2-} \qquad (16-9)$$

由于价格昂贵，循环寿命短，只有数百个循环，因此目前仅限于用作宇宙开发和深海船用电源。炭素材料在这种电池中起着改善导电性的作用，通常是混入作正极的氧化银中使用。

16.2.3　锂二次电池用炭石墨材料

因为正极使用比表面积为 $1000m^2/g$ 的活性炭，因此也称为炭-锂二次电池。负极采用在低温下可熔融的像汞一样的伍德合金（Li 合金），其结构和充放电原理如图 16-14 所示。在炭-锂二次电池的正极，活性炭表面产生的双电层电容起充放电作用，而在负极则发生锂离子的吸附（充电）和脱附（放电）。此外，在锂二次电池中还有一类正极采用二硫化钛（TiS_2）或二硫化钼（MoS_2）的电池。这种二次电池的容量虽然不大，但与 VTR 用时间继电器或钟表用太阳能电池组合起来，则在电子仪器方面得到广泛应用。

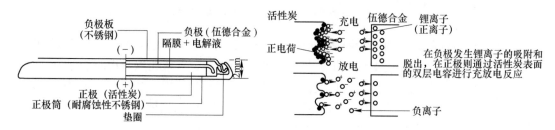

图 16-14　炭-锂二次电池的结构（a）和工作原理（b）

16.2.4　锌-溴电池与锌二氯电池用炭石墨材料

将活性物质溶解在电解液中，并使电解液强制循环，以这种方式工作的再生型电池的开发和研究已取得很大的进展。由于活性物质为液体，电极反应的电阻较小，因此，这是一种在大电流密度下充放电时，过电压小、输出能量密度大的电池。其负极为锌，正极活性物质采用氯或溴等卤素，电解液为以氯化锌或溴化锌为主要成分的水溶液，正极使用炭布、多孔炭等炭素材料。

16.2.4.1　锌-溴电池

它是常温驱动的电池，理论能量密度为 $428W \cdot h/kg$，约为蓄电池输出密度的两倍，正作为电动汽车、电能贮藏用电池得到开发。这种电池用隔板将发生锌的电极沉淀/溶出的阴极和阴极室以及在表面进行溴的氧化还原的阳极和阳极室分开，并由向各自供给电解液的电解液循环系统构成。这种电池使用的电极与腐蚀性强的溴接触故不使用金属而用耐溴腐蚀性好的炭材料。作为阴极考虑到在其表面电极沉淀锌的密合性及沉淀均匀性，则用表面复合了活性炭纤维的炭黑电极，在阳极由于还原反应的极化较大，为了避免这点则用反应表面积大的炭纤维毡、炭纤维布等。双极板同样用炭黑等和炭纤维、塑料等复合成型的材料。

16.2.4.2　锌-氯电池

它是用氯代替溴的电池，基本上和溴-锌电池有相同的结构。其充放电反应为：

$$ZnCl_2 \longrightarrow Zn + Cl_2 \tag{16-10}$$

充电时在阳极产生氯，由于氯比溴的腐蚀性更强，故使用沥青基和 PAN 基炭纤维经2800℃石墨化处理的制品，这种电池用电解液循环系统将电解液从阳极（氯极）的内侧向极间侧穿透，所以采用把纤维用黏结剂烧结在一起的结构。负极（锌极）为了防止由于树枝状析出而形成短路，希望用具有致密平滑表面的炭电极，然而炭材料在烧结时由于气体的逸出难以在高密度表面制成平滑的电极。为了使锌的沉淀均匀，正进行将氯化碲和氯化铋作添加剂的研究。总之，强化炭电极的功能是很重要的。

这种两电池的工作原理如图 16-15 所示，充电时在负极生成的锌析出在电极上，贮存在电池中，而正极石墨上产生的卤素则贮存在电池外部。由于这种电池中会产生强腐蚀性的氯、溴等卤素，因此，正极和负极材料都不使用金属而采用特制的炭素材料。正极材料为比表面积较大的炭纤维毡或炭纤维布，而表面上会生成锌的负极材料则使用添加了炭纤维或炭黑的塑料。

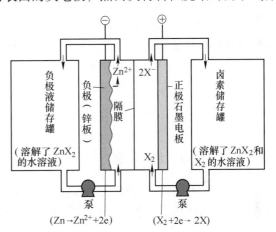

图 16-15　锌-卤素电池的放电（充电为逆过程）

16.2.5　氧化还原型电池用炭石墨材料

使活性物质溶解在电解液中，并使电解液强制循环，以这种方式工作的电池称为再生型电池。氧化还原型电池就是一种典型的再生型电池。它采用各种金属离子的氧化/还原对分别作为电极的负极和正极活性物质。目前研究最多的是铁-铬系电池，其中铁离子为正极活性物质，放电时从三价被还原成二价（放出氧），铬离子为负极活性物质，放电时从二价被氧化成三价（获取氧）。图 16-16 表示其放电过程，充电时则发生相反的过程。这是一种两边的活性物质都是正离子，但利用二价和三价之差进行氧化还原的电池。此外，改变贮存活性物质的贮罐的容量也可以改变电池的容量。但存在寿命短，价格高，维护工作量大等问题，而在用途方面正在探讨其在夜间电力贮藏系统和太阳能电池发电系统中的电力贮藏等方面的利用。正极、负极材料都使用比表面积大的炭毡或炭布，而隔膜则采用玻璃炭或可挠性炭板。

正在进行利用 Fe^{2+}/Fe^{3+}（正极）、Cr^{3+}/Cr^{2+}（负极）的氧化还原离子的氧化还原反

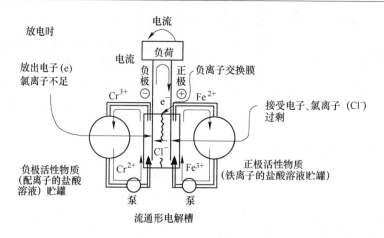

图 16-16　氧化还原型电池的结构

应的电池，但在负极配离子的电极反应较慢，是难以设定易产生氢等运转条件的电池。也有难获得充分的能量效率等问题，最近开发的钒系氧化还原电池，其综合能量效率为 87.3%。也正在研究将其与太阳能电池组合。采用了比表面积大的炭纤维布电极等种种新技术，电极照片如图 16-17 所示。

16.2.6　钠-硫电池用炭石墨材料

这是一种使用固体电解质的高温二次电池，其负极活性物质为钠，正极活性物质为浸入炭毡中的硫。其反应式为：$Na_2S_x = 2Na + xS$，电解质为允许钠离子迁移的 β-氧化铝，因为它既是一种固体又是一种无电子传导的材料，所以也兼具隔膜的功能。钠-硫电池的充电过程如图 16-18 所示，它的工作温度为 300~350℃，开路电压约为 2V，能量密度（约为 780W·h/kg）约为铅蓄电池的 4 倍，自放电小，而且具有结构紧凑的优点。

16.2.7　锂离子电池用炭石墨材料

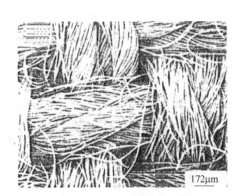

172μm

170μm

图 16-17　氧化还原流动电池用炭纤维电极

锂离子电池与前面介绍的镍-镉电池、镍氢电池一样，都是近年来引人注目的能量密度高的小型二次电池。各种二次电池的能量密度如图 16-19 所示，与其他电池相比，锂离子电池具有单位容积及单位质量的能量密度非常大的特点。而且输出电压约为 3.6V，也是其他电池的 3 倍。最初用金属锂作负极时，存在充放电循环中负极锂以针状形式析出，刺穿隔膜引起内部短路，因而存在产生火灾事故的危险。但以锂离子的形式起作用的锂离

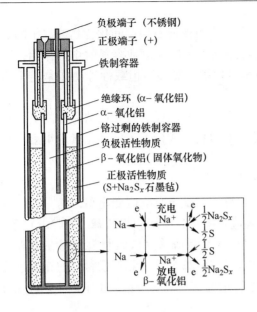

图 16-18　钠-硫电池的结构

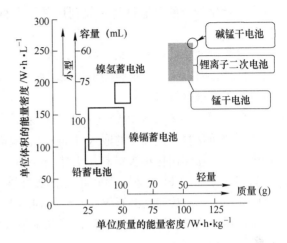

图 16-19　各种二次电池的能量密度

子电池中没有这种危险。

　　锂离子二次电池具有层状结构，它是由金属氧化物的正极和可掺杂或者插层的炭材料或石墨材料的负极构成。在充放电反应中锂离子仅在两极间移动，电极表面上难以析出金属锂，是无公害的安全电池。

　　锂离子电池的结构参见图 16-20，其工作原理及充放电反应如图 16-21 所示。锂离子电池在进行充放电时，因为锂离子会通过电解液在正极和炭负极之间往返运动，所以也称为摇椅型或梭子型二次电池。

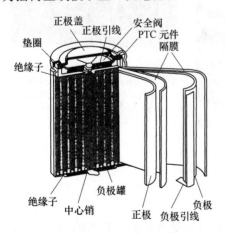

图 16-20　锂离子二次电池的结构

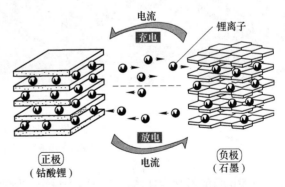

图 16-21　锂离子二次电池的工作原理与充放电反应

正极反应：$CoO_2 + Li^+ + e \xrightleftharpoons[\text{充电}]{\text{放电}} LiCoO_2$

负极反应：$LiC_6 \xrightleftharpoons[\text{充电}]{\text{放电}} Li^+ + e + C_6$

总反应：$CoO_2 + LiC_6 \xrightleftharpoons[\text{充电}]{\text{放电}} LiCoO_2 + C_6$

锂离子电池之所以使用炭素材料，是利用了其具有可形成石墨层间化合物或离子的嵌入（插入）和脱出（脱插）的功能。并且其自身还承担了决定电池容量的主导作用，这一点与使用传统的电池材料时仅利用其导电性、耐化学药品性、担载性等功能是完全不同的。

这种电池中使用的炭素材料，大致可分为高结晶性的石墨质材料和低结晶性的炭质材料。此外，对基于炭素材料的形态或组织的纤维状炭素材料或掺入了异种元素的炭素材料也进行了详细的探讨。

16.2.7.1　石墨质材料（高结晶性炭素材料）

石墨质材料在锂离子的嵌入（插入）、脱嵌（脱插）反应时电位变化小，是一种可逆性优良的正在实用化负极材料。天然石墨系、人造石墨系、中间相炭微球（MCMB）系、中间相沥青（BMPP）系、中间相沥青炭纤维（MPCF）系等许多炭素材料都已在市售电池中使用。具有代表性的石墨质材料的 SEM 照片如图 16-22 所示。石墨质材料的充放电反应可以用电化学插层反应来解释，其理论最大电容量为 372mA·h/g，相当于原子配位为 Li-C$_6$。

中间相沥青

中间相微球

天然石墨

人造石墨

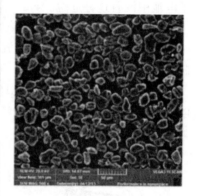

理论指标：克容量 ≥340mA·h/g，真密度 ≥2.22g/cm³，粒径分布：D_{50} 为 16～22μm，比表面积为 3.2～3.6m²/g，振实密度 ≥0.95g/cm³，压实密度 ≥1.5g/cm³

图 16-22　锂离子电池用各种炭素材料
（山东济宁晨阳炭素集团公司提供）

MCMB 系的形状为球体，比表面积最小，既能够尽可能低地抑制电解液的分解，也可以提高充填密度。放电容量通常为 300mA·h/g 左右，也有报道在实验室的放电容量可达 430mA·h/g。

从微观上来看，MPCF 系的形态或组织可影响锂离子的插入和脱出。图 16-23 为具有各种组织结构的 MPCF 的断面照片及其充放电行为，其中纤维断面上无规则石墨层面发达的纤维，循环特性最好，容量下降也较少。

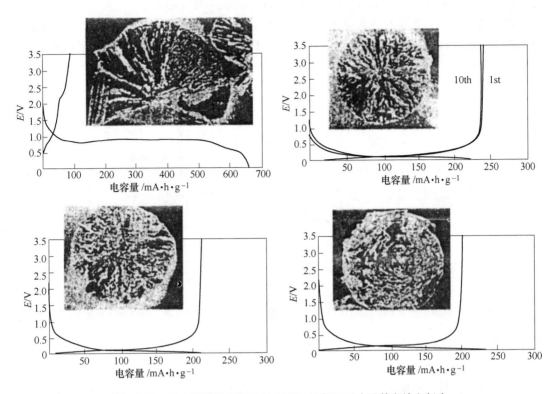

图 16-23　具有各种组织结构的 MPCF 的断面照片及其充放电行为

16.2.7.2　炭质材料（低结晶性炭素材料）

在约 500 ~ 2000℃下热处理得到的炭质材料的组成中虽然以碳为主，但仍残存了氢、氧、氮等碳以外的元素。与石墨质材料相比，结晶性较差，在结构上为微晶部分和乱层结构部分的混合物。如图 16-24 所示，这些材料的充放电机理是同时存在向石墨层间的电化学插层和向其他非晶质部分或晶格缺陷处的掺杂反应。据报道，在低于 0.25V 的电位下所显示的电化学容量是与插层反应有关的。

作为这一类炭素材料，有 MCMB 在 1000℃以下的热处理品、酚醛树脂热聚合后，再在 700℃左右热处理得到的聚苯烯、聚苯胺在 1000℃下的热处理品和糠醇树脂在 1100℃下的热处理品等。它们一般被称为难石

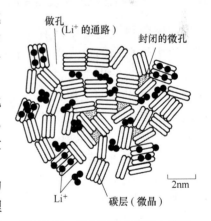

图 16-24　锂在硬炭中的嵌入模型

墨化炭（硬炭），在结构上是一种乱层结构较发达、即使经高温热处理也难以进行结晶化的炭质材料。与此相反，常将容易结晶化的炭素材料称为易石墨化炭（软炭）。它们的结构前面已述，分别经不同温度热处理后所得的电池的容量变化通常如图 16-25 所示。

16.2.7.3　掺杂异种元素的炭素材料

大量实验表明：添加硼、磷、氮等元素后，炭负极材料的各种容量都有所提高，其中

之一就是充放电容量增大，而今后的任务之一就是降低不可逆容量。

众所周知，硼可替换石墨微晶中的碳原子形成固溶体，因此人们期待由此改变炭素材料的电子物性，提高对锂的吸附量。已证实在 MPCF 系中，采用掺加了硼的负极材料后，如图 16-26 所示，容量可提高约 15% 。

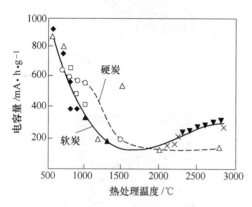

图 16-25　炭素材料的热处理温度对负极容量的影响

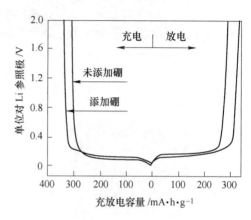

图 16-26　MPCF 的充放电曲线

作为电子施主起作用的氮掺杂，对电池容量的增加呈现负的效果，硅掺杂是由聚羰硅烷那样的硅有机化合物通过热分解或 CVD 法制得，随着添加量的增加，锂的吸附量也增大。而磷掺杂，虽然利用碳与正磷酸（H_3PO_4）或五氧化二磷（P_2O_5）的固相反应，但据报道 4% 的掺杂量，就可以达到约 500mA · h/g 的容量。

16.2.8　聚合物锂电池用炭石墨材料

在聚合物锂电池中既有正极使用聚合物的也有电解质使用聚合物的电池。目前在市场上刚出现的电池，是以凝胶化聚合物作电解质的电池，称为聚合物锂电池。

这种电池的结构如图 16-27所示，正负极的基本组成与普通的锂离子电池完全

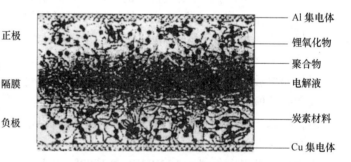

图 16-27　聚合物锂电池的断面构成

一致，但不使用金属外壳而采用塑料薄膜封装。隔膜也被替换，并且采用将液体电解质担载在该聚合物中的凝胶电解质。

这种电池的额定容量、额定电压等基本性能大致与锂离子电池相同，其最大的特点是"薄"。目前最薄的方形锂电池的厚度为 5mm，而这种电池的厚度只有 3mm。

对负极来说，使用金属锂是人们最终的理想，而这一点对锂离子电池是艰难的。但在某些聚合物凝胶电池中已经开始探讨使用金属锂，并已证明，与液体电解质相比，在抑制金属锂的树枝状晶体（树枝状晶）生长方面有很好的效果。

16.3 燃料电池石墨双极板

16.3.1 概述

燃料电池是继干电池（一次电池）、蓄电池（二次电池）后的第三类引人注目的化学电池。它既是一种使天然气等燃料改性后得到的氢和空气中的氧通过电化学反应而产生直流电的装置，也是一种能量转换效率非常高的化学发电系统。图 16-28 表示发电单元的基本结构和反应方程式。流入氢的电极称为燃烧极（负极或氢极），流入空气的电极称为空气极（正极或氧极），燃料电池的总反应是氢与氧结合生成水。燃料电池的单元电池（单体）与一般的单元电池相同，也是由电解质和夹住电解质的两个电极、使电极分离的隔膜和集电极等构成的。为了获得作为发电系统所希望的输出功率，包含隔膜的单元电池呈直线排列组合在一起形成电池堆（组）。

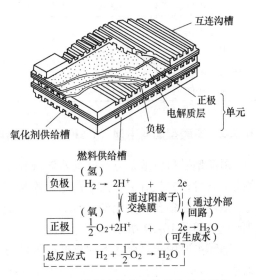

图 16-28　燃料电池发电单元的基本结构与反应式（磷酸型）

由燃料电池的工作原理，可知其具有以下优点：（1）系直接发电，理论效率高（40%～60%）。若能利用其产生的热，则综合效率还可以提高（约为 80%）。（2）即使是小型电池也可以维持较高的效率，不但可以大规模发电，而且可以按现场型（需要地设置型）发电。此外人们还期望能通过协同体系同时利用其电和热。（3）可以使用天然气、甲醇、液化石油气（LPG）、石脑油、灯油、煤气等燃料。（4）因为没有高温燃烧过程，所以氮氧化合物（NO_x）排除少。此外，燃料中的硫可以通过预先处理去除，因此几乎无硫的氧化物（SO_x）产生。（5）基本上没有运动部件，因此噪声和振动很小，环境性优良。

燃料电池的原型是 100 年以前由英国的格洛布发明的，而正式的研究与开发始于 1952 年发明的气体扩散性电极。在发电的同时产生水这一便利是它的优点，现已用在美国的双子星座人造卫星、阿波罗飞船和太空穿梭机等宇航器中。这种燃料电池，如表 16-6 所示，根据所使用电解质的不同，可以分为若干种类型。有的已接近实用，有的还正处于研究阶段。在下一个世纪中，作为高效发电方式的燃料电池，继水力发电、火力发电和原子能发电之后，将得到越来越快的发展。

表 16-6　燃料电池的分类及其构成材料

燃料电池的分类	电解质	迁移离子	空气极（阴极）	燃料极（阳极）	工作温度/℃
碱性燃料电池（AFC）	KOH	OH^-	Au-Pt, Ni, Ag	Pt-Pd, Ni	60～80
磷酸型燃料电池（PAFC）	H_3PO_4 保持材料：SiC	H^+	Pt 系触媒或触媒担体炭 + PTFE		200

续表 16-6

燃料电池的分类	电解质	迁移离子	空气极（阴极）	燃料极（阳极）	工作温度/℃
固体高分子型燃料电池（PEFC）	质子交换膜（Nafion 等）	H^+	Pt 系触媒或触媒担体炭 + PTFE		100
熔融碳酸盐型燃料电池（MCFC）	$(Li, K)_2CO_3$ 保持材料：$LiAlO_2$	Co_3^{2-}	Ni-Cr Ni-Al	NiO	650
固体电解质型燃料电池（SOFC）	YSZ（Y_2O_3 稳定 ZrO_2）	O^{2-}	$LaMnO_3$	Ni/YSZ	1000

16.3.2　磷酸型燃料电池（PAFC）炭石墨电极

磷酸型燃料电池是以浓磷酸水溶液作电解质的燃料电池，在200℃左右运行。电极为多孔炭素材料，且有一个面上薄薄地涂覆了一层铂系催化剂。在两个这样的电极间夹上浸渍了浓磷酸的多孔质碳化硅（SiC），就构成了一个电池。将它们堆叠起来使用的燃料电池组的结构如图 16-29 所示。

隔膜主要用于将单元电池堆叠时彼此分离，通常采用石墨质的炭素材料。单元电池的厚度约5mm，产生的电压虽然低于 0.65 ~ 0.75V，但数百个单元电池堆叠在一起时输出电压可达 300 ~ 400V。因此，数十个这样的单元堆叠电池串联起来即可构成电压为数千伏的电池。改变堆叠方式和连接方式可得到不同的输出电压，这是燃料电池的特征，也是其引人注目之处。图 16-30 为 PAFC 的基本组成。

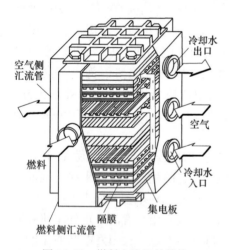

图 16-29　燃料电池组的结构

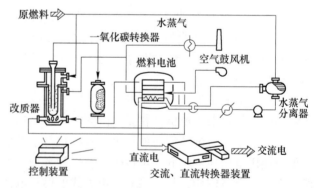

图 16-30　磷酸型燃料电池发电系统的基本组成

如表 16-7 所示，在磷酸型燃料电池中，使用了大量的炭素材料。电极基材支撑着燃烧极和空气极，要求为多孔质且电阻小。因此大多使用炭毡，它还具有贮存电解液和水的功能。而载铂碳需担载催化剂颗粒，要求具有高表面积和耐腐蚀性。在将单元电池堆叠时，隔板起着防止单元电池相互接触的作用，隔板材料要求具有高导电性、耐腐蚀性和高热传导率，且为不透性的，因此通常用石墨质的炭素材料，而 C/C 复合材料、玻璃炭薄板等也正在探讨之中。

16.3.3 固体高分子型燃料电池（PEFC）用炭石墨材料

固体高分子型燃料电池是以固体高分子膜作电解质的燃料电池。其特点是可在100℃左右的较低的温度下工作，且操作方便，系统可以做得小型化，因此正在开发其作为汽车等的主要移动电源。

电池的基本组成材料有用作电解质的质子导电性固体高分子膜、用作电极的铂催化剂或担载铂催化剂的炭与氟树脂的混合物。此外，隔板及集电体也使用炭布等各种炭素材料。对炭素材料的性能要求是：电阻率低而耐腐蚀性好，而最大的课题是低成本化。材料本身的价格不用说，图16-31所示的隔板上的反应气体流路，细而复杂，加工精度和面精度要求高，价格非常高，因此人们期待开发如何变机械加工为模压加工等低成本的新技术和制造方法。

表16-7 燃料电池（磷酸型）的组成材料

组成材料		要求的性能	代表性的材料
触媒	触媒	（1）高活性； （2）长期稳定	载铂炭
	抗水剂	保持对磷酸的疏水性	聚四氟乙烯
电极基材		（1）透气性； （2）电子电导； （3）热传导性； （4）机械强度； （5）耐腐蚀性	炭毡 C/C 复合材料
隔膜		（1）致密性； （2）电子电导性； （3）热传导性； （4）机械强度； （5）耐腐蚀性	炭板 玻璃炭薄板 C/C 复合材料
磷酸		高纯度	100% 多磷酸
基材		（1）耐磷酸腐蚀； （2）能贮存磷酸	SiC

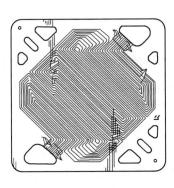

炭板制双极板（机械加工）

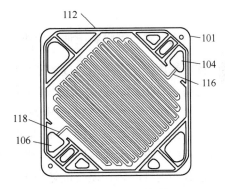

薄片状石墨制双极板（模压加工）

图 16-31 PEFC 用双极板的流场结构

16.3.4 碱性燃料电池（AFC）炭石墨电板

碱性燃料电池是以35%的浓氢氧化钾水溶液作电解质，供给几个大气压的氢和氧并在60~80℃下工作的燃料电池。这种形式的电池目前已用作阿波罗登月飞船或太空穿梭机的电池，其工作原理如图16-32所示。

作为这种电池的组成材料，电解质本体采用钛酸钾粉末与聚四氟乙烯结合的气孔率为60%以上的材料，在它的两个表面上分别为将铂黑附着在100目（0.147mm）的银网上的正极（空气极）和将金、铂合金黑附着在100目金网上的负极（燃烧极）。此外，为了充分贮存电解液，形成氢气和水蒸气的通道，而将多孔镍板或多孔石墨板压在负极上。这样将加上氢和氧的供给板或冷却板的单体电池堆叠起来就构成了电池堆。32 个单体电池堆量而成的电池堆，可构成输出功率达 7kW，而质量只有 91kg 燃料电池。

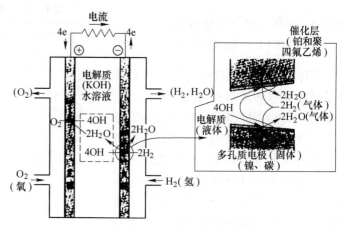

图 16-32　碱性燃料电池（AFC）的工作原理

16.3.5　熔融碳酸盐型燃料电池（MCFC）

熔融碳酸盐型燃料电池是以碳酸盐作电解质的燃料电池。它在碳酸盐熔融且具有适当碳酸根离子导电性的 650℃的恒定温度下工作。至今为止已开发的基本电池构成材料有如表 16-6 所示的电解质 $(Li，K)_2CO_3$，贮液材料 $LiAlO_2$ 多孔质燃料极 Ni，多孔质空气极 NiO，作为隔板和集电板的 SUS 材料等。由于熔融盐的腐蚀性而不使用炭素材料。

MCFC 已研制成功，现在正在开发 MW 级的成套设备，但由于熔融盐的高腐蚀性而造成的材料性能下降是值得考虑的问题。因为会降低系统的可靠性，因此正在进行更好材料的开发。

16.3.6　固体电解质型燃料电池（SOFC）

固体电解质型燃料电池是以离子可以在固体内运动的陶瓷作电解质的燃料电池。由于工作温度高达 800～1000℃，因此其构成材料几乎都是陶瓷，不使用炭素材料。SOFC 的构成材料如表 16-6 所示，一般来说电解质采用 Y_2O_3 稳定化的 ZrO_2（YSZ），燃料极采用 Ni/YSZ 金属陶瓷，空气极为 $(La、Sr)MnO_3$，双极连接板为 $LaCrO_3$。自开发以来，组成材料几乎是固定的，没有考虑使用炭素材料。由于 SOFC 在高温下工作，因此必须探讨材料间线膨胀系数的配合问题，提高抗热冲击性、高温稳定性和提高可靠性。

16.4　双电层电容器炭石墨电极

16.4.1　概述

1746 年在荷兰的莱顿城，穆欣布罗克（P. vanusschenbroek）发明了莱顿瓶，它可以贮存大量的电荷，这就是最初的贮存能量的电容器。莱顿瓶是一个在玻璃瓶的底和侧面内外都贴了锡箔的电容器，通过瓶盖中央插进去的金属棒的前端连接了一根金属链，并将金属链与瓶底的锡箔相接触。此后，法拉第在电容器的电极间插入电介质（非导体），发现它的静电容量可以增大。

按电容器的用途，可以大致分类并举例如下：（1）滤波、隔直、高频旁路用电容器；（2）震荡电路用电容器；（3）调节位相用电容器；（4）贮能用电容器。

电容器的种类还有：（1）油浸电容器；（2）塑料薄膜电容器；（3）电解电容器；（4）磁性电容器；（5）云母电容器；（6）气体电容器等。它们作为电子线路的元件而起重要作用。

近年来作为贮能用的双电层电容器，因体积小而电容量极大，瞬时充放电特性优异，且充放电循环造成的性能下降较少，因此作为微型计算机或存贮器的后备电源或二次电池不能适应瞬间大电流供给源，正在积极进行实用化研究。

双电层电容器的极化电极采用活性炭、活性炭纤维或炭粉，通过控制表面及内部组织，改善导电性，可以提高其容量。以应对地球能源问题为背景的新的能量供应装置，双电层电容器的构成材料中不使用重金属，因而对环境污染小，这是符合时代要求的。

16.4.2　工作原理和结构

16.4.2.1　工作原理

电气回路中的任何回路元件中，当电流 i、电压 V 之间存在正的常数 C，且关系式为：$i = C \mathrm{d}V/\mathrm{d}t$ 时，这个回路元件称为电容器，C 称为容量或电容量。

双电层电容是利用固体和液体这两个相的界面上生成的双电层贮存电荷的，双电层的结构曾被亥姆霍兹、古依-查普曼和斯特恩等研究，它是由极性分子的吸附、离子吸附和离子的扩散分布而构成的。双电层正好是电荷分布层，具有相反极性电荷的双电层组合起来，就形成了平板电容器。

在平板电容器的相对的电极间加上电压时，贮存电荷的能力称为容量（静电容量）。当外加电压为 $V(\mathrm{V})$，两电极间贮存的电荷量为 $\pm Q(\mathrm{C})$，静电容量为 $C(\mathrm{F})$ 时，可得如下关系：

$$C = Q/V \tag{16-11}$$

以活性炭或活性炭纤维作极化电极时，在较大的比表面积上形成的双电层的静电容量，虽然也与电解质有关，但一般来说都有数十 $\mu\mathrm{F/cm^2}$。此外，在这种电容器上外加电压 $V(\mathrm{V})$ 时，储存的电能 $W(\mathrm{J})$ 可由下式计算：

$$W = CV^2/2 \tag{16-12}$$

16.4.2.2　结构

双电层电容器的基本单元的结构如图 16-33 所示，它是由集电极、正极、负极、电解

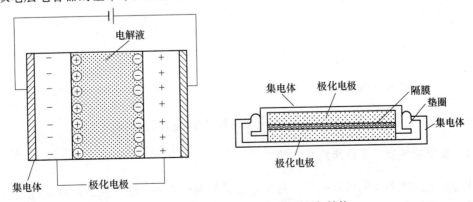

图 16-33　双电层电容器的工作原理与结构

质和垫圈构成。正极及负极采用活性炭（由椰壳炭、木炭、沥青炭、石油焦、煤焦、树脂炭等活化而成）或活性炭纤维（酚醛系、人造丝、沥青系、PAN 系）。为了降低电极的内阻，有时也混入石墨粉或金属粉。

电解质可以大致分为两类：一是以酸或盐的水溶液作电解液的水溶液系电解质；另一种是在丙烯碳酸酯或二甲基甲酰胺等具有高介电常数的极性有机溶剂中溶解了酸或盐的有机溶液系电解质。与水溶液系相比，有机溶液系的双电层电容器因电解液的分解电压高而具有电压高即能量密度高的特点。与此相反，水溶液系双电容电容器则因电解液的电导率高而在要求放电电流密度大的场合具有优越性。

将这些电极材料与电解液混合作成糊膏状使用，或用聚四氟乙烯等耐化学药品性优良的黏结剂使电极材料薄片化，或成型为块状后使用。

16.4.3　双电层电容器的特征

双电层电容器的能量密度不及二次电池，但在电容器中却是能量密度最大的大容量电容器，它具有如下特征：

（1）可快速充、放电（约100%）；

（2）可以半永久性反复充放电使用；

（3）具有稳定且可逆的充放电特性（没有由于记忆效应而造成的容量变化）；

（4）使用温度范围宽（在蓄电池工作不正常的低温下，可以用双电层电容器代替）；

（5）使用寿命长，不需要维护。

功率型双电层电容器的放电特性的实例如 16-34 所示。此系耐压 120V、静电容量 20F、串联等效电阻 78.1Ω、形状尺寸为 398mm×276mm×170mm、重为 24kg 的双电层电容量的放电特性。可见在 10A 下放电数分钟是可能的。

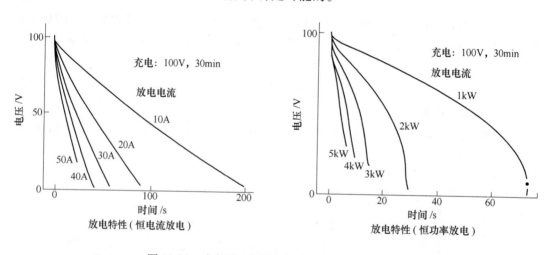

图 16-34　功率型双电层电容器的放电特性的实例

16.4.4　要求活性炭、活性炭纤维的特性

作为双电层电容器的极化电极，有铝等金属的薄板或网、活性炭或活性炭纤维等。其中对活性炭及活性炭纤维的特性要求如下：（1）对于化学药品的稳定性。这一点与其他炭

素材料相同是没有问题的。（2）为了将电解质的离子吸附在作为电极的碳表面，不仅要求其具有大的表面积，而且还要求其表面形态有利于电解质中的离子的出入。离子的半径要求具有纳米尺寸的细孔。（3）杂质、酸性官能团浓度低。（4）电导率高（有时需混入石墨粉）。

16.4.5 用途与发展

关于双电层电容器的用途，正处于实用化和研究中的可举例如下：（1）能量备用。非常规时放电备用，用作计算机和存储器的后备电源。（2）负荷均化，调节均化用。与二次电池配合，通过电容器平衡或抵消所需的短时间的高负荷，如用作电动汽车的电源等。（3）能量回收用。电容器随时充电，必要时放电，如用作提升机的电源。

关于双电层电容器今后发展的方向如下：（1）双电层电容器的静电容量，取决于形成双电层的极化电极的表面积、单位面积的双电层容量及电极的电阻。这些特性直接影响双电层电容器容量密度的提高。目前，酚醛系炭纤维或酚醛树脂的炭化物因具有发达的纳米级细孔，所以被作为电极材料使用，而通过纳米结构的控制则可望减少其容量的波动。此外在材料开发中还有必要设法降低其内阻。（2）作为电源的系统化或与此相对应的单体结构的最优化。

16.5 水溶液电解用炭石墨电极

16.5.1 食盐电解用电极

水溶液电解用阳极石墨板的代表性用途是氯碱工业，自1896年以来一直是唯一的使用。其原因是石墨电解板有如下优点：虽然易受新生态氧的侵蚀，但对新生态的卤素及电解液有耐腐蚀性，电导率高，不含对电解反应有影响的有害杂质等。电解板的制造工艺与人造石墨电极一样，都是通用的方法。

食盐的电解有水银法和隔膜法两种方法，要求的特性不同。水银法和隔膜法的原理如图16-35所示，而石墨电解板的代表性特性如表16-8所示。水银法中使用的电解板，通常使用杂质含量特别是钒含量少的焦炭，以降低阴极水银上的氢过电位。

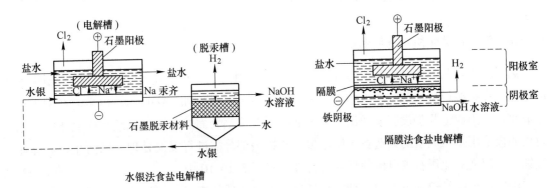

图 16-35 食盐电解槽的原理图

水银法的电流密度大（80～100A/dm²，隔膜法为15～20A/dm²），为便于产生的氯气逸出需在电解板上加工各种形状的孔和沟槽。而隔膜法中为了抑制石墨电解板易氧化消耗的弱点，延长其使用寿命，需要采用亚麻子油等进行封孔处理。

但是在1970年，随着金属阳极（以钛为基体，加工成对石墨来说不可能的各种形状后，在表面上被覆一薄层氧化钌和氧化钛或氧化锡的固溶体）的出现和从解决水银公害的问题出发，提出的废止水银法而造成的生产终止，目前已停止生产用于食盐电解的石墨电解板，但还有少数国家仍有少量生产。目前将离子交换膜置于电场中的离子交换膜法已成为主流，其能量消耗最小的工艺过程引人注目，而且这种电解槽的阳极是金属。

表 16-8　石墨电解板的代表性特性

特性＼类别	水银法		隔膜法	
	普通品	高密度品	普通品	油处理品
体积密度/Mg·m⁻³	1.66	1.72	1.66	1.76
真密度/t·m⁻³	2.2	2.2	2.2	—
全气孔率/%	25	22	25	
电阻率/μΩ·m	7.5	7.0	7.5	7.5
抗弯强度/MPa	24.5	29.4	24.5	25.5
灰分/%	0.1	0.1	0.1	0.1
钒含量/%	10×10^{-4} 以下	7×10^{-4} 以下	—	—

16.5.2　二氧化锰电解用炭石墨电极

主要用作电池材料的二氧化锰，是将硫酸调节酸性的硫酸锰溶液通过电解而制造的。

作为阳极材料，通常使用挤压成型的石墨板或棒。因为阳极表面电沉积的二氧化锰是实质性的阳极，因此石墨阳极消耗并不大。由于二氧化锰有向阳极渗透的特性，为抑制其向阳极的渗透，且在通过刮板剥离二氧化锰时能承受一定的冲击力，因此要求使用品质优良的石墨阳极。近年来，阳极的材质已被铅合金或钛合金替换，寿命大幅度提高。

阴极也可以使用石墨板，但对品质的要求不像阳极那样严，可以采用挤压成型的通用的石墨材料。二氧化锰电解用石墨电极的尺寸及特性列于表16-9。

表 16-9　二氧化锰电解用石墨尺寸及特性

特性尺寸 /mm×mm×mm	(15～25)× (100～175)× 1100
体积密度/Mg·m⁻³	1.72
固有电阻/μΩ·m	7.5
抗弯强度/MPa	24.5

16.5.3　铝阳极氧化用着色与电极

为了提高铝的耐腐蚀性和耐磨性或对铝进行刻蚀处理（电解电容器用），可根据用途的不同，在硫酸或草酸等电解液中以铝为阳极进行电解（例如1A/dm²）。电解时在阴极上生成水，而阳极上几乎没有氧逸出，氧全部消耗在使铝表面氧化并形成致密的氧化膜。电解用阴极采用挤压成型的人造石墨棒或板，其接头部分需进行浸渍处理，以防止金属导体腐蚀。铝阳极氧化用石墨电极的尺寸及特性例示于表16-10中。

电解着色法是铝着色法的一种。它是将阳极氧化后的铝浸入与目的颜色相对应的金属盐的电解液中，再通过交流电解，使金属粒子电沉积在铝膜中而着色的。它的对电极也使用与铝阳极氧化时相同品质的石墨棒。

16.5.4 其他

例如，在船舶的螺旋桨的自动外部电源防蚀装置中，为了实现旋转轴和静止轴的电气连接，常采用电刷。图 16-36 表示螺旋桨防蚀装置的简图，而表 16-11 表示各种滑环和电刷的接触电阻。

表 16-10 铝阳极氧化用石墨电极的尺寸及特性

特性 \ 尺寸/mm	棒 φ75 × (2000~3000)	板 40×50× (1800~2000)
密度/g·cm^{-3}	1.72	1.72
固有电阻/μΩ·m	7.5	7.5
抗弯强度/MPa	31.4	24.5

表 16-11 各种滑环和电刷的接触电阻

对偶		接触电阻 10A/cm^2 时	优劣
滑环	电刷		
钢	电化石墨	500mV 以上	×
	铜-石墨	200~300mV	△
铜合金	铜-石墨	100~200mV	○
	银-石墨	100mV	○
银合金	银-石墨	20mV	◎

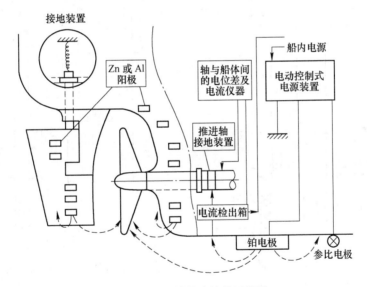

图 16-36 螺旋桨防蚀装置简图

16.6 石墨化阳极

石墨化阳极主要用于电解水溶液，制取氯、苛性钠等。此种阳极起电极的作用，即借以把电流导入反应容器。因此对它的主要要求，就是要有最高的电导率。另一个较为重要的要求，就是要保证阳极的工作时间最久，即阳极的单位消耗最低（因这会影响到最终产品的纯洁度）。

根据 ГОСТ 11256—65 的规定，石墨化阳极分三个牌号：A 牌和 B 牌——用于钢阴极电解槽；B 牌——用于汞阴极电解槽。对石墨化阳极的技术要求列于表 16-12，其密度为

$1.60 \sim 1.72 \mathrm{g/cm^3}$，气孔率为 $25\% \sim 27\%$，灰分为 $0.05\% \sim 0.16\%$。

表 16-12　石墨化阳极的性能（前苏联）

指　　标	A 牌	B 牌			B 牌
		阳极板	阳极棒	分解器格子砖	
抗压极限强度/MPa	≥21	≥22	≥22	≥21	≥22
灰　分/%	≤0.5	≤0.07	≤0.5	≤0.5	≤0.5
比电阻/μΩ·m	≤9.5	≤8～13	≤9.5	≤9.5	≤9.5
阳极损耗（在浓度为5g/L的盐酸中以快速实验法测定的）/g·(100A·h)⁻¹	≤95	≤130	未　　　测定		≤130

A 牌石墨化阳极是经过专门机械加工（表面粗糙度为 $12.5\mu m$）并具有一定规格的石墨板。加工后阳极的规格应符合图 16-37～图 16-39 和表 16-13 的规定。B 牌石墨化阳极其附属的石墨棒制成特殊样式和规格（图 16-40～图 16-42 和表 16-14、表 16-15）。

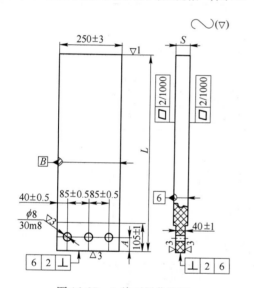

图 16-37　A 牌石墨化阳极

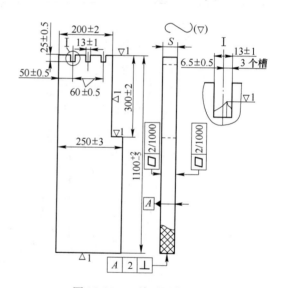

图 16-38　A 牌石墨化阳极

表 16-13　A 牌阳极的规格（前苏联）

S/mm		A/mm		L/mm		图　号
额定	容许误差	额定	容许误差	额定	容许误差	
45		40				
50		50		1100	±2；－5	4-11
45	±1.5	40				
50		50	±0.5	1000	±2；－5	4-11
45		—		—	—	4-12～4-16
50		—		—	—	

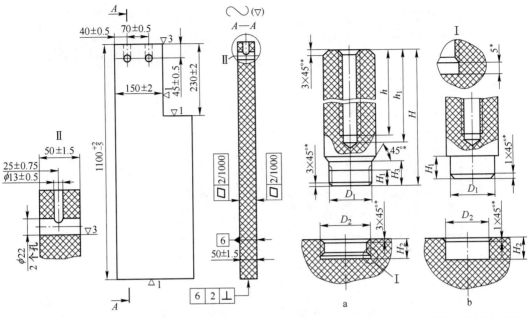

图 16-39 A 牌石墨化阳极

图 16-40 与 B 牌石墨化阳极相配的石墨棒

a—螺纹圆柱形接合；b—挤压圆柱形接合

（星形标记表示加工刀具的尺寸）

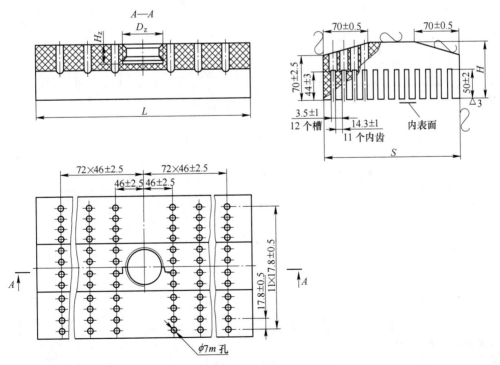

图 16-41 B 牌盖式石墨化阳极

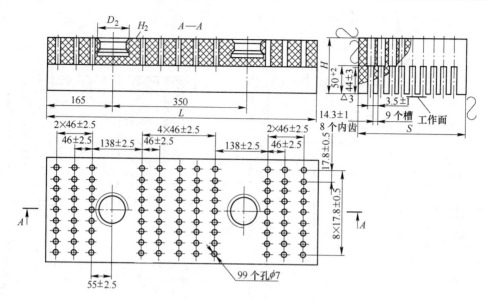

图 16-42　B 牌矩形石墨化阳极

表 16-14　B 牌石墨化阳极的规格（前苏联）

外形	图号	H/mm		S/mm		L/mm		D₂/mm				H₂/mm				间隔数	孔数
								螺纹结合		挤压结合		螺纹结合		挤压结合			
		额定	容许误差	额定	容许误差	额定	容许误差	额定	容许误差	额定	容许误差	额定	容许误差	额定	容许误差	n	m
盖形	4.17			228		360		M64×4								3	72
						550										5	120
						700				65						7	168
矩形单棒	4.18	90	±2.0	175	±1.25	340	±1.0	M76×4	3级（近 TOCT9 253-59）	75	+0.1	33	+1.6	30	−1.0	—	—
						360											
矩形双棒	4.19			175		630		M76×4		75						—	—

表 16-15　B 牌石墨化阳极棒和孔的规格（前苏联）

与阳极棒结合的形式	D/mm		H/mm		d/mm		h/mm		h₁/mm		D/mm		H₁/mm		H₃/mm	
	额定	容许误差	额定	容许误差	额定	容许误差	额定	容许误差	额定	容许误差	额定	容许误差	额定	容许误差	额定	容许误差
螺纹圆柱式接合	68	+2.0	180				130		135		M64×4	3级	36	−1.6	45	−1.6
			280				230		235		M76×4		30			
	80	±1.0	180				130		135							
挤压圆柱式接合	68	+2.0	180	−2.0	圆柱螺纹 M30 ×3.5	3级	230	+5.0	235	+5.0	65			+1.0	—	—
							130		135							
							230		235							
	80	±1.0	180				130		135		75	+0.35				
			280				230		235			+0.25				

分解器石墨格子砖是用特制石墨板材经过机械加工制成的。分解器石墨化格子砖的规格应符合图 16-43 和表 16-16 的规定。

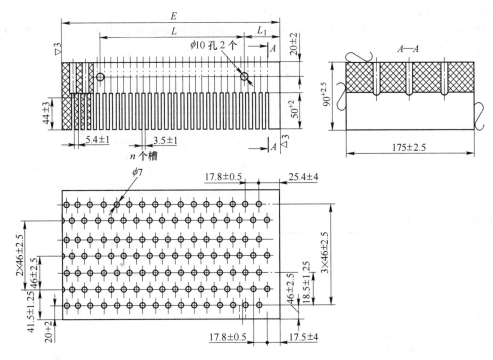

图 16-43 分解器的石墨格子砖

（在 17.8mm 间距的方向上，任何不相邻的孔洞之间的距离极限偏差都应在 0.5mm 的范围内）

表 16-16 矩形分解器石墨化格子砖的规格（前苏联）

E/mm		L/mm		L₁/mm		槽数 n_1
额定	容许误差	额定	容许误差	额定	容许误差	
230		150		40		23
300		200		50		31
330	±2.0	200	±2.0	65	±2.0	34
450		320		65		48
480		320		80		51

分解器的石墨化阳极、石墨棒和石墨化格子砖加工后的表面，其平面（或直线）偏差，在 100mm 的长度上不应超过 0.15mm。石墨棒的椭圆度不得大于 0.5mm，锥度不得大于 0.2:100。阳极插孔轴与下表面的不垂直度不应大于 0.15:100。石墨棒不同直径（d 和 D_1）的两级段，其轴线的不平行度，在 100mm 的长度上不得大于 0.15mm。d 与 D_1 同轴度的偏差不应大于 0.5mm。

如果用户与供货方经过协商，可以提供未经机械加工的阳极毛坯。

A 牌石墨化阳极在石墨化之后，须使用与用户商定的浸渍剂进行浸渍。A 牌和 B 牌阳极的接触部分，以及 B 牌的阳极棒，也要用与用户商定的浸渍剂进行浸渍，在机械加工之后，要清理接触表面。经供需双方协商，可以提供未浸渍的阳极毛坯。

A 牌阳极应装箱运输。在每个包装箱内，在每排阳极之间，以及阳极与箱壁之间，应垫以减震材料。如果用铁路货车厢或汽车运输，可以不用包装箱。但车厢的地板和厢壁或汽车的两侧应垫上谷草或芦苇稭。堆放的阳极，须用木板固定，以免阳极在运输中移动。B 牌阳极应用特制的包装箱运输，以保障其完整。

梯形截面的石墨化阳极如图 16-44 所示，此种阳极的规格和质量列于表 16-17。对阳极的技术要求列于表 16-18，生产的阳极性能的实际数据列于表 16-19。氟气电解装置用阳极如图 16-45 所示。

表 16-17　梯形石墨化阳极的规格和质量

截面 $a \times b \times c$		长度/mm		平均质量 /kg	弯曲度（挠曲度）（不大于长度的%）	棱缘圆角半径 /mm
额定	容许误差					
$51 \times 51 \times 62$	±2	970	±9.7	4.5	0.4	≤5
$70 \times 100 \times 130$	±4	1000	±30	13	0.5	≤15

表 16-18　梯形石墨化阳极的性能（前苏联）

抗压极限强度/MPa	≥20
比电阻/$\mu\Omega \cdot m$	≤9.5
灰 分/%	≤0.7

表 16-19　工业生产的梯形石墨化阳极的实际性能

抗压极限强度/MPa	≥22~33
比电阻/$\mu\Omega \cdot m$	7.5~9.5
密度/$g \cdot cm^{-3}$	1.58~1.71
真密度/$g \cdot cm^{-3}$	2.21~2.22
灰分/%	0.1~0.25
气孔率/%	22~29

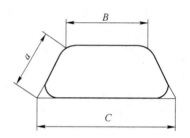

图 16-44　梯形截面阳极的横剖面

图 16-45　氟气电解装置用电极

电化学工艺用的铲形石墨化阳极的技术要求列于表 16-20，工业生产的铲形石墨化阳极的实际性能列于表 16-21。图 16-46 展示的就是铲形阳极的形状与规格。此种阳极是以相应规格的石墨板经机械加工制成的。

表 16-20　铲形石墨化阳极的性能（根据 μMTY 3257—53）

密度/$g \cdot cm^{-3}$	≥1.6
抗压极限强度/MPa	≥23
比重阻/$\mu\Omega \cdot m$	≤11.0
气孔率/%	≤28
灰分/%	≤0.7
弯曲度（挠曲度）/mm	≤2

表 16-21　工业生产的铲形石墨化阳极的实际性能

密度/$g \cdot cm^{-3}$	1.6~1.8
真密度/$g \cdot cm^{-3}$	2.21~2.22
抗压极限强度/MPa	30~32
比电阻/$\mu\Omega \cdot m$	6~11
气孔率/%	22~26
灰分/%	0.16~0.21

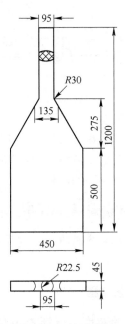

图 16-46 铲形阳极

300mm×400mm×800mm 的石墨化阳极可作为电解槽的电导体用。此种阳极的规格和质量列于表 16-22，其技术要求列于表 16-23。

表 16-22 石墨化阳极的规格和质量

宽度/mm	高度/mm	长度/mm	平均质量/kg	弯曲度（挠曲度）（不大于长度的%）	圆角半径/mm
400±6	300±5	800±5	150	0.7	≤20

表 16-23 石墨化阳极的性能（根据 CTY 45—1991—64）

抗压极限强度/MPa	≥10
比电阻/μΩ·m	≤11
灰分/%	≤0.5

17 化工用石墨制品

按照使用要求不同化工用石墨材料大致可分为两大类：一是利用石墨材料具有良好的耐腐蚀、导热等性能来制造各种化工设备及器件，如各种热交换器、硫酸稀释器、盐酸合成炉、石墨喷射泵、离心泵及各种管件和接头等，属于不透性石墨制品；二是利用石墨材料具有良好的导电性能和耐腐蚀性能来制造电解等用的电极，例如，氯碱工业隔膜槽用的石墨电极、饮用水的净化和污水处理等用的电极。

17.1 化工用炭和石墨制品的种类和制法

化学用炭和石墨，按其用途可分为普通质、不透质和多孔质三种。下面就此三种制品概略地加以叙述。

17.1.1 普通质炭和石墨的生产工艺流程

把石油焦及沥青焦破碎成适当的粒度，以沥青为黏结剂，或加入以焦油调节过的沥青，一边加热，一边进行混捏。再将混捏好的糊料用水压机或油压机制成棒状、板状、中空材料、管材等所需的形状。把压制好成型品装入焙烧炉，为了防止氧化和变形，毛坯之间的空隙充填以焦炭填料，焙烧到约 1000～1250℃。这就是普通的炭质材料。

这是一种无定形结构的微结晶炭，它的热导率低，而且机械加工性差，故比石墨利用率低，多用于制作炭砖、腊希格环（气体吸收塔内用的填充圈），但另一方面，它富有耐磨耗性，用它制作密封材料，则可发挥其特长。若把这种炭质材料装入石墨化炉，以焦炭为填充料，充填制品的空隙，并以自体作为电阻体通电，保持 2500～3000℃的温度，即可生长石墨结晶，转变成热导性高的石墨质材料，通常称之为人造石墨。它可用来制作熔炼度高的熔融金属和磷等的耐热容器。这类材料列于表 17-1。

表 17-1 化学结构用炭及石墨材料实例

类　别	成型方法	尺　寸	
		规格/mm	长（厚）度
管材	挤压	20～150	3～4m
圆材	挤压	50～600	1.5～2m
角材	挤压	100～230	1.5～2m
板材	挤压	50～200	1.5～2m
圆板材	模压	200～500	30～50mm
角型材	模压	200～500	30～50mm
中空材	模压	400～800	30～50mm
砖材	模压、挤压	标准形、拱形等	

17.1.2 不透性炭和石墨

上述的普通质材料富有耐腐蚀性，但残留有焙烧中生成的细孔，容易浸透流体。所谓不透性炭和不透性石墨，就是将合成树脂浸渍到细孔中去，并使其固化，以制成流体和气体都不能透过的材料。可是如上所述，用合成树脂浸渍之后，使用温度就受到了限制，一般为 170℃。通常使用的合成树脂有：苯酚树脂、烷基苯环的变性苯酚树脂，还有耐碱用的呋喃树脂，这些都属于热硬化性树脂。此外，近几年还有耐碱及耐高温的树脂，如二乙烯苯的单体，用它浸渍，并加热聚合，进行不透化处理，这种制品富有耐溶剂性，所以在石油化学工业的领域内得到了广泛应用。这类基体材料中的炭材料，是经过浸渍、固化，使其达到不透化的，称作不透性炭制品，主要用于制作绝热用炭砖、管道等。人造石墨的器具、导管等，是经过浸渍固化，使其达到不透化的，叫做不透石墨制品，主要用于制作大部分的热交换器和耐腐蚀容器。一般来讲，大量生产的不透性炭制品，使用的是苯酚树脂和二乙烯苯树脂，统称之为不透石墨制品。

17.1.3 耐热不透性炭

近来我国又实际运用了耐高温性不透性石墨。这种石墨就是把石墨材料用二乙烯苯（以下简称 DVB）的单体加以浸透。并使之硬化之后，置于氮气流中加热到相当于使用温度所制成的不透化制品。其他充做耐热不透石墨的浸渍剂的还有：糠醇（以下简称 FA）及其初期缩合物、呋喃酮缩合物、糖浆等。耐热不透石墨用的 DVB 和 FA 树脂的特性比较示于图 17-1、图 17-2。也就是 FA 以盐酸或对甲苯磺酸等作催化剂，制成初期缩合物，把它浸入石墨材料之后，进行热处理，所以 DVB 应根据单体浸渍量来计算。但在加压之后，浸渍剂便难以浸入与热固化物不浸润的毛坯细孔，此外，在热处理时还得排出内含的缩合水。加热后所减轻的质量，如图 17-1 和图 17-2 所示，FA 比 DVB 少些。另外，分别用两种树脂同样浸渍，而且同在 250℃ 存在空气的条件下，经过大约 250h 以上预先处理的制品，较之未经空气处理的制品，残碳率要高一些。特别是 DVB，在有空气条件下焙烧效果更大些。这是由于 DVB 不含氧的缘故，所以即使在焙烧气氛中存在微量氧，也不致引起碳的氧化消耗，经过低温热处理，会形成羟基、羧酸基等，这样，热固化性树脂发展而成的价键结合就不会招致破坏，因而得以脱氢。这是把合成高分子物在惰性气氛内进行固相热解时的有效方法。也可像生产炭纤维一样，以丙烯腈基纤维为原料，作类似的预先处理，收到了成果。

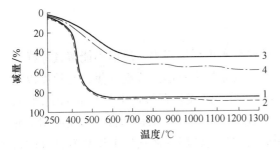

图 17-1　DVB 加热减量曲线

1—DVB160℃聚合品；2—DVB 浸渍 160℃ 硬化石墨管；
3—DVB 空气焙烧品；4—DVB 浸渍 250℃ 空气焙烧石墨管

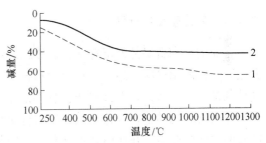

图 17-2　FA 加热减量曲线

1—FA160℃聚合品；2—FA250℃空气焙烧品

以有机物热解制作炭制品时，基于固相、液相、气相条件的差异，所形成炭的性质也各有显著不同。上述的 DVB 和 FA 是采取固相热解的方法，将树脂进行脱氢处理然后炭化而成，把这种炭化成的物质称作合成高分子炭（聚合体炭）。这就构成了玻璃状炭的先驱。液相热解产物有石油焦及煤沥青焦等，作为普通人造石墨的生产原料。炭黑就是水滴状有机物液相经热解而成。气相热解产物又叫做热解石墨。

此外，还研究采用了把 CO 或甲烷、丙烷等的碳氢气体在孔中热解，使碳沉积的方法。有关热解石墨的实例，后面将大致加以介绍。再就是直接法，即将纤维素分解，再生，离心成型后再进行焙烧，从而直接制得不透性石墨管，若把糠醇和丙酮的共聚物或二乙烯苯的合成树脂里添加硝基化合物等聚缩剂，或者添加催化剂的过氧化苯甲酰，使其硬化再达到固化，然后再经过炭化而制得玻璃炭，即为典型的难石墨化炭，这种炭本身就是不透气的。但制造大型制品还是有困难的。因此，各种不同的不透性炭和石墨，都各有不同的特征。工业上生产的制品，多为二乙烯苯树脂浸液不透石墨制品。耐热不透石墨制品的物理特性列于表 17-2。

表 17-2　耐热不透石墨制品的物理特性

测定项目 / 试料	假密度 /g·cm⁻³	比电阻 /Ω·cm	硬度 (肖氏)	抗弯度强 (加压面) /MPa	抗压强度 /MPa	热导率 /W·(m·K)⁻¹	线膨胀系数 /K⁻¹	弹性模量 /MPa
石墨毛坯	1.67	90×10^{-5}	33	24.4	44.8	133	40×10^{-7}	5850
不透碳　(160℃品)	1.87	95×10^{-5}	48	41.4	109.3	128	44×10^{-7}	—
(250℃品)	1.88	95×10^{-5}	45	36.5	107.3	128	43.9×10^{-7}	—
(320℃品)	1.87	95×10^{-5}	43	35.9	101.1	128	43×10^{-7}	—
(500℃品)	1.85	95×10^{-5}	43	—	—	—	—	—
(700℃品)	1.853	90×10^{-5}	43	—	—	—	—	—
(1000℃品)	1.81	85×10^{-5}	43	47.0	100.0	—	—	9000
苯酚基 (170℃品)	1.84	95×10^{-5}	48	43.0	72.0	128	44×10^{-7}	9300
软钢	7.68	10×10^{-5}	85	380.0	450.0	51	120×10^{-7}	—

17.1.4　多孔质炭和石墨

普通的炭和石墨都保留有细孔，细孔的形状和分布也很不规则，所以不能按其原样当做过滤、扩散用材料使用。多孔质炭和石墨，其主要原料为石油焦或沥青焦，其粒度以及黏结剂都要进行选择，而且在严格管理之下实施成型、焙烧和石墨化工艺制成的炭制品，在工业用的炭制品中，气孔率最多的约为 50%。最近又出现把苯酚树脂掺入水或酒精中充做表面活性剂使用，并使用乳胶黏合剂，使制成的燃料电池用的多孔质电极具有良好的特性。其孔径为 $0.1 \sim 1\mu m$，而且细孔分布均匀。

17.1.5　结构材料用炭的特性

17.1.5.1　物理特性

普通质、不透质、多孔质炭和石墨的物理特性的对比如表 17-3 所示。普通质炭及石墨，其机械强度较小，有脆性，且强度随温升而增大，在 2600 ~ 2700℃ 时达到最大。其线膨胀系数远比一般金属材料小，随温度的延伸度很小，是一种耐温度急剧变化非常强的材料。例如，把石墨棒加热到 1000℃，呈黄色时，即使直接投入水中，也不会产生裂纹。石墨的热导率很大，约为碳钢的 2.5 倍，而炭热导率则较小，能与硼硅酸盐玻璃相匹敌。这样的普通质炭和石墨的细孔，可用合成树脂充填，使其成为不透炭和石墨制品，材料强度可以增加 1 倍，脆性也得以降低，从而具有充做化学结构的材料的足够强度。

表 17-3 炭和石墨材料的物理特性

特　性	材　质					
	普通质碳	普通质石墨	不透	不透石墨 （普通品）	多孔质炭	多孔质石墨
密度	1.55	1.6	1.78	1.85	1.06	1.06
抗拉强度/MPa	7.7	7.5	17.0	70.0	6.8～9.0	4.0～5.8
抗压强度/MPa	37.0	35.0	95.0	90.0		
抗弯强度/MPa	20.0	22.0	40.0	45.0		
弹性模量/MPa	13000	10000	17000	14000		
线膨胀系数/K^{-1}	7.5×10^{-6}	7.5×10^{-6}	5.5×10^{-6}	4.4×10^{-6}		
热导率/$W \cdot (m \cdot K)^{-1}$	5.2	127.6	5.2	127.6		
比电阻/$\Omega \cdot cm$	0.0040	0.0009	0.0040	0.0009	0.0056～0.0090	0.0016～0.0025
使用极限温度（大气中）/℃	350	400	180	180	350	400

17.1.5.2　化学特性

炭和石墨虽然多少有所不同，但除具有强氧化性质，如浓硝酸、96%以上的硫酸、含硝硫酸、次氯酸、氟、溴之外，对其他大部分化学药品都有耐腐蚀性。不透炭和不透石墨应根据不同的目的和用途分别用兼有耐腐蚀性和浸透性的各种不同的合成树脂进行浸渍，例如可用苯酚树脂、变性苯酚树脂、耐碱性的呋喃树脂和二乙烯苯树脂等合成树脂浸渍。这些浸渍过的炭和石墨毛坯，大部分都能耐化学药品侵蚀，在耐腐蚀问题上，在实际使用中，几乎没有什么差异。有关耐腐蚀性的情况示于表17-4。苯酚树脂是一种缩合型树脂，经过加热，变成聚合物，内含缩合水。要想把树脂的侧链加长，使不透层加厚，则须使用变性苯酚树脂（例如烷基苯环），为了使内含的缩合水能与使用苯酚时相同，若加热到170℃以上，在出现裂纹的同时，浸填的树脂本身会发生热解。二乙烯苯树脂是加成聚合型的，所以用单体进行浸渍，并使其热固化，即使加热到170℃以上，由于不含缩合水，所以也不会产生裂纹。如上所述，这是耐热性好的缘故，可是，如果同苯酚基比较，它的不浸透层厚度的不同，用苯酚树脂所不能克服的过氧化氢，可用镀铬液等进行浸透，可以用于在高温下制作醋酸及磷酸的装置，还可用于生产以天然气与氨合成的氰酸（800℃）。尤其近几年来，高压压缩机上用的炭密封垫，在石油化学方面广为使用，可是在着眼于作为原子反应堆的冷却材料的液态金属中，还有铋和铅，这两种金属在600℃以上时也未发现有任何腐蚀和质量传递等现象，所以炭石墨不透材料在这方面也并非是唯一的耐腐蚀材料，但还在用以试制石墨泵等。

17.1.5.3　特点

总括上述特性，炭和石墨材料有以下一些特点：（1）对大部分药品都有耐腐蚀性。（2）线膨胀系数小，完全能经受住温度的急剧变化。（3）石墨质制品的热导率非常高，碳质制品则较低。（4）容易机械加工，可以制成复杂形状。（5）在高温下不变形，强度不降低。（6）不透石墨制品（普通品）的耐热温度虽然是170℃，但也制得了耐热达1000℃的耐高温制品。（7）具有耐磨耗性，质量轻。（8）不污染处理药品，而且积垢少。

表 17-4　不透石墨材料的耐腐蚀性

化学介质名称	浓度/%	温度/℃	耐腐蚀性	化学介质名称	浓度/%	温度/℃	耐腐蚀性
酸类：				盐类：			
盐　酸	任意	沸点	A	氯化锌	任意	沸点	A
硝　酸	10	85	A	氯化铁	任意	沸点	A
硝　酸	10～40	60	B	氯化钠	任意	沸点	A
硝　酸	>40	—	C	硫酸锌	任意	沸点	A
氢氟酸	48	沸点	A	硫酸铜	任意	沸点	A
氢氟酸	48～60	90	A	硫酸镍	任意	沸点	A
氢氟酸	>60	—	C	硫酸锰	任意	沸点	A
硫化氢水	饱和	沸点	A	卤素、水：			
硫　酸	25～75	130	A	氯	100	室温	A
硫　酸	75～96	80	A	氯水	饱和	室温	A
硫　酸	>96	—	C	溴	100	—	C
磷　酸	85	沸点	A	氟	100	—	C
蚁　酸	任意	沸点	A	碘	100	—	C
醋　酸	任意	沸点	A	水蒸气	100	170	A
草　酸	任意	沸点	A	有机化合物：			
混合酸类：				丙　酮	100	沸点	A
亚硫酸 + 亚硫酸气	饱和	室温	A	戊　醇	100	沸点	A
过二硫酸氨 + 硫酸	52% + 20% 200g/L CuSO₄	室温	A	四氯乙烷	100	沸点	A
镀铜液	50g/L H₂SO₄	18～25	A	二氯乙烯	100	沸点	A
镀镍液		沸点	A	四氯化碳	100	沸点	A
氢氟酸 + 硝酸	5 + 15	93	A	汽　油	100	沸点	A
氢氟酸 + 硝酸	5 + 20	60	A	三氯甲烷	100	沸点	A
氢氟酸 + 硝酸	20 + 10	100	A	导热姆	100	170	A
人造丝纺丝液		沸点		氟利昂 11、12	100	室温	A
碱类：				苯	100	沸点	A
氨水	任意	沸点	A	苯（氯饱和）	—	60	A
苛性钠	67	沸点	A	苯基氯化物	100	170	A
苛性钠	67～80	125	A	甲　醇	100	沸点	A
				一氯代乙醇	100	沸点	A

注：耐腐蚀性中，A 为完全耐腐蚀物质；B 为耐腐蚀较好的物质；C 为耐腐性差的物质。

17.2　不透性石墨材料与制品

　　所谓不透石墨，实际上不管是石墨制品，还是炭制品，其微细孔都是以普通的热固化性合成树脂，在其初期缩合物阶段进行浸渍的，浸渍之后，再加热使树脂固化，从而使制品达到不透化。按照制造工艺，不透性石墨材料可分为三种：（1）浸渍类不透性石墨制品；（2）压型不透性石墨制器；（3）浇注类不透性石墨。

17.2.1 浸渍类不透性石墨

人造石墨材料在焙烧和石墨化过程中，由于有机物质的分解和缩合，使人造石墨材料形成多孔性。一般孔率都在20%~30%左右，其中大部分是通孔，对于气体和液体有很强的渗透性，所以在化学工业中使用受到限制。为了克服这个缺点，选用各种化学稳定物质浸渍石墨，堵塞石墨中的孔隙，可以获得不透性石墨材料。经浸渍固化后石墨材料的机械强度显著提高，抗压强度可提高1~2.5倍，抗拉强度可提高4~5倍，抗弯强度可提高2~3倍，抗冲击强度可提高2~2.5倍。

浸渍剂的选择很重要。它的性质在很大程度上决定了浸渍石墨的化学稳定性、热稳定性、机械强度、使用温度和使用范围。在化学工业中，常用的浸渍剂有酚醛树脂、改性酚醛树脂、糠酮树脂、糠醇树脂、有机硅树脂、水玻璃、石蜡、二乙烯苯、沥青等。

17.2.1.1 酚醛树脂浸渍石墨

这类产品是用石墨化电极或石墨化块（在要求高的场合下可选用细颗粒人造石墨）的毛坯料按图纸要求加工后，再用酚醛树脂进行浸渍处理，浸渍后再在一定温度及压力下使树脂固化，将多孔性的石墨材料变成不透性的石墨材料。这种材料的性能如下：

（1）机械强度。不同种类的基体石墨，浸渍后的物理力学性能也不一样。孔隙率小于30%的石墨用酚醛树脂浸渍后，其物理力学性能如表17-5所示。不同假密度（容重）的石墨炭用酚醛树脂浸渍后（采用相同的浸渍工艺）的物理力学性能也不相同，见表17-6。孔隙率超过30%的石墨炭不适于制作受压换热设备，浸后可制作衬里用砖板或不受压的设备。

表 17-5　酚醛浸渍石墨的物理力学性能

项　　目	浸渍前	浸渍后
密度/g·cm^{-3}	2.2~2.26	20.3~20.7
假密度/g·cm^{-3}	1.4~1.6	1.8~1.9
布氏硬度	10~12	25~35
吸水率/%	12~14	无
增重率/%	—	15~18
导热系数/W·(m·K)$^{-1}$	116~128	104~128
抗压强度/MPa	20~24	60~70
抗拉强度/MPa	2.5~3.5	8.0~10.0
抗弯强度/MPa	8.5~10.0	24.0~28.0
抗冲击强度/kN·m^{-1}	1.4~1.6	2.8~3.5
渗透性（水压）	有压即漏	0.6MPa不透
浸渍深度/mm	—	12~15

注：本表数据为基本要求，一些数据参照原化设标11-64。

表 17-6　不同假密度石墨浸渍后的机械强度

种类	外观	假密度/g·cm^{-3}	浸渍后强度/MPa 抗弯强度	抗拉强度	抗压强度
I	粗糙疏松多孔	1.76	15.3	12.1	70.0
		1.84	16.5	14.9	72.0
		1.8	19.4	15.1	76.0
		1.72	25.0	15.8	74.5
		1.82	28.3	16.5	70.8
平　均		1.8	21.0	14.9	72.0
II	细密	1.85	36.8	16.9	78.6~90.0
		1.89	42.5	16.4	86.4
		1.90	42.1	16.5	85.1
		1.81	31.0	—	—
平　均		1.85	35.0	16.9	85.0

（2）耐腐蚀性能。浸渍类不透性石墨的耐腐蚀性能炭主要取决于浸渍剂的耐腐蚀性能。酚醛树脂浸渍石墨除对强氧化性质（如硝酸、铬酸、浓硫酸等）外，能耐大多数无机

酸、有机酸、盐类及有机化合物、溶剂等介质的腐蚀，但不能耐强碱。

酚醛浸渍石墨经高温处理后，改变了树脂结构，可提高对介质的耐腐蚀性能，例如经180℃处理的酚醛浸渍石墨可耐70%高温硫酸、93%浓硫酸；而经300℃处理的酚醛浸渍石墨可耐稀硝酸和40%以下碱溶液的腐蚀，但机械强度有所下降。经高温处理后其耐腐蚀性能如表17-7所示。

表17-7　酚醛浸渍石墨经高温处理后的性能

热 处 理 温 度	腐蚀介质	浓度/%	温度/℃	耐腐蚀程度
已固化，但未进一步处理	硫酸	70	130	尚耐
经180℃处理	硫酸	70	130	耐
经180℃处理	硫酸	93	70	耐
经300℃处理	氢氧化钠	<40	常温	耐
经300℃处理	硝酸	<15	<60	耐

酚醛浸渍石墨在高温处理时，要缓慢升温，180~250℃是树脂分解温度，此时升温速度每小时不得超过2℃，否则会引起爆炸。

（3）应用情况：酚醛浸渍石墨、酚醛石墨压型管、酚醛石墨胶合剂在生产介质中的应用情况如图17-8所示。

表17-8　酚醛浸渍石墨在生产介质中的应用情况

实 际 生 产 介 质	温度/℃	耐蚀程度
50%硫酸和少量有机碳四叔丁醇	130~150	稳定
苯、三氯化铝烃化液、盐酸	80~110	稳定
三氯化铝、多化苯、氯化氢	80~110	稳定
次氯酸、二氯丙烷、氯乙醇、盐酸	50~55	稳定
磷酸料：30%~32% P_2O_5，2%~3% SO_3，少量氟化氢、硅氟酸；固相为石膏（$CaSO_4 \cdot 2H_2O$），液固比2.5~3.1；加入物料：93%硫酸、稀磷酸、磷矿粉	60	稳定
乳酸、含有盐酸、水	60	稳定
苯、碳酸铝、丙烯、盐酸	95~105	稳定
谷氨酸20%（盐酸含量18%~20%）	70	稳定
三甲苯、40%硫酸	140	稳定
醋酸97%、苯3%	40	稳定
季戊四醇、盐酸	180	稳定
三氯乙醛、酒精、有机溶剂（95%）	80 冷至 40	稳定
苯、三氯化铝、丙烯、盐酸	80~120	稳定
氯苯蒸浓（含少量苯酚、盐酸等）	90	稳定
氯醋酸（含少量醋酸、氯等）	95~100	稳定
氯乙醇（含有酒精和盐酸）	95 冷至 80	稳定
六氯（六六六）（含苯、盐酸等母液）	100	稳定
三氯化磷（含盐酸、氯等）	95~100	稳定
烧基苯、发烟硫酸、磺酸	70	稳定
六六六尾气冷凝（氯气、盐酸、苯、水）	36	稳定

实 际 生 产 介 质	温度/℃	耐蚀程度
氯化铵、氯基盐、氯化钠	70	稳定
氯乙烷、盐酸、酒精	140 冷至 25	稳定
氯化氢	150～260	稳定
湿二氧化硫	80～40	稳定
硫酸镍、氯化镍	50～70	稳定
硫酸锌、硫酸	40～60	稳定
烷磺酰氯	80～25	稳定
70% 硫酸、萘	90	稳定
蛋白质子水解液	70～120	稳定
二氯苯、二氯乙烷、聚氯化物	100	稳定
醛醚凝液	20	稳定

17.2.1.2　改性酚醛树脂浸渍石墨

在酚醛树脂中加入改进剂以提高其耐碱性能。改进剂的种类很多，如 α，γ- 二氯代丙醇、β，β'- 二氯乙醚、磷酸三乙酯、过氯乙烯树脂、环氧树脂。在工业上多用 α，γ- 二氯代丙醇改性，其反应原理如下：

在甲、乙阶段的酚醛树脂中含有程度不同的游离酚、游离醛、水分及不同分子量的酚醛树脂。游离酚和低分子量的酚醛树脂能与 α，γ- 二氯代丙醇反应，生成稳定的醚键化合物，形成对酸、碱有一定稳定性能的酚醛树脂。用改性酚醛树脂浸渍石墨的物理力学性能如表 17-9 所示。用改性酚醛树脂浸渍石墨的化学稳定性能，除了具有未改性的酚醛树脂浸渍石墨的性能外，还具有耐碱性能，可耐 100℃、20% 以下氢氧化钠，是耐酸碱交替的理想材料。

表 17-9　改性酚醛浸渍石墨的物理力学性能

性　能	指　标	
	浸渍前	浸渍后
密度/g·cm^{-3}	1.6～1.65	1.8
吸水率/%	14～15	1.25～2.5
增重率/%	—	20～25
抗拉强度/MPa	2.5～3.0	8.0～10.0
抗压强度/MPa	20.0～21.0	40.0～55.0
抗弯强度/MPa	8.0	22.0～25.0
抗冲击强度/kN·m^{-1}	—	1.5～1.7
导热系数/W·(m·K)$^{-1}$	116～128	116～128
应用温度/℃	<400	<180
渗透性（10mm 厚度）/MPa	有压即透	0.3MPa 不渗透

17.2.1.3　糠酮树脂浸渍石墨

糠酮树脂就是糠醛-丙酮树脂，是呋喃系树脂的一种，它是一种新型的热固性树脂，外观墨棕色，具有特殊的嗅味，是胶状黏稠液体。它的特点是耐温，兼耐酸碱的腐蚀，固化后挥发分很少，约在 1%～2% 以下，焦化值高，在 500℃ 热处理时，其焦化值为 85%。这种树脂是较为理想的耐高温耐酸碱用石墨材料的浸渍剂。

呋喃系树脂变态的特点，是在酸性接触剂作用下，才能缩聚变态固化，否则即使加热也不变态固化。因此，浸渍方法与用酚醛树脂浸渍石墨略有不同。

用糠酮树脂浸渍石墨可采用下述两种方法：（1）将石墨先浸酸性固化剂，经热处理后在石墨孔隙中留有一定量残酸，然后再浸树脂。（2）在树脂中直接加入一定量固化剂，如硫酸乙酯（在室温下按糠酮树酯∶硫酸乙酯 = 100∶1 的质量配比并搅拌均匀），然后进行浸渍。采用这种方法，浸渍后为了防止树脂黏度增大，还须经中和、水洗和脱水处理。还有的单位在糠酮树脂中加入皂化值98%的硫酸二乙酯固化剂，树脂可使用一个月。前一种方法由于残酸量不易控制，所以用的不多，雨后一种方法是常用的。

采用后一种方法，因糠酮树脂中加入了1%的硫酸乙酯作为硬化剂，所以随着时间的延长和温度的增高，树脂的黏度将增大，直至固化。在20~25℃的温度下，有效的浸渍时间仅有 50~60h，所以浸渍后的树脂须进行处理。通常采用的三种处理方法。

（1）将浸渍后的树脂再补加 1.5% 的硬化剂，然后和石墨粉混合，可做压型石墨管材、板材、三通、考克、阀门、泵等。

（2）浸渍后的树脂可作为石墨制件和衬里材料的胶合剂，但应补加 6% ~7% 的硬化剂，以石墨粉为填料，其加入量为树脂量的 70%~80%。

（3）为了长期存放或下次使用氢，可用氧化铵进行中和处理：

$$H_2SO_4 + 2NH_4OH \longrightarrow (NH_4)_2SO_4 + 2H_2O \qquad (17-1)$$

中和过程产生了盐和水，要加大量的水洗除。在搅拌情况下水洗 30min，水洗温度为 30~40℃，控制 pH 值到 7，然后静置分层。在真空情况下，在 70~80℃脱水，直至无水滴出现，则表示处理完毕，降温放料。

用糠酮树脂浸渍石墨的物理力学性能如表 17-10 所示。用呋喃系树脂浸渍的不透性石墨材料具有独特的耐酸碱性能，此外耐温性能比酚醛树脂稍高。

呋喃系不透性石墨材料（包括糠酮树脂、糠醇树脂浸渍石墨、压型石墨管、石墨胶合剂）在生产混合介质中应用情况如表 17-11 所示。

表 17-10　糠酮树脂浸渍石墨的物理力学性能

性　能	指　标	
	浸渍前	浸渍后
密度/g·cm^{-3}	1.6~1.65	1.8
吸水率/%	14~15	—
孔隙率/%	22~23	—
增重量/%	—	17~18
抗压强度/MPa	20.0~21.0	65.3
抗拉强度/MPa	2.5~3.0	14.0
抗弯强度/MPa	8.0	24.0
渗透性（10mm 厚度）	渗透	不透
使用温度/℃	<400	<190~200
加工性能	粗糙	良好

17.2.1.4　糠醇树脂浸渍石墨

糠醇树脂是呋喃系树脂之一。由于它具有耐酸碱和可由农副产品制得的特点，所以近年来在工业上应用广泛。

糠醇树脂的原料是糠醛在高压或常压加氢制得糠醇，糠醇在酸的催化作用下缩聚成树脂。糠醇树脂必须在有硬化剂存在的情况下才能变态固化，否则即使加热也不易硬化。

根据糠醇单体在催化剂作用下能生成树脂的特点，可采用糠醇单体和低黏度糠醇树脂的混合物加氯化锌乙醇溶液作为浸渍剂。其特点是黏度易控制，浸渍剂不需处理，使用期可达半年之久。糠醇浸渍石墨的物理力学性能如表 17-12 所示。

表 17-11 呋喃系不透性石墨材料在实际生产介质中应用情况（在以下条件稳定）

实际生产介质	温度/℃	实际生产介质	温度/℃
造纸工业用水，pH4.2~4.5	40	硫酸　8%	20~100
甲醛	常温	硫铵母液槽	
氢氧化钠 30%	40	硫酸　40%~80%	85
氢氧化铵	40	氢氧化钠　3%~30%	
硫酸 10%~40%		氯苯蒸浓（含少量苯酚、盐酸等）	90
氢氧化铵 25%	140	硫酸　40%	70
铝铵矾母液		氯化铵母液	
硫酸 0.5%		80%硫酸和重质油	80~85
硫化氢	102	用30%氢氧化钠中和	
少量硫酸钠		10%氢氧化钠	60~100
硫酸2.5%~3%，硫酸钠4.5%~6%，硫酸锌0.04%~0.05%，少量硫化氢	25	氯磺化油	
		苯甲醛，3.4%碱	65
氯化钠 31.8%	50	苯　60%	
六氯苯（含苯、盐酸、氯气）	150	氯苯　20%~30%	70
三氯乙醛95%（含酒精、盐酸等）	80	二氯苯　1%	
苯胺含有盐酸　10%	4~25	盐酸气	
含亚硝酸　5%		苯气	

表 17-12 糠醇浸渍石墨的物理力学性能

性　能	普通人造石墨		KS 石墨		
	浸渍前	浸渍后	浸渍前	第一次浸后	第二次浸后
假密度/g·cm^{-3}	1.6~1.65	1.8	1.6~1.7	1.82~1.86	1.88
吸水率/%	4~15	—	20~35	—	
孔隙率/%	28~32	—	—	—	
增重率/%	—	16~18		15~17	
抗压强度/MPa	20.0~24.0	42.4~59.4	30.0~40.0	73.8~78.0	74.0~92.4
抗拉强度/MPa	2.5~3.5	14.3~20.0			
抗弯强度/MPa	80.0~10.0	—			
渗透性（10mm厚）/MPa	透	<0.5 不透	透	<2.0 不透	<3.0 不透
使用温度/℃	<400	180~200	<400	180~200	180~200
加工性能	粗糙	良好	良好	良好	良好

糠醇树脂及糠醇单体作为浸渍剂，在硬化剂氯化锌乙醇溶液的作用下，在室温下非常稳定，存放4~5个月后黏度基本上无变化，可长期使用。使用时注意事项：

（1）防止浸渍温度过高，一般在20~30℃以下，过高会引起激烈的固化反应。

（2）浸渍时禁止使火或酸碱与浸渍剂接触，浸渍剂中有酒精，易引起着火或爆炸。

（3）浸渍剂用完后要存放在暗处，避免光线辐射，隔十几天要检查一次黏度的变化。

（4）浸渍石墨表面的糠醇树脂（没有热处理前）可用布蘸糠醇单体擦去，并放在通风阴凉的地方保存一段时间，让酒精尽量挥发掉，然后才能进行热处理，否则易发生爆炸事故。

17.2.1.5　水玻璃浸渍石墨

对于一些强氧化性介质或在温度较高的情况下工作时，一些合成树脂浸渍的石墨材料不能直接使用。在这种情况下，可采用水玻璃浸渍的石墨。水玻璃浸渍石墨的特点是耐温可达 350~400℃。

由于水玻璃的硬化速度很慢，浸渍时须加入氟硅酸钠硬化剂，并须在较短时间内浸完，从而使操作复杂化。同时每次浸渍后剩余的浸渍剂不能循环使用，回收也很困难。因为浸渍后增重不大，强度不高，所以使用受到限制。

为了解决加入氟硅酸钠后水玻璃不能回收的缺点，有的厂家采用不加固化剂、用常压煮沸的方法浸渍。现将两种浸渍方法简单介绍如下。

（1）水玻璃加固化剂浸渍。

1）浸渍工艺：①浸渍剂为水玻璃，SiO_2 含量为 29.84%，浓度为 51%，模数 2.2~2.4。②硬化剂为氟硅酸钠，工业品。③浸渍工艺条件，水玻璃中加入 5% 氟硅酸钠，真空下将水玻璃抽至罐中，浸渍石墨件，真空度在 740mmHg[❶] 以上，加料完毕后加压至 0.4~0.5MPa，加压浸渍时间为 1~2h，然后去掉压力，开釜取出石墨件。并将石墨件表面上多余的水玻璃用刮刀刮去。浸渍后的石墨件需要于常温下干燥一天以上，越长越好。④热处理，从 50℃ 起每隔 2~3h 升温 10℃，至 120~130℃ 时保持 5~6h，热处理时的压力为 0.5MPa。

2）性能：用水玻璃浸渍后的碳石墨材料的物理力学性能和化学稳定性能分别如表 17-13 和表 17-14 所示。

表 17-13　水玻璃浸渍石墨的物理力学性能

性　　能	指　　标	
	浸渍前	浸渍后
增重率/%	—	13~18.4
抗压强度/MPa	21.5~22.0	41.5
抗拉强度/MPa	3.0	5.1
使用温度/℃	<400	350~400

表 17-14　水玻璃浸渍石墨的化学稳定性能（在以下条件稳定）

介　　质	浓度/%	温度/℃
硝　酸	50	室温
醋　酸	98	室温
氯化氢	任意	室温
二氯甲烷	任意	400
苯	>90	100
甲苯、二甲苯、氨水、酒精	—	—

（2）常温煮沸法浸渍。

将石墨材料置于水玻璃中煮沸 10h，取出后于常温中放置 2d 左右，然后进行热处理，升温至 120℃ 时保温 10h，取出后于石墨表面涂一层水玻璃稀胶泥，自然干燥 2d，使表面固化，然后使用。

水玻璃浸渍的石墨材料用于二氯甲烷反应器，介质为二氯甲烷，含有少量氯气、天然气，温度为 380~420℃，压力为 20~40kPa，使用 5 年后检查衬里层情况良好。

---

❶　1mmHg = 133.3224Pa。

17.2.1.6 沥青加六氯苯浸渍石墨

目前，国内外用含碳量较高的有机化合物如二乙烯苯、呋喃系树脂、沥青加六氯苯浸渍石墨经高温炭化制得耐高温、高密度、高强度石墨。现将用中温沥青加六氯苯浸渍石墨的性能介绍如下。

将中温沥青加入5%的六氯苯，在250℃、1.8MPa（表压）的气压下进行浸渍，增重率可达5%（基体为KS高密石墨）。浸渍后进行高温炭化处理，用60h升温至1000℃，此时浸渍剂的焦化值为53.9%，其物理力学性能如表17-15所示。

表17-15 中温沥青加六氯苯浸渍石墨的物理力学性能

性　能		未浸渍的KS石墨	浸渍后炭化的KS石墨
假密度/g·cm^{-3}		1.872	1.918
抗弯强度/MPa	⊥	35.1	—
	//	39.1	43.2
抗拉强度/MPa	⊥	18.5	—
	//	24.0	—
电阻率/μΩ·m	⊥	13.84	6.64
	//	8.50	4.27
总孔隙度/%		15.8	13.2
透气性/cm^2·s^{-1}		13.9×10^{-2}	7.2×10^{-4}
水压试验不渗漏压力/MPa		透	<2.4 不透

17.2.2 压形不透性石墨材料

这是一种用人造石墨粉与合成树脂按一定比例混合后在一定压力下成型（同时在一定温度下固化）而制得的材料。常用这种方法生产管材、板材、三通、旋塞、泵等。

压型石墨材料密实无孔，不需要用合成树脂浸渍。它具有良好的化学稳定性、导热性、耐热性、热稳定性等，并有良好的机械加工性能，可进行车、锯、刨、钻等机械加工，又可以用胶合剂胶结。此外石墨本身还具有良好的自润滑性能，可做耐磨材料使用。

压型石墨材料的机械强度比纯碳石墨材料和浸渍石墨材料高1~1.3倍。它的缺点是导热系数仅是浸渍石墨材料的1/3，线膨胀系数大。

压型石墨材料的生产工艺简单，周期短，造价低，用它制造设备比用铅、搪瓷、不锈钢制造的设备便宜得多。故在化工、石油、冶金、农药、造纸、纺织、印染、食品、医药等工业部门均得到应用。

17.2.2.1 压型不透性石墨管

目前主要利用这种方法生产压型不透性石墨管和压型石墨轴承。压型不透性石墨管通常采用表17-16所示配方。合成树脂压型石墨管的物理力学性能如表17-17所示。其化学稳定性能参见相同类树脂浸渍石墨的耐腐蚀性能。

表17-16 常用压型石墨管的配方

压型石墨管名称	组成（质量）/%			备　注
	树脂	人造石墨粉	硬化剂	
酚醛石墨压型管	25~26	75~74	—	1. 酚醛树脂黏度1~3h（落球法）；
糠酮石墨压型管	25~26	75~74	硫酸:乙酯 = 2:1（质量），加入量为树脂的1.5%~2%	

续表

压型石墨管名称	组成（质量）/%			备 注
	树脂	人造石墨粉	硬化剂	
糠醇石墨压型管	25～26	75～74	硫酸：乙酯＝1：1（质量），加入量为树脂的1.5%～2%	2. 呋喃系树脂黏度 5～7min（漏斗 φ7mm，20℃），pH 7～8；
糠酮-甲醛石墨压型管	25～26	75～74	硫酸：乙酯＝1：1（质量），加入量为树脂的3%	3. 石墨粉含碳量＞95%，灰分＜2.5%，粒度 140～160 目；
酚醛-环氧石墨压型管（酚醛占70%，环氧占30%）	25～26	75～74	—	4. 环氧树脂为低黏度6101#

表 17-17　合成树脂压型石墨管物理力学性能

性　　能	酚醛石墨压型管	酚醛-环氧石墨压型管	呋喃系石墨压型管		
			糠醇石墨压型管	糠酮石墨压型管	糠酮-甲醛石墨压型管
假密度/g·cm^{-3}	1.80～1.93	1.80	1.84	1.8～1.81	1.80
吸水率/%	0.07	0.30	0.2	0.2	0.30
马丁耐热温度/℃	≥170	220	211	220	—
导热系数/W·(m·K)$^{-1}$	27～35	32	33	32.5	—
热稳定性能[①]/次数	＞35	＞35	＞35	＞35	＞35
抗压强度/MPa	86.2～120.0	98.2	71.0～89.9	91.0	98.0
抗拉强度/MPa	24.5～28.2	—	17.0～19.4	18.5	—
抗弯强度/MPa	60.0	56.0	41.1	42.1	—
抗冲击强度/MPa	2.9～3.4	3.3	2.5	2.5	—
水压爆破强度/MPa	7.0～9.0[②]	6.0	6.0	6.0～7.0	3.0～4.0[③]
渗透性能/MPa	0.8（不透）	0.8（不透）	0.8（不透）	0.8（不透）	0.8（不透）
老化分解温度/℃	250～260	250～260	250～260	280～300	280～300
使用温度/℃	170～180	≤180	≤180～190	≤180～190	≤180～190
线膨胀系数/K^{-1}	24.75×10^{-6}	—	—	—	—

①从 150～200℃自然降温至 15～20℃。

②φ22mm/32mm 管径；

③φ36mm/50mm 管径。

　　压型石墨管的线膨胀系数不是一个常数，随温度的变化而变化，如图 17-3 所示。

　　由图 17-3 可见，在 130℃ 以下，线膨胀系数随温度成正比缓慢递增，当温度升到 130℃ 以上时，这种材料的线胀系数急剧增大，至 170℃ 时达到最高点，然后随温度增高而下降，但不能回到原值。因此在用压型石墨管作加热器时，在决定操作温度时，不能忽视材料的这个特点。如作加热器，压型石墨管必须经高温处理。

　　压型石墨管的导热系数与温度的关系如图 17-4 所示。从图 17-4 可见，压型石墨管的导热系数值随温度的增加而下降。

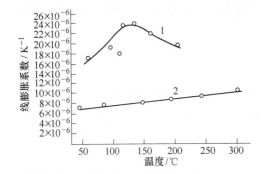

图 17-3 酚醛石墨压型管线膨胀系数与
温度的关系
1—酚醛石墨压型管；2—炭化酚醛石墨压型管

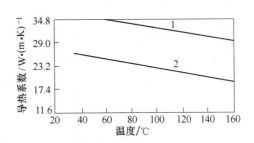

图 17-4 压型石墨管导热系数与温度的关系
1—同压型石墨管平行方向测定的结果；
2—同压型石墨管垂直方向测定的结果

压型石墨材料的导热性能介于石墨和焦炭之间，其导热系数与铅相仿，接近碳钢，比不锈钢大 1.5 倍，比其他非金属材料如耐酸搪瓷、陶瓷、耐酸玻璃等大数十倍。

压型石墨的机械强度与温度的关系如图 17-5 所示。由图 17-5 可见，它的强度随着温度的提高而下降。

17.2.2.2 高温炭化石墨压型管

石墨压型管只能作温差不大的冷却器使用，作为加热器和温度在 100℃ 以上的冷却器时，由于它的线膨胀系数大并随温度而变化，常在胶结部位发生脱裂。为此，将石墨压型管经 300℃ 高温处理，使树脂分解焦化，降低其线膨胀系数，以满足作为加热器需要的管材。

炭化前后石墨压型管（以酚醛石墨压型管为例）的物理力学性能的变化列入表 17-18 中。

前已述及，未经炭化处理的管材，线膨胀系数变化不稳定，开始时，随温度升高，线膨胀系数急剧上升，到 130℃ 时出现最大值，温度继续升高，线膨胀系数又急剧下降。而

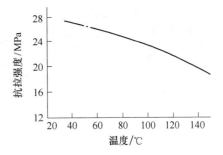

图 17-5 压型石墨的机械
强度与温度的关系

表 17-18 炭化石墨压型管的物理力学性能

性　能	指　标	
	炭化前	炭化后
假密度/g·cm⁻³	1.87	1.79
抗拉强度/MPa	16.0	14.1
抗弯强度/MPa	43.0	39.0
抗压强度/MPa	66.0	69.0
抗水压爆破/MPa	7.0~10.0	7.0
弹性模量/MPa	216.8	148.8
线膨胀系数/K⁻¹	24.75×10^{-6} (129℃)	8.45×10^{-6} (151℃)
导热系数/W·(m·K)⁻¹	32.9 (56℃)	—
耐热度/℃	170	300

经过炭化处理后，线膨胀系数随温度升高而变化的幅度小，在 130℃ 时，其线膨胀系数仅为炭化前的 1/3，同时消除了制品热胀冷缩引起的残余变形量，大大改善了制品尺寸的稳定性（图 17-3）。

经过炭化处理后管材的耐腐蚀性能有很大改善，这是由于材质中的树脂经过炭化处理后变成炭的缘故。炭化得越充分，其化学稳定性越好。可耐室温下 10%~40% 氢氧化钠、

10%硝酸、沸点温度下50%的硫酸、任意浓度的醋酸等。已成功地应用于异丁烯再沸器、盐酸再沸器、蛋白质水解液蒸发器等场合。

17.2.3　浇注石墨

浇注不透性石墨是以热固性合成树脂为黏结剂，以人造石墨粉为填料加入硬化剂，于常温（或加热）、常压下浇注而成的一种耐腐蚀材料。这种材料具有良好的化学稳定性、耐热性和抗压强度等。其缺点是抗冲击强度低，导热性能差，脆性较大，因此用得不多。

浇注石墨的特点是流动性好，可以在普通温度和没有压力的情况下用普通的铸造方法制造零件。部件可在砂制模型或者金属、聚氯乙烯模（也可用木制模）浇注而成。浇注前，为便于脱模，并使铸件表面光滑，须在金属模或聚氯乙烯模内涂一层工业用凡士林，或在木模内或砂模内涂一层石蜡。

树脂的性能，决定了浇注石墨的化学稳定性能和热稳定性能。浇注石墨可以制泵、三通、阀门、旋塞、管道、酸洗槽、换热器、反应釜、吸收塔等。浇注石墨可以用来作独立结构材料，也可以作为衬里材料。浇注石墨的物理力学性能如表17-19所示。

表 17-19　浇注石墨的物理力学性能

性　能	指　　标					
	石墨环氧树脂	石墨糠酮	石墨酚醛（常温常压）	石墨酚醛（60~80℃）	石墨酚醛环氧树脂	石墨酚醛糠酮
假密度/g·cm^{-3}	1.53	1.45	1.20	1.40	1.50	1.30
吸水率/%	0.60	1.20	3.17	—	0.80	—
孔隙率/%	0.70	1.50	3.80	—	1.13	—
收缩率/%	1.11	2.00	1.26	—	1.20	—
线膨胀系数/K^{-1}	$3×10^{-5}$	$3.9×10^{-5}$	$3×10^{-5}$	—	$2.8×10^{-5}$	—
导热系数/W·(m·K)$^{-1}$	9.3	9.3	9.1	9.3	—	9.3
热稳定性/次数（从150~200℃突然就到15~20℃）	>33	>26	>35	>35	>35	>35
马丁耐热温度/℃	114	119	106	116	—	158
抗压强度/MPa	121.3	79.9	48.6	74.1	82.0	64.6
抗拉强度/MPa	25.6	9.0	7.1	13.8	16.5	9.7
抗弯强度/MPa	66.6	23.4	2.1	32.9	35.0	29.3
抗冲击强度/kPa	467	134	105	140	185	163

17.3　石墨胶合剂

石墨制品及其部件除采用机械连接外，大部分都采用胶合剂黏结。胶合剂由黏结剂（合成树脂）、填料（石墨粉）、增塑剂及硬化剂组成。

黏结剂在胶合剂中起黏结作用。应选择耐温、耐酸碱，并具有在室温下能进行硬化的合成树脂最为理想。

填料即石墨粉。石墨粉耐腐蚀,导热性好,加入后对胶接缝处的弹性模数、强度、线膨胀系数、收缩率、耐热性等都有所改善,并能降低成本。

增塑剂是一种高沸点的液体或低熔点的固体有机化合物。它与树脂有良好的相溶性,但不一定起化学反应,其作用是增加柔韧性、耐寒性、抗冲击强度,但抗拉强度、刚性、软化点则有所下降,故配比应适当。

硬化剂对合成树脂起硬化作用,其硬化速度取决于硬化剂的种类、浓度、加入量、温度等。使用时应注意硬化剂的加入量,并要求要搅拌均匀,若量多不均会造成局部硬化,影响胶接质量及施工。

胶合剂一般应根据不透性石墨的种类进行选择。

17.3.1 酚醛石墨胶合剂

酚醛石墨胶合剂是以酚醛树脂为黏结剂,以石墨粉为填料,以苯甲醇为稳定剂,以对甲苯磺酰氯或苯磺酰氯为硬化剂所组成。目前工业上采用酚醛石墨胶合剂的配方大致相同。下面介绍两种配方,其中第二种配方较好,是目前各生产厂常用的。第一种酚醛石墨胶合剂的组成如表 17-20 所示,其物理力学性能如表 17-21 所示。第二种酚醛石墨胶合剂的组成如表 17-22 所示。

表 17-20 第一种酚醛石墨胶合剂的组分

组别分类	组分名称	规 格	含量/%	配料（质量）
溶剂	酚醛树脂	苯酚与甲醛的摩尔比为 1:1.16,以 NaO 为接触剂 黏度 60~120s (漏斗 φ5mm),游离酚含量 <14%,游离醛含量 <2%,水分含量以树脂无乳浊为标准,聚合速度 120~240s	90	0.4~0.6
	苯甲醇	相对密度为 1.045,沸点为 205℃,含量为 98%	10	
粉剂	石墨粉	粒度 160 目,大于 90%,水分 <10%,挥发分 ≤4%,灰分 ≤2%	90	1
	对甲苯磺酰氯	凝固点 69℃,水分含量为 1%~2%,不溶性沉淀物含量为 0.5%	10	

注:1. 苯甲醇是酚醛树脂缩合的稳定剂,加入树脂中可延长酚醛树脂保存期 4~6 个月 (25℃以下)。如现制或不需长期保存时可以不加苯甲醇。

2. 硬化剂对甲苯磺酰氯也可以采用苯磺酰氯,采用后者作硬化剂时,必须在配制胶合剂时先与酚醛树脂混合均匀,再与石墨粉搅拌均匀,这时配料比应为溶剂:粉剂 = 1:1.1。

表 17-21 第一种酚醛石墨胶合剂的物理力学性能

性 能	指 标	性 能	指 标
导热系数/W·(m·K)$^{-1}$	20.9~23.2	与不透性石墨胶结强度/MPa	3.5~5.0
收缩率/%	<0.37	许用温度/℃	−15~+130
抗拉强度/MPa	4.8~5.0	渗透性 10mm 厚度在 2 倍工作压力下 (不小于 0.1MPa)	不渗透
抗压强度/MPa	60.0~70.0		

表 17-22　第二种酚醛石墨胶合剂的组分

原料名称	规　　格	配方（质量比）
酚醛树脂	黏度 10～20min（落球法）	1.5
石墨粉	纯度＞95%；粒度 140 目	1.0
苯磺酰氯	纯度 92%～95%	0.12

17.3.2　改性酚醛石墨胶合剂

为了提高酚酮石墨胶合剂的耐碱、耐温特性及机械强度，在酚醛树脂中加入 α，γ- 二氯丙醇、氟油、有机硅树脂和环氧树脂等。改性后的特点是能耐酸、碱、盐溶液，有机溶剂，有机化合物，水，油等腐蚀性介质，耐温可达 200～250℃，室温冷硬化，胶结强度高，气密性强，施工方便。改性酚醛石墨胶合剂的组分如表 17-23 所示。改性酚醛石墨胶合剂的物理力学性能如表 17-24 所示。α，γ- 氯丙醇改性的酚醛胶合剂可耐含量小于 20% 的碱，其他可参阅酚醛不透性石墨材料的化学稳定性能。

表 17-23　改性酚醛石墨胶合剂的组分

原　料	α，γ- 二氯丙醇改性酚醛胶合剂	氯油改性酚醛胶合剂	有机硅改性酚醛胶合剂	环氧改性酚醛胶合剂
酚醛树脂	100	70	70	70
α，γ- 二氯丙醇	22～23	—	—	—
氟　油	—	30	—	—
有机硅树脂	—	—	30	—
环氧树脂	—	—	—	30
石墨粉	80～100	100～200	100～200	80～100
苯磺酰氯	8～10	—	—	—
乙二胺	—	—	—	5～6
硫酸:乙酯为 2.5:1（质量）	—	3～4	3～4	—

注：1. 改性的酚醛树脂以碳酸钠为催化剂最好，耐碱性能最佳。

2. α，γ- 二氯丙醇规格：含量＞90% 以上，密度 1.35～1.36g/cm³，水分＜2%，沸点为 913～227℃，pH 值为 6～7。

3. 环氧树脂牌号为 6101。

表 17-24　改性酚醛石墨胶合剂的物理力学性能

性　能	α，γ- 二氯丙醇改性酚醛胶合剂	环氧改性酚醛胶合剂
假密度/g·cm⁻³	1.3～1.4	1.46～1.53
抗压强度/MPa	67.7～72.9	83.4～100.0
抗拉强度/MPa	15.7～18.0	15.2～18.1
与石墨胶结强度/MPa	＞8.0	6.9～14.0
渗透性（胶缝 1mm 厚）/MPa	0.4～0.6 不透	0.4～0.6 不透
使用温度/℃	170～180	250
特性	耐酸碱	耐酸碱
硬化型	冷硬化	冷硬化
孔率	孔小又少	孔小又少

17.3.3 呋喃石墨胶合剂

呋喃石墨胶合剂是由呋喃树脂、石墨粉及硬化剂所组成的，如表17-25所示。呋喃系石墨胶合剂具有良好的化学稳定性，耐酸、碱、盐溶液，溶剂及有机化合物的腐蚀。耐温可达到190~200℃，与石墨有良好的结合能力。其物理力学性能如表17-26所示，其化学稳定性能参见呋喃系不透性石墨的化学稳定性能。

表 17-25　呋喃石墨胶合剂的组分　　　　　　　　（质量分数,%）

原　料	规　格	糠酮石墨胶合剂	糠酮-甲醛石墨胶合剂	糠醇石墨胶合剂
糠酮树脂	漏斗 $\phi7mm$，20℃，5~10min，pH 值为7	100	—	—
糠酮-甲醛树脂	漏斗 $\phi7mm$，20℃，5~10min，pH 值为7	—	100	—
糠醇树脂	漏斗 $\phi7mm$，20℃，5~10min，pH 值为7	—	—	100
石墨粉	140~160 目（0.113~0.096mm）	65~70	65~70	65~70
硫酸乙酯	质量比 2:1（H_2SO_4:C_2H_5OH）	6~7	6~7	—
盐酸乙醇溶液	盐酸:酒精（质量）=2:1	—	—	4

表 17-26　呋喃石墨胶合剂的物理力学性能

性　能	指　标		
	糠酮石墨胶合剂	糠酮-甲醛石墨胶合剂	糠醇石墨胶合剂
假密度/$g \cdot cm^{-3}$	1.40	1.40	1.30~1.40
吸水率/%	—	0.20	0.60
抗拉强度/MPa	9.0~15.0	>8.0	>20.0
抗压强度/MPa	>50.0	84.5	69.4
抗弯强度/MPa	23.4	—	—
导热系数/$W \cdot (m \cdot K)^{-1}$	9.3	—	—
线膨胀系数/K^{-1}	3.9×10^{-5}	—	—
耐压性（胶缝 1~1.5mm 厚）/MPa	0.5~0.6 不透	0.5~0.6 不透	0.5~0.6 不透
硬化型	冷硬化	冷硬化	冷硬化
与浸渍石墨胶结强度/MPa	>5.0	5.0~6.0	>8.0~9.0 石墨母体断裂，胶缝不坏

17.3.4 有机硅环氧酚醛石墨胶合剂

有机硅环氧酚醛石墨胶合剂是以有机硅、环氧、酚醛三种树脂的混合物为黏结剂，以石墨粉为填料，以乙二胺和硫酸乙酯的混合物为硬化剂所组成的。这种胶合剂具有各种树脂具备的特点，如耐高温、耐腐蚀、胶结强度高、冷硬化等特点，其组分如表17-27所示。

胶合好的部件在室温下放置24h，然后进行热处理，50~60℃恒温1h，再慢慢升到180℃，保温1h。但要注意，不能超过200℃，然后自然冷却。有机硅环氧酚醛胶合剂的物理力学性能和耐腐蚀性能如表17-28和表17-29所示。

表 17-27　有机硅环氧酚醛胶合剂的组分

原　料		质量分数/%
黏结剂	环氧树脂，牌号 6101，淡黄色黏液	33.3
	有机硅树脂，牌号 W61-27，灰色黏液	33.3
	酚醛树脂，牌号 2130，红棕色透明液	33.3
稀释剂	乙　醇	10 ~ 20
硬化剂	乙二胺	6 ~ 7
	硫酸乙酯	3 ~ 4
填料	石墨粉（140 ~ 160 目）	50 ~ 100

表 17-28　有机硅环氧酚醛胶合剂的物理力学性能

项　目	指　标
假密度/g·cm^{-3}	1.12
24h 吸水率/%	0.16
与浸渍石墨的胶结强度（胶缝厚度 0.5 ~ 1.0mm）	石墨母体断裂而胶缝不坏，耐温、耐酸、胶结强度高，室温或加热硬化

17.3.5　水玻璃石墨胶合剂

　　水玻璃石墨胶合剂是以水玻璃为胶合剂，以氟硅酸硬化剂，以石墨粉为填料所组成的。它是一种导热的硅质剂，其特点是耐高温达 300 ~ 400℃ 以上，耐强浓酸的腐蚀不耐水、稀酸及碱性介质的腐蚀。水玻璃石墨胶合剂的配比和物理力学性能（如表 17-30 和表 17-31 所示）。

表 17-29　有机硅环氧酚醛胶合剂化学稳定性

介　质	浓度/%	温度/℃	耐腐蚀性能
硫酸	50	常温	耐
硫酸	50	130	耐
盐酸	36	常温	耐
醋酸	99	常温	尚耐
氢氧化钠	10	常温	耐
甲苯	纯	常温	耐
苯磺酸	—	80	耐
苯磺酸钠	—	80	耐
硫酸锌	—	80	耐
硫磷酸	—	80	耐

表 17-30　水玻璃石墨胶合剂的组分

原　料	规　格	配比（质量分数）/%
水玻璃	模数 2.75	60 ~ 80
氟硅酸钠	>95%，相对密度（25℃）为 1.4	5 ~ 6
石墨粉	140 ~ 160 目	95 ~ 100

表 17-31　水玻璃石墨胶合剂的物理力学性能

性　能	指　标
抗压强度/MPa	40.8 ~ 58.5
抗拉强度/MPa	6.0 ~ 7.0
与石墨胶合强度/MPa	0.5 ~ 1.8
使用温度/℃	300 ~ 400
失流假硬化（20 ~ 30℃）/h	7 ~ 8

17.4　浮头列管式不透性石墨热交换器

17.4.1　概述

　　不透性石墨制换热设备主要有列管式、块孔式、板室式、喷淋式、插入式及夹套冷却等几种形式，并以前三种形式为主。

石墨设备的传热系数 K 值一般通过实测求出，某些设备的 K 值可参考表 17-32 的数值。块孔式热交换器 K 值还与液体折流次数有关，改进结构可以提高传热效率。

用炭化石墨制作换热器，管内外最高使用压力为 0.3MPa。浮头、管板用酚醛树脂浸渍、粘接时，使用温度为 -30 ~ 130℃；如用呋喃树脂浸渍和粘接，使用温度为 -30 ~ 150℃。

表 17-32 部分石墨制换热设备传热系数 K 值

设备名称	传热系数 $K/W \cdot (m \cdot K)^{-1}$
板式式冷却器	116 ~ 232
块孔式冷却器	232
列管式再沸器	1044 ~ 1276
列管式气体冷却器	35 ~ 58
降膜冷却吸收器	1044 ~ 1276
块孔式盐酸预热器	93 ~ 116
块孔式盐酸再沸器	1740 ~ 1972
块孔式三合一石墨合成炉	2320

浮头列管式石墨换热器有很多优点，它与板式式、孔块式石墨热交换器相比，结构简单，制造方便，石墨材料利用率高，成本低，换热面积较大，流体阻力小，通用性强，可做冷却器、冷凝器、加热器和蒸发器。其缺点是耐压、耐温性能较块孔式热交换器低，故不宜用于有强烈冲击、振动及易产生水锤的情况下使用。

浮头列管式石墨热交换器按安装位置可分为立式和卧式两种，按流程可分为单程或双程两种。一般推荐使用立式单程流程，换热面积较大时，应考虑用双程流程。

浮头列管式石墨换热设备分为Ⅰ型与Ⅱ型。Ⅰ型不带气液分离器，Ⅱ型带气液分离器。作冷凝器时应选用Ⅱ型。

浮动端管板的密封在直径小于 500mm 时，可用橡胶 O 形圈密封，一般用盘更密封。

目前一般大量生产的是用 $\phi 22mm/\phi 32mm$ 管径的石墨管组装的列管式石墨换热器（GH 型列管式换热器），也生产由 $\phi 36mm/\phi 50mm$ 的石墨管组装的列管式石墨换热器，最大规格换热器的换热面积已达 $400m^2$/台。若因检修更换等需要，也生产一些老系列的列管式换热器。

17.4.2 浮头列管式石墨热交换器

浮头列管式石墨热交换器的外形结构如图 17-6 所示。浮头列管式石墨热交换器系列参数参见表 17-33。

表 17-33 $5 ~ 100m^2$ 浮头列管式热交换器系列

壳体直径/mm	300	400	450	500	550	600	650	700	800
管子长度/mm	管数/根								
	37	69	85	117	137	159	199	235	301
2000	$\frac{5.95}{5}$	$\frac{11.10}{10}$							
3000	$\frac{9.1}{10}$	$\frac{17}{15}$	$\frac{20}{20}$	$\frac{28.8}{30}$	$\frac{33.7}{30}$	$\frac{39.1}{40}$	$\frac{40}{50}$	$\frac{58.8}{60}$	$\frac{74.1}{70}$
4000		$\frac{22.8}{25}$	$\frac{28.1}{30}$	$\frac{38.7}{40}$	$\frac{45.3}{45}$	$\frac{52.6}{50}$	$\frac{65.8}{60}$	$\frac{78.7}{80}$	$\frac{89.6}{100}$
4500								$\frac{87.3}{90}$	$\frac{112.2}{110}$

注：表中选用 $\phi 22mm/\phi 32mm$ 炭化石墨管或压型石墨管，换热面积中分母为公称换热面积，分子为实际换热面积。

17.4.3　GH 型浮头列管式石墨换热器

GH 型浮头列管式石墨换热器的结构如图 17-7 所示。

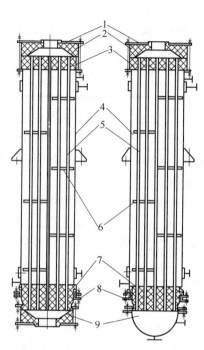

图 17-6　浮头列管式石墨热交换器

1—钢法兰；2—上封头（浸渍石墨）；3—固定管板；4—钢壳；
5—压型石墨管；6—隔板；7—浮头（浸渍石墨）填料；
8—压兰；9—下封头（浸渍石墨或钢衬）

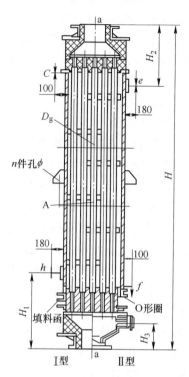

图 17-7　GH 型浮头列管式
石墨换热器结构

17.4.4　浮头列管式石墨交换器的结构

浮头列管式石墨热交换器由壳体（钢制）和石墨管束及上下封头（盖板）组成，管束固定在浸渍石墨管板和浮头上，浮头在壳体中可因温度变化，随管束的伸长或收缩而自由浮动，以免因石墨材质和钢壳线膨胀系数不同而引起的拉应力使管子断裂。常用的结构形式有两种，Ⅰ型与Ⅱ型，如图 17-7 所示。

17.4.4.1　管与管板结构

浮头列管热交换器所用的压型管必须固化完全，不得有 3mm 以上的挠曲变形，管长误差不得超过 ±0.5mm，管子试压应达到 1MPa 水压不漏。

管和管板采用埋入式锥体胶接结构，如图 17-8 所示。实践证明这种结构气密性强，质量可靠，组装施工速度快，有利于管板的强度。胶入深度和锥形尺寸的决定要保证胶接处有足够的胶接强度，能够抵抗操作负荷下的重力作用。因此，胶入深度取得长对受力有好处，但由于管板、管材，胶合剂的线膨胀系数不同，胶入深度太深，使变形压力增大，反而有害无益，工程上通常采用 50 ~ 70mm，胶缝厚度为 0.25 ~ 0.50mm，图 17-8 所示第二种粘接结构较好。

管端锥度的大小要保证管子加工部位在加工过程中不受损伤，同时也要考虑加工后锥体部分应具有足够的强度，能够经受住水压试验。锥头壁厚不应小于 2mm。管子锥形尺寸及胶入管板深度如表 17-34 所示。两端锥度可利用普通车床加工。

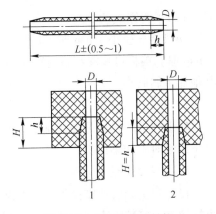

图 17-8 埋入式胶接结构

表 17-34 管与管板胶接尺寸   （mm）

尺　寸	$\phi22mm/32mm$	$\phi22mm/32mm$	$\phi22mm/32mm$	$\phi22mm/32mm$	$\phi22mm/32mm$
D	28	27	27	44	27
h	32	50	30	50	32
H	70	50	60	60	50

除采用埋入式锥体胶接结构外，还有管端不加工，直接将管子伸出管板粘接，管板用 40mm 厚玻璃钢板，当使用温大低于 60℃，且在温度变化不大时尚可采用。如温度变化使用这种结构，会使石墨根部产生应力集中造成断裂。

17.4.4.2 管在管板上的排列

管在管板上按六边形排列（图 17-9）。对于 $\phi22mm/32mm$ 和 $\phi36mm/50mm$ 管子，在管板上相邻两管中心距离取 39.59mm。管间距太大，从受力情况分析并无好处，反而造成设备体积庞大，材料消耗多，结构不紧凑，对传热不利。

17.4.4.3 挡板

挡板，也称为隔板、折流板。挡板的作用是安装时定位用，阻止加热管的弯曲变形（柔性下垂），防止流体短路，以免降低传热效果，用蒸汽加热时对加热管还起缓振作用。

挡板为圆缺形，孔的排列与管板一致，孔径比管外径大 2mm 左右，对于 $\phi22mm/32mm$ 管采用孔径 34mm。挡板宽度一般取管板直径的 0.6 ~ 0.8 倍。挡板之间的距离与管板直径有关，一般取管板直径的 2/3 左右。挡板结构如图 17-10 所示。

挡板与壳体的单面间隙取 5mm，挡板边缘应恰好取一排孔的中心线部位，以利于组装。挡板与石墨管之间的固定，用半环形石墨管和胶合剂粘接。固定 $\phi22mm/32mm$ 管时，可用 $\phi36mm/$

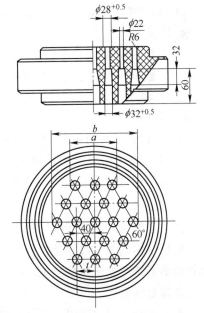

图 17-9 管在管板上的排列

50mm 石墨管锯成两半。

　　换热器直径小于 1m 时，挡板厚度可取 20～30mm 左右，直径大小 1m 时，可取 30～40mm 厚。挡板可用浸渍石材料制作，使用温度在 60℃ 以下时也可用硬聚氯乙烯、玻璃或其他非金属制作。

17.4.4.4　辅助管板

　　辅助管板的作用是便于施工组装，其直径、厚度与挡板一样，但没有弓形缺口。有的单位组装时不加辅助板。

17.4.4.5　填料箱

　　设计浮头列管热交换器填料箱结构时，除保证应具有好的密封性能外，还要考虑便于更换填料、安装管束和加工制造，同时也要保证在工作时能自由伸缩。目前填料箱结构型式较多，一般推荐选用图 17-11 的结构。

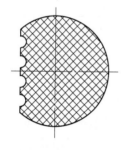

图 17-10　挡板结构

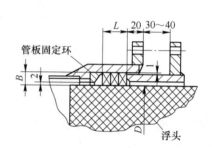

图 17-11　填料箱结构

　　填料箱的深度取决于操作压力、流体的相态和管板直径。按一般经验，当操作压力在 0.5MPa 以下时，料箱深度和直径的关系如表 17-35 所示。

　　填料箱的宽度应考虑检修与更换操作方便，一般取较大的宽度（直径或边长）。

　　常用填料的直径或边长为 16mm、19mm、20mm。

　　石棉绳浸白铅油可作冷却器的填料，石棉绳浸二硫化钼可作加热器的填料。此外还可采用矩形截面的石墨石棉填料。

表 17-35　填料箱深度和管板
直径的关系　　　　（mm）

浮动管板直径 D	填料直径或边长 B	填料深度 L
150～300	16	60
350～500	19，22	80
550～650	22	100
700～800	22	120
850～1000	22	140

17.4.4.6　管板结构

　　浮动管板和固定管板的结构如图 17-12 和图 17-13 所示。

　　管板结构的关键尺寸是管板的插入锥度与管端锥度，以保证粘接严密和受力均匀。浮动管板活套法兰处凸缘度为 10°～15° 左右，过去个别厂曾用 45°，使用过程中常发现浮动法兰连接处断裂。

　　也有在制造固定管板、浮动管板时，在管板管孔处倒出圆角，以便于管子组装。

　　浮动管板、固定管板与盖的密封位置可增设水线，使密封严密，延长使用寿命。浮头管板的厚度计算后，还应考虑填料箱及下封头连接尺寸。

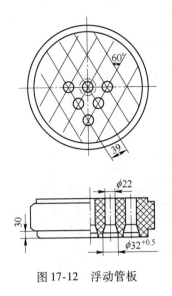

图 17-12　浮动管板　　　　　　　　　图 17-13　固定管板

17.4.4.7　壳体

壳体结构能够影响传热效果。由于隔板、管板与壳体之间的间隙很小，所以钢壳的椭圆度应在要求范围内，否则会造成组装困难，或使管束受扭应力作用，影响使用寿命。

用海水等介质作冷却剂时，应考虑海水对碳钢的腐蚀，可在钢壳内涂刷 7～10 道过氯乙烯涂料或其他耐腐蚀涂料。

壳体任意截面上内径的最大偏差应符合以下要求（表17-36）：筒体长度偏差每米不大于 1mm，其总值不大于 ±5mm。筒体轴向弯曲度不大于筒体长度的 1/2000，且不大于 3mm。筒体端面法兰斜度，应小于筒体直径的 1/1000。

表 17-36　壳体内径公差　（mm）

筒体公称直径	<400	400～500	600～1000
最大偏差	+2 −2	+2.5 −2	+3 −2

17.4.5　单块管板列管式石墨换热器

这种热交换器是列管式热交换器的一种，其结构如图 17-14 所示，它由蒸汽分配室、加热室、冷凝液排除室及溶液加板为不透性石墨制作，与蒸汽接触部分用碳钢制作。管与管板的连接采用嵌入式，如图 17-15 所示。

削孔深度为 50mm，锥度为 1:10，用酚醛石墨胶合剂粘接。钢管插入石墨管中，为了保证两管间的距离，在钢管末端焊上互为 120℃ 的 3 个销钉，如图 17-16 所示。

这种结构没有热补偿装置，石墨管一端与固定管板胶接，另一端可以自由伸长，由于加热而引起的膨胀应力可以完全消除，结构比较优越。因为只有一块管板，可节省石墨材料，易制造加工，价格低廉，拆卸方便。这种热交换器传热形式良好，适用于蒸发和加热过程。

17.4.6　浮头列管式石墨热交换器的新发展

目前国内浮头列管式石墨热交换器的许用温度低，尤其作加热器时不够理想（因而主要用于冷却和冷凝），最近国内有的生产厂家试制成功新型列管式石墨换热器，可用作加

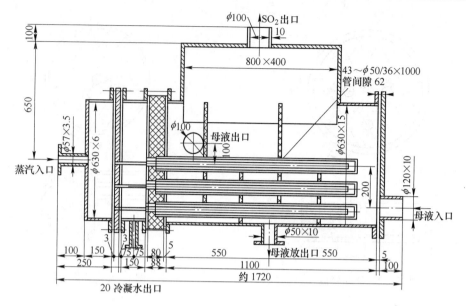

图 17-14　SO_2 分解加热器

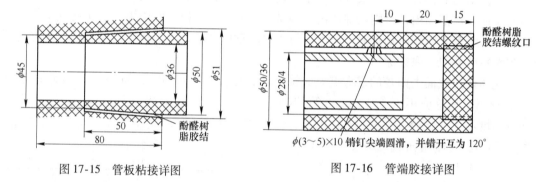

图 17-15　管板粘接详图　　　　　　　　　　图 17-16　管端胶接详图

热器、再沸器、蒸发器（包括升膜蒸发）。这种新型石墨换热器的技术性能如下。

设计许用温度：加热 $-20 \sim 150℃$（蒸发）；冷却 $-20 \sim 165℃$。可在 $150℃$ 蒸汽加热条件下正常使用。已在草酸、稀硫酸、古尤酸等的加热浓缩（包括升膜蒸发）中使用，其热蒸气一般在 $0.3 \sim 0.35MPa$（表压），也曾在表压 $0.45MPa$ 蒸汽中短期正常使用。目前已用 $\phi 22mm/32mm$ 及 $\phi 36mm/50mm$ 规格的石墨管制作成 $10m^2$、$20m^2$、$60m^2$ 的加热器，供用户试用，运转正常。

17.5　块孔式不透性石墨热交换器

17.5.1　概述

块孔式石墨热交换器与列管式、板室式石墨热交换器相比，具有以下特点。

石墨元件处在受压状态，充分发挥了石墨材料抗压强度高的特点。材料利用率也高，与板室式热交换器相比，相同的换热面积，块孔式的石墨用量约为板室式的 $1/2 \sim 1/3$ 左右。使用压力比浮头列管式、板室式热交换器大（新系列的设计压力为 $0.5MPa$）。另外其结构紧凑、体积小、可装成并联或串联使用。

块孔式石墨热交换器的传热系数高，如块孔式的盐酸再沸器的传热系数 $K = 1740 \sim 1972W/(m \cdot K)$。适用于两相腐蚀介质换热，流体阻力比板室式换热器小，仅次于列管式热交换器。

块孔式石墨热交换器的应用范围广，可作加热器、冷却器、冷凝器，并适于强烈冲击和振动的场合下使用。

其缺点是不适用于有结晶的物料换热，因为孔径小，易堵塞。

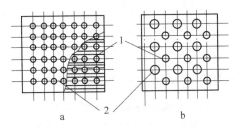

块孔式热交换器用于冷却时，常制成矩形，石墨元件为正方形或长方形；用于加热的多制成圆柱形，石墨元件为圆形和圆缺形。

矩形石墨元件孔的排列有垂直交错式和平行交错式两种（图17-17）。垂直交错排列，密封容易，结构简单，目前普遍采用。平行交错排列，孔的排列紧密，所以相同体积的石墨元件，

图 17-17　矩形石墨元件孔的排列
a—垂直交错式；b—平行交错式
1—载热体通过的孔；2—介质通过的孔

它的换热面积大，但由于使用导向板，密封结构复杂，两种介质易产生串漏现象，故在受压设备中不推荐使用。

一般异向孔间最小壁厚取 $7 \sim 7.5mm$，同向孔间最小壁厚取 $4 \sim 5mm$。孔径根据生产条件决定，可为 $6 \sim 25mm$。目前很多厂把腐蚀介质通过的孔径取 10mm、15mm、16mm，冷却通过的孔径取 10mm。圆形石墨元件孔的排列见图17-18。

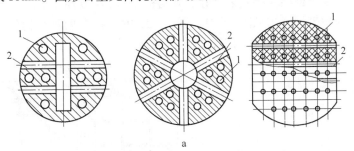

a

不渗透性石墨上、下盖

不渗透性石墨换热块

b

图 17-18　圆柱形石墨孔的排列和换热器石墨块照片
a—圆柱形孔的排列；b—圆形石墨换热器石墨块照片
1—物料孔；2—载热体孔

利用薄石墨板刨槽通过粘接可制成块孔式矩形结构，这是为了解决孔径在 10mm 的加工问题。由于目前多选用 10mm 以上的孔，所以不必仅考虑孔的加工而选择这种结构。但这种结构可解决板材边角料的利用问题。这种结构粘接缝多，质量不易保证。如用压型法制作，不仅可以综合利用石墨材料，而且可选择直径更小的孔，充分利用材料，两种板型结构见图 17-19。

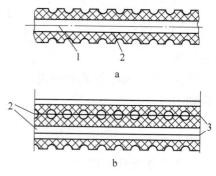

图 17-19　两种板型结构
a—双面刨槽中间钻孔；b—压型结构
1—钻孔；2—刨半孔；3—胶结缝

17.5.2　块孔式石墨热交换器的结构

块孔式热交换器由布满孔的石墨元件（石墨块）与盖板或筒体组成。石墨元件之间多用密封垫连接，也有采用胶合剂粘接的。盖板上设有物料进出口。

17.5.2.1　石墨块

前已述及，矩形石墨块的孔可按垂直交错或平行交错排列。石墨块之间一般采用加垫密封，个别厂曾用过粘接。加垫密封一般只用在同一平行方位上，不允许在垂直方位两个面上都用垫密封，否则难以组装。这时应考虑采用粘接和垫密封相结合的结构。石墨元件粘接面如系带孔的两面，粘接时不要直接以平面互相粘接，否则孔容易被胶泥堵死，清理时极不方便。同时在清理胶泥时，孔壁易粘上一层胶泥，影响传热效率。另外由于加工误差，孔不易对准。采用框架粘接效果较好。其结构如图 17-20 所示。

石墨元件的几种排列结构见图 17-21。图 17-21 中，a、c 两种结构的冷却介质盖板在侧面，比 b、d 两种结构水室盖板简单，面积大为减少。

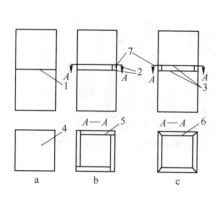

图 17-20　石墨元件粘接结构
a，b—不正确结构；c—正确结构
1，2，3—胶结缝；4，5，6—粘接面；7—石墨框

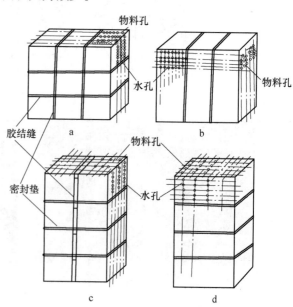

图 17-21　石墨元件的几种排列

17.5.2.2 盖板

盖板与螺栓将石墨元件组成整体，起到分散介质的作用。

盖板有石墨、铸铁两种。石墨盖板用于与腐蚀介质接触，因石墨盖板不能用螺栓把紧，所以其上还需设置铸铁盖板。冷却介质多用铸铁盖板。图17-22表示单程和多程盖板结构。

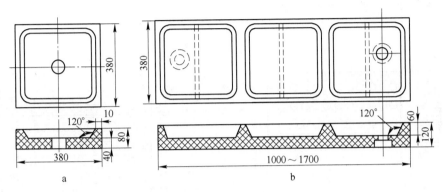

图 17-22 石墨盖板
a—单程盖板；b—多程盖板

制作盖板时要考虑螺栓孔的位置，因为块孔式换热器的一侧要有两个方位的螺栓通过。

盖板与石墨密封，采用端面密封效果较好。如果用平面密封，即使在较小的平面上也难以保证0.3MPa压力下不渗漏。

盖板结构的设计还要考虑到操作压力和换热设备的形式。

图17-23所示为外联式块孔热交换器的结构。内联式块孔热交换器的结构，水室盖板为整体，利用隔板使冷却水折流。石墨元件用粘接法固定，介质由上盖接管处进入，冷凝液由下部出口排出，适用于气体冷却。

孔径按平行交错排列的块孔式热交换器，物料与冷却介质孔向一致。这种热交换器的特点是盖板结构简单，用料省，增加换热面积时不用改变盖板的结构。缺点是需增设导流板（见图17-24），石墨零件多，密封不良时易造成两相介质串漏。这种型式热交换器俗称808型（图17-25）。用圆块型和圆缺型石墨元件制作再沸器和加热设备，可承受较大的蒸汽压力。用在盐酸再沸系统取得良好效果。

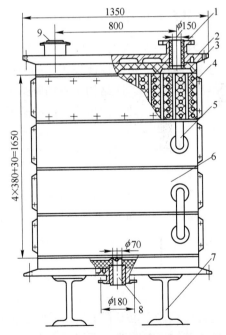

图 17-23 35m² 外联式块孔热交换器
1—物料进口；2—铸铁盖板；3—石墨盖板；
4—石墨元件；5—冷却水分配管；6—冷却水铸铁盖板；
7—托架；8—冷凝液出口；9—物料出口

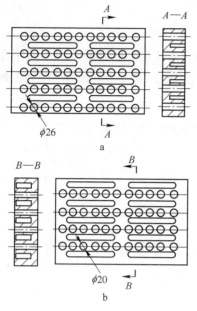

图 17-24　导流板结构

a—冷却水导流板；b—气体导流板

（导流板的尺寸为 380mm×620mm×100mm）

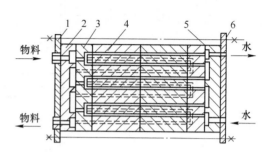

图 17-25　808 型块孔热交换器

1—铸铁盖板；2—石墨盖板；3—导流板（介质）；
4—石墨元件；5—水导流板；6—铸铁隔板

17.5.3　块孔式石墨换热器的应用

17.5.3.1　YKA 型圆块孔式石墨换热器

这是目前较先进、性能较优越的一种石墨换热器。圆柱体具有较高的结构强度，并且易于解决密封问题。在结构中不用胶结剂而采用聚四氟乙烯 O 形圈密封介质，加装压力弹簧作热胀冷缩的自动补偿机构，以起到保护作用。并且采用短通道，增加再分配室以提高紊流效应等，使这种换热器具有高的结构强度、耐温耐压、抗冲击性能好、体积利用率高、传热效率高，并便于检修，尤其作加热器、再沸器最为理想。底部加装气、液分离器时可作冷凝器。

技术特性：许用温度为 -20 ~ 165℃；许用压力为 0.4MPa。

标记示例：换热块直径 400mm，纵孔 $\phi16mm$，横孔 $\phi10mm$，换热面积为 $15m^2$ 的 YKA 型圆块孔式石墨热交换器的标志为：YKA40 $-\dfrac{16}{10}-15$（Ⅰ）（Ⅱ型可不标注Ⅱ），YKA 型圆块孔式石墨热交换器的参数系列列于表 17-37。

17.5.3.2　3JK 矩形块孔式石墨换热器

这种换热器由矩形石墨块及其间的密封垫片叠装组成，其特点是因换热块仅承受压力并为整体结构无胶结缝，因而设备用于盐酸生产，其能力相当于 $150m^2$ 的陶瓷设备，物料入口温度从 90℃冷却，结构强度高，抗冲击性能较好，水封侧板改为分段小块搭配组成，因而便于装拆检修。可作再沸器（双流程的）、加热器、冷却器，物料流程可为 2 ~ 4 流程。

其技术特性为：许用压力为 0.3MPa；许用温度为 -20 ~ 150℃。

表 17-37 参数系列（HG 5—1321—80）

型　号		换热面积/m² 纵向	换热面积/m² 横向	换热面积/m² 平均	单元换热块 块数	外径/mm	高度/mm	孔径/mm 横向	孔径/mm 纵向	流程数 横向	流程数 纵向	单程截面积/cm² 横向	单程截面积/cm² 纵向
YKA30-$\frac{10}{10}$	5	6.7	5.4	6.1	6	300			10	6	1	141.4	122.5
	10	11.2	9.0	10.1	10					10			
YKA30-$\frac{16}{10}$	5	4.9	4.9	4.9	6				16	6		117.8	140.8
	10	9.8	9.8	9.8	12					12			
YKA40-$\frac{10}{10}$	10	12.5	9.0	10.7	6		222		10	6		188.5	226.2
	15	16.6	12	14.3	8					8			
	20	25	18	21.5	12					12			
YKA40-$\frac{16}{10}$	10	13.1	10.7	11.9	8	400		10	16	8		164.9	281.5
	15	16.4	13.4	14.9	10					10			
	20	23	18.8	20.9	14					14			
YKA40-$\frac{22}{10}$	10	11.6	8.4	10	8				22	8		117.8	342.1
	15	17.4	12.8	15.1	12					12			
	20	23.2	17.0	20.1	16					16			
YKA50-$\frac{16}{10}$	20	22.8	20.2	21.5	10	500	225		16	10		212	398.1
	25	27.4	24.2	25.8	12					12			
	30	31.9	28.3	30.1	14					14			

型号标志示例为：换热块 380mm × 380mm × 660mm，纵孔 $\phi18$mm，横孔 $\phi14$mm，换热面积 15m² 的矩形块孔式石墨换热器的标志为 3JK66 - $\frac{18}{14}$ - 15。

其结构尺寸标注法如图 17-26 所示。其参数选用如表 17-38 所示。

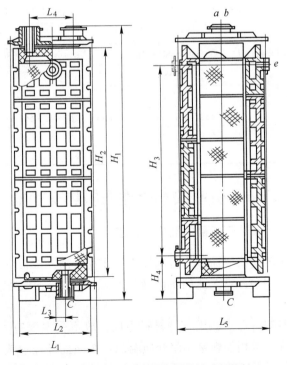

图 17-26　3JK 型石墨换热器的尺寸标注法

表 17-38　矩形块孔石墨热交换器参数选用

项　目		3JK38-$\frac{12}{12}$			3JK66-$\frac{12}{12}$							3JK38-$\frac{18}{14}$		
		5	7.5	10	15	20	25	30	35	40	55	5	7.5	10
公称面积/m²		5	7.5	10	15	20	25	30	35	40	55	5	7.5	10
换热面积 /m²	平均	4.9	7.5	9.5	14.2	18.9	23.6	28.3	37.6	47.2	56.7	4.7	7.1	12.6
	纵向	5.4	7.7	9.7	14.6	19.2	24.4	29.2	39	48.3	58.4	5.2	7.7	13.5
	横向	4.6	6.9	9.2	13.7	18.3	22.9	27.5	36.6	45.8	55	4.2	6.3	11.7
单块尺寸	块数	2	3	4	3	4	5	6	8	10	12	2	3	3
	尺寸/mm × mm × mm	380 × 380 × 380			380 × 380 × 660							380 × 380 × 380		
孔径/mm	纵向	12			12							18		
	横向	12			12							14		
质量/kg		18.0	23.2	29.4	45.6	57.6	69.6	81.6	105.6	129.6	153.6	11.6	23.6	45.0
流程程数	纵向	双程			双程				四程			四程		
	横向	2	3	4	3	4	5	6	4	5	6	2	3	3

项　目		3JK66-$\frac{18}{14}$						3JK66-$\frac{20}{16}$						
		15	20	25	35	40	50	7.5	10	15	19	23	30	38	45
公称面积/m²		15	20	25	35	40	50	7.5	10	15	19	23	30	38	45
换热面积 /m²	平均	16.8	21	25.2	33.6	42.1	50.4	7.5	11.2	14.9	18.7	22.4	29.8	37.3	44.8
	纵向	18	22.5	27	36	45	54	8.2	12.3	16.4	20.5	24.6	32.8	41	49.2
	横向	15.6	19.6	23.5	31.3	39.6	46.9	6.7	10.1	13.4	16.8	20.2	26.9	33.6	40.3
单块尺寸	块数	4	5	6	8	10	12	2	3	4	5	6	8	10	12
	尺寸/mm × mm × mm	380 × 380 × 660						380 × 380 × 660							
孔径 /mm	纵向	18						20							
	横向	14						16							
质量/kg		576	684	801	1035	1265	1462	327	447	561	675	789	1017	1245	1433
流程程数	纵向	双程			四程			双程					四程		
	横向	4	5	6	4	5	6	2	3	4	5	6	4	5	6

17.6　板室式不透性石墨热交换器

17.6.1　板室式不透性石墨热变换器的类型与特点

板室式石墨热交换器是将浸渍过的石墨件用酚醛胶合剂，按板室式原理胶结成冷热载体的换热室，依此逐层积垒，直至达到所需换热面积，组成一个立式箱形体，如图 17-27 所示。

板室式石墨换热器的特点是：用一种材料组成，故不受温度应力的影响，在设计时，不需要考虑热补偿装置。两相物料室均耐介质腐蚀。在施工过程中调整传热面积不影响其他结构变化。其缺点是不便于检修，不适宜用于结晶性和含有沉淀性的物料，因堵塞后不便于清洗。其次是阻力比列管式换热器大。

这种换热设备的结构有液流式和汽-液式两种，在应用时根据载热体的性质来选择。

板室式热交换器的换热效率高，一台换热面积为 $11m^2$ 的设备，用于盐酸生产，其能力相当于 $150m^2$ 的陶瓷设备，物料入口温度从 90℃ 冷却到 30℃，测得传热系数为 1786 ~ 2448W/$(m \cdot K)$。生产实践和使用经验证明，这种设备适于作冷凝器和吸收器使用，在食品工业、合成盐酸、有机合成、农药等生产过程中均获得普遍使用。使用方法得当，一般寿命达 5 年以上。

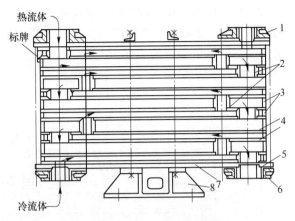

图 17-27 板室式石墨换热器
1—拉杆及螺帽；2—连通管；3—隔条；4—传热板；
5—底盖板；6—托盘；7—垫板；8—机座

在生产过程中，残浮在板壁表面上的水垢等有机杂质会使传热效率降低，用浓盐酸溶解可以清洗并能恢复原来的传热效果。

17.6.2 结构

17.6.2.1 传热板液相室和气相室

传热板长宽之比为 3 ~ 5，有效换热面积取整个板面积 90%。试验压力为 0.6MPa 的换热器，板子厚度为 16mm。液相室、气相室的高度不能太小，否则会增加阻力。一般液相室高度为 20 ~ 30mm，气相室高度为 50 ~ 60mm。垫块的作用是使载热体流入后，能迅速扩散到整个板面，消除短路和死角，使换热面积得以充分的利用，还可以改善流体的流动状态，同时又起支撑作用，提高传热板的耐压强度。采用菱形垫块效果较好，长轴取 30mm，短轴取 20mm，各行交错排列。菱形垫块在板面上的分布如图 17-28 所示。

17.6.2.2 连通管结构形式

连通管起着输送载热体和由第一层进入下一层的过道作用。

连通管分为两种：一种为液相室连通管，管高 50mm，壁厚 17.5mm；另一种为气相室连通管，管高 20mm，壁厚 30mm。为了增加胶结强度，将管端加工成锥体，如图 17-29 所示。

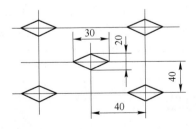

图 17-28 菱形垫块在板面上分布

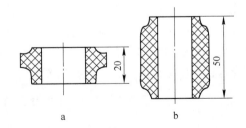

图 17-29 连通管
a—液相室连通管；b—气相室连通管

为了便于检修，减少接管部位易损坏的缺点，有的将板室式结构改为块孔热交换器盖板的形式，取消了液室和汽室的连接管，物料和冷却介质分别从两侧进入。这种热交换器液室和汽室宽700mm，用石墨板拼接，盖板用螺丝拧紧便于检修。结构如图 17-30 和图 17-31 所示。

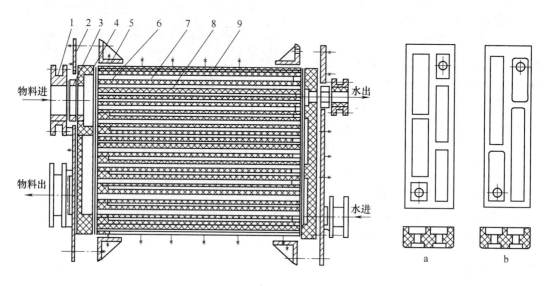

图 17-30　带侧盖板的板室式热交换器

1—物料进口管；2—铸铁盖板；3—石墨接管；4—物料盖板；
5—固定法兰；6—垫片；7—物料室；8—水室；9—石墨板

图 17-31　石墨盖板结构

a—水室盖板；b—物料盖板

17.6.3　产生故障的原因

板室式热交换器组装后，由于粘接不良，在试压过程中会出现水、汽室粘接缝渗漏现象，个别甚至在接管部位串漏。使用后主要的损坏为物料进出口接管处断裂，水室、汽室串漏，或水室、汽室接缝处胶泥渗漏，个别还可能有开裂等严重损坏。

损坏除了个别因受外力碰撞而产生外，主要有以下几种情况：（1）浸渍工艺不良造成渗漏。如果采用的树脂水分和挥发物含量过多，或者浸渍压力和温度不够，或聚合时未达到树脂固化点等原因会引起渗漏现象。这种情况一般在组装后试压时不易发现，经使用一段时间后，由于树脂被腐蚀而出现。（2）粘接时由于胶泥配制不当、粘接技术不熟练、胶泥涂抹不均匀、胶泥未能很好浸润石墨粘接面或填料中含有碳酸盐等，使胶泥孔隙过多，造成渗漏。（3）加工不精确。水室或汽室尺寸误差不合要求、表面不平，组装时胶接面受力不均，在受力小的地方会引起渗漏。（4）使用压力超过要求，温度变化大，接管处结构不合理，产生温差应力，可使接管断裂。

17.7　其他换热器

17.7.1　排管式石墨换热器

排管式石墨换热器是由石墨管与浸渍石墨接头胶结而成的，如图 17-32 所示。可用于浸入式加热、冷却或喷淋式冷却。后者已在硫生产中得到广泛应用。传热效率可为铸铁管的 2~3 倍，使用寿命在 4 年以上，工作压力为 0.2~0.3MPa，使用温度为 -30~120℃。换热面积及尺寸可按需要制作。这种结构极易积污，积污后应用盐酸清洗处理。

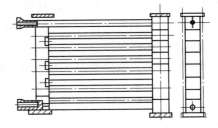

图 17-32 排管式石墨换热器

17.7.2 插入式石墨热交换器

插入式石墨热交换器适用于设备内部加热或冷却反应物料。其换热元件由内外管组成，内管为钢管，流通载热体；外管为压型石墨管或浸渍石墨管。

插入式石墨热交换器的允许使用温度为 -30~150℃，允许使用压力不大于 0.4MPa。单根换热面积可由 0.2~2m²。某炼油厂在烃化塔和氯化反应器中作为加热或冷却反应物料，使用 60 台，情况全部良好。

17.7.3 鼠笼式石墨换热器

鼠笼式石墨换热器由环状浸渍石墨分配板及石墨管胶接制成。被加热（或冷却）介质进入进口管，经分配板分配后，经过多次折流后从另一管排出，可用于浸入式加热或冷却。许用温度为 -20~120℃；许用压力为 0.2MPa。直径（ϕA）和高度可按需要进行制作。

17.7.4 环流式石墨换热器

环流式石墨换热器由浸渍石墨换热板、垫块组成。载热体（蒸汽或冷却液）由导流垫块导流后在换热板内成环状流动，可用于浸入式加热或冷却。许用温度为 -20~130℃，许用压力为 2MPa。直径及高度（即换热面积）可根据需要制作。

17.7.5 套管式石墨换热器

套管式石墨热交换器一般都作冷却器使用，冷却效果好，可在管内外同时冷却。可以控制冷却水循环使用，易控制操作温度和避免水管冻结。这种套管式石墨换热器制造简单，容易检修。缺点是清洗不方便。

17.8 不透性石墨合成炉

用人造石墨制造合成盐酸生产设备，主要是盐酸合成炉、膜式吸收器和"三合一"合成炉。

17.8.1 喷淋式石墨合成炉

喷淋式石墨合成炉为外表面喷淋冷却水冷却的立式石墨筒体，结构如图 17-33 所示。根据结构特点石墨合成炉分炉底、炉盖、炉身三部分。底和盖为酚醛树脂浸渍石墨制造，炉身为普通不浸渍人造石墨，外表涂刷一层 0.1~0.5mm 厚、以石墨粉为填料的酚醛树脂涂料，与底和盖胶接成一体。底、盖和炉身用石墨板材胶接而成，炉身共 7 节，每节长

950mm，由 6 块相同梯形板胶接成六边形，再加工车成中空圆柱体。

　　炉盖上设置有内径为 380mm 的防爆口。当炉内压力超过额定值时，由此爆破而泄压，从而保护炉体不受损伤，安全膜的材料和炉盖材料相同，其尺寸通过实验而确定，这种安全膜非常敏感，达到额定压力立即泄爆。

　　在炉身最上一节安装有氯化氢气体出口接管，气体出口接管与氯化氢导管之间的连接采用伸缩节，其结构如图 17-34 所示。最下一节的侧面安装有视镜和炉内点火孔。视镜接管长 170mm，接管内径靠炉一端为 80mm，另一端为 60mm。视镜用石英玻璃制造，也有用石墨材料制造的。

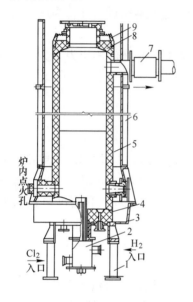 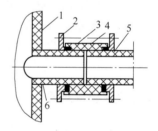

图 17-33　石墨合成炉结构示意　　　　　　　图 17-34　伸缩节结构

1—支脚；2—燃烧口；3—集水槽；4—炉底；　　　　1—炉体；2—压环；3—耐酸石棉填料；

5—炉体；6—防护罩；7—伸缩节；　　　　　　4—套筒；5—氯化氢冷却管；6—接管

8—炉盖；9—水分布器

　　炉底中心钻有一个直径为 172mm 的圆孔，用于安装石墨制的长焰式燃烧器。炉底还安装有凝酸放出口接管和充氯接管，炉底上表面加工成深 40mm 的环形浅池。这样在生产过程中炉底经常贮存有浓度约为 35% 的凝酸，其沸点约为 110℃，可以防止炉底壁温因火焰高温作用而升高，并保证其使用安定性。

　　石墨制的长焰式燃烧器由双层套管构成，为了便于检修和更换，喷嘴采用可拆卸的连接结构，氢气喷嘴为浸渍石墨材料，寿命达 3 个月。此外也有采用石英玻璃喷嘴，其抗氧化耐腐蚀性能均比石墨好，寿命也长。

　　石墨合成炉用胶合剂胶接在集水槽的底座上，集水槽内炉盖上装有洒水器，冷却水均匀分布到炉子外表面，表面衬有耐酸橡胶。集水槽安装在 4 个圆形支脚上。可带走炉内产生的一部分燃烧热，使炉子操作温度比较低，寿命比较长，一般可以使用 5 年以上。为了防止喷淋下来的冷却水溅出和水蒸发扩散，炉子外围装有半开式的筒状防护罩，其内表面用橡胶衬里保护。一切可能与盐酸、氯化氢气体等腐蚀性介质接触的金属部件，其内外表面均应涂刷沥青涂料以防止腐蚀。

17.8.2 水套式石墨盐酸合成炉

水套式石墨盐酸合成炉的结构与特点如图 17-35 所示。主要由钢壳、炉盖、炉身（合成筒）、炉底及灯头等组成。炉盖、炉身及炉底均由石墨件构成。与钢合成炉比较有如下优点：

（1）使用寿命长，正常生产一般为 10 年以上；（2）产品酸纯度高；（3）可简化生产流程；（4）劳动条件好；（5）生产能力大（同体积相比）。

且便于控制和管理，因而国外已基本上用石墨合成炉取代钢合成炉。但使用时不能缺水。其技术特性为（HG-1324-80）：

炉内：许用压力为 – 200 ~ 600mmH$_2$O❶；出口温度不高于 350℃。

物料：Cl$_2$、H$_2$、HCl。

冷却水：常温、常压。

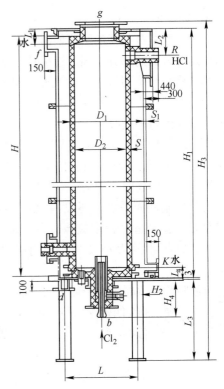

图 17-35 水套式石墨盐酸合成炉

17.9 不透性石墨降膜式吸收器

降膜式吸收器在盐酸生产中是一种较先进的装置。它由膜式吸收和尾气吸收两部分组成。氯化氢气体从膜式吸收器上部进入，此时从尾气吸收塔流出的稀酸进入吸收器顶端的环形稳压室再由底部分配到吸收器管板上，通过 V 形切口的吸收堰成膜状流下，与氯化氢气体进行并流吸收，吸收过程放出的溶解热传给管外的冷却水，故能实现较高的传质、传热效果，产品酸的浓度可达 35% 以上。未被吸收的气体沿着尾气上升管进入填有瓷环的尾气吸收塔，与上部喷淋下来的水进行绝热吸收，生成的稀酸进入膜式吸收器，依次循环吸收，吸收效率达 99% 以上。

膜式吸收与绝热吸收法的比较见表 17-39。由表 17-39 可见，石墨降膜式吸收器的性能和效率比填料吸收塔为优，它能有效地吸收氯化氢和副产

表 17-39 膜式吸收与绝热吸收的比较

名 称	绝热吸收（填料塔）	冷却吸收（膜式吸收器）
产品浓度	低，30% 左右	高，30%（尤其对副产品 HCl）
吸收效率	低	高，99.5% 以上
设备尺寸	大	小
防腐性能	易腐蚀需定期检修	耐腐蚀，可用 3 ~ 5 年以上
生产能力	小	大，1.2 ~ 1.5t/(d·管)
操作温度	比较高	可以很低，<40℃
操作弹性	小（波动较大）	大（操作稳定易控制）
辅助装置	需要设冷却设备	不需要另设冷却设备
劳动条件	差	好
包装和运输费	较大	可省 10% 以上

---

❶ 1mmH$_2$O = 9.80665Pa。

氯化氢气体。

石墨降膜式吸收器的结构如图 17-36 所示。按其所起的作用可分为两部分，固定管板端以下，称冷却吸收段，其结构和浮头列管式热交换器（Ⅱ型）基本相同；固定管板上部，为吸收器的头部，吸收剂和吸收质由此均匀地分配到每根吸收管。

在固定管板的管孔上装有与吸收管内径尺寸相同的带 V 形的吸收堰。吸收剂在此形成一条螺旋线状的薄膜，沿吸收管内表面连续流下。

为了控制液面平稳，还设有稳压装置，以使吸收均匀良好。在制造过程中应保证使吸收堰具有相同水平高度，管间距的大小要考虑便于吸收堰的安装和调整。

石墨降膜吸收器的生产能力可在较大范围内进行调整，控制方便。例如单管产量可以控制在 $0.3 \sim 1.67 t/$（d·管），一般正常情况下为 $1.2 t/$（d·管），且不污染产品。

吸收器头部的封头、管板、稳压材料为酚醛树脂浸渍石墨；也有用钢制衬橡胶，表面涂酚醛胶合剂的复合衬里，这种结构虽比石墨经济，但其寿命较短。溢流堰、吸收管全为压型石墨管，口径为 $\phi(22/32)\,\mathrm{mm}$。

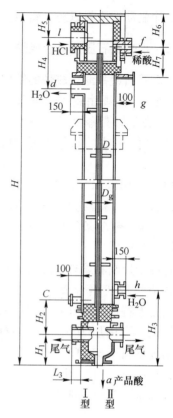

图 17-36　列管式石墨降膜吸收器

这种设备主要用于 HCl 气体吸收生产盐酸，也可作其他气体的降膜吸收。这种产品分Ⅰ型与Ⅱ型。Ⅰ型下封头为浸渍石墨，Ⅱ型下封头为钢衬橡胶件。这种设备的技术特性为：进气温度：上封头为石墨时不高于 250℃，上封头为钢衬橡胶件时不高于 100℃；许用压力：管程 0.1MPa，壳程 0.3MPa。

17.10　"三合一"石墨合成炉

"三合一"石墨合成炉是将盐酸生产过程中氯化氢气体的"合成—吸收—冷却"三个程序合并到一台设备上完成。目前国内有三种类型的"三合一"盐酸石墨合成炉。第一种吸收段是块孔式；第二种吸收段是列管式的膜式吸收；第三种吸收段是同心式（吸收段为列管式与燃烧段是同心平行的）。这几种型式都用于合成盐酸工艺中，并取得了满意的效果。

17.10.1　块孔式"三合一"石墨合成炉

块孔式"三合一"石墨合成炉的结构如图 17-37 所示。

块孔式"三合一"石墨合成炉分为合成段（上部）与吸收段（下部）两部分。合成段是由内径为 200mm、高为 900mm 的酚醛树脂浸渍的中空石墨筒制成。在合成段顶盖上装有石英玻璃燃烧器（灯头），氯气和氢气由上部进入燃烧器进行混合燃烧，火焰方向朝下。顶盖上与灯头成 45°角方向还装有两个视镜，一为观察火焰用，另一为点火时空气进口，正常运转时关闭。

　　在合成段筒体的上部有吸收液的进口和分配环，分配环将吸收液均匀分布到炉内壁上呈液膜状沿壁下流。吸收段是由 10 个单元吸收块组成，高 1m。每个吸收块的结构如图 17-38 所示。轴向孔（孔径 18mm）进行吸收，径向孔（孔径 8mm）进行冷却。整个吸收块由多块相同的元件胶结组成。吸收块上垂直方向的直孔下部都作成喇叭口形状，吸收液及氯化氯气体从中并流通过吸收成盐酸。吸收块径向小孔是冷却水的通道，冷却水由吸收段最上部进入，经过每一个吸收块后沿着合成段外壁冷却夹套至下部出口排除。

　　在吸收段最底部装有石器板防爆膜，在炉内压力超过 0.1MPa 时，防爆膜爆破，以保证设备操作安全。设备主体材料用石墨制成，耐腐蚀、寿命长、产品酸杂质少、纯度高。燃烧器安装在炉顶上，喷出的火焰方向朝下，炉外壁用夹套水冷却，炉内壁液膜冷却，能保护炉不受辐射热的影响，同时与氯化氢接触生成稀盐酸作为吸收剂。吸收段采用块孔式吸收器，吸收部分有效长度比列管式吸收器减少 50%，使设备体积小、紧凑、效率高，强化化工过程，大大简化了生产流程。

　　使用这种设备，操作过程中气密性强，改善了劳动环境。实践证明这种装置使用起来既安全又可靠，但操作时不能中断冷却水。

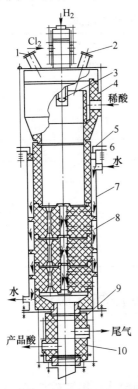

图 17-37　块孔式"三合一"石墨合成炉结构

1—放空管；2—视镜；3—灯头（燃烧器喷嘴）；

4—炉子头部；5—炉身；6—热补偿装置；

7—钢壳；8—吸收段；9—分离段；10—防爆膜

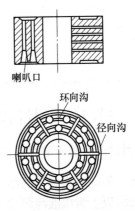

图 17-38　"三合一"合成炉的吸收单元块

17.10.2 列管式"三合一"石墨合成炉

列管式"三合一"石墨合成炉与块孔式"三合一"石墨合成炉在结构上基本相似，不同之处是吸收段，前者是列管式吸收，后者是块孔式吸收。

17.10.3 同心式"三合一"石墨合成炉

这种结构与前两种不同。吸收段为列管式，并分布在合成筒体外壁四周，结构紧凑。同时，由于将燃烧器安装在筒体底部，操作方便，并便于旧设备的技术改造。

最早投产使用的同心式"三合一"石墨合成炉由合成筒体、列管吸收段、冷却夹套、炉底、炉盖和燃烧器组成。合成筒用三段浸渍石墨黏结而成，合成筒下部设有点火孔和视孔，燃烧器（灯头）用石英材质，合成的氯化氢自燃烧器上升到炉顶部，进入外围的吸收段，自吸收堰进入管内被溢流的水吸收。吸收段管间为冷却循环水，既冷却吸收段又冷却炉壁，吸收段采用三段结构。

近年来，有的单位在这种结构的基础上将吸收段改为用有效长度 3000mm 的管子，而不做成三段，使结构简化，壳体改为硬聚氯乙烯外缠玻璃钢加固。炉体浸在壳体冷却水中。

三种"三合一"石墨合成炉的工艺性能比较见表 17-40。

表 17-40 三种"三合一"石墨合成炉工艺性能比较

项　目		块孔式	列管式	同心式
合成段	内径/mm	400	400	300
	外径/mm	560	550	400
总高/mm		6450	7760	3500
合成容积/m³		0.42	0.383	0.4 ~ 0.6
冷却面积/m²		6	7	9.9
吸收面积/m²		10.27	7	2.55
最大产量（35%盐酸）/t·d⁻¹		45	25	24
成品酸浓度/%		35	35	31 ~ 35
出口温度/℃		<40	<45	35
尾气含酸		微	微	微

17.11 列管式石墨硫酸稀释器及控制反应设备

17.11.1 列管式石墨硫酸稀释器

列管式石墨硫酸稀释器的结构如图 17-39 所示。

固定管板以上为浓酸与脱盐水混合，稀释部分由多种浸渍石墨零件组成以促进混合均匀。固定管板及以下部分与列管式石墨换热器相同。

这种设备为稀释硫酸工业中较先进的设备，可以将浓硫酸稀释到 75% 以下的浓度，并在稀释后立即进行冷却，也可作其他液体物料的稀释。

这种设备的技术特性：许用温度为 −20 ~ 130℃；管内许用压力为 0.2MPa，管外为

0.3MPa。换热面积可根据需要协商制作，安装时要求将分液管日调到同一水平高度。

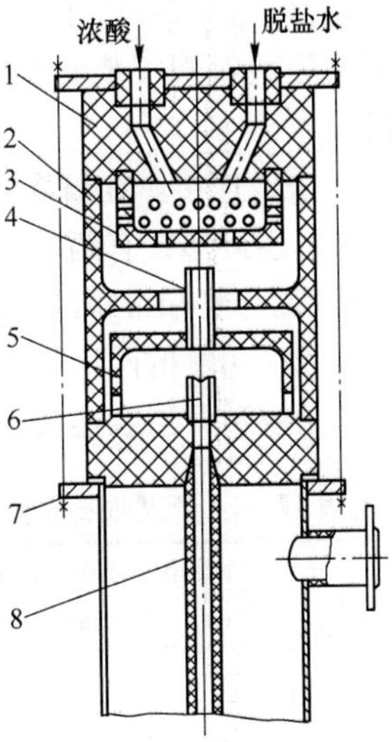

17.11.2 不透性石墨制反应设备

用浸渍石墨制造反应设备，可解决某些生产过程中的设备腐蚀问题，但使用压力不大，多为常压反应。如生产氯化聚醚的反应釜，介质为氯气、醋酸等，反应温度为 110～180℃。

经生产考验，使用效果良好。反应釜用浸渍石墨分段制作然后用胶合剂拼接一气体进入管道采用压型石墨管。

17.11.3 三氯乙醛氯化塔

三氯乙醛的生产由阶梯式改为塔式，不仅可大大节约原料（如某厂每吨氯油比原来节约100kg酒精），而且延长了开车时间，提高了生产率，简化了工艺流程。

全塔由塔顶冷凝器、塔节（多节）、氯分配器、溢流管、塔板塔节冷凝器（均多节），塔釜冷凝器、塔釜等组成。除塔釜外，其余部件主要都由石墨材料组成。

目前制作的塔径（外径）有 $\phi400mm$、$\phi650mm$、$\phi700mm$ 等几种，高约 10 余米。每塔年产氯油数百吨到 1500～3000t。

图 17-39　列管式石墨硫酸稀释器
1—上封头；2—中间室；3—混合环；
4—升气管；5—稳压环；6—分液管；
7—固定管板；8—换热管

17.12　流体输送系统中的不透性石墨制品

17.12.1 不透性石墨管道

用浸渍石墨或压型不透性石墨制作管道，输送腐蚀性流体介质，在合成氯化氢、盐酸和有机氯化物等生产中均已得到应用，并取得了良好的效果。不透性石墨管是一种脆性材料，特别是抗冲击强度低（一般只有0.3MPa），在安装使用时，要防止冲击和振动。不透性石墨管的使用条件如表17-41所示。

表 17-41　不透性石墨管的使用条件

名　称	温度/℃	使用压力/MPa	
		液体	气体
酚醛浸渍石墨管	<120	>0.3	<0.2
呋喃浸渍石墨管	<150	>0.3	<0.2
压型石墨管（酚醛）	<120	>0.3	<0.2

输送介质压力较高时，也可采用套管镗装的形式，用石墨树脂胶合剂将石墨管和管件镶在铁管中。

使用温度较高或气温变化较大时，会使管路伸长或缩短，应在安装时根据具体条件增设膨胀节。

设计管道的规格可参照表17-42。

石墨管连接的方法有好几种，除用法兰、螺纹连接外，在管线不长的地方还可采用简单的对粘接方法（外缠玻璃布加强粘接缝处的强度），或用套管粘接的方法。管道组装要符合以下要求：管子接口处必须密封，在规定压力下不渗漏，管子要设有托架（参照石棉酚醛塑料管安装要求），防止变形或受外力作用而折断，保证牢固稳定，便于检修更换。

（1）法兰连接。在石墨管端制成凸缘后，用金属法兰连接。采用法兰连接能满足管道组装要求，连接形式有两种：一种是用压型石墨板或浸渍石墨板加工成带螺纹的套环（凸缘），用胶泥与管端带螺纹的压型管粘接，再用活套法兰连接（见图 17-40a）。另一种是用钢模做成带角度的凸缘阴模，用胶泥在管端成型，制成类似石棉酚醛塑料管的凸缘，再用活套法兰或对开法兰连接，凸缘角度取 30°，如图 17-40b 所示。

表 17-42　不透性石墨管的规格

名　　称	公称直径 /mm	外径 /mm	内径 /mm	长度 /m
压形石墨管	20	32	22	2, 3, 4
	25	38	25	2, 3, 4
	30	42	30	2, 3, 4
	35	50	36	2, 3, 4
	40	55	40	2
	50	67	50	2
	65	85	65	2
	75	100	75	2
浸渍石墨管	100	133	102	2
	125	159	127	2
	150	190	152	2
	200	254	203	2
	250	330	254	2

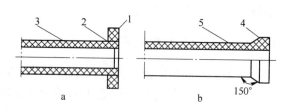

图 17-40　法兰连接结构

a—螺纹凸缘结构；b—模塑凸缘结构

1—不透性石墨盘；2—胶泥；

3—压型或浸渍石墨管；

4—模塑凸缘；5—压型石墨管

螺纹凸缘连接结构的尺寸见图 17-41 和表 17-43。

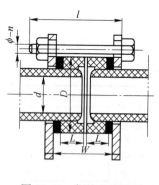

图 17-41　螺纹凸缘连接

表 17-43　螺纹凸缘连接尺寸　　　（mm）

公称直径	d	D	L	W	l	φ-n
25	25	70	25	81	98	M12×4
35	36	85	28	87	105	M12×4
50	50	105	32	99	120	M16×4
65	65	125	36	111	130	M16×4
75	75	140	40	123	145	M16×4
100	100	175	44	135	155	M16×4
125	125	205	48	135	155	M16×4
50	150	240	51	149	170	M20×6
200	200	300	56	159	180	M20×8
250	250	380	60	171	190	M20×8

模塑凸缘法兰连接也可考虑采用上述尺寸，与其配合的法兰可采用铸铁活套法兰或对开法兰，法兰尺寸及结构见图 17-42 和表 17-44 及表 17-45。采用模塑凸缘法兰应考虑将法兰加工成 30° 锥角，以便同凸缘相配合。

（2）螺纹连接。将不同规格的短管组装成规定长度（2m、3m、4m）的主管。管件与主管的连接及设备上设置管接头、排空、取样等单程管，均可采用螺纹连接。有时为减少长管线上的法兰连接的数量，采用混合连接，例如用螺纹将几段 2m 长的管连成 6m 长的主管，主管间再用法兰连接。螺纹连接结构见图 17-43。

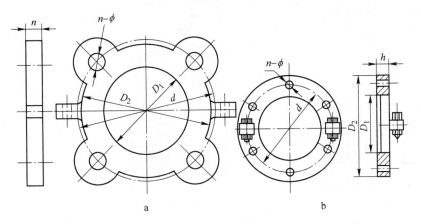

图 17-42　法兰结构

a—活套铸铁法兰；b—对开钢法兰

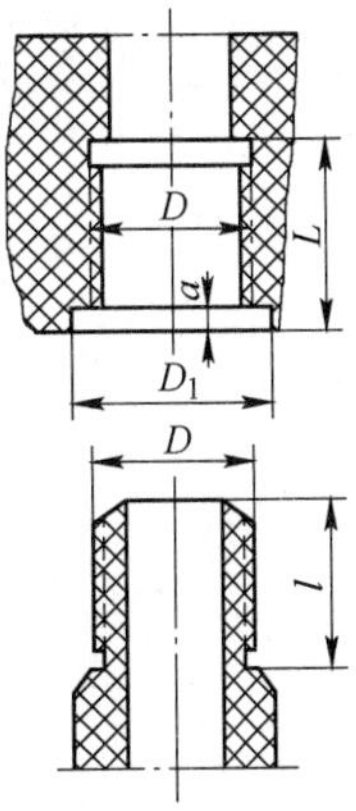

图 17-43　管螺纹

连接结构

表 17-44　铸铁活套法兰尺寸　（mm）

公称直径	D_1	D_2	d	h	n-ϕ
25	42	70	86	12	4-16
35	56	86	102	12	4-16
50	74	106	125	14	4-19
65	92	126	145	16	4-19
75	108	141	160	18	4-19
100	138	176	195	20	4-19

表 17-45　对开法兰尺寸　（mm）

公称直径	D_1	D_2	d	h	n-ϕ
125	165	260	225	16	6-19
150	195	310	265	18	6-22
200	260	370	325	20	8-22
250	335	450	405	22	8-22

组装时用胶合剂涂在连接部位，组装后把挤出的胶泥抹去，螺纹配合要求松些，外螺纹根部留有退刀槽。

17.12.2　不透性石墨管件

管件除可用压型石墨制作外，一般用浸渍石墨制作。因石墨强度低，所以采用在块式内掏圆筒的方法。可用不透性石墨制作弯头（45°及 90°）、三通、四通、内接头、外接头、管端盖、旋塞、埋头旋塞、管凸缘、管道视镜、管道补偿器等。

不透性石墨管件具有优越的耐腐蚀性能及较好的耐温性，可用于腐蚀性液体或气体的输送。尤其是物料同时具有较高的温度条件时就更具有独特的优点。其连接可以用螺纹、胶结、管凸缘及管道补偿器等。在存在热胀冷缩的场合下，应使用管道补偿器以消除热应力。这种管件的技术特性为：许用温度为 -30~170℃，许用压力为 0.2~0.3MPa。

不透性石墨管件的缺点是笨重，强度较低（与金属件比），特别是抗冲击强度更低。所以在一般工况条件下不推荐使用。不透性石墨制的管件的结构如图 17-44 所示，各部分尺寸如表 17-46 所示。

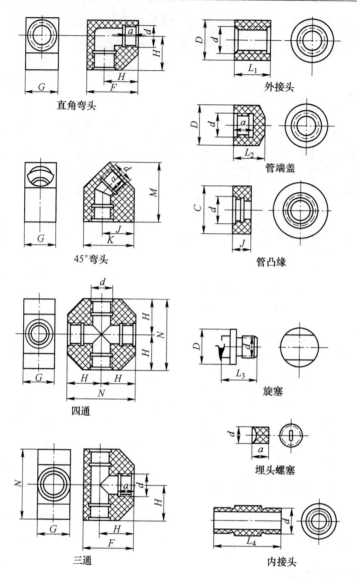

图 17-44　不透性石墨制管件的结构

表 17-46　石墨管件尺寸表　　　　　　　　　　　　（mm）

公称直径	d	a	D	C	L_1	L_2	L_3	L_4	F	G	H	N
25	38	25	55	70	50	38	55	100	75	50	50	100
35	50	25	68	85	50	38	55	100	90	70	55	110
50	67	32	85	105	64	45	65	120	115	90	70	140
65	85	32	110	125	64	50	70	120	130	110	75	150
75	100	38	130	140	76	60	78	140	155	130	90	180
100	133	38	170	175	76	—	—	150	195	170	110	220
125	159	44	195	205	88	—	—	170	230	200	130	260
150	190	44	230	240	88	—	—	180	260	230	145	290
200	254	51	290	300	102	—	—	—	—	—	—	—
250	330	53	370	380	125	—	—	—	—	—	—	—

17.12.3 不透性石墨旋塞

不透性石墨旋塞可用高纯浸渍石墨制造，也可用模压法制造压型石墨旋塞，结构如图 17-45 所示。由于石墨本身具有润滑性，所以旋塞芯子容易旋转。旋塞直径在 25～75mm 时，其各部分尺寸见表 17-47。允许使用的压力为 0.1～0.15MPa。

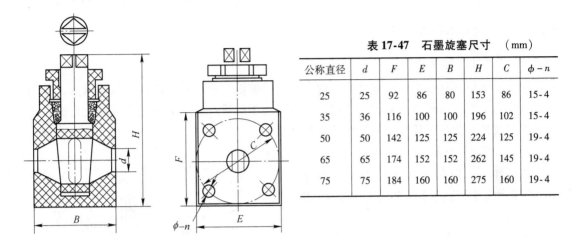

图 17-45　石墨旋塞结构示意

表 17-47　石墨旋塞尺寸　（mm）

公称直径	d	F	E	B	H	C	$\phi - n$
25	25	92	86	80	153	86	15-4
35	36	116	100	100	196	102	15-4
50	50	142	125	125	224	125	19-4
65	65	174	152	152	262	145	19-4
75	75	184	160	160	275	160	19-4

17.12.4 不透性石墨离心泵

不透性石墨离心泵由壳体，叶轮、轴套等主要构件组成。叶轮通过轴套与车有反扣螺纹的轴连接在一起，并用胶泥胶结起来，轴套为压型石墨制的，外表面要求绝对光滑，其结构如图 17-46 所示。

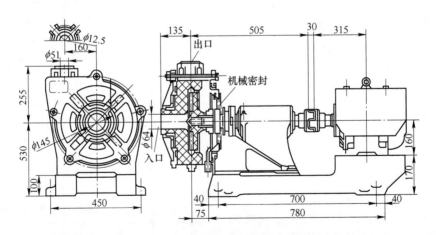

图 17-46　不透性石墨离心泵

石墨离心泵一般是用高纯不透性石墨制作，并以酚醛树脂浸渍处理。壳体涡形部分用 45 号钢作刀头铣出，用锥形铰刀铣出涡形出口。不透性石墨离心泵的规格与性能见表

17-48 所示。

表 17-48　不透性石墨离心泵性能

叶轮直径/mm	泵入口直径/mm	泵出口直径/mm	流量/L·min⁻¹	扬程/m	功率/kW
300	64	51	200~230	22	4.5
250	60	50	193	22	4.5

17.12.5　不透性石墨喷射泵

17.12.5.1　作用原理

由喷射嘴打入高压水，使混合室形成真空，将腐蚀介质即浓酸液由吸酸管吸入，并与水混合均匀，然后由扩散室喷出，从而达到直接将浓酸稀释到所需浓度的稀酸之目的。适用于抽吸及稀释盐酸、硫酸或碱性腐蚀介质之用。

17.12.5.2　结构

不透性石墨喷射泵系由喷射嘴、混合式、扩散室、吸酸管等四部分组成，如图 17-47 所示。

各部件之间以螺纹或插口方法连接并以酚醛胶合剂胶合成整体。各部件主要尺寸见表 17-49。

喷射泵组装后总长为 594mm，最大法兰外径为 φ210mm，浸渍石墨采用 180℃ 热处理，可耐温度为 70℃、浓度为 93% 的浓硫酸的腐蚀作用。

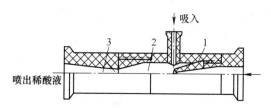

图 17-47　喷射泵结构示意
1—喷射嘴；2—混合室；3—扩散室

17.12.5.3　实际生产工艺指标

进水工作压力：0.36MPa；
稀酸出口压力：0.25MPa；
进口流量：18.71t/d；
出口流量：19.2t/d；
吸入浓酸量：0.49t/d；
吸入硫酸浓度：93%；
稀释硫酸浓度：2%；
吸酸高度：1.5m。

17.12.5.4　应用实例

在化工、石油、火力发电、蒸汽机的软化水系统中，以前多采用先将工业浓硫酸稀释为 20% 左右，再配制为 1.5%~2% 使用，因此必须有一整套不锈钢或耐酸陶瓷制的设备和大型贮槽等，既不经济又不

表 17-49　喷射泵各部件主要尺寸

部件名称	主要尺寸
喷射嘴	进水管径：65mm 喷水管径：18mm 喷腔锥度：14°10′ 全长：260mm
混合室	混合室内管径：96mm 吸酸孔径：12mm 一段喷出管径：33mm 一段喷腔锥度：38°50′ 二段喷出管径：20mm 二段喷腔锥度：3°45′ 稀酸喷出管径：65mm 稀酸进入管径：20mm
扩散室	扩散管锥度：4°30′ 全长：338mm
吸酸管	吸酸管内径：12mm 全长：114mm

安全，操作繁琐。现用不透性石墨喷射泵可满意地解决这些问题。应用实例详见表
17-50。

表 17-50　石墨喷射泵应用实例

项　　目	介　　质	使用情况
水处理车间	稀释硫酸 17% ~ 22%	使用情况良好，代替原来的不锈钢设备
盐酸脱吸	盐酸、水	使用情况良好
磷酸雾回收	磷酸雾，80% 磷酸，400℃	使用情况良好

17.12.6　管道视镜、管道补偿器及其他

17.12.6.1　管道视镜

用不透性石墨制的管道视镜广泛用于输送具有腐蚀性介质的管道及设备。其结构如图
17-48 所示，其各部分尺寸如表 17-51 所示。

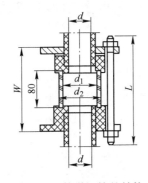

图 17-48　管道视镜的结构

表 17-51　管道视镜结构尺寸　（mm）

公称直径	d	d_1	d_2	W	L
25	25	45	57	166	190
35	36	55	67	166	190
50	50	75	90	186	225
65	65	90	105	198	240
75	75	110	125	21	255
100	100	140	155	228	270

17.12.6.2　管道补偿器

石墨为脆性材料，使用石墨管道应避免产生弯矩及拉应力。当管道较长，温差较大
时，石墨管道间的连接应加装管道补偿器。管道补偿器的结构如图 17-49 所示，其各部分
尺寸如表 17-52 所示。

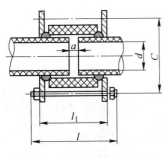

图 17-49　管道补偿器的结构

表 17-52　管道补偿器各部分尺寸　（mm）

公称直径	d	l_1	a	C	l
25	25	80	8	90	95
35	36	84	8	110	100
50	50	98	10	130	115
65	65	98	10	150	115
75	75	104	10	175	120
100	100	118	12	225	135
125	125	120	12	265	140
150	150	128	12	305	150

17.12.6.3　温度计套管

对设备或管道内腐蚀性液体或气体进行测温时，需将温度计用不透性石墨管保护起来。这种温度计套管的结构如图17-50 所示，其各部分尺寸如表 17-53 所示。

表 17-53　温度计用不透性石墨保护套管尺寸

(mm)

公称直径	A	D	L_1	F	L
35	50	54	38	15	100
50	67	72	45	15	150
65	85	90	45	15	200
75	100	106	50	15	250
100	133	138	54	16	300

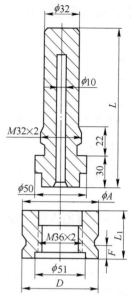

图 17-50　温度计用不透性
石墨保护套管

17.13　氯碱工业用石墨阳极

石墨阳极用于氯碱工业，电解生产氯和烧碱产品，已有 70 多年的历史。自从石墨阳极用于食盐电解槽，对基本化学工业重要组成部分的氯碱工业起了很大的推动作用。为此，数十年来，石墨阳极随着氯碱工业的发展而发展。

17.13.1　石墨阳极的规格及性能

石墨化阳极的生产工艺流程与生产石墨化电极基本上一样，不同在于石墨化阳极的密度和强度应比石墨化电极更高。这是因为密度和强度较高的石墨化阳极在使用时抗氧化性能和抗腐蚀性能高一些，因而可以延长阳极的使用寿命。

为了提高石墨化阳极的密度和强度，半成品毛坯在焙烧后都在高压釜中用煤沥青加压浸渍处理，再经焙烧，然后进行石墨化处理。有时为了进一步提高石墨阳极的使用寿命，还需以干性油或树脂类浸渍和固化后再使用，通常称为后浸渍处理。石墨化阳极产品的规格及允许偏差如表 17-54 所示。石墨化阳极在隔膜法食盐溶液电解槽上的应用如图 17-51 所示。

表 17-54　石墨化阳极的产品规格及允许偏差 (mm)

规　格	允许偏差（平两端）			
	厚度	宽度	长度	弯曲度
$51 \times 51 \times 970$	+2	+2	±15	≤3.5
$40 \times 180 \times 760$	+2		+15	≤3
$40 \times 180 \times 960$	−1		−5	≤4
$50 \times 180 \times 635$		+2	±10	≤2.5
$50 \times 180 \times 940$			±15	≤4
$50 \times 250 \times 640$	+3		±10	≤2.5
$50 \times 250 \times 1140$			±15	≤4.5
$75 \times 180 \times 640$			±10	≤2.5
$115 \times 400 \times 1050$	±10	±10	±15	≤5
$115 \times 400 \times 1300$				

用于隔膜槽的石墨化阳极性能指标为：比电阻小于 $9.5\mu\Omega\cdot m$；抗压强度大于 25MPa；灰分小于 0.5%；假密度大于 $1.62\sim1.65g/cm^3$。注：水射槽用阳极，钒含量不大于 $10\mu g/g$。

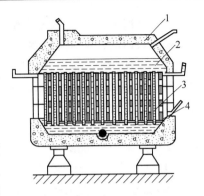

图 17-51　隔膜法食盐溶液电解槽
1—槽盖；2—食盐水；
3—石墨化阳极；4—阴极框

17.13.2　石墨阳极的浸渍处理

石墨阳极成品的后浸渍处理是一项不可忽视的工艺技术。有的国家，由阳极制造厂承担后浸渍处理，不但方便了用户，而且经过后浸渍处理后，石墨阳极在电解过程中的化学耗损速度降低 $1.2\sim1.4$ 倍，机械耗损速度降低 $1.8\sim2.4$ 倍。未进行后浸渍处理的阳极，其化学耗损与机械耗损之比为 1.2，经后浸渍处理的阳极，其化学耗损与机械耗损之比为 $1.8\sim2.0$。总之，经过后浸渍处理的石墨阳极，工作寿命可延长 $1.5\sim2$ 倍。近年来，国外一些厂家为了延长石墨阳极的工作寿命，以同金属阳极竞争，不惜花费很大的研究力量和代价，寻找石墨阳极后浸渍处理的有效途径。

石墨阳极后浸渍处理的传统方法是，各国早期都采用亚麻油或桐油等干性植物油为主要后浸渍处理材料。目前各国还在进一步对亚麻油进行研究，有的国家认为，亚麻油要比其他各种浸渍剂（主要是聚合树脂）效果优越，并认为，只要浸渍剂中含有 10% 的亚麻油，石墨阳极的工作寿命就比不浸渍的阳极长 2 倍。浸亚麻油的不足之处是有自氧化膨胀作用，形成半液状凝胶体（semiliquid gel），影响阳极效果。为了解决这个问题，捷克和东德的电碳公司采用在亚麻油中添加少量（约 2%）过氧化二月桂酰（dilaurogl peroxide），并在 80℃ 下放置 $8\sim12h$，然后用它对石墨阳极进行后浸渍处理（浸渍含量约为 8%~11%），效果良好。这种石墨阳极起始电压为 2.8V，26 个月后达 3.4V，石墨阳极的消耗量仅为 $6.9g/(kA\cdot h)$。

美国则是添加 100mg/L 的钴离子，其效果是降低阳极电位 0.1V 和 20% 的消耗率，但电流效率稍有下降。除亚麻油外，美国、英国、前苏联、日本、法国、西德和加拿大等国家，先后还用聚合树脂、泥炭、蜡，各种组分的合成树脂和无机盐作后浸渍剂。

由于发现浸渍上述物质时，填满孔隙后，余留在石墨阳极表面的油和聚合物，会导致电解过程槽压上升，并有可能使分泌物渗入隔膜，故前苏联又提出一种以低挥发物与聚合物共用的办法。

日本索尼公司 1971 年提出一种阳极内浸玻璃的方法，就是将石墨阳极浸糠酮、丙酮和硫酸，并浸泡于 95% H_2SO_4 中，于 200℃ 下固化，再在 800℃ 下炭化，这样石墨阳极里就会有 9.5% 的玻璃碳，这种阳极比普通阳极的寿命可提高 1 倍。

苏联还提出用亚油酸锰（亚麻油的聚合物）、亚油酸锰同沥青组成的混合物 411 漆和妥尔油等对石墨阳极进行后浸渍处理，并认为妥尔油效果最好。据称它可以提高石墨阳极寿命 $1.4\sim1.5$ 倍，比亚麻油优越。1973 年以来，用妥尔油浸渍已正式列入苏联石墨阳极国家标准。这种妥尔油是造纸工业中用木材作原料制造纸浆时的一种副产品。浸渍时，将它（约 15%~18%）放入 CCl_4 溶剂中制成浸渍剂。据介绍这样能使石墨阳极的工作寿命长达 $425\sim483d$。此外，苏联还用带乳化剂的乳胶油，水质乳胶聚合树脂等浸渍剂。

上述诸浸渍剂均会导致浸渍阳极电流密度和槽电压增大，约比不浸渍阳极高 50mV，石墨阳极表面活性也会降低等。

日本发现一种乙烯基聚合物。据说可提高石墨阳极的机械强度 10%~20%，假密度增加 3%~5%，特别使孔径范围在 1~10μm 的孔隙率大大减少，比电阻保持不变，可达如下技术指标：假密度为 1.78g/cm³；比电阻为 6.0μΩ·m；抗弯强度为 38MPa。

这种浸渍材料在石墨阳极表面无渗出液，也无沉淀痕迹，腐蚀耗损仅为普通不浸渍阳极的 1/2。如工作 200d 后，当电流密度为 10kA/m² 时，槽的起始电压才由 4.16V 上升至 4.2~4.3V，大大优于一般阳极，所以这种浸渍剂是比较理想的，国外还有一种在石墨阳极基体表面上涂覆涂层来延长石墨阳极的寿命的办法。

法国、前西德和日本等国曾将石墨阳极表面涂覆钛、钽等金属活性层，以及用碳化钛、硝酸钛和钌金属层，均取得比较好的效果。如日本用钌涂覆的石墨阳极，耐腐蚀性能提高 100 倍左右，一般在石墨表面涂覆的厚度小于 10μm。

此外，前苏联还试验出将石墨阳极浸渍钌和铂的溶液，可以降低阳极的电位，这种方法还可防止电解过程中石墨阳极和活性层之间产生极化。日本和美国还提出采用 PbO₂ 涂层，或是用氯萘浸渍后再在石墨阳极表面涂覆 PbO₂ 的办法。

17.13.3　氟电解用电极

大量生产的氟（F₂）主要用于浓缩铀（UF₆）的合成和高介电气体六氟化硫（SF₆）的合成。近年来，作为半导体刻蚀或清洗用的四氟化碳（CF₄）、三氟化氮（NF₃）及三氟化氯（ClF₃）或锂一次电池用氟化石墨 [（CF）ₙ] 等的合成原料，其使用量正在不断增大。

氟气可以通过含氟化钾（KF）的氟化氢（HF）电解而制得，正常使用炭电极代替易腐蚀的 Ni 电极。电解浴的组成主要为 KF-2HF，它有以下优点：（1）HF 的蒸汽压低，易处理；（2）电极的腐蚀小；（3）电解槽可以使用钢材；（4）氟气中混入的 CF₄ 较少。

电解的条件一般为：电解浴温度 90℃，电流密度 10A/dm² 以下，电压 7~15V。

为了提高氟的生成效率而增加电流密度时，易在炭电极表面生成氟化石墨 [（CF）ₙ]，引起电极表面上氟气泡的接触角增大，使电流难以通过。当覆盖在电极表面上的氟化石墨达到一定程度时，形成电弧放电，电压达数 10V，使电解难以继续进行，即发生所谓阳极效应。电极上一旦产生阳极效应，就必须研磨或更换。

当电解液中存在水分时，在电极表面生成氧化石墨，因为它容易与氟反应生成氟化石墨，所以最好用 Ni 电极在恒定电流下电解以预先脱水。此外，因为氟化锂（LiF）具有催化生成氟-石墨层间化合物的作用，而它有利于提高电极表面与电解液的润湿性，所以，在电解液中加入 LiF 或采用浸渍了 LiF 的炭电极，有利于达到稳定操作的目的。

但是生成的石墨层间化合物过多时会导致炭电极膨胀，造成与固定的导体相连接的部位破坏，因此，必须使用热处理温度较低（1000~1400℃）的特制的炭素材料作电极。最近，考虑到电解电流在电极表面上分布均匀时，可以抑制石墨层间化合物生成而造成的极化作用，已开始使用各向同性石墨。此外，导体的连接部分与氟反应，存在电阻增加或发热等故障。这些问题，正在通过在这一部分（连接部），主要采用喷镀等方法进镍包覆来解决。

目前，在工业用氟电解中，已使用 5000~6000A 的电解槽。随着氟化学的进步，今后

10000A 规模的电解槽也正在计划中，希望及时开发与此相对应的炭电极。

17.13.4　石墨阳极的发展动向

石墨作为氯碱电解阳极材料，有许多优点。如导电性能好，耐氯和电解液的腐蚀，氯超电位小，有一定的机械强度，无有害杂质以及价格较低等。但其最大缺点是不能经受电解过程中因化学和机械性质的腐蚀消耗，极间距离增大，使槽电压上升。石墨的腐蚀又使烧碱着色，对氯碱电解槽带来了某些不利影响。特别是随着现代氯碱工业的发展，电解槽的电流密度大，要求产品质量和纯度提高等，停留在原有基础上的石墨阳极就不能满足要求。

20 世纪 60 年代末期，金属阳极（钛-钌阳极）问世，它不但具有石墨阳极所没有的优点，并能连续工作 5 ~ 6 年。由于金属阳极基本不腐蚀，被称为"尺寸稳定阳极"，故不会出现像石墨阳极那样因腐蚀而使极距变化，影响槽电压的情况。金属阳极的电流效率高，氯碱产品质量好，节省能源，没有特殊污染，维修工作量少等优点，是受当前氯碱工业欢迎的新型阳极材料。1973 年，美国有 1/3 的氯碱工业采用金属阳极，我国近年来也有一些厂家改用金属阳极。由于采用金属阳极造价高，金属阳极槽（5 万元/槽）约为石墨阳极槽（1 万元/槽）的 5 倍。而且金属钌的资源非常缺乏，进口又非常困难（钌仅南非、前苏联等几个国家有），而金属钛的提炼加工费用又高。同时采用金属阳极时，要求对电解液 NaCl 必须进行严格净化处理，其电解液盐水含 Ca、Mg 离子不应大于 5×10^{-4} % 等缺点，要想近期内将氯碱电解槽都改为金属阳极是不现实的。

近年来，国内外的石墨阳极生产厂家都在加紧研制高质量、长寿命的石墨阳极，以期与金属阳极相竞争。目前主要是从如下两方面着手：首先是从原料、工艺技术、工艺装备等方面改进提高；其次从石墨阳极的后处理方面着手。下面介绍石墨阳极本体的改进。

日本曾用光学显微镜和电子显微镜观察过工作寿命较长的石墨阳极的结构，发现其微观结构坚固而密实；另外从短期耐腐蚀试验也可看出，寿命较长的石墨阳极其假密度都较大，石墨化程度都较高。

美国、前苏联、日本的研究结果分别证明石墨阳极气孔的存在是增大石墨阳极腐蚀率的重要因素之一。研究结果表明，在总气孔率中，如果孔径为 250 ~ 7000nm 的孔比例增大，会使石墨腐蚀率增加 30%。并提出石墨阳极的电导率是影响它工作寿命的重要因素。

总之，目前普遍认为，那些假密度高、比电阻低、抗弯强度高、组织结构均匀细致和经过浸渍处理的石墨阳极，其耐腐蚀性能就高，使用寿命就长。因此一些研究者努力从事工艺技术的改进，以降低制品的气孔率，提高石墨阳极的致密度；提高石墨化度，降低电阻率和降低灰分含量等。这些工艺技术工作近年来重点表现如下：

（1）原料。一些炭素工业较发达的国家都提出要选用纯度高的原料。有的国家为了制造优质石墨阳极而不惜花高价采用优质焦（如针状石油焦）等。

（2）颗粒形状和颗粒度。构成石墨阳极的原材料的颗粒形状对石墨阳极的性能有很大影响，因为石墨阳极的孔隙度、开口与闭口孔隙的性质同原材料颗粒形状有很密切的关系。经磨粉后的原料颗粒以细长的形状为好，有利于石墨阳极的性能。

在颗粒度方面，普遍认为细颗粒为好。但由于颗粒变细，其制造工艺也要作相应改进。

（3）浸渍沥青。采用高压浸渍沥青，可以大大改善石墨阳极的性能，提高制品的密度、降低气孔率，提高制品的机械强度和导电性能等。

（4）二次焙烧。经过浸渍沥青处理后，还要进行二次焙烧，如有必要，还可进行多次浸渍与焙烧处理，可以大大提高石墨阳极的性能和寿命，也使石墨阳极的成本大大提高。

（5）提高石墨化度。除选用易石墨化的优质石油焦作为石墨阳极的主要原材料外，还应重视石墨化的效果。石墨化的温度一般应在 2600～3000℃ 之间，石墨化效果的好坏，通常以制品的比电阻来衡量，比电阻越小，意味着石墨化度越高。石墨化度的高低，直接影响石墨阳极的寿命。大量试验结果表明，石墨化阳极的石墨化度越高，其使用寿命也越长。

总之，通过上述五个方面来改善石墨阳极本体的性能，再结合前面的石墨阳极的后浸渍处理，是可以生产出优质石墨阳极的：目前各国石墨阳极的制造和研究人员的研究成果表明，人造石墨阳极，尽管受到金属阳极的冲击，但在电解氯碱工业中，在很长一段时间里，还将占重要地位。

17.14　电渗析用石墨电极

17.14.1　电渗析的原理及其作用

众所周知，渗析是一种自然发生的物理现象。当两种不同浓度的盐水用一张渗析膜隔开时，浓盐水中的电解质离子，就会穿过膜扩散，进入到淡盐水中去，这就是所谓的渗析过程（图 17-52）。这里的离子迁移，是由膜两边的浓度差造成的，所以又称浓差渗析。这种渗析过程是以浓度差作为推动力，所以速度较慢。随着渗析过程的进行，膜两边盐水的浓度差越来越小，渗析的速度就越来越慢：直至膜两边浓度相同，建立了平衡，电解质离子的迁移也就停止了。

上面用的是非选择性透过的渗透膜，若用选择性透过的渗透膜，就可利用此过程进行废液处理，回收废液中的有用物质。图 17-53 为利用阴离子交换膜（只允许阴离子通过，而阻挡阳离子）进行浓度差渗析回收废酸液（$FeSO_4$ 和 H_2SO_4）中的 H_2SO_4 的示意。右室为浓室，加入 H_2SO_4 和 $FeSO_4$ 的混合液，左室为淡室，加入水。由于右室中 H_2SO_4 和 $FeSO_4$ 的浓度较大，H^+、SO_4^{2-} 和 Fe^{2+} 离子均有向左室扩散的趋势。由于使用阴离子交换膜，SO_4^{2-}

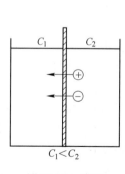

图 17-52　渗析

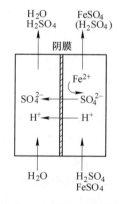

图 17-53　浓差渗析示意

离子可透过膜进入左室，金属 Fe^{2+} 离子则不能透过阴膜，仍留在右室中，而 H^+ 离子具有它独特的性质（水合离子、半径小，迁移速度快）故也能透过阴膜，进入左室。H^+ 和 SO_4^{2-} 离子透过膜的数量是等当量的，以保持溶液呈电中性，经过一段时间的渗析后，右室中酸的含量逐渐降低，左室中酸的浓度逐渐增高，达到了酸和盐的分离，回收了有价值的硫酸。此图也是工业用废酸处理的浓度差渗析器的原理示意。在实际使用中，采用许多膜组装而成的多膜式浓差渗析器。

上述渗析过程的速度较慢，如果在膜两边施加一个直流电场，就可加快离子的迁移速度。这种离子在电场作用下通过膜进行迁移的过程，称为电渗析。根据所用膜种类不同，电渗析又可分为如下两类。

（1）非选择性膜电渗析。非选择性膜电渗析原是溶胶的一种提纯方法，已有几十年的历史。如图 17-54 所示，利用天然半透膜（如膀胱膜）或人工半透膜（如羊皮纸等）能透过离子而不能透过颗粒较大的胶体粒子的性质，在外加直流电场的作用下，作为杂质的离子就从溶胶中穿过半透膜进入水中，被水流带走，从而纯化了溶胶。

但是，使用非选择性的半透膜来处理含盐水，不能达到淡化脱盐的目的，因为阴阳离子都能穿过半透膜，通电的结果只会使电极反应不断进行，而中间隔室中的离子浓度却只可能有很小的变化，如图 17-55 所示。

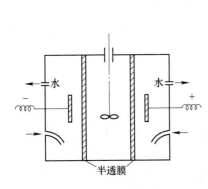

图 17-54 电渗析器

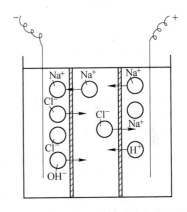

图 17-55 使用非选择性膜的电渗析示意

（2）选择性膜电渗析（以含盐水淡化为例）。为了使含盐水脱盐淡化，将非选择性半透膜改为离子选择性透过膜，如图 17-56 所示。靠近阴极的阳离子交换膜，只允许通过阳离子而排斥阴离子；靠近阳极的阴离子交换膜，只允许通过阴离子而排斥阳离子。阳膜和阴膜将容器分成三个极室。靠阴极的一个隔室称为阴极室，靠阳极的一个隔室称为阳极室，这样就构成了一个最简单的双膜三室电渗析淡化器。

接上直流电源后，在直流电场作用下，中间隔室中的阳离子不断穿过阳膜迁移到阴极室，而阴离子则不断穿过阴膜迁移到阳极室。但是阳极室中的阳离子

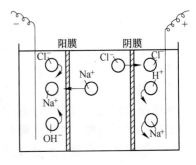

图 17-56 使用离子交换膜电渗析
脱盐示意

在向阴极迁移的过程中，不能穿过阴膜，而阴极室中的阴离子在向阳极迁移的过程中也不能穿过阳膜，结果使中间隔室的水中离子含量越来越少，最后可降低到所要求的含量标准，成为淡水。而在两端极室中，由于离子迁移，浓度逐渐升高，成为浓水。这就是电渗析法进行净化或分离的基本原理。

电渗析法是一种具有发展前途的膜分离新技术，不仅工艺简单，技术成熟可靠，而且具有易于设备化，操作管理简单，无须酸碱再生等优点，因此在制取初级纯水和高级纯水的前处理方面，在电厂水处理方面，在淡化苦咸水方面，在分离硫酸酸洗废液、含氰废水处理、氰化镀镉废水处理、低水平放射性废水处理、一般的工业污水处理、照相用显影液的回收等方面，已得到广泛应用。

众所周知，地球上水的资源虽然丰富，但由于海水含盐量太高，不能直接应用，而直接应用的淡水仅占地球总水量的 0.64% 左右。因此某些淡水资源较少的地方必须开辟新的淡水资源，海水和苦咸水的淡化就是其中的重要途径之一。即使是江河之中的淡水，由于含有泥、砂、悬浮物、胶体物质、有机物和细菌等杂质，也必须经过净化处理。

此外，大量生活污水和工业废水的排放也必须经过处理，否则会污染江河水质，危害人类的身体健康。

各部门对水质的要求不同，一般居民用水，只要将江河水经自来水厂的净化，消毒处理后，把含盐量降到 $500\mu g/g$ 以下就可使用。但锅炉用水和食品、医药、电子工业等用水，对水质的要求却很高，锅炉用水中的钙和镁、硅酸盐等离子和氯化物的含量超过某标准时，就会引起锅炉结垢，影速热传响度，严重时会引起爆炸。在这些领域里，应用电渗析法对水质进行必要处理，就显得更为重要。

17.14.2　石墨电极的选择和应用

17.14.2.1　电极反应

电渗析器通电以后，两端的电极表现上还有电化学反应发生。以食盐水溶液为例，有如下反应：在阳极，$H_2O \rightleftharpoons H^+ + OH^-$。

在阳极室，由于 OH^- 减少，极水呈酸性，并产生性质非常活泼的原子状态氧 [O] 和氯气，对电极造成强烈腐蚀，所以一定要考虑电极材料的耐腐蚀性能。在阴极室，由于 H^+ 离子减少，极水呈碱性，当极水中有 Ca^{2+}、Mg^{2+} 和 HCO_3^- 等离子时，则与 OH^- 离子生成 $CaCO_3$ 和 $Mg(OH)_2$ 等水垢，集结在阴极上，同时阴极室还有氢气排出。

靠近电极的隔室（极室）需要通入极水，以便不断排除极电过程的反应产物，保证电渗析器的正常安全运行。阴极室和阳极室的流出液（极水）中，分别含有碱或酸和气体，因为浓度很低，故一般都废弃不用。

考虑到阴膜容易损坏，并防止 Cl^- 离子透过进入阳极室，所以在阳极附近一般不用阴膜，而应用一张阳膜（或一张抗氧化膜）。

在电渗析器进行工作的过程中，除了上述讨论的主要过程外，同时还伴随发生与主要过程相反的次要过程，所以电渗析包含有多种变化的复杂过程，如反离子迁移，同名离子迁移，电解质浓差扩散，水的渗透，压差渗漏，水的电渗透，水的电离等。在这些次要过程的影响下，将使电渗析器的脱盐和浓缩效率降低，电耗增加。因此必须选择理想的离子交换膜和适宜的电渗析器操作运行参数，以便消除或改善这些不良因素的影响。

17.14.2.2　电极的选择

前已述及，电极用来连接直流电源，作为电渗析器进行渗析过程的推动力，所以也是电渗析器的重要部件之一。其质量好坏，将直接影响到电渗析器的效果和运转周期。

电渗析对电极的要求是电极的导电性能要好，即电极本身的电阻要小，机械强度要高，不易破裂，对所处理的溶液的化学稳定性和电化学稳定性要好，以降低运行过程中的腐蚀速度，特别要防止电极反应物对电极的强烈腐蚀，而且要求电极的加工容易，价格低廉。

电极的形状和结构以采用丝状、网状、栅极状较为合适，它们有利于极水的流动并尽快排除气体，以消除气泡效应和降低槽电压。另外，丝状和网状电极的积垢容易成碎片脱落，容易被极水冲走，从而可以保证电渗析器的正常运转。

国内电渗析器曾用过石墨电极、铝电极、不锈钢电极（一般作阴极）、铅银合金电极、钛丝涂钌电极、银-氯化银电极、钛丝-钛丝涂钌复合电极等。目前使用石墨电极、铅电极和钛丝涂钌电极较多。

A　石墨电极的特点

石墨电极可作阴极使用，也可作阳极使用。为了延长寿命，一般选用密度为 1.8 ~ 2.0g/cm³ 的结构较紧密的石墨来做电极，并采用石蜡、酚醛树脂或呋喃树脂等浸渍处理。据介绍，将石墨放在酚醛树脂中（60 ~ 70℃）浸泡，使用效果较好。由于大块石墨材料的制造和大面积机械加工较困难，大型电极可以分成几块拼装。

石墨电极可嵌入塑料边框中，所有的边缝用环氧树脂（填充适量的石墨粉）黏结。石墨电极的厚度一般取 20 ~ 30mm。

石墨电极的优点是：氯气在石墨上的电压降很低，并具有良好的耐腐蚀性能，易于进行机械加工，价格低廉，无毒性，密度小，适于制作面积较大的电极等。其缺点是：石墨属于脆性材料，易掉边掉角，因此在贮运和安装过程中要特别小心，严禁碰撞；用石墨作阳极时，易被新生态氧氧化。

B　铅电极的特点

铅可以作为阴极和阴极材料。铅电极的厚度一般是 3 ~ 5mm。优点是加工方便，缺点是电压降较高。由于铅属于超高电压降金属，无良好的催化能力，难使 2H→H₂↑ 很快逸出，以便降低电阻。同时在使用过程中易被腐蚀，价格也较贵。通常，铅板的纯度越高，其耐腐蚀性能就越好。电渗析用铅电极要求其纯度在 99.9% 以上。

一般，铅电极宜用于处理氯化物很低或硫酸盐含量很高的原水。在前一种情况下，电渗析器工作时阳极反应中析出的氧较多，铅表面形成一层过氧化铅保护层，可防止铅腐蚀。在后一种情况下，铅电极表面形成硫酸铅沉淀层，也同样能保护铅不受腐蚀。

但由于铅离子有毒，所以一般只能用于处理工业用水，而不能用来处理饮用水。

C　钛丝涂钌电极的特点

钛丝涂钌电极既可以作阴极，又可作阳极。其优点是耐腐蚀性能好，电压降低。缺点是加工很困难，价格很贵，而且钌的资源很缺乏，主要依靠进口。

电渗析海水淡化器，电流密度高达 50mA/cm²，大部分采用这种电极。

钛是很好的阴极材料，但作阳极材料时，会在表面形成一层"高电阻氧化膜"，致使电流降低、电压升高。钛表面涂钌以后，可改善耐腐蚀性能，更适于作阴极材料，因为阴极有游离态氢攻击。

钛涂钌电极丝有时会产生断裂，其原因是：一方面涂刷不均，涂层本身有裂纹；另一方面由于受到游离态 Cl^- （阳极）或游离态 H^+ （阴极）的攻击后，使涂层破坏，然后腐蚀到钛的本体。

D　不锈钢电极的特点

不锈钢电极一般只能作阴极使用，优点是对氢的电压降低。

综观上述各种电极的特点，石墨电极是一种物美价廉、适于大量发展的电极材料。目前，对石墨电极的研究工作还有待于进一步开展，我国石墨材料的资源丰富、价格低廉，可望不久的将来定会有所突破。从经济实用的角度来看，随着电渗析应用技术的发展，石墨电极还是一种很有发展前途的电极材料。

17.15　其他化工用炭石墨制品

17.15.1　铝箔生产用石墨阳极板

在铝箔生产中，使用的石墨阳极板形状如图 17-57 所示，常用规格和质量指标如表 17-55 与表 17-56 所示。

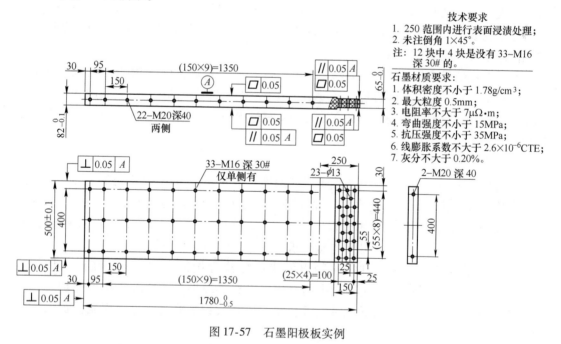

图 17-57　石墨阳极板实例

表 17-55　石墨阳极板常用规格　　　　　　　　　　　（mm）

项　目	长	宽	厚
1 型	1780	495	82
2 型	1780	500	82

表 17-56 石墨极板质量指标

体积密度 /g·cm⁻³	抗压强度 /MPa	抗弯强度 /MPa	电阻率 /μΩ·m	线膨胀系数 /K⁻¹	最大粒度 /mm	灰分 /%
≤1.78	≤35	≤15	≥7	≥2.6×10⁻⁶	0.5	≥0.20

17.15.2 炭砖、炭瓦

如前所述,炭石墨材料在高温下具有优异的耐腐蚀性,故可充做塔、槽的内衬材料。炭砖和炭瓦的材料热导率比石墨砖和石墨瓦低得多,所以用橡胶衬里和氯乙烯衬里做钢制塔和槽的内衬,则具有绝热效果,还可作为不锈钢、镀锌铁板用酸洗槽的内衬。

用合成树脂浸渍的不透碳质和不透石墨质的砖和瓦,还可用于其他用途。

17.15.3 其他

不透石墨制品除上述应用之外,由于它的机械加工性良好,还可用以制做水喷射器、蒸汽喷射器、增压器和破裂板等。此外,由于耐磨性的需要,泵和鼓风机的机械密封材料与轴承,都广泛应用石墨材料和树脂-石墨(粉末)的成型品。这些装置虽然要求使用不透石墨,但使用条件为200℃以上时,树脂-石墨(粉末)的成型品的耐热度不够,这就需要使用以 DVB-(二乙烯苯)等浸渍的不透的特殊炭制品(硬质焙烧品)。

18 医疗、文化、生活与体育方面的炭石墨制品

18.1 医疗用炭石墨制品

18.1.1 概述

把人体组织用其他的人工材料取代的人造内脏器官的开发，从1970年开始，以新的原材料开发为契机迅速地得到发展。其中已实用化的原材料有钛等金属材料，氧化铝，磷灰石，晶化玻璃等陶瓷类制品。这些已开始用作骨骼、牙根和关节等硬组织的替代材料。

炭材料由于具有良好的生物亲和性（Bioco MP atibiliyty）、抗血栓性、耐磨损性和润滑性等，用于生物体材料的试验，从20世纪60年代前期研究人工血管开始至今已有许多研究工作者试制了炭制的各种人造内脏器官（人造牙根材料、人造关节、人造骨、人造腱、人造韧带等）。尤其，在20世纪80年代前半期，世界各国都在进行炭制品内脏器官的开发，已处于实用化的阶段。然而，到了20世纪90年代，遗憾的是有关人造内脏器官的研究似乎有所减少。炭材料虽已成功地用作人造心脏瓣膜，但用作其他的人造内脏器官时，被认为尚不足以满足各种不同的功能要求（如机械强度、设计性、成型性等）。人造内脏器官的开发，不仅炭材料，即使其他的原材料也似乎减少了，其原因是人们对人造内内脏器官的看法产生了变化。

考虑到对内脏器官的治疗和修复基本上是靠脏器的移植，且是建立在授受关系上。比起人造材料制成的人造器官来，移植原来的内脏器官对人体更为合适，其成活率也更高。躯体移植系统的形成可能是人造器官开发变少的原因。另外，炭材料可以作为除去体内毒物的吸附剂，炭材料也用作细菌和酵素的生物反应物。这些炭材料，可在净化水质、改善大气污染等维护地球环境中发挥作用。炭材料具有改良土壤的作用，即使对确保粮食来源来说也起着重要作用。这类生物用炭材料的种类和使用量正在大幅度地增加。

在本章主要讲解作为生物体用炭材料在修复躯体缺损部分时，各种炭制人造器官的开发历史、功能以及最近的研究状况。此外，作为生物用炭材料也介绍有关保护环境时所用的炭材料。前一种情况下，炭和细胞的关系十分重要，后一种情况下炭和细菌的关系十分重要。有关炭材料和细菌或者菌类关系的研究近来特别活跃，已开始取得新的研究成果，因此也对这些方面进行介绍。

18.1.2 炭和细胞的关系

把炭材料用作生物体材料的试验是始于1963年Gott进行的人造血管的研究，它是将人造血管用的聚合物材料，浸渍在石墨粉末的悬浊液中，使其表面涂层上石墨。在其上吸附烷基二甲基苄基氯化铵后，肝素作为配合物被结合，呈现出极优良的抗血栓性。这一方法称之为GHB法，它使硬质材料的表面能加以利用，但是作为人造血管并没有得到实际

应用。

其后，直至今日经过许多研究工作者的反复研究，积累了很多有关生物体和炭的反应性，换言之，即细胞和炭的关系的知识。有关这些，Bokros、Benson 等都已发表了详细的报告。炭材料进入生物体内部时，炭被作为异物处理，因而生物体组织产生抗原抗体反应，吞食作用被包化，炎症和肿疡化等复杂的综合反应。但是，这些反应与其他材料相比要少得多，因此炭的生物体亲和性和黏结性极好。

可以认为，细胞对炭材料来说在理解下述几方面起重要作用：（1）炭材料和血清蛋白或酵素类的相互作用；（2）细胞亲和性；（3）周围组织的反应性；（4）组织的再生与生物体组织的黏结性等。

于是，使用具有能形成骨细胞的纤维芽细胞在各种炭材料和金属上进行细胞培养，考查了在各种材料表面上细胞的附着性。结果表明，Cu、Zn 和 Ni 等金属对细胞呈现强烈的毒性，而低温气相热解炭（LTPC）和高取向性热解石墨等炭材料呈现出生物体亲和性。

此外，为了除去材料种类以及表面粗糙度等对细胞附着性的影响，用浮游细胞进行了实验。在培养液中有 Cu 板和 Zn 板共存时，这些金属对细胞增殖呈现抑制作用。还发现材料的种类及面积对细胞的增殖行为有很大的影响，LTPC 板的存在对细胞的增殖却无任何影响，根据这一系列实验结果，确认了炭材料不影响细胞的增殖。

炭材料用作生物体材料时其优点有下述 9 项：（1）抗血栓性优良；（2）对生物体组织无毒性和无刺激性；（3）与生物体组织的黏结性和亲和性优良；（4）在生物体内不发生生物学的分解和变质；（5）即使在生物体内也有耐久性，能长期保持使用要求的功能；（6）能消毒和灭菌；（7）与许多其他材料相比，其摩擦、磨耗和疲劳等性质优良；（8）质量轻；（9）具有与生物体组织（特别是骨等硬组织）同样程度的弹性模量。

18.1.3 医疗技术用炭

18.1.3.1 炭电极与医疗器械用炭素制品

在医疗技术方面，炭材料也发挥着重要作用，其中之一是开发了各种检查用电极。下面列举一些有关这方面的最近研究。

日本开发了研究心脏功能用的新型玻璃炭电极并进行了医学研究。用糠醇树脂做原料在 1000℃炭化制成的玻璃炭（GC）制作了电极。由于在 GC 原有的表面上极化电压高而不能使用，为了使之降低将电极表面进行活化。GC 表面由于存在着很多直径 $25\mu m$ 的弧形坑，若使之成为更平滑的表面则极化电压可降低 70%，在用家兔的组织反应中，用西门子公司（Siemensu）的玻璃炭（Vitreous Carbon）电极后纤维组织（Fibrous Tissue）变成一半左右。用扫描电子显微镜调查了与血小板的黏结，他们即使有了弧形坑也还是优良的材料。

研究炭-磷灰石复合材料电极对骨组织的反应，其结论为：

（1）炭-磷灰石复合材料电极，难发生化学反应，是稳定性好的生物体电极；

（2）通过交流电的刺激，发现接在狗骨皮质的骨膜下骨有新生的印象；

（3）炭-磷灰石复合材料由于生物体亲和性好，不仅可作为体内埋入式电极，而且也可用作兼有骨缺损充填材料作用的电极。

Kinosita 等用电透析膜包覆的玻璃炭电极进行了血清碱性磷酸酯酶和血清亮氨酸氨酞

酶化验测定。还用 PFC 制成的新型炭电极测定了血液中乳酸脱氢酵素和 α- 羟基酪酸脱氢酵素的活性。

生物体用炭素微电极在多种化合物共存的临床生物体试样的分析中，正在推广局部微小区域的电化学分析中应用，它可获得生物体的局部信息，例如细胞水平上的生理学信息。将微电极安置在生物体的目的细胞附近，测定其特定物质，以帮助临床诊断与治疗。炭石墨制品（特别是炭纤维及其复合材料），在医疗器械和检测机器中，均有广泛的应用。在第 15 章中已有叙述。

18.1.3.2　炭纤维的安全性

为了考查炭纤维在生产工序中的安全性，日本曾将炭纤维注入到老鼠的气管内，6 个月后观察它们对肺的影响。所用炭纤维有两组，一组是长度为 0.5 ~ 1.0 μm 的炭纤维，另一组长度为 200 μm。从各组取炭纤维 20mg，悬浊于 1mg 的生理食盐水中后，注入器官内。肉眼就可从肺表面观察到炭纤维残留的黑斑，但和炭纤维的长度无关。这种变化比起肺周围部分来在肺门附近更为明显。在组织学上可发现肺泡巨噬细胞贪食的图像，确认残留有炭纤维片，但没有发现打结形状和纤维。因此，炭纤维与石棉相比，估计是对人体影响相当少的物质。

18.1.4　今后的炭生物材料

前面概述了人体和生物用炭材料的现状。目前已实用化的炭人造内脏器官仅有人造心瓣，但在生物用炭材料方面已发现某些基本现象，估计今后有大幅度的发展。要使炭材料能在医学或生物工学方面得到应用，还必须进一步考查下述三点。

（1）先进医用炭复合材料。在特别要求机械特性部位使用的生物炭材料是要在保持各种炭材料功能的同时，将多种炭材料进行复合，制作成先进医用炭复合材料（Advanced Bio- Carbon- Composites，ABC）。而 ABC 要成为优良的生物体用炭材料则必须将设计（Desing）、成型（Forming）和评价（Evaluation）三种主要技术有机地结合起来。

（2）炭表面结构。在人造内脏器官或生物工学方面应用时与炭材料有关的是细胞、细菌和酵素三种。如果是要与细胞黏结固定的人造内脏器官，则其表面应具有 100 μm 左右的空孔和空隙。另外在植物栽培和污水处理时，则与细菌有关，需要制成含数微米左右微孔的材料，在发酵工业和食品工业中则与酵素有关。要求制成有 10nm 左右微孔结构的炭。

（3）生物功能性。在人体用材料的表面，应赋予其生物功能性（Bio- functionality），即使之具有人体亲和性和人体组织衍生功能等。也就是说在与生物或人体组织连接的炭材料的表面，精密地控制原子排列次序。

（4）医疗用低能量反射体以及减速材料。应用研究用核反应堆进行特殊放射线治疗的有中子捕捉法（Neutron Capture Therapy，NCT）。其中硼中子捕捉疗法是只向病变细胞投放特异集中的硼化合物，然后向病变细胞照热中子，以 IOB（N，a）^{7}Li 生成的电荷粒子仅破坏病变细胞。以美国为起端，在日本的原子能研究所 JRR-4，武藏工业大学原子炉、京都大学原子实验炉 KVR，利用热中子以及外热中子进行治疗，其中的减速材料和反射材料应用石墨材料的研究也在进行中。

18.2 人体器官用炭石墨制品

18.2.1 炭制人造内脏器官的现状

至今已试制或实际使用的各种炭制人造内脏器官所使用的炭材料列于表18-1。

表 18-1 至今试用过的炭制人造内脏器官以及在其中使用的炭材料

内脏器官名	炭材料	内脏器官名	炭材料
心脏瓣	LTI、C/C	骨修复材料	多孔炭 GC
牙根材料	GC、LTI、LTPC + C/C	骨固定具	LTI、CFRP、C/C
各种关节	LTI、GC、C/C、SiC + C/C	韧带，腱	炭纤维
	CFRP	皮肤接头、人工血管	LTI、GC

注：LTI 为低温各向同性热解炭；C/C 为炭纤维/炭复合材料；GC 为玻璃炭；LTPC 为低温气相热解炭；CFRP 为
炭纤维树脂复合材料。

18.2.1.1 人造心瓣

所开发的各种人造内脏器官中，正在实际使用的代表例是由 Bokros 等开发的由低温各向同性热解炭（LTI）制的人造心瓣（图 18-1），它也被认为是较成功的人造内脏器官，可在极苛刻的条件下使用。这种心瓣成功的理由据称是炭具有抗血栓性，其耐磨损性及润滑性优良，是有效利用炭材料长处的产物。这种心瓣至今使用者已超过了 60 万，挽救了许多人的生命，证明了炭具有成为优良生物体材料的素质。

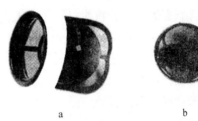

图 18-1 炭人造心脏瓣（LTI）照片
a——球和笼型（Ball and cage）；
b——帐篷盖圆盘型（Tiltng disc）

18.2.1.2 人造骨和人造关节

为了考查物体材料和人体组织的黏结性，可将各种材料（炭纤维增强炭，气相热解炭，炭纤维等炭材料和不锈钢，骨水泥，超高分子量聚乙烯，氧化铝等）插入狗的大腿骨中，经过一定时间（1~6 个月）后，测定拔出这些材料所需的力。其结果，SUS、金属钛和聚乙烯等强度仅为 0.2~0.3MPa。而炭纤维/炭复合材料（C/C）等炭材料为 2MPa，呈现出极强的与生物体黏结力。炭材料不仅骨结合力比其他材料优良，即使表面结构上有直径 50μm 以下的微孔也没有什么关系，其历时结合性强。此外，异物反应、炎症反应少，与骨之间生成纤维芽细胞和纤维组织少等，与其他材料相比具有优良的骨结合性。

有研究者考查了 C/C 复合材料于用人造关节材料的可能性。在作为人造关节时，有炭材料表面扩散的炭微粉会造成污染。据报道为了解决这点，采用硬度高的均质型炭材料或碳化硅之类的复合材料，或者在关节面用耐磨损材料（高强度的炭、碳化硅、氮化钛等）涂层，在不损伤与骨的结合性时提高其耐磨损性，从而能防止材料的扩散。

然而，有关炭制人造关节和人造骨的研究已试用 LTI、玻璃炭（GC）和 C/C 等作原料，但都未在临床上使用。对生物体材料的现状，人体对人造材料的反应进行了解。其中还说明了炭纤维用作肌腱以及炭材料用于骨组织的适用性，炭纤维复合材料还可制作残疾人的人造假肢。

18.2.1.3　人造牙根

图 18-2　炭制人造牙根
材料（玻璃炭制）照片

也曾开发了和心脏瓣同样原材料的 LTI 制人工牙根（Vit-redent），制作了将 LTI 作原材料的各种形状的牙根材料，但被美国牙科学会认可且目前也得到使用的仅为片型。这种情况下的许可标准是 5 年间的生长固着率在 75% 以上。也制作了如图 18-2 所示的玻璃炭（GTC）制的牙根并使用了一定时期，但会造成牙肉变黑且强度不足，生长固着率达不到标准。这类牙根材料，即使是生物体亲和性特别优良的 LTI 炭也有不少问题。其原因是牙根材料不像心脏瓣那样在使用时整个内脏器官埋入到身体内部，而是一部分在体内，一部分在体外，还有相当部分暴露在口腔中，许多复杂的因素搅在一起。此外还开发了在 C/C 表面涂层 LTPC，在表面构筑多孔层的 FRS 牙根材料。

18.2.1.4　人造血管

有研究者曾试着将炭材料用于人造血管。他们使用 GC 制成内插入型人造血管。切开狗的左胸，遮断胸部下行大动脉。用双气球导管插入 GC 管后留置观察。在人造血管两端，用绢丝扎紧固定。胸部关闭后观察一段时间。手术后三个月的血管造影表明人造血管内没有血栓存在，观察取出的人造血管和大动脉的接合部，没有看到纤维性粘连，人造血管内未发现血管内膜。

18.2.1.5　眼科用炭材料

眼内晶状体吸收紫外线时会发生所含色素溶出等安全性问题，因此研究者在眼内晶状体的表面涂一层类金刚石炭膜，考查了它们吸收紫外线的能力等物理性状。实验时使用了涂层厚度为 10~100nm 类金刚石炭膜的眼内晶状体（PMMA 制），测定了它们的紫外线吸收能（光吸收曲线）、对 YAG 激光的耐破坏性和硬度等。

种种考查结果表明，涂层类金刚石膜的眼内晶状体可吸收对网膜有害的近紫外线，对 YAG 激光呈耐破坏性，硬度也更大。据报道，其生物体适合性好，没有毒性，因此有可能成为有用的眼内晶状体。

有研究者调查了涂层类金刚石炭膜的眼内晶状体在生物体眼内的炎症反应。实验时在有色家兔的一只眼中插入 PMMA 眼内晶状体，另一只眼中则为用类金刚石薄膜涂层的眼内晶状体。在插入时先将家兔麻醉后切开，将眼内晶状体插入到用超声波乳化吸引术后的水晶体囊内。手术后逐次观察前房内细胞，虹彩后粘连，血纤维蛋白膜的形成，水囊混浊等，手术 2~3 周后将眼球摘出，取出前房水后，再拿出眼内晶状体，将其固定进行染色观察。其结果涂层类金刚石炭膜的眼内晶状体与 PMMA 眼内晶状体相比，在红肿，虹彩后粘连，血纤维蛋白膜的形成，后囊混浊等任何方面程度都更轻，且取出的前房水的蛋白浓度也更低。此外，固定染色的眼内晶状体标本，在未涂层的晶状体表面观察到含有部分巨细胞成分的细胞成分，而经炭膜涂层的晶状体表面，只看到极少量的细胞成分。因此，结论为用类金刚石膜涂层的眼内晶状体，比过去的 PMMA 眼内晶状体发生炎症和粘连的可能性更少，估计是生物体适应性更高的眼内晶状体。

18.2.1.6　人造韧带和人造肌腱

将炭纤维用作人造韧带和人造肌腱的研究一直很活跃。这是因为炭纤维的抗拉强度高，生物体亲和性优良。然而，由于炭纤维易产生粉末，同时炭纤维和骨组织的结合方法尚未得到解决，以及对材料的特性要求很高等原因，至今尚未达到实用化。

18.2.1.7　炭制人造内脏器官的问题

除心脏瓣以外，许多炭制人造内脏器官仅使用到做动物实验阶段。而达到临床或实用化阶段的制品极少，其原因是在医学和牙科方面炭材料还有其缺点：（1）表面较脆，多数情况下都唯恐会污染组织；（2）破坏时易生成微粉；（3）机械强度不稳定；（4）没有牢固固定生物体组织和炭材料的方法。这当中与(1)～(3)有关伴随炭成型技术的快速进步，不能说有充分的把握，但估计还是能够解决的。有关（4）正在开发具有生物功能的人造内脏器官，有研究者制作了可在生物体材料的表面与生物体组织三维交织的多微孔质结构的人造牙根，从生物物理角度衍生与天然牙根同样的支持组织，获得了预想的结果。

18.2.2　炭制人造牙根材料

18.2.2.1　设计原则

掌握与生物体组织内的粘结固定方法是人造内脏器官共同的问题。目前所采用的粘结固定法有：①自行锁定法；②通过螺钉和销钉进行机械固定的方法；③用粘结剂的方法；④利用生物体活性陶瓷的方法等。然而所有的方法都有不少问题，尚没有能满足要求的方法。

将人体组织和埋入人体内的物体粘结固定时，有人提出了其基本设计原则，即"与其希望埋入物与生物体具有生物学的结合，不如在埋入材料上设计多孔表面层，通过埋入材料的表面层和新生组织形成整体结构达到粘结固定"。将其设计原则具体化则有如下几点：

（1）原材料与骨的物性近似，细胞的附着性好，不会妨碍其增殖。这点用炭材料完全有可能达到。（2）材料表面成为细胞分裂增殖且附着固定的场所，能充分供给新生细胞氧和营养，是具有循环液易浸透的大孔隙多孔结构，这点用生物体亲和性好的炭材料，有可能制成多孔表面层。（3）多孔表面层与新的胶原蛋白纤维形成三维交织状态，埋入物和生物体组织形成了传递力的整体结构。因此在尽可能增大其孔隙率的同时还要牢固。这点通过在接近表面部分构筑有更大孔径的孔，在深部有小孔径孔结构的多孔表面层，从而有可能使之更坚牢。这样，最适当的制品是为了形成这种多孔表面层，要下工夫使其结构具有一种 Rigid flame 即微框架结构表面层（Fine Rahmen structure Surface，下面简写为 FRS）并使之表面更坚牢。根据这样的设计原则制作了 FRS 炭制人造牙根材料（FRS 埋入物）。

18.2.2.2　FRS 埋入物的制作方法

具有上述设计原则的 FRS 埋入物的基本制造方法是构筑将芯材和 FRS 层成为整体化的结构。其芯材要能满足作为牙根材料所必须的机械强度（弯曲强度 150MPa 以上，压缩强度 100MPa 以上并有一定韧性），而 FRS 层则具有 50% 以上高孔隙率和牢固的高刚性。

具体来说，在机械特性高的 C/C 制芯材上添加炭纤维无纺布后，在其中形成适当的温度分布，在其表面沉积以顺-1，2-二氯乙烯为原料气相分解得到的 LTPC，在使芯材和炭纤维无纺布黏结的同时也使表面更坚牢。这样制成的 FRS 埋入物的外观如图 18-3 所示。用扫描电子显微镜观察 FRS 层截面的照片如图 18-4 所示。

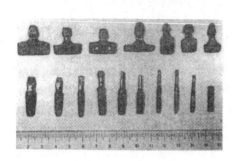

图 18-3　FRS 炭人造牙根材料照片
（上段叶片型，下段牙根型）

图 18-4　FRS 炭人造牙根材料的表面
及截面结构照片

18.2.2.3　动物实验

考察了 FRS 埋入物和生体组织的黏结固定状况，将圆柱型 FRS（外径 3mm）埋入猿的大腿骨中 1～7 个月。经过一定时间后，进行挤出试验以求得 FRS 层和骨组织的剪切黏结强度。FRS 埋入物的剪切强度随时间的增加手术后 7 个月时达到 23MPa。这一数值在目前已报道的各种埋入物中具有最高的黏结强度，与猿和人骨的抗拉剪切强度（6MPa，2MPa）相比有极高的值。不含 FRS 层的各种炭材料和金属等即使经过 6 个月也只有 2MPa 左右，黏结强度极低。

在 FRS 埋入物上培养细胞的状况如图 18-5 所示。细胞充分地分泌胶原蛋白纤维，在间隙部四周挂满纤维。将叶片型 FRS 埋入物植在常被施加咀嚼压的猿的下颚骨人白部。再将牙冠盖在其上，作为一般牙用时考查了在生体组织方面呈现的效果。2 年后，将植入猿的下颚骨中 FRS 埋入物连牙槽骨一起切断，进行 X 射线显微照相和显微镜观察（图 18-6）。其结果，侵入到接近 FRS 层中芯部的生物体组织已石灰化、骨化，但 FRS 层和牙槽骨之间没有石灰化，形成相当于天然牙的牙根膜的有胶原蛋白纤维组成的结合组织层。这和天然牙的支持机构极类似。因此表明具有 FRS 层的埋入物不仅可用作人工牙根材料，在要和生物体黏结和支持时，也有可能用作其他体内埋入型人造内脏器官。

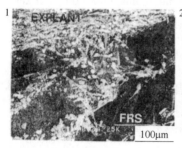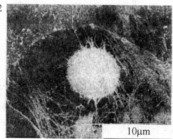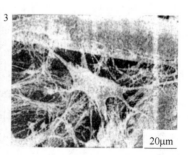

图 18-5　细胞落在 FRS 埋入物上的 SEM 照片

18.2.3 人造肝脏和人造肾脏

血液净化属于防卫肾脏和肝脏的范围。肾脏是从血液中除去代谢废物、水、电解质等。肝脏的作用是解除对生物体有害或不要物质的毒性并排泄出去。这些功能难以完全由人造物来代替，但正在对肾功能障碍者进行血液透析，对肝功能障碍者则是想办法除去血液中累积的中毒性物质和药物。

18.2.3.1 人造肝脏

肝功能的人工补助法之一是利用活性炭的吸附能力进行血液灌流。血液灌流是使血液与活性炭或离子交换树脂等吸附剂接触，吸附脱除血液中的中毒物质。最初在这方面使用活性炭的是 Yatzidis（1964 年）。然而，由于活性炭与血液直接接触，会导致血液凝固，同时由于微炭尘在血中流出，也是导致脑梗塞和肺梗塞的原因。为了解决这两个问题，考查了用种种涂层材料包覆吸附剂表面，并选用了质地坚硬不会流出微粉炭的材料。

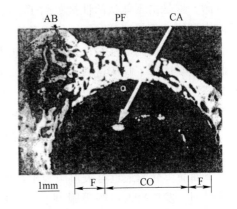

图 18-6　将叶片型 FRS 埋入物埋入猿的下颚骨 2 年后，其周围组织的 X 射线显微照相

AB—颚骨；PF—结合组织层；CA—石灰化组织；F—FRS 层；CO—芯材部

最初解决这些问题的是 Chang（1970 年）。Chang 开发了最先用硝棉胶将很好洗净的椰壳炭涂层包覆，然后再用清蛋白第二次包覆。后来，包覆活性炭材料的研究很风行，曾试用过用纤维素聚 2-羟乙基甲基丙烯酸酯（聚-HEMA）和硅酮等进行涂层。

曾开发了不生成微粉炭的活性炭。作为血液灌流用活性炭的要求如下：（1）耐压强度高；（2）表面光滑；（3）不纯物少；（4）吸附性能好；（5）容易包覆；（6）耐摩性优良；（7）应是球形等。

为此，考查了用芳烃聚合物和热固性树脂为原料制成的球形活性炭，已开始在治疗肝功能方面推广使用。

作为其他实验，研究者使用了比粒状活性炭表面积更大，微孔分布能自由选择的粉状活性炭，将它们混入能适合血液性材料的聚醚氨酯中，成型为厚度 $150\mu m$ 的片状。这种片状活性炭的特征为：（1）防止了炭尘的流出；（2）具有良好的血液适合性；（3）比粒状炭和离子交换树脂对蛋白质结合物质的吸附能更高；（4）能很好地吸附中到大相对分子质量的物质。

还考查了使用活性炭纤维的可能性，但由于是血球的悬浮体，不适合用于血液的净化而且还有细纤维断片游离的危险性，目前尚未被使用。

18.2.3.2 口服吸附材料

由于肾脏障碍，通过透析来维持生命者众多，仅在日本已达 4 万多人，这些人必须定期进行血液透析，将代谢的废物排泄到体外，考查了将在肠内生成的尿毒症代谢物等用口服吸附材料在消化管内吸附，然后随大便一起排泄，从而能使它们从人体内除去，至今已用过的有胶体氧化铝和氧化淀粉等。这些口服液材料治疗的目的是改善尿毒症，抑制肾功能不全的发展，推迟透析开始时期或者避开透析。日本试制了吸附材料用的球状活性炭（AST-120，直径 0.2～0.3mm），让有肝脏障碍和肾脏障碍的狗口服后，成功地延长了狗的寿命。这是由于球状活性炭吸附了引起障碍的物质，通过将它们从体内排除，从而减少了体内毒物的积累速度。

口服吸附剂用活性炭比一般活性物对降低肝功能物质的吸附特性更好。小川等用这类口服活性炭进行了临床试验。试验时，分三次每天饭后服用 3 ~ 12g 活性炭。服用后的人们其开始透析时期平均延长了 9 个月，其中还有的人经过 2 年还不需要透析。所有情况下未发现有副作用。根据这样的临床结果，小川认为口服吸附剂治疗法中应改善的问题还很多，但作为透析疗法的辅助手段不仅对延缓透析导入时期，减少透析的时间和频率有效，而且也广泛使用在人造肾脏的小型化以及人造肝脏等领域。

下面简单介绍最近有关口服吸附剂的信息。据报道，试图改善血液透析患者的选择性反应时间，发现投入口服吸附剂后大便中有球形炭粒，DMA、Cr 和中等相对分子质量物质的数量降低。据 Hagiwara 报道，通过使用在小粒活性炭上吸附的丝裂霉素（Mitomycin）促进了其抗癌效果。

18.3　体育器材用炭石墨制品

18.3.1　CFRP 的体育用品概述

炭纤维（CF）是因飞机和体育用品需求发展起来的，对于在飞机上的应用，一旦被确定为应用材料，大体上是直至该机种生产终了也不会变更。但对于体育用品，为了新产品的诞生，急于追求其性能，而促使材料、设计、试验评价方法的不断改善，其结果是从1970 年初开始的炭纤维体育用途方面的应用，给现今的炭纤维带来了高性能化，质量稳定，加工性改善，产量增加，价格下降。并成为高级体育用品产业成长为世界级规模的基础。更进一步取得了扩大向航天、航空、机械用的 CFRP 应用的效果。

与体育用品传统使用的材料相比较，CFRP 的特点是比强度和比弹性率大。CFRP 在体育用品的应用相当多，有：钓鱼竿、高尔夫球杆、网球拍柄、羽毛球拍柄、冰球拍、剑道用刀、滑雪、比赛用赛车、摩托车、自行车、比赛用快艇、划船、滑翔机等。举拍子的例子，为了质量一定，实施均一化生产，必须保证构架细长、轻、强度高、刚性高。传统的木材受到弹性率和强度的限制，不能制作均一的拍子，而 CFRP 却实现了。为使体育用品实用，复合材料和生产技术的开发正在进行，但质量与价格的平衡关系必须考虑。钓鱼竿与高尔夫球杆的技术完成约用 10 年，在此对有代表性的钓鱼竿以及高尔夫球杆做如下介绍。

18.3.2　钓鱼竿

18.3.2.1　钓鱼竿的开发

俗话说钓鱼竿"细、轻、敏"为最好，其追求的是，有容易把握住的尺寸、质量轻、刚性高、容易甩竿出鱼线，易得到鱼信，便于收竿取鱼。因此，高刚性、质量轻是最大的课题。传统的"竹鲇竿"，竹竿尺寸长、质量重，现用比弹性率高的 CFRP 代替，实现了轻量化。"竿"成为昂贵体育用品的代名词是典型的成功事例。

这些炭纤维钓鱼竿的优点如下：（1）由于质量轻，直径细，可以单手操作，使用容易。（2）质量轻、钓鱼者不易疲劳。（3）竿长，扩大了可钓面积。（4）感度高，容易得到鱼信。（5）收鱼方便等。这些都使钓鱼迷们感到满意。

而对于产业界：（1）已使因价格受限制的"鲇钓"大众化。（2）吸引新的钓鱼迷。（3）使"鲇钓"有广泛的娱乐性。（4）"鲇钓"开发以来，起到了推进钓鱼勃起的作用，为产业兴盛做了较大贡献。

18.3.2.2 钓鱼竿的强度

炭纤维钓鱼竿采用薄壁圆筒结构，通过开发确立了薄壁圆筒强度，钓鱼竿强度理论，完成了质量的轻量化。钓鱼竿如图18-7所示，由于成为"大弯曲变形"，同时断面产生椭圆变形，所以：（1）竿的薄壁筒的纵方向（长手方向）的强度不受材料的拉伸强度影响，而受压缩强度的影响。（2）受对横方向破损的抵抗度的影响，并且与材料的弹性模量相关。

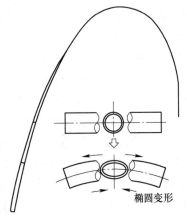

椭圆变形

图18-7 钓鱼竿的变形

总之，仅靠纵方向材料强度，强度不能保持，必须具有抗横向破损的强度，两者的平衡决定鱼竿的强度。根据该理论，开发了弹性模量400GPa的高强、高弹性CF，后来甚至弹性模量到650GPa的也有应用。还开发了"防止破损"用极薄的CF单方向预浸带（片厚32μm）。现在还可以生产片厚14μm的产品。

18.3.3 高尔夫球杆手柄

18.3.3.1 高尔夫球杆手柄的开发

高尔夫球杆柄的性能要求是尽可能打得远，方向性好。为了飞得远，杆要轻，杆头打击速度要快，以提高球的初速度。由于头越重，球的初速度才越快，所以，构成杆的手柄部分的材料要轻，效果才能好（参照公式18-1）。

还有方向性。手柄不弯曲才稳定（高尔夫球杆由于手柄的中心轴与杆头的球打点脱离时手柄的扭曲）。为了防止扭曲，从以下的理论公式可以判定面内剪切弹性率越高越好，而CF的高弹性率非常适合（参照公式18-2）。

$$v = \frac{M}{M+m}\left(1 + \sqrt{\frac{M}{M+m}}\right) f\left[v_0(M)\right] \tag{18-1}$$

式中，M 为杆头的质量；m 为手柄的质量；v 为球的初速度；v_0 为杆头的速度。

$$扭曲角 = \frac{M_t L}{G I_p} \tag{18-2}$$

式中，M_t 为扭曲方矩；G 为面内剪切弹性率；I_p 为断面二次力矩；L 为长度。

鱼竿是利用了高比弹性率，而高尔夫球杆手柄是利用了高比弹性率和高比强度双重特性。在日本，开发起步晚于鱼竿的高尔夫球杆手柄，由于采用了与鱼竿相同的预浸带制造，可以照搬应用在鱼竿上确立的技术，但高尔夫杆柄如折断会伤害人，因此强度保证是重要的因素，开发当初不是动态的强度评价法，没采用像鱼竿那样的轻量化措施，另外炭纤维也注重高弹性化，因此在实际应用中是慎重的，是以试验品一边在市场上观察其实际情况，一边不断改进。此外，虽然也开发了以纤丝卷（FW）方式的手柄，但设计自由度大的预浸带片卷方式的进步较大，直至今日都在采用（近年FW方式的手柄在普及型手柄生产时也被采用）。

18.3.3.2 轻量化与方向性（防止扭曲）

手柄逐渐轻量化，日本最初开发的手柄产品是85g（金属品120g）。而现已开发出了质量低于40g的最轻量产品。此外，方向性（防止扭曲）在高尔夫产业界又被称为低扭矩化，扭矩比金属的低2.5°到2°/（90~110g）的产品（最高专业样式）。一般是5°/60g的水平。质量、刚性、扭矩、刚性分布均能按愿望设计。其结果是：（1）飞行距离提高（变换手柄约10码）。（2）杆头如适合的话，飞行距离可提高数10码。（3）斜纹层采用高强度、高弹性率的丝和平直纹层中的弹性率，高强度丝可实现高强度化。充满 CF 的杆柄市场正在开展新的钛合金头的组合式或符合打高尔夫球人们的打击速度的新标准。柄杆的质量与扭矩的关系如图18-8所示。

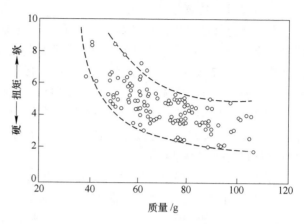

图 18-8 杆柄质量与扭矩的关系

18.3.3.3 高尔夫杆柄的构成

CFRP 制高尔夫杆柄的构成和 CF 使用例如图18-9所示。高强度 CF 在柄杆强度、刚性上占支配地位，高弹性率 CF 主要影响扭矩。其按各自不同的功能分别应用。

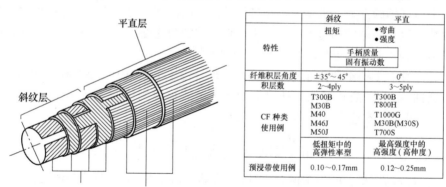

特性	斜纹	平直
	扭矩	• 弯曲 • 强度
	手柄质量	
	固有振动数	
纤维积层角度	±35°~45°	0°
积层数	2~4ply	3~5ply
CF 种类 使用例	T300B M30B M40 M46J M50J	T300B T800H T1000G M30B(M30S) T700S
	低扭矩中的 高弹性率型	最高强度中的 高强度（高伸度）
预浸带使用例	0.10~0.17mm	0.12~0.25mm

图 18-9 杆柄构成 CF 使用例

18.4 日常生活中的炭素制品

活性炭作为吸附材料在非常广泛的领域使用。在食品工业用途中有砂糖、二羟吡啶酸碱、酿造业食品用活性炭、在工业药品中的脱色精制用活性炭、在上下水道、废水处理、脱臭或溶剂回收、分离等用活性炭。在我们的身边还有冰箱除臭剂、香烟过滤嘴、净水器、空气清洁器等等。在其他生活方面，在不同用途上都使用各种形态的活性炭及炭制品，如牛奶杀菌电极。

在生活中应用的活性炭外观不应为黑色，应是有清洁感的商品。因此必须要将活性炭装入织布，或以黏结剂进行成型加工等二次加工。这一点与大量消耗活性炭的工业有很大的不同，今后这些包括原料开发、二次加工等的开发必定将有所增加。

以下以主要用途为主，介绍以什么样的形态使用活性炭。

18.4.1　净水器用活性炭过滤器

"好喝的水""安全的水"，在人们对饮用水质量要求提高中，各种净水器、碱整水器得到普及，市场也扩大发展。另外，对除去残留的氯、三卤化甲烷、霉味、农药等的除去效率的要求提高了。

净水器的主要过滤材料为活性炭，根据原料的种类主要使用椰壳活性炭和活性炭纤维（Activated Carbon Fiber，ACF）。使用形态，有填充椰壳活性炭形式以及将椰壳活性炭或 ACF 做成圆柱形或圆筒成型的形式。图 18-10 所示为净水器过滤器的一应用例。

图 18-10　净水器过滤器

在构成原料中，吸附速度非常快的 ACF 和适应各种有机物具有广泛细孔域的椰壳活性炭，根据使用条件（流水速度、尺寸、形状），最适用于混合形式的过滤器。

最近，由于成型加工技术的进步，从使用的方便性、性能等方面出发，成型加工形式的活性炭过滤器的普及很快，通过水可以在过滤器中整体受到均一的净化。不用担心形成水的通路，净化效率较高。另外，调整使用的椰壳活性炭的粒度或者 ACF 的纤维长度，可以分别制得捕捉浊度成分的过滤器和不捕捉浊度成分的过滤器。

以同样的净水目的，最近几乎所有型号的冰箱制冰器都装上了活性炭过滤器。一般的净水器用过滤器在一定的循环内要进行更换，而冰箱的过滤器是以与冰箱的寿命（约 10 年）相同的使用期限设计的。

18.4.2　空气净化器

作为家庭用、汽车用、业务用空气净化器，使用将各种过滤器组合的活性炭过滤器。在此用途中，通气阻抗小是重要的。有在发泡聚氨基甲酸酯附着活性炭的样式、片状活性炭过滤器的样式、ACF 静电植毛的样式和蜂窝状的样式等。

净化能力是以香烟燃烧时除去产生的恶臭（氨、乙醛、醋酸）为能力指标的。图 18-11 所示为氨基甲酸酯过滤器的应用例。

图 18-11　氨基甲酸酯过滤器的应用例

18.4.3　面具用炭

在工业用口罩或简单口罩中，除使用 ACF 片外，还使用氨基甲酸酯浸渍活性炭过滤器等用的片状活性炭。应符合：（1）有良好的吸附性；（2）通气阻抗要小；（3）活性炭不散落；（4）要有柔软性等性能要求。图 18-12 所示为面具用片的例子。

18.4.4　风机加热器用炭

石油风机加热器是在灭火时为脱掉产生臭味的过滤器中使用的。此外在气体风机加热器时，在空气入口安装了活性炭过滤器，是作为追加空气净化器功能的过滤器而使用的。

为延长过滤器的寿命，还有活性炭与催化剂组合形式，应用活性炭吸附解吸附的形式。形状有片状或蜂窝状（多圆孔状）等成型的形式。图 18-13 所示为蜂窝状过滤器的应用例。

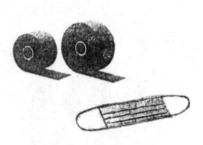

图 18-12　面具用片

图 18-13　蜂窝状过滤器的应用例

18.4.5　一次性热袋用炭

一次性热袋是利用铁的氧化热，为促进该反应稳定，使用铁、盐水、保水剂等与粉末活性炭一起使用，要求：发热到设定温度，达到设定温度要快，以温度具有持续性的活性炭提高催化效果。

18.4.6　脱臭片布用炭

作为脱臭布的需求，衣柜、鞋箱、鞋垫或一些特殊人需要的脱臭布要求增加了，提出了一些机能的材料或形状的要求，并希望片布状活性炭能改善外观，制出有清洁感商品的要求。图 18-14 所示为座布，图 18-15 为脱臭布的应用例。

图 18-14　座布

图 18-15　脱臭布

18.4.7　保鲜剂

活性炭作为保鲜剂、脱氧剂应用在冰箱内、糕点包装内、水果蔬菜的包装容器内。为吸收从苹果中散发出来的乙烯气体，使用经药物处理过的活性炭能提高效果。

将粒度炭用不织布类包装，不织布内粒度炭采用层状包装形式，使活性炭成为不至于散落的结构。

18.4.8　净油器过滤器

为净化着色，劣化了的油使用活性炭。有采用不锈钢容器中的不织布和在不织布内充填活性炭的形式。此外为处理遗弃物方便，还有采用浆料成型法在容器中充填活性炭的形式。该用途适用于细孔径大的以药品活化了的活性炭。

18.4.9　餐具、床垫、消防服与防弹服

低碳、绿色、环保餐具，炭和石墨杂质少、纯度高，与陶瓷餐具相比，不含金属与金属氧化物、热容大，热导率高，故可用来制造餐具，如石墨碗、石墨汤锅、石墨烧烤盘、料理板等（参见图18-16）。石墨汤锅煲的汤特别鲜

烧烤盘　　　　　　　　料理板

图18-16　绿色环保石墨餐具

美；石墨烧烤盘、料理板烧烤出来的牛排、猪排特别鲜嫩可口、石墨餐具在韩国、日本被广泛使用，废旧餐具可回收利用，无二次污染，是绿色环保产品。

石墨床垫，具有祛湿、理疗、保健之功能。石墨纯度高，废旧石墨可回收利用，无二次污染，也是绿色环保产品。在韩国、日本被广泛使用。

利用炭纤维质轻、柔软、低热导率、抗氧化、强度高、弹性模量高等特性，可用来制作消防服、防弹衣。

18.4.10　其他

家庭电化学制品、汽车、OA机器以及身边的商品等都安装了大量的活性炭过滤器。今后发展日益增强，身边与活性炭有关联的商品将更加增多。

18.5　文化用品用炭石墨制品

18.5.1　铅笔芯及自动铅笔芯

人出生后最先接触的炭素材料恐怕就是铅笔吧。每年9月，小学一年级学生的铅笔盒里肯定放入了削好的"写字铅笔"。这样假如写错了，很容易就用橡皮擦掉。作为可以修改的唯一记录文具的铅笔就开始了与人长期的交往。

铅笔的制造是1550年。在英国用木片夹住石墨片，再用线绳系住，作为笔记的文具使用。后来，1795年法国的Conte发明了将粉状石墨和黏土混合成型，再高温烧结的方法，确立了铅笔芯制造方法的基础。据说，Conte是在拿破仑皇帝的命令下着手开发的，并且因开发成功而成为巨富。

另外以φ0.5mm为代表的自动铅笔芯，与Conte的方法不同，使用树脂黏结剂。

18.5.1.1　石墨铅笔芯生产概要

铅笔和自动铅笔芯的生产厂家分为生产芯到铅笔成品的制造厂、只生产芯的制造厂、

加工铅笔木轴或生产自动铅笔机械结构的制造厂三种形式。

　　传统的铅笔芯制造方法，是采用石墨、炭黑作原料，添加少量黏土为黏结剂，用水混匀，经压成型，后干燥，再经800~1300℃焙烧处理即成。还可根据需要浸以油类，但这种铅笔芯抗折强度、耐磨性能不很理想。

　　近几年来，人们针对按上述工艺生产的铅笔芯所存在的缺点，进行了改进。采用石墨或石墨-炭黑、水溶对氮苯黑类染料、非电解质水溶性高分子化合物溶液，混炼压制铅笔芯坯体，经焙烧处理而成。

　　使用水溶对氮苯黑类染料，主要是在石墨粒之间起黏结作用，本身又是黑色，比黏土有利。添加非电解质水溶性高分子化合物，如合成树脂类，主要为了焙烧时这些化合物分解形成适当孔隙。按这种方法生产的铅笔芯无论从黏结效果，还是从抗折强度、耐磨特性及书写流利等方面都有改善。利用调节水溶性高分子化合物用量，从而调节孔隙度，就可调节铅笔芯的着色浓度。值得指出的是，当非电解质水溶性高分子化合物用量过少时，不能形成充分的孔隙度；添加量过多时，造成的孔隙过多，会使笔芯变脆。

18.5.1.2　铅笔芯制造实例

　　原料：鳞片石墨50份（质量），水溶性氮苯黑（水炭黑R-500）30份，乙基纤维素（NEC）12份，水250份。上述各组分混合在三辊轧辊机充分混炼，挤压成ϕ2.1mm的线状制品。在常温下干燥。再放入焙烧炉内缓慢加热5h后（温度800~1300℃），保温2h，最后冷却3h，即成铅笔芯。

18.5.1.3　石墨铅笔芯技术性能

　　对铅笔芯的技术性能要求是：抗折强度大，磨损程度小，书写流畅，着色浓度标准。其具体要求见表18-2，要求孔隙度为25%~35%。对于铅笔及自动铅笔芯，现已标准化。

表18-2　铅笔芯的技术性能

硬度	4H	H	B	HB
抗折强度/Pa	2205×10^4	2136×10^4	2009×10^4	1876×10^4
书写性能	中途受阻	稍有粉状物	出粉状物	良好
磨损程度/mm	0.7	0.8	1.2	1.0

　　（1）浓度。浓度记号从9H到6B，再加上HB和F共分17种规格，浓度按从9H到6B的顺序画线度增加，但硬度下降。HB为中间浓度，规定为0.20~0.36。浓度的测定采用如图18-17所示的画线机，描绘出如图18-18所示的螺旋状线，以分光测定器测定反射率，根据$D = \lg(1/R)$式算出。式中，D为浓度；R为反射率（画线低反射率100%）

　　（2）抗弯强度。铅笔、自动铅笔芯每规格浓度的抗弯强度都有规定。例如：铅笔芯HB的抗弯强度在50MPa以上，ϕ0.5mm自动铅笔芯规定要在190MPa以上，而实际状况是，市售铅笔芯HB的抗弯强度在70~100MPa，ϕ0.5mm自动铅笔芯在300MPa左右。

18.5.1.4　制造方法

　　铅笔芯以及自动铅笔芯的生产工艺如图18-19和图18-20所示。铅笔芯与自动铅笔芯生产方法的根本不同在于黏结剂以及分散剂的不同，铅笔芯使用黏土和水，而自动铅笔芯使用树脂和有机溶剂。可以说铅笔是炭和陶瓷的复合材料，而自动铅笔芯是炭素材料。

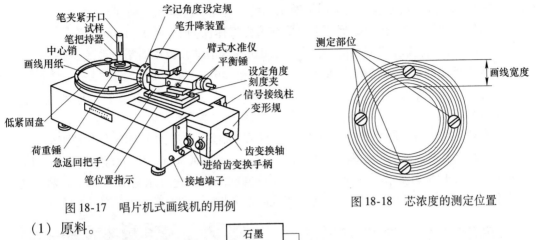

图 18-17 唱片机式画线机的用例

图 18-18 芯浓度的测定位置

（1）原料。

1）石墨。采用鳞状天然石墨。不过铅笔芯也使用部分土状石墨，另外有时自动铅笔芯除鳞状天然石墨外，还添加 10% 的炭黑。通常使用的天然石墨的质量如表 18-3 所示。

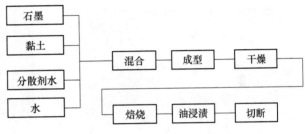

图 18-19 铅笔芯的生产工艺

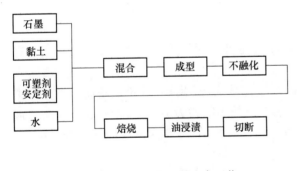

图 18-20 自动铅笔芯的生产工艺

表 18-3 铅笔以及自动铅笔芯使用的天然石墨质量

名牌		固定炭 /%	灰分 /%	挥发分 /%	平均粒径 /μm
鳞状	CSPF	98.0	1.0	1.0	4.5
鳞状	CSP	97.0	2.0	1.0	5.0
鳞状	特CP	97.0	2.0	1.0	6.0
鳞状	CPF-3	97.0	2.0	1.0	7.0
土状	青P	92.5	5.5	2.0	2.0
土状	D-5	82.0	15.5	2.5	4.5

2）黏土。黏土是以 SiO_2、Al_2O_3、H_2O 三种成分为主要成分的层状硅酸盐矿物微细粒子的集合体。

3）树脂。自动铅笔芯生产使用黏结剂树脂。主要使用聚氯化乙烯、氯化聚氯化乙烯、聚醋酸乙烯以及它们的共聚合物或聚乙烯乙醇等。使用这些树脂的目的是为提高混捏时的分散性以及挤压成型时的成型性。例如：把邻苯二甲酸二丁酯、硬脂精盐酸等增塑剂、稳定剂放入丁酮等溶剂中溶解稀释使用，而溶剂在混捏时可减压回收。

（2）生产方法的特点。

1）混捏。为实现铅笔或自动铅笔的重要质量特征"流利的书写感觉"，混捏工序采用高速旋转的混合机，混捏锅加压混捏，3 根轧辊的轧辊机轧辊并用，施加高剪切力，以实现微细分子的高分散。

2）不融化。在自动铅笔芯生产工序，大气压条件下 180~300℃、6~24h，在施加令人满意的张力状态下热处理，黏结剂不融化，可实现均一组织和高强度。

3）焙烧。铅笔芯或自动铅笔芯都需要在惰性气体保护下 1000～1200℃ 焙烧。

4）油浸渍。为实现"流利的书写"，使用机油润滑油或流动石蜡浸渍。

18.5.1.5　自动铅笔芯的高强度

自动铅笔能像现在这样广泛的使用是在 1965 年以后，今日如此普及的原因之一是实现了自动铅笔芯的高强度。

以焦炭、黏结剂沥青为原料成型的炭素材料，抗弯强度达到 98MPa 是非常难的。自动铅笔芯的抗弯强度，目前市售标准品也为其 3 倍，达到 300MPa。其高强度机理如图 18-21 和图 18-22（图 18-21 的放大）所见，实现了蜂窝状结构。这可能是由于：（1）将黏土黏结剂转换成树脂黏结剂；（2）以高剪切力实现高度分散；（3）不融化处理技术的公开。

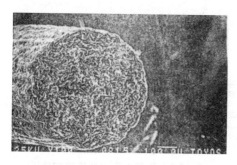
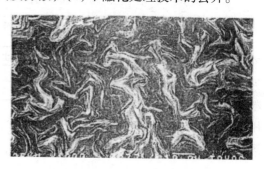

图 18-21　自动铅笔芯的 SEM 照片　　　　图 18-22　自动铅笔芯的放大照片

18.5.1.6　最近的技术动向

铅笔芯、自动铅笔芯的重要质量特性为浓度、强度、书写流利 3 大要素。技术指标有如下 2 项与 3 大要素有关联。

（1）浓度与强度（硬度）的逆相关系。浓度记号从 9H 到 6B 的铅笔是通过调整石墨和黏结剂的比率生产制造的。浓度与硬度（强度）的中间物为 HB，石墨多、减少黏结剂就移向 B，相反黏结剂多、减少石墨量就移向 H。因此，如向 B 侧浓度增加但强度减弱，如向 H 侧强度增加但浓度减弱。

（2）实现纯黑的字记线。在纸上写字后，天然石墨粒子填入纸面的凹凸，同时由于笔压，天然石墨粒子与纸面平行取向。因此，字记线由于石墨的六角网面的反射不是纯黑而成为有光泽的铅色。

为改善以上两点，有种种探索建议：

对于浸渍油，有乙烯和 α-烯烃及其混合物浸渍、长链二烷基碳酸酯浸渍、碘化鱼油浸渍、变性硅酮油浸渍等。

对于为提高黑色度，有鳞状石墨的氟处理、薄层石墨（例如粉碎膨胀石墨）的利用硼氮化物并用等。

此外作为添加物，有六钛酸钾纤维、钛黑等。

18.5.2　其他文化用品

除铅笔外，还有墨水、复印机炭粉等，不一一列举。

19　建筑工程用炭素制品

19.1　CFRC 幕墙

19.1.1　绪言

在炭纤维（以下称 CF）的特性中，建材应用时最重视的是其力学特性（高强度、高弹性），轻量性（约为铁的 1/4），以及持久性（耐气候性、耐腐蚀性），再有作为建材还要重视不易燃烧性。人们常有这样的误解。CF 是炭，所以有可燃性，容易燃烧。实际上 CF 是无机纤维，其耐热性比玻璃纤维或合成纤维要好得多。充分利用这些特性，将混凝土或塑料作基体制成炭纤维增强复合材料。此外，开发利用炭材料电磁特性的电磁波屏蔽材料、电波吸收材料、非磁性材料或板状发热体等功能材料。

土木建筑方面使用纤维复合材料已有悠久历史，例如，古埃及文明时代及我国，就曾使用过稻草增强晒干土砖，或将稻草或麻丝、竹片与黏土混合后用于土墙或抹灰墙中。到了近代，于 1900 年开发了石棉板，20 世纪 70 年代则开发了钢纤维增强混凝土（SFRC）或玻璃纤维增强水泥（GRC），它们已作为现代建材而被广泛使用。将力学性能优异、化学性能稳定的炭纤维用于土木建筑用的纤维复合材料，是伴随着炭纤维的工业化而发展的，开始用作建筑原材料时，由于价格非常高，不可能供实用。然而，到了 20 世纪 80 年代，随着使用石棉被强行限制以及较便宜的沥青基炭纤维（短纤维）的开发，在实用化后便开始在土木、建筑方面得到应用。到了 20 世纪 80 年代后期用由炭纤维增强的各种 FRP 长条、网及预浸带用来替代钢筋和 PC 钢材的研究日益增多，到 20 世纪 90 年代其中部分已得到实用。

目前，在土木，建筑方面利用或者准备实用化的炭纤维增强复合材料（CFRC）大致可分为短纤维增强和连续长纤维增强两种。下面将有关短纤维 CFRC 和连续纤维 CFRC 的概要以及某些适用事例予以说明。

19.1.2　短纤维 CFRC 性能

短纤维 CFRC 是将炭纤维切成长数厘米至十几厘米，在如图 19-1 所示水泥灰浆中按体积比 1%～5% 进行分散混合而成。其最一般的成型方法是在全搅拌机等水泥复合材料的搅拌机中将水泥原浆和炭纤维一起进行搅拌混匀，用灰浆泵或漏斗使之流到模板中，也可用挤出成型或喷射法等方法。

图 19-1　短纤维 CFRC 的截面（通过 SEM 照相）

短纤维 CFRC 的力学特性与过去的水泥混凝土相比有如下优点：（1）抗拉、抗折特性优良；（2）抗龟裂能力强；（3）产生龟裂后变形能力优良。

表 19-1 列出了在弯曲试验中所使用炭纤维的各种特性。图 19-2 为用各种炭纤维制成

的 CFRC 小型试验体的弯曲强度与纤维混入率的关系。图 19-3 为纤维混入率为 2.0%（体积分数）时弯曲应力度与挠度的关系。CFRC 的弯曲强度随纤维混入率的增大，以及所用纤维抗拉强度的提高而增大。CFRC 的弯曲应力与挠度的关系在载荷初期呈现出与未混入纤维时同样的弹性行为，但超过比例临界点后，在未混入纤维时伴随初期生成的龟裂直至破坏，而在 CFRC 中在比例临界点以后，仍保持一定耐力，表观上初期龟裂强度也随着所使用纤维的弹性模量增大而提高。初期龟裂产生之后，CFRC 的弯曲行为也在很大程度上受使用纤维的性质所影响，在使用弹性模量和抗拉强度大的纤维时，其弯曲刚性及弯曲强度更大。使用弹性模量小，断裂伸长大的纤维时，则龟裂反复发生并发展，拟塑性区变长，成为优良的韧性材料。

表 19-1　在抗折试验中使用的炭纤维的各种特性

纤维种类	纤维形状		密度	抗拉强度/MPa	弹性模量/GPa	断裂伸长率/%
	直径/μm	长度/mm				
PAN 基-CF	7.0	3.0	1.90	3，138	226	1.4
沥青基-CF（HP）	8.0	4.5	1.80	2，354	137	1.7
沥青基-CF（GP）	18.0	6.0	1.63	765.9	37.3	2.1

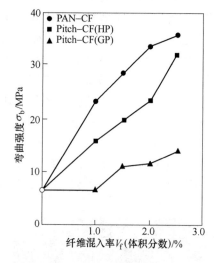

图 19-2　CFRC 小型试验体的弯曲强度和纤维混入率的关系

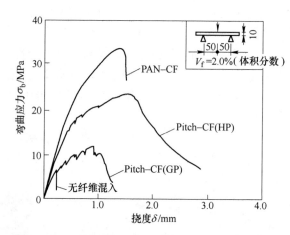

图 19-3　CFRC 小型试验体的弯曲应力与挠度的关系

短纤维 CFRC，在利用其优良的弯曲特性和抗龟裂性时，多被用于建筑物的主幕墙等外装饰材料上。幕墙所要求的性能之一是耐风压性能，幕墙对受风压时的变形能力有规定要求。耐风压性能主要受幕墙构成材料的弯曲特性所影响，因此用弯曲特性优良的 CFRC 时，与过去的预浇注（PCa）混凝土幕墙相比质量更轻，可望得到更薄更大的制品。

图 19-4 为 1982 年在巴格达市（伊拉克）建设的阿努沙赫德（AL-Shabead 纪念碑），该纪念碑的半球圆顶（高度 40m，最大直径 46m）的外装饰瓷砖贴面是将土耳其蓝色瓷砖固定在 CFRC 上，这是 CFRC 最早全面（贴面面积约为 10000m²）被使用的例子。该纪念

碑圆顶的下面是博物馆，因此结构上贴面强度要限制在 600Pa 以下，同时，该材料还要能耐约 3kPa 的风压，故采用了以硅橡胶球作骨材的轻质 CFRC（相对密度 1.0），另外该地夏季中午温度超过 40℃，而冬季则在 0℃ 以下，极为严寒，因此，CFRC 能耐受如此严酷的自然环境也是采用 CFRC 的另一原因。

图 19-5 是在日本最初大规模使用 CFRC 幕墙的 ARK 事务大楼。是 1986 年在东京六本木地区建设的 37 层超高层大楼，其外装幕墙是在 CFRC 上涂刷氟树脂，整个面积为 32000m²，炭纤维用量约为 150t。该处所使用的 CFRC 相对密度为 1.3，与过去的由一种轻质混凝土制的幕墙相比，可使外壁质量降低 60%，地震荷重也减少 12%，也使楼体钢骨架质量减少约 4000t。

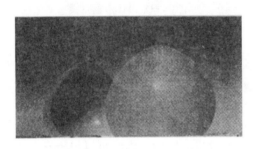

图 19-4　AL-Shahead 纪念碑

图 19-5　ARK 事务大楼照片

CFRC 外装材料开始应用于实际建筑物后已经历了二十多年，在此期间已能进行氟树脂的涂刷，瓷砖、花岗岩的固定以及如图 19-6 所示金属板的固定等表面整理，此外，幕墙的结构形状，与过去 PCa 混凝土一样采用肋条加强筋方式（见图 19-7，日本北九州饭店外壁幕墙）外，由于开发了更轻的钢框方式等从而能满足设计者和施工者多种多样的要求。目前，CFRC 似乎已和金属幕墙和 PCa 混凝土幕墙一起作为幕墙材料得到普及。最近，还有如图 19-8 所示圣路加帷幔和图 19-9 所示惠比寿铜帷幔超高层大楼等应用的实例，已取得约 $30 \times 10^4 \text{m}^2$ 的施工实绩。

图 19-6　日立惠比口中心的大球体
（钛薄板固定的 CFRC 护墙板）照片

图 19-7　北九州プリソス 饭店外壁幕墙照片

图 19-8 圣路加帷幔   图 19-9 惠比寿铜帷幔
（涂氟树脂的 CFRC 幕墙）照片   （瓷砖固定的 CFRC 幕墙）

19.1.3 CFRC 的应用

作为外墙壁板的幕墙（炭纤维增强预制板，CFRC），是初期将短纤维 CF 应用于建筑材料的代表例。与传统的混凝土预制的幕墙相比，CFRC 棱角无缺欠，可以做得很薄，制品的密度也小，所以有可能实现大幅度的轻量化（约 1/3 ~ 1/2）。因此可以说极有效地简化设计和缩短工期。另外，由于不产生像玻璃纤维或合成纤维那样的热劣化，每个整体制品可以放在高压釜进行高温高压蒸汽处理，所以可以提高尺寸稳定性或缩短生产周期，同时成型的样式也让人满意。切短成规定长度的 CF，以单丝形式三维无规则地均一分散在水泥浆的基体中。一般纤维的体积含量（V_f）约为 2%。

在 CFRC 制品使用的沥青基 CF 中分为通用级和高性能级。由于通用级 CF 原本是棉花状，与灰浆混合时需要防止生成毛球，为此使用一种被称为全向式搅拌机的特殊混合机进行混合搅拌。高性能 CF 原本是连续长纤维，用水溶性树脂固定集束后裁断成规定长度后与泥浆混合，用普通的灰浆搅拌机或混凝土搅拌机可在短时间均匀混合，力学特性也非常好（参照图 19-10）。CFRC 幕墙作为非弹性极限应力外壁护墙板的耐火结构，通过实验与试用认为，其应用于高层建筑是完全可行的。

19.1.4 CF 复合建筑材料

作为建筑材料的应用例，有由 CF 与硅酸钙复合，以替代木材为目标的轻量的单体条式护墙板。另外还有以注入成型法生产的 CFRC 城市建设设施或水泥灰浆系修补材料。特别是修补材料与传统的玻璃纤维混入品不同，即使暴露在苛刻条件下长期使用也不易出现裂纹，作为高性能聚合水泥系修补材料，在对旧钢筋混凝土结构件的修补、改修时使用。

另外，应用这种分散技术，使含有粗料（砂粒）的水泥混凝土系构件内部分散均匀的 CFRC 的生产技术也不断开发，正考虑在替代钢纤维增强混凝土（SFRC）或道路增厚覆盖层中应用。

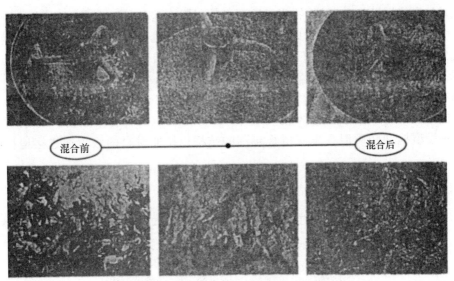

混合前与混合后糊料的不同形态（下面照片为局部放大）

图 19-10　沥青基高性能 CF 混合后的分散例

19.1.5　连续纤维 CFRC

　　连续纤维 CFRC 在土木建筑方面的应用在 20 世纪 80 年代后期开始得到迅速的发展，短纤维的增强形态是将水泥灰浆作基体，纤维在二维或三维进行任意取向，由于制造问题目前还只能作预浇注使用，而连续纤维 CFRC 是将炭纤维增强塑料（CFRP）作为混凝土结构的增强材料（例如钢筋混凝土（RC）结构的钢筋或预应混凝土（PC）结构的拉伸材料等）使用也可在现场进行施工，CFRP的形状可以是将纤维在同一方向对齐的长条板，也可将纤维编成平面状的网，编成立体格子状的三维织物，还可将长条扭编成平面或立体格子状等多种多样的形式，作为增强材料其适用范围非常广。

　　图 19-11 为用于纤维复合材料的纤维物性的比较。CFRP 的特点是质量轻，抗拉和弹性模量大，耐久性、耐腐蚀性优良。目前结构物中使用的钢材，其力学性能中钢筋的抗拉强度（屈服强度）为 250 ~ 400MPa，PC 钢丝为 1.6GPa，弹性模量则为 200GPa，FRP 的力学性能中炭纤维含有率为 50% ~ 70% 时，由图 19-11 可知其抗拉

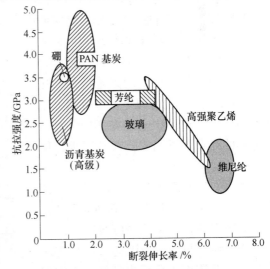

图 19-11　用于纤维复合材料中纤维的物性比较

强度和弹性模量约为纤维物的一半。也就是说。不管用哪种纤维，FRP 的抗拉强度都比钢筋大，也不比 PC 中的钢丝逊色。而弹性模量除炭纤维外，都比钢材小，因此具有和钢材同样的截面积时有可能其刚性更小。然而，CFRP 有可能制成与钢材有同样弹性模量的制

品，能设计出依据目前 RC 结构物设计法要求的材料。此外，CFRP 的密度为 $1.3 \sim 1.5$g/cm^3，为钢材（密度 7.8g/cm^3）的 $1/5 \sim 1/6$，故施工时处理性能优良，也不必像钢材那样担心盐分的腐蚀等，今后可望随开发的进展，作为地下结构物和处于海洋环境中结构物的主要增强材料。

　　日本茨城县高尔夫俱乐部内于 1990 年建设的吊板桥（桥长 51.5m，宽 2.1m），为了使该桥能耐久，全面使用了新材料。如图 19-12 所示，将拉伸材料张紧于该桥的桥台上，形成由埋设型框和轻质混凝土制桥板包围的结构，拉伸材料的张力通过接地拉桩传到地基。

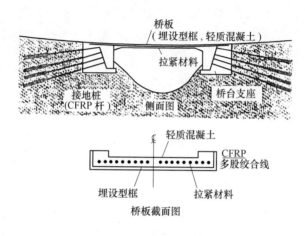

图 19-12　吊板桥的结构

　　该桥在桥板的拉伸材料中还使用了芳纶有机纤维的 FRP 条，此处使用的 CFRP 条和 CFRP 多股绞合线是同一类型物，将它们用作 PC 板桥和大跨度的梁以及板的拉伸材料的例子很多。此外，作为 PC 造的增强筋，或者作为预拉力方式的拉伸材料使用 CFRP 时，为了提高与混凝土的附着特性，在 CFRP 条的表面上将纤维卷成螺旋状，编成股绳，再由许多根上述 CFRP 合股绞线那样的细直径条编成捻线状以求得使之形状不同。

　　图 19-13 为建在东京都品川岸边的海边广场堡（地面24层）其面对海的部分瓷砖固定的幕墙是用炭纤维的三维编织物作增强材料。作为因盐（Cl）害腐蚀钢筋的对策而采用了炭纤维，三维编织物增强材料质量轻，保形性好，制造

图 19-13　东京都品川岸边的"海边广场堡"
（三维编织物增强的 CFRC 幕墙）

幕墙时生产效率高。在日本，幕墙外壁上使用 CFRP 等在建筑标准上没有规定的新材料时，有关耐火结构幕墙必须证实具有耐火 1h 的耐火性能。

上述应用例是作为过去混凝土系结构的钢材代替材料而使用连续 CFRC 的例子。下面的实用例是通过在已建立的 RC 结构物上，卷绕或粘贴炭纤维预浸片或合股绞线来提高弯曲，剪切耐力和韧性，也是连续 CFRC 独有的结构和工程。

对土木，建筑结构物来说，应认真实施新耐震设计法，在日本按旧设计法建设的结构物，其耐震增强已开始成为社会问题。1995 年 1 月在波及阪神地区的兵库县南部地震（阪神大地震）中按旧设计法的建筑物受到很大的破坏，因而进一步认识到耐震增强的必要性。除耐震增强外，对 RC 造建筑物的经年劣化以及沿海和冻害等造成的破坏部分进行补修、增强的工程，估计今后会更多。过去修补、增强工程是粘贴钢板，整体增加钢筋和混凝土，增加柱、梁和壁等，都是很费工的事情，而且增强后整体质量大幅度增加，还产生了如何解决增强材料的腐蚀等问题。为此用炭纤维的修补、增强工程，施工较简单，耐腐蚀性优良，故今后在修补、增强工程中可望成为主要的工程。如是对 RC 造的烟囱进行抗震增强，在垂直方向粘贴炭纤维预浸片，在圆周方向用炭纤维预浸合股线卷绕以提高弯曲剪切耐力。同样的工程方法已有在许多烟囱施工的实例，另外，也用于桥墩和建筑物的柱子以增强其抗弯曲，剪切能力。

如日本阪神在大地震中受破坏的已建 RC 建筑物的大梁，就是采用粘贴炭纤维预浸带来增强的例子。地震灾害后在阪神地区据报道采泵用炭纤维预浸片修补、增强的事例，如建筑物的柱、梁、电线杆、桥墩、隧道等还有很多。

19.2 电波吸收炭石墨制品

19.2.1 电波吸收体概述

以电波吸收体为目的的现有建筑物，以用途分有如下三类：

（1）电波测定室使用的电波暗室用电波吸收体。它在屏蔽外来电磁波的同时，将暗室内发生的电波吸收到壁面。采用的材料是，炭粉混入发泡成波浪形或金字塔形的塑料制成。为增大有效面积要做得很薄，提高吸收能力和制成不易燃烧材料。

（2）船舶航行时防止其他雷达的假像及防反射微波用材料。它应成为与其他船只雷达假像联络的断流器，采用的材料是，将炭粉以及炭纤维或金属纤维等导电纤维混入橡胶、塑料、发泡塑料的坯材加工成薄片或涂料状物。应不易剥离，减轻质量以及改善施工可操作性。

（3）防止因高层建筑屏蔽引起的电视重影。要防止电视重影，应将瓷砖状铁酸盐烧结体配置成格子状的。还要改善施工可操作性，减轻质量以及降低成本。另外，作为电波吸收体还要求吸收电波频率的宽带化。

近年来，随着高层建筑的增多，电视电波常常受阻。信号的障碍如图 19-14 所示，分遮蔽障碍和反射障碍两种。从电视塔发射天线发出的电波由于建筑物的遮挡接收区域产生的是遮蔽障碍。电波由于建筑物前面的壁墙反弹产生的是反射障碍。特别是高层建筑引起的反射障碍有的涉及范围很广，很有必要在建筑物外壁墙采用吸收电波不产生反射的技术。

还有作为电视电波吸收体所对应的相应频数带分 VHF 带（NHK：90 ~ 108MHz；民放：170 ~ 222MHz）以及 UHF 带（470 ~ 770MHz）两个区域，其反射损失限定在 14dB

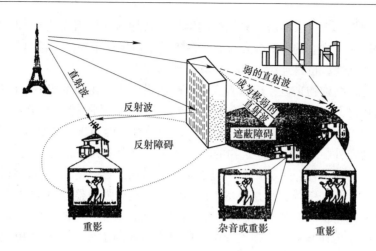

图 19-14　电视信号接收障碍的示例

（入射波能量的 96% 被吸收，剩余的 4% 被反射）。

　　另外，电波是电磁波的一种，如图 19-15 所示，具有电场成分和磁场成分，各自按自己的传播方向传播。在日本的普通 TV 波，电场呈水平方向，磁场呈垂直方向。电波的吸收对于电场与磁场吸收哪一方好呢？由于电视的天线是水平方向设置的，所以捕捉的是电场。在我国也应注意电场与磁场方向。

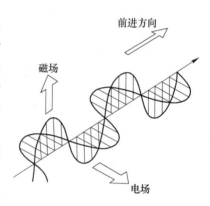

图 19-15　电波的电场与磁场

　　为了反射波在外壁墙不产生重影，传统上是实施电波散乱法。即让建筑物的墙面呈斜面让反射波在空中散乱或将墙面制成凹凸不平分散反射波的方法。但是由于结构所给的可利用空间有限以及高楼的密集，使效果减半，所以现在城市高楼林立，对电波吸收体的研究应受到重视。

19.2.2　电波吸收体原理

　　所谓电波吸收是指电波能转换成热能的现象。因此电波吸收体就是把入射来的电波能吸收而转换成热能的物体。电波吸收体的反射系数要小，这是绝对条件，但同时透过系数也必须小。因此，一般情况下在电波吸收体的背面贴附金属板，使之完全没有透过波，电波吸收体背面的反射不引起反射，这是一般的惯例。

　　电波吸收体根据吸收原理大致分如下三种，即磁性体型、电介质型以及电阻膜型。从前对于高楼等对电视电波障碍的对策几乎都是采用磁性体型电波吸收体。这是利用铁酸盐烧结体的强磁性，吸收磁场成分变成热（靠铁酸盐分子的旋转运动吸收电波）而吸收电波。炭素材料轻，没有磁性，一般考虑电介质体型或电阻膜型吸收体的方案，以克服铁酸盐的缺点，利用其质量轻、价格低、易施工的优点。

19.2.2.1　电介质型电波吸收体

　　一般电介质材料的电阻大，在交变电场下，其电荷载流子仅从原有的位置稍微地移动，产生正负电荷相互向逆方向集中的分极现象，分极的种类中有电子分极、离子分极、取向分极以及界面电荷分极等。各种分极模型如图 19-16 所示。这种分极程度越大的就称为比电介质率大的材料。但是，产生这样的分极形成时间迟缓时，在交变电场下会产生分极相位差，电能作为热能损失，产生被称为电介质损失的电损失，这就实现了电波吸收。图 19-17 为电介质型单层电波吸收体的原理图。由空气的阻抗和电波吸收体的阻抗混在一起，反射系数变小，被称为整合型，下面做详细说明。

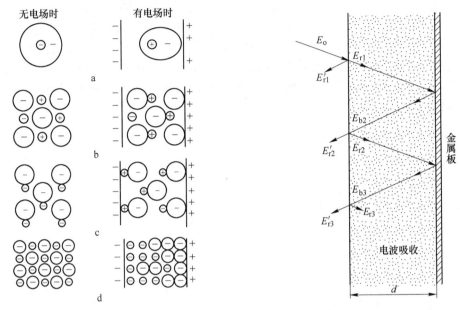

图 19-16 分极的机理

a—电子分极；b—离子分极；c—取向分极；d—界面电荷分极

图 19-17 单层电波吸收体的原理

（1）电波（E_o）射入电波吸收体，有一定量（E_{r1}）被反射，剩余透过电波吸收体内（E_{r1}）。

（2）透过内部的波根据电波吸收体的衰减常数，以指数函数衰减。

（3）虽然波衰减但电场的大小并没有太大的变化，所以全部反射在背面的金属板（E_{b2}）上。

（4）被反射的波再一次在电波吸收体内部衰减的同时反向前进，到达电波吸收体表面。

（5）这个反向前进的波，一部分被反射回电波吸收体内部（E_{r2}），剩余的穿透电波吸收体形成反射波（E'_{r2}）。

（6）第二次返回内部的波经几次(2)～(5)相同过程的反复，反射波从前面穿出。但由于每次在电波吸收体内部往返都受到衰减，几次重复后电场就会变小。

这里面直到过程（5），如将电波吸收体的发射电场（E_{r1}）和由背面金属板反射回来的反射电场（E_{r2}）设为大小相等相位相反的矢量，那么电波吸收体的反射系数就为零，成耦合状态，不发生反射。在这里面波衰减的程度、矢量波的相位回转调整特性取决于电介体的比介电常数和厚度。因此，使用比介电常数大的材料或将单层制成复层，有可能制造适应宽带频数的电波吸收体。

清水等人发表了采用这种方法的混凝土系列电波吸收体配方，即根据将炭纤维和有孔炭珠以及金属纤维以适当量混合的配方，以普通的 PC 混凝土生产方法，很简单地就可以生产大比介电常数、质量轻的混凝土（CFRC）。并且如将金属纤维换成铁酸盐粉末，可能生产厚度仅有 15cm 的薄电波吸收体 CFRC。此时的反射系数如图 19-18 所示。

19.2.2.2　电阻模型电波吸收体

采用电阻膜的电波吸收体根据其特点被称为 $\lambda/4$ 波长型电波吸收体。如图 19-19 所示，电波射入反射体时产生很大的驻波。此时的负载阻抗呈周期性的零与无限大反复，从反射体离开波长 λ 的 1/4 位置为无限大。因此，当电阻膜的面积电阻（R_s）是 $377\Omega/cm^2$ 时，反射系数为零，呈耦合状态，电波被吸收。这个原理构成了 $\lambda/4$ 型电波吸收体。这种形式的特点是在反射体与电阻膜之间的隔板部分由于采用介电率大的电介体，电波吸收体的厚度可以做得薄一些。另外，根据多层数电阻膜的组合，也能够设计适应宽带频数的电波吸收体。

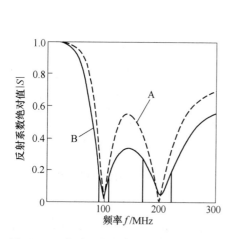

图 19-18　电波吸收频率与反射系数的关系

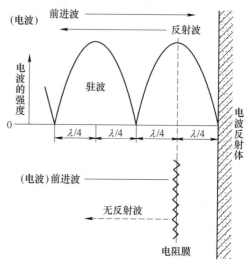

图 19-19　电阻模型电波吸收原理

利用炭纤维电阻膜制作电波吸收体的例子如图 19-20 所示，该图为电波吸收体的大致构成。图 19-21 所示为吸收特性。在这个例子中超过了前述的反射损失目标值 14dB，发现

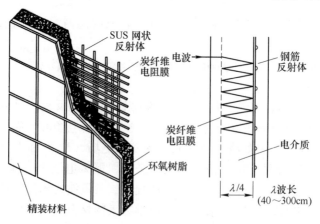

图 19-20　电波吸收体的构成

在 UHF 带呈良好的特性，电阻膜型吸收壁根据电阻膜的电气特性或间隔调整到最佳，可以吸收任意频数的电波。而且由于结构简单，性能优良，价格适当，现在正考虑应用于高层建筑中。

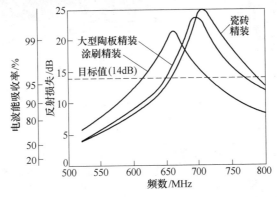

图 19-21　电阻膜型吸收壁的特性

19.3　结构件增强用炭素材料

为满足航空、航天以及体育领域的需要，炭纤维（CF）在 20 世纪 80 年代后半期一直顺利发展。在初期，飞机用高伸度、高强度 CF 以 PAN 基为主，而高尔夫球杆则要有刚性，需要高弹性的沥青基 CF，这样来分类使用。但这些使用量中很少有作为一般性结构材料的，因此全世界需求量也就在 1 万吨左右。

从 20 世纪 80 年中期开始盛行把所谓的功能 CF 应用于土木建筑领域的研究。进入 1990 年，在道路桥梁等混凝土结构件的修补、增强工程中代替钢铁的使用急速地发展。在修补、增强领域中有可缩短工期、降低附加工程费用、可操作性强，降低人工费等优越性。将薄片状 CF 用黏结树脂贴附在混凝土构件表面的 CF 粘贴布施工法迅速扩展应用。

19.3.1　CF 在修补、增强领域的应用

19.3.1.1　施工方法

其是把薄片状的 CF（CF 粘贴布）用环氧树脂黏结贴在混凝土等结构物表面，实施增强的施工方法。在这种施工方法中使用的 CF 粘贴布大致分如图 19-23 所示的两种，即两方向编织的 CF 十字粘贴布（图 19-22a）和单方向的 CF 粘贴布（图 19-22b）。

在这里讲的 CF 是 PAN 基以及沥青基的高性能 CF（所谓的 HP 级别）。两方向 CF 粘贴布的特点是由于纤维束呈直角在两个方向配置，所以粘贴一层可以在两个方向起到增强。但同时如从单方向看，纤维的量仅有一半，而且横纵方向是弯折编织的，有强度显现率低的缺点。与此相对应，单方向粘贴布如图 19-22b 所示，分在底纸上铺好 CF 基盘网格再用黏合剂固定和无底纸玻璃纤维等横向编织仅在网格上单面或双面固定。

这些 CF 粘贴布一般使用常温固化型环氧树脂贴附在混凝土表面。CF 粘贴布和树脂的标准在欧美、日本已在行业中有统一标准。还成立了炭纤维修补、增强施工法技术研究会。因 CF 呈脆性断裂形态，在上述标准中设计使用的 CF 强度如图 19-23 以及表 19-2 所示，不低于 CF 的平均强度减去其标准偏差 3 倍的值。

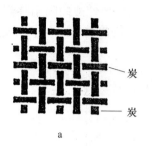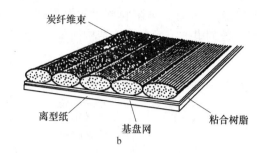

图 19-22　炭纤维粘贴布的种类与结构

a—双向十字布；b—单向布

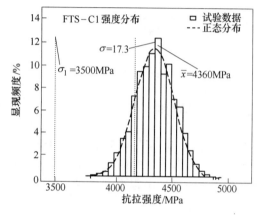

图 19-23　FTS-CI-30 的强度分布

表 19-2　粘贴布 FTS-CI-30 的物性

项目	强度/MPa	弹性率/MPa	应变/%
设计值	3500 以上	2.35×10^5	—
实测值			
平均值	4360	2.45×10^5	1.73
标准偏差	173	5650	0.0843
C. V. /%	4.3	2.5	4.9

19.3.1.2　CF 粘贴布施工法的特点和施工方法

CF 比钢板轻且高强度、高弹性，抗拉强度是钢板的 10.15 倍，拉伸弹性率是钢板 1~3 倍，可根据增强要求选择使用。CF 粘贴布施工法是将各种 CF 与常温固化型环氧树脂（最近也开始使用 MMA 系列树脂）贴附在混凝土结构件使之硬化的修补、增强的施工法。CF 粘贴布施工法的特点如下所述：

（1）薄片状的增强材料，可根据结构件的形状自由切断使用。

（2）用树脂黏合、浸渍作业简单。

（3）施工时不使用重机械，施工可手工作业，即使是狭窄的场所也可实行工程。

（4）施工用人少，与钢板等增强相比工期短。

（5）由于 CF 是单方向排列，显现强度高，可发挥与钢板增强同样的效果。

（6）材料是树脂与 CF，不生锈。

（7）防水效果好，可以抑制混凝土劣化、钢筋腐蚀。

（8）尽管使用了环氧树脂，但由于 CF 是黑色，吸收紫外线，因此树脂几乎不发生紫外线劣化。

具有这些特点的 CF 粘贴布，在对钢筋混凝土结构物的增强时，其设计计算与钢板增强是同样的，由于是在必要的方向上贴接了必要张数，而避免增强过剩，可以实现最低成本施工。这种 CF 粘贴布施工法的标准施工流程如图 19-24 所示。

19.3.2 增强效果

19.3.2.1 梁的抗弯增强效果

由于 CF 粘贴布粘贴在混凝土结构件上，可以取得如下的增强效果。

(1) 钢筋混凝土的抗弯强度增强了。

(2) 钢筋混凝土的剪切强度增强了。

(3) 相互间约束增强了。

(4) 抑制裂缝能力增强了。

在受到弯曲载荷的台基板或梁等的拉伸侧粘贴上 CF 粘贴布，部件材料的抗弯刚性就会提高，可以降低原有钢筋的应力度。此外，由弯曲载荷使钢筋屈服的场合也以 CF 粘贴布为弹性体，负担拉伸应力，提高抗弯耐力。

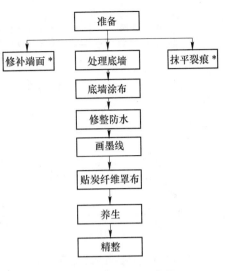

图 19-24 标准施工流程

(＊根据情况进行相应的处理)

为确认 CF 粘贴布对钢筋混凝土梁的增强效果，以及梁增强与钢板增强用同样梁的计算方法是否可能，在梁下面用各种方法将 CF 粘贴布粘合，试验体做成后进行 4 点抗弯试验。

在增强中使用高弹性型号（500GPa）的 CF 粘贴布，如图 19-25 所示为试验体梁下面沿纵向粘贴 CF 粘贴布的例子。梁中的荷重-挠度的关系如图 19-26 所示。此图明确地表示出钢筋的屈服载荷随 CF 粘贴布的张数而变化，与无增强材料时相比贴 1 张可以提高 1.3 倍，贴 3 张可以提高 1.8 倍。从最大弹性极限应力看，贴 1 张积层的试验体比无增强的提高 2 倍，贴 3 张相比在四周两侧和底面贴 1 张的试验体，其最大弹性极限应力可提高 3.1 倍。从中可以得出主筋方向增强后，从梁侧面在四周方向，让 CF 粘贴布相互重叠可以增加稳定性，进一步提高最大弹性极限应力，进一步发挥 CF 具有的拉伸强度作用。图 19-27 所示为在下面贴 3 层积层后，在梁中间增强材料的应变（无增强时钢筋应变与实施增强的试验体 CF 粘贴布的应变）与载荷的关系。图中的点划线是计算值，可看出其值与实验结果非常接近。由此结果可以得知，与钢板增强一样，梁下面加一 CF 筋和通过假设计算采用 CF 粘贴布也是可以增强的。

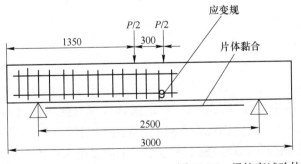
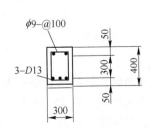

图 19-25 梁抗弯试验体

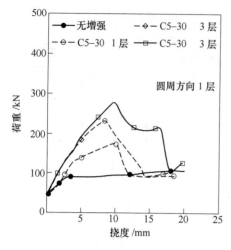

图 19-26　梁抗弯试验中间部挠度

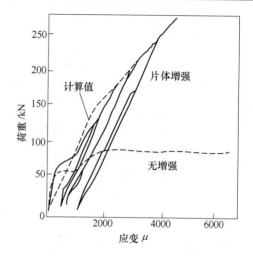

图 19-27　梁抗弯试验（3 层）应变与荷重曲线

19.3.2.2　提高耐疲劳持久性

道路路面由于车辆总是在上面通过，反复承受载荷而产生裂纹，最终由于冲压剪切损坏。另外，由于雨雪有水存在，使混凝土溶出、耐持久性降低。

已确立的对钢筋混凝土路面的主要增强方法有：增加桁架施工法、钢板接合施工法和钢纤维增强混凝土的增厚法 3 种。由于这些方法都要阻断交通，存在可靠性不强等诸问题，而期待确立采用新材料的新施工法，其中的 CF 粘贴布施工法引人注目。

有研究者在反复的荷重下把 CF 粘贴布贴在路面下面，并作出了此时耐疲劳耐持久性提高的报告。在从实际桥梁处取回的路面板下贴上 CF 粘贴布，用轮荷重行走试验机以 100 ~ 180kN 的荷重反复加载荷。路面板中间的变化荷重挠度与行走次数的关系如图 19-28 所示。无增强试验体在 24 万次反复载荷下耐久力丧失，在冲压剪切下被破坏，但在将 CF 粘贴布在路面板横纵铺 2 层增强后的场合，以 100kN 载

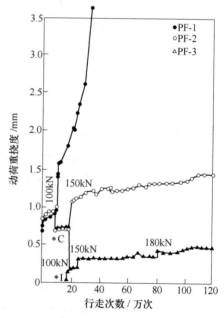

图 19-28　路面板中间的挠度与行走次数的关系

PF-1：无增强；PF-2：炭纤维增强；

PF-3：炭纤维增强 + 上部增厚增强；

＊C：炭纤维粘贴布增强施工；

＊I—上部增厚施工

荷挠度约减少 25%，取得了初期的增强效果。以这种载荷荷重，行走 10 万次，仍观察不到增强路面板的疲劳，进一步载荷荷重增加到 150kN，其结果是可观察到增强路面板疲劳，挠度增加。以 150kN 行走试验 100 万次，仍观察不到剥离现象，最后直至 CF 粘贴布与路面板粘接在一起。另外，将 CF 粘贴布在路面板下面接合与上面增厚双管齐下的场合，更可以降低挠度，疲劳几乎不发生。在需反复施加荷重的场合，CF 粘贴布增强可以大大提高疲劳耐久性。

总之，CF 粘贴布对道路和隧道等混凝土结构件的增强的效果是明显的作为低价有效的增补技术，CF 粘贴施工法将被广泛使用。

19.4 修补文化遗产用炭纤维

19.4.1 概述

用木材、石头、混凝土等结构件建造的文化遗产，从历史的观点必须进行十分认真的修补及增强。为了不损伤其历史价值，作为修补材料，一般对没有确认其耐久性的材料往往不采用。这其中采用纤维修补增强文化遗产的例子可以举出几个，这也可以说是 CF 被认可的一个证据。

CF 粘贴布与环氧树脂复合，有关其实际耐久力记录最多不过只有十几年，但是正如图 19-29 各种复合材料促进暴露试验数据所示，因 CF 是黑色可以全部吸收紫外线，可以抑制除最表层环氧树脂的劣化。而与此相对应的聚酰胺纤维或玻璃纤维复合材料，紫外线可以通过，会使拉伸强度降低。在图 19-29 中所示内容，各种纤维材料促进暴露 1×10^4h（大致相当于 25 年），聚酰胺纤维或玻璃纤维强度约下降一半，而 CF 复合材料不管其紫外线多强，强度变化不大。当然，不能否认如果复合中的基体树脂劣化，复合材料的强度就会降低。为此对表面进行涂料的涂敷，但也担心有剥落的部分。另外这也证明了环氧树脂在紫外线不直接照射的场合有耐久性。

此外，CF 复合材料的荷重疲劳特性、蠕变特性、热疲劳特性、水或潮湿环境下的耐久性也都非常好，可以说是文化遗产修补、增强非常好的材料。

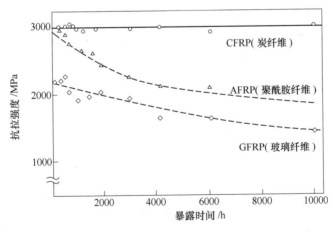

图 19-29　各种纤维复合材料促进暴露后拉伸强度的变化

19.4.2 在修复增强工程上的应用

日本桃介桥于 1922 年 9 月建造，是具有历史意义的土木建筑物，同时还是当时最大的吊桥。由于不断老化，从 1978 年起禁止通行，1993 年 9 月被指定为文化遗产后，对石桥墩注入无机系列的注入剂，桥板及桥横梁用日柏或花柏新装，外观跟建筑初时一样，被完全复原。在复原中的最重要部位，即主塔荷重的部分，用 CF 粘贴布进行了增强。在主塔的修复中采用了 CF 粘贴布增强。桃介桥用新材料更新修补中，主塔部分达到了完全保存的目的。中性化混凝土深 2cm 处仍没有发现钢筋有腐蚀的现象，但是混凝土的裂纹非常多，需要对塔顶进行增强。

混凝土的裂纹对于表面劣化部分可以采用无机系列注入剂低压注入处理法进行修补，由于塔顶部的混凝土的龟裂大有危险性，所以用 CF 粘贴布进行增强。由于缆绳等引起的压缩应力和弯曲应力，在塔顶部从上端 60~80cm 的范围内用多层 CF 粘贴布与常温热固化型环氧树脂粘贴增强。其上采用墓石的修复方法，进行保持自然状态的表面处理。

一般在文化遗产建筑中，修复的工程有屋顶的防水铜瓦的修理，金箔瓦的更换，外壁及屋檐的全面涂刷，甚至包括拉门、隔扇、把手、装潢等所有部分进行的改修。其中特别应指出的是柱子的增强采用了 CRS 施工法，进行 CF 粘贴布粘贴和 CF 股绞绳缠绕进行增强，提高了柱子的韧性和抗剪切能力。增强后柱子的横截面积没有改变，施工量很薄，质量增加很小，对基础或其他部件的影响几乎没有，这是其重要的特征。施工也不使用火，这些特点正是对文化遗产维修和增强最适合的。

用 CF 增强从施工的简便性、增强的效果或可施工性各方面都得到承认，1997 年在全世界大约有 200~300t 的 CF 以维修或增强为目的而使用。虽然在文化遗产的维修或增强中使用的 CF 与在一般的土木建筑中维修增强的使用量相比非常少，但作为新材料的 CF 在维修古文化遗产时使用的意义却比较大。

20　环境保护用炭石墨制品

在防止大气污染和水质污浊、恶臭等产业公害方面发挥作用的炭材料，首先被想到的是活性炭。最近其用途正从更贴近日常生活的家用净化器到保护地球环境的各个方面进一步扩大。其中不仅有过去已有的粉末状和粒状活性炭，还有能被加工成纸、毡、织物等各种形态的制品。另外，还有不是活性炭和活性炭纤维之类的制品。

炭材料在环境净化方面特别受到注意，由于环境问题已成为世界上的主要问题，而且不燃烧就不增加环境负荷的优良材料更应占有一席之地。

活性炭是具有高度发达细孔结构的吸附剂，现今在非常广泛的领域应用。工业领域中在上下水道及工厂废水的净化处理、工业制品的脱色精制、气体的回收、分离等，在日常生活中净水器用的过滤器、空气清洁器的过滤等方面都有广泛应用。

20.1　大气环境保护用炭石墨制品

20.1.1　挥发性物质的回收和除去

很早就将活性炭作为吸附充填层回收溶剂，但最近更普及的是用活性炭纤维。作为对象溶剂主要是一般溶剂，如在将醋酸树脂制成纤维和胶片的工程中使用的丙酮；在油漆工厂、印刷工场、胶片和纸加工工场、黏结剂制造工场中使用的甲苯、甲乙酮等。后来由于半导体工业迅速发展，则以印刷线路板的清洗、金属的脱脂清洗等精密仪器的清洗中使用的卤化物溶剂和替代氟溶剂的回收为中心，都需要使用活性炭及活性炭纤维。

图 20-1 为溶剂回收装置的一例，将毡状活性炭纤维做成圆形使用，用两槽交替吸附氟等溶剂气体并由蒸汽脱附，连续进行回收。

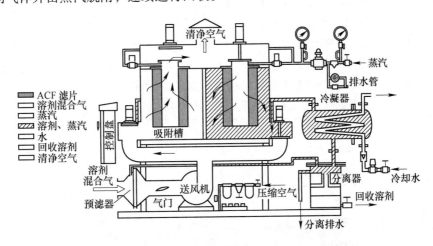

图 20-1　溶剂回收装置一例

使用活性炭纤维的回收装置的特征可列举为：（1）吸附速度快，与过去的活性炭相比，吸附剂的充填量仅需约 1/20，质量小，设备可更紧凑。（2）水蒸气脱附时间极短，回收溶剂很少因过热而变质，回收的溶剂质量好。(3)吸附完全自动交替进行，而且吸脱附同时操作，用小型蒸汽锅炉即可。(4)与粒状活性炭相比，吸附槽厚度仅为前者的1/5～1/10，不会因吸附热而蓄热，特别是对可燃性溶剂来说较为安全。(5)短时间自动切换吸附、脱附操作，故即使工程的原因也能使装置停止运转，故操作性能好。

　　为了从汽车燃料罐除去漏泄的汽油，安装了称之为滤罐的捕集器，其中可用煤基粒状活性炭。在美国环境保护局的规定中，以前以丁烷做标准的捕集能（Butane Working Capacity）为 5.0g/100mL，后来规定进一步严格，故改用捕集能为这一数值两倍以上达 11.0g/100mL 的木质活性炭。今后，随着规定要求的提高，也正在进一步开发目标为有更高捕集性能力的纤维状活性炭。

20.1.2　有毒气体、恶臭气体的除去

　　以前由于活性炭有大的比表面积，具有各种各样孔径的孔隙结构，故被用作气相污染物质的吸附脱除材料。其所用原料有木材、锯屑、椰壳、纸浆废液、煤、石油重质油、沥青、酚醛等合成高分子，最近则用塑料废弃物和使用后的废轮胎等非常廉价的原料，因此，具有其他材料所不具备的较大经济效益。图20-2 是活性炭对各种有毒气体的吸附等温线。活性炭能较好地吸附二氧化碳、二氧化氮、溴甲烷、氯等，但几乎不吸附一氧化碳和氨。因此制造了添加各种金属及化合物的活性炭。表20-1 为防毒面具吸附筒内所使用的吸附剂及吸附气体，表明已使用了能吸附脱除各种气体的活性炭和添加活性炭。

　　此外，也正在考查使用活性炭捕集水银蒸汽的可能性。由燃煤锅炉排出的废气中含水银较少，为 1.5～6.4μg/m^3（标准状态），而在垃圾焚烧炉的排气中则含量（标准状态）高达 1000～2000μg/m^3，为了用活性炭将其脱除，评价了由沉积碘和硫等的活性炭以及由年青煤和烟煤制得的各种炭材料的吸附能力。

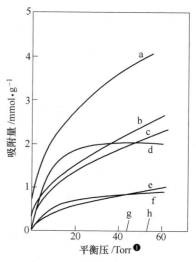

图20-2　各种有害气体通过活性炭的
吸附等温线（60℃）
a—二氧化碳；b—二氧化氮；c—溴甲烷；
d—氯；e—二氧化硫；f—硫化氢；
g—一氧化碳；h—氨

表20-1　充填在防毒面具吸附筒中的吸附剂及吸附气体

吸收罐的种类	吸附剂的例子	吸附气体
卤素气体用	活性炭，添加碱性的活性炭，碱石灰	氯、氟、溴、碘、卤素等
酸性气体用	添加碱性的活性炭，碱石灰	卤氢酸、硝酸、硫酸等
有机气体用	活性炭	链状或环状烃类、卤化烃类。醇类、醚类、酮类、酯类、苯胺、二硫化碳等
一氧化碳用	ホプカリット，吸湿剂	一氧化碳
一氧化碳 有机气体用	活性炭 ホプカリット，吸湿剂	火灾时产生的气体，蒸汽等

---

❶ 1Torr = 133.3224Pa。

吸收罐的种类	吸附剂的例子	吸附气体
氨用	キュプラマイト，添加酸性的活性炭	氨，胺类
亚硫酸气用	碱性剂，添加碱性的活性炭，	亚硫酸气
氢氰酸用	金属氧化物，添加碱性的活性炭，碱性剂	氢氰酸和氢氰酸制剂的气体
硫化氢用	金属氧化物，添加碱性的活性炭，碱性剂	硫化氢
溴甲烷用	添加三乙基乙胺的活性炭	溴甲烷
氯乙烯用	添加金属硝酸盐的活性炭	氯乙烯
水银用	金属氧化物，添加碘或硫的活性炭	水银蒸汽
膦用	ホプカリット，添加银和铜的活性炭	膦

活性炭的吸附能力与吸附温度、水银浓度等有关，对氯化汞等汞的卤化物来说可用活性炭，而对零价的水银蒸汽，用碘及硫处理过的活性炭都有一定的效果。估计这与炭表面官能团的相互作用有关。活性炭纤维具有高比表面积，在低浓度时吸附量大，吸附速度快，因此作为空气净化材料备受注目。以多种微量气体作对象，在活性炭纤维上添加化学吸附剂，可高效率地脱除微量酸性气体、硫化物、碱性气体和有机溶剂，正在进行主要用于在制造半导体时，清洁与除去室内有害气体等方面的开发。此外，也已知活性炭纤维能分解对人体极有害的臭氧而使之无害化。

活性炭纤维上担载锰后增加了对硫化氢的吸附能力，图 20-3 为含锰量约 1% Mn-ACF，10% Mn-ACF 的活性炭纤维以及市售的添 Mn 的活性炭纤维（Ref-ACF）对 H_2S 的脱除率与不含金属纤维（ACF）相比较的结果。ACF、Ref-ACF 对 H_2S 的脱除率各为：30min 时为 0%，240min 时为 40%，而 1% Mn-ACF 在 240min 时仍保持约 60%。该脱除率也与 Mn 的添加方法有关，但已发现有合适锰含量的活性炭纤维具有较高的消臭功能。

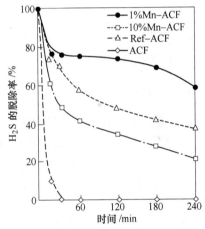

图 20-3 担载锰的活性炭纤维除 H_2S 的效率

—●— 含 1%（质量分数）锰的活性炭纤维；

--□-- 含 10%（质量分数）锰的活性炭纤维；

—△— 市售含锰的活性炭纤维；

—◇— 不含锰的活性炭纤维

20.1.3 脱硫、脱氮

大气污染的元凶硫化物、氮氧化物的处理技术目前已达到相当的水平。这些技术是以从火力发电等排出的气体为对象，用石灰的脱硫反应和由氧化钯—氧化钛系催化剂在高温脱氮为中心，但大量的水和副产石膏的处理，以及排气中 NO_x 的浓度比 SO_x 浓度低时，由于形成硫铵造成反应管的堵塞等都成为问题。因此，开发了用活性炭干法在低温（约140℃）同时进行脱硫脱氮的过程。很早就知道活性炭具有氧化 SO_x 和 NO_x 的催化作用。德国的 Bergbau-Forschung 公司在 20 世纪 60 年代后半期开发了移动床型的干式排烟脱硫过程，作为吸附剂用比活性炭表面积更小的煤基炭材料（半焦）。后来三井矿山（股份有限公司）又开发了更高强度的活性焦。在此过程中其特点是在活化再生时用 SO_2，但应指出的是，再生时有消耗表面炭的问题，最近正盛行用活性炭纤维脱硫脱氮技术的研究，如图20-4所示。活性炭有从大孔到微孔的发达空隙，而活性炭纤维由于仅在纤维表面有直接的微孔，故其特征是吸附速度大，通气阻力极小。图20-5为各种活性炭吸附二氧化硫时的穿透曲线。活性焦和PAN基性炭纤维开始穿透时间分别为2h和8h，它们的比表面积各为250m²/g和900m²/g，而酚醛树脂基活性炭纤维和煤基活性炭的比表面积各为200m²/g和1200m²/g，与前两者相比几乎没有多大差别。但前两种中含氮率更高为1.2%~2.3%，由表面化学结构分析看，表明表面含氮官能团起重要作用。

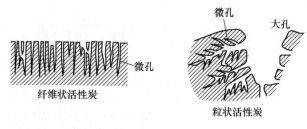

图20-4　纤维状活性炭和粒状活性炭的微结构模型

最近，lmai等将氧化铁（γ-FeOOH）分散于活性炭纤维上，发现在200℃吸附NO达80%，并被还原成N₂。在活性炭纤维上用氨能很好地进行脱氮反应。这样如果NO能在炭表面直接转换为氮，则可望简化过程，达到节能的目的。

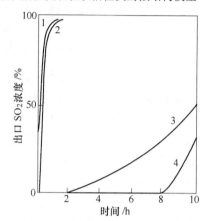

图20-5　各种活性炭上二氧化硫的穿透曲线
（反应条件：140℃，SO₂ 0.1%，O₂ 5%，
H₂O 10%，N₂平衡，W/F = 0.02g·min/mL）
1—煤基粒状活性炭；
2—酚醛树脂基活性炭纤维；
3—活性焦；4—PAN基活性炭纤维

20.1.4　气体分离、浓缩与回收

被称之为地球温暖化的气体氟、二氧化碳、甲烷、氧化亚氮中，二氧化碳是由作为人类活动不可缺少的能源化石燃料燃烧的必然产物。因此，最好在大量产生二氧化碳的火力发电站等处回收。

回收二氧化碳必须有分离、浓缩工程，在这类工程中沸石分子筛和活性氧化铝等无机吸附剂以及活性炭和分子筛炭等炭材料都有效。曾调查过煤和其碳化物对二氧化碳的吸附特性，比较了市售活性炭和分子筛炭，评价了它们作为变压吸附用的吸附剂的适用性。用这种炭系吸附分离剂的最大优点是炭表面为疏水性，水之类的极性物质的影响很小。因此，不需像沸石分子筛等无机吸附剂那样要严格地进行脱水操作。

此外，河渊等报道在市售分子筛炭（MSC）和活性炭纤维（ACF）上析出苯的热分解物来控制大孔，可明显提高对二氧化碳和甲烷的分子筛功能。如图20-6所示，通过热解炭改性的MSC和ACF其吸附二氧

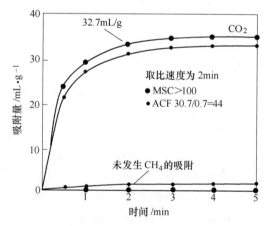

图20-6　用苯改性的分子筛（MSC）和活性炭纤维（AFC）对CO₂和CH₄的吸附速度

化碳对吸附甲烷量之比分别为100以上和4，而未改性的炭仅为2.2和2.4，表明其选择性有了明显的提高，利用这种分子筛炭可望从天然气中选择性地脱除二氧化碳等杂质。

20.2 垃圾焚烧炉用活性炭与炭砖

20.2.1 活性炭在垃圾焚烧炉中的应用

近年来，酸雨、地球温室效应、臭氧层破坏等引起全球对环境保护的高度重视。焚烧城市垃圾排出气体中含有的微量剧毒物质二噁英类已成为社会大问题。这些二噁英类可以认为是在焚烧垃圾时各种合成树脂类或化学制品中的氯与一般垃圾高温反应合成的。

20.2.1.1 吸附二噁英用活性炭的特点

吸附二噁英用活性炭是被高度活化、粉碎、造粒的粉末活性炭，作为袋式过滤器捕集用。不但是单体活性炭，还与消石灰粉末混合使用，具有适应各种使用条件的特性。它具有适合吸附的细孔分布和比表面积，也适合于高热残留成分低吸附后的废弃物的减少。表20-2所示为二噁英吸附用活性炭的分析例。

表20-2 二噁英吸附用活性炭的分析例

项 目	A	B	C
活化方法	水蒸气	水蒸气	水蒸气
体积密度/g·cm^{-3}	0.33	0.32	0.26
碘吸附力/mg·g^{-1}	980	950	820
pH 值	9.5	8.6	7.3
强势残留成分/%	3.8	7.5	3.2
干燥减量/%	3.5	4.3	4.0
平均粒径/μm	22.5	20.2	28
比表面积/m^2·g^{-1}	1100	1040	860

20.2.1.2 有关喷射组合件系统

该系统是活性炭干燥式输送运输系统，从工厂的发货贮仓输送到喷射车内再运送到目的地，连接用户的接受贮仓的直接连接管而完成工作任务。表20-3表示了用喷射系统输送粉末活性炭的能力。

喷射系统的特点：（1）由于采用了贮仓系统，不需要以往的牛皮纸袋的开封、投入、袋处理等。（2）由于可以从贮仓自动排出，使用现场能安装自动系统。（3）由于粉末活性炭不到处飞扬，明显地改善了作业环境。

表20-3 采用28m^{3}喷射系统粉末活性炭的输送能力

品名	体积密度/g·cm^{-3}	每车输送能力/kg
A	0.32 ~ 0.35	8000 ~ 8400
B	0.30 ~ 0.34	8000 ~ 8400
C	0.25 ~ 0.28	6500 ~ 7500

20.2.1.3 吸附二噁英用活性炭的使用方法

用活性炭消除二噁英类基本上是采用吸附分离操作。因此，如图20-7所示，与活性炭颗粒的外部表面接触的二噁英类，进一步向活性炭颗粒内直径小的细孔扩散，最终被拉入微细孔中。这样一来，二噁英类被浓缩在活性炭颗粒内，用袋式过滤器与颗粒一起被捕集到系统内分离消除。表20-4所示为二噁英吸附用活性炭的细孔分布。

活性炭表面如潮湿的话，由于二噁英的疏水性吸附效率显著降低，所以必须使用干式的。此外，以立柱方式连续吸附清除时，有时也采用椰子壳破碎炭、煤系破碎炭、成型造粒炭等。图20-8为处理垃圾燃烧气体活性炭的应用例。

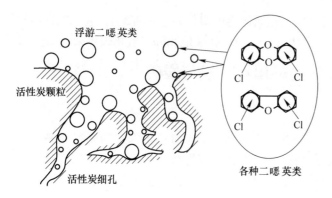

图 20-7　二噁英吸附活性炭内扩散与浓缩模拟

表 20-4　二噁英吸附用活性炭的细孔
分布（每克活性炭）

细孔分布		A	B	C
细孔径	0~1nm	<0.24	<0.18	<0.08
	1~5nm	<0.04	<0.20	<0.14
	5~10nm	<0.01	<0.06	<0.18
	10~15nm	<0.03	<0.11	<0.22
全部细孔容积		<0.32	<0.55	<0.62

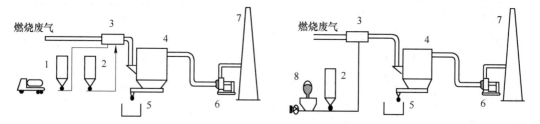

图 20-8　处理焚烧垃圾气体活性炭应用例

1—消石灰贮仓；2—活性炭贮仓；3—吸附剂混合室；4—袋式过滤器；
5—灰坑；6—引导风机；7—烟囱；8—活性炭投入料斗

20.2.2　垃圾焚烧炉中炭块

垃圾焚化与焙烧用锅炉的燃烧室的墙是由充满循环水的膜管组成的。循环水是炉墙冷却剂，其在进行热传递过程中产生蒸气。垃圾焚化的燃烧产物具有易腐蚀、易侵蚀性，如果没有采取防护措施，水墙管就会极快地被损坏，特别是燃烧带直接与火焰接触的部分。经验表明，需要保护的特殊部位是整个炉内的后墙、前墙和侧墙。为了防止这种接触，常用耐火材料作火管套来加以保护。碳化硅砖是由碳化硅与黏合材料组成的混合物经液压机压制而成的，即垃圾焚烧炉的新型衬里——碳化硅砖。其性能指标见表 20-5。

表 20-5　碳化硅砖的性能测试

主要原料		性　质				
SiC质量分数/%	黏合剂	热导率（1477℃）/W·(m·K)$^{-1}$	体积密度/g·cm^{-3}	平均线膨胀系数（10~1400℃）/K^{-1}	最高耐热温度/℃	弹性模量（20℃）/MPa
89.3	氧化物	14.7	2.53	5.8×10^{-6}	1450	15.9
78.0	氮化物	14.4	2.62	5.0×10^{-6}	1590	46
75.0	氮化物	16.3	2.62	4.7×10^{-6}	1760	44
85.1	氧氮化合物	16.7	2.60	5.0×10^{-6}	1590	24
89.2	抗氧化保护硅化物	15.7	2.55	4.7×10^{-6}	1480	21

碳化硅砖有 4 种不同的黏合材料，即氧化物、抗氧化硅化物、氮化物、氧氮化合物。

根据是否向碳化硅骨料中加入细颗粒料硅酸盐，前两种区分为氧化物黏合和硅化物黏合，后两种由于使用硅氮化物（Si_3N_4）或硅氧氮化物，可认为是氮化物黏合。氧化硅酸盐黏合产品在典型的垃圾焚化锅炉操作温度 816～1316℃下，可保持其强度及性能，但是骨料颗粒易被腐蚀。抗氧化硅酸盐黏合物组分则是为了防止骨料颗粒在 816～1093℃温度范围内氧化。氮化物黏合产品在工作温度超过 1093℃时具有极强的高温强度及抗腐蚀能力，但在 816～1093℃温度范围内，其抗氧化能力通常低于某些氧化硅酸盐黏合产品，而氮化物黏合新产品的成本，通常比氧化硅酸盐黏合产品高出 20%～30%。

碳化硅砖可根据锅炉结构制成各种形状和大小，如图 20-9 所示。这是用来覆盖两根管道的方形砖，碳化硅砖靠火的一侧是平坦的，而靠近管道的一侧是绕管道的弧形面。碳化硅砖最薄的部位是管道顶部，而最厚的部位则是隔膜处。碳化硅砖的周边是平坦的。碳化硅砖可制成联锁型以提高整体强度。考虑到热膨胀现象，砖在安装时最小的间距约为 3.2mm。

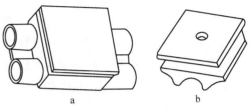

图 20-9 一般的碳化硅砖结构
a—槽沟周边；b—重叠形

碳化硅砖热导率高，密度大，硬度高，靠火一侧表面更光滑，具有更强的抗磨损、耐腐蚀能力，可省去表面修整，减少维修时间，易于安装，易维修，是目前垃圾焚化锅炉最佳的耐火材料。

20.3　水质环境用炭石墨制品

20.3.1　活性炭在给水处理中的应用

自来水厂的净水处理通常是通过凝聚沉淀和过滤的方法除去悬浊物质，通过加氯进行杀菌，但要确保优良水质的高度给水处理。其主要作用是除去臭气成分，降低腐殖质和除去微量有机污染物。作为满足这些要求的活性炭，希望用中孔更发达的中孔粒状活性炭或在活性炭层内细菌能繁殖的生物活性炭，同时这种活性炭最好在处理时压力损失不大，其形状和硬度能耐反洗，输送时的消耗小。作为杀菌剂使用的氯与腐殖质等前驱体物质反应，会生成三氯甲烷等有害的有机卤化物，目前三氯甲烷的暂定标准值为 0.1mg/L，大孔发达的煤基活性炭能有效除去三氯甲烷之类分子较大的前驱体。

20.3.2　活性炭在给排水处理中的应用

在城市给排水系统中，广泛采用活性炭处理，欧美普遍采用活性炭处理污水，日本的下水道普及率约为 40%，比欧美各国低，作为保护水质环境及水资源不足的对策，从家庭放出的排水经一次、二次处理后再流到河川之前还要用活性炭进一步处理。与给水处理不同，不是针对性地除去特定的化合物，而是由 BOD 和 COD 值等来评价，不能单纯依赖于活性炭吸附，还有必要组合臭氧处理等其他方法。

20.3.3　付与抗菌性

家用净水器如饮水机、水杯等给水处理中广泛使用活性炭和活性炭纤维。但是一般炭类与细菌的亲和性好，这反过来是助长细菌类附着及增殖的原因。要解决这类问题，应付与炭材料本身具有抗菌性的抗菌性活性炭纤维，不是单靠物理方法添加具有抗菌效果的银之类的金属，而是在制造纤维时添加金属制成金属以微粒状高度分散的活性炭纤维。尽管还有银粒子的脱逸及孔结构的控制等未解决的问题，但作为抑制产生恶臭源的各种细菌的发生和增殖的手段，可望今后会得到广泛的利用。

20.3.4　其他

木炭的 pH 值为 8 ~ 9.5，据称可有效地作为对农业地和森林地的酸雨的对策。此外，作为住宅的调湿剂，在住宅的地板，壁橱的下段、混凝土住宅的厨房等湿气多的地方铺放木炭可防止结露。这主要是利用木炭表面的化学吸附性和吸水性，但木炭中更发达的多孔性结构一定也起了某些作用。我国在古代就知道木炭的作用了，如湖南长沙马王堆西汉墓用了木炭就是例子。

活性炭及活性炭纤维在水质环境中应用广泛，本节主要以单独使用的活性炭和活性炭纤维的用途为中心进行了说明，除此之外，炭材料还能在净化被农药污染的土壤和地下水等保护环境的许多方面发挥作用。将炭纤维与树脂和水泥复合化，可赋予其导电性、耐磨耗性、耐冲击性等功能，也正试用于除静电材料、电磁屏蔽材料、食品工场等的地板等方面。纤维状活性炭由于其特异的结构及容易加工处理性，与粉末和粒状活性炭相比有更多的优点。

20.4　炭对细菌的作用

20.4.1　炭材料上细菌的行为

据报道炭材料对细菌的增殖有积极的作用，细菌的增殖通过在培养液中添加石墨及活性炭等炭材料后可使之更加活跃。此外，细菌在将培养液分裂或即使设置障碍物都能超越它们而增殖。这种细菌增殖现象是过去所未见到的，因此得到的结论是炭材料在发挥某些作用的同时，音波等信息传递媒体也起作用。

20.4.2　作为土壤改良材料的炭

土壤细菌或者生物都属炭和细菌之间有着某种相互关系的物质。木炭适于作生物的培植地，进行了种种考查，得到了较好的结果。木炭是有许多孔径为数十微米孔隙的多孔质炭，因此保持水和空气的能力很高，因经过热处理有机物也少。将它们混入土壤中时，成为病原的微生物也不易带入，因此，霉菌也就难以产生。在混有木炭的土壤中，首先成为微生物营养成分的共生营养微生物也被混入。其次，各种微生物开始繁殖，随着好氧的菌类在木炭中增殖，属一种土壤细菌的根粒菌和 VA 菌（Vesicular Arbuscular 菌）也开始增加。到了这种状态时该土壤就成了优良的农用土壤，适合于植物栽培。通过在土壤中增加VA 菌，植物能吸收更多的磷和氮，促进植物的生育，抑制土壤病害。从这点出发，用木炭培养它积极地繁殖 VA 菌，发现它们对大豆、蔬菜、蘑菇、园艺植物等的栽培都有效果。造林时在其根部埋入木炭，发现可大大加速树木的生长。木炭在作为水耕栽培用的培植地时，也呈现出优良的性能，这也是由于木炭具有多孔结构，其孔大小适合作为细菌等的培植地。这一问题与确保人类食物资源有关，因此今后应积极予以推进。

20.4.3 作为人工藻场的炭材料

随着人类生活的进一步提高，河流、池塘、湖泊和海洋等的水质变得污浊，由于红藻和绿藻的产生造成渔业资源的死灭；因有害化学品污染河水和土壤；因工业废弃物造成环境污染等环境破坏等，这些都成为深刻的问题。其中，有关维护水质和水质净化的环境问题是特别重要的课题。对有关炭材料和微生物关系的研究，发现炭纤维聚集和固定微生物的能力比其他材料（棉花、尼龙、聚乙烯等）高得多（图 20-10a）。后来考查了有关炭纤维上固定微生物的各种因素，发

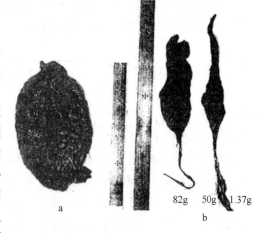

图 20-10　固着在炭纤维上的微生物群体

现与不用炭纤维时相比，固定微生物的量可增大 1300 倍，固定微生物的集合体尽管量很大但不会产生剥落，它们牢固地固定在炭纤维表面上，而且还有弹力性，这种现象是其他原材料所看不到的。过去的原材料，如果放入水中，微生物也会附着在其上，但会排出和剥落下来。

固定微生物的炭纤维束（12K）其直径可增大至 15cm 左右，而且微生物均匀地固定在每根炭纤维的周围，直至大量地附着在炭纤维束的内部（图 20-10b），同时附着物不会变色和形成内部空隙。

炭纤维可通过集束编织形成所需形状的成型体，因此它们能在淡水和海水中像天然海草那样摇动，成为小生物和鱼类喜欢栖息的场所（人工藻场）。在炭纤维上大量固定的现象也能通过将炭纤维沉入被污浊的湖泊、池塘中，在其上固定污浊物后再打捞起来，维护水质和除去水质污染物质。

20.4.4 作为水质净化材料的炭材料

和细菌相关的炭材料功能之一是在炭材料表面形成生物膜，成为处理污水的接触材料。污水和废水处理方法之一是活性污泥处理，其中有添加活性炭的污泥处理法，这是利用活性炭的吸附功能，在活性炭基材上附着微生物形成生物膜。此外，将附着生物膜的活性炭在有三层流动层的处理层内进行搅拌的同时进行废水处理，最近也开发了粒状担体生物膜法。此外，炭材料也作为污水处理用接触材料使用。如用厌气性微生物甲烷发酵菌进行废水处理。实验中使用形成生物膜的接触材料为塑料、金属、炭和陶瓷等，对由于这些材料的种类和表面状态的差别导致的微生物固定状况及固定量进行了比较考查。将这些基质浸渍 7～50d 之后，测定基质上附着的固定微生物量，所有的基材上微生物的固定量都随浸渍天数的增加而增加，但其中炭基材料比其他膜基材料固定的量更多，表现出对微生物的良好亲和性。

20.4.5　在水质净化方面的新试验

为了净化湖泊和河流的水质，试用了各种各样的方法，其中有为了提高溶存的氧量，采用了大量曝气、臭氧氧化和利用接触材料的生物膜处理法等。然而被污染的湖沼仍未得到改善。

从河流中汲取水装入水槽（容积为 80L）中将炭纤维如绳、门帘那样悬挂在里面，用水泵使水循环，炭纤维如水草那样摇动。为了比较在另一水槽内加入同一河中的水，但不悬挂炭纤维只进行水循环，在此情况下的河水经过 10d 后仍然污浊，15d 后污浊略有减少，20d 后仍有一些混浊，没有变清。与此相反，用炭纤维做接触材料时混浊的河水 1d 后明显透明，2d 后完全透明。表示河水污染度的生物耗氧量 BOD 如表 20-6 所示，在使用炭纤维时经过较短时间就有所降低，3d 后就达到环境标准（3mg/L）以下。但是不用炭纤维时即使 15d 也未能达到标准。

表 20-6　通过炭纤维后河水中 BOD 的变化

（mg/L）

接触时间/d	0	1	3	5	10	15
无炭纤维	13	10	7	6	6	5
PAN 基（T-300）	13	6	3	2	2	1
沥青基（17.9[①]）	13	5	3	3	3	1
沥青基（66.4[①]）	13	3	2	2	2	1

① 模量，t/mm^2。

这是由于炭纤维具有微生物亲和性，微生物固定性和形成生物膜的能力高，从而得到了至今使用其他接触材料所达不到的结果。有开发的新技术是在炭纤维表面形成生物膜，通过此膜有可能降低 BOD 值，提高透明度。要是能将污染了的河流、池塘、湖泊等的水质复原，将会在全球规模的水质净化方面有所贡献。

20.4.6　水热器和巴氏杀菌电极

水热器的制作是应用炭和石墨作为电阻来加热水。水热器的第二种制作方法是让水通过一系列不渗透的炭管，在炭管上施加电压。这种组装件是绝缘的，因而所有的电能可以用在水的加热上。

牛奶的巴氏杀菌法主要使用完全不渗透的炭的电极，并利用牛奶的导电性来达到杀菌作用。牛奶在炭极之间通过，于是被加热到所需要的温度。然后流进一根长的绝缘管，在这里，保持牛奶在适当的温度，让巴氏杀菌作用进行一个适当的时间。最后把牛奶冷却，以便装瓶。

20.5　电防腐蚀炭石墨制品

20.5.1　概述

电防蚀（Electrolytic Protection）是使电流作用在金属上而减少金属腐蚀的方法。电防蚀有阴极防蚀和阳极防蚀两种方法。阴极防蚀是将需防腐蚀的金属作为阴极，将易腐蚀的铝（Al）、镁（Mg）锌（Zn）等的合金作为阳极，当外加电压时，通过电池作用，防止阴极金属腐蚀。它广泛应用于船舶、港口设施、地下埋设物、化工装置等。阳极防腐则是将金属材料作阳极，通电达到防腐蚀目的的方法。用于可被钝化的材料，适用于化学反应装置等。电防蚀技术是一项得到迅速发展的技术，国外取得进步的地方很多。

电防蚀法又称为阴极防蚀法，有时也包含阳极防蚀法，但这里只就阴极防蚀法进行阐述。电防蚀法是将防腐对象作为阴极，通过阴极极化，使金属处于稳定状态区域内的防腐蚀方法。换言之，这是一种从外部输入直流电，使局部电池的阴极极化到阳极平衡电位，消除金属表面的电位差，使腐蚀电流消失的方法。

电防蚀法的对象是处于电解质中的金属，也适用于混凝土中或各种溶液中的金属。在防止孔腐蚀、应力腐蚀、腐蚀疲劳、晶界腐蚀、脱锌腐蚀等方面往往是有效的。图 20-11 为铁的腐蚀图，图中的①为阴极防蚀。

20.5.2 防蚀电位和防蚀电流密度

表 20-7 和表 20-8 分别列举出防蚀电位和防蚀电流密度。

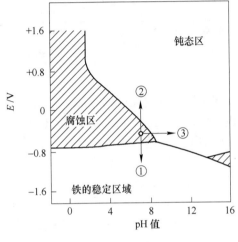

图 20-11 铁的腐蚀图

表 20-7 防蚀电位

金属种类	防蚀电位/V	项　目
钢铁	约 −0.77	天然水、土壤、酸性水溶液
铜	约 −0.87	硫酸盐还原菌正在繁殖的水中、土壤中
铜合金	约 −0.35，−0.45，−0.6	随环境不同而不同
铅	约 −0.63	超过 −0.77V 易产生阴极腐蚀
铝	约 −0.9	超过 −1.1V 易发生阴极腐蚀
镀锌铜	约 −1.0	
不锈钢	约 −0.77	但只适合于在钝态防止孔腐蚀的场合
钛		超过 −0.7V 则由于吸收氢而发生脆性

表 20-8 防蚀电流密度

材料及环境	防蚀电流密度/A	备　注
钢铁、流动的海水	0.05 ~ 0.15	对洁净的海水取低值，对污染的海水取高值
钢铁、潮流大的海水	0.15 ~ 0.3	
钢铁、土壤	0.01 ~ 0.5	
钢铁、空气饱和的温水	0.15	
钢铁、流动的淡水	0.06	
钢铁、混凝土	0.005	含氯化物
钢铁、混凝土	0.001	不含氯化物
不锈钢、海水	0.02 ~ 0.05	
铝、海水	0.02 ~ 0.05	
铜合金、海水	0.15 ~ 0.3	大小随流速、污染程度而变化

20.5.3 防蚀方式

20.5.3.1 通电阳极方式

这是一种在水中或土壤中的结构件上，连接活性比它高的碱金属阳极，通过它们的电池作用连续地流过电流的方法，也叫牺牲阳极法。常用锌合金、铝合金和镁合金等。表 20-9 表示各种通电阳极的特性及适用的环境。在电防蚀技术中，阳极材料所占的比重最大，其性能直接影响防蚀的效果，所以自古以来人们就积极进行研究和开发。在最近的数十年间，铝阳极的开发取得了较大的进展，现在常用的是 Al-Zn-In 系列、Al-Zn-M9 系列和 Al-Zn-Hg 系列阳极材料。

表 20-9　各种通电阳极的特性及适用的环境

种　类	铝合金	锌合金	镁合金（AZ-63）	铁阳极
密度/g·cm^{-3}	2.7~2.77	7.11	1.82	7.86
阳极电位（SCE）/V	约-1.1	约-1.03	约-1	约-0.6
理论发生电荷量/A·h·kg^{-1}	2880~2920	820	2200	960
电流效率/%	80~95	约95	约50	约90
有效电荷量/A·h·kg^{-1}	2300~2750	约780	约1100	约860
使用环境	海水中及低电阻的土壤中、盐水中	海水中及低电阻的土壤中、盐水中	高电阻的水中及土壤中	用于海水、盐水中的铜合金防蚀

20.5.3.2　外部电源法

这是一种在水中或土壤中设置永久性电极，通过直流电源装置通电的方法。永久性电极有铝银合金电极、高硅铁电极、铂电极、石墨电极、四氧化三铁电极等。表 20-10 中列出了各种永久性电极的特性及适用环境。由于使用环境的不同，这些电极的性能有较大的差别，因此必须进行适当的选择，特别是在土中采用深埋工艺时，由于环境条件非常苛刻，因此要慎重考虑电线及设置方法。高硅铁电极与电线的连接处往往发生异常消耗现象，为了解决这一问题，常采用加粗连接部分的方法。此外，将电线连接部设置在管状电极的中心是最常用的保证均匀放电的形式。作为电极周围充填的回填材料，大多使用粒子形状为球形的煅烧后的石油焦微粉（流动性焦）。

表 20-10　各种永久性电极的特性及适用环境

电极种类	主要成分	消耗量/g	实际电流密度/A	使用环境
高硅铁	Si 14.5%，Cr 4.5%	0.1~1.0	0.05~0.8	土中、水中、海水中
石墨	C	0.4~1.3	0.05~0.1	土中、水中、海水中
铅-银合金	Pb-Ag	0.006~0.02	2~5	海水中
烧结四氧化三铁	Fe$_3$O$_4$	0.003~0.008	10	土中、水中、海水中
铂-钛	Pt-Ti	0.000006	10	海水中
铂-铌	Pt-Nb	0.000006	50	海水中

有关电极早期性能下降的问题有如下报道：埋设在硫酸盐含量较多的土壤中的石墨电极的早期性能下降现象，是由阳极反应中硫酸根离子放电生成氧所造成的，氯化物和硫酸盐共存时，将影响产生的氯和氧的比例。此外，埋设在含氯化物的土壤中的高硅铁电极，由于电极周围氯化物的富集，将阻碍或破坏电极表面保护膜的形成，所以会加速电极性能的下降。硫酸盐和氯化物共存时，硫酸根离子首先放电会妨碍对电极有较大影响的氯化物的放电。而四氧化三铁在这些环境中则显示出较好的性能。在土壤中使用的电极必须注意有时会因土壤性质的不同而发生异常的性能下降，在淡水中使用也是如此。

20.5.3.3　外部电源法的施工方法

在通电阳极方式中，主要采用 Mg 阳极，而在外部电源方式中，从防蚀电流沿管道的均匀分配、防止对其他埋设物的干涉和减少占用土地方面来考虑最好采用深埋的方法，图 20-12 为埋设电极的结构。

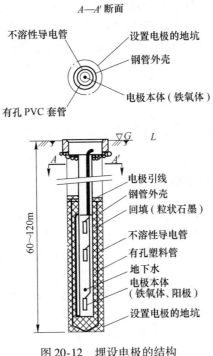

图 20-12 埋设电极的结构

20.6 活性炭对土壤的改良

20.6.1 概述

土壤是陆地表面具有生长植物能力的表层。从环境污染来看，土壤是藏垢纳污之地，污染物来自：(1)污水、废水的排放；(2)大气中废气、杂物的沉降；(3)固体垃圾、废渣的堆积；(4)农药、化肥的使用；(5)有害微生物的存活；(6)其他如炸药和放射性物料的废弃。

根据土壤应用功能和保护目标，土壤环境质量分三类，土壤环境质量标准值也相应分为三级（GB 15618—1995）。质量项目有：pH 值、镉、汞、砷、铜、铅、铬、锌、镍、六六六、滴滴涕。对其他重金属和难降解危险性化合物目前尚未制定规定。

有些土壤中的污染物可由土壤的自净能力及微生物和小动物的分解作用而自然减少，大都还是需要用铺垫新土、上下易位、排土、加石灰、稀释等作针对性的处理。以活性炭处理土壤，可发挥一定的作用，并将发挥更大的潜力。通常把活性炭分为液相应用和气相应用，现在国外有人增列活性炭的固相应用，用于污染土壤和污泥的稳定和整治等方面。其实土壤是气相、液相、固相三相物体，事关生物生长之基。土壤的污染物通过农产、水产，会直接、间接破坏环境，危及生态，危害人类。因此，活性炭在改良土壤方面的应用不容低估。

20.6.2 避免土壤中残留农药的影响

活性炭加入土壤，可用以保护栽培的植物，免受残留农药的不良影响。活性炭加入含除草剂 2，4-滴（即 2，4-二氯氧乙酸）的土壤中（10g/kg），可消除 2，4-滴的毒性。将 10～1000 倍于 2，4-滴的活性炭加到土壤中，在 1 天内，土壤溶液中的 2，4-滴可降低到 0.1%～0.3%。说明活性炭有解除毒性的作用。有一种除草剂，添加 1%～40% 粉状活性炭和 1%～40% 分散剂，用以防止稻田中杂草生长，有效而无害。土壤使用 2，4-滴之前，撒上活性炭粉或喷洒活性炭悬浮液，可消除或减少 2，4-滴对大豆、红菜豆、白芥末和金盏草的毒性。

有个用于种白薯的对照试验，用量是每英亩土地用 2，4-滴 0.5kg。一半土地种白薯秧之前，先弄湿，然后撒上活性炭粉，结果秧苗成活率达 95%；而另一半土地种白薯秧，不加活性炭，秧苗成活率只有 2.5%。

20.6.3　减少土壤中化学品的污染

含有多环芳烃污染物的土壤，可用活性炭有效地去除毒性。对土壤中一些可溶性的无机和有机污染物可从土壤的渗沥液或洗液，作为废水以活性炭治理，一般因成本高而规模不大，而在荷兰阿姆斯特丹曾耗资以亿计的大型的活性炭法，来处理土壤中二噁英的污染问题。

世界各国和地区几乎都在使用火炸药，由储存过期、武器退役以及不当的生产和使用造成废弃的火炸药，是危害环境的污染源。对被火炸药污染的土壤及沉积物的治理倾向于消除或钝化其中的火炸药，而不是回收或利用。消除土壤及沉积物中火炸药的方法中，焚烧炉法是较为有效和易行的方法。焚烧后的有害气体的问题常选用活性炭吸附法予以解决。

20.6.4　缓释土壤中的农肥

用活性炭可使农肥或农用化学品在土壤中起缓释作用。例如将 100 份活性炭和 35 份甲基纤维素混匀后，以农肥浸渍，能维持较长时间的有效期。

20.6.5　调理土壤性能

用活性炭和沸石-蛭石等混合，加以少量肥料和水，制成改良土壤的调理剂，有降低水分蒸发和提供土壤通气的作用，这样曾使植物生长了 120d 不需要加水分和施肥。以用过的废活性炭和肥料消毒剂的混合物作中心层，外层覆以未用过的活性炭，也可制成土壤调理剂或吸湿剂。

20.6.6　促进植物幼苗生长

活性炭作为组织和细胞培养添加剂应用在胡萝卜、香蕉、甘蓝、草莓、葡萄、西瓜、烟草、茶、李子等品种。以活性炭对李子胚萌发幼苗生长的影响为例。李子胚培养前需要在 2℃ 下放置 3～5 个月才能打破胚的休眠，萌发成正常的试管苗。如果培养基含有 200mg/L 的活性炭、10mg/L 的赤霉素、5mg/L 的 6-BA 和 0.5mg/L 的吲哚丁酸，仅培养 10d，即获得全部萌发且根、茎生长均正常的试管苗。这对于简化培养程序、缩短出苗时间具有重要意义。活性炭对培养基中植物生长调节物质的吸附作用，有研究认为不论从活性炭在培养基里的均匀分散程度，还是从活性炭的吸附效果来讲，应该使用粒度小的活性炭。有水培实验表明：绿豆幼芽发育形成幼苗进入幼苗生长阶段，添加活性炭与空白对照，在幼芽下胚轴、幼根株长和鲜重等各项幼苗活力指标都表示，加活性炭有十分明显的促进作用，而且粉状活性炭比粒状活性炭影响大。

探讨机理的研究，认为添加活性炭在绿豆水培中吸附了单宁等多元酚类化合物，避免了对幼苗组织中的蛋白酶的抑制作用，从而促进了绿豆幼苗的生长发育。活性炭的这个功效，可以引用到植物组织培养和细胞培养方面，扩大活性炭在农业上的用途。

20.6.7　增产农作物

活性炭以其优良吸附剂而著称于工业应用，如今正向农业应用延伸。将活性炭施于土壤中，可改善土壤的物理结构和化学组成，可调节肥料农药的施效，从而促进植物的发育。活性炭先以抗微生物金属（例如银、铜、锌）化合物浸渍，然后经与有机硅烷处理，提供稻谷或菠菜生长之用，有增产之效。也有以活性炭增产香菇的。

有研究报道，土壤中加入活性炭能促进植物生长。活性炭并非直接肥料，而是由于间接影响。例如，活性炭在土壤里能增加生物固定氮，并使有机氮较快转变为氨和硝酸盐，从而起肥料的作用。

有研究者曾将活性炭添加在绿豆水培中进行研究，说明活性炭有效地吸附了单宁等多元酚化合物，避免了对幼苗组织中蛋白酶的抑制作用，从而有利于绿豆幼苗的生长；并且认为活性炭可引用到植物组织培养和细胞培养方面，扩大活性炭在农业上的应用。

许多研究证明，活性炭显著影响着细胞分裂速度和生长力。组织培养已为高附加值的植物药业所应用，将在农业、林业和园艺业中发挥作用。

近年，从植物组织萃取药物兴起，含活性炭的微胶囊的输送细胞技术也随之应用，具有降低输送费用、降低种子死亡率和增进休眠期之利。

20.6.8　改善贫瘠土壤

据国外研究称，利用木炭可改善因烧荒而变得贫瘠的土壤。

1993 年，国际烧炭合作会在印尼西加里曼省进行了 12hm❶ 土地的试验，探索掺入土壤中的木炭比率和植物成长间的关系，碱性炭不仅可以中和酸性土壤，而且炭孔中生存的微生物还可与植物共存，有助于植物的生长。1999 年 9 月，国际烧炭合作会在日本足尾山区给植物根部土壤做播撒木炭的对比试验。结果，根部土壤不播撒木炭的植物，因恶劣的土壤而无法存活；而根部土壤播撒木炭的植物则呈现勃勃生机，长势良好。废弃的、再生的、低廉的活性炭会在土壤改良上有利用的潜力。

20.6.9　提高高尔夫球场土质

随着高尔夫球的流行，管理球场上种植的草坪是重要课题，也是公园、庭园绿化管理的重要课题。把活性炭撒布到土壤中，可大幅度提高土壤的通气性、透水性、保水性和保肥性，从而有效地改善高尔夫球场等的土壤和草坪等的培育作业，并减少高尔夫球场原来需要定期洒水的次数。

将活性炭和沸石分别装入多孔袋中，交替放在高尔夫球场的沟道中，可控制农药的流出。以竹子粉制成的活性炭，和土壤混成土壤改正剂，可用于高尔夫球场等处。活性炭既可应用于高尔夫球场，为球场改善土壤，看来同样也可应用于一些绿化用的土壤。

---

❶　$1hm = 10^4 m^2$。

参 考 文 献

［1］ 蒋文忠. 炭素机械设备［M］. 北京：冶金工业出版社，2010.

［2］ 贾亚洲. 金属切削床概论［M］. 北京：机械工业出版社，1994.

［3］ 吴岳昆，王景濂. 金属切削原理［M］. 北京：机械工业出版社，1996.

［4］ 陈剑中，孙家宁. 金属切削原理与刀具［M］. 北京：机械工业出版社，2005.

［5］ 杨待成，王喜魁. 泵与风机［M］. 北京：水利电力出版社，1990.

［6］ 半道体结晶材料綜合ハソドブック（1986）、フジテクノシステム.

［7］ 電気通信学会. LSIハンドブック（1984）P230，オーム社.

［8］ 炭素材料学会. 新炭素材料入门. 1996，143～149，202～205.

［9］ 橋本正幸，葛谷真二，田原好文，铃木良守. Electronic Journal 別册（1998），半道体テクノロジー大全（1997），P182～332.

［10］ 松尾秀人，炭素 1991［NO. 150］290～302.

［11］ W. N. Reynolds. Physical Properties of Graphite, Amsterdam, Elsevier Pub, Co Ltd (1968).

［12］ B. T. Kelly. Physics of Graphite, London, Applied Science Pub.. 1981.

［13］ R. E. Taylor, D. E. Cline. ibid, Vol. 6 (1970) 283～336.

［14］ 小川雄一，日本物理学会志. 1994，49：887～892.

［15］ H. Hirooka, et al. J. Nucl, Mater, 1990, 176&177：473～480.

［16］ H. Bolt, et al. J. Nucl. Mater. 1992, 191-194：300～304.

［17］ T. Yamashina, T. Hino. J. Nucl Mater, 1989, 162-164：841～850.

［18］ T. Yamashina, T. Hino. J, Nucl, Sci Technol, 1990, 27：589～600.

［19］ T. B. Burchell, et al. J. Nucl Mater, 1992, 191-194：295～299.

［20］ G. Matsuo, T. Nagasakj. J. Nucl Mater, 1993, 207：330～332.

［21］ H. Matsuo, T. Nagasaki. J. Nucl Mater, 1994, 217：300～303.

［22］ 志村史夫，半尊体. 结晶工学，1993：18～84.

［23］ 右高正俊. 新 Lsl 工学入门，1992：13～131.

［24］ 齐藤伸三，中岛甫他，原子力工业，第36卷，第4号（1990）.

［25］ J. H. W. Simmons. Radiation Damagein in Graphite (1965) Oxford, Pergamon press.

［26］ T Lyohu, et al. Ultrasonic and Eddy Current Testing of Nuclear Graphite Proc 11th SMIRT, 1991.

［27］ ITER Ditaild Desingn Report, Cost Review and safety analsis, 1997.

［28］ R. A. Causeyt. J. Nucl Mater, 1989, 151：162～164.

［29］ Haasz A. Pros, Japan-US Workshop, 1989：287.

［30］ Fukuda S. Pros. Japan-US Workshop, 1989, 242：134.

［31］ 高温工学试研究现状. 日本原子力研究所，1994.

［32］ Price R J, L. A. Beavan. GA—Al4211 (1977).

［33］ Yudate K. Proceedings of 30th Aircraft Symposium, 1992：250～253.

［34］ M. A. Kurtz. Qualification of thermal Protection Systems by Laboratory Simulation Techniques. Space Course Aachen (1991) 39-1, IRS-91-M1.

［35］ Gulbransen E A, Jansson S A. Oxidation of Metals, 1972, 4 (3)：181～201.

［36］ Singhal S C. Ceramurgia International, 1976, 2 (2)：123～130.

［37］ Clark D K. AIAA-85-0403.

［38］ 菊地茂，近西邦夫. 材料，1986，1 (2)：47～50.

［39］ Mveller J，Brophy J R，Brown D K，et al. 30th ALAA/ASME/SAE/ASEE Joint Propulsion Conference，ALAA-94-3118，1994.

［40］ Becker P R. CERAMLC BULLETLN，1981，11 （60）：1210～1214.

［41］ Ito，T. Akimoto，Miyaba H，Kano Y，et al. ALAA-90-5223.

［42］ Suife J R，Sheehan J E. Cerami Bullteim，1988，67 （2）：369～374.

［43］ Maahs H G，et al. Mat. Res. Soc Symp. Proc.，1988，125：15～30.

［44］ Dixon S C，et al. 18th Annual Electronics and Aerospace System Conference，1985：39.

［45］ Benson J. North American Rockwell，Rockel\ tdyne Report R-7855，1983，May 9.

［46］ 南條敏夫，川端系頓一. 工業加热，1998，35 （2）：74.

［47］ Pantz J. Buming of Grapnite Electrode. Electrowarme lut，1978，B6.

［48］ 11s1. The Electric Arc Fumace BRUSSELS，1981.

［49］ Mantel L. Carbon and Graphite Hand book Charles，1968.

［50］ Malmstnm C，et al. J. Appl. Phys.，1951，22：593.

［51］ 蒋文忠. 优质电极糊研制 ［J］. 湖南大学学报，1993，2：124～127.

［52］ 炭素工业技术委员会. 特殊炭素制品. 1986：60～115.

［53］ 石川敏功，长冲通. 新炭素工业. 近代编集社，1980：228～296.

［54］ 蒋文忠. 矿井电动机车用滑板的研究 ［J］. 碳素，1992 （3）：27～30.

［55］ 炭素材料学会. 电机炭刷及其使用方法. 日工业新闻社.

［56］ 蒋文忠. 煤矿井电力线磨耗研究和滑板的使用 ［J］. 湖南大学学报，1992 （6）：128～133.

［57］ 鸟羽雄一. 炭素材料入门，1972：170.

［58］ RAVB H S. Chen. Eng.，1965，May：24.

［59］ 三好一雄. 日本航空宇宙学会志，1995，43：224～229.

［60］ 日本工业炉协会. 工业炉基礎知识，1993.

［61］ 竹材他. 工业加热，1989，25 （5）：37.

［62］ 石川敏功，长冲通. 新炭素工业，近代编集社，1982.

［63］ 大久保腾弘. 学兴会117委员会资料，117-D-64-3. D-65-1 （1994）.

［64］ 電気学会. 電気工学ハソマプツク5版. 电気学会：844～856.

［65］ Othmer，Kirk：Encyclopedia of Chemical Technology，2nd Edition，1964，4：222.

［66］ 炭素材料学会. 電机用ブラシとその使い方. 日刊工业新闻社，1976.

［67］ 炭素材料学会. 炭素材料入门，1972：127～133，1984：153～162.

［68］ 山田惠彦. カーボソ材料应用技术. 日刊工业新闻社，1992：151～168，241～248.

［69］ 武田隆一. 電気ブラシの性能と使用法. 京電気学会出版，1958.

［70］ 竹原善一郎. 電池——它的化学和材料. 日本化学会编，1995：69～98.

［71］ 电化学协会. 电化学便览，1993：403.

［72］ 炭材料学会. 新型炭材料入门，1996：206～213.

［73］ 炭黑协会. 炭黑便览，1995：597～598.

［74］ 桥本尚. 电池科学. 讲谈社，1995：213～226.

［75］ 渡边信淳. 炭素，1984 （117）：98～111.

［76］ 蒋文忠. 石墨粉镀铜工艺研究 ［J］. 炭素技术，2002 （5）：23～25.

［77］ Kasuh T，Mabuchi A，Tokumitsu K，et al. 8th Int Meeting On Lithium Batteries，1996：97～100.

［78］ Imanishi N，Lchikawa T，Takeda Y，et al. J. Electrochem，Soc，1993，140：315～320.

［79］ Mabuch A，Tokumitsu K，Fujimoto H，et al. J. Electrochem，Soc，1995，142：1041～1043.

［80］ Franklin R E. Proc. Roy. Soc.，1951，A209：196～218.

[81] Waydanz W J, May B, Tvan Buuren, et al. J. Electrochem Soc, 1994, 141: 900～905.

[82] Wilson A W, Dahn J R. J. Electrochem Soc, 1995, 142: 326～330.

[83] 蒋文忠. 槽形石墨头应力分析和强度计算［J］. 湖南大学学报, 1992 (3): 91～96.

[84] Shobert E L. Carbon Brushes, Chemical Publishing Co., 1965.

[85] 翁敏航. 太阳能电池——材料·制造·检测技术［M］. 北京: 科学出版社, 2013.

[86] 蒋文忠. 高速电机用电刷的工艺研究［J］. 炭素, 2000 (4): 26～27.

[87] 日本黑铅工业（株）, 中越黑铅工业所（株）, カタログ.

[88] 根岸, 金子, 须田, 川窪. DENKI KAGAKU 61, 1993 (3).

[89] 炭素工业技术委员会, 特殊炭素专门部会. 特殊炭素制品 (1972), 炭素协会.

[90] 武井, 武河岛千寻. 新工业材料科学. 金原出版株式会社, 昭和42年10月.

[91] 大谷杉郎, 小岛昭. フアイソセラミシケス3, 1982: 151.

[92] Jenkins G M, Clin. Phys Physiol。 Meas, 3. (1980) P171.

[93] Bokros J C. Carbon, 1977, 15: 355.

[94] Gott V L, Whiffen J D, Dutton R C. Science, 1963, 142: 1297.

[95] bo J C, Bokro, LaGrange L D. "Chemitry and Physics of Carbon", (ed, by P. L. Walker Jr.). 9. 103 (1972) Marcel Dekker New York.

[96] 高田尚美, 柳沢いづみ, 中城基雄他. Journal of Nihon University School of Dentistry 27 ［1］ (1985. 3) P35-45.

[97] Kojima A, Otani S, lwata T, et al. Carbon, 1984, 22 (1): 47.

[98] Yanagisawa S, Takada N, Yanagisawa I, et al. Sch. Dent. 27 (1985) P1.

[99] 川西秀樹. 人工臓器, 1985, 14 (1): 263.

[100] Hagiwara Akeo. Takahashi Toshio, Ueda Tadashi, Japan Journal of Cancer Research Gann 78 巻［4］ (1987. 4) P. 405-408. 3

[101] Michio Matsuhashi, Allan N, Pankrushina. Katsura Endoh. Hiroshi Watanabe, Yoshihiro Mano, Masao Hyodo, Takashi Fujita. Kiyohiko Kunugita, Tomohiko Kaneko and Sugio Otani, Journal of Bacteriology, Feb. 1995: 688～693.

[102] 小川真. 农業技术9, 1986: 400.

[103] 片平清昭. 福島医学雑志, 1989, 39 (4): 467～473.

[104] Kinosita Hideaki Ikeda Tokuji. Takayama Katsumi 臨床化学22［3］(1993. 9) P143-146.

[105] Lamicq S, JSEPT. P. Intemational Carbon Conference. Bordequx. France, 1984.

[106] Grenoble D E, Voss R. Orul Lmplant, 1977, 6: 509.

[107] Jenkins G M, Clin, Phys, Phystol. Meas, 1980, 3: 171.

[108] Huttinger K J. 炭素, 1983 (114): 138.

[109] Fitzer E, Huttner W, Claes L, Kinzl L. Carbon, 1980 (18): 383.

[110] Huttinger K J. 炭素, 1983 (183): 66.

[111] Hastings G W. In Fitzer. E. (Ed), Carbon Fiber and Their Composites. Springer, 1985.

[112] Jenkins D H R. 13th Bienn. Conf. on Carbon. Lrvine. calif. 1977: 178.

[113] Mckenna G B, Statton W O. Appl. Polymers Symp, 1977: 335.

[114] Jemkins D H R, Mckibbin B. Journal of Bone and Jont Surgery 62, 1981, 49: 497

[115] 真田雄三, 铃木基之, 藤元薫. 新版活性炭—基础与应用. 讲谈社, 1992.

[116] 化学工业协会. 化学工学便览. 丸善, 1988: 588.

[117] Williams R S. Workshop on Adsorbent Carbon, Kentucky, 1995: 25.

[118] 松村芳美. 新版活性炭—基础と応用（真田雄三, 鈴木基之. 藤元薫編）. 講談社, 1992: 172～

177.

[119] L. Clarke, L. L. Sloss. IEA Report, July, 1992：75, 76.

[120] White D M, Nebel K L, Bma T G. The 85th Annual Meeting of the Air & Waste Management Association. Kansas City, 1993：92～40. 06.

[121] Metzger M, Bruun H. Chemoshere, 1987, 16：821～832.

[122] Krishnan S V, Gullett B K, Ewicz. Environ. SetTechnol, 1994, 28：1506～1512.

[123] Young B C. Miller S J, Laudal D L. The Eleventh Annual International Pittsburgh Coal Conterence, 1994, 1：575～580.

[124] 持田勲. 炭素素原料科学の进步Ⅶ CPC 研究会, 1995：65～77.

[125] Imai T Suzuki, Kaneko K. Catlysis Letters, 1993, 20：133～139.

[126] Juntgen H, Kuhl H. Chemistry and Physics of Carbon 22, 1989：145～195.

[127] Mochida I, Ogaki M, Fujitsu H, et al. Fuel, 1983, 62：867～868.

[128] 蒋文忠. 垃圾焚烧炉的新型衬里—碳化硅砖 [J]. 炭素技术, 1999 (2)：50.

[129] 中野重和. 活性炭技术研究会第 88 回讲演会, 1993：1～3.